《石油化工设计手册》（修订版）编委会

石油化工设计手册

第二卷 >> 标准·规范

王子宗 主编

化学工业出版社

·北京·

《石油化工设计手册》（修订版）共分四卷出版。第二卷"标准·规范"内容包括：安全与卫生（十三部）；环境保护（七部）；消防（六部）；总图和其他（四部）四个主题的最新相关标准与规范，所收录标准规范全部是强制性国家标准。

适合从事石油化工、食品、轻工等行业技术人员阅读参考。

图书在版编目（CIP）数据

石油化工设计手册（修订版）. 第 2 卷，标准·规范/
王子宗主编. —北京：化学工业出版社，2015.4（2022.7 重印）
ISBN 978-7-122-20479-0

Ⅰ.①石…　Ⅱ.①王…　Ⅲ.①石油化工-设计标准-
手册　Ⅳ.①TE65-62

中国版本图书馆 CIP 数据核字（2014）第 081293 号

责任编辑：王湘民　谢丰毅　　　　　　　　　装帧设计：王晓宇
责任校对：王素芹

出版发行：化学工业出版社（北京市东城区青年湖南街 13 号　邮政编码 100011）
印　　装：北京虎彩文化传播有限公司
787mm×1092mm　1/16　印张 44　字数 1192 千字　2022 年 7 月北京第 2 版第 2 次印刷

购书咨询：010-64518888　　　　　　　售后服务：010-64518899
网　　址：http://www.cip.com.cn

凡购买本书，如有缺损质量问题，本社销售中心负责调换。

定　　价：198.00 元

《石油化工设计手册》（修订版）编写人员

主　　编　王子宗　中国石油化工集团公司副总工程师、教授级高级工程师
　　　　　　　　　　全国勘察设计注册工程师化工专业管理委员会委员
　　　　　　　　　　注册化工工程师、注册咨询工程师

副 主 编　肖雪军　中石化炼化工程（集团）股份有限公司副总工程师兼技术
　　　　　　　　　　部主任、教授级高级工程师
　　　　　　　　　　全国注册化工工程师执业资格考试专家组副组长
　　　　　　　　　　注册化工工程师

　　　　　　　袁天聪　中国石化工程建设有限公司高级工程师
　　　　　　　　　　注册化工工程师

参编人员　赵　勇　于鸿培　孙成龙　黄　威

第二卷编写人员

　　　一、孙成龙
　　　二、于鸿培
　　　三、袁天聪
　　　四、赵　勇　黄　威

前 言

《石油化工设计手册》第一版出版以来深受读者欢迎，对提高石化工程设计水平，产生了积极的影响。十年来，石化工程建设在装置大型化和清洁化上有了长足的进步，工程装备技术水平有了重要的进展，设计手册、方法和理念也得到了提高和提升。为适应这些变化，我们组织有关专家学者对手册进行了修编工作。

设计质量是衡量石油化工装置建设质量的一个重要因素。好的设计工具书、手册可以指导和规范设计工作，对推动石油化工技术进步和提高设计质量水平具有重要意义。

手册第一版出版后，我们收到一些读者的意见，他们坦诚地指出了书中的个别错误，也期待着在再版时能够得到修正，并进一步提高图书的内容质量。正是读者的热爱，激励着我们认真地进行再版的修编工作。

修订版的修订原则是：保持特点、充实内容，尊重原著、继承风格，在实用性、可靠性、权威性、先进性方面再下功夫，反映时代特点和要求；内容要简明扼要，一目了然，突出手册特点，提高手册的水平。手册的定位则以石油化工工艺设计人员所需的设计方法和设计资料为主要内容。

手册仍分四卷：第一卷——石油化工基础数据；第二卷——标准规范；第三卷——化工单元过程；第四卷——工艺和系统设计。

感谢参与本手册第一版编写工作的各位专家，他们有着一丝不苟、认真负责和谦虚谨慎、艰辛耕耘的精神，本次修订是在他们已获得成功的成果之上，进行再次开发。

本次手册的修订出版，得到了中国石化工程建设有限公司的全力支持。中国石化工程建设有限公司是世界知名的工程公司，近年来承担了大量的石化工厂、炼油厂、煤化工工厂的工程设计，有一大批国内知名的设计专家。参加修订工作的编者很多来自中国石化工程建设有限公司，他们经验丰富，手册内容也基本反映了编者的实践经验和与国际接轨的做法。此外，清华大学、天津大学、中国石油大学、北京化工大学、浙江大学、上海理工大学、大连理工大学、北京工商大学、河北工业大学、上海化工研究院、大连化学物理研究所、四川天一科技股份有限公司的相关专家教授在修订工作中也付出了辛勤劳动，在此一表表示感谢。

衷心希望这套手册能够成为工程设计人员实用的工具书，对提高石化工业的设计水平有所裨益。

由于编写经验不足，书中疏漏和不妥之处，敬请专家和读者不吝指正。

王子宗

2015 年 4 月

第一版序

　　《石油化工设计手册》就要正式出版了。《手册》全面收集了石油化工设计工作中所需要的具体技术资料、图表、数据、计算公式和方法，详细介绍了工程设计的步骤和工程设计中应该考虑的问题，列有大量参考文献名录，注出图表、数据、公式等的出处，读者希望对有关问题深入了解时，可以很方便的去查阅相关的文献资料。手册选用的材料准确，有科学根据，图表、数据、公式等均经过严格的核实，手册收集的资料一般都经过实践检验，对那些正在科研阶段或虽已经过鉴定，但未工业化的科研成果和资料均未编入，有些方向性的新技术编入时，也都注明其成熟程度。手册充分体现了实用性、可靠性、权威性、先进性相结合，尤其突出实用性，是一套非常适合从事石油化工和化工设计、施工、生产、科研工作的广大技术人员查阅使用的工具书，也可作为大中专院校的师生查阅使用。

　　为编纂这套《手册》，国内 100 多位有很高学术理论水平和丰富经验的专家学者做出了极大努力，他们克服各种困难，查阅大量资料，伏案整理写作，反复修改文稿，经过五个寒冬酷署春去秋来，终成这套《手册》。可以说《手册》是他们五年心血的结晶，《手册》是他们学识和智慧的硕果。当你阅读《手册》时请一定记住他们的名字，这是对他们最好的感谢。在《手册》出版之际，我也要向为《手册》提供资料和其他方便条件的单位和同志们表示衷心的感谢。

　　我相信，这套《手册》一定会成为石油化工、化工行业广大工程技术人员十分喜爱的工具书。

中国工程院院士

2001 年 8 月

第1版前言

石油化学工业是能源和原材料工业的重要组成部分，在国民经济中具有举足轻重的地位和作用。2000 年我国原油加工能力 2.737 亿吨/年，加工原油 2.106 亿吨，居世界第三位；乙烯生产能力 446.32 万吨/年，产量 470.00 万吨，列世界第七位。我国的石化工业已形成完整的工业体系，具有比较雄厚的实力。在石化工业发展的过程中，石化战线的设计工作者进行了大量的设计实践，积累了丰富的经验，提高了设计技术水平，亟需进行归纳整理，使其系统化、逻辑化、规范化，提供给广大设计工作者及有关工程技术人员应用。为此，化学工业出版社组织有关专家编写了《石油化工设计手册》。

这套手册已列为"十五"国家重点图书。手册共分四卷，约 900 余万字。自 1997 年开始组织，先后有 100 余人参加编写，这些作者都是具有扎实的理论功底和丰富实践经验的专家、教授。他们在编写工作的前期，仔细研究了国内外石油化工设计工作的现状，明确了指导思想，制定了编写大纲，此后多次征求有关方面的意见，并反复进行补充修改。在编写过程中，始终坚持理论联系实际、实事求是、突出实用等原则，对标准、规范、图表、公式和数据资料进行精心筛选，慎重取材。形成文稿后，又对稿件进行多次审查，重点章节经反复讨论、推敲，最后交执笔专家修定。各位专家一丝不苟、认真负责和谦虚谨慎、艰辛耕耘的精神令人钦佩。相信这套手册的出版不仅为石化广大工程技术人员提供一套重要的工具书，而且会对我国石化工业的发展有所裨益。

由于在国内第一次出版石油化工专业的设计手册，经验不足，书中疏漏和不妥之处，敬请专家和读者不吝指正。

袁睛棠　张旭之

2001 年 10 月

目　录

一、安全与卫生

（一）建筑设计防火规范 GB 50016—2006

目次

1 总 则

1.0.1 为了防止和减少建筑火灾危害，保护人身和财产安全，制定本规范。

1.0.2 本规范适用于下列新建、扩建和改建的建筑：

1 9层及9层以下的居住建筑（包括设置商业服务网点的居住建筑）；

2 建筑高度小于等于24m的公共建筑；

3 建筑高度大于24m的单层公共建筑；

4 地下、半地下建筑（包括建筑附属的地下室、半地下室）；

5 厂房；

6 仓库；

7 甲、乙、丙类液体储罐（区）；

8 可燃、助燃气体储罐（区）；

　9　可燃材料堆场；

　10　城市交通隧道。

　　注：1．建筑高度的计算：当为坡屋面时，应为建筑物室外设计地面到其檐口的高度；当为平屋面（包括有女儿墙的平屋面）时，应为建筑物室外设计地面到其屋面面层的高度；当同一座建筑物有多种屋面形式时，建筑高度应按上述方法分别计算后取其中最大值。局部突出屋顶的瞭望塔、冷却塔、水箱间、微波天线间或设施、电梯机房、排风和排烟机房以及楼梯出口小间等，可不计入建筑高度内。

　　2．建筑层数的计算：建筑的地下室、半地下室的顶板面高出室外设计地面的高度小于等于1.5m者，建筑底部设置的高度不超过2.2m的自行车库、储藏室、敞开空间，以及建筑屋顶上突出的局部设备用房、出屋面的楼梯间等，可不计入建筑层数内。住宅顶部为2层一套的跃层，可按1层计，其他部位的跃层以及顶部多于2层一套的跃层，应计入层数。

1.0.3　本规范不适用于炸药厂房（仓库）、花炮厂房（仓库）的建筑防火设计。

　　人民防空工程、石油和天然气工程、石油化工企业、火力发电厂与变电站等的建筑防火设计，当有专门的国家现行标准时，宜从其规定。

1.0.4　建筑防火设计应遵循国家的有关方针政策，从全局出发，统筹兼顾，做到安全适用、技术先进、经济合理。

1.0.5　建筑防火设计除应符合本规范的规定外，尚应符合国家现行有关标准的规定。

2　术　语

2.0.1　耐火极限　fire resistance rating

　　在标准耐火试验条件下，建筑构件、配件或结构从受到火的作用时起，到失去稳定性、完整性或隔热性时止的这段时间，用小时表示。

2.0.2　不燃烧体　non-combustible component

　　用不燃材料做成的建筑构件。

2.0.3　难燃烧体　difficult-combustible component

　　用难燃材料做成的建筑构件或用可燃材料做成而用不燃材料做保护层的建筑构件。

2.0.4　燃烧体　combustible component

　　用可燃材料做成的建筑构件。

2.0.5　闪点　flash point

　　在规定的试验条件下，液体挥发的蒸气与空气形成的混合物，遇火源能够闪燃的液体最低温度（采用闭杯法测定）。

2.0.6　爆炸下限　lower explosion limit

　　可燃的蒸气、气体或粉尘与空气组成的混合物，遇火源即能发生爆炸的最低浓度（可燃蒸气、气体的浓度，按体积比计算）。

2.0.7　沸溢性油品　boiling spill oil

　　含水并在燃烧时可产生热波作用的油品，如原油、渣油、重油等。

2.0.8　半地下室　semi-basement

　　房间地面低于室外设计地面的平均高度大于该房间平均净高1/3，且小于等于1/2者。

2.0.9　地下室　basement

房间地面低于室外设计地面的平均高度大于该房间平均净高1/2者。

2.0.10　多层厂房（仓库）　multi-storied industrial building

2层及2层以上，且建筑高度不超过24m的厂房（仓库）。

2.0.11　高层厂房（仓库）　high-rise industrial building

2层及2层以上，且建筑高度超过24m的厂房（仓库）。

2.0.12　高架仓库　high rack storage

货架高度超过7m且机械化操作或自动化控制的货架仓库。

2.0.13　重要公共建筑　important public building

人员密集、发生火灾后伤亡大、损失大、影响大的公共建筑。

2.0.14　商业服务网点　commercial service facilities

居住建筑的首层或首层及二层设置的百货店、副食店、粮店、邮政所、储蓄所、理发店等小型营业性用房。该用房建筑面积不超过300m²，采用耐火极限不低于1.50h的楼板和耐火极限不低于2.00h且无门窗洞口的隔墙与居住部分及其他用房完全分隔，其安全出口、疏散楼梯与居住部分的安全出口、疏散楼梯分别独立设置。

2.0.15　明火地点　open flame site

室内外有外露火焰或赤热表面的固定地点（民用建筑内的灶具、电磁炉等除外）。

2.0.16　散发火花地点　sparking site

有飞火的烟囱或室外的砂轮、电焊、气焊（割）等固定地点。

2.0.17　安全出口　safety exit

供人员安全疏散用的楼梯间、室外楼梯的出入口或直通室内外安全区域的出口。

2.0.18　封闭楼梯间　enclosed staircase

用建筑构配件分隔，能防止烟和热气进入的楼梯间。

2.0.19　防烟楼梯间　smoke-proof staircase

在楼梯间入口处设有防烟前室，或设有专供排烟用的阳台、凹廊等，且通向前室的楼梯间的门均为乙级防火门的楼梯间。

2.0.20　防火分区　fire compartment

在建筑内部采用防火墙、耐火楼板及其他防火分隔设施分隔而成，能在一定时间内防止火灾向同一建筑的其余部分蔓延的局部空间。

2.0.21　防火间距　fire separation distance

防止着火建筑的辐射热在一定时间内引燃相邻建筑，且便于消防扑救的间隔距离。

2.0.22　防烟分区　smoke bay

在建筑内部屋顶或顶板、吊顶下采用具有挡烟功能的构配件进行分隔所形成的，具有一定蓄烟能力的空间。

2.0.23　充实水柱　full water spout

由水枪喷嘴起到射流 90％的水柱水量穿过直径 380mm 圆孔处的一段射流长度。

3　厂房（仓库）

3.1　火灾危险性分类

3.1.1　生产的火灾危险性应根据生产中使用或产生的物质性质及其数量等因素，分为甲、乙、丙、丁、戊类，并应符合表 3.1.1 的规定。

表 3.1.1　生产的火灾危险性分类

生产类别	使用或产生下列物质生产的火灾危险性特征
甲	1. 闪点小于 28℃的液体； 2. 爆炸下限小于 10％的气体； 3. 常温下能自行分解或在空气中氧化能导致迅速自燃或爆炸的物质； 4. 常温下受到水或空气中水蒸气的作用，能产生可燃气体并引起燃烧或爆炸的物质； 5. 遇酸、受热、撞击、摩擦、催化以及遇有机物或硫黄等易燃的无机物，极易引起燃烧或爆炸的强氧化剂； 6. 受撞击、摩擦或与氧化剂、有机物接触时能引起燃烧或爆炸的物质； 7. 在密闭设备内操作温度大于等于物质本身自燃点的生产
乙	1. 闪点大于等于 28℃，但小于 60℃的液体； 2. 爆炸下限大于等于 10％的气体； 3. 不属于甲类的氧化剂； 4. 不属于甲类的化学易燃危险固体； 5. 助燃气体； 6. 能与空气形成爆炸性混合物的浮游状态的粉尘、纤维、闪点大于等于 60℃的液体雾滴
丙	1. 闪点大于等于 60℃的液体； 2. 可燃固体
丁	1. 对不燃烧物质进行加工，并在高温或熔化状态下经常产生强辐射热、火花或火焰的生产； 2. 利用气体、液体、固体作为燃料或将气体、液体进行燃烧作其他用的各种生产； 3. 常温下使用或加工难燃烧物质的生产
戊	常温下使用或加工不燃烧物质的生产

3.1.2　同一座厂房或厂房的任一防火分区内有不同火灾危险性生产时，该厂房或防火分区内的生产火灾危险性分类应按火灾危险性较大的部分确定。当符合下述条件之一时，可按火灾危险性较小的部分确定：

　　1　火灾危险性较大的生产部分占本层或本防火分区面积的比例小于 5％或丁、戊类厂房内的油漆工段小于 10％，且发生火灾事故时不足以蔓延到其他部位或火灾危险性较大的生产部分采取了有效的防火措施；

　　2　丁、戊类厂房内的油漆工段，当采用封闭喷漆工艺，封闭喷漆空间内保持负压、油漆工段设置可燃气体自动报警系统或自动抑爆系统，且油漆工段占其所在防火分区面积的比例小于等于 20％。

3.1.3　储存物品的火灾危险性应根据储存物品的性质和储存物品中的可燃物数量等因素，分为甲、乙、丙、丁、戊类，并应符合表 3.1.3 的规定。

表 3.1.3　储存物品的火灾危险性分类

仓库类别	储存物品的火灾危险性特征
甲	1. 闪点小于28℃的液体； 2. 爆炸下限小于10%的气体，以及受到水或空气中水蒸气的作用，能产生爆炸下限小于10%气体的固体物质； 3. 常温下能自行分解或在空气中氧化能导致迅速自燃或爆炸的物质； 4. 常温下受到水或空气中水蒸气的作用，能产生可燃气体并引起燃烧或爆炸的物质； 5. 遇酸、受热、撞击、摩擦以及遇有机物或硫黄等易燃的无机物，极易引起燃烧或爆炸的强氧化剂； 6. 受撞击、摩擦或与氧化剂、有机物接触时能引起燃烧或爆炸的物质
乙	1. 闪点大于等于28℃，但小于60℃的液体； 2. 爆炸下限大于等于10%的气体； 3. 不属于甲类的氧化剂； 4. 不属于甲类的化学易燃危险固体； 5. 助燃气体； 6. 常温下与空气接触能缓慢氧化，积热不散引起自燃的物品
丙	1. 闪点大于等于60℃的液体； 2. 可燃固体
丁	难燃烧物品
戊	不燃烧物品

3.1.4　同一座仓库或仓库的任一防火分区内储存不同火灾危险性物品时，该仓库或防火分区的火灾危险性应按其中火灾危险性最大的类别确定。

3.1.5　丁、戊类储存物品的可燃包装质量大于物品本身质量 1/4 的仓库，其火灾危险性应按丙类确定。

3.2　厂房（仓库）的耐火等级与构件的耐火极限

3.2.1　厂房（仓库）的耐火等级可分为一、二、三、四级。其构件的燃烧性能和耐火极限除本规范另有规定者外，不应低于表 3.2.1 的规定。

表 3.2.1　厂房（仓库）建筑构件的燃烧性能和耐火极限　　单位：h

构件名称		耐火等级			
		一级	二级	三级	四级
墙	防火墙	不燃烧体 3.00	不燃烧体 3.00	不燃烧体 3.00	不燃烧体 3.00
	承重墙	不燃烧体 3.00	不燃烧体 2.50	不燃烧体 2.00	难燃烧体 0.50
	楼梯间和电梯井的墙	不燃烧体 2.00	不燃烧体 2.00	不燃烧体 1.50	难燃烧体 0.50
	疏散走道两侧的隔墙	不燃烧体 1.00	不燃烧体 1.00	不燃烧体 0.50	难燃烧体 0.25
	非承重外墙	不燃烧体 0.75	不燃烧体 0.50	难燃烧体 0.50	难燃烧体 0.25
	房间隔墙	不燃烧体 0.75	不燃烧体 0.50	难燃烧体 0.50	难燃烧体 0.25

续表

构件名称	耐火等级			
	一级	二级	三级	四级
柱	不燃烧体 3.00	不燃烧体 2.50	不燃烧体 2.00	难燃烧体 0.50
梁	不燃烧体 2.00	不燃烧体 1.50	不燃烧体 1.00	难燃烧体 0.50
楼板	不燃烧体 1.50	不燃烧体 1.00	不燃烧体 0.75	难燃烧体 0.50
屋顶承重构件	不燃烧体 1.50	不燃烧体 1.00	难燃烧体 0.50	燃烧体
疏散楼梯	不燃烧体 1.50	不燃烧体 1.00	不燃烧体 0.75	燃烧体
吊顶(包括吊顶搁栅)	不燃烧体 0.25	难燃烧体 0.25	难燃烧体 0.15	燃烧体

注：二级耐火等级建筑的吊顶采用不燃烧体时，其耐火极限不限。

3.2.2 下列建筑中的防火墙，其耐火极限应按本规范表 3.2.1 的规定提高 1.00h：

　　1 甲、乙类厂房；

　　2 甲、乙、丙类仓库。

3.2.3 一、二级耐火等级的单层厂房（仓库）的柱，其耐火极限可按本规范表 3.2.1 的规定降低 0.50h。

3.2.4 下列二级耐火等级建筑的梁、柱可采用无防火保护的金属结构，其中能受到甲、乙、丙类液体或可燃气体火焰影响的部位，应采取外包敷不燃材料或其他防火隔热保护措施：

　　1 设置自动灭火系统的单层丙类厂房；

　　2 丁、戊类厂房（仓库）。

3.2.5 一、二级耐火等级建筑的非承重外墙应符合下列规定：

　　1 除甲、乙类仓库和高层仓库外，当非承重外墙采用不燃烧体时，其耐火极限不应低于 0.25h；当采用难燃烧体时，不应低于 0.50h；

　　2 4 层及 4 层以下的丁、戊类地上厂房（仓库），当非承重外墙采用不燃烧体时，其耐火极限不限；当非承重外墙采用难燃烧体的轻质复合墙体时，其表面材料应为不燃材料，内填充材料的燃烧性能不应低于 B2 级。B1、B2 级材料应符合现行国家标准《建筑材料燃烧性能分级方法》GB 8624 的有关要求。

3.2.6 二级耐火等级厂房（仓库）中的房间隔墙，当采用难燃烧体时，其耐火极限应提高 0.25h。

3.2.7 二级耐火等级的多层厂房或多层仓库中的楼板，当采用预应力和预制钢筋混凝土楼板时，其耐火极限不应低于 0.75h。

3.2.8 一、二级耐火等级厂房（仓库）的上人平屋顶，其屋面板的耐火极限分别不应低于 1.50h 和 1.00h。

　　一级耐火等级的单层、多层厂房（仓库）中采用自动喷水灭火系统进行全保护时，其屋顶承重构件的耐火极限不应低于 1.00h。

　　二级耐火等级厂房的屋顶承重构件可采用无保护层的金属构件，其中能受到甲、乙、丙类液体火焰影响的部位应采取防火隔热保护措施。

3.2.9　一、二级耐火等级厂房（仓库）的屋面板应采用不燃烧材料，但其屋面防水层和绝热层可采用可燃材料；当丁、戊类厂房（仓库）不超过 4 层时，其屋面可采用难燃烧体的轻质复合屋面板，但该板材的表面材料应为不燃烧材料，内填充材料的燃烧性能不应低于 B2 级。

3.2.10　除本规范另有规定者外，以木柱承重且以不燃烧材料作为墙体的厂房（仓库），其耐火等级应按四级确定。

3.2.11　预制钢筋混凝土构件的节点外露部位，应采取防火保护措施，且该节点的耐火极限不应低于相应构件的规定。

3.3　厂房（仓库）的耐火等级、层数、面积和平面布置

3.3.1　厂房的耐火等级、层数和每个防火分区的最大允许建筑面积除本规范另有规定者外，应符合表 3.3.1 的规定。

表 3.3.1　厂房的耐火等级、层数和防火分区的最大允许建筑面积

生产类别	厂房的耐火等级	最多允许层数	每个防火分区的最大允许建筑面积/m²			
			单层厂房	多层厂房	高层厂房	地下、半地下厂房，厂房的地下室、半地下室
甲	一级	除生产必须采用多层者外，宜采用单层	4000	3000	—	—
	二级		3000	2000	—	—
乙	一级	不限	5000	4000	2000	—
	二级	6	4000	3000	1500	—
丙	一级	不限	不限	6000	3000	500
	二级	不限	8000	4000	2000	500
	三级	2	3000	2000	—	—
丁	一、二级	不限	不限	不限	4000	1000
	三级	3	4000	2000	—	—
	四级	1	1000	—	—	—
戊	一、二级	不限	不限	不限	6000	1000
	三级	3	5000	3000	—	—
	四级	1	1500	—	—	—

　　注：1. 防火分区之间应采用防火墙分隔。除甲类厂房外的一、二级耐火等级单层厂房，当其防火分区的建筑面积大于本表规定，且设置防火墙确有困难时，可采用防火卷帘或防火分隔水幕分隔。采用防火卷帘时应符合本规范第 7.5.3 条的规定；采用防火分隔水幕时，应符合现行国家标准《自动喷水灭火系统设计规范》GB 50084 的有关规定。

　　2. 除麻纺厂房外，一级耐火等级的多层纺织厂房和二级耐火等级的单层、多层纺织厂房，其每个防火分区的最大允许建筑面积可按本表的规定增加 0.5 倍，但厂房内的原棉开包、清花车间均应采用防火墙分隔。

　　3. 一、二级耐火等级的单层、多层造纸生产联合厂房，其每个防火分区的最大允许建筑面积可按本表的规定增加 1.5 倍。一、二级耐火等级的湿式造纸联合厂房，当纸机烘缸罩内设置自动灭火系统，完成工段设置有效灭火设施保护时，其每个防火分区的最大允许建筑面积可按工艺要求确定。

　　4. 一、二级耐火等级的谷物筒仓工作塔，当每层工作人数不超过 2 人时，其层数不限。

　　5. 一、二级耐火等级卷烟生产联合厂房内的原料、备料及成组配方、制丝、储丝和卷接包、辅料周转、成品暂存、二氧化碳膨胀烟丝等生产用房应划分独立的防火分隔单元，当工艺条件许可时，应采用防火墙进行分隔。其中制丝、储丝和卷接包车间可划分为一个防火分区，且每个防火分区的最大允许建筑面积可按工艺要求确定。但制丝、储丝及卷接包车间之间应采用耐火极限不低于 2.00h 的墙体和 1.00h 的楼板进行分隔。厂房内各水平和竖向分隔间的开口应采取防止火灾蔓延的措施。

　　6. 本表中"—"表示不允许。

3.3.2 仓库的耐火等级、层数和面积除本规范另有规定者外，应符合表 3.3.2 的规定。

表 3.3.2　仓库的耐火等级、层数和面积

储存物品类别		仓库的耐火等级	最多允许层数	每座仓库的最大允许占地面积和每个防火分区的最大允许建筑面积/m²						地下、半地下仓库或仓库的地下室、半地下室
				单层仓库		多层仓库		高层仓库		
				每座仓库	防火分区	每座仓库	防火分区	每座仓库	防火分区	防火分区
甲	3、4项	一级	1	180	60	—	—	—	—	—
	1、2、5、6项	一、二级	1	750	250	—	—	—	—	—
乙	1、3、4项	一、二级	3	2000	500	900	300	—	—	—
		三级	1	500	250	—	—	—	—	—
	2、5、6项	一、二级	5	2800	700	1500	500	—	—	—
		三级	1	900	300	—	—	—	—	—
丙	1项	一、二级	5	4000	1000	2800	700	—	—	150
		三级	1	1200	400	—	—	—	—	—
	2项	一、二级	不限	6000	1500	4800	1200	4000	1000	300
		三级	3	2100	700	1200	400	—	—	—
丁		一、二级	不限	不限	3000	不限	1500	4800	1200	500
		三级	3	3000	1000	1500	500	—	—	—
		四级	1	2100	700	—	—	—	—	—
戊		一、二级	不限	不限	不限	不限	2000	6000	1500	1000
		三级	3	3000	1000	2100	700	—	—	—
		四级	1	2100	700	—	—	—	—	—

注：1. 仓库中的防火分区之间必须采用防火墙分隔。

2. 石油库内桶装油品仓库应按现行国家标准《石油库设计规范》GB 50074 的有关规定执行。

3. 一、二级耐火等级的煤均化库，每个防火分区的最大允许建筑面积不应大于 12000m²。

4. 独立建造的硝酸铵仓库、电石仓库、聚乙烯等高分子制品仓库、尿素仓库、配煤仓库、造纸厂的独立成品仓库以及车站、码头、机场内的中转仓库，当建筑的耐火等级不低于二级时，每座仓库的最大允许占地面积和每个防火分区的最大允许建筑面积可按本表的规定增加 1.0 倍。

5. 一、二级耐火等级粮食平房仓的最大允许占地面积不应大于 12000m²，每个防火分区的最大允许建筑面积不应大于 3000m²；三级耐火等级粮食平房仓的最大允许占地面积不应大于 3000m²，每个防火分区的最大允许建筑面积不应大于 1000m²。

6. 一、二级耐火等级冷库的最大允许占地面积和防火分区的最大允许建筑面积，应按现行国家标准《冷库设计规范》GB 50072 的有关规定执行。

7. 酒精度为 50%（V/V）以上的白酒仓库不宜超过 3 层。

8. 本表中"—"表示不允许。

3.3.3 厂房内设置自动灭火系统时，每个防火分区的最大允许建筑面积可按本规范第 3.3.1 条的规定增加 1.0 倍。当丁、戊类的地上厂房内设置自动灭火系统时，每个防火分区的最大允许建筑面积不限。

仓库内设置自动灭火系统时，每座仓库最大允许占地面积和每个防火分区最大允许建筑面积可按本规范第 3.3.2 条的规定增加 1.0 倍。

厂房内局部设置自动灭火系统时，其防火分区增加面积可按该局部面积的 1.0 倍计算。

3.3.4 使用或储存特殊贵重的机器、仪表、仪器等设备或物品的建筑，其耐火等级应

为一级。

3.3.5   建筑面积小于等于 $300m^2$ 的独立甲、乙类单层厂房，可采用三级耐火等级的建筑。

3.3.6   使用或产生丙类液体的厂房和有火花、赤热表面、明火的丁类厂房，均应采用一、二级耐火等级建筑，当上述丙类厂房的建筑面积小于等于 $500m^2$，丁类厂房的建筑面积小于等于 $1000m^2$ 时，也可采用三级耐火等级的单层建筑。

3.3.7   甲、乙类生产场所不应设置在地下或半地下。甲、乙类仓库不应设置在地下或半地下。

3.3.8   厂房内严禁设置员工宿舍。

办公室、休息室等不应设置在甲、乙类厂房内，当必须与本厂房贴邻建造时，其耐火等级不应低于二级，并应采用耐火极限不低于 3.00h 的不燃烧体防爆墙隔开和设置独立的安全出口。

在丙类厂房内设置的办公室、休息室，应采用耐火极限不低于 2.50h 的不燃烧体隔墙和不低于 1.00h 的楼板与厂房隔开，并应至少设置 1 个独立的安全出口。如隔墙上需开设相互连通的门时，应采用乙级防火门。

3.3.9   厂房内设置甲、乙类中间仓库时，其储量不宜超过 1 昼夜的需要量。

中间仓库应靠外墙布置，并应采用防火墙和耐火极限不低于 1.50h 的不燃烧体楼板与其他部分隔开。

3.3.10   厂房内设置丙类仓库时，必须采用防火墙和耐火极限不低于 1.50h 的楼板与厂房隔开，设置丁、戊类仓库时，必须采用耐火极限不低于 2.50h 的不燃烧体隔墙和不低于 1.00h 的楼板与厂房隔开。仓库的耐火等级和面积应符合本规范第 3.3.2 条和第 3.3.3 条的规定。

3.3.11   厂房中的丙类液体中间储罐应设置在单独房间内，其容积不应大于 $1m^3$。设置该中间储罐的房间，其围护构件的耐火极限不应低于二级耐火等级建筑的相应要求，房间的门应采用甲级防火门。

3.3.12   除锅炉的总蒸发量小于等于 4t/h 的燃煤锅炉房可采用三级耐火等级的建筑外，其他锅炉房均应采用一、二级耐火等级的建筑。

3.3.13   油浸变压器室、高压配电装置室的耐火等级不应低于二级，其他防火设计应按现行国家标准《火力发电厂和变电所设计防火规范》GB 50229 等规范的有关规定执行。

3.3.14   变、配电所不应设置在甲、乙类厂房内或贴邻建造，且不应设置在爆炸性气体、粉尘环境的危险区域内。供甲、乙类厂房专用的 10kV 及以下的变、配电所，当采用无门窗洞口的防火墙隔开时，可一面贴邻建造，并应符合现行国家标准《爆炸和火灾危险环境电力装置设计规范》GB 50058 等规范的有关规定。

乙类厂房的配电所必须在防火墙上开窗时，应设置密封固定的甲级防火窗。

3.3.15   仓库内严禁设置员工宿舍。

甲、乙类仓库内严禁设置办公室、休息室等，并不应贴邻建造。

在丙、丁类仓库内设置的办公室、休息室，应采用耐火极限不低于 2.50h 的不燃烧体隔墙和不低于 1.00h 的楼板与库房隔开，并应设置独立的安全出口。如隔墙上需开设相互连通的门时，应采用乙级防火门。

3.3.16　高架仓库的耐火等级不应低于二级。

3.3.17　粮食筒仓的耐火等级不应低于二级；二级耐火等级的粮食筒仓可采用钢板仓。

粮食平房仓的耐火等级不应低于三级；二级耐火等级的散装粮食平房仓可采用无防火保护的金属承重构件。

3.3.18　甲、乙类厂房（仓库）内不应设置铁路线。

丙、丁、戊类厂房（仓库），当需要出入蒸汽机车和内燃机车时，其屋顶应采用不燃烧体或采取其他防火保护措施。

3.4　厂房的防火间距

3.4.1　除本规范另有规定者外，厂房之间及其与乙、丙、丁、戊类仓库、民用建筑等之间的防火间距不应小于表 3.4.1 的规定。

表 3.4.1　厂房之间及其与乙、丙、丁、戊类仓库、民用建筑等之间的防火间距

单位：m

名　称		甲类厂房	单层、多层乙类厂房（仓库）	单层、多层丙、丁、戊类厂房（仓库）耐火等级			高层厂房（仓库）	民用建筑耐火等级		
				一、二级	三级	四级		一、二级	三级	四级
甲类厂房		12	12	12	14	16	13	25		
单层、多层乙类厂房		12	10	10	12	14	13	25		
单层、多层丙、丁类厂房 耐火等级	一、二级	12	10	10	12	14	13	10	12	14
	三级	14	12	12	14	16	15	12	14	16
	四级	16	14	14	16	18	17	14	16	18
单层、多层戊类厂房	一、二级	12	10	10	12	14	13	6	7	9
	三级	14	12	12	14	16	15	7	8	10
	四级	16	14	14	16	18	17	9	10	12
高层厂房		13	13	13	15	17	13	13	15	17
室外变、配电站变压器总油量/t	≥5,≤10	25	25	12	15	20	12	15	20	25
	>10,≤50			15	20	25	15	20	25	30
	>50			20	25	30	20	25	30	35

注：1. 建筑之间的防火间距应按相邻建筑外墙的最近距离计算，如外墙有凸出的燃烧构件，应从其凸出部分外缘算起。

2. 乙类厂房与重要公共建筑之间的防火间距不宜小于 50m。单层、多层戊类厂房之间及其与戊类仓库之间的防火间距，可按本表的规定减少 2m。为丙、丁、戊类厂房服务而单独立的生活用房应按民用建筑确定，与所属厂房之间的防火间距不应小于 6m。必须相邻建造时，应符合本表注 3、4 的规定。

3. 两座厂房相邻较高一面的外墙为防火墙时，其防火间距不限，但甲类厂房之间不应小于 4m。两座丙、丁、戊类厂房相邻两面的外墙均为不燃烧体，当无外露的燃烧体屋檐，每面外墙上的门窗洞口面积之和各小于等于该外墙面积的 5%，且门窗洞口不正对开设时，其防火间距可按本表的规定减少 25%。

4. 两座一、二级耐火等级的厂房，当相邻较低一面外墙为防火墙且较低一座厂房的屋顶耐火极限不低于 1.00h，或相邻较高一面外墙的门窗等开口部位设置甲级防火门窗或防火分隔水幕或按本规范第 7.5.3 条的规定设置防火卷帘时，甲、乙类厂房之间的防火间距不应小于 6m；丙、丁、戊类厂房之间的防火间距不应大于 4m。

5. 变压器与建筑之间的防火间距应从距建筑最近的变压器外壁算起。发电厂内的主变压器，其油量可按单台确定。

6. 耐火等级低于四级的原有厂房，其耐火等级应按四级确定。

3.4.2 甲类厂房与重要公共建筑之间的防火间距不应小于 50m，与明火或散发火花地点之间的防火间距不应小于 30m，与架空电力线的最小水平距离应符合本规范第11.2.1 条的规定，与甲、乙、丙类液体储罐，可燃、助燃气体储罐，液体石油气储罐，可燃材料堆场的防火间距，应符合本规范第 4 章的有关规定。

3.4.3 散发可燃气体、可燃蒸气的甲类厂房与铁路、道路等的防火间距不应小于表3.4.3 的规定，但甲类厂房所属厂内铁路装卸线当有安全措施时，其间距可不受表3.4.3 规定的限制。

表 3.4.3　甲类厂房与铁路、道路等的防火间距　　　　　单位：m

名　　称	厂外铁路线中心线	厂内铁路线中心线	厂外道路路边	厂内道路路边	
				主要	次要
甲类厂房	30	20	15	10	5

注：厂房与道路路边的防火间距按建筑距道路最近一侧路边的最小距离计算。

3.4.4 高层厂房与甲、乙、丙类液体储罐，可燃、助燃气体储罐，液化石油气储罐，可燃材料堆场（煤和焦炭场除外）的防火间距，应符合本规范第 4 章的有关规定，且不应小于 13m。

3.4.5 当丙、丁、戊类厂房与公共建筑的耐火等级均为一、二级时，其防火间距可按下列规定执行：

　　1 当较高一面外墙为不开设门窗洞口的防火墙，或比相邻较低一座建筑屋面高15m 及以下范围内的外墙为不开设门窗洞口的防火墙时，其防火间距可不限；

　　2 相邻较低一面外墙为防火墙，且屋顶不设天窗，屋顶耐火极限不低于 1.00h，或相邻较高一面外墙为防火墙，且墙上开口部位采取了防火保护措施，其防火间距可适当减小，但不应小于 4m。

3.4.6 厂房外附设有化学易燃物品的设备时，其室外设备外壁与相邻厂房室外附设设备外壁或相邻厂房外墙之间的距离，不应小于本规范第 3.4.1 条的规定。用不燃烧材料制作的室外设备，可按一、二级耐火等级建筑确定。

　　总储量小于等于 15m³ 的丙类液体储罐，当直埋于厂房外墙外，且面向储罐一面4.0m 范围内的外墙为防火墙时，其防火间距可不限。

3.4.7 同一座 U 形或山形厂房中相邻两翼之间的防火间距，不宜小于本规范第 3.4.1条的规定，但当该厂房的占地面积小于本规范第 3.3.1 条规定的每个防火分区的最大允许建筑面积时，其防火间距可为 6m。

3.4.8 除高层厂房和甲类厂房外，其他类别的数座厂房占地面积之和小于本规范第3.3.1 条规定的防火分区最大允许建筑面积（按其中较小者确定，但防火分区的最大允许建筑面积不限者，不应超过 10000m²）时，可成组布置。当厂房建筑高度小于等于7m 时，组内厂房之间的防火间距不应小于 4m；当厂房建筑高度大于 7m 时，组内厂房之间的防火间距不应小于 6m。

　　组成组或组与相邻建筑之间的防火间距，应根据相邻两座耐火等级较低的建筑，按本规范第 3.4.1 条的规定确定。

3.4.9 一级汽车加油站、一级汽车液化石油气加气站和一级汽车加油加气合建站不应建在城市建成区内。

3.4.10　汽车加油、加气站和加油加气合建站的分级，汽车加油、加气站和加油加气合建站及其加油（气）机、储油（气）罐等与站外明火或散发火花地点、建筑、铁路、道路之间的防火间距，以及站内各建筑或设施之间的防火间距，应符合现行国家标准《汽车加油加气站设计与施工规范》GB 50156 的有关规定。

3.4.11　电力系统电压为 35～500kV 且每台变压器容量在 10MV·A 以上的室外变、配电站以及工业企业的变压器总油量大于 5t 的室外降压变电站，与建筑之间的防火间距不应小于本规范第 3.4.1 条和第 3.5.1 条的规定。

3.4.12　厂区围墙与厂内建筑之间的间距不宜小于 5m，且围墙两侧的建筑之间还应满足相应的防火间距要求。

3.5　仓库的防火间距

3.5.1　甲类仓库之间及其与其他建筑、明火或散发火花地点、铁路、道路等的防火间距不应小于表 3.5.1 的规定，与架空电力线的最小水平距离应符合本规范第 11.2.1 条的规定。厂内铁路装卸线与设置装卸站台的甲类仓库的防火间距，可不受表 3.5.1 规定的限制。

表 3.5.1　甲类仓库之间及其与其他建筑、明火或散发火花地点、铁路等的防火间距

单位：m

名　　称		甲类仓库及其储量/t			
		甲类储存物品第 3、4 项		甲类储存物品第 1、2、5、6 项	
		≤5	>5	≤10	>10
重要公共建筑		50			
甲类仓库		20			
民用建筑、明火或散发火花地点		30	40	25	30
其他建筑	一、二级耐火等级	15	20	12	15
	三级耐火等级	20	25	15	20
	四级耐火等级	25	30	20	25
电力系统电压为 35～500kV 且每台变压器容量在 10MV·A 以上的室外变、配电站工业企业的变压器总油量大于 5t 的室外降压变电站		30	40	25	30
厂外铁路线中心线		40			
厂内铁路线中心线		30			
厂外道路路边		20			
厂内道路路边	主要	10			
	次要	5			

注：甲类仓库之间的防火间距，当第 3、4 项物品储量小于等于 2t，第 1、2、5、6 项物品储量小于等于 5t 时，不应小于 12m，甲类仓库与高层仓库之间的防火间距不应小于 13m。

3.5.2　除本规范另有规定者外，乙、丙、丁、戊类仓库之间及其与民用建筑之间的防火间距，不应小于表 3.5.2 的规定。

表 3.5.2　乙、丙、丁、戊类仓库之间及其与民用建筑之间的防火间距　　单位：m

建筑类型		单层、多层乙、丙、丁、戊类仓库						高层仓库	甲类厂房
		单层、多层乙、丙、丁类仓库			单层、多层戊类仓库				
	耐火等级	一、二级	三级	四级	一、二级	三级	四级	一、二级	一、二级
单层、多层乙、丙、丁、戊类仓库	一、二级	10	12	14	10	12	14	13	12
	三级	12	14	16	12	14	16	15	14
	四级	14	16	18	14	16	18	17	16
高层仓库	一、二级	13	15	17	13	15	17	13	13
民用建筑	一、二级	10	12	14	6	7	9	13	25
	三级	12	14	16	7	8	10	15	
	四级	14	16	18	9	10	12	17	

注：1. 单层、多层戊类仓库之间的防火间距，可按本表减少 2m。

2. 两座仓库相邻较高一面外墙为防火墙，且总占地面积小于等于本规范第 3.3.2 条 1 座仓库的最大允许占地面积规定时，其防火间距不限。

3. 除乙类第 6 项物品外的乙类仓库，与民用建筑之间的防火间距不宜小于 25m，与重要公共建筑之间的防火间距不宜小于 30m，与铁路、道路等的防火间距不宜小于表 3.5.1 中甲类仓库与铁路、道路等的防火间距。

3.5.3　当丁、戊类仓库与公共建筑的耐火等级均为一、二级时，其防火间距可按下列规定执行：

1　当较高一面外墙为不开设门窗洞口的防火墙，或比相邻较低一座建筑屋面高 15m 及以下范围内的外墙为不开设门窗洞口的防火墙时，其防火间距可不限；

2　相邻较低一面外墙为防火墙，且屋顶不设天窗，屋顶耐火极限不低于 1.00h，或相邻较高一面外墙为防火墙，且墙上开口部位采取了防火保护措施，其防火间距可适当减小，但不应小于 4m。

3.5.4　粮食筒仓与其他建筑之间及粮食筒仓组与组之间的防火间距，不应小于表 3.5.4 的规定。

表 3.5.4　粮食筒仓与其他建筑之间及粮食筒仓组与组之间的防火间距　　单位：m

名　称	粮食总储量 /(W/t)	粮食立筒仓			粮食浅圆仓		建筑的耐火等级		
		$W \leqslant 40000$	$40000 < W \leqslant 50000$	$W > 50000$	$W \leqslant 50000$	$W > 50000$	一、二级	三级	四级
粮食立筒仓	$500 < W \leqslant 10000$	15		25	20	25	10	15	20
	$10000 < W \leqslant 40000$		20				15	20	25
	$40000 < W \leqslant 50000$	20					20	25	30
	$W > 50000$	25					25	30	—
粮食浅圆仓	$W \leqslant 50000$	20	20	25	20	25	20	25	—
	$W > 50000$	25					25	30	—

注：1. 当粮食立筒仓、粮食浅圆仓与工作塔、接收塔、发放站为一个完整工艺单元的组群时，组内各建筑之间的防火间距不受本表限制。

2. 粮食浅圆仓组内每个独立仓的储量不应大于 10000t。

3.5.5　库区围墙与库区内建筑之间的间距不宜小于 5m，且围墙两侧的建筑之间还应满足相应的防火间距要求。

3.6　厂房（仓库）的防爆

3.6.1　有爆炸危险的甲、乙类厂房宜独立设置，并宜采用敞开或半敞开式。其承重结构宜采用钢筋混凝土或钢框架、排架结构。

3.6.2　有爆炸危险的甲、乙类厂房应设置泄压设施。

3.6.3　有爆炸危险的甲、乙类厂房，其泄压面积宜按下式计算，但当厂房的长径比大于3时，宜将该建筑划分为长径比小于等于3的多个计算段，各计算段中的公共截面不得作为泄压面积：

$$A = 10CV^{2/3} \qquad (3.6.3)$$

式中　A——泄压面积，m^2；

　　　V——厂房的容积，m^3；

　　　C——厂房容积为$1000m^3$时的泄压比，可按表3.6.3选取，m^2/m^3。

表 3.6.3　厂房内爆炸性危险物质的类别与泄压比值　　　　单位：m^2/m^3

厂房内爆炸性危险物质的类别	C 值
氨以及粮食、纸、皮革、铅、铬、铜等 $K_尘 < 10(MPa \cdot m)/s$ 的粉尘	≥0.030
木屑、炭屑、煤粉、锑、锡等 $10MPa \cdot m \cdot s^{-1} \leqslant K_尘 \leqslant 30(MPa \cdot m)/s$ 的粉尘	≥0.055
丙酮、汽油、甲醇、液化石油气、甲烷、喷漆间或干燥室以及苯酚树脂、铝、镁、锆等 $K_尘 > 30(MPa \cdot m)/s$ 的粉尘	≥0.110
乙烯	≥0.160
乙炔	≥0.200
氢	≥0.250

注：长径比为建筑平面几何外形尺寸中的最长尺寸与其横截面周长的积和4.0倍的该建筑横截面积之比。

3.6.4　泄压设施宜采用轻质屋面板、轻质墙体和易于泄压的门、窗等，不应采用普通玻璃。

泄压设施的设置应避开人员密集场所和主要交通道路，并宜靠近有爆炸危险的部位。

作为泄压设施的轻质屋面板和轻质墙体的单位质量不宜超过$60kg/m^2$。

屋顶上的泄压设施应采取防冰雪积聚措施。

3.6.5　散发较空气轻的可燃气体、可燃蒸气的甲类厂房，宜采用轻质屋面板的全部或局部作为泄压面积。顶棚应尽量平整、避免死角，厂房上部空间应通风良好。

3.6.6　散发较空气重的可燃气体、可燃蒸气的甲类厂房以及有粉尘、纤维爆炸危险的乙类厂房，应采用不发火花的地面。采用绝缘材料作整体面层时，应采取防静电措施。

散发可燃粉尘、纤维的厂房内表面应平整、光滑，并易于清扫。

厂房内不宜设置地沟，必须设置时，其盖板应严密，地沟应采取防止可燃气体、可燃蒸气及粉尘、纤维在地沟积聚的有效措施，且与相邻厂房连通处应采用防火材料密封。

3.6.7　有爆炸危险的甲、乙类生产部位，宜设置在单层厂房靠外墙的泄压设施或多层厂房顶层靠外墙的泄压设施附近。

有爆炸危险的设备宜避开厂房的梁、柱等主要承重构件布置。

3.6.8　有爆炸危险的甲、乙类厂房的总控制室应独立设置。

3.6.9　有爆炸危险的甲、乙类厂房的分控制室宜独立设置，当贴邻外墙设置时，应采用耐火极限不低于 3.00h 的不燃烧体墙体与其他部分隔开。

3.6.10　使用和生产甲、乙、丙类液体厂房的管、沟不应和相邻厂房的管、沟相通，该厂房的下水道应设置隔油设施。

3.6.11　甲、乙、丙类液体仓库应设置防止液体流散的设施。遇湿会发生燃烧爆炸的物品仓库应设置防止水浸渍的措施。

3.6.12　有粉尘爆炸危险的筒仓，其顶部盖板应设置必要的泄压设施。

粮食筒仓的工作塔、上通廊的泄压面积应按本规范第 3.6.3 条的规定执行。有粉尘爆炸危险的其他粮食储存设施应采取防爆措施。

3.6.13　有爆炸危险的甲、乙类仓库，宜按本节规定采取防爆措施、设置泄压设施。

3.7　厂房的安全疏散

3.7.1　厂房的安全出口应分散布置。每个防火分区、一个防火分区的每个楼层，其相邻 2 个安全出口最近边缘之间的水平距离不应小于 5m。

3.7.2　厂房的每个防火分区、一个防火分区内的每个楼层，其安全出口的数量应经计算确定，且不应少于 2 个；当符合下列条件时，可设置 1 个安全出口：

　　1　甲类厂房，每层建筑面积小于等于 $100m^2$，且同一时间的生产人数不超过 5 人；

　　2　乙类厂房，每层建筑面积小于等于 $150m^2$，且同一时间的生产人数不超过 10 人；

　　3　丙类厂房，每层建筑面积小于等于 $250m^2$，且同一时间的生产人数不超过 20 人；

　　4　丁、戊类厂房，每层建筑面积小于等于 $400m^2$，且同一时间的生产人数不超过 30 人；

　　5　地下、半地下厂房或厂房的地下室、半地下室，其建筑面积小于等于 $50m^2$，经常停留人数不超过 15 人。

3.7.3　地下、半地下厂房或厂房的地下室、半地下室，当有多个防火分区相邻布置，并采用防火墙分隔时，每个防火分区可利用防火墙上通向相邻防火分区的甲级防火门作为第二安全出口，但每个防火分区必须至少有 1 个直通室外的安全出口。

3.7.4　厂房内任一点到最近安全出口的距离不应大于表 3.7.4 的规定。

表 3.7.4　厂房内任一点到最近安全出口的距离　　　　　　　单位：m

生产类别	耐火等级	单层厂房	多层厂房	高层厂房	地下、半地下厂房或厂房的地下室、半地下室
甲	一、二级	30	25	—	—
乙	一、二级	75	50	30	—
丙	一、二级	80	60	40	30
	三级	60	40	—	—

生产类别	耐火等级	单层厂房	多层厂房	高层厂房	地下、半地下厂房或厂房的地下室、半地下室
丁	一、二级	不限	不限	50	45
	三级	60	50	—	—
	四级	50	—	—	—
戊	一、二级	不限	不限	75	60
	三级	100	75	—	—
	四级	60	—	—	—

3.7.5 厂房内的疏散楼梯、走道、门的各自总净宽度应根据疏散人数，按表3.7.5的规定经计算确定。但疏散楼梯的最小净宽度不宜小于1.1m，疏散走道的最小净宽度不宜小于1.4m，门的最小净宽度不宜小于0.9m。当每层人数不相等时，疏散楼梯的总净宽度应分层计算，下层楼梯总净宽度应按该层或该层以上人数最多的一层计算。

首层外门的总净宽度应按该层或该层以上人数最多的一层计算，且该门的最小净宽度不应小于1.2m。

表3.7.5　厂房疏散楼梯、走道和门的净宽度指标

厂房层数	一、二层	三层	≥四层
宽度指标/(m/百人)	0.6	0.8	1.0

3.7.6 高层厂房和甲、乙、丙类多层厂房应设置封闭楼梯间或室外楼梯。建筑高度大于32m且任一层人数超过10人的高层厂房，应设置防烟楼梯间或室外楼梯。

室外楼梯、封闭楼梯间、防烟楼梯间的设计，应符合本规范第7.4节的有关规定。

3.7.7 建筑高度大于32m且设置电梯的高层厂房，每个防火分区内宜设置一部消防电梯。消防电梯可与客、货梯兼用，消防电梯的防火设计应符合本规范第7.4.10条的规定。

符合下列条件的建筑可不设置消防电梯：

1 高度大于32m且设置电梯，任一层工作平台人数不超过2人的高层塔架；

2 局部建筑高度大于32m，且升起部分的每层建筑面积小于等于50m² 的丁、戊类厂房。

3.8　仓库的安全疏散

3.8.1 仓库的安全出口应分散布置。每个防火分区、一个防火分区的每个楼层，其相邻2个安全出口最近边缘之间的水平距离不应小于5m。

3.8.2 每座仓库的安全出口不应少于2个，当一座仓库的占地面积小于等于300m² 时，可设置1个安全出口。仓库内每个防火分区通向疏散走道、楼梯或室外的出口不宜少于2个，当防火分区的建筑面积小于等于100m² 时，可设置1个。通向疏散走道或楼梯的门应为乙级防火门。

3.8.3 地下、半地下仓库或仓库的地下室、半地下室的安全出口不应少于2个；当建筑面积小于等于100m² 时，可设置1个安全出口。

地下、半地下仓库或仓库的地下室、半地下室当有多个防火分区相邻布置，并采用防火墙分隔时，每个防火分区可利用防火墙上通向相邻防火分区的甲级防火门作为第二安全出口，但每个防火分区必须至少有1个直通室外的安全出口。

3.8.4　粮食筒仓、冷库、金库的安全疏散设计应分别符合现行国家标准《冷库设计规范》GB 50072 和《粮食钢板筒仓设计规范》GB 50322 等的有关规定。

3.8.5　粮食筒仓上层面积小于 $1000m^2$，且该层作业人数不超过 2 人时，可设置 1 个安全出口。

3.8.6　仓库、筒仓的室外金属梯，当符合本规范第 7.4.5 条的规定时可作为疏散楼梯，但筒仓室外楼梯平台的耐火极限不应低于 0.25h。

3.8.7　高层仓库应设置封闭楼梯间。

3.8.8　除一、二级耐火等级的多层戊类仓库外，其他仓库中供垂直运输物品的提升设施宜设置在仓库外，当必须设置在仓库内时，应设置在井壁的耐火极限不低于 2.00h 的井筒内。室内外提升设施通向仓库入口上的门应采用乙级防火门或防火卷帘。

3.8.9　建筑高度大于 32m 且设置电梯的高层仓库，每个防火分区内宜设置一台消防电梯。消防电梯可与客、货梯兼用，消防电梯的防火设计应符合本规范第 7.4.10 条的规定。

4　甲、乙、丙类液体、气体储罐（区）与可燃材料堆场

4.1　一般规定

4.1.1　甲、乙、丙类液体储罐区，液化石油气储罐区，可燃、助燃气体储罐区，可燃材料堆场等，应设置在城市（区域）的边缘或相对独立的安全地带，并宜设置在城市（区域）全年最小频率风向的上风侧。

甲、乙、丙类液体储罐（区）宜布置在地势较低的地带。当布置在地势较高的地带时，应采取安全防护设施。

液化石油气储罐（区）宜布置在地势平坦、开阔等不易积存液化石油气的地带。

4.1.2　桶装、瓶装甲类液体不应露天存放。

4.1.3　液化石油气储罐组或储罐区四周应设置高度不小于 1.0m 的不燃烧体实体防护墙。

4.1.4　甲、乙、丙类液体储罐区，液化石油气储罐区，可燃、助燃气体储罐区，可燃材料堆场，应与装卸区、辅助生产区及办公区分开布置。

4.1.5　甲、乙、丙类液体储罐，液化石油气储罐，可燃、助燃气体储罐，可燃材料堆垛与架空电力线的最近水平距离应符合本规范第 11.2.1 条的规定。

4.2　甲、乙、丙类液体储罐（区）的防火间距

4.2.1　甲、乙、丙类液体储罐（区）及乙、丙类液体桶装堆场与建筑物的防火间距，不应小于表 4.2.1 的规定。

表 4.2.1　甲、乙、丙类液体储罐（区）及乙、丙类液体桶装堆场与建筑物的防火间距

单位：m

项　　目			建筑物的耐火等级			室外变、配电站
			一、二级	三级	四级	
甲、乙类液体	一个罐区或堆场的总储量 V/m^3	$1 \leqslant V < 50$	12	15	20	30
		$50 \leqslant V < 200$	15	20	25	35
		$200 \leqslant V < 1000$	20	25	30	40
		$1000 \leqslant V < 5000$	25	30	40	50
丙类液体		$5 \leqslant V < 250$	12	15	20	24
		$250 \leqslant V < 1000$	15	20	25	28
		$1000 \leqslant V < 5000$	20	25	30	32
		$5000 \leqslant V < 25000$	25	30	40	40

注：1. 当甲、乙类液体和丙类液体储罐布置在同一储罐区时，其总储量可按 $1m^3$ 甲、乙类液体相当于 $5m^3$ 丙类液体折算。

2. 防火间距应从距建筑物最近的储罐外壁、堆垛外缘算起，但储罐防火堤外侧基脚线至建筑物的距离不应小于 10m。

3. 甲、乙、丙类液体的固定顶储罐区或半露天堆场和乙、丙类液体桶装堆场与甲类厂房（仓库）、民用建筑的防火间距，应按本表的规定增加 25%，且甲、乙类液体的固定顶储罐区或半露天堆场及乙、丙类液体桶装堆场与甲类厂房（仓库）、民用建筑的防火间距不应小于 25m，与明火或散发火花地点的防火间距，应按本表四级耐火等级建筑的规定增加 25%。

4. 浮顶储罐区或闪点大于 120℃的液体储罐区与建筑物的防火间距，可按本表的规定减少 25%。

5. 当数个储罐区布置在同一库区内时，储罐区之间的防火间距不应小于本表相应储量的储罐区与四级耐火等级建筑之间防火间距的较大值。

6. 直埋地下的甲、乙、丙类液体卧式罐，当单罐容积小于等于 $50m^3$，总容积小于等于 $200m^3$ 时，与建筑物之间的防火间距可按本表规定减少 50%。

7. 室外变、配电站指电力系统电压为 35～500kV 且每台变压器容量在 10MV·A 以上的室外变、配电站以及工业企业的变压器总油量大于 5t 的室外降压变电站。

4.2.2　甲、乙、丙类液体储罐之间的防火间距不应小于表 4.2.2 的规定。

表 4.2.2　甲、乙、丙类液体储罐之间的防火间距

单位：m

类　别			储罐形式				
			固定顶罐			浮顶储罐	卧式储罐
			地上式	半地下式	地下式		
甲、乙、丙类液体	单罐容量 V/m^3	$V \leqslant 1000$	0.75D	0.5D	0.4D	0.4D	不小于 0.8m
		$V > 1000$	0.6D				
丙类液体		不论容量大小	0.4D	不限	不限	—	

注：1. D 为相邻较大立式储罐的直径（m）；矩形储罐的直径为长边与短边之和的一半。

2. 不同液体、不同形式储罐之间的防火间距不应小于本表规定的较大值。

3. 两排卧式储罐之间的防火间距不应小于 3m。

4. 设置充氮保护设备的液体储罐之间的防火间距可按浮顶储罐的间距确定。

5. 当单罐容量小于等于 $1000m^3$ 且采用固定冷却消防方式时，甲、乙类液体的地上式固定顶罐之间的防火间距不应小于 0.6D。

6. 同时设有液下喷射泡沫灭火设备、固定冷却水设备和扑救防火堤内液体火灾的泡沫灭火设备时，储罐之间的防火间距可适当减小，但地上式储罐不宜小于 0.4D。

7. 闪点大于 120℃的液体，当储罐容量大于 $1000m^3$ 时，其储罐之间的防火间距不应小于 5m；当储罐容量小于等于 $1000m^3$ 时，其储罐之间的防火间距不应小于 2m。

4.2.3　甲、乙、丙类液体储罐成组布置时，应符合下列规定：

（1）组内储罐的单罐储量和总储量不应大于表4.2.3的规定；

（2）组内储罐的布置不应超过两排。甲、乙类液体立式储罐之间的防火间距不应小于2m，卧式储罐之间的防火间距不应小于0.8m；丙类液体储罐之间的防火间距不限；

（3）储罐组之间的防火间距应根据组内储罐的形式和总储量折算为相同类别的标准单罐，并应按本规范第4.2.2条的规定确定。

表4.2.3　甲、乙、丙类液体储罐分组布置的限量

名　　称	单罐最大储量/m³	一组罐最大储量/m³
甲、乙类液体	200	1000
丙类液体	500	3000

4.2.4　甲、乙、丙类液体的地上式、半地下式储罐区的每个防火堤内，宜布置火灾危险性类别相同或相近的储罐。沸溢性液体储罐与非沸溢性液体储罐不应布置在同一防火堤内。地上式、半地下式储罐与地下式储罐，不应布置在同一防火堤内，且地上式、半地下式储罐应分别布置在不同的防火堤内。

4.2.5　甲、乙、丙类液体的地上式、半地下式储罐或储罐组，其四周应设置不燃烧体防火堤。防火堤的设置应符合下列规定：

1　防火堤内的储罐布置不宜超过2排，单罐容量小于等于1000m³且闪点大于120℃的液体储罐不宜超过4排；

2　防火堤的有效容量不应小于其中最大储罐的容量。对于浮顶罐，防火堤的有效容量可为其中最大储罐容量的一半；

3　防火堤内侧基脚线至立式储罐外壁的水平距离不应小于罐壁高度的一半。防火堤内侧基脚线至卧式储罐的水平距离不应小于3m；

4　防火堤的设计高度应比计算高度高出0.2m，且其高度应为1.0～2.2m，并应在防火堤的适当位置设置灭火时便于消防队员进出防火堤的踏步；

5　沸溢性液体地上式、半地下式储罐，每个储罐应设置一个防火堤或防火隔堤；

6　含油污水排水管应在防火堤的出口处设置水封设施，雨水排水管应设置阀门等封闭、隔离装置。

4.2.6　甲类液体半露天堆场，乙、丙类液体桶装堆场和闪点大于120℃的液体储罐（区），当采取了防止液体流散的设施时，可不设置防火堤。

4.2.7　甲、乙、丙类液体储罐与其泵房、装卸鹤管的防火间距不应小于表4.2.7的规定。

表4.2.7　甲、乙、丙类液体储罐与其泵房、装卸鹤管的防火间距　　　单位：m

液体类别和储罐形式		泵房	铁路装卸鹤管、汽车装卸鹤管
甲、乙类液体储罐	拱顶罐	15	20
	浮顶罐	12	15
丙类液体储罐		10	12

注：1.总储量小于等于1000m³的甲、乙类液体储罐，总储量小于等于5000m³的丙类液体储罐，其防火间距可按本表的规定减少25%。

2.泵房、装卸鹤管与储罐防火堤外侧基脚线的距离不应小于5m。

4.2.8 甲、乙、丙类液体装卸鹤管与建筑物、厂内铁路线的防火间距不应小于表4.2.8的规定。

表4.2.8　甲、乙、丙类液体装卸鹤管与建筑物、厂内铁路线的防火间距　单位：m

名　称	建筑物的耐火等级			厂内铁路线	泵房
	一、二级	三级	四级		
甲、乙、类液体装卸鹤管	14	16	18	20	8
丙类液体装卸鹤管	10	12	14	10	

注：装卸鹤管与其直接装卸用的甲、乙、丙类液体装卸铁路线的防火间距不限。

4.2.9 甲、乙、丙类液体储罐与铁路、道路的防火间距不应小于表4.2.9的规定。

表4.2.9　甲、乙、丙类液体储罐与铁路、道路的防火间距　单位：m

名　称	厂外铁路线中心线	厂内铁路线中心线	厂外道路路边	厂内道路路边	
				主要	次要
甲、乙、类液体储罐	35	25	20	15	10
丙类液体储罐	30	20	15	10	5

4.2.10 零位罐与所属铁路装卸线的距离不应小于6m。

4.2.11 石油库的储罐（区）与建筑物的防火间距，石油库内的储罐布置和防火间距以及储罐与泵房、装卸鹤管等库内建筑物的防火间距，应按现行国家标准《石油库设计规范》GB 50074的有关规定执行。

4.3　可燃、助燃气体储罐（区）的防火间距

4.3.1 可燃气体储罐与建筑物、储罐、堆场的防火间距应符合下列规定：

　　1 湿式可燃气体储罐与建筑物、储罐、堆场的防火间距不应小于表4.3.1的规定；

　　2 干式可燃气体储罐与建筑物、储罐、堆场的防火间距：当可燃气体的密度比空气大时，应按表4.3.1的规定增加25%；当可燃气体的密度比空气小时，可按表4.3.1的规定确定；

　　3 湿式或干式可燃气体储罐的水封井、油泵房和电梯间等附属设施与该储罐的防火间距，可按工艺要求布置；

　　4 容积小于等于20m³的可燃气体储罐与其使用厂房的防火间距不限；

　　5 固定容积的可燃气体储罐与建筑物、储罐、堆场的防火间距不应小于表4.3.1的规定。

表4.3.1　湿式可燃气体储罐与建筑物、储罐、堆场的防火间距　单位：m

名　称			湿式可燃气体储罐的总容积 V/m^3			
			$V<1000$	$1000 \leqslant V<10000$	$10000 \leqslant V<50000$	$50000 \leqslant V$ <100000
甲类物品仓库明火或散发火花的地点甲、乙、丙类液体储罐可燃材料堆场室外变、配电站			20	25	30	35
民用建筑			18	20	25	30
其他建筑	耐火等级	一、二级	12	15	20	25
		三级	15	20	25	30
		四级	20	25	30	35

注：固定容积可燃气体储罐的总容积按储罐几何容积（m³）和设计储存压力（绝对压力，10^5Pa）的乘积计算。

4.3.2　可燃气体储罐或罐区之间的防火间距应符合下列规定：

　　1　湿式可燃气体储罐之间、干式可燃气体储罐之间以及湿式与干式可燃气体储罐之间的防火间距，不应小于相邻较大罐直径的1/2；

　　2　固定容积的可燃气体储罐之间的防火间距不应小于相邻较大罐直径的2/3；

　　3　固定容积的可燃气体储罐与湿式或干式可燃气体储罐之间的防火间距，不应小于相邻较大罐直径的1/2；

　　4　数个固定容积的可燃气体储罐的总容积大于200000m³ 时，应分组布置。卧式储罐组与组之间的防火间距不应小于相邻较大罐长度的一半；球形储罐组与组之间的防火间距不应小于相邻较大罐直径，且不应小于20m。

4.3.3　氧气储罐与建筑物、储罐、堆场的防火间距应符合下列规定：

　　1　湿式氧气储罐与建筑物、储罐、堆场的防火间距不应小于表4.3.3的规定；

　　2　氧气储罐之间的防火间距不应小于相邻较大罐直径的1/2；

　　3　氧气储罐与可燃气体储罐之间的防火间距，不应小于相邻较大罐的直径；

　　4　氧气储罐与其制氧厂房的防火间距可按工艺布置要求确定；

　　5　容积小于等于50m³ 的氧气储罐与其使用厂房的防火间距不限；

　　6　固定容积的氧气储罐与建筑物、储罐、堆场的防火间距不应小于表4.3.3的规定。

表4.3.3　湿式氧气储罐与建筑物、储罐、堆场的防火间距　　　　　单位：m

名　　称			湿式氧气储罐的总容积 V/m³		
			$V \leqslant 1000$	$1000 < V \leqslant 50000$	$V > 50000$
甲、乙、丙类液体储罐可燃材料堆场 甲类物品仓库室外变、配电站			20	25	30
民用建筑			18	20	25
其他建筑	耐火等级	一、二级	10	12	14
		三级	12	14	16
		四级	14	16	18

　　注：固定容积氧气储罐的总容积按储罐几何容积（m³）和设计储存压力（绝对压力，10⁵Pa）的乘积计算。

4.3.4　液氧储罐与建筑物、储罐、堆场的防火间距应符合本规范第4.3.3条相应储量湿式氧气储罐防火间距的规定。液氧储罐与其泵房的间距不宜小于3m。总容积小于等于3m³ 的液氧储罐与其使用建筑的防火间距应符合下列规定：

　　1　当设置在独立的一、二级耐火等级的专用建筑物内时，其防火间距不应小于10m；

　　2　当设置在独立的一、二级耐火等级的专用建筑物内，且面向使用建筑物一侧采用无门窗洞口的防火墙隔开时，其防火间距不限；

　　3　当低温储存的液氧储罐采取了防火措施时，其防火间距不应小于5m。

　　注：1m³ 液氧折合标准状态下800m³ 气态氧。

4.3.5　液氧储罐周围5.0m范围内不应有可燃物和设置沥青路面。

4.3.6　可燃、助燃气体储罐与铁路、道路的防火间距不应小于表4.3.6的规定。

表 4.3.6　可燃、助燃气体储罐与铁路、道路的防火间距　　单位：m

名　　称	厂外铁路线 中心线	厂内铁路线 中心线	厂外道路 路边	厂内道路路边	
				主要	次要
可燃、助燃气体储罐	25	20	15	10	5

4.3.7　液氢储罐与建筑物、储罐、堆场的防火间距可按本规范 4.4.1 条相应储量液化石油气储罐防火间距的规定减少 25% 确定。

4.4　液化石油气储罐（区）的防火间距

4.4.1　液化石油气供应基地的全压式和半冷冻式储罐或罐区与明火、散发火花地点和基地外建筑物之间的防火间距，不应小于表 4.4.1 的规定。

表 4.4.1　液化石油气供应基地的全压式和半冷冻式储罐（区）与明火、散发火花地点和基地外建构筑物之间的防火间距　　单位：m

总容积 V/m^3			$30<V\leqslant50$	$50<V\leqslant200$	$200<V\leqslant500$	$500<V$ $\leqslant1000$	$1000<V$ $\leqslant2500$	$2500<V$ $\leqslant5000$	$V>5000$
单罐容量 V/m^3			$V\leqslant20$	$V\leqslant50$	$V\leqslant100$	$V\leqslant200$	$V\leqslant400$	$V\leqslant1000$	$V>1000$
居住区、村镇和学校、影剧院、体育馆等重要公共建筑（最外侧建筑物外墙）			45	50	70	90	110	130	150
工业企业（最外侧建筑物外墙）			27	30	35	40	50	60	75
明火或散发火花地点，室外变、配电站			45	50	55	60	70	80	120
民用建筑，甲、乙类液体储罐，甲、乙类仓库（厂房）稻草、麦秸、芦苇、打包废纸等材料堆场			40	45	50	55	65	75	100
丙类液体储罐、可燃气体储罐，丙、丁类厂房（仓库）			32	35	40	45	55	65	80
助燃气体储罐、木材等材料堆场			27	30	35	40	50	60	75
其他建筑	耐火等级	一、二级	18	20	22	25	30	40	50
		三级	22	25	27	30	40	50	60
		四级	27	30	35	40	50	60	75
公路（路边）	高速、Ⅰ、Ⅱ级		20	25					30
	Ⅲ、Ⅳ级		15	20					25
架空电力线（中心线）			应符合本规范第 11.2.1 条的规定						
架空通信线（中心线）	Ⅰ、Ⅱ级		30			40			
	Ⅲ、Ⅳ级		1.5 倍杆高						

续表

总容积 V/m³		30<V≤50	50<V≤200	200<V≤500	500<V ≤1000	1000<V ≤2500	2500<V ≤5000	V>5000
铁路 （中心线）	国家线	60	70		80		100	
	企业专 用线	25	30		35		40	

注：1. 防火间距应按本表储罐总容积或单罐容积较大者确定，并应从距建筑最近的储罐外壁、堆垛外缘算起。

2. 当地下液化石油气储罐的单罐容积小于等于50m³，总容积小于等于400m³时，其防火间距可按本表减少50％。

3. 居住区、村镇系指1000人或300户以上者，以下者按本表民用建筑执行。

4. 与本表规定以外的其他建筑物的防火间距，应按现行国家标准《城镇燃气设计规范》GB 50028的有关规定执行。

4.4.2　液化石油气储罐之间的防火间距不应小于相邻较大罐的直径。

数个储罐的总容积大于3000m³时，应分组布置，组内储罐宜采用单排布置。组与组相邻储罐之间的防火间距，不应小于20m。

4.4.3　液化石油气储罐与所属泵房的距离不应小于15m。当泵房面向储罐一侧的外墙采用无门窗洞口的防火墙时，其防火间距可减少至6m。液化石油气泵露天设置在储罐区内时，泵与储罐之间的距离不限。

4.4.4　全冷冻式液化石油气储罐与周围建筑物之间的防火间距，应按现行国家标准《城镇燃气设计规范》GB 50028的有关规定执行。

4.4.5　液化石油气气化站、混气站的储罐与周围建筑物之间的防火间距，应按现行国家标准《城镇燃气设计规范》GB 50028的有关规定执行。

工业企业内总容积小于等于10m³的液化石油气气化站、混气站的储罐，当设置在专用的独立建筑内时，其外墙与相邻厂房及其附属设备之间的防火间距可按甲类厂房有关防火间距的规定执行。当露天设置时，与建筑物、储罐、堆场的防火间距应按现行国家标准《城镇燃气设计规范》GB 50028的有关规定执行。

4.4.6　Ⅰ、Ⅱ级瓶装液化石油气供应站瓶库与站外建筑之间的防火间距不应小于表4.4.6的规定。

表4.4.6　Ⅰ、Ⅱ级瓶装液化石油气供应站瓶库与站外建筑之间的防火间距　单位：m

名　　称	Ⅰ级		Ⅱ级	
瓶库的总存瓶容积 V/m³	6<V≤10	10<V≤20	1<V≤3	3<V≤6
明火、散发火花地点	30	35	20	25
重要公共建筑	20	25	12	15
民用建筑	10	15	6	8
主要道路路边	10	10	8	8
次要道路路边	5	5	5	5

注：1. 总存瓶容积应按实瓶个数与单瓶几何容积的乘积计算。

2. 瓶装液化石油气供应站的分级及总存瓶容积小于等于1m³的瓶装供应站瓶库的设置应符合现行国家标准《城镇燃气设计规范》GB 50028的有关规定。

4.4.7　Ⅰ级瓶装液化石油气供应站的四周宜设置不燃烧体的实体围墙，但面向出入口一侧可设置不燃烧体非实体围墙。

Ⅱ级瓶装液化石油气供应站的四周宜设置不燃烧体的实体围墙，或其底部实体部分高度不应低于 0.6m 的围墙。

4.5 可燃材料堆场的防火间距

4.5.1 露天、半露天可燃材料堆场与建筑物的防火间距不应小于表 4.5.1 的规定。

表 4.5.1　露天、半露天可燃材料堆场与建筑物的防火间距　　　单位：m

名　　称	一个堆场的总储量	建筑物的耐火等级		
		一、二级	三级	四级
粮食席穴囤 W/t	$10{\leqslant}W{<}5000$	15	20	25
	$5000{\leqslant}W{<}20000$	20	25	30
粮食土圆仓 W/t	$500{\leqslant}W{<}10000$	10	15	20
	$10000{\leqslant}W{<}20000$	15	20	25
棉、麻、毛、化纤、百货 W/t	$10{\leqslant}W{<}500$	10	15	20
	$500{\leqslant}W{<}1000$	15	20	25
	$1000{\leqslant}W{<}5000$	20	25	30
稻草、麦秸、芦苇、打包废纸等 W/t	$10{\leqslant}W{<}5000$	15	20	25
	$5000{\leqslant}W{<}10000$	20	25	30
	$W{\geqslant}10000$	25	30	40
木材等 V/m^3	$50{\leqslant}V{<}1000$	10	15	20
	$1000{\leqslant}V{<}10000$	15	20	25
	$V{\geqslant}10000$	20	25	30
煤和焦炭 W/t	$100{\leqslant}W{<}5000$	6	8	10
	$W{\geqslant}5000$	8	10	12

　　注：露天、半露天稻草、麦秸、芦苇、打包废纸等材料堆场与甲类厂房（仓库）以及民用建筑的防火间距，应根据建筑物的耐火等级分别按本表的规定增加 25%，且不应小于 25m；与室外变、配电站的防火间距不应小于 50m；与明火或散发火花地点的防火间距，应按本表四级耐火等级建筑的相应规定增加 25%。

　　当一个木材堆场的总储量大于 25000m³ 或一个稻草、麦秸、芦苇、打包废纸等材料堆场的总储量大于 20000t 时，宜分设堆场。各堆场之间的防火间距不应小于相邻较大堆场与四级耐火等级建筑的间距。

　　不同性质物品堆场之间的防火间距，不应小于本表相应储量堆场与四级耐火等级建筑之间防火间距的较大值。

4.5.2 露天、半露天可燃材料堆场与甲、乙、丙类液体储罐的防火间距，不应小于本规范表 4.2.1 和表 4.5.1 中相应储量的堆场与四级耐火等级建筑之间防火间距的较大值。

4.5.3 露天、半露天可燃材料堆场与铁路、道路的防火间距不应小于表 4.5.3 的规定。

表 4.5.3　露天、半露天可燃材料堆场与铁路、道路的防火间距　　　单位：m

名　　称	厂外铁路线中心线	厂内铁路线中心线	厂外道路路边	厂内道路路边	
				主要	次要
稻草、麦秸、芦苇、打包废纸等材料堆场	30	20	15	10	5

　　注：未列入本表的可燃材料堆场与铁路、道路的防火间距，可根据储存物品的火灾危险性按类比原则确定。

5　民用建筑

5.1　民用建筑的耐火等级、层数和建筑面积

5.1.1　民用建筑的耐火等级应分为一、二、三、四级。除本规范另有规定者外，不同耐火等级建筑物相应构件的燃烧性能和耐火极限不应低于表 5.1.1 的规定。

表 5.1.1　建筑物构件的燃烧性能和耐火极限　　　　单位：h

构件名称		耐火等级			
		一级	二级	三级	四级
墙	防火墙	不燃烧体 3.00	不燃烧体 3.00	不燃烧体 3.00	不燃烧体 3.00
	承重墙	不燃烧体 3.00	不燃烧体 2.50	不燃烧体 2.00	难燃烧体 0.50
	非承重外墙	不燃烧体 1.00	不燃烧体 1.00	不燃烧体 0.50	燃烧体
	楼梯间的墙 电梯井的墙 住宅单元之间的墙 住宅分户墙	不燃烧体 2.00	不燃烧体 2.00	不燃烧体 1.50	难燃烧体 0.50
	疏散走道两侧的隔墙	不燃烧体 1.00	不燃烧体 1.00	不燃烧体 0.50	难燃烧体 0.25
	房间隔墙	不燃烧体 0.75	不燃烧体 0.50	难燃烧体 0.50	难燃烧体 0.25
柱		不燃烧体 3.00	不燃烧体 2.50	不燃烧体 2.00	难燃烧体 0.50
梁		不燃烧体 2.00	不燃烧体 1.50	不燃烧体 1.00	难燃烧体 0.50
楼板		不燃烧体 1.50	不燃烧体 1.00	不燃烧体 0.50	燃烧体
屋顶承重构件		不燃烧体 1.50	不燃烧体 1.00	燃烧体	燃烧体
疏散楼梯		不燃烧体 1.50	不燃烧体 1.00	不燃烧体 0.50	燃烧体
吊顶（包括吊顶搁栅）		不燃烧体 0.25	难燃烧体 0.25	难燃烧体 0.15	燃烧体

注：1. 除本规范另有规定者外，以木柱承重且以不燃烧材料作为墙体的建筑物，其耐火等级应按四级确定。

2. 二级耐火等级建筑的吊顶采用不燃烧体时，其耐火极限不限。

3. 在二级耐火等级的建筑中，面积不超过 100m² 的房间隔墙，如执行本表的规定确有困难时，可采用耐火极限不低于 0.30h 的不燃烧体。

4. 一、二级耐火等级建筑疏散走道两侧的隔墙，按本表规定执行确有困难时，可采用耐火极限不低于 0.75h 的不燃烧体。

5. 住宅建筑构件的耐火极限和燃烧性能可按现行国家标准《住宅建筑规范》GB 50368 的规定执行。

5.1.2　二级耐火等级的建筑，当房间隔墙采用难燃烧体时，其耐火极限应提高 0.25h。

5.1.3　一、二级耐火等级建筑的上人平屋顶，其屋面板的耐火极限分别不应低于

1.50h 和 1.00h。

5.1.4　一、二级耐火等级建筑的屋面板应采用不燃烧材料，但其屋面防水层和绝热层可采用可燃材料。

5.1.5　二级耐火等级住宅的楼板采用预应力钢筋混凝土楼板时，该楼板的耐火极限不应低于 0.75h。

5.1.6　三级耐火等级的下列建筑或部位的吊顶，应采用不燃烧体或耐火极限不低于 0.25h 的难燃烧体：

　　1　医院、疗养院、中小学校、老年人建筑及托儿所、幼儿园的儿童用房和儿童游乐厅等儿童活动场所；

　　2　3 层及 3 层以上建筑中的门厅、走道。

5.1.7　民用建筑的耐火等级、最多允许层数和防火分区最大允许建筑面积应符合表 5.1.7 的规定。

表 5.1.7　民用建筑的耐火等级、最多允许层数和防火分区最大允许建筑面积

耐火等级	最多允许层数	防火分区的最大允许建筑面积/m²	备　注
一、二级	按本规范第 1.0.2 条规定	2500	1. 体育馆、剧院的观众厅，展览建筑的展厅，其防火分区最大允许建筑面积可适当放宽； 2. 托儿所、幼儿园的儿童用房和儿童游乐厅等儿童活动场所不应超过 3 层或设置在四层及四层以上楼层或地下、半地下建筑（室）内
三级	5 层	1200	1. 托儿所、幼儿园的儿童用房和儿童游乐厅等儿童活动场所、老年人建筑和医院、疗养院的住院部分不应超过 2 层或设置在三层及三层以上楼层或地下、半地下建筑（室）内； 2. 商店、学校、电影院、剧院、礼堂、食堂、菜市场不应超过 2 层或设置在三层及三层以上楼层
四级	2 层	600	学校、食堂、菜市场、托儿所、幼儿园、老年人建筑、医院等不应设置在二层
地下、半地下建筑（室）		500	—

　　注：建筑内设置自动灭火系统时，该防火分区的最大允许建筑面积可按本表的规定增加 1.0 倍。局部设置时，增加面积可按该局部面积的 1.0 倍计算。

5.1.8　地下、半地下建筑（室）的耐火等级应为一级；重要公共建筑的耐火等级不应低于二级。

5.1.9　当多层建筑物内设置自动扶梯、敞开楼梯等上下层相连通的开口时，其防火分区面积应按上下层相连通的面积叠加计算；当其建筑面积之和大于本规范第 5.1.7 条的规定时，应划分防火分区。

5.1.10　建筑物内设置中庭时，其防火分区面积应按上下层相连通的面积叠加计算；当超过一个防火分区最大允许建筑面积时，应符合下列规定：

　　1　房间与中庭相通的开口部位应设置能自行关闭的甲级防火门窗；

　　2　与中庭相通的过厅、通道等处应设置甲级防火门或防火卷帘；防火门或防火卷

帘应能在火灾时自动关闭或降落。防火卷帘的设置应符合本规范第 7.5.3 条的规定；

　　3　中庭应按本规范第 9 章的规定设置排烟设施。

5.1.11　防火分区之间应采用防火墙分隔。当采用防火墙确有困难时，可采用防火卷帘等防火分隔设施分隔。采用防火卷帘时应符合本规范第 7.5.3 条的规定。

5.1.12　地上商店营业厅、展览建筑的展览厅符合下列条件时，其每个防火分区的最大允许建筑面积不应大于 10000m²：

　　1　设置在一、二级耐火等级的单层建筑内或多层建筑的首层；

　　2　按本规范第 8、9、11 章的规定设置有自动喷水灭火系统、排烟设施和火灾自动报警系统；

　　3　内部装修设计符合现行国家标准《建筑内部装修设计防火规范》GB 50222 的有关规定。

5.1.13　地下商店应符合下列规定：

　　1　营业厅不应设置在地下三层及三层以下；

　　2　不应经营和储存火灾危险性为甲、乙类储存物品属性的商品；

　　3　当设有火灾自动报警系统和自动灭火系统，且建筑内部装修符合现行国家标准《建筑内部装修设计防火规范》GB 50222 的有关规定时，其营业厅每个防火分区的最大允许建筑面积可增加到 2000m²；

　　4　应设置防烟与排烟设施；

　　5　当地下商店总建筑面积大于 20000m² 时，应采用不开设门窗洞口的防火墙分隔。相邻区域确需局部连通时，应选择采取下列措施进行防火分隔：

　　1）下沉式广场等室外开敞空间。该室外开敞空间的设置应能防止相邻区域的火灾蔓延和便于安全疏散；

　　2）防火隔间。该防火隔间的墙应为实体防火墙，在隔间的相邻区域分别设置火灾时能自行关闭的常开式甲级防火门；

　　3）避难走道。该避难走道除应符合现行国家标准《人民防空工程设计防火规范》GB 50098 的有关规定外，其两侧的墙应为实体防火墙，且在局部连通处的墙上应分别设置火灾时能自行关闭的常开式甲级防火门；

　　4）防烟楼梯间。该防烟楼梯间及前室的门应为火灾时能自行关闭的常开式甲级防火门。

5.1.14　歌舞厅、录像厅、夜总会、放映厅、卡拉 OK 厅（含具有卡拉 OK 功能的餐厅）、游艺厅（含电子游艺厅）、桑拿浴室（不包括洗浴部分）、网吧等歌舞娱乐放映游艺场所，宜设置在一、二级耐火等级建筑物内的首层、二层或三层的靠外墙部位，不宜布置在袋形走道的两侧或尽端。

5.1.15　当歌舞厅、录像厅、夜总会、放映厅、卡拉 OK 厅（含具有卡拉 OK 功能的餐厅）、游艺厅（含电子游艺厅）、桑拿浴室（不包括洗浴部分）、网吧等歌舞娱乐放映游艺场所必须布置在袋形走道的两侧或尽端时，最远房间的疏散门至最近安全出口的距离不应大于 9m。当必须布置在建筑物内首层、二层或三层以外的其他楼层时，尚应符合下列规定：

　　1　不应布置在地下二层及二层以下。当布置在地下一层时，地下一层地面与室外出入口地坪的高差不应大于 10m；

2　一个厅、室的建筑面积不应大于 200m²，并应采用耐火极限不低于 2.00h 的不燃烧体隔墙和不低于 1.00h 的不燃烧体楼板与其他部位隔开，厅、室的疏散门应设置乙级防火门；

3　应按本规范第 9 章设置防烟与排烟设施。

5.2　民用建筑的防火间距

5.2.1　民用建筑之间的防火间距不应小于表 5.2.1 的规定，与其他建筑物之间的防火间距应按本规范第 3 章和第 4 章的有关规定执行。

表 5.2.1　民用建筑之间的防火间距　　　　单位：m

耐火等级	一、二级	三级	四级
一、二级	6	7	9
三级	7	8	10
四级	9	10	12

注：1. 两座建筑物相邻较高一面外墙为防火墙或高出相邻较低一座一、二级耐火等级建筑物的屋面 15m 范围内的外墙为防火墙且不开设门窗洞口时，其防火间距可不限。

2. 相邻的两座建筑物，当较低一座的耐火等级不低于二级、屋顶不设置天窗、屋顶承重构件及屋面板的耐火极限不低于 1.00h，且相邻的较低一面外墙为防火墙时，其防火间距不应小于 3.5m。

3. 相邻的两座建筑物，当较低一座的耐火等级不低于二级，相邻较高一面外墙的开口部位设置甲级防火门窗，或设置符合现行国家标准《自动喷水灭火系统设计规范》GB 50084 规定的防火分隔水幕或本规范第 7.5.3 条规定的防火卷帘时，其防火间距不应小于 3.5m。

4. 相邻两座建筑物，当相邻外墙为不燃烧体且无外露的燃烧体屋檐，每面外墙上未设置防火保护措施的门窗洞口不正对开设，且面积之和小于等于该外墙面积的 5％时，其防火间距可按本表规定减少 25％。

5. 耐火等级低于四级的原有建筑物，其耐火等级可按四级确定；以木柱承重且以不燃烧材料作为墙体的建筑，其耐火等级应按四级确定。

6. 防火间距应按相邻建筑物外墙的最近距离计算，当外墙有凸出的燃烧构件时，应从其凸出部分外缘算起。

5.2.2　民用建筑与单独建造的终端变电所、单台蒸汽锅炉的蒸发量小于等于 4t/h 或单台热水锅炉的额定热功率小于等于 2.8MW 的燃煤锅炉房，其防火间距可按本规范第 5.2.1 条的规定执行。

民用建筑与单独建造的其他变电所、燃油或燃气锅炉房及蒸发量或额定热功率大于上述规定的燃煤锅炉房，其防火间距应按本规范第 3.4.1 条有关室外变、配电站和丁类厂房的规定执行。10kV 以下的箱式变压器与建筑物的防火间距不应小于 3m。

5.2.3　数座一、二级耐火等级的多层住宅或办公楼，当建筑物的占地面积的总和小于等于 2500m² 时，可成组布置，但组内建筑物之间的间距不宜小于 4m。组与组或组与相邻建筑物之间的防火间距不应小于本规范第 5.2.1 条的规定。

5.3　民用建筑的安全疏散

5.3.1　民用建筑的安全出口应分散布置。每个防火分区、一个防火分区的每个楼层，其相邻 2 个安全出口最近边缘之间的水平距离不应小于 5m。

5.3.2　公共建筑内的每个防火分区、一个防火分区内的每个楼层，其安全出口的数量应经计算确定，且不应少于 2 个。当符合下列条件之一时，可设一个安全出口或疏散楼梯：

1　除托儿所、幼儿园外，建筑面积小于等于 200m² 且人数不超过 50 人的单层公共建筑；

2 除医院、疗养院、老年人建筑及托儿所、幼儿园的儿童用房和儿童游乐厅等儿童活动场所等外，符合表5.3.2规定的2、3层公共建筑。

表 5.3.2　公共建筑可设置 1 个疏散楼梯的条件

耐火等级	最多层数	每层最大建筑面积/m²	人　　数
一、二层	3层	500	第二层和第三层的人数之和不超过 100 人
三级	3层	200	第二层和第三层的人数之和不超过 50 人
四级	2层	200	第二层人数不超过 30 人

5.3.3　老年人建筑及托儿所、幼儿园的儿童用房和儿童游乐厅等儿童活动场所宜设置在独立的建筑内。当必须设置在其他民用建筑内时，宜设置独立的安全出口，并应符合本规范第5.1.7条的规定。

5.3.4　一、二级耐火等级的公共建筑，当设置不少于2部疏散楼梯且顶层局部升高部位的层数不超过2层、人数之和不超过50人、每层建筑面积小于等于200m²时，该局部高出部位可设置1部与下部主体建筑楼梯间直接连通的疏散楼梯，但至少应另外设置1个直通主体建筑上人平屋面的安全出口，该上人屋面应符合人员安全疏散要求。

5.3.5　下列公共建筑的疏散楼梯应采用室内封闭楼梯间（包括首层扩大封闭楼梯间）或室外疏散楼梯：

1　医院、疗养院的病房楼；

2　旅馆；

3　超过2层的商店等人员密集的公共建筑；

4　设置有歌舞娱乐放映游艺场所且建筑层数超过2层的建筑；

5　超过5层的其他公共建筑。

5.3.6　自动扶梯和电梯不应作为完全疏散设施。

5.3.7　公共建筑中的客、货电梯宜设置独立的电梯间，不宜直接设置在营业厅、展览厅、多功能厅等场所内。

5.3.8　公共建筑和通廊式非住宅类居住建筑中各房间疏散门的数量应经计算确定，且不应少于2个，该房间相邻2个疏散门最近边缘之间的水平距离不应小于5m。当符合下列条件之一时，可设置1个：

1　房间位于2个安全出口之间，且建筑面积小于等于120m²，疏散门的净宽度不小于0.9m；

2　除托儿所、幼儿园、老年人建筑外，房间位于走道尽端，且由房间内任一点到疏散门的直线距离小于等于15m、其疏散门的净宽度不小于1.4m；

3　歌舞娱乐放映游艺场所内建筑面积小于等于50m²的房间。

5.3.9　剧院、电影院和礼堂的观众厅，其疏散门的数量应经计算确定，且不应少于2个。每个疏散门的平均疏散人数不应超过250人；当容纳人数超过2000人时，其超过2000人的部分，每个疏散门的平均疏散人数不应超过400人。

5.3.10　体育馆的观众厅，其疏散门的数量应经计算确定，且不应少于2个，每个疏散门的平均疏散人数不宜超过400～700人。

5.3.11 居住建筑单元任一层建筑面积大于 650m² ，或任一住户的户门至安全出口的距离大于 15m 时，该建筑单元每层安全出口不应少于 2 个。当通廊式非住宅类居住建筑超过表 5.3.11 规定时，安全出口不应少于 2 个。居住建筑的楼梯间设置形式应符合下列规定：

　　1 通廊式居住建筑当建筑层数超过 2 层时应设封闭楼梯间；当户门采用乙级防火门时，可不设置封闭楼梯间；

　　2 其他形式的居住建筑当建筑层数超过 6 层或任一层建筑面积大于 500m² 时，应设置封闭楼梯间；当户门或通向疏散走道、楼梯间的门、窗为乙级防火门、窗时，可不设置封闭楼梯间。

　　居住建筑的楼梯间宜通至屋顶，通向平屋面的门或窗应向外开启。

　　当住宅中的电梯井与疏散楼梯相邻布置时，应设置封闭楼梯间，当户门采用乙级防火门时，可不设置封闭楼梯间。当电梯直通住宅楼层下部的汽车库时，应设置电梯候梯厅并采用防火分隔措施。

表 5.3.11　通廊式非住宅类居住建筑可设置 1 个疏散楼梯的条件

耐火等级	最多层数	每层最大建筑面积/m²	人　数
一、二级	3 层	500	第二层和第三层的人数之和不超过 100 人
三级	3 层	200	第二层和第三层的人数之和不超过 50 人
四级	2 层	200	第二层人数不超过 30 人

5.3.12 地下、半地下建筑（室）安全出口和房间疏散门的设置应符合下列规定：

　　1 每个防火分区的安全出口数量应经计算确定，且不应少于 2 个。当平面上有 2 个或 2 个以上防火分区相邻布置时，每个防火分区可利用防火墙上 1 个通向相邻分区的防火门作为第二安全出口，但必须有 1 个直通室外的安全出口；

　　2 使用人数不超过 30 人且建筑面积小于等于 500m² 的地下、半地下建筑（室），其直通室外的金属竖向梯可作为第二安全出口；

　　3 房间建筑面积小于等于 50m² ，且经常停留人数不超过 15 人时，可设置 1 个疏散门；

　　4 歌舞娱乐放映游艺场所的安全出口不应少于 2 个，其中每个厅室或房间的疏散门不应少于 2 个。当其建筑面积小于等于 50m² 且经常停留人数不超过 15 人时，可设置 1 个疏散门；

　　5 地下商店和设置歌舞娱乐放映游艺场所的地下建筑（室），当地下层数为 3 层及 3 层以上或地下室内地面与室外出入口地坪高差大于 10m 时，应设置防烟楼梯间；其他地下商店和设置歌舞娱乐放映游艺场所的地下建筑，应设置封闭楼梯间；

　　6 地下、半地下建筑的疏散楼梯间应符合本规范第 7.4.4 条的规定。

5.3.13 民用建筑的安全疏散距离应符合下列规定：

　　1 直接通向疏散走道的房间疏散门至最近安全出口的距离应符合表 5.3.13 的规定；

　　2 直接通向疏散走道的房间疏散门至最近非封闭楼梯间的距离，当房间位于两个楼梯间之间时，应按表 5.3.13 的规定减少 5m；当房间位于袋形走道两侧或尽端时，应按表 5.3.13 的规定减少 2m；

3　楼梯间的首层应设置直通室外的安全出口或在首层采用扩大封闭楼梯间。当层数不超过 4 层时，可将直通室外的安全出口设置在离楼梯间小于等于 15m 处；

4　房间内任一点到该房间直接通向疏散走道的疏散门的距离，不应大于表 5.3.13 中规定的袋形走道两侧或尽端的疏散门至安全出口的最大距离。

表 5.3.13　直接通向疏散走道的房间疏散门至最近安全出口的最大距离　　　单位：m

名　　称	位于两个安全出口之间的疏散门			位于袋形走道两侧或尽端的疏散门		
	耐火等级			耐火等级		
	一、二级	三级	四级	一、二级	三级	四级
托儿所、幼儿园	25	20	—	20	15	—
医院、疗养院	35	30	—	20	15	—
学校	35	30	—	22	20	—
其他民用建筑	40	35	25	22	20	15

注：1. 一、二级耐火等级的建筑物内的观众厅、展览厅、多功能厅、餐厅、营业厅和阅览室等，其室内任何一点至最近安全出口的直线距离不宜大于 30m。

2. 敞开式外廊建筑的房间疏散门至安全出口的最大距离可按本表增加 5m。

3. 建筑物内全部设置自动喷水灭火系统时，其安全疏散距离可按本表和本表注 1 的规定增加 25%。

4. 房间内任一点到该房间直接通向疏散走道的疏散门的距离计算：住宅应为最远房间内任一点到户门的距离，跃层式住宅内的户内楼梯的距离可按其梯段总长度的水平投影尺寸计算。

5.3.14　除本规范另有规定者外，建筑中的疏散走道、安全出口、疏散楼梯以及房间疏散门的各自总宽度应经计算确定。

安全出口、房间疏散门的净宽度不应小于 0.9m，疏散走道和疏散楼梯的净宽度不应小于 1.1m；不超过 6 层的单元式住宅，当疏散楼梯的一边设置栏杆时，最小净宽度不宜小于 1m。

5.3.15　人员密集的公共场所、观众厅的疏散门不应设置门槛，其净宽度不应小于 1.4m，且紧靠门口内外各 1.4m 范围内不应设置踏步。

剧院、电影院、礼堂的疏散门应符合本规范第 7.4.12 条的规定。

人员密集的公共场所的室外疏散小巷的净宽度不应小于 3m，并应直接通向宽敞地带。

5.3.16　剧院、电影院、礼堂、体育馆等人员密集场所的疏散走道、疏散楼梯、疏散门、安全出口的各自总宽度，应根据其通过人数和疏散净宽度指标计算确定，并应符合下列规定：

1　观众厅内疏散走道的净宽度应按每 100 人不小于 0.6m 的净宽度计算，且不应小于 1m；边走道的净宽度不宜小于 0.8m。

在布置疏散走道时，横走道之间的座位排数不宜超过 20 排；纵走道之间的座位数：剧院、电影院、礼堂等，每排不宜超过 22 个；体育馆，每排不宜超过 26 个；前后排座椅的排距不小于 0.9m 时，可增加 1 倍，但不得超过 50 个；仅一侧有纵走道时，座位数应减少一半；

2　剧院、电影院、礼堂等场所供观众疏散的所有内门、外门、楼梯和走道的各自总宽度，应按表 5.3.16-1 的规定计算确定；

3 体育馆供观众疏散的所有内门、外门、楼梯和走道的各自总宽度，应按表 5.3.16-2 的规定计算确定；

4 有等场需要的入场门不应作为观众厅的疏散门。

表 5.3.16-1　剧院、电影院、礼堂等场所每 100 人所需最小疏散净宽度　　单位：m

观众厅座位数（座）			≤2500	≤1200
耐火等级			一、二级	三级
疏散部位	门和走道	平坡地面	0.65	0.85
		阶梯地面	0.75	1.00
	楼梯		0.75	1.00

表 5.3.16-2　体育馆每 100 人所需最小疏散净宽度　　单位：m

观众厅座位数档次（座）			3000～5000	5001～10000	10001～20000
疏散部位	门和走道	平坡地面	0.43	0.37	0.32
		阶梯地面	0.50	0.43	0.37
	楼梯		0.50	0.43	0.37

注：表 5.3.16-2 中较大座位数档次按规定计算的疏散总宽度，不应小于相邻较小座位数档次按其最多座位数计算的疏散总宽度。

5.3.17 学校、商店、办公楼、候车（船）室、民航候机厅、展览厅及歌舞娱乐放映游艺场所等民用建筑中的疏散走道、安全出口、疏散楼梯以及房间疏散门的各自总宽度，应按下列规定经计算确定：

1 每层疏散走道、安全出口、疏散楼梯以及房间疏散门的每 100 人净宽度不应小于表 5.3.17-1 的规定；当每层人数不等时，疏散楼梯的总宽度可分层计算，地上建筑中下层楼梯的总宽度应按其上层人数最多一层的人数计算；地下建筑中上层楼梯的总宽度应按其下层人数最多一层的人数计算；

2 当人员密集的厅、室以及歌舞娱乐放映游艺场所设置在地下或半地下时，其疏散走道、安全出口、疏散楼梯以及房间疏散门的各自总宽度，应按其通过人数第 100 人不小于 1m 计算确定；

3 首层外门的总宽度应按该层或该层以上人数最多的一层人数计算确定，不供楼上人员疏散的外门，可按本层人数计算确定；

4 录像厅、放映厅的疏散人数应按该场所的建筑面积 1 人/m² 计算确定；其他歌舞娱乐放映游艺场所的疏散人数应按该场所的建筑面积 0.5 人/m² 计算确定；

5 商店的疏散人数应按每层营业厅建筑面积乘以面积折算值和疏散人数换算系数计算。地上商店的面积折算值宜为 50%～70%，地下商店的面积折算值不应小于 70%。疏散人数的换算系数可按表 5.3.17-2 确定。

表 5.3.17-1　疏散走道、安全出口、疏散楼梯和房间疏散门每 100 人的净宽度　　单位：m

楼层位置	耐火等级		
	一、二级	三级	四级
地上一、二层	0.65	0.75	1.00
地上三层	0.75	1.00	—
地上四层及四层以上各层	1.00	1.25	—
与地面出入口地面的高差不超过 10m 的地下建筑	0.75	—	—
与地面出入口地面的高差超过 10m 的地下建筑	1.00	—	—

表 5.3.17-2　商店营业厅内的疏散人数换算系数

楼层位置	地下二层	地下一层、地上 第一、二层	地上第三层	地上第四层及 四层以上各层
换算系数/（人/m²）	0.80	0.85	0.77	0.60

5.3.18　人员密集的公共建筑不宜在窗口、阳台等部位设置金属栅栏，当必须设置时，应有从内部易于开启的装置。窗口、阳台等部位宜设置辅助疏散逃生设施。

5.4　其他

5.4.1　燃煤、燃油或燃气锅护、油浸电力变压器、充有可燃油的高压电容器和多油开关等用房宜独立建造。当确有困难时可贴邻民用建筑布置，但应采用防火墙隔开，且不应贴邻人员密集场所。

5.4.2　燃油或燃气锅炉、油浸电力变压器、充有可燃油的高压电容器和多油开关等用房受条件限制必须布置在民用建筑内时，不应布置在人员密集场所的上一层、下一层或贴邻，并应符合下列规定：

　　1　燃油和燃气锅炉房、变压器室应设置在首层或地下一层靠外墙部位，但常（负）压燃油、燃气锅炉可设置在地下二层，当常（负）压燃气锅炉距安全出口的距离大于 6m 时，可设置在屋顶上。

　　采用相对密度（与空气密度的比值）大于等于 0.75 的可燃气体为燃料的锅炉，不得设置在地下或半地下建筑（室）内；

　　2　锅炉房、变压器室的门均应直通室外或直通安全出口；外墙开口部位的上方应设置宽度不小于 1m 的不燃烧体防火挑檐或高度不小于 1.2m 的窗槛墙；

　　3　锅炉房、变压器室与其他部位之间应采用耐火极限不低于 2.00h 的不燃烧体隔墙和 1.50h 的不燃烧体楼板隔开。在隔墙和楼板上不应开设洞口，当必须在隔墙上开设门窗时，应设置甲级防火门窗；

　　4　当锅炉房内设置储油间时，其总储存量不应大于 1m³，且储油间应采用防火墙与锅炉间隔开；当必须在防火墙上开门时，应设置甲级防火门；

　　5　变压器室之间、变压器室与配电室之间，应采用耐火极限不低于 2.00h 的不燃烧体墙隔开；

　　6　油浸电力变压器、多油开关室、高压电容器室，应设置防止油品流散的设施。油浸电力变压器下面应设置储存变压器全部油量的事故储油设施；

　　7　锅炉的容量应符合现行国家标准《锅炉房设计规范》GB 50041 的有关规定。油浸电力变压器的总容量不应大于 1260kV·A，单台容量不应大于 630kV·A；

　　8　应设置火灾报警装置；

　　9　应设置与锅炉、油浸变压器容量和建筑规模相适应的灭火设施；

　　10　燃气锅炉房应设置防爆泄压设施，燃气、燃油锅炉房应设置独立的通风系统，并应符合本规范第 10 章的有关规定。

5.4.3　柴油发电机房布置在民用建筑内时应符合下列规定：

　　1　宜布置在建筑物的首层及地下一、二层；

　　2　应采用耐火极限不低于 2.00h 的不燃烧体隔墙和不低于 1.50h 的不燃烧体楼板

与其他部位隔开，门应采用甲级防火门；

　　3　机房内应设置储油间，其总储存量不应大于 8.0h 的需要量，且储油间应采用防火墙与发电机间隔开；当必须在防火墙上开门时，应设置甲级防火门；

　　4　应设置火灾报警装置；

　　5　应设置与柴油发电机容量和建筑规模相适应的灭火设施。

5.4.4　设置在建筑物内的锅炉、柴油发电机，其进入建筑物内的燃料供给管道应符合下列规定：

　　1　应在进入建筑物前的设备间内，设置自动和手动切断阀；

　　2　储油间的油箱应密闭且应设置通向室外的通气管，通气管应设置带阻火器的呼吸阀，油箱的下部应设置防止油品流散的设施；

　　3　燃气供给管道的敷设应符合现行国家标准《城镇燃气设计规范》GB 50028 的有关规定；

　　4　供锅炉及柴油发电机使用的柴油等液体燃料储罐，其布置应符合本规范第 3.4 节或第 4.2 节的有关规定。

5.4.5　经营、存放和使用甲、乙类物品的商店、作坊和储藏间，严禁设置在民用建筑内。

5.4.6　住宅与其他功能空间处于同一建筑内时，应符合下列规定：

　　1　住宅部分与非住宅部分之间应采用不开设门窗洞口的耐火极限不低于 1.50h 的不燃烧体楼板和不低于 2.00h 的不燃烧体隔墙与居住部分完全分隔，且居住部分的安全出口和疏散楼梯应独立设置；

　　2　其他功能场所和居住部分的安全疏散、消防设施等防火设计，应分别按照本规范中住宅建筑和公共建筑的有关规定执行，其中居住部分的层数确定应包括其他功能部分的层数。

5.5　木结构民用建筑

5.5.1　当木结构建筑构件的燃烧性能和耐火极限满足表 5.5.1 的规定时，木结构可按本节的规定进行建筑防火设计。

表 5.5.1　木结构建筑中构件的燃烧性能和耐火极限　　　　单位：h

构件名称	燃烧性能和耐火极限
防火墙	不燃烧体 3.00
承重墙、住宅单元之间的墙、住宅分户墙、楼梯间和电梯井墙体	难燃烧体 1.00
非承重外墙、疏散走道两侧的隔墙	难燃烧体 1.00
房间隔墙	难燃烧体 0.50
多层承重柱	难燃烧体 1.00
单层承重柱	难燃烧体 1.00
梁	难燃烧体 1.00
楼板	难燃烧体 1.00
屋顶承重构件	难燃烧体 1.00
疏散楼梯	难燃烧体 0.50
室内吊顶	难燃烧体 0.25

　　注：1. 屋顶表层应采用不可燃材料。

　　2. 当同一座木结构建筑由不同高度组成，较低部分的屋顶承重构件不得采用燃烧体；采用难燃烧体时，其耐火极限不应低于 1.00h。

5.5.2　木结构建筑不应超过 3 层。不同层数建筑最大允许长度和防火分区面积不应超过表5.5.2的规定。

表 5.5.2 木结构建筑的层数、长度和面积

层　数	最大允许长度/m	每层最大允许面积/m²
1 层	100	1200
2 层	80	900
3 层	60	600

注：安装有自动喷水灭火系统的木结构建筑，每层楼最大允许长度、面积可按本表规定增加 1.0 倍，局部设置时，增加面积可按该局部面积的 1.0 倍计算。

5.5.3 木结构建筑之间及其与其他耐火等级的民用建筑之间的防火间距不应小于表5.5.3的规定。

表 5.5.3 木结构建筑之间及其与其他耐火等级的民用建筑之间的防火间距

建筑耐火等级或类别	一、二级	三级	木结构建筑	四级
木结构建筑/m	8	9	10	11

注：防火间距应按相邻建筑外墙的最近距离计算，当外墙有凸出的可燃构件时，应从凸出部分的外缘算起。

5.5.4 两座木结构建筑之间及其与相邻其他结构民用建筑之间的外墙均无任何门窗洞口时，其防火间距不应小于4m。

5.5.5 两座木结构建筑之间及其与其他耐火等级的民用建筑之间，外墙的门窗洞口面积之和不超过该外墙面积的10%时，其防火间距不应小于表5.5.5的规定。

表 5.5.5 外墙开口率小于 10%时的防火间距

建筑防火等级或类别	一、二、三级	木结构建筑	四级
木结构建筑/m	5	6	7

6 消 防 车 道

6.0.1 街区内的道路应考虑消防车的通行，其道路中心线间的距离不宜大于160m。当建筑物沿街道部分的长度大于150m或总长度大于220m时，应设置穿过建筑物的消防车道。当确有困难时，应设置环形消防车道。

6.0.2 有封闭内院或天井的建筑物，当其短边长度大于24m时，宜设置进入内院或天井的消防车道。

6.0.3 有封闭内院或天井的建筑物沿街时，应设置连通街道和内院的人行通道（可利用楼梯间），其间距不宜大于80m。

6.0.4 在穿过建筑物或进入建筑物内院的消防车道两侧，不应设置影响消防车通行或人员安全疏散的设施。

6.0.5 超过3000个座位的体育馆、超过2000个座位的会堂和占地面积大于3000m²的展览馆等公共建筑，宜设置环形消防车道。

6.0.6 工厂、仓库区内应设置消防车道。

占地面积大于3000m²的甲、乙、丙类厂房或占地面积大于1500m²的乙、丙类仓库，应设置环形消防车道，确有困难时，应沿建筑物的两个长边设置消防车道。

6.0.7 可燃材料露天堆场区，液化石油气储罐区，甲、乙、丙类液体储罐区和可燃气体储罐区，应设置消防车道。消防车道的设置应符合下列规定：

1 储量大于表6.0.7规定的堆场、储罐区，宜设置环形消防车道；

表 6.0.7　堆场、储罐区的储量

名称	棉、麻、毛、化纤/t	稻草、麦秸、芦苇/t	木材 /m³	甲、乙、丙类 液体储罐/m³	液体石油气储罐 /m³	可燃气体储罐 /m³
储量	1000	5000	5000	1500	500	30000

　　2　占地面积大于 $30000m^2$ 的可燃材料堆场，应设置与环形消防车道相连的中间消防车道，消防车道的间距不宜大于150m。液化石油气储罐区，甲、乙、丙类液体储罐区，可燃气体储罐区，区内的环形消防车道之间宜设置连通的消防车道；

　　3　消防车道与材料堆场堆垛的最小距离不应小于5m；

　　4　中间消防车道与环形消防车道交接处应满足消防车转弯半径的要求。

6.0.8　供消防车取水的天然水源和消防水池应设置消防车道。

6.0.9　消防车道的净宽度和净空高度均不应小于4.0m。供消防车停留的空地，其坡度不宜大于3%。

　　消防车道与厂房（仓库）、民用建筑之间不应设置妨碍消防车作业的障碍物。

6.0.10　环形消防车道至少应有两处与其他车道连通。尽头式消防车道应设置回车道或回车场，回车场的面积不应小于 $12m×12m$ ；供大型消防车使用时，不宜小于 $18m×18m$ 。

　　消防车道路面、扑救作业场地及其下面的管道和暗沟等应能承受大型消防车的压力。

　　消防车道可利用交通道路，但应满足消防车通行与停靠的要求。

6.0.11　消防车道不宜与铁路正线平交。如必须平交，应设置备用车道，且两车道之间的间距不应小于一列火车的长度。

7　建　筑　构　造

7.1　防火墙

7.1.1　防火墙应直接设置在建筑物的基础或钢筋混凝土框架、梁等承重结构上，轻质防火墙体可不受此限。

　　防火墙应从楼地面基层隔断至顶板底面基层。当屋顶承重结构和屋面板的耐火极限低于0.50h，高层厂房（仓库）屋面板的耐火极限低于1.00h时，防火墙应高出不燃烧体屋面0.4m以上，高出燃烧体或难燃烧体屋面0.5m以上。其他情况时，防火墙可不高出屋面，但应砌至屋面结构层的底面。

7.1.2　防火墙横截面中心线距天窗端面的水平距离小于4m，且天窗端面为燃烧体时，应采取防止火势蔓延的措施。

7.1.3　当建筑物的外墙为难燃烧体时，防火墙应凸出墙的外表面0.4m以上，且在防火墙两侧的外墙应为宽度不小于2m的不燃烧体，其耐火极限不应低于该外墙的耐火极限。

　　当建筑物的外墙为不燃烧体时，防火墙可不凸出墙的外表面。紧靠防火墙两侧的门、窗洞口之间最近边缘的水平距离不应小于2m；但装有固定窗扇或火灾时可自动关闭的乙级防火窗时，该距离可不限。

7.1.4　建筑物内的防火墙不宜设置在转角处。如设置在转角附近，内转角两侧墙上的门、窗洞口之间最近边缘的水平距离不应小于 4m。

7.1.5　防火墙上不应开设门窗洞口，当必须开设时，应设置固定的或火灾时能自动关闭的甲级防火门窗。

可燃气体和甲、乙、丙类液体的管道严禁穿过防火墙。其他管道不宜穿过防火墙，当必须穿过时，应采用防火封堵材料将墙与管道之间的空隙紧密填实；当管道为难燃及可燃材质时，应在防火墙两侧的管道上采取防火措施。

防火墙内不应设置排气道。

7.1.6　防火墙的构造应使防火墙任意一侧的屋架、梁、楼板等受到火灾的影响而破坏时，不致使防火墙倒塌。

7.2　建筑构件和管道井

7.2.1　剧院等建筑的舞台与观众厅之间的隔墙应采用耐火极限不低于 3.00h 的不燃烧体。

舞台上部与观众厅闷顶之间的隔墙可采用耐火极限不低于 1.50h 的不燃烧体，隔墙上的门应采用乙级防火门。

舞台下面的灯光操作室和可燃物储藏室应采用耐火极限不低于 2.00h 的不燃烧体墙与其他部位隔开。

电影放映室、卷片室应采用耐火极限不低于 1.50h 的不燃烧体隔墙与其他部分隔开。观察孔和放映孔应采取防火分隔措施。

7.2.2　医院中的洁净手术室或洁净手术部、附设在建筑中的歌舞娱乐放映游艺场所以及附设在居住建筑中的托儿所、幼儿园的儿童用房和儿童游乐厅等儿童活动场所、老年人建筑，应采用耐火极限不低于 2.00h 的不燃烧体墙和不低于 1.00h 的楼板与其他场所或部位隔开，当墙上必须开门时应设置乙级防火门。

7.2.3　下列建筑或部位的隔墙应采用耐火极限不低于 2.00h 的不燃烧体，隔墙上的门窗应为乙级防火门窗：

1　甲、乙类厂房和使用丙类液体的厂房；

2　有明火和高温的厂房；

3　剧院后台的辅助用房；

4　一、二级耐火等级建筑的门厅；

5　除住宅外，其他建筑内的厨房；

6　甲、乙、丙类厂房或甲、乙、丙类仓库内布置有不同类别火灾危险性的房间。

7.2.4　建筑内的隔墙应从楼地面基层隔断至顶板底面基层。

住宅分户墙和单元之间的墙应砌至屋面板底部，屋面板的耐火极限不应低于 0.50h。

7.2.5　附设在建筑物内的消防控制室、固定灭火系统的设备室、消防水泵房和通风空气调节机房等，应采用耐火极限不低于 2.00h 的隔墙和不低于 1.50h 的楼板与其他部位隔开。设置在丁、戊类厂房中的通风机房应采用耐火极限不低于 1.00h 的隔墙和不低于 0.50h 的楼板与其他部位隔开。隔墙上的门除本规范另有规定者外，均应采用乙级防火门。

7.2.6　冷库采用泡沫塑料、稻壳等可燃材料作墙体内的绝热层时，宜采用不燃烧绝热材料在每层楼板处做水平防火分隔。防火分隔部位的耐火极限应与楼板的相同。

冷库阁楼层和墙体的可燃绝热层宜采用不燃烧体墙分隔。

7.2.7　建筑幕墙的防火设计应符合下列规定：

1　窗槛墙、窗间墙的填充材料应采用不燃材料。当外墙面采用耐火极限不低于1.00h的不燃烧体时，其墙内填充材料可采用难燃材料；

2　无窗间墙和窗槛墙的幕墙，应在每层楼板外沿设置耐火极限不低于1.00h、高度不低于0.8m的不燃烧实体裙墙；

3　幕墙与每层楼板、隔墙处的缝隙应采用防火封堵材料封堵。

7.2.8　建筑中受高温或火焰作用易变形的管道，在其贯穿楼板部位和穿越耐火极限不低于2.00h的墙体两侧宜采取阻火措施。

7.2.9　电梯井应独立设置，井内严禁敷设可燃气体和甲、乙、丙类液体管道，并不应敷设与电梯无关的电缆、电线等。电梯井的井壁除开设电梯门洞和通气孔洞外，不应开设其他洞口。电梯门不应采用栅栏门。

电缆井、管道井、排烟道、排气道、垃圾道等竖向管道井，应分别独立设置；其井壁应为耐火极限不低于1.00h的不燃烧体；井壁上的检查门应采用丙级防火门。

7.2.10　建筑内的电缆井、管道井应在每层楼板处采用不低于楼板耐火极限的不燃烧体或防火封堵材料封堵。

建筑内的电缆井、管道井与房间、走道等相连通的孔洞应采用防火封堵材料封堵。

7.2.11　位于墙、楼板两侧的防火阀、排烟防火阀之间的风管外壁应采取防火保护措施。

7.3　屋顶、闷顶和建筑缝隙

7.3.1　在三、四级耐火等级建筑的闷顶内采用锯末等可燃材料作绝热层时，其屋顶不应采用冷摊瓦。

闷顶内的非金属烟囱周围0.5m、金属烟囱0.7m范围内，应采用不燃材料作绝热层。

7.3.2　建筑层数超过2层的三级耐火等级建筑，当设置有闷顶时，应在每个防火隔断范围内设置老虎窗，且老虎窗的间距不宜大于50m。

7.3.3　闷顶内有可燃物的建筑，应在每个防火隔断范围内设置不小于0.7m×0.7m的闷顶入口，且公共建筑的每个防火隔断范围内的闷顶入口不宜少于2个。闷顶入口宜布置在走廊中靠近楼梯间的部位。

7.3.4　电线电缆、可燃气体和甲、乙、丙类液体的管道不宜穿过建筑内的变形缝；当必须穿过时，应在穿过处加设不燃材料制作的套管或采取其他防变形措施，并应采用防火封堵材料封堵。

7.3.5　防烟、排烟、采暖、通风和空气调节系统中的管道，在穿越隔墙、楼板及防火分区处的缝隙应采用防火封堵材料封堵。

7.4　楼梯间、楼梯和门

7.4.1　疏散用的楼梯间应符合下列规定：

    1　楼梯间应能天然采光和自然通风，并宜靠外墙设置；

    2　楼梯间内不应设置烧水间、可燃材料储藏室、垃圾道；

    3　楼梯间内不应有影响疏散的凸出物或其他障碍物；

    4　楼梯间内不应敷设甲、乙、丙类液体管道；

    5　公共建筑的楼梯间内不应敷设可燃气体管道；

    6　居住建筑的楼梯间内不应敷设可燃气体管道和设置可燃气体计量表。当住宅建筑必须设置时，应采用金属套管和设置切断气源的装置等保护措施。

7.4.2　封闭楼梯间除应符合本规范第 7.4.1 条的规定外，尚应符合下列规定：

    1　当不能天然采光和自然通风时，应按防烟楼梯间的要求设置；

    2　楼梯间的首层可将走道和门厅等包括在楼梯间内，形成扩大的封闭楼梯间，但应采用乙级防火门等措施与其他走道和房间隔开；

    3　除楼梯间的门之外，楼梯间的内墙上不应开设其他门窗洞口；

    4　高层厂房（仓库）、人员密集的公共建筑、人员密集的多层丙类厂房设置封闭楼梯间时，通向楼梯间的门应采用乙级防火门，并应向疏散方向开启；

    5　其他建筑封闭楼梯间的门可采用双向弹簧门。

7.4.3　防烟楼梯间除应符合本规范第 7.4.1 条的有关规定外，尚应符合下列规定：

    1　当不能天然采光和自然通风时，楼梯间应按本规范第 9 章的规定设置防烟或排烟设施，应按本规范第 11 章的规定设置消防应急照明设施；

    2　在楼梯间入口处应设置防烟前室、开敞式阳台或凹廊等。防烟前室可与消防电梯间前室合用；

    3　前室的使用面积：公共建筑不应小于 $6.0m^2$，居住建筑不应小于 $4.5m^2$；合用前室的使用面积：公共建筑、高层厂房以及高层仓库不应小于 $10.0m^2$，居住建筑不应小于 $6.0m^2$；

    4　疏散走道通向前室以及前室通向楼梯间的门应采用乙级防火门；

    5　除楼梯间门和前室门外，防烟楼梯间及其前室的内墙上不应开设其他门窗洞口（住宅的楼梯间前室除外）；

    6　楼梯间的首层可将走道和门厅等包括在楼梯间前室内，形成扩大的防烟前室，但应采用乙级防火门等措施与其他走道和房间隔开。

7.4.4　建筑物中的疏散楼梯间在各层的平面位置不应改变。

    地下室、半地下室的楼梯间，在首层应采用耐火极限不低于 2.00h 的不燃烧体隔墙与其他部位隔开并应直通室外，当必须在隔墙上开门时，应采用乙级防火门。

    地下室、半地下室与地上层不应共用楼梯间，当必须共用楼梯间时，在首层应采用耐火极限不低于 2.00h 的不燃烧体隔墙和乙级防火门将地下、半地下部分与地上部分的连通部位完全隔开，并应有明显标志。

7.4.5　室外楼梯符合下列规定时可作为疏散楼梯：

    1　栏杆扶手的高度不应小于 1.1m，楼梯的净宽度不应小于 0.9m；

    2　倾斜角度不应大于 45°；

    3　楼梯段和平台均应采取不燃材料制作。平台的耐火极限不应低于 1.00h，楼梯段的耐火极限不应低于 0.25h；

 4 通向室外楼梯的门宜采用乙级防火门，并应向室外开启；

 5 除疏散门外，楼梯周围 2m 内的墙面上不应设置门窗洞口。疏散门不应正对楼梯段。

7.4.6 用作丁、戊类厂房内第二安全出口的楼梯可采用金属梯，但其净宽度不应小于 0.9m，倾斜角度不应大于 45°。

 丁、戊类高层厂房，当每层工作平台人数不超过 2 人且各层工作平台上同时生产人数总和不超过 10 人时，可采用敞开楼梯，或采用净宽度不小于 0.9m、倾斜角度小于等于 60°的金属梯兼作疏散梯。

7.4.7 疏散用楼梯和疏散通道上的阶梯不宜采用螺旋楼梯和扇形踏步。当必须采用时，踏步上下两级所形成的平面角度不应大于 10°，且每级离扶手 250mm 处的踏步深度不应小于 220mm。

7.4.8 公共建筑的室内疏散楼梯两梯段扶手间的水平净距不宜小于 150mm。

7.4.9 高度大于 10m 的三级耐火等级建筑应设置通至屋顶的室外消防梯。室外消防梯不应面对老虎窗，宽度不应小于 0.6m，且宜从离地面 3.0m 高处设置。

7.4.10 消防电梯的设置应符合下列规定：

 1 消防电梯间应设置前室。前室的使用面积应符合本规范第 7.4.3 条的规定，前室的门应采用乙级防火门；

  注：设置在仓库连廊、冷库穿堂或谷物筒仓工作塔内的消防电梯，可不设置前室。

 2 前室宜靠外墙设置，在首层应设置直通室外的安全出口或经过长度小于等于 30m 的通道通向室外；

 3 消防电梯井、机房与相邻电梯井、机房之间，应采用耐火极限不低于 2.00h 的不燃烧体隔墙隔开；当在隔墙上开门时，应设置甲级防火门；

 4 在首层的消防电梯井外壁上应设置供消防队员专用的操作按钮，消防电梯轿厢的内装修应采用不燃烧材料且其内部应设置专用消防对讲电话；

 5 消防电梯的井底应设置排水设施，排水井的容量不应小于 2m³，排水泵的排水量不应小于 10L/s。消防电梯间前室门口宜设置挡水设施；

 6 消防电梯的载重量不应小于 800kg；

 7 消防电梯的行驶速度，应按从首层到顶层的运行时间不超过 60s 计算确定；

 8 消防电梯的动力与控制电缆、电线应采取防水措施。

7.4.11 建筑中的封闭楼梯间、防烟楼梯间、消防电梯间前室及合用前室，不应设置卷帘门。

 疏散走道在防火分区处应设置甲级常开防火门。

7.4.12 建筑中的疏散用门应符合下列规定：

 1 民用建筑和厂房的疏散用门应向疏散方向开启。除甲、乙类生产房间外，人数不超过 60 人的房间且每樘门的平均疏散人数不超过 30 人时，其门的开启方向不限；

 2 民用建筑及厂房的疏散用门应采用平开门，不应采用推拉门、卷帘门、吊门、转门；

3 仓库的疏散用门应为向疏散方向开启的平开门，首层靠墙的外侧可设推拉门或卷帘门，但甲、乙类仓库不应采用推拉门或卷帘门；

4 人员密集场所平时需要控制人员随意出入的疏散用门，或设有门禁系统的居住建筑外门，应保证火灾时不需使用钥匙等任何工具即能从内部易于打开，并应在显著位置设置标识和使用提示。

7.5　防火门和防火卷帘

7.5.1 防火门按其耐火极限可分为甲级、乙级和丙级防火门，其耐火极限分别不应低于 1.20h、0.90h 和 0.60h。

7.5.2 防火门的设置应符合下列规定：

1 应具有自闭功能。双扇防火门应具有按顺序关闭的功能；

2 常开防火门应能在火灾时自行关闭，并应有信号反馈的功能；

3 防火门内外两侧应能手动开启（本规范第 7.4.12 条第 4 款规定除外）；

4 设置在变形缝附近时，防火门开启后，其门扇不应跨越变形缝，并应设置在楼层较多的一侧。

7.5.3 防火分区间采用防火卷帘分隔时，应符合下列规定：

1 防火卷帘的耐火极限不应低于 3.00h。当防火卷帘的耐火极限符合现行国家标准《门和卷帘耐火试验方法》GB 7633 有关背火面温升的判定条件时，可不设置自动喷水灭火系统保护；符合现行国家标准《门和卷帘耐火试验方法》GB 7633 有关背火面辐射热的判定条件时，应设置自动喷水灭火系统保护。自动喷水灭火系统的设计应符合现行国家标准《自动喷水灭火系统设计规范》GB 50084 的有关规定，但其火灾延续时间不应小于 3.0h。

2 防火卷帘应具有防烟性能，与楼板、梁和墙、柱之间的空隙应采用防火封堵材料封堵。

7.6　天桥、栈桥和管沟

7.6.1 天桥、跨越房屋的栈桥，供输送可燃气体和甲、乙、丙类液体及可燃材料的栈桥，均应采用不燃烧体。

7.6.2 输送有火灾、爆炸危险物质的栈桥不应兼作疏散通道。

7.6.3 封闭天桥、栈桥与建筑物连接处的门洞以及敷设甲、乙、丙类液体管道的封闭管沟（廊），均宜设置防止火势蔓延的保护设施。

7.6.4 连接两座建筑物的天桥，当天桥采用不燃烧体且通向天桥的出口符合安全出口的设置要求时，该出口可作为建筑物的安全出口。

8　消防给水和灭火设施

8.1　一般规定

8.1.1 消防给水和灭火设施的设计应根据建筑用途及其重要性、火灾特性和火灾危险性等综合因素进行。

8.1.2 在城市、居住区、工厂、仓库等的规划和建筑设计时，必须同时设计消防给水系统。城市、居住区应设市政消火栓。民用建筑、厂房（仓库）、储罐（区）、堆场应设室外消火栓。民用建筑、厂房（仓库）应设室内消火栓，并应符合本规范第8.3.1条的规定。

消防用水可由城市给水管网、天然水源或消防水池供给。利用天然水源时，其保证率不应小于97％，且应设置可靠的取水设施。

耐火等级不低于二级，且建筑物体积小于等于3000m³的戊类厂房或居住区人数不超过500人且建筑物层数不超过两层的居住区，可不设置消防给水。

8.1.3 室外消防给水当采用高压或临时高压给水系统时，管道的供水压力应能保证用水总量达到最大且水枪在任何建筑物的最高处时，水枪的充实水柱仍不小于10m；当采用低压给水系统时，室外消火栓栓口处的水压从室外设计地面算起不应小于0.1MPa。

注：1. 在计算水压时，应采用喷嘴口径19mm的水枪和直径65mm，长度120m的有衬里消防水带的参数，每支水枪的计算流量不应小于5L/s。

2. 高层厂房（仓库）的高压或临时高压给水系统的压力应满足室内最不利点消防设备水压的要求。

3. 消火栓给水管道的设计流速不宜大于2.5m/s。

8.1.4 建筑的低压室外消防给水系统可与生产、生活给水管道系统合并。合并的给水管道系统，当生产、生活用水达到最大小时用水量时（淋浴用水量可按15％计算，浇洒和洗刷用水量可不计算在内），仍应保证全部消防用水量。如不引起生产事故，生产用水可作为消防用水，但生产用水转为消防用水的阀门不应超过2个。该阀门应设置在易于操作的场所，并应有明显标志。

8.1.5 建筑的全部消防用水量应为其室内、室外消防用水量之和。

室外消防用水量应为民用建筑、厂房（仓库）、储罐（区）、堆场室外设置的消火栓、水喷雾、水幕、泡沫等灭火、冷却系统等需要同时开启的用水量之和。

室内消防用水量应为民用建筑、厂房（仓库）室内设置的消火栓、自动喷水、泡沫等灭火系统需要同时开启的用水量之和。

8.1.6 除住宅外的民用建筑、厂房（仓库）、储罐（区）、堆场应设置灭火器；住宅宜设置灭火器或轻便消防水龙。灭火器的配置设计应符合现行国家标准《建筑灭火器配置设计规范》GB 50140的有关规定。

8.2 室外消防用水量、消防给水管道和消火栓

8.2.1 城市、居住区的室外消防用水量应按同一时间内的火灾次数和一次灭火用水量确定。同一时间内的火灾次数和一次灭火用水量不应小于表8.2.1的规定。

8.2.2 工厂、仓库、堆场、储罐（区）和民用建筑的室外消防用水量，应按同一时间内的火灾次数和一次灭火用水量确定：

1 工厂、仓库、堆场、储罐（区）和民用建筑在同一时间内的火灾次数不应小于表8.2.2-1的规定；

2 工厂、仓库和民用建筑一次灭火的室外消火栓用水量不应小于表8.2.2-2的规定；

3 一个单位内有泡沫灭火设备、带架水枪、自动喷水灭火系统以及其他室外消防用水设备时，其室外消防用水量应按上述同时使用的设备所需的全部消防用水量加上表8.2.2-2规定的室外消火栓用水量的50％计算确定，且不应小于表8.2.2-2的规定。

表 8.2.1　城市、居住区同一时间内的火灾次数和一次灭火用水量

人数 N/万人	同一时间内的火灾次数/次	一次灭火用水量/(L/s)	人数 N/万人	同一时间内的火灾次数/次	一次灭火用水量/(L/s)
$N \leqslant 1$	1	10	$30 < N \leqslant 40$	2	65
$1 < N \leqslant 2.5$	1	15	$40 < N \leqslant 50$	3	75
$2 < N \leqslant 5$	2	25	$50 < N \leqslant 60$	3	85
$5 < N \leqslant 10$	2	35	$60 < N \leqslant 70$	3	90
$10 < N \leqslant 20$	2	45	$70 < N \leqslant 80$	3	95
$20 < N \leqslant 30$	2	55	$80 < N \leqslant 100$	3	100

注：城市的室外消防用水量应包括居住区、工厂、仓库、堆场、储罐（区）和民用建筑的室外消火栓用水量。当工厂、仓库和民用建筑的室外消火栓用水量按本规范表 8.2.2-2 的规定计算，其值与按本表计算不一致时，应取较大值。

表 8.2.2-1　工厂、仓库、堆场、储罐（区）和民用建筑在

同一时间内的火灾次数

名称	基地面积/ha	附有居住区人数/万人	同一时间内的火灾次数/次	备注
工厂	$\leqslant 100$	$\leqslant 1.5$	1	按需水量最大的一座建筑物（或堆场、储罐）计算
		> 1.5	2	工厂、居住区各一次
	> 100	不限	2	按需水量最大的两座建筑物（或堆场、储罐）之和计算
仓库、民用建筑	不限	不限	1	按需水量最大的一座建筑物（或堆场、储罐）计算

注：1. 采矿、选矿等工业企业当各分散基地有单独的消防给水系统时，可分别计算。

2. 1ha=10000m²。

表 8.2.2-2　工厂、仓库和民用建筑一次灭火的室外消火栓用水量　单位：L/s

耐火等级	建筑物类别		建筑物体积 V/m^3					
			$V \leqslant 1500$	$1500 < V \leqslant 3000$	$3000 < V \leqslant 5000$	$5000 < V \leqslant 20000$	$2000 < V \leqslant 50000$	$V > 50000$
一、二级	厂房	甲、乙类	10	15	20	25	30	35
		丙类	10	15	20	25	30	40
		丁、戊类	10	10	10	15	15	20
	仓库	甲、乙类	15	15	25	25	—	—
		丙类	15	15	25	25	35	45
		丁、戊类	10	10	10	15	15	20
	民用建筑		10	15	15	20	25	30
三级	厂房（仓库）	乙、丙类	15	20	30	40	45	—
		丁、戊类	10	10	15	20	25	35
	民用建筑		10	15	20	25	30	—
四级	丁、戊类厂房（仓库）		10	15	20	25	—	—
	民用建筑		10	15	20	25	—	—

注：1. 室外消火栓用水量应按消防用水量最大的一座建筑物计算。成组布置的建筑物应按消防用水量较大的相邻两座计算。

2. 国家级文物保护单位的重点砖木或木结构的建筑物，其室外消火栓用水量应按三级耐火等级民用建筑的消防用水量确定。

3. 铁路车站、码头和机场的中转仓库其室外消火栓用水量可按丙类仓库确定。

8.2.3 可燃材料堆场、可燃气体储罐（区）的室外消防用水量，不应小于表8.2.3的规定。

表8.2.3　可燃材料堆场、可燃气体储罐（区）的室外消防用水量　　单位：L/s

名　称		总储量或总容量	消防用水量	名　称	总储量或总容量	消防用水量
粮食 W/t	土圆囤	$30<W\leqslant500$	15	木材等可燃材料 V/m^3	$50<V\leqslant1000$	20
		$500<W\leqslant5000$	25		$1000<V\leqslant5000$	30
		$5000<W\leqslant20000$	40		$5000<V\leqslant10000$	45
		$W>20000$	45		$V>10000$	55
	席穴囤	$30<W\leqslant500$	20	煤和焦炭 W/t	$100<W\leqslant5000$	15
		$500<W\leqslant5000$	35		$W>5000$	20
		$5000<W\leqslant20000$	50	可燃气体储罐（区）V/m^3	$500<V\leqslant10000$	15
棉、麻、毛、化纤百货 W/t		$10<W\leqslant500$	20		$10000<V\leqslant50000$	20
		$500<W\leqslant1000$	35		$50000<V\leqslant100000$	25
		$1000<W\leqslant5000$	50		$100000<V\leqslant200000$	30
稻草、麦秸、芦苇等易燃材料 W/t		$50<W\leqslant500$	20		$V>200000$	35
		$500<W\leqslant5000$	35			
		$5000<W\leqslant10000$	50			
		$W>10000$	60			

注：固定容积的可燃气体储罐的总容积按其几何容积（m^3）和设计工作压力（绝对压力，10^5 Pa）的乘积计算。

8.2.4 甲、乙、丙类液体储罐（区）的室外消防用水量应按灭火用水量和冷却用水量之和计算。

1 灭火用水量应按罐区内量大罐泡沫灭火系统、泡沫炮和泡沫管枪灭火所需的灭火用水量之和确定，并应按现行国家标准《低倍数泡沫灭火系统设计规范》GB 50151、《高倍数、中倍数泡沫灭火系统设计规范》GB 50196或《固定消防炮灭火系统设计规范》GB 50338的有关规定计算；

2 冷却用水量应按储罐区一次灭火最大需水量计算。距着火罐罐壁1.5倍直径范围内的相邻储罐应进行冷却，其冷却水的供给范围和供给强度不应小于表8.2.4的规定；

表8.2.4　甲、乙、丙类液体储罐冷却水的供给范围和供给强度

设备类型	储罐名称			供给范围	供给强度
移动式水枪	着火罐	固定顶立罐（包括保温罐）		罐周长	0.60[L/(s•m)]
		浮顶罐（包括保温罐）		罐周长	0.45[L/(s•m)]
		卧式罐		罐壁表面积	0.10[L/(s•m²)]
		地下立式罐、半地下和地下卧式罐		无覆土罐壁表面积	0.10[L/(s•m²)]
	相邻罐	固定顶立罐	不保温罐	罐周长的一半	0.35[L/(s•m)]
			保温罐		0.20[L/(s•m)]
		卧式槽		罐壁表面积的一半	0.10[L/(s•m²)]
		半地下、地下罐		无覆土罐壁表面积的一半	0.10[L/(s•m²)]
固定式设备	着火罐	立式罐		罐周长	0.50[L/(s•m)]
		卧式罐		罐壁表面积	0.10[L/(s•m²)]
	相邻罐	立式罐		罐周长的一半	0.50[L/(s•m)]
		卧式罐		罐壁表面积的一半	0.10[L/(s•m²)]

注：1. 冷却水的供给强度还应根据实地灭火战术所使用的消防设备进行校核。

2. 当相邻罐采用不燃材料作绝热层时，其冷却水供给强度可按本表减少50%。

3. 储罐可采用移动式水枪或固定式设备进行冷却。当采用移动式水枪进行冷却时，无覆土保护的卧式罐的消防用水量，当计算出的水量小于15L/s时，仍应采用15L/s。

4. 地上储罐的高度大于15m或单罐容积大于2000m^3时，宜采用固定式冷却水设施。

5. 当相邻储罐超过4个时，冷却用水量可按4个计算。

3 覆土保护的地下油罐应设置冷却用水设施。冷却用水量应按最大着火罐罐顶的表面积（卧式罐按其投影面积）和冷却水供给强度等计算确定。冷却水的供给强度不应小于 $0.10L/(s \cdot m^2)$。当计算水量小于 15L/s 时，仍应采用 15L/s。

8.2.5 液化石油气储罐（区）的消防用水量应按储罐固定喷水冷却装置用水量和水枪用水量之和计算，其设计应符合下列规定：

1 总容积大于 $50m^3$ 的储罐区或单罐容积大于 $20m^3$ 的储罐应设置固定喷水冷却装置。

固定喷水冷却装置的用水量应按储罐的保护面积与冷却水的供水强度等经计算确定。冷却水的供水强度不应小于 $0.15L/(s \cdot m^2)$，着火罐的保护面积按其全表面积计算，距着火罐直径（卧式罐按其直径和长度之和的一半）1.5 倍范围内的相邻储罐的保护面积按其表面积的一半计算。

2 水枪用水量不应小于表 8.2.5 的规定；

表 8.2.5 液化石油气储罐（区）的水枪用水量

总容积 V/m^3	$V \leqslant 500$	$500 < V \leqslant 2500$	$V > 2500$
单罐容积 V/m^3	$V \leqslant 100$	$V \leqslant 400$	$V > 400$
水枪用水量/(L/s)	20	30	45

注：1. 水枪用水量应按本表总容积和单罐容积较大者确定。

2. 总容积小于 $50m^3$ 的储罐区或单罐容积小于等于 $20m^3$ 的储罐，可单独设置固定喷水冷却装置或移动式水枪，其消防用水量应按水枪用水量计算。

3 埋地的液化石油气储罐可不设固定喷水冷却装置。

8.2.6 室外油浸电力变压器设置水喷雾灭火系统保护时，其消防用水量应按现行国家标准《水喷雾灭火系统设计规范》GB 50219 的有关规定确定。

8.2.7 室外消防给水管道的布置应符合下列规定：

1 室外消防给水管网应布置成环状，当室外消防用水量小于等于 15L/s 时，可布置成枝状；

2 向环状管网输水的进水管不应少于 2 条，当其中 1 条发生故障时，其余的进水管应能满足消防用水总量的供给要求；

3 环状管道应采用阀门分成若干独立段，每段内室外消火栓的数量不宜超过 5 个；

4 室外消防给水管道的直径不应小于 $DN100$；

5 室外消防给水管道设置的其他要求应符合现行国家标准《室外给水设计规范》GB 50013 的有关规定。

8.2.8 室外消火栓的布置应符合下列规定：

1 室外消火栓应沿道路设置。当道路宽度大于 60m 时，宜在道路两边设置消火栓，并宜靠近十字路口；

2 甲、乙、丙类液体储罐区和液化石油气储罐区的消火栓应设置在防火堤或防护墙外。距罐壁 15m 范围内的消火栓，不应计算在该罐可使用的数量内；

3 室外消火栓的间距不应大于 120m；

4 室外消火栓的保护半径不应大于 150m；在市政消火栓保护半径 150m 以内，当室外消防用水量小于等于 15L/s 时，可不设置室外消火栓；

5 室外消火栓的数量应按其保护半径和室外消防用水量等综合计算确定，每个室外消火栓的用水量应按 $10\sim15L/s$ 计算；与保护对象的距离在 $5\sim40m$ 范围内的市政消火栓，可计入室外消火栓的数量内；

6 室外消火栓宜采用地上式消火栓。地上式消火栓应有 1 个 $DN150$ 或 $DN100$ 和 2 个 $DN65$ 的栓口。采用室外地下式消火栓时，应有 $DN100$ 和 $DN65$ 的栓口各 1 个。寒冷地区设置的室外消火栓应有防冻措施；

7 消火栓距路边不应大于 $2m$，距房屋外墙不宜小于 $5m$；

8 工艺装置区内的消火栓应设置在工艺装置的周围，其间距不宜大于 $60m$。当工艺装置区宽度大于 $120m$ 时，宜在该装置区内的道路边设置消火栓。

8.2.9 建筑的室外消火栓、阀门、消防水泵接合器等设置地点应设置相应的永久性固定标识。

8.2.10 寒冷地区设置市政消火栓、室外消火栓确有困难的，可设置水鹤等为消防车加水的设施，其保护范围可根据需要确定。

8.3 室内消火栓等的设置场所

8.3.1 除符合本规范第 8.3.4 条规定外，下列建筑应设置 $DN65$ 的室内消火栓：

1 建筑占地面积大于 $300m^2$ 的厂房（仓库）；

2 体积大于 $5000m^3$ 的车站、码头、机场的候车（船、机）楼、展览建筑、商店、旅馆建筑、病房楼、门诊楼、图书馆建筑等；

3 特等、甲等剧场，超过 800 个座位的其他等级的剧场和电影院等，超过 1200 个座位的礼堂、体育馆等；

4 超过 5 层或体积大于 $10000m^3$ 的办公楼、教学楼、非住宅类居住建筑等其他民用建筑；

5 超过 7 层的住宅应设置室内消火栓系统，当确有困难时，可只设置干式消防竖管和不带消火栓箱的 $DN65$ 的室内消火栓。消防竖管的直径不应小于 $DN65$。

注：耐火等级为一、二级且可燃物较少的单层、多层丁、戊类厂房（仓库），耐火等级为三、四级且建筑体积小于等于 $3000m^3$ 的丁类厂房和建筑体积小于等于 $5000m^3$ 的戊类厂房（仓库），粮食仓库、金库可不设置室内消火栓。

8.3.2 国家级文物保护单位的重点砖木或木结构的古建筑，宜设置室内消火栓。

8.3.3 设有室内消火栓的人员密集公共建筑以及低于本规范第 8.3.1 条规定规模的其他公共建筑宜设置消防软管卷盘；建筑面积大于 $200m^2$ 的商业服务网点应设置消防软管卷盘或轻便消防水龙。

8.3.4 存有与水接触能引起燃烧爆炸的物品的建筑物和室内没有生产、生活给水管道，室外消防用水取自储水池且建筑体积小于等于 $5000m^3$ 的其他建筑可不设置室内消火栓。

8.4 室内消防用水量及消防给水管道、消火栓和消防水箱

8.4.1 室内消防用水量应按下列规定经计算确定：

1 建筑物内同时设置室内消火栓系统、自动喷水灭火系统、水喷雾灭火系统、泡沫灭火系统或固定消防炮灭火系统时，其室内消防用水量应按需要同时开启的上述系统

用水量之和计算；当上述多种消防系统需要同时开启时，室内消火栓用水量可减少50％，但不得小于 10L/s；

2 室内消火栓用水量应根据水枪充实水柱长度和同时使用水枪数量经计算确定，且不应小于表 8.4.1 的规定；

表 8.4.1 室内消火栓用水量

建筑物名称	高度 h/m、层数、体积 V/m³ 或座位数 N/个		消火栓用水量 /(L/s)	同时使用水枪数量/支	每根竖管最小流量/(L/s)
厂房	$h \leqslant 24$	$V \leqslant 10000$	5	2	5
		$V > 10000$	10	2	10
	$24 < h \leqslant 50$		25	5	15
	$h > 50$		30	6	15
仓库	$h \leqslant 24$	$V \leqslant 5000$	5	1	5
		$V > 5000$	10	2	10
	$24 < h \leqslant 50$		30	6	15
	$h > 50$		40	8	15
科研楼、试验楼	$H \leqslant 24, V \leqslant 10000$		10	2	10
	$H \leqslant 24, V > 10000$		15	3	10
车站、码头、机场的候车（船、机）楼和展览建筑等	$5000 < V \leqslant 25000$		10	2	10
	$25000 < V \leqslant 50000$		15	3	10
	$V > 50000$		20	4	15
剧院、电影院、会堂、礼堂、体育馆等	$800 < n \leqslant 1200$		10	2	10
	$1200 < n \leqslant 5000$		15	3	10
	$5000 < n \leqslant 10000$		20	4	15
	$n > 10000$		30	6	15
商店、旅馆等	$5000 < V \leqslant 10000$		10	2	10
	$10000 < V \leqslant 25000$		15	3	10
	$V > 25000$		20	4	15
病房楼、门诊楼等	$5000 < V \leqslant 10000$		5	2	5
	$10000 < V \leqslant 25000$		10	2	10
	$V > 25000$		15	3	10
办公楼、教学楼等其他民用建筑	层数≥6 层或 $V > 10000$		15	3	10
国家级文物保护单位的重点砖木或木结构的古建筑	$V \leqslant 10000$		20	4	10
	$V > 10000$		25	5	15
住宅	层数≥8		5	2	5

注：1. 丁、戊类高层厂房（仓库）室内消火栓的用水量可按本表减少 10L/s，同时使用水枪数量可按本表减少2支。

2. 消防软管卷盘或轻便消防水龙及住宅楼梯间中的干式消防竖管上设置的消火栓，其消防用水量可不计入室内消防用水量。

3 水喷雾灭火系统的用水量应按现行国家标准《水喷雾灭火系统设计规范》GB 50219 的有关规定确定；自动喷水灭火系统的用水量应按现行国家标准《自动喷水灭火系统设计规范》GB 50084 的有关规定确定；泡沫灭火系统的用水量应按现行国家标准《低倍数泡沫灭火系统设计规范》GB 50151、《高倍数、中倍数泡沫灭火系统设计规范》GB 50196 的有关规定确定；固定消防炮灭火系统的用水量应按现行国家标准《固定消防炮灭火系统设计规范》GB 50338 的有关规定确定。

8.4.2 室内消防给水管道的布置应符合下列规定：

1 室内消火栓超过 10 个且室外消防用水量大于 15L/s 时，其消防给水管道应连成环状，且至少应有 2 条进水管与室外管网或消防水泵连接。当其中 1 条进水管发生事故时，其余的进水管应仍能供应全部消防用水量。

2 高层厂房（仓库）应设置独立的消防给水系统。室内消防竖管应连成环状。

3 室内消防竖管直径不应小于 DN100。

4 室内消火栓给水管网宜与自动喷水灭火系统的管网分开设置；当合用消防泵时，供水管路应在报警阀前分开设置。

5 高层厂房（仓库）、设置室内消火栓且层数超过 4 层的厂房（仓库）、设置室内消火栓且层数超过 5 层的公共建筑，其室内消火栓给水系统应设置消防水泵接合器。

消防水泵接合器应设置在室外便于消防车使用的地点，与室外消火栓或消防水池取水口的距离宜为 15～40m。

消防水泵接合器的数量应按室内消防用水量计算确定，每个消防水泵接合器的流量宜按 10～15L/s 计算。

6 室内消防给水管道应采用阀门分成若干独立段。对于单层厂房（仓库）和公共建筑，检修停止使用的消火栓不应超过 5 个。对于多层民用建筑和其他厂房（仓库），室内消防给水管道上阀门的布置应保证检修管道时关闭的竖管不超过 1 根，但设置的竖管超过 3 根时，可关闭 2 根。

阀门应保持常开，并应有明显的启闭标志或信号。

7 消防用水与其他用水合用的室内管道，当其他用水达到最大小时流量时，应仍能保证供应全部消防用水量。

8 允许直接吸水的市政给水管网，当生产、生活用水量达到最大且仍能满足室内外消防用水量时，消防泵宜直接从市政给水管网吸水。

9 严寒和寒冷地区非采暖的厂房（仓库）及其他建筑的室内消火栓系统，可采用干式系统，但在进水管上应设置快速启闭装置，管道最高处应设置自动排气阀。

8.4.3 室内消火栓的布置应符合下列规定：

1 除无可燃物的设备层外，设置室内消火栓的建筑物，其各层均应设置消火栓。

单元式、塔式住宅的消火栓宜设置在楼梯间的首层和各层楼层休息平台上，当设 2 根消防竖管确有困难时，可设 1 根消防竖管，但必须采用双口双阀型消火栓。干式消火栓竖管应在首层靠出口部位设置便于消防车供水的快速接口和止回阀。

2 消防电梯间前室内应设置消火栓。

3 室内消火栓应设置在位置明显且易于操作的部位。栓口离地面或操作基面高度宜为 1.1m，其出水方向宜向下或与设置消火栓的墙面成 90°角；栓口与消火栓箱内边缘的距离不应影响消防水带的连接。

4 冷库内的消火栓应设置在常温穿堂或楼梯间内。

5 室内消火栓的间距应由计算确定。高层厂房（仓库）、高架仓库和甲、乙类厂房中室内消火栓的间距不应大于 30m；其他单层和多层建筑中室内消火栓的间距不应大于 50m。

6 同一建筑物内应采用统一规格的消火栓、水枪和水带。每条水带的长度不应大于 25m。

7 室内消火栓的布置应保证每一个防火分区同层有两支水枪的充实水柱同时到达任何部位。建筑高度小于等于 24m 且体积小于等于 5000m³ 的多层仓库，可采用 1 支水枪充实水柱到达室内任何部位。

水枪的充实水柱应经计算确定，甲、乙类厂房、层数超过 6 层的公共建筑和层数超过 4 层的厂房（仓库），不应小于 10m；高层厂房（仓库）、高架仓库和体积大于 25000m³ 的商店、体育馆、影剧院、会堂、展览建筑，车站、码头、机场建筑等，不应小于 13m；其他建筑，不宜小于 7m。

8 高层厂房（仓库）和高位消防水箱静压不能满足最不利点消火栓水压要求的其他建筑，应在每个室内消火栓处设置直接启动消防水泵的按钮，并应有保护设施。

9 室内消火栓栓口处的出水压力大于 0.5MPa 时，应设置减压设施；静水压力大于 1.0MPa 时，应采用分区给水系统。

10 设有室内消火栓的建筑，如为平屋顶时，宜在平屋顶上设置试验和检查用的消火栓。

8.4.4 设置常高压给水系统并能保证最不利点消火栓和自动喷水灭火系统等的水量和水压的建筑物，或设置干式消防竖管的建筑物，可不设置消防水箱。

设置临时高压给水系统的建筑物应设置消防水箱（包括气压水罐、水塔、分区给水系统的分区水箱）。消防水箱的设置应符合下列规定：

1 重力自流的消防水箱应设置在建筑的最高部位；

2 消防水箱应储存 10min 的消防用水量。当室内消防用水量小于等于 25L/s，经计算消防水箱所需消防储水量大于 12m³ 时，仍可采用 12m³；当室内消防用水量大于 25L/s，经计算消防水箱所需消防储水量大于 18m³ 时，仍可采用 18m³；

3 消防用水与其他用水合用的水箱应采取消防用水不作他用的技术措施；

4 发生火灾后，由消防水泵供给的消防用水不应进入消防水箱；

5 消防水箱可分区设置。

8.4.5 建筑的室内消火栓、阀门等设置地点应设置永久性固定标识。

8.5 自动灭火系统的设置场所

8.5.1 下列场所应设置自动灭火系统，除不宜用水保护或灭火者以及本规范另有规定者外，宜采用自动喷水灭火系统：

1 大于等于 50000 纱锭的棉纺厂的开包、清花车间；大于等于 5000 锭的麻纺厂的分级、梳麻车间；火柴厂的烤梗、筛选部位；泡沫塑料厂的预发、成型、切片、压花部位；占地面积大于 1500m² 的木器厂房；占地面积大于 1500m² 或总建筑面积大于 3000m² 的单层、多层制鞋、制衣、玩具及电子等厂房；高层丙类厂房；飞机发动机试验台的准备部位；建筑面积大于 500m² 的丙类地下厂房；

2 每座占地面积大于 1000m² 的棉、毛、丝、麻、化纤、毛皮及其制品的仓库；每座占地面积大于 600m² 的火柴仓库；邮政楼中建筑面积大于 500m² 的空邮袋库；建筑面积大于 500m² 的可燃物品地下仓库；可燃、难燃物品的高架仓库和高层仓库（冷库除外）；

3 特等、甲等或超过 1500 个座位的其他等级的剧院；超过 2000 个座位的会堂或礼堂；超过 3000 个座位的体育馆；超过 5000 人的体育场的室内人员休息室与器材间等；

4 任一楼层建筑面积大于 1500m² 或总建筑面积大于 3000m² 的展览建筑、商店、旅馆建筑，以及医院中同样建筑规模的病房楼、门诊楼、手术部；建筑面积大于 500m² 的地下商店；

5 设置有送回风道（管）的集中空气调节系统且总建筑面积大于 3000m² 的办公楼等；

6 设置在地下、半地下或地上四层及四层以上或设置在建筑的首层、二层和三层且任一层建筑面积大于 300m² 的地上歌舞娱乐放映游艺场所（游泳场所除外）；

7 藏书量超过 50 万册的图书馆。

8.5.2 下列部位宜设置水幕系统：

1 特等、甲等或超过 1500 个座位的其他等级的剧院和超过 2000 个座位的会堂或礼堂的舞台口，以及与舞台相连的侧台、后台的门窗洞口；

2 应设防火墙等防火分隔物而无法设置的局部开口部位；

3 需要冷却保护的防火卷帘或防火幕的上部。

8.5.3 下列场所应设置雨淋喷水灭火系统：

1 火柴厂的氯酸钾压碾厂房；建筑面积大于 100m² 生产、使用硝化棉、喷漆棉、火胶棉、赛璐珞胶片、硝化纤维的厂房；

2 建筑面积超过 60m² 或储存量超过 2t 的硝化棉、喷漆棉、火胶棉、赛璐珞胶片、硝化纤维的仓库；

3 日装瓶数量超过 3000 瓶的液化石油气储配站的灌瓶间、实瓶库；

4 特等、甲等或超过 1500 个座位的其他等级的剧院和超过 2000 个座位的会堂或礼堂的舞台的葡萄架下部；

5 建筑面积大于等于 400m² 的演播室，建筑面积大于等于 500m² 的电影摄影棚；

6 乒乓球厂的轧坯、切片、磨球、分球检验部位。

8.5.4 下列场所应设置自动灭火系统，且宜采用水喷雾灭火系统：

1 单台容量在 40MV·A 及以上的厂矿企业油浸电力变压器、单台容量在 90MV·A 及以上的电厂油浸电力变压器，或单台容量在 125MV·A 及以上的独立变电所油浸电力变压器；

2 飞机发动机试验台的试车部位。

8.5.5 下列场所应设置自动灭火系统，且宜采用气体灭火系统：

1 国家、省级或人口超过 100 万的城市广播电视发射塔楼内的微波机房、分米波机房、米波机房、变配电室和不间断电源（UPS）室；

2 国际电信局、大区中心、省中心和 1 万路以上的地区中心内的长途程控交换机房、控制室和信令转接点室；

3 2 万线以上的市话汇接局和 6 万门以上的市话端局内的程控交换机房、控制室和信令转接点室；

4　中央及省级治安、防灾和网局级及以上的电力等调度指挥中心内的通信机房和控制室；

5　主机房建筑面积大于等于 140m² 的电子计算机房内的主机房和基本工作间的已记录磁（纸）介质库；

6　中央和省级广播电视中心内建筑面积不小于 120m² 的音像制品仓库；

7　国家、省级或藏书量超过 100 万册的图书馆内的特藏库；中央和省级档案馆内的珍藏库和非纸质档案库；大、中型博物馆内的珍品仓库；一级纸（绢）质文物的陈列室；

8　其他特殊重要设备室。

注：当有备用主机和备用已记录磁（纸）介质，且设置在不同建筑中或同一建筑中的不同防火分区内时，本条第 5 款规定的部位亦可采用预作用自动喷水灭火系统。

8.5.6　甲、乙、丙类液体储罐等泡沫灭火系统的设置场所应符合现行国家标准《石油库设计规范》GB 50074、《石油化工企业设计防火规范》GB 50160、《石油天然气工程设计防火规范》GB 50183 等的有关规定。

8.5.7　建筑面积大于 3000m² 且无法采用自动喷水灭火系统的展览厅、体育馆观众厅等人员密集场所，建筑面积大于 5000m² 且无法采用自动喷水灭火系统的丙类厂房，宜设置固定消防炮等灭火系统。

8.5.8　公共建筑中营业面积大于 500m² 的餐饮场所，其烹饪操作间的排油烟罩及烹饪部位宜设置自动灭火装置，且应在燃气或燃油管道上设置紧急事故自动切断装置。

8.6　消防水池与消防水泵房

8.6.1　符合下列规定之一的，应设置消防水池：

1　当生产、生活用水量达到量大时，市政给水管道、进水管或天然水源不能满足室内外消防用水量；

2　市政给水管道为枝状或只有 1 条进水管，且室内外消防用水量之和大于 25L/s。

8.6.2　消防水池应符合下列规定：

1　当室外给水管网能保证室外消防用水量时，消防水池的有效容量应满足在火灾延续时间内室内消防用水量的要求。当室外给水管网不能保证室外消防用水量时，消防水池的有效容量应满足在火灾延续时间内室内消防用水量与室外消防用水量不足部分之和的要求。

当室外给水管网供水充足且在火灾情况下能保证连续补水时，消防水池的容量可减去火灾延续时间内补充的水量。

2　补水量应经计算确定，且补水管的设计流速不宜大于 2.5m/s。

3　消防水池的补水时间不宜超过 48h；对于缺水地区或独立的石油库区，不应超过 96h。

4　容量大于 500m³ 的消防水池，应分设成两个能独立使用的消防水池。

5　供消防车取水的消防水池应设置取水口或取水井，且吸水高度不应大于 6.0m。取水口或取水井与建筑物（水泵房除外）的距离不宜小于 15m；与甲、乙、丙类液体储罐的距离不宜小于 40m；与液化石油气储罐的距离不宜小于 60m，如采取防止辐射热的保护措施时，可减为 40m。

6 供消防车取水的消防水池，其保护半径不应大于 150m。

7 消防用水与生产、生活用水合并的水池，应采取确保消防用水不作他用的技术措施。

8 严寒和寒冷地区的消防水池应采取防冻保护设施。

8.6.3 不同场所的火灾延续时间不应小于表 8.6.3 的规定：

表 8.6.3　不同场所的火灾延续时间

建筑类别	场所名称	火灾延续时间/h
甲、乙、丙类 液体储罐	浮顶罐	4.0
	地下和半地下固定顶立式罐、覆土储罐	
	直径小于等于 20m 的地上固定顶立式罐	
	直径大于 20m 的地上固定顶立式罐	6.0
液化石油气储罐	总容积大于 220m³ 的储罐区或单罐容积大于 50m³ 的储罐	
	总容积小于等于 220m³ 的储罐区且单罐容积小于等于 50m³ 的储罐	
可燃气体储罐	湿式储罐	3.0
	干式储罐	
	固定容积储罐	
可燃材料堆场	煤、焦炭露天堆场	
	其他可燃材料露天、半露天堆场	6.0
仓库	甲、乙、丙类仓库	3.0
	丁、戊类仓库	2.0
厂房	甲、乙、丙类厂房	3.0
	丁、戊类厂房	2.0
民用建筑	公共建筑	2.0
	居住建筑	
灭火系统	自动喷水灭火系统	应按相应 现行国家标准确定
	泡沫灭火系统	
	防火分隔水幕	

8.6.4 独立建造的消防水泵房，其耐火等级不应低于二级。附设在建筑中的消防水泵房应按本规范第 7.2.5 条的规定与其他部位隔开。

消防水泵房设置在首层时，其疏散门宜直通室外；设置在地下层或楼层上时，其疏散门应靠近安全出口。消防水泵房的门应采用甲级防火门。

8.6.5 消防水泵房应有不少于 2 条的出水管直接与环状消防给水管网连接。当其中 1 条出水管关闭时，其余的出水管应仍能通过全部用水量。

出水管上应设置试验和检查用的压力表和 DN65 的放水阀门。当存在超压可能时，出水管上应设置防超压设施。

8.6.6 一组消防水泵的吸水管不应少于 2 条。当其中 1 条关闭时，其余的吸水管应仍能通过全部用水量。

消防水泵应采用自灌式吸水，并应在吸水管上设置检修阀门。

8.6.7 当消防水泵直接从环状市政给水管网吸水时，消防水泵的扬程应按市政给水管网的最低压力计算，并以市政给水管网的最高水压校核。

8.6.8 消防水泵应设置备用泵，其工作能力不应小于最大一台消防工作泵。当工厂、仓库、堆场和储罐的室外消防用水量小于等于25L/s或建筑的室内消防用水量小于等于10L/s时，可不设置备用泵。

8.6.9 消防水泵应保证在火警后30s内启动。

消防水泵与动力机械应直接连接。

9 防烟与排烟

9.1 一般规定

9.1.1 建筑中的防烟可采用机械加压送风防烟方式或可开启外窗的自然排烟方式。

建筑中的排烟可采用机械排烟方式或可开启外窗的自然排烟方式。

9.1.2 防烟楼梯间及其前室、消防电梯间前室或合用前室应设置防烟设施。

9.1.3 下列场所应设置排烟设施：

1 丙类厂房中建筑面积大于300m²的地上房间；人员、可燃物较多的丙类厂房或高度大于32m的高层厂房中长度大于20m的内走道；任一层建筑面积大于5000m²的丁类厂房；

2 占地面积大于1000m²的丙类仓库；

3 公共建筑中经常有人停留或可燃物较多，且建筑面积大于300m²的地上房间；公共建筑中长度大于20m的内走道；

4 中庭；

5 设置在一、二、三层且房间建筑面积大于200m²或设置在四层及四层以上或地下、半地下的歌舞娱乐放映游艺场所；

6 总建筑面积大于200m²或一个房间建筑面积大于50m²且经常有人停留或可燃物较多的地下、半地下建筑或地下室、半地下室；

7 其他建筑中地上长度大于40m的疏散走道。

9.1.4 机械排烟系统与通风、空气调节系统宜分开设置。当合用时，必须采取可靠的防火安全措施，并应符合机械排烟系统的有关要求。

9.1.5 防烟与排烟系统中的管道、风口及阀门等必须采用不燃材料制作。排烟管道应采取隔热防火措施或与可燃物保持不小于150mm的距离。

排烟管道的厚度应按现行国家标准《通风与空调工程施工质量验收规范》GB 50243的有关规定执行。

9.1.6 机械加压送风管道、排烟管道和补风管道内的风速应符合下列规定：

1 采用金属管道时，不宜大于20m/s；

2 采用非金属管道时，不宜大于15m/s。

9.2 自然排烟

9.2.1 下列场所宜设置自然排烟设施：

1 按本规范第 9.1.3 条规定应设置排烟设施且具备自然排烟条件的场所；

2 除建筑高度超过 50m 的厂房（仓库）外，按第 9.1.2 条规定应设置防烟设施且具备自然排烟条件的场所。

9.2.2 设置自然排烟设施的场所，其自然排烟口的净面积应符合下列规定：

1 防烟楼梯间前室、消防电梯间前室，不应小于 2.0m²；合用前室，不应小于 3.0m²；

2 靠外墙的防烟楼梯间，每 5 层内可开启排烟窗的总面积不应小于 2.0m²；

3 中庭、剧场舞台，不应小于该中庭、剧场舞台楼地面面积的 5%；

4 其他场所，宜取该场所建筑面积的 2%～5%。

9.2.3 当防烟楼梯间前室、合用前室采用敞开的阳台、凹廊进行防烟，或前室、合用前室内有不同朝向且开口面积符合本规范第 9.2.2 条规定的可开启外窗时，该防烟楼梯间可不设置防烟设施。

9.2.4 作为自然排烟的窗口宜设置在房间的外墙上方或屋顶上，并应有方便开启的装置。自然排烟口距该防烟分区最远点的水平距离不应超过 30m。

9.3　机械防烟

9.3.1 下列场所应设置机械加压送风防烟设施：

1 不具备自然排烟条件的防烟楼梯间；

2 不具备自然排烟条件的消防电梯间前室或合用前室；

3 设置自然排烟设施的防烟楼梯间，其不具备自然排烟条件的前室。

9.3.2 机械加压送风防烟系统的加压送风量应经计算确定。当计算结果与表 9.3.2 的规定不一致时，应采用较大值。

表 9.3.2　最小机械加压送风量

条件和部位		加压送风量 /(m³/h)	条件和部位	加压送风量 /(m³/h)
前室不送风的防烟楼梯间		25000	消防电梯间前室	15000
防烟楼梯间及其合用前室分别加压送风	防烟楼梯间	16000	防烟楼梯间采用自然排烟，前室或合用前室加压送风	22000
	合用前室	13000		

注：表内风量数值系按开启宽×高＝1.5m×2.1m 的双扇门为基础的计算值。当采用单扇门时，其风量宜按表列数值乘以 0.75 确定，当前室有 2 个或 2 个以上门时，其风量应按表列数值乘以 1.50～1.75 确定。开启门时，通过门的风速不应小于 0.70m/s。

9.3.3 防烟楼梯间内机械加压送风防烟系统的余压值应为 40～50Pa；前室、合用前室应为 25～30Pa。

9.3.4 防烟楼梯间和合用前室的机械加压送风防烟系统宜分别独立设置。

9.3.5 防烟楼梯间的前室或合用前室的加压送风口应每层设置 1 个。防烟楼梯间的加压送风口宜每隔 2～3 层设置 1 个。

9.3.6 机械加压送风防烟系统中送风口的风速不宜大于 7m/s。

9.3.7 高层厂房（仓库）的机械防烟系统的其他设计要求应按现行国家标准《高层民用建筑设计防火规范》GB 50045 的有关规定执行。

9.4 机械排烟

9.4.1 设置排烟设施的场所当不具备自然排烟条件时，应设置机械排烟设施。

9.4.2 需设置机械排烟设施且室内净高小于等于 6m 的场所应划分防烟分区；每个防烟分区的建筑面积不宜超过 500m²，防烟分区不应跨越防火分区。

防烟分区宜采用隔墙、顶棚下凸出不小于 500mm 的结构梁以及顶棚或吊顶下凸出不小于 500mm 的不燃烧体等进行分隔。

9.4.3 机械排烟系统的设置应符合下列规定：

1 横向宜按防火分区设置；

2 竖向穿越防火分区时，垂直排烟管道宜设置在管井内；

3 穿越防火分区的排烟管道应在穿越处设置排烟防火阀。

排烟防火阀应符合现行国家标准《排烟防火阀的试验方法》GB 15931 的有关规定。

9.4.4 在地下建筑和地上密闭场所中设置机械排烟系统时，应同时设置补风系统。当设置机械补风系统时，其补风量不宜小于排烟量的 50%。

9.4.5 机械排烟系统的排烟量不应小于表 9.4.5 的规定。

9.4.6 机械排烟系统中的排烟口、排烟阀和排烟防火阀的设置应符合下列规定：

1 排烟口或排烟阀应按防烟分区设置。排烟口或排烟阀应与排烟风机连锁，当任一排烟口或排烟阀开启时，排烟风机应能自行启动；

表 9.4.5 机械排烟系统的最小排烟量

条件和部位		单位排烟量 /[m³/(h·m²)]	换气次数 /(次/h)	备 注
担负 1 个防烟分区		60	—	单台风机排烟量 不应小于 7200m³/h
室内净高大于 6m 且不划分 防烟分区的空间				
担负 2 个及 2 个以上防烟分区		120	—	应按最大的防烟分区面积确定
中庭	体积小于等于 17000m³	—	6	体积大于 17000m³ 时，排烟量不应 小于 102000m³/h
	体积大于 17000m³	—	4	

2 排烟口或排烟阀平时为关闭时，应设置手动和自动开启装置；

3 排烟口应设置在顶棚或靠近顶棚的墙面上，且与附近安全出口沿走道方向相邻边缘之间的最小水平距离不应小于 1.5m。设在顶棚上的排烟口，距可燃构件或可燃物的距离不应小于 1.0m；

4 设置机械排烟系统的地下、半地下场所，除歌舞娱乐放映游艺场所和建筑面积大于 50m² 的房间外，排烟口可设置在疏散走道；

5 防烟分区内的排烟口距最远点的水平距离不应超过 30m；排烟支管上应设置当烟气温度超过 280℃时能自行关闭的排烟防火阀；

6 排烟口的风速不宜大于 10m/s。

9.4.7 机械加压送风防烟系统和排烟补风系统的室外进风口宜布置在室外排烟口的下方，且高差不宜小于 3.0m；当水平布置时，水平距离不宜小于 10m。

9.4.8 排烟风机的设置应符合下列规定：

1 排烟风机的全压应满足排烟系统最不利环路的要求，其排烟量应考虑 10％～20％的漏风量；

2 排烟风机可采用离心风机或排烟专用的轴流风机；

3 排烟风机应能在 280℃的环境条件下连续工作不少于 30min；

4 在排烟风机入口处的总管上应设置当烟气温度超过 280℃时能自行关闭的排烟防火阀，该阀应与排烟风机连锁，当该阀关闭时，排烟风机应能停止运转。

9.4.9 当排烟风机及系统中设置有软接头时，该软接头应能在 280℃的环境条件下连续工作不少于 30min。排烟风机和用于排烟补风的送风风机宜设置在通风机房内。

10　采暖、通风和空气调节

10.1　一般规定

10.1.1 通风、空气调节系统应采取防火安全措施。

10.1.2 甲、乙类厂房中的空气不应循环使用。

含有燃烧或爆炸危险粉尘、纤维的丙类厂房中的空气，在循环使用前应经净化处理，并应使空气中的含尘浓度低于其爆炸下限的 25％。

10.1.3 甲、乙类厂房用的送风设备与排风设备不应布置在同一通风机房内，且排风设备不应和其他房间的送、排风设备布置在同一通风机房内。

10.1.4 民用建筑内空气中含有容易起火或爆炸危险物质的房间，应有良好的自然通风或独立的机械通风设施，且其空气不应循环使用。

10.1.5 排除含有比空气轻的可燃气体与空气的混合物时，其排风水平管全长应顺气流方向向上坡度敷设。

10.1.6 可燃气体管道和甲、乙、丙类液体管道不应穿过通风机房和通风管道，且不应紧贴通风管道的外壁敷设。

10.2　采暖

10.2.1 在散发可燃粉尘、纤维的厂房内，散热器表面平均温度不应超过 82.5℃。输煤廊的采暖散热器表面温度不应超过 130℃。

10.2.2 甲、乙类厂房和甲、乙类仓库内严禁采用明火和电热散热器采暖。

10.2.3 下列厂房应采用不循环使用的热风采暖：

1 生产过程中散发的可燃气体、可燃蒸气、可燃粉尘、可燃纤维与采暖管道、散热器表面接触能引起燃烧的厂房；

2 生产过程中散发的粉尘受到水、水蒸气的作用能引起自燃、爆炸或产生爆炸性气体的厂房。

10.2.4 存在与采暖管道接触能引起燃烧爆炸的气体、蒸气或粉尘的房间内不应穿过采暖管道，当必须穿过时，应采用不燃材料隔热。

10.2.5 采暖管道与可燃物之间应保持一定距离。当温度大于 100℃时，不应小于 100mm 或采用不燃材料隔热。当温度小于等于 100℃时，不应小于 50mm。

10.2.6 建筑内采暖管道和设备的绝热材料应符合下列规定：

1 对于甲、乙类厂房或甲、乙类仓库，应采用不燃材料；

2 对于其他建筑，宜采用不燃材料，不得采用可燃材料。

10.3   通风和空气调节

10.3.1 通风和空气调节系统的管道布置，横向宜按防火分区设置，竖向不宜超过 5 层。当管道设置防止回流设施或防火阀时，其管道布置可不受此限制。垂直风管应设置在管井内。

10.3.2 有爆炸危险的厂房内的排风管道，严禁穿过防火墙和有爆炸危险的车间隔墙。

10.3.3 甲、乙、丙类厂房中的送、排风管道宜分层设置。当水平或垂直送风管在进入生产车间处设置防火阀时，各层的水平或垂直送风管可合用一个送风系统。

10.3.4 空气中含有易燃易爆危险物质的房间，其送、排风系统应采用防爆型的通风设备。当送风机设置在单独隔开的通风机房内且送风干管上设置了止回阀门时，可采用普通型的通风设备。

10.3.5 含有燃烧和爆炸危险粉尘的空气，在进入排风机前应采用不产生火花的除尘器进行处理。对于遇水可能形成爆炸的粉尘，严禁采用湿式除尘器。

10.3.6 处理有爆炸危险粉尘的除尘器、排风机的设置应符合下列规定：

1 应与其他普通型的风机、除尘器分开设置；

2 宜按单一粉尘分组布置。

10.3.7 处理有爆炸危险粉尘的干式除尘器和过滤器宜布置在厂房外的独立建筑中。该建筑与所属厂房的防火间距不应小于 10m。

符合下列规定之一的干式除尘器和过滤器，可布置在厂房内的单独房间内，但应采用耐火极限分别不低于 3.00h 的隔墙和 1.50h 的楼板与其他部位分隔：

1 有连续清灰设备；

2 定期清灰的除尘器和过滤器，且其风量不超过 15000m³/h、集尘斗的储尘量小于 60kg。

10.3.8 处理有爆炸危险粉尘和碎屑的除尘器、过滤器、管道，均应设置泄压装置。

净化有爆炸危险粉尘的干式除尘器和过滤器应布置在系统的负压段上。

10.3.9 排除、输送有燃烧或爆炸危险气体、蒸气和粉尘的排风系统，均应设置导除静电的接地装置，且排风设备不应布置在地下、半地下建筑（室）中。

10.3.10 排除有爆炸或燃烧危险气体、蒸气和粉尘的排风管应采用金属管道，并应直接通到室外的安全处，不应暗设。

10.3.11 排除和输送温度超过 80℃ 的空气或其他气体以及易燃碎屑的管道，与可燃或难燃物体之间应保持不小于 150mm 的间隙，或采用厚度不小于 50mm 的不燃材料隔热。当管道互为上下布置时，表面温度较高者应布置在上面。

10.3.12 下列情况之一的通风、空气调节系统的风管上应设置防火阀：

1 穿越防火分区处；

2 穿越通风、空气调节机房的房间隔墙和楼板处；

3 穿越重要的或火灾危险性大的房间隔墙和楼板处；

4 穿越防火分隔处的变形缝两侧；

5 垂直风管与每层水平风管交接处的水平管段上，但当建筑内每个防火分区的通风、空气调节系统均独立设置时，该防火分区内的水平风管与垂直总管的交接处可不设置防火阀。

10.3.13　公共建筑的浴室、卫生间和厨房的垂直排风管，应采取防回流措施或在支管上设置防火阀。公共建筑的厨房的排油烟管道宜按防火分区设置，且在与垂直排风管连接的支管处应设置动作温度为150℃的防火阀。

10.3.14　防火阀的设置应符合下列规定：

1　除本规范另有规定者外，动作温度应为70℃；

2　防火阀宜靠近防火分隔处设置；

3　防火阀暗装时，应在安装部位设置方便检修的检修口；

4　在防火阀两侧各2.0m范围内的风管及其绝热材料应采用不燃材料；

5　防火阀应符合现行国家标准《防火阀试验方法》GB 15930的有关规定。

10.3.15　通风、空气调节系统的风管应采用不燃材料，但下列情况除外：

1　接触腐蚀性介质的风管和柔性接头可采用难燃材料；

2　体育馆、展览馆、候机（车、船）楼（厅）等大空间建筑、办公楼和丙、丁、戊类厂房内的通风、空气调节系统，当风管按防火分区设置且设置了防烟防火阀时，可采用燃烧产物毒性较小且烟密度等级小于等于25的难燃材料。

10.3.16　设备和风管的绝热材料、用于加湿器的加湿材料、消声材料及其黏结剂，宜采用不燃材料，当确有困难时，可采用燃烧产物毒性较小且烟密度等级小于等于50的难燃材料。

风管内设置电加热器时，电加热器的开关应与风机的启停联锁控制。电加热器前后各0.8m范围内的风管和穿过设置有火源等容易起火房间的风管，均应采用不燃材料。

10.3.17　燃油、燃气锅炉房应有良好的自然通风或机械通风设施。燃气锅炉房应选用防爆型的事故排风机。当设置机械通风设施时，该机械通风设施应设置导除静电的接地装置，通风量应符合下列规定：

1　燃油锅炉房的正常通风量按换气次数不少于3次/h确定；

2　燃气锅炉房的正常通风量按换气次数不少于6次/h确定；

3　燃气锅炉房的事故排风量按换气次数不少于12次/h确定。

11　电　　气

11.1　消防电源及其配电

11.1.1　建筑物、储罐（区）、堆场的消防用电设备，其电源应符合下列规定：

1　除粮食仓库及粮食筒仓工作塔外，建筑高度大于50m的乙、丙类厂房和丙类仓库的消防用电应按一级负荷供电；

2　下列建筑物、储罐（区）和堆场的消防用电应按二级负荷供电：

1）室外消防用水量大于30L/s的工厂、仓库；

2）室外消防用水量大于35L/s的可燃材料堆场、可燃气体储罐（区）和甲、乙类液体储罐（区）；

3）座位数超过1500个的电影院、剧院，座位数超过3000个的体育馆、任一层建筑面积大于 3000m² 的商店、展览建筑、省（市）级及以上的广播电视楼、电信楼和财贸金融楼，室外消防用水量大于 25L/s 的其他公共建筑；

3 除本条第 1、2 款外的建筑物、储罐（区）和堆场等的消防用电可采用三级负荷供电；

4 消防电源的负荷分级应符合现行国家标准《供配电系统设计规范》GB 50052 的有关规定。

11.1.2 一级负荷供电的建筑，当采用自备发电设备作备用电源时，自备发电设备应设置自动和手动启动装置，且自动启动方式应能在 30s 内供电。

11.1.3 消防应急照明灯具和灯光疏散指示标志的备用电源的连续供电时间不应少于 30min。

11.1.4 消防用电设备应采用专用的供电回路，当生产、生活用电被切断时，应仍能保证消防用电。其配电设备应有明显标志。

11.1.5 消防控制室、消防水泵房、防烟与排烟风机房的消防用电设备及消防电梯等的供电，应在其配电线路的最末一级配电箱处设置自动切换装置。

11.1.6 消防用电设备的配电线路应满足火灾时连续供电的需要，其敷设应符合下列规定：

1 暗敷时，应穿管并应敷设在不燃烧体结构内且保护层厚度不应小于 30mm。明敷时（包括敷设在吊顶内），应穿金属管或封闭式金属线槽，并应采取防火保护措施；

2 当采用阻燃或耐火电缆时，敷设在电缆井、电缆沟内可不采取防火保护措施；

3 当采用矿物绝缘类不燃性电缆时，可直接明敷；

4 宜与其他配电线路分开敷设；当敷设在同一井沟内时，宜分别布置在井沟的两侧。

11.2 电力线路及电器装置

11.2.1 甲类厂房、甲类仓库，可燃材料堆垛，甲、乙类液体储罐，液化石油气储罐，可燃、助燃气体储罐与架空电力线的最近水平距离不应小于电杆（塔）高度的 1.5 倍，丙类液体储罐与架空电力线的最近水平距离不应小于电杆（塔）高度的 1.2 倍。

35kV 以上的架空电力线与单罐容积大于 200m³ 或总容积大于 1000m³ 的液化石油气储罐（区）的最近水平距离不应小于 40m；当储罐为地下直埋式时，架空电力线与储罐的最近水平距离可减小 50%。

11.2.2 电力电缆不应和输送甲、乙、丙类液体管道、可燃气体管道、热力管道敷设在同一管沟内。

配电线路不得穿越通风管道内腔或敷设在通风管道外壁上，穿金属管保护的配电线路可紧贴通风管道外壁敷设。

11.2.3 配电线路敷设在有可燃物的闷顶内时，应采取穿金属管等防火保护措施；敷设在有可燃物的吊顶内时，宜采取穿金属管、采用封闭式金属线槽或难燃材料的塑料管等防火保护措施。

11.2.4 开关、插座和照明灯具靠近可燃物时，应采取隔热、散热等防火保护措施。

卤钨灯和额定功率大于等于 100W 的白炽灯泡的吸顶灯、槽灯、嵌入式灯，其引入线应采用瓷管、矿棉等不燃材料作隔热保护。

大于 60W 的白炽灯、卤钨灯、高压钠灯、金属卤灯光源、荧光高压汞灯（包括电感镇流器）等不应直接安装在可燃装修材料或可燃构件上。

11.2.5 可燃材料仓库内宜使用低温照明灯具，并应对灯具的发热部件采取隔热等防火保护措施；不应设置卤钨灯等高温照明灯具。

配电箱及开关宜设置在仓库外。

11.2.6 爆炸和火灾危险环境电力装置的设计应按现行国家标准《爆炸和火灾危险环境电力装置设计规范》GB 50058 的有关规定执行。

11.2.7 下列场所宜设置漏电火灾报警系统：

1 按一级负荷供电且建筑高度大于 50m 的乙、丙类厂房和丙类仓库；

2 按二级负荷供电且室外消防用水量大于 30L/s 的厂房（仓库）；

3 按二级负荷供电的剧院、电影院、商店、展览馆、广播电视楼、电信楼、财贸金融楼和室外消防用水量大于 25L/s 的其他公共建筑；

4 国家级文物保护单位的重点砖木或木结构的古建筑；

5 按一、二级负荷供电的消防用电设备。

11.3　消防应急照明和消防疏散指示标志

11.3.1 除住宅外的民用建筑、厂房和丙类仓库的下列部位，应设置消防应急照明灯具：

1 封闭楼梯间、防烟楼梯间及其前室、消防电梯间的前室或合用前室；

2 消防控制室、消防水泵房、自备发电机房、配电室、防烟与排烟机房以及发生火灾时仍需正常工作的其他房间；

3 观众厅，建筑面积大于 400m² 的展览厅、营业厅、多功能厅、餐厅，建筑面积大于 200m² 的演播室；

4 建筑面积大于 300m² 的地下、半地下建筑或地下室、半地下室中的公共活动房间；

5 公共建筑中的疏散走道。

11.3.2 建筑内消防应急照明灯具的照度应符合下列规定：

1 疏散走道的地面最低水平照度不应低于 0.5lx；

2 人员密集场所内的地面最低水平照度不应低于 1.0lx；

3 楼梯间内的地面最低水平照度不应低于 5.0lx；

4 消防控制室、消防水泵房、自备发电机房、配电室、防烟与排烟机房以及发生火灾时仍需正常工作的其他房间的消防应急照明，仍应保证正常照明的照度。

11.3.3 消防应急照明灯具宜设置在墙面的上部、顶棚上或出口的顶部。

11.3.4 公共建筑、高层厂房（仓库）及甲、乙、丙类厂房应沿疏散走道和在安全出口、人员密集场所的疏散门的正上方设置灯光疏散指示标志，并应符合下列规定：

1 安全出口和疏散门的正上方应采用"安全出口"作为指示标志；

2 沿疏散走道设置的灯光疏散指示标志，应设置在疏散走道及其转角处距地面高度 1.0m 以下的墙面上，且灯光疏散指示标志间距不应大于 20m；对于袋形走道，不应大于 10m；在走道转角区，不应大于 1.0m，其指示标志应符合现行国家标准《消防安全标志》GB 13495 的有关规定。

11.3.5　下列建筑或场所应在其内疏散走道和主要疏散路线的地面上增设能保持视觉连续的灯光疏散指示标志或蓄光疏散指示标志：

1　总建筑面积超过 8000m² 的展览建筑；

2　总建筑面积超过 5000m² 的地上商店；

3　总建筑面积超过 500m² 的地下、半地下商店；

4　歌舞娱乐放映游艺场所；

5　座位数超过 1500 个的电影院、剧院，座位数超过 3000 个的体育馆、会堂或礼堂。

11.3.6　建筑内设置的消防疏散指示标志和消防应急照明灯具，除应符合本规范的规定外，还应符合现行国家标准《消防安全标志》GB 13495 和《消防应急灯具）GB 17945 的有关规定。

11.4　火灾自动报警系统和消防控制室

11.4.1　下列场所应设置火灾自动报警系统：

1　大中型电子计算机房及其控制室、记录介质库，特殊贵重或火灾危险性大的机器、仪表、仪器设备室、贵重物品库房，设有气体灭火系统的房间；

2　每座占地面积大于 1000m² 的棉、毛、丝、麻、化纤及其织物的库房，占地面积超过 500m² 或总建筑面积超过 1000m² 的卷烟库房；

3　任一层建筑面积大于 1500m² 或总建筑面积大于 3000m² 的制鞋、制衣、玩具等厂房；

4　任一层建筑面积大于 3000m² 或总建筑面积大于 6000m² 的商店、展览建筑、财贸金融建筑、客运和货运建筑等；

5　图书、文物珍藏库，每座藏书超过 100 万册的图书馆，重要的档案馆；

6　地市级及以上广播电视建筑、邮政楼、电信楼，城市或区域性电力、交通和防灾救灾指挥调度等建筑；

7　特等、甲等剧院或座位数超过 1500 个的其他等级的剧院、电影院，座位数超过 2000 个的会堂或礼堂，座位数超过 3000 个的体育馆；

8　老年人建筑、任一楼层建筑面积大于 1500m² 或总建筑面积大于 3000m² 的旅馆建筑、疗养院的病房楼、儿童活动场所和大于等于 200 床位的医院的门诊楼、病房楼、手术部等；

9　建筑面积大于 500m² 的地下、半地下商店；

10　设置在地下、半地下或建筑的地上四层及四层以上的歌舞娱乐放映游艺场所；

11　净高大于 2.6m 且可燃物较多的技术夹层，净高大于 0.8m 且有可燃物的闷顶或吊顶内。

11.4.2　建筑内可能散发可燃气体、可燃蒸气的场所应设可燃气体报警装置。

11.4.3　设有火灾自动报警系统和自动灭火系统或设有火灾自动报警系统和机械防（排）烟设施的建筑，应设置消防控制室。

11.4.4　消防控制室的设置应符合下列规定：

1　单独建造的消防控制室，其耐火等级不应低于二级；

2　附设在建筑物内的消防控制室，宜设置在建筑物内首层的靠外墙部位，亦可设置在建筑物的地下一层，但应按本规范第 7.2.5 条的规定与其他部位隔开，并应设置直通室外的安全出口；

3　严禁与消防控制室无关的电气线路和管路穿过；

4　不应设置在电磁场干扰较强及其他可能影响消防控制设备工作的设备用房附近。

11.4.5　火灾自动报警系统的设计，应符合现行国家标准《火灾自动报警系统设计规范》GB 50116 的有关规定。

12　城市交通隧道

12.1　一般规定

12.1.1　城市交通隧道（以下简称隧道）的防火设计应综合考虑隧道内的交通组成、隧道的用途、自然条件、长度等因素进行。

12.1.2　单孔和双孔隧道应按其封闭段长度及交通情况分为一、二、三、四类，并应符合表 12.1.2 的规定。

表 12.1.2　隧道分类

用　　途	隧道封闭段长度 L/m			
	一类	二类	三类	四类
可通行危险化学品等机动车	$L>1500$	$500<L\leqslant1500$	$L\leqslant500$	—
仅限通行非危险化学品等机动车	$L>3000$	$1500<L\leqslant3000$	$500<L\leqslant1500$	$L\leqslant500$
仅限人行或通行非机动车	—	—	$L>1500$	$L\leqslant1500$

12.1.3　一类隧道内承重结构体的耐火极限不应低于 2.00h；二类不应低于 1.50h；三类不应低于 2.00h；四类隧道的耐火极限不限。

水底隧道的顶部应设置抗热冲击、耐高温的防火衬砌，其耐火极限应按相应隧道类别确定。

注：1. 一、二类隧道内承重结构体的耐火极限应采用 RABT 标准升温曲线测试，通行机动车的三类隧道的耐火极限应采用 HC 标准升温曲线测试，并应符合本规范附录 A 的规定。

2. 通行机动车的四类隧道和仅限人行或通行非机动车的三类隧道，其耐火极限试验可采用标准升温曲线和判定标准。

12.1.4　隧道内装修材料除嵌缝材料外，应采用不燃材料。

12.1.5　一、二、三类通行机动车的双孔隧道，其车行横通道或车行疏散通道应按下列规定设置：

1　水底隧道宜设置车行横通道或车行疏散通道。车行横通道间隔及隧道通向车行疏散通道的入口间隔，宜为 500～1500m；

2　非水底隧道应设置车行横通道或车行疏散通道。车行横通道间隔及隧道通向车行疏散通道的入口间隔，宜为 200～500m；

3　车行横通道应沿垂直隧道长度方向设置，并应通向相邻隧道；车行疏散通道应沿隧道长度方向在双孔中间设置，并应直通隧道外；

  4　车行横通道和车行疏散通道的净宽度不应小于 4.0m，净高度不应小于 4.5m；

  5　隧道与车行横通道或车行疏散通道的连通处，应采取防火分隔措施。

12.1.6　一、二、三类通行机动车的双孔隧道，其人行横通道或人行疏散通道应按下列规定设置：

  1　隧道应设置人行横通道或人行疏散通道。人行横通道间隔及隧道通向人行疏散通道的入口间隔，宜为 250～300m；

  2　人行疏散横通道应沿垂直双孔隧道长度方向设置，并应通向相邻隧道。人行疏散通道应在双孔中间沿隧道长度方向设置，并应直通隧道外；

  3　双孔隧道内的人行横通道可利用车行横通道；

  4　人行横通道或人行疏散通道的净宽度不应小于 2.0m，净高度不应小于 2.2m；

  5　隧道与人行横通道或人行疏散通道的连通处，应采取防火分隔措施。

12.1.7　一、二、三类采用纵向通风方式的单孔隧道或一、二类水底隧道，应根据实际情况设置直通室外的人员疏散出口或独立避难所等避难设施。

12.1.8　隧道内的变电所、管廊、专用疏散通道、通风机房及其他辅助用房等，与车行隧道之间应采取防火分隔措施。

12.2　消防给水与灭火设施

12.2.1　在进行城市交通隧道的规划与设计时，应同时设计消防给水系统。四类隧道和行人或通行非机动车辆的三类隧道，可不设置消防给水系统。

12.2.2　消防给水系统的设置应符合下列规定：

  1　消防水源应符合本规范第 8.1.2 的规定，供水管网应符合本规范第 8.2.7 条的规定。

  2　消防用水量应按其火灾延续时间和隧道全线同一时间内发生一次火灾，经计算确定。二类隧道的火灾延续时间不应小于 3.0h；三类隧道不应小于 2.0h。

  3　隧道内宜设置独立的消防给水系统。严寒和寒冷地区的消防给水管道及室外消火栓应采取防冻措施；当采用干管系统时，应在管网最高部位设置自动排气阀，管道充水时间不应大于 90s。

  4　隧道内的消火栓用水量不应小于 20L/s，隧道洞口外的消火栓用水量不应小于 30L/s。长度小于 1000m 的三类隧道，隧道内和隧道洞口外的消火栓用水量可分别为 10L/s 和 20L/s。

  5　管道内的消防供水压力应保证用水量达到最大时，最不利点水枪充实水柱不应小于 10.0m。消火栓栓口处的出水压力超过 0.5MPa 时，应设置减压设施。

  6　在隧道出入口处应设置消防水泵接合器及室外消火栓。

  7　消火栓的间距不应大于 50m。消火栓的栓口距地面高度宜为 1.1m。

  8　设置有消防水泵供水设施的隧道，应在消火栓箱内设置消防水泵启动按钮。

  9　应在隧道单侧设置室内消火栓，消火栓箱内应配置 1 支喷嘴口径 19mm 的水枪、1 盘长 25m、直径 65mm 的水带，宜附设消防软管卷盘。

12.2.3　除四类隧道外，隧道内应设置排水设施。排水设施除应考虑排除渗水、雨水、隧道清洗等水量外，还应考虑灭火时的消防用水量，并应采取防止事故时可燃液体或有害液体沿隧道漫流的措施。

12.2.4 灭火器的设置应符合下列规定：

1 二类隧道应在隧道两侧设置 ABC 类灭火器。每个设置点不应少于 4 具。

2 通行机动车的四类隧道和人行或通行非机动车的三类隧道，应在隧道一侧设置 ABC 类灭火器。每个设置点不应少于 2 具。

3 灭火器设置点的间距不应大于 100m。

12.3　通风和排烟系统

12.3.1 通行机动车的一、二、三类隧道应设置机械排烟系统，通行机动车的四类隧道可采取自然排烟方式。

12.3.2 机械排烟系统可与隧道的通风系统合用，且通风系统应符合机械排烟系统的有关要求，并应符合下列规定：

1 采用全横向和半横向通风方式时，可通过排风管道排烟；采用纵向通风方式时，应能迅速组织气流有效地排烟；

2 采用纵向通风方式的隧道，其排烟风速应根据隧道内的最不利火灾规模确定；

3 排烟风机必须能在 250℃ 环境条件下连续正常运行不小于 1.0h。排烟管道的耐火极限不应低于 1.00h。

12.3.3 隧道火灾避难设施内应设置独立的机械加压送风系统，其送风的余压值应为 30～50Pa。

12.4　火灾自动报警系统

12.4.1 隧道入口外 100～150m 处，应设置火灾事故发生后提示车辆禁入隧道的报警信号装置。

12.4.2 一、二类通行机动车辆的隧道应设置火灾自动报警系统，其设置应符合下列规定：

1 应设置自动火灾探测装置；

2 隧道出入口以及隧道内每隔 100～150m 处，应设置报警电话和报警按钮；

3 隧道封闭段长度超过 1000m 时，应设置消防控制中心；

4 应设置火灾应急广播。未设置火灾应急广播的隧道，每隔 100～150m 处，应设置发光警报装置。

12.4.3 通行机动车辆的三类隧道宜设置火灾自动报警系统。

12.4.4 隧道用电缆通道和主要设备用房内应设置火灾自动报警装置。

12.4.5 对于可能产生屏蔽的隧道，应采取能保证灭火时通信联络畅通的措施，宜设置无线通信设施。

12.4.6 隧道内火灾自动报警系统的设计应符合现行国家标准《火灾自动报警系统设计规范》GB 50116 的有关规定。

12.5　供电及其他

12.5.1 一、二类隧道的消防用电应按一级负荷要求供电；三类隧道的消防用电应按二级负荷要求供电。

12.5.2　隧道的消防电源及其供电、配电线路等的设计应按本规范第 11 章的有关规定执行。

12.5.3　隧道两侧应设置消防应急照明灯具和疏散指示标志，其高度不宜大于 1.5m。一、二类隧道内消防应急照明灯具和疏散指示标志的连续供电时间不应小于 3.0h；三类隧道，不应小于 1.5h。其他要求可按本规范第 11 章的有关规定执行。

12.5.4　隧道内严禁设置高压电线电缆和可燃气体管道；电缆线槽应与其他管道分开埋设。

12.5.5　隧道内设置的各类消防设施均应采取与隧道内环境条件相适应的保护措施，并应设置明显的发光消防疏散指示标志。

附录 A　隧道内承重结构体的耐火极限试验升温曲线和相应的判定标准

A.0.1　RABT 标准升温曲线（见图 A.0.1）。

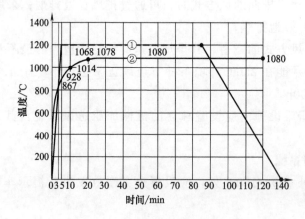

图 A.0.1　RABT 标准升温曲线
①—RABT 曲线；②—碳氢化合物曲线

A.0.2　HC 标准升温曲线（见表 A.0.2）。

表 A.0.2　碳氢化合物升温曲线表

时间/min	3	5	10	30
炉内温升/℃	887	948	982	1110
时间/min	60	90	120	120 以后
炉内温升/℃	1150	1150	1150	1150

A.0.3　耐火极限判定标准。

1　当采用 HC 标准升温曲线测试时，其耐火极限的判定标准为：受火后，当距离混凝土底表面 25mm 处钢筋的温度超过 250℃，或者混凝土表面的温度超过 380℃时，则判定为达到耐火极限。

2　当采用 RABT 标准升温曲线测试时，其耐火极限的判定标准为：受火后，当距离混凝土底表面 25mm 处钢筋的温度超过 300℃，或者混凝土表面的温度超过 380℃时，则判定为达到耐火极限。

本规范用词说明

1 为便于在执行本规范条文时区别对待，对要求严格程度不同的用词说明如下：

1）表示很严格，非这样做不可的用词：

正面词采用"必须"，反面词采用"严禁"。

2）表示严格，在正常情况下均应这样做的用词：

正面词采用"应"，反面词采用"不应"或"不得"。

3）表示允许稍有选择，在条件许可时首先应这样做的用词：正面词采用"宜"，反面词采用"不宜"；

表示有选择，在一定条件下可以这样做的用词，采用"可"。

2 本规范中指明应按其他有关标准、规范执行的写法为"应符合……的规定"或"应按……执行"。

（二）氧气站设计规范 GB 50030—91

目次

第一章　总　　则

第 1.0.1 条　为使氧气站（含气化站房、汇流排间）的设计，遵循国家基本建设的方针政策，充分利用现有空气分离（以下简称"空分"）产品资源，坚持综合利用，节约能源，保护环境，统筹兼顾，集中生产，协作供应，做到安全第一，技术先进，经济合理，特制定本规范。

第 1.0.2 条　本规范适用于下列新建、改建、扩建的工程：

一、单机产氧量不大于 $300m^3/h$ 或高压、中压流程的，用深度冷冻空气分离法生产氧、氮等空分气态或液态产品的氧气站设计；

二、氧、氮等空分液态产品气化站房的设计；

三、氧、氮等空分气态产品用户的汇流排间的设计；

四、厂区和车间气态氧、氮等管道的设计。

第1.0.3条 扩建或改建的氧气站、气化站房、汇流排间和管道的设计，必须充分利用原有的建筑物、构筑物、设备和管道。

第1.0.4条 制氧站房、灌氧站房或压氧站房、液氧气化站房、氧气汇流排间、氧气瓶库的火灾危险性类别，应为"乙"类；加工处理、贮存或输送惰性气体的各类站房或库房，以及汇流排间的火灾危险性，应为"戊"类；使用氢气净化空分产品的催化反应炉，以及氢气瓶存放部分的火灾危险性，应为"甲"类。

第1.0.5条 氧气站、气化站房、汇流排间以及管道的设计，除应符合本规范的规定外，并应符合现行的有关国家标准、规范的规定。

第二章　氧气站的布置

第2.0.1条 氧气站、气化站房、汇流排间的布置，应按下列要求，经技术经济方案比较确定：

一、宜靠近最大用户处；

二、有扩建的可能性；

三、有较好的自然通风和采光；

四、有噪声和振动机组的氧气站有关建筑，对有噪声、振动防护要求的其他建筑之间的防护间距，应按现行的国家标准《工业企业总平面设计规范》的规定执行。

第2.0.2条 空分设备的吸风口应位于空气洁净处，并应位于乙炔站（厂）及电石渣堆或其他烃类等杂质及固体尘埃散发源的全年最小频率风向的下风侧。

吸风管的高度，应高出制氧站房屋檐 1m 及以上。

吸风口与乙炔站（厂）及电石渣堆等杂质散发源之间的最小水平间距，应符合表2.0.2-1的要求，当不能满足表2.0.2-1的要求时，应符合表2.0.2-2的要求。

表 2.0.2-1　空分设备吸风口与乙炔站（厂）、电石渣堆等之间的最小水平间距

乙炔站(厂)及电石渣堆等杂质散发源		最小水平间距/m	
乙炔发生器型式	乙炔站(厂)安装容量/(m³/h)	空分塔内具有液空吸附净化装置	空分塔前具有分子筛吸附净化装置
水入电石式	≤10	100	50
	>10~<30	200	
	≥30	300	
电石入水式	≤30	100	50
	>30~<90	200	
	≥90	300	
电石、炼焦、炼油、液化石油气生产		500	100
合成氨、硝酸、硫化物生产		300	300
炼钢(高炉、平炉、电炉、转炉)、轧钢、型钢浇铸生产		200	50
大批量金属切割、焊接生产(如金属结构车间)		200	50

注：水平间距应按吸风口与乙炔站（厂）、电石渣堆等相邻面外壁或边缘的最近距离计算。

表 2.0.2-2　吸风口处空气内烃类等杂质的允许极限含量

烃类等杂质名称	允许极限含量/(mgC/m³)	
	空分塔内具有液空吸附净化装置	空分塔前具有分子筛吸附净化装置
乙炔	0.5	5
炔衍生物	0.01	0.5
C_B、C_D 饱和和不饱和烃类杂质总计	0.05	2
C_3、C_4 饱和和不饱和烃类杂质总计	0.3	2
C_2 饱和和不饱和烃类杂质及丙烷总计	10	10
硫化碳 CS_2	0.03mg/m³	
氧化氮 NO	1.25mg/m³	
臭　氧 O_3	0.215mg/m³	

第 2.0.3 条　氧气站等的乙类生产建筑物与各类建筑之间的最小防火间距，应符合表 2.0.3 的要求。

表 2.0.3　氧气站等的乙类生产建筑物与各类建筑之间的最小防火间距

最小防火间距/m　　项目名称		氧气站等的一、二级耐火等级的乙类生产建筑物	湿式氧气贮罐/m³		
			≤1000	1001~50000	>50000
其他各类生产建筑物	耐火等级 一、二级	10	10	12	14
	三 级	12	12	14	16
	四 级	14	14	16	18
民用建筑、明火或散发火花地点		25	25	30	35
重要公共建筑		50	50		
室外变、配电站(35~500kV 且每台变压器为 10000kVA 以上)以及油量超过 5t 的总降压站		25	25	30	35
厂外铁路线(中心线)	非电力牵引机车	25	25		
	电力牵引机车	20	20		
厂内铁路线(中心线)	非电力牵引机车	20	20		
	电力牵引机车	15	15		
厂外道路(路边)		15	15		
厂内道路(路边)	主 要	10	10		
	次 要	5	5		
电力架空线		1.5 倍电杆高度	1.5 倍电杆高度		
液化石油气贮罐	单罐容量/m³ ≤5	12	20		
	6~10	18	25		
	11~30	20	30		
	31~100	25	40		
	101~400	30	50		
	401~1000	40	60		
	>1000	50			

注：1. 防火间距应按相邻建筑物或构筑物等的外墙、外壁、外缘的最近距离计算。

2. 两座生产建筑物相邻较高一面的外墙为防火墙时，其防火间距不限。

3. 氧气站专用的铁路装卸线不受本表限制。

4. 固定容积的氧气贮罐，其容积按水容量（m³）和工作压力（绝对 9.8×10⁴Pa）的乘积计算。

5. 液氧贮罐以 1m³ 液氧折合 800m³ 标准状态气氧计算，按本表氧气贮罐相应贮量的规定执行。

6. 氧气贮罐、惰性气体贮罐、室外布置的工艺设备与其制氧厂房的间距，可按工艺布置要求确定。

7. 氧气贮罐之间的防火间距，不应小于相邻较大罐的半径。氧气贮罐与可燃气体贮罐之间的防火间距不应小于相邻较大罐的直径。

8. 空积不超过 50m³ 的氧气贮罐与所属使用厂房的防火间距不限。

9. 容积不超过 3m³ 的液氧贮罐与所属使用建筑的防火间距，可减少为 10m。

10. 液氧贮罐周围 5m 的范围内，不应有可燃物和设置沥青路面。

11. 氧气站室外布置的空分塔或惰性气体贮罐。应按一、二级耐火等级的乙类生产建筑（空分塔）或戊类生产建筑（惰性气体贮罐）确定其与其他各类建筑之间的最小防火间距。

12. 氧气站等一、二级耐火等级的乙类生产建筑物，与其他甲类生产建筑物之间的最小防火间距，应按本表对其他各类生产建筑物之间规定的间距增加 2m。

13. 湿式氧气贮罐与可燃液体贮罐、可燃材料堆场之间的最小防火间距，应符合本表对民用建筑、明火或散发火花地点之间规定的间距。

第 2.0.4 条　制氧站房、灌氧站房或压氧站房、液氧气化站房，宜布置成独立建筑物，但可与不低于其耐火等级的除火灾危险性属"甲"、"乙"类的生产车间，以及铸工车间、锻压车间、热处理车间等明火车间处的其他车间毗连建造，其毗连的墙应为无门、窗、洞的防火墙。

第 2.0.5 条　输氧量不超过 60m³/h 的氧气汇流排间，可设在不低于三级耐火等级的用户厂房内靠外墙处，并应采用高度为 2.5m、耐火极限不低于 1.5h 的墙和丙级防火门，与厂房的其他部分隔开。

第 2.0.6 条　输氧量超过 60m³/h 的氧气汇流排间，宜布置成独立建筑物，当与其他用户厂房毗连建造时，其毗连的厂房的耐火等级不应低于二级，并应采用耐火极限不低于 1.5h 的无门、窗、洞的墙，与该厂房隔开。

第 2.0.7 条　氧气汇流排间，可与气态乙炔站或乙炔汇流排间，毗连建造在耐火等级不低于二级的同一建筑物中，但应以无门、窗、洞的防火墙相互隔开。

第 2.0.8 条　制氧站房、灌氧站房或压氧站房、气化站房，宜设围墙或栅栏。

第三章　工艺设备的选择

第 3.0.1 条　氧气站的设计容量，应根据用户的用氧特点，经方案比较后确定，可按用户的昼夜平均小时消耗量或按工作班平均小时消耗量，经技术经济方案比较确定。

氧气站的设计容量，必须计入当地海拔高度的影响。

第 3.0.2 条　氧气站空分设备的型号、台数，备用机组的选用，应根据用户对空分产品的要求，经技术经济方案比较确定，并应符合下列要求：

一、空分设备台数，宜按大容量、少机组、统一型号的原则确定；

二、空分气态产品的压缩机，应根据用户对空分气态产品贮存及输送的要求选用；

三、氧气站可不设置备用的空分设备，当用户中断供气会造成较大损失时，应考虑空分设备中的空气压缩机、氧气压缩机等回转机组的备用，也可采用其他方法调节供气。

第 3.0.3 条　空分气态产品贮罐容量的选择，应符合下列要求：

一、调节产气量与压气量之间的不平衡，宜采用湿式贮罐或贮气囊，其有效容积应根据产气量与压气量之间的不平衡性确定；

二、调节用气量与产气量之间的不平衡，宜采用中压或高压贮罐，其有效容积应根据用气量与产气量之间的不平衡，以及贮气和输气的工况确定。

第 3.0.4 条　各种气瓶的数量，可按用户一昼夜用气瓶数的 3 倍确定，但不包括备用贮气瓶。

第 3.0.5 条　气化站房的液态空分产品贮槽容量的选择，应根据液态空分产品运输槽车的运输费用、运输距离、企业用户所用气体量，贮槽本身的折旧费用，以及液态空分产品贮量实际可使用的天数等因素加以综合分析，经方案比较后确定。

第 3.0.6 条　氧气站的总安装容量等于或大于 150m³/h 产氧量的制氧间，宜设单轨手动葫芦、单梁起重机等检修用的起重设备，其起重能力应按机组的最重部件确定。

第四章　工　艺　布　置

第4.0.1条　当氧气实瓶的贮量小于或等于1700个时，制氧站房或液氧气化站房和灌氧站房可设在同一座建筑物内，但必须符合本规范第5.0.4条的要求。

当该建筑物内设置中压、高压氧气贮罐时，贮罐和实瓶的贮气总容量不应超过10200m³；空瓶、实瓶和贮罐的总占地面积，不应超过560m²。

第4.0.2条　当氧气实瓶的贮量超过1700个时，应将制氧站房或液氧气化站房和灌氧站房分别设在两座独立的建筑物内。

灌氧站房中，氧气实瓶的贮量不应超过3400个，当该建筑物内设置中、高压氧气贮罐时，贮罐和实瓶的贮气总容量，不应超过20400m³；空瓶、实瓶和贮罐的总占地面积不应超过1120m²。

第4.0.3条　当氧气站生产供应多种产品，并需要灌瓶和贮存时，宜设置每种产品的灌瓶台或灌瓶间、空瓶间和实瓶间，当空瓶、实瓶和灌瓶台设在同一个房间内时，空瓶和实瓶必须分开存放。

第4.0.4条　氧气站、气化站房的设备布置，应紧凑合理，便于安装维修和操作，设备之间以及设备与墙之间的净距，应符合下列规定：

一、设备之间的净距，宜为1.5m；设备与墙壁之间的净距，宜为1m。当以上净距不能满足设备的零部件抽出检修的操作要求时，其净距不宜小于抽出零部件的长度加0.5m；

设备与其附属设备之间的净距，以及泵、鼓风机等其他小型设备的布置间距，可适当缩小；

二、设备双排布置时，两排之间的净距，宜为2m。

第4.0.5条　灌瓶间、空瓶间和实瓶间的通道净宽度，应根据气瓶运输方式确定，宜为1.5m。

第4.0.6条　氧气压缩机超过2台时，宜布置在单独的房间内，且不宜与其他房间直接相通。

第4.0.7条　氧气站、液氧气化站房不包括备用贮气瓶的氧气实瓶贮量，应根据氧气供需平衡的情况决定，但不宜超过48h的灌瓶量。

氧气站总安装容量或液氧气化站房总产气量小于20m³/h，其氧气实瓶的贮量可适当增加，但不宜超过160瓶。

氧气汇流排间氧气实瓶的贮量，不宜超过一昼夜的生产需用量。

第4.0.8条　贮罐、低温液体贮槽宜布置在室外，当贮罐或低温液体贮槽确需室内布置时，宜设置在单独的房间内，且液氧的总贮存量不应超过10m³。

第4.0.9条　贮气囊宜布置在单独的房间内，当贮气囊总容量小于或等于100m³时，可布置在制氧间内。贮气囊与设备的水平距离不应小于3m，并应有安全和防火围护措施。

贮气囊不应直接布置在氧气压缩机的顶部，当确需在氧气压缩机顶部布置时，必须有防火围护措施。

第 4.0.10 条　贮罐的水槽和放水管，应采取防冻措施。

低温液体贮槽宜采取防止日晒雨淋的措施。

第 4.0.11 条　采用氢气进行产品净化的催化反应炉，宜设置在站房内靠外墙处的单独房间内。

第 4.0.12 条　氢气瓶应存放在站房内靠处墙处的单独房间内，并不应与其他房间直接相通。

氢气实瓶的贮量，不宜超过 60 瓶。

第 4.0.13 条　氧气压缩机间、净化间、氢气瓶间、贮罐间、低温液体贮槽间、汇流排间，均应设有安全出口。

第 4.0.14 条　空瓶间、实瓶间应设置气瓶的装卸平台。平台的宽度宜为 2m；平台的高度应按气瓶运输工具的高度确定，宜高出室外地坪 0.4～1.1m。

第 4.0.15 条　灌瓶间、汇流排间、空瓶间和实瓶间，均应有防止瓶倒的措施。

第 4.0.16 条　生产高纯度空分产品需要灌瓶时，应设置钢瓶抽真空设备和钢瓶加热装置。

第 4.0.17 条　氧气站的分析设备，应根据安全生产和对产品质量的要求进行配备。

第 4.0.18 条　氧气站、气化站房、汇流排间内氮气、氧气等放散管和液氮、液氧等排放管，应引至室外安全处，放散管口宜高出地面 4.5m 或以上。

第 4.0.19 条　压缩机和电动机之间，当采用联轴器或皮带传动时，应采取安全围护措施。

第 4.0.20 条　独立瓶库的气瓶贮量，应根据生产用量、气瓶周转量和运输条件确定。

独立的氧气实瓶或氧气空瓶、实瓶库的气瓶最大贮量，应符合表 4.0.20 的要求。

表 4.0.20　独立的氧气实瓶或氧气空瓶、实瓶库的最大贮量

瓶库建筑物的耐火等级	气瓶的最大贮量/个	
	每座库房	每一防火墙间
一、二级	13600	3400
三　级	4500	1500

第五章　建筑和结构

第 5.0.1 条　氧气站、液氧气化站房的主要生产间和氧气汇流排间，宜为单层建筑物。

第 5.0.2 条　氧气站、气化站房主要生产间的屋架下弦高度，应按设备的高度，或从立式压缩机气缸中抽出活塞的高度和起重吊钩的极限高度确定，但不宜小于 4m。

汇流排间的屋架下弦高度，不宜小于 3.5m。

第 5.0.3 条　氧气站、液氧气化站房的主要生产间和氧气汇流排间，应为不低于二级耐

火等级的建筑物，其外围结构不需采取防爆泄压措施。

第 5.0.4 条　制氧站房或液氧气化站房和灌氧站房，当布置在同一建筑物内时，应采用耐火极限不低于 1.5h 的非燃烧体隔墙和丙级防火门，并应能过走道相通。

第 5.0.5 条　氧气贮气囊间、氧气压缩机间、氧气灌瓶间、氧气实瓶间、氧气贮罐间、净化间、氢气瓶间、液氧贮槽间、氧气汇流排间等房间相互之间，以及与其他毗连房间之间，应采用耐火极限不低于 1.5h 的非燃烧体墙隔开。

第 5.0.6 条　氧气压缩机间与灌瓶间，以及净化间、氧气贮气囊间、氧气贮罐间、液氧贮槽间与其他房间之间的隔墙上的门，应采用丙级防火门。

第 5.0.7 条　氧气站、气化站房的主要生产间和汇流排间，其围护结构的门窗，应向外开启。

第 5.0.8 条　灌瓶间、实瓶间、汇流排间和贮气囊间的窗玻璃，宜采取涂白漆等措施。

第 5.0.9 条　灌瓶台应设置高度不小于 2m 的钢筋混凝土防护墙。

第 5.0.10 条　气瓶装卸平台，应设置大于平台宽度的雨篷，雨篷和支撑应为非燃烧体。

第 5.0.11 条　灌瓶间、汇流排间、空瓶间、实瓶间的地坪，应符合平整、耐磨和防滑的要求。

第六章　电气和热工测量仪表

第 6.0.1 条　氧气站、气化站房的供电，按现行的国家标准《工业与民用供电系统设计规范》规定的负荷分级，除不能中断生产用气者外，可为三级负荷。

第 6.0.2 条　催化反应炉部分和氢气瓶间，按现行的国家标准《爆炸和火灾危险环境电力装置设计规范》的规定，应为 1 区爆炸危险区；氧气贮气囊间，应为 22 区火灾危险区。

第 6.0.3 条　氧气站、气化站房、汇流排间的照明，除不能中断生产用气者外，可不设继续工作用的事故照明。

　　仪表集中处宜设局部照明。

第 6.0.4 条　制氧间内的高压油开头，其贮油量不应大于 25kg。

第 6.0.5 条　空分产品加压设备与灌瓶间、贮气囊或湿式贮罐之间，宜设置联系信号。

　　灌瓶间应设置压缩机紧急停车按钮。

第 6.0.6 条　氧气站、气化站房，应设置成本核算所必需的用电、用水和输出空分产品的计量仪表。

　　与氧气接触的仪表，必须无油脂。

第 6.0.7 条　积聚液氧、液空的各类设备，氧气管道应有导除静电的接地装置，接地电阻不应大于 10Ω。

第 6.0.8 条　氧气站、液氧气化站、氧气汇流排间和露天设置的氧气贮罐的防雷，应按现行的国家标准《建筑物防雷设计规范》的规定执行。

第七章　给水、排水和环境保护

第7.0.1条　氧气站、气化站房的生产用水，除不能中断生产用气者外，宜采用一路供水，其消防用水设施应符合现行的国家标准《建筑设计防火规范》的要求。

第7.0.2条　压缩机用的冷却水，应循环使用；其水压宜为0.15～0.30MPa；其水质要求和排水温度应符合现行的国家标准《压缩空气站设计规范》的要求。

第7.0.3条　氧气站给水和排水系统，应保证能放尽存水。

压缩机的排水，必须装设水流观察装置或排水漏斗。

第7.0.4条　氧气站应设置废油收集装置，当有废液需直接排放时，应符合现行的国家标准《工业"三废"排放试行标准》的要求。

第7.0.5条　对有噪声的生产厂房及作业场所，应按现行的国家标准《工业企业噪声控制设计规范》采取噪声控制措施，并应符合该设计规范的要求。

第八章　采暖和通风

第8.0.1条　氧气站内的乙类生产火灾危险性建筑物，液氧气化站房和氧气汇流排间，严禁用明火采暖。

集中采暖时，室内采暖计算温度应符合下列规定：

一、贮气囊间、贮罐间、低温液体贮槽间为+5℃；

二、空瓶间、实瓶间为+10℃；

三、办公室、生活间应按现行的国家标准《工业企业设计卫生标准》的规定执行；

四、除上述各房间外，其他房间为+15℃。

第8.0.2条　贮罐间、贮气囊间、低温液体贮槽间、实瓶间、灌瓶间的散热器，应采取隔热措施。

第8.0.3条　催化反应炉部分、氢气瓶间、惰性气体贮气囊（罐）或贮槽间的自然通风换气次数，每小时不应少于3次，事故换气次数不应少于7次。

第九章　管　　道

第9.0.1条　氧气管道的管径，应按下列条件计算确定。

一、流量应采用该管系最低工作压力、最高工作温度时的实际流量；

二、流速应是在不同工作压力范围内的管内氧气流速，并应符合下列规定：

1. 氧气工作压力为10MPa或以上时，不应大于6m/s；

2. 氧气工作压力大于0.1MPa至3MPa或以下时，不应大于15m/s；

3. 氧气工作压力为0.1MPa或以下时，应按该管系允许的压力降确定。

第9.0.2条　氧气管道管材的选用，宜符合表9.0.2的要求。

第9.0.3条　氧气管道的阀门选用，应符合下列要求：

一、工作压力大于0.1MPa的阀门，严禁采用闸阀；

二、阀门的材料，应符合表9.0.3的要求。

表 9.0.2　氧气管道管材的选用

敷设方式	工作压力/MPa		
	≤1.6	>1.6～≤3	≥10
	管　材		
架空或地沟敷设	焊接钢管 （GB 3092—82） 电焊钢管 （YB 242—63） 无缝钢管 （YB 231—70） 钢板卷焊管 （A$_s$）	无缝钢管 （YB 231—70）	铜基合金管
埋地敷设	无缝钢管（YB 231—70）		

注：1. 表中钢板卷焊管，只宜用于工作压力不大于 0.1MPa，且管径超过现有焊接钢管、电焊钢管、无缝钢管产品管径的情况下。

2. 压力或流量调节阀组的下游侧（顺气流方向，以下同），应有一段不锈钢管（GB 2270—80）或铜基合金管，其长度为管外径的 5 倍（但不应小于 1.5m）。阀组范围内的连接管道，应采用不锈钢或铜基合金材料。

3. 位于氧气放散阀下游侧的工作压力大于 0.1MPa 的氧气放散管段，应采用不锈钢管。

4. 铜基合金管是指铜管（GB 1529—79）或黄铜管（GB 1529—79）。

5. 本表引用的标准，当进行全面修订时，应按修订后的现行标准执行。

表 9.0.3　阀门材料选用要求

工作压力/MPa	材　料
<1.6	阀体、阀盖采用可锻铸铁、球墨铸铁或铸钢 阀杆采用碳钢或不锈钢 阀瓣采用不锈钢
≥1.6～3	采用全不锈钢、全铜基合金或不锈钢与铜基合金组合
>10	采用全铜基合金

注：1. 工作压力为 0.1MPa 或以上的压力或流量调节阀的材料，应采用不锈钢或铜基合金或以上两种的组合。

2. 阀门的密封填料，应采用石墨处理过的石棉或聚四氟乙烯材料，或膨胀石墨。

第 9.0.4 条　氧气管道上的法兰，应按国家有关的现行 JB 标准选用；管道法兰的垫片，宜按表 9.0.4 选用。

表 9.0.4　氧气管道法兰用的垫片

工　作　压　力/MPa	垫　片
≤0.6	橡胶石棉板
>0.6～3	缠绕式垫片 波形金属包石棉垫片 退火软化铝片
>10	退火软化铜片

第 9.0.5 条　氧气管道上的弯头、分岔头及变径管的选用，应符合下列要求：

一、氧气管道严禁采用折皱弯头。当采用冷弯或热弯弯制碳钢弯头时，弯曲半径不应小于管外径的 5 倍；当采用无缝或压制焊接碳钢弯头时，弯曲半径不应小于管外径的 1.5 倍；采用不锈钢或铜基合金无缝或压制弯头时，弯曲半径不应小于管外径。对工作压力不大于 0.1MPa 的钢板卷焊管，可以采用弯曲半径不小于管外径的 1.5 倍的焊制弯头，弯头内壁应平滑，无锐边、毛刺及焊瘤；

二、氧气管道的变径管，宜采用无缝或压制焊接件。当焊接制作时，变径部分长度不宜小于两端管外径差值的 3 倍；其内壁应平滑，无锐边、毛刺及焊瘤；

三、氧气管道的分岔头，宜采用无缝或压制焊接件，当不能取得时，宜在工厂或现场预制并加工到无锐角、突出部及焊瘤。不宜在现场开孔、插接。

第 9.0.6 条 氧气管道宜架空敷设。当架空有困难时可采用不通行地沟敷设或直接埋地敷设。

第 9.0.7 条 管道应考虑温差变化的热补偿。

第 9.0.8 条 输送干燥气体和不作水压试验的管道，可以无坡度敷设。输送含湿的气体或需作水压试验的管道，应设不小于 0.003 的坡度；在管道最低点，宜设排水装置。

第 9.0.9 条 氧气管道的连接，应采用焊接，但与设备、阀门连接处可采用法兰或丝扣连接。丝扣接连处，应采用一氧化铅、水玻璃或聚四氟乙烯薄膜作为填料，严禁用涂铅红的麻或棉丝，或其他含油脂的材料。

第 9.0.10 条 氧气管道应有导除静电的接地装置。厂区管道可在管道分岔处、无分支管道每 80～100m 处以及进出车间建筑物处设一接地装置；直接埋地管道，可在埋地之前及出地后各接地 1 次；车间内部管道，可与本车间的静电干线相连接。接地电阻值应符合本规范第 6.0.7 条的规定。

当每对法兰或螺纹接头间电阻值超过 0.03Ω 时，应设跨接导线。

对有阴极保护的管道，不应作接地。

第 9.0.11 条 氧气管道的弯头、分岔头，不应紧接安装在阀门的上游；阀门的下游侧宜设长度不小于管外径 5 倍的直管段。

第 9.0.12 条 厂区管道架空敷设时，应符合下列要求：

一、氧气管道应敷设在非燃烧体的支架上。当沿建筑物的外墙或屋顶上敷设时，该建筑物应为一、二级耐火等级，且与氧气生产或使用有关的车间建筑物；

二、氧气管道、管架与建筑物、构筑物、铁路、道路等之间的最小净距，应按本规范附录一的规定执行；

三、氧气管道可以与各种气体、液体（包括燃气、燃油）管道共架敷设。共架时，氧气管道宜布置在其他管道外侧，并宜布置在燃油管道上面。各种管线之间的最小净距，应按本规范附录二的规定执行；

四、除氧气管道专用的导电线路之外，其他导电线路不应与氧气管道敷设在同一支架上；

五、含湿气体管道，在寒冷地区可能造成管道冻塞时，应采取防护措施。

第 9.0.13 条 厂区管道直接埋地敷设或采用不通行地沟敷设时，应符合下列要求：

一、埋地深度，应根据地面上荷载决定。管顶距地面不宜小于 0.7m。含湿气体管道，应敷设在冻土层以下，并宜在最低点设排水装置；穿过铁路和道路时，其交叉角不宜小于 45°；

二、氧气管道与建筑物、管路及其他埋地管线之间的最小净距，应按本规范附录三的规定执行，且不应埋设在露天堆场下面或穿过烟道和地沟；

三、直接埋地管道，应根据埋设地带土壤的腐蚀等级采取适当的防腐蚀措施；

四、氧气管道采用不通行地沟敷设时，沟上应设防止可燃物料、火花和雨水侵入的非燃烧体盖板；严禁各种导电线路与氧气管道敷设在同一地沟内。当氧气管道与其他不燃气体或水管同地沟敷设时，氧气管道应布置在上面，地沟应能排除积水；

当氧气管道与同一使用目的的燃气管道同地沟敷设时，沟内应填满砂子，并严禁与其他地沟相通；

五、直接埋地或不通行地沟敷设的氧气管道上，不宜装设阀门或法兰连接接点。

第 9.0.14 条　车间内部管道的敷设，应符合下列要求：

一、厂房内氧气管道宜沿墙、柱或专设的支架架空敷设，其高度应不妨碍交通和便于检修；当与其他管线共架敷设时，应符合本规范第 9.0.12 条第三款和附录二的要求。当不能架空敷设时，可以单独或与其他不燃气体或液体管道共同敷设在不通行地沟内，也可以和同一使用目的燃气管道同地沟敷设，此情况下，应符合本规范第 9.0.13 条第四款的要求；

二、进入用户车间的氧气主管，应在车间入口处便于接近操作、检修的地方装设切断阀，并宜在适当位置装设放散管，放散管口应伸出墙外并高出附近操作面 4m 以上的空旷、无明火的地方；

三、通往氧气压缩机的氧气管道以及装有压力、流量调节阀的氧气管道上，应在靠近机器入口处或压力、流量调节阀的上游侧装设过滤器，过滤器的材料应为不锈钢或铜基合金；

四、主要大用户车间的氧气主管，宜装设流量记录、累计仪表；

五、通过高温作业以及火焰区域的氧气管道，应在该管段增设隔热措施，管壁温度不应超过 70℃；

六、穿过墙壁、楼板的管道，应敷设在套管内，并应用石棉或其他不燃材料将套管端头间隙填实；

氧气管道不应穿过生活间、办公室，并不宜穿过不使用氧气的房间，当必须通过不使用氧气的房间时，则在该房间内的管段上不应有法兰或螺纹连接接口；

七、供切焊用氧的管道与切焊工具或设备用软管连接时，供氧嘴头及切断阀应装置在用非燃烧材料制作的保护箱内。

第 9.0.15 条　氮气、压缩空气和氩气气体管道与各类其他管道、建筑物、构筑物等之间的间距，可按现行的国家标准《压缩空气站设计规范》的有关压缩空气管道的规定执行。

第 9.0.16 条　氧气管道设计对施工及验收的要求，应符合下列规定：

一、氧气管道、阀门及管件等，应当无裂纹、鳞皮、夹渣等。接触氧气的表面必须彻底除去毛刺、焊瘤、焊渣、粘砂、铁锈和其他可燃物等，保持内壁光滑清洁，管道的除锈应进行到出现本色为止；

二、管道、阀门、管件、仪表、垫片及其他附件都必须脱脂，阀门及仪表当在制造厂已经脱脂，并有可靠的密封包装及证明时，可不再脱脂。对黑色及有色金属的脱脂件，宜采用四氯化碳或其他无机溶剂脱脂；石棉垫片等非金属脱脂件，宜采用四氯化碳脱脂。脱脂后宜用紫外线检查法或溶剂分析法进行检查，达到合格标准为止。脱脂合格后的管道，应及时封闭管口并宜充入干燥氮气；

三、碳钢管道的焊接应采用氩弧焊打底；

四、为进行焊接检验，氧气管道的分类，应根据管道材料、温度及压力等参数，按现行的国家标准《工业管道工程施工及验收规范》金属管道篇规定的分类上升一类，其射线探伤数量按原规定执行；

五、管道、阀门、管件及仪表，在安装过程中及安装后，应采取有效措施，防止受到油脂污染，防止可燃物、铁屑、焊渣、砂土及其他杂物进入或遗留在管内，并应进行严格的检查；

六、管道的强度及严密性试验的介质及试验压力，应符合表 9.0.16 的要求；

表 9.0.16　氧气管道的试验用介质及压力

管道工作压力 P/MPa	强度试验		严密性试验	
	试验介质	试验压力/MPa	试验介质	试验压力/MPa
≤0.1	空气或氮气	0.1P	空气或氮气	1.0P
≤3	空气或氮气	1.15P	空气或氮气	1.0P
>10	水	1.5P	空气或氮气	1.0P

注：1. 空气或氮气必须是无油脂和干燥的。

2. 水应为无油和干净的。

3. 以气体介质作强度试验时，应制定有效的安全措施，并经有关安全部门批准后进行。

七、强度及严密性试验的检验，应符合下列要求：

用空气或氮气作强度试验时，应在达到试验压力后稳压 5min，以无变形、无泄漏为合格。用水作强度试验时，应在试验压力下维持 10min，应以无变形、无泄漏为合格。

严密性试验，应在达到试验压力后持续 24h，平均小时泄漏率对室内及地沟管道应以不超过 0.25% ；对室外管道应以不超过 0.5% 为合格。泄漏率（A）应按下式计算：

1. 当管道公称直径 D_N<0.3m 时：

$$A=\left[1-\frac{(273+t_1)P_2}{(273+t_2)P_1}\right]\times\frac{100}{24} \qquad (9.0.16\text{-}1)$$

2. 当管道公称直径 D_N≥0.3m 时：

$$A=\left[1-\frac{(273+t_1)P_2}{(273+t_2)P_1}\right]\times\frac{100}{24}\times\frac{0.3}{D_N} \qquad (9.0.16\text{-}2)$$

式中　A——泄漏率，%；

P_1，P_2——试验开始、终了时的绝对压力，MPa；

t_1，t_2——试验开始、终了时的温度，℃；

D_N——管道公称直径，m。

八、严密性试验合格的管道，必须用无油、干燥的空气或氮气，应以不小于 20m/s 的流速吹扫，直至出口无铁锈、焊渣及其他杂物为合格。

附录一　厂区架空氧气管道、管架与建筑物、构筑物、铁路、道路等之间的最小净距

附表 1.1　厂区架空氧气管道、管架与建筑物、构筑物、铁路、道路等之间的最小净距

名　称	最小水平净距/m	最小垂直净距/m
建筑物有门窗的墙壁外边或突出部分外边	3.0	
建筑物无门窗的墙壁外边或突出部分外边	1.5	
非电气化铁路钢轨	3.0	5.5
电气化铁路钢轨	3.0	
道路	1.0	4.5
人行道	0.5	2.5
厂区围墙(中心线)	1.0	
照明、电信杆柱中心	1.0	
熔化金属地点和明火地点	10.0	

注：1. 表中水平距离：管架从最外边线算起；道路为城市型时，自路面边缘算起；为公路型时，自路肩边缘算起；铁路自轨外侧或按建筑界限算起；人行道自外沿算起。

2. 表中垂直距离：管线自防护设施的外缘算起；管架自最低部分算起；铁路自轨面算起；道路自路拱算起；人行道自路面算起。

3. 与架空电力线路的距离，应符合现行《工业与民用 35 千伏及以下架空电力线路设计规范》的规定。

4. 架空管线、管架跨越电气化铁路的最小垂直净距，应符合有关规范规定。

5. 当有大件运输要求或在检修期间有大型起吊设施通过的道路，其最小垂直净距应根据需要确定。

6. 表中与建筑物的最小水平净距的规定，不适用于沿氧气生产车间或氧气用户车间建筑物外墙敷设的管道。

附录二　厂区及车间架空氧气管道与其他架空管线之间的最小净距

附表 2.1　厂区及车间架空氧气管道与其他架空管线之间的最小净距

名　称	并行净距/m	交叉净距/m
给水管、排水管	0.25	0.10
热力管	0.25	0.10
不燃气体管	0.25	0.10
燃气管、燃油管	0.50	0.25
滑触线	1.50	0.50
裸导线	1.00	0.50
绝缘导线或电缆	0.50	0.30
穿有导线的电缆管	0.50	0.10
插接式母线、悬挂式干线	1.50	0.50
非防爆开关、插座、配电箱	1.50	1.50

注：1. 氧气管道与同一使用目的的燃气管并行敷设时，最小并行净距可减小到 0.25m。

2. 氧气管道的阀门及管件接头与燃气、燃油管道上的阀门及管件接头，应沿管道轴线方向错开一定距离；当必须设置在一处时，则应适当的扩大管道之间的净距。

3. 电气设备与氧气的引出口不能满足上述距离要求时，可将两者安装在同一柱子的相对侧面；当为空腹柱子时，应在柱子上装设非燃烧体隔板局部隔开。

附录三 厂区地下氧气管道与建筑物、构筑物等及其他地下管线之间最小净距

附表 3.1 厂区地下氧气管道与建筑物、构筑物等及其他地下管线之间最小净距

名　　称	最小水平净距/m	最小垂直净距/m
有地下室的建筑物基础或通行沟道的外沿		
氧气压力≤1.6MPa	2.0	
氧气压力＞1.6MPa	3.0	
无地下室的建筑物基础外沿		
氧气压力≤1.6MPa	1.2	
氧气压力＞1.6MPa	2.0	
铁路钢轨	2.5	1.20
排水沟外沿	0.8	
道路	0.8	0.50
照明电线、电力电信杆柱		
照明电线	0.8	
电力(220V,380V)电信	1.5	
高压电力电信	1.9	
管架基础外沿	0.8	
围墙基础外沿	1.0	
乔木中心	1.5	
灌木中心	1.0	
给水管		
直径＜75mm	0.8	0.15
直径 75～150mm	1.0	0.15
直径 200～400mm	1.2	0.15
直径＞400mm	1.5	0.15
排水管		
直径＜800mm	0.8	0.15
直径 800～1500mm	1.0	0.15
直径＞1500mm	1.2	0.15
热力管或不通行地沟外沿	1.5	0.25
燃气管(乙炔等)	1.5	0.25
煤气管		
煤气压力≤0.005MPa	1.0	0.25
煤气压力＞0.005～0.15MPa	1.2	0.25
煤气压力＞0.15～0.3MPa	1.5	0.25
煤气压力＞0.3～0.8MPa	2.0	0.25
不燃气体管(压缩空气等)	1.5	0.15
电力电缆		
电压＜1kV	0.8	0.50
电压(1～10)kV	0.8	0.50
电压＞(10～35)kV	1.0	0.50
电信电缆　直埋电缆	0.8	0.50
电缆管道	1.0	0.15
电缆沟	1.5	0.25

注：1. 氧气与同一使用目的的乙炔、煤气管道同一水平敷设时，管道间水平净距可减少到 0.25m，但在从沟底起直至管顶以上 300mm 高范围内，应用松散的土或砂填实后再回填土。

2. 氧气管道与穿管的电缆交叉时，交叉净距可减少到 0.25m。

3. 本表建筑物基础的最小水平净距的规定，是指埋地管道与同一标高或其上的基础最外侧的最小水平净距。

4. 敷设在铁路及不便开挖的道路下面的管段，应加设套管，套管两端伸出铁路路基或道路路边不应小于 1m；路基或路边有排水沟时，应延伸出水沟沟边 1m。套管内的管段应尽量减少焊缝。

5. 表列水平净距：管线均自管壁、沟壁或防护设施的外沿或最外一根电缆算起；道路为城市型时，自路面边缘算起；为公路型时，自路肩边缘算起；铁路自轨外侧算起。

6. 表中管道、电缆和电缆沟最小垂直净距的规定。均指下面管道或管沟外顶与上面管道管底或管沟基础底之间净距。铁路钢轨和道路垂直净距的规定，铁路自轨底算至管顶；道路自路面结构层底算至管顶。

附录四　名词解释

附表 4.1　名词解释

本规范用名词	解　释
氧气站	在一定区域范围内,根据不同情况组合有制氧站房、灌氧站房或压氧站房以及其他有关建筑物和构筑物的统称,并是氧气厂的同义词
制氧站房	以布置制取氧气以及其他空分产品工艺设备为主的,包括有关主要及辅助生产间的建筑物
灌氧站房或压氧站房	以布置充灌并贮存输送或只压缩输送氧气以及其他空分产品工艺设备为主的,包括有关主要及辅助生产间的建筑物
气化站房	以布置输送氧、氮等气体给用户的低温液体系统设施为主的,包括有关主要及辅助生产间的建筑物
汇流排间	以布置输送氧、氮等气体给用户的汇流排或气体集装瓶或集装车为主的,其中也可存放适当数量气瓶的建筑物
主要生产间	制氧间、贮气囊间、贮罐间、低温液体贮槽间、净化间、氢气瓶间、压缩机间、灌瓶间、空瓶间、实瓶间、修瓶间、汇流排间、气化器间、阀门操作间等
辅助生产间	维修间、化验间、变配电间、水泵间、贮藏间等
实瓶	在一定充灌压力下的气瓶,一般以 40L 水容量 15MPa 压力计算
空瓶	无压力或在一定残余压力下的气瓶
备用贮气瓶	贮存供应空分设备停运期间用户所需的这部分用气量的气瓶
中压贮罐	工作压力为 1.0～3.0MPa 的贮气罐
高压贮罐	最高工作压力为 15MPa 的贮气罐
贮气与输气工况	贮罐内气体在不同贮气与输气过程情况下,由于热力学过程变化而引起的温度对贮气量的影响
厂区管道	位于氧气站各主要生产间建筑物之间以及氧气站、气化站房、汇流排间通到名用户车间之间的管道
车间管道	位于氧气站、气化站房主要生产间建筑物内部以及用户车间建筑物内部管道的泛称,当指明为用户车间内部管道时,则不包括前者
干燥气体	在输送压力下,气体在管路输送过程中不致析出水分的气体
含湿气体	在管路输送过程中能析出水分的气体

附录五　本规范用词说明

一、为便于在执行本规范条文时区别对待，对要求严格程度不同的用词，说明如下：

1. 表示很严格，非这样做不可的：

正面词采用"必须"；

反面词采用"严禁"。

2. 表示严格，在正常情况下，均应这样做的：

正面词采用"应"；

反面词采用"不应"或"不得"。

3. 表示允许稍有选择，在条件许可时首先应这样做的：

正面词采用"宜"或"可"；

反面词采用"不宜"。

二、条文中指定应按其他有关标准、规范执行时，写法为"应符合……的规定"或"应按……要求（或规定）执行"。

（三）高层民用建筑设计防火规范 GB 50045—1995

目次

1　总　　则

1.0.1　为了防止和减少高层民用建筑（以下简称高层建筑）火灾的危害，保护人身和财产的安全，制定本规范。

1.0.2　高层建筑的防火设计，必须遵循"预防为主，防消结合"的消防工作方针，针对高层建筑发生火灾的特点，立足自防自救，采用可靠的防火措施，做到安全适用、技术先进、经济合理。

1.0.3　本规范适用于下列新建、扩建和改建的高层建筑及其裙房：

1.0.3.1　十层及十层以上的居住建筑（包括首层设置商业服务网点的住宅）；

1.0.3.2　建筑高度超过24m的公共建筑。

1.0.4　本规范不适用于单层主体建筑高度超过24m的体育馆、会堂、剧院等公共建筑以及高层建筑中的人民防空地下室。

1.0.5　当高层建筑的建筑高度超过250m时，建筑设计采取的特殊的防火措施，应提交国家消防主管部门组织专题研究、论证。

1.0.6　高层建筑的防火设计，除执行本规范的规定外，尚应符合现行的有关国家标准的规定。

2　术　　语

2.0.1　裙房　skirt building

　　与高层建筑相连的建筑高度不超过24m的附属建筑。

2.0.2　建筑高度　building altitude

　　建筑物室外地面到其檐口或屋面面层的高度，屋顶上的水箱间、电梯机房、排烟机房和楼梯出口小间等不计入建筑高度。

2.0.3　耐火极限　duration of fire resistance

建筑构件按时间-温度标准曲线进行耐火试验，从受到火的作用时起，到失去支持能力或完整性被破坏或失去隔火作用时止的这段时间，用小时表示。

2.0.4　不燃烧体　non-combustible component

用不燃烧材料做成的建筑构件。

2.0.5　难燃烧体　hard-combustible component

用难燃烧材料做成的建筑构件或用燃烧材料做成而用不燃烧材料做保护层的建筑构件。

2.0.6　燃烧体　combustible component

用燃烧材料做成的建筑构件。

2.0.7　综合楼　multiple-use building

由二种及二种以上用途的楼层组成的公共建筑。

2.0.8　商住楼　business-living building

底部商业营业厅与住宅组成的高层建筑。

2.0.9　网局级电力调度楼　large-scale power dispatcher's building

可调度若干个省（区）电力业务的工作楼。

2.0.10　高级旅馆　high-grade hotel

具备星级条件的且设有空气调节系统的旅馆。

2.0.11　高级住宅　high-grade residence

建筑装修标准高和设有空气调节系统的住宅。

2.0.12　重要的办公楼、科研楼、档案楼　important office building、laboratory、archive

性质重要，建筑装修标准高，设备、资料贵重，火灾危险性大、发生火灾后损失大、影响大的办公楼、科研楼、档案楼。

2.0.13　半地下室　semi-basement

房间地平面低于室外地平面的高度超过该房间净高 $1/3$，且不超过 $1/2$ 者。

2.0.14　地下室　basement

房间地平面低于室外地平面的高度超过该房间净高一半者。

2.0.15　安全出口　safety exit

保证人员安全疏散的楼梯或直通室外地平面的出口。

2.0.16　挡烟垂壁　hang wall

用不燃烧材料制成，从顶棚下垂不小于 500mm 的固定或活动的挡烟设施。活动挡烟垂壁系指火灾时因感温、感烟或其它控制设备的作用，自动下垂的挡烟垂壁。

2.0.17　商业服务网点　commercial serving cubby

住宅底部（地上）设置的百货店、副食店、粮店、邮政所、储蓄所、理发店等小型商业服务用房。该用房层数不超过二层、建筑面积不超过 $300m^2$，采用耐火极限大于 1.50h 的楼板和耐火极限大于 2.00h 且不开门窗洞口的隔墙与住宅和其他用房完全分隔，该用房和住宅的疏散楼梯和安全出口应分别独立设置。

3　建筑分类和耐火等级

3.0.1　高层建筑应根据其使用性质、火灾危险性、疏散和扑救难度等进行分类。并应符合表3.0.1的规定。

表3.0.1　建筑分类

名称	一　类	二　类
居住建筑	十九层及十九层以上的住宅	十层至十八层的住宅
公共建筑	1. 医院 2. 高级旅馆 3. 建筑高度超过50m或24m以上部分的任一楼层的建筑面积超过1000㎡的商业楼、展览楼、综合楼、电信楼、财贸金融楼 4. 建筑高度超过50m或24m以上部分的任一楼层的建筑面积超过1500㎡的商住楼 5. 中央级和省级(含计划单列市)广播电视楼 6. 网局级和省级(含计划单列市)电力调度楼 7. 省级(含计划单列市)邮政楼、防灾指挥调度楼 8. 藏书超过100万册的图书馆、书库 9. 重要的办公楼、科研楼、档案楼 10. 建筑高度超过50m的教学楼和普通的旅馆、办公楼、科研楼、档案楼等	1. 除一类建筑以外的商业楼、展览楼、综合楼、电信楼、财贸金融楼、商住楼、图书馆、书库 2. 省级以下的邮政楼、防灾指挥调度楼、广播电视楼、电力调度楼 3. 建筑高度不超过50m的教学楼和普通的旅馆、办公楼、科研楼、档案楼等

3.0.2　高层建筑的耐火等级应分为一、二两级，其建筑构件的燃烧性能和耐火极限不应低于表3.0.2的规定。

各类建筑构件的燃烧性能和耐火极限可按附录A确定。

表3.0.2　建筑构件的燃烧性能和耐火极限

燃烧性能和耐火极限/h 构件名称		耐火等级	
		一级	二级
墙	防火墙	不燃烧体3.00	不燃烧体3.00
	承重墙、楼梯间的墙、电梯井的墙、住宅单元之间的墙、住宅分户墙	不燃烧体2.00	不燃烧体2.00
	非承重外墙、疏散走道两侧的隔墙	不燃烧体1.00	不燃烧体1.00
	房间隔墙	不燃烧体0.75	不燃烧体0.50
柱		不燃烧体3.00	不燃烧体2.50
梁		不燃烧体2.00	不燃烧体1.50
楼板、疏散楼梯、屋顶承重构件		不燃烧体1.50	不燃烧体1.00
吊顶		不燃烧体0.25	难燃烧体0.25

3.0.3　预制钢筋混凝土构件的节点缝隙或金属承重构件节点的外露部位，必须加设防火保护层，其耐火极限不应低于本规范表3.0.2相应建筑构件的耐火极限。

3.0.4　一类高层建筑的耐火等级应为一级，二类高层建筑的耐火等级不应低于二级。

裙房的耐火等级不应低于二级。高层建筑地下室的耐火等级应为一级。

3.0.5　二级耐火等级的高层建筑中，面积不超过100㎡的房间隔墙，可采用耐火极限不低于0.50h的难燃烧体或耐火极限不低于0.30h的不燃烧体。

3.0.6　二级耐火等级高层建筑的裙房，当屋顶不上人时，屋顶的承重构件可采用耐火极限不低于 0.50h 的不燃烧体。

3.0.7 高层建筑内存放可燃物的平均质量超过 $200kg/m^2$ 的房间，当不设自动灭火系统时，其柱、梁、楼板和墙的耐火极限应按本规范第 3.0.2 条的规定提高 0.50h。

3.0.8 建筑幕墙的设置应符合下列规定：

3.0.8.1 窗槛墙、窗间墙的填充材料应采用不燃烧材料。当外墙采用耐火极限不低于 1.00h 的不燃烧体时，其墙内填充材料可采用难燃烧材料。

3.0.8.2 无窗槛墙或窗槛墙高度小于 0.80m 的建筑幕墙，应在每层楼板外沿设置耐火极限不低于 1.00h、高度不低于 0.80m 的不燃烧体裙墙或防火玻璃裙墙。

3.0.8.3 建筑幕墙与每层楼板、隔墙处的缝隙，应采用防火封堵材料封墙。

3.0.9 高层建筑的室内装修，应按现行国家标准《建筑内部装修设计防火规范》的有关规定执行。

4 总平面布局和平面布置

4.1 一般规定

4.1.1 在进行总平面设计时，应根据城市规划，合理确定高层建筑的位置、防火间距、消防车道和消防水源等。

高层建筑不宜布置在火灾危险性为甲、乙类厂（库）房，甲、乙、丙类液体和可燃气体储罐以及可燃材料堆场附近。

注：厂房、库房的火灾危险性分类和甲、乙、丙类液体的划分，应按现行的国家标准《建筑设计防火规范》的有关规定执行。

4.1.2 燃油或燃气锅炉、油浸电力变压器、充有可燃油的高压电容器和多油开关等宜设置在高层建筑外的专用房间内。

当上述设备受条件限制需与高层建筑贴邻布置时，应设置在耐火等级不低于二级的建筑内，并应采用防火墙与高层建筑隔开，且不应贴邻人员密集场所。

当上述设备受条件限制需布置在高层建筑中时，不应布置在人员密集场所的上一层、下一层或贴邻，并应符合下列规定：

4.1.2.1 燃油和燃气锅炉房、变压器室应布置在建筑物的首层或地下一层靠外墙部位，但常（负）压燃油、燃气锅炉可设置在地下二层；当常（负）压燃气锅炉房距安全出口的距离大于 6.00m 时，可设置在屋顶上。

采用相对密度（与空气密度比值）大于等于 0.75 的可燃气体作燃料的锅炉，不得设置在建筑物的地下室或半地下室；

4.1.2.2 锅炉房、变压器室的门均应直通室外或直通安全出口；外墙上的门、窗等开口部位的上方应设置宽度不小于 1.0m 的不燃烧体防火挑檐或高度不小于 1.20m 的窗槛墙；

4.1.2.3 锅炉房、变压器室与其他部位之间应采用耐火极限不低于 2.00h 的不燃烧体隔墙和 1.50h 的楼板隔开。在隔墙和楼板上不应开设洞口；当必须在隔墙上开门窗时，应设置耐火极限不低于 1.20h 的防火门窗；

4.1.2.4 当锅炉房内设置储油间时，其总储存量不应大于 $1.00m^3$，且储油间应采用防火墙与锅炉间隔开；当必须在防火墙上开门时，应设置甲级防火门；

4.1.2.5 变压器室之间、变压器室与配电室之间，应采用耐火极限不低于 2.00h 的不燃烧体墙隔开；

4.1.2.6 油浸电力变压器、多油开关室、高压电容器室，应设置防止油品流散的设施。油浸电力变压器下面应设置储存变压器全部油量的事故储油设施；

4.1.2.7 锅炉的容量应符合现行国家标准《锅炉房设计规范》GB 50041 的规定。油浸电力变压器的总容量不应大于 1260kVA，单台容量不应大于 630kVA；

4.1.2.8 应设置火灾报警装置和除卤代烷以外的自动灭火系统；

4.1.2.9 燃气、燃油锅炉房应设置防爆泄压设施和独立的通风系统。采用燃气作燃料时，通风换气能力不小于 6 次/h，事故通风换气次数不小于 12 次/h；采用燃油作燃料时，通风换气能力不小于 3 次/h，事故通风换气能力不小于 6 次/h。

4.1.3 柴油发电机房布置在高层建筑和裙房内时，应符合下列规定：

4.1.3.1 可布置在建筑物的首层或地下一、二层，不应布置在地下三层及以下。柴油的闪点不应小于 55℃；

4.1.3.2 应采用耐火极限不低于 2.00h 的隔墙和 1.50h 的楼板与其它部位隔开，门应采用甲级防火门；

4.1.3.3 机房内应设置储油间，其总储存量不应超过 8.00h 的需要量，且储油间应采用防火墙与发电机间隔开；当必须在防火墙上开门时，应设置能自动关闭的甲级防火门；

4.1.3.4 应设置火灾自动报警系统和除卤代烷 1211、1301 以外的自动灭火系统。

4.1.4 消防控制室宜设在高层建筑的首层或地下一层，且应采用耐火极限不低于 2.00h 的隔墙和 1.50h 的楼板与其他部位隔开，并应设直通室外的安全出口。

4.1.5 高层建筑内的观众厅、会议厅、多功能厅等人员密集场所，应设在首层或二、三层；当必须设在其他楼层时，除本规范另有规定外，尚应符合下列规定：

4.1.5.1 一个厅、室的建筑面积不宜超过 400m²。

4.1.5.2 一个厅、室的安全出口不应少于两个。

4.1.5.3 必须设置火灾自动报警系统和自动喷水灭火系统。

4.1.5.4 幕布和窗帘应采用经阻燃处理的织物。

4.1.5A 高层建筑内的歌舞厅、卡拉 OK 厅（含具有卡拉 OK 功能的餐厅）、夜总会、录像厅、放映厅、桑拿浴室（除洗浴部分外）、游艺厅（含电子游艺厅）、网吧等歌舞娱乐放映游艺场所（以下简称歌舞娱乐放映游艺场所），应设在首层或二、三层；宜靠外墙设置，不应布置在袋形走道的两侧和尽端，其最大容纳人数按录像厅、放映厅为 1.0 人/m²，其他场所为 0.5 人/m² 计算，面积按厅室建筑面积计算；并应采用耐火极限不低于 2.00h 的隔墙和 1.00h 的楼板与其他场所隔开，当墙上必须开门时应设置不低于乙级的防火门。

　　当必须设置在其他楼层时，尚应符合下列规定：

4.1.5A.1 不应设置在地下二层及二层以下，设置在地下一层时，地下一层地面与室外出入口地坪的高差不应大于 10m；

4.1.5A.2 一个厅、室的建筑面积不应超过 200m²；

4.1.5A.3 一个厅、室的出口不应少于两个，当一个厅、室的建筑面积小于 $50m^2$ ，可设置一个出口；

4.1.5A.4 应设置火灾自动报警系统和自动喷水灭火系统。

4.1.5A.5 应设置防烟、排烟设施，并应符合本规范有关规定。

4.1.5A.6 疏散走道和其他主要疏散路线的地面或靠近地面的墙上，应设置发光疏散指示标志。

4.1.5B 地下商店应符合下列规定：

4.1.5B.1 营业厅不宜设在地下三层及三层以下；

4.1.5B.2 不应经营和储存火灾危险性为甲、乙类储存物品属性的商品；

4.1.5B.3 应设火灾自动报警系统和自动喷水灭火系统；

4.1.5B.4 当商店总建筑面积大于 $20000m^2$ 时，应采用防火墙进行分隔，且防火墙上不得开设门窗洞口；

4.1.5B.5 应设防烟、排烟设施，并应符合本规范有关规定；

4.1.5B.6 疏散走道和其他主要疏散路线的地面或靠近地面的墙面上，应设置发光疏散指示标志。

4.1.6 托儿所、幼儿园、游乐厅等儿童活动场所不应设置在高层建筑内，当必须设在高层建筑内时，应设置在建筑物的首层或二、三层，并应设置单独出入口。

4.1.7 高层建筑的底边至少有一个长边或周边长度的 1/4 且不小于一个长边长度，不应布置高度大于 5.00m，进深大于 4.00m 的裙房，且在此范围内必须设有直通室外的楼梯或直通楼梯间的出口。

4.1.8 设在高层建筑内的汽车停车库，其设计应符合现行国家标准《汽车库、修车库、停车场设计防火规范》GB 50067 的规定。

4.1.9 高层建筑内使用可燃气体作燃料时，应采用管道供气。使用可燃气体的房间或部位宜靠外墙设置。

4.1.10 高层建筑使用丙类液体作燃料时，应符合下列规定：

4.1.10.1 液体储罐总储量不应超过 $15m^3$ ，当直埋于高层建筑或裙房附近，面向油罐一面 4.00m 范围内的建筑物外墙为防火墙时，其防火间距可不限。

4.1.10.2 中间罐的容积不应大于 $1.00m^3$ ，并应设在耐火等级不低于二级的单独房间内，该房间的门应采用甲级防火门。

4.1.11 当高层建筑采用瓶装液化石油气作燃料时，应设集中瓶装液化石油气间，并应符合下列规定：

4.1.11.1 液化石油气总储量不超过 $1.00m^3$ 的瓶装液化石油气间，可与裙房贴邻建造。

4.1.11.2 总储量超过 $1.00m^3$ 、而不超过 $3.00m^3$ 的瓶装液化石油气间，应独立建造，且与高层建筑和裙房的防火间距不应小于 10m。

4.1.11.3 在总进气管道、总出气管道上应设有紧急事故自动切断阀。

4.1.11.4 应设有可燃气体浓度报警装置。

4.1.11.5 电气设计应按现行的国家标准《爆炸和火灾危险环境电力装置设计规范》的

有关规定执行。

4.1.11.6 其他要求应按现行的国家标准《建筑设计防火规范》的有关规定执行。

4.1.12 设置在建筑物内的锅炉、柴油发电机，其燃料供给管道应符合下列规定：

4.1.12.1 应在进入建筑物前和设备间内设置自动和手动切断阀；

4.1.12.2 储油间的油箱应密闭，且应设置通向室外的通气管，通气管应设置带阻火器的呼吸阀。油箱的下部应设置防止油品流散的设施。

4.1.12.3 燃料供给管道的敷设应符合现行国家标准《城镇燃气设计规范》GB 50028的规定。

4.2 防火间距

4.2.1 高层建筑之间及高层建筑与其他民用建筑之间的防火间距，不应小于表4.2.1的规定。

表4.2.1 高层建筑之间及高层建筑与其他民用建筑之间的防火间距   单位：m

建筑类别	高层建筑	裙房	其他民用建筑		
			耐火等级		
			一、二级	三级	四级
高层建筑	13	9	9	11	14
裙房	9	6	6	7	9

注：防火间距应按相邻建筑外墙的最近距离计算；当外墙有突出可燃构件时，应从其突出的部分外缘算起。

4.2.2 两座高层建筑或高层建筑与不低于二级耐火等级的单层、多层民用建筑相邻，当较高一面外墙为防火墙或比相邻较低一座建筑屋面高15.00m及以下范围内的墙为不开设门、窗洞口的防火墙时，其防火间距可不限。

4.2.3 两座高层建筑或高层建筑与不低于二级耐火等级的单层、多层民用建筑相邻，当较低一座的屋顶不设天窗、屋顶承重构件的耐火极限不低于1.00h，且相邻较低一面外墙为防火墙时，其防火间距可适当减小，但不宜小于4.00m。

4.2.4 两座高层建筑或高层建筑与不低于二级耐火等级的单层、多层民用建筑相邻，当相邻较高一面外墙耐火极限不低于2.00h，墙上开口部位设有甲级防火门、窗或防火卷帘时，其防火间距可适当减小，但不宜小于4.00m。

4.2.5 高层建筑与小型甲、乙、丙类液体储罐、可燃气体储罐和化学易燃物品库房的防火间距，不应小于表4.2.5的规定。

表4.2.5 高层建筑与小型甲、乙、丙类液体储罐、可燃气体储罐和化学易燃物品库房的防火间距

名称和储量		防火间距/m	
		高层建筑	裙房
小型甲、乙类液体储罐	<30m³	35	30
	30~60m³	40	35
小型丙类液体储罐	<150m³	35	30
	150~200m³	40	35
可燃气体储罐	<100m³	30	25
	100~500m³	35	30
化学易燃物品库房	<1t	30	25
	1~5t	35	30

注：1. 储罐的防火间距应从距建筑物最近的储罐外壁算起。

2. 当甲、乙、丙类液体储罐直埋时，本表的防火间距可减少50%。

4.2.6 高层医院等的液氧储罐总容量不超过 3.00m³ 时，储罐间可一面贴邻所属高层建筑外墙建造，但应采用防火墙隔开，并应设直通室外的出口。

4.2.7 高层建筑与厂（库）房的防火间距，不应小于表 4.2.7 的规定。

表 4.2.7　高层建筑与厂（库）房的防火间距　　　　　单位：m

厂（库）房			一类		二类	
			高层建筑	裙房	高层建筑	裙房
丙类	耐火等级	一、二级	20	15	15	13
		三、四级	25	20	20	15
丁类、戊类		一、二级	15	10	13	10
		三、四级	18	12	15	10

4.2.8 高层民用建筑与燃气调压站、液化石油气气化站、混气站和城市液化石油气供应站瓶库之间的防火间距应按《城镇燃气设计规范》GB 50028 中的有关规定执行。

4.3　消防车道

4.3.1 高层建筑的周围，应设环形消防车道。当设环形车道有困难时，可沿高层建筑的两个长边设置消防车道，当建筑的沿街长度超过 150m 或总长度超过 220m 时，应在适中位置设置穿过建筑的消防车道。

有封闭内院或天井的高层建筑沿街时，应设置连通街道和内院的人行通道（可利用楼梯间），其距离不宜超过 80m。

4.3.2 高层建筑的内院或天井，当其短边长度超过 24m 时，宜设有进入内院或天井的消防车道。

4.3.3 供消防车取水的天然水源和消防水池，应设消防车道。

4.3.4 消防车道的宽度不应小于 4.00m。消防车道距高层建筑外墙宜大于 5.00m，消防车道上空 4.00m 以下范围内不应有障碍物。

4.3.5 尽头式消防车道应设有回车道或回车场，回车场不宜小于 15m×15m。大型消防车的回车场不宜小于 18m×18m。

消防车道下的管道和暗沟等，应能承受消防车辆的压力。

4.3.6 穿过高层建筑的消防车道，其净宽和净空高度均不应小于 4.00m。

4.3.7 消防车道与高层建筑之间，不应设置妨碍登高消防车操作的树木、架空管线等。

5　防火、防烟分区和建筑构造

5.1　防火和防烟分区

5.1.1 高层建筑内应采用防火墙等划分防火分区，每个防火分区允许最大建筑面积，不应超过表 5.1.1 的规定。

5.1.2 高层建筑内的商业营业厅、展览厅等，当设有火灾自动报警系统和自动灭火系统，且采用不燃烧或难燃烧材料装修时，地上部分防火分区的允许最大建筑面积为 4000m²；地下部分防火分区的允许最大建筑面积为 2000m²。

表 5.1.1　每个防火分区的允许量大建筑面积

建筑类别	每个防火分区建筑面积/m²
一类建筑	1000
二类建筑	1500
地下室	500

注：1. 设有自动灭火系统的防火分区，其允许最大建筑面积可按本表增加 1.00 倍；当局部设置自动灭火系统时，增加面积可按该局部面积的 1.00 倍计算。

2. 一类建筑的电信楼，其防火分区允许最大建筑面积可按本表增加 50%。

5.1.3　当高层建筑与其裙房之间设有防火墙等防火分隔设施时，其裙房的防火分区允许最大建筑面积不应大于 2500m²，当设有自动喷水灭火系统时，防火分区允许最大建筑面积可增加 1.00 倍。

5.1.4　高层建筑内设有上下层相连通的走廊、敞开楼梯、自动扶梯、传送带等开口部位时，应按上下连通层作为一个防火分区，其允许最大建筑面积之和不应超过本规范第 5.1.1 条的规定。当上下开口部位设有耐火极限大于 3.00h 的防火卷帘或水幕等分隔设施时，其面积可不叠加计算。

5.1.5　高层建筑中庭防火分区面积应按上、下层连通的面积叠加计算，当超过一个防火分区面积时，应符合下列规定：

5.1.5.1　房间与中庭回廊相通的门、窗，应设自行关闭的乙级防火门、窗。

5.1.5.2　与中庭相通的过厅、通道等，应设乙级防火门或耐火极限大于 3.00h 的防火卷帘分隔。

5.1.5.3　中庭每层回廊应设有自动喷水灭火系统。

5.1.5.4　中庭每层回廊应设火灾自动报警系统。

5.1.6　设置排烟设施的走道、净高不超过 6.00m 的房间，应采用挡烟垂壁、隔墙或从顶棚下突出不小于 0.50m 的梁划分防烟分区。

每个防烟分区的建筑面积不宜超过 500m²，且防烟分区不应跨越防火分区。

5.2　防火墙、隔墙和楼板

5.2.1　防火墙不宜设在 U、L 形等高层建筑的内转角处。当设在转角附近时，内转角两侧墙上的门、窗、洞口之间最近边缘的水平距离不应小于 4.00m；当相邻一侧装有固定乙级防火窗时，距离可不限。

5.2.2　紧靠防火墙两侧的门、窗、洞口之间最近边缘的水平距离不应小于 2.00m；当水平间距小于 2.00m 时，应设置固定乙级防火门、窗。

5.2.3　防火墙上不应开设门、窗、洞口，当必须开设时，应设置能自行关闭的甲级防火门、窗。

5.2.4　输送可燃气体和甲、乙、丙类液体的管道，严禁穿过防火墙。其它管道不宜穿过防火墙，当必须穿过时，应采用不燃烧材料将其周围的空隙填塞密实。

穿过防火墙处的管道保温材料，应采用不燃烧材料。

5.2.5　管道穿过隔墙、楼板时，应采用不燃烧材料将其周围的缝隙填塞密实。

5.2.6　高层建筑内的隔墙应砌至梁板底部，且不宜留有缝隙。

5.2.7 设在高层建筑内的自动灭火系统的设备室、通风、空调机房，应采用耐火极限不低于 2.00h 的隔墙，1.50h 的楼板和甲级防火门与其它部位隔开。

5.2.8 地下室内存放可燃物平均质量超过 $30kg/m^2$ 的房间隔墙，其耐火极限不应低于 2.00h，房间的门应采用甲级防火门。

5.3 电梯井和管道井

5.3.1 电梯井应独立设置，井内严禁敷设可燃气体和甲、乙、丙类液体管道，并不应敷设与电梯无关的电缆、电线等。电梯井井壁除开设电梯门洞和通气孔洞外，不应开设其他洞口。电梯门不应采用栅栏门。

5.3.2 电缆井、管道井、排烟道、排气道、垃圾道等竖向管道井，应分别独立设置；其井壁应为耐火极限不低于 1.00h 的不燃烧体；井壁上的检查门应采用丙级防火门。

5.3.3 建筑高度不超过 100m 的高层建筑，其电缆井、管道井应每隔 2～3 层在楼板处用相当于楼板耐火极限的不燃烧体作防火分隔；建筑高度超过 100m 的高层建筑，应在每层楼板处用相当于楼板耐火极限的不燃烧体作防火分隔。

电缆井、管道井与房间、走道等相连通的孔洞，其空隙应采用不燃烧材料填塞密实。

5.3.4 垃圾道宜靠外墙设置，不应设在楼梯间内。垃圾道的排气口应直接开向室外。垃圾斗宜设在垃圾道前室内，该前室应采用丙级防火门。垃圾斗应采用不燃烧材料制作，并能自行关闭。

5.4 防火门、防火窗和防火卷帘

5.4.1 防火门、防火窗应划分为甲、乙、丙三级，其耐火极限：甲级应为 0.90h；丙级应为 0.60h。

5.4.2 防火门应为向疏散方向开启的平开门，并在关闭后应能从任何一侧手动开启。

用于疏散的走道、楼梯间和前室的防火门，应具有自行关闭的功能。双扇和多扇防火门，还应具有按顺序关闭的功能。

常开的防火门，当发生火灾时，应具有自行关闭和信号反馈的功能。

5.4.3 设在变形缝处附近的防火门，应设在楼层数较多的一侧，且门开启后不应跨越变形缝。

5.4.4 在设置防火墙确有困难的场所，可采用防火卷帘作防火分区分隔。当采用包括背火面温升作耐火极限判定条件的防火卷帘时，其耐火极限不低于 3.00h；当采用不包括背火面温升作耐火极限判定条件的防火卷帘时，其卷帘两侧应设独立的闭式自动喷水系统保护，系统喷水延续时间不应小于 3.00h。

5.4.5 设在疏散走道上的防火卷帘应在卷帘的两侧设置启闭装置，并应具有自动、手动和机械控制的功能。

5.5 屋顶金属承重构件和变形缝

5.5.1 屋顶采用金属承重结构时，其吊顶、望板、保温材料等均应采用不燃烧材料，屋顶金属承重构件应采用外包敷不燃烧材料或喷涂防火涂料等措施，并应符合本规范第 3.0.2 条规定的耐火极限，或设置自动喷水灭火系统。

5.5.2 高层建筑的中庭屋顶承重构件采用金属结构时，应采取外包敷不燃烧材料、喷涂防火涂料等措施，其耐火极限不应小于 1.00h，或设置自动喷水灭火系统。

5.5.3 变形缝构造基层应采用不燃烧材料。

电缆、可燃气体管道和甲、乙、丙类液体管道，不应敷设在变形缝内。当其穿过变形缝时，应在穿过处加设不燃烧材料套管，并应采用不燃烧材料将套管空隙填塞密实。

6 安全疏散和消防电梯

6.1 一般规定

6.1.1 高层建筑每个防火分区的安全出口不应少于两个。但符合下列条件之一的，可设一个安全出口：

6.1.1.1 十八层及十八层以下，每层不超过 8 户、建筑面积不超过 650m² ，且设有一座防烟楼梯间和消防电梯的塔式住宅。

6.1.1.2 十八层及十八层以下每个单元设有一座通向屋顶的疏散楼梯，单元之间的楼梯通过屋顶连通，单元与单元之间设有防火墙，户门为甲级防火门，窗间墙宽度、窗槛墙高度大于 1.2m 且为不燃烧体墙的单元式住宅。

超过十八层，每个单元设有一座通向屋顶的疏散楼梯，十八层以上部分每层相邻单元楼梯通过阳台或凹廊连通（屋顶可以不连通），十八层及十八层以下部分单元与单元之间设有防火墙，且户门为甲级防火门，窗间墙宽度、窗槛墙高度大于 1.2m 且为不燃烧体墙的单元式住宅。

6.1.1.3 除地下室外，相邻两个防火分区之间的防火墙上有防火门连通时，且相邻两个防火分区的建筑面积之和不超过表 6.1.1 规定的公共建筑。

表 6.1.1　两个防火分区之和最大允许建筑面积

建筑类别	两个防火分区建筑面积之和/m²
一类建筑	1400
二类建筑	2100

注：上述相邻两个防火分区设有自动喷水灭火系统时，其相邻两个防火分区的建筑面积之和仍应符合本表的规定。

6.1.2 塔式高层建筑，两座疏散楼梯宜独立设置，当确有困难时，可设置剪刀楼梯，并应符合下列规定：

6.1.2.1 剪刀楼梯间应为防烟楼梯间。

6.1.2.2 剪刀楼梯的梯段之间，应设置耐火极限不低于 1.00h 的不燃烧体墙分隔。

6.1.2.3 剪刀楼梯应分别设置前室。塔式住宅确有困难时可设置一个前室，但两座楼梯应分别设加压送风系统。

6.1.3 高层居住建筑的户门不应直接开向前室，当确有困难时，部分开向前室的户门均应为乙级防火门。

6.1.3A 商住楼中住宅的疏散楼梯应独立设置。

6.1.4 高层公共建筑的大空间设计，必须符合双向疏散或袋形走道的规定。

6.1.5 高层建筑的安全出口应分散布置，两个安全出口之间的距离不应小于 5.00m。安全疏散距离应符合表 6.1.5 的规定。

表 6.1.5　安全疏散距离

高层建筑		房间门或住宅户门至最近的外部出口或楼梯间的最大距离/m	
		位于两个安全出口之间的房间	位于袋形走道两侧或尽端的房间
医院	病房部分	24	12
	其他部分	30	15
旅馆、展览楼、教学楼		30	15
其他		40	20

6.1.6　跃廊式住宅的安全疏散距离，应从户门算起，小楼梯的一段距离按其 1.50 倍水平投影计算。

6.1.7　高层建筑内的观众厅、展览厅、多功能厅、餐厅、营业厅和阅览室等，其室内任何一点至最近的疏散出口的直线距离，不宜超过 30m；其他房间内最远一点至房门的直线距离不宜超过 15m。

6.1.8　公共建筑中位于两个安全出口之间的房间，当其建筑面积不超过 60m² 时，可设置一个门，门的净宽不应小于 0.90m。公共建筑中位于走道尽端的房间，当其建筑面积不超过 75m² 时，可设置一个门，门的净宽不应小于 1.40m。

6.1.9　高层建筑内走道的净宽，应按通过人数每 100 人不小于 1.00m 计算；高层建筑首层疏散外门的总宽度，应按人数最多的一层每 100 人不小于 1.00m 计算。首层疏散外门和走道的净宽不应小于表 6.1.9 的规定。

表 6.1.9　首层疏散外门和走道的净宽　　　　　　　　　　单位：m

高层建筑	每个外门的净宽	走道净宽	
		单面布房	双面布房
医院	1.30	1.40	1.50
居住建筑	1.10	1.20	1.30
其他	1.20	1.30	1.40

6.1.10　疏散楼梯间及其前室的门的净宽应按通过人数每 100 人不小于 1.00m 计算，但最小净宽不应小于 0.90m。单面布置房间的住宅，其走道出垛处的最小净宽不应小于 0.90m。

6.1.11　高层建筑内设有固定座位的观众厅、会议厅等人员密集场所，其疏散走道、出口等应符合下列规定：

6.1.11.1　厅内的疏散走道的净宽应按通过人数每 100 人不小于 0.80m 计算，且不宜小于 1.00m；边走道的最小净宽不宜小于 0.80m。

6.1.11.2　厅的疏散出口和厅外疏散走道的总宽度，平坡地面应分别按通过人数每 100 人不小于 0.65m 计算，阶梯地面应分别按通过人数每 100 人不小于 0.80m 计算。疏散出口和疏散走道的最小净宽均不应小于 1.40m。

6.1.11.3　疏散出口的门内、门外 1.40m 范围内不应设踏步，且门必须向外开，并不应设置门槛。

6.1.11.4　厅内座位的布置，横走道之间的排数不宜超过 20 排，纵走道之间每排座位不宜超过 22 个；当前后排座位的排距不小于 0.90m 时，每排座位可为 44 个；只一侧有纵走道时，其座位数应减半。

6.1.11.5 厅内每个疏散出口的平均疏散人数不应超过 250 人。

6.1.11.6 厅的疏散门，应采用推闩式外开门。

6.1.12 高层建筑地下室、半地下室的安全疏散应符合下列规定：

6.1.12.1 每个防火分区的安全出口不应少于两个。当有两个或两个以上防火分区，且相邻防火分区之间的防火墙上设有防火门时，每个防火分区可分别设一个直通室外的安全出口。

6.1.12.2 房间面积不超过 50m^2，且经常停留人数不超过 15 人的房间，可设一个门。

6.1.12.3 人员密集的厅、室疏散出口总宽度，应按其通过人数每 100 人不小于 1.00m 计算。

6.1.13 建筑高度超过 100m 的公共建筑，应设置避难层（间），并应符合下列规定：

6.1.13.1 避难层的设置，自高层建筑首层至第一个避难层或两个避难层之间，不宜超过 15 层。

6.1.13.2 通向避难层的防烟楼梯应在避难层分隔，同层错位或上下层断开，但人员均必须经避难层方能上下。

6.1.13.3 避难层的净面积应能满足设计避难人员避难的要求，并宜按 5.00 人/m^2 计算。

6.1.13.4 避难层可兼作设备层，但设备管道宜集中布置。

6.1.13.5 避难层应设消防电梯出口。

6.1.13.6 避难层应设消防专线电话，并应设有消火栓和消防卷盘。

6.1.13.7 封闭式避难层应设独立的防烟设施。

6.1.13.8 避难层应设有应急广播和应急照明，其供电时间不应小于 1.00h，照度不应低于 1.00lx。

6.1.14 建筑高度超过 100m，且标准层建筑面积超过 1000m^2 的公共建筑，宜设置屋顶直升机停机坪或供直升机救助的设施，并应符合下列规定：

6.1.14.1 设在屋顶平台上的停机坪，距设备机房、电梯机房、水箱间、共用天线等突出物的距离，不应小于 5.00m。

6.1.14.2 出口不应少于两个，每个出口宽度不宜小于 0.90m。

6.1.14.3 在停机坪的适当位置应设置消火栓。

6.1.14.4 停机坪四周应设置航空障碍灯，并应设置应急照明。

6.1.15 除设有排烟设施和应急照明者外，高层建筑内的走道长度超过 20m 时，应设置直接天然采光和自然通风的设施。

6.1.16 高层建筑的公共疏散门均应向疏散方向开启，且不应采用侧拉门、吊门和转门。人员密集场所防止外部人员随意进入的疏散用门，应设置火灾时不需使用钥匙等任何器具即能迅速开启的装置，并应在明显位置设置使用提示。

6.1.17 建筑物直通室外的安全出口上方，应设置宽度不小于 1.00m 的防火挑檐。

6.2 疏散楼梯间和楼梯

6.2.1 一类建筑和除单元式和通廊式住宅外的建筑高度超过 32m 的二类建筑以及塔式住宅，均应设防烟楼梯间。防烟楼梯间的设置应符合下列规定：

6.2.1.1 楼梯间入口处应设前室、阳台或凹廊。

6.2.1.2 前室的面积，公共建筑不应小于 $6.00m^2$，居住建筑不应小于 $4.50m^2$。

6.2.1.3 前室和楼梯间的门均应为乙级防火门，并应向疏散方向开启。

6.2.2 裙房和除单元式和通廊式住宅外的建筑高度不超过 32m 的二类建筑应设封闭楼梯间。封闭楼梯间的设置应符合下列规定：

6.2.2.1 楼梯间应靠外墙，并应直接天然采光和自然通风，当不能直接天然采光和自然通风时，应按防烟楼梯间规定设置。

6.2.2.2 楼梯间应设乙级防火门，并应向疏散方向开启。

6.2.2.3 楼梯间的首层紧接主要出口时，可将走道和门厅等包括在楼梯间内，形成扩大的封闭楼梯间，但应采用乙级防火门等防火措施与其他走道和房间隔开。

6.2.3 单元式住宅每个单元的疏散楼梯均应通至屋顶，其疏散楼梯间的设置应符合下列规定：

6.2.3.1 十一层及十一层以下的单元式住宅可不设封闭楼梯间，但开向楼梯间的户门应为乙级防火门，且楼梯间应靠外墙，并应直接天然采光和自然通风。

6.2.3.2 十二层及十八层的单元式住宅应设封闭楼梯间。

6.2.3.3 十九层及十九层以上的单元式住宅应设防烟楼梯间。

6.2.4 十一层及十一层以下的通廊式住宅应设封闭楼梯间；超过十一层的通廊式住宅应设防烟楼梯间。

6.2.5 楼梯间及防烟楼梯间前室应符合下列规定：

6.2.5.1 楼梯间及防烟楼梯间前室的内墙上，除开设通向公共走道的疏散门和本规范第 6.1.3 条规定的户门外，不应开设其他门、窗、洞口。

6.2.5.2 楼梯间及防烟楼梯间前室内不应敷设可燃气体管道和甲、乙、丙类液体管道，并不应有影响疏散的突出物。

6.2.5.3 居住建筑内的煤气管道不应穿过楼梯间，当必须局部水平穿过楼梯间时，应穿钢套管保护，并应符合现行国家标准《城镇燃气设计规范》的有关规定。

6.2.6 除通向避难层错位的楼梯外，疏散楼梯间在各层的位置不应改变，首层应有直通室外的出口。

疏散楼梯和走道上的阶梯不应采用螺旋楼梯和扇形踏步，但踏步上下两级所形成的平面角不超过 $10°$，且每级离扶手 0.25m 处的踏步宽度超过 0.22m 时，可不受此限。

6.2.7 除本规范第 6.1.1 条第 6.1.1.1 款的规定以及顶层为外通廊式住宅外的高层建筑，通向屋顶的疏散楼梯不宜少于两座，且不应穿越其他房间，通向屋顶的门应向屋顶方向开启。

6.2.8 地下室、半地下室的楼梯间，在首层应采用耐火极限不低于 2.00h 的隔墙与其他部位隔开并应直通室外，当必须在隔墙上开门时，应采用不低于乙级的防火门。

地下室或半地下室与地上层不应共用楼梯间，当必须共用楼梯间时，应在首层与地下或半地下层的出入口处，设置耐火极限不低于 2.00h 的隔墙和乙级的防火门隔开，并应有明显标志。

6.2.9 每层疏散楼梯总宽度应按其通过人数每 100 人不小于 1.00m 计算，各层人数不相等时，其总宽度可分段计算，下层疏散楼梯总宽度应按其上层人数最多的一层计算。疏散楼梯的最小净宽不应小于表 6.2.9 的规定。

表 6.2.9　疏散楼梯的最小净宽度

高层建筑	疏散楼梯的最小净宽度/m
医院病房楼	1.30
居住建筑	1.10
其它建筑	1.20

6.2.10 室外楼梯可作为辅助的防烟楼梯，其最小净宽不应小于 0.90m。当倾斜角度不大于 45°，栏杆扶手的高度不小于 1.10m 时，室外楼梯宽度可计入疏散楼梯总宽度内。

室外楼梯和每层出口处平台，应采用不燃材料制作。平台的耐火极限不应低于 1.00h。在楼梯周围 2.00m 内的墙面上，除设疏散门外，不应开设其他门、窗、洞口。疏散门应采用乙级防火门、且不应正对梯段。

6.2.11 公共建筑内袋形走道尽端的阳台、凹廊，宜设上下层连通的辅助疏散设施。

6.3　消防电梯

6.3.1 下列高层建筑应设消防电梯：

6.3.1.1 一类公共建筑。

6.3.1.2 塔式住宅。

6.3.1.3 十二层及十二层以上的单元式住宅和通廊式住宅。

6.3.1.4 高度超过 32m 的其他二类公共建筑。

6.3.2 高层建筑消防电梯的设置数量应符合下列规定：

6.3.2.1 当每层建筑面积不大于 1500m² 时，应设 1 台。

6.3.2.2 当大于 1500m² 但不大于 4500m² 时，应设 2 台。

6.3.2.3 当大于 4500m² 时，应设 3 台。

6.3.2.4 消防电梯可与客梯或工作电梯兼用，但应符合消防电梯的要求。

6.3.3 消防电梯的设置应符合下列规定：

6.3.3.1 消防电梯宜分别设在不同的防火分区内。

6.3.3.2 消防电梯间应设前室，其面积：居住建筑不应小于 4.50m²；公共建筑不应小于 6.00m²。当与防烟楼梯间合用前室时，其面积：居住建筑不应小于 6.00m²；公共建筑不应小于 10m²。

6.3.3.3 消防电梯间前室宜靠外墙设置，在首层应设直通室外的出口或经过长度不超过 30m 的通道通向室外。

6.3.3.4 消防电梯间前室的门，应采用乙级防火门或具有停滞功能的防火卷帘。

6.3.3.5 消防电梯的载重量不应小于 800kg。

6.3.3.6 消防电梯井、机房与相邻其他电梯井、机房之间，应采用耐火极限不低于

2.00h 的隔墙隔开，当在隔墙上开门时，应设甲级防火门。

6.3.3.7 消防电梯的行驶速度，应按从首层到顶层的运行时间不超过 60s 计算确定。

6.3.3.8 消防电梯轿厢的内装修应采用不燃烧材料。

6.3.3.9 动力与控制电缆、电线应采取防水措施。

6.3.3.10 消防电梯轿厢内应设专用电话；并应在首层设供消防队员专用的操作按钮。

6.3.3.11 消防电梯间前室门口宜设挡水设施。

消防电梯的井底应设排水设施，排水井容量不应小于 2.00m³，排水泵的排水量不应小于 10L/s。

7　消防给水和灭火设备

7.1　一般规定

7.1.1 高层建筑必须设置室内、室外消火栓给水系统。

7.1.2 消防用水可由给水管网、消防水池或天然水源供给。利用天然水源应确保枯水期最低水位时的消防用水量，并应设置可靠的取水设施。

7.1.3 室内消防给水应采用高压或临时高压给水系统。当室内消防用水量达到最大时，其水压应满足室内最不利点灭火设施的要求。

室外低压给水管道的水压，当生活、生产和消防用水量达到最大时，不应小于 0.10MPa（从室外地面算起）。

注：生活、生产用水量应按最大小时流量计算，消防用水量应按最大秒流量计算。

7.2　消防用水量

7.2.1 高层建筑的消防用水总景应按室内、外消防用水量之和计算。

高层建筑内设有消火栓、自动喷水、水幕、泡沫等灭火系统时，其室内消防用水量应按需要同时开启的灭火系统用水量之和计算。

7.2.2 高层建筑室内、外消火栓给水系统的用水量，不应小于表 7.2.2 的规定。

7.2.3 高层建筑室内自动喷水灭火系统的用水量，应按现行的国家标准《自动喷水灭火系统设计规范》的规定执行。

7.2.4 高级旅馆、重要的办公楼、一类建筑的商业楼、展览楼、综合楼等和建筑高度超过 100m 的其他高层建筑，应设消防卷盘，其用水量可不计入消防用水总量。

7.3　室外消防给水管道、消防水池和室外消火栓

7.3.1 室外消防给水管道应布置成环状，其进水管不宜少于两条，并宜从两条市政给水管道引入，当其中一条进水管发生故障时，其余进水管应仍能保证全部用水量。

7.3.2 符合下列条件之一时，高层建筑应设消防水池：

7.3.2.1 市政给水管道和进水管或天然水源不能满足消防用水量。

7.3.2.2 市政给水管道为枝状或只有一条进水管（二类居住建筑除外）。

7.3.3 当室外给水管网能保证室外消防用水量时，消防水池的有效容量应满足在火灾延续时间内室内消防用水量的要求；当室外给水管网不能保证室外消防用水量时，消防水池的有效容量应满足火灾延续时间内室内消防用水量和室外消防用水量不足部分之和的要求。

表 7.2.2　消火栓给水系统的用水量

高层建筑类别	建筑高度/m	消火栓用水量/(L/s)		每根竖管最小流量/(L/s)	每支水枪最小流量/(L/s)
		室外	室内		
普通住宅	≤50	15	10	10	5
	>50	15	20	10	5
1. 高级住宅 2. 医院 3. 二类建筑的商业楼、展览楼、综合楼、财贸金融楼、电信楼、商住楼、图书馆、书库 4. 省级以下的邮政楼、防灾指挥调度楼、广播电视楼、电力调度楼 5. 建筑高度不超过50m的教学楼和普通的旅馆、办公楼、科研楼、档案楼等	≤50	20	20	10	5
	>50	20	30	15	5
1. 高级旅馆 2. 建筑高度超过50m或每层建筑面积超过1000m² 的商业楼、展览楼、综合楼、财贸金融楼、电信楼 3. 建筑高度超过50m或每层建筑面积超过1500m² 的商住楼 4. 中央和省级(含计划单列市)广播电视楼 5. 网局级和省级(含计划单列市)电力调度楼 6. 省级(含计划单列市)邮政楼、防灾指挥调度楼 7. 藏书超过100万册的图书馆、书库 8. 重要的办公楼、科研楼、档案楼 9. 建筑高度超过50m的教学楼和普通的旅馆、办公楼、科研楼、档案楼等	≤50	30	30	15	5
	>50	30	40	15	5

　　注：建筑高度不超过50m，室内消火栓用水量超过20L/s，且设有自动喷水灭火系统的建筑物，其室内、外消防用水量可按本表减少5L/s。

　　消防水池的补水时间不宜超过48h。

　　商业楼、展览楼、综合楼、一类建筑的财贸金融楼、图书馆、书库，重要的档案楼、科研楼和高级旅馆的火灾延续时间应按3.00h计算，其他高层建筑可按2.00h计算。自动喷水灭火系统可按火灾延续时间1.00h计算。

　　消防水池的总容量超过500m³ 时，应分成两个能独立使用的消防水池。

7.3.4　供消防车取水的消防水池应设取水口或取水井，其水深应保证消防车的消防水泵吸水高度不超过6.00m。取水口或取水井与被保护高层建筑的外墙距离不宜小于5.00m，并不宜大于100m。

　　消防用水与其他用水共用的水池，应采取确保消防用水量不作他用的技术措施。

　　寒冷地区的消防水池应采取防冻措施。

7.3.5　同一时间内只考虑一次火灾的高层建筑群，可共用消防水池、消防泵房、高位消防水箱。消防水池、高位消防水箱的容量应按消防用水量最大的一幢高层建筑计算。高位消防水箱应满足7.4.7条的相关规定，且应设置在高层建筑群内最高的一幢高层建筑的屋顶最高处。

7.3.6　室外消火栓的数量应按本规范第7.2.2条规定的室外消火栓用水量经计算确定，每个消火栓的用水量应为10～15L/s。

室外消火栓应沿高层建筑均匀布置，消火栓距高层建筑外墙的距离不宜小于5.00m，并不宜大于 40m；距路边的距离不宜大于 2.00m。在该范围内的市政消火栓可计入室外消火栓的数量。

7.3.7　室外消火栓宜采用地上式，当采用地下式消火栓时，应有明显标志。

7.4　室内消防给水管道、室内消火栓和消防水箱

7.4.1　室内消防给水系统应与生活、生产给水系统分开独立设置。室内消防给水管道应布置成环状。室内消防给水环状管网的进水管和区域高压或临时高压给水系统的引入管不应少于两根，当其中一根发生故障时，其余的进水管或引入管应能保证消防用水量和水压的要求。

7.4.2　消防竖管的布置，应保证同层相邻两个消火栓的水枪的充实水柱同时达到被保护范围内的任何部位。每根消防竖管的直径应按通过的流量经计算确定，但不应小于 100mm。

以下情况，当设两根消防竖管有困难时，可设一根竖管，但必须采用双阀双出口型消火栓。

　1　十八层及十八层以下的单元式住宅；

　2　十八层及十八层以下、每层不超过 8 户、建筑面积不超过 650m² 的塔式住宅。

7.4.3　室内消火栓给水系统应与自动喷水灭火系统分开设置，有困难时，可合用消防泵，但在自动喷水灭火系统的报警阀前（沿水流方向）必须分开设置。

7.4.4　室内消防给水管道应采用阀门分成若干独立段。阀门的布置，应保证检修管道时关闭停用的竖管不超过一根。当竖管超过 4 根时，可关闭不相邻的两根。

裙房内消防给水管道的阀门布置可按现行的国家标准《建筑设计防火规范》的有关规定执行。

阀门应有明显的启闭标志。

7.4.5　室内消火栓给水系统和自动喷水灭火系统应设水泵接合器，并应符合下列规定：

7.4.5.1　水泵接合器的数量应按室内消防用水量经计算确定。每个水泵接合器的流量应按 10～15L/s 计算。

7.4.5.2　消防给水为竖向分区供水时，在消防车供水压力范围内的分区，应分别设置水泵接合器。

7.4.5.3　水泵接合器应设在室外便于消防车使用的地点，距室外消火栓或消防水池的距离宜为 15～40m。

7.4.5.4　水泵接合器宜采用地上式；当采用地下式水泵接合器时，应有明显标志。

7.4.6　除无可燃物的设备层外，高层建筑和裙房的各层均应设室内消火栓，并应符合下列规定：

7.4.6.1　消火栓应设在走道、楼梯附近等明显易于取用的地点，消火栓的间距应保证同层任何部位有两个消火栓的水枪充实水柱同时到达。

7.4.6.2　消火栓的水枪充实水柱应通过水力计算确定，且建筑高度不超过 100m 的高层建筑不应小于 10m；建筑高度超过 100m 的高层建筑不应小于 13m。

7.4.6.3　消火栓的间距应由计算确定，且高层建筑不应大于 30m，裙房不应大于 50m。

7.4.6.4 消火栓栓口离地面高度宜为 1.10m，栓口出水方向宜向下或与设置消火栓的墙面相垂直。

7.4.6.5 消火栓栓口的静水压力不应大于 1.00MPa，当大于 1.00MPa 时，应采取分区给水系统。消火栓栓口的出水压力大于 0.50MPa 时，应采取减压措施。

7.4.6.6 消火栓应采用同一型号规格。消火栓的栓口直径应为 65mm，水带长度不应超过 25m，水枪喷嘴口径不应小于 19mm。

7.4.6.7 临时高压给水系统的每个消火栓处应设直接启动消防水泵的按钮，并应设有保护按钮的设施。

7.4.6.8 消防电梯间前室应设消火栓。

7.4.6.9 高层建筑的屋顶应设一个装有压力显示装置的检查用的消火栓，采暖地区可设在顶层出口处或水箱间内。

7.4.7 采用高压给水系统时，可不设高位消防水箱。当采用临时高压给水系统时，应设高位消防水箱，并应符合下列规定：

7.4.7.1 高位消防水箱的消防储水量，一类公共建筑不应小于 18m³；二类公共建筑和一类居住建筑不应小于 12m³；二类居住建筑不应小于 6.00m³。

7.4.7.2 高位消防水箱的设置高度应保证最不利点消火栓静水压力。当建筑高度不超过 100m 时，高层建筑最不利点消火栓静水压力不应低于 0.07MPa；当建筑高度超过 100m 时，高层建筑最不利点消火栓静水压力不应低于 0.15MPa。当高位消防水箱不能满足上述静压要求时，应设增压设施。

7.4.7.3 并联给水方式的分区消防水箱容量应与高位消防水箱相同。

7.4.7.4 消防用水与其他用水合用的水箱，应采取确保消防用水不作他用的技术措施。

7.4.7.5 除串联消防给水系统外，发生火灾时由消防水泵供给的消防用水不应进入高位消防水箱。

7.4.8 设有高位消防水箱的消防给水系统，其增压设施应符合下列规定：

7.4.8.1 增压水泵的出水量，对消火栓给水系统不应大于 5L/s；对自动喷水灭火系统不应大于 1L/s。

7.4.8.2 气压水罐的调节水容量宜为 450L。

7.4.9 消防卷盘的间距应保证有一股水流能到达室内地面任何部位，消防卷盘的安装高度应便于取用。

　　注：消防卷盘的栓口直径宜为 25mm；配备的胶带内径不小于 19mm；消防卷盘喷嘴口径不小于 6.00mm。

7.5　消防水泵房和消防水泵

7.5.1 独立设置的消防水泵房，其耐火等级不应低于二级。在高层建筑内设置消防水泵房时，应采用耐火极限不低于 2.00h 的隔墙和 1.50h 的楼板与其他部位隔开，并应设甲级防火门。

7.5.2 当消防水泵房设在首层时，其出口宜直通室外。当设在地下室或其他楼层时，其出口应直通安全出口。

7.5.3 消防给水系统应设置备用消防水泵，其工作能力不应小于其中最大一台消防工作泵。

7.5.4　一组消防水泵，吸水管不应少于两条，当其中一条损坏或检修时，其余吸水管应仍能通过全部水量。

消防水泵房应设不少于两条的供水管与环状管网连接。

消防水泵应采用自灌式吸水，其吸水管应设阀门。供水管上应装设试验和检查用压力表和 65mm 的放水阀门。

7.5.5　当市政给水环形干管允许直接吸水时，消防水泵应直接从室外给水管网吸水。直接吸水时，水泵扬程计算应考虑室外给水管网的最低水压，并以室外给水管网的最高水压校核水泵的工作情况。

7.5.6　高层建筑消防给水系统应采取防超压措施。

7.6　灭火设备

7.6.1　建筑高度超过 100m 的高层建筑及其裙房，除游泳池、溜冰场、建筑面积小于 5.00m² 的卫生间、不设集中空调且户门为甲级防火门的住宅的户内用房和不宜用水扑救的部位外，均应设自动喷水灭火系统。

7.6.2　建筑高度不超过 100m 的一类高层建筑及其裙房，除游泳池、溜冰场、建筑面积小于 5.00m² 的卫生间、普通住宅、设集中空调的住宅的户内用房和不宜用水扑救的部位外，均应设自动喷水灭火系统。

7.6.3　二类高层公共建筑的下列部位应设自动喷水灭火系统：

7.6.3.1　公共活动用房；

7.6.3.2　走道、办公室和旅馆的客房；

7.6.3.3　自动扶梯底部；

7.6.3.4　可燃物品库房。

7.6.4　高层建筑中的歌舞娱乐放映游艺场所、空调机房、公共餐厅、公共厨房以及经常有人停留或可燃物较多的地下室、半地下室房间等，应设自动喷水灭火系统。

7.6.5　超过 800 个座位的剧院、礼堂的舞台口宜设防火幕或水幕分隔。

7.6.6　高层建筑内的下列房间应设置除卤代烷 1211、1301 以外的自动灭火系统：

7.6.6.1　燃油、燃气的锅炉房、柴油发电机房宜设自动喷水灭火系统；

7.6.6.2　可燃油油浸电力变压器、充可燃油的高压电容器和多油开关室宜设水喷雾或气体灭火系统。

7.6.7　高层建筑的下列房间，应设置气体灭火系统：

7.6.7.1　主机房建筑面积不小于 140m² 的电子计算机房中的主机房和基本工作间的已记录磁、纸介质库；

7.6.7.2　省级或超过 100 万人口的城市，其广播电视发射塔楼内的微波机房、分米波机房、米波机房、变、配电室和不间断电源（UPS）室；

7.6.7.3　国际电信局、大区中心，省中心和一万路以上的地区中心的长途通讯机房、控制室和信令转接点室；

7.6.7.4　二万线以上的市话汇接局和六万门以上的市话端局程控交换机房、控制室和信令转接点室；

7.6.7.5 中央及省级治安、防灾和网、局级及以上的电力等调度指挥中心的通信机房和控制室；

7.6.7.6 其他特殊重要设备室。

　　注：当有备用主机和备用已记录磁、纸介质且设置在不同建筑中，或同一建筑中的不同防火分区内时，7.6.7.1条中指定的房间内可采用预作用自动喷水灭火系统。

7.6.8 高层建筑的下列房间应设置气体灭火系统，但不得采用卤代烷1211、1301灭火系统：

7.6.8.1 国家、省级或藏书量超过100万册的图书馆的特藏库；

7.6.8.2 中央和省级档案馆中的珍藏库和非纸质档案库；

7.6.8.3 大、中型博物馆中的珍品库房；

7.6.8.4 一级纸、绢质文物的陈列室；

7.6.8.5 中央和省级广播电视中心内，面积不小于120m² 的音、像制品库房。

7.6.9 高层建筑的灭火器配置应按现行国家标准《建筑灭火器配置设计规范》的有关规定执行。

8　防烟、排烟和通风、空气调节

8.1　一般规定

8.1.1 高层建筑的防烟设施应分为机械加压送风的防烟设施和可开启外窗的自然排烟设施。

8.1.2 高层建筑的排烟设施应分为机械排烟设施和可开启外窗的自然排烟设施。

8.1.3 一类高层建筑和建筑高度超过32m的二类高层建筑的下列部位应设排烟设施：

8.1.3.1 长度超过20m的内走道。

8.1.3.2 面积超过100m²，且经常有人停留或可燃物较多的房间。

8.1.3.3 高层建筑的中庭和经常有人停留或可燃物较多的地下室。

8.1.4 通风、空气调节系统应采取防火、防烟措施。

8.1.5 机械加压送风和机械排烟的风速，应符合下列规定：

8.1.5.1 采用金属风道时，不应大于20m/s。

8.1.5.2 采用内表面光滑的混凝土等非金属材料风道时，不应大于15m/s。

8.1.5.3 送风口的风速不宜大于7m/s；排烟口的风速不宜大于10m/s。

8.2　自然排烟

8.2.1 除建筑高度超过50m的一类公共建筑和建筑高度超过100m的居住建筑外，靠外墙的防烟楼梯间及其前室、消防电梯间前室和合用前室，宜采用自然排烟方式。

8.2.2 采用自然排烟的开窗面积应符合下列规定：

8.2.2.1 防烟楼梯间前室、消防电梯间前室可开启外窗面积不应小于2.00m²，合用前室不应小于3.00m²。

8.2.2.2 靠外墙的防烟楼梯间每五层内可开启外窗总面积之和不应小于2.00m²。

8.2.2.3 长度不超过60m的内走道可开启外窗面积不应小于走道面积的2%。

8.2.2.4 需要排烟的房间可开启外窗面积不应小于该房间面积的2%。

8.2.2.5 净空高度小于 12m 的中庭可开启的天窗或高侧窗的面积不应小于该中庭地面积的 5%。

8.2.3 防烟楼梯间前室或合用前室，利用敞开的阳台、凹廊或前室内有不同朝向的可开启外窗自然排烟时，该楼梯间可不设防烟设施。

8.2.4 排烟窗宜设置在上方，并应有方便开启的装置。

8.3 机械防烟

8.3.1 下列部位应设置独立的机械加压送风的防烟设施：

8.3.1.1 不具备自然排烟条件的防烟楼梯间、消防电梯间前室或合用前室。

8.3.1.2 采用自然排烟措施的防烟楼梯间，其不具备自然排烟条件的前室。

8.3.1.3 封闭避难层（间）。

8.3.2 高层建筑防烟楼梯间及其前室、合用前室和消防电梯间前室的机械加压送风量应由计算确定，或按表 8.3.2-1 至表 8.3.2-4 的规定确定。当计算值和本表不一致时，应按两者中较大值确定。

表 8.3.2-1 防烟楼梯间（前室不送风）的加压送风量

系统负担层数	加压送风量/(m³/h)
<20 层	25000~30000
20 层~32 层	35000~40000

表 8.3.2-2 防烟楼梯间及其合用前室的分别加压送风量

系统负担层数	送风部位	加压送风量/(m³/h)
<20 层	防烟楼梯间	16000~20000
	合用前室	12000~16000
20 层~32 层	防烟楼梯间	20000~25000
	合用前室	18000~22000

表 8.3.2-3 消防电梯间前室的加压送风量

系统负担层数	加压送风量/(m³/h)
<20 层	15000~20000
20 层~32 层	22000~27000

表 8.3.2-4 防烟楼梯间采用自然排烟，前室或合用前室不具备自然排烟条件时的送风量

系统负担层数	加压送风量/(m³/h)
<20 层	22000~27000
20 层~32 层	28000~32000

注：1. 表 8.3.2-1 至表 8.3.2-4 的风量按开启 2.00m×1.60m 的双扇门确定。当采用单扇门时，其风量可乘以 0.75 系数计算；当有两个或两个以上出入口时，其风量应乘以 1.50~1.75 系数计算。开启门时，通过门的风速不宜小于 0.70m/s。

2. 风量上下限选取应按层数、风道材料、防火门漏风量等因素综合比较确定。

8.3.3 层数超过三十二层的高层建筑，其送风系统及送风量应分段设计。

8.3.4 剪刀楼梯间可合用一个风道，其风量应按二个楼梯间风量计算，送风口应分别

设置。

8.3.5　封闭避难层（间）的机械加压送风量应按避难层净面积每平方米不小于 30m³/h 计算。

8.3.6　机械加压送风的防烟楼梯间和合用前室，宜分别独立设置送风系统，当必须共用一个系统时，应在通向合用前室的支风管上设置压差自动调节装置。

8.3.7　机械加压送风机的全压，除计算最不利环管道压头损失外，尚应有余压。其余压值应符合下列要求：

8.3.7.1　防烟楼梯间为 40Pa 至 50Pa。

8.3.7.2　前室、合用前室、消防电梯间前室、封闭避难层（间）为 25Pa 至 30Pa。

8.3.8　楼梯间宜每隔二至三层设一个加压送风口；前室的加压送风口应每层设一个。

8.3.9　机械加压送风机可采用轴流风机或中、低压离心风机，风机位置应根据供电条件、风量分配均衡、新风入口不受火、烟威胁等因素确定。

8.4　机械排烟

8.4.1　一类高层建筑和建筑高度超过 32m 的二类高层建筑的下列部位，应设置机械排烟设施：

8.4.1.1　无直接自然通风，且长度超过 20m 的内走道或虽有直接自然通风，但长度超过 60m 的内走道。

8.4.1.2　面积超过 100m²，且经常有人停留或可燃物较多的地上无窗房间或设固定窗的房间。

8.4.1.3　不具备自然排烟条件或净空高度超过 12m 的中庭。

8.4.1.4　除利用窗井等开窗进行自然排烟的房间外，各房间总面积超过 200m² 或一个房间面积超过 50m²，且经常有人停留或可燃物较多的地下室。

8.4.2　设置机械排烟设施的部位，其排烟风机的风量应符合下列规定：

8.4.2.1　担负一个防烟分区排烟或净空高度大于 6.00m 的不划防烟分区的房间时，应按每平方米面积不小于 60m³/h 计算（单台风机最小排烟量不应小于 7200m³/h）。

8.4.2.2　担负两个或两个以上防烟分区排烟时，应按最大防烟分区面积每平方米不小于 120m³/h 计算。

8.4.2.3　中庭体积小于或等于 17000m³ 时，其排烟量按其体积的 6 次/h 换气计算；中庭体积大于 17000m³ 时，其排烟量按其体积的 4 次/h 换气计算，但最小排烟量不应小于 102000m³/h。

8.4.3　带裙房的高层建筑防烟楼梯间及其前室，消防电梯间前室或合用前室，当裙房以上部分利用可开启外窗进行自然排烟，裙房部分不具备自然排烟条件时，其前室或合用前室应设置局部正压送风系统，正压值应符合 8.3.7 条的规定。

8.4.4　排烟口应设在顶棚上或靠近顶棚的墙面上，且与附近安全出口沿走道方向相邻边缘之间的最小水平距离不应小于 1.50m。设在顶棚上的排烟口，距可燃构件或可燃物的距离不应小于 1.00m。排烟口平时关闭，并应设置有手动和自动开启装置。

8.4.5　防烟分区内的排烟口距最远点的水平距离不应超过 30m。在排烟支管上应设有当烟气温度超过 280℃时能自行关闭的排烟防火阀。

8.4.6　走道的机械排烟系统宜竖向设置；房间的机械排烟系统宜按防烟分区设置。

8.4.7　排烟风机可采用离心风机或采用排烟轴流风机，并应在其机房入口处设有当烟气温度超过 280℃ 时能自动关闭的排烟防火阀。排烟风机应保证在 280℃ 时能连续工作 30min。

8.4.8　机械排烟系统中，当任一排烟口或排烟阀开启时，排烟风机应能自行启动。

8.4.9　排烟管道必须采用不燃材料制作。安装在吊顶内的排烟管道，其隔热层应采用不燃烧材料制作，并应与可燃物保持不小于 150mm 的距离。

8.4.10　机械排烟系统与通风、空气调节系统宜分开设置。若合用时，必须采取可靠的防火安全措施，并应符合排烟系统要求。

8.4.11　设置机械排烟的地下室，应同时设置送风系统，且送风量不宜小于排烟量的 50%。

8.4.12　排烟风机的全压应按排烟系统最不利环管道进行计算，其排烟量应增加漏风系数。

8.5　通风和空气调节

8.5.1　空气中含有易燃、易爆物质的房间，其送、排风系统应采用相应的防爆型通风设备；当送风机设在单独隔开的通风机房内且送风干管上设有止回阀时，可采用普通型通风设备，其空气不应循环使用。

8.5.2　通风、空气调节系统，横向应按每个防火分区设置，竖向不宜超过五层，当排风管道设有防止回流设施且各层设有自动喷水灭火系统时，其进风和排风管道可不受此限制。垂直风管应设在管井内。

8.5.3　下列情况之一的通风、空气调节系统的风管道应设防火阀：

8.5.3.1　管道穿越防火分区处。

8.5.3.2　穿越通风、空气调节机房及重要的或火灾危险性大的房间隔墙和楼板处。

8.5.3.3　垂直风管与每层水平风管交接处的水平管段上。

8.5.3.4　穿越变形缝处的两侧。

8.5.4　防火阀的动作温度宜为 70℃。

8.5.5　厨房、浴室、厕所等的垂直排风管道，应采取防止回流的措施或在支管上设置防火阀。

8.5.6　通风、空气调节系统的管道等，应采用不燃烧材料制作，但接触腐蚀性介质的风管和柔性接头，可采用难燃烧材料制作。

8.5.7　管道和设备的保温材料、消声材料和黏结剂应为不燃烧材料或难燃烧材料。

　　穿过防火墙和变形缝的风管两侧各 2.00m 范围内应采用不燃烧材料及其黏结剂。

8.5.8　风管内设有电加热器时，风机应与电加热器联锁。电加热器前后各 800mm 范围内的风管和穿过设有火源等容易起火部位的管道，均必须采用不燃保温材料。

9　电　气

9.1　消防电源及其配电

9.1.1　高层建筑的消防控制室、消防水泵、消防电梯、防烟排烟设施、火灾自动报警、漏电火灾报警系统、自动灭火系统、应急照明、疏散指示标志和电动的防火门、窗、卷帘、阀门等消防用电，应按现行的国家标准《供配电系统设计规范》GB 50052 的规定进行设计，一类高层建筑应按一级负荷要求供电，二类高层建筑应按二级负荷要求供电。

9.1.2　高层建筑的消防控制室、消防水泵、消防电梯、防烟排烟风机等的供电，应在最末一级配电箱处设置自动切换装置。

一类高层建筑自备发电设备，应设有自动启动装置，并能在 30s 内供电。二类高层建筑自备发电设备，当采用自动启动有困难时，可采用手动启动装置。

9.1.3　消防用电设备应采用专用的供电回路，其配电设备应设有明显标志。其配电线路和控制回路宜按防火分区划分。

9.1.4　消防用电设备的配电线路应满足火灾时连续供电的需要，其敷设应符合下列规定：

9.1.4.1　暗敷设时，应穿管并应敷设在不燃烧体结构内且保护层厚度不应小于 30mm；明敷设时，应穿有防火保护的金属管或有防火保护的封闭式金属线槽；

9.1.4.2　当采用阻燃或耐火电缆时，敷设在电缆井、电缆沟内可不采取防火保护措施；

9.1.4.3　当采用矿物绝缘类不燃性电缆时，可直接敷设；

9.1.4.4　宜与其他配电线路分开敷设；当敷设在同一井沟内时，宜分别布置在井沟的两侧。

9.2　火灾应急照明和疏散指示标志

9.2.1　高层建筑的下列部位应设置应急照明：

9.2.1.1　楼梯间、防烟楼梯间前室、消防电梯间及其前室、合用前室和避难层（间）。

9.2.1.2　配电室、消防控制室、消防水泵房、防烟排烟机房、供消防用电的蓄电池室、自备发电机房、电话总机房以及发生火灾时仍需坚持工作的其他房间。

9.2.1.3　观众厅、展览厅、多功能厅、餐厅和商业营业厅等人员密集的场所。

9.2.1.4　公共建筑内的疏散走道和居住建筑内走道长度超过 20m 的内走道。

9.2.2　疏散用的应急照明，其地面最低照度不应低于 0.5lx。

消防控制室、消防水泵房、防烟排烟机房、配电室和自备发电机房、电话总机房以及发生火灾时仍需坚持工作的其他房间的应急照明，仍应保证正常照明的照度。

9.2.3　除二类居住建筑外，高层建筑的疏散走道和安全出口处应设灯光疏散指示标志。

9.2.4　疏散应急照明灯宜设在墙面上或顶棚上。安全出口标志宜设在出口的顶部；疏散走道的指示标志宜设在疏散走道及其转角处距地面 1.00m 以下的墙面上。走道疏散标志灯的间距不应大于 20m。

9.2.5　应急照明灯和灯光疏散指示标志，应设玻璃或其他不燃烧材料制作的保护罩。

9.2.6　应急照明和疏散指示标志，可采用蓄电池作备用电源，且连续供电时间不应少于 20min；高度超过 100m 的高层建筑连续供电时间不应少于 30min。

9.3　灯具

9.3.1　开关、插座和照明器靠近可燃物时，应采取隔热、散热等保护措施。

卤钨灯和超过 100W 的白炽灯泡的吸顶灯、槽灯、嵌入式灯的引入线应采取保护措施。

9.3.2 白炽灯、卤钨灯、荧光高压汞灯、镇流器等不应直接设置在可燃装修材料或可燃构件上。

可燃物品库房不应设置卤钨灯等高温照明灯具。

9.4 火灾自动报警系统、火灾应急广播和消防控制室

9.4.1 建筑高度超过 100m 的高层建筑，除游泳池、溜冰场、卫生间外，均应设火灾自动报警系统。

9.4.2 除住宅、商住楼的住宅部分、游泳池、溜冰场外，建筑高度不超过 100m 的一类高层建筑的下列部位应设置火灾自动报警系统：

9.4.2.1 医院病房楼的病房、贵重医疗设备室、病历档案室、药品库。

9.4.2.2 高级旅馆的客房和公共活动用房。

9.4.2.3 商业楼、商住楼的营业厅，展览楼的展览厅。

9.4.2.4 电信楼、邮政楼的重要机房和重要房间。

9.4.2.5 财贸金融楼的办公室、营业厅、票证库。

9.4.2.6 广播电视楼的演播室、播音室、录音室、节目播出技术用房、道具布景。

9.4.2.7 电力调度楼、防灾指挥调度楼等的微波机房、计算机房、控制机房、动力机房。

9.4.2.8 图书馆的阅览室、办公室、书库。

9.4.2.9 档案楼的档案库、阅览室、办公室。

9.4.2.10 办公楼的办公室、会议室、档案室。

9.4.2.11 走道、门厅、可燃物品库房、空调机房、配电室、自备发电机房。

9.4.2.12 净高超过 2.60m 且可燃物较多的技术夹层。

9.4.2.13 贵重设备间和火灾危险性较大的房间。

9.4.2.14 经常有人停留或可燃物较多的地下室。

9.4.2.15 电子计算机房的主机房、控制室、纸库、磁带库。

9.4.3 二类高层建筑的下列部位应设火灾自动报警系统：

9.4.3.1 财贸金融楼的办公室、营业厅、票证库。

9.4.3.2 电子计算机房的主机房、控制室、纸库、磁带库。

9.4.3.3 面积大于 50m² 的可燃物品库房。

9.4.3.4 面积大于 500m² 的营业厅。

9.4.3.5 经常有人停留或可燃物较多的地下室。

9.4.3.6 性质重要或有贵重物品的房间。

> 注：旅馆、办公楼、综合楼的门厅、观众厅，设有自动喷水灭火系统时，可不设火灾自动报警系统。

9.4.4 应急广播的设计应按现行的国家标准《火灾自动报警系统设计规范》的有关规定执行。

9.4.5 设有火灾自动报警系统和自动灭火系统或设有火灾自动报警系统和机械防烟、排烟设施的高层建筑，应按现行国家标准《火灾自动报警系统设计规范》的要求设置消防控制室。

9.5 漏电火灾报警系统

9.5.1 高层建筑内火灾危险性大、人员密集等场所宜设置漏电火灾报警系统。

9.5.2 漏电火灾报警系统应具有下列功能：

9.5.2.1 探测漏电电流、过电流等信号，发出声光信号报警，准确报出故障线路地址，监视故障点的变化。

9.5.2.2 储存各种故障和操作试验信号，信号存储时间不应少于 12 个月。

9.5.2.3 切断漏电线路上的电源，并显示其状态。

9.5.2.4 显示系统电源状态。

附录 A　各类建筑构件的燃烧性能和耐火极限

表 A　各类建筑构件的燃烧性能和耐火极限

构 件 名 称	结构厚度或截面 最小尺寸/cm	耐火极限 /h	燃烧性能
承重墙			
普通黏土砖、混凝土、钢筋混凝土实体墙	12	2.50	不燃烧体
	18	3.50	不燃烧体
	24	5.50	不燃烧体
	37	10.50	不燃烧体
加气混凝土砌块墙	10	2.00	不燃烧体
轻质混凝土砌块墙	12	1.50	不燃烧体
	24	3.50	不燃烧体
	37	5.50	不燃烧体
非承重墙			
普通黏土砖墙（不包括双面抹灰厚）	6	1.50	不燃烧体
	12	3.00	不燃烧体
普通黏土砖墙（包括双面抹灰 1.5cm 厚）	15	4.50	不燃烧体
	18	5.00	不燃烧体
	24	8.00	不燃烧体
七孔黏土砖墙（不包括墙中空 12cm 厚）	12	8.00	不燃烧体
双面抹灰七孔黏土砖墙（不包括墙中空 12cm 厚）	14	9.00	不燃烧体
粉煤灰硅酸盐砌块砖	20	4.00	不燃烧体
加气混凝土构件（未抹灰粉刷）			
（1）砌块墙	7.5	2.50	不燃烧体
	10	3.75	不燃烧体
	15	5.75	不燃烧体
	20	8.00	不燃烧体
（2）隔板墙	7.5	2.00	不燃烧体
（3）垂直墙板	15	3.00	不燃烧体
（4）水平墙板	15	5.00	不燃烧体

构件名称	结构厚度或截面最小尺寸/cm	耐火极限/h	燃烧性能
粉煤灰加气混凝土砌块墙（粉煤灰、水泥、石灰）	10	3.40	不燃烧体
充气混凝土砌块墙	15	7.00	不燃烧体
碳化石灰圆孔板隔墙	9	1.75	不燃烧体
木龙骨两面钉下列材料：			
（1）钢丝网抹灰，其构造、厚度（cm）为：1.5+5（空）+1.5	—	0.85	难燃烧体
（2）石膏板，其构造、厚度（cm）为：1.2+5（空）+1.2	—	0.30	难燃烧体
（3）板条抹灰，其构造、厚度（cm）为：1.5+5（空）+1.5	—	0.85	难燃烧体
（4）水泥刨花板，其构造厚度（cm）为：1.5+5（空）+1.5	—	0.30	难燃烧体
（5）板条抹1：4石棉水泥、隔热灰浆，其构造、厚度（cm）为：2+5（空）+2	—	1.25	难燃烧体
（1）木龙骨纸面玻璃纤维石膏板隔墙，其构造、厚度（cm）为：1.0+5.5（空）+1.0	—	0.60	难燃烧体
（2）木龙骨纸面纤维石膏板隔墙，其构造、厚度（cm）为：1.0+5.5（空）+1.0	—	0.60	难燃烧体
石膏空心条板隔墙：			
（1）石膏珍珠岩空心条板（膨胀珍珠岩容量50～80kg/m³）	6.0	1.50	不燃烧体
（2）石膏珍珠岩空心条板（膨胀珍珠岩60～120kg/m³）	6.0	1.20	不燃烧体
（3）石膏硅酸盐空心条板	6.0	1.50	不燃烧体
（4）石膏珍珠岩塑料网空心条板（膨胀珍珠岩60～120kg/m³）	6.0	1.30	不燃烧体
（5）石膏粉煤灰空心条板	9.0	2.25	不燃烧体
（6）石膏珍珠岩双层空心条板，其构造、厚度（cm）为：			
6.0+5（空）+6.0（膨胀珍珠岩50～80kg/m³）	—	3.75	不燃烧体
6.0+5（空）+6.0（膨胀珍珠岩60～120kg/m³）	—	3.25	不燃烧体
石膏龙骨两面钉下列材料：			
（1）纤维石膏板，其构造厚度（cm）为：			
0.85+10.3（填矿棉）+0.85	—	1.00	不燃烧体
1.0+6.4（空）+1.0	—	1.35	不燃烧体
1.0+9（填矿棉）+1.0	—	1.00	不燃烧体
（2）纸面石膏板，其构造厚度（cm）为：			
1.1+6.8（填矿棉）+1.1	—	0.75	不燃烧体
1.1+2.8（空）+1.1+6.5（空）+1.1+2.8（空）+1.1	—	1.50	不燃烧体
0.9+1.2+12.8（空）+1.2+0.9	—	1.20	不燃烧体

构件名称	结构厚度或截面最小尺寸/cm	耐火极限/h	燃烧性能
2.5＋13.4(空)＋1.2＋0.9	—	1.50	不燃烧体
1.2＋8(空)＋1.2＋1.2＋8(空)＋1.2	—	1.00	不燃烧体
1.2＋8(空)＋1.2	—	0.33	不燃烧体
钢龙骨两面钉下列材料： (1)水泥刨花板,其构造、厚度(cm)为： 1.2＋7.6(空)＋1.2	—	0.45	难燃烧体
(2)纸面石膏板,其构造、厚度(cm)为： 1.2＋4.6(空)＋1.2	—	0.33	不燃烧体
2×1.2＋7(空)＋3×1.2	—	1.25	不燃烧体
2×1.2＋7(填矿棉)＋2×1.2	—	1.20	不燃烧体
(3)双层普通石膏板,板内掺纸纤维,其构造、厚度(cm)为： 2×1.2＋7.5(空)＋2×1.2	—	1.10	不燃烧体
(4)双层防火石膏板,板内掺玻璃纤维,其构造、厚度(cm)为： 2×1.2＋7.5(空)＋2×1.2	—	1.35	不燃烧体
2×1.2＋7.5(岩棉厚4cm)＋2×1.2	—	1.60	不燃烧体
(5)复合纸面石膏板,其构造、厚度(cm)为： 1.5＋7.5(空)＋0.15＋0.95(双层板受火)	—	1.10	不燃烧体
(6)双层石膏板,其构造、厚度(cm)为： 2×1.2＋7.5(填岩棉)＋2×1.2	—	2.10	不燃烧体
2×1.2＋7.5(空)＋2×1.2	—	1.35	不燃烧体
(7)单层石膏板,其构造、厚度(cm)为： 1.2＋7.5(填5cm厚岩棉)＋1.2	—	1.20	不燃烧体
1.2＋7.5(空)＋1.2	—	0.50	不燃烧体
碳化石灰圆孔空心条板隔墙	9	1.75	不燃烧体
菱苦土珍珠岩圆孔空心条板隔墙	8	1.30	不燃烧体
钢筋混凝土大板墙(200#混凝土)	6.00	1.00	不燃烧体
	12.00	2.60	不燃烧体
钢框架间用墙、混凝土砌筑的墙,当钢框架为： (1)金属网抹灰的厚度为2.5cm	—	0.75	不燃烧体
(2)用砖砌面或混凝土保护,其厚度为： 6cm	—	2.00	不燃烧体
12cm	—	4.00	不燃烧体
柱			
钢筋混凝土柱	20×20	1.40	不燃烧体
	20×30	2.50	不燃烧体
	20×40	2.70	不燃烧体
	20×50	3.00	不燃烧体
	24×24	2.00	不燃烧体
	30×30	3.00	不燃烧体
	30×50	3.50	不燃烧体
	37×37	5.00	不燃烧体

构 件 名 称	结构厚度或截面 最小尺寸/cm	耐火极限 /h	燃烧性能
钢筋混凝土圆柱	直径 30 直径 45	3.00 4.00	不燃烧体 不燃烧体
无保护层的钢柱	—	0.25	不燃烧体
有保护层的钢柱：			
(1)用普通黏土砖作保护层,其厚度为:12cm	—	2.85	不燃烧体
(2)用陶粒混凝土作保护层,其厚度为:10cm	—	3.00	不燃烧体
(3)用 200# 混凝土作保护层,其厚度为:			
10cm	—	2.85	不燃烧体
5cm	—	2.00	不燃烧体
2.5cm	—	0.80	不燃烧体
(4)用加气混凝土作保护层,其厚度为:			
4cm	—	1.00	不燃烧体
5cm	—	1.40	不燃烧体
7cm	—	2.00	不燃烧体
8cm	—	2.30	不燃烧体
(5)用金属网抹 50# 砂浆作保护层,其厚度为:			
2.5cm	—	0.80	不燃烧体
5cm	—	1.30	不燃烧体
(6)用薄涂型钢结构防火涂料作保护层,其厚度为:			
0.55cm	—	1.00	不燃烧体
0.70cm	—	1.50	不燃烧体
(7)用厚涂型钢结构防火涂料作保护层,其厚度为:			
1.5cm	—	1.00	不燃烧体
2cm	—	1.50	不燃烧体
3cm	—	2.00	不燃烧体
4cm	—	2.50	不燃烧体
5cm	—	3.00	不燃烧体
梁			
简支的钢筋混凝土梁：			
(1)非预应力钢筋,保护层厚度为:			
1cm	—	1.20	不燃烧体
2cm	—	1.75	不燃烧体
2.5cm	—	2.00	不燃烧体
3cm	—	2.30	不燃烧体
4cm	—	2.90	不燃烧体
5cm	—	3.50	不燃烧体
(2)预应力钢筋或高强度钢丝,保护层厚度为:			
2.5cm	—	1.00	不燃烧体
3.0cm	—	1.20	不燃烧体

续表

构 件 名 称	结构厚度或截面 最小尺寸/cm	耐火极限 /h	燃烧性能
4cm	—	1.50	不燃烧体
5cm	—	2.00	不燃烧体
无保护层的钢梁、楼梯	—	0.25	不燃烧体
(1)用厚涂型钢结构防火涂料保护的钢梁,其保护层厚度为:			
1.5cm	—	1.00	不燃烧体
2cm	—	1.50	不燃烧体
3cm	—	2.00	不燃烧体
4cm	—	2.50	不燃烧体
5cm	—	3.00	不燃烧体
(2)用薄涂型钢结构防火涂料保护的钢梁,其保护层厚度为:			
0.55cm	—	1.00	不燃烧体
0.70cm	—	1.50	不燃烧体
楼板和屋顶承重构件			
简支的钢筋混凝土楼板:			
(1)非预应力钢筋,保护层厚度为:			
1cm	—	1.00	不燃烧体
2cm	—	1.25	不燃烧体
3cm	—	1.50	不燃烧体
(2)预应力钢筋或高强度钢丝,保护层厚度为:			
1cm	—	0.50	不燃烧体
2cm	—	0.75	不燃烧体
3cm	—	1.00	不燃烧体
四边简支的钢筋混凝土楼板,保护层厚度为:			
1cm	7	1.40	不燃烧体
1.5cm	8	1.45	不燃烧体
2cm	8	1.50	不燃烧体
3cm	9	1.80	不燃烧体
现浇的整体式梁板,保护层厚度为:			
1cm	8	1.40	不燃烧体
1.5cm	8	1.45	不燃烧体
2cm	8	1.50	不燃烧体
1cm	9	1.75	不燃烧体
2cm	9	1.85	不燃烧体
1cm	10	2.00	不燃烧体
1.5cm	10	2.00	不燃烧体
2cm	10	2.10	不燃烧体
3cm	10	2.15	不燃烧体
1cm	11	2.25	不燃烧体
1.5cm	11	2.30	不燃烧体

续表

构 件 名 称	结构厚度或截面 最小尺寸/cm	耐火极限 /h	燃烧性能
2cm	11	2.30	不燃烧体
3cm	11	2.40	不燃烧体
1cm	12	2.50	不燃烧体
2cm	11	2.65	不燃烧体
简支钢筋混凝土圆孔空心楼板：			
(1)非预应力钢筋,保护层厚度为：			
1cm	—	0.90	不燃烧体
2cm	—	1.25	不燃烧体
3cm	—	1.50	不燃烧体
(2)预应力钢筋混凝土圆孔楼板加保护层,其 厚度为：			
1cm	—	0.10	不燃烧体
2cm	—	0.70	不燃烧体
3cm	—	0.85	不燃烧体
钢梁上铺不燃烧体楼板与屋面板时,梁、桁架 无保护层		0.25	不燃烧体
钢梁上铺不燃烧体楼板与屋面板时,梁、桁架 用混凝土保护层,其厚度为：			
2cm	—	2.00	不燃烧体
3cm	—	4.00	不燃烧体
梁、桁架用钢丝抹灰粉刷作保护层,其厚度为：			
1cm	—	0.50	不燃烧体
2cm	—	1.00	不燃烧体
3cm	—	1.25	不燃烧体
屋面板：			
(1)加气钢筋混凝土屋面板、保护层厚度 为:1.5cm		1.25	不燃烧体
(2)充气钢筋混凝土屋面板,保护层厚度 为:1cm		1.60	不燃烧体
(3)钢筋混凝土方孔屋面板,保护层厚度 为:1cm		1.20	不燃烧体
(4)预应力钢筋混凝土槽形屋面板,保护层厚 度为:1cm		0.50	不燃烧体
(5)预应力钢筋混凝土槽瓦,保护层厚度 为:1cm		0.50	不燃烧体
(6)轻型纤维石膏屋面板		0.60	不燃烧体
木吊顶搁栅：			
(1)钢丝网抹灰(厚1.5cm)		0.25	难燃烧体
(2)板条抹灰(厚1.5cm)		0.25	难燃烧体
(3)钢丝网抹灰(1：4水泥石棉灰浆,厚2cm)		0.50	难燃烧体
(4)板条抹灰(1：4水泥石棉灰浆,厚2cm)		0.50	难燃烧体

续表

构 件 名 称	结构厚度或截面最小尺寸/cm	耐火极限/h	燃烧性能
(5)钉氧化镁锯末复合板(厚1.3cm)		0.25	难燃烧体
(6)钉石膏装饰板(厚1cm)		0.25	难燃烧体
(7)钉平面石膏板(厚1.2cm)		0.30	难燃烧体
(8)钉纸面石膏板(厚0.95cm)		0.25	难燃烧体
(9)钉双面石膏板(各厚0.8cm)	—	0.45	难燃烧体
(10)钉珍珠岩复合石膏板(穿孔板和吸音板各厚1.5cm)		0.30	难燃烧体
(11)钉矿棉吸音板(厚2cm)	—	0.15	难燃烧体
(12)钉硬质木屑板(厚1cm)	—	0.20	难燃烧体
钢吊顶搁栅：			
(1)钢丝网(板)抹灰(厚1.5cm)		0.25	不燃烧体
(2)钉石棉板(厚1cm)		0.85	不燃烧体
(3)钉双面石膏板(厚1cm)		0.30	不燃烧体
(4)挂石棉型硅酸钙板(厚1cm)		0.30	不燃烧体
(5)挂薄钢板(内填陶瓷棉复合板)、其构造、厚度为：0.05+3.9(陶瓷棉)-0.05		0.40	不燃烧体

注：1. 本表耐火极限数据必须符合相应建筑构,配件通用技术条件。

2. 确定墙的耐火极限不考虑墙上有无洞孔。

3. 墙的总厚度包括抹灰粉刷层。

4. 中间尺寸的构件,其耐火极限可按插入法计算。

5. 计算保护层时,应包括抹灰粉刷层在内。

6. 现浇的无梁楼板按简支板数据采用。

7. 人孔盖板的耐火极限可按防火门确定。

附录 B　本规范用词说明

B.0.1　为便于在执行本规范条文时区别对待,对要求严格程度不同的用词说明如下：

(1) 表示很严格,非这样做不可的：

正面词采用"必须"；

反面词采用"严禁"。

(2) 表示严格,在正常情况下均应这样做的：

正面词采用"应"；

反面词采用"不应"或"不得"。

(3) 表示允许稍有选择,在条件许可时,首先应这样做的：

正面词采用"宜"或"可"；

反面词采用"不宜"。

B.0.2　条文中指定应按其他有关标准、规范执行时,写法为"应符合……的规定"或"应符合……要求（或规定）"。

（四）建筑物防雷设计规范 GB 50057—2010

目次

1 总 则

1.0.1 为使建（构）筑物防雷设计因地制宜地采取防雷措施，防止或减少雷击建（构）筑物所发生的人身伤亡和文物、财产损失，以及雷击电磁脉冲引发的电气和电子系统损坏或错误运行，做到安全可靠、技术先进、经济合理，制定本规范。

1.0.2　本规范适用于新建、扩建、改建建（构）筑物的防雷设计。

1.0.3　建（构）筑物防雷设计，应在认真调查地理、地质、土壤、气象、环境等条件和雷电活动规律，以及被保护物的特点等的基础上，详细研究并确定防雷装置的形式及其布置。

1.0.4　建（构）筑物防雷设计，除应符合本规范外，尚应符合国家现行有关标准的规定。

2　术　语

2.0.1　**对地闪击　lightning flash to earth**

雷云与大地（含地上的突出物）之间的一次或多次放电。

2.0.2　**雷击　lightning stroke**

对地闪击中的一次放电。

2.0.3　**雷击点　point of strike**

闪击击在大地或其上突出物上的那一点。一次闪击可能有多个雷击点。

2.0.4　**雷电流　lightning current**

流经雷击点的电流。

2.0.5　**防雷装置　lightning protection system（LPS）**

用于减少闪击击于建（构）筑物上或建（构）筑物附近造成的物质性损害和人身伤亡，由外部防雷装置和内部防雷装置组成。

2.0.6　**外部防雷装置　external lightning protection system**

由接闪器、引下线和接地装置组成。

2.0.7　**内部防雷装置　internal lightning protection system**

由防雷等电位连接和与外部防雷装置的间隔距离组成。

2.0.8　**接闪器　air-termination system**

由拦截闪击的接闪杆、接闪带、接闪线、接闪网以及金属屋面、金属构件等组成。

2.0.9　**引下线　down-conductor system**

用于将雷电流从接闪器传导至接地装置的导体。

2.0.10　**接地装置　earth-termination system**

接地体和接地线的总合，用于传导雷电流并将其流散入大地。

2.0.11　**接地体　earth electrode**

埋入土壤中或混凝土基础中作散流用的导体。

2.0.12　**接地线　earthing conductor**

从引下线断接卡或换线处至接地体的连接导体；或从接地端子、等电位连接带至接地体的连接导体。

2.0.13　**直击雷　direct lightning flash**

闪击直接击于建（构）筑物，其他物体、大地或外部防雷装置上，产生电效应、热效应和机械力者。

2.0.14　闪电静电感应　lightning electrostatic induction

由于雷云的作用，使附近导体上感应出与雷云符号相反的电荷，雷云主放电时，先导通道中的电荷迅速中和，在导体上的感应电荷得到释放，如没有就近泄入地中就会产生很高的电位。

2.0.15　闪电电磁感应　lightning electromagnetic induction

由于雷电流迅速变化在其周围空间产生瞬变的强电磁场，使附近导体上感应出很高的电动势。

2.0.16　闪电感应　lightning induction

闪电放电时，在附近导体上产生的雷电静电感应和雷电电磁感应，它可能使金属部件之间产生火花放电。

2.0.17　闪电电涌　lightning surge

闪电击于防雷装置或线路上以及由闪电静电感应或雷击电磁脉冲引发，表现为过电压、过电流的瞬态波。

2.0.18　闪电电涌侵入　lightning surge on incoming services

由于雷电对架空线路、电缆线路或金属管道的作用，雷电波，即闪电电涌，可能沿着这些管线侵入屋内，危及人身安全或损坏设备。

2.0.19　防雷等电位连接　lightning equipotential bonding（LEB）

将分开的诸金属物体直接用连接导体或经电涌保护器连接到防雷装置上以减小雷电流引发的电位差。

2.0.20　等电位连接带　bonding bar

将金属装置、外来导电物、电力线路、电信线路及其他线路连于其上以能与防雷装置做等电位连接的金属带。

2.0.21　等电位连接导体　bonding conductor

将分开的诸导电性物体连接到防雷装置的导体。

2.0.22　等电位连接网络　bonding network（BN）

将建（构）筑物和建（构）筑物内系统（带电导体除外）的所有导电性物体互相连接组成的一个网。

2.0.23　接地系统　earthing system

将等电位连接网络和接地装置连在一起的整个系统。

2.0.24　防雷区　lightning protection zone（LPZ）

划分雷击电磁环境的区，一个防雷区的区界面不一定要有实物界面，如不一定要有墙壁、地板或天花板作为区界面。

2.0.25　雷击电磁脉冲　lightning electromagnetic impulse（LEMP）

雷电流经电阻、电感、电容耦合产生的电磁效应，包含闪电电涌和辐射电磁场。

2.0.26　电气系统　electrical system

由低压供电组合部件构成的系统。也称低压配电系统或低压配电线路。

2.0.27　电子系统　electronic system

由敏感电子组合部件构成的系统。

2.0.28　建（构）筑物内系统　internal system

建（构）筑物内的电气系统和电子系统。

2.0.29　电涌保护器　surge protective device（SPD）

用于限制瞬态过电压和分泄电涌电流的器件。它至少含有一个非线性元件。

2.0.30　保护模式　modes of protection

电气系统电涌保护器的保护部件可连接在相对相、相对地、相对中性线、中性线对地及其组合，以及电子系统电涌保护器的保护部件连接在线对线、线对地及其组合。

2.0.31　最大持续运行电压　maximum continuous operating voltage（U_c）

可持续加于电气系统电涌保护器保护模式的最大方均根电压或直流电压；可持续加于电子系统电涌保护器端子上，且不致引起电涌保护器传输特性减低的最大方均根电压或直流电压。

2.0.32　标称放电电流　nominal discharge current（I_n）

流过电涌保护器 $8/20\mu s$ 电流波的峰值。

2.0.33　冲击电流　impulse current（I_{imp}）

由电流幅值 I_{peak}、电荷 Q 和单位能量 W/R 所限定。

2.0.34　以 I_{imp} 试验的电涌保护器　SPD tested with I_{imp}

耐得起 $10/350\mu s$ 典型波形的部分雷电流的电涌保护器需要用 I_{imp} 电流做相应的冲击试验。

2.0.35　Ⅰ级试验　class Ⅰ test

电气系统中采用Ⅰ级试验的电涌保护器要用标称放电电流 I_n、$1.2/50\mu s$ 冲击电压和最大冲击电流 I_{imp} 做试验。Ⅰ级试验也可用 T1 外加方框表示，即 $\boxed{\text{T1}}$。

2.0.36　以 I_n 试验的电涌保护器　SPD tested with I_n

耐得起 $8/20\mu s$ 典型波形的感应电涌电流的电涌保护器需要用 I_n 电流做相应的冲击试验。

2.0.37　Ⅱ级试验　class Ⅱ test

电气系统中采用Ⅱ级试验的电涌保护器要用标称放电电流 I_n、$1.2/50\mu s$ 冲击电压和 $8/20\mu s$ 电流波最大放电电流 I_{max} 做试验。Ⅱ级试验也可用 T2 外加方框表示，即 $\boxed{\text{T2}}$。

2.0.38　以组合波试验的电涌保护器　SPD tested with a combination wave

耐得起 $8/20\mu s$ 典型波形的感应电涌电流的电涌保护器需要用 I_{sc} 短路电流做相应的冲击试验。

2.0.39　Ⅲ级试验　class Ⅲ test

电气系统中采用Ⅲ级试验的电涌保护器要用组合波做试验。组合波定义为由 2Ω 组合波发生器产生 $1.2/50\mu s$ 开路电压 U_{oc} 和 $8/20\mu s$ 短路电流 I_{sc}。Ⅲ级试验也可用 T3 外加方框表示，即 $\boxed{\text{T3}}$。

2.0.40　电压开关型电涌保护器　voltage switching type SPD

无电涌出现时为高阻抗，当出现电压电涌时突变为低阻抗。通常采用放电间隙、充气放电管、硅可控整流器或三端双向可控硅元件做电压开关型电涌保护器的组件。也称

"克罗巴型"电涌保护器。具有不连续的电压、电流特性。

2.0.41　限压型电涌保护器　voltage limiting type SPD

无电涌出现时为高阻抗，随着电涌电流和电压的增加，阻抗连续变小。通常采用压敏电阻、抑制二极管作限压型电涌保护器的组件。也称"箝压型"电涌保护器。具有连续的电压、电流特性。

2.0.42　组合型电涌保护器　combination type SPD

由电压开关型元件和限压型元件组合而成的电涌保护器，其特性随所加电压的特性可以表现为电压开关型、限压型或电压开关型和限压型皆有。

2.0.43　测量的限制电压　measured limiting voltage

施加规定波形和幅值的冲击波时，在电涌保护器接线端子间测得的最大电压值。

2.0.44　电压保护水平　voltage protection level（U_p）

表征电涌保护器限制接线端子间电压的性能参数，其值可从优先值的列表中选择。电压保护水平值应大于所测量的限制电压的最高值。

2.0.45　1.2/50μs 冲击电压　1.2/50μs voltage impulse

规定的波头时间 T_1 为 1.2μs、半值时间 T_2 为 50μs 的冲击电压。

2.0.46　8/20μs 冲击电流　8/20μs current impulse

规定的波头时间 T_1 为 8μs、半值时间 T_2 为 20μs 的冲击电流。

2.0.47　设备耐冲击电压额定值　rated impulse withstand voltage of equipment（U_w）

设备制造商给予的设备耐冲击电压额定值，表征其绝缘防过电压的耐受能力。

2.0.48　插入损耗　insertion loss

电气系统中，在给定频率下，连接到给定电源系统的电涌保护器的插入损耗为电源线上紧靠电涌保护器接入点之后，在被试电涌保护器接入前后的电压比，结果用 dB 表示。电子系统中，由于在传输系统中插入一个电涌保护器所引起的损耗，它是在电涌保护器插入前传递到后面的系统部分的功率与电涌保护器插入后传递到同一部分的功率之比。通常用 dB 表示。

2.0.49　回波损耗　return loss

反射系数倒数的模。以分贝（dB）表示。

2.0.50　近端串扰　near-end crosstalk（NEXT）

串扰在被干扰的通道中传输，其方向与产生干扰的通道中电流传输的方向相反。在被干扰的通道中产生的近端串扰，其端口通常靠近产生干扰的通道的供能端，或与供能端重合。

3　建筑物的防雷分类

3.0.1　建筑物应根据建筑物的重要性、使用性质、发生雷电事故的可能性和后果，按防雷要求分为三类。

3.0.2　在可能发生对地闪击的地区，遇下列情况之一时，应划为第一类防雷建筑物：

　　1　凡制造、使用或贮存火炸药及其制品的危险建筑物，因电火花而引起爆炸、爆轰，会造成巨大破坏和人身伤亡者。

2 具有 0 区或 20 区爆炸危险场所的建筑物。

3 具有 1 区或 21 区爆炸危险场所的建筑物，因电火花而引起爆炸，会造成巨大破坏和人身伤亡者。

3.0.3 在可能发生对地闪击的地区，遇下列情况之一时，应划为第二类防雷建筑物：

1 国家级重点文物保护的建筑物。

2 国家级的会堂、办公建筑物、大型展览和博览建筑物、大型火车站和飞机场、国宾馆，国家级档案馆、大型城市的重要给水泵房等特别重要的建筑物。

注：飞机场不含停放飞机的露天场所和跑道。

3 国家级计算中心、国际通信枢纽等对国民经济有重要意义的建筑物。

4 国家特级和甲级大型体育馆。

5 制造、使用或贮存火炸药及其制品的危险建筑物，且电火花不易引起爆炸或不致造成巨大破坏和人身伤亡者。

6 具有 1 区或 21 区爆炸危险场所的建筑物，且电火花不易引起爆炸或不致造成巨大破坏和人身伤亡者。

7 具有 2 区或 22 区爆炸危险场所的建筑物。

8 有爆炸危险的露天钢质封闭气罐。

9 预计雷击次数大于 0.05 次/a 的部、省级办公建筑物和其他重要或人员密集的公共建筑物以及火灾危险场所。

10 预计雷击次数大于 0.25 次/a 的住宅、办公楼等一般性民用建筑物或一般性工业建筑物。

3.0.4 在可能发生对地闪击的地区，遇下列情况之一时，应划为第三类防雷建筑物：

1 省级重点文物保护的建筑物及省级档案馆。

2 预计雷击次数大于或等于 0.01 次/a，且小于或等于 0.05 次/a 的部、省级办公建筑物和其他重要或人员密集的公共建筑物，以及火灾危险场所。

3 预计雷击次数大于或等于 0.05 次/a，且小于或等于 0.25 次/a 的住宅、办公楼等一般性民用建筑物或一般性工业建筑物。

4 在平均雷暴日大于 15d/a 的地区，高度在 15m 及以上的烟囱、水塔等孤立的高耸建筑物；在平均雷暴日小于或等于 15d/a 的地区，高度在 20m 及以上的烟囱、水塔等孤立的高耸建筑物。

4　建筑物的防雷措施

4.1　基本规定

4.1.1 各类防雷建筑物应设防直击雷的外部防雷装置，并应采取防闪电电涌侵入的措施。

第一类防雷建筑物和本规范第 3.0.3 条第 5～7 款所规定的第二类防雷建筑物，尚应采取防闪电感应的措施。

4.1.2 各类防雷建筑物应设内部防雷装置，并应符合下列规定：

1 在建筑物的地下室或地面层处，下列物体应与防雷装置做防雷等电位连接：

　　1）建筑物金属体。

　　2）金属装置。

　　3）建筑物内系统。

　　4）进出建筑物的金属管线。

　　2　除本条第1款的措施外，外部防雷装置与建筑物金属体、金属装置、建筑物内系统之间，尚应满足间隔距离的要求。

4.1.3　本规范第3.0.3条第2～4款所规定的第二类防雷建筑物尚应采取防雷击电磁脉冲的措施。其他各类防雷建筑物，当其建筑物内系统所接设备的重要性高，以及所处雷击磁场环境和加于设备的闪电电涌无法满足要求时，也应采取防雷击电磁脉冲的措施。防雷击电磁脉冲的措施应符合本规范第6章的规定。

4.2　第一类防雷建筑物的防雷措施

4.2.1　第一类防雷建筑物防直击雷的措施应符合下列规定：

　　1　应装设独立接闪杆或架空接闪线或网。架空接闪网的网格尺寸不应大于5m×5m或6m×4m。

　　2　排放爆炸危险气体、蒸气或粉尘的放散管、呼吸阀、排风管等的管口外的下列空间应处于接闪器的保护范围内：

　　1）当有管帽时应按表4.2.1的规定确定。

　　2）当无管帽时，应为管口上方半径5m的半球体。

　　3）接闪器与雷闪的接触点应设在本款第1项或第2项所规定的空间之外。

表 4.2.1　有管帽的管口外处于接闪器保护范围内的空间

装置内的压力与周围空气压力的压力差/kPa	排放物对比于空气	管帽以上的垂直距离/m	距管口处的水平距离/m
<5	重于空气	1	2
5～25	重于空气	2.5	5
≤25	轻于空气	2.5	5
>25	重或轻于空气	5	5

　　注：相对密度小于或等于0.75的爆炸性气体规定为轻于空气的气体；相对密度大于0.75的爆炸性气体规定为重于空气的气体。

　　3　排放爆炸危险气体、蒸气或粉尘的放散管、呼吸阀、排风管等，当其排放物达不到爆炸浓度、长期点火燃烧、一排放就点火燃烧，以及发生事故时排放物才达到爆炸浓度的通风管、安全阀，接闪器的保护范围应保护到管帽，无管帽时应保护到管口。

　　4　独立接闪杆的杆塔、架空接闪线的端部和架空接闪网的每根支柱处应至少设一根引下线。对用金属制成或有焊接、绑扎连接钢筋网的杆塔、支柱，宜利用金属杆塔或钢筋网作为引下线。

　　5　独立接闪杆和架空接闪线或网的支柱及其接地装置与被保护建筑物及与其有联系的管道、电缆等金属物之间的间隔距离（图4.2.1），应按下列公式计算，且不得小于3m：

1）地上部分：

当 $h_x < 5R_t$ 时：$S_{a1} \geq 0.4(R_i + 0.1h_x)$

$$(4.2.1\text{-}1)$$

当 $h_x \geq 5R_t$ 时：$S_{a1} \geq 0.1(R_i + h_x)$

$$(4.2.1\text{-}2)$$

2）地下部分：

$$S_{el} \geq 0.4R_i \qquad (4.2.1\text{-}3)$$

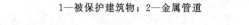

图 4.2.1　防雷装置至被保护物的间隔距离
1—被保护建筑物；2—金属管道

式中　S_{a1}——空气中的间隔距离，m；

　　　S_{el}——地中的间隔距离，m；

　　　R_i——独立接闪杆、架空接闪线或网支柱处接地装置的冲击接地电阻，Ω；

　　　h_x——被保护建筑物或计算点的高度，m。

6　架空接闪线至屋面和各种突出屋面的风帽、放散管等物体之间的间隔距离（图4.2.1），应按下列公式计算，且不应小于 3m：

1）当 $\left(h + \dfrac{l}{2}\right) < 5R_i$ 时：

$$S_{a2} \geq 0.2R_i + 0.03\left(h + \frac{l}{2}\right) \qquad (4.2.1\text{-}4)$$

2）当 $\left(h + \dfrac{l}{2}\right) \geq 5R_i$ 时：

$$S_{a2} \geq 0.05R_i + 0.06\left(h + \frac{l}{2}\right) \qquad (4.2.1\text{-}5)$$

式中　S_{a2}——接闪线至被保护物在空气中的间隔距离，m；

　　　h——接闪线的支柱高度，m；

　　　l——接闪线的水平长度，m。

7　架空接闪网至屋面和各种突出屋面的风帽、放散管等物体之间的间隔距离，应按下列公式计算，且不应小于 3m：

1）当 $(h + l_1) < 5R_1$ 时：

$$S_{a2} \geq \frac{1}{n}\left[0.4R_i + 0.06(h + l_1)\right] \qquad (4.2.1\text{-}6)$$

2）当 $(h + l_1) \geq 5R_i$ 时：

$$S_{a2} \geq \frac{1}{n}\left[0.1R_i + 0.12(h + l_1)\right] \qquad (4.2.1\text{-}7)$$

式中　S_{a2}——接闪网至被保护物在空气中的间隔距离，m；

　　　l_1——从接闪网中间最低点沿导体至最近支柱的距离，m；

　　　n——从接闪网中间最低点沿导体至最近不同支柱并有同一距离 l_1 的个数。

8　独立接闪杆、架空接闪线或架空接闪网应设独立的接地装置，每一引下线的冲击接地电阻不宜大于 10Ω。在土壤电阻率高的地区，可适当增大冲击接地电阻，但在3000Ωm 以下的地区，冲击接地电阻不应大于 30Ω。

4.2.2　第一类防雷建筑物防闪电感应应符合下列规定：

1 建筑物内的设备、管道、构架、电缆金属外皮、钢屋架、钢窗等较大金属物和突出屋面的放散管、风管等金属物，均应接到防闪电感应的接地装置上。

金属屋面周边每隔18～24m应采用引下线接地一次。

现场浇灌或用预制构件组成的钢筋混凝土屋面，其钢筋网的交叉点应绑扎或焊接，并应每隔18～24m采用引下线接地一次。

2 平行敷设的管道、构架和电缆金属外皮等长金属物，其净距小于100mm时，应采用金属线跨接，跨接点的间距不应大于30m；交叉净距小于100mm时，其交叉处也应跨接。

当长金属物的弯头、阀门、法兰盘等连接处的过渡电阻大于0.03Ω时，连接处应用金属线跨接。对有不少于5根螺栓连接的法兰盘，在非腐蚀环境下，可不跨接。

3 防闪电感应的接地装置应与电气和电子系统的接地装置共用，其工频接地电阻不宜大于10Ω。防闪电感应的接地装置与独立接闪杆、架空接闪线或架空接闪网的接地装置之间的间隔距离，应符合本规范第4.2.1条第5款的规定。

当屋内设有等电位连接的接地干线时，其与防闪电感应接地装置的连接不应少于2处。

4.2.3 第一类防雷建筑物防闪电电涌侵入的措施应符合下列规定：

1 室外低压配电线路应全线采用电缆直接埋地敷设，在入户处应将电缆的金属外皮、钢管接到等电位连接带或防闪电感应的接地装置上。

2 当全线采用电缆有困难时，应采用钢筋混凝土杆和铁横担的架空线，并应使用一段金属铠装电缆或护套电缆穿钢管直接埋地引入。架空线与建筑物的距离不应小于15m。

在电缆与架空线连接处，尚应装设户外型电涌保护器。电涌保护器、电缆金属外皮、钢管和绝缘子铁脚、金具等应连在一起接地，其冲击接地电阻不应大于30Ω。所装设的电涌保护器应选用Ⅰ级试验产品，其电压保护水平应小于或等于2.5kV，其每一保护模式应选冲击电流等于或大于10kA；若无户外型电涌保护器，应选用户内型电涌保护器，其使用温度应满足安装处的环境温度，并应安装在防护等级IP54的箱内。

当电涌保护器的接线形式为本规范表J.1.2中的接线形式2时，接在中性线和PE线间电涌保护器的冲击电流，当为三相系统时不应小于40kA，当为单相系统时不应小于20kA。

3 当架空线转换成一段金属铠装电缆或护套电缆穿钢管直接埋地引入时，其埋地长度可按下式计算：

$$l \geqslant 2\sqrt{\rho} \tag{4.2.3}$$

式中 l——电缆铠装或穿电缆的钢管埋地直接与土壤接触的长度，m；

ρ——埋电缆处的土壤电阻率，Ωm。

4 在入户处的总配电箱内是否装设电涌保护器应按本规范第6章的规定确定。当需要安装电涌保护器时，电涌保护器的最大持续运行电压值和接线形式应按本规范附录J的规定确定；连接电涌保护器的导体截面应按本规范表5.1.2的规定取值。

5 电子系统的室外金属导体线路宜全线采用有屏蔽层的电缆埋地或架空敷设，其两端的屏蔽层、加强钢线、钢管等应等电位连接到入户处的终端箱体上，在终端箱内是否装设电涌保护器应按本规范第 6 章的规定确定。

6　当通信线路采用钢筋混凝土杆的架空线时，应使用一段护套电缆穿钢管直接埋地引入，其埋地长度可按本规范式（4.2.3）计算，且不应小于 15m。在电缆与架空线连接处，尚应装设户外型电涌保护器。电涌保护器、电缆金属外皮、钢管和绝缘子铁脚、金具等应连在一起接地，其冲击接地电阻不应大于 30Ω。所装设的电涌保护器应选用 D1 类高能量试验的产品，其电压保护水平和最大持续运行电压值应按本规范附录 J 的规定确定，连接电涌保护器的导体截面应按本规范表 5.1.2 的规定取值，每台电涌保护器的短路电流应等于或大于 2kA；若无户外型电涌保护器，可选用户内型电涌保护器，但其使用温度应满足安装处的环境温度，并应安装在防护等级 IP54 的箱内。在入户处的终端箱内是否装设电涌保护器应按本规范第 6 章的规定确定。

7　架空金属管道，在进出建筑物处，应与防闪电感应的接地装置相连。距离建筑物 100m 内的管道，宜每隔 25m 接地一次，其冲击接地电阻不应大于 30Ω，并应利用金属支架或钢筋混凝土支架的焊接、绑扎钢筋网作为引下线，其钢筋混凝土基础宜作为接地装置。

埋地或地沟内的金属管道，在进出建筑物处应等电位连接到等电位连接带或防闪电感应的接地装置上。

4.2.4　当难以装设独立的外部防雷装置时，可将接闪杆或网格不大于 5m×5m 或 6m×4m 的接闪网或由其混合组成的接闪器直接装在建筑物上，接闪网应按本规范附录 B 的规定沿屋角、屋脊、屋檐和檐角等易受雷击的部位敷设；当建筑物高度超过 30m 时，首先应沿屋顶周边敷设接闪带，接闪带应设在外墙外表面或屋檐边垂直面上，也可设在外墙外表面或屋檐边垂直面外，并应符合下列规定：

1　接闪器之间应互相连接。

2　引下线不应少于 2 根，并应沿建筑物四周和内庭院四周均匀或对称布置，其间距沿周长计算不宜大于 12m。

3　排放爆炸危险气体，蒸气或粉尘的管道应符合本规范第 4.2.1 条第 2、3 款的规定。

4　建筑物应装设等电位连接环，环间垂直距离不应大于 12m，所有引下线、建筑物的金属结构和金属设备均应连到环上。等电位连接环可利用电气设备的等电位连接干线环路。

5　外部防雷的接地装置应围绕建筑物敷设成环形接地体，每根引下线的冲击接地电阻不应大于 10Ω，并应和电气和电子系统等接地装置及所有进入建筑物的金属管道相连，此接地装置可兼作防雷电感应接地之用。

6　当每根引下线的冲击接地电阻大于 10Ω 时，外部防雷的环形接地体宜按下列方法敷设：

1）当土壤电阻率小于或等于 500Ωm 时，对环形接地体所包围面积的等效圆半径小于 5m 的情况，每一引下线处应补加水平接地体或垂直接地体。

2）本款第 1 项补加水平接地体时，其最小长度应按下式计算：

$$l_{\mathrm{r}} = 5 - \sqrt{\frac{A}{\pi}} \tag{4.2.4-1}$$

式中 $\sqrt{\dfrac{A}{\pi}}$ ——环形接地体所包围面积的等效圆半径，m；

$\qquad l_{\mathrm{r}}$ ——补加水平接地体的最小长度，m；

$\qquad A$ ——环形接地体所包围的面积，m^2。

3）本款第 1 项补加垂直接地体时，其最小长度应按下式计算：

$$l_{\mathrm{v}} = \frac{5 - \sqrt{\dfrac{A}{\pi}}}{2} \tag{4.2.4-2}$$

式中 l_{v} ——补加垂直接地体的最小长度，m。

4）当土壤电阻率大于 $500\Omega\mathrm{m}$、小于或等于 $3000\Omega\mathrm{m}$，且对环形接地体所包围面积的等效圆半径符合下式的计算时，每一引下线处应补加水平接地体或垂直接地体：

$$\sqrt{\frac{A}{\pi}} < \frac{11\rho - 3600}{380} \tag{4.2.4-3}$$

5）本款第 4 项补加水平接地体时，其最小总长度应按下式计算：

$$l_{\mathrm{r}} = \left(\frac{11\rho - 3600}{380} \right) - \sqrt{\frac{A}{\pi}} \tag{4.2.4-4}$$

6）本款第 4 项补加垂直接地体时，其最小总长度应按下式计算：

$$l_{\mathrm{v}} = \frac{\left(\dfrac{11\rho - 3600}{380} \right) - \sqrt{\dfrac{A}{\pi}}}{2} \tag{4.2.4-5}$$

注：按本款方法敷设接地体以及环形接地体所包围的面积的等效圆半径等于或大于所规定的值时，每根引下线的冲击接地电阻可不作规定，共用接地装置的接地电阻按 50Hz 电气装置的接地电阻确定，应为不大于按人身安全所确定的接地电阻值。

7 当建筑物高于 30m 时，尚应采取下列防侧击的措施：

1）应从 30m 起每隔不大于 6m 沿建筑物四周设水平接闪带并应与引下线相连。

2）30m 及以上外墙上的栏杆、门窗等较大的金属物应与防雷装置连接。

8 在电源引入的总配电箱处应装设 I 级试验的电涌保护器。电涌保护器的电压保护水平值应小于或等于 2.5kV。每一保护模式的冲击电流值，当无法确定时，冲击电流应取等于或大于 12.5kA。

9 电源总配电箱处所装设的电涌保护器，其每一保护模式的冲击电流值，当电源线路无屏蔽层时宜按式（4.2.4-6）计算，当有屏蔽层时宜按式（4.2.4-7）计算：

$$I_{\mathrm{imp}} = \frac{0.5I}{nm} \tag{4.2.4-6}$$

$$I_{\mathrm{imp}} = \frac{0.5IR_{\mathrm{s}}}{n(mR_{\mathrm{s}} + R_{\mathrm{c}})} \tag{4.2.4-7}$$

式中 I ——雷电流，kA，取 200kA；

$\qquad n$ ——地下和架空引入的外来金属管道和线路的总数；

$\qquad m$ ——每一线路内导体芯线的总根数；

R_s——屏蔽层每公里的电阻，Ω/km；

R_c——芯线每公里的电阻，Ω/km。

10 电源总配电箱处所装设的电涌保护器，其连接的导体截面应按本规范表 5.1.2 的规定取值，其最大持续运行电压值和接线形式应按本规范附录 J 的规定确定。

注：当电涌保护器的接线形式为本规范表 J.1.2 中的接线形式 2 时，接在中性线和 PE 线间电涌保护器的冲击电流，当为三相系统时不应小于本条第 9 款规定值的 4 倍，当为单相系统时不应小于 2 倍。

11 当电子系统的室外线路采用金属线时，在其引入的终端箱处应安装 D1 类高能量试验类型的电涌保护器，其短路电流当无屏蔽层时，宜按式（4.2.4-6）计算，当有屏蔽层时宜按式（4.2.4-7）计算；当无法确定时应选用 2kA。选取电涌保护器的其他参数应符合本规范第 J.2 节的规定，连接电涌保护器的导体截面应按本规范表 5.1.2 的规定取值。

12 当电子系统的室外线路采用光缆时，在其引入的终端箱处的电气线路侧，当无金属线路引出本建筑物至其他有自己接地装置的设备时，可安装 B2 类慢上升率试验类型的电涌保护器，其短路电流应按本规范表 J.2.1 的规定确定，宜选用 100A。

13 输送火灾爆炸危险物质的埋地金属管道，当其从室外进入户内处设有绝缘段时，应在绝缘段处跨接符合下列要求的电压开关型电涌保护器或隔离放电间隙：

1）选用 I 级试验的密封型电涌保护器。

2）电涌保护器能承受的冲击电流按式（4.2.4-6）计算，取 $m=1$。

3）电涌保护器的电压保护水平应小于绝缘段的耐冲击电压水平，无法确定时，应取其等于或大于 1.5kV 和等于或小于 2.5kV。

4）输送火灾爆炸危险物质的埋地金属管道在进入建筑物处的防雷等电位连接，应在绝缘段之后管道进入室内处进行，可将电涌保护器的上端头接到等电位连接带。

14 具有阴极保护的埋地金属管道，在其从室外进入户内处宜设绝缘段，应在绝缘段处跨接符合下列要求的电压开关型电涌保护器或隔离放电间隙：

1）选用 I 级试验的密封型电涌保护器。

2）电涌保护器能承受的冲击电流按式（4.2.4-6）计算，取 $m=1$。

3）电涌保护器的电压保护水平应小于绝缘段的耐冲击电压水平，并应大于阴极保护电源的最大端电压。

4）具有阴极保护的埋地金属管道在进入建筑物处的防雷等电位连接，应在绝缘段之后管道进入室内处进行，可将电涌保护器的上端头接到等电位连接带。

4.2.5 当树木邻近建筑物且不在接闪器保护范围之内时，树木与建筑物之间的净距不应小于 5m。

4.3 第二类防雷建筑物的防雷措施

4.3.1 第二类防雷建筑物外部防雷的措施，宜采用装设在建筑物上的接闪网、接闪带或接闪杆，也可采用由接闪网、接闪带或接闪杆混合组成的接闪器。接闪网、接闪带应按本规范附录 B 的规定沿屋角、屋脊、屋檐和檐角等易受雷击的部位敷设，并应在整个屋面组成不大于 10m×10m 或 12m×8m 的网格；当建筑物高度超过 45m 时，首先应沿屋顶周边敷设接闪带，接闪带应设在外墙外表面或屋檐边垂直面上，也可设在外墙外表面或屋檐边垂直面外。接闪器之间应互相连接。

4.3.2 突出屋面的放散管、风管、烟囱等物体，应按下列方式保护：

　　1 排放爆炸危险气体、蒸气或粉尘的放散管、呼吸阀、排风管等管道应符合本规范第 4.2.1 条第 2 款的规定。

　　2 排放无爆炸危险气体、蒸气或粉尘的放散管、烟囱，1 区、21 区、2 区和 22 区爆炸危险场所的自然通风管，0 区和 20 区爆炸危险场所的装有阻火器的放散管、呼吸阀、排风管，以及本规范第 4.2.1 条第 3 款所规定的管、阀及煤气和天然气放散管等，其防雷保护应符合下列规定：

　　　1) 金属物体可不装接闪器，但应和屋面防雷装置相连。

　　　2) 除符合本规范第 4.5.7 条的规定情况外，在屋面接闪器保护范围之外的非金属物体应装接闪器，并应和屋面防雷装置相连。

4.3.3 专设引下线不应少于 2 根，并应沿建筑物四周和内庭院四周均匀对称布置，其间距沿周长计算不应大于 18m。当建筑物的跨度较大，无法在跨距中间设引下线时，应在跨距两端设引下线并减小其他引下线的间距，专设引下线的平均间距不应大于 18m。

4.3.4 外部防雷装置的接地应和防闪电感应、内部防雷装置、电气和电子系统等接地共用接地装置，并应与引入的金属管线做等电位连接。外部防雷装置的专设接地装置宜围绕建筑物敷设成环形接地体。

4.3.5 利用建筑物的钢筋作为防雷装置时，应符合下列规定：

　　1 建筑物宜利用钢筋混凝土屋顶、梁、柱、基础内的钢筋作为引下线。本规范第 3.0.3 条第 2~4 款、第 9 款、第 10 款的建筑物，当其女儿墙以内的屋顶钢筋网以上的防水和混凝土层允许不保护时，宜利用屋顶钢筋网作为接闪器；本规范第 3.0.3 条第 2~4 款、第 9 款、第 10 款的建筑物为多层建筑，且周围很少有人停留时，宜利用女儿墙压顶板内或檐口内的钢筋作为接闪器。

　　2 当基础采用硅酸盐水泥和周围土壤的含水量不低于 4‰ 及基础的外表面无防腐层或有沥青质防腐层时，宜利用基础内的钢筋作为接地装置。当基础的外表面有其他类的防腐层且无桩基可利用时，宜在基础防腐层下面的混凝土垫层内敷设人工环形基础接地体。

　　3 敷设在混凝土中作为防雷装置的钢筋或圆钢，当仅为一根时，其直径不应小于 10mm。被利用作为防雷装置的混凝土构件内有箍筋连接的钢筋时，其截面积总和不应小于一根直径 10mm 钢筋的截面积。

　　4 利用基础内钢筋网作为接地体时，在周围地面以下距地面不应小于 0.5m，每根引下线所连接的钢筋表面积总和应按下式计算：

$$S \geqslant 4.24k_c^2 \tag{4.3.5}$$

式中　　S——钢筋表面积总和，m^2；

　　　　k_c——分流系数，按本规范附录 E 的规定取值。

　　5 当在建筑物周边的无钢筋的闭合条形混凝土基础内敷设人工基础接地体时，接地体的规格尺寸应按表 4.3.5 的规定确定。

表 4.3.5　第二类防雷建筑物环形人工基础接地体的最小规格尺寸

闭合条形基础的周长/m	扁钢/mm	圆钢,根数×直径/mm
≥60	4×25	2×ϕ10
40~60	4×50	4×ϕ10 或 3×ϕ12
<40	钢材表面积总和≥4.24m²	

注：1. 当长度相同、截面相同时，宜选用扁钢；

2. 采用多根圆钢时，其敷设净距不小于直径的 2 倍；

3. 利用闭合条形基础内的钢筋作接地体时可按本表校验，除主筋外，可计入箍筋的表面积。

6　构件内有箍筋连接的钢筋或成网状的钢筋，其箍筋与钢筋、钢筋与钢筋应采用土建施工的绑扎法、螺丝、对焊或搭焊连接。单根钢筋、圆钢或外引预埋连接板、线与构件内钢筋应焊接或采用螺栓紧固的卡夹器连接。构件之间必须连接成电气通路。

4.3.6　共用接地装置的接地电阻应按 50Hz 电气装置的接地电阻确定，不应大于按人身安全所确定的接地电阻值。在土壤电阻率小于或等于 3000Ωm 时，外部防雷装置的接地体符合下列规定之一以及环形接地体所包围面积的等效圆半径等于或大于所规定的值时，可不计及冲击接地电阻；但当每根专设引下线的冲击接地电阻不大于 10Ω 时，可不按本条第 1、2 款敷设接地体：

1　当土壤电阻率 ρ 小于或等于 800Ωm 时，对环形接地体所包围面积的等效圆半径小于 5m 的情况，每一引下线处应补加水平接地体或垂直接地体。当补加水平接地体时，其最小长度应按本规范式（4.2.4-1）计算；当补加垂直接地体时，其最小长度应按本规范式（4.2.4-2）计算。

2　当土壤电阻率大于 800Ωm、小于或等于 3000Ωm，且对环形接地体所包围的面积的等效圆半径小于按下式的计算值时，每一引下线处应补加水平接地体或垂直接地体：

$$\sqrt{\frac{A}{\pi}} < \frac{\rho-550}{50} \qquad (4.3.6-1)$$

3　本条第 2 款补加水平接地体时，其最小总长度应按下式计算：

$$l_r = \left(\frac{\rho-550}{50}\right) - \sqrt{\frac{A}{\pi}} \qquad (4.3.6-2)$$

4　本条第 2 款补加垂直接地体时，其最小总长度应按下式计算：

$$l_v = \frac{\left(\frac{\rho-550}{50}\right) - \sqrt{\frac{A}{\pi}}}{2} \qquad (4.3.6-3)$$

5　在符合本规范第 4.3.5 条规定的条件下，利用槽形、板形或条形基础的钢筋作为接地体或在基础下面混凝土垫层内敷设人工环形基础接地体，当槽形、板形基础钢筋网在水平面的投影面积或成环的条形基础钢筋或人工环形基础接地体所包围的面积符合下列规定时，可不补加接地体：

1) 当土壤电阻率小于或等于 800Ωm 时，所包围的面积应大于或等于 79m²。

2) 当土壤电阻率大于 800Ωm 且小于或等于 3000Ωm 时，所包围的面积应大于或等于按下式计算的值：

$$A \geqslant \pi \left(\frac{\rho - 550}{50} \right)^2 \tag{4.3.6-4}$$

6 在符合本规范第 4.3.5 条规定的条件下，对 6m 柱距或大多数柱距为 6m 的单层工业建筑物，当利用柱子基础的钢筋作为外部防雷装置的接地体并同时符合下列规定时，可不另加接地体：

1）利用全部或绝大多数柱子基础的钢筋作为接地体。

2）柱子基础的钢筋网通过钢柱，钢屋架，钢筋混凝土柱子、屋架、屋面板、吊车梁等构件的钢筋或防雷装置互相连成整体。

3）在周围地面以下距地面不小于 0.5m，每一柱子基础内所连接的钢筋表面积总和大于或等于 0.82m²。

4.3.7 本规范第 3.0.3 条第 5～7 款所规定的建筑物，其防闪电感应的措施应符合下列规定：

1 建筑物内的设备、管道，构架等主要金属物，应就近接到防雷装置或共用接地装置上。

2 除本规范第 3.0.3 条第 7 款所规定的建筑物外，平行敷设的管道、构架和电缆金属外皮等长金属物应符合本规范第 4.2.2 条第 2 款的规定，但长金属物连接处可不跨接。

3 建筑物内防闪电感应的接地干线与接地装置的连接，不应少于 2 处。

4.3.8 防止雷电流流经引下线和接地装置时产生的高电位对附近金属物或电气和电子系统线路的反击，应符合下列规定：

1 在金属框架的建筑物中，或在钢筋连接在一起、电气贯通的钢筋混凝土框架的建筑物中，金属物或线路与引下线之间的间隔距离可无要求；在其他情况下，金属物或线路与引下线之间的间隔距离应按下式计算：

$$S_{a3} \geqslant 0.06 k_c l_x \tag{4.3.8}$$

式中　S_{a3}——空气中的间隔距离，m；

　　　l_x——引下线计算点到连接点的长度，m，连接点即金属物或电气和电子系统线路与防雷装置之间直接或通过电涌保护器相连之点。

2 当金属物或线路与引下线之间有自然或人工接地的钢筋混凝土构件、金属板、金属网等静电屏蔽物隔开时，金属物或线路与引下线之间的间隔距离可无要求。

3 当金属物或线路与引下线之间有混凝土墙、砖墙隔开时，其击穿强度应为空气击穿强度的 1/2。当间隔距离不能满足本条第 1 款的规定时，金属物应与引下线直接相连，带电线路应通过电涌保护器与引下线相连。

4 在电气接地装置与防雷接地装置共用或相连的情况下，应在低压电源线路引入的总配电箱、配电柜处装设 I 级试验的电涌保护器。电涌保护器的电压保护水平值应小于或等于 2.5kV。每一保护模式的冲击电流值，当无法确定时应取等于或大于 12.5kA。

5 当 Yyn0 型或 Dyn11 型接线的配电变压器设在本建筑物内或附设于外墙处时，应在变压器高压侧装设避雷器；在低压侧的配电屏上，当有线路引出本建筑物至其他有独自敷设接地装置的配电装置时，应在母线上装设 I 级试验的电涌保护器，电涌保护器每一保护模式的冲击电流值，当无法确定时冲击电流应取等于或大于 12.5kA；当无线路引出本建筑物时，应在母线上装设Ⅱ级试验的电涌保护器，电涌保护器每一保护模式的标称放电电流值应等于或大于 5kA。电涌保护器的电压保护水平值应小于或等于 2.5kV。

6 低压电源线路引入的总配电箱、配电柜处装设Ⅰ级试验的电涌保护器，以及配电变压器设在本建筑物内或附设于外墙处，并在低压侧配电屏的母线上装设Ⅰ级试验的电涌保护器时，电涌保护器每一保护模式的冲击电流值，当电源线路无屏蔽层时可按本规范式（4.2.4-6）计算，当有屏蔽层时可按本规范式（4.2.4-7）计算，式中的雷电流应取等于 150kA。

7 在电子系统的室外线路采用金属线时，其引入的终端箱处应安装 D1 类高能量试验类型的电涌保护器，其短路电流当无屏蔽层时可按本规范式（4.2.4-6）计算，当有屏蔽层时可按本规范式（4.2.4-7）计算，式中的雷电流应取等于 150kA；当无法确定时应选用 1.5kA。

8 在电子系统的室外线路采用光缆时，其引入的终端箱处的电气线路侧，当无金属线路引出本建筑物至其他有自己接地装置的设备时可安装 B2 类慢上升率试验类型的电涌保护器，其短路电流宜选用 75A。

9 输送火灾爆炸危险物质和具有阴极保护的埋地金属管道，当其从室外进入户内处设有绝缘段时应符合本规范第 4.2.4 条第 13 款和第 14 款的规定，在按本规范式（4.2.4-6）计算时，式中的雷电流应取等于 150kA。

4.3.9 高度超过 45m 的建筑物，除屋顶的外部防雷装置应符合本规范第 4.3.1 条的规定外，尚应符合下列规定：

1 对水平突出外墙的物体，当滚球半径 45m 球体从屋顶周边接闪带外向地面垂直下降接触到突出外墙的物体时，应采取相应的防雷措施。

2 高于 60m 的建筑物，其上部占高度 20% 并超过 60m 的部位应防侧击，防侧击应符合下列规定：

1）在建筑物上部占高度 20% 并超过 60m 的部位，各表面上的尖物、墙角、边缘、设备以及显著突出的物体，应按屋顶上的保护措施处理。

2）在建筑物上部占高度 20% 并超过 60m 的部位，布置接闪器应符合对本类防雷建筑物的要求，接闪器应重点布置在墙角、边缘和显著突出的物体上。

3）外部金属物，当其最小尺寸符合本规范第 5.2.7 条第 2 款的规定时，可利用其作为接闪器，还可利用布置在建筑物垂直边缘处的外部引下线作为接闪器。

4）符合本规范第 4.3.5 条规定的钢筋混凝土内钢筋和符合本规范第 5.3.5 条规定的建筑物金属框架，当作为引下线或与引下线连接时，均可利用其作为接闪器。

3 外墙内、外竖直敷设的金属管道及金属物的顶端和底端，应与防雷装置等电位连接。

4.3.10 有爆炸危险的露天钢质封闭气罐，当其高度小于或等于 60m、罐顶壁厚不小于 4mm 时，或当其高度大于 60m、罐顶壁厚和侧壁壁厚均不小于 4mm 时，可不装设接闪器，但应接地，且接地点不应少于 2 处，两接地点间距离不宜大于 30m，每处接地点的冲击接地电阻不应大于 30Ω。当防雷的接地装置符合本规范第 4.3.6 条的规定时，可不计及其接地电阻值，但本规范第 4.3.6 条所规定的 10Ω 可改为 30Ω。放散管和呼吸阀的保护应符合本规范第 4.3.2 条的规定。

4.4 第三类防雷建筑物的防雷措施

4.4.1 第三类防雷建筑物外部防雷的措施宜采用装设在建筑物上的接闪网、接闪带或接闪杆，也可采用由接闪网、接闪带和接闪杆混合组成的接闪器。接闪网、接闪带应按本规范附录 B 的规定沿屋角、屋脊、屋檐和檐角等易受雷击的部位敷设，并应在整个屋面组成不大于 20m×20m 或 24m×16m 的网格；当建筑物高度超过 60m 时，首先应沿屋顶周边敷设接闪带，接闪带应设在外墙外表面或屋檐边垂直面上，也可设在外墙外表面或屋檐边垂直面外。接闪器之间应互相连接。

4.4.2 突出屋面物体的保护措施应符合本规范第 4.3.2 条的规定。

4.4.3 专设引下线不应少于 2 根，并应沿建筑物四周和内庭院四周均匀对称布置，其间距沿周长计算不应大于 25m。当建筑物的跨度较大，无法在跨距中间设引下线时，应在跨距两端设引下线并减小其他引下线的间距，专设引下线的平均间距不应大于 25m。

4.4.4 防雷装置的接地应与电气和电子系统等接地共用接地装置，并应与引入的金属管线做等电位连接。外部防雷装置的专设接地装置宜围绕建筑物敷设成环形接地体。

4.4.5 建筑物宜利用钢筋混凝土屋面、梁、柱、基础内的钢筋作为引下线和接地装置，当其女儿墙以内的屋顶钢筋网以上的防水和混凝土层允许不保护时，宜利用屋顶钢筋网作为接闪器，以及当建筑物为多层建筑，其女儿墙压顶板内或檐口内有钢筋且周围除保安人员巡逻外通常无人停留时，宜利用女儿墙压顶板内或檐口内的钢筋作为接闪器，并应符合本规范第 4.3.5 条第 2 款、第 3 款、第 6 款规定，同时应符合下列规定：

1 利用基础内钢筋网作为接地体时，在周围地面以下距地面不小于 0.5m 深，每根引下线所连接的钢筋表面积总和应按下式计算：

$$S \geqslant 1.89k_c^2 \tag{4.4.5}$$

2 当在建筑物周边的无钢筋的闭合条形混凝土基础内敷设人工基础接地体时，接地体的规格尺寸应按表 4.4.5 的规定确定。

表 4.4.5 第三类防雷建筑物环形人工基础接地体的最小规格尺寸

闭合条形基础的周长/m	扁钢/mm	圆钢，根数×直径/mm
≥60	—	1×ϕ10
40~60	4×20	2×ϕ8
<40	钢材表面积总和≥1.89m²	

注：1. 当长度相同、截面相同时，宜选用扁钢；

2. 采用多根圆钢时，其敷设净距不小于直径的 2 倍；

3. 利用闭合条形基础内的钢筋作接地体时可按本表校验，除主筋外，可计入箍筋的表面积。

4.4.6 共用接地装置的接地电阻应按 50Hz 电气装置的接地电阻确定，不应大于按人身安全所确定的接地电阻值。在土壤电阻率小于或等于 3000Ωm 时，外部防雷装置的接地体当符合下列规定之一以及环形接地体所包围面积的等效圆半径等于或大于所规定的值时可不计及冲击接地电阻；当每根专设引下线的冲击接地电阻不大于 30Ω，但对本规范第 3.0.4 条第 2 款所规定的建筑物则不大于 10Ω 时，可不按本条第 1 款敷设接地体：

1 对环形接地体所包围面积的等效圆半径小于 5m 时，每一引下线处应补加水平接地体或垂直接地体。当补加水平接地体时，其最小长度应按本规范式（4.2.4-1）计算；当补加垂直接地体时，其最小长度应按本规范式（4.2.4-2）计算。

2 在符合本规范第 4.4.5 条规定的条件下，利用槽形、板形或条形基础的钢筋作为接地体或在基础下面混凝土垫层内敷设人工环形基础接地体，当槽形、板形基础钢筋网在水平面的投影面积或成环的条形基础钢筋或人工环形基础接地体所包围的面积大于或等于 79m² 时，可不补加接地体。

3 在符合本规范第 4.4.5 条规定的条件下，对 6m 柱距或大多数柱距为 6m 的单层工业建筑物，当利用柱子基础的钢筋作为外部防雷装置的接地体并同时符合下列规定时，可不另加接地体：

1）利用全部或绝大多数柱子基础的钢筋作为接地体。

2）柱子基础的钢筋网通过钢柱，钢屋架，钢筋混凝土柱子、屋架、屋面板、吊车梁等构件的钢筋或防雷装置互相连成整体。

3）在周围地面以下距地面不小于 0.5m 深，每一柱子基础内所连接的钢筋表面积总和大于或等于 0.37m²。

4.4.7 防止雷电流流经引下线和接地装置时产生的高电位对附近金属物或电气和电子系统线路的反击，应符合下列规定：

1 应符合本规范第 4.3.8 条第 1～5 款的规定，并应按下式计算：

$$S_{a3} \geq 0.04 k_c l_x \tag{4.4.7}$$

2 低压电源线路引入的总配电箱、配电柜处装设Ⅰ级试验的电涌保护器，以及配电变压器设在本建筑物内或附设于外墙处，并在低压侧配电屏的母线上装设Ⅰ级试验的电涌保护器时，电涌保护器每一保护模式的冲击电流值，当电源线路无屏蔽层时可按本规范式（4.2.4-6）计算，当有屏蔽层时可按本规范式（4.2.4-7）计算，式中的雷电流应取等于 100kA。

3 在电子系统的室外线路采用金属线时，在其引入的终端箱处应安装 D1 类高能量试验类型的电涌保护器，其短路电流当无屏蔽层时可按本规范式（4.2.4-6）计算，当有屏蔽层时可按本规范式（4.2.4-7）计算，式中的雷电流应取等于 100kA；当无法确定时应选用 1.0kA。

4 在电子系统的室外线路采用光缆时，其引入的终端箱处的电气线路侧，当无金属线路引出本建筑物至其他有自己接地装置的设备时，可安装 B2 类慢上升率试验类型的电涌保护器，其短路电流宜选用 50A。

5 输送火灾爆炸危险物质和具有阴极保护的埋地金属管道，当其从室外进入户内处设有绝缘段时，应符合本规范第 4.2.4 条第 13 款和第 14 款的规定，当按本规范式（4.2.4-6）计算时，雷电流应取等于 100kA。

4.4.8 高度超过 60m 的建筑物，除屋顶的外部防雷装置应符合本规范第 4.4.1 条的规定外，尚应符合下列规定：

1 对水平突出外墙的物体，当滚球半径 60m 球体从屋顶周边接闪带外向地面垂直下降接触到突出外墙的物体时，应采取相应的防雷措施。

2　高于 60m 的建筑物，其上部占高度 20% 并超过 60m 的部位应防侧击，防侧击应符合下列规定：

1）在建筑物上部占高度 20% 并超过 60m 的部位，各表面上的尖物、墙角、边缘、设备以及显著突出的物体，应按屋顶的保护措施处理。

2）在建筑物上部占高度 20% 并超过 60m 的部位，布置接闪器应符合对本类防雷建筑物的要求，接闪器应重点布置在墙角、边缘和显著突出的物体上。

3）外部金属物，当其最小尺寸符合本规范第 5.2.7 条第 2 款的规定时，可利用其作为接闪器，还可利用布置在建筑物垂直边缘处的外部引下线作为接闪器。

4）符合本规范第 4.4.5 条规定的钢筋混凝土内钢筋和符合本规范第 5.3.5 条规定的建筑物金属框架，当其作为引下线或与引下线连接时均可利用作为接闪器。

3　外墙内、外竖直敷设的金属管道及金属物的顶端和底端，应与防雷装置等电位连接。

4.4.9　砖烟囱、钢筋混凝土烟囱，宜在烟囱上装设接闪杆或接闪环保护。多支接闪杆应连接在闭合环上。

当非金属烟囱无法采用单支或双支接闪杆保护时，应在烟囱口装设环形接闪带，并应对称布置三支高出烟囱口不低于 0.5m 的接闪杆。

钢筋混凝土烟囱的钢筋应在其顶部和底部与引下线和贯通连接的金属爬梯相连。当符合本规范第 4.4.5 条的规定时，宜利用钢筋作为引下线和接地装置，可不另设专用引下线。

高度不超过 40m 的烟囱，可只设一根引下线，超过 40m 时应设两根引下线。可利用螺栓或焊接连接的一座金属爬梯作为两根引下线用。

金属烟囱应作为接闪器和引下线。

4.5　其他防雷措施

4.5.1　当一座防雷建筑物中兼有第一、二、三类防雷建筑物时，其防雷分类和防雷措施宜符合下列规定：

1　当第一类防雷建筑物部分的面积占建筑物总面积的 30% 及以上时，该建筑物宜确定为第一类防雷建筑物。

2　当第一类防雷建筑物部分的面积占建筑物总面积的 30% 以下，且第二类防雷建筑物部分的面积占建筑物总面积的 30% 及以上时，或当这两部分防雷建筑物的面积均小于建筑物总面积的 30%，但其面积之和又大于 30% 时，该建筑物宜确定为第二类防雷建筑物。但对第一类防雷建筑物部分的防闪电感应和防闪电电涌侵入，应采取第一类防雷建筑物的保护措施。

3　当第一、二类防雷建筑物部分的面积之和小于建筑物总面积的 30%，且不可能遭直接雷击时，该建筑物可确定为第三类防雷建筑物；但对第一、二类防雷建筑物部分的防闪电感应和防闪电电涌侵入，应采取各自类别的保护措施；当可能遭直接雷击时，宜按各自类别采取防雷措施。

4.5.2　当一座建筑物中仅有一部分为第一、二、三类防雷建筑物时，其防雷措施宜符合下列规定：

1 当防雷建筑物部分可能遭直接雷击时，宜按各自类别采取防雷措施。

2 当防雷建筑物部分不可能遭直接雷击时，可不采取防直击雷措施，可仅按各自类别采取防闪电感应和防闪电电涌侵入的措施。

3 当防雷建筑物部分的面积占建筑物总面积的 50% 以上时，该建筑物宜按本规范第 4.5.1 条的规定采取防雷措施。

4.5.3 当采用接闪器保护建筑物、封闭气罐时，其外表面外的 2 区爆炸危险场所可不在滚球法确定的保护范围内。

4.5.4 固定在建筑物上的节日彩灯、航空障碍信号灯及其他用电设备和线路应根据建筑物的防雷类别采取相应的防止闪电电涌侵入的措施，并应符合下列规定：

1 无金属外壳或保护网罩的用电设备应处在接闪器的保护范围内。

2 从配电箱引出的配电线路应穿钢管。钢管的一端应与配电箱和 PE 线相连；另一端应与用电设备外壳、保护罩相连，并应就近与屋顶防雷装置相连。当钢管因连接设备而中间断开时应设跨接线。

3 在配电箱内应在开关的电源侧装设 II 级试验的电涌保护器，其电压保护水平不应大于 2.5kV，标称放电电流值应根据具体情况确定。

4.5.5 粮、棉及易燃物大量集中的露天堆场，当其年预计雷击次数大于或等于 0.05 时，应采用独立接闪杆或架空接闪线防直击雷。独立接闪杆和架空接闪线保护范围的滚球半径可取 100m。

在计算雷击次数时，建筑物的高度可按可能堆放的高度计算，其长度和宽度可按可能堆放面积的长度和宽度计算。

4.5.6 在建筑物引下线附近保护人身安全需采取的防接触电压和跨步电压的措施，应符合下列规定：

1 防接触电压应符合下列规定之一：

1）利用建筑物金属构架和建筑物互相连接的钢筋在电气上是贯通且不少于 10 根柱子组成的自然引下线，作为自然引下线的柱子包括位于建筑物四周和建筑物内的。

2）引下线 3m 范围内地表层的电阻率不小于 $50k\Omega m$，或敷设 5cm 厚沥青层或 15cm 厚砾石层。

3）外露引下线，其距地面 2.7m 以下的导体用耐 $1.2/50\mu s$ 冲击电压 100kV 的绝缘层隔离，或用至少 3mm 厚的交联聚乙烯层隔离。

4）用护栏、警告牌使接触引下线的可能性降至最低限度。

2 防跨步电压应符合下列规定之一：

1）利用建筑物金属构架和建筑物互相连接的钢筋在电气上是贯通且不少于 10 根柱子组成的自然引下线，作为自然引下线的柱子包括位于建筑物四周和建筑物内的。

2）引下线 3m 范围内地表层的电阻率不小于 $50k\Omega m$，或敷设 5cm 厚沥青层或 15cm 厚砾石层。

3）用网状接地装置对地面做均衡电位处理。

4）用护栏、警告牌使进入距引下线 3m 范围内地面的可能性减小到最低限度。

4.5.7　对第二类和第三类防雷建筑物，应符合下列规定：

1　没有得到接闪器保护的屋顶孤立金属物的尺寸不超过下列数值时，可不要求附加的保护措施：

1）高出屋顶平面不超过 0.3m。

2）上层表面总面积不超过 1.0m²。

3）上层表面的长度不超过 2.0m。

2　不处在接闪器保护范围内的非导电性屋顶物体，当它没有突出由接闪器形成的平面 0.5m 以上时，可不要求附加增设接闪器的保护措施。

4.5.8　在独立接闪杆、架空接闪线、架空接闪网的支柱上，严禁悬挂电话线、广播线、电视接收天线及低压架空线等。

5　防雷装置

5.1　防雷装置使用的材料

5.1.1　防雷装置使用的材料及其应用条件，宜符合表 5.1.1 的规定。

表 5.1.1　防雷装置的材料及使用条件

材料	使用于大气中	使用于地中	使用于混凝土中	耐腐蚀情况		
				在下列环境中能耐腐蚀	在下列环境中增加腐蚀	与下列材料接触形成直流电耦合可能受到严重腐蚀
铜	单根导体，绞线	单根导体，有镀层的绞线，铜管	单根导体，有镀层的绞线	在许多环境中良好	硫化物有机材料	—
热镀锌钢	单根导体，绞线	单根导体，钢管	单根导体，绞线	敷设于大气、混凝土和无腐蚀性的一般土壤中受到的腐蚀是可接受的	高氯化物含量	铜
电镀铜钢	单根导体	单根导体	单根导体	在许多环境中良好	硫化物	
不锈钢	单根导体，绞线	单根导体，绞线	单根导体，绞线	在许多环境中良好	高氯化物含量	—
铝	单根导体，绞线	不适合	不适合	在含有低浓度硫和氯化物的大气中良好	碱性溶液	铜
铅	有镀铅层的单根导体	禁止	不适合	在含有高浓度硫酸化合物的大气中良好	—	铜不锈钢

注：1. 敷设于黏土或潮湿土壤中的镀锌钢可能受到腐蚀；

　　2. 在沿海地区，敷设于混凝土中的镀锌钢不宜延伸进入土壤中；

　　3. 不得在地中采用铅。

5.1.2　防雷等电位连接各连接部件的最小截面，应符合表 5.1.2 的规定。连接单台或多台Ⅰ级分类试验或 D1 类电涌保护器的单根导体的最小截面，尚应按下式计算：

$$S_{min} \geqslant I_{imp}/8 \tag{5.1.2}$$

式中　S_{min}——单根导体的最小截面，mm²；

　　　I_{imp}——流入该导体的雷电流，kA。

表 5.1.2　防雷装置各连接部件的最小截面

等电位连接部件		材　料	截面/mm²
等电位连接带（铜、外表面镀铜的钢或热镀锌钢）		Cu（铜）、Fe（铁）	50
从等电位连接带至接地装置或各等电位连接带之间的连接导体		Cu（铜）	16
		Al（铝）	25
		Fe（铁）	50
从屋内金属装置至等电位连接带的连接导体		Cu（铜）	6
		Al（铝）	10
		Fe（铁）	16
连接电涌保护器的导体	电气系统	Ⅰ级试验的电涌保护器	6
		Ⅱ级试验的电涌保护器	2.5
		Ⅲ级试验的电涌保护器	1.5
	电子系统	D1类电涌保护器	1.2
		其他类的电涌保护器（连接导体的截面可小于1.2mm²）	根据具体情况确定

注：电气系统、电子系统的 Cu（铜）材料栏合并标注。

5.2　接闪器

5.2.1 接闪器的材料、结构和最小截面应符合表 5.2.1 的规定。

表 5.2.1　接闪线（带）、接闪杆和引下线的材料、结构与最小截面

材　料	结　构	最小截面/mm²	备注⑩
铜，镀锡铜①	单根扁铜	50	厚度2mm
	单根圆铜⑦	50	直径8mm
	铜绞线	50	每股线直径1.7mm
	单根圆铜③、④	176	直径15mm
铝	单根扁铝	70	厚度3mm
	单根圆铝	50	直径8mm
	铝绞线	50	每股线直径1.7mm
铝合金	单根扁形导体	50	厚度2.5mm
	单根圆形导体	50	直径8mm
	绞线	50	每股线直径1.7mm
	单根圆形导体③	176	直径15mm
	外表面镀铜的单根圆形导体	50	直径8mm，径向镀铜厚度至少70μm，铜纯度99.9%
热浸镀锌钢②	单根扁钢	50	厚度2.5mm
	单根圆钢⑨	50	直径8mm
	绞线	50	每股线直径1.7mm
	单根圆钢③、④	176	直径15mm
不锈钢⑤	单根扁钢⑥	50⑧	厚度2mm
	单根圆钢⑥	50⑧	直径8mm
	绞线	70	每股线直径1.7mm
	单根圆钢③、④	176	直径15mm
外表面镀铜的钢	单根圆钢（直径8mm） 单根扁钢（厚2.5mm）	50	镀铜厚度至少70μm，铜纯度99.9%

① 热浸或电镀锡的锡层最小厚度为 1μm；
② 镀锌层宜光滑连贯、无焊剂斑点，镀锌层圆钢至少 22.7g/m²、扁钢至少 32.4g/m²；
③ 仅应用于接闪杆。当应用于机械应力没达到临界值之处，可采用直径 10mm、最长 1m 的接闪杆，并增加固定；
④ 仅应用于入地之处；
⑤ 不锈钢中，铬的含量等于或大于 16%，镍的含量等于或大于 8%，碳的含量等于或小于 0.08%；
⑥ 对于埋于混凝土中以及与可燃材料直接接触的不锈钢，其最小尺寸宜增大至直径 10mm 的 78mm²（单根圆钢）和最小厚度 3mm 的 75mm²（单根扁钢）；
⑦ 在机械强度没有重要要求之处，50mm²（直径 8mm）可减为 28mm²（直径 6mm）。并应减小固定支架间的间距；
⑧ 当温升和机械受力是重点考虑之处，50mm² 加大至 75mm²；
⑨ 避免在单位能量 10MJ/Ω 下熔化的最小截面是铜为 16mm²、铝为 25mm²、钢为 50mm²、不锈钢为 50mm²；
⑩ 截面积允许误差为 -3%。

5.2.2　接闪杆采用热镀锌圆钢或钢管制成时，其直径应符合下列规定：

1　杆长 1m 以下时，圆钢不应小于 12mm，钢管不应小于 20mm。

2　杆长 1～2m 时，圆钢不应小于 16mm，钢管不应小于 25mm。

3　独立烟囱顶上的杆，圆钢不应小于 20mm，钢管不应小于 40mm。

5.2.3　接闪杆的接闪端宜做成半球状，其最小弯曲半径宜为 4.8mm，最大宜为 12.7mm。

5.2.4　当独立烟囱上采用热镀锌接闪环时，其圆钢直径不应小于 12mm；扁钢截面不应小于 100mm²，其厚度不应小于 4mm。

5.2.5　架空接闪线和接闪网宜采用截面不小于 50mm² 热镀锌钢绞线或铜绞线。

5.2.6　明敷接闪导体固定支架的间距不宜大于表 5.2.6 的规定。固定支架的高度不宜小于 150mm。

表 5.2.6　明敷接闪导体和引下线固定支架的间距

布置方式	扁形导体和绞线固定支架的间距/mm	单根圆形导体固定支架的间距/mm
安装于水平面上的水平导体	500	1000
安装于垂直面上的水平导体	500	1000
安装于从地面至高 20m 垂直面上的垂直导体	1000	1000
安装在高于 20m 垂直面上的垂直导体	500	1000

5.2.7　除第一类防雷建筑物外，金属屋面的建筑物宜利用其屋面作为接闪器，并应符合下列规定：

1　板间的连接应是持久的电气贯通，可采用铜锌合金焊、熔焊、卷边压接、缝接、螺钉或螺栓连接。

2　金属板下面无易燃物品时，铅板的厚度不应小于 2mm，不锈钢、热镀锌钢、钛和铜板的厚度不应小于 0.5mm，铝板的厚度不应小于 0.65mm，锌板的厚度不应小于 0.7mm。

3　金属板下面有易燃物品时，不锈钢、热镀锌钢和钛板的厚度不应小于 4mm，铜板的厚度不应小于 5mm，铝板的厚度不应小于 7mm。

4　金属板应无绝缘被覆层。

注：薄的油漆保护层或 1mm 厚沥青层或 0.5mm 厚聚氯乙烯层均不应属于绝缘被覆层。

5.2.8　除第一类防雷建筑物和本规范第 4.3.2 条第 1 款的规定外，屋顶上永久性金属物宜作为接闪器，但其各部件之间均应连成电气贯通，并应符合下列规定：

1　旗杆、栏杆、装饰物、女儿墙上的盖板等，其截面应符合本规范表 5.2.1 的规定，其壁厚应符合本规范第 5.2.7 条的规定。

2　输送和储存物体的钢管和钢罐的壁厚不应小于 2.5mm；当钢管、钢罐一旦被雷击穿，其内的介质对周围环境造成危险时，其壁厚不应小于 4mm。

3　利用屋顶建筑构件内钢筋作接闪器应符合本规范第 4.3.5 条和第 4.4.5 条的

规定。

5.2.9 除利用混凝土构件钢筋或在混凝土内专设钢材作接闪器外，钢质接闪器应热镀锌。在腐蚀性较强的场所，尚应采取加大截面或其他防腐措施。

5.2.10 不得利用安装在接收无线电视广播天线杆顶上的接闪器保护建筑物。

5.2.11 专门敷设的接闪器应由下列的一种或多种方式组成：

　　1 独立接闪杆。

　　2 架空接闪线或架空接闪网。

　　3 直接装设在建筑物上的接闪杆、接闪带或接闪网。

5.2.12 专门敷设的接闪器，其布置应符合表 5.2.12 的规定。布置接闪器时，可单独或任意组合采用接闪杆、接闪带、接闪网。

表 5.2.12　接闪器布置

建筑物防雷类别	滚球半径 h_r/m	接闪网网格尺寸/m
第一类防雷建筑物	30	≤5×5 或≤6×4
第二类防雷建筑物	45	≤10×10 或≤12×8
第三类防雷建筑物	60	≤20×20 或≤24×16

5.3　引下线

5.3.1 引下线的材料、结构和最小截面应按本规范表 5.2.1 的规定取值。

5.3.2 明敷引下线固定支架的间距不宜大于本规范表 5.2.6 的规定。

5.3.3 引下线宜采用热镀锌圆钢或扁钢，宜优先采用圆钢。

　　当独立烟囱上的引下线采用圆钢时，其直径不应小于 12mm；采用扁钢时，其截面不应小于 100mm²，厚度不应小于 4mm。

　　防腐措施应符合本规范第 5.2.9 条的规定。

　　利用建筑构件内钢筋作引下线应符合本规范第 4.3.5 条和第 4.4.5 条的规定。

5.3.4 专设引下线应沿建筑物外墙外表面明敷，并应经最短路径接地；建筑外观要求较高时可暗敷，但其圆钢直径不应小于 10mm，扁钢截面不应小于 80mm²。

5.3.5 建筑物的钢梁、钢柱、消防梯等金属构件，以及幕墙的金属立柱宜作为引下线，但其各部件之间均应连成电气贯通，可采用铜锌合金焊、熔焊、卷边压接、缝接、螺钉或螺栓连接；其截面应按本规范表 5.2.1 的规定取值；各金属构件可覆有绝缘材料。

5.3.6 采用多根专设引下线时，应在各引下线上距地面 0.3～1.8m 处装设断接卡。

　　当利用混凝土内钢筋、钢柱作为自然引下线并同时采用基础接地体时，可不设断接卡，但利用钢筋作引下线时应在室内外的适当地点设若干连接板。当仅利用钢筋作引下线并采用埋于土壤中的人工接地体时，应在每根引下线上距地面不低于 0.3m 处设接地体连接板。采用埋于土壤中的人工接地体时应设断接卡，其上端应与连接板或钢柱焊接。连接板处宜有明显标志。

5.3.7 在易受机械损伤之处，地面上 1.7m 至地面下 0.3m 的一段接地线，应采用暗敷或采用镀锌角钢、改性塑料管或橡胶管等加以保护。

5.3.8　第二类防雷建筑物或第三类防雷建筑物为钢结构或钢筋混凝土建筑物时，在其钢构件或钢筋之间的连接满足本规范规定并利用其作为引下线的条件下，当其垂直支柱均起到引下线的作用时，可不要求满足专设引下线之间的间距。

5.4　接地装置

5.4.1　接地体的材料、结构和最小尺寸应符合表5.4.1的规定。利用建筑构件内钢筋作接地装置应符合本规范第4.3.5条和第4.4.5条的规定。

表5.4.1　接地体的材料、结构和最小尺寸

材料	结构	最 小 尺 寸			备　　注
		垂直接地体直径/mm	水平接地体/mm²	接地板/mm	
铜、镀锡铜	铜绞线	—	50	—	每股直径1.7mm
	单根圆铜	15	50	—	—
	单根扁铜	—	50	—	厚度2mm
	铜管	20	—	—	壁厚2mm
	整块铜板	—	—	500×500	厚度2mm
	网格铜板	—	—	600×600	各网格边截面25mm×2mm,网格网边总长度不少于4.8m
热镀锌钢	圆钢	14	78	—	—
	钢管	20	—	—	壁厚2mm
	扁钢	—	90	—	厚度3mm
	钢板	—	—	500×500	厚度3mm
	网格钢板	—	—	600×600	各网格边截面30mm×3mm,网格网边总长度不少于4.8m
	型钢	注3			
裸钢	钢绞线	—	70	—	每股直径1.7mm
	圆钢	—	78	—	
	扁钢	—	75	—	厚度3mm
外表面镀铜的钢	圆钢	14	50	—	镀铜厚度至少250μm,铜纯度99.9%
	扁钢	—	90（厚3mm）	—	
不锈钢	圆形导体	15	78	—	
	扁形导体	—	100	—	厚度2mm

注：1. 热镀锌钢的镀锌层应光滑连贯、无焊剂斑点，镀锌层圆钢至少22.7g/m²、扁钢至少32.4g/m²；

2. 热镀锌之前螺纹应先加工好；

3. 不同截面的型钢，其截面不小于290mm²，最小厚度3mm，可采用50mm×50mm×3mm角钢；

4. 当完全埋在混凝土中时才可采用裸钢；

5. 外表面镀铜的钢，铜应与钢结合良好；

6. 不锈钢中，铬的含量等于或大于16%，镍的含量等于或大于5%，钼的含量等于或大于2%，碳的含量等于或小于0.08%；

7. 截面积允许误差为－3%。

5.4.2 在符合本规范表 5.1.1 规定的条件下，埋于土壤中的人工垂直接地体宜采用热镀锌角钢、钢管或圆钢；埋于土壤中的人工水平接地体宜采用热镀锌扁钢或圆钢。

接地线应与水平接地体的截面相同。

5.4.3 人工钢质垂直接地体的长度宜为 2.5m。其间距以及人工水平接地体的间距均宜为 5m，当受地方限制时可适当减小。

5.4.4 人工接地体在土壤中的埋设深度不应小于 0.5m，并宜敷设在当地冻土层以下，其距墙或基础不宜小于 1m。接地体宜远离由于烧窑、烟道等高温影响使土壤电阻率升高的地方。

5.4.5 在敷设于土壤中的接地体连接到混凝土基础内起基础接地体作用的钢筋或钢材的情况下，土壤中的接地体宜采用铜质或镀铜或不锈钢导体。

5.4.6 在高土壤电阻率的场地，降低防直击雷冲击接地电阻宜采用下列方法：

1 采用多支线外引接地装置，外引长度不应大于有效长度，有效长度应符合本规范附录 C 的规定。

2 接地体埋于较深的低电阻率土壤中。

3 换土。

4 采用降阻剂。

5.4.7 防直击雷的专设引下线距出入口或人行道边沿不宜小于 3m。

5.4.8 接地装置埋在土壤中的部分，其连接宜采用放热焊接；当采用通常的焊接方法时，应在焊接处做防腐处理。

5.4.9 接地装置工频接地电阻的计算应符合现行国家标准《工业与民用电力装置的接地设计规范》GBJ 65 的有关规定，其与冲击接地电阻的换算应符合本规范附录 C 的规定。

6　防雷击电磁脉冲

6.1　基本规定

6.1.1 在工程的设计阶段不知道电子系统的规模和具体位置的情况下，若预计将来会有需要防雷击电磁脉冲的电气和电子系统，应在设计时将建筑物的金属支撑物、金属框架或钢筋混凝土的钢筋等自然构件、金属管道、配电的保护接地系统等与防雷装置组成一个接地系统，并应在需要之处预埋等电位连接板。

6.1.2 当电源采用 TN 系统时，从建筑物总配电箱起供电给本建筑物内的配电线路和分支线路必须采用 TN-S 系统。

6.2　防雷区和防雷击电磁脉冲

6.2.1 防雷区的划分应符合下列规定：

1 本区内的各物体都可能遭到直接雷击并导走全部雷电流，以及本区内的雷击电磁场强度没有衰减时，应划分为 $LPZ0_A$ 区。

2 本区内的各物体不可能遭到大于所选滚球半径对应的雷电流直接雷击，以及本区内的雷击电磁场强度仍没有衰减时，应划分为 $LPZ0_B$ 区。

3 本区内的各物体不可能遭到直接雷击，且由于在界面处的分流，流经各导体的电涌电流比 LPZ0$_B$ 区内的更小，以及本区内的雷击电磁场强度可能衰减，衰减程度取决于屏蔽措施时，应划分为 LPZ1 区。

　　4　需要进一步减小流入的电涌电流和雷击电磁场强度时，增设的后续防雷区应划分为 LPZ2$\cdots n$ 后续防雷区。

6.2.2　安装磁场屏蔽后续防雷区、安装协调配合好的多组电涌保护器，宜按需要保护的设备的数量、类型和耐压水平及其所要求的磁场环境选择（图 6.2.2）。

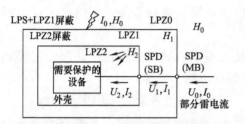

(a) 采用大空间屏蔽和协调配合好的电涌保护器保护
注：设备得到良好的防导入电涌的保护，
U_2 大大小于 U_0 和 I_2 大大小于 I_0，以及
H_2 大大小于 H_D 防辐射磁场的保护。

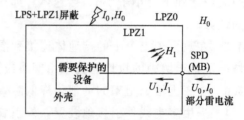

(b) 采用LPZ1的大空间屏蔽和进户处安装电涌保护器的保护
注：设备得到防导入电涌的保护，
U_1 小于 U_0 和 I_1 小于 I_0，以及
H_1 小于 H_0 防辐射磁场的保护。

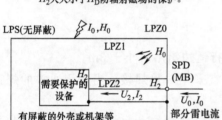

(c) 采用内部线路屏蔽和在进入LPZ1处安装电涌保护器的保护
注：设备得到防线路导入电涌的保护，
U_2 小于 U_0 和 I_2 小于 I_0，以及
H_2 小于 H_0 防辐射磁场的保护。

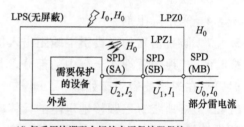

(d) 仅采用协调配合好的电涌保护器保护
注：设备得到防线路导入电涌的保护，
U_2 大大小于 U_0 和 I_2 大大小于 I_0，
但不需防 H_0 辐射磁场的保护。

图 6.2.2　防雷击电磁脉冲

MB—总配电箱；SB—分配电箱；SA—插座

6.2.3　在两个防雷区的界面上宜将所有通过界面的金属物做等电位连接。当线路能承受所发生的电涌电压时，电涌保护器可安装在被保护设备处，而线路的金属保护层或屏蔽层宜首先于界面处做一次等电位连接。

　　注：LPZ0$_A$ 与 LPZ0$_B$ 区之间无实物界面。

6.3　屏蔽、接地和等电位连接的要求

6.3.1　屏蔽、接地和等电位连接的要求宜联合采取下列措施：

　　1　所有与建筑物组合在一起的大尺寸金属件都应等电位连接在一起，并应与防雷装置相连。但第一类防雷建筑物的独立接闪器及其接地装置应除外。

　　2　在需要保护的空间内，采用屏蔽电缆时其屏蔽层应至少在两端，并宜在防雷区交界处做等电位连接，系统要求只在一端做等电位连接时，应采用两层屏蔽或穿钢管敷设，外层屏蔽或钢管应至少在两端，并宜在防雷区交界处做等电位连接。

　　3　分开的建筑物之间的连接线路，若无屏蔽层，线路应敷设在金属管、金属格栅或钢筋成格栅形的混凝土管道内。金属管、金属格栅或钢筋格栅从一端到另一端应是导电贯通，并应在两端分别连到建筑物的等电位连接带上；若有屏蔽层，屏蔽层的两端应连到建筑物的等电位连接带上。

4 对由金属物、金属框架或钢筋混凝土钢筋等自然构件构成建筑物或房间的格栅形大空间屏蔽，应将穿入大空间屏蔽的导电金属物就近与其做等电位连接。

6.3.2 对屏蔽效率未做试验和理论研究时，磁场强度的衰减应按下列方法计算：

1 闪电击于建筑物以外附近时，磁场强度应按下列方法计算：

1）当建筑物和房间无屏蔽时所产生的无衰减磁场强度，相当于处于 LPZ0$_A$ 和 LPZ0$_B$ 区内的磁场强度，应按下式计算：

$$H_0 = i_0/(2\pi s_a) \tag{6.3.2-1}$$

式中　H_0——无屏蔽时产生的无衰减磁场强度，A/m；

　　　i_0——最大雷电流（A），按本规范表 F.0.1-1、表 F.0.1-2 和表 F.0.1-3 的规定取值；

　　　s_a——雷击点与屏蔽空间之间的平均距离，m（图 6.3.2-1），按式（6.3.2-6）或式（6.3.2-7）计算。

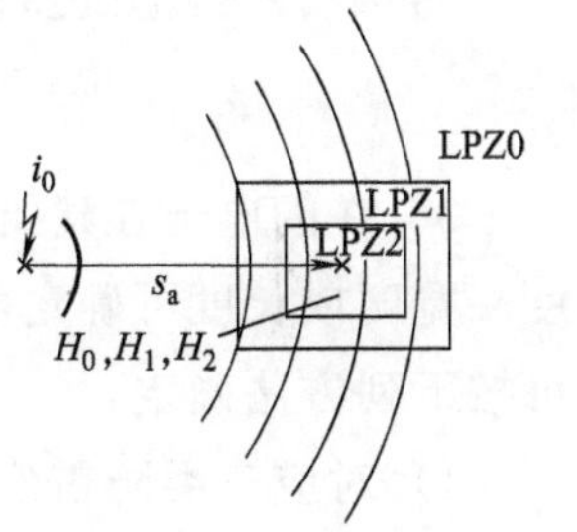

2）当建筑物或房间有屏蔽时，在格栅形大空间屏蔽内，即在 LPZ1 区内的磁场强度，应按下式计算：

$$H_1 = H_0/10^{SF/20} \tag{6.3.2-2}$$

式中　H_1——格栅形大空间屏蔽内的磁场强度，A/m；

　　　SF——屏蔽系数，dB，按表 6.3.2-1 的公式计算。

图 6.3.2-1　附近雷击时的环境情况

表 6.3.2-1　格栅形大空间屏蔽的屏蔽系数

材　料	SF/dB	
	25kHz①	1MHz② 或 250kHz
铜/铝	$20\times\log(8.5/w)$	$20\times\log(8.5/w)$
钢③	$20\times\log[(8.5/w)/\sqrt{1+18\times10^{-6}/r^2}]$	$20\times\log(8.5/w)$

① 适用于首次雷击的磁场；

② 1MHz 适用于后续雷击的磁场，250kHz 适用于首次负极性雷击的磁场；

③ 相对磁导系数 $\mu_r \approx 200$；

注：1. w 为格栅形屏蔽的网格宽（m）；r 为格栅形屏蔽网格导体的半径（m）。

2. 当计算式得出的值为负数时取 $SF=0$；若建筑物具有网格形等电位连接网络，SF 可增加 6dB。

2 表 6.3.2-1 的计算值应仅对在各 LPZ 区内距屏蔽层有一安全距离的安全空间内才有效（图 6.3.2-2），安全距离应按下列公式计算：

当 $SF \geqslant 10$ 时：

$$d_{s/1} = w^{SF/10} \tag{6.3.2-3}$$

当 $SF < 10$ 时：

$$d_{s/1} = w \tag{6.3.2-4}$$

式中　$d_{s/1}$——安全距离，m；

　　　w——格栅形屏蔽的网格宽，m；

　　　SF——按表 6.3.2-1 计算的屏蔽系数，dB。

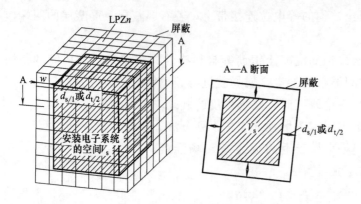

图 6.3.2-2 在 LPZn 区内供安放电气和电子系统的空间

注：空间 V_s 为安全空间。

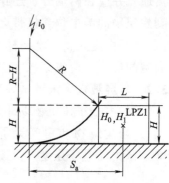

图 6.3.2-3 取决于滚球半径和建筑物尺寸的最小平均距离

3 在闪电击在建筑物附近磁场强度最大的最坏情况下，按建筑物的防雷类别、高度、宽度或长度可确定可能的雷击点与屏蔽空间之间平均距离的最小值（图 6.3.2-3），可按下列方法确定：

1）对应三类防雷建筑物最大雷电流的滚球半径应符合表 6.3.2-2 的规定。滚球半径可按下式计算：

$$R = 10(i_0)^{0.65} \tag{6.3.2-5}$$

式中　R——滚球半径，m；

　　　i_0——最大雷电流，kA，按本规范表 F.0.1-1、表 F.0.1-2 或表 F.0.1-3 的规定取值。

表 6.3.2-2　与最大雷电流对应的滚球半径

防雷建筑物类别	最大雷电流 i_0/kA			对应的滚球半径 R/m		
	正极性首次雷击	负极性首次雷击	负极性后续雷击	正极性首次雷击	负极性首次雷击	负极性后续雷击
第一类	200	100	50	313	200	127
第二类	150	75	37.5	260	165	105
第三类	100	50	25	200	127	81

2）雷击点与屏蔽空间之间的最小平均距离，应按下列公式计算：

当 $H < R$ 时：

$$s_a = \sqrt{H(2R - H)} + L/2 \tag{6.3.2-6}$$

当 $H \geqslant R$ 时：

$$s_a = R + L/2 \tag{6.3.2-7}$$

式中　H——建筑物高度，m；

　　　L——建筑物长度，m。

根据具体情况建筑物长度可用宽度代入。对所取最小平均距离小于式（6.3.2-6）或式（6.3.2-4）计算值的情况，闪电将直接击在建筑物上。

4　在闪电直接击在位于 LPZ0$_A$ 区的格栅形大空间屏蔽或与其连接的接闪器上的情况下，其内部 LPZ1 区内安全空间内某点的磁场强度应按下式计算（图 6.3.2-4）：

$$H_1 = k_H \cdot i_0 \cdot w / (d_w \cdot \sqrt{d_r}) \qquad (6.3.2\text{-}8)$$

式中　H_1——安全空间内某点的磁场强度，A/m；

d_r——所确定的点距 LPZ1 区屏蔽顶的最短距离，m；

d_w——所确定的点距 LPZ1 区屏蔽顶的最短距离，m；

k_H——形状系数（$1/\sqrt{m}$），取 $k_H = 0.01$（$1/\sqrt{m}$）；

w——LPZ1 区格栅形屏蔽的网格宽，m。

5　式（6.3.2-8）的计算值仅对距屏蔽格栅有一安全距离的安全空间内有效，安全距离应按下列公式计算，电子系统应仅安装在安全空间内：

当 $SF \geqslant 10$ 时：

$$d_{s/2} = w \cdot SF/10 \qquad (6.3.2\text{-}9)$$

当 $SF < 10$ 时：

$$d_{s/2} = w \qquad (6.3.2\text{-}10)$$

式中　$d_{s/2}$——安全距离，m。

6　LPZn+1 区内的磁场强度可按下式计算：

$$H_{n+1} = H_n / 10^{SF/20} \qquad (6.3.2\text{-}11)$$

式中　H_n——LPZn 区内的磁场强度，A/m；

H_{n+1}——LPZn+1 区内的磁场强度，A/m；

SF——LPZn+1 区屏蔽的屏蔽系数。

安全距离应按式（6.3.2-3）或式（6.3.2-4）计算。

7　当式（6.3.2-11）中的 LPZn 区内的磁场强度为 LPZ1 区内的磁场强度时，LPZ1 区内的磁场强度应按以下方法确定：

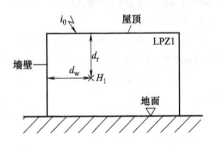 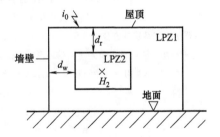

图 6.3.2-4　闪电直接击于屋顶接闪器　　　　图 6.3.2-5　LPZ2 区内的磁场强度
　　　　　时 LPZ1 区内的磁场强度

1）闪电击在 LPZ1 区附近的情况，应按本条第 1 款式（6.3.2-1）和式（6.3.2-2）确定。

2）闪电直接击在 LPZ1 区大空间屏蔽上的情况，应按本条第 4 款式（6.3.2-8）确定，但式中所确定的点距 LPZ1 区屏蔽顶的最短距离和距 LPZ1 区屏蔽壁的最短距离应按图 6.3.2-5 确定。

6.3.3 接地和等电位连接除应符合本规范的有关规定外，尚应符合下列规定：

1 每幢建筑物本身应采用一个接地系统（图 6.3.3）。

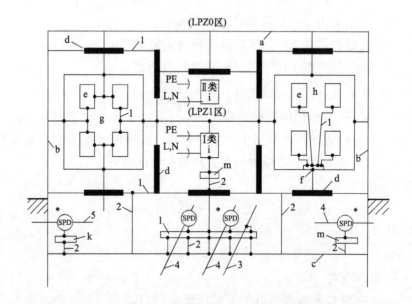

图 6.3.3　接地、等电位连接和接地系统的构成

a—防雷装置的接闪器及可能是建筑物空间屏蔽的一部分；

b—防雷装置的引下线及可能是建筑物空间屏蔽的一部分；

c—防雷装置的接地装置（接地体网络、共用接地体网络）

以及可能是建筑物空间屏蔽的一部分，如基础内钢筋和基础接地体；

d—内部导电物体，在建筑物内及其上下包括电气装置的金属装置，如电梯轨道，起重机，金属地

面，金属门框架，各种服务性设施的金属管道，金属电缆桥架，地面、墙和天花板的钢筋；

e—局部电子系统的金属组件；f—代表局部等电位连接带单点连接的接地基准点（ERP）；

g—局部电子系统的网形等电位连接结构；h—局部电子系统的星形等电位连接结构；

i—固定安装有 PE 线的 Ⅰ 类设备和无 PE 线的 Ⅱ 类设备；

k—主要供电气系统等电位连接用的总接地带、总接地母线、总等电位连接带。也可用作共用等电位连接带；

l—主要供电子系统等电位连接用的环形等电位连接带、水平等电位连接导体，在特定情况下采用金属板，

也可用作共用等电位连接带。用接地线多次在接地系统上做等电位连接，宜每隔 5m 连一次；

m—局部等电位连接带；

1—等电位连接导体；2—接地线；3—服务性设施的金属管道；

4—电子系统的线路或电缆；5—电气系统的线路或电缆；

* —进入 LPZ1 区处，用于管道、电气和电子系统的线路或电缆等外来服务性设施的等电位连接

2 当互相邻近的建筑物之间有电气和电子系统的线路连通时，宜将其接地装置互相连接，可通过接地线、PE 线、屏蔽层、穿线钢管、电缆沟的钢筋、金属管道等连接。

6.3.4 穿过各防雷区界面的金属物和建筑物内系统，以及在一个防雷区内部的金属物和建筑物内系统，均应在界面处附近做符合下列要求的等电位连接：

1 所有进入建筑物的外来导电物均应在 LPZ0_A 或 LPZ0_B 与 LPZ1 区的界面处做等电位连接。当外来导电物、电气和电子系统的线路在不同地点进入建筑物时，宜设若干

等电位连接带，并应将其就近连到环形接地体、内部环形导体或在电气上贯通并连通到接地体或基础接地体的钢筋上。环形接地体和内部环形导体应连到钢筋或金属立面等其他屏蔽构件上，宜每隔5m连接一次。

对各类防雷建筑物，各种连接导体和等电位连接带的截面不应小于本规范表5.1.2的规定。

当建筑物内有电子系统时，在已确定雷击电磁脉冲影响最小之处，等电位连接带宜采用金属板，并应与钢筋或其他屏蔽构件做多点连接。

2 在LPZ0$_A$与LPZ1区的界面处做等电位连接用的接线夹和电涌保护器，应采用本规范表F.0.1-1的雷电流参量估算通过的分流值。当无法估算时，可按本规范式（4.2.4-6）或式（4.2.4-7）计算，计算中的雷电流应采用本规范表F.0.1-1的雷电流。尚应确定沿各种设施引入建筑物的雷电流。应采用向外分流或向内引入的雷电流的较大者。

在靠近地于LPZ0$_B$与LPZ1区的界面处做等电位连接用的接线夹和电涌保护器，仅应确定闪电击中建筑物防雷装置时通过的雷电流；可不计及沿全长处在LPZ0$_B$区的各种设施引入建筑物的雷电流，其值应仅为感应电流和小部分雷电流。

3 各后续防雷区界面处的等电位连接也应采用本条第1款的规定。

穿过防雷区界面的所有导电物、电气和电子系统的线路均应在界面处做等电位连接。宜采用一局部等电位连接带做等电位连接，各种屏蔽结构或设备外壳等其他局部金属物也连到局部等电位连接带。

用于等电位连接的接线夹和电涌保护器应分别估算通过的雷电流。

4 所有电梯轨道、起重机、金属地板、金属门框架、设施管道、电缆桥架等大尺寸的内部导电物，其等电位连接应以最短路径连到最近的等电位连接带或其他已做了等电位连接的金属物或等电位连接网络，各导电物之间宜附加多次互相连接。

5 电子系统的所有外露导电物应与建筑物的等电位连接网络做功能性等电位连接。电子系统不应设独立的接地装置。向电子系统供电的配电箱的保护地线（PE线）应就近与建筑物的等电位连接网络做等电位连接。

一个电子系统的各种箱体、壳体、机架等金属组件与建筑物接地系统的等电位连接网络做功能性等电位连接，应采用S型星形结构或M型网形结构（图6.3.4）。

当采用S型等电位连接时，电子系统的所有金属组件应与接地系统的各组件绝缘。

6 当电子系统为300kHz以下的模拟线路时，可采用S型等电位连接，且所有设施管线和电缆宜从ERP处附近进入该电子系统。

S型等电位连接应仅通过唯一的ERP点，形成S$_s$型连接方式（图6.3.4）。设备之间的所有线路和电缆当无屏蔽时，宜与成星形连接的等电位连接线平行敷设。用于限制从线路传导来的过电压的电涌保护器，其引线的连接点应使加到被保护设备上的电涌电压最小。

7 当电子系统为兆赫兹级数字线路时，应采用M型等电位连接，系统的各金属组件不应与接地系统各组件绝缘。M型等电位连接应通过多点连接组合到等电位连接网

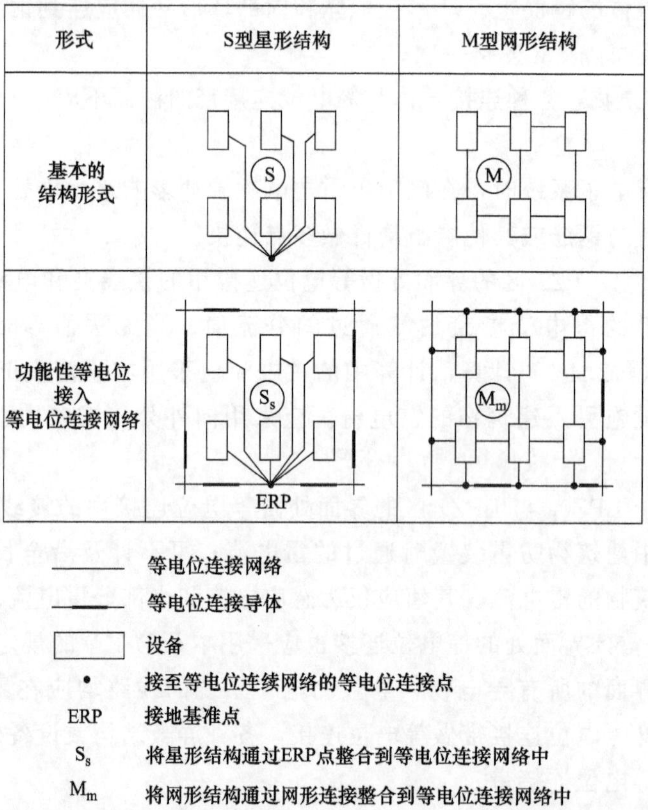

形式	S型星形结构	M型网形结构
基本的 结构形式	S	M
功能性等电位 接入 等电位连接网络	S$_s$ ERP	M$_m$

―――――― 等电位连接网络

――■―― 等电位连接导体

□ 设备

· 接至等电位连续网络的等电位连接点

ERP 接地基准点

S$_s$ 将星形结构通过ERP点整合到等电位连接网络中

M$_m$ 将网形结构通过网形连接整合到等电位连接网络中

图 6.3.4　电子系统功能性等电位连接整合到等电位连接网络中

络中去，形成 M$_m$ 型连接方式。每台设备的等电位连接线的长度不宜大于 0.5m，并宜设两根等电位连接线安装于设备的对角处，其长度相差宜为 20%。

6.4　安装和选择电涌保护器的要求

6.4.1　复杂的电气和电子系统中，除在户外线路进入建筑物处，LPZ0$_A$ 或 LPZ0$_B$ 进入 LPZ1 区，按本规范第 4 章要求安装电涌保护器外，在其后的配电和信号线路上应按本规范第 6.4.4～6.4.8 条确定是否选择和安装与其协调配合好的电涌保护器。

6.4.2　两栋定为 LPZ1 区的独立建筑物用电气线路或信号线路的屏蔽电缆或穿钢管的无屏蔽线路连接时，屏蔽层流过的分雷电流在其上所产生的电压降不应对线路和所接设

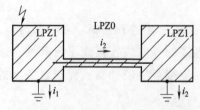

图 6.4.2　用屏蔽电缆或穿钢管线路
将两栋独立的 LPZ1 区连接在一起

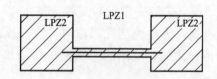

图 6.4.3　用屏蔽的线路将两个
LPZ2 区连接在一起

备引起绝缘击穿，同时屏蔽层的截面应满足通流能力（图6.4.2）。计算方法应符合本规范附录H的规定。

6.4.3 LPZ1区内两个LPZ2区之间用电气线路或信号线路的屏蔽电缆或屏蔽的电缆沟或穿钢管屏蔽的线路连接在一起，当有屏蔽的线路没有引出LPZ2区时，线路的两端可不安装电涌保护器（图6.4.3）。

6.4.4 需要保护的线路和设备的耐冲击电压，220/380V三相配电线路可按表6.4.4的规定取值；其他线路和设备，包括电压和电流的抗扰度，宜按制造商提供的材料确定。

表6.4.4　建筑物内220/380V配电系统中设备绝缘耐冲击电压额定值

设备位置	电源处的设备	配电线路和最后分支线路的设备	用电设备	特殊需要保护的设备
耐冲击电压类别	Ⅳ类	Ⅲ类	Ⅱ类	Ⅰ类
耐冲击电压额定值 U_w/kV	6	4	2.5	1.5

注：1. Ⅰ类——含有电子电路的设备，如计算机、有电子程序控制的设备；

2. Ⅱ类——如家用电器和类似负荷；

3. Ⅲ类——如配电盘，断路器，包括线路、母线、分线盒、开关、插座等固定装置的布线系统，以及应用于工业的设备和永久接至固定装置的固定安装的电动机等的一些其他设备；

4. Ⅳ类——如电气计量仪表、一次线过流保护设备、滤波器。

6.4.5 电涌保护器安装位置和放电电流的选择，应符合下列规定：

1 户外线路进入建筑物处，即LPZ0$_A$或LP20$_B$进入LPZ1区，所安装的电涌保护器应按本规范第4章的规定确定。

2 靠近需要保护的设备处，即LPZ2区和更高区的界面处，当需要安装电涌保护器时，对电气系统宜选用Ⅱ级或Ⅲ级试验的电涌保护器，对电子系统宜按具体情况确定，并应符合本规范附录J的规定，技术参数应按制造商提供的、在能量上与本条第1款所确定的配合好的电涌保护器选用，并应包含多组电涌保护器之间的最小距离要求。

3 电涌保护器应与同一线路上游的电涌保护器在能量上配合，电涌保护器在能量上配合的资料应由制造商提供。若无此资料，Ⅱ级试验的电涌保护器，其标称放电电流不应小于5kA；Ⅲ级试验的电涌保护器，其标称放电电流不应小于3kA。

6.4.6 电涌保护器的有效电压保护水平，应符合下列规定：

1 对限压型电涌保护器：

$$U_{p/f}=U_p+\Delta U \tag{6.4.6-1}$$

2 对电压开关型电涌保护器，应取下列公式中的较大者：

$$U_{p/f}=U_p \text{ 或 } U_{p/f}=\Delta U \tag{6.4.6-2}$$

式中　$U_{p/f}$——电涌保护器的有效电压保护水平，kV；

　　　U_p——电涌保护器的电压保护水平，kV；

　　　ΔU——电涌保护器两端引线的感应电压降，即$L\times(di/dt)$，户外线路进入建筑物处可按1kV/m计算，在其后的可按$\Delta U=0.2U_p$计算，仅是感应电涌时可略去不计。

3 为取得较小的电涌保护器有效电压保护水平，应选用有较小电压保护水平值的电涌保护器，并应采用合理的接线，同时应缩短连接电涌保护器的导体长度。

6.4.7 确定从户外沿线路引入雷击电涌时，电涌保护器的有效电压保护水平值的选取应符合下列规定：

1 当被保护设备距电涌保护器的距离沿线路的长度小于或等于 5m 时，或在线路有屏蔽并两端等电位连接下沿线路的长度小于或等于 10m 时，应按下式计算：

$$U_{p/f} \leqslant U_w \tag{6.4.7-1}$$

式中 U_w——被保护设备的设备绝缘耐冲击电压额定值，kV。

2 当被保护设备距电涌保护器的距离沿线路的长度大于 10m 时，应按下式计算：

$$U_{p/f} \leqslant \frac{U_w - U_1}{2} \tag{6.4.7-2}$$

式中 U_1——雷击建筑物附近，电涌保护器与被保护设备之间电路环路的感应过电压，kV，按本规范第 6.3.2 条和附录 G 计算。

3 对本条第 2 款，当建筑物或房间有空间屏蔽和线路有屏蔽或仅线路有屏蔽并两端等电位连接时，可不计及电涌保护器与被保护设备之间电路环路的感应过电压，但应按下式计算：

$$U_{p/f} \leqslant \frac{U_w}{2} \tag{6.4.7-3}$$

4 当被保护的电子设备或系统要求按现行国家标准《电磁兼容   试验和测量技术   浪涌（冲击）抗扰度试验》GB/T 17625.5 确定的冲击电涌电压小于 U_w 时，式（6.4.7-1）～式（6.4.7-3）中的 U_w 应用前者代入。

6.4.8 用于电气系统的电涌保护器的最大持续运行电压值和接线形式，以及用于电子系统的电涌保护器的最大持续运行电压值，应按本规范附录 J 的规定采用。连接电涌保护器的导体截面应按本规范表 5.1.2 的规定取值。

附录 A   建筑物年预计雷击次数

A.0.1 建筑物年预计雷击次数应按下式计算：

$$N = k \times N_g \times A_e \tag{A.0.1}$$

式中 N——建筑物年预计雷击次数，次/a；

　　　　k——校正系数，在一般情况下取 1；位于河边、湖边、山坡下或山地中土壤电阻率较小处、地下水露头处、土山顶部、山谷风口等处的建筑物，以及特别潮湿的建筑物取 1.5；金属屋面没有接地的砖木结构建筑物取 1.7；位于山顶上或旷野的孤立建筑物取 2；

　　　N_g——建筑物所处地区雷击大地的年平均密度，次/（km² · a）；

　　　A_e——与建筑物截收相同雷击次数的等效面积，km²。

A.0.2 雷击大地的年平均密度，首先应按当地气象台、站资料确定；若无此资料，可按下式计算：

$$N_g = 0.1 \times T_d \tag{A.0.2}$$

式中 T_d——年平均雷暴日，根据当地气象台、站资料确定，d/a。

A. 0. 3　与建筑物截收相同雷击次数的等效面积应为其实际平面积向外扩大后的面积。其计算方法应符合下列规定：

1　当建筑物的高度小于100m时，其每边的扩大宽度和等效面积应按下列公式计算（图A.0.3）：

$$D = \sqrt{H(200-H)} \qquad (A.0.3\text{-}1)$$

$$A_e = \left[LW + 2(L+W)\sqrt{H(200-H)} + \pi H(200-H) \right] \times 10^{-6} \qquad (A.0.3\text{-}2)$$

式中　　　D——建筑物每边的扩大宽度，m；

L、W、H——分别为建筑物的长、宽、高，m。

2　当建筑物的高度小于100m，同时其周边在$2D$范围内有等高或比它低的其他建筑物，这些建筑物不在所考虑建筑物以$h_r = 100$（m）的保护范围内时，按式（A.0.3-2）算出的A_e可减去$(D/2) \times$（这些建筑物与所考虑建筑物边长平行以米计的长度总和）$\times 10^{-6}$（km²）。

当四周在$2D$范围内都有等高或比它低的其他建筑物时，其等效面积可按下式计算：

$$A_e = \left[LW + (L+W)\sqrt{H(200-H)} + \frac{\pi H(200-H)}{4} \right] \times 10^{-6} \qquad (A.0.3\text{-}3)$$

3　当建筑物的高度小于100m，同时其周边在$2D$范围内有比它高的其他建筑物时，按式（A.0.3-2）算出的等效面积可减去$D \times$（这些建筑物与所考虑建筑物边长平行以米计的长度总和）$\times 10^{-6}$（km²）。

当四周在$2D$范围内都有比它高的其他建筑物时，其等效面积可按下式计算：

$$A_e = LW \times 10^{-6} \qquad (A.0.3\text{-}4)$$

4　当建筑物的高度等于或大于100m时，其每边的扩大宽度应按等于建筑物的高度计算；建筑物的等效面积应按下式计算：

$$A_e = \left[LW + 2H(L+W) + \pi H^2 \right] \times 10^{-6} \qquad (A.0.3\text{-}5)$$

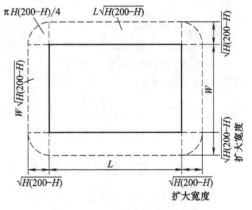

图 A.0.3　建筑物的等效面积

注：建筑物平面面积扩大后的等效面积如图 A.0.3 中周边虚线所包围的面积。

5　当建筑物的高度等于或大于100m，同时其周边在$2H$范围内有等高或比它低的其他建筑物，且不在所确定建筑物以滚球半径等于建筑物高度（m）的保护范围内时，按式（A.0.3-5）算出的等效面积可减去$(H/2) \times$（这些建筑物与所确定建筑物边长平行以米计的长度总和）$\times 10^{-6}$（km²）。

当四周在$2H$范围内都有等高或比它低的其他建筑物时，其等效面积可按下式计算：

$$A_e = \left[LW + H(L+W) + \frac{\pi H^2}{4} \right] \times 10^{-6} \qquad (A.0.3\text{-}6)$$

6　当建筑物的高度等于或大于 100m，同时其周边在 $2H$ 范围内有比它高的其他建筑物时，按式（A.0.3-5）算出的等效面积可减去 $H\times$（这些其他建筑物与所确定建筑物边长平行以米计的长度总和）$\times10^{-6}$（km^2）。

当四周在 $2H$ 范围内都有比它高的其他建筑物时，其等效面积可按式（A.0.3-4）计算。

7　当建筑物各部位的高不同时，应沿建筑物周边逐点算出最大扩大宽度，其等效面积应按每点最大扩大宽度外端的连接线所包围的面积计算。

附录 B　建筑物易受雷击的部位

B.0.1　平屋面或坡度不大于 1/10 的屋面，檐角、女儿墙、屋檐应为其易受雷击的部位（图 B.0.1）。

B.0.2　坡度大于 1/10 且小于 1/2 的屋面，屋角、屋脊、檐角、屋檐应为其易受雷击的部位（图 B.0.2）。

B.0.3　坡度不小于 1/2 的屋面，屋角、屋脊、檐角应为其易受雷击的部位（图 B.0.3）。

(a) 平屋面　(b) 坡度不大于1/10
图 B.0.1　建筑物易受
雷击的部位（一）
注：——表示易受雷击部位，
— —表示不易受雷击的屋脊或
屋檐，。表示雷击率量高部位

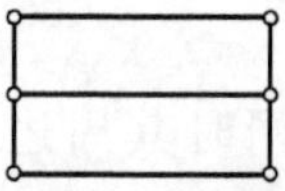

图 B.0.2　建筑物易受
雷击的部位（二）
注：——表示易受雷击部位，
。表示雷击率最高部位

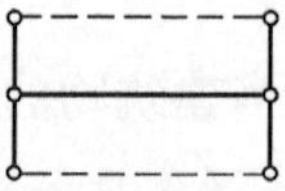

图 B.0.3　建筑物易受
雷击的部位（三）
注：——表示易受雷击部位，
— —表示不易受雷击的屋脊或屋
檐，。表示雷击率最高部位

B.0.4　对图 B.0.2 和图 B.0.3，在屋脊有接闪带的情况下，当屋檐处于屋脊接闪带的保护范围内时，屋檐上可不设接闪带。

附录 C　接地装置冲击接地电阻与工频接地电阻的换算

C.0.1　接地装置冲击接地电阻与工频接地电阻的换算，应按下式计算：

$$R_{\sim}=A\times R_i \tag{C.0.1}$$

式中　$R_{\sim}$——接地装置各支线的长度取值小于或等于接地体的有效长度 l_e，或者有支线大于 l_e 而取其等于 l_e 时的工频接地电阻，Ω；

A——换算系数，其值宜按图 C.0.1 确定；

R_i——所要求的接地装置冲击接地电阻，Ω。

C.0.2　接地体的有效长度应按下式计算：

$$l_e=2\sqrt{\rho} \tag{C.0.2}$$

式中　l_e——接地体的有效长度，应按图 C.0.2 计量，m；

ρ——敷设接地体处的土壤电阻率，Ωm。

C.0.3　环绕建筑物的环形接地体应按下列方法确定冲击接地电阻：

1　当环形接地体周长的一半大于或等于接地体的有效长度时，引下线的冲击接地电阻应为从与引下线的连接点起沿两侧接地体各取有效长度的长度算出的工频接地电阻，换算系数应等于 1。

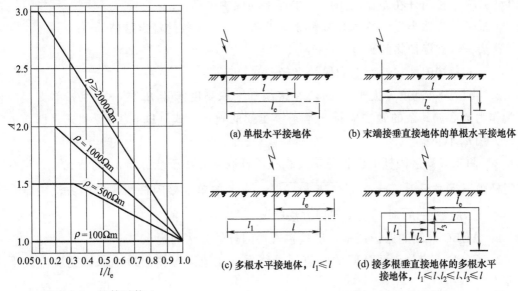

图 C.0.1　换算系数 A

注：l 为接地体最长支线的实际长度，其计量与 l_e 类同；当 l 大于 l_e 时，取其等于 l_e。

图 C.0.2　接地体有效长度的计量

2　当环形接地体周长的一半小于有效长度时，引下线的冲击接地电阻应为以接地体的实际长度算出的工频接地电阻再除以换算系数。

C.0.4　与引下线连接的基础接地体，当其钢筋从与引下线的连接点量起大于 20m 时，其冲击接地电阻应为以换算系数等于 1 和以该连接点为圆心、20m 为半径的半球体范围内的钢筋体的工频接地电阻。

附录 D　滚球法确定接闪器的保护范围

D.0.1　单支接闪杆的保护范围应按下列方法确定（图 D.0.1）：

1　当接闪杆高度 h 小于或等于 h_r 时：

1）距地面 h_r 处作一平行于地面的平行线。

2）以杆尖为圆心，h_r 为半径作弧线交于平行线的 A、B 两点。

3）以 A、B 为圆心，h_r 为半径作弧线，弧线与杆尖相交并与地面相切。弧线到地面为其保护范围。保护范围为一个对称的锥体。

4）接闪杆在 h_x 高度的 xx' 平面上和地面上的保护半径，应按下列公式计算：

$$r_x = \sqrt{h(2h_r - h)} - \sqrt{h_x(2h_r - h_x)}$$

（D.0.1-1）

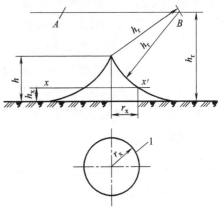

图 D.0.1　单支接闪杆的保护范围

1—xx' 平面上保护范围的截面

$$r_0 = \sqrt{h(2h_r - h)} \tag{D.0.1-2}$$

式中　r_x——接闪杆在 h_x 高度的 xx' 平面上的保护半径，m；

　　　　h_r——滚球半径，按本规范表 6.2.1 和第 4.5.5 条的规定取值，m；

　　　　h_x——被保护物的高度，m；

　　　　r_0——接闪杆在地面上的保护半径，m。

　　2　当接闪杆高度 h 大于 h_r 时，在接闪杆上取高度等于 h_r 的一点代替单支接闪杆杆尖作为圆心。其余的做法应符合本条第 1 款的规定。式（D.0.1-1）和式（D.0.1-2）中的 h 用 h_r 代入。

D.0.2　两支等高接闪杆的保护范围，在接闪杆高度 h 小于或等于 h_r 的情况下，当两支接闪杆距离 D 大于或等于 $2\sqrt{h(2h_r - h)}$ 时，应各按单支接闪杆所规定的方法确定；当 D 小于 $2\sqrt{h(2h_r - h)}$ 时，应按下列方法确定（图 D.0.2）：

　　1　$AEBC$ 外侧的保护范围，应按单支接闪杆的方法确定。

　　2　C、E 点应位于两杆间的垂直平分线上。在地面每侧的最小保护宽度应按下式计算：

$$b_0 = CO = EO = \sqrt{h(2h_r - h) - \left(\frac{D}{2}\right)^2} \tag{D.0.2-1}$$

　　3　在 AOB 轴线上，距中心线任一距离 x 处，其在保护范围上边线上的保护高度应按下式计算：

$$h_x = h_r - \sqrt{(h_r - h)^2 + \left(\frac{D}{2}\right)^2 - x^2} \tag{D.0.2-2}$$

　　该保护范围上边线是以中心线距地面 h_r 的一点 O' 为圆心，以 $\sqrt{(h_r - h)^2 + \left(\frac{D}{2}\right)^2}$ 为半径所作的圆弧 AB。

　　4　两杆间 $AEBC$ 内的保护范围，ACO 部分的保护范围应按下列方法确定：

　　1) 在任一保护高度 h_x 和 C 点所处的垂直平面上，应以 h_x 作为假想接闪杆，并应按单支接闪杆的方法逐点确定（图 D.0.2 中 1—1 剖面图）。

　　2) 确定 BCO、AEO、BEO 部分的保护范围的方法与 ACO 部分的相同。

　　5　确定 xx' 平面上的保护范围截面的方法。以单支接闪杆的保护半径 r_x 为半径，以 A、B 为圆心作弧线与四边形 $AEBC$ 相交；以单支接闪杆的 $(r_0 - r_x)$ 为半径，以 E、C 为圆心作弧线与上述弧线相交（图 D.0.2 中的粗虚线）。

D.0.3　两支不等高接闪杆的保护范围，在 A 接闪杆的高度 h_1 和 B 接闪杆的高度 h_2 均小于或等于 h_r 的情况下，当两支接闪杆距离 D 大于或等于 $\sqrt{h_1(2h_r - h_1)} + \sqrt{h_2(2h_r - h_2)}$ 时，应各按单支接闪杆所规定的方法确定；当 D 小于 $\sqrt{h_1(2h_r - h_1)} + \sqrt{h_2(2h_r - h_2)}$ 时，应按下列方法确定（图 D.0.3）：

　　1　$AEBC$ 外侧的保护范围应按单支接闪杆的方法确定。

　　2　CE 线或 HO' 线的位置应按下式计算：

$$D_1 = \frac{(h_r - h_2)^2 - (h_r - h_1)^2 + D^2}{2D} \qquad (\text{D.0.3-1})$$

3 在地面每侧的最小保护宽度应按下式计算：

$$b_0 = CO = EO = \sqrt{h_1(2h_r - h_1) - D_1^2} \qquad (\text{D.0.3-2})$$

4 在 AOB 轴线上，A、B 间保护范围上边线位置应按下式计算：

$$h_x = h_r - \sqrt{(h_r - h_1)^2 + D_1^2 - x^2} \qquad (\text{D.0.3-3})$$

式中　x——距 CE 线或 HO' 线的距离。

该保护范围上边线是以 HO' 线上距地面 h_r 的一点 O' 为圆心，以 $\sqrt{(h_r - h_1)^2 + D_1^2}$ 为半径所作的圆弧 AB。

5 两杆间 $AEBC$ 内的保护范围，ACO 与 AEO 是对称的，BCO 与 BED 是对称的，ACO 部分的保护范围应按下列方法确定：

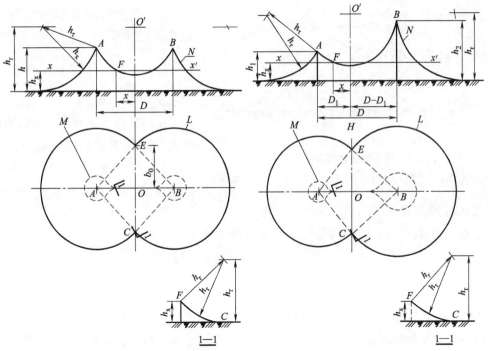

图 D.0.2　两支等高接闪杆的保护范围　　　　图 D.0.3　两支不等高接闪杆的保护范围

L—地面上保护范围的截面；M—xx' 平面上保　　　　L—地面上保护范围的截面；M—xx' 平面上保

护范围的截面；N—AOB 轴线的保护范围　　　　　护范围的截面；N—AOB 轴线的保护范围

　1）在任一保护高度 h_x 和 C 点所处的垂直平面上，以 h_x 作为假想接闪杆，按单支接闪杆的方法逐点确定（图 D.0.3 的 1—1 剖面图）。

　2）确定 AEO、BCO、BEO 部分的保护范围的方法与 ACO 部分相同。

6 确定 xx' 平面上的保护范围截面的方法应与两支等高接闪杆相同。

D.0.4 矩形布置的四支等高接闪杆的保护范围，在 h 小于或等于 h_r 的情况下，当 D_3 大于或等于 $2\sqrt{h(2h_r - h)}$ 时，应各按两支等高接闪杆所规定的方法确定；当 D_3 小于 $2\sqrt{h(2h_r - h)}$ 时，应按下列方法确定（图 D.0.4）：

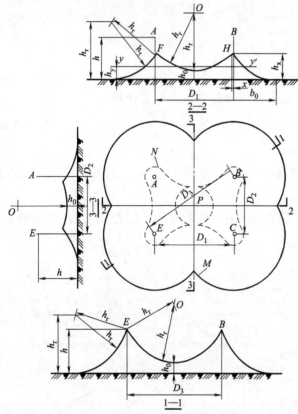

图 D.0.4　四支等高接闪杆的保护范围

M—地面上保护范围的截面；N—yy'平面上保护范围的截面

1　四支接闪杆外侧的保护范围应各按两支接闪杆的方法确定。

2　B、E 接闪杆连线上的保护范围见图 D.0.4 中 1—1 剖面图，外侧部分应按单支接闪杆的方法确定。两杆间的保护范围应按下列方法确定：

1）以 B、E 两杆杆尖为圆心、h_r 为半径作弧线相交于 O 点，以 O 点为圆心、h_r 为半径作弧线，该弧线与杆尖相连的这段弧线即为杆间保护范围。

2）保护范围最低点的高度 h_0 应按下式计算：

$$h_0 = \sqrt{h_r^2 - \left(\frac{D_3}{2}\right)^2} + h - h_r$$

(D.0.4-1)

3　图 D.0.4 中 2—2 剖面的保护范围，以 P 点的垂直线上的 O 点（距地面的高度为 $h_r + h_0$）为圆心、h_r 为半径作弧线，与 B、C 和 A、E 两支接闪杆所作的在该剖面的外侧保护范围延长弧线相交于 F、H 点。

F 点（H 点与此类同）的位置及高度可按下列公式计算：

$$(h_r - h_x)^2 = h_r^2 - (b_0 + x)^2 \tag{D.0.4-2}$$

$$(h_r + h_0 - h_x)^2 = h_r^2 - \left(\frac{D_1}{2} - x\right)^2 \tag{D.0.4-3}$$

4　确定图 D.0.4 中 3—3 剖面保护范围的方法应符合本条第 3 款的规定。

5　确定四支等高接闪杆中间在 h_0 至 h 之间于 h_y 高度的 yy' 平面上保护范围截面的方法为以 P 点（距地面的高度为 $h_r + h_0$）为圆心、$\sqrt{2h_r(h_y - h_0) - (h_y - h_0)^2}$ 为半径作圆或弧线，与各两支接闪杆在外侧所作的保护范围截面组成该保护范围截面（图 D.0.4 中虚线）。

D.0.5　单根接闪线的保护范围，当接闪线的高度 h 大于或等于 $2h_r$ 时，应无保护范围；当接闪线的高度 h 小于 $2h_r$ 时，应按下列方法确定（图 D.0.5）。确定架空接闪线的高度时应计及弧垂的影响。在无法确定弧垂的情况下，当等高支柱间的距离小于 120m 时，架空接闪线中点的弧垂宜采用 2m，距离为 120～150m 时宜采用 3m。

1　距地面 h_r 处作一平行于地面的平行线。

2　以接闪线为圆心、h_r 为半径，作弧线交于平行线的 A、B 两点。

3　以 A、B 为圆心，h_r 为半径作弧线，该两弧线相交或相切，并与地面相切。弧

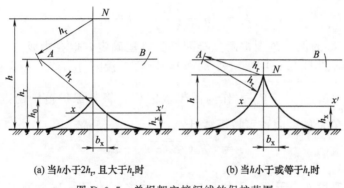

(a) 当 h 小于 $2h_r$，且大于 h_r 时　　　　(b) 当 h 小于或等于 h_r 时

图 D.0.5　单根架空接闪线的保护范围

N—接闪线

线至地面为保护范围。

4　当 h 小于 $2h_r$ 且大于 h_r 时，保护范围最高点的高度应按下式计算：

$$h_0 = 2h_r - h \qquad (D.0.5-1)$$

5　接闪线在 h_x 高度的 xx' 平面上的保护宽度，应按下式计算：

$$b_x = \sqrt{h(2h_r - h)} - \sqrt{h_x(2h_r - h_x)} \qquad (D.0.5-2)$$

式中　b_x——接闪线在 h_x 高度的 xx' 平面上的保护宽度，m；

　　　　h——接闪线的高度，m；

　　　　h_r——滚球半径，按本规范表 6.2.1 和第 4.5.5 条的规定取值，m；

　　　　h_x——被保护物的高度，m。

6　接闪线两端的保护宽度应按单支接闪杆的方法确定。

D.0.6　两根等高接闪线的保护范围应按下列方法确定：

1　在接闪线高度 h 小于或等于 h_r 的情况下，当 D 大于或等于 $2\sqrt{h(2h_r - h)}$ 时，应各按单根接闪线所规定的方法确定；当 D 小于 $2\sqrt{h(2h_r - h)}$ 时，应按下列方法确定（图 D.0.6-1）：

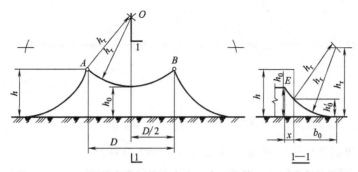

图 D.0.6-1　两根等高接闪线在高度 h 小于或等于 h_r 时的保护范围

1）两根接闪线的外侧，各按单根接闪线的方法确定。

2）两根接闪线之间的保护范围按以下方法确定：以 A、B 两接闪线为圆心，h_r 为半径作圆弧交于 O 点，以 O 点为圆心、h_r 为半径作弧线交于 A、B 点。

3）两根接闪线之间保护范围最低点的高度按下式计算：

$$h_0 = \sqrt{h_r^2 - \left(\frac{D}{2}\right)^2} + h - h_r \qquad (D.0.6\text{-}1)$$

4）接闪线两端的保护范围按两支接闪杆的方法确定，但在中线上 h_0 线的内移位置按以下方法确定（图 D.0.6-1 中 1—1 剖面）：以两支接闪杆所确定的保护范围中最低点的高度 $h_0' = h_r - \sqrt{(h_r - h)^2 + \left(\frac{D}{2}\right)^2}$ 作为假想接闪杆，将其保护范围的延长弧线与 h_0 线交于 E 点。内移位置的距离也可按下式计算：

$$x = \sqrt{h_0(2h_r - h_0)} - b_0 \qquad (D.0.6\text{-}2)$$

式中　　b_0——按式（D.0.2-1）计算。

2　在接闪线高度 h 小于 $2h_r$ 且大于 h_r，接闪线之间的距离 D 小于 $2h_r$ 且大于 $2\left[h_r - \sqrt{h(2h_r - h)}\right]$ 的情况下，应按下列方法确定（图 D.0.6-2）：

1）距地面 h_r 处作一与地面平行的线。

2）以 A、B 两接闪线为圆心，h_r 为半径作弧线交于 O 点并与平行线相交或相切于 C、E 点。

3）以 O 点为圆心、h_r 为半径作弧线交于 A、B 点。

4）以 C、E 为圆心，h_r 为半径作弧线交于 A、B 并与地面相切。

5）两根接闪线之间保护范围最低点的高度按下式计算：

$$h_0 = \sqrt{h_r^2 - \left(\frac{D}{2}\right)^2} + h - h_r \qquad (D.0.6\text{-}3)$$

6）最小保护宽度 b_m 位于 h_r 高处，其值按下式计算：

$$b_m = \sqrt{h(2h_r - h)} + \frac{D}{2} - h_r \qquad (D.0.6\text{-}4)$$

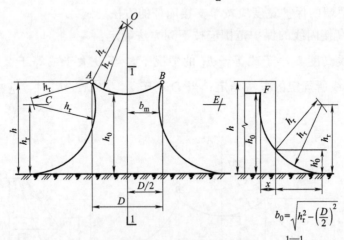

图 D.0.6-2　两根等高接闪线在高度 h 小于 $2h_r$ 且大于 h_r 时的保护范围

7）接闪线两端的保护范围按两支高度 h_r 的接闪杆确定，但在中线上 h_0 线的内移位置按以下方法确定（图 D.0.6-2 的 1—1 剖面）：以两支高度 h_r 的接闪杆所确定的保护范围中点最低点的高度 $h_0' = \left(h_r - \frac{D}{2}\right)$ 作为假想接闪杆，将其保护范围的延长弧线与 h_0 线交于 F 点。内移位置的距离也可按下式计算；

$$x = \sqrt{h_0(2h_r - h_0)} - \sqrt{h_r^2 - \left(\frac{D}{2}\right)^2} \qquad (D.0.6\text{-}5)$$

D. 0. 7 本规范图 D. 0. 1～图 D. 0. 5、图 D. 0. 6-1 和图 D. 0. 6-2 中所画的地面也可是位于建筑物上的接地金属物、其他接闪器。当接闪器在地面上保护范围的截面的外周线触及接地金属物、其他接闪器时，各图的保护范围均适用于这些接闪器；当接地金属物、其他接闪器是处在外周线之内且位于被保护部位的边沿时，应按下列方法确定所需断面的保护范围（图 D. 0. 7）：

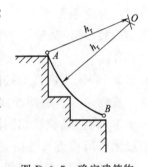

图 D. 0. 7　确定建筑物
上任两接闪器在所需断
面上的保护范围
A—接闪器；
B—接地金属物或接闪器

1　应以 A、B 为圆心、h_r 为半径作弧线相交于 O 点。

2　应以 O 点为圆心、h_r 为半径作弧线 AB，弧线 AB 应为保护范围的上边线。

本规范图 D. 0. 1～图 D. 0. 5、图 D. 0. 6-1 和图 D. 0. 6-2 中凡接闪器在"地面上保护范围的截面"的外周线触及的是屋面时，各图的保护范围仍有效，但外周线触及的屋面及其外部得不到保护，内部得到保护。

附录 E　分流系数 k_c

E. 0. 1　单根引下线时，分流系数应为 1；两根引下线及接闪器不成闭合环的多根引下

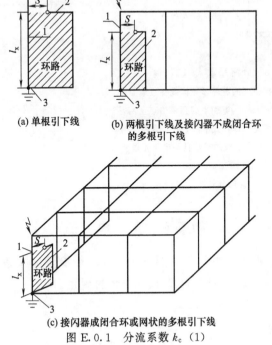

(a) 单根引下线

(b) 两根引下线及接闪器不成闭合环
的多根引下线

(c) 接闪器成闭合环或网状的多根引下线
图 E. 0. 1　分流系数 k_c（1）

1—引下线；2—金属装置或线路；3—直接连挂或通过电涌保护器连接；
注：1. S 为空气中间隔距离，l_x 为引下线从计算点到等电位连接点的长度；
2. 本图适用于环形接地体。也适用于各引下线设自自的接地体且各独自接地体的冲击接地电阻与邻近的差别不大于 2 倍，若差别大于 2 倍时，$k_c=1$；
3. 本图适用于单层和多层建筑物。

线时，分流系数可为 0.66，也可按本规范图 E.0.4 计算确定；图 E.0.1（c）适用于引下线根数 n 不少于 3 根，当接闪器成闭合环或网状的多根引下线时，分流系数可为 0.44。

E.0.2 当采用网格型接闪器、引下线用多根环形导体互相连接、接地体采用环形接地体，或利用建筑物钢筋或钢构架作为防雷装置时，分流系数宜按图 E.0.2 确定。

E.0.3 在接地装置相同的情况下，即采用环形接地体或各引下线设独自接地体且其冲击接地电阻相近，按图 E.0.1 和图 E.0.2 确定的分流系数不同时，可取较小者。

E.0.4 单根导体接闪器按两根引下线确定时，当各引下线设独自的接地体且各独自接地体的冲击接地电阻与邻近的差别不大于 2 倍时，可按图 E.0.3 计算分流系数；若差别大于 2 倍时，分流系数应为 1。

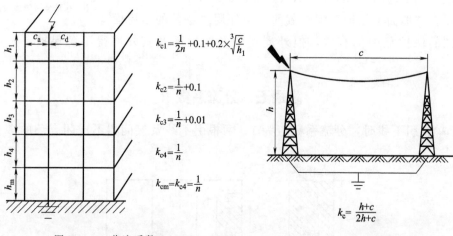

$$k_{c1}=\frac{1}{2n}+0.1+0.2\times\sqrt[3]{\frac{c}{h_1}}$$

$$k_{c2}=\frac{1}{n}+0.1$$

$$k_{c3}=\frac{1}{n}+0.01$$

$$k_{c4}=\frac{1}{n}$$

$$k_{cm}=k_{c4}=\frac{1}{n}$$

$$k_c=\frac{h+c}{2h+c}$$

图 E.0.2　分流系数 k_c（2）　　　　　图 E.0.3　分流系数 k_c（3）

注：1. $h_1 \sim h_m$ 为连接引下线各环形导体或各层地面金属体之间的距离，c_a、c_d 为某引下线顶雷击点至两侧最近引下线之间的距离，计算式中的 c 取二者较小值，n 为建筑物周边和内部引下线的根数且不少于 4 根。

c 和 h_1 取值范围在 3～20m。

2. 本图适用于单层至高层建筑物。

附录 F　雷　电　流

F.0.1 闪电中可能出现的三种雷击见图 F.0.1-1，其参量应按表 F.0.1-1～表 F.0.1-4 的规定取值。雷击参数的定义应符合图 F.0.1-2 的规定。

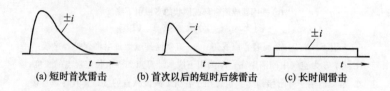

　　（a）短时首次雷击　　　　（b）首次以后的短时后续雷击　　　　（c）长时间雷击

图 F.0.1-1　闪电中可能出现的三种雷击

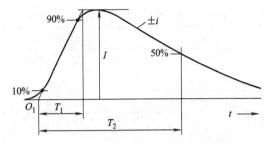

(a) 短时雷击(典型值T_2<2ms)

I—峰值电流(幅值);T_1—波头时间;T_2—半值时间

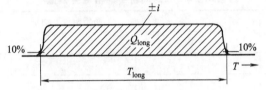

(b) 长时间雷击(典型值2ms<T_{long}<1s)

T_{long}—波头及波尾幅值为峰值10%两点之间的时间间隔;
Q_{long}—长时间雷击的电荷量

图 F.0.1-2　雷击参数定义

注：1. 短时雷击电流波头的平均陡度（average steepness of the front of short stroke current）是在时间间隔（t_2-t_1）内电流的平均变化率，即用该时间间隔的起点电流与末尾电流之差[$i(t_2)-i(t_1)$]除以（t_2-t_1）[见图 F.0.1-2（a）]。

2. 短时雷击电流的波头时间 T_1（front time of short stroke current T_1）是一规定参数，定义为电流达到 10％和 90％幅值电流之间的时间间隔乘以 1.25，见图 F.0.1-2（a）。

3. 短时雷击电流的规定原点 O_1（virtual origin of short stroke current O_1）是连接雷击电流波头 10％和 90％参考点的延长直线与时间横坐标相交的点，它位于电流到达 10％幅值电流时之前 $0.1T_1$ 处，见图 F.0.1-2（a）。

4. 短时雷击电流的半值时间 T_2（time to half value of short stroke current T_2）是一规定参数，定义为规定原点 O_1 与电流降至幅值一半之间的时间间隔，见图 F.0.1-2（a）。

表 F.0.1-1　首次正极性雷击的雷电流参量

雷电流参数	防雷建筑物类别		
	一类	二类	三类
幅值 I/kA	200	150	100
波头时间 T_1/μs	10	10	10
半值时间 T_2/μs	350	350	350
电荷量 Q_s/C	100	75	50
单位能量 W/R/(MJ/Ω)	10	5.6	2.5

表 F.0.1-2　首次负极性雷击的雷电流参量

雷电流参数	防雷建筑物类别		
	一类	二类	三类
幅值 I/kA	100	75	50
波头时间 T_1/μs	1	1	1
半值时间 T_2/μs	200	200	200
平均陡度 I/T_1/(kA/μs)	100	75	50

注：本波形仅供计算用，不供作试验用。

表 F.0.1-3　首次负极性以后雷击的雷电流参量

雷电流参数	防雷建筑物类别		
	一类	二类	三类
幅值 I/kA	50	37.5	25
波头时间 $T_1/\mu s$	0.25	0.25	0.25
半值时间 $T_2/\mu s$	100	100	100
平均陡度 $I/T_1/(kA/\mu s)$	200	150	100

表 F.0.1-4　长时间雷击的雷电流参量

雷电流参数	防雷建筑物类别		
	一类	二类	三类
电荷量 Q_1/C	200	150	100
时间 T/s	0.5	0.5	0.5

注：平均电流 $I \approx Q_1/T$。

附录 G　环路中感应电压和电流的计算

G.0.1　格栅形屏蔽建筑物附近遭雷击时，在 LPZ1 区内环路的感应电压和电流（图 G.0.1）在 LPZ1 区，其开路最大感应电压宜按下式计算：

$$U_{oc/max} = \mu_0 \cdot b \cdot l \cdot H_{1/max}/T_1 \tag{G.0.1-1}$$

式中　$U_{oc/max}$——环路开路最大感应电压，V；

μ_0——真空的磁导系数，其值等于 $4\pi \times 10^{-7}$ (V·s)/(A·m)；

b——环路的宽，m；

l——环路的长，m；

$H_{1/max}$——LPZ1 区内最大的磁场强度，A/m，按本规范式（6.3.2-2）计算；

T_1——雷电流的波头时间，s。

若略去导线的电阻（最坏情况），环路最大短路电流可按下式计算：

$$i_{sc/max} = \mu_0 \cdot b \cdot l \cdot H_{1/max}/L \tag{G.0.1-2}$$

式中　$i_{sc/max}$——最大短路电流，A；

L——环路的自电感，H，矩形环路的自电感可按公式（G.0.1-3）计算。

矩形环路的自电感可按下式计算：

$$L = \{0.8\sqrt{l^2+b^2} - 0.8(l+b) + 0.4 \cdot l \cdot \ln[(2b/r)/(1+\sqrt{1+(b/l)^2})]$$
$$+ 0.4 \cdot b \cdot \ln[(2l/r)/(1+\sqrt{1+(l/b)^2})]\} \times 10^{-6} \tag{G.0.1-3}$$

式中　r——环路导体的半径，m。

G.0.2　格栅形屏蔽建筑物遭直接雷击时，在 LPZ1 区内环路的感应电压和电流（图 G.0.1）在 LPZ1 区 V_s 空间内的磁场强度 H_1 应按本规范式（6.3.2-8）计算。根据图 G.0.1 所示无屏蔽线路构成的环路，其开路最大感应电压宜按下式计算：

$$U_{oc/max} = \mu_0 \cdot b \cdot \ln(1+l/d_{1/w}) \cdot k_H \cdot (w/\sqrt{d_{1/r}}) \cdot i_{0/max}/T_1 \tag{G.0.2-1}$$

式中　$d_{1/w}$——环路至屏蔽墙的距离，m，根据本规范式（6.3.2-9）或式（6.3.2-10）

计算，$d_{1/w}$ 等于或大于 $d_{s/2}$；

$d_{1/r}$——环路至屏蔽屋顶的平均距离，m；

$i_{0/max}$——LPZ0$_A$ 区内的雷电流最大值，A；

k_H——形状系数（$1/\sqrt{m}$），取 $k_H=0.01(1/\sqrt{m})$；

w——格栅形屏蔽的网格宽，m。

若略去导线的电阻（最坏情况），最大短路电流可按下式计算：

$$i_{sc/max}=\mu_0 \cdot b \cdot \ln(1+l/d_{1/w}) \cdot k_H \cdot (w/\sqrt{d_{1/r}}) \cdot i_{0/max}L$$
$$\text{（G.0.2-2）}$$

G.0.3 在 LPZn 区（n 等于或大于 2）内环路的感应电压和电流在 LPZn 区 V_s 空间内的磁场强度 H_n 看成是均匀的情况下（见本规范图 6.3.2-2），图 G.0.1 所示无屏蔽线路构成的环路，其最大感应电压和电流可按式（G.0.1-1）和式（G.0.1-2）计算，该两式中的 $H_{1/max}$ 应根据本规范式（6.3.2-2）或式（6.3.2-11）计算出的 $H_{n/max}$ 代入。式（6.3.2-2）中的 H_1 用 $H_{n/max}$ 代入，H_0 用 $H_{(n-1)/max}$ 代入。

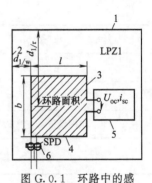

图 G.0.1　环路中的感应电压和电流

1—屋顶；2—墙；3—电力线路；
4—信号线路；5—信号设备；
6—等电位连接带

注：1. 当环路不是矩形时，应转换为相同环路面积的矩形环路；

　　2. 图中的电力线路或信号线路也可是邻近的两端做了等电位连接的金属物。

附录 H　电缆从户外进入户内的屏蔽层截面积

H.0.1 在屏蔽线路从室外 LPZ0$_A$ 或 LPZ0$_B$ 区进入 LPZ1 区的情况下，线路屏蔽层的截面应按下式计算：

$$S_c \geq \frac{I_f \times \rho_c \times L_c \times 10^6}{U_w} \quad\quad \text{（H.0.1）}$$

式中　S_c——线路屏蔽层的截面，mm^2；

　　　I_f——流入屏蔽层的雷电流（kA），按本规范式（4.2.4-7）计算，计算中的雷电流按本规范表 F.0.1-1 的规定取值；

　　　ρ_c——屏蔽层的电阻率（Ωm），20℃时铁为 $138\times10^{-9}\Omega m$，铜为 $17.24\times10^{-9}\Omega m$，铝为 $28.264\times10^{-9}\Omega m$；

　　　L_c——线路长度（m），按本附录表 H.0.1-1 的规定取值；

　　　U_w——电缆所接的电气或电子系统的耐冲击电压额定值（kV），设备按本附录表 H.0.1-2 的规定取值，线路按本附录表 H.0.1-3 的规定取值。

表 H.0.1-1　按屏蔽层敷设条件确定的线路长度

屏蔽层敷设条件	L_c/m
层蔽层与电阻率 ρ（Ωm）的土壤直接接触	当实际长度 $\geq 8\sqrt{\rho}$ 时，取 $L_c=8\sqrt{\rho}$；当实际长度 $< 8\sqrt{\rho}$ 时，取 $L_c=$ 线路实际长度
屏蔽层与土壤隔离或敷设在大气中	$L_c=$ 建筑物与屏蔽层最近接地点之间的距离

表 H.0.1-2　设备的耐冲击电压额定值

设备类型	耐冲击电压额定值 U_w/kV
电子设备	1.6
用户的电气设备(U_n<1kV)	2.5
电网设备(U_n<1kV)	6

表 H.0.1-3　电缆绝缘的耐冲击电压额定值

电缆种类及其额定电压 U_n/kV	耐冲击电压额定值 U_w/kV
纸绝缘通信电缆	1.5
塑料绝缘通信电缆	5
电力电缆 U_n≤1	15
电力电缆 U_n=3	45
电力电缆 U_n=6	60
电力电缆 U_n=10	75
电力电缆 U_n=15	95
电力电缆 U_n=20	125

H.0.2　当流入线路的雷电流大于按下列公式计算的数值时，绝缘可能产生不可接受的温升：

对屏蔽线路：

$$I_f = 8 \times S_c \tag{H.0.2-1}$$

对无屏蔽的线路：

$$I_f' = 8 \times n' \times S_c' \tag{H.0.2-2}$$

式中　I_f'——流入无屏蔽线路的总雷电流，kA；

　　　n'——线路导线的根数；

　　　S_c'——每根导线的截面，mm^2。

H.0.3　本附录也适用于用钢管屏蔽的线路，对此，式（H.0.1）和式（H.0.2-1）中的 S_c 为钢管壁厚的截面。

附录 J　电涌保护器

J.1　用于电气系统的电涌保护器

J.1.1　电涌保护器的最大持续运行电压不应小于表 J.1.1 所规定的最小值；在电涌保护器安装处的供电电压偏差超过所规定的 10% 以及谐波使电压幅值加大的情况下，应根据具体情况对限压型电涌保护器提高表 J.1.1 所规定的最大持续运行电压最小值。

表 J.1.1　电涌保护器取决于系统特征所要求的最大持续运行电压最小值

电涌保护器接于	配电网络的系统特征				
	TT 系统	TN-C 系统	TN-S 系统	引出中性线的 IT 系统	无中性线引出的 IT 系统
每一相线与中性线间	$1.15U_0$	不适用	$1.15U_0$	$1.15U_0$	不适用
每一相线与 PE 线间	$1.15U_0$	不适用	$1.15U_0$	$\sqrt{3}U_0$①	相间电压①
中性线与 PE 线间	$U_0$①	不适用	$U_0$①	$U_0$①	不适用
每一相线与 PEN 线间	不适用	$1.15U_0$	不适用	不适用	不适用

注：1. 标有①的值是故障下最坏的情况，所以不需计及 15% 的允许误差。

2. U_0 是低压系统相线对中性线的标称电压，即相电压 220V。

3. 此表基于按现行国家标准《低压配电系统的电涌保护器（SPD）　第 1 部分：性能要求和试验方法》GB 18802.1 做过相关试验的电涌保护器产品。

J.1.2　电涌保护器的接线形式应符合表 J.1.2 的规定。具体接线图见图 J.1.2-1～图 J.1.2-5。

表 J.1.2　根据系统特征安装电涌保护器

电涌保护器接于	电涌保护器安装处的系统特征							
	TT 系统 按以下形式连接		TN-C 系统	TN-S 系统 按以下形式连接		引出中性线的 IT 系统 按以下形式连接		不引出中性线的 IT 系统
	接线形式 1	接线形式 2		接线形式 1	接线形式 2	接线形式 1	接线形式 2	
每根相线与中性线间	+	○	不适用	+	○	+	○	不适用
每根相线与 PE 线间	○	不适用	不适用	○	不适用	○	不适用	○
中性线与 PE 线间	○	○	不适用	○	○	○	○	不适用
每根相线与 PEN 线间	不适用	不适用	○	不适用	不适用	不适用	不适用	不适用
各相线之间	+	+	+	+	+	+	+	+

注：○表示必须，+表示非强制性的，可附加选用。

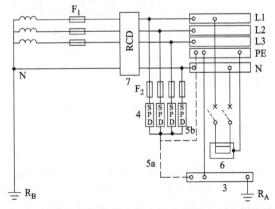

图 J.1.2-1　TT 系统电涌保护器安装在进户处剩余电流保护器的负荷侧

3—总接地端或总接地连接带；4—U_p 应小于或等于 2.5kV 的电涌保护器；

5—电涌保护器的接地连接线，5a 或 5b；6—需要被电涌保护器保护的设备；

7—剩余电流保护器（RCD），应考虑通雷电流的能力；

F_1—安装在电气装置电源进户处的保护电器；F_2—电涌保护器制造厂要求装设的过电流保护电器；

R_A—本电气装置的接地电阻；R_B—电源系统的接地电阻；L1、L2、L3—相线 1、2、3

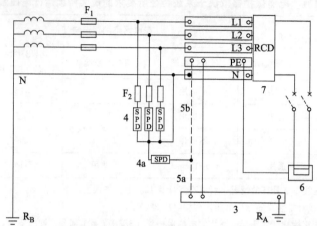

图 J.1.2-2　TT 系统电涌保护器安装在进户处剩余电流保护器的电源侧

3—总接地端或总接地连接带；4、4a—电涌保护器，它们串联后构成的

U_p 应小于或等于 2.5kV；5—电涌保护器的接地连接线，5a 或 5b；

6—需要被电涌保护器保护的设备；7—安装于母线的电源侧或负荷侧的剩余电流保护器（RCD）；

F_1—安装在电气装置电源进户处的保护电器；F_2—电涌保护器制造厂要求装设的过电流保护电器；

R_A—本电气装置的接地电阻；R_B—电源系统的接地电阻；L1、L2、L3—相线 1、2、3

注：在高压系统为低电阻接地的前提下，当电源变压器高压侧碰外壳短路产生的过电压加于

4a 电涌保护器时该电涌保护器应按现行国家标准《低压配电系统的电涌保

护器（SPD）　第 1 部分：性能要求和试验方法》GB 18802.1 做 200ms 或按

厂家要求做更长时间耐 1200V 暂态过电压试验。

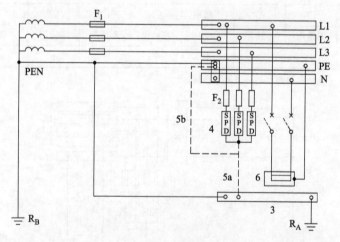

图 J.1.2-3　TN 系统安装在进户处的电涌保护器

3—总接地端或总接地连接带；4—U_p 应小于或等于 2.5kV 的电涌保护器；

5—电涌保护器的接地连接线，5a 或 5b；6—需要被电涌保护器保护的设备；

F_1—安装在电气装置电源进户处的保护电器；F_2—电涌保护器制造厂要求装设的过电流保护电器；

R_A—本电气装置的接地电阻；R_B—电源系统的接地电阻；L1、L2、L3—相线 1、2、3

注：当采用 TN-C-S 或 TN-S 系统时，在 N 与 PE 线连接处电涌保护器用三个，

在其以后 N 与 PE 线分开 10m 以后安装电涌保护器时用四个，

即在 N 与 PE 线间增加一个，见图 J.1.2-5 及其注。

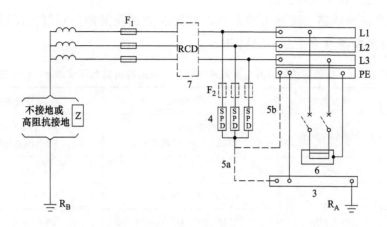

图 J.1.2-4　IT 系统电涌保护器安装在进户处剩余电流保护器的负荷侧

3—总接地端或总接地连接带；4—U_p 应小于或等于 2.5kV 的电涌保护器；

5—电涌保护器的接地连接线，5a 或 5b；6—需要被电涌保护器保护的设备；

7—剩余电流保护器（RCD）；F_1—安装在电气装置电源进户处的保护电器；

F_2—电涌保护器制造厂要求装设的过电流保护电器；

R_A——本电气装置的接地电阻；R_B—电源系统的接地电阻；

L1、L2、L3—相线 1、2、3

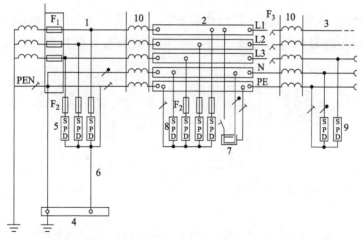

图 J.1.2-5　Ⅰ级、Ⅱ级和Ⅲ级试验的电涌保护器的安装（以 TN-C-S 系统为例）

1—电气装置的电源进户处；2—配电箱；3—送出的配电线路；

4—总接地端或总接地连接带；5—Ⅰ级试验的电涌保护器；

6—电涌保护器的接地连接线；7—需要被电涌保护器保护的固定安装的设备；

8—Ⅱ级试验的电涌保护器；9—Ⅱ级或Ⅲ级试验的电涌保护器；

10—去耦器件或配电线路长度；F_1、F_2、F_3—过电流保护电器；

L1、L2、L3—相线 1、2、3

注：1. 当电涌保护器 5 和 8 不是安装在同一处时，电涌保护器 5 的 U_p 应小于或等于 2.5kV；

　　电涌保护器 5 和 8 可以组合为一台电涌保护器，其 U_p 应小于或等于 2.5kV。

2. 当电涌保护器 5 和 8 之间的距离小于 10m 时，在 8 处 N 与 PE 之间的电涌保护器可不装

J. 2 用于电子系统的电涌保护器

J. 2.1 电信和信号线路上所接入的电涌保护器的类别及其冲击限制电压试验用的电压波形和电流波形应符合表 J.2.1 的规定。

表 J. 2.1 电涌保护器的类别及其冲击限制电压试验用的电压波形和电流波形

类别	试验类型	开路电压	短路电流
A1	很慢的上升率	≥1kV 0.1kV/μs～100kV/s	10A,0.1～2A/μs ≥1000μs(持续时间)
A2	AC		
B1	慢上升率	1kV,10/1000μs	100A,10/1000μs
B2		1kV～4kV,10/700μs	25～100A,5/300μs
B3		≥1kV,100V/μs	10～100A,10/1000μs
C1	快上升率	0.5kV～1kV,1.2/50μs	0.25kA～1kA,8/20μs
C2		2kV～10kV,1.2/50μs	1kA～5kA,8/20μs
C3		≥1kV,1kV/μs	10～100A,10/1000μs
D1	高能量	≥1kV	0.5kV～2.5kA,10/350μs
D2		≥1kV	0.6kA～2.0kA,10/250μs

J. 2.2 电信和信号线路上所接入的电涌保护器，其最大持续运行电压最小值应大于接到线路处可能产生的最大运行电压。用于电子系统的电涌保护器，其标记的直流电压

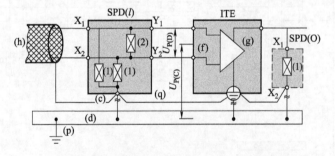

图 J. 2.3-1 防需要保护的电子设备（ITE）的供电电压输入
端及其信号端的差模和共模电压的保护措施的例子

(c)—电涌保护器的一个连接点，通常，电涌保护器内的所有
限制共模电涌电压元件都以此为基准点；

(d)—等电位连接带；(f)—电子设备的信号端口；(g)—电子设备的电源端口；

(h)—电子系统线路或网络；(l)—符合本附录表 J.2.1 所选用的电涌保护器；

(o)—用于直流电源线路的电涌保护器；(p)—接地导体；

$U_{P(C)}$—将共模电压限制至电压保护水平；$U_{P(D)}$—将差模电压限制至电压保护水平；

X_1、X_2—电涌保护器非保护侧的接线端子，在它们之间接入 (1) 和 (2) 限压元件；

Y_1、Y_2—电涌保护器保护侧的接线端子；

(1)—用于限制共模电压的防电涌电压元件；(2)—用于限制差模电压的防电涌电压元件

U_{DC}也可用于交流电压U_{AC}的有效值，反之亦然，$U_{DC}=\sqrt{2}U_{AC}$。

J. 2. 3　合理接线应符合下列规定：

　　1　应保证电涌保护器的差模和共模限制电压的规格与需要保护系统的要求相一致（图 J. 2. 3-1）。

　　2　接至电子设备的多接线端子电涌保护器，为将其有效电压保护水平减至最小所必需的安装条件，见图 J. 2. 3-2。

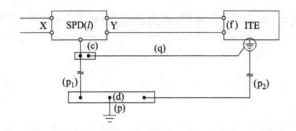

图 J. 2. 3-2　将多接线端子电涌保护器的有效电压保护水平

减至最小所必需的安装条件的例子

(c)—电涌保护器的一个连接点，通常，电涌保护器内的

所有限制共模电涌电压元件都以此为基准点；

(d)—等电位连接带；(f)—电子设备的信号端口；

(l)—符合本附录表 J. 2. 1 所选用的电涌保护器；(p)—接地导体；

(p_1)、(p_2)—应尽可能短的接地导体，当电子设备（ITE）在远处时可能无(p_2)；

(q)—必需的连接线（应尽可能短）；

X、Y—电涌保护器的接线端子，X 为其非保护的输入端，Y 为其保护侧的输出端

　　3　附加措施应符合下列规定：

　　1）接至电涌保护器保护端口的线路不要与接至非保护端口的线路敷设在一起。

　　2）接至电涌保护器保护端口的线路不要与接地导体（p）敷设在一起。

　　3）从电涌保护器保护侧接至需要保护的电子设备（ITE）的线路宜短或加以屏蔽。

　　4　雷击时在环路中的感应电压和电流的计算应符合本规范附录 G 的规定。

本规范用词说明

　　1　为便于在执行本规范条文时区别对待，对要求严格程度不同的用词说明如下：

　　1）表示很严格，非这样做不可的：

　　正面词采用"必须"，反面词采用"严禁"；

　　2）表示严格，在正常情况下均应这样做的：

　　正面词采用"应"，反面词采用"不应"或"不得"；

　　3）表示允许稍有选择，在条件许可时首先应这样做的：

　　正面词采用"宜"，反面词采用"不宜"；

　　4）表示有选择，在一定条件下可以这样做的，采用"可"。

　　2　条文中指明应按其他有关标准执行的写法为："应符合……的规定"或"应按……执行"。

引用标准名录

《工业与民用电力装置的接地设计规范》GBJ 65

《电磁兼容　试验和测量技术　浪涌（冲击）抗扰度试验》GB/T 17626.5

《低压配电系统的电涌保护器（SPD）　第 1 部分：性能要求和试验方法》GB 18802.1

（五）爆炸和火灾危险环境电力装置设计规范 GB 50058—1992

目次

第一章　总　　则

第 1.0.1 条　为了使爆炸和火灾危险环境电力装置设计贯彻预防为主的方针，保障人身和财产的安全，因地制宜地采取防范措施，做到技术先进，经济合理、安全适用，制定本规范。

第 1.0.2 条　本规范适用于在生产、加工、处理、转运或贮存过程中出现或可能出现爆炸和火灾危险环境的新建、扩建和改建工程的电力设计。

规范不适用于下列环境：

一、矿井井下；

二、制造、使用或贮存火药、炸药和起爆药等的环境；

三、利用电能进行生产并与生产工艺过程直接关联的电解、电镀等电气装置区域；

四、蓄电池室；

五、使用强氧化剂以及不用外来点火源就能自行起火的物质的环境；

六、水、陆、空交通运输工具及海上油井平台。

第1.0.3条　爆炸和火灾危险环境的电力设计，除应符合本规范的规定外，尚应符合现行的有关国家标准和规范的规定。

第二章　爆炸性气体环境

第一节　一般规定

第2.1.1条　对于生产、加工、处理、转运或贮存过程中出现或可能出现下列爆炸性气体混合物环境之一时，应进行爆炸性气体环境的电力设计：

一、在大气条件下，易燃气体、易燃液体的蒸气或薄雾等易燃物质与空气混合形成爆炸性气体混合物；

二、闪点低于或等于环境温度的可燃液体的蒸气或薄雾与空气混合形成爆炸性气体混合物；

三、在物料操作温度高于可燃液体闪点的情况下，可燃液体有可能泄漏时，其蒸气与空气混合形成爆炸性气体混合物。

第2.1.2条　在爆炸性气体环境中产生爆炸必须同时存在下列条件：

一、存在易燃气体、易燃液体的蒸气或薄雾，其浓度在爆炸极限以内；

二、存在足以点燃爆炸性气体混合物的火花、电弧或高温。

第2.1.3条　在爆炸性气体环境中应采取下列防止爆炸的措施：

一、首先应使产生爆炸的条件同时出现的可能性减到最小程度。

二、工艺设计中应采取消除或减少易燃物质的产生及积聚的措施：

1. 工艺流程中宜采取较低的压力和温度，将易燃物质限制在密闭容器内；

2. 工艺布置应限制和缩小爆炸危险区域的范围，并宜将不同等级的爆炸危险区，或爆炸危险区与非爆炸危险区分隔在各自的厂房或界区内；

3. 在设备内可采用以氮气或其他惰性气体覆盖的措施；

4. 宜采取安全联锁或事故时加入聚合反应阻聚剂等化学药品的措施。

三、防止爆炸性气体混合物的形成，或缩短爆炸性气体混合物滞留时间，宜采取下列措施：

1. 工艺装置宜采取露天或开敞式布置；

2. 设置机械通风装置；

3. 在爆炸危险环境内设置正压室；

4. 对区域内易形成和积聚爆炸性气体混合物的地点设置自动测量仪器装置，当气体或蒸气浓度接近爆炸下限值的 50％ 时，应能可靠地发出信号或切断电源。

四、在区域内应采取消除或控制电气设备线路产生火花、电弧或高温的措施。

第二节　爆炸性气体环境危险区域划分

第2.2.1条　爆炸性气体环境应根据爆炸性气体混合物出现的频繁程度和持续时间，按下列规定进行分区：

一、0区：连续出现或长期出现爆炸性气体混合物的环境；

二、1区：在正常运行时可能出现爆炸性气体混合物的环境；

三、2区：在正常运行时不可能出现爆炸性气体混合物的环境，或即使出现也仅是短时存在的爆炸性气体混合物的环境。

注：正常运行是指正常的开车、运转、停车，易燃物质产品的装卸，密闭容器盖的开闭，安全阀、排放阀以及所有工厂设备都在其设计参数范围内工作的状态。

第2.2.2条　符合下列条件之一时，可划为非爆炸危险区域：

一、没有释放源并不可能有易燃物质侵入的区域；

二、易燃物质可能出现的最高浓度不超过爆炸下限值的10％；

三、在生产过程中使用明火的设备附近，或炽热部件的表面温度超过区域内易燃物质引燃温度的设备附近；

四、在生产装置区外，露天或开敞设置的输送易燃物质的架空管道地带，但其阀门处按具体情况定。

第2.2.3条　释放源应按易燃物质的释放频繁程度和持续时间长短分级，并应符合下列规定。

一、连续级释放源：预计长期释放或短时频繁释放的释放源。类似下列情况的，可划为连续级释放源：

1. 没有用惰性气体覆盖的固定顶盖贮罐中的易燃液体的表面；

2. 油、水分离器等直接与空间接触的易燃液体的表面；

3. 经常或长期向空间释放易燃气体或易燃液体的蒸气的自由排气孔和其它孔口。

二、第一级释放源：预计正常运行时周期或偶尔释放的释放源。类似下列情况的，可划为第一级释放源：

1. 在正常运行时会释放易燃物质的泵、压缩机和阀门等的密封处；

2. 在正常运行时，会向空间释放易燃物质，安装在贮有易燃液体的容器上的排水系统；

3. 正常运行时会向空间释放易燃物质的取样点。

三、第二级释放源：预计在正常运行下不会释放，即使释放也仅是偶尔短时释放的释放源。类似下列情况的，可划为第二级释放源：

1. 正常运行时不能出现释放易燃物质的泵、压缩机和阀门的密封处；

2. 正常运行时不能释放易燃物质的法兰、连接件和管道接头；

3. 正常运行时不能向空间释放易燃物质的安全阀、排气孔和其他孔口处；

4. 正常运行时不能向空间释放易燃物质的取样点。

四、多级释放源：由上述两种或三种级别释放源组成的释放源。

第2.2.4条　爆炸危险区域内的通风，其空气流量能使易燃物质很快稀释到爆炸下限值的25％以下时，可定为通风良好。

采用机械通风在下列情况之一时，可不计机械通风故障的影响：

1. 对封闭式或半封闭式的建筑物应设置备用的独立通风系统；

2. 在通风设备发生故障时，设置自动报警或停止工艺流程等确保能阻止易燃物质释放的预防措施，或使电气设备断电的预防措施。

第 2.2.5 条　爆炸危险区域的划分应按释放源级别和通风条件确定，并应符合下列规定。

一、首先应按下列释放源的级别划分区域：

1. 存在连续级释放源的区域可划为 0 区；

2. 存在第一级释放源的区域可划为 1 区；

3. 存在第二级释放源的区域可划为 2 区。

二、其次应根据通风条件调整区域划分：

1. 当通风良好时，应降低爆炸危险区域等级；当通风不良时应提高爆炸危险区域等级。

2. 局部机械通风在降低爆炸性气体混合物浓度方面比自然通风和一般机械通风更为有效时，可采用局部机械通风降低爆炸危险区域等级。

3. 在障碍物、凹坑和死角处，应局部提高爆炸危险区域等级。

4. 利用堤或墙等障碍物，限制比空气重的爆炸性气体混合物的扩散，可缩小爆炸危险区域的范围。

第三节　爆炸性气体环境危险区域的范围

第 2.3.1 条　爆炸性气体环境危险区域的范围应按下列要求确定：

一、爆炸危险区域的范围应根据释放源的级别和位置、易燃物质的性质、通风条件、障碍物及生产条件、运行经验，经技术经济比较综合确定。

二、建筑物内部，宜以厂房为单位划定爆炸危险区域的范围。但也应根据生产的具体情况，当厂房内空间大，释放源释放的易燃物质量少时，可按厂房内部分空间划定爆炸危险的区域范围，并应符合下列规定：

1. 当厂房内具有比空气重的易燃物质时，厂房内通风换气次数不应少于 2 次/h，且换气不受阻碍；厂房地面上高度 1m 以内容积的空气与释放至厂房内的易燃物质所形成的爆炸性气体混合浓度应小于爆炸下限。

2. 当厂房内具有比空气轻的易燃物质时，厂房平屋顶平面以下 1m 高度内，或圆顶、斜顶的最高点以下 2m 高度内的容积的空气与释放至厂房内的易燃物质所形成的爆炸性气体混合物的浓度应小于爆炸下限。

注：① 释放至厂房内的易燃物质的最大量应按 1h 释放量的 3 倍计算，但不包括由于灾难性事故引起破裂时的释放量。

② 相对密度小于或等于 0.75 的爆炸性气体规定为轻于空气的气体；相对密度大于 0.75 的爆炸性气体规定为重于空气的气体。

三、当易燃物质可能大量释放并扩散到 15m 以外时，爆炸危险区域的范围应划分附加 2 区。

四、在物料操作温度高于可燃液体闪点的情况下，可燃液体可能泄漏时，其爆炸危险区域的范围可适当缩小。

第 2.3.2 条　确定爆炸危险区域的等级和范围宜符合第 2.3.3 条～第 2.3.17 条中典型示例的规定，并应根据易燃物质的释放量、释放速度、沸点、温度、闪点、相对密度、爆炸下限、障碍等条件，结合实践经验确定。但油气田及其管道工程、石油库的爆炸危险区域范围的确定除外。

第 2.3.3 条　对于易燃物质重于空气、通风良好且为第二级释放源的主要生产装置区，其爆炸危险区域的范围划分，宜符合下列规定（图 2.3.3-1 及图 2.3.3-2）：

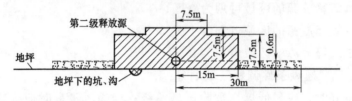

图 2.3.3-1　释放源接近地坪时易燃物质重于空气、
通风良好的生产装置区

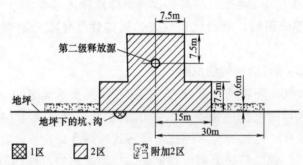

图 2.3.3-2　释放源在地坪以上时易燃物质重于空气、
通风良好的生产装置区

　　一、在爆炸危险区域内，地坪下的坑、沟划为 1 区；

　　二、以释放源为中心，半径为 15m，地坪上的高度为 7.5m 及半径为 7.5m，顶部与释放源的距离为 7.5m 的范围内划为 2 区；

　　三、以释放源为中心，总半径为 30m，地坪上的高度为 0.6m，且在 2 区以外的范围内划为附加 2 区。

第 2.3.4 条　易燃物质重于空气，释放源在封闭建筑物内，通风不良且为第二级释放源的主要生产装置区，其爆炸危险区域的范围划分，宜符合下列规定（图 2.3.4）：

　　一、封闭建筑物内和在爆炸危险区域内地坪下的坑、沟划为 1 区；

　　二、以释放源为中心，半径为 15m，高度为 7.5m 的范围内划为 2 区，但封闭建筑物的外墙和顶部距 2 区的界限不得小于 3m，如为无孔洞实体墙，则墙外为非危险区；

　　三、以释放源为中心，总半径为 30m，地坪上的高度为 0.6m，且在 2 区以外的范围内划为附加 2 区。

第 2.3.5 条　对于易燃物质重于空气的贮罐，其爆炸危险区域的范围划分，宜符合下列

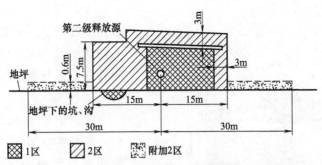

图 2.3.4　易燃物质重于空气、释放源在封闭建筑
物内通风不良的生产装置区

规定（图 2.3.5-1 及图 2.3.5-2）：

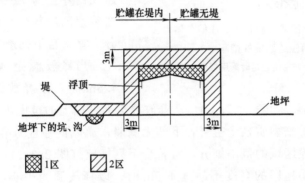

图 2.3.5-1　易燃物质重于空气、设在户外地坪上的固定式贮罐

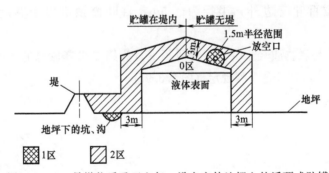

图 2.3.5-2　易燃物质重于空气、设在户外地坪上的浮顶式贮罐

　　一、固定式贮罐，在罐体内部未充惰性气体的液体表面以上的空间划为 0 区，浮顶式贮罐在浮顶移动范围内的空间划为 1 区；

　　二、以放空口为中心，半径为 1.5m 的空间和爆炸危险区域内地坪下的坑、沟划为 1 区；

　　三、距离贮罐的外壁和顶部 3m 的范围内划为 2 区；

　　四、当贮罐周围设围堤时，贮罐外壁至围堤，其高度为堤顶高度的范围内划为 2 区。

第 2.3.6 条　易燃液体、液化气、压缩气体、低温度液体装载槽车及槽车注送口处，其爆炸危险区域的范围划分，宜符合下列规定（图 2.3.6）：

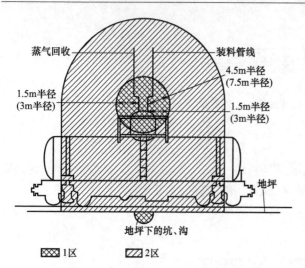

图 2.3.6　易燃液体、液化气、压缩气体等
密闭注送系统的槽车
注：易燃液体为非密闭注送时采用括号内数值

一、以槽车密闭式注送口为中心，半径为 1.5m 的空间或以非密闭式注送口为中心，半径为 3m 的空间和爆炸危险区域内地坪下的坑、沟划为 1 区；

二、以槽车密闭式注送口为中心，半径为 4.5m 的空间或以非密闭式注送口为中心，半径为 7.5m 的空间以及至地坪以上的范围内划为 2 区。

第 2.3.7 条　对于易燃物质轻于空气，通风良好且为第二级释放源的主要生产装置区，其爆炸危险区域的范围划分，宜符合下列规定（图 2.3.7）：

当释放源距地坪的高度不超过 4.5m 时，以释放源为中心，半径为 4.5m，顶部与释放源的距离为 7.5m，及释放源至地坪以上的范围内划为 2 区。

第 2.3.8 条　对于易燃物质轻于空气，下部无侧墙，通风良好且为第二级释放源的压缩机厂房，其爆炸危险区域的范围划分，宜符合下列规定（图 2.3.8）：

一、当释放源距地坪的高度不超过 4.5m 时，以释放源为中心，半径为 4.5m，地坪以上至封闭区底部的空间和封闭区内部的范围内划为 2 区；

二、屋顶上方百叶窗边外，半径为 4.5m，百叶窗顶部以上高度为 7.5m 的范围内划为 2 区。

第 2.3.9 条　对于易燃物质轻于空气，通风不良且为第二级释放源的压缩机厂房，其爆炸危险区域的范围划分，宜符合下列规定（图 2.3.9）：

一、封闭区内部划分为 1 区；

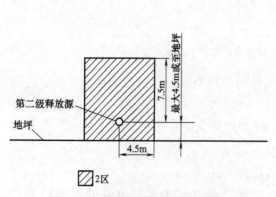

图 2.3.7　易燃物质轻于空气、通风
良好的生产装置区
注：释放源距地坪的高度超过 4.5m 时，
应根据实践经验确定。

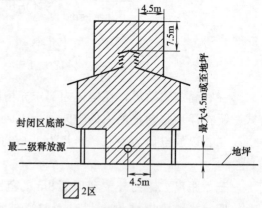

图 2.3.8　易燃物质轻于空气、通风
良好的压缩机厂房
注：释放源距地坪的高度超过 4.5m 时，
应根据实践经验确定。

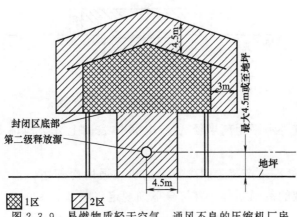

图 2.3.9　易燃物质轻于空气、通风不良的压缩机厂房

注：释放源距地坪的高度超过 4.5m 时，

应根据实践经验确定。

　　二、以释放源为中心，半径为 4.5m，地坪以上至封闭区底部的空间和距离封闭区外壁 3m，顶部的垂直高度为 4.5m 的范围内划为 2 区。

第 2.3.10 条　对于开顶贮罐或池的单元分离器、预分离器和分离器液体表面为连续级释放源的，其爆炸危险区域的范围划分，宜符合下列规定（图 2.3.10）：

　　一、单元分离器和预分离器的池壁外，半径为 7.5m，地坪上高度为 7.5m，及至液体表面以上的范围内划为 1 区；

　　二、分离器的池壁外，半径为 3m，地坪上高度为 3m，及至液体表面以上的范围内划为 1 区；

　　三、1 区外水平距离半径为 3m，垂直上方 3m，水平距离半径为 7.5m，地坪上高度为 3m 以及 1 区外水平距离半径为 22.5m，地坪上高度为 0.6m 的范围内划为 2 区。

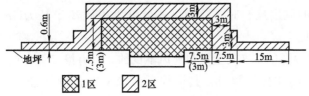

图 2.3.10　单元分离器、预分离器和分离器

第 2.3.11 条　对于开顶贮罐或池的溶解气游离装置（溶气浮选装置）液体表面处为连续级释源的，其爆炸危险区域的范围划分，宜符合下列规定（图 2.3.11）：

　　一、液体表面至地坪的范围划为 1 区；

　　二、1 区外及池壁外水平距离半径为 3m，地坪上高度为 3m 的范围内划为 2 区。

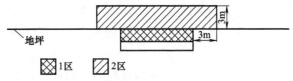

图 2.3.11　溶解气游离装置（溶气浮选装置）（DAF）

第 2.3.12 条　对于开顶贮罐或池的生物氧化装置，液体表面处为连续级释放源，其爆炸危险区域的范围划分，宜符合下列规定（图 2.3.12）：

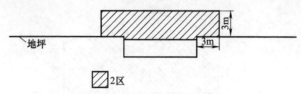

图 2.3.12　生物氧化装置（BIOX）

开顶贮罐或池壁外水平距离半径为 3m，液体表面上方至地坪上高度为 3m 的范围内划为 2 区。

第 2.3.13 条　对于处理生产装置用冷却水的机械通风冷却塔，当划分为爆炸危险区域时，其爆炸危险区域的范围划分，宜符合下列规定（图 2.3.13）：

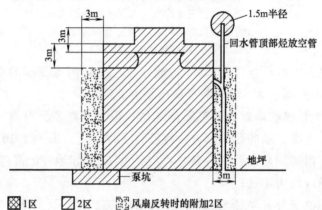

图 2.3.13　处理生产用冷却水的机械通风冷却塔

一、以回水管顶部烃放空管管口为中心，半径为 1.5m，地坪下的泵、坑以及冷却塔及其上方高度为 3m 的范围内划为 2 区；

二、当冷却塔的风扇反转时，冷却塔侧壁外水平距离半径为 3m，高度为冷却塔高度的范围内划为附加 2 区。

第 2.3.14 条　无释放源的生产装置区与通风不良的、且有第二级释放源的爆炸性气体环境相邻，并用非燃烧体的实体墙隔开，其爆炸危险区域的范围划分，宜符合下列规定（图 2.3.14）：

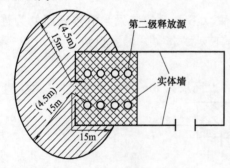

图 2.3.14　与通风不良的房间相邻

一、通风不良的、有第二级释放源的房间范围内划为 1 区；

二、当易燃物质重于空气时，以释放源为中心，半径为 15m 的范围内划为 2 区；

三、当易燃物质轻于空气时，以释放源为中心，半径为 4.5m 的范围内划分为 2 区。

第 2.3.15 条　无释放源的生产装置区与有顶无墙建筑物且有第二级释放源的爆炸性气体环境相邻，并用非燃烧体的实体墙隔开，其爆炸危险区域的范围划分，宜符合下列规定（图 2.3.15-1 及图 2.3.15-2）：

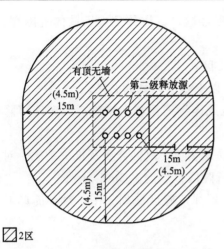

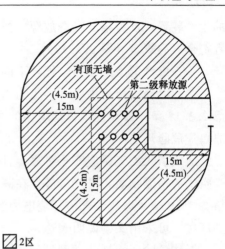

图 2.3.15-1　与有顶无墙建筑物相邻
（门窗位于爆炸危险区域内）

图 2.3.15-2　与有顶无墙建筑物相邻
（门窗位于爆炸危险区域外）

一、当易燃物质重于空气时，以释放源为中心，半径为15m的范围内划为2区；

二、当易燃物质轻于空气时，以释放源为中心，半径为4.5m的范围内划为2区；

三、与爆炸危险区域相邻，用非燃烧体的实体墙隔开的无释放源的生产装置区，门窗位于爆炸危险区域内时划为2区，门窗位于爆炸危险区域外时划为非危险区。

第2.3.16条　无释放源的生产装置区与通风不良的且有第一级释放源的爆炸性气体环境相邻，并用非燃烧体的实体墙隔开，其爆炸危险区域的范围划分，宜符合下列规定（图2.3.16）：

一、第一级释放源上方排风罩内的范围划为1区；

二、当易燃物质重于空气时，1区外半径为15m的范围内划为2区；

三、当易燃物质轻于空气时，1区外半径为4.5m的范围内划为2区。

第2.3.17条　对工艺设备容积不大于95m³、压力不大于3.5MPa、流量不大于38l/s

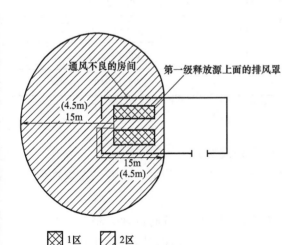

图 2.3.16　释放源上面有排风罩时的
爆炸危险区域范围

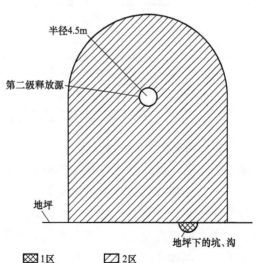

图 2.3.17　易燃液体、液化易燃气体、压缩易燃气体及低温液体释放源位于户外地坪上方

的生产装置，且为第二级释放源，按照生产的实践经验，其爆炸危险区域的范围划分，宜符合下列规定（图 2.3.17）：

一、爆炸危险区域内，地坪下的坑、沟划为 1 区；

二、以释放源为中心，半径为 4.5m，至地坪以上范围内划为 2 区。

第 2.3.18 条 爆炸性气体环境内的车间采用正压或连续通风稀释措施后，车间可降为非爆炸危险环境。

通风引入的气源应安全可靠，且必须是没有易燃物质、腐蚀介质及机械杂质。对重于空气的易燃物质，进气口应设在高出所划爆炸危险区范围的 1.5m 以上处。

第 2.3.19 条 爆炸性气体环境电力装置设计应有爆炸危险区域划分图，对于简单或小型厂房，可采用文字说明表达。

爆炸危险区域划分举例见附录二。

第四节　爆炸性气体混合物的分级、分组

第 2.4.1 条 爆炸性气体混合物，应按其最大试验安全间隙（MESG）或最小点燃电流（MIC）分级，并应符合表 2.4.1 的规定。

表 2.4.1　最大试验安全间隙（MESC）或最小点燃电流（MIC）分级

级　别	最大试验安全间隙(MESC)/mm	最小点燃电流比/MICR
ⅡA	≥0.9	>0.8
ⅡB	≥0.5＜MESC＜0.9	0.45≤MICR≤0.8
ⅡC	≤0.5	＜0.45

注：1. 分级的级别应符合现行国家标准《爆炸性环境用防爆电气设备通用要求》。

2. 最小点燃电流比（MICR）为各种易燃物质按照它们最小点燃电流值与实验室的甲烷的最小电流值之比。

第 2.4.2 条 爆炸性气体混合物应按引燃温度分组，并应符合表 2.4.2 的规定。

表 2.4.2　引燃温度分组

组别	引燃温度 t/℃	组别	引燃温度 t/℃
T1	450＜t	T4	135＜t≤200
T2	300＜t≤450	T5	100＜t≤135
T3	200＜t≤300	T6	85＜t≤100

注：气体或蒸气爆炸性混合物分级分组举例应符合附录三的规定

第五节　爆炸性气体环境的电气装置

第 2.5.1 条 爆炸性气体环境的电力设计应符合下列规定：

一、爆炸性气体环境的电力设计宜将正常运行时发生火花的电气设备，布置在爆炸危险性较小或没有爆炸危险的环境内。

二、在满足工艺生产及安全的前提下，应减少防爆电气设备的数量。

三、爆炸性气体环境内设置的防爆电气设备，必须是符合现行国家标准的产品。

四、不宜采用携带式电气设备。

第 2.5.2 条 爆炸性气体环境电气设备的选择应符合下列规定：

一、根据爆炸危险区域的分区、电气设备的种类和防爆结构的要求，应选择相应的电气设备。

二、选用的防爆电气设备的级别和组别，不应低于该爆炸性气体环境内爆炸性气体混合物的级别和组别。当存在有两种以上易燃性物质形成的爆炸性气体混合物时，应按危险程度较高的级别和组别选用防爆电气设备。

三、爆炸危险区域内的电气设备，应符合周围环境内化学的、机械的、热的、霉菌以及风沙等不同环境条件对电气设备的要求。电气设备结构应满足电气设备在规定的运行条件下不降低防爆性能的要求。

第 2.5.3 条　各种电气设备防爆结构的选型应符合下列规定：

一、旋转电机防爆结构的选型应符合表 2.5.3-1 的规定；

二、低压变压器防爆结构的选型应符合表 2.5.3-2 的规定；

三、低压开关和控制器类防爆结构的选型应符合表 2.5.3-3 的规定；

四、灯具类防爆结构的选型应符合表 2.5.3-4 的规定；

表 2.5.3-1　旋转电机防爆结构的选型

爆炸危险区域〔电气设备〕防爆结构	1 区			2 区			
	隔爆型 d	正压型 p	增安型 e	隔爆型 d	正压型 p	增安型 e	无火花型 n
鼠笼型感应电动机	○	○	△	○	○	○	○
绕线型感应电动机	△	△		○	○	○	X
同步电动机	○	○	X	○	○	○	○
直流电动机	△	△		○	○	○	○
电磁滑差离合器(无电刷)	○	△	X	○	○	○	△

注：1. 表中符号：○为适用；△为慎用；X 为不适用（下同）。

2. 绕线型感应电动机及同步电动机采用增安型时，其主体是增安型防爆结构，发生电火花的部分是隔爆或正压型防爆结构。

3. 无火花型电动机在通风不良及户内具有比空气重的易燃物质区域内慎用。

表 2.5.3-2　低压变压器类防爆结构的选型

爆炸危险区域〔电气设备〕防爆结构	1 区			2 区			
	隔爆型 d	正压型 p	增安型 e	隔爆型 d	正压型 p	增安型 e	充油型 o
变压器(包括起动用)	△	△	X	○	○	○	○
电抗线圈(包括起动用)	△	△	X	○	○	○	○
仪表用互感器	△		X	○		○	○

表 2.5.3-3　低压开关和控制器类防爆结构的选型

爆炸危险区域\防爆结构\电气设备	0 区	1 区					2 区				
	本质安全型 ia	本质安全型 ia,ib	隔爆型 d	正压型 p	充油型 o	增安型 e	本质安全型 ia,ib	隔爆型 d	正压型 p	充油型 o	增安型 e
刀开关、断路器			○					○			
熔断器			△					○			
控制开关及按钮	○	○	○				○	○			
电抗起动器和起动补偿器			△		○	X		○		○	○
起动用金属电阻器			△	△				○	○		
电磁阀用电磁铁			○			X		○			○
电磁摩擦制动器			△			X		○			○
操作箱、柱			○	○				○	○		△
控制盘			△	△				○	○		
配电盘			△					○			

注：1. 电抗起动器和起动补偿器采用增安型时，是指将隔爆结构的起动运转部件与增安型防爆结构的电抗线圈或单绕组变压器组成一体的结构。

2. 电磁摩擦制动器采用隔爆型时，是指将制动片、滚筒等机械部分也装入隔爆壳内者。

3. 在 2 区内电气设备采用隔爆型时，是指除隔爆型外，也包括主要有火花部分为隔爆结构而其外壳部分为增安型的混合结构。

表 2.5.3-4　灯具类防爆结构的选型

爆炸危险区域 防爆结构 电气设备	1　区		2　区	
	隔爆型 d	增安型 e	隔爆型 d	增安型 e
固定式灯	○	X	○	○
移动式灯	△		○	
携带式电池灯	○		○	
指示灯类	○	X	○	○
镇流器	○	△	○	○

五、信号报警装置等电气设备防爆结构的选型应符合表 2.5.3-5 的规定。

表 2.5.3-5　信号、报警装置等电气设备防爆结构的选型

爆炸危险区域 防爆结构 电气设备	0 区	1　　　区					2　　区		
	本质安全型 ia	本质安全型 ia,ib	隔爆型 d	正压型 p	增安型 e	本质安全型 ia,ib	隔爆型 d	正压型 p	增安型 e
信号、报警装置	○	○	○	○	X	○	○	○	○
插接装置			○				○		
接线箱（盒）			○		△		○		○
电气测量表计		○	○	○	X	○	○	○	○

第 2.5.4 条　当选用正压型电气设备及通风系统时，应符合下列要求：

一、通风系统必须用非燃性材料制成，其结构应坚固，连接应严密，并不得有产生气体滞留的死角；

二、电气设备应与通风系统联锁。运行前必须先通风，并应在通风量大于电气设备及其通风系统容积的 5 倍时，才能接通电气设备的主电源；

三、在运行中，进入电气设备及其通风系统内的气体，不应含有易燃物质或其它有害物质；

四、在电气设备及其通风系统运行中，其风压不应低于 50Pa。当风压低于 50Pa 时，应自动断开电气设备的主电源或发出信号；

五、通风过程排出的气体，不宜排入爆炸危险环境；当采取有效地防止火花和炽热颗粒从电气设备及其通风系统吹出的措施时，可排入 2 区空间；

六、对于闭路通风的正压型电气设备及其通风系统，应供给清洁气体；

七、电气设备外壳及通风系统的小门或盖子应采取联锁装置或加警告标志等安全措施；

八、电气设备必须有一个或几个与通风系统相连的进、排气口。排气口在换气后须妥善密封。

第 2.5.5 条 充油型电气设备，应在没有振动、不会倾斜和固定安装的条件下采用。

第 2.5.6 条 在采用非防爆型电气设备作隔墙机械传动时，应符合下列要求：

一、安装电气设备的房间，应用非燃烧体的实体墙与爆炸危险区域隔开；

二、传动轴传动通过隔墙处应采用填料函密封或有同等效果的密封措施；

三、安装电气设备房间的出口，应通向非爆炸危险区域和无火灾危险的环境；当安装电气设备的房间必须与爆炸性气体环境相通时，应对爆炸性气体环境保持相对的正压。

第 2.5.7 条 变、配电所和控制室的设计应符合下列要求：

一、变电所、配电所（包括配电室，下同）和控制室应布置在爆炸危险区域范围以外，当为正压室时，可布置在 1 区、2 区内。

二、对于易燃物质比空气重的爆炸性气体环境，位于 1 区、2 区附近的变电所、配电所和控制室的室内地面，应高出室外地面 0.6m。

第 2.5.8 条 爆炸性气体环境电气线路的设计和安装应符合下列要求：

一、电气线路应在爆炸危险性较小的环境或远离释放源的地方敷设。

1. 当易燃物质比空气重时，电气线路应在较高处敷设或直接埋地；架空敷设时宜采用电缆桥架；电缆沟敷设时沟内应充砂，并宜设置排水措施。

2. 当易燃物质比空气轻时，电气线路宜在较低处敷设或电缆沟敷设。

3. 电气线路宜在有爆炸危险的建、构筑物的墙外敷设。

二、敷设电气线路的沟道、电缆或钢管，所穿过的不同区域之间墙或楼板处的孔洞，应采用非燃性材料严密堵塞。

三、当电气线路沿输送易燃气体或液体的管道栈桥敷设时，应符合下列要求：

1. 沿危险程度较低的管道一侧；

2. 当易燃物质比空气重时，在管道上方；比空气轻时，在管道的下方。

四、敷设电气线路时宜避开可能受到机械损伤、振动、腐蚀以及可能受热的地方，不能避开时，应采取预防措施。

五、在爆炸性气体环境内，低压电力、照明线路用的绝缘导线和电缆的额定电压，必须不低于工作电压，且不应低于 500V。工作中性线的绝缘的额定电压应与相线电压相等，并应在同一护套或管子内敷设。

六、在 1 区内单相网络中的相线及中性线均应装设短路保护，并使用双极开关同时切断相线及中性线。

七、在 1 区内应采用铜芯电缆；在 2 区内宜采用铜芯电缆，当采用铝芯电缆时，与电气设备的连接应有可靠的铜-铝过渡接头等措施。

八、选用电缆时应考虑环境腐蚀、鼠类和白蚁危害以及周围环境温度及用电设备进线盒方式等因素。在架空桥架敷设时宜采用阻燃电缆。

九、对（3~10）kV 电缆线路，宜装设零序电流保护；在 1 区内保护装置宜动作于跳闸；在 2 区内宜作用于信号。

第 2.5.9 条 本质安全系统的电路应符合下列要求：

一、当本质安全系统电路的导体与其它非本质安全系统电路的导体接触时，应采取适当预防措施。不应使接触点处产生电弧或电流增大、产生静电或电磁感应。

二、连接导线当采用铜导线时，引燃温度为 T1～T4 组时，其导线截面与最大允许电流应符合表 2.5.9 的规定。

表 2.5.9　铜导线截面与最大允许电流（适用于 T1～T4 组）

导线截面/mm²	0.017	0.03	0.09	0.19	0.28	0.44
最大允许电流/A	1.0	1.65	3.3	5.0	6.6	8.3

三、导线绝缘的耐压强度应为 2 倍额定电压，最低为 500V。

第 2.5.10 条　除本质安全系统的电路外，在爆炸性气体环境 1 区、2 区内电缆配线的技术要求，应符合表 2.5.10 的规定。

明设塑料护套电缆，当其敷设方式采用能防止机械损伤的电缆槽板、托盘或桥架方式时，可采用非铠装电缆。

在易燃物质比空气轻且不存在会受鼠、虫等损害情形时，在 2 区电缆沟内敷设的电缆可采用非铠装电缆。

表 2.5.10　爆炸性气体环境电缆配线技术要求

项　目 技术要求 爆炸危险区域	电缆明设或在沟内敷设时的最小截面			接线盒	移动电缆
	电力	照明	控制		
1 区	铜芯 2.5mm² 及以上	铜芯 2.5mm² 及以上	铜芯 2.5mm² 及以上	防爆型	重型
2 区	铜芯 1.5mm² 及以上，或铝芯 4mm² 及以上	铜芯 1.5mm² 及以上，或铝芯 2.5mm² 及以上	铜芯 1.5mm² 及以上	隔爆、增安型	中型

铝芯绝缘导线或电缆的连接与封端应采用压接、熔焊或钎焊，当与电气设备（照明灯具除外）连接时，应采用适当的过渡接头。

在 1 区内电缆线路严禁有中间接头，在 2 区内不应有中间接头。

第 2.5.11 条　除本质安全系统的电路外，在爆炸性气体环境 1 区、2 区内电压为 1000V 以下的钢管配线的技术要求，应符合表 2.5.11 的规定。

表 2.5.11　爆炸危险环境钢管配线技术要求

项　目 技术要求 爆炸危险区域	钢管明配线路用绝缘导线的最小截面			接线盒分支盒挠性连接管	管子连接要求
	电力	照明	控制		
1 区	铜芯 2.5mm² 及以上	铜芯 2.5mm² 及以上	铜芯 2.5mm² 及以上	隔爆型	对 Dg25mm 及以下的钢管螺纹旋合不应少于 5 扣，对 Dg32mm 及以上的不应少于 6 扣并有锁紧螺母

项　目 技术要求 爆炸危险区域	钢管明配线路用绝缘导线的 最小截面			接线盒分 支盒挠性 连接管	管子连接要求
	电力	照明	控制		
2区	铜芯 1.5mm² 及以上，铝芯 4mm² 及以上	铜芯 1.5mm² 及以上，铝芯 2.5mm² 及以上	铜芯 1.5mm² 及以上	隔爆、 增安型	对 Dg25mm 及以下的螺纹 旋合不应少于 5 扣，对 Dg32mm 及以上的不应少于 6 扣

钢管应采用低压流体输送用镀锌焊接钢管。

为了防腐蚀，钢管连接的螺纹部分应涂以铅油或磷化膏。

在可能凝结冷凝水的地方，管线上应装设排除冷凝水的密封接头。

与电气设备的连接处宜采用挠性连接管。

第 2.5.12 条　在爆炸性气体环境 1 区、2 区内钢管配线的电气线路必须作好隔离密封，且应符合下列要求。

一、爆炸性气体环境 1 区、2 区内，下列各处必须作隔离密封：

1. 当电气设备本身的接头部件中无隔离密封时，导体引向电气设备接头部件前的管段处；

2. 直径 50mm 以上钢管距引入的接线箱 450mm 以内处，以及直径 50mm 以上钢管每距 15m 处；

3. 相邻的爆炸性气体环境 1 区、2 区之间；爆炸性气体环境 1 区、2 区与相邻的其它危险环境或正常环境之间。

进行密封时，密封内部应用纤维作填充层的底层或隔层，以防止密封混合物流出，填充层的有效厚度必须大于钢管的内径。

二、供隔离密封用的连接部件，不应作为导线的连接或分线用。

第 2.5.13 条　在爆炸性气体环境 1 区、2 区内，绝缘导线和电缆截面的选择，应符合下列要求：

一、导体允许载流量，不应小于熔断器熔体额定电流的 1.25 倍，和自动开关长延时过电流脱扣器整定电流的 1.25 倍（本款 2 项情况除外）。

二、引向电压为 1000V 以下鼠笼型感应电动机支线的长期允许载流量，不应小于电动机额定电流的 1.25 倍。

第 2.5.14 条　10kV 及以下架空线路严禁跨越爆炸性气体环境，架空线路与爆炸性气体环境的水平距离，不应小于杆塔高度的 1.5 倍。在特殊情况下，采取有效措施后，可适当减少距离。

第 2.5.15 条　爆炸性气体环境接地设计应符合下列要求。

一、按有关电力设备接地设计技术规程规定不需要接地的下列部分，在爆炸性气体环境内仍应进行接地：

1. 在不良导电地面处，交流额定电压为 380V 及以下和直流额定电压为 440V 及以下的电气设备正常不带电的金属外壳；

2. 在干燥环境，交流额定电压为 127V 及以下，直流电压为 110V 及以下的电气设备正常不带电的金属外壳；

3. 安装在已接地的金属结构上的电气设备。

二、在爆炸危险环境内，电气设备的金属外壳应可靠接地。爆炸性气体环境 1 区内的所有电气设备以及爆炸性气体环境 2 区内除照明灯具以外的其它电气设备，应采用专门的接地线。该接地线若与相线敷设在同一保护管内时，应具有与相线相等的绝缘。此时爆炸性气体环境的金属管线，电缆的金属包皮等，只能作为辅助接地线。

爆炸性气体环境 2 区内的照明灯具，可利用有可靠电气连接的金属管线系统作为接地线，但不得利用输送易燃物质的管道。

三、接地干线应在爆炸危险区域不同方向不少于两处与接地体连接。

四、电气设备的接地装置与防止直接雷击的独立避雷针的接地装置应分开设置，与装设在建筑物上防止直接雷击的避雷针的接地装置可合并设置；与防雷电感应的接地装置亦可合并设置。接地电阻值应取其中最低值。

第三章　爆炸性粉尘环境

第一节　一般规定

第 3.1.1 条　对用于生产、加工、处理、转运或贮存过程中出现或可能出现爆炸性粉尘、可燃性导电粉尘、可燃性非导电粉尘和可燃纤维与空气形成的爆炸性粉尘混合物环境时，应进行爆炸性粉尘环境的电力设计。

第 3.1.2 条　在爆炸性粉尘环境中粉尘应分为下列四种。

一、爆炸性粉尘：这种粉尘即使在空气中氧气很少的环境中也能着火，呈悬浮状态时能产生剧烈的爆炸，如镁、铝、铝青铜等粉尘。

二、可燃性导电粉尘：与空气中的氧起发热反应而燃烧的导电性粉尘，如石墨、炭黑、焦炭、煤、铁、锌、钛等粉尘。

三、可燃性非导电粉尘：与空气中的氧起发热反应而燃烧的非导电性粉尘，如聚乙烯、苯酚树脂、小麦、玉米、砂糖、染料、可可、木质、米糠、硫黄等粉尘。

四、可燃纤维：与空气中的氧起发热反应而燃烧的纤维，如棉花纤维、麻纤维、丝纤维、毛纤维、木质纤维、人造纤维等。

第 3.1.3 条　在爆炸性粉尘环境中出现的粉尘应按引燃温度分组，并应符合表 3.1.3 的规定。

表 3.1.3　引燃温度分组

温 度 组 别	引燃温度 $t/℃$
T11	$t > 270$
T12	$200 < t \leqslant 270$
T12	$150 < t \leqslant 200$

注：确定粉尘温度组别时，应取粉尘云的引燃温度和粉尘层的引燃温度两者中的低值。

第 3.1.4 条　在爆炸性粉尘环境中，产生爆炸必须同时存在下列条件：

一、存在爆炸性粉尘混合物其浓度在爆炸极限以内；

二、存在足以点燃爆炸性粉尘混合物的火花、电弧或高温。

第 3.1.5 条　在爆炸性粉尘环境中应采取下列防止爆炸的措施：

一、防止产生爆炸的基本措施，应是使产生爆炸的条件同时出现的可能性减小到最小程度。

二、防止爆炸危险，应按照爆炸性粉尘混合物的特征，采取相应的措施。爆炸性粉尘混合物的爆炸下限随粉尘的分散度、湿度、挥发性物质的含量、灰分的含量、火源的性质和温度等而变化。

三、在工程设计中应先取下列消除或减少爆炸性粉尘混合物产生和积聚的措施：

1. 工艺设备宜将危险物料密封在防止粉尘泄漏的容器内；

2. 宜采用露天或开敞式布置，或采用机械除尘或通风措施；

3. 宜限制和缩小爆炸危险区域的范围，并将可能释放爆炸性粉尘的设备单独集中布置；

4. 提高自动化水平，可采用必要的安全联锁；

5. 爆炸危险区域应设有两个以上出入口，其中至少有一个通向非爆炸危险区域，其出入口的门应向爆炸危险性较小的区域侧开启；

6. 应定期清除沉积的粉尘；

7. 应限制产生危险温度及火花，特别是由电气设备或线路产生的过热及火花。应选用防爆或其他防护类型的电气设备及线路；

8. 可增加物料的湿度，降低空气中粉尘的悬浮量。

第二节　爆炸性粉尘环境危险区域划分

第 3.2.1 条　爆炸性粉尘环境应根据爆炸性粉尘混合物出现的频繁程度和持续时间，按下列规定进行分区。

一、10 区：连续出现或长期出现爆炸性粉尘环境；

二、11 区：有时会将积留下的粉尘扬起而偶然出现爆炸性粉尘混合物的环境。

第 3.2.2 条　爆炸危险区域的划分应按爆炸性粉尘的量、爆炸极限和通风条件确定。

第 3.2.3 条　符合下列条件之一时，可划为非爆炸危险区域：

一、装有良好除尘效果的除尘装置，当该除尘装置停车时，工艺机组能联锁停车；

二、设有为爆炸性粉尘环境服务，并用墙隔绝的送风机室，其通向爆炸性粉尘环境的风道设有能防止爆炸性粉尘混合物侵入的安全装置，如单向流通风道及能阻火的安全装置；

三、区域内使用爆炸性粉尘的量不大，且在排风柜内或风罩下进行操作。

第 3.2.4 条　为爆炸性粉尘环境服务的排风机室，应与被排风区域的爆炸危险区域等级相同。

第三节　爆炸性粉尘环境危险区域的范围

第 3.3.1 条　爆炸性粉尘环境的范围，应根据爆炸性粉尘的量、释放率、浓度和物理特性，以及同类企业相似厂房的实践经验等确定。

第3.3.2条　爆炸性粉尘环境在建筑物内部，宜以厂房为单位确定范围。

第四节　爆炸性粉尘环境的电气装置

第3.4.1条　爆炸性粉尘环境的电力设计应符合下列规定：

一、爆炸性粉尘环境的电力设计，宜将电气设备和线路，特别是正常运行时能发生火花的电气设备，布置在爆炸性粉尘环境以外。当需设在爆炸性粉尘环境内时，应布置在爆炸危险性较小的地点。在爆炸性粉尘环境内，不宜采用携带式电气设备。

二、爆炸性粉尘环境内的电气设备和线路，应符合周围环境内化学的、机械的、热的、霉菌以及风沙等不同环境条件对电气设备的要求。

三、在爆炸性粉尘环境内，电气设备最高允许表面温度应符合表3.4.1的规定。

表3.4.1　电气设备最高允许表面温度

引燃温度组别	无过负荷的设备	有过负荷的设备
T11	215℃	195℃
T12	160℃	145℃
T13	120℃	110℃

四、在爆炸性粉尘环境采用非防爆型电气设备进行隔墙机械传动时，应符合下列要求：

1. 安装电气设备的房间，应采用非燃烧体的实体墙与爆炸性粉尘环境隔开；

2. 应采用通过隔墙由填实函密封或同等效果密封措施的传动轴传动；

3. 安装电气设备房间的出口，应通向非爆炸和无火灾危险的环境；当安装电气设备的房间必须与爆炸性粉尘环境相通时，应对爆炸性粉尘环境保持相对的正压。

五、爆炸性粉尘环境内，有可能过负荷的电气设备，应装设可靠的过负荷保护。

六、爆炸性粉尘环境内的事故排风用电动机，应在生产发生事故情况下便于操作的地方设置事故起动按钮等控制设备。

七、在爆炸性粉尘环境内，应少装插座和局部照明灯具。如必须采用时，插座宜布置在爆炸性粉尘不易积聚的地点，局部照明灯宜布置在事故时气流不易冲击的位置。

第3.4.2条　防爆电气设备选型。除可燃性非导电粉尘和可燃纤维的11区环境采用防尘结构（标志为DP）的粉尘防爆电气设备外，爆炸性粉尘环境10区及其它爆炸性粉尘环境11区均采用尘密结构（标志为DT）的粉尘防爆电气设备，并按照粉尘的不同引燃温度选择不同引燃温度组别的电气设备。

第3.4.3条　爆炸性粉尘环境电气线路的设计和安装应符合下列要求：

一、电气线路应在爆炸危险性较小的环境处敷设。

二、敷设电气线路的沟道、电缆或钢管，在穿过不同区域之间墙或楼板处的孔洞，应采用非燃性材料严密堵塞。

三、敷设电气线路时宜避开可能受到机械损伤、振动、腐蚀以及可能受热的地方，如不能避开时，应采取预防措施。

四、爆炸性粉尘环境 10 区内高压配线应采用铜芯电缆；爆炸性粉尘环境 11 区内高压配线除用电设备和线路有剧烈振动者外，可采用铝芯电缆。

爆炸性粉尘环境 10 区内全部的和爆炸性粉尘环境 11 区内有剧烈振动的，电压为 1000V 以下用电设备的线路，均应采用铜芯绝缘导线或电缆。

五、爆炸性粉尘环境 10 区内绝缘导线和电缆的选择应符合下列要求：

1. 绝缘导线和电缆的导体允许载流量不应小于熔断器熔体额定电流的 1.25 倍，和自动开关长延时过电流脱扣器整定电流的 1.25 倍（本款第 2 项情况除外）；

2. 引向电压为 1000V 以下鼠笼型感应电动机的支线的长期允许载流量，不应小于电动机额定电流的 1.25 倍；

3. 电压为 1000V 以下的导线和电缆，应按短路电流进行热稳定校验。

六、在爆炸性粉尘环境内，低压电力、照明线路用的绝缘导线和电缆的额定电压，必须不低于网络的额定电压，且不应低于 500V。工作中性线绝缘的额定电压应与相线的额定电压相等，并应在同一护套或管子内敷设。

七、在爆炸性粉尘环境 10 区内，单相网络中的相线及中性线均应装设短路保护，并使用双极开关同时切断相线和中性线。

八、爆炸性粉尘环境 10 区、11 区内电缆线路不应有中间接头。

九、选用电缆时应考虑环境腐蚀、鼠类和白蚁危害以及周围环境温度及用电设备进线盒方式等因素。在架空桥架敷设时宜采用阻燃电缆。

十、对（3～10）kV 电缆线路应装设零序电流保护；保护装置在爆炸性粉尘环境 10 区内宜动作于跳闸，在爆炸性粉尘环境 11 区内宜作用于信号。

第 3.4.4 条 电压为 1000V 以下的电缆配线技术要求，应符合表 3.4.4 规定。

表 3.4.4 爆炸性粉尘环境电缆配线技术要求

技术要求　　项目　爆炸危险区域	电缆的最小截面	移动电缆
10 区	铜芯 2.5mm² 及以上	重　型
11 区	铜芯 1.5mm² 及以上 铝芯 2.5mm² 及以上	中　型

注：铝芯绝缘导线或电缆的连接与封端应采用压接。

第 3.4.5 条 在爆炸性粉尘环境内，严禁采用绝缘导线或塑料管明设。当采用钢管配线时，电压为 1000V 以下的钢管配线的技术要求，应符合表 3.4.5 规定。

钢管应采用低压流体输送用镀锌焊接钢管。为了防腐蚀，钢管连接的螺纹部分应涂以铅油或磷化膏。在可能凝结冷凝水的地方，管线上应装设排除冷凝水的密封接头。

表 3.4.5　爆炸性粉尘环境钢管配线技术要求

项目 技术要求 爆炸危险区域	绝缘导线的最小截面	接线盒、分支盒	管子连接要求
10 区	铜芯 2.5mm² 及以上	尘密型	螺纹旋合应不少于 5 扣
11 区	铜芯 1.5mm² 及以上 铝芯 2.5mm² 及以上	尘密型，也可采用防尘型	螺纹旋合应不少于 5 扣

注：尘密型是规定标志为 DT 的粉尘防爆类型；防尘型是规定标志为 DP 的粉尘防爆类型。

第 3.4.6 条　在 10 区内敷设绝缘导线时，必须在导线引向电气设备接头部件，以及与相邻的其他区域之间作隔离密封。供隔离密封用的连接部件，不应作为导线的连接或分线用。

第 3.4.7 条　爆炸性粉尘环境接地设计应符合下列要求。

一、按有关电力设备接地设计技术规程，不需要接地的下列部分，在爆炸性粉尘环境内，仍应进行接地；

1. 在不良导电地面处，交流额定电压为 380V 及以下和直流额定电压 440V 及以下的电气设备正常不带电的金属外壳；

2. 在干燥环境，交流额定电压为 127V 及以下，直流额定电压为 110V 及以下的电气设备正常不带电的金属外壳；

3. 安装在已接地的金属结构上的电气设备。

二、爆炸性粉尘环境内电气设备的金属外壳应可靠接地。爆炸性粉尘环境 10 区内的所有电气设备，应采用专门的接地线，该接地线若与相线敷设在同一保护管内时，应具有与相线相等的绝缘。电缆的金属外皮及金属管线等只作为辅助接地线。爆炸性粉尘环境 11 区内的所有电气设备，可利用有可靠电气连接的金属管线或金属构件作为接地线，但不得利用输送爆炸危险物质的管道。

三、为了提高接地的可靠性，接地干线宜在爆炸危险区域不同方向且不少于两处与接地体连接。

四、电气设备的接地装置与防止直接雷击的独立避雷针的接地装置应分开设置，与装设在建筑物上防止直接雷击的避雷针的接地装置可合并设置；与防雷电感应的接地装置亦可合并设置。接地电阻值应取其中最低值。

第四章　火灾危险环境

第一节　一般规定

第 4.1.1 条　对于生产、加工、处理、转运或贮存过程中出现或可能出现下列火灾危险物质之一时，应进行火灾危险环境的电力设计。

一、闪点高于环境温度的可燃液体；在物料操作温度高于可燃液体闪点的情况下，有可能泄漏但不能形成爆炸性气体混合物的可燃液体。

二、不可能形成爆炸性粉尘混合物的悬浮状、堆积状可燃粉尘或可燃纤维以及其它固体状可燃物质。

第 4.1.2 条　在火灾危险环境中能引起火灾危险的可燃物质宜为下列四种：

一、可燃液体：如柴油、润滑油、变压器油等。

二、可燃粉尘：如铝粉、焦炭粉、煤粉、面粉、合成树脂粉等。

三、固体状可燃物质：如煤、焦炭、木等。

四、可燃纤维：如棉花纤维、麻纤维、丝纤维、毛纤维、木质纤维、合成纤维等。

第二节　火灾危险区域划分

第 4.2.1 条　火灾危险环境应根据火灾事故发生的可能性和后果，以及危险程度及物质状态的不同，按下列规定进行分区。

一、21 区：具有闪点高于环境温度的可燃液体，在数量和配置上能引起火灾危险的环境。

二、22 区：具有悬浮状、堆积状的可燃粉尘或可燃纤维，虽不可能形成爆炸混合物，但在数量和配置上能引起火灾危险的环境。

三、23 区：具有固体状可燃物质，在数量和配置上能引起火灾危险的环境。

第三节　火灾危险环境的电气装置

第 4.3.1 条　火灾危险环境的电气设备和线路，应符合周围环境内化学的、机械的、热的、霉菌及风沙等环境条件对电气设备的要求。

第 4.3.2 条　在火灾危险环境内，正常运行时有火花的和外壳表面温度较高的电气设备，应远离可燃物质。

第 4.3.3 条　在火灾危险环境内，不宜使用电热器。当生产要求必须使用电热器时，应将其安装在非燃材料的底板上。

第 4.3.4 条　在火灾危险环境内，应根据区域等级和使用条件，按表 4.3.4 选择相应类型的电气设备。

表 4.3.4　电气设备防护结构的选型

防护结构　火灾危险区域　电气设备		21 区	22 区	23 区
电机	固定安装	IP44	IP54	IP21
电机	移动式、携带式	IP54	IP54	IP54
电器和仪表	固定安装	充油型、IP54、IP44	IP54	IP44
电器和仪表	移动式、携带式	IP54	IP54	IP44
照明灯具	固定安装	IP2X	IP5X	IP2X
照明灯具	移动式、携带式		IP5X	IP2X
配电装置		IP5X	IP5X	IP2X
接线盒		IP5X	IP5X	IP2X

注：1. 在火灾危险环境 21 区内固定安装的正常运行时有滑环等火花部件的电机，不宜采用 IP44 结构。

2. 在火灾危险环境 23 区内固定安装的正常运行时有滑环等火花部件的电机 不应采用 IP21 型结构，而应采用 IP44 型。

3. 在火灾危险环境 21 区内固定安装的正常运行时有火花部件的电器和仪表，不宜采用 IP44 型。

4. 移动式和携带式照明灯具的玻璃罩，应有金属网保护。

5. 表中防护等级的标志应符合现行国家标准《外壳防护等级的分类》的规定。

第4.3.5条　电压为10kV及以下的变电所、配电所，不宜设在有火灾危险区域的正上面或正下面。若与火灾危险区域的建筑物毗连时，应符合下列要求：

一、电压为（1~10）kV配电所可通过走廊或套间与火灾危险环境的建筑物相通，通向走廊或套间的门应为难燃烧体的。

二、变电所与火灾危险环境建筑物共用的隔墙应是密实的非燃烧体。管道和沟道穿过墙和楼板处，应采用非燃烧性材料严密堵塞。

三、变压器室的门窗应通向非火灾危险环境。

第4.3.6条　在易沉积可燃粉尘或可燃纤维的露天环境，设置变压器或配电装置时应采用密闭型的。

第4.3.7条　露天安装的变压器或配电装置的外廓距火灾危险环境建筑物的外墙在10m以内时，应符合下列要求：

一、火灾危险环境靠变压器或配电装置一侧的墙应为非燃烧体的；

二、在变压器或配电装置高度加3m的水平线以上，其宽度为变压器或配电装置外廓两侧各加3m的墙上，可安装非燃烧体的装有铁丝玻璃的固定窗。

第4.3.8条　火灾危险环境电气线路的设计和安装应符合下列要求：

一、在火灾危险环境内，可采用非铠装电缆或钢管配线明敷设。在火灾危险环境21区或23区内，可采用硬塑料管配线。在火灾危险环境23区内，当远离可燃物质时，可采用绝缘导线在针式或鼓形瓷绝缘子上敷设。

沿未抹灰的木质吊顶和木质墙壁敷设的以及木质闷顶内的电气线路应穿钢管明设。

二、在火灾危险环境内，电力、照明线路的绝缘导线和电缆的额定电压，不应低于线路的额定电压，且不低于500V。

三、在火灾危险环境内，当采用铝芯绝缘导线和电缆时，应有可靠的连接和封端。

四、在火灾危险环境21区或22区内，电动起重机不应采用滑触线供电；在火灾危险环境23区内，电动起重机可采用滑触线供电，但在滑触线下方不应堆置可燃物质。

五、移动式和携带式电气设备的线路，应采用移动电缆或橡套软线。

六、在火灾危险环境内，当需采用裸铝、裸铜母线时，应符合下列要求：

1. 不需拆卸检修的母线连接处，应采用熔焊或钎焊；

2. 母线与电气设备的螺栓连接应可靠，并应防止自动松脱；

3. 在火灾危险21区和23区内，母线宜装设保护罩，当采用金属网保护罩时，应采用IP2X结构；在火灾危险环境22区内母线应有IP5X结构的外罩；

4. 当露天安装时，应有防雨、雪措施。

七、10kV及以下架空线路严禁跨越火灾危险区域。

第4.3.9条　火灾危险环境接地设计应符合下列要求：

一、在火灾危险环境内的电气设备的金属外壳应可靠接地。

二、接地干线应不少于两处与接地体连接。

附录一　名词解释

本规范用词	解　释
闪点（flash-point）	标准条件下能使液体释放出足够的蒸气而形成能发生闪燃的爆炸性气体混合物的液体最低温度
引燃温度（ignition temperature）	按照标准试验方法,引燃爆炸性混合物的最低温度
环境温度（ambient temperature）	指所划区域内历年最热月平均最高温度
易燃物质（flammable material）	指易燃气体、蒸气、液体或薄雾
易燃气体（flammable gas）	以一定比例与空气混合后而形成的爆炸性气体混合物的气体
易燃液体（flammable liquid）	在可预见的使用条件下能产生易燃蒸气或薄雾,闪点低于45℃的液体
易燃薄雾（flammable mist）	弥散在空气中的易燃液体的微滴
爆炸性气体混合物（explosive gas mixture）	大气条件下气体、蒸气、薄雾状的易燃物质与空气的混合物,点燃后燃烧将在全范围内传播
爆炸性气体环境（explosive gas atmosphere）	含有爆炸性气体混合物的环境
爆炸极限（explosive limits） 1. 爆炸下限（lower explosive limit） 2. 爆炸上限（upper explosive limit）	易燃气体、蒸气或薄雾在空气中形成爆炸性气体混合物的最低浓度 易燃气体、蒸气或薄雾在空气中形成爆炸性气体混合物的最高浓度
爆炸危险区域（hazardous area）	爆炸性混合物出现的或预期可能出现的数量达到足以要求对电气设备的结构、安装和使用采取预防措施的区域
非爆炸危险区域（nonhaz ardous area）	爆炸性混合物预期出现的数量不足以要求对电气设备的结构、安装和使用采取预防措施的区域
区（zone）	爆炸危险区域的全部或部分 注:按照爆炸性混合物出现的频繁程度和持续时间,可分为不同危险程度的若干区
释放源（source of release）	可释放出能形成爆炸性混合物的物质所在的位置或地点: 注:在确定释放源时,不应考虑工艺容器、大型管道或贮罐等的毁坏性事故,如炸裂等
自然通风环境（natural ventilation atmosphere）	由于天然风力或温差的作用能使新鲜空气置换原有混合物的区域
机械通风环境（artificial ventilation atmosphere）	用风扇、排风机等装置使新鲜空气置换原有混合物的区域
爆炸性粉尘混合物（explosive dust mixture）	大气条件下粉尘或纤维状易燃物质与空气的混合物,点燃后燃烧将在全范围内传播
爆炸性粉尘环境（explosive dust atmosphere）	含有爆炸性粉尘混合物的环境
火灾危险环境（fire hazardous atmosphere）	存在火灾危险物质以致有火灾危险的区

附录二　爆炸危险区域划分示例图及爆炸危险区域划分条件表

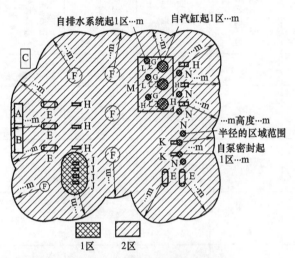

A—正压控制室;H—泵(正常运行时不可能释放的密封);
B—正压配电室;J—泵(正常运行时有可能释放的密封);
C—车　间;K—泵(正常运行时有可能释放的密封);
E—容　器;L—往复式压缩机;
F—蒸馏塔;M—压缩机房(开敞式建筑);
G—分析室(正压或吹净);N—放空口(高处或低处)

平面图

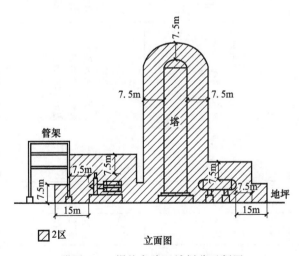

立面图

附图 2.1　爆炸危险区域划分示例图

附表 2.1　爆炸危险区域划分条件表

工艺设备项目			易燃物质	工艺温度和压力	易燃物质容器的说明	通风	释放源		水平距离从释放源至①			根据	备注
编号	种类	地点					说明	级别	0区的界限	1区的界限	2区的界限		
E52	氢容器	户外	氢	30℃ 2500kPa	具有阀门和向外放空阀的密闭系统	自然（开敞式）	法兰和阀密封（见备注栏）	第二级			m		由于法兰密封垫或阀门密封引起故障引起的释放（不正常）
J29	二甲苯泵	户外	二甲苯	60℃ 300kPa	具有阀门和排水设备的密闭系统，机械密封和节流阀	自然（开敞式）	法兰和阀密封（见备注栏）	第二级			—m		由于法兰密封垫或阀门密封引起的释放（不正常）
							机械密封（见备注）	第一级／第二级（多级别）		—m			正常运行时少量的释放。密封故障造成较大的释放（不正常）
J94	乙烯压缩机（往复式）	开敞式建筑物	乙烯	70℃ 2000kPa	具有密封和压盖的放空口和冷却排水点的密闭系统	自然（相当于开敞式）	法兰、密封、压盖和阀密封（见备注栏）	第二级			—m		由于法兰密封垫、密封或压盖阀门密封造成故障造成的释放（不正常）
							放空口和排水点（见备注栏）	第一级／第二级（多级别）		—m			正常运行时少量的释放；由于不正常操作可能出现的大量释放（不正常）
132	固定顶盖罐	户外	汽油	周围环境	除用于真空压力阀外的密闭系统	自然（开敞式）	罐的放空口（见备注栏）	连续级／第一级／第二级（多级别）	在蒸气空间内为0区	—m	—m	××规定第×条	正常加料时放空气；可能在不正常情况下加过物料

注：①垂直距离也应记录。

附录三　气体或蒸气爆炸性混合物分级分组举例

附表 3.1

序号	物质名称	分子式	组别
	ⅡA级		
	一、烃类		
	链烷类		
1	甲烷	CH_4	T1
2	乙烷	C_2H_6	T1
3	丙烷	C_3H_8	T1
4	丁烷	C_4H_{10}	T2
5	戊烷	C_5H_{12}	T3
6	己烷	C_6H_{14}	T3
7	庚烷	C_7H_{16}	T3
8	辛烷	C_8H_{18}	T3
9	壬烷	C_9H_{20}	T3
10	癸烷	$C_{10}H_{20}$	T3
11	环丁烷	$CH_2(CH_2)_2CH_2$	—
12	环戊烷	$CH_2(CH_2)_3CH_2$	T3
13	环己烷	$CH_2(CH_2)_4CH_2$	T3
14	环庚烷	$CH_2(CH_2)_5CH_2$	—
15	甲基环丁烷	$CH_3CH(CH_2)_2CH_2$	—
16	甲基环戊烷	$CH_3CH(CH_2)_3CH_2$	T2
17	甲基环己烷	$CH_3CH(CH_2)_4CH_2$	T3
18	乙基环丁烷	$C_2H_5CH(CH_2)_2CH_2$	T3
19	乙基环戊烷	$C_2H_5CH(CH_2)_3CH_2$	T3
20	乙基环己烷	$C_2H_5CH(CH_2)_4CH_2$	T3
21	萘烷（＋氢化萘）	$CH_2(CH_2)_3CHCH(CH_2)_3CH_2$	T3
	链烯类		
22	丙烯	$CH_3CH=CH_2$	T2
	芳烃类		
23	苯乙烯	$C_6H_5CH=CH_2$	T1
24	异丙烯基苯（甲基苯乙烯）		T1
	苯类	$C_6H_5C(CH_3)=CH_2$	T1
25	苯	C_6H_6	T1
26	甲苯	$C_6H_5CH_3$	T1
27	二甲苯	$C_6H_4(CH_3)_2$	T1
28	乙苯	$C_6H_5C_5H_5$	T2
29	三甲苯	$C_6H_3(CH_3)_5$	T1
30	萘	$C_{10}H_3$	T1
31	异丙苯（异丙基苯）	$C_6H_5CH(CH_3)_2$	T2
32	甲基·异丙基苯	$(CH_3)_2CHC_6H_4CH_3$	T2
	混合烃类		
33	甲烷（工业用）[①]		T1
34	松节油		T3
35	石脑油		T3
36	煤焦油石脑油		T3
37	石油（包括车用汽油）		T3
38	洗涤汽油		T3
39	燃料油		T3
40	煤油		T3
41	柴油		T3
42	动力苯		T1

序号	物质名称	分子式	组别
		ⅡA级	
	二、含氧化合物氧化物（包括醚）		
43	一氧化碳[②]	CO	T1
44	二丙醚	$(C_3H_7)_2O$	
	醇类和酚类		
45	甲醇	CH_3OH	T2
46	乙醇	C_2H_5OH	T2
47	丙醇	C_3H_7OH	T2
48	丁醇	C_4H_9OH	T2
49	戊醇	$C_5H_{11}OH$	T3
50	己醇	$C_6H_{13}OH$	T3
51	庚醇	$C_7H_{15}OH$	
52	辛醇	$C_8H_{17}OH$	
53	壬醇	$C_9H_{19}OH$	
54	环己醇	$CH_2(CH_2)_4CHOH$	T3
55	甲基环己醇	$CH_3CH(CH_2)_4CHOH$	T3
56	苯酚	C_6H_5OH	T1
57	甲酚	$CH_3C_6H_4OH$	T1
58	4-羟基-4-甲基戊酮（双丙酮醇）	$(CH_3)_2C(OH)CH_2COCH_3$	T1
	醛类		
59	乙醛	CH_3CHO	T4
60	聚乙醛	$(CH_3CHO)_n$	
	酮类		
61	丙酮	$(CH_3)_2CO$	T1
62	2-丁酮（乙基甲基酮）	$C_2H_5COCH_3$	T1
63	2-戊酮（甲基·丙基酮）	$C_3H_7COCH_3$	T1
64	2-己酮（甲基·丁基酮）	$C_4H_9COCH_3$	T1
65	戊基甲基酮	$C_5H_{11}COCH_3$	
66	戊间二酮（乙酰丙酮）	$CH_3COCH_2COCH_3$	T2
67	环己酮	$CH_2(CH_2)_4CO$	T2
	酯类		
68	甲酸甲酯	$HCOOCH_3$	T2
69	甲酸乙酯	$HCOOC_2H_5$	T2
70	醋酸甲酯	CH_3COOCH_3	T1
71	醋酸乙酯	$CH_3COOC_2H_5$	T2
72	醋酸丙酯	$CH_3COOC_3H_7$	T2
73	醋酸丁酯	$CH_3COOC_4H_3$	T2
74	醋酸戊酯	$CH_3COOC_5H_{11}$	T2
75	甲基丙烯酸甲酯（异丁烯酸甲酯）	$CH_2{=}C(CH_3)COOCH_3$	T2
76	甲基丙烯酸乙酯（异丁烯酸乙酯）	$CH_2{=}C(CH_3)COOC_2H_5$	
77	醋酸乙烯酯	$CH_3COOCH{=}CH_2$	T2
78	乙酰基醋酸乙酯	$CH_3COCH_2COOC_2H_5$	T2
	酸类		
79	醋酸	CH_3COOH	T1
	三、含卤化合物		
	无氧化合物		
80	甲基氯	CH_3Cl	T1
81	氯乙烷	C_2H_5Cl	T1
82	溴乙烷	C_2H_5Br	T1
83	氯丙烷	C_3H_7Cl	T1

序号	物质名称	分子式	组别
ⅡA级			
84	氯丁烷	C_4H_9Cl	T3
85	溴丁烷	C_4H_9Br	T3
86	二氯乙烷	$C_2H_4Cl_2$	T2
87	二氯丙烷	$C_3H_6Cl_2$	T1
88	氯苯	C_6H_5Cl	T1
89	苄基氯	$C_6H_5CH_2Cl$	T1
90	二氯苯	$C_6H_4Cl_2$	T1
91	烯丙基氯	$CH_2=CHCH_2Cl$	T2
92	二氯乙烯	$CHCl=CHCl$	T1
93	氯乙烯	$CH_2=CHCl$	T2
94	三氟甲苯	$C_6H_5CF_3$	T1
95	二氯甲烷（亚甲基二氯）	CH_2Cl_2	T1
	含氧化合物		
96	乙酰氯	CH_3COCl	T3
97	氯乙醇	CH_2ClCH_2OH	T2
	四、含硫化合物		
98	乙硫醇	C_2H_5SH	T3
99	丙硫醇-1	C_3H_7SH	
100	噻吩	$\underline{CH=CH \cdot CH=CH}S$	T2
101	四氢噻吩	$\underline{CH_2=(CH_2)=2CH_2=S}$	T3
	五、含氮化合物		
102	氨	NH_3	T1
103	乙腈	CH_3CN	T1
104	亚硝酸乙酯	CH_3CH_2ONO	T6
105	硝基甲烷	CH_3NO_2	T2
106	硝基乙烷	$C_2H_5NO_2$	T2
	胺类		
107	甲胺	CH_3NH_2	T2
108	二甲胺	$(CH_3)_2NH$	T2
109	三甲胺	$(CH_3)_3N$	T4
110	二乙胺	$(C_2H_5)_2NH$	T2
111	三乙胺	$(C_2H_5)_3N$	T1
112	正丙胺	$C_3H_7NH_2$	T2
113	正丁胺	$C_4H_9NH_2$	T2
114	环己胺	$\underline{CH_2(CH_2)_4C}HNH_2$	T3
115	2-乙醇胺	$NH_2CH_2CH_2OH$	
116	2-二乙胺基乙醇	$(C_2H_5)NCH_2CH_2OH$	
117	二氨基乙烷	$NH_2CH_2CH_3NH_2$	T2
118	苯胺	$C_6H_5NH_2$	T1
119	NN-二甲基苯胺	$C_6H_5N(CH_3)_2$	T2
120	苯胺基丙烷	$C_6H_5CH_2CH(NH_2)CH_3$	
121	甲苯胺	$CH_3C_6H_4NH_2$	T1
122	吡啶［氮（杂）苯］	C_5H_5N	T1
ⅡB级			
	一、烃类		
123	丙炔（甲基乙炔）	$CH_3C=CH$	T1
124	乙烯	C_2H_4	T2
125	环丙烷	$\underline{CH_2CH_2CH_2}$	T1
126	1,3-丁二烯	$CH_2=CHCH=CH_2$	T2

续表

序号	物质名称	分子式	组别
	ⅡB 级		
	二、含氮化合物		
127	丙烯腈	$CH_2\!=\!CHCN$	T1
128	异丙基硝酸盐	$(CH_3)_2CHONO_2$	—
129	氰化氢	HCN	T1
	三、含氧化合物		
130	二甲醚	$(CH_3)_2O$	T3
131	乙基甲基醚	$CH_3OC_2H_5$	T4
132	二乙醚	$(C_2H_5)_2O$	T4
133	二丁醚	$(C_4H_9)_2O$	T4
134	环氧乙烷	$\overline{CH_2CH_2O}$	T2
135	1,2 环氧丙烷	$CH_3\,\overline{CHCH_2O}$	T2
136	1,3-二噁戊烷	$\overline{CH_2CH_2OCH_2O}$	
137	1,4-二噁烷	$\overline{CH_2CH_2OCH_2CH_2O}$	T2
138	1,3,5-三噁烷	$CH_2OCH_2OCH_2O$	T2
139	羧基醋酸丁酯	$HOCH_2COOC_4H_9$	—
140	四氢糠醇	$\overline{CH_2CH_2CH_2OCHCH_2OH}$	T3
141	丙烯酸甲酯	$CH_2\!=\!CHCOOCH_3$	T2
142	丙烯酸乙酯	$CH_2\!=\!CHCOOC_2H_5$	T2
143	呋喃	$\overline{CH\!=\!CHCH\!=\!CHO}$	T2
144	丁烯醛（巴豆醛）	$CH_3CH\!=\!CHCHO$	T3
145	丙烯醛	$CH_2\!=\!CHCHO$	T3
146	四氢呋喃	$\overline{CH_2(CH_2)_2CH_2O}$	T3
	四、混合气		
147	焦炉煤气		T1
	五、含卤化合物		
148	四氟乙烯	C_2F_4	T4
149	1 氯-2,3-环氧丙烷	$\overline{OCH_2CHCH_2Cl}$	T2
150	硫化氢	H_2S	T3
	ⅡC 级		
151	氢	H_2	T1
152	乙炔	C_2H_2	T2
153	二硫化碳	CS_2	T5
154	硝酸乙酯	$C_2H_5ONO_2$	T6
155	水煤气		T1

① 甲烷（工业用）包括含 15% 以下（按体积计）氢气的甲烷混合气。

② 一氧化碳在异常环境温度下可以含有使它与空气的混合物饱和的水分。

附录四　爆炸性粉尘特性

附表 4.1　爆炸性粉尘特性表

粉尘种类	粉尘名称	温度组别	高温表面堆积粉尘层(5mm)的引燃温度/℃	粉尘云的引燃温度/℃	爆炸下限浓度/(g/m³)	粉尘平均粒径/μm	危险性质
金属	铝（表面处理）	T11	320	590	37～50	10～15	爆
	铝（含脂）	T12	230	400	37～50	10～20	爆
	铁		240	430	153～204	100～150	可、导
	镁	T11	340	470	44～59	5～10	爆
	红磷		305	360	48～64	30～50	可
	炭黑	T12	535	＞600	36～45	10～20	可、导

续表

粉尘种类	粉尘名称	温度组别	高温表面积粉尘层(5mm)的引燃温度/℃	粉尘云的引燃温度/℃	爆炸下限浓度/(g/m³)	粉尘平均粒径/μm	危险性质
金属	钛	T11	290	375			可、导
	锌		430	530	212～284	10～15	可、导
	电石		325	555		<200	可
	钙硅铝合金(8%钙-30%硅-55%铝)		290	465			可、导
	硅钛合金(45%硅)		>450	640			可、导
	黄铁矿		445	555		<90	可、导
	锆石		305	360	92～123	5～10	可、导
化学药品	硬脂酸锌	T11	熔融	315		8～15	可
	萘		熔融	575	28～38	30～100	可
	蒽		熔融升华	505	29～39	40～50	可
	己二酸		熔融	580	65～90		可
	苯二(甲)酸		熔融	650	61～83	80～100	可
	无水苯二(甲)酸(粗制品)		熔融	605	52～71		可
	苯二甲酸腈		熔融	>700	37～50		可
	无水马来酸(粗制品)		熔融	500	82～112		可
	醋酸钠酯		熔融	520	51～70	5～8	可
	结晶紫		熔融	475	46～70	15～30	可
	四硝基咔唑		熔融	395	92～123		可
	二硝基甲酚		熔融	340		40～60	可
	阿司匹林		熔融	405	31～41	60	可
	肥皂粉		熔融	575		80～100	可
	青色染料		350	465		300～500	可
	萘酚染料		395	415	133～184		可
合成树脂	聚乙烯	T11	熔融	410	26～35	30～50	可
	聚丙烯		熔融	430	25～35		可
	聚苯乙烯		熔融	475	27～37	40～60	可
	苯乙烯(70%)与丁二烯(30%)粉状聚合物		熔融	420	27～37		可
	聚乙烯醇		熔融	450	42～55	5～10	可
	聚丙烯腈		熔融炭化	505	35～55	5～7	可
	聚氨酯(类)		熔融	425	46～63	50～100	可
	聚乙烯四酞		熔融	480	52～71	<200	可
	聚乙烯氮戊环酮		熔融	465	42～58	10～15	可
	聚氯乙烯		熔融炭化	595	63～86	4～5	可
	氯乙烯(70%)与苯乙烯(30%)粉状聚合物		熔融炭化	520	44～60	30～40	可
	酚醛树脂(酚醛清漆)		熔融炭化	520	36～40	10～20	可
	有机玻璃粉		熔融炭化	485			可
天然树脂	骨胶(虫胶)	T11	沸腾	475		20～50	可
	硬质橡胶		沸腾	360	36～49	20～30	可
	软质橡胶		沸腾	425		80～100	可
	天然树脂		熔融	370	38～52	20～30	可
	玷玐树脂		熔融	330	30～41	20～50	可
	松香		熔融	325		50～80	可

粉尘种类	粉尘名称	温度组别	高温表面堆积粉尘层(5mm)的引燃温度/℃	粉尘云的引燃温度/℃	爆炸下限浓度/(g/m³)	粉尘平均粒径/μm	危险性质
沥青蜡类	硬蜡	T11	熔融	400	26~36	80~50	可
	绕组沥青		熔融	620		50~80	可
	硬沥青		熔融	620		50~150	可
	煤焦油沥青		熔融	580			可
农产品	裸麦粉	T11	325	415	67~93	30~50	可
	裸麦谷物粉(未处理)		305	430		50~100	可
	裸麦筛落粉(粉碎品)		305	415		30~40	可
	小麦粉		碳化	410		20~40	可
	小麦谷物粉		290	420		15~30	可
	小麦筛落粉(粉碎品)		290	410		3~5	可
	乌麦、大麦谷物粉		270	440		50~150	可
	筛米糠		270	420		50~100	可
	玉米淀粉	T12	炭化	410		2~30	可
	马铃薯淀粉		炭化	430		60~80	可
	布丁粉		炭化	395		10~20	可
	糊精粉		炭化	400	71~99	20~30	可
	砂糖粉		熔融	360	77~107	20~40	可
	乳糖		熔融	450	83~115		
纤维鱼粉	可可子粉(脱脂品)	T12	245	460		30~40	可
	咖啡粉(精制品)		收缩	600		40~80	可
	啤酒麦芽粉		285	405		100~500	可
	紫苜蓿		280	480		200~500	可
	亚麻粕粉		285	470			可
	菜种渣粉	T11	炭化	465		400~600	可
	鱼粉		炭化	485		80~100	可
	烟草纤维		290	485		50~100	可
	木棉纤维		385				可
	人造短纤维		305				可
	亚硫酸盐纤维		380				可
	木质纤维	T12	250	445		40~80	可
	纸纤维		360				可
	椰子粉		280	450		100~200	可
	软木粉	T11	325	460	44~59	30~40	可
	针叶树(松)粉		325	440		70~150	可
	硬木(丁钠橡胶)粉		315	420		70~100	可
燃料	泥煤粉(堆积)		260	450		60~90	可、导
	褐煤粉(生褐煤)		260		49~68	2~3	可
	褐煤粉	T12	230	185		3~7	可、导
	有烟煤粉		235	595	41~57	5~11	可、导
	瓦斯煤粉		225	580	35~48	5~10	可、导
	焦炭用煤粉		280	610	33~45	5~10	可、导
	贫煤粉		285	680	34~45	5~7	可、导
	无烟煤粉	T11	>430	>600		100~130	可、导
	木炭粉(硬质)		340	595	39~52	1~2	可、导
	泥煤焦炭粉		360	615	40~54	1~2	可、导
	褐煤焦炭粉	T12	235			4~5	可、导
	煤焦炭粉	T11	430	>750	37~50	4~5	可、导

注：危险性质栏中：用"爆"表示爆炸性粉尘；用"可、导"表示可燃性导电粉尘，用"可"表示可燃性非导电粉尘。

附录五　本规范用词说明

一、为便于在执行本规范条文时区别对待，对要求严格程度不同的用词说明如下：

1. 表示很严格，非这样做不可的：

正面词采用"必须"；

反面词采用"严禁"

2. 表示严格，在正常情况下均应这样做的：

正面词采用"应"；

反面词采用"不应"或"不得"。

3. 表示允许稍有选择，在条件许可时首先这样做的：

正面词采用"宜"或"可"

反面词采用"不宜"。

二、条文中指定应按其它有关标准、规范执行时，写法为"应符合……的规定"或"应按……执行"。

（六）石油化工企业设计防火规范 GB 50160—2008

目次

1 总　　则

1.0.1 为了防止和减少石油化工企业火灾危害，保护人身和财产的安全，制定本规范。

1.0.2 本规范适用于石油化工企业新建、扩建或改建工程的防火设计。

1.0.3 石油化工企业的防火设计除应执行本规范外，尚应符合国家现行有关标准的规定。

2 术　　语

2.0.1　石油化工企业　petrochemical enterprise

以石油、天然气及其产品为原料，生产、储运各种石油化工产品的炼油厂、石油化工厂、石油化纤厂或其联合组成的工厂。

2.0.2　厂区　plant area

工厂围墙或边界内由生产区、公用和辅助生产设施区及生产管理区组成的区域。

2.0.3　生产区　production area

由使用、产生可燃物质和可能散发可燃气体的工艺装置或设施组成的区域。

2.0.4　公用和辅助生产设施　utility & auxiliary facility

不直接参加石油化工生产过程，在石油化工生产过程中对生产起辅助作用的必要设施。

2.0.5　全厂性重要设施　overall major facility

发生火灾时，影响全厂生产或可能造成重大人身伤亡的设施。全厂性重要设施可分为以下两类：

第一类：发生火灾时可能造成重大人身伤亡的设施。

第二类：发生火灾时影响全厂生产的设施。

2.0.6　区域性重要设施　regional major facility

发生火灾时影响部分装置生产或可能造成局部区域人身伤亡的设施。

2.0.7　明火地点　fired site

室内外有外露火焰、赤热表面的固定地点。

2.0.8　明火设备　fired equipment

燃烧室与大气连通，非正常情况下有火焰外露的加热设备和废气焚烧设备。

2.0.9　散发火花地点　sparking site

有飞火的烟囱、室外的砂轮、电焊、气焊（割）、室外非防爆的电气开关等固定地点。

2.0.10　装置区　process plant area

由一个或一个以上的独立石油化工装置或联合装置组成的区域。

2.0.11　联合装置　multiple process plants

由两个或两个以上独立装置集中紧凑布置，且装置间直接进料，无供大修设置的中间原料储罐，其开工或停工检修等均同步进行，视为一套装置。

2.0.12　装置　process plant

一个或一个以上相互关联的工艺单元的组合。

2.0.13　装置内单元　process unit

按生产流程完成一个工艺操作过程的设备、管道及仪表等的组合体。

2.0.14　工艺设备　process equipment

为实现工艺过程所需的反应器、塔、换热器、容器、加热炉、机泵等。

2.0.15　封闭式厂房（仓库）　enclosed industrial building（warehouse）

设有屋顶，建筑外围护结构全部采用封闭式墙体（含门、窗）构造的生产性（储存性）建筑物。

2.0.16　半敞开式厂房　semi-enclosed industrial building

设有屋顶，建筑外围护结构局部采用封闭式墙体，所占面积不超过该建筑外围护体表面面积的1/2（不含屋顶的面积）的生产性建筑物。

2.0.17　敞开式厂房　opened industrial building

设有屋顶，不设建筑外围护结构的生产性建筑物。

2.0.18　装置储罐（组）**storage tanks within process plant**

在装置正常生产过程中，不直接参加工艺过程，但工艺要求，为了平衡生产、产品质量检测或一次投入等需要在装置内布置的储罐（组）。

2.0.19　液化烃　liquefied hydrocarbon

在15℃时，蒸气压大于0.1MPa的烃类液体及其他类似的液体，不包括液化天然气。

2.0.20　液化石油气　liquefied petroleum gas（LPG）

在常温常压下为气态，经压缩或冷却后为液态的C_3、C_4及其混合物。

2.0.21　沸溢性液体　boil-over liquid

当罐内储存介质温度升高时，由于热传递作用，使罐底水层急速汽化，而会发生沸溢现象的黏性烃类混合物。

2.0.22　防火堤　dike

可燃液态物料储罐发生泄漏事故时，防止液体外流和火灾蔓延的构筑物。

2.0.23　隔堤　intermediate dike

用于减少防火堤内储罐发生少量泄漏事故时的影响范围，而将一个储罐组分隔成多个分区的构筑物。

2.0.24　罐组　a group of storage tanks

布置在一个防火堤内的一个或多个储罐。

2.0.25　罐区　tank farm

一个或多个罐组构成的区域。

2.0.26　浮顶罐　floating roof tank（external floating roof tank）

在敞开的储罐内安装浮舱顶的储罐，又称为外浮顶罐。

2.0.27　常压储罐　atmospheric storage tank

设计压力小于或等于6.9kPa（罐顶表压）的储罐。

2.0.28　低压储罐　low-pressure storage tank

设计压力大于6.9kPa且小于0.1MPa（罐顶表压）的储罐。

2.0.29　压力储罐　pressurized storage tank

设计压力大于或等于0.1MPa（罐顶表压）的储罐。

2.0.30　单防罐　single containment storage tank

带隔热层的单壁储罐或由内罐和外罐组成的储罐。其内罐能适应储存低温冷冻液体的要求，外罐主要是支撑和保护隔热层，并能承受气体吹扫的压力，但不能储存内罐泄漏出的低温冷冻液体。

2.0.31　双防罐　double containment storage tank

由内罐和外罐组成的储罐。其内罐和外罐都能适应储存低温冷冻液体，在正常操作条件下，内罐储存低温冷冻液体，外罐能够储存内罐泄漏出来的冷冻液体，但不能限制内罐泄漏的冷冻液体所产生的气体排放。

2.0.32　全防罐　full containment storage tank

由内罐和外罐组成的储罐。其内罐和外罐都能适应储存低温冷冻液体，内外罐之间的距离为 1～2m，罐顶由外罐支撑，在正常操作条件下内罐储存低温冷冻液体，外罐既能储存冷冻液体，又能限制内罐泄漏液体所产生的气体排放。

2.0.33 火炬系统 flare system

通过燃烧方式处理排放可燃气体的一种设施，分高架火炬、地面火炬等。由排放管道、分液设备、阻火设备、火炬燃烧器、点火系统、火炬筒及其他部件等组成。

2.0.34 稳高压消防水系统 stabilized high pressure fire water system

采用稳压泵维持管网的消防水压力大于或等于 0.7MPa 的消防水系统。

3 火灾危险性分类

3.0.1 可燃气体的火灾危险性应按表 3.0.1 分类。

表 3.0.1 可燃气体的火灾危险性分类

类别	可燃气体与空气混合物的爆炸下限	类别	可燃气体与空气混合物的爆炸下限
甲	<10%(体积)	乙	≥10%(体积)

3.0.2 液化烃、可燃液体的火灾危险性分类应按表 3.0.2 分类，并应符合下列规定：

1 操作温度超过其闪点的乙类液体应视为甲$_B$类液体；

2 操作温度超过其闪点的丙$_A$类液体应视为乙$_A$类液体；

3 操作温度超过其闪点的丙$_B$类液体应视为乙$_B$类液体；操作温度超过其沸点的丙$_B$类液体应视为乙$_A$类液体。

表 3.0.2 液化烃、可燃液体的火灾危险性分类

名　称	类　别		特　征
液化烃	甲	A	15℃时的蒸气压力>0.1MPa 的烃类液体及其他类似的液体
		B	甲$_A$类以外，闪点<28℃
可燃液体	乙	A	28℃≤闪点≤45℃
		B	45℃<闪点<60℃
	丙	A	60℃≤闪点≤120℃
		B	闪点>120℃

3.0.3 固体的火灾危险性分类应按现行国家标准《建筑设计防火规范》GB 50016 的有关规定执行。

3.0.4 设备的火灾危险类别应按其处理、储存或输送介质的火灾危险性类别确定。

3.0.5 房间的火灾危险性类别应按房间内设备的火灾危险性类别确定。当同一房间内布置有不同火灾危险性类别设备时，房间的火灾危险性类别应按其中火灾危险性类别最高的设备确定。但当火灾危险类别最高的设备所占面积比例小于 5%，且发生事故时，不足以蔓延到其他部位或采取防火措施能防止火灾蔓延时，可按火灾危险性类别较低的设备确定。

4 区域规划与工厂总平面布置

4.1 区域规划

4.1.1 在进行区域规划时，应根据石油化工企业及其相邻工厂或设施的特点和火灾危

险性，结合地形、风向等条件，合理布置。

4.1.2 石油化工企业的生产区宜位于邻近城镇或居民区全年最小频率风向的上风侧。

4.1.3 在山区或丘陵地区，石油化工企业的生产区应避免布置在窝风地带。

4.1.4 石油化工企业的生产区沿江河岸布置时，宜位于邻近江河的城镇、重要桥梁、大型锚地、船厂等重要建筑物或构筑物的下游。

4.1.5 石油化工企业应采取防止泄漏的可燃液体和受污染的消防水排出厂外的措施。

4.1.6 公路和地区架空电力线路严禁穿越生产区。

4.1.7 当区域排洪沟通过厂区时：

   1 不宜通过生产区；

   2 应采取防止泄漏的可燃液体和受污染的消防水流入区域排洪沟的措施。

4.1.8 地区输油（输气）管道不应穿越厂区。

4.1.9 石油化工企业与相邻工厂或设施的防火间距不应小于表 4.1.9 的规定。

高架火炬的防火间距应根据人或设备允许的辐射热强度计算确定，对可能携带可燃液体的高架火炬的防火间距不应小于表 4.1.9 的规定。

表 4.1.9 石油化工企业与相邻工厂或设施的防火间距

相邻工厂或设施		防火间距/m				
		液化烃罐组（罐外壁）	甲、乙类液体罐组（罐外壁）	可能携带可燃液体的高架火炬（火炬筒中心）	甲、乙类工艺装置或设施（最外侧设备外缘或建筑物的最外轴线）	全厂性或区域性重要设施（最外侧设备外缘或建筑物的最外轴线）
居民区、公共福利设施、村庄		150	100	120	100	25
相邻工厂（围墙或用地边界线）		120	70	120	50	70
厂外铁路	国家铁路线（中心线）	55	45	80	35	—
	厂外企业铁路线（中心线）	45	35	80	30	—
国家或工业区铁路编组站（铁路中心线或建筑物）		55	45	80	35	25
厂外公路	高速公路、一级公路（路边）	35	30	80	30	—
	其他公路（路边）	25	20	60	20	—
变配电站（围墙）		80	50	120	40	25
架空电力线路（中心线）		1.5倍塔杆高度	1.5倍塔杆高度	80	1.5倍塔杆高度	—
Ⅰ、Ⅱ级国家架空通信线路（中心线）		50	40	80	40	—
通航江、河、海岸边		25	25	80	20	—
地区埋地输油管道	原油及成品油（管道中心）	30	30	60	30	30
	液化烃（管道中心）	60	60	80	60	60
地区埋地输气管道（管道中心）		30	30	60	30	30

相邻工厂或设施	防火间距/m				
	液化烃罐组（罐外壁）	甲、乙类液体罐组（罐外壁）	可能携带可燃液体的高架火炬（火炬筒中心）	甲、乙类工艺装置或设施（最外侧设备外缘或建筑物的最外轴线）	全厂性或区域性重要设施（最外侧设备外缘或硅筑物的最外轴线）
装卸油品码头（码头前沿）	70	60	120	60	60

注：1. 本表中相邻工厂指除石油化工企业和油库以外的工厂；

2. 括号内指防火间距起止点；

3. 当相邻设施为港区陆域、重要物品仓库和堆场、军事设施、机场等，对石油化工企业的安全距离有特殊要求时，应按有关规定执行；

4. 丙类可燃液体罐组的防火间距，可按甲、乙类可燃液体罐组的规定减少25%；

5. 丙类工艺装置或设施的防火间距，可按甲、乙类工艺装置或设施的规定减少25%；

6. 地面敷设的地区输油（输气）管道的防火间距，可按地区埋地输油（输气）管道的规定增加50%；

7. 当相邻工厂围墙内为非火灾危险性设施时，其与全厂性或区域性重要设施防火间距最小可为25m；

8. 表中"—"表示无防火间距要求或执行相关规范。

4.1.10 石油化工企业与同类企业及油库的防火间距不应小于表4.1.10的规定。

高架火炬的防火间距应根据人或设备允许的辐射热强度计算确定，对可能携带可燃液体的高架火炬的防火间距不应小于表4.1.10的规定。

表 4.1.10　石油化工企业与同类企业及油库的防火间距

项　目	防火间距/m				
	液化烃罐组（罐外壁）	可燃液体罐组（罐外壁）	可能携带可燃液体的高架火炬（火炬筒中心）	甲、乙类工艺装置或设施（最外侧设备外缘或建筑物的最外轴线）	全厂性或区域性重要设施（最外侧设备外缘或建筑物的最外轴线）
液化烃罐组（罐外壁）	60	60	90	70	90
可燃液体罐组（罐外壁）	60	1.5D（见注2）	90	50	60
可能携带可燃液体的高架火炬（火炬筒中心）	90	90	（见注4）	90	90
甲、乙类工艺装置或设施（最外侧设备外缘或建筑物的最外轴线）	70	50	90	40	40
全厂性或区域性重要设施（最外侧设备外缘或建筑物的最外轴线）	90	60	90	40	20
明火地点	70	40	60	40	20

注：1. 括号内指防火间距起止点；

2. 表中D为较大罐的直径。当1.5D小于30m时，取30m；当1.5D大于60m时，可取60m；当丙类可燃液体罐相邻布置时，防火间距可取30m；

3. 与散发火花地点的防火间距，可按与明火地点的防火间距减少50%，但散发火花地点应布置在火灾爆炸危险区域之外；

4. 辐射热不应影响相邻火炬的检修和运行；

5. 丙类工艺装置或设施的防火间距，可按甲、乙类工艺装置或设施的规定减少10m（火炬除外），但不应小于30m；

6. 石油化工工业园区内公用的输油（气）管道，可布置在石油化工企业围墙或用地边界线外。

4.2　工厂总平面布置

4.2.1　工厂总平面应根据工厂的生产流程及各组成部分的生产特点和火灾危险性，结合地形、风向等条件，按功能分区集中布置。

4.2.2　可能散发可燃气体的工艺装置、罐组、装卸区或全厂性污水处理场等设施宜布置在人员集中场所及明火或散发火花地点的全年最小频率风向的上风侧。

4.2.3　液化烃罐组或可燃液体罐组不应毗邻布置在高于工艺装置、全厂性重要设施或人员集中场所的阶梯上。但受条件限制或有工艺要求时，可燃液体原料储罐可毗邻布置在高于工艺装置的阶梯上，但应采取防止泄漏的可燃液体流入工艺装置、全厂性重要设施或人员集中场所的措施。

4.2.4　液化烃罐组或可燃液体罐组不宜紧靠排洪沟布置。

4.2.5　空分站应布置在空气清洁地段，并宜位于散发乙炔及其他可燃气体、粉尘等场所的全年最小频率风向的下风侧。

4.2.6　全厂性的高架火炬宜位于生产区全年最小频率风向的上风侧。

4.2.7　汽车装卸设施、液化烃灌装站及各类物品仓库等机动车辆频繁进出的设施应布置在厂区边缘或厂区外，并宜设围墙独立成区。

4.2.8　罐区泡沫站应布置在罐组防火堤外的非防爆区，与可燃液体罐的防火间距不宜小于 20m。

4.2.9　采用架空电力线路进出厂区的总变电所应布置在厂区边缘。

4.2.10　消防站的位置应符合下列规定：

　　1　消防站的服务范围应按行车路程计，行车路程不宜大于 2.5km，并且接火警后消防车到达火场的时间不宜超过 5min；对丁、戊类的局部场所，消防站的服务范围可加大到 4km；

　　2　应便于消防车迅速通往工艺装置区和罐区；

　　3　宜避开工厂主要人流道路；

　　4　宜远离噪声场所；

　　5　宜位于生产区全年最小频率风向的下风侧。

4.2.11　厂区的绿化应符合下列规定：

　　1　生产区不应种植含油脂较多的树木，宜选择含水分较多的树种；

　　2　工艺装置或可燃气体、液化烃、可燃液体的罐组与周围消防车道之间不宜种植绿篱或茂密的灌木丛；

　　3　在可燃液体罐组防火堤内可种植生长高度不超过 15cm、含水分多的四季常青的草皮；

　　4　液化烃罐组防火堤内严禁绿化；

　　5　厂区的绿化不应妨碍消防操作。

4.2.12　石油化工企业总平面布置的防火间距除本规范另有规定外，不应小于表4.2.12 的规定。工艺装置或设施（罐组除外）之间的防火间距应按相邻最近的设备、建筑物确定，其防火间距起止点应符合本规范附录 A 的规定。高架火炬的防火间距应根据人或设备允许的安全辐射热强度计算确定，对可能携带可燃液体的高架火炬的防火间距不应小于表 4.2.12 的规定。

单位：m

表 4.2.12　石油化工厂总平面布置的防火间距

项　目			工艺装置（单元）			全厂重要设施		明火地点	地上可燃液体储罐 甲B、乙类固定顶				浮顶、内浮顶或丙A类固定顶					沸点低于45℃的甲B类液体全压力式和半冷冻式储存	液化烃储罐 全压力式半冷冻储存			全冷冻式储存		可燃气体储罐	液化烃及甲B、乙类液体		灌装站			罐区甲、乙类物品仓库（库、棚）	液化烃泵（房、棚），全冷冻式液化烃储存压缩机或加剂设施及其专用变配电室、控制室	含油污水处理场（隔油池、污油罐）	铁路走行线（中心线）、原料及产品运输道路（路面边）	备注
			甲	乙	丙	一类	二类		>5000m³	>1000~5000m³	>500~1000m³	≤500m³或卧式	>20000m³	>5000~20000m³	>1000~5000m³	>500~1000m³	≤500m³或卧式		>1000m³	>100~1000m³	≤100m³	>10000m³	≤10000m³	>1000~50000m³	码头装卸区	汽车装卸站	液化烃	甲B、乙类液体	可燃与助燃气体				
工艺装置（单元）		甲		30/25	25/20	20/15	40	35	30	50	40	30	25	40	35	30	25	20	40	60	50	40	70	60	25	35	25	30	25	20	30	20	25	15	注1,2
		乙			25/20	20/15	35	30	25	40	35	30	20	35	30	25	20	15	35	55	45	35	65	55	20	30	20	25	20	15	25	15	20	10	
		丙				20/15	30	25	20	35	30	20	15	30	25	20	15	10	30	50	40	30	60	50	15	25	15	20	15	12	20	10	15	10	
全厂重要设施		一类						—	40	60	50	45	40	50	45	40	30	30	70	80	70	90	40	40	40	40	45	45	40	30	45	30	35	—	注3
		二类						35	35	50	40	35	30	40	40	30	20	30	60	70	60	80	35	35	30	30	35	35	30	25	35	25	25	—	注4
明火地点									40	40	35	30	35	35	30	25	20	15	40	60	50	70	60	30	40	30	40	30	25	30	15	25	20	
地上可燃液体储罐	甲B、乙类固定顶	>5000m³																	40	60	45	40	60	40	25	35	30	45	40	35	60	30	25	20	
		>1000~5000m³	见表6.2.8																30	40	35	30	40	40	20	30	25	35	35	30	50	25	25	15	
		>500~1000m³																	25	35	30	25	40	40	15	25	20	30	30	25	40	20	15	12	
		≤500m³或卧式储罐																	20	25	25	20	40	25	10	15	15	20	20	15	30	15	15	10	
	浮顶、内浮顶或丙A类固定顶	>20000m³																	35	45	40	40	40	40	20	30	20	40	35	30	70	30	25	20	注5,2
		>5000~20000m³																	30	40	35	35	30	30	15	25	15	30	25	20	60	25	15	15	
		>1000~5000m³																	25	35	30	25	30	25	12	17	12	20	20	15	45	12	15	12	
		>500~1000m³																	20	25	25	20	25	15	10	15	10	15	15	10	40	10	15	10	
		≤500m³或卧式储罐																	15	25	15	10	25	8	8	10	10	15	15	8	30	10	15	10	
沸点低于45℃的甲B类液体全压力式和半冷冻式储罐			40	35	30	60	50	40	40	30	25	20	40	30	25	20	15	40	40	40	40	40	40	40	40	40	45	45	40	60	40	35	30	20	
液化烃储罐	全压力式半冷冻式储存	>1000m³	60	55	50	80	80	60										40	见表6.3.3					40	40	40	60	50	45	60	50	40	25	25	
		>100~1000m³	50	45	40	70	70	50										40						40	35	35	50	40	35	50	40	30	20	20	
		≤100m³	40	35	30	55	55	40										40						25	40	25	40	35	25	40	30	25	15	15	
	全冷冻式储存	>10000m³	70	65	60	90	90	70										见表6.3.3						50	65	55	70	60	55	70	45	40	25	25	
		≤10000m³	60	55	50	80	80	60																40	55	45	60	50	45	60	30	30	25	20	
可燃气体储罐		>1000~50000m³	25	20	15	40	40	30										见表6.3.3						见表6.3.3	15	20	15	20	20	15	20	15	15	10	注6,2
液化烃及甲B、乙类液体		码头装卸区	35	30	25																				—			35	40	25	35	15	30	10	注7,2
		汽车装卸站	25	20	15																			20	15		25	30	15	25	10	20	10	

续表

项目	工艺装置（单元）			全厂重要设施			地上可燃液体储罐 甲B、乙类固定顶				浮顶、内浮顶或丙A类固定顶					沸点低于45℃的甲B类液体全压力储罐	液化烃储罐 全压力式和半冷冻式储存			全冷冻式储存		可燃气体储罐	液化烃及甲B、乙类液体		灌装站		甲类物品仓库（库房）或堆场	罐区甲、乙类泵（房）、全冷冻式液化烃储存的压缩机（包括添加剂设施及其专用变配电室、控制室）	污水处理场（隔油池、污油罐）	铁路走行线（中心线）、原料及产品运输道路（路面边）	备注
	甲	乙	丙	明火地点	一类	二类	>5000m³	>1000~5000m³	>500~1000m³	≤500m³或卧式	>20000m³	>5000~20000m³	>1000~5000m³	>500~1000m³	≤500m³或卧式		>1000m³	>100~1000m³	≤100m³	>10000m³	>10000m³	>1000~50000m³	码头装卸区	铁路汽车装卸站	液化烃	甲B、乙类液体及可燃气体助燃气体				行线（中心线）、料及产品运输道路（路面边）	
液化烃及甲B、乙类液体 铁路装卸设施、槽车洗罐站	30	25	20	30	35	35	25	25	20	10	25	20	20	15	10	20	20	35	35	50	60	20	25	15	25	30	30	12	25	15(10)	
灌装站 液化烃	30	25	20	30	45	45	35	35	30	15	30	20	15	12	15	30	40	35	55	45	15	30	30	25	—	—	25	25	10		注7,2
甲B、乙类液体及全冷冻式可燃气体（库棚）或堆场	25	20	15	25	40	40	30	30	25	20	20	15	12	15	20	25	35	30	50	40	20	35	20	20	25	20	25	20	10		
甲类物品仓库（库房）或堆场	30	25	20	30	45	45	35	30	20	10	25	20	15	10	20	30	50	40	70	60	20	35	30	30	—	—	25	20	10		注8,2
罐组甲、乙类泵（房）、全冷冻式液化烃储存的压缩机（包括添加剂设施及其专用变配电室、控制室）	20	15	10	15	30	30	25	25	12	8	15	12	10	15	20	20	30	25	45	35	15	15	12	25	20	—	20	—	15		注9,2
污水处理场（隔油池、污油罐）	25	20	15	25	35	35	20	20	15	15	20	15	15	15	15	15	30	25	40	30	25	25	25	25	25	25	15	15	—		
铁路走行线（中心线）、原料及产品运输道路（路面边）	15	10	10	—	—	—	35	20	10	10	20	10	10	10	10	10	30	25	25	25	15	10	10	10	10	10	10	15	10	—	注10,2
本规携带可燃液体或采用地面用地高架火炬	90	90	90	60	90	90	90	90	90	90	90	90	90	90	90	90	90	90	90	90	90	90	90	90	90	90	60	90	90	—	注11
厂区围墙（中心线）或道路用地高架火炬	25	25	20	—	90	90	25	35	30	20	30	30	25	20	20	30	30	40	40	—	15	30	30	15	15	15	15	15	15	50	

注：1. 工艺装置或单元应分子适用于石油化工装置，分母适用于炼油化工装置。

2. 工艺装置或单元应按发生可燃气体扩散的工艺加热炉的明火地点按明火地点的防火间距确定；

3. 工厂消防站与工艺装置的防火间距，可按散发火花地点确定，但防火间距不应小于50m。区域性重要设施与相邻设施的防火间距，可按工艺设施的防火间距确定，但散发火花地点应布置在火灾爆炸危险区域之外；

4. 与散发火花地点与其他设施的防火间距按散发火花地点按其他设施的防火间距确定；

5. 罐组与其他固定顶罐之间的防火间距按其他固定顶罐容积确定；理地罐与其他设施的防火间距按相邻设施的防火间距减少50%（火炬除外）；埋地罐与其他设施的防火间距按地上罐减少50%（火炬除外）。当固定顶罐采用氮气密封时，其与相邻设施的防火间距可按内浮顶、内浮顶罐处理；丙B类固定顶罐容积小于1000m³，防火间距按丙A类固定顶罐确定；大于50000m³（火炬除外）；

6. 单罐容积小于或等于1000m³，防火间距可减少25%（火炬除外），大于50000m³时，应增加25%（火炬除外）；

7. 丙B类液体，防火间距可减少25%（火炬除外），乙、丙类储罐采用铁路装卸时，装卸场防火间距减少25%（火炬除外）；丙类液体储罐堆场可减少50%；地上可燃液体储罐容积小于500m³（火炬除外）；

8. 本规范包括可燃气体，助燃气体，液化烃储罐（棚）和堆场可燃固体防火间距减少25%（火炬除外）；丙类液体储罐单罐容积大于500m³，不应小于10m（火炬除外）；

9. 丙类泵与污水隔油池，防火间距可按隔油池单罐容积大于500m³时，不应小于8m；

10. 单罐容积小于或等于1000m³，防火间距可按甲B、乙类液体铁路装卸栈台采用全密闭装卸时，大于50000m³（火炬除外）。当丙B、乙类液体储罐单罐容积大于500m³（火炬除外）；其他设备或构筑物防火间距不限；

11. 铁路走行线和原料和原料及产品运输道路运输道路（路面边）。其他设备或构筑物防火间距不限；

12. 表中"—"表示无防火间距要求或执行相关行业规范。

4.3　厂内道路

4.3.1　工厂主要出入口不应少于2个，并宜位于不同方位。

4.3.2　2条或2条以上的工厂主要出入口的道路应避免与同一条铁路线平交；确需平交时，其中至少有2条道路的间距不应小于所通过的最长列车的长度；若小于所通过的最长列车的长度，应另设消防车道。

4.3.3　厂内主干道宜避免与调车频繁的厂内铁路线平交。

4.3.4　装置或联合装置、液化烃罐组，总容积大于或等于120000m³的可燃液体罐组、总容积大于或等于120000m³的2个或2个以上可燃液体罐组应设环形消防车道。可燃液体的储罐区、可燃气体储罐区、装卸区及化学危险品仓库区应设环形消防车道，当受地形条件限制时，也可设有回车场的尽头式消防车道。消防车道的路面宽度不应小于6m，路面内缘转弯半径不宜小于12m，路面上净空高度不应低于5m。

4.3.5　液化烃、可燃液体、可燃气体的罐区内，任何储罐的中心距至少2条消防车道的距离均不应大于120m；当不能满足此要求时，任何储罐中心与最近的消防车道之间的距离不应大于80m，且最近消防车道的路面宽度不应小于9m。

4.3.6　在液化烃、可燃液体的铁路装卸区应设与铁路线平行的消防车道，并符合下列规定：

　　1　若一侧设消防车道，车道至最远的铁路线的距离不应大于80m；

　　2　若两侧设消防车道，车道之间的距离不应大于200m，超过200m时，其间尚应增设消防车道。

4.3.7　当道路路面高出附近地面2.5m以上、且在距道路边缘15m范围内，有工艺装置或可燃气体、液化烃、可燃液体的储罐及管道时，应在该段道路的边缘设护墩、矮墙等防护设施。

4.3.8　管架支柱（边缘）、照明电杆、行道树或标志杆等距道路路面边缘不应小于0.5m。

4.4　厂内铁路

4.4.1　厂内铁路宜集中布置在厂区边缘。

4.4.2　工艺装置的固体产品铁路装卸线可布置在该装置的仓库或储存场（池）的边缘。建筑限界应按现行国家标准《工业企业标准轨距铁路设计规范》GBJ 12执行。

4.4.3　当液化烃装卸栈台与可燃液体装卸栈台布置在同一装卸区时，液化烃栈台应布置在装卸区的一侧。

4.4.4　在液化烃、可燃液体的铁路装卸区内，内燃机车至另一栈台鹤管的距离应符合下列规定：

　　1　甲、乙类液体鹤管不应小于12m；甲$_B$、乙类液体采用密闭装卸时，其防火间距可减少25%；

　　2　丙类液体鹤管不应小于8m。

4.4.5　当液化烃、可燃液体或甲、乙类固体的铁路装卸线为尽头线时，其车挡至最后车位的距离不应小于20m。

4.4.6　液化烃、可燃液体的铁路装卸线不得兼作走行线。

4.4.7　液化烃、可燃液体或甲、乙类固体的铁路装卸线停放车辆的线段应为平直段。

当受地形条件限制时，可设在半径不小于 500m 的平坡曲线上。

4.4.8 在液化烃、可燃液体的铁路装卸区内，两相邻栈台鹤管之间的距离应符合下列规定：

1 甲、乙类液体的栈台鹤管与相邻栈台鹤管之间的距离不应小于 10m；甲$_B$、乙类液体采用密闭装卸时，其防火间距可减少 25%；

2 丙类液体的两相邻栈台鹤管之间的距离不应小于 7m。

5 工艺装置和系统单元

5.1 一般规定

5.1.1 工艺设备（以下简称设备）、管道和构件的材料应符合下列规定：

1 设备本体（不含衬里）及其基础，管道（不含衬里）及其支、吊架和基础应采用不燃烧材料，但储罐底板垫层可采用沥青砂；

2 设备和管道的保温层应采用不燃烧材料，当设备和管道的保冷层采用阻燃型泡沫塑料制品时，其氧指数不应小于 30；

3 建筑物的构件耐火极限应符合现行国家标准《建筑设计防火规范》GB 50016 的有关规定。

5.1.2 设备和管道应根据其内部物料的火灾危险性和操作条件，设置相应的仪表、自动联锁保护系统或紧急停车措施。

5.1.3 在使用或产生甲类气体或甲、乙$_A$类液体的工艺装置、系统单元和储运设施区内，应按区域控制和重点控制相结合的原则，设置可燃气体报警系统。

5.2 装置内布置

5.2.1 设备、建筑物平面布置的防火间距，除本规范另有规定外，不应小于表 5.2.1 的规定。

5.2.2 为防止结焦、堵塞，控制温降、压降，避免发生副反应等有工艺要求的相关设备，可靠近布置。

5.2.3 分馏塔顶冷凝器、塔底重沸器与分馏塔，压缩机的分液罐、缓冲罐、中间冷却器等与压缩机，以及其他与主体设备密切相关的设备，可直接连接或靠近布置。

5.2.4 明火加热炉附属的燃料气分液罐、燃料气加热器等与炉体的防火间距不应小于 6m。

5.2.5 以甲$_B$、乙$_A$类液体为溶剂的溶液法聚合液所用的总容积大于 800m³ 的掺和储罐与相邻的设备、建筑物的防火间距不宜小于 7.5m；总容积小于或等于 800m³ 时，其防火间距不限。

5.2.6 可燃气体、液化烃和可燃液体的在线分析仪表间与工艺设备的防火间距不限。

5.2.7 布置在爆炸危险区的在线分析仪表间内设备为非防爆型时，在线分析仪表间应正压通风。

5.2.8 设备宜露天或半露天布置，并宜缩小爆炸危险区域的范围。爆炸危险区域的范围应按现行国家标准《爆炸和火灾危险环境电力装置设计规范》GB 50058 的规定执行。受工艺特点或自然条件限制的设备可布置在建筑物内。

5.2.9 联合装置视同一个装置，其设备、建筑物的防火间距应按相邻设备、建筑物的防火间距确定，其防火间距应符合表 5.2.1 的规定。

单位：m

表5.2.1　设备、建筑物平面布置的防火间距

项目	控制室、机柜间、变配电所、化验室、办公室	明火设备	可燃气体压缩机或压缩机房 甲	可燃气体压缩机或压缩机房 乙	装置储罐 可燃气体 200~1000m³ 甲	装置储罐 可燃气体 200~1000m³ 乙	装置储罐 液化烃 50~100m³ 甲A	装置储罐 可燃液体 100~1000m³ 甲B、乙A	装置储罐 可燃液体 100~1000m³ 乙B、丙A	其他工艺设备或房间 可燃气体 甲	其他工艺设备或房间 可燃气体 乙	其他工艺设备或房间 液化烃 甲A	其他工艺设备或房间 可燃液体 甲B、乙A	其他工艺设备或房间 可燃液体 乙B、丙A	操作温度等于或高于自燃点的工艺设备	含可燃液体的污水池、隔油池、酸性污水罐、含油污水罐	丙类物品仓库、乙类物品储存间	备注
控制室、机柜间、变配电所、化验室、办公室	—	15	15	9	15	9	22.5	15	9	15	9	15	15	9	15	15	15	—
明火设备	15	—	22.5	9	15	9	22.5	15	9	15	9	22.5	15	9	4.5	15	15	注1
操作温度低于自燃点的工艺设备　可燃气体压缩机或压缩机房　甲	15	22.5	—	—	9	7.5	15	9	7.5	9	7.5	9	9	7.5	—	—	15	注2
可燃气体压缩机或压缩机房　乙	9	9	—	—	7.5	7.5	9	9	7.5	7.5	7.5	7.5	7.5	7.5	4.5	—	9	
装置储罐（总容积）　可燃气体 200~1000m³　甲	15	15	9	7.5	—	—	15	9	7.5	9	7.5	9	9	7.5	4.5	9	15	注2
可燃气体 200~1000m³　乙	9	9	7.5	7.5	—	—	9	9	7.5	7.5	7.5	7.5	7.5	7.5	—	7.5	9	
液化烃 50~100m³　甲A	22.5	22.5	15	9	15	9	—	—	—	15	9	7.5	9	9	7.5	9	15	
可燃液体 100~1000m³　甲B、乙A	15	15	9	9	9	9	—	—	—	9	9	9	9	9	—	9	15	
可燃液体 100~1000m³　乙B、丙A	9	9	7.5	7.5	7.5	7.5	—	—	—	7.5	7.5	7.5	7.5	7.5	—	7.5	9	
其他工艺设备或房间　可燃气体　甲	15	15	9	7.5	9	7.5	15	9	7.5	—	—	7.5	9	7.5	4.5	9	9	
可燃气体　乙	9	9	7.5	7.5	7.5	7.5	9	9	7.5	—	—	7.5	7.5	7.5	—	7.5	9	
液化烃　甲A	15	22.5	9	7.5	9	7.5	7.5	9	7.5	7.5	7.5	—	—	—	7.5	9	15	
可燃液体　甲B、乙A	15	15	9	7.5	9	7.5	9	9	7.5	9	7.5	—	—	—	—	9	9	
可燃液体　乙B、丙A	9	9	7.5	7.5	7.5	7.5	9	9	7.5	7.5	7.5	—	—	—	—	7.5	9	
操作温度等于或高于自燃点的工艺设备	15	4.5	—	—	4.5	—	7.5	—	—	4.5	—	7.5	—	—	—	4.5	15	注3
含可燃液体的污水池、隔油池、酸性污水罐、含油污水罐	15	15	—	—	9	7.5	9	9	7.5	9	7.5	9	9	7.5	4.5	—	9	
丙类物品仓库、乙类物品储存间	15	15	15	9	15	9	15	15	9	9	9	15	9	9	15	9	—	注4
装置储罐组（总容积）　可燃气体 >1000~5000m³	20	20	15	15	*	*	20	25	15	15	15	20	15	15	15	15	15	
液化烃 >100~500m³	30	30	25	25	25	20	*	25	20	25	20	30	20	20	30	25	25	
可燃液体 >1000~5000m³	20	25	20	15	20	15	25	*	20	20	15	25	15	15	20	20	15	

注：1. 装置储罐（组）的总容积应符合本规范第5.2.23条的规定。当装置储罐的总容积小于200m³时，可按操作温度低于自燃点的"其他工艺设备"确定其防火间距；液化烃储罐小于100m³，可燃液体储罐小于50m³，可燃气体储罐小于200m³时，可按操作温度低于自燃点的"其他工艺设备"确定其防火间距。

2. 查不到自燃点时，可取250℃。

3. 装置储罐组的防火间距应符合本规范第6章的有关规定。

4. 丙B类液体设备的防火间距不限。

5. 散发火花地点与其他设备防火间距同明火设备。

6. 表中"—"表示无防火间距要求或执行相关规范；"*"表示装置储罐集中成组布置。

5.2.10　装置内消防道路的设置应符合下列规定：

1　装置内应设贯通式道路，道路应有不少于 2 个出入口，且 2 个出入口宜位于不同方位。当装置外两侧消防道路间距不大于 120m 时，装置内可不设贯通式道路；

2　道路的路面宽度不应小于 4m，路面上的净空高度不应小于 4.5m；路面内缘转弯半径不宜小于 6m。

5.2.11　在甲、乙类装置内部的设备、建筑物区的设置应符合下列规定：

1　应用道路将装置分割成为占地面积不大于 10000m² 的设备、建筑物区；

2　当大型石油化工装置的设备、建筑物区占地面积大于 10000m² 小于 20000m² 时，在设备、建筑物区四周应设环形道路，道路路面宽度不应小于 6m，设备、建筑物区的宽度不应大于 120m，相邻两设备、建筑物区的防火间距不应小于 15m，并应加强安全措施。

5.2.12　设备、建筑物、构筑物宜布置在同一地平面上；当受地形限制时，应将控制室、机柜间、变配电所、化验室等布置在较高的地平面上；工艺设备、装置储罐等宜布置在较低的地平面上。

5.2.13　明火加热炉宜集中布置在装置的边缘，且宜位于可燃气体、液化烃和甲$_B$、乙$_A$类设备的全年最小频率风向的下风侧。

5.2.14　当在明火加热炉与露天布置的液化烃设备或甲类气体压缩机之间设置不燃烧材料实体墙时，其防火间距可小于表 5.2.1 的规定，但不得小于 15m。实体墙的高度不宜小于 3m，距加热炉不宜大于 5m，实体墙的长度应满足由露天布置的液化烃设备或甲类气体压缩机经实体墙至加热炉的折线距离不小于 22.5m。

当封闭式液化烃设备的厂房或甲类气体压缩机房面向明火加热炉一面为无门窗洞口的不燃烧材料实体墙时，加热炉与厂房的防火间距可小于表 5.2.1 的规定，但不得小于 15m。

5.2.15　当同一建筑物内分隔为不同火灾危险性类别的房间时，中间隔墙应为防火墙。人员集中的房间应布置在火灾危险性较小的建筑物一端。

5.2.16　装置的控制室、机柜间、变配电所、化验室、办公室等不得与设有甲、乙$_A$类设备的房间布置在同一建筑物内。装置的控制室与其他建筑物合建时，应设置独立的防火分区。

5.2.17　装置的控制室、化验室、办公室等宜布置在装置外，并宜全厂性或区域性统一设置。当装置的控制室、机柜间、变配电所、化验室、办公室等布置在装置内时，应布置在装置的一侧，位于爆炸危险区范围以外，并宜位于可燃气体、液化烃和甲$_B$、乙$_A$类设备全年最小频率风向的下风侧。

5.2.18　布置在装置内的控制室、机柜间、变配电所、化验室、办公室等的布置应符合下列规定：

1　控制室宜设在建筑物的底层；

2　平面布置位于附加 2 区的办公室、化验室室内地面及控制室、机柜间、变配电所的设备层地面应高于室外地面，且高差不应小于 0.6m；

3　控制室、机柜间面向有火灾危险性设备侧的外墙应为无门窗洞口、耐火极限不低于3h的不燃烧材料实体墙；

4 化验室、办公室等面向有火灾危险性设备侧的外墙宜为无门窗洞口不燃烧材料实体墙。当确需设置门窗时，应采用防火门窗；

5 控制室或化验室的室内不得安装可燃气体、液化烃和可燃液体的在线分析仪器。

5.2.19 高压和超高压的压力设备宜布置在装置的一端或一侧；有爆炸危险的超高压反应设备宜布置在防爆构筑物内。

5.2.20 装置的可燃气体、液化烃和可燃液体设备采用多层构架布置时，除工艺要求外，其构架不宜超过四层。

5.2.21 空气冷却器不宜布置在操作温度等于或高于自燃点的可燃液体设备上方；若布置在其上方，应用不燃烧材料的隔板隔离保护。

5.2.22 装置储罐（组）的布置应符合下列规定：

1 当装置储罐总容积：液化烃罐小于或等于100m³、可燃气体或可燃液体罐小于或等于1000m³时，可布置在装置内，装置储罐与设备、建筑物的防火间距不应小于表5.2.1的规定；

2 当装置储罐组总容积：液化烃罐大于100m³小于或等于500m³、可燃液体罐或可燃气体罐大于1000m³小于或等于5000m³时，应成组集中布置在装置边缘；但液化烃单罐容积不应大于300m³，可燃液体单罐容积不应大于3000m³。装置储罐组的防火设计应符合本规范第6章的有关规定，与储罐相关的机泵应布置在防火堤外。装置储罐组与装置内其他设备、建筑物的防火间距不应小于表5.2.1的规定。

5.2.23 甲、乙类物品仓库不应布置在装置内。若工艺需要，储量不大于5t的乙类物品储存间和丙类物品仓库可布置在装置内，并位于装置边缘。丙类物品仓库的总储量应符合本规范第6章的有关规定。

5.2.24 可燃气体和助燃气体的钢瓶（含实瓶和空瓶），应分别存放在位于装置边缘的敞棚内。可燃气体的钢瓶距明火或操作温度等于或高于自燃点的设备防火间距不应小于15m。分析专用的钢瓶储存间可靠近分析室布置，钢瓶储存间的建筑设计应满足泄压要求。

5.2.25 建筑物的安全疏散门应向外开启。甲、乙、丙类房间的安全疏散门，不应少于2个；面积小于等于100m²的房间可只设1个。

5.2.26 设备的构架或平台的安全疏散通道应符合下列规定：

1 可燃气体、液化烃和可燃液体的塔区平台或其他设备的构架平台应设置不少于2个通往地面的梯子，作为安全疏散通道，但长度不大于8m的甲类气体和甲、乙A类液体设备的平台或长度不大于15m的乙B、丙类液体设备的平台，可只设1个梯子；

2 相邻的构架、平台宜用走桥连通，与相邻平台连通的走桥可作为一个安全疏散通道；

3 相邻安全疏散通道之间的距离不应大于50m。

5.2.27 装置内地坪竖向和排污系统的设计应减少可能泄漏的可燃液体在工艺设备附近的滞留时间和扩散范围。火灾事故状态下，受污染的消防水应有效收集和排放。

5.2.28 凡在开停工、检修过程中，可能有可燃液体泄漏、漫流的设备区周围应设置不低于 150mm 的围堰和导液设施。

5.3　泵和压缩机

5.3.1　可燃气体压缩机的布置及其厂房的设计应符合下列规定：

1　可燃气体压缩机宜布置在敞开或半敞开式厂房内；

2　单机驱动功率等于或大于 150kW 的甲类气体压缩机厂房不宜与其他甲、乙和丙类房间共用一座建筑物；

3　压缩机的上方不得布置甲、乙和丙类工艺设备，但自用的高位润滑油箱不受此限；

4　比空气轻的可燃气体压缩机半敞开式或封闭式厂房的顶部应采取通风措施；

5　比空气轻的可燃气体压缩机厂房的楼板宜部分采用钢格板；

6　比空气重的可燃气体压缩机厂房的地面不宜设地坑或地沟；厂房内应有防止可燃气体积聚的措施。

5.3.2　液化烃泵、可燃液体泵宜露天或半露天布置。液化烃、操作温度等于或高于自燃点的可燃液体的泵上方，不宜布置甲、乙、丙类工艺设备；若在其上方布置甲、乙、丙类工艺设备，应用不燃烧材料的隔板隔离保护。

5.3.3　液化烃泵、可燃液体泵在泵房内布置时，应符合下列规定：

1　液化烃泵、操作温度等于或高于自燃点的可燃液体泵、操作温度低于自燃点的可燃液体泵应分别布置在不同房间内，各房间之间的隔墙应为防火墙；

2　操作温度等于或高于自燃点的可燃液体泵房的门窗与操作温度低于自燃点的甲$_B$、乙$_A$类液体泵房的门窗或液化烃泵房的门窗的距离不应小于 4.5m；

3　甲、乙$_A$类液体泵房的地面不宜设地坑或地沟，泵房内应有防止可燃气体积聚的措施；

4　在液化烃、操作温度等于或高于自燃点的可燃液体泵房的上方，不宜布置甲、乙、丙类工艺设备；

5　液化烃泵不超过 2 台时，可与操作温度低于自燃点的可燃液体泵同房间布置。

5.3.4　气柜或全冷冻式液化烃储存设施内，泵和压缩机等旋转设备或其房间与储罐的防火间距不应小于 15m。其他设备之间及非旋转设备与储罐的防火间距应按本规范表 5.2.1 执行。

5.3.5　罐组的专用泵区应布置在防火堤外，与储罐的防火间距应符合下列规定：

1　距甲$_A$类储罐不应小于 15m；

2　距甲$_B$、乙类固定顶储罐不应小于 12m，距小于或等于 500m³ 的甲$_B$、乙类固定顶储罐不应小于 10m；

3　距浮顶及内浮顶储罐、丙$_A$类固定顶储罐不应小于 10m，距小于或等于 500m³ 的内浮顶储罐、丙$_A$类固定顶储罐不应小于 8m。

5.3.6　除甲$_A$类以外的可燃液体储罐的专用泵单独布置时，应布置在防火堤外，与可燃液体储罐的防火间距不限。

5.3.7　压缩机或泵等的专用控制室或不大于 10kV 的专用变配电所，可与该压缩机房或泵房等共用一座建筑物，但专用控制室或变配电所的门窗应位于爆炸危险区范围之外，且专用控制室或变配电所与压缩机房或泵房等的中间隔墙应为无门窗洞口的防火墙。

5.4　污水处理场和循环水场

5.4.1　隔油池的保护高度不应小于400mm。隔油池应设难燃烧材料的盖板。

5.4.2　隔油池的进出水管道应设水封。距隔油池池壁5m以内的水封井、检查井的井盖与盖座接缝处应密封，且井盖不得有孔洞。

5.4.3　污水处理场内的设备、建（构）筑物平面布置防火间距不应小于表5.4.3的规定。

表5.4.3　污水处理场内的设备、建（构）筑物平面布置的防火间距　　单位：m

类　别	变配电所、化验室、办公室等	含可燃液体的隔油池、污水池等	集中布置的水泵房	污油罐、含油污水调节罐	焚烧炉	污油泵房
变配电所、化验室、办公室等	—	15	—	15	15	15
含可燃液体的隔油池、污水池等	15	—	15	15	15	—
集中布置的水泵房	—	15	—	15	—	—
污油罐、含油污水调节罐	15	15	15	—	15	—
焚烧炉	15	15	—	15	—	15
污油泵房	15	—	—	—	15	—

注：表中"—"表示无防火间距要求或执行相关规范。

5.4.4　循环水场冷却塔应采用阻燃型的填料、收水器和风筒，其氧指数不应小于30。

5.5　泄压排放和火炬系统

5.5.1　在非正常条件下，可能超压的下列设备应设安全阀：

1　顶部最高操作压力大于等于0.1MPa的压力容器；

2　顶部最高操作压力大于0.03MPa的蒸馏塔、蒸发塔和汽提塔（汽提塔顶蒸汽通入另一蒸馏塔者除外）；

3　往复式压缩机各段出口或电动往复泵、齿轮泵、螺杆泵等容积式泵的出口（设备本身已有安全阀者除外）；

4　凡与鼓风机、离心式压缩机、离心泵或蒸汽往复泵出口连接的设备不能承受其最高压力时，鼓风机、离心式压缩机、离心泵或蒸汽往复泵的出口；

5　可燃气体或液体受热膨胀，可能超过设计压力的设备；

6　顶部最高操作压力为0.03～0.1MPa的设备应根据工艺要求设置。

5.5.2　单个安全阀的开启压力（定压），不应大于设备的设计压力。当一台设备安装多个安全阀时，其中一个安全阀的开启压力（定压）不应大于设备的设计压力；其他安全阀的开启压力可以提高，但不应大于设备设计压力的1.05倍。

5.5.3　下列工艺设备不宜设安全阀：

    1 加热炉炉管；

    2 在同一压力系统中，压力来源处已有安全阀，则其余设备可不设安全阀；

    3 对扫线蒸汽不宜作为压力来源。

5.5.4 可燃气体、可燃液体设备的安全阀出口连接应符合下列规定：

    1 可燃液体设备的安全阀出口泄放管应接入储罐或其他容器，泵的安全阀出口泄放管宜接至泵的入口管道、塔或其他容器；

    2 可燃气体设备的安全阀出口泄放管应接至火炬系统或其他安全泄放设施；

    3 泄放后可能立即燃烧的可燃气体或可燃液体应经冷却后接至放空设施；

    4 泄放可能携带液滴的可燃气体应经分液罐后接至火炬系统。

5.5.5 有可能被物料堵塞或腐蚀的安全阀，在安全阀前应设爆破片或在其出入口管道上采取吹扫、加热或保温等防堵措施。

5.5.6 两端阀门关闭且因外界影响可能造成介质压力升高的液化烃、甲$_B$、乙$_A$类液体管道应采取泄压安全措施。

5.5.7 甲、乙、丙类的设备应有事故紧急排放设施，并应符合下列规定：

    1 对液化烃或可燃液体设备，应能将设备内的液化烃或可燃液体排放至安全地点，剩余的液化烃应排入火炬；

    2 对可燃气体设备，应能将设备内的可燃气体排入火炬或安全放空系统。

5.5.8 常减压蒸馏装置的初馏塔顶、常压塔顶、减压塔顶的不凝气不应直接排入大气。

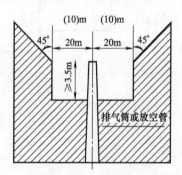

图 5.5.11 可燃气体排气筒、
放空管高度示意图
注：阴影部分为平台或建筑物的设置范围

5.5.9 较高浓度环氧乙烷设备的安全阀前应设爆破片。爆破片入口管道应设氮封，且安全阀的出口管道应充氮。

5.5.10 氨的安全阀排放气应经处理后放空。

5.5.11 受工艺条件或介质特性所限，无法排入火炬或装置处理排放系统的可燃气体，当通过排气筒、放空管直接向大气排放时，排气筒、放空管的高度应符合下列规定：

    1 连续排放的排气筒顶或放空管口应高出 20m 范围内的平台或建筑物顶 3.5m 以上，位于排放口水平 20m 以外斜上 45°的范围内不宜布置平台或建筑物（图 5.5.11）；

    2 间歇排放的排气筒顶或放空管口应高出 10m 范围内的平台或建筑物顶 3.5m 以上，位于排放口水平 10m 以外斜上 45°的范围内不宜布置平台或建筑物（图 5.5.11）；

    3 安全阀排放管口不得朝向邻近设备或有人通过的地方，排放管口应高出 8m 范围内的平台或建筑物顶 3m 以上。

5.5.12 有突然超压或发生瞬时分解爆炸危险物料的反应设备，如设安全阀不能满足要求时，应装爆破片或爆破片和导爆管，导爆管口必须朝向无火源的安全方向；必要时应采取防止二次爆炸、火灾的措施。

5.5.13 因物料爆聚、分解造成超温、超压，可能引起火灾、爆炸的反应设备应设报警信号和泄压排放设施，以及自动或手动遥控的紧急切断进料设施。

5.5.14　严禁将混合后可能发生化学反应并形成爆炸性混合气体的几种气体混合排放。

5.5.15　液体、低热值可燃气体、含氧气或卤元素及其化合物的可燃气体、毒性为极度和高度危害的可燃气体、惰性气体、酸性气体及其他腐蚀性气体不得排入全厂性火炬系统，应设独立的排放系统或处理排放系统。

5.5.16　可燃气体放空管道在接入火炬前，应设置分液和阻火等设备。

5.5.17　可燃气体放空管道内的凝结液应密闭回收，不得随地排放。

5.5.18　携带可燃液体的低温可燃气体排放系统应设置气化器，低温火炬管道选材应考虑事故排放时可能出现的最低温度。

5.5.19　装置的主要泄压排放设备宜采用适当的措施，以降低事故工况下可燃气体瞬间排放负荷。

5.5.20　火炬应设长明灯和可靠的点火系统。

5.5.21　装置内高架火炬的设置应符合下列规定：

1　严禁排入火炬的可燃气体携带可燃液体；

2　火炬的辐射热不应影响人身及设备的安全；

3　距火炬筒 30m 范围内，不应设置可燃气体放空。

5.5.22　封闭式地面火炬的设置除按明火设备考虑外，还应符合下列规定：

1　排入火炬的可燃气体不应携带可燃液体；

2　火炬的辐射热不应影响人身及设备的安全；

3　火炬应采取有效的消烟措施。

5.5.23　火炬设施的附属设备可靠近火炬布置。

5.6　钢结构耐火保护

5.6.1　下列承重钢结构，应采取耐火保护措施：

1　单个容积等于或大于 5m³ 的甲、乙$_A$ 类液体设备的承重钢构架、支架、裙座；

2　在爆炸危险区范围内，且毒性为极度和高度危害的物料设备的承重钢构架、支架、裙座；

3　操作温度等于或高于自燃点的单个容积等于或大于 5m³ 的乙$_B$、丙类液体设备承重钢构架、支架、裙座；

4　加热炉炉底钢支架；

5　在爆炸危险区范围内的主管廊的钢管架；

6　在爆炸危险区范围内的高径比等于或大于 8，且总重量等于或大于 25t 的非可燃介质设备的承重钢构架、支架和裙座。

5.6.2　第 5.6.1 条所述的承重钢结构的下列部位应覆盖耐火层，覆盖耐火层的钢构件，其耐火极限不应低于 1.5h：

1　支承设备钢构架：

1）单层构架的梁、柱；

2）多层构架的楼板为透空的钢格板时，地面以上 10m 范围的梁、柱；

3）多层构架的楼板为封闭式楼板时，地面至该层楼板面及其以上 10m 范围的梁、柱；

2　支承设备钢支架；

3　钢裙座外侧未保温部分及直径大于 1.2m 的裙座内侧；

4　钢管架：

1) 底层支承管道的梁、柱；地面以上 4.5m 内的支承管道的梁、柱；

2) 上部设有空气冷却器的管架，其全部梁、柱及承重斜撑；

3) 下部设有液化烃或可燃液体泵的管架，地面以上 10m 范围的梁、柱；

5　加热炉从钢柱柱脚板到炉底板下表面 50mm 范围内的主要支承构件应覆盖耐火层，与炉底板连续接触的横梁不覆盖耐火层；

6　液化烃球罐支腿从地面到支腿与球体交叉处以下 0.2m 的部位。

5.7　其他要求

5.7.1　甲、乙、丙类设备或有爆炸危险性粉尘、可燃纤维的封闭式厂房和控制室等其他建筑物的耐火等级、内部装修及空调系统等设计均应按现行国家标准《建筑设计防火规范》GB 50016、《建筑内部装修设计防火规范》GB 50222 和《采暖通风与空气调节设计规范》GB 50019 的有关规定执行。

5.7.2　散发爆炸危险性粉尘或可燃纤维的场所，其火灾危险性类别和爆炸危险区范围的划分应按现行国家标准《建筑设计防火规范》GB 50016 和《爆炸和火灾危险环境电力装置设计规范》GB 50058 的规定执行。

5.7.3　散发爆炸危险性粉尘或可燃纤维的场所应采取防止粉尘、纤维扩散、飞扬和积聚的措施。

5.7.4　散发比空气重的甲类气体、有爆炸危险性粉尘或可燃纤维的封闭厂房应采用不发生火花的地面。

5.7.5　有可燃液体设备的多层建筑物或构筑物的楼板应采取防止可燃液体泄漏至下层的措施。

5.7.6　生产或储存不稳定的烯烃、二烯烃等物质时应采取防止生成过氧化物、自聚物的措施。

5.7.7　可燃气体压缩机、液化烃、可燃液体泵不得使用皮带传动；在爆炸危险区范围内的其他转动设备若必须使用皮带传动时，应采用防静电皮带。

5.7.8　烧燃料气的加热炉应设长明灯，并宜设置火焰监测器。

5.7.9　除加热炉以外的有隔热衬里设备，其外壁应涂刷超温显示剂或设置测温点。

5.7.10　可燃气体的电除尘、电除雾等电滤器系统，应有防止产生负压和控制含氧量超过规定指标的设施。

5.7.11　正压通风设施的取风口宜位于可燃气体、液化烃和甲$_B$、乙$_A$类设备的全年最小频率风向的下风侧，且取风口高度应高出地面 9m 以上或爆炸危险区 1.5m 以上，两者中取较大值。取风质量应按现行国家标准《采暖通风与空气调节设计规范》GB 50019 的有关规定执行。

6　储运设施

6.1　一般规定

6.1.1　可燃气体、助燃气体、液化烃和可燃液体的储罐基础、防火堤、隔堤及管架

（墩）等，均应采用不燃烧材料。防火堤的耐火极限不得小于 3h。

6.1.2　液化烃、可燃液体储罐的保温层应采用不燃烧材料。当保冷层采用阻燃型泡沫塑料制品时，其氧指数不应小于 30。

6.1.3　储运设施内储罐与其他设备及建构筑物之间的防火间距应按本规范第 5 章的有关规定执行。

6.2　可燃液体的地上储罐

6.2.1　储罐应采用钢罐。

6.2.2　储存甲$_B$、乙$_A$类的液体应选用金属浮舱式的浮顶或内浮顶罐。对于有特殊要求的物料，可选用其他型式的储罐。

6.2.3　储存沸点低于 45℃的甲$_B$类液体宜选用压力或低压储罐。

6.2.4　甲$_B$类液体固定顶罐或低压储罐应采取减少日晒升温的措施。

6.2.5　储罐应成组布置，并应符合下列规定：

1　在同一罐组内，宜布置火灾危险性类别相同或相近的储罐；当单罐容积小于或等于 1000m³ 时，火灾危险性类别不同的储罐也可同组布置；

2　沸溢性液体的储罐不应与非沸溢性液体储罐同组布置；

3　可燃液体的压力储罐可与液化烃的全压力储罐同组布置；

4　可燃液体的低压储罐可与常压储罐同组布置。

6.2.6　罐组的总容积应符合下列规定：

1　固定顶罐组的总容积不应大于 120000m³；

2　浮顶、内浮顶罐组的总容积不应大于 600000m³；

3　固定顶罐和浮顶、内浮顶罐的混合罐组的总容积不应大于 120000m³；其中浮顶、内浮顶罐的容积可折半计算。

6.2.7　罐组内单罐容积大于或等于 10000m³ 的储罐个数不应多于 12 个；单罐容积小于 10000m³ 的储罐个数不应多于 16 个；但单罐容积均小于 1000m³ 储罐以及丙$_B$类液体储罐的个数不受此限。

6.2.8　罐组内相邻可燃液体地上储罐的防火间距不应小于表 6.2.8 的规定。

表 6.2.8　罐组内相邻可燃液体地上储罐的防火间距

液体类别	储罐型式			
	固定顶罐		浮顶、内浮顶罐	卧罐
	≤1000m³	>1000m³		
甲$_B$、乙类	0.75D	0.6D	0.4D	0.8m
丙$_A$类	0.4D			
丙$_B$类	2m	5m		

注：1. 表中 D 为相邻较大罐的直径，单罐容积大于 1000m³ 的储罐取直径或高度的较大值；
2. 储存不同类别液体的或不同型式的相邻储罐的防火间距应采用本表规定的较大值；
3. 现有浅盘式内浮顶罐的防火间距同固定顶罐；
4. 可燃液体的低压储罐，其防火间距按固定顶罐考虑；
5. 储存丙$_B$类可燃液体的浮顶、内浮顶罐，其防火间距大于 15m 时，可取 15m。

6.2.9　罐组内的储罐不应超过 2 排；但单罐容积小于或等于 1000m³ 的丙$_B$类的储罐不应超过 4 排，其中润滑油罐的单罐容积和排数不限。

6.2.10　两排立式储罐的间距应符合表 6.2.8 的规定，且不应小于 5m；两排直径小于 5m 的立式储罐及卧式储罐的间距不应小于 3m。

6.2.11　罐组应设防火堤。

6.2.12　防火堤及隔堤内的有效容积应符合下列规定：

1　防火堤内的有效容积不应小于罐组内 1 个最大储罐的容积，当浮顶、内浮顶罐组不能满足此要求时，应设置事故存液池储存剩余部分，但罐组防火堤内的有效容积不应小于罐组内 1 个最大储罐容积的一半；

2　隔堤内有效容积不应小于隔堤内 1 个最大储罐容积的 10%。

6.2.13　立式储罐至防火堤内堤脚线的距离不应小于罐壁高度的一半，卧式储罐至防火堤内堤脚线的距离不应小于 3m。

6.2.14　相邻罐组防火堤的外堤脚线之间应留有宽度不小于 7m 的消防空地。

6.2.15　设有防火堤的罐组内应按下列要求设置隔堤：

1　单罐容积小于或等于 5000m³ 时，隔堤所分隔的储罐容积之和不应大于 20000m³；

2　单罐容积大于 5000~20000m³ 时，隔堤内的储罐不应超过 4 个；

3　单罐容积大于 20000~50000m³ 时，隔堤内的储罐不应超过 2 个；

4　单罐容积大于 50000m³ 时，应每 1 个罐一隔；

5　隔堤所分隔的沸溢性液体储罐不应超过 2 个。

6.2.16　多品种的液体罐组内应按下列要求设置隔堤：

1　甲$_B$、乙$_A$ 类液体与其他类可燃液体储罐之间；

2　水溶性与非水溶性可燃液体储罐之间；

3　相互接触能引起化学反应的可燃液体储罐之间；

4　助燃剂、强氧化剂及具有腐蚀性液体储罐与可燃液体储罐之间。

6.2.17　防火堤及隔堤应符合下列规定：

1　防火堤及隔堤应能承受所容纳液体的静压，且不应渗漏；

2　立式储罐防火堤的高度应为计算高度加 0.2m，但不应低于 1.0m（以堤内设计地坪标高为准），且不宜高于 2.2m（以堤外 3m 范围内设计地坪标高为准）；卧式储罐防火堤的高度不应低于 0.5m（以堤内设计地坪标高为准）；

3　立式储罐组内隔堤的高度不应低于 0.5m；卧式储罐组内隔堤的高度不应低于 0.3m；

4　管道穿堤处应采用不燃烧材料严密封闭；

5　在防火堤内雨水沟穿堤处应采取防止可燃液体流出堤外的措施；

6　在防火堤的不同方位上应设置人行台阶或坡道，同一方位上两相邻人行台阶或坡道之间距离不宜大于 60m；隔堤应设置人行台阶。

6.2.18　事故存液池的设置应符合下列规定：

1　设有事故存液池的罐组应设导液管（沟），使溢漏液体能顺利地流出罐组并自流入存液池内；

2　事故存液池距防火堤的距离不应小于 7m；

3 事故存液池和导液沟距明火地点不应小于 30m；

4 事故存液池应有排水设施。

6.2.19 甲_B、乙类液体的固定顶罐应设阻火器和呼吸阀；对于采用氮气或其他气体气封的甲_B、乙类液体的储罐还应设置事故泄压设备。

6.2.20 常压固定顶罐顶板与包边角钢之间的连接应采用弱顶结构。

6.2.21 储存温度高于 $100℃$ 的丙_B类液体储罐应设专用扫线罐。

6.2.22 设有蒸汽加热器的储罐应采取防止液体超温的措施。

6.2.23 可燃液体的储罐应设液位计和高液位报警器，必要时可设自动联锁切断进料设施；并宜设自动脱水器。

6.2.24 储罐的进料管应从罐体下部接入；若必须从上部接入，宜延伸至距罐底 200mm 处。

6.2.25 储罐的进出口管道应采用柔性连接。

6.3 液化烃、可燃气体、助燃气体的地上储罐

6.3.1 液化烃储罐、可燃气体储罐和助燃气体储罐应分别成组布置。

6.3.2 液化烃储罐成组布置时应符合下列规定：

1 液化烃罐组内的储罐不应超过 2 排；

2 每组全压力式或半冷冻式储罐的个数不应多于 12 个；

3 全冷冻式储罐的个数不宜多于 2 个；

4 全冷冻式储罐应单独成组布置；

5 储罐材质不能适应该罐组内介质最低温度时，不应布置在同一罐组内。

6.3.3 液化烃、可燃气体、助燃气体的罐组内，储罐的防火间距不应小于表 6.3.3 的规定。

表 6.3.3　液化烃、可燃气体、助燃气体的罐组内储罐的防火间距

介质	储存方式或储罐型式		球罐	卧（立）罐	全冷冻式储罐		水槽式气柜	干式气柜
					≤100m³	>100m³		
液化烃	全压力式或半冷冻式储罐	有事故排放至火炬的措施	0.5D	1.0D	*	*	*	*
		无事故排放至火炬的措施	1.0D		*	*	*	*
	全冷冻式储罐	≤100m³	*	*	1.5m	0.5D	*	*
		>100m³	*	*	0.5D	0.5D	*	*
助燃气体	球罐		0.5D	0.65D	*	*	*	*
	卧（立）罐		0.65D	0.65D	*	*	*	*
可燃气体	水槽式气柜		*	*	*	*	0.5D	0.65D
	干式气柜		*	*	*	*	0.65D	0.65D
	球罐		0.5D	*	*	*	0.65D	0.65D

注：1. D 为相邻较大储罐的直径；

2. 液氨储罐间的防火间距要求应与液化烃储罐相同；液氧储罐间的防火间距应按现行国家标准《建筑设计防火规范》GB 50016 的要求执行；

3. 沸点低于 45℃ 的甲类液体压力储罐，按全压力式液化烃储罐的防火间距执行；

4. 液化烃单罐容积≤200m³ 的卧（立）罐之间的防火间距超过 1.5m 时，可取 1.5m；

5. 助燃气体卧（立）罐之间的防火间距超过 1.5m 时，可取 1.5m；

6. "＊"表示不应同组布置。

6.3.4　两排卧罐的间距不应小于 3m。

6.3.5　防火堤及隔堤的设置应符合下列规定：

1　液化烃全压力式或半冷冻式储罐组宜设不高于 0.6m 的防火堤，防火堤内堤脚线距储罐不应小于 3m，堤内应采用现浇混凝土地面，并应坡向外侧，防火堤内的隔堤不宜高于 0.3m；

2　全压力式储罐组的总容积大于 8000m³ 时，罐组内应设隔堤，隔堤内各储罐容积之和不宜大于 8000m³，单罐容积等于或大于 5000m³ 时应每 1 个罐一隔；

3　全冷冻式储罐组的总容积不应大于 200000m³，单防罐应每 1 个罐一隔，隔堤应低于防火堤 0.2m；

4　沸点低于 45℃甲ᴮ类液体压力储罐组的总容积不宜大于 60000m³；隔堤内各储罐容积之和不宜大于 8000m³，单罐容积等于或大于 5000m³ 时应每 1 个罐一隔。

5　沸点低于 45℃的甲ᴮ类液体的压力储罐，防火堤内有效容积不应小于 1 个最大储罐的容积。当其与液化烃压力储罐同组布置时，防火堤及隔堤的高度尚应满足液化烃压力储罐组的要求，且二者之间应设隔堤；当其独立成组时，防火堤距储罐不应小于 3m，防火堤及隔堤的高度设置尚应符合第 6.2.17 条的要求；

6　全压力式、半冷冻式液氨储罐的防火堤和隔堤的设置同液化烃储罐的要求。

6.3.6　液化烃全冷冻式单防罐罐组应设防火堤，并应符合下列规定：

1　防火堤内的有效容积不应小于 1 个最大储罐的容积；

2　单防罐至防火堤内顶角线的距离 X 不应小于最高液位与防火堤堤顶的高度之差 Y 加上液面上气相当量压头的和（图 6.3.6）；当防火堤的高度等于或大于最高液位时，单防罐至防火堤内顶角线的距离不限；

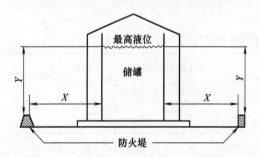

图 6.3.6　单防罐至防火堤内顶角线的距离

3　应在防火堤的不同方位上设置不少于 2 个人行台阶或梯子；

4　防火堤及隔堤应为不燃烧实体防护结构，能承受所容纳液体的静压及温度变化的影响，且不渗漏。

6.3.7　液化烃全冷冻式双防或全防罐罐组可不设防火堤。

6.3.8　全冷冻式液氨储罐应设防火堤，堤内有效容积应不小于 1 个最大储罐容积的 60%。

6.3.9　液化烃、液氨等储罐的储存系数不应大于 0.9。

6.3.10　液氨储罐应设液位计、压力表和安全阀；低温液氨储罐尚应设温度指示仪。

6.3.11　液化烃储罐应设液位计、温度计、压力表、安全阀，以及高液位报警和高高液位自动联锁切断进料措施。对于全冷冻式液化烃储罐还应设真空泄放设施和高、低温度检测，并应与自动控制系统相连。

6.3.12　气柜应设上、下限位报警装置，并宜设进出管道自动联锁切断装置。

6.3.13　液化烃储罐的安全阀出口管应接至火炬系统。确有困难时，可就地放空，但其排气管口应高出 8m 范围内储罐罐顶平台 3m 以上。

6.3.14　令压力式液化烃储罐宜采用有防冻措施的二次脱水系统，储罐根部宜设紧急切断阀。

6.3.15　液化烃蒸发器的气相部分应设压力表和安全阀。

6.3.16　液化烃储罐开口接管的阀门及管件的管道等级不应低于 2.0MPa，其垫片应采用缠绕式垫片。阀门压盖的密封填料应采用难燃烧材料。全压方式储罐应采取防止液化烃泄漏的注水措施。

6.3.17　全冷冻卧式液化烃储罐不应多层布置。

6.4　可燃液体、液化烃的装卸设施

6.4.1　可燃液体的铁路装卸设施应符合下列规定：

1　装卸栈台两端和沿栈台每隔 60m 左右应设梯子；

2　甲$_B$、乙、丙$_A$ 类的液体严禁采用沟槽卸车系统；

3　顶部敞口装车的甲$_B$、乙、丙$_A$ 类的液体应采用液下装车鹤管；

4　在距装车栈台边缘 10m 以外的可燃液体（润滑油除外）输入管道上应设便于操作的紧急切断阀；

5　丙$_B$ 类液体装卸栈台宜单独设置；

6　零位罐至罐车装卸线不应小于 6m；

7　甲$_B$、乙$_A$ 类液体装卸鹤管与集中布置的泵的距离不应小于 8m；

8　同一铁路装卸线一侧的两个装卸栈台相邻鹤位之间的距离不应小于 24m。

6.4.2　可燃液体的汽车装卸站应符合下列规定：

1　装卸站的进、出口宜分开设置；当进、出口合用时，站内应设回车场；

2　装卸车场应采用现浇混凝土地面；

3　装卸车鹤位与缓冲罐之间的距离不应小于 5m，高架罐之间的距离不应小于 0.6m；

4　甲$_B$、乙$_A$ 类液体装卸车鹤位与集中布置的泵的距离不应小于 8m；

5　站内无缓冲罐时，在距装卸车鹤位 10m 以外的装卸管道上应设便于操作的紧急切断阀；

6　甲$_B$、乙、丙$_A$ 类液体的装卸车应采用液下装卸车鹤管；

7　甲$_B$、乙、丙$_A$ 类液体与其他类液体的两个装卸车栈台相邻鹤位之间的距离不应小于 8m；

8　装卸车鹤位之间的距离不应小于 4m；双侧装卸车栈台相邻鹤位之间或同一鹤位相邻鹤管之间的距离应满足鹤管正常操作和检修的要求。

6.4.3　液化烃铁路和汽车的装卸设施应符合下列规定：

1　液化烃严禁就地排放；

2　低温液化烃装卸鹤位应单独设置；

3　铁路装卸栈台宜单独设置，当不同时作业时，可与可燃液体铁路装卸同台设置；

4　同一铁路装卸线一侧的两个装卸栈台相邻鹤位之间的距离不应小于 24m；

5　铁路装卸栈台两端和沿栈台每隔 60m 左右应设梯子；

6 汽车装卸车鹤位之间的距离不应小于 4m；双侧装卸车栈台相邻鹤位之间或同一鹤位相邻鹤管之间的距离应满足鹤管正常操作和检修的要求，液化烃汽车装卸栈台与可燃液体汽车装卸栈台相邻鹤位之间的距离不应小于 8m；

7 在距装卸车鹤位 10m 以外的装卸管道上应设便于操作的紧急切断阀；

8 汽车装卸车场应采用现浇混凝土地面；

9 装卸车鹤位与集中布置的泵的距离不应小于 10m。

6.4.4 可燃液体码头、液化烃码头应符合下列规定：

1 除船舶在码头泊位内外档停靠外，码头相邻泊位船舶间的防火间距不应小于表 6.4.4 的规定：

表 6.4.4　码头相邻泊位船舶间的防火间距　　　　单位：m

船长(m)	279～236	235～183	182～151	150～110	<110
防火间距	55	50	40	35	25

2 液化烃泊位宜单独设置，当不同时作业时，可与其他可燃液体共用一个泊位；

3 可燃液体和液化烃的码头与其他码头或建筑物、构筑物的安全距离应按有关规定执行；

4 在距泊位 20m 以外或岸边处的装卸船管道上应设便于操作的紧急切断阀；

5 液化烃的装卸应采用装卸臂或金属软管，并应采取安全放空措施。

6.5　灌装站

6.5.1 液化石油气的灌装站应符合下列规定：

1 液化石油气的灌瓶间和储瓶库宜为敞开式或半敞开式建筑物，半敞开式建筑物下部应采取防止油气积聚的措施；

2 液化石油气的残液应密闭回收，严禁就地排放；

3 灌装站应设不燃烧材料隔离墙。如采用实体围墙，其下部应设通风口；

4 灌瓶间和储瓶库的室内应采用不发生火花的地面，室内地面应高于室外地坪，其高差不应小于 0.6m；

5 液化石油气缓冲罐与灌瓶间的距离不应小于 10m；

6 灌装站内应设有宽度不小于 4m 的环形消防车道，车道内缘转弯半径不宜小于 6m。

6.5.2 氢气灌瓶间的顶部应采取通风措施。

6.5.3 液氨和液氯等的灌装间宜为敞开式建筑物。

6.5.4 实瓶（桶）库与灌装间可设在同一建筑物内，但宜用实体墙隔开，并各设出入口。

6.5.5 液化石油气、液氨或液氯等的实瓶不应露天堆放。

6.6　厂内仓库

6.6.1 石油化工企业应设置独立的化学品和危险品库区。甲、乙、丙类物品仓库，距其他设施的防火间距见表 4.2.12，并应符合下列规定：

1 甲类物品仓库宜单独设置；当其储量小于 5t 时，可与乙、丙类物品仓库共用一座建筑物，但应设独立的防火分区；

　　2　乙、丙类产品的储量宜按装置 2～15d 的产量计算确定；

　　3　化学品应按其化学物理特性分类储存，当物料性质不允许相互接触时，应用实体墙隔开，并各设出入口；

　　4　仓库应通风良好；

　　5　可能产生爆炸性混合气体或在空气中能形成粉尘、纤维等爆炸性混合物的仓库，应采用不发生火花的地面，需要时应设防水层。

6.6.2　单层仓库跨度不应大于 150m。每座合成纤维、合成橡胶、合成树脂及塑料单层仓库的占地面积不应大于 24000m²，每个防火分区的建筑面积不应大于 6000m²；当企业设有消防站和专职消防队且仓库设有工业电视监视系统时，每座合成树脂及塑料单层仓库的占地面积可扩大至 48000m²。

6.6.3　合成纤维、合成树脂及塑料等产品的高架仓库应符合下列规定：

　　1　仓库的耐火等级不应低于二级；

　　2　货架应采用不燃烧材料。

6.6.4　占地面积大于 1000m² 的丙类仓库应设置排烟设施，占地面积大于 6000m² 的丙类仓库宜采用自然排烟，排烟口净面积宜为仓库建筑面积的 5％。

6.6.5　袋装硝酸铵仓库的耐火等级不应低于二级。仓库内严禁存放其他物品。

6.6.6　盛装甲、乙类液体的容器存放在室外时应设防晒降温设施。

7　管 道 布 置

7.1　厂内管线综合

7.1.1　全厂性工艺及热力管道宜地上敷设；沿地面或低支架敷设的管道不应环绕工艺装置或罐组布置，并不应妨碍消防车的通行。

7.1.2　管道及其桁架跨越厂内铁路线的净空高度不应小于 5.5m；跨越厂内道路的净空高度不应小于 5m。在跨越铁路或道路的可燃气体、液化烃和可燃液体管道上不应设置阀门及易发生泄漏的管道附件。

7.1.3　可燃气体、液化烃、可燃液体的管道穿越铁路线或道路时应敷设在管涵或套管内。

7.1.4　永久性的地上、地下管道不得穿越或跨越与其无关的工艺装置、系统单元或储罐组；在跨越罐区泵房的可燃气体、液化烃和可燃液体的管道上不应设置阀门及易发生泄漏的管道附件。

7.1.5　距散发比空气重的可燃气体设备 30m 以内的管沟应采取防止可燃气体窜入和积聚的措施。

7.1.6　各种工艺管道及含可燃液体的污水管道不应沿道路敷设在路面下或路肩上下。

7.2　工艺及公用物料管道

7.2.1　可燃气体、液化烃和可燃液体的金属管道除需要采用法兰连接外，均应采用焊接连接。公称直径等于或小于 25mm 的可燃气体、液化烃和可燃液体的金属管道和阀门采用锥管螺纹连接时，除能产生缝隙腐蚀的介质管道外，应在螺纹处采用密封焊。

7.2.2 可燃气体、液化烃和可燃液体的管道不得穿过与其无关的建筑物。

7.2.3 可燃气体、液化烃和可燃液体的采样管道不应引入化验室。

7.2.4 可燃气体、液化烃和可燃液体的管道应架空或沿地敷设。必须采用管沟敷设时，应采取防止可燃气体、液化烃和可燃液体在管沟内积聚的措施，并在进、出装置及厂房处密封隔断；管沟内的污水应经水封井排入生产污水管道。

7.2.5 工艺和公用工程管道共架多层敷设时宜将介质操作温度等于或高于250℃的管道布置在上层，液化烃及腐蚀性介质管道布置在下层；必须布置在下层的介质操作温度等于或高于250℃的管道可布置在外侧，但不应与液化烃管道相邻。

7.2.6 氧气管道与可燃气体、液化烃和可燃液体的管道共架敷设时应布置在一侧，且平行布置时净距不应小于500mm，交叉布置时净距不应小于250mm。氧气管道与可燃气体、液化烃和可燃液体管道之间宜用公用工程管道隔开。

7.2.7 公用工程管道与可燃气体、液化烃和可燃液体的管道或设备连接时应符合下列规定：

1 连续使用的公用工程管道上应设止回阀，并在其根部设切断阀；

2 间歇使用的公用工程管道上应设止回阀和一道切断阀或设两道切断阀，并在两切断阀间设检查阀；

3 仅在设备停用时使用的公用工程管道应设盲板或断开。

7.2.8 连续操作的可燃气体管道的低点应设两道排液阀，排出的液体应排放至密闭系统；仅在开停工时使用的排液阀，可设一道阀门，并加丝堵、管帽、盲板或法兰盖。

7.2.9 甲、乙$_A$类设备和管道应有惰性气体置换设施。

7.2.10 可燃气体压缩机的吸入管道应有防止产生负压的措施。

7.2.11 离心式可燃气体压缩机和可燃液体泵应在其出口管道上安装止回阀。

7.2.12 加热炉燃料气调节阀前的管道压力等于或小于0.4MPa（表），且无低压自动保护仪表时，应在每个燃料气调节阀与加热炉之间设置阻火器。

7.2.13 加热炉燃料气管道上的分液罐的凝液不应敞开排放。

7.2.14 当可燃液体容器内可能存在空气时，其入口管应从容器下部接入；若必须从上部接入，宜延伸至距容器底200mm处。

7.2.15 液化烃设备抽出管道应在靠近设备根部设置切断阀。容积超过50m³的液化烃设备与其抽出泵的间距小于15m时，该切断阀芯为带手动功能的遥控阀，遥控阀就地操作按钮距抽出泵的间距不应小于15m。

7.2.16 进、出装置的可燃气体、液化烃和可燃液体的管道，在装置的边界处应设隔断阀和8字盲板，在隔断阀处应设平台，长度等于或大于8m的平台应在两个方向设梯子。

7.3　含可燃液体的生产污水管道

7.3.1 含可燃液体的污水及被严重污染的雨水应排入生产污水管道，但可燃气体的凝结液和下列水不得直接排入生产污水管道：

1 与排水点管道中的污水混合后，温度超过 40℃的水；

2 混合时产生化学反应能引起火灾或爆炸的污水。

7.3.2 生产污水排放应采用暗管或覆土厚度不小于 200mm 的暗沟。设施内部若必须采用明沟排水时，应分段设置，每段长度不宜超过 30m，相邻两段之间的距离不宜小于 2m。

7.3.3 生产污水管道的下列部位应设水封，水封高度不得小于 250mm：

1 工艺装置内的塔、加热炉、泵、冷换设备等区围堰的排水出口；

2 工艺装置、罐组或其他设施及建筑物、构筑物、管沟等的排水出口；

3 全厂性的支干管与干管交汇处的支干管上；

4 全厂性支干管、干管的管段长度超过 300m 时，应用水封井隔开。

7.3.4 重力流循环回水管道在工艺装置总出口处应设水封。

7.3.5 当建筑物用防火墙分隔成多个防火分区时，每个防火分区的生产污水管道应有独立的排出口并设水封。

7.3.6 罐组内的生产污水管道应有独立的排出口，且应在防火堤外设置水封；在防火堤与水封之间的管道上应设置易开关的隔断阀。

7.3.7 甲、乙类工艺装置内生产污水管道的支干管、干管的最高处检查井宜设排气管。排气管的设置应符合下列规定：

1 管径不宜小于 100mm；

2 排气管的出口应高出地面 2.5m 以上，并应高出距排气管 3m 范围内的操作平台、空气冷却器 2.5m 以上；

3 距明火、散发火花地点 15m 半径范围内不应设排气管。

7.3.8 甲、乙类工艺装置内，生产污水管道的检查井井盖与盖座接缝处应密封，且井盖不得有孔洞。

7.3.9 工艺装置内生产污水系统的隔油池应符合本规范第 5.4.1、5.4.2 条的规定。

7.3.10 接纳消防废水的排水系统应按最大消防水量校核排水系统能力，并应设有防止受污染的消防水排出厂外的措施。

8 消　防

8.1 一般规定

8.1.1 石油化工企业应设置与生产、储存、运输的物料和操作条件相适应的消防设施，供专职消防人员和岗位操作人员使用。

8.1.2 当大型石油化工装置的设备、建筑物区占地面积大于 10000m² 小于 20000m² 时，应加强消防设施的设置。

8.2 消防站

8.2.1 大中型石油化工企业应设消防站。消防站的规模应根据石油化工企业的规模、火灾危险性、固定消防设施的设置情况，以及邻近单位消防协作条件等因素确定。

8.2.2 石油化工企业消防车辆的车型应根据被保护对象选择，以大型泡沫消防车为主，且应配备干粉或干粉-泡沫联用车；大型石油化工企业尚宜配备高喷车和通信指挥车。

8.2.3 消防站宜设置向消防车快速灌装泡沫液的设施，并宜设置泡沫液运输车，车上应配备向消防车输送泡沫液的设施。

8.2.4 消防站应由车库、通信室、办公室、值勤宿舍、药剂库、器材库、干燥室（寒冷或多雨地区）、培训学习室及训练场、训练塔以及其他必要的生活设施等组成。

8.2.5 消防车库的耐火等级不应低于二级；车库室内温度不宜低于12℃，并宜设机械排风设施。

8.2.6 车库、值勤宿舍必须设置警铃，并应在车库前场地一侧安装车辆出动的警灯和警铃。通信室、车库、值勤宿舍以及公共通道等处应设事故照明。

8.2.7 车库大门应面向道路，距道路边不应小于15m。车库前场地应采用混凝土或沥青地面，并应有不小于2%的坡度坡向道路。

8.3 消防水源及泵房

8.3.1 当消防用水由工厂水源直接供给时，工厂给水管网的进水管不应少于2条。当其中1条发生事故时，另1条应能满足100%的消防用水和70%的生产、生活用水总量的要求。消防用水由消防水池（罐）供给时，工厂给水管网的进水管，应能满足消防水池（罐）的补充水和100%的生产、生活用水总量的要求。

8.3.2 当工厂水源直接供给不能满足消防用水量、水压和火灾延续时间内消防用水总量要求时，应建消防水池（罐），并应符合下列规定：

1 水池（罐）的容量，应满足火灾延续时间内消防用水总量的要求。当发生火灾能保证向水池（罐）连续补水时，其容量可减去火灾延续时间内的补充水量；

2 水池（罐）的总容量大于1000m³时，应分隔成2个，并设带切断阀的连通管；

3 水池（罐）的补水时间，不宜超过48h；

4 当消防水池（罐）与生活或生产水池（罐）合建时，应有消防用水不作他用的措施；

5 寒冷地区应设防冻措施；

6 消防水池（罐）应设液位检测、高低液位报警及自动补水设施。

8.3.3 消防水泵房宜与生活或生产水泵房合建，其耐火等级不应低于二级。

8.3.4 消防水泵应采用自灌式引水系统。当消防水池处于低液位不能保证消防水泵再次自灌启动时，应设辅助引水系统。

8.3.5 消防水泵的吸水管、出水管应符合下列规定：

1 每台消防水泵宜有独立的吸水管；2台以上成组布置时，其吸水管不应少于2条，当其中1条检修时，其余吸水管应能确保吸取全部消防用水量；

2 成组布置的水泵，至少应有2条出水管与环状消防水管道连接，两连接点间应设阀门。当1条出水管检修时，其余出水管应能输送全部消防用水量；

3 泵的出水管道应设防止超压的安全设施；

4 直径大于300mm的出水管道上阀门不应选用手动阀门，阀门的启闭应有明显标志。

8.3.6 消防水泵、稳压泵应分别设置备用泵；备用泵的能力不得小于最大一台泵的能力。

8.3.7 消防水泵应在接到报警后 2min 以内投入运行。稳高压消防给水系统的消防水泵应能依靠管网压降信号自动启动。

8.3.8 消防水泵应设双动力源；当采用柴油机作为动力源时，柴油机的油料储备量应能满足机组连续运转 6h 的要求。

8.4 消防用水量

8.4.1 厂区的消防用水量应按同一时间内的火灾处数和相应处的一次灭火用水量确定。

8.4.2 厂区同一时间内的火灾处数应按表 8.4.2 确定。

表 8.4.2　厂区同一时间内的火灾处数

厂区占地面积/m²	同一时间内火灾处数
≤1000000	1 处：厂区消防用水量最大处
>1000000	2 处：一处为厂区消防用水量最大处，另一处为厂区辅助生产设施

8.4.3 工艺装置、辅助生产设施及建筑物的消防用水量计算应符合下列规定：

　　1 工艺装置的消防用水量应根据其规模、火灾危险类别及消防设施的设置情况等综合考虑确定。当确定有困难时，可按表 8.4.3 选定；火灾延续供水时间不应小于 3h；

　　2 辅助生产设施的消防用水量可按 50L/s 计算；火灾延续供水时间不宜小于 2h；

　　3 建筑物的消防用水量应根据相关国家标准规范的要求进行计算；

　　4 可燃液体、液化烃的装卸栈台应设置消防给水系统，消防用水量不应小于 60L/s；空分站的消防用水量宜为 90～120L/s，火灾延续供水时间不宜小于 3h。

表 8.4.3　工艺装置消防用水量表　　　　　　　　　　单位：L/s

装置类型	装置规模	
	中　型	大　型
石油化工	150～300	300～600
炼油	150～230	230～450
合成氨及氨加工	90～120	120～200

8.4.4 可燃液体罐区的消防用水量计算应符合下列规定：

　　1 应按火灾时消防用水量最大的罐组计算，其水量应为配置泡沫混合液用水及着火罐和邻近罐的冷却用水量之和；

　　2 当着火罐为立式储罐时，距着火罐罐壁 1.5 倍着火罐直径范围内的邻近罐应进行冷却；当着火罐为卧式储罐时，着火罐直径与长度之和的一半范围内的邻近地上罐应进行冷却；

　　3 当邻近立式储罐超过 3 个时，冷却水量可按 3 个罐的消防用水量计算；当着火罐为浮顶、内浮顶罐（浮盘用易熔材料制作的储罐除外）时，其邻近罐可不考虑冷却。

8.4.5 可燃液体地上立式储罐应设固定或移动式消防冷却水系统，其供水范围、供水强度和设置方式应符合下列规定：

1 供水范围、供水强度不应小于表 8.4.5 的规定；

表 8.4.5 消防冷却水的供水范围和供水强度

项　目		储罐型式	供水范围	供水强度	附注
移动式 水枪冷却	着火罐	固定顶罐	罐周全长	0.8L/s·m	—
		浮顶罐、内浮顶罐	罐周全长	0.6L/s·m	注 1、2
	邻近罐		罐周半长	0.7L/s·m	—
固定式冷却	着火罐	固定顶罐	罐壁表面积	2.5L/min·m²	—
		浮顶罐、内浮顶罐	罐壁表面积	2.0L/min·m²	注 1、2
	邻近罐		罐壁表面积的 1/2	2.5L/min·m²	注 3

注：1. 浮盘用易熔材料制作的内浮顶罐按固定顶罐计算；
　　2. 浅盘式内浮顶罐按固定顶罐计算；
　　3. 按实际冷却面积计算，但不得小于罐壁表面积的 1/2。

2 罐壁高于 17m 储罐、容积等于或大于 10000m³ 储罐、容积等于或大于 2000m³ 低压储罐应设置固定式消防冷却水系统；

3 润滑油罐可采用移动式消防冷却水系统；

4 储罐固定式冷却水系统应有确保达到冷却水强度的调节设施；

5 控制阀应设在防火堤外，并距被保护罐壁不宜小于 15m。控制阀后及储罐上设置的消防冷却水管道应采用镀锌钢管。

8.4.6 可燃液体地上卧式罐宜采用移动式水枪冷却。冷却面积应按罐表面积计算。供水强度：着火罐不应小于 6L/(min·m²)；邻近罐不应小于 3L/(min·m²)。

8.4.7 可燃液体储罐消防冷却用水的延续时间：直径大于 20m 的固定顶罐和直径大于 20m 浮盘用易熔材料制作的内浮顶罐应为 6h；其他储罐可为 4h。

8.5　消防给水管道及消火栓

8.5.1 大型石油化工企业的工艺装置区、罐区等，应设独立的稳高压消防给水系统，其压力宜为 0.7～1.2MPa。其他场所采用低压消防给水系统时，其压力应确保灭火时最不利点消火栓的水压不低于 0.15MPa（自地面算起）。消防给水系统不应与循环冷却水系统合并，且不应用于其他用途。

8.5.2 消防给水管道应环状布置，并应符合下列规定：

1 环状管道的进水管不应少于 2 条；

2 环状管道应用阀门分成若干独立管段，每段消火栓的数量不宜超过 5 个；

3 当某个环段发生事故时，独立的消防给水管道的其余环段应能满足 100% 的消防用水量的要求；与生产、生活合用的消防给水管道应能满足 100% 的消防用水和 70% 的生产、生活用水的总量要求；

4 生产、生活用水量应按 70% 最大小时用水量计算；消防用水量应按最大秒流量计算。

8.5.3 消防给水管道应保持充水状态。地下独立的消防给水管道应埋设在冰冻线以下，管顶距冰冻线不应小于 150mm。

8.5.4 工艺装置区或罐区的消防给水干管的管径应经计算确定。独立的消防给水管道的流速不宜大于 3.5m/s。

8.5.5 消火栓的设置应符合下列规定：

1 宜选用地上式消火栓；

2 消火栓宜沿道路敷设；

3 消火栓距路面边不宜大于 5m；距建筑物外墙不宜小于 5m；

4 地上式消火栓距城市型道路路边不宜小于 1m；距公路型双车道路肩边不宜小于 1m；

5 地上式消火栓的大口径出水口应面向道路。当其设置场所有可能受到车辆冲撞时，应在其周围设置防护设施；

6 地下式消火栓应有明显标志。

8.5.6 消火栓的数量及位置，应按其保护半径及被保护对象的消防用水量等综合计算确定，并应符合下列规定：

1 消火栓的保护半径不应超过 120m；

2 高压消防给水管道上消火栓的出水量应根据管道内的水压及消火栓出口要求的水压计算确定，低压消防给水管道上公称直径为 100mm、150mm 消火栓的出水量可分别取 15L/s、30L/s。

8.5.7 罐区及工艺装置区的消火栓应在其四周道路边设置，消火栓的间距不宜超过60m。当装置内设有消防道路时，应在道路边设置消火栓。距被保护对象 15m 以内的消火栓不应计算在该保护对象可使用的数量之内。

8.5.8 与生产或生活合用的消防给水管道上的消火栓应设切断阀。

8.6 消防水炮、水喷淋和水喷雾

8.6.1 甲、乙类可燃气体、可燃液体设备的高大构架和设备群应设置水炮保护。

8.6.2 固定式水炮的布置应根据水炮的设计流量和有效射程确定其保护范围。消防水炮距被保护对象不宜小于 15m。消防水炮的出水量宜为 30～50L/s，水炮应具有直流和水雾两种喷射方式。

8.6.3 工艺装置内固定水炮不能有效保护的特殊危险设备及场所宜设水喷淋或水喷雾系统，其设计应符合下列规定：

1 系统供水的持续时间、响应时间及控制方式等应根据被保护对象的性质、操作需要确定；

2 系统的控制阀可露天设置，距被保护对象不宜小于 15m；

3 系统的报警信号及工作状态应在控制室控制盘上显示；

4 本规范未作规定者，应按现行国家标准《水喷雾灭火系统设计规范》GB 50219的有关规定执行。

8.6.4 工艺装置内加热炉、甲类气体压缩机、介质温度超过自燃点的泵及换热设备、长度小于 30m 的油泵房附近等宜设消防软管卷盘，其保护半径宜为 20m。

8.6.5 工艺装置内的甲、乙类设备的构架平台高出其所处地面 15m 时，宜沿梯子敷设半固定式消防给水竖管，并应符合下列规定：

1 按各层需要设置带阀门的管牙接口；

2 平台面积小于或等于 50m² 时，管径不宜小于 80mm；大于 50m² 时，管径不宜小于 100mm；

3 构架平台长度大于 25m 时，宜在另一侧梯子处增设消防给水竖管，且消防给水竖管的间距不宜大于 50m。

8.6.6 液化烃泵、操作温度等于或高于自燃点的可燃液体泵，当布置在管廊、可燃液体设备、空冷器等下方时，应设置水喷雾（水喷淋）系统或用消防水炮保护泵，喷淋强度不低于 9L/(m² · min)。

8.6.7 在寒冷地区设置的消防软管卷盘、消防水炮、水喷淋或水喷雾等消防设施应采取防冻措施。

8.7 低倍数泡沫灭火系统

8.7.1 可能发生可燃液体火灾的场所宜采用低倍数泡沫灭火系统。

8.7.2 下列场所应采用固定式泡沫灭火系统：

1 甲、乙类和闪点等于或小于 90℃ 的丙类可燃液体的固定顶罐及浮盘为易熔材料的内浮顶罐：

1）单罐容积等于或大于 10000m³ 的非水溶性可燃液体储罐；

2）单罐容积等于或大于 500m³ 的水溶性可燃液体储罐；

2 甲、乙类和闪点等于或小于 90℃ 的丙类可燃液体的浮顶罐及浮盘为非易熔材料的内浮顶罐：单罐容积等于或大于 50000m³ 的非水溶性可燃液体储罐；

3 移动消防设施不能进行有效保护的可燃液体储罐。

8.7.3 下列场所可采用移动式泡沫灭火系统：

1 罐壁高度小于 7m 或容积等于或小于 200m³ 的非水溶性可燃液体储罐；

2 润滑油储罐；

3 可燃液体地面流淌火灾、油池火灾。

8.7.4 除本规范第 8.7.2 条及第 8.7.3 条规定外的可燃液体罐宜采用半固定式泡沫灭火系统。

8.7.5 泡沫灭火系统控制方式应符合下列规定：

1 单罐容积等于或大于 20000m³ 的固定顶罐及浮盘为易熔材料的内浮顶罐应采用远程手动启动的程序控制；

2 单罐容积等于或大于 100000m³ 的浮顶罐及内浮顶罐应采用远程手动启动的程序控制；

3 单罐容积等于或大于 50000m³ 并小于 100000m³ 的浮顶罐及内浮顶罐宜采用远程手动启动的程序控制。

8.8 蒸汽灭火系统

8.8.1 工艺装置有蒸汽供给系统时，宜设固定式或半固定式蒸汽灭火系统，但在使用蒸汽可能造成事故的部位不得采用蒸汽灭火。

8.8.2 灭火蒸汽管应从主管上方引出，蒸汽压力不宜大于 1MPa。

8.8.3 半固定式灭火蒸汽快速接头（简称半固定式接头）的公称直径应为 20mm；与其连接的耐热胶管长度宜为 15～20m。

8.8.4 灭火蒸汽管道的布置应符合下列规定：

1 加热炉的炉膛及输送腐蚀性可燃介质或带堵头的回弯头箱内应设固定式蒸汽灭火筛孔管（简称固定式筛孔管），筛孔管的蒸汽管道应从蒸汽分配管引出，蒸汽分配管距加热炉不宜小于 7.5m，并至少应预留 2 个半固定式接头；

2 室内空间小于 500m³ 的封闭式甲、乙、丙类泵房或甲类气体压缩机房内应沿一侧墙高出地面 150～200mm 处设固定式筛孔管，并沿另一侧墙壁适当设置半固定式接头，在其他甲、乙、丙类泵房或可燃气体压缩机房内应设半固定式接头；

3 在甲、乙、丙类设备区附近宜设半固定式接头，在操作温度等于或高于自燃点的气体或液体设备附近宜设固定式蒸汽筛孔管，其阀门距设备不宜小于 7.5m；

4 在甲、乙、丙类设备的多层构架或塔类联合平台的每层或隔一层宜设半固定式接头；

5 甲、乙、丙类设备附近设置软管站时，可不另设半固定式灭火蒸汽快速接头；

6 固定式筛孔管或半固定式接头的阀门应安装在明显、安全和开启方便的地点。

8.8.5 固定式筛孔管灭火系统的蒸汽供给强度应符合下列规定：

1 封闭式厂房或加热炉炉膛不宜小于 0.003kg/(s·m³)；

2 加热炉管回弯头箱不宜小于 0.0015kg/(s·m³)。

8.9 灭火器设置

8.9.1 生产区内宜设置干粉型或泡沫型灭火器，控制室、机柜间、计算机室、电信站、化验室等宜设置气体型灭火器。

8.9.2 生产区内设置的单个灭火器的规格宜按表 8.9.2 选用。

表 8.9.2 灭火器的规格

灭火器类型		干粉型（碳酸氢钠）		泡沫型		二氧化碳	
		手提式	推车式	手提式	推车式	手提式	推车式
灭火剂充装量	容量/L	—	—	9	60	—	—
	重量/kg	6 或 8	20 或 50	—		5 或 7	30

8.9.3 工艺装置内手提式干粉型灭火器的选型及配置应符合下列规定：

1 扑救可燃气体、可燃液体火灾宜选用钠盐干粉灭火剂，扑救可燃固体表面火灾应采用磷酸铵盐干粉灭火剂，扑救烷基铝类火灾宜采用 D 类干粉灭火剂；

2 甲类装置灭火器的最大保护距离不宜超过 9m，乙、丙类装置不宜超过 12m；

3 每一配置点的灭火器数量不应少于 2 个，多层构架应分层配置；

4 危险的重要场所宜增设推车式灭火器。

8.9.4 可燃气体、液化烃和可燃液体的铁路装卸栈台应沿栈台每 12m 处上下各分别设置 2 个手提式干粉型灭火器。

8.9.5 可燃气体、液化烃和可燃液体的地上罐组宜按防火堤内面积每 400m² 配置 1 个手提式灭火器，但每个储罐配置的数量不宜超过 3 个。

8.9.6 灭火器的配置，本规范未作规定者，应按现行国家标准《建筑灭火器配置设计规范》GB 50140 的有关规定执行。

8.10 液化烃罐区消防

8.10.1 液化烃罐区应设置消防冷却水系统，并应配置移动式干粉等灭火设施。

8.10.2　全压力式及半冷冻式液化烃储罐采用的消防设施应符合下列规定：

1　当单罐容积等于或大于 1000m³ 时，应采用固定式水喷雾（水喷淋）系统及移动消防冷却水系统；

2　当单罐容积大于 100m³，且小于 1000m³ 时，应采用固定式水喷雾（水喷淋）系统或固定式水炮及移动式消防冷却系统；当采用固定式水炮作为固定消防冷却设施时，其冷却用水量不宜小于水量计算值的 1.3 倍，消防水炮保护范围应覆盖每个液化烃罐；

3　当单罐容积小于或等于 100m³ 时，可采用移动式消防冷却水系统，其罐区消防冷却用水量不得低于 100L/s。

8.10.3　液化烃罐区的消防冷却总用水量应按储罐固定式消防冷却用水量与移动消防冷却用水量之和计算。

8.10.4　全压力式及半冷冻式液化烃储罐固定式消防冷却水系统的用水量计算应符合下列规定：

1　着火罐冷却水供给强度不应小于 9L/(min·m²)；

2　距着火罐罐壁 1.5 倍着火罐直径范围内的邻近罐冷却水供给强度不应小于 9L/(min·m²)；

3　着火罐冷却面积应按其罐体表面积计算；邻近罐冷却面积应按其半个罐体表面积计算；

4　距着火罐罐壁 1.5 倍着火罐直径范围内的邻近罐超过 3 个时，冷却水量可按 3 个罐的用水量计算。

8.10.5　移动消防冷却用水量应按罐组内最大一个储罐用水量确定，并应符合下列规定：

1　储罐容积小于 400m³ 时，不应小于 30L/s；大于或等于 400m³ 小于 1000m³ 时，不应小于 45L/s；大于或等于 1000m³ 时，不应小于 80L/s；

2　当罐组只有一个储罐时，计算用水量可减半。

8.10.6　全冷冻式液化烃储罐的固定消防冷却供水系统的设置应符合下列规定：

1　当单防罐外壁为钢制时，其消防用水量按着火罐和距着火罐 1.5 倍直径范围内邻近罐的固定消防冷却用水量及移动消防用水量之和计算。罐壁冷却水供给强度不小于 2.5L/(min·m²)，邻近罐冷却面积按半个罐壁考虑，罐顶冷却水强度不小于 4L/(min·m²)；

2　当双防罐、全防罐外壁为钢筋混凝土结构时，管道进出口等局部危险处应设置水喷雾系统，冷却水供给强度为 20L/(min·m²)，罐顶和罐壁可不考虑冷却；

3　储罐四周应设固定水炮及消火栓。

8.10.7　液化烃罐区的消防用水延续时间按 6h 计算。

8.10.8　全压力式、半冷冻式液化烃储罐固定式消防冷却水系统可采用水喷雾或水喷淋系统等型式；但当储罐储存的物料燃烧，在罐壁可能生成碳沉积时，应设水喷雾系统。

8.10.9　当储罐采用固定式消防冷却水系统时，对储罐的阀门、液位计、安全阀等宜设水喷雾或水喷淋喷头保护。

8.10.10　全压力式、半冷冻式液化烃储罐固定式消防冷却水管道的设置应符合下列

规定：

1　储罐容积大于 400m³ 时，供水竖管应采用 2 条，并对称布置；采用固定水喷雾系统时，罐体管道设置宜分为上半球和下半球 2 个独立供水系统；

2　消防冷却水系统可采用手动或遥控控制阀，当储罐容积等于或大于 1000m³ 时，应采用遥控控制阀；

3　控制阀应设在防火堤外，距被保护罐壁不宜小于 15m；

4　控制阀前应设置带旁通阀的过滤器，控制阀后及储罐上设置的管道，应采用镀锌管。

8.10.11　移动式消防冷却水系统可采用水枪或移动式消防水炮。

8.10.12　沸点低于 45℃甲$_B$类液体压力球罐的消防冷却应按液化烃全压力式储罐要求设置。

8.10.13　全压力式及半冷冻式液氨储罐宜采用固定式水喷雾系统和移动式消防冷却水系统，冷却水供给强度不宜小于 6L/(min·m²)，其他消防要求与全压力式及半冷冻式液化烃储罐相同。

全冷冻式液氨储罐的消防冷却水系统按照全冷冻式液化烃储罐外壁为钢制单防罐的要求设置。

8.11　建筑物内消防

8.11.1　建筑物内消防系统的设置应根据其火灾危险性、操作条件、建筑物特点和外部消防设施等情况，综合考虑确定。

8.11.2　室内消火栓的设置应符合下列要求：

1　甲、乙、丙类厂房（仓库）、高层厂房及高架仓库应在各层设置室内消火栓，当单层厂房长度小于 30m 时可不设；

2　甲、乙类厂房（仓库）、高层厂房及高架仓库的室内消火栓间距不应超过 30m，其他建筑物的室内消火栓间距不应超过 30m；

3　多层甲、乙类厂房和高层厂房应在楼梯间设置半固定式消防竖管，各层设置消防水带接口；消防竖管的管径不小于 100mm，其接口应设在室外便于操作的地点；

4　室内消火栓给水管网与自动喷水灭火系统的管网可引自同一消防给水系统，但应在报警阀前分开设置；

5　消火栓配置的水枪应为直流-水雾两用枪，当室内消火栓栓口处的出水压力大于 0.50MPa 时，应设置减压设施。

8.11.3　控制室、机柜间、变配电所的消防设施应符合下列规定：

1　建筑物的耐火等级、防火分区、内部装修及空调系统设计等应符合国家相关规范的有关规定；

2　应设置火灾自动报警系统，且报警信号盘应设在 24h 有人值班场所；

3　当电缆沟进口处有可能形成可燃气体积聚时，应设可燃气体报警器；

4　应按现行国家标准《建筑灭火器配置设计规范》GB 50140 的要求设置手提式和推车式气体灭火器。

8.11.4 单层仓库的消防设计应符合下列规定：

1 占地面积超过 $3000m^2$ 的合成橡胶、合成树脂及塑料等产品的仓库及占地面积超过 $1000m^2$ 的合成纤维仓库，应设自动喷水灭火系统且应由厂区稳高压消防给水系统供水；

2 高架仓库的货架间运输通道宜设置遥控式高架水炮；

3 应设置火灾自动报警系统；

4 设有自动喷水灭火系统的仓库宜设置消防排水设施。

8.11.5 挤压造粒厂房的消防设计应满足下列要求：

1 各层应设置室内消火栓，并应配置消防软管卷盘或轻便消防水龙；

2 在楼梯间应设置室内消火栓系统，并在室外设置水泵结合器；

3 应设置火灾自动报警系统；

4 应按现行国家标准《建筑灭火器配置设计规范》GB 50140 的要求设置手提式和推车式干粉灭火器。

8.11.6 烷基铝类催化剂配制区的消防设计应符合下列规定：

1 储罐应设置在有钢筋混凝土隔墙的独立半敞开式建筑物内，并宜设有烷基铝泄漏的收集设施；

2 应设置火灾自动报警系统；

3 配制区宜设置局部喷射式 D 类干粉灭火系统，其控制方式应采用手动遥控启动；

4 应配置干砂等灭火设施。

8.11.7 烷基铝类储存仓库应设置火灾自动报警系统，并配置干砂、蛭石、D 类干粉灭火器等灭火设施。

8.11.8 建筑物内消防设计，本规范未作规定者，应按现行国家标准《建筑设计防火规范》GB 50016 的有关规定执行。

8.12 火灾报警系统

8.12.1 石油化工企业的生产区、公用及辅助生产设施、全厂性重要设施和区域性重要设施的火灾危险场所应设置火灾自动报警系统和火灾电话报警。

8.12.2 火灾电话报警的设计应符合下列规定：

1 消防站应设置可受理不少于 2 处同时报警的火灾受警录音电话，且应设置无线通信设备；

2 在生产调度中心、消防水泵站、中央控制室、总变配电所等重要场所应设置与消防站直通的专用电话。

8.12.3 火灾自动报警系统的设计应符合下列规定：

1 生产区、公用及辅助生产设施、全厂性重要设施和区域性重要设施等火灾危险性场所应设置区域性火灾自动报警系统；

2 2 套及 2 套以上的区域性火灾自动报警系统宜通过网络集成为全厂性火灾自动报警系统；

　3　火灾自动报警系统应设置警报装置。当生产区有扩音对讲系统时，可兼作为警报装置；当生产区无扩音对讲系统时，应设置声光警报器；

　4　区域性火灾报警控制器应设置在该区域的控制室内；当该区域无控制室时，应设置在 24h 有人值班的场所，其全部信息应通过网络传输到中央控制室；

　5　火灾自动报警系统可接收电视监视系统（CCTV）的报警信息，重要的火灾报警点应同时设置电视监视系统；

　6　重要的火灾危险场所应设置消防应急广播。当使用扩音对讲系统作为消防应急广播时，应能切换至消防应急广播状态；

　7　全厂性消防控制中心宜设置在中央控制室或生产调度中心，宜配置可显示全厂消防报警平面图的终端。

8.12.4　甲、乙类装置区周围和罐组四周道路边应设置手动火灾报警按钮，其间距不宜大于 100m。

8.12.5　单罐容积大于或等于 30000m³ 的浮顶罐密封圈处应设置火灾自动报警系统；单罐容积大于或等于 10000m³ 并小于 30000m³ 的浮顶罐密封圈处宜设置火灾自动报警系统。

8.12.6　火灾自动报警系统的 220V AC 主电源应优先选择不间断电源（UPS）供电。直流备用电源应采用火灾报警控制器的专用蓄电池，应保证在主电源事故时持续供电时间不少于 8h。

8.12.7　火灾报警系统的设计，本规范未作规定者，应按现行国家标准《火灾自动报警系统设计规范》GB 50116 的有关规定执行。

9　电　气

9.1　消防电源、配电及一般要求

9.1.1　当仅采用电源作为消防水泵房设备动力源时，应满足现行国家标准《供配电系统设计规范》GB 50052 所规定的一级负荷供电要求。

9.1.2　消防水泵房及其配电室应设消防应急照明，照明可采用蓄电池作备用电源，其连续供电时间不应少于 30min。

9.1.3　重要消防低压用电设备的供电应在最末一级配电装置或配电箱处实现自动切换，其配电线路宜采用耐火电缆。

9.1.4　装置内的电缆沟应有防止可燃气体积聚或含有可燃液体的污水进入沟内的措施。电缆沟通入变配电所、控制室的墙洞处应填实、密封。

9.1.5　距散发比空气重的可燃气体设备 30m 以内的电缆沟、电缆隧道应采取防止可燃气体窜入和积聚的措施。

9.1.6　在可能散发比空气重的甲类气体装置内的电缆应采用阻燃型，并宜架空敷设。

9.2　防雷

9.2.1　工艺装置内建筑物，构筑物的防雷分类及防雷措施应按现行国家标准《建筑物防雷设计规范》GB 50057 的有关规定执行。

9.2.2　工艺装置内露天布置的塔、容器等，当顶板厚度等于或大于 4mm 时，可不设避雷针、线保护，但必须设防雷接地。

9.2.3　可燃气体、液化烃、可燃液体的钢罐必须设防雷接地，并应符合下列规定：

　　1　甲$_B$、乙类可燃液体地上固定顶罐，当顶板厚度小于 4mm 时，应装设避雷针、线，其保护范围应包括整个储罐；

　　2　丙类液体储罐可不设避雷针、线，但应设防感应雷接地；

　　3　浮顶罐及内浮顶罐可不设避雷针，线，但应将浮顶与罐体用两根截面不小于 25mm² 的软铜线作电气连接；

　　4　压力储罐不设避雷针、线，但应做接地。

9.2.4　可燃液体储罐的温度、液位等测量装置应采用铠装电缆或钢管配线，电缆外皮或配线钢管与罐体应做电气连接。

9.2.5　防雷接地装置的电阻要求应按现行国家标准《石油库设计规范》GB 50074、《建筑物防雷设计规范》GB 50057 的有关规定执行。

9.3　静电接地

9.3.1　对爆炸、火灾危险场所内可能产生静电危险的设备和管道，均应采取静电接地措施。

9.3.2　在聚烯烃树脂处理系统、输送系统和料仓区应设置静电接地系统，不得出现不接地的孤立导体。

9.3.3　可燃气体、液化烃、可燃液体、可燃固体的管道在下列部位应设静电接地设施：

　　1　进出装置或设施处；

　　2　爆炸危险场所的边界；

　　3　管道泵及泵入口永久过滤器、缓冲器等。

9.3.4　可燃液体、液化烃的装卸栈台和码头的管道、设备、建筑物、构筑物的金属构件和铁路钢轨等（作阴极保护者除外），均应做电气连接并接地。

9.3.5　汽车罐车、铁路罐车和装卸栈台应设静电专用接地线。

9.3.6　每组专设的静电接地体的接地电阻值宜小于 100Ω。

9.3.7　除第一类防雷系统的独立避雷针装置的接地体外，其他用途的接地体，均可用于静电接地。

9.3.8　静电接地的设计，本规范未作规定者，尚应符合现行有关标准、规范的规定。

附录 A　防火间距起止点

A.0.1　区域规划、工厂总平面布置以及工艺装置或设施内平面布置的防火间距起止点为：

　　设备——设备外缘；

　　建筑物（敞开或半敞开式厂房除外）——最外侧轴线；

　　敞开式厂房——设备外缘；

　　半敞开式厂房——根据物料特性和厂房结构形式确定；

　　铁路——中心线；

道路——路边；

码头——输油臂中心及泊位；

铁路装卸鹤管——铁路中心线；

汽车装卸鹤位——鹤管立管中心线；

储罐或罐组——罐外壁；

高架火炬——火炬筒中心；

架空通信、电力线——线路中心线；

工艺装置——最外侧的设备外缘或建筑物的最外侧轴线。

本规范用词说明

1　为便于在执行本规范条文时区别对待，对要求严格程度不同的用词说明如下：

1）表示很严格，非这样做不可的用词：

正面词采用"必须"，反面词采用"严禁"。

2）表示严格，在正常情况下均应这样做的用词：

正面词采用"应"，反面词采用"不应"或"不得"。

3）表示允许稍有选择，在条件许可时首先应这样做的用词：

正面词采用"宜"，反面词采用"不宜"；

表示有选择，在一定条件下可以这样做的用词，采用"可"。

2　本规范中指明应按其他有关标准、规范执行的写法为"应符合……的规定"或"应按……执行"。

（七）石油天然气工程设计防火规范 GB 50183—2004

目次

1 总　　则

1.0.1 为了在石油天然气工程设计中贯彻"预防为主，防消结合"的方针，规范设计要求，防止和减少火灾损失，保障人身和财产安全，制定本规范。

1.0.2 本规范适用于新建、扩建、改建的陆上油气田工程、管道站场工程和海洋油气田陆上终端工程的防火设计。

1.0.3 石油天然气工程防火设计，必须遵守国家有关方针政策，结合实际，正确处理生产和安全的关系，积极采用先进的防火和灭火技术，做到保障安全生产，经济实用。

1.0.4 石油天然气工程防火设计除执行本规范外，尚应符合国家现行的有关强制性标准的规定。

2 术　语

2.1　石油天然气及火灾危险性术语

2.1.1　油品　oil

系指原油、石油产品（汽油、煤油、柴油、石脑油等）、稳定轻烃和稳定凝析油。

2.1.2　原油　crude oil

油井采出的以烃类为主的液态混合物。

2.1.3　天然气凝液　natural gas liquids（NGL）

从天然气中回收的且未经稳定处理的液体烃类混合物的总称，一般包括乙烷、液化石油气和稳定轻烃成分。也称混合轻烃。

2.1.4　液化石油气　liquefied petroleum gas（LPG）

常温常压下为气态，经压缩或冷却后为液态的丙烷、丁烷及其混合物。

2.1.5　稳定轻烃　natural gasoline

从天然气凝液中提取的，以戊烷及更重的烃类为主要成分的油品，其终沸点不高于190℃，在规定的蒸气压下，允许含有少量丁烷。也称天然汽油。

2.1.6　未稳定凝析油　gas condensate

从凝析气中分离出的未经稳定的烃类液体。

2.1.7　稳定凝析油　stabilized gas condensate

从未稳定凝析油中提取的，以戊烷及更重的烃类为主要成分的油品。

2.1.8　液化天然气　liquefied natural gas（LNG）

主要由甲烷组成的液态流体，并且包含少量的乙烷、丙烷、氮和其他成分。

2.1.9　沸溢性油品　boil over

含水并在燃烧时具有热波特性的油品，如原油、渣油、重油等。

2.2　消防冷却水和灭火系统术语

2.2.1　固定式消防冷却水系统　fixed water cooling fire systems

由固定消防水池（罐）、消防水泵、消防给水管网及储罐上设置的固定冷却水喷淋装置组成的消防冷却水系统。

2.2.2　半固定式消防冷却水系统　semi-fixed water cooling fire systems

站场设置固定消防给水管网和消火栓，火灾时由消防车或消防泵加压，通过水带和水枪喷水冷却的消防冷却水系统。

2.2.3　移动式消防冷却水系统　mobile water cooling fire systems

站场不设消防水源，火灾时消防车由其他水源取水，通过车载水龙带和水枪喷水冷却的消防冷却水系统。

2.2.4　低倍数泡沫灭火系统　low-expansion foam fire extinguishing systems

发泡倍数不大于 20 的泡沫灭火系统。

2.2.5　固定式低倍数泡沫灭火系统　fixed low-expansion foam fire extinguishing systems

由固定泡沫消防泵、泡沫比例混合器、泡沫混合液管道以及储罐上设置的固定空气泡沫产生器组成的低倍数泡沫灭火系统。

2.2.6　半固定式低倍数泡沫灭火系统　semi-fixed low-expansion foam fire extinguishing systems

储罐上设置固定的空气泡沫产生器，灭火时由泡沫消防车或机动泵通过水龙带供给泡沫混合液的低倍数泡沫灭火系统。

2.2.7　移动式低倍数泡沫灭火系统　mobile low-expansion foam fire extinguishing systems

灭火时由泡沫消防车通过车载水龙带和泡沫产生装置供应泡沫的低倍数泡沫灭火系统。

2.2.8　烟雾灭火系统　smoke fire extinguishing systems

由烟雾产生器、探测引燃装置、喷射装置等组成，在发生火灾后，能自动向储罐内喷射灭火烟雾的灭火系统。

2.2.9　干粉灭火系统　dry-powder fire extinguishing systems

由干粉储存装置、驱动装置、管道、喷射装置、火灾报警及联动控制装置等组成，能自动或手动向被保护对象喷射干粉灭火剂的灭火系统。

2.3　油气生产设施术语

2.3.1　石油天然气站场　petroleum and gas station

具有石油天然气收集、净化处理、储运功能的站、库、厂、场、油气井的统称，简称油气站场或站场。

2.3.2　油品站场　oil station

具有原油收集、净化处理和储运功能的站场或天然汽油、稳定凝析油储运功能的站场以及具有成品油管输送功能的站场。

2.3.3　天然气站场　natural gas station

具有天然气收集、输送、净化处理功能的站场。

2.3.4　液化石油气和天然气凝液站场　LPG and NGL station

具有液化石油气、天然气凝液和凝析油生产与储运功能的站场。

2.3.5　液化天然气站场　liquefied natural gas（LNG）station

用于储存液化天然气，并能处理、液化或气化天然气的站场。

2.3.6　油罐组　a group of tanks

由一条闭合防火堤围成的一个或几个油罐组成的储罐单元。

2.3.7　油罐区　tank farm

由一个或若干个油罐组组成的储油罐区域。

2.3.8　浅盘式内浮顶油罐　internal floating roof tank with shallow plate

钢制浮盘不设浮舱且边缘板高度不大于 0.5m 的内浮顶油罐。

2.3.9　常压储罐　atmospheric tank

设计压力从大气压力到 6.9kPa（表压，在罐顶计）的储罐。

2.3.10　低压储罐　low-pressure tank

设计承受内压力大于 6.9kPa 到 103.4kPa（表压，在罐顶计）的储罐。

2.3.11　压力储罐　pressure tank

设计承受内压力大于等于 0.1MPa（表压，在罐顶计）的储罐。

2.3.12　防火堤　dike

油罐组在油罐发生泄漏事故时防止油品外流的构筑物。

2.3.13　隔堤　dividing dike

为减少油罐发生少量泄漏（如冒顶）事故时的污染范围，而将一个油罐组的多个油罐分成若干分区的构筑物。

2.3.14　集中控制室　control centre

站场中集中安装显示、打印、测控设备的房间。

2.3.15　仪表控制间　instrument control room

站场中各单元装置安装测控设备的房间。

2.3.16　油罐容量　nominal volume of tank

经计算并圆整后的油罐公称容量。

2.3.17　天然气处理厂　natural gas treating plant

对天然气进行脱水、凝液回收和产品分馏的工厂。

2.3.18　天然气净化厂　natural gas conditioning plant

对天然气进行脱硫、脱水、硫黄回收、尾气处理的工厂。

2.3.19　天然气脱硫站　natural gas sulphur removal station

在油气田分散设置对天然气进行脱硫的站场。

2.3.20　天然气脱水站　natural gas dehydration station

在油气田分散设置对天然气进行脱水的站场。

3　基　本　规　定

3.1　石油天然气火灾危险性分类

3.1.1　石油天然气火灾危险性分类应符合下列规定：

1　石油天然气火灾危险性应按表 3.1.1 分类。

表 3.1.1　石油天然气火灾危险性分类

类　别		特　征
甲	A	37.8℃时蒸气压力＞200kPa 的液态烃
	B	1. 闪点＜28℃的液体（甲 A 类和液化天然气除外） 2. 爆炸下限＜10%（体积百分比）的气体
乙	A	1. 闪点≥28℃至＜45℃的液体 2. 爆炸下限≥10%的气体
	B	闪点≥45℃至＜60℃的液体
丙	A	闪点≥60℃至≤120℃的液体
	B	闪点＞120℃的液体

2　操作温度超过其闪点的乙类液体应视为甲B类液体。

3 操作温度超过其闪点的丙类液体应视为乙$_A$类液体。

4 在原油储运系统中，闪点等于或大于60℃、且初馏点等于或大于180℃的原油，宜划为丙类。

注：石油天然气火灾危险性分类举例见附录A。

3.2 石油天然气站场等级划分

3.2.1 石油天然气站场内同时储存或生产油品、液化石油气和天然气凝液、天然气等两类以上石油天然气产品时，应按其中等级较高者确定。

3.2.2 油品、液化石油气、天然气凝液站场按储罐总容量划分等级时，应符合表3.2.2的规定。

表 3.2.2 油品、液化石油气、天然气凝液站场分级

等级	油品储存总容量 V_p/m^3	液化石油气、天然气凝液储存总容量 V_1/m^3
一级	$V_p \geqslant 100000$	$V_1 > 5000$
二级	$30000 \leqslant V_p < 100000$	$2500 < V_1 \leqslant 5000$
三级	$4000 < V_p < 30000$	$1000 < V_1 \leqslant 2500$
四级	$500 < V_p \leqslant 4000$	$200 < V_1 \leqslant 1000$
五级	$V_p \leqslant 500$	$V_1 \leqslant 200$

注：油品储存总容量包括油品储罐、不稳定原油作业罐和原油事故罐的容量，不包括零位罐、污油罐、自用油罐以及污水沉降罐的容量。

3.2.3 天然气站场按生产规模划分等级时，应符合下列规定：

1 生产规模大于或等于$100 \times 10^4 m^3/d$的天然气净化厂、天然气处理厂和生产规模大于或等于$400 \times 10^4 m^3/d$的天然气脱硫站、脱水站定为三级站场。

2 生产规模小于$100 \times 10^4 m^3/d$，大于或等于$50 \times 10^4 m^3/d$的天然气净化厂、天然气处理厂和生产规模小于$400 \times 10^4 m^3/d$，大于或等于$200 \times 10^4 m^3/d$的天然气脱硫站、脱水站及生产规模大于$50 \times 10^4 m^3/d$的天然气压气站、注气站定为四级站场。

3 生产规模小于$50 \times 10^4 m^3/d$的天然气净化厂、天然气处理厂和生产规模小于$200 \times 10^4 m^3/d$的天然气脱硫站、脱水站及生产规模小于或等于$50 \times 10^4 m^3/d$的天然气压气站、注气站定为五级站场。

集气、输气工程中任何生产规模的集气站、计量站、输气站（压气站除外）、清管站、配气站等定为五级站场。

4 区 域 布 置

4.0.1 区域布置应根据石油天然气站场、相邻企业和设施的特点及火灾危险性，结合地形与风向等因素，合理布置。

4.0.2 石油天然气站场宜布置在城镇和居住区的全年最小频率风向的上风侧。在山区、丘陵地区建设站场，宜避开窝风地段。

4.0.3 油品、液化石油气、天然气凝液站场的生产区沿江河岸布置时，宜位于邻近江河的城镇、重要桥梁、大型锚地、船厂等重要建筑物或构筑物的下游。

4.0.4 石油天然气站场与周围居住区、相邻厂矿企业、交通线等的防火间距，不应小于表4.0.4的规定。

表 4.0.4　石油天然气站场区域布置防火间距

单位：m

序号		1	2	3	4	5	6	7	8	9	10	11	12	13
名称		100人以上的居住区，村镇，公共福利设施	100人以下的散居房屋	相邻厂矿企业	铁路 国家铁路线	铁路 工业企业铁路线	公路 高速公路	公路 其他公路	35kV及以上独立变电所	架空电力线路 35kV及以下	架空电力线路 35kV以下	架空通信线路 国家I、II级	架空通信线路 其他通信线路	爆炸作业场地（如采石场）
油品站场、天然气站场	一级	100	75	70	50	40	35	25	60	1.5倍杆高不小于30m	1.5倍杆高	40	1.5倍杆高	300
	二级	80	60	60	45	35	30	20	50					
	三级	60	45	50	40	30	25	15	40					
	四级	40	35	40	35	25	20	15	40	1.5倍杆高		1.5倍杆高		
	五级	30	30	30	30	20	20	10	30					
液化石油气和天然气凝液站场	一级	120	90	120	60	55	40	30	80	40				
	二级	100	75	100	60	50	40	30	80					
	三级	80	60	80	50	45	35	25	70	1.5倍杆高不小于30m	1.5倍杆高	40	1.5倍杆高	300
	四级	60	50	60	50	40	35	25	60	1.5倍杆高				
	五级	50	45	50	40	35	30	20	50	1.5倍杆高	80	80	60	300
可能携带可燃液体的火炬		120	120	120	80	80	80	60	120	80	80	80	60	300

注：1. 表中数值系指石油天然气站场内甲、乙类储罐外壁与周围居住区、相邻厂矿企业、交通线等的防火间距，油气处理设备、装卸设备、容器、厂房与序号1~8的防火间距。单罐容量小于或等于50m³的直埋卧式油罐与序号1~12的防火间距可按本表减少25%。

2. 油品站场当仅储存丙A或丙B类油品时，序号1、2、3的防火间距可减少25%，当仅储存丙B类油品时，可不受本表限制。

3. 表中35kV及以上独立变电所系指变电所内系单台变压器容量在10000kV·A及以上的变电所，小于10000kV·A的35kV变电所的防火间距可按本表减少25%。

4. 注1~注3所述减量不得叠加。

5. 放空管可按本表中可能携带可燃液体的火炬间距执行。

6. 当采用烟雾灭火规范8.4.10规定采用烟雾灭火时，四级油品站场的油罐区与100人以上的居住区、村镇、公共福利设施的防火间距不应小于50m。

7. 防火间距的起算点应按本规范附录B执行。

火炬的防火间距应经辐射热计算确定，对可能携带可燃液体的火炬的防火间距，尚不应小于表4.0.4的规定。

4.0.5　石油天然气站场与相邻厂矿企业的石油天然气站场毗邻建设时，其防火间距可按本规范表5.2.1、表5.2.3的规定执行。

4.0.6　为钻井和采输服务的机修厂、管子站、供应站、运输站、仓库等辅助生产厂、站应按相邻厂矿企业确定防火间距。

4.0.7　油气井与周围建（构）筑物、设施的防火间距应按表4.0.7的规定执行，自喷油井应在一、二、三、四级石油天然气站场围墙以外。

4.0.8　火炬和放空管宜位于石油天然气站场生产区最小频率风向的上风侧，且宜布置在站场外地势较高处。火炬和放空管与石油天然气站场的间距：火炬由本规范第5.2.1条确定；放空管放空量等于或小于 $1.2 \times 10^4 \, \mathrm{m^3/h}$ 时，不应小于10m；放空量大于 $1.2 \times 10^4 \, \mathrm{m^3/h}$ 且等于或小于 $4 \times 10^3 \, \mathrm{m^3/h}$ 时，不应小于40m。

表4.0.7　油气井与周围建（构）筑物、设施的防火间距　　　　单位：m

名　称		自喷油井、气井、注气井	机械采油井
一、二、三、四级石油天然气站场储罐及甲、乙类容器		40	20
100人以上的居住区、村镇、公共福利设施		45	25
相邻厂矿企业		40	20
铁路	国家铁路线	40	20
	工业企业铁路线	30	15
公路	高速公路	30	20
	其他公路	15	10
架空通信线	国家一、二级	40	20
	其他通信线	15	10
30kV及以上独立变电所		40	20
架空电力线	35kV以下	1.5倍杆高	
	35kV及以上		

注：1. 当气井关井压力或注气井注气压力超过25MPa时，与100人以上的居住区、村镇、公共福利设施及相邻厂矿企业的防火间距，应按本表规定增加50%。

2. 无自喷能力且井场没有储罐和工艺容器的油井按本表执行有困难时，防火间距可适当缩小，但应满足修井作业要求。

5　石油天然气站场总平面布置

5.1　一般规定

5.1.1　石油天然气站场总平面布置，应根据其生产工艺特点、火灾危险性等级、功能要求，结合地形、风向等条件，经技术经济比较确定。

5.1.2　石油天然气站场总平面布置应符合下列规定：

1 可能散发可燃气体的场所和设施，宜布置在人员集中场所及明火或散发火花地点的全年最小频率风向的上风侧。

2 甲、乙类液体储罐，宜布置在站场地势较低处。当受条件限制或有特殊工艺要求时，可布置在地势较高处，但应采取有效的防止液体流散的措施。

3 当站场采用阶梯式竖向设计时，阶梯间应有防止泄漏可燃液体漫流的措施。

4 天然气凝液、甲、乙类油品储罐组，不宜紧靠排洪沟布置。

5.1.3 石油天然气站场内的锅炉房、35kV 及以上的变（配）电所、加热炉、水套炉等有明火或散发火花的地点，宜布置在站场或油气生产区边缘。

5.1.4 空气分离装置，应布置在空气清洁地段并位于散发油气、粉尘等场所全年最小频率风向的下风侧。

5.1.5 汽车运输油品、天然气凝液、液化石油气和硫黄的装卸车场及硫黄仓库等，应布置在站场的边缘，独立成区，并宜设单独的出入口。

5.1.6 石油天然气站场内的油气管道，宜地上敷设。

5.1.7 一、二、三、四级石油天然气站场四周宜设不低于 2.2m 的非燃烧材料围墙或围栏。站场内变配电站（大于或等于 35kV）应设不低于 1.5m 的围栏。

道路与围墙（栏）的间距不应小于 1.5m；一、二、三级油气站场内甲、乙类设备、容器及生产建（构）筑物至围墙（栏）的间距不应小于 5m。

5.1.8 石油天然气站场内的绿化，应符合下列规定：

1 生产区不应种植含油脂多的树木，宜选择含水分较多的树种。

2 工艺装置区或甲、乙类油品储罐组与其周围的消防车道之间，不应种植树木。

3 在油品储罐组内地面及土筑防火堤坡面可植生长高度不超过 0.15m、四季常绿的草皮。

4 液化石油气罐组防火堤或防护墙内严禁绿化。

5 站场内的绿化不应妨碍消防操作。

5.2 站场内部防火间距

5.2.1 一、二、三、四级石油天然气站场内总平面布置的防火间距除另有规定外，应不小于表 5.2.1 的规定。火炬的防火间距应经辐射热计算确定，对可能携带可燃液体的高架火炬还应满足表 5.2.1 的规定。

5.2.2 石油天然气站场内的甲、乙类工艺装置、联合工艺装置的防火间距，应符合下列规定：

1 装置与其外部的防火间距应按本规范表 5.2.1 中甲、乙类厂房和密闭工艺设备的规定执行。

2 装置间的防火间距应符合表 5.2.2-1 的规定。

3 装置内部的设备、建（构）筑物间的防火间距，应符合表 5.2.2-2 的规定。

表 5.2.1　一、二、三、四级油气站场总平面布置防火间距

单位：m

名称		地上油罐 甲B、乙类固定顶 ＞10000	≤10000	≤500或卧式罐	地上油罐 浮顶或丙类固定顶 ＞50000	10000~50000	5000~10000	≤500或卧式罐	全压力式天然气凝液、液化石油气储罐 ＞1000	≤1000	≤400	≤100	≤50	全冷冻式液化石油气储罐	天然气储罐总容量 ≤10000	≤50000	甲、乙类厂房和密闭工艺装置（设备）	有明火的密闭工艺设备及加热炉	有明火或散发火花地点（含锅炉房）	敞口容器和除油池 ≤30	＞30	全厂性重要设施	液化石油气灌装站	火车装卸鹤管	汽车装卸鹤管	码头装卸油臂及泊位	辅助生产厂房及辅助生产设施	10kV及以下户外变压器
全压力式天然气凝液、液化石油气储罐单罐容量/m³	＞1000	60	50	30	45	37	30	22	见6.6节	见6.6节	见6.6节	见6.6节	见6.6节															
	≤1000	55	45	25	41	34	26	19	见6.6节	见6.6节	见6.6节	见6.6节	见6.6节															
	≤400	50	30	25	37	30	22	19	见6.6节	见6.6节	见6.6节	见6.6节	见6.6节															
	≤100	40	25	20	30	22	19	15	见6.6节	见6.6节	见6.6节	见6.6节	见6.6节															
	≤50	35	25	20	26	19	15	15	见6.6节	见6.6节	见6.6节	见6.6节	见6.6节															
全冷冻式液化石油气储罐		30	30	30	30	30	30	30	30	30	30	30	30															
天然气储罐总容量/m³	≤10000	30	25	15	30	25	20	15	55	50	45	40	35	40														
	≤50000	35	30	20	35	30	25	20	65	60	55	50	45	50														
甲、乙类厂房和密闭工艺装置（设备）		25	15	15/12	25	20	15	15/12	60	50	45	40	35	60	35	30												
有明火的密闭工艺设备及加热炉		40	30	25	30	26	22	19	85	75	65	55	45	60	35	30	25											
有明火或散发火花地点（含锅炉房）		45	35	30	35	30	26	22	100	80	70	55	45	60	35	30	30	25	—									
敞口容器和除油池/m³	≤30	28	20	16	20	18	16	12	44	40	36	32	35	40	30	25	25	25	35									
	＞30	35	25	20	26	22	20	15	55	50	45	40	35	40	30	25	20	30	30	—								
全厂性重要设施		40	30	20	35	30	22	20	85	75	65	55	45	70	35	30	25	25	30	25	30							
液化石油气灌装站		35	25	15	30	26	20	15	50	40	30	25	20	45	25	20	20	20	30	25	30	50						
火车装卸鹤管		30	20	15	25	22	20	15	45	40	35	30	25	50	20	15	20	25	30	25	25	30	30					
汽车装卸鹤管		25	20	15	25	20	15	12	40	35	30	25	20	45	25/20 15		25/20	20	30	20	20	25	25	20		20		

续表

名称	地上油罐 单罐容量/m³							全压力式天然气凝液、液化石油气储罐单罐容量/m³					天然气储罐总容量/m³ 全冷冻式液化石油气储罐		甲、乙类厂房和密闭工艺装置（设备）	有明火或散发火花地点（含钢炉房）	敞口容器和除油池/m³		全厂性重要设施	液化石油气灌装站	火车装卸鹤管	汽车装卸鹤管	码头装卸油臂及泊位	辅助生产厂房及辅助生产设施10kV及以下户外变压器
	甲B、乙类固定顶			浮顶或丙类固定顶																				
	>10000	≤10000	≤500或卧式罐	>50000	≤50000	≤1000	≤500或卧式罐	>1000	≤1000	≤400	≤100	≤50	>50000	≤50000			≤30	>30						
码头装卸油臂及泊位	50	40	30	45	40	35	25	55	50	45	40	35	55	30	55	35	30	40	40	30		20		25
辅助生产厂房及辅助生产设施	30	25	15	30	26	22	18	60	50	40	30	25	60	30	15	15	20	20	—	30	25	15	30	20
10kV及以下户外变压器	30	25	15	30	26	22	18	65	60	50	40	40	60	30	15	15	25	25	—	35	30	20	30	—
仓库 硫黄及其他甲、乙类物品	35	30	20	40	35	30	25	60	50	50	30	25	60	25	20	25	25	25	20	35	30	20	30	20
仓库 丙类物品	30	25	15	30	30	25	20	50	40	30	25	25	50	25	15	20	15	20	20	30	20	15	20	15
可能携带可燃液体的高架火炬	90	90	90	90	90	90	90	90	90	90	90	90	90	90	90	60	90	90	90	90	90	90	90	90

注：
1. 两个相邻液体生产设施之间的防火间距，可按甲、乙类生产设施之间的防火间距确定。
2. 油田采出水处理设施内设置的甲B、乙类生产设施（沉降罐、污油泵（或泵房）、污油泵（或泵房）的甲B类厂房（泵房）可按甲等于500m³或按小于500m³的甲B的防火间距减少25%，乙类固定顶地上油罐的防火间距减少25%。乙类厂房和密闭工艺装置（设备）减少25%。
3. 全厂性重要设施与储罐、零位罐的防火间距，除油泵与污油罐（沉降罐）、污油泵与污油提升泵、塔与塔底泵、回流泵、压缩机与其直接相关的附属设备、泵与密封油回收容器的防火间距不限。
4. 全厂性重要设施指全厂集中控制室、马达控制中心、消防泵房和消防器材间、35kV及以上的变电所、自备电站、总机房和广播室、化验室、空压站和分装置、仪表控制间、车间办公室、应急发电机等。
5. 辅助生产厂房、辅助生产设施指维修间、工具间、供排水泵房、深井水泵房、排洪泵房、阴极保护间、循环水泵房、给水处理与污水处理等使用非防爆电气设备的厂房和设施。
6. 天然气储罐总容量按本标准计算。大于50000m³时，防火间距按本表增加25%。
7. 可燃气储罐的防火间距按相关设施（设备）防火间距确定。
8. 表中数字分子表示甲A类，分母表示甲B、乙类厂房和密闭工艺装置（设备）防火间距。乙类厂房和密闭工艺装置（设备）防火间距按甲类厂房和密闭工艺装置（设备）防火间距折减。
9. 液化石油气灌装站内相邻部面的设备、加压及其有关的附属生产装置、灌装站内防火间距只需满足安装、操作及维修要求；表中"*"表示本规范未涉及的内容。
10. 事故存液池的防火间距，可按敞口容器和除油池的规定执行。
11. 表中"—"表示本规范未涉及的设施之间的防火间距或设施同距应符合现行国家标准《建筑设计防火规范》的规定或设施同距只需满足（建筑物外缘算起）的内容。

表 5.2.2-1　装置间的防火间距　　　　　　　　　　　　　　单位：m

火灾危险类别	甲A 类	甲B、乙A 类	乙B、丙类
甲A 类	25		
甲B、乙A 类	20	20	
乙B、丙类	15	15	10

注：表中数字为装置相邻面工艺设备或建（构）筑物的净距，工艺装置与工艺装置的明火加热炉相邻布置时，其防火间距应按与明火的防火间距确定。

表 5.2.2-2　装置内部的防火间距　　　　　　　　　　　　　单位：m

名称		明火或散发火花的设备或场所	仪表控制间、10kV 及以下的变配电室、化验室、办公室	可燃气体压缩机或其厂房	中间储罐		
					甲A 类	甲B、乙A 类	乙B、丙类
仪表控制间、10kV 及以下的变配电室、化验室、办公室		15					
可燃气体压缩机或其厂房		15	15				
其他工艺设备及厂房	甲A 类	22.5	15	9	9	9	7.5
	甲B、乙A 类	15	15	9	9	9	7.5
	乙B、丙类	9	9	7.5	7.5	7.5	
中间储罐	甲A 类	22.5	22.5	15			
	甲B、乙A 类	15	15	9			
	乙B、丙类	9	9	7.5			

注：1. 由燃气轮机或天然气发动机直接拖动的天然气压缩机对明火或散发火花的设备或场所、仪表控制间等的防火间距按本表可燃气体压缩机或其厂房确定；对其他工艺设备及厂房、中间储罐的防火间距按本表明火或散发火花的设备或场所确定。

2. 加热炉与分离器组成的合一设备、三甘醇火焰加热再生釜、溶液脱硫的直接火焰加热重沸器等带有直接火焰加热的设备，应按明火或散发火花的设备或场所确定防火间距。

3. 克劳斯硫黄回收工艺的燃烧炉、再热炉、在线燃烧器等正压燃烧炉，其防火间距按其他工艺设备和厂房确定。

4. 表中的中间储罐的总容量：全压力式天然气凝液、液化石油气储罐应小于或等于100m³；甲B、乙类液体储罐应小于或等于1000m³。当单个全压力式天然气凝液、液化石油气储罐小于50m³、甲B、乙类液体储罐小于100m³时，可按其他工艺设备对待。

5. 含可燃液体的水池、隔油池等，可按本表其他工艺设备对待。

6. 缓冲罐与泵，零位罐与泵，除油池与污油提升泵，塔与塔底泵、回流泵，压缩机与其直接相关的附属设备，泵与密封漏油回收容器的防火间距可不受本表限制。

5.2.3　五级石油天然气站场总平面布置的防火间距，不应小于表 5.2.3 的规定。

5.2.4　五级油品站场和天然气站场值班休息室（宿舍、厨房、餐厅）距甲、乙类油品储罐不应小于 30m，距甲、乙类工艺设备、容器、厂房、汽车装卸设施不应小于 22.5m；当值班休息室朝向甲、乙类工艺设备、容器、厂房、汽车装卸设施的墙壁为耐火等级不低于二级的防火墙时，防火间距可减小（储罐除外），但不应小于 15m，并应方便人员在紧急情况下安全疏散。

5.2.5　天然气密闭隔氧水罐和天然气放空管排放口与明火或散发火花地点的防火间距不应小于 25m，与非防爆厂房之间的防火间距不应小于 12m。

5.2.6　加热炉附属的燃料气分液包、燃料气加热器等与加热炉的防火距离不限；燃料气分液包采用开式排放时，排放口距加热炉的防火间距应不小于 15m。

5.3　站场内部道路

5.3.1　一、二、三级油气站场，至少应有两个通向外部道路的出入口。

表 5.2.3　五级油气站场防火间距

单位：m

名称	油气井	露天油气密闭设备及阀组	可燃气体压缩机及压缩机房、阀组间	天然气凝液泵、油泵及其泵房、压缩机房、阀组间	水套炉	加热炉、锅炉房	10kV及以下户外变压器、配电间	隔油池、污油池（罐）、事故卸油池/m³ ≤30	>30	≤500m³油罐（除甲A类外）及装车鹤管	天然气凝液、液化石油气储罐/m³ 单罐且罐容量<50时	总容量≤100	100<总容量≤200，单罐容量≤100	计量仪表间、值班室或配水间	辅助生产厂房及辅助生产设施	硫黄仓库
油气井	5															
露天油气密闭设备及阀组	20	5														
可燃气体压缩机及压缩机房	20	10	15													
天然气凝液泵、油泵及其泵房、阀组间	9	10	15	15/10												
水套炉	20	—	12	22.5/15	15											
加热炉、锅炉房	15	12	—	22.5/15	22.5	15										
10kV及以下户外变压器、配电间	20	10	9	15	20	20	15									
隔油池、事故污油池（罐）、卸油池/m³ ≤30	15	—	15	15	22.5	22.5	15	15								
>30	*	30	15	15	30	30	22.5	15	30							
≤500m³油罐（除甲A类外）及装车鹤管	9	5	10	10	40	40	40	30	30	25						
天然气凝液、液化石油气储罐/m³ 单罐且罐容量<50时	20	12	30	30	10	10	—	10	15	15	22.5	22.5	40			
100<总容量≤200，单罐容量≤100	15	10	15/10	15/10	15	15	15	15	22.5	15	22.5	30	40			
计量仪表间、值班室或配水间	15	10	15	15	5	5	10	5	15	15				10	15	
辅助生产厂房及辅助生产设施	5	5	5	5	5	5	5	5	5	5				10	10	
硫黄仓库																5
污水池													*			

注：
1. 油罐与装车鹤管之间防火间距，当采用自流装车时不受本表的限制，当采用压力装车时不应小于15m。
2. 加热炉与分离器、三甘醇火焰加热再生器、溶液脱硫再生器等带有直接火焰加热的设备，应按火焰直接加热的设备确定防火间距。
3. 克劳斯硫黄回收工艺的燃烧炉、再热炉、在线燃烧炉等带正压焚烧的设备，其防火间距可按裸露天然气密闭设备确定。
4. 35kV及以上的变配电所应按本规范表5.2.1的规定执行。
5. 辅助生产厂房及辅助生产设施是使用非防爆电气房间的厂房和设施，如：站内的维修间、化验间、工具间、供注水泵房、药剂泵房、掺水泵房及油水计量间、注汽设备、库房、空压机房、循环水泵房、空冷装置、污水泵房、办公室、会议室、仪表控制间、卸药台等。
6. 计量仪表间系指分井计量用计量仪表间。
7. 缓冲油池、零位油罐与污油提升泵、污油泵与直接相关的附属设备、压缩机与直接相关的附属设备，泵与封闭油回收容器的防火间距不限。
8. 表中数字分子表示甲A类、分母表示甲B、乙类设施的防火间距。
9. 油田采出水处理设施内除油（沉降罐）、污油泵与污油罐之间的防火间距，污油泵（或泵房）的防火间距可按≤500m³油罐（油气井除外）的规定或者设施间距仅需满足安装、操作及维修要求。泵房减少25%，但不应小于9m。
10. 表中"—"表示设施之间的防火间距应符合现行国家标准《建筑设计防火规范》的规定或者设施未涉及的内容。表中"*"表示本规范未涉及的内容。

5.3.2　油气站场内消防车道布置应符合下列要求：

　　1　油气站场储罐组宜设环形消防车道。四、五级油气站场或受地形等条件限制的一、二、三级油气站场内的油罐组，可设有回车场的尽头式消防车道，回车场的面积应按当地所配消防车辆车型确定，但不宜小于 15m×15m。

　　2　储罐组消防车道与防火堤的外坡脚线之间的距离不应小于 3m。储罐中心与最近的消防车道之间的距离不应大于 80m。

　　3　铁路装卸设施应设消防车道，消防车道应与站场内道路构成环形，受条件限制的，可设有回车场的尽头车道，消防车道与装卸栈桥的距离不应大于 80m 且不应小于 15m。

　　4　甲、乙类液体厂房及油气密闭工艺设备距消防车道的间距不宜小于 5m。

　　5　消防车道的净空高度不应小于 5m；一、二、三级油气站场消防车道转弯半径不应小于 12m，纵向坡度不宜大于 8%。

　　6　消防车道与站场内铁路平面相交时，交叉点应在铁路机车停车限界之外；平交的角度宜为 90°，困难时，不应小于 45°。

5.3.3　一级站场内消防车道的路面宽度不宜小于 6m，若为单车道时，应有往返车辆错车通行的措施。

5.3.4　当道路高出附近地面 2.5m 以上，且在距道路边缘 15m 范围内有工艺装置或可燃气体、可燃液体储罐及管道时，应在该段道路的边缘设护墩、矮墙等防护设施。

6　石油天然气站场生产设施

6.1　一般规定

6.1.1　进出天然气站场的天然气管道应设截断阀，并应能在事故状况下易于接近且便于操作。三、四级站场的截断阀应有自动切断功能。当站场内有两套及两套以上天然气处理装置时，每套装置的天然气进出口管道均应设置截断阀。进站场天然气管道上的截断阀前应设泄压放空阀。

6.1.2　集中控制室设置非防爆仪表及电气设备时，应符合下列要求：

　　1　应位于爆炸危险范围以外。

　　2　含有甲、乙类油品、可燃气体的仪表引线不得直接引入室内。

6.1.3　仪表控制间设置非防爆仪表及电气设备时，应符合下列要求：

　　1　在使用或生产天然气凝液和液化石油气的场所，仪表控制间室内地坪宜比室外地坪高 0.6m。

　　2　含有甲、乙类油品和可燃气体的仪表引线不宜直接引入室内。

　　3　当与甲、乙类生产厂房毗邻时，应采用无门窗洞口的防火墙隔开。当必须在防火墙上开窗时，应设固定甲级防火窗。

6.1.4　石油天然气的人工采样管道不得引入中心化验室。

6.1.5　石油天然气管道不得穿过与其无关的建筑物。

6.1.6　天然气凝液和液化石油气厂房、可燃气体压缩机厂房和其他建筑面积大于或等于 150m² 的甲类火灾危险性厂房内，应设可燃气体检测报警装置。天然气凝液和液化石油气罐区、天然气凝液和凝析油回收装置的工艺设备区应设可燃气体检测报警装置。其他露天或棚式布置的甲类生产设施可不设可燃气体检测报警装置。

6.1.7 甲、乙类油品储罐、容器、工艺设备和甲、乙类地面管道当需要保温时，应采用非燃烧保温材料；低温保冷可采用泡沫塑料，但其保护层外壳应采用不燃烧材料。

6.1.8 甲、乙类油品储罐、容器、工艺设备的基础；甲、乙类地面管道的支、吊架和基础应采用非燃烧材料，但储罐底板垫层可采用沥青砂。

6.1.9 站场生产设备宜露天或棚式布置，受生产工艺或自然条件限制的设备可布置在建筑物内。

6.1.10 油品储罐应设液位计和高液位报警装置，必要时可设自动联锁切断进液装置。油品储罐宜设自动截油排水器。

6.1.11 含油污水应排入含油污水管道或工业下水道，其连接处应设水封井，并应采取防冻措施。含油污水管道在通过油气站场围墙处应设置水封井，水封井与围墙之间的排水管道应采用暗渠或暗管。

6.1.12 油品储罐进液管宜从罐体下部接入，若必须从上部接入，应延伸至距罐底200mm 处。

6.1.13 总变（配）电所，变（配）电间的室内地坪应比室外地坪高 0.6m。

6.1.14 站场内的电缆沟，应有防止可燃气体积聚及防止含可燃液体的污水进入沟内的措施。电缆沟通入变（配）电室、控制室的墙洞处，应填实、密封。

6.1.15 加热炉以天然气为燃料时，供气系统应符合下列要求：

1 宜烧干气，配气管网的设计压力不宜大于 0.5MPa（表压）。

2 当使用有凝液析出的天然气作燃料时，管道上宜设置分液包。

3 加热炉炉膛内宜设长明灯，其气源可从燃料气调节阀前的管道上引向炉膛。

6.2 油气处理及增压设施

6.2.1 加热炉或锅炉燃料油的供油系统应符合下列要求：

1 燃料油泵和被加热的油气进、出口阀不应布置在烧火间内；当燃料油泵与烧火间毗邻布置时，应设防火墙。

2 当燃料油储罐总容积不大于 20m³ 时，与加热炉的防火间距不应小于 8m；当大于 20m³ 至 30m³ 时，不应小于 15m。燃料油储罐与燃料油泵的间距不限。

加热炉烧火口或防爆门不应直接朝向燃料油储罐。

6.2.2 输送甲、乙类液体的泵，可燃气体压缩机不得与空气压缩机同室布置。空气管道不得与可燃气体，甲、乙类液体管道固定相连。

6.2.3 甲、乙类液体泵房与变配电室或控制室相毗邻时，变配电室或控制室的门、窗应位于爆炸危险区范围之外。

6.2.4 甲、乙类油品泵宜露天或棚式布置。若在室内布置时，应符合下列要求：

1 液化石油气泵和天然气凝液泵超过 2 台时，与甲、乙类油品泵应分别布置在不同的房间内，各房间之间的隔墙应为防火墙。

2 甲、乙类油品泵房的地面不宜设地坑或地沟。泵房内应有防止可燃气体积聚的措施。

6.2.5　电动往复泵、齿轮泵或螺杆泵的出口管道上应设安全阀；安全阀放空管应接至泵入口管道上，并宜设事故停车联锁装置。

6.2.6　甲、乙类油品离心泵，天然气压缩机在停电、停气或操作不正常工作情况下，介质倒流有可能造成事故时，应在出口管道上安装止回阀。

6.2.7　负压原油稳定装置的负压系统应有防止空气进入系统的措施。

6.3　天然气处理及增压设施

6.3.1　可燃气体压缩机的布置及其厂房设计应符合下列规定：

1　可燃气体压缩机宜露天或棚式布置。

2　单机驱动功率等于或大于 150kW 的甲类气体压缩机厂房，不宜与其他甲、乙、丙类房间共用一幢建筑物；该压缩机的上方不得布置含甲、乙、丙类介质的设备，但自用的高位润滑油箱不受此限。

3　比空气轻的可燃气体压缩机棚或封闭式厂房的顶部应采取通风措施。

4　比空气轻的可燃气体压缩机厂房的楼板，宜部分采用箅子板。

5　比空气重的可燃气体压缩机厂房内，不宜设地坑或地沟，厂房内应有防止气体积聚的措施。

6.3.2　油气站场内，当使用内燃机驱动泵和天然气压缩机时，应符合下列要求：

1　内燃机排气管应有隔热层，出口处应设防火罩。当排气管穿过屋顶时，其管口应高出屋顶 2m；当穿过侧墙时，排气方向应避开散发油气或有爆炸危险的场所。

2　内燃机的燃料油储罐宜露天设置。内燃机供油管道不应架空引至内燃机油箱。在靠近燃料油储罐出口和内燃机油箱进口处应分别设切断阀。

6.3.3　明火设备（不包括硫黄回收装置的主燃烧炉、再热炉等正压燃烧设备）应尽量靠近装置边缘集中布置，并应位于散发可燃气体的容器、机泵和其他设备的年最小频率风向的下风侧。

6.3.4　石油天然气在线分析一次仪表间与工艺设备的防火间距不限。

6.3.5　布置在爆炸危险区内的非防爆型在线分析一次仪表间（箱），应正压通风。

6.3.6　与反应炉等高温燃烧设备连接的非工艺用燃料气管道，应在进炉前设两个截断阀，两阀间应设检查阀。

6.3.7　进出装置的可燃气体、液化石油气、可燃液体的管道，在装置边界处应设截断阀和 8 字盲板或其他截断设施，确保装置检修安全。

6.3.8　可燃气体压缩机的吸入管道，应有防止产生负压的措施。多级压缩的可燃气体压缩机各段间，应设冷却和气液分离设备，防止气体带液进入气缸。

6.3.9　正压通风设施的取风口，宜位于含甲、乙类介质设备的全年最小频率风向的下风侧。取风口应高出爆炸危险区 1.5m 以上，并应高出地面 9m。

6.3.10　硫黄成型装置的除尘设施严禁使用电除尘器，宜采用袋滤器。

6.3.11　液体硫黄储罐四周应设闭合的不燃烧材料防护墙，墙高应为 1m。墙内容积不应小于一个最大液体硫黄储罐的容量；墙内侧至罐的净距不宜小于 2m。

6.3.12　液体硫黄储罐与硫黄成型厂房之间应设有消防通道。

6.3.13　固体硫黄仓库的设计应符合下列要求：

1 宜为单层建筑。

2 每座仓库的总面积不应超过 2000m²，且仓库内应设防火墙隔开，防火墙间的面积不应超过 500m²。

3 仓库可与硫黄成型厂房毗邻布置，但必须设置防火隔墙。

6.4　油田采出水处理设施

6.4.1 沉降罐顶部积油厚度不应超过 0.8m。

6.4.2 采用天然气密封工艺的采出水处理设施，区域布置应按四级站场确定防火间距。其他采出水处理设施区域布置应按五级站场确定防火间距。

6.4.3 采用天然气密封工艺的采出水处理设施，平面布置应符合本规范第 5.2.1 条的规定。其他采出水处理设施平面布置应符合本规范第 5.2.3 条的规定。

6.4.4 污油罐及污水沉降罐顶部应设呼吸阀、阻火器及液压安全阀。

6.4.5 采用收油槽自动回收污油，顶部积油厚度不超过 0.8m 的沉降罐可不设防火堤。

6.4.6 容积小于或等于 200m³，并且单独布置的污油罐，可不设防火堤。

6.4.7 半地下式污油污水泵房应配置机械通风设施。

6.4.8 采用天然气密封的罐应满足下列规定：

1 罐顶必须设置液压安全阀，同时配备阻火器。

2 罐顶部透光孔不得采用活动盖板，气体置换孔必须加设阀门。

3 储罐应设高、低液位报警和液位显示装置，并将报警及液位显示信号传至值班室。

4 罐上经常与大气相通的管道应设阻火器及水封装置，水封高度应根据密闭系统工作压力确定，不得小于 250mm。水封装置应有补水设施。

5 多座水罐共用一条干管调压时，每座罐的支管上应设截断阀和阻火器。

6.5　油罐区

6.5.1 油品储罐应为地上式钢罐。

6.5.2 油品储罐应分组布置并符合下列规定：

1 在同一罐组内，宜布置火灾危险性类别相同或相近的储罐。

2 常压油品储罐不应与液化石油气、天然气凝液储罐同组布置。

3 沸溢性的油品储罐，不应与非沸溢性油品储罐同组布置。

4 地上立式油罐同高位罐、卧式罐不宜布置在同一罐组内。

6.5.3 稳定原油、甲$_B$、乙$_A$类油品储罐宜采用浮顶油罐。不稳定原油用的作业罐应采用固定顶油罐。稳定轻烃可根据相关标准的要求，选用内浮顶罐或压力储罐。钢油罐建造应符合国家现行油罐设计规范的要求。

6.5.4 油罐组内的油罐总容量应符合下列规定：

1 固定顶油罐组不应大于 120000m³。

2 浮顶油罐组不应大于 600000m³。

6.5.5 油罐组内的油罐数量应符合下列要求：

1 当单罐容量不小于 1000m³ 时，不应多于 12 座。

2 当单罐容量小于 1000m³ 或者仅储存丙$_B$类油品时，数量不限。

6.5.6 地上油罐组内的布置应符合下列规定：

1 油罐不应超过两排，但单罐容量小于 1000m³ 的储存丙$_B$类油品的储罐不应超过 4 排。

2 立式油罐排与排之间的防火距离，不应小于 5m，卧式油罐的排与排之间的防火距离，不应小于 3m。

6.5.7 油罐之间的防火距离不应小于表 6.5.7 的规定。

表 6.5.7　油罐之间的防火距离

油品类别		固定顶油罐	浮顶油罐	卧式油罐
甲、乙类		1000m³ 以上的罐：0.6D	0.4D	0.8m
		1000m³ 及以下的罐，当采用固定式消防式冷却时：0.6D，采用移动式消防冷却时：0.75D		
丙类	A	0.4D	—	0.8m
	B	>1000m³ 的罐：5m	—	
		≤1000m³ 的罐：2m		

注：1. 浅盘式和浮舱用易熔材料制作的内浮顶油罐按固定顶油罐确定罐间距。
2. 表中 D 为相邻较大罐的直径，单罐容积大于 1000m³ 的油罐取直径或高度的较大值。
3. 储存不同油品的油罐、不同型式的油罐之间的防火间距，应采用较大值。
4. 高架（位）罐的防火间距，不应小于 0.6m。
5. 单罐容量不大于 300m³，罐组总容量不大于 1500m³ 的立式油罐间距，可按施工和操作要求确定。
6. 丙$_A$类油品固定顶油罐之间的防火距离按 0.4D 计算大于 15m 时，最小可取 15m。

6.5.8 地上立式油罐组应设防火堤，位于丘陵地区的油罐组，当有可利用地形条件设置导油沟和事故存油池时可不设防火堤。卧式油罐组应设防护墙。

6.5.9 油罐组防火堤应符合下列规定：

1 防火堤应是闭合的，能够承受所容纳油品的静压力和地震引起的破坏力，保证其坚固和稳定。

2 防火堤应使用不燃烧材料建造，首选土堤，当土源有困难时，可用砖石、钢筋混凝土等不燃烧材料砌筑，但内侧应培土或涂抹有效的防火涂料。土筑防火堤的堤顶宽度不小于 0.5m。

3 立式油罐组防火堤的计算高度应保证堤内的有效容积需要。防火堤实际高度应比计算高度高出 0.2m。防火堤实际高度不应低于 1.0m，且不应高于 2.2m（均以防火堤外侧路面或地坪算起）。卧式油罐组围堰高度不应低于 0.5m。

4 管道穿越防火堤处，应采用非燃烧材料封实。严禁在防火堤上开孔留洞。

5 防火堤内场地可不做铺砌，但湿陷性黄土、盐渍土、膨胀土等地区的罐组内场地应有防止雨水和喷淋水浸害罐基础的措施。

6 油罐组内场地应有不小于 0.5% 的地面设计坡度，排雨水管应从防火堤内设计地面以下通向堤外，并应采取排水阻油措施。年降雨量不大于 200mm 或降雨在 24h 内可以渗完时，油罐组内可不设雨水排除系统。

7 油罐组防火堤上的人行踏步不应少于两处，且应处于不同方位。隔堤均应设置人行踏步。

6.5.10 地上立式油罐的罐壁至防火堤内坡脚线的距离，不应小于罐壁高度的一半。卧式油罐的罐壁至围堰内坡脚线的距离，不应小于 3m。建在山边的油罐，靠山的一面，罐壁至挖坡坡脚线距离不得小于 3m。

6.5.11　防火堤内有效容量，应符合下列规定：

1　对固定顶油罐组，不应小于储罐组内最大一个储罐有效容量。

2　对浮顶油罐组，不应小于储罐组内一个最大罐有效容量的一半。

3　当固定顶和浮顶油罐布置在同一油罐组内，防火堤内有效容量应取上两款规定的较大者。

6.5.12　立式油罐罐组内隔堤的设置，应符合国家现行防火堤设计规范的规定。

6.5.13　事故存液池的设置，应符合下列规定：

1　设有事故存液池的油罐或罐组四周应设导油沟，使溢漏油品能顺利地流出罐组并自流入事故存液池内。

2　事故存液池距离储罐不应小于 30m。

3　事故存液池和导油沟距离明火地点不应小于 30m。

4　事故存液池应有排水设施。

5　事故存液池的容量应符合 6.5.11 条的规定。

6.5.14　五级站内，小于等于 $500m^3$ 的丙类油罐，可不设防火堤，但应设高度不低于 1.0m 的防护墙。

6.5.15　油罐组之间应设置宽度不小于 4m 的消防车道。受地形条件限制时，两个罐组防火堤外侧坡脚线之间应留有不小于 7m 的空地。

6.6　天然气凝液及液化石油气罐区

6.6.1　天然气凝液和液化石油气罐区宜布置在站场常年最小频率风向的上风侧，并应避开不良通风或窝风地段。天然气凝液储罐和全压力式液化石油气储罐周围宜设置高度不低于 0.6m 的不燃烧体防护墙。在地广人稀地区，当条件允许时，可不设防护墙，但应有必要的导流设施，将泄漏的液化石油气集中引导到站外安全处。全冷冻式液化石油气储罐周围应设置防火堤。

6.6.2　天然气凝液和液化石油气储罐成组布置时，天然气凝液和全压力式液化石油气储罐或全冷冻式液化石油气储罐组内的储罐不应超过两排，罐组周围应设环行消防车道。

6.6.3　天然气凝液和全压力式液化石油气储罐组内的储罐个数不应超过 12 个，总容积不应超过 $20000m^3$；全冷冻式液化石油气储罐组内的储罐个数不应超过 2 个。

6.6.4　天然气凝液和全压力式液化石油气储罐组内的储罐总容量大于 $6000m^3$ 时，罐组内应设隔墙，单罐容量等于或大于 $5000m^3$ 时应每个罐一隔，隔墙高度应低于防护墙 0.2m。全冷冻式液化石油气储罐组内储罐应设隔堤，且每个罐一隔，隔堤高度应低于防火堤 0.2m。

6.6.5　不同储存方式的液化石油气储罐不得布置在同一个储罐组内。

6.6.6　成组布置的天然气凝液和液化石油气储罐到防火堤（或防护墙）的距离应满足如下要求：

1　全压力式球罐到防护墙的距离应为储罐直径的一半，卧式储罐到防护墙的距离不应小于 3m。

2 全冷冻式液化石油气储罐至防火堤内堤脚线的距离，应为储罐高度与防火堤高度之差，防火堤内有效容积应为一个最大储罐的容量。

6.6.7 防护墙、防火堤及隔堤应采用不燃烧实体结构，并应能承受所容纳液体的静压及温度的影响。在防火堤或防护墙的不同方位上应设置不少于两处的人行踏步或台阶。

6.6.8 成组布置的天然气凝液和液化石油气罐区，相邻组与组之间的防火距离（罐壁至罐壁）不应小于20m。

6.6.9 天然气凝液和液化石油气储罐组内储罐之间的防火距离应不小于表6.6.9的规定。

表 6.6.9　储罐组内储罐之间的防火间距

防火间距　　　　　　储罐型式 介质类别	全压力式储罐		全冷冻式储罐
	球罐	卧罐	
天然气凝液或液化石油气	1.0D	1.0D 且不宜大于1.5m。两排卧罐的间距，不应小于3m	
液化石油气			0.5D

注：1. D 为相邻较大罐直径。
　　2. 不同型式储罐之间的防火距离，应采用较大值。

6.6.10 防火堤或防护墙内地面应有由储罐基脚线向防火堤或防护墙方向的不小于1%的排水坡度，排水出口应设有可控制开启的设施。

6.6.11 天然气凝液及液化石油气罐区内应设可燃气体检测报警装置，并在四周设置手动报警按钮，探测和报警信号引入值班室。

6.6.12 天然气凝液储罐及液化石油气储罐的进料管管口宜从储罐底部接入，当从顶部接入时，应将管口接至罐底处。全压力式储罐罐底应安装为储罐注水用的管道、阀门及管道接头。天然气凝液储罐及液化石油气储罐宜采用有防冻措施的二次脱水系统。

6.6.13 天然气凝液储罐及液化石油气储罐应设液位计、温度计、压力表、安全阀，以及高液位报警装置或高液位自动联锁切断进料装置。对于全冷冻式液化石油气储罐还应设真空泄放设施。天然气凝液储罐及液化石油气储罐容积大于或等于50m³时，其液相出口管线上宜设远程操纵阀和自动关闭阀，液相进口应设单向阀。

6.6.14 全压力式天然气凝液储罐及液化石油气储罐进、出口阀门及管件的压力等级不应低于2.5MPa，且不应选用铸铁阀门。

6.6.15 全冷冻式储罐的地基应考虑温差影响，并采取必要措施。

6.6.16 天然气凝液储罐及液化石油气储罐的安全阀出口管应接至火炬系统。确有困难时，单罐容积等于或小于100m³的天然气凝液储罐及液化石油气储罐安全阀可接入放散管，其安装高度应高出储罐操作平台2m以上，且应高出所在地面5m以上。

6.6.17 天然气凝液储罐及液化石油气罐区内的管道宜地上布置，不应地沟敷设。

6.6.18 露天布置的泵或泵棚与天然气凝液储罐和全压力式液化石油气储罐之间的距离不限，但宜布置在防护墙外。

6.6.19 压力储存的稳定轻烃储罐与全压力式液化石油气储罐同组布置时，其防火间距不应小于本规范第6.6.9条的规定。

6.7　装卸设施

6.7.1 油品的铁路装卸设施应符合下列要求：

1 装卸栈桥两端和沿栈桥每隔 60～80m，应设安全斜梯。

2 顶部敞口装车的甲$_B$、乙类油品，应采用液下装车鹤管。

3 装卸泵房至铁路装卸线的距离，不应小于 8m。

4 在距装车栈桥边缘 10m 以外的油品输入管道上，应设便于操作的紧急切断阀。

5 零位油罐不应采用敞口容器，零位罐至铁路装卸线距离，不应小于 6m。

6.7.2 油品铁路装卸栈桥至站场内其他铁路、道路间距应符合下列要求：

1 至其他铁路线不应小于 20m。

2 至主要道路不应小于 15m。

6.7.3 油品的汽车装卸站，应符合下列要求：

1 装卸站的进出口，宜分开设置；当进、出口合用时，站内应设回车场。

2 装卸车场宜采用现浇混凝土地面。

3 装卸车鹤管之间的距离，不应小于 4m；装卸车鹤管与缓冲罐之间的距离，不应小于 5m。

4 甲$_B$、乙类液体的装卸车，严禁采用明沟（槽）卸车系统。

5 在距装卸鹤管 10m 以外的装卸管道上，应设便于操作的紧急切断阀。

6 甲$_B$、乙类油品装卸鹤管（受油口）与相邻生产设施的防火间距，应符合表 6.7.3 的规定。

表 6.7.3　鹤管与相邻生产设施之间的防火距离　　单位：m

生产设施	装卸油泵房	生产厂房及密闭工艺设备		
		液化石油气	甲$_B$、乙类	丙类
甲$_B$、乙类油品装卸鹤管	8	25	15	10

6.7.4 液化石油气铁路和汽车的装卸设施，应符合下列要求：

1 铁路装卸栈台宜单独设置；若不同时作业，也可与油品装卸鹤管共台设置。

2 罐车装车过程中，排气管宜采用气相平衡式，也可接至低压燃料气或火炬放空系统，不得就地排放。

3 汽车装卸鹤管之间的距离不应小于 4m。

4 汽车装卸车场应采用现浇混凝土地面。

5 铁路装卸设施尚应符合本规范第 6.7.1 条第 1、4 款和第 6.7.2 条的规定。

6.7.5 液化石油气灌装站的灌瓶间和瓶库，应符合下列要求：

1 液化石油气的灌瓶间和瓶库，宜为敞开式或半敞开式建筑物；当为封闭式或半敞开式建筑物时，应采取通风措施。

2 灌瓶间、倒瓶间、泵房的地沟不应与其他房间连通；其通风管道应单独设置。

3 灌瓶间和储瓶库的地面，应采用不发生火花的表层。

4 实瓶不得露天存放。

5 液化石油气缓冲罐与灌瓶间的距离，不应小于 10m。

6 残液必须密闭回收，严禁就地排放。

7 气瓶库的液化石油气瓶装总容量不宜超过 10m^3。

8 灌瓶间与储瓶库的室内地面，应比室外地坪高 0.6m。

9 灌装站应设非燃烧材料建造的，高度不低于 2.5m 的实体围墙。

6.7.6 灌瓶间与储瓶库可设在同一建筑物内，但宜用实体墙隔开，并各设出入口。

6.7.7 液化石油气灌装站的厂房与其所属的配电间、仪表控制间的防火间距不宜小于 15m。若毗邻布置时，应采用无门窗洞口防火墙隔开；当必须在防火墙上开窗时，应设甲级耐火材料的密封固定窗。

6.7.8 液化石油气、天然气凝液储罐和汽车装卸台，宜布置在油气站场的边缘部位。

6.7.9 液化石油气灌装站内储罐与有关设施的防火间距，不应小于表 6.7.9 的规定。

表 6.7.9　灌装站内储罐与有关设施的防火间距　　　　　　单位：m

设施名称 ＼ 单罐容量/m³（间距）	≤50	≤100	≤400	≤1000	＞1000
压缩机房、灌瓶间、倒残液间	20	25	30	40	50
汽车槽车装卸接头	20	25	30	30	40
仪表控制间、10kV 及以下变配电间	20	25	30	40	50

注：液化石油气储罐与其泵房的防火间距不应小于 15m，露天及棚式布置的泵不受此限制，但宜布置在防护墙外。

6.8　泄压和放空设施

6.8.1 可能超压的下列设备及管道应设安全阀：

1 顶部操作压力大于 0.07MPa 的压力容器；

2 顶部操作压力大于 0.03MPa 的蒸馏塔、蒸发塔和汽提塔（汽提塔顶蒸汽直接通入另一蒸馏塔者除外）；

3 与鼓风机、离心式压缩机、离心泵或蒸汽往复泵出口连接的设备不能承受其最高压力时，上述机泵的出口；

4 可燃气体或液体受热膨胀时，可能超过设计压力的设备及管道。

6.8.2 在同一压力系统中，压力来源处已有安全阀，则其余设备可不设安全阀。扫线蒸汽不宜作为压力来源。

6.8.3 安全阀、爆破片的选择和安装，应符合国家现行标准《压力容器安全监察规程》的规定。

6.8.4 单罐容量等于或大于 100m³ 的液化石油气和天然气凝液储罐应设置 2 个或 2 个以上安全阀，每个安全阀担负经计算确定的全部放空量。

6.8.5 克劳斯硫回收装置反应炉、再热炉等，宜采用提高设备设计压力的方法防止超压破坏。

6.8.6 放空管道必须保持畅通，并应符合下列要求：

1 高压、低压放空管宜分别设置，并应直接与火炬或放空总管连接；

2 不同排放压力的可燃气体放空管接入同一排放系统时，应确保不同压力的放空点能同时安全排放。

6.8.7 火炬设置应符合下列要求：

1 火炬的高度，应经辐射热计算确定，确保火炬下部及周围人员和设备的安全。

2 进入火炬的可燃气体应经凝液分离罐分离出气体中直径大于 $300\mu m$ 的液滴；分

离出的凝液应密闭回收或送至焚烧坑焚烧。

   3 应有防止回火的措施。

   4 火炬应有可靠的点火设施。

   5 距火炬筒30m范围内，严禁可燃气体放空。

   6 液体、低热值可燃气体、空气和惰性气体，不得排入火炬系统。

6.8.8 可燃气体放空应符合下列要求：

   1 可能存在点火源的区域内不应形成爆炸性气体混合物。

   2 有害物质的浓度及排放量应符合有关污染物排放标准的规定。

   3 放空时形成的噪声应符合有关卫生标准。

   4 连续排放的可燃气体排气筒顶或放空管口，应高出20m范围内的平台或建筑物顶2.0m以上。对位于20m以外的平台或建筑物顶，应满足图6.8.8的要求，并应高出所在地面5m。

   5 间歇排放的可燃气体排气筒顶或放空管口，应高出10m范围内的平台或建筑物顶2.0m以上。对位于10m以外的平台或建筑物顶，应满足图6.8.8的要求，并应高出所在地面5m。

6.8.9 甲、乙类液体排放应符合下列要求：

   1 排放时可能释放出大量气体或蒸汽的液体，不得直接排入大气，应引入分离设备，分出的气体引入可燃气体放空系统，液体引入有关储罐或污油系统。

   2 设备或容器内残存的甲、乙类液体，不得排入边沟或下水道，可集中排入有关储罐或污油系统。

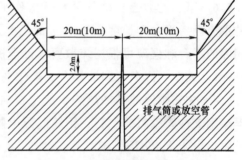

图 6.8.8　可燃气体排气筒顶或放空管允许最低高度示意图

注：阴影部分为平台或建筑物的设置范围

6.8.10 对存在硫化铁的设备、管道，排污口应设喷水冷却设施。

6.8.11 原油管道清管器收发筒的污油排放，应符合下列要求：

   1 清管器收发筒应设清扫系统和污油接收系统；

   2 污油池中的污油应引入污油系统。

6.8.12 天然气管道清管作业排出的液态污物若不含甲、乙类可燃液体，可排入就近设置的排污池；若含甲、乙类可燃液体，应密闭回收可燃液体或在安全位置设置凝液焚烧坑。

6.9　建（构）筑物

6.9.1 生产和储存甲、乙类物品的建（构）筑物耐火等级不宜低于二级，生产和储存丙类物品的建（构）筑物耐火等级不宜低于三级。

   当甲、乙类火灾危险性的厂房采用轻质钢结构时，应符合下列要求：

   1 所有的建筑构件必须采用非燃烧材料。

   2 除天然气压缩机厂房外，宜为单层建筑。

3 与其他厂房的防火间距应按现行国家标准《建筑设计防火规范》GBJ 16 中的三级耐火等级的建筑物确定。

6.9.2 散发油气的生产设备，宜为露天布置或棚式建筑内布置。甲、乙类火灾危险性生产厂房泄压面积、泄压措施应按现行国家标准《建筑设计防火规范》GBJ 16 的有关规定执行。

6.9.3 当不同火灾危险性类别的房间布置在同一栋建筑物内时，其隔墙应采用非燃烧材料的实体墙。天然气压缩机房或油泵房宜布置在建筑物的一端，将人员集中的房间布置在火灾危险性较小的一端。

6.9.4 甲、乙类火灾危险性生产厂房应设向外开启的门，且不宜少于两个，其中一个应能满足最大设备（或拆开最大部件）的进出要求，建筑面积小于或等于 100m² 时，可设一个向外开启的门。

6.9.5 变、配电所不应与有爆炸危险的甲、乙类厂房毗邻布置。但供上述甲、乙类生产厂房专用的 10kV 及以下的变、配电间，当采用无门窗洞口防火墙隔开时，可毗邻布置。当必须在防火墙上开窗时，应设非燃烧材料的固定甲级防火窗。变压器与配电间之间应设防火墙。

6.9.6 甲、乙类工艺设备平台、操作平台，宜设 2 个通向地面的梯子。长度小于 8m 的甲类设备平台和长度小于 15m 的乙类设备平台，可设 1 个梯子。

相邻的平台和框架可根据疏散要求设走桥连通。

6.9.7 火车、汽车装卸油栈台、操作平台均应采用非燃烧材料建造。

6.9.8 立式圆筒油品加热炉、液化石油气和天然气凝液储罐的钢柱、梁、支撑，塔的框架钢支柱，罐组砖、石、钢筋混凝土防火堤无培土的内侧和顶部，均应涂抹保护层，其耐火极限不应小于 2h。

7 油气田内部集输管道

7.1 一般规定

7.1.1 油气田内部集输管道宜埋地敷设。

7.1.2 管线穿跨越铁路、公路、河流时，其设计应符合《原油和天然气输送管道穿跨越工程设计规范 穿越工程》SY/T 0015.1《原油和天然气输送管道穿跨越工程设计规范 跨越工程》SY/T 0015.2 及油气集输设计等国家现行标准的有关规定。

7.1.3 当管道沿线有重要水工建筑、重要物资仓库、军事设施、易燃易爆仓库、机场、海（河）港码头、国家重点文物保护单位时，管道设计除应遵守本规定外，尚应服从相关设施的设计要求。

7.1.4 埋地集输管道与其他地下管道、通信电缆、电力系统的各种接地装置等平行或交叉敷设时，其间距应符合国家现行标准《钢质管道及储罐腐蚀控制工程设计规范》SY 0007 的有关规定。

7.1.5 集输管道与架空输电线路平行敷设时，安全距离应符合下列要求：

1 管道埋地敷设时，安全距离不应小于表 7.1.5 的规定。

表 7.1.5　埋地集输管道与架空输电线路安全距离

名称	3kV 以下	(3～10)kV	(35～66)kV	110kV	220kV
开阔地区	最高杆(塔)高				
路径受限制地区/m	1.5	2.0	4.0	4.0	5.0

注：1. 表中距离为边导线至管道任何部分的水平距离。

　　2. 对路径受限制地区的最小水平距离的要求，应计及架空电力线路导线的最大风偏。

2　当管道地面敷设时，其间距不应小于本段最高杆（塔）高度。

7.1.6　原油和天然气埋地集输管道同铁路平行敷设时，应距铁路用地范围边界 3m 以外。当必须通过铁路用地范围内时，应征得相关铁路部门的同意，并采取加强措施。对相邻电气化铁路的管道还应增加交流电干扰防护措施。

　　管道同公路平行敷设时，宜敷设在公路用地范围外。对于油田公路，集输管道可敷设在其路肩下。

7.2　原油、天然气凝液集输管道

7.2.1　油田内部埋地敷设的原油、稳定轻烃、20℃时饱和蒸气压力小于 0.1MPa 的天然气凝液、压力小于或等于 0.6MPa 的油田气集输管道与居民区、村镇、公共福利设施、工矿企业等的距离不宜小于 10m。当管道局部管段不能满足上述距离要求时，可降低设计系数，提高局部管道的设计强度，将距离缩短到 5m；地面敷设的上述管道与相应建（构）筑物的距离应增加 50%。

7.2.2　20℃时饱和蒸气压力大于或等于 0.1MPa、管径小于或等于 $DN200$ 的埋地天然气凝液管道，应按现行国家标准《输油管道工程设计规范》GB 50253 中的液态液化石油气管道确定强度设计系数。管道同地面建（构）筑物的最小间距应符合下列规定：

1　与居民区、村镇、重要公共建筑物不应小于 30m；一般建（构）筑物不应小于 10m。

2　与高速公路和一、二级公路平行敷设时，其管道中心线距公路用地范围边界不应小于 10m，三级及以下公路不宜小于 5m。

3　与铁路平行敷设时，管道中心线距铁路中心线的距离不应小于 10m，并应满足本规范第 7.1.6 条的要求。

7.3　天然气集输管道

7.3.1　埋地天然气集输管道的线路设计应根据管道沿线居民户数及建（构）筑物密集程度采用相应的强度设计系数进行设计。管道地区等级划分及强度设计系数取值应按现行国家标准《输气管道工程设计规范》GB 50251 中有关规定执行。当输送含硫化氢天然气时，应采取安全防护措施。

7.3.2　天然气集输管道输送湿天然气，天然气中的硫化氢分压等于或大于 0.0003MPa（绝压）或输送其他酸性天然气时，集输管道及相应的系统设施必须采取防腐蚀措施。

7.3.3　天然气集输管道输送酸性干天然气时，集输管道建成投产前的干燥及管输气质的脱水深度必须达到现行国家标准《输气管道工程设计规范》GB 50251 中的相关规定。

7.3.4　天然气集输管道应根据输送介质的腐蚀程度，增加管道计算壁厚的腐蚀余量。腐蚀余量取值应按油气集输设计国家现行标准的有关规定执行。

7.3.5　集气管道应设线路截断阀，线路截断阀的设置应按现行国家标准《输气管道工程设计规范》GB 50251 的有关规定执行。当输送含硫化氢天然气时，截断阀设置宜适当加密，符合油气集输设计国家现行标准的规定，截断阀应配置自动关闭装置。

7.3.6　集输管道宜设清管设施。清管设施设计应按现行国家标准《输气管道工程设计规范》GB 50251 的有关规定执行。

8　消防设施

8.1　一般规定

8.1.1　石油天然气站场消防设施的设置，应根据其规模、油品性质、存储方式、储存容量、储存温度、火灾危险性及所在区域消防站布局、消防站装备情况及外部协作条件等综合因素确定。

8.1.2　集输油工程中的井场、计量站等五级站，集输气工程中的集气站、配气站、输气站、清管站、计量站及五级压气站、注气站，采出水处理站可不设消防给水设施。

8.1.3　火灾自动报警系统的设计，应按现行国家标准《火灾自动报警系统设计规范》GB 50116 执行。当选用带闭式喷头的传动管传递火灾信号时，传动管的长度不应大于 300m，公称直径宜为 15~25mm，传动管上闭式喷头的布置间距不宜大于 2.5m。

8.1.4　单罐容量大于或等于 500m³ 的油田采出水立式沉降罐宜采用移动式灭火设备。

8.1.5　固定和半固定消防系统中的设备及材料应符合下列规定：

1　应选用消防专用设备。

2　油罐防火堤内冷却水和泡沫混合液管道宜采用热镀锌钢管。油罐上泡沫混合液管道设计应采取防爆炸破坏的措施。

8.1.6　钢制单盘式和双盘式内浮顶油罐的消防设施应按浮顶油罐确定，浅盘式内浮顶和浮盘用易熔材料制作的内浮顶油罐消防设施应按固定顶油罐确定。

8.2　消防站

8.2.1　消防站及消防车的设置应符合下列规定：

1　油气田消防站应根据区域规划设置，并应结合油气站场火灾危险性大小、邻近的消防协作条件和所处地理环境划分责任区。一、二、三级油气站场集中地区应设置等级不低于二级的消防站。

2　油气田三级及以上油气站场内设置固定消防系统时，可不设消防站，如果邻近消防协作力量不能在 30min 内到达（在人烟稀少、条件困难地区，邻近消防协作力量的到达时间可酌情延长，但不得超过消防冷却水连续供给时间），可按下列要求设置消防车：

1) 油田三级及以上的油气站场应配 2 台单车泡沫罐容量不小于 3000L 的消防车。

2) 气田三级天然气净化厂配 2 台重型消防车。

3　输油管道及油田储运工程的站场设置固定消防系统时，可不设消防站，如果邻近消防协作力量不能在 30min 内到达，可按下列要求设置消防车或消防站：

1) 油品储罐总容量等于或大于 50000m³ 的二级站场中，固定顶罐单罐容量不小于 5000m³ 或浮顶罐单罐容量不小于 20000m³ 时，应配备 1 辆泡沫消防车。

2) 油品储罐总容量大于或等于 100000m³ 的一级站场中，固定顶罐单罐容量不小于 5000m³ 或浮顶油罐单罐容量不小于 20000m³ 时，应配备 2 台泡沫消防车。

3) 油品储罐总容量大于 600000m³ 的站场应设消防站。

4　输气管道的四级压气站设置固定消防系统时，可不设消防站和消防车。

5　油田三级油气站场未设置固定消防系统时，如果邻近消防协作力量不能在 30min 内到达，应设三级消防站或配备 1 台单车泡沫罐容量不小于 3000L 的消防车及 2

台重型水罐消防车。

6　消防站的设计应符合本规范第8.2.2条～第8.2.6条的要求。站内消防车可由生产岗位人员兼管，并参照消防泵房确定站内消防车库与油气生产设施的距离。

8.2.2　消防站的选址应符合下列要求：

1　消防站的选址应位于重点保护对象全年最小频率风向的下风侧，交通方便、靠近公路。与油气站场甲、乙类储罐区的距离不应小于200m。与甲、乙类生产厂房、库房的距离不应小于100m。

2　主体建筑距医院、学校、幼儿园、托儿所、影剧院、商场、娱乐活动中心等容纳人员较多的公共建筑的主要疏散口应大于50m，且便于车辆迅速出动的地段。

3　消防车库大门应朝向道路。从车库大门墙基至城镇道路规划红线的距离：二、三级消防站不应小于15m；一级消防站不应小于25m；加强消防站、特勤消防站不应小于30m。

8.2.3　消防站建筑设计应符合下列要求：

1　消防站的建筑面积，应根据所设站的类别、级别、使用功能和有利于执勤战备、方便生活、安全使用等原则合理确定。消防站建筑物的耐火等级应不小于2级。

2　消防车库应设置备用车位及修理间、检车地沟。修理间与其他房间应用防火墙隔开，且不应与火警调度室毗邻。

3　消防车库应有排除发动机废气的设施。滑竿室通向车库的出口处应有废气阻隔装置。

4　消防车库应设有供消防车补水用的室内消火栓或室外水鹤。

5　消防车库大门开启后，应有自动锁定装置。

6　消防站的供电负荷等级不宜低于二级，并应设配电室。有人员活动的场所应设紧急事故照朋。

7　消防站车库门前公共道路两侧50m，应安装提醒过往车辆注意，避让消防车辆出动的警灯和警铃。

8.2.4　消防站的装备应符合下列要求：

1　消防车辆的配备，应根据被保护对象的实际需要计算确定，并按表8.2.4选配。

表8.2.4　消防站的消防车辆配置

消防站类别 种类	普通消防站			加强消防站	特勤消防站
	一级站	二级站	三级站		
车辆配备数（台）	6～8	4～6	3～6	8～10	10～12
消防车种类 通讯指挥车	√	√		√	√
中型泡沫消防车	√	√	√	√	√
重型水罐消防车	√	√	√	√	√
重型泡沫消防车	√			√	√
泡沫运输罐车				√	√
干粉消防车	√	√	√	√	√
举高云梯消防车				√	√
高喷消防车	√			√	√
抢险救援工具车	√			√	√
照明车	√			√	√

注：1. 表中"√"表示可选配的设备。

2. 北方高寒地区，可根据实际需要配备解冻锅炉消防车。

3. 为气田服务的消防站必须配备干粉消防车。

2 消防站主要消防车的技术性能应符合下列要求：

1）重型消防车应为大功率、远射程炮车。

2）消防车应采用双动式取力器，重型消防车应带自保系统。

3）泡沫比例混合器应为3％、6％两档，或无级可调。

4）泡沫罐应有防止泡沫液沉降装置。

5）根据东、西部和南、北方油气田自然条件的不同及消防保卫的特殊需要，可在现行标准基础上增减功能。

3 支队、大队级消防指挥中心的装备配备，可根据实际需要选配。

4 油气田地形复杂，地面交通工具难以跨越或难以作出快速反应时，可配备消防专用直升飞机及与之配套的地面指挥设施。

5 消防站兼有水上责任区的，应加配消防艇或轻便实用的小型消防船、卸载式消防舟，并有供其停泊、装卸的专用码头。

6 消防站灭火器材、抢险救援器材、人员防护器材等的配备应符合国家现行有关标准的规定。

8.2.5 灭火剂配备应符合下列要求：

1 消防站一次车载灭火剂最低总量应符合表8.2.5的规定。

表 8.2.5　消防站一次车载灭火剂最低总量　　　　　单位：t

灭火剂 ＼ 消防站类别	普通消防站			加强消防站	特勤消防站
	一级站	二级站	三级站		
水	32	30	26	32	36
泡沫灭火剂	7	5	2	12	18
干粉灭火剂	2	2	2	4	6

2 应按照一次车载灭火剂总量1：1的比例保持储备量，若邻近消防协作力量不能在30min内到达，储备量应增加1倍。

8.2.6 消防站通信装备的配置，应符合现行国家标准《消防通信指挥系统设计规范》GB 50313的规定。支队级消防指挥中心，可按Ⅰ类标准配置；大队级消防指挥中心，可按Ⅱ类标准配置；其他消防站，可参照Ⅲ类标准，根据实际需要增、减配置。

8.3　消防给水

8.3.1 消防用水可由给水管道、消防水池或天然水源供给，应满足水质、水量、水压、水温要求。当利用天然水源时，应确保枯水期最低水位时消防用水量的要求，并设置可靠的取水设施。处理达标的油田采出水能满足消防水质、水温的要求时，可用于消防给水。

8.3.2 消防用水可与生产、生活给水合用一个给水系统，系统供水量应为100％消防用水量与70％生产、生活用水量之和。

8.3.3 储罐区和天然气处理厂装置区的消防给水管网应布置成环状，并应采用易识别启闭状态的阀将管网分成若干独立段，每段内消火栓的数量不宜超过5个。从消防泵房至环状管网的供水干管不应少于两条。其他部位可设支状管道。寒冷地区的消火栓井、阀井和管道等应有可靠的防冻措施。采用半固定低压制消防供水的站场，如条件允许宜设 2 条站外消防供水管道。

8.3.4 消防水池（罐）的设置应符合下列规定：

1 水池（罐）的容量应同时满足最大一次火灾灭火和冷却用水要求。在火灾情况下能保证连续补水时，消防水池（罐）的容量可减去火灾延续时间内补充的水量。

2 当消防水池（罐）和生产、生活用水水池（罐）合并设置时，应采取确保消防用水不作它用的技术措施，在寒冷地区专用的消防水池（罐）应采取防冻措施。

3 当水池（罐）的容量超过 $1000m^3$ 时应分设成两座，水池（罐）的补水时间，不应超过 96h。

4 供消防车取水的消防水池（罐）的保护半径不应大于 150m。

8.3.5 消火栓的设置应符合下列规定：

1 采用高压消防供水时，消火栓的出口水压应满足最不利点消防供水要求；采用低压消防供水时，消火栓的出口压力不应小于 0.1MPa。

2 消火栓应沿道路布置，油罐区的消火栓应设在防火堤与消防道路之间，距路边宜为 1～5m，并应有明显标志。

3 消火栓的设置数量应根据消防方式和消防用水量计算确定。每个消火栓的出水量按 10～15L/s 计算。当油罐采用固定式冷却系统时，在罐区四周应设置备用消火栓，其数量不应少于 4 个，间距不应大于 60m。当采用半固定冷却系统时，消火栓的使用数量应由计算确定，但距罐壁 15m 以内的消火栓不应计算在该储罐可使用的数量内，2 个消火栓的间距不宜小于 10m。

4 消火栓的栓口应符合下列要求：

1）给水枪供水时，室外地上式消火栓应有 3 个出口，其中 1 个直径为 150mm 或 100mm，其他 2 个直径为 65mm；室外地下式消火栓应有 2 个直径为 65mm 的栓口。

2）给消防车供水时，室外地上式消火栓的栓口与给水枪供水时相同；室外地下式消火栓应有直径为 100mm 和 65mm 的栓口各 1 个。

5 给水枪供水时，消火栓旁应设水带箱，箱内应配备 2～6 盘直径 65mm、每盘长度 20m 的带快速接口的水带和 2 支入口直径 65mm、喷嘴直径 19mm 水枪及一把消火栓钥匙。水带箱距消火栓不宜大于 5m。

6 采用固定式灭火时，泡沫栓旁应设水带箱，箱内应配备 2～5 盘直径 65mm、每盘长度 20m 的带快速接口的水带和 PQ8 或 PQ4 型泡沫管枪 1 支及泡沫栓钥匙。水带箱距泡沫栓不宜大于 5m。

8.4 油罐区消防设施

8.4.1 除本规范另有规定外，油罐区应设置灭火系统和消防冷却水系统，且灭火系统宜为低倍数泡沫灭火系统。

8.4.2 油罐区低倍数泡沫灭火系统的设置，应符合下列规定：

1 单罐容量不小于 $10000m^3$ 的固定顶罐、单罐容量不小于 $50000m^3$ 的浮顶罐、机动消防设施不能进行保护或地形复杂消防车扑救困难的储罐区，应设置固定式低倍数泡沫灭火系统。

2　罐壁高度小于 7m 或容积不大于 200m³ 的立式油罐、卧式油罐可采用移动式泡沫灭火系统。

3　除 1 与 2 款规定外的油罐区宜采用半固定式泡沫灭火系统。

8.4.3　单罐容量不小于 20000m³ 的固定顶油罐，其泡沫灭火系统与消防冷却水系统应具备连锁程序操纵功能。单罐容量不小于 50000m³ 的浮顶油罐应设置火灾自动报警系统。单罐容量不小于 100000m³ 的浮顶油罐，其泡沫灭火系统与消防冷却水系统应具备自动操纵功能。

8.4.4　储罐区低倍数泡沫灭火系统的设计，应按现行国家标准《低倍数泡沫灭火系统设计规范》GB 50151 的规定执行。

8.4.5　油罐区消防冷却水系统设置形式应符合下列规定：

1　单罐容量不小于 10000m³ 的固定顶油罐、单罐容量不小于 50000m³ 的浮顶油罐，应设置固定式消防冷却水系统。

2　单罐容量小于 10000m³、大于 500m³ 的固定顶油罐与单罐容量小于 50000m³ 的浮顶油罐，可设置半固定式消防冷却水系统。

3　单罐容量不大于 500m³ 的固定顶油罐、卧式油罐，可设置移动式消防冷却水系统。

8.4.6　油罐区消防水冷却范围应符合下列规定：

1　着火的地上固定顶油罐及距着火油罐罐壁 1.5 倍直径范围内的相邻地上油罐，应同时冷却；当相邻地上油罐超过 3 座时，可按 3 座较大的相邻油罐计算消防冷却水用量。

2　着火的浮顶罐应冷却，其相邻油罐可不冷却。

3　着火的地上卧式油罐及距着火油罐直径与长度之和的一半范围内的相邻油罐应冷却。

8.4.7　油罐的消防冷却水供给范围和供给强度应符合下列规定：

1　地上立式油罐消防冷却水供给范围和供给强度不应小于表 8.4.7 的规定。

2　着火的地上卧式油罐冷却水供给强度不应小于 6.0L/(min·m²)，相邻油罐冷却水供给强度不应小于 3.0L/(min·m²)。冷却面积应按油罐投影面积计算。总消防水量不应小于 50m³/h。

3　设置固定式消防冷却水系统时，相邻罐的冷却面积可按实际需要冷却部位的面积计算，但不得小于罐壁表面积的 1/2。油罐消防冷却水供给强度应根据设计所选的设备进行校核。

表 8.4.7　消防冷却水供给范围和供给强度

油罐形式			供给范围	供给强度	
				φ16mm 水枪	φ19mm 水枪
移动、半固定式冷却	着火罐	固定顶罐	罐周全长	0.6L/(s·m)	0.8L/(s·m)
		浮顶罐	罐周全长	0.45L/(s·m)	0.6L/(s·m)
	相邻罐	不保温罐	罐周半长	0.35/(s·m)	0.5L/(s·m)
		保温罐	罐周半长	0.2L/(s·m)	

续表

油罐形式			供给范围	供给强度	
				ϕ16mm 水枪	ϕ19mm 水枪
固定式冷却	着火罐	固定顶罐	罐壁表面	2.5L/(min·m²)	
		浮顶罐	罐壁表面	2.0L/(min·m²)	
	相邻罐		罐壁表面积的 1/2	2.0L/(min·m²)	

注：ϕ16mm 水枪保护范围为 8～10m，ϕ19mm 水枪保护范围为 9～11m。

8.4.8 直径大于 20m 的地上固定顶油罐的消防冷却水连续供给时间，不应小于 6h；其他立式油罐的消防冷却水连续供给时间，不应小于 4h；地上卧式油罐的消防冷却水连续供给时间不应小于 1h。

8.4.9 油罐固定式消防冷却水系统的设置，应符合下列规定：

1 应设置冷却喷头，喷头的喷水方向与罐壁的夹角应在 30°～60°。

2 油罐抗风圈或加强圈无导流设施时，其下面应设冷却喷水圈管。

3 当储罐上的环形冷却水管分割成两个或两个以上弧形管段时，各弧形管段间不应连通，并应分别从防火堤外连接水管；且应分别在防火堤外的进水管道上设置能识别启闭状态的控制阀。

4 冷却水立管应用管卡固定在罐壁上，其间距不宜大于 3m。立管下端应设锈渣清扫口，锈渣清扫口距罐基础顶面应大于 300mm，且集锈渣的管段长度不宜小于 300mm。

5 在防火堤外消防冷却水管道的最低处应设置放空阀。

6 当消防冷却水水源为地面水时，宜设置过滤器。

8.4.10 偏远缺水处总容量不大于 4000m³、且储罐直径不大于 12m 的原油罐区（凝析油罐区除外），可设置烟雾灭火系统，且可不设消防冷却水系统。

8.4.11 总容量不大于 200m³、且单罐容量不大于 100m³ 的立式油罐区或总容量不大于 500m³、且单罐容量不大于 100m³ 的井场卧式油罐区，可不设灭火系统和消防冷却水系统。

8.5 天然气凝液、液化石油气罐区消防设施

8.5.1 天然气凝液、液化石油气罐区应设置消防冷却水系统，并应配置移动式干粉等灭火设施。

8.5.2 天然气凝液、液化石油气罐区总容量大于 50m³ 或单罐容量大于 20m³ 时，应设置固定式水喷雾或水喷淋系统和辅助水枪（水炮）；总容量不大于 50m³ 或单罐容量不大于 20m³ 时，可设置半固定式消防冷却水系统。

8.5.3 天然气凝液、液化石油气罐区设置固定式消防冷却水系统时，其消防用水量应按储罐固定式消防冷却用水量与移动式水枪用水量之和计算；设置半固定式消防冷却水系统时，消防用水量不应小于 20 L/s。

8.5.4 固定式消防冷却水系统的用水量计算，应符合下列规定：

1 着火罐冷却水供给强度不应小于 0.15L/(s·m²)，保护面积按其表面积计算。

2 距着火罐直径（卧式罐按罐直径和长度之和的一半）1.5 倍范围内的邻近罐冷却水供给强度不应小于 0.15L/(s·m²)，保护面积按其表面积的一半计算。

8.5.5　全冷冻式液化石油气储罐固定式消防冷却水系统的冷却水供给强度与冷却面积，应满足下列规定：

　　1　着火罐及邻罐罐顶的冷却水供给强度不宜小于 $4L/(min \cdot m^2)$，冷却面积按罐顶全表面积计算。

　　2　着火罐及邻罐罐壁的冷却水供给强度不宜小于 $2L/(min \cdot m^2)$，着火罐冷却面积按罐全表面积计算，邻罐冷却面积按罐表面积的一半计算。

8.5.6　辅助水枪或水炮用水量应按罐区内最大一个储罐用水量确定，且不应小于表8.5.6的规定。

表 8.5.6　水枪用水量

罐区总容量/m³	＜500	500～2500	＞2500
单罐容量/m³	≤100	＜400	≥400
水量/(L/s)	20	30	45

　　注：水枪用水量应按本表罐区总容量和单罐容量较大者确定。

8.5.7　总容量小于 $220m^3$ 或单罐容量不大于 $50m^3$ 的储罐或储罐区，连续供水时间可为3h；其他储罐或储罐区应为6h。

8.5.8　储罐采用水喷雾固定式消防冷却水系统时，喷头应按储罐的全表面积布置，储罐的支撑、阀门、液位计等，均宜设喷头保护。

8.5.9　固定式消防冷却水管道的设置，应符合下列规定：

　　1　储罐容量大于 $400m^3$ 时，供水竖管不宜少于两条，均匀布置。

　　2　消防冷却水系统的控制阀应设于防火堤外且距罐壁不小于15m的地点。

　　3　控制阀至储罐间的冷却水管道应设过滤器。

8.6　装置区及厂房消防设施

8.6.1　石油天然气生产装置区的消防用水量应根据油气、站场设计规模、火灾危险类别及固定消防设施的设置情况等综合考虑确定，但不应小于表8.6.1的规定。火灾延续供水时间按3h计算。

表 8.6.1　装置区的消防用水量

场站等级	消防用水量/(L/s)
三级	45
四级	30
五级	20

　　注：五级站场专指生产规模小于 $50 \times 10^4 m^3/d$ 的天然气净化厂和五级天然气处理厂。

8.6.2　三级天然气净化厂生产装置区的高大塔架及其设备群宜设置固定水炮；三级天然气凝液装置区，有条件时可设固定泡沫炮保护；其设置位置距离保护对象不宜小于15m，水炮的水量不宜小于30L/s。

8.6.3　液体硫黄储罐应设置固定式蒸汽灭火系统；灭火蒸汽应从饱和蒸汽主管顶部引出，蒸汽压力宜为 $0.4\sim1.0MPa$，灭火蒸汽用量按储罐容量和灭火蒸汽供给强度计算确定，供给强度为 $0.0015kg/(m^3 \cdot s)$，灭火蒸汽控制阀应设在围堰外。

8.6.4　油气站场建筑物消防给水应符合下列规定：

1 本规范第 8.1.2 条规定范围之外的站场宜设置消防给水设施。

2 建筑物室内消防给水设施应符合本规范第 8.6.5 条的规定。

3 建筑物室内外消防用水量应符合现行国家标准《建筑设计防火规范》GBJ 16 的规定。

8.6.5 石油天然气生产厂房、库房内消防设施的设置应根据物料性质、操作条件、火灾危险性、建筑物体积及外部消防设施的设置情况等综合考虑确定。室外设有消防给水系统且建筑物体积不超过 5000m³ 的建筑物，可不设室内消防给水。

8.6.6 天然气四级压气站和注气站的压缩机厂房内宜设置气体、干粉等灭火设施，其设置数量应符合现行国家标准规范的有关规定；站内宜设置消防给水系统，其水量按本规范第 8.6.1 条确定。

8.6.7 石油天然气生产装置采用计算机控制的集中控制室和仪表控制间，应设置火灾报警系统和手提式、推车式气体灭火器。

8.6.8 天然气、液化石油气和天然气凝液生产装置区及厂房内宜设置火灾自动报警设施，并宜在装置区和巡检通道及厂房出入口设置手动报警按钮。

8.7 装卸栈台消防设施

8.7.1 火车和一、二、三、四级站场的汽车油品装卸栈台，附近有消防车的，宜设置半固定消防给水系统，供水压力不应小于 0.15MPa，消火栓间距不应大于 60m。

8.7.2 火车和一、二、三、四级站场的汽车油品装卸栈台，附近有固定消防设施可利用的，宜设置消防给水及泡沫灭火设施，并应符合下列规定：

1 有顶盖的火车装卸油品栈台消防冷却水量不应小于 45L/s。

2 无顶盖的火车装卸油品栈台消防冷却水量不应小于 30L/s。

3 火车装卸油品栈台的泡沫混合液量不应小于 30L/s。

4 有顶盖的汽车装卸油品栈台消防冷却水量不应小于 20L/s。

5 无顶盖的汽车装卸油品栈台消防冷却水量不应小于 16L/s。

6 汽车装卸油品栈台泡沫混合液量不应小于 8L/s。

3 消防栓及泡沫栓间距不应大于 60m，消防冷却水连续供给时间不应小于 1h，泡沫混合液连续供给时间不应小于 30min。

8.7.3 火车、汽车装卸液化石油气栈台宜设置消防给水系统和干粉灭火设施，并应符合下列规定：

1 火车装卸液化石油气栈台消防冷却水量不应小于 45L/s，冷却水连续供水时间不应小于 3h。

2 汽车装卸液化石油气栈台冷却水量不应小于 15L/s，冷却水连续供水时间不应小于 3h。

8.8 消防泵房

8.8.1 消防冷却供水泵房和泡沫供水泵房宜合建，其规模应满足所在站场一次最大火灾的需要。一、二、三级站场消防冷却供水泵和泡沫供水泵均应设备用泵，消防冷却供水泵和泡沫供水泵的备用泵性能应与各自最大一台操作泵相同。

8.8.2 消防泵房的位置应保证启泵后 5min 内，将泡沫混合液和冷却水送到任何一个着火点。

8.8.3　消防泵房的位置宜设在油罐区全年最小频率风向的下风侧，其地坪宜高于油罐区地坪标高，并应避开油罐破裂可能波及的部位。

8.8.4　消防泵房应采用耐火等级不低于二级的建筑，并应设直通室外的出口。

8.8.5　消防泵组的安装应符合下列要求：

　1　一组水泵的吸水管不宜少于2条，当其中一条发生故障时，其余的应能通过全部水量。

　2　一组水泵宜采用自灌式引水，当采用负压上水时，每台消防泵应有单独的吸水管。

　3　消防泵应设置自动回流管。

　4　公称直径大于300mm经常启闭的阀门，宜采用电动阀或气动阀，并能手动操作。

8.8.6　消防泵房值班室应设置对外联络的通信设施。

8.9　灭火器配置

8.9.1　油气站场内建（构）筑物应配置灭火器，其配置类型和数量按现行国家标准《建筑灭火器配置设计规范》GBJ 140的规定确定。

8.9.2　甲、乙、丙类液体储罐区及露天生产装置区灭火器配置，应符合下列规定：

　1　油气站场的甲、乙、丙类液体储罐区当设有固定式或半固定式消防系统时，固定顶罐配置灭火器可按应配置数量的10％设置，浮顶罐按应配置数量的5％设置。当储罐组内储罐数量超过2座时，灭火器配置数量应按其中2个较大储罐计算确定；但每个储罐配置的数量不宜多于3个，少于1个手提式灭火器，所配灭火器应分组布置；

　2　露天生产装置当设有固定式或半固定式消防系统时，按应配置数量的30％设置。手提灭火器的保护距离不宜大于9m。

8.9.3　同一场所应选用灭火剂相容的灭火器，选用灭火器时还应考虑灭火剂与当地消防车采用的灭火剂相容。

8.9.4　天然气压缩机厂房应配置推车式灭火器。

9　电　气

9.1　消防电源及配电

9.1.1　石油天然气工程一、二、三级站场消防泵房用电设备的电源，宜满足现行国家标准《供配电系统设计规范》GB 50052所规定的一级负荷供电要求。当只能采用二级负荷供电时，应设柴油机或其他内燃机直接驱动的备用消防泵，并应设蓄电池满足自控通讯要求。当条件受限制或技术、经济合理时，也可全部采用柴油机或其他内燃机直接驱动消防泵。

9.1.2　消防泵房及其配电室应设应急照明，其连续供电时间不应少于20min。

9.1.3　重要消防用电设备当采用一级负荷或二级负荷双回路供电时，应在最末一级配电装置或配电箱处实现自动切换。其配电线路宜采用耐火电缆。

9.2　防雷

9.2.1　站场内建筑物、构筑物的防雷分类及防雷措施，应按现行国家标准《建筑物防雷设计规范》GB 50057 的有关规定执行。

9.2.2 工艺装置内露天布置的塔、容器等，当顶板厚度等于或大于 4mm 时，可不设避雷针保护，但必须设防雷接地。

9.2.3 可燃气体、油品、液化石油气、天然气凝液的钢罐，必须设防雷接地，并应符合下列规定：

1 避雷针（线）的保护范围，应包括整个储罐。

2 装有阻火器的甲$_B$、乙类油品地上固定顶罐，当顶板厚度等于或大于 4mm 时，不应装设避雷针（线），但必须设防雷接地。

3 压力储罐、丙类油品钢制储罐不应装设避雷针（线），但必须设防感应雷接地。

4 浮顶罐、内浮顶罐不应装设避雷针（线），但应将浮顶与罐体用 2 根导线作电气连接。浮顶罐连接导线应选用截面积不小于 25mm^2 的软铜复绞线。对于内浮顶罐，钢质浮盘的连接导线应选用截面积不小于 16mm^2 的软铜复绞线；铝质浮盘的连接导线应选用直径不小于 1.8mm 的不锈钢钢丝绳。

9.2.4 钢储罐防雷接地引下线不应少于 2 根，并应沿罐周均匀或对称布置，其间距不宜大于 30m。

9.2.5 防雷接地装置冲击接地电阻不应大于 10Ω，当钢罐仅做防感应雷接地时，冲击接地电阻不应大于 30Ω。

9.2.6 装于钢储罐上的信息系统装置，其金属外壳应与罐体做电气连接，配线电缆宜采用铠装屏蔽电缆，电缆外皮及所穿钢管应与罐体做电气连接。

9.2.7 甲、乙类厂房（棚）的防雷，应符合下列规定：

1 厂房（棚）应采用避雷带（网）。其引下线不应少于 2 根，并应沿建筑物四周均匀对称布置，间距不应大于 18m。网格不应大于 10m×10m 或 12m×8m。

2 进出厂房（棚）的金属管道、电缆的金属外皮、所穿钢管或架空电缆金属槽，在厂房（棚）外侧应做一处接地，接地装置应与保护接地装置及避雷带（网）接地装置合用。

9.2.8 丙类厂房（棚）的防雷，应符合下列规定：

1 在平均雷暴日大于 40d/a 的地区，厂房（棚）宜装设避雷带（网）。其引下线不应少于 2 根，间距不应大于 18m。

2 进出厂房（棚）的金属管道、电缆的金属外皮、所穿钢管或架空电缆金属槽，在厂房（棚）外侧应做一处接地，接地装置应与保护接地装置及避雷带（网）接地装置合用。

9.2.9 装卸甲$_B$、乙类油品、液化石油气、天然气凝液的鹤管和装卸栈桥的防雷，应符合下列规定：

1 露天装卸作业的，可不装设避雷针（带）。

2 在棚内进行装卸作业的，应装设避雷针（带）。避雷针（带）的保护范围应为爆炸危险 1 区。

3 进入装卸区的油品、液化石油气、天然气凝液输送管道在进入点应接地，冲击接地电阻不应大于 10Ω。

9.3　防静电

9.3.1　对爆炸、火灾危险场所内可能产生静电危险的设备和管道，均应采取防静电措施。

9.3.2　地上或管沟内敷设的石油天然气管道，在下列部位应设防静电接地装置：

1　进出装置或设施处。

2　爆炸危险场所的边界。

3　管道泵及其过滤器、缓冲器等。

4　管道分支处以及直线段每隔 200～300m 处。

9.3.3　油品、液化石油气、天然气凝液的装卸栈台和码头的管道、设备、建筑物与构筑物的金属构件和铁路钢轨等（做阴极保护者除外），均应做电气连接并接地。

9.3.4　汽车罐车、铁路罐车和装卸场所，应设防静电专用接地线。

9.3.5　油品装卸码头，应设置与油船跨接的防静电接地装置。此接地装置应与码头上油品装卸设备的防静电接地装置合用。

9.3.6　下列甲、乙、丙$_A$类油品（原油除外）、液化石油气、天然气凝液作业场所，应设消除人体静电装置：

1　泵房的门外。

2　储罐的上罐扶梯入口处。

3　装卸作业区内操作平台的扶梯入口处。

4　码头上下船的出入口处。

9.3.7　每组专设的防静电接地装置的接地电阻不宜大于 100Ω。

9.3.8　当金属导体与防雷接地（不包括独立避雷针防雷接地系统）、电气保护接地（零）、信息系统接地等接地系统相连接时，可不设专用的防静电接地装置。

10　液化天然气站场

10.1　一般规定

10.1.1　本章适用于下列液化天然气站场的工程设计：

1　液化天然气供气站；

2　小型天然气液化站。

10.1.2　液化天然气站场内的液化天然气、制冷剂的火灾危险性应划为甲$_A$类。

10.1.3　液化天然气站场爆炸危险区域等级范围，应根据释放物质的相态、温度、密度变化、释放量和障碍等条件按国家现行标准的有关规定确定。

10.1.4　所有组件应按现行相关标准设计和建造，物理、化学、热力学性能应满足在相应设计温度下最高允许工作压力的要求，其结构应在事故极端温度条件下保持安全、可靠。

10.2　区域布置

10.2.1　站址应选在人口密度较低且受自然灾害影响小的地区。

10.2.2　站址应远离下列设施：

1　大型危险设施（例如，化学品、炸药生产厂及仓库等）；

2 大型机场（包括军用机场、空中实弹靶场等）；

3 与本工程无关的输送易燃气体或其他危险流体的管线；

4 运载危险物品的运输线路（水路、陆路和空路）。

10.2.3 液化天然气罐区邻近江河、海岸布置时，应采取措施防止泄漏液体流入水域。

10.2.4 建站地区及与站场间应有全天候的陆上通道，以确保消防车辆和人员随时进入和站内人员在必要时安全撤离。

10.2.5 液化天然气站场的区域布置应按以下原则确定：

1 液化天然气储存总容量不大于 $3000m^3$ 时，可按本规范表3.2.2和表4.0.4中的液化石油气站场确定。

2 液化天然气储存总容量大于或等于 $30000m^3$ 时，与居住区、公共福利设施的距离应大于0.5km。

3 液化天然气储存总容量介于第1款和第2款之间时，应根据对现场条件、设施安全防护程度的评价确定，且不应小于本条第1款确定的距离。

4 本条1～3款确定的防火间距，尚应按本规范第10.3.4条和第10.3.5条规定进行校核。

10.3　站场内部布置

10.3.1 站场总平面，应根据站的生产流程及各组成部分的生产特点和火灾危险性，结合地形、风向等条件，按功能分区集中布置。

10.3.2 单罐容量等于或小于 $265m^3$ 的液化天然气罐成组布置时，罐组内的储罐不应超过两排，每组个数不宜多于12个，罐组总容量不应超过 $3000m^3$。易燃液体储罐不得布置在液化天然气罐组内。

10.3.3 液化天然气设施应设围堰，并应符合下列规定：

1 操作压力小于或等于100kPa的储罐，当围堰与储罐分开设置时，储罐至围堰最近边沿的距离，应为储罐最高液位高度加上储罐气相空间压力的当量压头之和与围堰高度之差；当罐组内的储罐已采取了防低温或火灾的影响措施时，围堰区内的有效容积应不小于罐组内一个最大储罐的容积；当储罐未采取防低温和火灾的影响措施时，围堰区内的有效容积应为罐组内储罐的总容积。

2 操作压力小于或等于100kPa的储罐，当混凝土外罐围堰与储罐布置在一起，组成带预应力混凝土外罐的双层罐时，从储罐罐壁至混凝土外罐围堰的距离由设计确定。

3 在低温设备和易泄漏部位应设置液化天然气液体收集系统；其容积对于装车设施不应小于最大罐车的罐容量，其他为某单一事故泄漏源在10min内最大可能的泄漏量。

4 除第2款之外，围堰区均应配有集液池。

5 围堰必须能够承受所包容液化天然气的全部静压头，所圈闭液体引起的快速冷却、火灾的影响、自然力（如地震、风雨等）的影响，且不渗漏。

6 储罐与工艺设备的支架必须耐火和耐低温。

10.3.4 围堰和集液池至室外活动场所、建（构）筑物的隔热距离（作业者的设施除外），应按下列要求确定：

1 围堰区至室外活动场所、建（构）筑物的距离，可按国际公认的液化天然气燃烧的热辐射计算模型确定，也可使用管理部门认可的其他方法计算确定。

2 室外活动场所、建（构）筑物允许接受的热辐射量，在风速为 0 级、温度 21℃及相对湿度为 50％条件下，不应大于下述规定值：

1) 热辐射量达 $4000W/m^2$ 界线以内，不得有 50 人以上的室外活动场所；

2) 热辐射量达 $9000W/m^2$ 界线以内，不得有活动场所、学校、医院、监狱、拘留所和居民区等在用建筑物；

3) 热辐射量达 $30000W/m^2$ 界线以内，不得有即使是能耐火且提供热辐射保护的在用构筑物。

3 燃烧面积应分别按下列要求确定：

1) 储罐围堰内全部容积（不包括储罐）的表面着火；

2) 集液池内全部容积（不包括设备）的表面着火。

10.3.5 本规范第 10.3.4 条 2 款 1)、2) 项中的室外活动场所、建筑物，以及站内重要设施不得设置在天然气蒸气云扩散隔离区内。扩散隔离区的边界应按下列要求确定：

1 扩散隔离区的边界应按国际公认的高浓度气体扩散模型进行计算，也可使用管理部门认可的其他方法计算确定。

2 扩散隔离区边界的空气中甲烷气体平均浓度不应超过 2.5％；

3 设计泄漏量应按下列要求确定：

1) 液化天然气储罐围堰区内，储罐液位以下有未装内置关闭阀的接管情况，其设计泄漏量应按照假设敞开流动及流通面积等于液位以下接管管口面积，产生以储罐充满时流出的最大流量，并连续流动到 0 压差时为止。储罐成组布置时，按可能产生最大流量的储罐计算；

2) 管道从罐顶进出的储罐围堰区，设计泄漏量按一条管道连续输送 10min 的最大流量考虑；

3) 储罐液位以下配有内置关闭阀的围堰区，设计泄漏量应按照假设敞开流动及流通面积等于液位以下接管管口面积，储罐充满时持续流出 1h 的最大量考虑。

10.3.6 地上液化天然气储罐间距应符合下列要求：

1 储存总容量小于或等于 $265m^3$ 时，储罐间距可按表 10.3.6 确定。储存总容量大于 $265m^3$ 时，储罐间距可按表 10.3.6 确定，并应满足本规范第 10.3.4 条和第 10.3.5 条的规定。

表 10.3.6　储罐间距

储罐单罐容量/m³	围堰区边沿或储罐排放系统至建筑物或建筑界线的最小距离/m	储罐之间的最小距离/m
0.5	0	0
0.5～1.9	3	1
1.9～7.6	4.6	1.5
7.6～56.8	7.6	1.5
56.8～114	15	1.5
114～265	23	相邻储罐直径之和的 1/4（最小为 1.5）
大于 265	容器直径的 0.7 倍，但不小于 30	

2　多台储罐并联安装时，为便于接近所有隔断阀，必须留有至少 0.9m 的净距。

3　容量超过 0.5m³ 的储罐不应设置在建筑物内。

10.3.7　气化器距建筑界线应大于 30m，整体式加热气化器距围堰区、导液沟、工艺设备应大于 15m；间接加热气化器和环境式气化器可设在按规定容量设计的围堰区内。其他设备间距可参照本规范表 5.2.1 的有关规定。

10.3.8　液化天然气放空系统的汇集总管，应经过带电热器的气液分离罐，将排放物加热成比空气轻的气体后方可排入放空系统。

禁止将液化天然气排入封闭的排水沟内。

10.4　消防及安全

10.4.1　液化天然气设施应配置防火设施。其防护程度应根据防火工程原理、现场条件、设施内的危险性，结合站界内外相邻设施综合考虑确定。

10.4.2　液化天然气储罐，应设双套带高液位报警和记录的液位计、显示和记录罐内不同液相高度的温度计、带高低压力报警和记录的压力计、安全阀和真空泄放设施。储罐必须配备一套与高液位报警联锁的进罐流体切断装置。液位计应能在储罐运行情况下进行维修或更换，选型时必须考虑密度变化因素，必要时增加密度计，监视罐内液体分层，避免罐内"翻混"现象发生。

10.4.3　火灾和气体泄漏检测装置，应按以下原则配置：

1　装置区、罐区以及其他存在潜在危险需要经常观测处，应设火焰探测报警装置。相应配置适量的现场手动报警按钮。

2　装置区、罐区以及其他存在潜在危险需要经常观测处，应设连续检测可燃气体浓度的探测报警装置。

3　装置区、罐区、集液池以及其他存在潜在危险需要经常观测处，应设连续检测液化天然气泄漏的低温检测报警装置。

4　探测器和报警器的信号盘应设置在其保护区的控制室或操作室内。

10.4.4　容量大于或等于 30000m³ 的站场应配有遥控摄像、录像系统，并将关键部位的图像传送给控制室的监控器上。

10.4.5　液化天然气站场的消防水系统，应按如下原则配置：

1　储存总容量大于或等于 265m³ 的液化天然气罐组应设固定供水系统。

2　采用混凝土外罐的双层壳罐，当管道进出口在罐顶时，应在罐顶泵平台处设置固定水喷雾系统，供水强度不小于 20.4L/(min・m²)

3　固定消防水系统的消防水量应以最大可能出现单一事故设计水量，并考虑 200m³/h 余量后确定。移动式消防冷却水系统应能满足消防冷却水总用水量的要求。

4　罐区以外的其他设施的消防水和消火栓设置见本规范消防部分。

10.4.6　液化天然气站场应配有移动式高倍数泡沫灭火系统。液化天然气储罐总容量大于或等于 3000m³ 的站场，集液池应配固定式全淹没高倍数泡沫灭火系统，并应与低温探测报警装置联锁。系统的设计应符合现行国家标准《高倍数、中倍数泡沫灭火系统设计规范》GB 50196 的有关规定。

10.4.7　扑救液化天然气储罐区和工艺装置内可燃气体、可燃液体的泄漏火灾，宜采用干粉灭火。需要重点保护的液化天然气储罐通向大气的安全阀出口管应设置固定干粉灭火系统。

10.4.8 液化天然气设施应配有紧急停机系统。通过该系统可切断液化天然气、可燃液体、可燃冷却剂或可燃气体源，能停止导致事故扩大的运行设备。该系统应能手动或自动操作，当设自动操作系统时应同时具有手动操作功能。

10.4.9 站内必须有书面的应急程序，明确在不同事故情况下操作人员应采取的措施和如何应对，而且必须备有一定数量的防护服和至少 2 个手持可燃气体探测器。

附录 A　石油天然气火灾危险性分类举例

表 A　石油天然气火灾危险性分类举例

火灾危险性类别		石油天然气举例
甲	A	液化石油气、天然气凝液、未稳定凝析油、液化天然气
	B	原油、稳定轻烃、汽油、天然气、稳定凝析油、甲醇、硫化氢
乙	A	原油、氨气、煤油
	B	原油、轻柴油、硫黄
丙	A	原油、重柴油、乙醇胺、乙二醇
	B	原油、二甘醇、三甘醇

注：石油产品的火灾危险性分类应以产品标准中确定的闪点指标为依据。经过技术经济论证，有些炼厂生产的轻柴油闪点若大于或等于 60℃，这种轻柴油在储运过程中的火灾危险性可视为丙类。闪点小于 60℃ 并且大于或等于 55℃ 的轻柴油，如果储运设施的操作温度不超过 40℃，其火灾危险性可视为丙类。

附录 B　防火间距起算点的规定

1　公路从路边算起。

2　铁路从中心算起。

3　建（构）筑物从外墙壁算起。

4　油罐及各种容器从外壁算起。

5　管道从管壁外缘算起。

6　各种机泵、变压器等设备从外缘算起。

7　火车、汽车装卸油鹤管从中心线算起。

8　火炬、放空管从中心算起。

9　架空电力线、架空通信线从杆、塔的中心线算起。

10　加热炉、水套炉、锅炉从烧火口或烟囱算起。

11　油气井从井口中心算起。

12　居住区、村镇、公共福利设施和散居房屋从邻近建筑物的外壁算起。

13　相邻厂矿企业从围墙算起。

本规范用词说明

1　为便于在执行本规范条文时区别对待，对要求严格程度不同的用词说明如下：

1)　表示很严格，非这样做不可的用词：

正面词采用"必须"，反面词采用"严禁"。

2）表示严格，在正常情况下均应这样做的用词：

正面词采用"应"，反面词采用"不应"或"不得"。

3）表示允许稍有选择，在条件许可时首先应这样做的用词：

正面词采用"宜"，反面词采用"不宜"；

表示有选择，在一定条件下可以这样做的用词，采用"可"。

2　本规范中指明应按其他有关标准、规范执行的写法为"应符合……的规定"或"应按……执行"。

（八）环境空气质量标准 GB 3095—1996

1　主题内容与适用范围

本标准规定了环境空气质量功能区划分、标准分级、污染物项目、取值时间及浓度限值，采样与分析方法及数据统计的有效性规定。

本标准适用于全国范围的环境空气质量评价。

2　引用标准

GB/T 15262　环境空气　二氧化硫的测定　甲醛吸收-副玫瑰苯胺分光光度法

GB 8970　空气质量　二氧化硫的测定　四氯汞盐-盐酸副玫瑰苯胺比色法

GB/T 15432　环境空气　总悬浮颗粒物测定　重量法

GB 6921　大气飘尘浓度测定方法

GB/T 15436　环境空气　氮氧化物的测定　Saltzman 法

GB/T 15435　环境空气　二氧化氮的测定　Saltzman 法

GB/T 15437　环境空气　臭氧的测定　靛蓝二磺酸钠分光光度法

GB/T 15438　环境空气　臭氧的测定　紫外光度法

GB 9801　空气质量　一氧化碳的测定　非分散红外法

GB 8971　空气质量　飘尘中苯并［a］芘的测定　乙酰化滤纸层析荧光分光光度法

GB/T 15439　环境空气　苯并［a］芘的测定　高效液相色谱法

GB/T 15264　环境空气　铅的测定　火焰原子吸收分光光度法

GB/T 15434　环境空气　氟化物质量浓度的测定　滤膜氟离子选择电极法

GB/T 15433　环境空气　氟化物的测定　石灰滤纸氟离子选择电极法

3　定　义

3.1　总悬浮颗粒物（TSP）

能悬浮在空气中，空气动力学当量直径$\leqslant 100\mu m$ 的颗粒物。

3.2　可吸入颗粒物（PM_{10}）

悬浮在空气中，空气动力学当量直径$\leqslant 10\mu m$ 的颗粒物。

3.3　氮氧化物（以 NO_2 计）

空气中主要以一氧化氮和二氧化氮形式存在的氮的氧化物。

3.4　铅（Pb）

存在于总悬浮颗粒物中的铅及其化合物。

3.5　苯并 [a] 芘（B [a] P）

存在于可吸入颗粒物中的苯并 [a] 芘。

3.6　氟化物（以 F 计）

以气态及颗粒态形式存在的无机氟化物。

3.7　年平均

任何一年的日平均浓度的算术均值。

3.8　季平均

任何一季的日平均浓度的算术均值。

3.9　月平均

任何一月的日平均浓度的算术均值。

3.10　日平均

任何一日的平均浓度。

3.11　一小时平均

任何一小时的平均浓度。

3.12　植物生长季平均

任何一个植物生长季月平均浓度的算术均值。

3.13　环境空气

人群、植物、动物和建筑物所暴露的室外空气。

3.14　标准状态

温度为273K，压力为101.325kPa时的状态。

4　环境空气质量功能区的分类和标准分级

4.1　环境空气质量功能区分类

一类区为自然保护区、风景名胜区和其他需要特殊保护的地区。

二类区为城镇规划中确定的居住区、商业交通居民混合区、文化区，一般工业区和农村地区。

三类区为特定工业区。

4.2　环境空气质量标准分级

环境空气质量标准分为三级。

一类区执行一级标准；

二类区执行二级标准；

三类区执行三级标准。

5　浓度限值

本标准规定了各项污染物不允许超过的浓度限值，见表1。

表 1　各项污染物的浓度限值

污染物名称	取值时间	浓度限值			浓度单位
		一级标准	二级标准	三级标准	
二氧化硫 SO_2	年平均 日平均 一小时平均	0.02 0.05 0.15	0.06 0.15 0.50	0.10 0.25 0.70	mg/m³ （标准状态）
总悬浮颗粒物 TSP	年平均 日平均	0.08 0.12	0.20 0.30	0.30 0.50	
可吸入颗粒物 PM_{10}	年平均 日平均	0.04 0.05	0.10 0.15	0.15 0.25	
氮氧化物 NO_x	年平均 日平均 一小时平均	0.05 0.10 0.15	0.05 0.10 0.15	0.10 0.15 0.30	
二氧化氮 NO_2	年平均 日平均 一小时平均	0.04 0.08 0.12	0.04 0.08 0.12	0.08 0.12 0.24	
一氧化碳 CO	日平均 一小时平均	4.00 10.00	4.00 10.00	6.00 20.00	
臭氧 O_3	一小时平均	0.12	0.16	0.20	
铅 Pb	季平均 年平均		1.50 1.00		
苯并[a]芘 B[a]P	日平均		0.01		μg/m³（标准状态）
氟化物 F	日平均 一小时平均		7[①] 20[①]		
	月平均 植物生长季平均	1.8[②] 1.2[②]		3.0[③] 2.0[③]	μg/(dm²·d)

① 适用于城市地区；

② 适用于牧业区和以牧业为主的半农半牧区，蚕桑区；

③ 适用于农业和林业区。

6　监　　测

6.1　采样

　　环境空气监测中的采样点、采样环境、采样高度及采样频率的要求．按《环境监测技术规范》（大气部分）执行。

6.2　分析方法

　　各项污染物分析方法，见表 2。

表 2 各项污染物分析方法

污染物名称	分析方法	来　源
二氧化硫	(1)甲醛吸收副玫瑰苯胺分光光度法 (2)四氯汞盐副玫瑰苯胺分光光度法 (3)紫外荧光法[①]	GB/T 15262—94 GB 8970—88
总悬浮颗粒物	重量法	GB/T 15432—95
可吸入颗粒物	重量法	GB 6921—86
氮氧化物 （以 NO_2 计）	(1)Saltzman 法 (2)化学发光法[②]	GB/T 15436—95
二氧化氮	(1)Saltzman 法 (2)化学发光法[②]	GB/T 15435—95
臭氧	(1)靛蓝二磺酸钠分光光度法 (2)紫外光度法 (3)化学发光法[③]	GB/T 15437—95 GB/T 15438—95
一氧化碳	非分散红外法	GB 9801—88
苯井[a]芘	(1)乙酰化滤纸层析——荧光分光光度法 (2)高效液相色谱法	GB 8971—88 GB/T 15439—95
铅	火焰原子吸收分光光度法	GB/T 15264—94
氟化物（以 F 计）	(1)滤膜氟离子选择电极法[④] (2)石灰滤纸氟离子选择电极法[⑤]	GB/T 15434—95 GB/T 15433—95

①②③ 分别暂用国际标准 1SO/CD 10498、ISO 7996，ISO 10313，待国家标准发布后，执行国家标准；
④ 用于日平均和一小时平均标准；
⑤ 用于月平均和植物生长季平均标准。

7 数据统计的有效性规定

各项污染物数据统计的有效性规定，见表 3。

表 3 各项污染物数据统计的有效性规定

污染物	取样时间	数据有效性规定
SO_2，NO_x，NO_2	年平均	每年至少有分布均匀的 144 个日均值 每月至少有分布均匀的 12 个日均值
TSP，PM_{10}，Pb	年平均	每年至少有分布均匀的 60 个日均值 每月至少有分布均匀的 5 个日均值
SO_2，NO_x，NO_2，CO	日平均	每日至少有 18h 的采样时间
TSP，PM_{10}，B[a]P，Pb	日平均	每日至少有 12h 的采样时间
SO_2，NO_x，NO_2，CO，O_3	一小时平均	每小时至少有 45min 的采样时间
Pb	季平均	每季至少有分布均匀的 15 个日均值，每月至少有分布均匀的 5 个日均值
F	月平均	每月至少采样 15d 以上
	植物生长季平均	每一个生长季至少有 70% 个月平均值
	日平均	每日至少有 12h 的采样时间
	一小时平均	每小时至少有 45min 的采样时间

8　标准的实施

8.1　本标准由各级环境保护行政主管部门负责监督实施。

8.2　本标准规定了小时、日、月、季和年平均浓度限值，在标准实施中各级环境保护行政主管部门应根据不同目的监督其实施。

8.3　环境空气质量功能区由地级市以上（含地级市）环境保护行政主管部门划分，报同级人民政府批准实施。

（九）地表水环境质量标准 GB 3838—2002

目次

地表水环境质量标准

1　范　　围

1.1　本标准按照地表水环境功能分类和保护目标，规定了水环境质量应控制的项目及限值，以及水质评价、水质项目的分析方法和标准的实施与监督。

1.2　本标准适用于中华人民共和国领域内江河、湖泊、运河、渠道、水库等具有使用功能的地表水水域。具有特定功能的水域，执行相应的专业用水水质标准。

2　引用标准

《生活饮用水卫生规范》（卫生部，2001年）和本标准表4～表6所列分析方法标准及规范中所含条文在本标准中被引用即构成为本标准条文，与本标准同效。当上述标准和规范被修订时，应使用其最新版本。

3　水域功能和标准分类

依据地表水水域环境功能和保护目标，按功能高低依次划分为五类：

Ⅰ类　主要适用于源头水、国家自然保护区；

Ⅱ类　主要适用于集中式生活饮用水地表水源地一级保护区、珍稀水生生物栖息地、鱼虾类产卵场、仔稚幼鱼的索饵场等；

Ⅲ类　主要适用于集中式生活饮用水地表水源地二级保护区、鱼虾类越冬场、洄游通道、水产养殖区等渔业水域及游泳区；

Ⅳ类　主要适用于一般工业用水区及人体非直接接触的娱乐用水区；

Ⅴ类　主要适用于农业用水区及一般景观要求水域。

对应地表水上述五类水域功能，将地表水环境质量标准基本项目标准值分为五类，不同功能类别分别执行相应类别的标准值。水域功能类别高的标准值严于水域功能类别低的标准值。同一水域兼有多类使用功能的，执行最高功能类别对应的标准值。实现水域功能与达到功能类别标准为同一含义。

4　标　准　值

4.1　地表水环境质量标准基本项目标准限值见表1。

4.2　集中式生活饮用水地表水源地补充项目标准限值见表2。

4.3　集中式生活饮用水地表水源地特定项目标准限值见表3。

5　水　质　评　价

5.1　地表水环境质量评价应根据应实现的水域功能类别，选取相应类别标准，进行单因子评价，评价结果应说明水质达标情况，超标的应说明超标项目和超标倍数。

5.2　丰、平、枯水期特征明显的水域，应分水期进行水质评价。

5.3　集中式生活饮用水地表水源地水质评价的项目应包括表1中的基本项目、表2中的补充项目以及由县级以上人民政府环境保护行政主管部门从表3中选择确定的特定项目。

6　水　质　监　测

6.1　本标准规定的项目标准值，要求水样采集后自然沉降30min，取上层非沉降部分按规定方法进行分析。

6.2　地表水水质监测的采样布点、监测频率应符合国家地表水环境监测技术规范的要求。

6.3　本标准水质项目的分析方法应优先选用表4～表6规定的方法，也可采用ISO方法体系等其他等效分析方法，但须进行适用性检验。

7　标准的实施与监督

7.1　本标准由县级以上人民政府环境保护行政主管部门及相关部门按职责分工监督实施。

7.2　集中式生活饮用水地表水源地水质超标项目经自来水厂净化处理后，必须达到《生活饮用水卫生规范》的要求。

7.3　省、自治区、直辖市人民政府可以对本标准中未作规定的项目，制定地方补充标准，并报国务院环境保护行政主管部门备案。

表 1　地表水环境质量标准基本项目标准限值　　　　　　单位：mg/L

序号	项目 标准值 分类		Ⅰ类	Ⅱ类	Ⅲ类	Ⅳ类	Ⅴ类
1	水温/℃		人为造成的环境水温变化应限制在：周平均最大温升≤1 周平均最大温降≤2				
2	pH 值(无量纲)		6～9				
3	溶解氧	≥	饱和率90% (或7.5)	6	5	3	2
4	高锰酸盐指数	≤	2	4	6	10	15
5	化学需氧量(COD)	≤	15	15	20	30	40
6	五日生化需氧量(BOD_5)	≤	3	3	4	6	10
7	氨氮(NH_3-N)	≤	0.15	0.5	1.0	1.5	2.0
8	总磷(以 P 计)	≤	0.02 (湖、库 0.01)	0.1 (湖、库 0.025)	0.2 (湖、库 0.05)	0.3 (湖、库 0.1)	0.4 (湖、库 0.2)
9	总氮(湖、库，以 N 计)	≤	0.2	0.5	1.0	1.5	2.0
10	铜	≤	0.01	1.0	1.0	1.0	1.0
11	锌	≤	0.05	1.0	1.0	2.0	2.0
12	氟化物(以 F^- 计)	≤	1.0	1.0	1.0	1.5	1.5
13	硒	≤	0.01	0.01	0.01	0.02	0.02
14	砷	≤	0.05	0.05	0.05	0.1	0.1
15	汞	≤	0.00005	0.00005	0.0001	0.001	0.001
16	镉	≤	0.001	0.005	0.005	0.005	0.01
17	铬(六价)	≤	0.01	0.05	0.05	0.05	0.1
18	铅	≤	0.01	0.01	0.05	0.05	0.1
19	氰化物	≤	0.005	0.05	0.2	0.2	0.2
20	挥发酚	≤	0.002	0.002	0.005	0.01	0.1
21	石油类	≤	0.05	0.05	0.05	0.5	1.0
22	阴离子表面活性剂	≤	0.2	0.2	0.2	0.3	0.3
23	硫化物	≤	0.05	0.1	0.2	0.5	1.0
24	粪大肠菌群/(个/L)	≤	200	2000	10000	20000	40000

表 2　集中式生活饮用水地表水源地补充项目标准限值　　　　单位：mg/L

序　号	项　目	标准值
1	硫酸盐（以 SO$_4^{2-}$ 计）	250
2	氯化物（以 Cl$^-$ 计）	250
3	硝酸盐（以 N 计）	10
4	铁	0.3
5	锰	0.1

表 3　集中式生活饮用水地表水源地特定项目标准限值　　　　单位：mg/L

序号	项　目	标准值	序号	项　目	标准值
1	三氯甲烷	0.06	41	丙烯酰胺	0.0005
2	四氯化碳	0.002	42	丙烯腈	0.1
3	三溴甲烷	0.1	43	邻苯二甲酸二丁酯	0.003
4	二氯甲烷	0.02	44	邻苯二甲酸二(2-乙基己基)酯	0.008
5	1,2-二氯乙烷	0.03	45	水合肼	0.01
6	环氧氯丙烷	0.02	46	四乙基铅	0.0001
7	氯乙烯	0.005	47	吡啶	0.2
8	1,1-二氯乙烯	0.03	48	松节油	0.2
9	1,2-二氯乙烯	0.05	49	苦味酸	0.5
10	三氯乙烯	0.07	50	丁基黄原酸	0.005
11	四氯乙烯	0.04	51	活性氯	0.01
12	氯丁二烯	0.002	52	滴滴涕	0.001
13	六氯丁二烯	0.0006	53	林丹	0.002
14	苯乙烯	0.02	54	环氧七氯	0.0002
15	甲醛	0.9	55	对硫磷	0.003
16	乙醛	0.05	56	甲基对硫磷	0.002
17	丙烯醛	0.1	57	马拉硫磷	0.05
18	三氯乙醛	0.01	58	乐果	0.08
19	苯	0.01	59	敌敌畏	0.05
20	甲苯	0.7	60	敌百虫	0.05
21	乙苯	0.3	61	内吸磷	0.03
22	二甲苯①	0.5	62	百菌清	0.01
23	异丙苯	0.25	63	甲萘威	0.05
24	氯苯	0.3	64	溴氰菊酯	0.02
25	1,2-二氯苯	1.0	65	阿特拉津	0.003
26	1,4-二氯苯	0.3	66	苯并[a]芘	2.8×10^{-6}
27	三氯苯②	0.02	67	甲基汞	1.0×10^{-6}
28	四氯苯③	0.02	68	多氯联苯⑥	2.0×10^{-5}
29	六氯苯	0.05	69	微囊藻毒素-LR	0.001
30	硝基苯	0.017	70	黄磷	0.003
31	二硝基苯④	0.5	71	钼	0.07
32	2,4-二硝基甲苯	0.0003	72	钴	1.0
33	2,4,6-三硝基甲苯	0.5	73	铍	0.002
34	硝基氯苯⑤	0.05	74	硼	0.5
35	2,4-二硝基氯苯	0.5	75	锑	0.005
36	2,4-二氯苯酚	0.093	76	镍	0.02
37	2,4,6-三氯苯酚	0.2	77	钡	0.7
38	五氯酚	0.009	78	钒	0.05
39	苯胺	0.1	79	钛	0.1
40	联苯胺	0.0002	80	铊	0.0001

① 二甲苯：指对-二甲苯、间-二甲苯、邻-二甲苯。
② 三氯苯：指 1,2,3-三氯苯、1,2,4-三氯苯、1,3,5-三氯苯。
③ 四氯苯：指 1,2,3,4-四氯苯、1,2,3,5-四氯苯、1,2,4,5-四氯苯。
④ 二硝基苯：指对-二硝基苯、间-二硝基苯、邻-二硝基苯。
⑤ 硝基氯苯：指对-硝基氯苯、间-硝基氯苯、邻-硝基氯苯。
⑥ 多氯联苯：指 PCB-1016、PCB-1221、PCB-1232、PCB-1242、PCB-1248、PCB-1254、PCB-1260。

表 4　地表水环境质量标准基本项目分析方法

序号	项　目	分　析　方　法	最低检出限 /(mg/L)	方法来源
1	水温	温度计法		GB 13195—91
2	pH 值	玻璃电极法		GB 6920—86
3	溶解氧	碘量法	0.2	GB 7489—87
		电化学探头法		GB 11913—89
4	高锰酸盐指数		0.5	GB 11892—89
5	化学需氧量	重铬酸盐法	10	GB 11914—89
6	五日生化需氧量	稀释与接种法	2	GB 7488—87
7	氨氮	纳氏试剂比色法	0.05	GB 7479—87
		水杨酸分光光度法	0.01	GB 7481—87
8	总磷	钼酸铵分光光度法	0.01	GB 11893—89
9	总氮	碱性过硫酸钾消解紫外分光光度法	0.05	GB 11894—89
10	铜	2,9-二甲基-1,10-菲啰啉分光光度法	0.06	GB 7473—87
		二乙基二硫代氨基甲酸钠分光光度法	0.010	GB 7474—87
		原子吸收分光光度法(螯合萃取法)	0.001	GB 7475—87
11	锌	原子吸收分光光度法	0.05	GB 7475—87
12	氟化物	氟试剂分光光度法	0.05	GB 7483—87
		离子选择电极法	0.05	GB 7484—87
		离子色谱法	0.02	HJ/T 84—2001
13	硒	2,3-二氨基萘荧光法	0.00025	GB 11902—89
		石墨炉原子吸收分光光度法	0.003	GB/T 15505—1995
14	砷	二乙基二硫代氨基甲酸银分光光度法	0.007	GB 7485—87
		冷原子荧光法	0.00006	①
15	汞	冷原子吸收分光光度法	0.00005	GB 7468—87
		冷原子荧光法	0.00005	①
16	镉	原子吸收分光光度法(螯合萃取法)	0.001	GB 7475—87
17	铬(六价)	二苯碳酰二肼分光光度法	0.004	GB 7467—87
18	铅	原子吸收分光光度法(螯合萃取法)	0.01	GB 7475—87
19	氰化物	异烟酸-吡唑啉酮比色法	0.004	GB 7487—87
		吡啶-巴比妥酸比色法	0.002	
20	挥发酚	蒸馏后 4-氨基安替比林分光光度法	0.002	GB 7490—87
21	石油类	红外分光光度法	0.01	GB/T 16488—1996
22	阴离子表面活性剂	亚甲蓝分光光度法	0.05	GB 7494—87
23	硫化物	亚甲基蓝分光光度法	0.005	GB/T 16489—1996
		直接显色分光光度法	0.004	GB/T 17133—1997
24	粪大肠菌群	多管发酵法、滤膜法		①

注：暂采用下列分析方法，待国家方法标准发布后，执行国家标准。
① 《水和废水监测分析方法（第三版）》，中国环境科学出版社，1989 年。

表5　集中式生活饮用水地表水源地补充项目分析方法

序号	项　目	分析方法	最低检出限/(mg/L)	方法来源
1	硫酸盐	重量法	10	GB 11899—89
		火焰原子吸收分光光度法	0.4	GB 13196—91
		铬酸钡光度法	8	①
		离子色谱法	0.09	HJ/T 84—2001
2	氯化物	硝酸银滴定法	10	GB 11896—89
		硝酸汞滴定法	2.5	①
		离子色谱法	0.02	HJ/T 84—2001
3	硝酸盐	酚二磺酸分光光度法	0.02	GB 7480—87
		紫外分光光度法	0.08	①
		离子色谱法	0.08	HJ/T 84—2001
4	铁	火焰原子吸收分光光度法	0.03	GB 11911—89
		邻菲啰啉分光光度法	0.03	①
5	锰	高碘酸钾分光光度法	0.02	GB 11906—89
		火焰原子吸收分光光度法	0.01	GB 11911—89
		甲醛肟光度法	0.01	①

注：暂采用下列分析方法，待国家方法标准发布后，执行国家标准。
① 《水和废水监测分析方法（第三版）》，中国环境科学出版社，1989 年。

表6　集中式生活饮用水地表水源地特定项目分析方法

序号	项目	分　析　方　法	最低检出限/(mg/L)	方法来源
1	三氯甲烷	顶空气相色谱法	0.0003	GB/T 17130—1997
		气相色谱法	0.0006	2
2	四氯化碳	顶空气相色谱法	0.00005	GB/T 17130—1997
		气相色谱法	0.0003	2
3	三溴甲烷	顶空气相色谱法	0.001	GB/T 17130—1997
		气相色谱法	0.006	2
4	二氯甲烷	顶空气相色谱法	0.0087	2
5	1,2-二氯乙烷	顶空气相色谱法	0.0125	2
6	环氧氯丙烷	气相色谱法	0.02	2
7	氯乙烯	气相色谱法	0.001	2
8	1,1-二氯乙烯	吹出捕集气相色谱法	0.000018	2
9	1,2-二氯乙烯	吹出捕集气相色谱法	0.000012	2
10	三氯乙烯	顶空气相色谱法	0.0005	GB/T 17130—1997
		气相色谱法	0.003	2
11	四氯乙烯	顶空气相色谱法	0.0002	GB/T 17130—1997
		气相色谱法	0.0012	2
12	氯丁二烯	顶空气相色谱法	0.002	2

续表

序号	项　目	分　析　方　法	最低检出限/(mg/L)	方法来源
13	六氯丁二烯	气相色谱法	0.00002	2
14	苯乙烯	气相色谱法	0.01	2
15	甲醛	乙酰丙酮分光光度法	0.05	GB 13197—91
		4-氨基-3-联氨-5-巯基-1,2,4-三氮杂茂(AHMT)分光光度法	0.05	2
16	乙醛	气相色谱法	0.24	2
17	丙烯醛	气相色谱法	0.019	2
18	三氯乙醛	气相色谱法	0.001	2
19	苯	液上气相色谱法	0.005	GB 11890—89
		顶空气相色谱法	0.00042	2
20	甲苯	液上气相色谱法	0.005	GB 11890—89
		二硫化碳萃取气相色谱法	0.05	
		气相色谱法	0.01	2
21	乙苯	液上气相色谱法	0.005	GB 11890—89
		二硫化碳萃取气相色谱法	0.05	2
		气相色谱法	0.01	
22	二甲苯	液上气相色谱法	0.005	GB 11890—89
		二硫化碳萃取气相色谱法	0.05	
		气相色谱法	0.01	2
23	异丙苯	顶空气相色谱法	0.0032	2
24	氯苯	气相色谱法	0.01	HJ/T 74—2001
25	1,2-二氯苯	气相色谱法	0.002	GB/T 17131—1997
26	1,4-二氯苯	气相色谱法	0.005	GB/T 17131—1997
27	三氯苯	气相色谱法	0.00004	2
28	四氯苯	气相色谱法	0.00002	2
29	六氯苯	气相色谱法	0.00002	2
30	硝基苯	气相色谱法	0.0002	GB 13194—91
31	二硝基苯	气相色谱法	0.2	2
32	2,4-二硝基甲苯	气相色谱法	0.0003	GB 13194—91
33	2,4,6-三硝基甲苯	气相色谱法	0.1	2
34	硝基氯苯	气相色谱法	0.0002	GB 13194—91
35	2,4-二硝基氯苯	气相色谱法	0.1	2
36	2,4-二氯苯酚	电子捕获-毛细色谱法	0.0004	2
37	2,4,6-三氯苯酚	电子捕获-毛细色谱法	0.00004	2
38	五氯酚	气相色谱法	0.00004	GB 8972—88
		电子捕获-毛细色谱法	0.000024	2
39	苯胺	气相色谱法	0.002	2
40	联苯胺	气相色谱法	0.0002	3
41	丙烯酰胺	气相色谱法	0.00015	2

续表

序号	项 目	分 析 方 法	最低检出限/(mg/L)	方法来源
42	丙烯腈	气相色谱法	0.10	2
43	邻苯二甲酸二丁酯	液相色谱法	0.0001	HJ/T 72—2001
44	邻苯二甲酸二(2-乙基己基)酯	气相色谱法	0.0004	2
45	水合肼	对二甲氨基苯甲醛直接分光光度法	0.005	2
46	四乙基铅	双硫腙比色法	0.0001	2
47	吡啶	气相色谱法	0.031	GB/T 14672—93
		巴比土酸分光光度法	0.05	2
48	松节油	气相色谱法	0.02	2
49	苦味酸	气相色谱法	0.001	2
50	丁基黄原酸	铜试剂亚铜分光光度法	0.002	2
51	活性氯	N,N-二乙基对苯二胺（DPD）分光光度法	0.01	2
		$3,3',5,5'$-四甲基联苯胺比色法	0.005	2
52	滴滴涕	气相色谱法	0.0002	GB 7492—87
53	林丹	气相色谱法	4×10^{-5}	GB 7492—87
54	环氧七氯	液液萃取气相色谱法	0.000083	2
55	对硫磷	气相色谱法	0.00054	GB 13192—91
56	甲基对硫磷	气相色谱法	0.00042	GB 13192—91
57	马拉硫磷	气相色谱法	0.00064	GB 13192—91
58	乐果	气相色谱法	0.00057	GB 13192—91
59	敌敌畏	气相色谱法	0.00006	GB 13192—91
60	敌百虫	气相色谱法	0.000051	GB 13192—91
61	内吸磷	气相色谱法	0.0025	2
62	百菌清	气相色谱法	0.0004	2
63	甲萘威	高效液相色谱法	0.01	2
64	溴氰菊酯	气相色谱法	0.0002	2
		高效液相色谱法	0.002	2
65	阿特拉津	气相色谱法		3
66	苯井(a)芘	乙酰化滤纸层析荧光分光光度法	4×10^{-6}	GB 11895—89
		高效液相色谱法	1×10^{-6}	GB 13198—91
67	甲基汞	气相色谱法	1×10^{-8}	GB/T 17132—1997
68	多氯联苯	气相色谱法		3
69	微囊藻毒素-LR	高效液相色谱法	0.00001	2
70	黄磷	钼-锑-抗分光光度法	0.0025	2

续表

序号	项　目	分　析　方　法	最低检出限/(mg/L)	方法来源
71	钼	无火焰原子吸收分光光度法	0.00231	2
72	钴	无火焰原子吸收分光光度法	0.00191	2
73	铍	铬菁 R 分光光度法	0.0002	HJ/T 58—2000
		石墨炉原子吸收分光光度法	0.00002	HJ/T 59—2000
		桑色素荧光分光光度法	0.0002	2
74	硼	姜黄素分光光度法	0.02	HJ/T 49—1999
		甲亚胺-H 分光光度法	0.2	2
75	锑	氢化原子吸收分光光度法	0.00025	2
76	镍	无火焰原子吸收分光光度法	0.00248	2
77	钡	无火焰原子吸收分光光度法	0.00618	2
78	钒	钽试剂(BPHA)萃取分光光度法	0.018	GB/T 15503—1995
		无火焰原子吸收分光光度法	0.00698	2
79	钛	催化示波极谱法	0.0004	2
		水杨基荧光酮分光光度法	0.02	2
80	铊	无火焰原子吸收分光光度法	4×10^{-6}	2

注：暂采用下列分析方法，待国家方法标准发布后，执行国家标准。
1.《水和废水监测分析方法（第三版）》，中国环境科学出版社，1989 年。
2.《生活饮用水卫生规范》，中华人民共和国卫生部，2001 年。
3.《水和废水标准检验法（第 15 版）》，中国建筑工业出版社，1985 年。

（十）氢气使用安全技术规程 GB 4962—2008

1　范　　围

本标准规定了气态氢在使用、置换、储存、压缩与充（灌）装、排放过程以及消防与紧急情况处理、安全防护方面的安全技术要求。

本标准适用于气态氢生产后的地面上各作业场所，不适用于液态氢、水上气态氢、航空用氢场所及车上供氢系统。氢气生产中的相应环节可参照执行。

2　规范性引用文件

下列文件中的条款通过本标准的引用而成为本标准的条款。凡是注日期的引用文件，其随后所有的修改单（不包括勘误的内容）或修订版均不适用于本标准，然而，鼓励根据本部分达成协议的各方研究是否可使用这些文件的最新版本。凡是不注日期的引用文件，其最新版本适用于本标准。

CB 2893　安全色

GB 2894　安全标志及其使用导则

GB 3836.1　爆炸性气体环境用电气设备　第 1 部分：通用要求

GB 4385　防静电胶底鞋、导电胶底鞋安全技术条件

GB 7144　气瓶颜色标记

GB 7231　工业管路的基本识别色、识别符号和安全标识

GB 12014　防静电工作服

GB 16804　气瓶警示标签

GB 50016　建筑设计防火规范

GB 50057　建筑物防雷设计规范

GB 50058　爆炸和火灾危险环境电力装置设计规范

GB 50177—2005　氢气站设计规范

SH 3059　石油化工管道设计器材选用通则

SY/T 0019　埋地钢质管道牺牲阳极阴极保护设计规范

气瓶安全监察规程（国家质量技术监督局，2001 年 7 月 1 日实施）

压力容器安全技术监察规程（原劳动部，1991 年 1 月 1 日实施）

汽轮发电机运行规程（1999 年版）（国家电力公司标准，1999 年 11 月 9 日实施）

3　术语和定义

下列术语和定义适用于本标准。

3.1　供氢站　hydrogen filling station

不含氢气发生设备，以瓶装和（或）管道供应氢气的建筑物、构筑物等场所的统称。

3.2　氢气罐　gaseous hydrogen receiver

用于储存氢气的定压变容积（湿式储气柜）及变压定容积容器的统称（不含气瓶）。

3.3　氢气充（灌）装站　gaseous hydrogen filling station

设有灌充氢气用氢气压缩、充（灌）装设施及其必要的辅助设施的建筑物、构筑物等场所的统称。

3.4　爆炸危险区域　explosive hazard zone

大气条件下，气体、蒸气或雾、粉尘或纤维状的可燃物质与空气形成爆炸性混合物，该混合物遇火源后，燃烧或爆炸将传遍整个未燃混合物的区域。

3.5　动火　hot work

可能产生火焰、火花等明火及形成赤热表面的施工作业。

3.6　高、中、低压氢气压缩机　low/middle/high-pressure gaseous hydrogen compressor

输出压力分别为大于等于 10.0MPa（高压），大于等于 1.6MPa、小于 10.0MPa（中压），小于 1.6MPa（低压）的氢气压缩机。

3.7　钢质无缝气瓶集装装置　bundle of seamless steel cylinders

由专用框架固定，采用集气管将多只气体钢瓶接口并联组合的气体钢瓶组单元。

3.8　氢气汇流排间　hydrogen gas manifolds room

采用氢气钢瓶供应氢气的汇流排组等设施的房间。

3.9　实瓶　full cylinder

充有气体的无缝钢制气瓶，其水容积一般为 40L、50L，工作压力为 12.0MPa～20.0MPa。

3.10　空瓶　empty cylinder

无内压或残余压力小于 0.05MPa 的气瓶。

3.11　湿氢　humid hydrogen

含有一定数量水蒸气的氢气，且在使用过程中通过降低温度或进行等温压缩，使之达到饱和并析出水分的氢气。

3.12　明火地点　open fire site

有外露的火焰或炽热表面的固定地点。

3.13　散发火花地点　sparking site

带有火星的烟囱或室内外的砂轮、电焊、气焊（割）、无齿锯片切割机、冲击钻、电钻等固定地点。

3.14　排放管　vent pipe

具有一定高度，且能向大气中直接排放气体的管道。

3.15　阻火器　fire arrestor

防止氢气回火的一种安全设施。

3.16　长管拖车　tube trailer

在半挂车或集装框架内装有若干大型钢制无缝气瓶的高压气体运输设备，通常用配管和阀门将气瓶连接在一起，并配有安全附件。

3.17　湿式可燃气体储罐　dish flammable gas holder

湿式可燃气体储罐又称水槽式储气罐，主要由水槽、塔节、钟罩和水封等组成。储气罐的设计压力通常小于 4kPa。

3.18　重要公共建筑　important public building

人员密集、发生火灾后伤亡大、损失大、影响大的公共建筑。

4　基本要求

4.1　建筑及选址

4.1.1　供氢站平面布置的防火间距见表 1。

表 1　供氢站平面布置的防火间距表

名　称		最小防火间距/m
其他建筑物耐火等级	一、二级	12
	三级	14
	四级	16
高层厂房（仓库）		13
甲类仓库		20
电力系统电压为(35～500)kV且每台变压器容量在10MVA以上的室外变、配电站以及工业企业的变压器总油量大于 5t 的室外降压变电站		25

续表

名　　称		最小防火间距/m
民用建筑		25
重要公共建筑		50
明火或散发火花地点		30
湿式可燃气体储罐（区）的总容积/(V/m³)	$V<1000$	12
	$1000\leqslant V<10000$	15
	$10000\leqslant V<50000$	20
	$50000\leqslant V<100000$	25
湿式氧气储罐（区）的总容积/(V/m³)	$V\leqslant1000$	10
	$1000<V\leqslant50000$	12
	$V>50000$	14
甲、乙类液体储罐（区）的总储量/(V/m²)	$1\leqslant V<50$	12
	$50\leqslant V<200$	15
	$200\leqslant V<1000$	20
	$1000\leqslant V<5000$	25
丙类液体储罐（区）的总储量/(V/m³)	按 5m³ 丙类液体等于 1m³ 甲、乙类液体折算	
煤和焦炭储量/(m/t)	$100\leqslant m<5000$	6
	$m\geqslant5000$	8
厂外铁路（中心线）		30
厂内铁路（中心线）		20
厂外道路（路边）		15
厂内主要道路（路边）		10
厂内次要道路（路边）		5
围墙		5

注：1. 建筑物之间的防火间距按相邻外墙的最近距离计算。如外墙有凸出的燃烧物件，则应从其凸出部分处缘算起；储罐、变压器的防火间距应从距建筑物最近的外壁算起。

2. 供氢站与其他建筑物相邻面的外墙均为非燃烧体，且无门、窗、洞及无外露的燃烧体屋檐，其防火间距可按本表减少 25%。

3. 固定容积可燃气体储罐的总容积，按储罐几何容积（m²）和设计储存压力（绝对压力，10^5 Pa）的乘积计算，并按本表湿式可燃气体储罐的要求执行。

4. 固定容积氧气储罐的总容积，按储罐几何容积（m³）和设计储存压力（绝对压力，10^5 Pa）的乘积计算，并按本表湿式氧气储罐的要求执行。

5. 液氧储罐的总容积，应将储罐容积按 1m³ 液氧折合成 800m³ 标准状态气氧计算，并按本表湿式氧气储罐的要求执行。

6. 当甲、乙类液体和丙类液体储罐布置在同一储罐区时，其总储量可按 1m³ 甲、乙类液体相当于 5m³ 丙类液体折算。

7. 供氢站与架空电力线的防火间距，不应小于电线杆高度的 1.5 倍。

4.1.2　氢气罐或罐区之间的防火间距，应符合 GB 50177—2005 规定，具体如下：

　　a）湿式氢气罐（柜）之间的防火间距，不应小于相邻较大罐的半径；

　　b）卧式氢气罐之间的防火间距，不应小于相邻较大罐直径的 2/3；立式罐之间、球形罐之间的防火间距不应小于相邻较大罐的直径；

　　c) 卧式、立式、球形罐与湿式罐（柜）之间的防火间距不应小于相邻较大罐的直径；

　　d) 一组卧式、立式或球形罐的总容积不应超过 30000m³。罐组间的防火间距中，卧式氢气罐不应小于相邻较大罐高度的一半；立式、球形罐不应小于相邻较大罐的直径，并不应小于 10m。

4.1.3 供氢站、氢气罐应为独立的建（构）筑物；宜布置在工厂常年最小频率风向的下风侧，并远离有明火或散发火花的地点；不得布置在人员密集地段和交通要道邻近处，宜设置不燃烧体的实体围墙。

4.1.4 氢气充（灌）装站、供氢站、实瓶间、空瓶间宜布置在厂房的边缘部分。

4.1.5 氢气使用区域应通风良好。保证空气中氢气最高含量不超过 1%（体积）。采用机械通风的建筑物，进风口应设在建筑物下方。排风口设在上方。

4.1.6 建筑物顶内平面应平整，防止氢气在顶部凹处积聚。建筑物顶部或外墙的上部应设气窗或排气孔。排气孔应设在最高处，并朝向安全地带。

4.1.7 氢气有可能积聚处或氢气浓度可能增加处宜设置固定式可燃气体检测报警仪，可燃气体检测报警仪应设在监测点（释放源）上方或厂房顶端，其安装高度宜高出释放源 0.5～2m 且周围留有不小于 0.3m 的净空，以便对氢气浓度进行监测。可燃气体检测报警仪的有效覆盖水平平面半径，室内宜为 7.5m，室外宜为 15m。

4.1.8 氢气灌（充）装站、供氢站、实瓶间、空瓶间周边至少 10m 内不得有明火。

4.1.9 禁止将氢气系统内的氢气排放在建筑物内部。

4.1.10 氢气储存容器应与氧气、压缩空气、卤素、氧化剂及其他助燃性气瓶隔离存放。

4.1.11 供氢站的耐火等级不应低于二级，应为独立的单层建筑，不得在建筑物的地下室、半地下室设供氢站，并应按 GB 50016 的规定对站内的爆炸危险场所设置泄压设施。当实瓶数量不超过 60 瓶或占地面积不超过 500m² 时，可与耐火等级不低于二级的用氢厂房或与耐火等级不低于二级的非明火作业的丁、戊类厂房毗连，但毗连的墙应为无门、窗及洞的防火墙。

4.1.12 供氢站、氢气罐、充（灌）装站和汇流排间应按 GB 50057 和 GB 50058 的要求设置防雷接地设施。防雷装置应每年检测一次。所有防雷防静电接地装置应定期检测接地电阻每年至少检测一次，对爆炸危险环境场所的防雷装置宜每半年检测一次。

4.1.13 供氢站、氢气罐、充（灌）装站、汇流排间和装卸平台地面应做到平整、耐磨、不发火花。

4.1.14 供氢站、充（灌）装站内需要吊装设备或氢气的充（灌）装、采用钢质无缝气瓶集装装置，宜设起吊设施，起吊设施的起吊重量应按吊装件的最大荷重确定；在爆炸危险区域内的起吊设施应采用防爆设施。

4.1.15 充（灌）装站、汇流排间、空瓶和实瓶的布置应符合下列要求：

　　a) 汇流排间、空瓶和实瓶应分开放置。若空瓶和实瓶储存在封闭或半敞开式建筑物内，汇流排间应通过门洞与空瓶间或实瓶间相通，但各自应有独立的出入口。

　　b）当实瓶数量不超过 60 瓶时，空瓶、实瓶和汇流排可布置在同一房间内，但实瓶、空瓶应分开存放，且实瓶与空瓶之间的间距不小于 0.3m。空（实）瓶与汇流排之间的间距不宜小于 2m。

　　c）汇流排间、空瓶间和实瓶间不应与仪表室、配电室和生活间直接相通，应用无门、窗、洞的防火墙隔开。如需连通，应设双门斗间，门采用自动关闭（如弹簧门），且耐火极限不低于 0.9h。

　　d）空瓶间和实瓶间应有支架，栅栏等防止倒瓶的设施。

　　e）汇流排间、空瓶间和实瓶间内通道的净宽应根据气瓶的搬运方式确定，一般不宜小于 1.5m。

　　f）汇流排间应尽量宽敞。汇流排应靠墙布置，并设固定气瓶的框架。

　　g）实瓶间应有遮阳措施，防止阳光直射气瓶。

　　h）空瓶间和实瓶间宜设气瓶装卸平台。平台的高度应根据气瓶装卸形式确定。平台上的雨篷和支撑应采用阻燃材料。

　　i）氢气充（灌）装间不应存放实瓶，空瓶数量不应超过汇流排待充瓶位的数量。

4.1.16　按 GB 2894 的规定在供氢站、氢气罐、充（灌）装站和汇流排间周围设置安全标识。

4.1.17　任何场所的民用轻气球不得使用氢气作为充装气体。

4.2　作业人员

4.2.1　作业人员应经过岗位培训、考试合格后持证上岗。特种作业人员应经过专业培训，持有特种作业资格证，并在有效期内持证上岗。

4.2.2　作业人员上岗时应穿符合 GB 12014 规定的阻燃、防静电工作服和符合 GB 4385 规定的防静电鞋。工作服宜上、下身分开，容易脱卸。严禁在爆炸危险区域穿脱衣服、帽子或类似物。严禁携带火种、非防爆电子设备进入爆炸危险区域。

4.2.3　作业时应使用不产生火花的工具。

4.2.4　严禁在禁火区域内吸烟、使用明火。

4.2.5　作业人员应无色盲、无妨碍操作的疾病和其他生理缺陷，且应避免服用某些药物后影响操作或判断力的作业。

4.3　氢气系统

4.3.1　氢气系统氢气质量应满足其安全使用要求。

4.3.2　氢气系统停运后，应用盲板或其他有效隔离措施隔断与运行设备的联系，应使用符合安全要求的惰性气体（其氧气体积分数不得超过 3%）进行置换吹扫。动火作业应实行安全部门主管书面审批制度。氢气系统动火检修，应保证系统内部和动火区域的氢气体积分数最高含量不超过 0.4%。检修或检验设施应完好可靠，个人防护用品穿戴符合要求。防止明火和其他激发能源进入禁火区域，禁止使用电炉、电钻、火炉、喷灯等一切产生明火、高温的工具与热物体。动火检修应选用不产生火花的工具。置换吹扫应按照第 5 章执行。

4.3.3　首次使用和大修后的氢气系统应进行耐压、清洗（吹扫）和气密试验，符合要求后方可投入使用。钢质无缝气瓶集装装置组装后应进行气密性试验，其试验压力为气瓶的公称工作压力，应以无泄漏点为合格，试验介质应为氮气或无油空气。

4.3.4 氢气系统中氢气中氧的体积分数不得超过 0.5%，氢气系统应设有氧含量小于 3% 的惰性气体置换吹扫设施。

4.3.5 氢气系统设备运行时，禁止敲击、带压维修和紧固，不得超压。禁止处于负压状态。

4.3.6 氢气系统检修或检验作业应制定作业方案及隔离、置换、通风等安全防护措施，并经过设备、安全等相关部门审批。未经安全部门主管书面审批，作业人员不得擅自维修或拆开氢气设备、管道系统上的安全保护装置。

4.3.7 氢气充（灌）装系统应设置超压泄放用安全阀、氢气回流阀、分组切断阀、吹扫放空阀、压力显示报警仪表，并设有气瓶内余气与氧含量测试仪表、抽真空装置等。

4.3.8 氢气系统可根据工艺需要设置气体过滤装置、在线氢气泄漏报警仪表、在线氢气纯度仪表、在线氢气湿度仪表等。

4.4　设备及管道

4.4.1 氢气设备应严防泄漏，所用的仪表及阀门等零部件密封应确保良好，定期检查，对设备发生氢气泄漏的部位应及时处理。

4.4.2 对氢气设备、管道和阀门等连接点进行漏气检查时，应使用中性肥皂水或携带式可燃气体检测报警仪，禁止使用明火进行漏气检查。携带式可燃气体检测报警仪应定期校验。

4.4.3 爆炸危险区域内电气设备应符合 GB 3836.1 的要求，防爆等级应为Ⅱ类，C级，T_1组；因需要在爆炸危险区域使用非防爆设备时应采取隔爆措施。

4.4.4 氢气管道应采用无缝金属管道，禁止采用铸铁管道，管道的连接应采用焊接或其他有效防止氢气泄漏的连接方式。管道应采用密封性能好的阀门和附件，管道上的阀门宜采用球阀、截止阀。阀门材料的选择应符合 GB 50177—2005 中表 12.0.3 的规定，管道上法兰、垫片的选择应符合 GB 50177—2005 中表 12.0.4 的规定。管道之间不宜采用螺纹密封连接，氢气管道与附件连接的密封垫，应采用不锈钢、有色金属、聚四氟乙烯或氟橡胶材料，禁止用生料带或其他绝缘材料作为连接密封手段。

4.4.5 氢气管道应设置分析取样口、吹扫口，其位置应能满足氢气管道内气体取样、吹扫、置换要求；最高点应设置排放管，并在管口处设阻火器；湿氢管道上最低点应设排水装置。

4.4.6 氢气管道宜采用架空敷设，其支架应为非燃烧体。架空管道不应与电缆、导电线路、高温管线敷设在同一支架上。氢气管道与氧气管道、其他可燃气体、可燃液体的管道共架敷设时，氢气管道应与上述管道之间宜用公用工程管道隔开，或保持不小于 250mm 的净距。分层敷设时，氢气管道应位于上方。

4.4.7 氢气管道应避免穿过地沟、下水道及铁路汽车道路等，应穿过时应设套管。氢气管道不得穿过生活间、办公室、配电室、仪表室、楼梯间和其他不使用氢气的房间，不宜穿过吊顶、技术（夹）层，应穿过吊顶、技术（夹）层时应采取安全措施。氢气管道穿过墙壁或楼板时应敷设在套管内，套管内的管段不应有焊缝，氢气管道穿越处孔洞应用阻燃材料封堵。

4.4.8 室内氢气管道不应敷设在地沟中或直接埋地，室外地沟敷设的管道，应有防止氢气泄漏、积聚或窜入其他地沟的措施。埋地敷设的氢气管道埋深不宜小于 0.7m。湿氢管道应敷设在冰冻层以下。

4.4.9 在氢气管道与其相连的装置、设备之间应安装止回阀，界区间阀门宜设置有效隔离措施，防止来自装置、设备的外部火焰回火至氢气系统。氢气作焊接、切割、燃料和保护气等使用时，每台（组）用氢设备的支管上应设阻火器。

4.4.10 氢气管道、阀门及水封等出现冻结时，作业人员应使用热水或蒸汽加热进行解冻，且应戴面罩进行操作。禁止使用明火烘烤或使用锤子等工具敲击。

4.4.11 室内外架空或埋地敷设的氢气管道和汇流排及其连接的法兰间宜互相跨接和接地。氢气设备与管道上的法兰间的跨接电阻应小于 0.03Ω。

4.4.12 与氢气相关的所有电气设备应有防静电接地装置，应定期检测接地电阻，每年至少检测一次。

4.4.13 根据 GB 50177—2005 及 SY/T 0019，氢气管道的施工及验收符合下列规定：

　　a）接触氢气的表面彻底去除毛刺、焊渣、铁锈和污垢等；

　　b）碳钢管的焊接宜采用氩弧焊作底焊；不锈钢应采用氩弧焊；

　　c）氢气管道、阀门、管件等在安装过程中及安装后采用严格措施防止焊渣、铁锈及可燃物等进入或遗留在管内；

　　d）氢气管道的试验介质和试验压力符合 GB 50177—2005 表 12.0.14 的规定；

　　e）氢气管道强度试验合格后，使用不含油的空气或惰性气体，以不小于 20m/s 的流速进行吹扫，直至出口无铁锈、无尘土及其他污垢为合格。

　　f）长距离埋地输送管道设计、安装时宜做电化学保护措施，吹扫前宜做通球处理。电化学保护宜每年检测一次并存档备案。

4.4.14 氢气充（灌）装台宜设两组或两组以上钢质无缝气瓶集装装置，一组供气，一组倒换气瓶。

4.4.15 加氢反应器及其管道因在高温高压环境下使用氢气，加氢反应器及其管道的材质应符合 SH 3059 的要求。加氢反应器运行期间作业人员应严格执行工艺操作规程，确保反应温度和压力平稳，避免出现飞温和超压过程，定期进行安全检查，包括外观检查、定点测壁厚、定时测壁温、腐蚀介质成分分析；开、停工过程前应编制合理的开、停工方案，停工时增加适当的脱氢过程，避免紧急泄压、降温；采取氮气气封、对反应器内壁采取尤损检测、内壁宏观检查等方法，重点检查焊缝区、堆焊层及螺栓、螺母、垫圈和容器内外支承结构，必要时采取气密或水压试验等措施以确保加氢反应器的使用安全。

4.4.16 冶金行业退火炉应采用可编程控制器 PLC 和智能调节器对退火全过程实行全自动控制操作，并对加热罩和炉罩内的超温、炉座强对流风机的过流、过载、过热、冷却罩的冷却风机的过流、过载、炉内的气体置换和退火过程中炉内的保护气氛等进行监控。在供给的保护气体符合安全使用条件下，应确保退火炉的密闭性和保护气体供给的连续性及其压力。在退火过程中，退火炉内的气体正常工作压力应保持微正压（绝对压力 105kPa，略高于一个标准大气压），应设置压力报警系统。运行期间及开、停工过程应严格执行操作规程，开、停工及检修过程应制定相关的计划或方案，以确保退火炉的使用安全。退火炉应设保护性氢气净化设备。

4.4.17 电厂（站）的氢冷发电机的技术要求可参照《汽轮发电机运行规程》执行。其他技术要求应按电力行业有关规定执行。

4.4.18 按照 GB 7231、GB 2893 和 GB 2894 的规定涂安全色，并设安全标志和标识。

5 置　换

5.1 氢气系统被置换的设备、管道等应与系统进行可靠隔绝。

5.2 采用惰性气体置换法应符合下列要求：

　　a）惰性气体中氧的体积分数不得超过 3%。

　　b）置换应彻底，防止死角末端残留余氢。

　　c）氢气系统内氧或氢的含量应至少连续 2 次分析合格，如氢气系统内氧的体积分数小于或等于 0.5%，氢的体积分数小于或等于 0.4% 时置换结束。

5.3 采用注水排气法应符合下列要求：

　　a）应保证设备、管道内被水注满，所有氢气被全部排出。

　　b）水注满在设备顶部最高处溢流口应有水溢出，并持续一段时间。

5.4 钢质无缝气瓶集装装置可采用下列方法置换：

　　a）压力置换法。向设备或系统充惰性气体，充气压强不小于 0.2MPa（表压），然后放出，重复多次后再用氢气置换多次，然后取样化验，合格后通氢气。也可用惰性气体直接进行置换。

　　b）抽空置换法。适用于能够承受负压的设备或系统。该方法先用惰性气体对设备或系统充压至 0.2MPa（表压），再抽空排掉设备或系统内气体。重复充气-抽空步骤2～5 次，然后取样分析，合格后再通氢气。

5.5 若储存容器是底部设置进（排）气管，从底部置换时，每次充入一定量惰性气体后应停留 2～3h 充分混合后排放，直到分析检验合格为止。

5.6 置换吹扫后的气体应通过排放管排放。

6 储　存

6.1 氢气储存容器应符合《压力容器安全技术监察规程》。氢气囊不宜作为氢气储存容器。

6.2 氢气储存容器应设置如下安全设施：

6.2.1 应设有安全泄压装置，如安全阀等。

6.2.2 氢气储存容器顶部最高点宜设氢气排放管。

6.2.3 应设压力监测仪表。

6.2.4 应设惰性气体吹扫置换接口。惰性气体和氢气管线连接部位宜设计成两截一放阀或安装"8 字"盲环板。

6.2.5 氢气储存容器底部最低点宜设排污口。

6.2.6 氢气储存容器周围环境温度不应超过 50℃，储存场所及周边应设计安装消防水系统。

6.3 氢气瓶（集装瓶）

6.3.1　氢气实瓶和空瓶应分别存放在位于装置边缘的仓间内，并应远离明火或操作温度等于或高于自燃点的设备。

6.3.2　氢气瓶的设计、制造和检验应符合《气瓶安全监察规程》的要求。

6.3.3　氢气瓶体根据 GB 7144 应为淡绿色，20MPa 气瓶应有淡黄色色环，并用红漆涂有"氢气"字样和充装单位名称。应经常保持漆色和字样鲜明。

6.3.4　多层建筑内使用氢气瓶，除生产特殊需要外，一般宜布置在顶层外墙处。

6.3.5　因生产需要在室内（现场）使用氢气瓶，其数量不得超过 5 瓶，室内（现场）的通风条件符合 4.1.5 要求，且布置符合如下要求：

　　a）氢气瓶与盛有易燃易爆、可燃物质及氧化性气体的容器和气瓶的间距不应小于 8m；

　　b）与明火或普通电气设备的间距不应小于 10m；

　　c）与空调装置、空气压缩机和通风设备（非防爆）等吸风口的间距不应小于 20m；

　　d）与其他可燃性气体储存地点的间距不应小于 20m。

6.3.6　氢气瓶瓶体在运输中瓶口应设有瓶帽（有防护罩的气瓶除外）、防震圈（集装气瓶除外）等其他防碰撞措施，以防止损坏阀门。

6.3.7　氢气瓶搬运中应轻拿轻放，不得摔滚，严禁撞击和强烈震动。不得从车上往下滚卸，氢气瓶运输中应严格固定。

6.3.8　储存和使用氢气瓶的场所应通风良好。不得靠近火源、热源及在太阳下暴晒。不得与强酸、强碱及氧化剂等化学品存放在同一库内。氢气瓶与氧气瓶、氯气瓶、氟气瓶等应隔离存放。

6.3.9　氧气瓶使用时应装减压器，减压器接口和管路接口处的螺纹，旋入时不少于五牙。

6.3.10　氢气瓶使用时应采用 4.1.15d）规定的方式固定，防止倾倒。气瓶、管路、阀门和接头应固定，不得松动位移，且管路和阀门应有防止碰撞的防护装置。

6.3.11　气瓶嘴冻结时应先将阀门关闭，后用温水解冻。

6.3.12　不得将气瓶内的气体用尽，瓶内至少应保留 0.05MPa 以上的压力，以防空气进入气瓶。

6.3.13　气瓶阀门如有损坏，应由相关资质单位检修。

6.3.14　开启气瓶阀门时，作业人员应站在阀口的侧后方，缓慢开启气瓶阀门。

6.3.15　根据《气瓶安全监察规程》的规定，氢气瓶应定期（每 3 年）进行检验，气瓶上应有检验钢印及检验色标。

6.3.16　气瓶集装装置应有防止管路和阀门受到碰撞的防护装胃；气瓶、管路、阀门和接头应经常维修保养，不得松动移位及泄漏。

6.3.17　氢气瓶集装装置的汇流总管和支管均宜采用优质紫铜管或不锈钢钢管。为保证焊缝的严密性，紫铜管及骨件的焊接采用银钎焊，焊接完成后对管道、管件、焊缝进行消除应力及软化退火处理。集装装置的汇流总管和支管使用前应经水压试验合格。

6.3.18 长管拖车的每只钢瓶上应装配安全泄压装置，钢瓶的阀门和安全泄压装置或其保护结构应能够承受本身两倍重置的惯性力。钢瓶长度超过 1.65m，并且直径超过 244mm 应在钢瓶两端安装易熔合金加爆破片或单独爆破片式的安全泄压装置，直径为 559mm 或更大的钢瓶宜在钢瓶两端安装单独爆破片式的安全泄压装置；在充卸装口侧，每台钢瓶封头端设置的阀门应处于常开状。安全泄压装置的排放口应垂直向上，并且对气体的排放无任何阻挡；长管拖车的每只钢瓶应在一端固定，另一端有允许钢瓶热胀冷缩的措施；每只钢瓶应装配单独的瓶阀，从瓶阀上引出的支管应有足够的韧性和挠度，以防止对阀门造成破坏。

6.3.19 长管拖车钢瓶应定期检验，使用前应检查制造和检验日期或符号，不得超量充（灌）装。长管拖车应按 GB 2894 规定设置安全标志，并随车携带氢气安全技术周知卡。长管拖车钢瓶使用时应有防止钢瓶和接头脱落电动措施，拖车应有防止自行移动的固定措施。长管拖车停放充（灌）装期间应接地。

6.3.20 长管拖车的汇流总管应安装压力表和温度表。钢瓶连接宜采用金属软管，应定期检查。拖车上应配置灭火器。使用时应避免长管拖车上压差大的钢瓶之间通过汇流管间进行均压，防止对长管气瓶产生多次数的交变应力。

6.4 氢气罐

6.4.1 氢气罐应安装放空阀、压力表、安全阀，压力表每半年校验一次，安全阀一般应每年至少校验一次，确保可靠。立式或卧式变压定容积氢气罐安全阀宜设置在容器便于操作位置，且宜安装两台相同泄放量且可并联或切换的安全阀，以确保安全阀检验时不影响罐内的氢气使用。

6.4.2 氢气罐放空阀、安全阀和置换排放管道系统均应设排放管，并应连投装有阻火器或有蒸汽稀释、氮气密封、末端设置火炬燃烧的总排放管。惰性气体吹扫置换接口应参照 6.2.4 要求执行。

6.4.3 氢气罐应采用承载力强的钢筋混凝土基础，其载荷应考虑做水压实验的水容积质量。氢气罐的地面应不低于相邻散发可燃气体、可燃蒸气的甲、乙类生产单元的地面，或设高度不低于 1m 的实体围墙予以隔离。

6.4.4 氢气罐新安装（出厂已超过一年时间）或大修后应进行压强和气密试验，试验合格后方能使用。压强试验应按最高工作压力 1.5 倍进行水压试验；气密试验应按最高工作压力试验，以无任何泄漏为合格。

6.4.5 罐区应设有防撞围墙或围栏，并设置明显的禁火标志。

6.4.6 氢气罐应安装防雷装置。防雷装置应每年检测一次，并建立设备档案。

6.4.7 氢气罐检修或检验作业应参照 4.3.2、4.3.6 要求执行。进入罐内作业应佩戴氧含量报警仪，同时应有人监护和其他有效的安全防护措施。

6.4.8 氢气罐应有静电接地设施。所有防静电设施应定期检查、维修，并建立设备档案。

6.5 氢气柜

6.5.1 氢气柜在工程验收时应进行试漏检查，防止泄漏。

6.5.2 氢气柜除工程验收时进行试漏检查外，运行过程中也应加强检查，防止水槽壁、套筒及钟罩漏水漏气。

6.5.3 氢气柜钟罩高度位置应有标尺显示高低（储量），每小时检查一次，并设置超高、过低位置报警装置。

6.5.4 氢气柜首次进气或大修后进气前，应将钟罩内的空气全部排净。

6.5.5 导轮导轨应定期加入润滑油，以确保套筒和钟罩升降灵活。

6.5.6 氢气柜水封应保证有足够的水位，防止氢气柜因缺水而逸出气体。寒冷地区应有防止水封结冰的措施。

6.5.7 氢气柜正常使用时应保持一定的氢气量，应防止储气过量或抽空。

6.5.8 氢气柜应安装在避雷保护区域内，应安装安全阀、压力超高自动排放装置等安全设施，并应设置自动切断装置以确保氢气柜泄漏时能自动切断气源。

6.5.9 进出氢气柜的氢气管道上应设置安全水封。

6.5.10 氢气柜宜设置自动水雾喷淋系统。

6.5.11 进入氢气柜检修应排净水封内的水，排水前应打开钟罩顶部的排空阀，其他检修作业可参照氢气罐 6.4.6 的要求。氢气柜静电接地设施可参照氢气罐 6.4.7 的要求。

7 压缩与充（灌）装

7.1 压缩

7.1.1 压缩机应按照 GB 50177—2005 要求设安全防护装置。

7.1.2 使用旋转式压缩机（水环泵）压缩氢气

a）启动前应检查泵和电机的轴承润滑情况，并确保气源充足方可启动；

b）水环泵启动前和运行中，应检查气水分离器的水位，不得低于标准线。气水分离器内的积水应定时排放，不得随意开启排水阀。寒冷地区使用水环泵应防止分离器结冰；

c）启动前应先用惰性气体置换系统内的空气，再用氢气置换惰性气体；

d）电机启动后，应随时检查气体进出口的压力变化，并及时调整到所需要的压力；

e）电机、轴承和水环泵应定期检修，润滑部件应定期加润滑剂，确保压缩机各部件的润滑和密封。

7.1.3 使用活塞式压缩机压缩氢气

a）启动前或大修后，应检查电气设备的绝缘和接线情况，防止短路和因电路接错而造成压缩机的反向旋转；

b）启动前应用惰性气体吹扫压缩机和管道系统，检验合格后再开氢气阀，关闭惰性气体阀，启动压缩机；

c）启动前机组应先通入冷却水，并检查润滑油是否纯净，油位是否适当；

d）应定时检查压缩机所有工艺指标如各级气缸进、排气压力及温度，冷却水和润滑油压力及温度以及轴承温度，不得超过工艺规定值。运行中遇冷却水中断应立即停车；

e）压缩机各段安全阀应定期校验，安全阀的设定起跳压力宜设定在正常工作压力的 1.05～1.1 倍；

　　f) 压缩机设备故障停车后应将设备隔离，用惰性气体将系统内的氢气置换完全（氢的体积分数小于等于 0.4%）；

　　g) 不得将氢气排放在室内，应通过排放管排入大气；

　　h) 压缩机的压力表等安全设备，应半年校验一次；

　　i) 应确保压缩机曲轴箱密封环材料和安装质量，以防止气体漏入曲轴箱；应每年对密封环进行更换，防止活塞杆与密封环之间因摩擦产生泄漏。此外，宜在曲轴箱填料函回油管中部增设一个小回油管，以防止回油管发生气阻导致气体窜入曲轴箱；

　　j) 曲轴箱透气帽处宜设置可燃气体报警仪或定期从曲轴箱内取气体样本分析，防止可燃气体浓度达到爆炸极限。

7.1.4　使用膜式压缩机压缩氢气

　　a) 应设置膜片损坏报警装置及连锁停机；

　　b) 应设置各级压缩气出口温度高限报警装置；

　　c) 应设置冷却水温度及流量报警装置；

　　d) 其他措施可参照活塞式压缩机使用要求。

7.2　充（灌）装

7.2.1　氢气充（灌）装的汇流排数量应根据气源的多少和压缩机的排气能力设置，最少 2 排（组），每排 8～24 个瓶位。

7.2.2　氢气充（灌）装时应先对气瓶进行确认，严禁氢气瓶与氧气瓶、氮气瓶或其他气瓶混淆。

7.2.3　应采用防错装接头充（灌）装夹具，防止可燃气体和助燃气体混装。

7.2.4　充（灌）装前应严格检查瓶体、阀门等处有无损坏。

7.2.5　充（灌）装时气瓶应用链卡等措施固定，防止倾倒。

7.2.6　应设置充（灌）装超压报警装置，保证气瓶充（灌）装压力不超过气瓶允许的工作压力。

7.2.7　为限制充气速度，同批充（灌）装气瓶数量不得随意减少，也不得在充（灌）装过程中插入空瓶充（灌）装，氢气充气速度不得高于 15m/s。

7.2.8　氢气与氧气不应在同一充（灌）装台内进行充（灌）装。

7.2.9　充气管道应和其连接部件牢靠连接，与气瓶属应紧密连接，防止气体泄漏。

7.2.10　充气导管宜为紫铜管或金属软管。充气导管若为紫铜管，使用前应经过退火处理，每使用三个月应退火一次。使用过程中紫铜管出现起皱现象应及时更换。

7.2.11　充（灌）装时应缓慢升启汇流排阀门，防止气流产生剧烈冲击。在充（灌）装过程中应检查气瓶温度，以判断气瓶进气流量的大小，并可检查气瓶的充（灌）气导管或阀门是否有故障。

7.2.12　空瓶与实瓶应严格分开存放。对不合格或未充（灌）入氢气的气瓶应另设区域放置，并设置醒目标识，防止误装。

7.2.13　经常检查充（灌）装压力，在高压时应特别注意压缩机各级温度和压力是否正常。

7.2.14　气瓶充（灌）装结束应佩戴限瓶帽，防震圈（集装气瓶除外），应在充（灌）

装后的气瓶（或集装架）上粘贴符合 GB 16804《气瓶警示标签》和充（灌）装标签。

7.2.15　有下列情况之一的气瓶不应充（灌）装：瓶体漆色、字样模糊、不易识别、无有效标签；安全附件不全（包括瓶帽、胶圈等）或瓶体、阀门有明显损坏；瓶内气体余压低于 0.05MPa；按规定超过检验年限或钢印标记不清；空瓶未经检验或瓶内气体未经置换和抽空。

8　排　　放

8.1　氧气排放管应采用金属材料，不得使用塑料管或橡皮管。

8.2　氢气排放管应设阻火器，阻火器应设在管口处。

8.3　氧气排放口垂直设置。当排放含饱和水蒸气的氢气（产生两相流）时，在排放管内应引入一定量的惰性气体或设置静电消除装置，保证排放安全。

8.4　室内排放管的出口应高出屋顶 2m 以上。室外设备的排放管应高于附近有人员作业的最高设备 2m 以上。

8.5　排放管应设静电接地，并在避雷保护范围之内。

8.6　排放管应有防止空气回流的措施。

8.7　排放管应有防止雨雪侵入、水气凝集、冻结和外来异物堵塞的措施。

9　消防与紧急情况处理

9.1　氢气发生大量泄漏或积聚时，应采取以下措施：

9.1.1　应及时切断气源，并迅速撤离泄漏污染区人员至上风处。

9.1.2　对泄漏污染区进行通风，对已泄漏的氢气进行稀释，若不能及时切断时，应采用蒸汽进行稀释，防止氢气积聚形成爆炸性气体混合物。

9.1.3　若泄漏发生在室内，宜使用吸风系统或将泄漏的气瓶移至室外，以避免泄漏的氢气四处扩散。

9.2　氢气发生泄漏并着火时应采取以下措施：

9.2.1　应及时切断气源；若不能立即切断气源，不得熄灭正在燃烧的气体，并用水强制冷却着火设备，此外，氢气系统应保持正压状态，防止氢气系统回火发生。

9.2.2　采取措施，防止火灾扩大，如采用大量消防水雾喷射其他引燃物质和相邻设备；如有可能，可将燃烧设备从火场移至空旷处。

9.2.3　氢火焰肉眼不易察觉，消防人员应佩戴自给式呼吸器，穿防静电服进入现场，注意防止外露皮肤烧伤。

9.3　消防安全措施：供氢站应按 GB 50016 规定，在保护范围内设置消火栓，配备水带和水枪，并应根据需要配备干粉、二氧化碳等轻便灭火器材或氮气、蒸汽灭火系统。

9.4　高浓度氢气会使人窒息，应及时将窒息人员移至良好通风处，进行人工呼吸，并迅速就医。

附录 A　（资料性附录）氢气的危险特性

A.1　氢气无色、无臭、无味，空气中高浓度氢气易造成缺氧，会使人窒息。氢气比空气轻，相对密度（空气＝1）：0.07，氢气泄漏后会迅速向高处扩散；氢气与空气混合容易形成爆炸性混合物。

A.2　氢气极易燃烧，属2.1类易燃气体。氢气点火能量很低，在空气中的最小点火能为0.019mJ，在氧气中的最小点火能为0.007mJ，一般撞击、摩擦、不同电位之间的放电、各种爆炸材料的引燃、明火、热气流、高温烟气、雷电感应、电磁辐射等都可点燃氢-空气混合物；氢气燃烧时的火焰没有颜色，肉眼不易察觉。

A.3　氢气在空气中的爆炸范围较宽，为4%～75%（体积分数）在氧气中的爆炸范围为4.5%～95%（体积分数），因此氢气-空气混合物很容易发生爆燃，爆燃产生的热气体迅速膨胀，形成的冲击波会对人员造成伤亡，对周围设备及附近的建筑物造成破坏。

A.4　氢气的化学活性很大，与空气、氧、卤素和强氧化剂能发生剧烈反应，有燃烧爆炸的危险，而金属催化剂如铂和镍等会促进上述反应。

（十一）　生活饮用水卫生标准 GB 5749—2006

1　范　　围

　　本标准规定了生活饮用水水质卫生要求、生活饮用水水源水质卫生要求、集中式供水单位卫生要求、二次供水卫生要求、涉及生活饮用水卫生安全产品卫生要求、水质监测和水质检验方法。

　　本标准适用于城乡各类集中式供水的生活饮用水，也适用于分散式供水的生活饮用水。

2　规范性引用文件

　　下列文件中的条款通过本标准的引用而成为本标准的条款。凡是标注日期的引用文件，其随后所有的修改单（不包括勘误内容）或修订版均不适用于本标准，然而，鼓励根据本标准达成协议的各方研究是否可使用这些文件的最新版本。凡是不注日期的引用文件，其最新版本适用于本标准。

　　GB 3838　地表水环境质量标准

　　GB/T 5750（所有部分）　生活饮用水标准检验方法

　　GB/T 14848　地下水质量标准

　　GB 17051　二次供水设施卫生规范

　　GB/T 17218　饮用水化学处理剂卫生安全性评价

　　GB/T 17219　生活饮用水输配水设备及防护材料的安全性评价标准

　　CJ/T 206　城市供水水质标准

　　SL 308　村镇供水单位资质标准

生活饮用水集中式供水单位卫生规范　卫生部

3　术语和定义

下列术语和定义适用于本标准。

3.1　生活饮用水　drinking water

供人生活的饮水和生活用水。

3.2　供水方式　type of water supply

3.2.1　集中式供水　central water supply

自水源集中取水，通过输配水管网送到用户或者公共取水点的供水方式，包括自建设施供水。为用户提供日常饮用水的供水站和为公共场所、居民社区提供的分质供水也属于集中式供水。

3.2.2　二次供水　secondary water supply

集中式供水在入户之前经再度储存、加压和消毒或深度处理，通过管道或容器输送给用户的供水方式。

3.2.3　小型集中式供水　small central water supply

农村日供水在 $1000m^3$ 以下（或供水入口在 1 万人以下）的集中式供水。

3.2.4　分散式供水　non-central water supply

分散居户直接从水源取水，无任何设施或仅有简易设施的供水方式。

3.3　常规指标　regular indices

能反映生活饮用水水质基本状况的水质指标。

3.4　非常规指标　non-regular indices

根据地区、时间或特殊情况需要实施的生活饮用水水质指标。

4　生活饮用水水质卫生要求

4.1　生活饮用水水质应符合下列基本要求，保证用户饮用安全。

4.1.1　生活饮用水中不得含有病原微生物。

4.1.2　生活饮用水中化学物质不得危害人体健康。

4.1.3　生活饮用水中放射性物质不得危害人体健康。

4.1.4　生活饮用水的感官性状良好。

4.1.5　生活饮用水应经消毒处理。

4.1.6　生活饮用水水质应符合表 1 和表 3 卫生要求。集中式供水出厂水中消毒剂限值、出厂水和管网末梢水中消毒剂余量均应符合表 2 要求。

4.1.7　小型集中式供水和分散式供水因条件限制，水质部分指标可暂按照表 4 执行，其余指标仍按表 1、表 2 和表 3 执行。

4.1.8　当发生影响水质的突发性公共事件时，经市级以上人民政府批准，感官性状和一般化学指标可适当放宽。

4.1.9　当饮用水中含有附录 A 表 A.1 所列指标时，可参考此表限值评价。

表1　水质常规指标及限值

指　标	限　值
1. 微生物指标[a]	
总大肠菌群/(MPN/100mL 或 CFU/100mL)	不得检出
耐热大肠菌群/(MPN/100mL 或 CFU/100mL)	不得检出
大肠埃希氏菌/(MPN/100mL 或 CPU/100mL)	不得检出
菌落总数/(CFU/mL)	100
2. 毒理指标	
砷/(mg/L)	0.01
镉/(mg/L)	0.005
铬(六价)/(mg/L)	0.05
铅/(mg/L)	0.01
汞/(mg/L)	0.001
硒/(mg/L)	0.01
氰化物/(mg/L)	0.05
氟化物/(mg/L)	1.0
硝酸盐(以 N 计)/(mg/L)	10 地下水源限制时为 20
三氯甲烷/(mg/L)	0.06
四氯化碳/(mg/L)	0.002
溴酸盐(使用臭氧时)/(mg/L)	0.01
甲醛(使用臭氧时)/(mg/L)	0.9
亚氯酸盐(使用二氧化氯消毒时)/(mg/L)	0.7
氯酸盐(使用复合二氧化氯消毒时)/(mg/L)	0.7
3. 感官性状和一般化学指标	
色度(铂钴色度单位)	15
浑浊度(散射浑浊度单位)/NTU	1 水源与净水技术条件限制时为 3
臭和味	无异臭、异味
肉眼可见物	无
pH	不小于 6.5 且不大于 8.5
铝/(mg/L)	0.2
铁/(mg/L)	0.3
锰/(mg/L)	0.1
铜/(mg/L)	1.0
锌/(mg/L)	1.0
氯化物/(mg/L)	250
硫酸盐/(mg/L)	250
溶解性总固体/(mg/L)	1000

续表

指　标	限　值
总硬度(以 $CaCO_3$ 计)/(mg/L)	450
耗氧量(COD_{Mn}法,以 O_2 计)/(mg/L)	3 水源限制,原水耗氧量＞6mg/L 时为 5
挥发酚类(以苯酚计)/(mg/L)	0.002
阴离子合成洗涤剂/(mg/L)	0.3
4. 放射性指标[b]	指导值
总 α 放射性/(Bq/L)	0.5
总 β 放射性/(Bq/L)	1

　　a　MPN 表示最可能数；CFU 表示菌落形成单位。当水样检出总大肠菌群时，应进一步检验大肠埃希氏菌或耐热大肠菌群；水样未检出总大肠菌群，不必检验大肠埃希氏菌或耐热大肠菌群。

　　b　放射性指标超过指导值，应进行核素分析和评价，判定能否饮用。

表 2　饮用水中消毒剂常规指标及要求

消毒剂名称	与水接触时间	出厂水中限值 /(mg/L)	出厂水中余量 /(mg/L)	管网末梢水中余量 /(mg/L)
氯气及游离氯制剂(游离氯)	≥30min	4	≥0.3	≥0.05
一氯胺(总氯)	≥120min	3	≥0.5	≥0.05
臭氧(O_3)	≥12min	0.3	—	0.02 如加氯,总氯≥0.05
二氧化氯(ClO_2)	≥30min	0.8	≥0.1	≥0.02

表 3　水质非常规指标及限值

指　标	限　值
1. 微生物指标	
贾第鞭毛虫/(个/10L)	＜1
隐孢子虫/(个/10L)	＜1
2. 毒理指标	
锑/(mg/L)	0.005
钡/(mg/L)	0.7
铍/(mg/L)	0.002
硼/(mg/L)	0.5
钼/(mg/L)	0.07
镍/(mg/L)	0.02
银/(mg/L)	0.05
铊/(mg/L)	0.0001
氯化氰(以 CN^- 计)/(mg/L)	0.07
一氯二溴甲烷/(mg/L)	0.1
二氯一溴甲烷/(mg/L)	0.06
二氯乙酸/(mg/L)	0.05

指　　标	限　　值
1,2-二氯乙烷/(mg/L)	0.03
二氯甲烷/(mg/L)	0.02
三卤甲烷(三氯甲烷、一氯二溴甲烷、二氯一溴甲烷、三溴甲烷的总和)	该类化合物中各种化合物的实测浓度与其各自限值的比值之和不超过 1
1,1,1,-三氯乙烷/(mg/L)	2
三氯乙酸/(mg/L)	0.1
三氯乙醛/(mg/L)	0.01
2,4,6-三氯酚/(mg/L)	0.2
三溴甲烷/(mg/L)	0.1
七氯/(mg/L)	0.0004
马拉硫磷/(mg/L)	0.25
五氯酚/(mg/L)	0.009
六六六(总量)/(mg/L)	0.005
六氯苯/(mg/L)	0.001
乐果/(mg/L)	0.08
对硫磷/(mg/L)	0.003
灭草松/(mg/L)	0.3
甲基对硫磷/(mg/L)	0.02
百菌清/(mg/L)	0.01
呋喃丹/(mg/L)	0.007
林丹/(mg/L)	0.002
毒死蜱/(mg/L)	0.03
草甘膦/(mg/L)	0.7
敌敌畏/(mg/L)	0.001
莠去津/(mg/L)	0.002
溴氰菊酯/(mg/L)	0.02
2,4-滴/(mg/L)	0.03
滴滴涕/(mg/L)	0.001
乙苯/(mg/L)	0.3
二甲苯(总量)/(mg/L)	0.5
1,1-二氯乙烯/(mg/L)	0.03
1,2-二氯乙烯/(mg/L)	0.05
1,2-二氯苯/(mg/L)	1
1,4-二氯苯/(mg/L)	0.3
三氯乙烯/(mg/L)	0.07
三氯苯(总量)/(mg/L)	0.02
六氯丁二烯/(mg/L)	0.0006

续表

指　标	限　值
丙烯酰胺/(mg/L)	0.0005
四氯乙烯/(mg/L)	0.04
甲苯/(mg/L)	0.7
邻苯二甲酸二(2-乙基己基)酯/(mg/L)	0.008
环氧氯丙烷/(mg/L)	0.0004
苯/(mg/L)	0.01
苯乙烯/(mg/L)	0.02
苯并(a)芘/(mg/L)	0.00001
氯乙烯/(mg/L)	0.005
氯苯/(mg/L)	0.3
微囊藻毒素-LR/(mg/L)	0.001
3. 感官性状和一般化学指标	
氨氮(以 N 计)/(mg/L)	0.5
硫化物/(mg/L)	0.02
钠/(mg/L)	200

表 4　小型集中式供水和分散式供水部分水质指标及限值

指　标	限　值
1. 微生物指标	
菌落总数/(CFU/mL)	500
2. 毒理指标	
砷/(mg/L)	0.05
氟化物/(mg/L)	1.2
硝酸盐(以 N 计)/(mg/L)	20
3. 感官性状和一般化学指标	
色度(铂钴色度单位)	20
浑浊度(散射浑浊度单位)/NTU	3 水源与净水技术条件限制时为 5
pH	不小于 6.5 且不大于 9.5
溶解性总固体/(mg/L)	1500
总硬度(以 $CaCO_3$ 计)/(mg/L)	550
耗氧量(COD_{Mn}法,以 O_2 计)/(mg/L)	5
铁/(mg/L)	0.5
锰/(mg/L)	0.3
氯化物/(mg/L)	300
硫酸盐/(mg/L)	300

5　生活饮用水水源水质卫生要求

5.1　采用地表水为生活饮用水水源时应符合 GB 3838 要求。

5.2　采用地下水为生活饮用水水源时应符合 GB/T 14848 要求。

6　集中式供水单位卫生要求

集中式供水单位的卫生要求应按照卫生部《生活饮用水集中式供水单位卫生规范》执行。

7　二次供水卫生要求

二次供水的设施和处理要求应按照 GB 17051 执行。

8　涉及生活饮用水卫生安全产品卫生要求

8.1　处理生活饮用水采用的絮凝、助凝、消毒、氧化、吸附、pH 调节、防锈、阻垢等化学处理剂不应污染生活饮用水，应符合 GB/T 17218 要求。

8.2　生活饮用水的输配水设备、防护材料和水处理材料不应污染生活饮用水，应符合 GB/T 17219 要求。

9　水　质　监　测

9.1　供水单位的水质检测

9.1.1　供水单位的水质非常规指标选择由当地县级以上供水行政主管部门和卫生行政部门协商确定。

9.1.2　城市集中式供水单位水质检测的采样点选择、检验项目和频率、合格率计算按照 CJ/T 206 执行。

9.1.3　村镇集中式供水单位水质检测的采样点选择、检验项目和频率、合格率计算按照 SL 308 执行。

9.1.4　供水单位水质检测结果应定期报送当地卫生行政部门，报送水质检测结果的内容和办法由当地供水行政主管部门和卫生行政部门商定。

9.1.5　当饮用水水质发生异常时应及时报告当地供水行政主管部门和卫生行政部门。

9.2　卫生监督的水质监测

9.2.1　各级卫生行政部门应根据实际需要定期对各类供水单位的供水水质进行卫生监督、监测。

9.2.2　当发生影响水质的突发性公共事件时，由县级以上卫生行政部门根据需要确定饮用水监督、监测方案。

9.2.3　卫生监督的水质监测范围、项目、频率由当地市级以上卫生行政部门确定。

10　水质检验方法

生活饮用水水质检验应按照 GB/T 5750（所有部分）执行。

附录 A （资料性附录） 生活饮用水水质参考指标及限值

表 A.1 生活饮用水水质参考指标及限值

指　　标	限　值
肠球菌/(CFU/100mL)	0
产气荚膜梭状芽孢杆菌/(CFU/100mL)	0
二(2-乙基己基)己二酸酯/(mg/L)	0.4
二溴乙烯/(mg/L)	0.00005
二噁英(2,3,7,8-TCDD)/(mg/L)	0.00000003
土臭素(二甲基萘烷醇)/(mg/L)	0.00001
五氯丙烷/(mg/L)	0.03
双酚 A/(mg/L)	0.01
丙烯腈/(mg/L)	0.1
丙烯酸/(mg/L)	0.5
丙烯醛/(mg/L)	0.1
四乙基铅/(mg/L)	0.0001
戊二醛/(mg/L)	0.07
甲基异莰醇-2/(mg/L)	0.00001
石油类(总量)/(mg/L)	0.3
石棉(>10μm)/(万个/L)	700
亚硝酸盐/(mg/L)	1
多环芳烃(总量)/(mg/L)	0.002
多氯联苯(总量)/(mg/L)	0.0005
邻苯二甲酸二乙酯/(mg/L)	0.3
邻苯二甲酸二丁酯/(mg/L)	0.003
环烷酸/(mg/L)	1.0
苯甲醚/(mg/L)	0.05
总有机碳(TOC)/(mg/L)	5
β-萘酚/(mg/L)	0.4
丁基黄原酸/(mg/L)	0.001
氯化乙基汞/(mg/L)	0.0001
硝基苯/(mg/L)	0.017

参 考 文 献

[1] World Health Organization. Guidelines for Drinking-water Quality, third edition. Vol, 1, 2004. Geneva.
[2] EU's Drinking Water Standards. Council Directive 98/83/EC on the quality of water intended for human consumption. Adopted by the Council, on 3 November 1998.
[3] US EPA. Drinking Water Standards and Health Advisories, Winter 2004.
[4] 俄罗斯国家饮用水卫生标准，2002 年 1 月实施。
[5] 日本饮用水水质基准（水道法に基づく水质基准に关する省令），2004 年 4 月起实施。

（十二）化学品分类和危险性公示　通则 GB 13690—2009

1 范　围

本标准规定了有关 GHS 的化学品分类及其危险公示。

本标准适用于化学品分类及其危险公示。本标准适用于化学品生产场所和消费品的标志。

2 规范性引用文件

下列文件中的条款，通过本标准的引用而成为本标准的条款。凡是注日期的引用文件，其随后所有的修改单（不包括勘误的内容）或修订版均不适用于本标准，然而，鼓励根据本标准达成协议的各方研究是否可使用这些文件的最新版本。凡是不注日期的引用文件，其最新版本适用于本标准。

GB/T 16483　化学品安全技术说明书　内容和项目顺序

GB 20576　化学品分类、警示标签和警示性说明安全规范　爆炸物

GB 20577　化学品分类、警示标签和警示性说明安全规范　易燃气体

GB 20578　化学品分类、警示标签和警示性说明安全规范　易燃气溶胶

GB 20579　化学品分类、警示标签和警示性说明安全规范　氧化性气体

GB 20580　化学品分类、警示标签和警示性说明安全规范　压力下气体

GB 20581　化学品分类、警示标签和警示性说明安全规范　易燃液体

GB 20582　化学品分类、警示标签和警示性说明安全规范　易燃固体

GB 20583　化学品分类、警示标签和警示性说明安全规范　自反应物质

GB 20584　化学品分类、警示标签和警示性说明安全规范　自热物质

GB 20585　化学品分类、警示标签和警示性说明安全规范　自燃液体

GB 20586　化学品分类、警示标签和警示性说明安全规范　自燃固体

GB 20587　化学品分类、警示标签和警示性说明安全规范　遇水放出易燃气体的物质

GB 20588　化学品分类、警示标签和警示性说明安全规范　金属腐蚀物

GB 20589　化学品分类、警示标签和警示性说明安全规范　氧化性液体

GB 20590　化学品分类、警示标签和警示性说明安全规范　氧化性固体

GB 20591　化学品分类、警示标签和警示性说明安全规范　有机过氧化物

GB 20592　化学品分类、警示标签和警示性说明安全规范　急性毒性

GB 20593　化学品分类、警示标签和警示性配明安全规范　皮肤腐蚀/刺激

GB 20594　化学品分类、警示标签和警示性说明安全规范　严重眼睛损伤/眼睛刺激性

GB 20595　化学品分类、警示标签和警示性说明安全规范　呼吸或皮肤过敏

GB 20596　化学品分类、警示标签和警示性说明安全规范　生殖细胞突变性

GB 20597　化学品分类、警示标签和警示性说明安全规范　致癌性

GB 20598   化学品分类、警示标签和警示性说明安全规范   生殖毒性

GB 20599   化学品分类、警示标签和警示性说明安全规范   特异性靶器官系统毒性   一次接触

GB 20601   化学品分类、警示标签和警示性说明安全规范   特异性靶器官系统毒性   反复接触

GB 20602   化学品分类、警示标签和警示性说明安全规范   对水环境的危害

GB/T 22272～GB/T 22278   良好实验室规范（GLP）系列标准

ISO 11683：1997   包装   触觉危险警告   要求

国际化学品安全方案/环境卫生标准第 225 号文件"评估接触化学品引起的生殖健康风险所用的原则"

3   术语和定义

GHS 转化的系列国家标准（GB 20576～GB 20599、GB 20601、GB 20602）以及下列术语和定义适用于本标准。

3.1   化学名称   chemical identity

唯一标识一种化学品的名称。这一名称可以是符合国际纯粹与应用化学联合会（IUPAC）或化学文摘社（CAS）的命名制度的名称，也可以是一种技术名称。

3.2   压缩气体   compressed gas

加压包装时在−50℃时完全是气态的一种气体；包括临界温度为≪−50℃的所有气体。

3.3   闪点   flash point

规定试验条件下施用某种点火源造成液体汽化而着火的最低温度（校正至标准大气压 101.3kPa）。

3.4   危险类别   hazard category

每个危险种类中的标准划分，如口服急性毒性包括五种危险类别而易燃液体包括四种危险类别。这些危险类别在一个危险种类内比较危险的严重程度，不可将它们视为较为一般的危险类别比较。

3.5   危险种类   hazard class

危险种类指物理、健康或环境危险的性质，例如易燃固体、致癌性、口服急性毒性。

3.6   危险性说明   hazard statement

对某个危险种类或类别的说明，它们说明一种危险产品的危险性质，在情况适合时还说明其危险程度。

3.7   初始沸点   initial boiling point

一种液体的蒸气压力等于标准压力（101.3kPa），第一个气泡出现时的温度。

3.8   标签   label

关于一种危险产品的一组适当的书面、印刷或图形信息要素，因为与目标部门相关而被选定，它们附于或印刷在一种危险产品的直接容器上或它的外部包装上。

3.9　标签要素　label element

统一用于标签上的一类信息，例如象形图、信号词。

3.10　《联合国关于危险货物运输的建议书·规章范本》（以下简称规章范本）　recommendations on the transport of dangerous goods，model regulations

经联合国经济贸易理事会认可，以联合国关于危险货物运输建议书附件"关于运输危险货物的规章范本"为题，正式出版的文字材料。

3.11　象形图　pictogram

一种图形结构，它可能包括一个符号加上其他图形要素，例如边界、背景图案或颜色，意在传达具体的信息。

3.12　防范说明　precautionary statement

一个短语/和（或）象形图，说明建议采取的措施，以最大限度地减少或防止因接触某种危险物质或因对它存储或搬运不当而产生的不利效应。

3.13　产品标识符　product identifier

标签或安全数据单上用于危险产品的名称或编号。它提供一种唯一的手段使产品使用者能够在特定的使用背景下识别该物质或混合物，例如在运输、消费时或在工作场所。

3.14　信号词　signal word

标签上用来表明危险的相对严重程度和提醒读者注意潜在危险的单词。GHS使用"危险"和"警告"作为信号词。

3.15　图形符号　symbol

旨在简明地传达信息的图形要素。

4　分　类

4.1　理化危险

4.1.1　爆炸物

爆炸物分类、警示标签和警示性说明见 GB 20576。

4.1.1.1　爆炸物质（或混合物）是这样一种固态或液态物质（或物质的混合物），其本身能够通过化学反应产生气体，而产生气体的温度、压力和速度能对周围环境造成破坏。其中也包括发火物质，即使它们不放出气体。

发火物质（或发火混合物）是这样一种物质或物质的混合物，它旨在通过非爆炸自持放热化学反应产生的热、光、声、气体、烟或所有这些的组合来产生效应。

爆炸性物品是含有一种或多种爆炸性物质或混合物的物品。

烟火物品是包含一种或多种发火物质或混合物的物品。

4.1.1.2　爆炸物种类包括：

a）爆炸性物质和混合物；

b）爆炸性物品，但不包括下述装置：其中所含爆炸性物质或混合物由于其数量或特性，在意外或偶然点燃或引爆后，不会由于迸射、发火、冒烟、发热或巨响而在装置之外产生任何效应。

　　c）在 a）和 b）中未提及的为产生实际爆炸或烟火效应而制造的物质、混合物和物品。

4.1.2　易燃气体

　　易燃气体分类、警示标签和警示性说明见 GB 20577。

　　易燃气体是在 20℃和 101.3kPa 标准压力下，与空气有易燃范围的气体。

4.1.3　易燃气溶胶

　　易燃气溶胶分类、警示标签和警示性说明见 GB 20578。

　　气溶胶是指气溶胶喷雾罐，系任何不可重新罐装的容器，该容器由金属、玻璃或塑料制成，内装强制压缩、液化或溶解的气体，包含或不包含液体、膏剂或粉末，配有释放装置，可使所装物质喷射出来，形成在气体中悬浮的固态或液态微粒或形成泡沫、膏剂或粉末或处于液态或气态。

4.1.4　氧化性气体

　　氧化性气体分类、警示标签和警示性说明见 GB 20579。

　　氧化性气体是一般通过提供氧气，比空气更能导致或促使其他物质燃烧的任何气体。

4.1.5　压力下气体

　　压力下气体分类、警示标签和警示性说明见 GB 20580。

　　压力下气体是指高压气体在压力等于或大于 200kPa（表压）下装入贮器的气体，或是液化气体或冷冻液化气体。

　　压力下气体包括压缩气体、液化气体、溶解液体、冷冻液化气体。

4.1.6　易燃液体

　　易燃液体分类、警示标签和警示性说明见 GB 20581。

　　易燃液体是指闪点不高于 93℃的液体。

4.1.7　易燃固体

　　易燃固体分类、警示标签和警示性说明见 GB 20582。

　　易燃固体是容易燃烧或通过摩擦可能引燃或助燃的固体。

　　易于燃烧的固体为粉状、颗粒状或糊状物质，它们在与燃烧着的火柴等火源短暂接触即可点燃和火焰迅速蔓延的情况下，都非常危险。

4.1.8　自反应物质或混合物

　　自反应物质分类、警示标签和警示性说明见 GB 20583。

4.1.8.1　自反应物质或混合物是即使没有氧（空气）也容易发生激烈放热分解的热不稳定液态或固态物质或者混合物。本定义不包括根据统一分类制度分类为爆炸物、有机过氧化物或氧化物质的物质和混合物。

4.1.8.2　自反应物质或混合物如果在实验室试验中其组分容易起爆、迅速爆燃或在封闭条件下加热时显示剧烈效应，应视为具有爆炸性质。

4.1.9　自燃液体

　　自燃液体分类、警示标签和警示性说明见 GB 20585。

　　自燃液体是即使数量小也能在与空气接触后 5min 之内引燃的液体。

4.1.10　自燃固体

自燃固体分类、警示标签和警示性说明见 GB 20586。

自燃固体是即使数量小也能在与空气接触后 5min 之内引燃的固体。

4.1.11　自热物质和混合物

自热物质分类、警示标签和警示性说明见 GB 20584。

自热物质是发火液体或固体以外，与空气反应不需要能源供应就能够自己发热的固体或液体物质或混合物；这类物质或混合物与发火液体或固体不同，因为这类物质只有数量很大（公斤级）并经过长时间（几小时或几天）才会燃烧。

注：物质或混合物的自热导致自发燃烧是由于物质或混合物与氧气（空气中的氧气）发生反应并且所产生的热没有足够迅速地传导到外界而引起的。当热产生的速度超过热损耗的速度而达到自燃温度时，自燃便会发生。

4.1.12　遇水放出易燃气体的物质或混合物

遇水放出易燃气体的物质分类、警示标签和警示性说明见 GB 20587。

遇水放出易燃气体的物质或混合物是通过与水作用，容易具有自燃性或放出危险数量的易燃气体的固态或液态物质或混合物。

4.1.13　氧化性液体

氧化性液体分类、警示标签和警示性说明见 GB 20589。

氧化性液体是本身未必燃烧，但通常因放出氧气可能引起或促使其他物质燃烧的液体。

4.1.14　氧化性固体

氧化性固体分类、警示标签和警示性说明见 GB 20590。

氧化性固体是本身未必燃烧，但通常因放出氧气可能引起或促使其他物质燃烧的固体。

4.1.15　有机过氧化物

有机过氧化物分类、警示标签和警示性说明见 GB 20591。

4.1.15.1　有机过氧化物是含有二价-O-O-结构的液态或固态有机物质，可以看作是一个或两个氢原子被有机基替代的过氧化氢衍生物。该术语也包括有机过氧化物配方（混合物）。有机过氧化物是热不稳定物质或混合物，容易放热自加速分解。另外，它们可能具有下列一种或几种性质：

a）易于爆炸分解；

b）迅速燃烧；

c）对撞击或摩擦敏感；

d）与其他物质发生危险反应。

4.1.15.2　如果有机过氧化物在实验室试验中，在封闭条件下加热时组分容易爆炸迅速爆燃或表现出剧烈效应，则可认为它具有爆炸性质。

4.1.16　金属腐蚀剂

金属腐蚀物分类、警示标签和警示性说明见 GB 20588。

腐蚀金属的物质或混合物是通过化学作用显著损坏或毁坏金属的物质或混合物。

4.2　健康危险

4.2.1　急性毒性

急性毒性分类、警示标签和警示性说明见 GB 20592。

急性毒性是指在单剂量或在 24h 内多剂量口服或皮肤接触一种物质，或吸入接触 4h 之后出现的有害效应。

4.2.2　皮肤腐蚀/刺激

皮肤腐蚀/刺激分类、警示标签和警示性说明见 GB 20593。

皮肤腐蚀是对皮肤造成不可逆损伤；即施用试验物质达到 4h 后，可观察到表皮和真皮坏死。

腐蚀反应的特征是溃疡、出血、有血的结痂，而且在观察期 14d 结束时，皮肤、完全脱发区域和结痂处由于漂白而褪色。应考虑通过组织病理学来评估可疑的病变。

皮肤刺激是施用试验物质达到 4h 后对皮肤造成可逆损伤。

4.2.3　严重眼损伤/眼刺激

严重眼睛损伤/眼睛刺激性分类、警示标签和警示性说明见 GB 20594。

严重眼损伤是在眼前部表面施加试验物质之后，对眼部造成在施用 21d 内并不完全可逆的组织损伤，或严重的视觉物理衰退。

眼刺激是在眼前部表面施加试验物质之后，在眼部产生在施用 21d 内完全可逆的变化。

4.2.4　呼吸或皮肤过敏

呼吸或皮肤过敏分类、警示标签和警示性说明见 GB 20595。

4.2.4.1　呼吸过敏物是吸入后会导致气管超过敏反应的物质。皮肤过敏物是皮肤接触后会导致过敏反应的物质。

4.2.4.2　过敏包含两个阶段：第一个阶段是某人因接触某种变应原而引起特定免疫记忆。第二阶段是引发，即某一致敏个人因接触某种变应原而产生细胞介导或抗体介导的过敏反应。

4.2.4.3　就呼吸过敏而言，随后为引发阶段的诱发，其形态与皮肤过敏相同。对于皮肤过敏，需有一个让免疫系统能学会作出反应的诱发阶段；此后，可出现临床症状，这时的接触就足以引发可见的皮肤反应（引发阶段）。因此，预测性的试验通常取这种形态，其中有一个诱发阶段，对该阶段的反应则通过标准的引发阶段加以计量，典型做法是使用斑贴试验。直接计量诱发反应的局部淋巴结试验则是例外做法。人体皮肤过敏的证据通常通过诊断性斑贴试验加以评估。

4.2.4.4　就皮肤过敏和呼吸过敏而言，对于诱发所需的数值一般低于引发所需数值。

4.2.5　生殖细胞致突变性

4.2.5.1　生殖细胞突变性分类、警示标签和警示性说明见 GB 20596。

4.2.5.2　本危险类别涉及的主要是可能导致人类生殖细胞发生可传播给后代的突变的化学品。但是，在本危险类别内对物质和混合物进行分类时，也要考虑活体外致突变性/生殖毒性试验和哺乳动物活体内体细胞中的致突变性/生殖毒性试验。

4.2.5.3　本标准中使用的引起突变、致变物、突变和生殖毒性等词的定义为常见定义。

突变定义为细胞中遗传物质的数量或结构发生永久性改变。

4.2.5.4 "突变"一词用于可能表现于表型水平的可遗传的基因改变和已知的基本DNA改性（例如，包括特定的碱基对改变和染色体易位）。引起突变和致变物两词用于在细胞和/或有机体群落内产生不断增加的突变的试剂。

4.2.5.5 生殖毒性的和生殖毒性这两个较具一般性的词汇用于改变DNA的结构、信息量、分离试剂或过程，包括那些通过干扰正常复制过程造成DNA损伤或以非生理方式（暂时）改变DNA复制的试剂或过程。生殖毒性试验结果通常作为致突变效应的指标。

4.2.6 致癌性

4.2.6.1 致癌性分类、警示标签和警示性说明见 GB 20597。

4.2.6.2 致癌物一词是指可导致痛症或增加癌症发生率的化学物质或化学物质混合物。在实施良好的动物实验性研究中诱发良性和恶性肿瘤的物质也被认为是假定的或可疑的人类致癌物，除非有确凿证据显示该肿瘤形成机制与人类无关。

4.2.6.3 产生致癌危险的化学品的分类基于该物质的固有性质，并不提供关于该化学品的使用可能产生的人类致癌风险水平的信息。

4.2.7 生殖毒性

生殖毒性分类、警示标签和警示性说明见 GB 20598。

4.2.7.1 生殖毒性

生殖毒性包括对成年雄性和雌性性功能和生育能力的有害影响，以及在后代中的发育毒性。下面的定义是国际化学品安全方案/环境卫生标准第 225 号文件中给出的。

在本标准中，生殖毒性细分为两个主要标题：

a) 对性功能和生育能力的有害影响；

b) 对后代发育的有害影响。

有些生殖毒性效应不能明确地归因于性功能和生育能力受损害或者发育毒性。尽管如此，具有这些效应的化学品将划为生殖有毒物并附加一般危险说明。

4.2.7.2 对性功能和生育能力的有害影响

化学品干扰生殖能力的任何效应。这可能包括（但不限于）对雌性和雄性生殖系统的改变，对青春期的开始、配子产生和输送、生殖周期正常状态、性行为、生育能力、分娩怀孕结果的有害影响，过早生殖衰老，或者对依赖生殖系统完整性的其他功能的改变。

对哺乳期的有害影响或通过哺乳期产生的有害影响也属于生殖毒性的范围，但为了分类目的，对这样的效应进行了单独处理。这是因为对化学品对哺乳期的有害影响最好进行专门分类，这样就可以为处于哺乳期的母亲提供有关这种效应的具体危险警告。

4.2.7.3 对后代发育的有害影响

从其最广泛的意义上来说，发育毒性包括在出生前或出生后干扰孕体正常发育的任何效应，这种效应的产生是由于受孕前父母一方的接触，或者正在发育之中的后代在出生前或出生后性成熟之前这一期间的接触。但是，发育毒性标题下的分类主要是为了为怀孕女性和有生殖能力的男性和女性提出危险警告。因此，为了务实的分类目的，发育毒性实质上是指怀孕期间引起的有害影响，或父母接触造成的有害影响。这些效应可在生物体生命周期的任何时间显现出来。

发育毒性的主要表现包括：

a）发育中的生物体死亡；

b）结构异常畸形；

c）生长改变；

d）功能缺陷。

4.2.8　特异性靶器官系统毒性——一次接触

特异性靶器官系统毒性一次接触分类、警示标签和警示性说明见 GB 20599。

4.2.8.1　本条款的目的是提供一种方法，用以划分由于单次接触而产生特异性、非致命性靶器官/毒性的物质。所有可能损害机能的，可逆和不可逆的，即时和/或延迟的并且在 4.2.1～4.2.7 中未具体论述的显著健康影响都包括在内。

4.2.8.2　分类可将化学物质划为特定靶器官有毒物，这些化学物质可能对接触者的健康产生潜在有害影响。

4.2.8.3　分类取决于是否拥有可靠证据，表明在该物质中的单次接触对人类或试验动物产生了一致的、可识别的毒性效应，影响组织/器官的机能或形态的毒理学显著变化，或者使生物体的生物化学或血液学发生严重变化，而且这些变化与人类健康有关。人类数据是这种危险分类的主要证据来源。

4.2.8.4　评估不仅要考虑单一器官或生物系统中的显著变化，而且还要考虑涉及多个器官的严重性较低的普遍变化。

4.2.8.5　特定靶器官毒性可能以与人类有关的任何途径发生，即主要以口服、皮肤接触或吸入途径发生。

4.2.9　特异性靶器官系统毒性——反复接触

特异性靶器官系统毒性反复接触分类、警示标签和警示性说明见 GB 20601。

4.2.9.1　本条款的目的是对由于反复接触而产生特定靶器官/毒性的物质进行分类。所有可能损害机能的，可逆和不可逆的，即时和/或延迟的显著健康影响都包括在内。

4.2.9.2　分类可将化学物质划为特定靶器官/有毒物，这些化学物质可能对接触者的健康产生潜在有害影响。

4.2.9.3　分类取决于是否拥有可靠证据，表明在该物质中的单次接触对人类或试验动物产生了一致的、可识别的毒性效应，影响组织/器官的机能或形态的毒理学显著变化，或者使生物体的生物化学或血液学发生严重变化，而且这些变化与人类健康有关。人类数据是这种危险分类的主要证据来源。

4.2.9.4　评估不仅要考虑单一器官或生物系统中的显著变化，而且还要考虑涉及多个器官的严重性较低的普遍变化。

4.2.9.5　特定靶器官/毒性可能以与人类有关的任何途径发生，即主要以口服、皮肤接触或吸入途径发生。

4.2.10　吸入危险

注：本危险性我国还未转化成为国家标准。

4.2.10.1　本条款的目的是对可能对人类造成吸入毒性危险的物质或混合物进行分类。

4.2.10.2　"吸入"指液态或固态化学品通过口腔或鼻腔直接进入或者因呕吐间接进入气管和下呼吸系统。

4.2.10.3　吸入毒性包括化学性肺炎、不同程度的肺损伤或吸入后死亡等严重急性效应。

4.2.10.4　吸入开始是在吸气的瞬间，在吸一口气所需的时间内，引起效应的物质停留在咽喉部位的上呼吸道和上消化道交界处时。

4.2.10.5　物质或混合物的吸入可能在消化后呕吐出来时发生。这可能影响到标签，特别是如果由于急性毒性，可能考虑消化后引起呕吐的建议。不过，如果物质/混合物也呈现吸入毒性危险，引起呕吐的建议可能需要修改。

4.2.10.6　特殊考虑事项

a）审阅有关化学品吸入的医学文献后发现有些烃类（石油蒸馏物）和某些烃类氯化物已证明对人类具有吸入危险。伯醇和甲酮只有在动物研究中显示吸入危险。

b）虽然有一种确定动物吸入危险的方法已在使用，但还没有标准化。动物试验得到的正结果只能用作可能有人类吸入危险的指导。在评估动物吸入危险数据时必须慎重。

c）分类标准以运动黏度作基准。式（1）用于动力黏度和运动黏度之间的换算：

$$\nu = \frac{\eta}{\rho} \tag{1}$$

式中　ν——运动黏度，mm^2/s；

　　　η——动力黏度，$mPa \cdot s$；

　　　ρ——密度，g/cm^3。

d）气溶胶/烟雾产品的分类

气溶胶/烟雾产品通常分布在密封容器、扳机式和按钮式喷雾器等容器内。这些产品分类的关键是，是否有一团液体在喷嘴内形成，因此可能被吸出。如果从密封容器喷出的烟雾产品是细粒的，那么可能不会有一团液体形成。另一方面，如果密封容器是以气流形式喷出产品，那么可能有一团液体形成然后可能被吸出。一般来说，扳机式和按钮式喷雾器喷出的烟雾是粗粒的，因此可能有一团液体形成然后可能被吸出。如果按钮装置可能被拆除，因此内装物可能被吞咽，那么就应当考虑产品的分类。

4.3　环境危险

4.3.1　危害水生环境

对水环境的危险分类、警示标签和警示性说明见 GB 20602。

4.3.2　急性水生毒性是指物质对短期接触它的生物体造成伤害的固有性质。

a）物质的可用性是指该物质成为可溶解或分解的范围。对金属可用性来说，则指金属（Mo）化合物的金属离子部分可以从化合物（分子）的其他部分分解出来的范围。

b）生物利用率是指一种物质被有机体吸收以及在有机体内一个区域分布的范围。它依赖于物质的物理化学性质、生物体的解剖学和生理学、药物动力学和接触途径。可用性并不是生物利用率的前提条件。

c）生物积累是指物质以所有接触途径（即空气、水、沉积物/土壤和食物）在生物体内吸收、转化和排出的净结果。

d）生物浓缩是指一种物质以水传播接触途径在生物体内吸收、转化和排出的净结果。

e）慢性水生毒性是指物质在与生物体生命周期相关的接触期间对水生生物产生有害影响的潜在性质或实际性质。

f）复杂混合物或多组分物质或复杂物质是指由不同溶解度和物理化学性质的单个物质复杂混合而成的混合物。在大部分情况下，它们可以描述为具有特定碳链长度/置换度数目范围的同源物质系列。

g）降解是指有机分子分解为更小的分子，并最后分解为二氧化碳、水和盐。

4.3.3　基本要素

a）基本要素是：

急性水生毒性；

潜在或实际的生物积累；

有机化学品的降解（生物或非生物）；和慢性水生毒性。

b）最好使用通过国际统一试验方法得到的数据。一般来说，淡水和海生物种毒性数据可被认为是等效数据，这些数据建议根据良好实验室规范（GLP）的各项原则，符合 GB/T 22272～GB/T 22278 良好实验室规范（GLP）系列标准。

4.3.4　急性水生毒性

4.3.5　生物积累潜力

4.3.6　快速降解性

a）环境降解可能是生物性的，也可能是非生物性的（例如水解）。

b）诸如水解之类的非生物降解、非生物和生物主要降解、非水介质中的降解和环境中已证实的快速降解都可以在定义快速降解性时加以考虑。

4.3.7　慢性水生毒性

慢性毒性数据不像急性数据那么容易得到，而且试验程序范围也未标准化。

5　危险性公示

5.1　危险性公示：标签

5.1.1　标签涉及的范围

制定 GHS 标签的程度：

a）分配标签要素；

b）印制符号；

c）印制危险象形图；

d）信号词；

e）危险说明；

f）防范说明和象形图；

g）产品和供应商标识；

　　h）多种危险和信息的先后顺序；

　　i）表示 GHS 标签要素的安排；

　　j）特殊的标签安排；

5.1.2　标签要素

　　关于每个危险种类的各个标准均用表格详细列述了已分配给 GHS 每个危险类别的标签要素（符号、信号词、危险说明）。危险类别反映统一分类的标准。

5.1.3　印制符号

　　下列危险符号是 GHS 中应当使用的标准符号。除了将用于某些健康危险的新符号，即感叹号及鱼和树之外，它们都是规章范本使用的标准符号集的组成部分，见图 1。

火焰	圆圈上方火焰	爆炸弹
腐蚀	高压气瓶	骷髅和交叉骨
感叹号	环境	健康危险

图 1　GHS 中应当使用的标准符号

5.1.4　印制象形圈和危险象形图

5.1.4.1　象形图指一种图形构成，它包括一个符号加上其他图形要素，如边界、背景图样或颜色，意在传达具体的信息。

5.1.4.2　形状和颜色

5.1.4.2.1　GHS 使用的所有危险象形图都应是设定在某一点的方块形状。

5.1.4.2.2　对于运输，应当使用规章范本规定的象形图（在运输条例中通常称为标签）。规章范本规定了运输象形图的规格，包括颜色、符号、尺寸、背景对比度、补充安全信息（如危险种类）和一般格式等。运输象形图的规定尺寸至少为 100mm×100mm，但非常小的包装和高压气瓶可以例外，使用较小的象形图。运输象形图包括标签上半部的符号。规章范本要求将运输象形图印刷或附

图 2　《联合国规章范本》
中易燃液体的象形图
（符号：火焰；黑色或白色；背景：红色；
下角为数字 3；最小尺寸 100mm×100mm）

在背景有色差的包装上。以下例子是按照规章范本制作的典型标签，用来标识易燃液体危险，见图 2。

5.1.4.2.3　GHS（与规章范本的不同）规定的象形图，应当使用黑色符号加白色背景，红框要足够宽，以便醒目。不过，如果此种象形图用在不出口的包装的标签上，主管当局也可给予供应商或雇主酌情处理权，让其自行决定是否使用黑边。此外，在包装不为规章范本所覆盖的其他使用背景下，主管当局也可允许使用规章范本的象形图。以下例子是 GHS 的一个象形图，用来标识皮肤刺激物（见图 3）。

5.2　分配标签要素

5.2.1　规章范本所覆盖的包装所需要的信息

在出现规章范本象形图的标签上，不应出现 GHS 的象形图。危险货物运输不要求使用的 GHS 象形图，象形图不应出现在散货箱、公路车辆或铁路货车/罐车上。

5.2.2　GHS 标签所需的信息（见图 3）

5.2.2.1　信号词

信号词指标签上用来表明危险的相对严重程度和提醒读者注意潜在危险的单词。GHS 使用的信号词是"危险"和"警告"。"危险"用于较为严重的危险类别（即主要用于第 1 类和第 2 类），而"警告"用于较轻的类别。关于每个危险种类的各个章节均以图表详细列出了已分配给 GHS 每个危险类别的信号词。

图 3　皮肤刺激物象形图

5.2.2.2　危险性说明

危险说明指分配给一个危险种类和类别的短语，用来描述一种危险产品的危险性质，在情况合适时还包括其危险程度。关于每个危险种类的各个章节均以标签要素表详细列出了已分配给 GHS 每个危险类别的危险说明。

危险说明和每项说明专用的标定代码列于《化学品分类、警示标签和警示性说明安全规范》系列标准中。危险说明代码用作参考。此种代码并非危险说明案文的一部分，不应用其替代危险说明案文。

5.2.2.3 防范说明和象形图

防范说明指一个短语［和（或）象形图］，说明建议采取的措施，以最大限度地减少或防止因接触某种危险物质或因对它存储或搬运不当而产生的不利效应。GHS 的标签应当包括适当的防范信息，但防范信息的选择权属于标签制作者或主管当局。附录 A 和附录 B 中有可以使用的防范说明的例子和在主管当局允许的情况下可以使用的防范象形图的例子。

5.2.2.4 产品标识符

5.2.2.4.1 在 GHS 标签上应使用产品标识符，而且标识符应与安全数据单上使用的产品标识符相一致。如果一种物质或混合物为规章范本所覆盖，包装上还应使用联合国正确的运输名称。

5.2.2.4.2 物质的标签应当包括物质的化学名称。在急性毒性、皮肤腐蚀或严重眼损伤、生殖细胞突变性、致癌性、生殖毒性、皮肤或呼吸道敏感或靶器官系统毒性出现在混合物或合金标签上时，标签上应当包括可能引起这些危险的所有成分或合金元素的化学名称。主管当局也可要求在标签上列出可能导致混合物或合金危险的所有成分或合金元素。

5.2.2.4.3 如果一种物质或混合物专供工作场所使用，主管当局可选择将处理权交给供应商，让其决定是将化学名称列入安全数据单上还是列在标签上。

5.2.2.4.4 主管当局有关机密商业信息的规则优先于有关产品标识的规则。这就是说，在某种成分通常被列在标签上的情况下，如果它符合主管当局关于机密商业信息的标准，那就不必将它的名称列在标签上。

5.2.2.4.5 供应商标识

标签上应当提供物质或混合物的生产商或供应商的名称、地址和电话号码。

5.3 多种危险和危险信息的先后顺序

在一种物质或混合物的危险不只是 GHS 所列一种危险时，可适用以下安排。因此，在一种制度不在标签上提供有关特定危险的信息的情况下，应相应修改这些安排的适用性。

5.3.1 图形符号分配的先后顺序

对于规章范本所覆盖的物质和混合物，物理危险符号的先后顺序应遵循规章范本的规则。在工作场所的各种情况中，主管当局可要求使用物理危险的所有符号。对于健康危险，适用以下选后顺序原则。

a）如果适用骷髅和交叉骨，则不应出现感叹号；

b）如果适用腐蚀符号，则不应出现感叹号，用以表示皮肤或眼刺激；

c）如果出现有关呼吸道敏感的健康危险符号，则不应出现感叹号，用以表示皮肤敏感或皮肤或眼刺激。

5.3.2 信号词分配的先后顺序

如果适用信号词"危险"，则不应出现信号词"警告"

5.3.3 危险性说明分配的先后顺序

所有分配的危险说明都应出现在标签上。主管当局可规定它们的出现顺序。

5.4 GHS 标签要素的显示安排

5.4.1 GHS 信息在标签上的位置

应将 GHS 的危险象形图、信号词和危险说明一起印制在标签上。主管当局可规定它们以及防范信息的展示布局，主管当局也可让供应商酌情处理。具体的指导和例子载于关于个别危险种类的各个标准中。

5.4.2 补充信息

主管当局对是否允许使用不违反 GHS 中关于对非标准化与补充信息规定的信息拥有处理权。主管当局可规定这种信息的标签上的位置，也可让供应商酌定。不论采用何种方法，补充信息的安排不应妨碍 GHS 信息的识别。

5.4.3 象形图外颜色的使用

颜色除了用于象形图中，还可用于标签的其他区域，以执行特殊的标签要求，如将农药色带用于信号词和危险说明或用作它们的背景，或执行主管当局的其他规定。

5.5 特殊标签安排

主管当局可允许在标签和安全数据单上，或只通过安全数据单公示有关致癌物、生殖毒性和靶器官系统毒性反复接触的某些危险信息（有关这些种类的相关临界值的详细情况，见具体各章）。同样，对于金属和合金，在它们大量而不是分散供应时，主管当局可允许只通过安全数据单公示危险信息。

5.5.1 工作场所的标签

5.5.1.1 属于 GHS 范围内的产品将在供应工作场所的地点贴上 GHS 标签，在工作场所，标签应一直保留在提供的容器上。GHS 的标签或标签要素也应用于工作场所的容器（见附录 C）。不过，主管当局可允许雇主使用替代手段，以不同的书面或显示格式向工人提供同样的信息，如果此种格式更适合于工作场所而且与 GHS 标签能同样有效地公示信息的话。例如，标签信息可显示在工作区而不是在单个容器上。

5.5.1.2 如果危险化学品从原始供应商容器倒入工作场所的容器或系统，或化学品在工作场所生产但不用预定用于销售或供应的容器包装，通常需要使用替代手段向工人提供 GHS 标签所载信息。在工作场所生产的化学品可以用许多不同的方法容纳或存储，例如，为了进行试验或分析而收集的小样品、包括阀门在内的管道系统、工艺过程容器或反应容器、矿车、传送带或独立的固体散装存储。采用成批制造工艺过程时，可以使用一个混合容器容纳若干不同的化学混合物。

5.5.1.3 在许多情况下，例如由于容器尺寸的限制或不能使用工艺过程容器，制作完整的 GHS 标签并将它附着在容器上是不切实际的。在工作场所的一些情况下，化学品可能会从供应商容器中移出，这方面的部分例子有：用于实际或分析的容器、存储容器、管道或工艺过程反应系统或工人在短时限内使用化学品时使用的临时容器。对于打算立即使用的移出的化学品，可标上其主要组成部分并请使用者直接参阅供应商的标签信息和安全数据单。

5.5.1.4 所有此类制度都应确保危险公示的清楚明确。应当训练工人，使其了解工作场所使用的具体公示方法。替代方法的例子包括：将产品标识符与 GHS 符号和其他象形图结合使用，以说明防范措施；对于复杂系统，将工艺流程图与适当的安全数据单结合使用，以标明管道和容器中所装的化学品；对于管道系统和加工设备，展示 GHS 的符号、颜色和信号词；对于固定管道，使用永久性布告；对于批料混合容器，将批料单或处方贴在它们上面，以及在管道带上印上危险符号和产品标识符。

5.5.2　基于伤害可能性的消费产品标签

所有制度都应使用基于危险的 GHS 分类标准，然而主管当局可授权使用提供基于伤害可能性的信息的消费标签制度（基于风险的标签）。在后一种情况下，主管当局将制定用来确定产品使用的潜在接触和风险的程序。基于这种方法的标签提供有关认定风险的有针对性的信息但可能不包括有关慢性健康效应的某些信息（例如反复接触后的靶器官系统毒性、生殖毒性和致癌性），这些信息将出现在只基于危险的标签上。

5.5.3　触觉警告

如果使用触觉警告应符合 ISO 11683：1997。

5.6　危险性公示：安全数据单（SDS）

5.6.1　确定是否应当制作 SDS 的标准

应当为符合 GHS 中物理、健康或环境危险统一标准的所有物质和混合物及含有符合致癌性、生殖毒性或靶器官系统毒性标准且浓度超过混合物标准所规定的安全数据单临界极限的物质的所有混合物制作安全数据单，见 GB/T 16483。主管当局还可要求为不符合危险类别标准但含有某种浓度的危险物质的混合物制作安全数据单。

5.6.2　关于编制 SDS 的一般指导

5.6.2.1　临界值/浓度极限值

a）应根据表 1 所示通用临界值/浓度极限值提供安全数据单。

表 1　每个健康和环境危险种类的临界值/浓度极限值

危 险 种 类	临界值/浓度极限值
急性毒性	≥1.0%
皮肤腐蚀/刺激	≥1.0%
严重眼损伤/眼刺激	≥1.0%
呼吸/皮肤过敏作用	≥1.0%
生殖细胞致突变性；第 1 类	≥0.1%
生殖细胞致突变性；第 2 类	≥1.0%
致癌性	≥0.1%
生殖毒性	≥0.1%
特定靶器官系统毒性(单次接触)	≥1.0%
特定靶器官系统毒性(重复接触)	≥1.0%
危害水生环境	≥1.0%

b）可能出现这样的情况，即现有的危险数据可能证明，基于其他临界值/浓度极限值的分类比基于关于健康和环境危险种类的各章所规定的通用临界值/浓度极限值的分类更合理。在此类具体临界值用于分类时，它们也应适用于编制 SDS 的义务。

c）主管当局可能要求为这样的混合物编制 SDS：它们由于适用加和性公式而不进行急性毒性或水生毒性分类，但它们含有浓度等于或大于 1% 的急性有毒物质或对水生环境有毒的物质。

　　d) 主管当局可能决定不对一个危险种类内的某些类别实行管理。在此种情况下，没有义务编制 SDS。

　　e) 一旦弄清某种物质或混合物需要 SDS，那么需要列入 SDS 中的信息在所有情况下都应按照 GHS 的要求提供。

5.6.2.2　SDS 的格式

　　安全数据单中的信息应按 16 个项目提供，见附录 D。

5.6.2.3　SDS 的内容

　　a) SDS 应清楚说明用来确定危险的数据。如果可适用和可获得，附录 B 中的最低限度的信息应列在安全数据单的有关标题下。如果在某一特定小标题下具体的信息不能适用或不能获得，则 SDS 应予以明确指出。主管当局可要求提供补充信息。

　　b) 有些小标题实际上涉及国家性或区域性信息，如"欧洲联盟委员会编号"和"职业接触极限"。供应商或雇主应将适当的、与 SDS 所针对和产品所供应的国家或区域有关的信息收列在此类小标题下。

　　c) 根据 GHS 的要求编制 SDS 的编写见 GB/T 16483。

附录 A　（资料性附录）　防范说明示例

A.1　爆炸物防范说明示例，见图 A.1。

爆炸物

（见 4.1.1）

危险类别	信号词	危险性说明
不稳定爆炸物	危险	不稳定爆炸物　H200

防 范 说 明			
预防	反应	贮存	处置
P201 在使用前获取特别指示 P202 在读懂所有安全防范措施之前勿搬动 P281 使用所需的个人防护装备	P372 烧到爆炸物时切勿救火。 P373 火灾时可能爆炸。 P380 火灾时，撤离灾区。	P401 贮存…… ……按照地方/区域/国家/国际规章(待规定)。	P501 处置内装物容器…… ……按照地方/区域/国家/国际规章(待规定)。

图 A.1

A. 2　急性毒性——口服防范说明示例，见图 A. 2。

急性毒性——口服

（见 4.2.1）

危险类别	信号词	危险性说明
1	危险	吞咽致命
2	危险	H300

防范说明			
预防	反应	贮存	处置
P264 作业后彻底清洗……。 ……制造商/供应商或主管当局规定作业后需清洗的身体部位。 P270 使用本产品时不得进食、饮水或吸烟。	P301＋P310 如误吞咽：立即呼叫解毒中心或医生。 P321 具体治疗（见本标签上的……）。 ……参看附加急救指示。 ——如需立即施用解毒药。 P330 漱口。	P405 存放处须加锁。	P501 处置内装物/容器……。 ……按照地方/区域/国家/国际规章（待规定）。

图 A. 2

A. 3　危害水生环境——急性危险防范说明示例，见图 A. 3。

危害水生环境——急性危险（见 4.3.1）

危险类别	信号词	危险性说明
1	警告	对水生生物毒性极大 H400

防范说明			
预防	反应	贮存	处置
P273 避免释放到环境中。 ——如非其预定用途。	P391 收集溢出物		P501 处置内装物/容器……。 ……按照地方/区域/国/国际规章（待规定）。

图 A. 3

附录 B　（资料性附录）防范象形图

B. 1　图 B. 1 来自欧洲联盟理事会第 92/58/EEC 号指令（1992 年 6 月 24 日）。

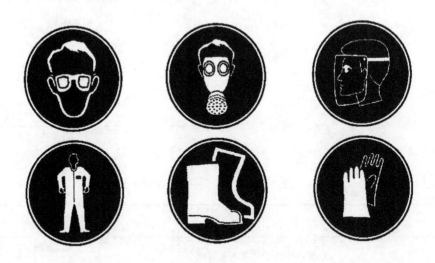

图 B. 1

B. 2　图 B. 2 来自南非标准局（SABS 0265：1999）。

图 B. 2

附录 C　（资料性附录）GHS 标签样例

C. 1　例子：第 2 类易燃液体的组合容器，见图 C. 1。

C. 1. 1　外容器：带易燃液体运输标签的箱❶。

C. 1. 2　内容器：带 GHS 危险警告标签的塑料瓶❷。

---

❶　外容器仅要求有规章范本易燃液体运输标记和标签。

❷　内容器标签可使用规章范本规定的易燃液体象形图替代 GHS 象形图。

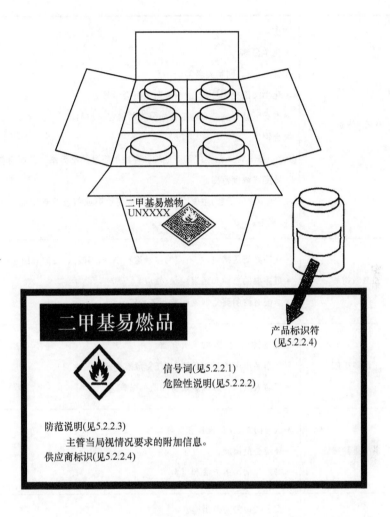

图 C.1

附录 D　（资料性附录）　安全数据单最低限度的信息

1	物质或化合物和供应商的标识	• GHS产品标识符。 • 其他标识手段。 • 化学品使用建议和使用限制。 • 供应商的详细情况（包括名称、地址、电话号码等）。 • 紧急电话号码
2	危险标识	• 物质/混合物的GHS分类和任何国家或区域信息。 • GHS标签要素,包括防范说明（危险符号可为黑白两色的符号图形或符号名称,如火焰、骷髅和交叉骨）。 • 不导致分类的其他危险（例如尘爆危险）或不为GHS覆盖的其他危险

3	成分构成/成分信息	物质 • 化学名称。 • 普通名称、同物异名等。 • 化学文摘登记号码、欧洲联盟委员会编号等。 • 本身已经分类并有助于物质分类的稳定添加剂。 混合物 • 在 GHS 含义范围内具有危险和存在量超过其临界水平的所有成分的化学名称和浓度或浓度范围。 注：对于成分信息，主管当局关于机密商业商业信息的规则优先于关于产品标识的规则。
4	急救措施	• 注明必要的措施，按不同的接触途径细分，即吸入、皮肤和眼接触及摄入。 • 最重要的急性和延迟症状/效应。 • 必要时注明要立即就医及所需特殊治疗
5	消防措施	• 适当(和不适当)的灭火介质。 • 化学品产生的具体危险(如任何危险燃烧品的性质)。 • 消防人员的特殊保护设备和防范措施
6	事故排除措施	• 人身防范、保护设备和应急程序。 • 环境防范措施。 • 抑制和清洁的方法和材料
7	搬运和存储	• 安全搬运的防范措施。 • 安全存储的条件，包括任何不相容性
8	接触控制/人身保护	• 控制参数，如职业接触极限值或生物极限值。 • 适当的工程控制。 • 个人保护措施，如人身保护设备
9	物理和化学特性	• 外观(物理状态、颜色等)。 • 气味。 • 气味阈值。 • pH 值。 • 熔点/凝固点。 • 初始沸点和沸腾范围。 • 闪点。 • 蒸发速率。

9	物理和化学特性	• 易燃性（固态、气态）。 • 上下易燃极限或爆炸极限。 • 蒸气压力。 • 蒸气密度。 • 相对密度。 • 可溶性。 • 分配系数：n-辛醇/水。 • 自动点火温度。 • 分解温度
10	稳定性和反应性	• 化学稳定性。 • 危险反应的可能性。 • 避免的条件（如静态卸载、冲击或振动）。 • 不相容材料。 • 危险的分解产品
11	毒理学信息	简洁但完整和全面地说明各种毒理学（健康）效应和可用来确定这些效应的现有数据，其中包括： • 关于可能的接触途径的信息（吸入、摄入、皮肤和眼接触）； • 有关物理、化学和毒理学特点的症状； • 延迟和即时效应以及长期和短期接触引起的慢性效应； • 毒性的数值度量（如急性毒性估计值）
12	生态信息	• 生态毒性（水生和陆生，如果有）。 • 持久性和降解性。 • 生物积累潜力。 • 在土壤中的流动性。 • 其他不利效应
13	处置考虑	1. 废物残留的说明和关于它们的安全搬运和处置方法的信息，包括任何污染包装的处置
14	运输信息	2. 联合国编号。 3. 联合国专有的装运名称。 4. 运输危险种类。 5. 包装组，如果适用。 6. 海洋污染物（是/否）。 7. 在其房地内外进行运输或传送时，用户需要遵守的特殊防范措施
15	管理信息	8. 针对有关产品的安全、健康和环境条例
16	其他信息，包括关于安全数据单编制和修订的信息	

（十三）石油化工可燃气体和有毒气体检测报警设计规范 GB 50493—2009

1 总 则

1.0.1 为预防人身伤害以及火灾与爆炸事故的发生，保障石油化工企业的安全，制定本规范。

1.0.2 本规范适用于石油化工企业新建、扩建及改建工程中可燃气体和有毒气体检测报警的设计。

1.0.3 石油化工可燃气体和有毒气体检测报警的设计，除执行本规范的规定外，尚应符合现行国家有关标准的规定。

2 术 语

2.0.1 可燃气体 combustible gas
　　指甲类可燃气体或甲、乙$_A$ 类可燃液体气化后形成的可燃气体。

2.0.2 有毒气体 toxic gas
　　指劳动者在职业活动过程中通过机体接触可引起急性或慢性有害健康的气体。本规范中有毒气体的范围是《高毒物品目录》（卫法监发［2003］142 号）中所列的有毒蒸气或有毒气体。常见的有：二氧化氮、硫化氢、苯、氰化氢、氨、氯气、一氧化碳、丙烯腈、氯乙烯、光气（碳酰氯）等。

2.0.3　释放源　source of release

指可释放能形成爆炸性气体混合物或有毒气体的位置或地点。

2.0.4　检（探）测器　detector

指由传感器和转换器组成，将可燃气体和有毒气体浓度转换为电信号的电子单元。

2.0.5　指示报警设备　indication apparatus

指接收检（探）测器的输出信号，发出指示、报警、控制信号的电子设备。

2.0.6　检测范围　sensible range

指检（探）测器在试验条件下能够检测出被测气体浓度的范围。

2.0.7　报警设定值　alarm set point

指报警器预先设定的报警浓度值。

2.0.8　响应时间　response time

指在试验条件下，从检（探）测器接触被测气体到达到稳定指示值的时间。通常，达到稳定指示值 90％的时间作为响应时间；恢复到稳定指示值 10％的时间作为恢复时间。

2.0.9　安装高度　vertical height

指检（探）测器检测口到指定参照物的垂直距离。

2.0.10　爆炸下限　Lower Explosion Limit（LEL）

指可燃气体爆炸下限浓度（V％）值。

2.0.11　爆炸上限　Upper Explosion Limit（UEL）

指可燃气体爆炸上限浓度（V％）值。

2.0.12　最高容许浓度　Maximum Allowable Concentration（MAC）

指工作地点在一个工作日内、任何时间均不应超过的有毒化学物质的浓度。

2.0.13　短时间接触容许浓度　Permissible Concentration-Short Term Exposure Limit（PC-STEL）

指一个工作日内，任何一次接触不得超过的 15min 时间加权平均的容许接触浓度。

2.0.14　时间加权平均容许浓度　Permissible Concentration-Time Weighted Average（PC-TWA）

指以时间为权数规定的 8h 工作日的平均容许接触水平。

2.0.15　直接致害浓度　Immediately Dangerous to Life or Health concentration（IDLH）

指环境中空气污染物浓度达到某种危险水平，如可致命或永久损害健康，或使人立即丧失逃生能力。

3　一 般 规 定

3.0.1　在生产或使用可燃气体及有毒气体的工艺装置和储运设施的区域内，对可能发生可燃气体和有毒气体的泄漏进行检测时，应按下列规定设置可燃气体检（探）测器和有毒气体检（探）测器：

　　1　可燃气体或含有毒气体的可燃气体泄漏时，可燃气体浓度可能达到 25％爆炸下限，但有毒气体不能达到最高容许浓度时，应设置可燃气体检（探）测器；

　　2　有毒气体或含有可燃气体的有毒气体泄漏时，有毒气体浓度可能达到最高容许浓度，但可燃气体浓度不能达到25％爆炸下限时，应设置有毒气体检（探）测器；

　　3　可燃气体与有毒气体同时存在的场所，可燃气体浓度可能达到25％爆炸下限，有毒气体的浓度也可能达到最高容许浓度时，应分别设置可燃气体和有毒气体检（探）测器；

　　4　同一种气体，既属可燃气体又属有毒气体时，应只设置有毒气体检（探）测器。

3.0.2　可燃气体和有毒气体的检测系统应采用两级报警。同一检测区域内的有毒气体、可燃气体检（探）测器同时报警时，应遵循下列原则：

　　1　同一级别的报警中，有毒气体的报警优先；

　　2　二级报警优先于一级报警。

3.0.3　工艺有特殊需要或在正常运行时人员不得进入的危险场所，宜对可燃气体和有毒气体释放源进行连续检测、指示、报警，并对报警进行记录或打印。

3.0.4　报警信号应发送至现场报警器和有人值守的控制室或现场操作室的指示报警设备，并且进行声光报警。

3.0.5　装置区域内现场报警器的布置应根据装置区的面积、设备及建构筑物的布置、释放源的理化性质和现场空气流动特点等综合确定。现场报警器可选用音响器或报警灯。

3.0.6　可燃气体检（探）测器应采用经国家指定机构或其授权检验单位的计量器具制造认证、防爆性能认证和消防认证的产品。

3.0.7　国家法规有要求的有毒气体检（探）测器应采用经国家指定机构或其授权检验单位的计量器具制造认证的产品。其中，防爆型有毒气体检（探）测器还应采用经国家指定机构或其授权检验单位的防爆性能认证的产品。

3.0.8　可燃气体或有毒气体场所的检（探）测器，应采用固定式。

3.0.9　可燃气体、有毒气体检测报警系统宜独立设置。

3.0.10　便携式可燃气体或有毒气体检测报警器的配备，应根据生产装置的场地条件、工艺介质的易燃易爆特性及毒性和操作人员的数量等综合确定。

3.0.11　工艺装置和储运设施现场固定安装的可燃气体及有毒气体检测报警系统，宜采用不间断电源（UPS）供电。加油站、加气站、分散或独立的有毒及易燃易爆品的经营设施，其可燃气体及有毒气体检测报警系统可采用普通电源供电。

3.0.12　常用可燃气体、蒸气特性见附录A；常用有毒气体、蒸气特性见附录B。

4　检（探）测点的确定

4.1　一般原则

4.1.1　可燃气体和有毒气体检（探）测器的检（探）测点，应根据气体的理化性质、释放源的特性、生产场地布置、地理条件、环境气候、操作巡检路线等条件，并选择气体易于积累和便于采样检测之处布置。

4.1.2　下列可能泄漏可燃气体、有毒气体的主要释放源应布置检（探）测点：

　　1 气体压缩机和液体泵的密封处；

　　2 液体采样口和气体采样口；

　　3 液体排液（水）口和放空口；

　　4 设备和管道的法兰和阀门组。

4.2　工艺装置

4.2.1 释放源处于露天或敞开式厂房布置的设备区域内，检（探）测点与释放源的距离宜符合下列规定：

　　1 当检（探）测点位于释放源的全年最小频率风向的上风侧时，可燃气体检（探）测点与释放源的距离不宜大于 15m，有毒气体检（探）测点与释放源的距离不宜大于 2m；

　　2 当检（探）测点位于释放源的全年最小频率风向的下风侧时，可燃气体检（探）测点与释放源的距离不宜大于 5m，有毒气体检（探）测点与释放源的距离不宜大于 1m。

4.2.2 可燃气体释放源处于封闭或局部通风不良的半敞开厂房内，每隔 15m 可设一台检（探）测器，且检（探）测器距其所覆盖范围内的任一释放源不宜大于 7.5m。有毒气体检（探）测器距释放源不宜大于 1m。

4.2.3 比空气轻的可燃气体或有毒气体释放源处于封闭或局部通风不良的半敞开厂房内，除应在释放源上方设置检（探）测器外，还应在厂房内最高点气体易于积聚处设置可燃气体或有毒气体检（探）测器。

4.3　储运设施

4.3.1 液化烃、甲$_B$、乙$_A$类液体等产生可燃气体的液体储罐的防火堤内，应设检（探）测器，并符合下列规定：

　　1 当检（探）测点位于释放源的全年最小频率风向的上风侧时，可燃气体检（探）测点与释放源的距离不宜大于 15m，有毒气体检（探）测点与释放源的距离不宜大于 2m；

　　2 当检（探）测点位于释放源的全年最小频率风向的下风侧时，可燃气体检（探）测点与释放源的距离不宜大于 5m，有毒气体检（探）测点与释放源的距离不宜大于 1m。

4.3.2 液化烃、甲$_B$、乙$_A$类液体的装卸设施，检（探）测器的设置应符合下列要求：

　　1 小鹤管铁路装卸栈台，在地面上每隔一个车位宜设一台检（探）测器，且检（探）测器与装卸车口的水平距离不应大于 15m；

　　2 大鹤管铁路装卸栈台，宜设一台检（探）测器；

　　3 汽车装卸站的装卸车鹤位与检（探）测器的水平距离，不应大于 15m。当汽车装卸站内设有缓冲罐时，检（探）测器的设置应符合本规范第 4.2.1 条的规定。

4.3.3 装卸设施的泵或压缩机的检（探）测器设置，应符合本规范第 4.2 节的规定。

4.3.4 液化烃灌装站的检（探）测器设置，应符合下列要求：

　　1 封闭或半敞开的灌瓶间，灌装口与检（探）测器的距离宜为 5～7.5m；

2 封闭或半敞开式储瓶库，应符合本规范第 4.2.2 条规定；敞开式储瓶库房沿四周每隔 15～30m 应设一台检（探）测器，当四周边长总和小于 15m 时，应设一台检（探）测器；

3 缓冲罐排水口或阀组与检（探）测器的距离，宜为 5～7.5m。

4.3.5 封闭或半敞开氢气灌瓶间，应在灌装口上方的室内最高点且易于滞留气体处设检（探）测器。

4.3.6 可能散发可燃气体的装卸码头，距输油臂水平平面 15m 范围内，应设一台检（探）测器。

4.3.7 储存、运输有毒气体、有毒液体的储运设施，有毒气体检（探）测器应按本规范第 4.2 节和第 3.0.10 条的规定设置。

4.4　其他有可燃气体、有毒气体的扩散与积聚场所

4.4.1 明火加热炉与可燃气体释放源之间，距加热炉炉边 5m 处应设检（探）测器。当明火加热炉与可燃气体释放源之间设有不燃烧材料实体墙时，实体墙靠近释放源的一侧应设检（探）测器。

4.4.2 设在爆炸危险区域 2 区范围内的在线分析仪表间，应设可燃气体检（探）测器。

4.4.3 控制室、机柜间、变配电所的空调引风口、电缆沟和电缆桥架进入建筑物的洞口处，且可燃气体和有毒气体有可能进入时，宜设置检（探）测器。

4.4.4 工艺阀井、地坑及排污沟等场所，且可能积聚相对密度大于空气的可燃气体、液化烃或有毒气体时，应设检（探）测器。

5　可燃气体和有毒气体检测报警系统

5.1　系统的技术性能

5.1.1 检（探）测器的输出信号宜选用数字信号、触点信号、毫安信号或毫伏信号。

5.1.2 报警系统应具有历史事件记录功能。

5.1.3 系统的技术性能，应符合现行国家标准《作业环境气体检测报警仪通用技术要求》GB 12358、《可燃气体探测器》GB 15322 和《可燃气体报警控制器技术要求和试验方法》GB 16808 的有关规定；系统的防爆性能应符合现行国家标准《爆炸性气体环境用电器设备》GB 3836 的要求。

5.2　检（探）测器的选用

5.2.1 可燃气体及有毒气体检（探）测器的选用，应根据检（探）测器的技术性能、被测气体的理化性质和生产环境特点确定。

5.2.2 常用气体的检（探）测器选用应符合下列规定：

1 烃类可燃气体可选用催化燃烧型或红外气体检（探）测器。当使用场所的空气中含有能使催化燃烧型检测元件中毒的硫、磷、硅、铅、卤素化合物等介质时，应选用抗毒性催化燃烧型检（探）测器；

2 在缺氧或高腐蚀性等场所，宜选用红外气体检（探）测器；

3 氢气检测可选用催化燃烧型、电化学型、热传导型或半导体型检（探）测器；

4 检测组分单一的可燃气体，宜选用热传导型检（探）测器；

5　硫化氢、氯气、氨气、丙烯腈气体、一氧化碳气体可选用电化学型或半导体型检（探）测器；

6　氯乙烯气体可选用半导体型或光致电离型检（探）测器；

7　氰化氢气体宜选用电化学型检（探）测器；

8　苯气体可选用半导体型或光致电离型检（探）测器；

9　碳酰氯（光气）可选用电化学型或红外气体检（探）测器。

5.2.3　检（探）测器防爆类型和级别，应按现行国家标准《爆炸和火灾危险环境电力装置设计规范》GB 50058 的有关规定选用，并应符合使用场所爆炸危险区域以及被检测气体性质的要求。

5.2.4　常用检（探）测器的采样方式，应根据使用场所确定。可燃气体和有毒气体的检测宜采用扩散式检（探）测器；受安装条件和环境条件的限制，无法使用扩散式检（探）测器的场所，宜采用吸入式检（探）测器。

5.2.5　常用气体检（探）测器的技术性能可按附录 C 选择。

5.3　指示报警设备的选用

5.3.1　指示报警设备应具有以下基本功能：

1　能为可燃气体或有毒气体检（探）测器及所连接的其他部件供电；

2　能直接或间接地接收可燃气体和有毒气体检（探）测器及其他报警触发部件的报警信号，发出声光报警信号，并予以保持。声光报警信号应能手动消除，再次有报警信号输入时仍能发出报警；

3　可燃气体的测量范围：0～100％爆炸下限；

4　有毒气体的测量范围宜为 0～300％最高容许浓度或 0～300％短时间接触容许浓度；当现有检（探）测器的测量范围不能满足上述要求时，有毒气体的测量范围可为 0～30％直接致害浓度；

5　指示报警设备（报警控制器）应具有开关量输出功能；

6　多点式指示报警设备应具有相对独立、互不影响的报警功能，并能区分和识别报警场所位号；

7　指示报警设备发出报警后，即使安装场所被测气体浓度发生变化恢复到正常水平，仍应持续报警。只有经确认并采取措施后，才能停止报警；

8　在下列情况下，指示报警设备应能发出与可燃气体或有毒气体浓度报警信号有明显区别的声、光故障报警信号：

1）指示报警设备与检（探）测器之间连线断路；

2）检（探）测器内部元件失效；

3）指示报警设备主电源欠压；

4）指示报警设备与电源之间连接线路的短路与断路。

9　指示报警设备应具有以下记录功能：

1）能记录可燃气体和有毒气体报警时间，且日计时误差不超过 30s；

2）能显示当前报警点总数；

3）能区分最先报警点。

5.3.2 根据工厂（装置）的规模和特点，指示报警设备可按下列方式设置：

    1 可燃气体和有毒气体检测报警系统与火灾检测报警系统合并设置；

    2 指示报警设备采用独立的工业程序控制器、可编程控制器等；

    3 指示报警设备采用常规的模拟仪表；

    4 当可燃气体和有毒气体检测报警系统与生产过程控制系统合并设计时，输入/输出卡件应独立设置。

5.3.3 报警设定值应符合下列规定：

    1 可燃气体的一级报警设定值小于或等于25%爆炸下限；

    2 可燃气体的二级报警设定值小于或等于50%爆炸下限；

    3 有毒气体的报警设定值宜小于或等于100%最高容许浓度/短时间接触容许浓度，当试验用标准气调制困难时，报警设定值可为200%最高容许浓度/短时间接触容许浓度以下。当现有检（探）测器的测量范围不能满足测量要求时，有毒气体的测量范围可为0～30%直接致害浓度；有毒气体的二级报警设定值不得超过10%直接致害浓度值。

6 检（探）测器和指示报警设备的安装

6.1 检（探）测器的安装

6.1.1 检测相对密度大于空气的可燃气体检（探）测器，其安装高度应距地坪（或楼地板）0.3～0.6m。检测相对密度大于空气的有毒气体的检（探）测器，应靠近泄漏点，其安装高度应距地坪（或楼地板）0.3～0.6m。

6.1.2 检测相对密度小于空气的可燃气体或有毒气体的检（探）测器，其安装高度应高出释放源0.5～2m。

6.1.3 检（探）测器应安装在无冲击、无振动、无强电磁场干扰、易于检修的场所，安装探头的地点与周边管线或设备之间应留有不小于0.5m的净空和出入通道。

6.1.4 检（探）测器的安装与接线技术要求应符合制造厂的规定，并应符合现行国家标准《爆炸和火灾危险环境电力装置设计规范》GB 50058 的规定。

6.2 指示报警设备和现场报警器的安装

6.2.1 指示报警设备应安装在有人值守的控制室、现场操作室等内部。

6.2.2 现场报警器应就近安装在检（探）测器所在的区域。

附录A 常用可燃气体、蒸气特性

表A 常用可燃气体、蒸气特性表

序号	物质名称	引燃温度(℃)/组别	沸点/℃	闪点/℃	爆炸浓度(V)/% 下限	爆炸浓度(V)/% 上限	火灾危险性分类	蒸气密度/(kg/m³)	备注
1	甲烷	540/T1	−161.5	—	5.0	15.0	甲	0.77	液化后为甲$_A$
2	乙烷	515/T1	−88.9	—	3.0	15.5	甲	1.34	液化后为甲$_A$

续表

序号	物质名称	引燃温度(℃)组别	沸点/℃	闪点/℃	爆炸浓度(V)/% 下限	爆炸浓度(V)/% 上限	火灾危险性分类	蒸气密度/(kg/m³)	备注
3	丙烷	466/T1	−42.1	—	2.1	9.5	甲	2.07	液化后为甲A
4	丁烷	405/T2	−0.5	—	1.9	8.5	甲	2.59	液化后为甲A
5	戊烷	260/T3	36.07	<−40.0	1.4	7.8	甲B	3.22	—
6	己烷	225/T3	68.9	−22.8	1.1	7.5	甲B	3.88	—
7	庚烷	215/T3	98.3	−3.9	1.1	6.7	甲B	4.53	—
8	辛烷	220/T3	125.67	13.3	1.0	6.5	甲B	5.09	—
9	壬烷	205/T3	150.77	31.0	0.7	5.6	乙A	5.73	—
10	环丙烷	500/T1	−33.9	—	2.4	10.4	甲	1.94	液化后为甲A
11	环戊烷	380/T2	469.4	<−6.7	1.4	—	甲B	3.10	—
12	异丁烷	460/T1	−11.7	—	1.8	8.4	甲	2.59	液化后为甲A
13	环己烷	245/T3	81.7	−20.0	1.3	8.0	甲B	3.75	—
14	异戊烷	420/T2	27.8	<−51.1	1.4	7.6	甲B	3.21	—
15	异辛烷	410/T2	99.24	−12.0	1.0	6.0	甲B	5.09	—
16	乙基环丁烷	210/T3	71.1	<−15.6	1.2	7.7	甲B	3.75	—
17	乙基环戊烷	260/T3	103.3	<21	1.1	6.7	甲B	4.40	—
18	乙基环己烷	262/T3	131.7	35	0.9	6.6	乙A	5.04	—
19	甲基环己烷	250/T3	101.1	−3.9	1.2	6.7	甲B	4.40	—
20	乙烯	425/T2	−103.7	—	2.7	36	甲	1.29	液化后为甲A
21	丙烯	460/T1	−47.2	—	2.0	11.1	甲	1.94	液化后为甲A
22	1-丁烯	385/T2	−6.1	—	1.6	10.0	甲	2.46	液化后为甲A
23	2-丁烯(顺)	325/T2	3.7	—	1.7	9.0	甲	2.46	液化后为甲A
24	2-丁烯(反)	324/T2	1.1	—	1.8	9.7	甲	2.46	液化后为甲A
25	丁二烯	420/T2	−4.44	—	2.0	12	甲	2.42	液化后为甲A
26	异丁烯	465/T1	−6.7	—	1.8	9.6	甲	2.46	液化后为甲A
27	乙炔	305/T2	−84	—	2.5	100	甲	1.16	液化后为甲A
28	丙炔	/T1	−2.3	—	1.7	—	甲	1.81	液化后为甲A
29	苯	560/T1	80.1	−11.1	1.3	7.1	甲B	3.62	—
30	甲苯	480/T1	110.6	4.4	1.2	7.1	甲B	4.01	—
31	乙苯	430/T2	136.2	15	1.0	6.7	甲B	4.73	—
32	邻-二甲苯	465/T1	144.4	17	1.0	6.0	甲B	4.78	—
33	间-二甲苯	530/T1	138.9	25	1.1	7.0	甲B	4.78	—
34	对-二甲苯	520/T1	138.3	25	1.1	7.0	甲B	4.78	—
35	苯乙烯	490/T1	146.1	32	1.1	6.1	乙A	4.64	—
36	环氧乙烷	429/T2	10.56	<−17.8	3.6	100	甲A	1.94	—

续表

序号	物质名称	引燃温度(℃)组别	沸点/℃	闪点/℃	爆炸浓度(V)/% 下限	爆炸浓度(V)/% 上限	火灾危险性分类	蒸气密度/(kg/m³)	备注
37	环氧丙烷	430/T2	33.9	−37.2	2.8	37	甲B	2.59	—
38	甲基醚	350/T2	−23.9	—	3.4	27	甲	2.07	液化后为甲A
39	乙醚	170/T4	35	−45	1.9	36	甲B	3.36	—
40	乙基甲基醚	190/T4	10.6	−37.2	2.0	10.1	甲A	2.72	—
41	二甲醚	240/T3	−23.7	—	3.4	27	甲	2.06	液化后为甲A
42	二丁醚	194/T4	141.1	25	1.5	7.6	甲B	5.82	—
43	甲醇	385/T2	63.9	11	6.7	26	甲B	1.42	—
44	乙醇	422/T2	78.3	12.8	3.3	19	甲B	2.06	—
45	丙醇	440/T2	97.2	25	2.1	13.5	甲B	2.72	—
46	丁醇	365/T2	117.0	28.9	1.4	11.2	乙A	3.36	—
47	戊醇	300/T3	138.0	32.7	1.2	10	乙A	3.88	—
48	异丙醇	399/T2	82.8	11.7	2.0	12	甲B	2.72	—
49	异丁醇	426/T2	108.0	31.6	1.7	19.0	乙A	3.30	—
50	甲醛	430/T2	−19.4	—	7.0	73	甲	1.29	液化后为甲A
51	乙醛	175/T4	21.1	−37.8	4.0	60	甲B	1.94	—
52	丙醛	207/T3	48.9	−9.4~7.2	2.9	17	甲B	2.59	—
53	丙烯醛	235/T3	51.7	−26.1	2.8	31	甲B	2.46	—
54	丙酮	465/T1	56.7	−17.8	2.6	12.8	甲B	2.59	—
55	丁醛	230/T3	76	−6.7	2.5	12.5	甲B	3.23	—
56	甲乙酮	515/T1	79.6	−6.1	1.8	10	甲B	3.23	—
57	环己酮	420/T2	156.1	43.9	1.1	8.1	乙A	4.40	—
58	乙酸	465	118.3	42.8	5.4	16	乙A	2.72	—
59	甲酸甲酯	465/T1	32.2	−18.9	5.0	23	甲B	2.72	—
60	甲酸乙酯	455	54.4	−20	2.8	16	甲B	3.37	—
61	醋酸甲酯	501	60	−10	3.1	16	甲B	3.62	—
62	醋酸乙酯	427/T2	77.2	−4.4	2.2	11.0	甲B	3.88	—
63	醋酸丙酯	450	101.7	14.4	2.0	3.0	甲B	4.53	—
64	醋酸丁酯	425/T2	127	22	1.7	7.3	甲B	5.17	—
65	醋酸丁烯酯	427/T2	717.7	7.0	2.6	—	甲B	3.88	—
66	丙烯酸甲酯	415/T2	79.7	−2.9	2.8	25	甲B	3.88	—
67	呋喃	390	31.1	<0	2.3	14.3	甲B	2.97	—
68	四氢呋喃	321/T2	66.1	−14.4	2.0	11.8	甲B	3.23	—
69	氯代甲烷	623/T1	−23.9	—	10.7	17.4	甲	2.33	液化后为甲A
70	氯乙烷	519	12.2	−50	3.8	15.4	甲A	2.84	—
71	溴乙烷	511/T1	37.8	<−20	6.7	11.3	甲B	4.91	—
72	氯丙烷	520/T2	46.1	<−178	2.6	11.1	甲B	3.49	—

续表

序号	物质名称	引燃温度(℃)组别	沸点/℃	闪点/℃	爆炸浓度(V)/%		火灾危险性分类	蒸气密度/(kg/m³)	备注
					下限	上限			
73	氯丁烷	245/T2	76.6	−9.4	1.8	10.1	甲B	4.14	液化后为甲A
74	溴丁烷	265/T2	102	18.9	2.6	6.6	甲B	6.08	—
75	氯乙烯	413/T2	−13.9	—	3.6	33	甲B	2.84	液化后为甲A
76	烯丙基氯	485/T1	45	−32	2.9	11.1	甲B	3.36	
77	氯苯	640/T1	132.2	28.9	1.3	7.1	乙A	5.04	
78	1,2-二氯乙烷	412/T2	83.9	13.3	6.2	16	甲B	4.40	—
79	1,1-二氯乙烯	570/T1	37.2	−17.8	7.3	16	甲B	4.40	—
80	硫化氢	260/T3	−60.4	—	4.3	45.5	甲B	1.54	—
81	二硫化碳	90/T6	46.2	−30	1.3	5.0	甲B	3.36	—
82	乙硫醇	300/T3	35.0	<26.7	2.8	10.0	甲B	2.72	—
83	乙腈	524/T1	81.6	5.6	4.4	16.0	甲B	1.81	—
84	丙烯腈	481/T1	77.2	0	3.0	17.0	甲B	2.33	—
85	硝基甲烷	418/T2	101.1	35.0	7.3	63	乙A	2.72	—
86	硝基乙烷	414/T2	113.8	27.8	3.4	5.0	甲B	3.36	—
87	亚硝酸乙酯	90/T6	17.2	−35	3.0	50	甲B	3.36	—
88	氰化氢	538/T1	26.1	−17.8	5.6	40	甲B	1.16	—
89	甲胺	430/T2	−6.5	—	4.9	20.1	甲	2.72	液化后为甲A
90	二甲胺	400/T2	7.2	—	2.8	14.4	甲	2.07	
91	吡啶	550/T2	115.5	<2.8	1.7	12	甲B	3.53	
92	氢	510/T1	−253	—	4.0	75	甲	0.09	
93	天然气	484/T1	—	—	3.8	13	甲	—	
94	城市煤气	520/T1	<−50	—	4.0	—	甲	10.65	
95	液化石油气	—	—	—	1.0	1.5	甲A	—	气化后为甲类气体,上下限按国际海协数据
96	轻石脑油	285/T3	36~68	<−20.0	1.2	—	甲B	≥3.22	
97	重石脑油	233/T3	65~177	−22~20	0.6	—	甲B	≥3.61	—
98	汽油	280/T3	50~150	<−20	1.1	5.9	甲B	4.14	
99	喷气燃料	200/T3	80~250	<28	0.6	—	乙A	6.47	闪点按GB 1788—79的数据
100	煤油	223/T3	150~300	≤45	0.6	—	乙A	6.47	
101	原油	—	—	—			甲B	—	—

注："蒸气密度"一栏是在原"蒸气比重"数值上乘以 1.293,为标准状态下的密度。

附录 B 常用有毒气体、蒸气特性

表 B 常用有毒气体、蒸气特性表

序号	物质名称	相对密度（气体）	熔点/℃	沸点/℃	时间加权平均容许浓度/(mg/m³)	短时间接触容许浓度/(mg/m³)	最高容许浓度/(mg/m³)	直接致害浓度/(mg/m³)
1	一氧化碳	0.97	−199.1	−191.4	20	30	—	1700
2	氯乙烯	2.15	−160	−13.9	10	25	—	—
3	硫化氢	1.19	−85.5	−60.4	—	—	10	430
4	氯	2.48	−101	−34.5	—	—	1	88
5	氰化氢	0.93	−13.2	25.7	—	—	1	56
6	丙烯腈	1.83	−83.6	77.3	1	2	—	1100
7	二氧化氮	1.58	−11.2	21.2	5	10	—	96
8	苯	2.7	5.5	80	6	10	—	9800
9	氨	0.77	−78	−33	20	30	—	360
10	碳酰氯	1.38	−104	8.3	—	—	0.5	8

附录 C 常用气体检（探）测器的技术性能表

表 C 常用气体检（探）测器的技术性能表

项目	催化燃烧型检(探)测器	热传导型检(探)测器	红外气体检(探)测器	半导体型检(探)测器	电化学型检(探)测器	光致电离型检(探)测器
被测气的含氧要求	需要 $O_2 > 10\%$	无	无	无	无	无
可燃气测量范围	≤爆炸下限	爆炸下限约100%	0～100%	≤爆炸下限	≤爆炸下限	＜爆炸下限
不适用的被测气体	大分子有机物	—	H_2	—	烷烃	H_2,CO,CH_4[①]
相对响应时间	与被测介质有关	中等	较短	与被测介质有关	中等	较短
检测干扰气体	无	CO_2,氟利昂	有	SO_2,NO_x,HO_2	SO_2,NO_x	[②]
使检测元件中毒的介质	Si,Pb 卤素,H_2S	无	无	Si,SO_2 卤素	CO_2	无
辅助气体要求	无	无	无	无	无	无

①为离子化能级高于所用紫外灯的能级的被测物；②为离子化能级低于所用紫外灯的能级的被测物。

本规范用词说明

1 为便于在执行本规范条文时区别对待，对要求严格程度不同的用词说明如下：

1）表示很严格，非这样做不可的：

正面词采用"必须"，反面词采用"严禁"；

2）表示严格，在正常情况下均应这样做的：

正面词采用"应"，反面词采用"不应"或"不得"；

3）表示允许稍有选择，在条件许可时首先应这样做的：

正面词采用"宜"，反面词采用"不宜"；

4）表示有选择，在一定条件下可以这样做的，采用"可"。

2　条文中指明应按其他有关标准执行的写法为："应符合……的规定"或"应按……执行"。

二、环 境 保 护

（一）声环境质量标准 GB 3096—2008

目次

声环境质量标准

1 适 用 范 围

本标准规定了五类声环境功能区的环境噪声限值及测量方法。

本标准适用于声环境质量评价与管理。

机场周围区域受飞机通过（起飞、降落、低空飞越）噪声的影响，不适用于本标准。

2 规范性引用文件

本标准内容引用了下列文件或其中的条款。凡是不注日期的引用文件，其有效版本适用于本标准。

GB 3785 声级计的电、声性能及测试方法

GB/T 15173 声校准器

GB/T 15190 城市区域环境噪声适用区划分技术规范

GB/T 17181 积分平均声级计

GB/T 50280 城市规划基本术语标准

JTG B01 公路工程技术标准

3　术语和定义

下列术语和定义适用于本标准。

3.1　A 声级　A-weighted sound pressure level

用 A 计权网络测得的声压级，用 L_A 表示，单位 dB（A）。

3.2　等效连续 A 声级　equivalent continuous A-weighted sound pressure level

简称为等效声级，指在规定测量时间 T 内 A 声级的能量平均值，用 $L_{Aeq,T}$ 表示（简写为 L_{eq}），单位 dB（A）。除特别指明外，本标准中噪声限值皆为等效声级。

根据定义，等效声级表示为：

$$L_{eq} = 10\lg\left(\frac{1}{T}\int_0^T 10^{0.1 \cdot L_4}\,dt\right)$$

式中　L_{eq}——t 时刻的瞬时 A 声级；

T——规定的测量时间段。

3.3　昼间等效声级　day-time equivalent sound level、夜间等效声级　night-time equivalent sound level

在昼间时段内测得的等效连续 A 声级称为昼间等效声级，用 L_d 表示，单位 dB（A）。

在夜间时段内测得的等效连续 A 声级称为夜间等效声级，用 L_n 表示，单位 dB（A）。

3.4　昼间　day-time、夜间　night-time

根据《中华人民共和国环境噪声污染防治法》，"昼间"是指 6：00 至 22：00 之间的时段；"夜间"是指 22：00 至次日 6：00 之间的时段。

县级以上人民政府为环境噪声污染防治的需要（如考虑时差、作息习惯差异等）而对昼间、夜间的划分另有规定的，应按其规定执行。

3.5　最大声级　maximum sound level

在规定的测量时间段内或对某一独立噪声事件，测得的 A 声级最大值，用 L_{max} 表示，单位 dB（A）。

3.6　累积百分声级　percentile sound level

用于评价测量时间段内噪声强度时间统计分布特征的指标，指占测量时间段一定比例的累积时间内 A 声级的最小值，用 L_N 表示，单位为 dB（A）。最常用的是 L_{10}、L_{50} 和 L_{90}，其含义如下：

L_{10}——在测量时间内有 10％的时间 A 声级超过的值，相当于噪声的平均峰值；

L_{50}——在测量时间内有 50％的时间 A 声级超过的值，相当于噪声的平均中值；

L_{90}——在测量时间内有 90％的时间 A 声级超过的值，相当于噪声的平均本底值。

如果数据采集是按等间隔时间进行的，则 L_N 也表示有 N％的数据超过的噪声级。

3.7　城市 city、城市规划区　urban planning area

城市是指国家按行政建制设立的直辖市、市和镇。

由城市市区、近郊区以及城市行政区域内其他因城市建设和发展需要实行规划控制的区域，为城市规划区。

3.8　乡村　rural area

乡村是指除城市规划区以外的其他地区，如村庄、集镇等。

村庄是指农村村民居住和从事各种生产的聚居点。

集镇是指乡、民族乡人民政府所在地和经县级人民政府确认由集市发展而成的作为农村一定区域经济、文化和生活服务中心的非建制镇。

3.9　交通干线　traffic artery

指铁路（铁路专用线除外）、高速公路、一级公路、二级公路、城市快速路、城市主干路、城市次干路、城市轨道交通线路（地面段）、内河航道。应根据铁路、交通、城市等规划确定。以上交通干线类型的定义参见附录 A。

3.10　噪声敏感建筑物　noise-sensitive buildings

指医院、学校、机关、科研单位、住宅等需要保持安静的建筑物。

3.11　突发噪声　burst noise

指突然发生，持续时间较短，强度较高的噪声。如锅炉排气、工程爆破等产生的较高噪声。

4　声环境功能区分类

按区域的使用功能特点和环境质量要求，声环境功能区分为以下五种类型：

0 类声环境功能区：指康复疗养区等特别需要安静的区域。

1 类声环境功能区：指以居民住宅、医疗卫生、文化教育、科研设计、行政办公为主要功能，需要保持安静的区域。

2 类声环境功能区：指以商业金融、集市贸易为主要功能，或者居住、商业、工业混杂，需要维护住宅安静的区域。

3 类声环境功能区：指以工业生产、仓储物流为主要功能，需要防止工业噪声对周围环境产生严重影响的区域。

4 类声环境功能区：指交通干线两侧一定距离之内，需要防止交通噪声对周围环境产生严重影响的区域，包括 4a 类和 4b 类两种类型。4a 类为高速公路、一级公路、二级公路、城市快速路、城市主干路、城市次干路、城市轨道交通（地面段）、内河航道两侧区域；4b 类为铁路干线两侧区域。

5　环境噪声限值

5.1　各类声环境功能区适用表 1 规定的环境噪声等效声级限值。

表 1　环境噪声限值　　　　　　　　　　　　　单位：dB（A）

声环境功能区类别		时段	
		昼间	夜间
0 类		50	40
1 类		55	45
2 类		60	50
3 类		65	55
4 类	4a 类	70	55
	4b 类	70	60

5.2　表1中4b类声环境功能区环境噪声限值，适用于2011年1月1日起环境影响评价文件通过审批的新建铁路（含新开廊道的增建铁路）干线建设项目两侧区域；

5.3　在下列情况下，铁路干线两侧区域不通过列车时的环境背景噪声限值，按昼间70dB（A）、夜间55dB（A）执行：

　　a）穿越城区的既有铁路干线；

　　b）对穿越城区的既有铁路干线进行改建、扩建的铁路建设项目。

　　既有铁路是指2010年12月31日前已建成运营的铁路或环境影响评价文件已通过审批的铁路建设项目。

5.4　各类声环境功能区夜间突发噪声，其最大声级超过环境噪声限值的幅度不得高于15dB（A）。

6　环境噪声监测要求

6.1　测量仪器

　　测量仪器精度为2型及2型以上的积分平均声级计或环境噪声自动监测仪器，其性能需符合GB 3785和GB/T 17181的规定，并定期校验。测量前后使用声校准器校准测量仪器的示值偏差不得大于0.5dB，否则测量无效。声校准器应满足GB/T 15173对1级或2级声校准器的要求。测量时传声器应加防风罩。

6.2　测点选择

　　根据监测对象和目的，可选择以下三种测点条件（指传声器所置位置）进行环境噪声的测量：

　　a）一般户外

　　距离任何反射物（地面除外）至少3.5m外测量，距地面高度1.2m以上。必要时可置于高层建筑上，以扩大监测受声范围。使用监测车辆测量，传声器应固定在车顶部1.2m高度处。

　　b）噪声敏感建筑物户外

　　在噪声敏感建筑物外，距墙壁或窗户1m处，距地面高度1.2m以上。

　　c）噪声敏感建筑物室内

　　距离墙面和其他反射面至少1m，距窗约1.5m处，距地面1.2～1.5m高。

6.3　气象条件

　　测量应在无雨雪、无雷电天气，风速5m/s以下时进行。

6.4　监测类型与方法

　　根据监测对象和目的，环境噪声监测分为声环境功能区监测和噪声敏感建筑物监测两种类型，分别采用附录B和附录C规定的监测方法。

6.5　测量记录

　　测量记录应包括以下事项：

　　a）日期、时间、地点及测定人员；

　　b）使用仪器型号、编号及其校准记录；

c）测定时间内的气象条件（风向、风速、雨雪等天气状况）；

d）测量项目及测定结果；

e）测量依据的标准；

f）测点示意图；

g）声源及运行工况说明（如交通噪声测量的交通流量等）；

h）其他应记录的事项。

7　声环境功能区的划分要求

7.1　城市声环境功能区的划分

城市区域应按照 GB/T 15190 的规定划分声环境功能区，分别执行本标准规定的 0、1、2、3、4 类声环境功能区环境噪声限值。

7.2　乡村声环境功能的确定

乡村区域一般不划分声环境功能区，根据环境管理的需要，县级以上人民政府环境保护行政主管部门可按以下要求确定乡村区域适用的声环境质量要求：

a）位于乡村的康复疗养区执行 0 类声环境功能区要求；

b）村庄原则上执行 1 类声环境功能区要求，工业活动较多的村庄以及有交通干线经过的村庄（指执行 4 类声环境功能区要求以外的地区）可局部或全部执行 2 类声环境功能区要求；

c）集镇执行 2 类声环境功能区要求；

d）独立于村庄、集镇之外的工业、仓储集中区执行 3 类声环境功能区要求；

e）位于交通干线两侧一定距离（参考 GB/T 15190 第 8.3 条规定）内的噪声敏感建筑物执行 4 类声环境功能区要求。

8　标准的实施要求

本标准由县级以上人民政府环境保护行政主管部门负责组织实施。

为实施本标准，各地应建立环境噪声监测网络与制度、评价声环境质量状况、进行信息通报与公示、确定达标区和不达标区、制订达标区维持计划与不达标区噪声削减计划，因地制宜改善声环境质量。

附录 A　（资料性附录）不同类型交通干线的定义

A.1　铁路

以动力集中方式或动力分散方式牵引，行驶于固定钢轨线路上的客货运输系统。

A.2　高速公路

根据 JTG B01，定义如下：

专供汽车分向、分车道行驶，并应全部控制出入的多车道公路，其中：

四车道高速公路应能适应将各种汽车折合成小客车的年平均日交通量 25000～55000 辆；

六车道高速公路应能适应将各种汽车折合成小客车的年平均日交通量 45000～

80000 辆；

八车道高速公路应能适应将各种汽车折合成小客车的年平均日交通量 60000～100000 辆。

A.3 一级公路

根据 JTG B01，定义如下：

供汽车分向、分车道行驶，并可根据需要控制出入的多车道公路，其中：

四车道一级公路应能适应将各种汽车折合成小客车的年平均日交通量 15000～30000 辆；

六车道一级公路应能适应将各种汽车折合成小客车的年平均日交通量 25000～55000 辆。

A.4 二级公路

根据 JTG B01，定义如下：

供汽车行驶的双车道公路。

双车道二级公路应能适应将各种汽车折合成小客车的年平均日交通量 5000～15000 辆。

A.5 城市快速路

根据 GB/T 50280，定义如下：

城市道路中设有中央分隔带，具有四条以上机动车道，全部或部分采用立体交叉与控制出入，供汽车以较高速度行驶的道路，又称汽车专用道。

城市快速路一般在特大城市或大城市中设置，主要起联系城市内各主要地区、沟通对外联系的作用。

A.6 城市主干路

联系城市各主要地区（住宅区、工业区以及港口、机场和车站等客货运中心等），承担城市主要交通任务的交通干道，是城市道路网的骨架。主干路沿线两侧不宜修建过多的车辆和行人出入口。

A.7 城市次干路

城市各区域内部的主要道路，与城市主干路结合成道路网，起集散交通的作用兼有服务功能。

A.8 城市轨道交通

以电能为主要动力，采用钢轮—钢轨为导向的城市公共客运系统。按照运量及运行方式的不同，城市轨道交通分为地铁、轻轨以及有轨电车。

A.9 内河航道

船舶、排筏可以通航的内河水域及其港口。

附录 B （规范性附录）声环境功能区监测方法

B.1 监测目的

评价不同声环境功能区昼间、夜间的声环境质量，了解功能区环境噪声时空分布特征。

B.2　定点监测法

B.2.1　监测要求

选择能反映各类功能区声环境质量特征的监测点 1 至若干个，进行长期定点监测，每次测量的位置、高度应保持不变。

对于 0、1、2、3 类声环境功能区，该监测点应为户外长期稳定、距地面高度为声场空间垂直分布的可能最大值处，其位置应能避开反射面和附近的固定噪声源；4 类声环境功能区监测点设于 4 类区内第一排噪声敏感建筑物户外交通噪声空间垂直分布的可能最大值处。

声环境功能区监测每次至少进行一昼夜 24h 的连续监测，得出每小时及昼间、夜间的等效声级 L_{eq}、L_d、L_n 和最大声级 L_{max}。用于噪声分析目的，可适当增加监测项目，如累积百分声级 L_{10}、L_{50}、L_{90} 等。监测应避开节假日和非正常工作日。

B.2.2　监测结果评价

各监测点位测量结果独立评价，以昼间等效声级 L_d 和夜间等效声级 L_n 作为评价各监测点位声环境质量是否达标的基本依据。

一个功能区设有多个测点的，应按点次分别统计昼间、夜间的达标率。

B.2.3　环境噪声自动监测系统

全国重点环保城市以及其他有条件的城市和地区宜设置环境噪声自动监测系统，进行不同声环境功能区监测点的连续自动监测。

环境噪声自动监测系统主要由自动监测子站和中心站及通信系统组成，其中自动监测子站由全天候户外传声器、智能噪声自动监测仪器、数据传输设备等构成。

B.3　普查监测法

B.3.1　0~3 类声环境功能区普查监测

B.3.1.1　监测要求

将要普查监测的某一声环境功能区划分成多个等大的正方格，网格要完全覆盖住被普查的区域，且有效网格总数应多于 100 个。测点应设在每一个网格的中心，测点条件为一般户外条件。

监测分别在昼间工作时间和夜间 22：00~24：00（时间不足可顺延）进行。在前述测量时间内，每次每个测点测量 10min 的等效声级 L_{eq}，同时记录噪声主要来源。监测应避开节假日和非正常工作日。

B.3.1.2　监测结果评价

将全部网格中心测点测得的 10min 的等效声级 L_{eq} 做算术平均运算，所得到的平均值代表某一声环境功能区的总体环境噪声水平，并计算标准偏差。

根据每个网格中心的噪声值及对应的网格面积，统计不同噪声影响水平下的面积百分比，以及昼间、夜间的达标面积比例。有条件可估算受影响人口。

B.3.2　4 类声环境功能区普查监测

B.3.2.1　监测要求

以自然路段、站场、河段等为基础，考虑交通运行特征和两侧噪声敏感建筑物分布情况，划分典型路段（包括河段）。在每个典型路段对应的 4 类区边界上（指 4 类区内无噪声敏感建筑物存在时）或第一排噪声敏感建筑物户外（指 4 类区内有噪声敏感建筑物存在时）选择 1 个测点进行噪声监测。这些测点应与站、场、码头、岔路口、河流汇入口等相隔一定的距离，避开这些地点的噪声干扰。

监测分昼、夜两个时段进行。分别测量如下规定时间内的等效声级 L_{eq} 和交通流量，对铁路、城市轨道交通线路（地面段），应同时测量最大声级 L_{max}，对道路交通噪声应同时测量累积百分声级 L_{10}、L_{50}、L_{90}。

根据交通类型的差异，规定的测量时间为：

铁路、城市轨道交通（地面段）、内河航道两侧：昼、夜各测量不低于平均运行密度的 1h 值，若城市轨道交通（地面段）的运行车次密集，测量时间可缩短至 20min。

高速公路、一级公路、二级公路、城市快速路、城市主干路、城市次干路两侧：昼、夜各测量不低于平均运行密度的 20min 值。

监测应避开节假日和非正常工作日。

B.3.2.2 监测结果评价

将某条交通干线各典型路段测得的噪声值，按路段长度进行加权算术平均，以此得出某条交通干线两侧 4 类声环境功能区的环境噪声平均值。

也可对某一区域内的所有铁路、确定为交通干线的道路、城市轨道交通（地面段）、内河航道按前述方法进行长度加权统计，得出针对某一区域某一交通类型的环境噪声平均值。

根据每个典型路段的噪声值及对应的路段长度，统计不同噪声影响水平下的路段百分比，以及昼间、夜间的达标路段比例。有条件可估算受影响人口。

对某条交通干线或某一区域某一交通类型采取抽样测量的，应统计抽样路段比例。

附录 C （规范性附录）噪声敏感建筑物监测方法

C.1 监测目的

了解噪声敏感建筑物户外（或室内）的环境噪声水平，评价是否符合所处声环境功能区的环境质量要求。

C.2 监测要求

监测点一般设于噪声敏感建筑物户外。不得不在噪声敏感建筑物室内监测时，应在门窗全打开状况下进行室内噪声测量，并采用较该噪声敏感建筑物所在声环境功能区对应环境噪声限值低 10dB（A）的值作为评价依据。

对敏感建筑物的环境噪声监测应在周围环境噪声源正常工作条件下测量，视噪声源的运行工况，分昼、夜两个时段连续进行。根据环境噪声源的特征，可优化测量时间：

a）受固定噪声源的噪声影响

稳态噪声测量 1min 的等效声级 L_{eq}；

非稳态噪声测量整个正常工作时间（或代表性时段）的等效声级 L_{eq}。

b）受交通噪声源的噪声影响

对于铁路、城市轨道交通（地面段）、内河航道，昼、夜各测量不低于平均运行密度的 1h 等效声级 L_{eq}，若城市轨道交通（地面段）的运行车次密集，测量时间可缩短至 20min。

对于道路交通，昼、夜各测量不低于平均运行密度的 20min 等效声级 L_{eq}。

c）受突发噪声的影响

以上监测对象夜间存在突发噪声的，应同时监测测量时段内的最大声级 L_{max}。

C.3　监测结果评价

以昼间、夜间环境噪声源正常工作时段的 L_{eq} 和夜间突发噪声 L_{max} 作为评价噪声敏感建筑物户外（或室内）环境噪声水平，是否符合所处声环境功能区的环境质量要求的依据。

（二）污水综合排放标准 GB 8978—1996

为贯彻《中华人民共和国环境保护法》、《中华人民共和国水污染防治法》和《中华人民共和国海洋环境保护法》，控制水污染，保护江河、湖泊、运河、渠道、水库和海洋等地面水以及地下水水质的良好状态，保障人体健康，维护生态平衡，促进国民经济和城乡建设的发展，特制定本标准。

1　主题内容与适用范围

1.1　主题内容

本标准按照污水排放去向，分年限规定了 69 种水污染物最高允许排放浓度及部分行业最高允许排水量。

1.2　适用范围

本标准适用于现有单位水污染物的排放管理，以及建设项目的环境影响评价、建设项目环境保护设施设计、竣工验收及其投产后的排放管理。

按照国家综合排放标准与国家行业排放标准不交叉执行的原则，造纸工业执行《造纸工业水污染物排放标准（GB 3544—92）》，船舶执行《船舶污染物排放标准（GB 3552—83）》，船舶工业执行《船舶工业污染物排放标准（GB 4286—84）》，海洋石油开发工业执行《海洋石油开发工业含油污水排放标准（GB 4914—85）》，纺织染整工业执行《纺织染整工业水污染物排放标准（CB 4287—92）》，肉类加工工业执行《肉类加工工业水污染物排放标准（CB 13457—92）》，合成氨工业执行《合成氨工业水污染物排放标准（GB 13458—92）》，钢铁工业执行《钢铁工业水污染物排放标准（GB 13456—92）》，航天推进剂使用执行《航天推进剂水污染物排放标准（GB 14374—93）》，兵器工业执行《兵器工业水污染物排放标准（GB 14470.1～14470.3—93 和 GB 4274～4279—84）》，磷肥工业执行《磷肥工业水污染物排放标准（GB 15580—95）》，烧碱、聚氯乙烯工业执行《烧碱、聚氯乙烯工业水污染物排放标准（GB 15581—95）》，其他水污染物排放均执行本标准。

1.3　本标准颁布后，新增加国家行业水污染物排放标准的行业，按其适用范围执行相应的国家水污染物行业标准，不再执行本标准。

2　引用标准

下列标准所包含的条文，通过在本标准中引用而构成为本标准的条文。

GB 3097—82　海水水质标准

GB 3838—88　地面水环境质量标准

GB 8703—88　辐射防护规定

3　定　义

3.1　污水：指在生产与生活活动中排放的水的总称。

3.2　排水量：指在生产过程中直接用于工艺生产的水的排放量。不包括间接冷却水、厂区锅炉、电站排水。

3.3　一切排污单位：指本标准适用范围所包括的一切排污单位。

3.4　其他排污单位：指在某一控制项目中，除所列行业外的一切排污单位。

4　技术内容

4.1　标准分级

4.1.1　排入 GB 3838 Ⅲ类水域（划定的保护区和游泳区除外）和排入 GB 3097 中二类海域的污水，执行一级标准。

4.1.2　排入 GB 3838 中Ⅳ、Ⅴ类水域和排入 GB 3097 中三类海域的污水，执行二级标准。

4.1.3　排入设置二级污水处理厂的城镇排水系统的污水，执行三级标准。

4.1.4　排入未设置二级污水处理厂的城镇排水系统的污水，必须根据排水系统出水受纳水域的功能要求，分别执行 4.1.1 和 4.1.2 的规定。

4.1.5　GB 3838 中Ⅰ、Ⅱ类水域和Ⅲ类水域中划定的保护区，GB 3097 中一类海域，禁止新建排污口，现有排污口应按水体功能要求，实行污染物总量控制，以保证受纳水体水质符合规定用途的水质标准。

4.2　标准值

4.2.1　本标准将排放的污染物按其性质及控制方式分为二类。

4.2.1.1　第一类污染物，不分行业和污水排放方式，也不分受纳水体的功能类别，一律在车间或车间处理设施排放口采样，其最高允许排放浓度必须达到本标准要求（采矿行业的尾矿坝出水口不得视为车间排放口）。

4.2.1.2　第二类污染物，在排污单位排放口采样，其最高允许排放浓度必须达到本标准要求。

4.2.2　本标准按年限规定了第一类污染物和第二类污染物最高允许排放浓度及部分行业最高允许排水量，分别为：

4.2.2.1　1997 年 12 月 31 日之前建设（包括改、扩建）的单位，水污染物的排放必须同时执行表 1、表 2、表 3 的规定。

4.2.2.2　1998 年 1 月 1 日起建设（包括改、扩建）的单位，水污染物的排放必须同时执行表1、表4、表5的规定。

4.2.2.3　建设（包括改、扩建）单位的建设时间，以环境影响评价报告书（表）批准日期为准划分。

4.3　其他规定

4.3.1　同一排放口排放两种或两种以上不同类别的污水，且每种污水的排放标准又不同时，其混合污水的排放标准按附录 A 计算。

4.3.2　工业污水污染物的最高允许排放负荷量按附录 B 计算。

4.3.3　污染物最高允许年排放总量按附录 C 计算。

4.3.4　对于排放含有放射性物质的污水，除执行本标准外，还须符合 GB 8703—88《辐射防护规定》。

表 1　第一类污染物最高允许排放浓度　　　　　　　　单位：mg/L

序号	污染物	最高允许排放浓度	序号	污染物	最高允许排放浓度
1	总汞	0.05	8	总镍	1.0
2	烷基汞	不得检出	9	苯并[a]芘	0.00003
3	总镉	0.1	10	总铍	0.005
4	总铬	1.5	11	总银	0.5
5	六价铬	0.5	12	总 α 放射性	1Bq/L
6	总砷	0.5	13	总 β 放射性	10Bq/L
7	总铅	1.0			

表 2　第二类污染物最高允许排放浓度

（1997 年 12 月 31 日之前建设的单位）　　　　　　　　单位：mg/L

序号	污染物	适用范围	一级标准	二级标准	三级标准
1	pH	一切排污单位	6～9	6～9	6～9
2	色度(稀释倍数)	染料工业	50	180	—
		其他排污单位	50	80	—
3	悬浮物(SS)	采矿、选矿、选煤工业	100	300	—
		脉金选矿	100	500	—
		边远地区砂金选矿	100	800	—
		城镇二级污水处理厂	20	30	—
		其他排污单位	70	200	400
4	五日生化需氧量(BOD$_5$)	甘蔗制糖、苎麻脱胶、湿法纤维板工业	30	100	600
		甜菜制糖、酒精、味精、皮革、化纤浆粕工业	30	150	600
		城镇二级污水处理厂	20	30	—
		其他排污单位	30	60	300
5	化学需氧量(COD)	甜菜制糖、焦化、合成脂肪酸、湿法纤维板、染料、洗毛、有机磷农药工业	100	200	1000
		味精、酒精、医药原料药、生物制药、苎麻脱胶、皮革、化纤浆粕工业	100	300	1000

续表

序号	污染物	适用范围	一级标准	二级标准	三级标准
5	化学需氧量(COD)	石油化工工业(包括石油炼制)	100	150	500
		城镇二级污水处理厂	60	120	—
		其他排污单位	100	150	500
6	石油类	一切排污单位	10	10	30
7	动植物油	一切排污单位	20	20	100
8	挥发酚	一切排污单位	0.5	0.5	2.0
9	总氰化合物	电影洗片(铁氰化合物)	0.5	5.0	5.0
		其他排污单位	0.5	0.5	1.0
10	硫化物	一切排污单位	1.0	1.0	2.0
11	氨氮	医药原料药、染料、石油化工工业	15	50	—
		其他排污单位	15	25	—
12	氟化物	黄磷工业	10	20	20
		低氟地区(水体含氟量<0.5mg/L)	10	20	30
		其他排污单位	10	10	20
13	磷酸盐(以P计)	一切排污单位	0.5	1.0	—
14	甲醛	一切排污单位	1.0	2.0	5.0
15	苯胺类	一切排污单位	1.0	2.0	5.0
16	硝基苯类	一切排污单位	2.0	3.0	5.0
17	阴离子表面活性剂(LAS)	合成洗涤剂工业	5.0	15	20
		其他排污单位	5.0	10	20
18	总铜	一切排污单位	0.5	1.0	2.0
19	总锌	一切排污单位	2.0	5.0	5.0
20	总锰	合成脂肪酸工业	2.0	5.0	5.0
		其他排污单位	2.0	2.0	5.0
21	彩色显影剂	电影洗片	2.0	3.0	5.0
22	显影剂及氧化物总量	电影洗片	3.0	6.0	6.0
23	元素磷	一切排污单位	0.1	0.3	0.3
24	有机磷农药(以P计)	一切排污单位	不得检出	0.5	0.5
25	粪大肠菌群数	医院①、兽医院及医疗机构含病原体污水	500个/L	1000个/L	5000个/L
		传染病、结核病医院污水	100个/L	500个/L	1000个/L
26	总余氯(采用氯化消毒的医院污水)	医院①、兽医院及医疗机构含病原体污水	<0.5②	>3(接触时间≥1h)	>2(接触时间≥1h)
		传染病、结核病医院污水	<0.5②	>6.5(接触时间≥1.5h)	>5(接触时间≥1.5h)

① 指50个床位以上的医院。
② 加氯消毒后须进行脱氯处理,达到本标准。

表3　部分行业最高允许排水量

（1997 年 12 月 31 日之前建设的单位）

序号	行业类别			最高允许排水量或最低允许水重复利用率		
1	矿山工业	有色金属系统选矿		水重复利用率 75%		
		其他矿山工业采矿、选矿、选煤等		水重复利用率 90%（选煤）		
		脉金选矿	重选	16.0m³/t（矿石）		
			浮选	9.0m³/t（矿石）		
			氰化	8.0m³/t（矿石）		
			炭浆	8.0m³/t（矿石）		
2	焦化企业（煤气厂）			1.2m³/t（焦炭）		
3	有色金属冶炼及金属加工			水重复利用率 80%		
4	石油炼制工业（不包括直排水炼油厂）加工深度分类： A. 燃料型炼油厂 B. 燃料＋润滑油型炼油厂 C. 燃料＋润滑油型＋炼油化工型炼油厂 （包括加工高含硫原油页岩油和石油添加剂生产基地的炼油厂）		A	>500 万吨，1.0m³/t（原油） 250～500 万吨，1.2m³/t（原油） <250 万吨，1.5m³/t（原油）		
			B	>500 万吨，1.5m³/t（原油） 250～500 万吨，2.0m³/t（原油） <250 万吨，2.0m³/t（原油）		
			C	>500 万吨，2.0m³/t（原油） 250～500 万吨，2.5m³/t（原油） <250 万吨，2.5m³/t（原油）		
5	合成洗涤剂工业	氯化法生产烷基苯		200.0m³/t（烷基苯）		
		裂解法生产烷基苯		70.0m³/t（烷基苯）		
		烷基苯生产合成洗涤剂		10.0m³/t（产品）		
6	合成脂肪酸工业			200.0m³/t（产品）		
7	湿法生产纤维板工业			30.0m³/t（板）		
8	制糖工业	甘蔗制糖		10.0m³/t（甘蔗）		
		甜菜制糖		4.0m³/t（甜菜）		
9	皮革工业	猪盐湿皮		60.0m³/t（原皮）		
		牛干皮		100.0m³/t（原皮）		
		羊干皮		150.0m³/t（原皮）		
10	发酵、酿造工业	酒精工业	以玉米为原料	100.0m³/t（酒精）		
			以薯类为原料	80.0m³/t（酒精）		
			以糖蜜为原料	70.0m³/t（酒精）		
		味精工业		600.0m³/t（味精）		
		啤酒工业（排水量不包括麦芽水部分）		16.0m³/t（啤酒）		
11	铬盐工业			5.0m³/t（产品）		
12	硫酸工业（水洗法）			15.0m³/t（硫酸）		
13	苎麻脱胶工业			500m³/t（原麻）或 750m³/t（精干麻）		
14	化纤浆粕			本色：150m³/t（浆） 漂白：240m³/t（浆）		
15	黏胶纤维工业（单纯纤维）	短纤维（棉型中长纤维、毛型中长纤维）		300m³/t（纤维）		
		长纤维		800m³/t（纤维）		
16	铁路货车洗刷			5.0m³/辆		
17	电影洗片			5m³/1000m（35mm 的胶片）		
18	石油沥青工业			冷却池的水循环利用率 95%		

表 4　第二类污染物最高允许排放浓度

（1998 年 1 月 1 日后建设的单位）　　　　　　　单位：mg/L

序号	污染物	适用范围	一级标准	二级标准	三级标准
1	pH	一切排污单位	6～9	6～9	6～9
2	色度（稀释倍数）	一切排污单位	50	80	—
3	悬浮物（SS）	采矿、选矿、选煤工业	70	300	—
		脉金选矿	70	400	—
		边远地区砂金选矿	70	800	—
		城镇二级污水处理厂	20	30	—
		其他排污单位	70	150	400
4	五日生化需氧量（BOD$_5$）	甘蔗制糖、苎麻脱胶、湿法纤维板、染料、洗毛工业	20	60	600
		甜菜制糖、酒精、味精、皮革、化纤浆粕工业	20	100	600
		城镇二级污水处理厂	20	30	—
		其他排污单位	20	30	300
5	化学需氧量（COD）	甜菜制糖、合成脂肪酸、湿法纤维板、染料、洗毛、有机磷农药工业	100	200	1000
		味精、酒精、医药原料药、生物制药、苎麻脱胶、皮革、化纤浆粕工业	100	300	1000
		石油化工工业（包括石油炼制）	60	120	500
		城镇二级污水处理厂	60	120	—
		其他排污单位	100	150	500
6	石油类	一切排污单位	5	10	20
7	动植物油	一切排污单位	10	15	100
8	挥发酚	一切排污单位	0.5	0.5	2.0
9	总氰化合物	一切排污单位	0.5	0.5	1.0
10	硫化物	一切排污单位	1.0	1.0	1.0
11	氨氮	医药原料药、染料、石油化工工业	15	50	—
		其他排污单位	15	25	—
12	氟化物	黄磷工业	10	15	20
		低氟地区（水体含氟量＜0.5mg/L）	10	20	30
		其他排污单位	10	10	20
13	磷酸盐（以 P 计）	一切排污单位	0.5	1.0	—
14	甲醛	一切排污单位	1.0	2.0	5.0
15	苯胺类	一切排污单位	1.0	2.0	5.0
16	硝基苯类	一切排污单位	2.0	3.0	5.0
17	阴离子表面活性剂（LAS）	一切排污单位	5.0	10	20
18	总铜	一切排污单位	0.5	1.0	2.0
19	总锌	一切排污单位	2.0	5.0	5.0
20	总锰	合成脂肪酸工业	2.0	5.0	5.0
		其他排污单位	2.0	2.0	5.0
21	彩色显影剂	电影洗片	1.0	2.0	3.0
22	显影剂及氧化物总量	电影洗片	3.0	3.0	6.0
23	元素磷	一切排污单位	0.1	0.1	0.3
24	有机磷农药（以 P 计）	一切排污单位	不得检出	0.5	0.5

续表

序号	污染物	适用范围	一级标准	二级标准	三级标准
25	乐果	一切排污单位	不得检出	1.0	2.0
26	对硫磷	一切排污单位	不得检出	1.0	2.0
27	甲基对硫磷	一切排污单位	不得检出	1.0	2.0
28	马拉硫磷	一切排污单位	不得检出	5.0	10
29	五氯酚及五氯酚钠(以五氯酚计)	一切排污单位	5.0	8.0	10
30	可吸附有机卤化物(AOX)(以Cl计)	一切排污单位	1.0	5.0	8.0
31	三氯甲烷	一切排污单位	0.3	0.6	1.0
32	四氯化碳	一切排污单位	0.03	0.05	0.5
33	三氯乙烯	一切排污单位	0.3	0.6	1.0
34	四氯乙烯	一切排污单位	0.1	0.2	0.5
35	苯	一切排污单位	0.1	0.2	0.5
36	甲苯	一切排污单位	0.1	0.2	0.5
37	乙苯	一切排污单位	0.4	0.6	1.0
38	邻-二甲苯	一切排污单位	0.4	0.6	1.0
39	对-二甲苯	一切排污单位	0.4	0.6	1.0
40	间-二甲苯	一切排污单位	0.4	0.6	1.0
41	氯苯	一切排污单位	0.2	0.4	1.0
42	邻-二氯苯	一切排污单位	0.4	0.6	1.0
43	对-二氯苯	一切排污单位	0.4	0.6	1.0
44	对-硝基氯苯	一切排污单位	0.5	1.0	5.0
45	2,4-二硝基氯苯	一切排污单位	0.5	1.0	5.0
46	苯酚	一切排污单位	0.3	0.4	1.0
47	间-甲酚	一切排污单位	0.1	0.2	0.5
48	2,4-二氯酚	一切排污单位	0.6	0.8	1.0
49	2,4,6-三氯酚	一切排污单位	0.6	0.8	1.0
50	邻苯二甲酸二丁酯	一切排污单位	0.2	0.4	2.0
51	邻苯二甲酸二辛酯	一切排污单位	0.3	0.6	2.0
52	丙烯腈	一切排污单位	2.0	5.0	5.0
53	总硒	一切排污单位	0.1	0.2	0.5
54	粪大肠菌群数	医院[①]、兽医院及医疗机构含病原体污水	500个/L	1000个/L	5000个/L
		传染病、结核病医院污水	100个/L	500个/L	1000个/L
55	总余氯(采用氯化消毒的医院污水)	医院[①]、兽医院及医疗机构含病原体污水	<0.5[②]	>3(接触时间≥1h)	>2(接触时间≥1h)
		传染病、结核病医院污水	<0.5[②]	>6.5(接触时间≥1.5h)	>5(接触时间≥1.5h)
56	总有机碳(TOC)	合成脂肪酸工业	20	40	—
		苎麻脱胶工业	20	60	—
		其他排污单位	20	30	—

① 指50个床位以上的医院。
② 加氯消毒后须进行脱氯处理，达到本标准。
注：其他排污单位：指除在该控制项目中所列行业以外的一切排污单位。

表5　部分行业最高允许排水量

（1998 年 1 月 1 日后建设的单位）

序号	行业类别				最高允许排水量或最低允许水重复利用率
1	矿山工业	有色金属系统选矿			水重复利用率 75%
		其他矿山工业采矿、选矿、选煤等			水重复利用率 90%（选煤）
		脉金选矿	重选		16.0m³/t（矿石）
			浮选		9.0m³/t（矿石）
			氰化		8.0m³/t（矿石）
			炭浆		8.0m³/t（矿石）
2	焦化企业（煤气厂）				1.2m³/t（焦炭）
3	有色金属冶炼及金属加工				水重复利用率 80%
4	石油炼制工业(不包括直排水炼油厂) 加工深度分类： A. 燃料型炼油厂 B. 燃料＋润滑油型炼油厂 C. 燃料＋润滑油型＋石油化工型炼油厂 （包括加工高含硫原油页岩油和石油添加剂生产基地的炼油厂）	A			>500 万吨，1.0m³/t（原油） 250～500 万吨，1.2m³/t（原油） <250 万吨，1.5m³/t（原油）
		B			>500 万吨，1.5m³/t（原油） 250～500 万吨，2.0m³/t（原油） <250 万吨，2.0m³/t（原油）
		C			>500 万吨，2.0m³/t（原油） 250～500 万吨，2.5m³/t（原油） <250 万吨，2.5m³/t（原油）
5	合成洗涤剂工业	氯化法生产烷基苯			200.0m³/t（烷基苯）
		裂解法生产烷基苯			70.0m³/t（烷基苯）
		烷基苯生产合成洗涤剂			10.0m³/t（产品）
6	合成脂肪酸工业				200.0m³/t（产品）
7	湿法生产纤维板工业				30.0m³/t（板）
8	制糖工业	甘蔗制糖			10.0m³/t（甘蔗）
		甜菜制糖			4.0m³/t（甜菜）
9	皮革工业	猪盐湿皮			60.0m³/t（原皮）
		牛干皮			100.0m³/t（原皮）
		羊干皮			150.0m³/t（原皮）
10	发酵、酿造工业	酒精工业	以玉米为原料		100.0m³/t（酒精）
			以薯类为原料		80.0m³/t（酒精）
			以糖蜜为原料		70.0m³/t（酒精）
		味精工业			600.0m³/t（味精）
		啤酒工业（排水量不包括麦芽水部分）			16.0m³/t（啤酒）
11	铬盐工业				5.0m³/t（产品）
12	硫酸工业（水洗法）				15.0m³/t（硫酸）
13	苎麻脱胶工业				500m³/t（原麻） 750m³/t（精干麻）
14	黏胶纤维工业单纯纤维	短纤维（棉型中长纤维、毛型中长纤维）			300.0m³/t（纤维）
		长纤维			800.0m³/t（纤维）
15	化纤浆粕				本色：150m³/t（浆）；漂白：240m³/t（浆）
16	制药工业医药原料药	青霉素			4700m³/t（青霉素）
		链霉素			1450m³/t（链霉素）
		土霉素			1300m³/t（土霉素）
		四环素			1900m³/t（四环素）
		洁霉素			9200m³/t（洁霉素）

续表

序号	行业类别		最高允许排水量或最低允许水重复利用率
16	制药工业医药原料药	金霉素	3000m³/t(金霉素)
		庆大霉素	20400m³/t(庆大霉素)
		维生素C	1200m³/t(维生素C)
		氯霉素	2700m³/t(氯霉素)
		新诺明	2000m³/t(新诺明)
		维生素B_1	3400m³/t(维生素B_1)
		安乃近	180m³/t(安乃近)
		非那西汀	750m³/t(非那西汀)
		呋喃唑酮	2400m³/t(呋喃唑酮)
		咖啡因	1200m³/t(咖啡因)
17	有机磷农药工业[①]	乐果[②]	700m³/t(产品)
		甲基对硫磷(水相法)[②]	300m³/t(产品)
		对硫磷(P_2S_5法)[②]	500m³/t(产品)
		对硫磷($PSCl_3$法)[②]	550m³/t(产品)
		敌敌畏(敌百虫碱解法)	200m³/t(产品)
		敌百虫	40m³/t(产品)(不包括三氯乙醛生产废水)
		马拉硫磷	700m³/t(产品)
18	除草剂工业[①]	除草醚	5m³/t(产品)
		五氯酚钠	2m³/t(产品)
		五氯酚	4m³/t(产品)
		2甲4氯	14m³/t(产品)
		2,4-D	4m³/t(产品)
		丁草胺	4.5m³/t(产品)
		绿麦隆(以Fe粉还原)	2m³/t(产品)
		绿麦隆(以Na_2S还原)	3m³/t(产品)
19	火力发电工业		3.5m³/(MW·h)
20	铁路货车洗刷		5.0m³/辆
21	电影洗片		5m³/1000m(35mm胶片)
22	石油沥青工业		冷却池的水循环利用率95%

① 产品按100%浓度计。
② 不包括P_2S_5、$PSCl_3$、PCl_3原料生产废水。

5 监 测

5.1 采样点

采样点应按4.2.1.1及4.2.1.2第一、第二类污染物排放口的规定设置，在排放口必须设置排放口标志、污水水量计量装置和污水比例采样装置。

5.2 采样频率

工业污水按生产周期确定监测频率。生产周期在8h以内的，每2h采样一次；生产周期大于8h的，每4h采样一次。其他污水采样，24h不少于2次。最高允许排放浓度按日均值计算。

5.3 排水量

以最高允许排水量或最低允许水重复利用率来控制，均以月均值计。

5.4 统计

企业的原材料使用量、产品产量等，以法定月报表或年报表为准。

5.5 测定方法

本标准采用的测定方法见表 6。

表 6　测定方法

序号	项　　目	测 定 方 法	方法来源
1	总汞	冷原子吸收光度法	GB 7468—87
2	烷基汞	气相色谱法	GB/T 14204—93
3	总镉	原子吸收分光光度法	GB 7475—87
4	总铬	高锰酸钾氧化-二苯碳酰二肼分光光度法	GB 7466—87
5	六价铬	二苯碳酰二肼分光光度法	GB 7467—87
6	总砷	二乙基二硫代氨基甲酸银分光光度法	GB 7485—87
7	总铅	原子吸收分光光度法	GB 7475—87
8	总镍	火焰原子吸收分光光度法	GB 11912—89
		丁二酮肟分光光度法	GB 19910—89
9	苯并[a]芘	乙酰化滤纸层析荧光分光光度法	GB 11895—89
10	总铍	活性炭吸附-铬天菁 S 光度法	1.
11	总银	火焰原子吸收分光光度法	GB 11907—89
12	总 α	物理法	2.
13	总 β	物理法	2.
14	pH 值	玻璃电极法	GB 6920—86
15	色度	稀释倍数法	GB 11903—89
16	悬浮物	重量法	GB 11901—89
17	生化需氧量(BOD$_5$)	稀释与接种法	GB 7488—87
		重铬酸钾紫外光度法	待颁布
18	化学需氧量(COD)	重铬酸钾法	GB 11914—89
19	石油类	红外光度法	GB/T 16488—1996
20	动植物油	红外光度法	GB/T 16488—1996
21	挥发酚	蒸馏后用 4-氨基安替比林分光光度法	GB 7490—87
22	总氰化物	硝酸银滴定法	GB 7486—87
23	硫化物	亚甲基蓝分光光度法	GB/T 16489—1996
24	氨氮	钠氏试剂比色法	GB 7478—87
		蒸馏和滴定法	GB 7479—87
25	氟化物	离子选择电极法	GB 7484—87
26	磷酸盐	钼蓝比色法	1.
27	甲醛	乙酰丙酮分光光度法	GB 13197—91
28	苯胺类	N-(1-萘基)乙二胺偶氮分光光度法	GB 11889—89
29	硝基苯类	还原-偶氮比色法或分光光度法	1.
30	阴离子表面活性剂	亚甲蓝分光光度法	GB 7494—87
31	总铜	原子吸收分光光度法	GB 7475—87
		二乙基二硫化氨基甲酸钠分光光度法	GB 7474—87
32	总锌	原子吸收分光光度法	GB 7475—87
		双硫腙分光光度法	GB 7472—87
33	总锰	火焰原子吸收分光光度法	GB 11911—89
		高碘酸钾分光光度法	GB 11906—89
34	彩色显影剂	169 成色剂法	3.
35	显影剂及氧化物总量	碘-淀粉比色法	3.
36	元素磷	磷钼蓝比色法	3.
37	有机磷农药(以 P 计)	有机磷农药的测定	GB 13192—91
38	乐果	气相色谱法	GB 13192—91

续表

序号	项　目	测　定　方　法	方法来源
39	对硫磷	气相色谱法	GB 13192—91
40	甲基对硫磷	气相色谱法	GB 13192—91
41	马拉硫磷	气相色谱法	GB 13192—91
42	五氯酚及五氯酚钠	气相色谱法	GB 8972—88
	（以五氯酚计）	藏红 T 分光光度法	GB 9803—88
43	可吸附有机卤化物	微库仑法	GB/T 15959—95
	（AOX）（以 Cl 计）		
44	三氯甲烷	气相色谱法	待颁布
45	四氯化碳	气相色谱法	待颁布
46	三氯乙烯	气相色谱法	待颁布
47	四氯乙烯	气相色谱法	待颁布
48	苯	气相色谱法	GB 11890—89
49	甲苯	气相色谱法	GB 11890—89
50	乙苯	气相色谱法	GB 11890—89
51	邻-二甲苯	气相色谱法	GB 11890—89
52	对-二甲苯	气相色谱法	GB 11890—89
53	间-二甲苯	气相色谱法	GB 11890—89
54	氯苯	气相色谱法	待颁布
55	邻-二氯苯	气相色谱法	待颁布
56	对-二氯苯	气相色谱法	待颁布
57	对-硝基氯苯	气相色谱法	GB 13194—91
58	2,4-二硝基氯苯	气相色谱法	GB 13194—91
59	苯酚	气相色谱法	待颁布
60	间-甲酚	气相色谱法	待颁布
61	2,4-二氯酚	气相色谱法	待颁布
62	2,4,6-三氯酚	气相色谱法	待颁布
63	邻苯二甲酸二丁酯	气相、液相色谱法	待制定
64	邻苯二甲酸二辛酯	气相、液相色谱法	待制定
65	丙烯腈	气相色谱法	待制定
66	总硒	2,3-二氨基萘荧光法	GB 11902—89
67	粪大肠菌群数	多管发酵法	1.
68	余氯量	N,N-二乙基-1,4-苯二胺分光光度法	GB 11898—89
		N,N-二乙基-1,4-苯二胺滴定法	GB 11897—89
69	总有机碳（TOC）	非色散红外吸收法	待制定
		直接紫外荧光法	待制定

注：暂采用下列方法，待国家方法标准发布后，执行国家标准。
1.《水和废水监测分析方法（第三版）》，中国环境科学出版社，1989 年。
2.《环境监测技术规范（放射性部分）》，国家环境保护局。
3. 详见附录 D。

6　标准实施监督

6. 1　本标准由县级以上人民政府环境保护行政主管部门负责监督实施。

6. 2　省、自治区、直辖市人民政府对执行国家水污染物排放标准不能保证达到水环境功能要求时，可以制定严于国家水污染物排放标准的地方水污染物排放标准，并报国家环境保护行政主管部门备案。

附录 A

关于排放单位在同一个排污口排放两种或两种以上工业污水，且每种工业污水中同一污染物的排放标准又不同时，可采用如下方法计算混合排放时该污染物的最高允许排放浓度（$C_{混合}$）。

$$C_{混合} = \frac{\sum_{i=1}^{n} C_i Q_i Y_i}{\sum_{i=1}^{n} Q_i Y_i}$$

式中　$C_{混合}$——混合污水某污染物最高允许排放浓度，mg/L；

C_i——不同工业污水某污染物最高允许排放浓度，mg/L；

Q_i——不同工业的最高允许排水量，m^3/t（产品）（本标准未作规定的行业，其最高允许排水量由地方环保部门与有关部门协商确定）；

Y_i——某种工业产品产量（t/d，以月平均计）。

附录 B

工业污水污染物最高允许排放负荷计算：

$$L_{负} = C \times Q \times 10^{-3}$$

式中　$L_{负}$——工业污水污染物最高允许排放负荷，kg/t（产品）；

C——某污染物最高允许排放浓度，mg/L；

Q——某工业的最高允许排水量，m^3/t（产品）。

附录 C

某污染物最高允许年排放总量的计算：

$$L_{总} = L_{负} \times Y \times 10^{-3}$$

式中　$L_{总}$——某污染物最高允许年排放量，t/a；

$L_{负}$——某污染物最高允许排放负荷，kg/t（产品）；

Y——核定的产品年产量，t（产品）/a。

附录 D

一、彩色显影剂总量的测定——169 成色剂法

洗片的综合废水中存在的彩色显影剂很难检测出来，国内外介绍的方法一般都仅适用于显影水洗水中的显影剂检测。本方法可以快速地测出综合废水中的彩色显影剂。当废水中同时存在多种彩色显影剂时，用此法测出的量是多种彩色显影剂的

总量。

1. 原理

电影洗片废水中的彩色显影剂可被氧化剂氧化，其氧化物在碱性溶液中遇到水溶性成色剂时，立即偶合形成染料。不同结构的显影剂（TSS，CD-2，CD-3）与169成色剂偶合成染料时，其最大吸收的光谱波长均在550nm处，并在0～10mg/L范围内符合比耳定律。

以TSS为例，反应如下：

2. 仪器及设备

721型或类似型号分光光度计及1cm比色槽

50mL、100mL及1000mL的容量瓶

3. 试剂

（1）0.5%成色剂：称取0.5g 169成色剂置于有100mL蒸馏水的烧杯中。在搅拌下，加入1～2粒氢氧化钠，使其完全溶解。

（2）混合氧化剂溶液：将$CuSO_4 \cdot 5H_2O$ 0.5g，Na_2CO_3 5.0g，$NaNO_2$ 5.0g以及NH_4Cl 5.0g依次溶解于100mL蒸馏水中。

（3）标准溶液：精确称取照相级的彩色显影剂（生产中使用最多的一种）100mg，溶解于少量蒸馏水中。其已溶入100mg Na_2SO_3作保护剂，移入1L容量瓶中，并加蒸馏水至刻度。此标准溶液相当0.1mg/mL，必须在使用前配制。

4. 步骤

（1）标准曲线的制作

在6个50mL容量瓶中，分别加入以下不同量的显影剂标准液。

编号	加入标准液的毫升数	相当显影剂含量/(mg/L)
0	0	0
1	1	2
2	2	4
3	3	6
4	4	8
5	5	10

以上 6 个容量瓶中皆加入 1mL 成色剂溶液，并用蒸馏水加至刻度。分别加入 1mL 混合氧化剂溶液，摇匀。在 5min 内在分光光度计 550nm 处测定其不同试样生成染料的光密度（以编号 0 为零），绘制不同显影剂含量的相应光密度曲线。横坐标为 2mg/L，4mg/L，6mg/L，8mg/L，10mg/L。

（2）水样的测定

取 2 份水样（一般为 20mL）分别置于两个 50mL 的容量瓶中。一个为测定水样，另一个为空白试验。在前者测定水样中加 1mL 成色剂溶液。然后分别在两个瓶中加蒸馏水至刻度，其他步骤同标准曲线的制作。以空白液为零，测出水样的光密度，在标准曲线中查出相应的浓度。

5. 计算

$$从标准曲线中查出的浓度 \times \frac{50}{a} = 废水中彩色显影剂的总量(mg/L)$$

式中　a——废水取样的体积，mL。

6. 注意事项

（1）生成的品红染料在 8min 之内光密度是稳定的，故宜在染料生成后 5min 之内测定。

（2）本方法不包括黑白显影剂。

二、显影剂及其氧化物总量的测定方法

电影洗印废水中存在不同量的赤血盐漂白液，将排放的显影剂部分或全部氧化，因此废水中一种情况是存在显影剂及其氧化物，另一种情况是只存在大量的氧化物而无显影剂。本方法测出的结果在第一种情况下是废水中显影剂及氧化物的总量，在第二种情况下是废水中原有显影剂氧化物的含量。

1. 原理

通常使用的显影剂，大都具有对苯二酚、对氨基酚、对苯二胺类的结构。经氧化水解后都能得到对苯二醌。利用溴或氯溴将显影剂氧化成显影剂氧化物，再用碘量法进行碘—淀粉比色法测定。

以米吐尔为例：

醌是较强的氧化剂。在酸性溶液中，碘离子定量还原对苯二醌为对苯二酚。所释出的当量碘，可用淀粉发生蓝色进行比色测定。

2. 仪器和设备

721 或类似型号分光光度计及 2cm 比色槽，恒温水浴锅，50mL 容量瓶，2mL、5mL 及 10mL 刻度吸管。

3. 试剂

（1）0.1mol/L 溴酸钾-溴化钾溶液：称取 2.8g 溴酸钾和 4.0g 溴化钾，用蒸馏水稀释至 1L。

（2）1∶1 磷酸：磷酸加一倍蒸馏水。

（3）饱和氯化钠溶液：称取 40g 氯化钠，溶于 100mL 蒸馏水中。

（4）20％溴化钾溶液：称取 20g 溴化钾，溶于 100mL 蒸馏水中。

（5）5％苯酚溶液：取苯酚 5mL，溶于 100mL 蒸馏水中。

（6）5％碘化钾溶液：称取 5g 碘化钾，溶于 100mL 蒸馏水中。（用时配制，放暗处）

（7）0.2％淀粉溶液：称 1g 可溶性淀粉，加少量水搅匀，注入沸腾的 500mL 水中，继续煮沸 5min。夏季可加水杨酸 0.2g。

（8）配制标准液

准确称取对苯二酚（分子量为 110.11g）0.276g，如果是照相级米吐尔（分子量为 344.40g）可称取 0.861g，照相级 TSS（分子量为 262.33g）可称取 0.656g，（或根据所使用药品的分子量及纯度另行计算），溶于 25mL 的 6mol/L HCl 中，移入 250mL 容量瓶中，用蒸馏水加至刻度。此溶液浓度为 0.0100mol/L。

4. 步骤

（1）标准曲线的制作

① 取标准液 25mL，加蒸馏水稀释至 1000mL，此液浓度为 0.00025mol/L，即每毫升含对苯二酚 0.25μmol（甲液）。

② 取甲液 25mL 用蒸馏水稀释至 250mL，此溶液浓度为 0.000025mol/L，即每毫升含对苯二酚 0.025μmol（乙液）。

③ 取 6 个 50mL 容量瓶，分别加入标准稀释液（乙液）0；0.1；0.2；0.3；0.4；0.5μmol 对苯二酚（即 4.0；8.0；12.0；16.0；20.0mL 乙液），加入适量蒸馏水，使各容量瓶中大约为 20mL 溶液。

④ 用刻度吸管加入 1∶1 磷酸 2mL。

⑤ 用吸管取饱和氯化钠溶液 5mL。

⑥ 用吸管取 0.1mol/L 溴酸钾-溴化钾溶液 2mL，尽可能不要沾在瓶壁上。用极少

量的水冲洗瓶壁并摇匀。溶液应是氯溴的浅黄色。放入 35℃ 恒温水浴锅内，放置 15min。

⑦ 吸取 20％溴化钾溶液 2mL，沿瓶壁周围加入容量瓶中。摇匀后放在 35℃ 水浴中 5～10min。

⑧ 用滴管快速加入 5％苯酚溶液 1mL，立即摇匀，使溴的颜色退去。（如慢慢加入则易生成白色沉淀，无法比色）。

⑨ 降温：放自来水中降温 3min。

⑩ 用吸管加入新配制的 5％碘化钾溶液 2mL，冲洗瓶壁；放入暗柜 5min。

⑪ 吸取 0.2％淀粉指示剂 10mL，加入容量瓶中，用蒸馏水加至刻度，加盖摇匀后，放暗柜中 20min。

⑫ 将发色试液分别放入 2cm 比色槽中，在分光光度计 570nm 处，以试剂空白为零，分别测出 5 个溶液的光密度，并绘制出标准曲线。横坐标为 0.1μmol/50mL、0.2μmol/50mL、0.3μmol/50mL、0.4μmol/50mL、0.5μmol/50mL。

（2）水样的测定：

取水样适量（约 1～10mL）放入 50mL 容量瓶中，并加蒸馏水至 20mL 左右，于另一个 50mL 容量瓶中加 20mL 蒸馏水作试剂空白。以下按步骤④～⑫进行，测出水样的光密度，在曲线上查出 50mL 中所含微摩尔数。

（3）需排除干扰的水样测定：

当水样中含有六价铬离子而影响测定时，可用 NaNO₂ 将 Cr^{6+} 还原成 Cr^{3+}，用过量的尿素、去除多余的 NaNO₂ 对本实验的干扰，即可达到消除铬干扰的目的。

准确取适量的水样（约 1～10mL），放入 50mL 容量瓶中，加入蒸馏水至 20mL 左右，加入 1∶1 磷酸 2mL，再加 3 滴 10％NaNO₂，充分振荡，放入 35℃ 恒温水浴中 15min。再加入 20％尿素 2mL，充分振荡，放入 35℃ 水浴中 10min。以下操作按步骤⑤～⑫进行，测出光密度，在曲线上查出 50mL 中所含微摩尔数。

5. 计算

水样中显影剂及氧化物总量 C（以对苯二酚计）按下式计算：

$$C=\frac{50\text{mL 中 }\mu\text{mol 数}\times110}{\text{取样体积(mL)}}\times1000\ (\text{mg/L})$$

6. 注意事项

（1）本试验步骤多，时间长，因此要求操作仔细认真。

（2）所用玻璃器皿必须用清洁液洗净。

（3）水浴温度要准确在 35℃±1℃，每个步骤反应时间要准确控制。

（4）加入溴酸钾-溴化钾后，必须用蒸馏水冲洗容量瓶壁，否则残留溴酸钾与碘化钾作用生成碘，使光密度增加。

（5）在无铬离子的废水中，水样可不必处理，直接进行测定。

（6）水样如太浓，则预先稀释再进行测定。

三、元素磷的测定——磷钼蓝比色法

本方法的原理：元素磷经苯萃取后氧化形成的钼磷酸为氯化亚锡还原成蓝色铬合物。灵敏度比钒钼磷酸比色法高，并且易于富集，富集后能提高元素磷含量小于0.1mg/L时检测的可靠性，并减少干扰。

水样中含砷化物、硅化物和硫化物的量分别为元素磷含量的100倍、200倍和300倍时，对本方法无明显干扰。

仪器和试剂：

仪器：分光光度计；3cm比色皿

比色管：50mL

分液漏斗：60mL、125mL、250mL

磨口锥形瓶：250mL

试剂：以下试剂均为分析纯：苯、高氯酸、溴酸钾、溴化钾、甘油、氯化亚锡、钼酸铵、磷酸二氢钾、醋酸丁酯、硫酸、硝酸、无水乙醇、酚酞指示剂。

溶液的配制：

磷酸二氢钾标准溶液：准确称取0.4394g干燥过的磷酸二氢钾，溶于少量水中，移入1000mL容量瓶中，定容。此溶液 PO_4^{3-}——P含量为0.1mg/mL。取10mL上述溶液于1000mL容量瓶中，定容，得到 PO_4^{3-}——P含量为1μg/mL的磷酸二氢钾标准溶液。

溴酸钾-溴化钾溶液：溶解10g溴酸钾和8g溴化钾于400mL水中。

2.5％钼酸铵溶液：称取2.5g钼酸铵，加1∶1硫酸溶液70mL，待钼酸铵溶解后再加入30mL水。

2.5％氯化亚锡甘油溶液：溶解2.5g氯化亚锡于100mL甘油中（可在水浴中加热，促进溶解）。

5％钼酸铵溶液：溶解12.5g钼酸铵于150mL水中，溶解后将此液缓慢地倒入100mL 1∶5的硝酸溶液中。

1％氯化亚锡溶液：溶解1g氯化亚锡于15mL盐酸中，加入85mL水及1.5g抗坏血酸（可保存4～5天）。

1∶1硫酸溶液、1∶5硝酸溶液、20％氢氧化钠溶液。

测定步骤：

（一）废水中元素磷含量大于0.05mg/L时，采取水相直接比色，按下列规定操作：

水样预处理：

（A）萃取：移取10～100mL水样于盛有25mL苯的125mL或250mL的分液漏斗中，振荡5min后静置分层。将水相移入另一盛有15mL苯的分液漏斗中，振荡2min后静置，弃去水相，将苯相并入第一支分液漏斗中。加入15min水，振荡1min后静置，弃去水相，苯相重复操作水洗6次。

（B）氧化：在苯相中加入10～15mL溴酸钾-溴化钾溶液，2mL 1∶1硫酸溶液振荡5min，静置2min后加入2mL高氯酸，再振荡5min，移入250mL锥形瓶内，在电热板上缓缓加热以驱赶过量高氯酸和除溴（勿使样品溅出或蒸干），至白烟减少时，取下冷却。加入少量水及1滴酚酞指示剂，用20％氢氧化钠溶液中和至呈粉红色，加1滴1∶1硫酸溶液至粉红色消失，移入容量瓶中，用蒸馏水稀释至刻度（据元素磷的含量确定稀释体积）。

比色：移取适量上述的稀释液于50mL比色管中，加2mL 2.5％钼酸铵溶液及6滴2.5％氯化亚锡甘油溶液，加水稀释至刻度，混匀，于20～30℃放置20～30min，倾入3cm比色皿中，在分光光度计690nm波长处，以试剂空白为零，测光密度。

直接比色工作曲线的绘制：

（A）移取适量的磷酸二氢钾标准溶液，使PO_4^{3-}——P的含量分别为0、$1\mu g$、$3\mu g$、$5\mu g$、$7\mu g$……$17\mu g$于50mL比色管中，测光密度。

（B）以PO_4^{3-}——P含量为横坐标，光密度为纵坐标，绘制直接比色工作曲线。

（二）废水中元素磷含量小于0.05mg/L时，采用有机相萃取比色。按下列规定操作：

水样预处理：

萃取比色：移取适量的氧化稀释液于60mL分液漏斗已含有3mL的1∶5硝酸溶液中，加入7mL 15％钼酸铵溶液和10mL醋酸丁酯，振荡1min，弃去水相，向有机相加2mL 1％氯化亚锡溶液，摇匀，再加入1mL无水乙醇，轻轻转动分液漏斗，使水珠下降，放尽水相，将有机相倾入3cm比色皿中，在分光光度计630或720nm波长处，以试剂空白为零测光密度。

有机相萃取比色工作曲线的绘制：

（A）移取适量的磷酸二氢钾标准溶液，使PO_4^{3-}——P含量分别为$1\mu g$、$2\mu g$、$3\mu g$、$4\mu g$、$5\mu g$于60mL分液漏斗中。加入少量的水，以下按上节萃取比色步骤进行。

（B）以PO_4^{3-}——P含量为横坐标，光密度为纵坐标，绘制有机相萃取比色工作曲线。

计算：

用下列公式计算直接比色和有机相萃取比色测得1L废水中元素磷的mg数。

$$P=\frac{G}{\dfrac{V_3}{V_2}\times V_1}$$

式中 G——从工作曲线查得元素磷量，μg；

V_1——取废水水样体积，mL；

V_2——废水水样氧化后稀释体积，mL；

V_3——比色时取稀释液的体积，mL。

精确度：

平行测定两个结果的差数，不应超过较小结果的10％。

取平行测定两个结果的算术平均值作为样品中元素磷的含量，测定结果取两位有效数字。

样品保存：

采样后调节水样 pH 值为 6～7，可于塑料瓶或玻璃瓶贮存 48h。

附件：《污水综合排放标准》（GB 8978—1996）
中石化工业 COD 标准值修改单

1997 年 12 月 31 日之前建设（包括改、扩）的石化企业，COD 一级标准值由 10mg/L 调整为 120mg/L，有单独外排口的特殊石化装置的 COD 标准值按照一级：160mg/L、二级：250mg/L 执行，特殊石化装置指丙烯腈-腈纶、己内酰胺、环氧、氯丙烷、环氧丙烷、间甲酚、BHT、PTA、萘系列和催化剂生产装置。

（三）工业企业厂界环境噪声排放标准 GB 12348—2008

目次

前　　言

为贯彻《中华人民共和国环境保护法》和《中华人民共和国环境噪声污染防治法》，防治工业企业噪声污染，改善声环境质量，制定本标准。

本标准是对《工业企业厂界噪声标准》（GB 12348—90）和《工业企业厂界噪声测量方法》（GB 12349—90）的第一次修订。与原标准相比主要修订内容如下：

——将《工业企业厂界噪声标准》（GB 12348—90）和《工业企业厂界噪声测量方法》（GB 12349—90）合并为一个标准，名称改为《工业企业厂界环境噪声排放标准》；

——修改了标准的适用范围、背景值修正表；

——补充了 0 类区噪声限值、测量条件、测点位置、测点布设和测量记录；

——增加了部分术语和定义、室内噪声限值、背景噪声测量、测量结果和测量结果评价的内容。

本标准于 1990 年首次发布，本次为第一次修订。

自本标准实施之日起代替《工业企业厂界噪声标准》（GB 12348—90）和《工业企业厂界噪声测量方法》（GB 12349—90）。

本标准由环境保护部科技标准司组织制订。

本标准起草单位：中国环境监测总站、天津市环境监测中心、福建省环境监测中心站。

本标准环境保护部 2008 年 7 月 17 日批准。

本标准自 2008 年 10 月 1 日起实施。

本标准由环境保护部解释。

工业企业厂界环境噪声排放标准

1　适用范围

本标准规定了工业企业和固定设备厂界环境噪声排放限值及其测量方法。

本标准适用于工业企业噪声排放的管理、评价及控制。机关、事业单位、团体等对外环境排放噪声的单位也按本标准执行。

2　规范性引用文件

本标准内容引用了下列文件或其中的条款。凡是不注日期的引用文件，其有效版本适用于本标准。

GB 3096　声环境质量标准

GB 3785　声级计的电、声性能及测试方法

GB/T 3241　倍频程和分数倍频程滤波器

GB/T 15173　声校准器

GB/T 15190　城市区域环境噪声适用区划分技术规范

GB/T 17181　积分平均声级计

3　术语和定义

下列术语和定义适用于本标准。

3.1　工业企业厂界环境噪声　industrial enterprises noise

指在工业生产活动中使用固定设备等产生的、在厂界处进行测量和控制的干扰周围生活环境的声音。

3.2　A声级　A-weighted sound pressure level

用 A 计权网络测得的声压级，用 L_A 表示，单位 dB（A）。

3.3　等效连续A声级　equivalent continuous A-weighted sound pressure level

简称为等效声级，指在规定测量时间 T 内 A 声级的能量平均值，用 $L_{Aeq,T}$ 表示（简写为 L_{eq}），单位 dB（A）。除特别指明外，本标准中噪声值皆为等效声级。

根据定义，等效声级表示为：

$$L_{eq} = 10\lg\left(\frac{1}{T}\int_0^T 10^{0.1 \cdot L_A}\,\mathrm{d}t\right)$$

式中　L_{eg}——t 时刻的瞬时 A 声级；

　　　T——规定的测量时间段。

3.4　厂界　boundary

由法律文书（如土地使用证、房产证、租赁合同等）中确定的业主所拥有使用权（或所有权）的场所或建筑物边界。各种产生噪声的固定设备的厂界为其实际占地的边界。

3.5　噪声敏感建筑物　noise-sensitive buildings

指医院、学校、机关、科研单位、住宅等需要保持安静的建筑物。

3.6　昼间 day-time、夜间 night-time

根据《中华人民共和国环境噪声污染防治法》，"昼间"是指 6：00 至 22：00 之间的时段；"夜间"是指 22：00 至次日 6：00 之间的时段。

县级以上人民政府为环境噪声污染防治的需要（如考虑时差、作息习惯差异等）而对昼间、夜间的划分另有规定的，应按其规定执行。

3.7　频发噪声　frequent noise

指频繁发生、发生的时间和间隔有一定规律、单次持续时间较短、强度较高的噪声，如排气噪声、货物装卸噪声等。

3.8　偶发噪声　sporadic noise

指偶然发生、发生的时间和间隔无规律、单次持续时间较短、强度较高的噪声。如短促鸣笛声、工程爆破噪声等。

3.9　最大声级　maximum sound level

在规定测量时间内对频发或偶发噪声事件测得的 A 声级最大值，用 L_{max} 表示、单位dB（A）。

3.10　倍频带声压级　sound pressure level in octave bands

采用符合 GB/T 3241 规定的倍频程滤波器所测量的频带声压级，其测量带宽和中心频率成正比。本标准采用的室内噪声频谱分析倍频带中心频率为 31.5Hz、63Hz、125Hz、250Hz、500Hz，其覆盖频率范围为 22～707Hz。

3.11　稳态噪声　steady noise

在测量时间内，被测声源的声级起伏不大于 3dB（A）的噪声。

3.12　非稳态噪声　non-steady noise

在测量时间内，被测声源的声级起伏大于 3dB（A）的噪声。

3.13　背景噪声　background noise

被测量噪声源以外的声源发出的环境噪声的总和。

4　环境噪声排放限值

4.1　厂界环境噪声排放限值

4.1.1　工业企业厂界环境噪声不得超过表 1 规定的排放限值。

表 1　工业企业厂界环境噪声排放限值　　　　　单位：dB（A）

厂界外声环境功能区类别	时　段	
	昼间	夜间
0	50	40
1	55	45
2	60	50
3	65	55
4	70	55

4.1.2 夜间频发噪声的最大声级超过限值的幅度不得高于 10dB（A）。

4.1.3 夜间偶发噪声的最大声级超过限值的幅度不得高于 15dB（A）。

4.1.4 工业企业若位于未划分声环境功能区的区域，当厂界外有噪声敏感建筑物时，由当地县级以上人民政府参照 GB 3096 和 GB/T 15190 的规定确定厂界外区域的声环境质量要求，并执行相应的厂界环境噪声排放限值。

4.1.5 当厂界与噪声敏感建筑物距离小于 1m 时，厂界环境噪声应在噪声敏感建筑物的室内测量，并将表 1 中相应的限值减 10dB（A）作为评价依据。

4.2　结构传播固定设备室内噪声排放限值

当固定设备排放的噪声通过建筑物结构传播至噪声敏感建筑物室内时，噪声敏感建筑物室内等效声级不得超过表 2 和表 3 规定的限值。

表 2　结构传播固定设备室内噪声排放限值（等效声级）　　　单位：dB（A）

房间类型 ／ 时段 ／ 噪声敏感建筑物所处声环境功能区类别	A 类房间		B 类房间	
	昼间	夜间	昼间	夜间
0	40	30	40	30
1	40	30	45	35
2、3、4	45	35	50	40

说明：A 类房间指以睡眠为主要目的，需要保证夜间安静的房间，包括住宅卧室、医院病房、宾馆客房等。

B 类房间指主要在昼间使用，需要保证思考与精神集中、正常讲话不被干扰的房间，包括学校教室、会议室、办公室、住宅中卧室以外的其他房间等。

表 3　结构传播固定设备室内噪声排放限值（倍频带声压级）　　　单位：dB

噪声敏感建筑所处声环境功能区类别	时段	倍频带中心频率 /Hz ／ 房间类型	室内噪声倍频带声压级限值				
			31.5	63	125	250	500
0	昼间	A、B 类房间	76	59	48	39	34
	夜间	A、B 类房间	69	51	39	30	24
1	昼间	A 类房间	76	59	48	39	34
		B 类房间	79	63	52	44	38
	夜间	A 类房间	69	51	39	30	24
		B 类房间	72	55	43	35	29
2、3、4	昼间	A 类房间	79	63	52	44	38
		B 类房间	82	67	56	49	43
	夜间	A 类房间	72	55	43	35	29
		B 类房间	76	59	48	39	34

5　测　量　方　法

5.1　测量仪器

5.1.1 测量仪器为积分平均声级计或环境噪声自动监测仪，其性能应不低于 GB 3785

和 GB/T 17181 对 2 型仪器的要求。测量 35dB 以下的噪声应使用 1 型声级计，且测量范围应满足所测量噪声的需要。校准所用仪器应符合 GB/T 15173 对 1 级或 2 级声校准器的要求。当需要进行噪声的频谱分析时，仪器性能应符合 GB/T 3241 中对滤波器的要求。

5.1.2 测量仪器和校准仪器应定期检定合格，并在有效使用期限内使用；每次测量前、后必须在测量现场进行声学校准，其前、后校准示值偏差不得大于 0.5dB，否则测量结果无效。

5.1.3 测量时传声器加防风罩。

5.1.4 测量仪器时间计权特性设为"F"挡，采样时间间隔不大于 1s。

5.2 测量条件

5.2.1 气象条件：测量应在无雨雪、无雷电天气，风速为 5m/s 以下时进行。不得不在特殊气象条件下测量时，应采取必要措施保证测量准确性，同时注明当时所采取的措施及气象情况。

5.2.2 测量工况：测量应在被测声源正常工作时间进行，同时注明当时的工况。

5.3 测点位置

5.3.1 测点布设

根据工业企业声源、周围噪声敏感建筑物的布局以及毗邻的区域类别，在工业企业厂界布设多个测点，其中包括距噪声敏感建筑物较近以及受被测声源影响大的位置。

5.3.2 测点位置一般规定

一般情况下，测点选在工业企业厂界外 1m、高度 1.2m 以上。

5.3.3 测点位置其他规定

5.3.3.1 当厂界有围墙且周围有受影响的噪声敏感建筑物时，测点应选在厂界外 1m、高于围墙 0.5m 以上的位置。

5.3.3.2 当厂界无法测量到声源的实际排放状况时（如声源位于高空、厂界设有声屏障等），应按 5.3.2 设置测点，同时在受影响的噪声敏感建筑物产外 1m 处另设测点。

5.3.3.3 室内噪声测量时，室内测量点位设在距任一反射面至少 0.5m 以上、距地面 1.2m 高度处，在受噪声影响方向的窗户开启状态下测量。

5.3.3.4 固定设备结构传声至噪声敏感建筑物室内，在噪声敏感建筑物室内测量时，测点应距任一反射面至少 0.5m 以上、距地面 1.2m、距外窗 1m 以上，窗户关闭状态下测量。被测房间内的其他可能干扰测量的声源（如电视机、空调机、排气扇以及镇流器较响的日光灯、运转时出声的时钟等）应关闭。

5.4 测量时段

5.4.1 分别在昼间、夜间两个时段测量。夜间有频发、偶发噪声影响时同时测量最大声级。

5.4.2 被测声源是稳态噪声，采用 1min 的等效声级。

5.4.3 被测声源是非稳态噪声，测量被测声源有代表性时段的等效声级，必要时测量被测声源整个正常工作时段的等效声级。

5.5 背景噪声测量

5.5.1 测量环境：不受被测声源影响且其他声环境与测量被测声源时保持一致。

5.5.2 测量时段：与被测声源测量的时间长度相同。

5.6　测量记录

噪声测量时需做测量记录。记录内容应主要包括：被测量单位名称、地址、厂界所处声环境功能区类别、测量时气象条件、测量仪器、校准仪器、测点位置、测量时间、测量时段、仪器校准值（测前、测后）、主要声源、测量工况、示意图（厂界、声源、噪声敏感建筑物、测点等位置）、噪声测量值、背景值、测量人员、校对人、审核人等相关信息。

5.7　测量结果修正

5.7.1　噪声测量值与背景噪声值相差大于 10dB（A）时，噪声测量值不做修正。

5.7.2　噪声测量值与背景噪声值相差在 3～10dB（A）之间时，噪声测量值与背景噪声值的差值取整后，按表 4 进行修正。

表 4　测量结果修正表　　　　　　　　　　单位：dB（A）

差值	3	4～5	6～10
修正值	−3	−2	−1

5.7.3　噪声测量值与背景噪声值相差小于 3dB（A）时，应采取措施降低背景噪声后，视情况按 5.7.1 或 5.7.2 执行；仍无法满足前两款要求的，应按环境噪声监测技术规范的有关规定执行。

6　测量结果评价

6.1　各个测点的测量结果应单独评价。同一测点每天的测量结果按昼间、夜间进行评价。

6.2　最大声级 L_{max} 直接评价。

7　标准的监督实施

本标准由县级以上人民政府环境保护行政主管部门负责监督实施。

（四）火电厂大气污染物排放标准 GB 13223—2011

目次

前　　言

为贯彻《中华人民共和国环境保护法》、《中华人民共和国大气污染防治法》、《国务院关于落实科学发展观　加强环境保护的决定》等法律、法规，保护环境，改善环境质量，防治火电厂大气污染物排放造成的污染，促进火力发电行业的技术进步和可持续发展，制定本标准。

本标准规定了火电厂大气污染物排放浓度限值、监测和监控要求。

本标准中的污染物排放浓度均为质量浓度。

本标准首次发布于 1991 年，1996 年第一次修订，2003 年第二次修订。

本次修订的主要内容：

——调整了大气污染物排放浓度限值；

——规定了现有火电锅炉达到更加严格的排放浓度限值的时限；

——取消了全厂二氧化硫最高允许排放速率的规定；

——增设了燃气锅炉大气污染物排放浓度限值；

——增设了大气污染物特别排放限值。

火电厂排放的水污染物、恶臭污染物和环境噪声适用相应的国家污染物排放标准，产生固体废物的鉴别、处理和处置适用国家固体废物污染控制标准。

自本标准实施之日起，火电厂大气污染物排放控制按本标准的规定执行，不再执行国家污染物排放标准《火电厂大气污染物排放标准》（GB 13223—2003）中的相关规定。

地方省级人民政府对本标准未作规定的大气污染物项目，可以制定地方污染物排放标准；对本标准已作规定的大气污染物项目，可以制定严于本标准的地方污染物排放标准。

本标准由环境保护部科技标准司组织制订。

本标准起草单位：中国环境科学研究院、国电环境保护研究院。

本标准环境保护部 2011 年 7 月 18 日批准。

本标准自 2012 年 1 月 1 日起实施。

本标准由环境保护部解释。

火电厂大气污染物排放标准

1 适用范围

本标准规定了火电厂大气污染物排放浓度限值、监测和监控要求，以及标准的实施与监督等相关规定。

本标准适用于现有火电厂的大气污染物排放管理以及火电厂建设项目的环境影响评价、环境保护工程设计、竣工环境保护验收及其投产后的大气污染物排放管理。

本标准适用于使用单台出力 65t/h 以上除层燃炉、抛煤机炉外的燃煤发电锅炉；各种容量的煤粉发电锅炉；单台出力 65t/h 以上燃油、燃气发电锅炉；各种容量的燃气轮机组的火电厂；单台出力 65t/h 以上采用煤矸石、生物质、油页岩、石油焦等燃料的发电锅炉，参照本标准中循环流化床火力发电锅炉的污染物排放控制要求执行。整体煤气化联合循环发电的燃气轮机组执行本标准中燃用天然气的燃气轮机组排放限值。

本标准不适用于各种容量的以生活垃圾、危险废物为燃料的火电厂。

本标准适用于法律允许的污染物排放行为。新设立污染源的选址和特殊保护区域内现有污染源的管理，按照《中华人民共和国大气污染防治法》、《中华人民共和国水污染防治法》、《中华人民共和国海洋环境保护法》、《中华人民共和国固体废物污染环境防治法》、《中华人民共和国环境影响评价法》等法律、法规和规章的相关规定执行。

2 规范性引用文件

本标准引用下列文件或其中的条款。凡是不注日期的引用文件，其最新版本适用于本标准。

GB/T 16157　固定污染源排气中颗粒物测定与气态污染物采样方法

HJ/T 42　固定污染源排气中氮氧化物的测定　紫外分光光度法

HJ/T 43　固定污染源排气中氮氧化物的测定　盐酸萘乙二胺分光光度法

HJ/T 56　固定污染源排气中二氧化硫的测定　碘量法

HJ/T 57　固定污染源排气中二氧化硫的测定　定电位电解法

HJ/T 75　固定污染源烟气排放连续监测技术规范（试行）

HJ/T 76　固定污染源烟气排放连续监测系统技术要求及检测方法（试行）

HJ/T 373　固定污染源监测质量保证与质量控制技术规范（试行）

HJ/T 397　固定源废气监测技术规范

HJ/T 398　固定污染源排放烟气黑度的测定　林格曼烟气黑度图法

HJ 543　固定污染源废气　汞的测定　冷原子吸收分光光度法（暂行）

HJ 629　固定污染源废气　二氧化硫的测定　非分散红外吸收法

《污染源自动监控管理办法》（国家环境保护总局令　第 28 号）

《环境监测管理办法》（国家环境保护总局令　第 39 号）

3 术语和定义

下列术语和定义适用于本标准。

3.1　火电厂　thermal power plant

燃烧固体、液体、气体燃料的发电厂。

3.2　标准状态　standard condition

烟气在温度为 273K，压力为 101325Pa 时的状态，简称"标态"。本标准中所规定的大气污染物浓度均指标准状态下干烟气的数值。

3.3　氧含量　oxygen content

燃料燃烧时，烟气中含有的多余的自由氧，通常以干基容积百分数表示。

3.4　现有火力发电锅炉及燃气轮机组　existing plant

指本标准实施之日前，建成投产或环境影响评价文件已通过审批的火力发电锅炉及燃气轮机组。

3.5　新建火力发电锅炉及燃气轮机组　new plant

指本标准实施之日起，环境影响评价文件通过审批的新建、扩建和改建的火力发电锅炉及燃气轮机组。

3.6　W 形火焰炉膛　arch fired furnace

燃烧器置于炉膛前后墙拱顶，燃料和空气向下喷射，燃烧产物转折 180°后从前后拱中间向上排出而形成 W 形火焰的燃烧空间。

3.7　重点地区　key region

指根据环境保护工作的要求，在国土开发密度较高，环境承载能力开始减弱，或大气环境容量较小、生态环境脆弱，容易发生严重大气环境污染问题而需要严格控制大气污染物排放的地区。

3.8　大气污染物特别排放限值　special limitation for air pollutants

指为防治区域性大气污染、改善环境质量、进一步降低大气污染源的排放强度、更加严格地控制排污行为而制定并实施的大气污染物排放限值，该限值的排放控制水平达到国际先进或领先程度，适用于重点地区。

4　污染物排放控制要求

4.1　自 2014 年 7 月 1 日起，现有火力发电锅炉及燃气轮机组执行表 1 规定的烟尘、二氧化硫、氮氧化物和烟气黑度排放限值。

4.2　自 2012 年 1 月 1 日起，新建火力发电锅炉及燃气轮机组执行表 1 规定的烟尘、二氧化硫、氮氧化物和烟气黑度排放限值。

4.3　自 2015 年 1 月 1 日起，燃煤锅炉执行表 1 规定的汞及其化合物污染物排放限值。

表 1　火力发电锅炉及燃气轮机组大气污染物排放浓度限值

单位：mg/m^3（烟气黑度除外）

序号	燃料和热能转化设施类型	污染物项目	适用条件	限值	污染物排放监控位置
1	燃煤锅炉	烟尘	全部	30	
		二氧化硫	新建锅炉	100 200[①]	
			现有锅炉	200 400[①]	
		氮氧化物（以 NO_2 计）	全部	100 200[②]	
		汞及其化合物	全部	0.03	
2	以油为燃料的锅炉或燃气轮机组	烟尘	全部	30	烟囱或烟道
		二氧化硫	新建锅炉及燃气轮机组	100	
			现有锅炉及燃气轮机组	200	
		氮氧化物（以 NO_2 计）	新建锅炉	100	
			现有锅炉	200	
			燃气轮机组	120	
3	以气体为燃料的锅炉或燃气轮机组	烟尘	天然气锅炉及燃气轮机组	5	
			其他气体燃料锅炉及燃气轮机组	10	
		二氧化硫	天然气锅炉及燃气轮机组	35	
			其他气体燃料锅炉及燃气轮机组	100	
		氮氧化物（以 NO_2 计）	天然气锅炉	100	
			其他气体燃料锅炉	200	
			天然气燃气轮机组	50	
			其他气体燃料燃气轮机组	120	
4	燃煤锅炉，以油、气体为燃料的锅炉或燃气轮机组	烟气黑度（林格曼黑度）/级	全部	1	烟囱排放口

　① 位于广西壮族自治区、重庆市、四川省和贵州省的火力发电锅炉执行该限值。
　② 采用 W 形火焰炉膛的火力发电锅炉，现有循环流化床火力发电锅炉，以及 2003 年 12 月 31 日前建成投产或通过建设项目环境影响报告书审批的火力发电锅炉执行该限值。

4.4　重点地区的火力发电锅炉及燃气轮机组执行表 2 规定的大气污染物特别排放限值。

执行大气污染物特别排放限值的具体地域范围、实施时间，由国务院环境保护行政主管部门规定。

表 2　大气污染物特别排放限值

单位：mg/m³（烟气黑度除外）

序号	燃料和热能转化设施类型	污染物项目	适用条件	限值	污染物排放监控位置
1	燃煤锅炉	烟尘	全部	20	
		二氧化硫	全部	50	
		氮氧化物（以 NO₂ 计）	全部	100	
		汞及其化合物	全部	0.03	
2	以油为燃料的锅炉或燃气轮机组	烟尘	全部	20	烟囱或烟道
		二氧化硫	全部	50	
		氮氧化物（以 NO₂ 计）	燃油锅炉	100	
			燃气轮机组	120	
	以气体为燃料的锅炉或燃气轮机组	烟尘	全部	5	
		二氧化硫	全部	35	
		氮氧化物（以 NO₂ 计）	燃气锅炉	100	
			燃气轮机组	50	
4	燃煤锅炉，以油、气体为燃料的锅炉或燃气轮机组	烟气黑度（林格曼黑度）/级	全部	1	烟囱排放口

4.5　在现有火力发电锅炉及燃气轮机组运行、建设项目竣工环保验收及其后的运行过程中，负责监管的环境保护行政主管部门，应对周围居住、教学、医疗等用途的敏感区域环境质量进行监测。建设项目的具体监控范围为环境影响评价确定的周围敏感区域；未进行过环境影响评价的现有火力发电企业，监控范围由负责监管的环境保护行政主管部门，根据企业排污的特点和规律及当地的自然、气象条件等因素，参照相关环境影响评价技术导则确定。地方政府应对本辖区环境质量负责，采取措施确保环境状况符合环境质量标准要求。

4.6　不同时段建设的锅炉，若采用混合方式排放烟气，且选择的监控位置只能监测混合烟气中的大气污染物浓度，则应执行各时段限值中最严格的排放限值。

5　污染物监测要求

5.1　污染物采样与监测要求

5.1.1　对企业排放废气的采样，应根据监测污染物的种类，在规定的污染物排放监控位置进行，有废气处理设施的，应在该设施后监控。在污染物排放监控位置须设置规范的永久性测试孔、采样平台和排污口标志。

5.1.2　新建和现有火力发电锅炉及燃气轮机组安装污染物排放自动监控设备的要求，应按有关法律和《污染源自动监控管理办法》的规定执行。

5.1.3 污染物排放自动监控设备通过验收并正常运行的，应按照 HJ/T 75 和 HJ/T 76 的要求，定期对自动监控设备进行监督考核。

5.1.4 对企业污染物排放情况进行监测的采样方法、采样频次、采样时间和运行负荷等要求，按 GB/T 16157 和 HJ/T 397 的规定执行。

5.1.5 火电厂大气污染物监测的质量保证与质量控制，应按照 HJ/T 373 的要求进行。

5.1.6 企业应按照有关法律和《环境监测管理办法》的规定，对排污状况进行监测，并保存原始监测记录。

5.1.7 对火电厂大气污染物排放浓度的测定采用表 3 所列的方法标准。

表 3　火电厂大气污染物浓度测定方法标准

序号	污染物项目	方法标准名称	方法标准编号
1	烟尘	固定污染源排气中颗粒物测定与气态污染物采样方法	GB/T 16157
2	烟气黑度	固定污染源排放烟气黑度的测定　林格曼烟气黑度图法	HJ/T 398
3	二氧化硫	固定污染源排气中二氧化硫的测定　碘量法	HJ/T 56
		固定污染源排气中二氧化硫的测定　定电位电解法	HJ/T 57
		固定污染源废气　二氧化硫的测定　非分散红外吸收法	HJ 629
4	氮氧化物	固定污染源排气中氮氧化物的测定　紫外分光光度法	HJ/T 42
		固定污染源排气中氮氧化物的测定　盐酸萘乙二胺分光光度法	HJ/T 43
5	汞及其化合物	固定污染源废气　汞的测定　冷原子吸收分光光度法(暂行)	HJ 543

5.2　大气污染物基准氧含量排放浓度折算方法

实测的火电厂烟尘、二氧化硫、氮氧化物和汞及其化合物排放浓度，必须执行 GB/T 16157 的规定，按式（1）折算为基准氧含量排放浓度。各类热能转化设施的基准氧含量按表 4 的规定执行。

表 4　基准氧含量

序号	热能转化设施类型	基准氧含量(O_2)/%
1	燃煤锅炉	6
2	燃油锅炉及燃气锅炉	3
3	燃气轮机组	15

$$\rho = \rho' \times \frac{21 - \varphi(O_2)}{21 - \varphi'(O_2)} \qquad (1)$$

式中　ρ——大气污染物基准氧含量排放浓度，mg/m^3；

　　　ρ'——实测的大气污染物排放浓度，mg/m^3；

　$\varphi'(O_2)$——实测的氧含量，%；

　$\varphi(O_2)$——基准氧含量，%。

6　实施与监督

6.1 本标准由县级以上人民政府环境保护行政主管部门负责监督实施。

6.2 在任何情况下，火力发电企业均应遵守本标准的大气污染物排放控制要求，采取必要措施保证污染防治设施正常运行。各级环保部门在对企业进行监督性检查时，可以现场即时采样或监测结果，作为判定排污行为是否符合排放标准以及实施相关环境保护管理措施的依据。

（五）锅炉大气污染物排放标准 GB 13271—2001

锅炉大气污染物排放标准

1 范　　围

本标准分年限规定了锅炉烟气中烟尘、二氧化硫和氮氧化物的最高允许排放浓度和烟气黑度的排放限值。

本标准适用于除煤粉发电锅炉和单台出力大于 45.5MW（65t/h）发电锅炉以外的各种容量和用途的燃煤、燃油和燃气锅炉排放大气污染物的管理，以及建设项目环境影响评价、设计、竣工验收和建成后的排污管理。

使用甘蔗渣、锯末、稻壳、树皮等燃料的锅炉，参照本标准中燃煤锅炉大气污染物最高允许排放浓度执行。

2 引用标准

下列标准所包含的条文，通过在本标准中引用而构成本标准的条文。

GB 3095—1996　环境空气质量标准

GB/T 5468—1991　锅炉烟尘测试方法

GB/T 16157—1996　固定污染源排气中颗粒物测定与气态污染物采样方法

3 定　　义

3.1 标准状态

锅炉烟气在温度为 273K，压力为 101325Pa 时的状态，简称"标态"。本标准规定的排放浓度均指标准状态下干烟气中的数值。

3.2 烟尘初始排放浓度

自锅炉烟气出口处或进入净化装置前的烟尘排放浓度。

3.3 烟尘排放浓度

锅炉烟气经净化装置后的烟尘排放浓度。未安装净化装置的锅炉，烟尘初始排放浓度即是锅炉烟尘排放浓度。

3.4 自然通风锅炉

自然通风是利用烟囱内、外温度不同所产生的压力差，将空气吸入炉膛参与燃烧，把燃烧产物排向大气的一种通风方式。采用自然通风方式，不用鼓、引风机机械通风的锅炉，称之为自然通风锅炉。

3.5　收到基灰分

以收到状态的煤为基准，测定的灰分含量，亦称"应用基灰分"，用"Aar"表示。

3.6　过量空气系数

燃料燃烧时实际空气消耗量与理论空气需要量之比值，用"α"表示。

4　技术内容

4.1　适用区域划分类别

本标准中的一类区和二、三类区是指 GB 3095—1996 中所规定的环境空气质量功能区的分类区域。

本标准中的"两控区"是指《国务院关于酸雨控制区和二氧化硫污染控制区有关问题的批复》中所划定的酸雨控制区和二氧化硫污染控制区的范围。

4.2　年限划分

本标准按锅炉建成使用年限分为两个阶段，执行不同的大气污染物排放标准。

Ⅰ时段：2000 年 12 月 31 日前建成使用的锅炉；

Ⅱ时段：2001 年 1 月 1 日起建成使用的锅炉（含在Ⅰ时段立项未建成或未运行使用的锅炉和建成使用锅炉中需要扩建、改造的锅炉）。

4.3　锅炉烟尘最高允许排放浓度和烟气黑度限值，按表 1 的时段规定执行。

表 1　锅炉烟尘最高允许排放浓度和烟气黑度限值

锅　炉　类　别		适用区域	烟尘排放浓度/(mg/m³)		烟气黑度（林格曼黑度/级）
			Ⅰ时段	Ⅱ时段	
燃煤锅炉	自然通风锅炉 [<0.7MW(1t/h)]	一类区	100	80	1
		二、三类区	150	120	
	其他锅炉	一类区	100	80	1
		二类区	250	200	
		三类区	350	250	
燃油锅炉	轻柴油、煤油	一类区	80	80	1
		二、三类区	100	100	
	其他燃料油	一类区	100	80ᵃ	1
		二、三类区	200	150	
燃气锅炉		全部区域	50	50	1

　　a. 一类区禁止新建以重油、渣油为燃料的锅炉。

4.4　锅炉二氧化硫和氮氧化物最高允许排放浓度，按表 2 的时段规定执行。

表 2　锅炉二氧化硫和氮氧化物最高允许排放浓度

锅炉类别		适用区域	SO₂ 排放浓度/(mg/m³)		NOₓ 排放浓度/(mg/m³)	
			Ⅰ时段	Ⅱ时段	Ⅰ时段	Ⅱ时段
燃煤锅炉		全部区域	1200	900	—	—
燃油锅炉	轻柴油、煤油	全部区域	700	500	—	400
	其他燃料油	全部区域	1200	900ᵃ	—	400ᵃ
燃气锅炉		全部区域	100	100	—	400

　　a. 一类区禁止新建以重油、渣油为燃料的锅炉。

4.5 燃煤锅炉烟尘初始排放浓度和烟气黑度取值，根据锅炉销售出厂时间，按表 3 的时段规定执行。

表 3　燃煤锅炉烟尘初始排放浓度和烟气黑度取值

锅炉类别		燃煤收到基灰分 /%	烟尘初始排放浓度/(mg/m³)		烟气黑度 (林格曼黑度/级)
			Ⅰ时段	Ⅱ时段	
层燃锅炉	自然通风锅炉 ［<0.7MW(1t/h)］	—	150	120	1
	其他锅炉 ［≤2.8MW(4t/h)］	Aar≤25％	1800	1600	1
		Aar>25％	2000	1800	
	其他锅炉 ［>2.8MW(4t/h)］	Aar≤25％	2000	1800	1
		Aar>25％	2200	2000	
沸腾锅炉	循环流化床锅炉	—	15000	15000	1
	其他沸腾锅炉	—	20000	18000	
抛煤机锅炉		—	5000	5000	1

4.6　其他规定

4.6.1 燃煤、燃油（燃轻柴油、煤油除外）锅炉房烟囱高度的规定。

4.6.1.1 每个新建锅炉房只能设一根烟囱，烟囱高度应根据锅炉房装机总容量，按表 4 规定执行。

表 4　燃煤、燃油（燃轻柴油、煤油除外）锅炉房烟囱最低允许高度

锅炉房装机总容量	/MW	<0.7	0.7～<1.4	1.4～<2.8	2.8～<7	7～<14	14～<28
	/(t/h)	<1	1～<2	2～<4	4～<10	10～<20	20～≤40
烟囱最低允许高度	/m	20	25	30	35	40	45

4.6.1.2 锅炉房装机总容量大于 28MW（40t/h）时，其烟囱高度应按批准的环境影响报告书（表）要求确定，但不得低于 45m。新建锅炉房烟囱周围半径 200m 距离内有建筑物时，其烟囱应高出最高建筑物 3m 以上。

4.6.2 燃气、燃轻柴油、煤油锅炉烟囱高度的规定

燃气、燃轻柴油、煤油锅炉烟囱高度应按批准的环境影响报告书（表）要求确定，但不得低于 8m。

4.6.3 各种锅炉烟囱高度如果达不到 4.6.1、4.6.2 的任何一项规定时，其烟尘、SO_2、NO_x 最高允许排放浓度，应按相应区域和时段排放标准值的 50％执行。

4.6.4 ≥0.7MW（1t/h）各种锅炉烟囱应按 GB T 5468—1991 和 GB/T 16157—1996 的规定设置便于永久采样监测孔及其相关设施，自本标准实施之日起，新建成使用（含扩建、改造）单台容量≥14MW（20t/h）的锅炉，必须安装固定的连续监测烟气中烟尘、SO_2 排放浓度的仪器。

<h1 align="center">5　监　　测</h1>

5.1 监测锅炉烟尘、二氧化硫、氮氧化物排放浓度的采样方法应按 GB/T 5468—1991 和 GB/T 16157—1996 规定执行。二氧化硫、氮氧化物的分析方法按国家环境保护总局规定执行（在国家颁布相应标准前，暂时采用《空气与废气监测分析方法》，中国环境科学出版社出版）。

5.2 实测的锅炉烟尘、二氧化硫、氮氧化物排放浓度，应按表 5 中规定的过量空气系数 α 进行折算。

表 5　各种锅炉过量空气系数折算值

锅炉类型	折算项目	过量空气系数
燃煤锅炉	烟尘初始排放浓度	$\alpha=1.7$
	烟尘、二氧化硫排放浓度	$\alpha=1.8$
燃油、燃气锅炉	烟尘、二氧化硫、氮氧化物排放浓度	$\alpha=1.2$

6　标 准 实 施

6.1 位于两控区内的锅炉，二氧化硫排放除执行本标准外，还应执行所在控制区规定的总量控制标准。

6.2 本标准由县级以上人民政府环境保护主管部门负责监督实施。

（六）恶臭污染物排放标准 GB 14554—93

为贯彻《中华人民共和国大气污染防治法》，控制恶臭污染物对大气的污染，保护和改善环境，制定本标准。

1　主题内容与适用范围

1.1　主题内容

本标准分年限规定了八种恶臭污染物的一次最大排放限值、复合恶臭物质的臭气浓度限值及无组织排放源的厂界浓度限值。

1.2　适用范围

本标准适用于全国所有向大气排放恶臭气体单位及垃圾堆放场的排放管理以及建设项目的环境影响评价、设计、竣工验收及其建成后的排放管理。

2　引 用 标 准

GB 3095　大气环境质量标准

GB 12348　工业企业厂界噪声标准

GB/T 14675　空气质量　恶臭的测定　三点比较式臭袋法

GB/T 14676　空气质量　三甲胺的测定　气相色谱法

GB/T 14677　空气质量　甲苯、二甲苯、苯乙烯的测定　气相色谱法

GB/T 14678　空气质量　硫化氢、甲硫醇、甲硫醚、二甲二硫的测定　气相色谱法

GB/T 14679　空气质量　氨的测定　次氯酸钠-水杨酸分光光度法

GB/T 14680　空气质量　二硫化碳的测定　二乙胺分光光度法

3　名词术语

3.1　恶臭污染物　odor pollutants

指一切刺激嗅觉器官引起人们不愉快及损害生活环境的气体物质。

3.2　臭气浓度　odor concentration

指恶臭气体（包括异味）用无臭空气进行稀释，稀释到刚好无臭时，所需的稀释倍数。

3.3　无组织排放源

指没有排气筒或排气筒高度低于15m的排放源。

4　技术内容

4.1　标准分级

本标准恶臭污染物厂界标准值分三级。

注：本标准代替 GBJ 4—73 中硫化氢、二硫化碳指标部分。

4.1.1　排入 GB 3095 中一类区的执行一级标准，一类区中不得建新的排污单位。

4.1.2　排入 GB 3095 中二类区的执行二级标准。

4.1.3　排入 GB 3095 中三类区的执行三级标准。

4.2　标准值

4.2.1　恶臭污染物厂界标准值是对无组织排放源的限值，见表1。

1994 年 6 月 1 日起立项的新、扩、改建设项目及其建成后投产的企业执行二级、三级标准中相应的标准值。

表 1　恶臭污染物厂界标准值

序号	控制项目	单位	一级	二级		三级	
				新扩改建	现有	新扩改建	现有
1	氨	mg/m³	1.0	1.5	2.0	4.0	5.0
2	三甲胺	mg/m³	0.05	0.08	0.15	0.45	0.80
3	硫化氢	mg/m³	0.03	0.06	0.10	0.32	0.60
4	甲硫醇	mg/m³	0.004	0.007	0.010	0.020	0.035
5	甲硫醚	mg/m³	0.03	0.07	0.15	0.55	1.10
6	二甲二硫	mg/m³	0.03	0.06	0.13	0.42	0.71
7	二硫化碳	mg/m³	2.0	3.0	5.0	8.0	10
8	苯乙烯	mg/m³	3.0	5.0	7.0	14	19
9	臭气浓度	无量纲	10	20	30	60	70

4.2.2　恶臭污染物排放标准值，见表2。

表 2　恶臭污染物排放标准值

序号	控制项目	排气筒高度/m	排放量/（kg/h）
1	硫化氢	15	0.33
		20	0.58
		25	0.90
		30	1.3
		35	1.8
		40	2.3
		60	5.2

续表

序号	控制项目	排气筒高度/m	排放量/(kg/h)
1	硫化氢	80	9.3
		100	14
		120	21
2	甲硫醇	15	0.04
		20	0.08
		25	0.12
		30	0.17
		35	0.24
		40	0.31
		60	0.69
3	甲硫醚	15	0.33
		20	0.58
		25	0.90
		30	1.3
		35	1.8
		40	2.3
		60	5.2
4	二甲二硫醚	15	0.43
		20	0.77
		25	1.2
		30	1.7
		35	2.4
		40	3.1
		60	7.0
5	二硫化碳	15	1.5
		20	2.7
		25	4.2
		30	6.1
		35	8.3
		40	11
		60	24
		80	43
		100	68
		120	97
6	氨	15	4.9
		20	8.7
		25	14
		30	20
		35	27
		40	35
		60	75
7	三甲胺	15	0.54
		20	0.97
		25	1.5
		30	2.2
		35	3.0
		40	3.9
		60	8.7
		80	15
		100	24
		120	35

序号	控制项目	排气筒高度/m	排放量/（kg/h）
8	苯乙烯	15	6.5
		20	12
		25	18
		30	26
		35	35
		40	46
		60	104
		排气筒高度/m	标准值（无量纲）
9	臭气浓度	15	2000
		25	6000
		35	15000
		40	20000
		50	40000
		≥60	60000

5　标准的实施

5.1　排污单位排放（包括泄漏和无组织排放）的恶臭污染物，在排污单位边界上规定监测点（无其他干扰因素）的一次最大监测值（包括臭气浓度）都必须低于或等于恶臭污染物厂界标准值。

5.2　排污单位经烟、气排气筒（高度在15m以上）排放的恶臭污染物的排放量和臭气浓度都必须低于或等于恶臭污染物排放标准。

5.3　排污单位经排水排出并散发的恶臭污染物和臭气浓度必须低于或等于恶臭污染物厂界标准值。

6　监　　测

6.1　有组织排放源监测

6.1.1　排气筒的最低高度不得低于15m。

6.1.2　凡在表2所列两种高度之间的排气筒，采用四舍五入方法计算其排气筒的高度。表2中所列的排气筒高度系指从地面（零地面）起至排气口的垂直高度。

6.1.3　采样点：有组织排放源的监测采样点应为臭气进入大气的排气口，也可以在水平排气道和排气筒下部采样监测，测得臭气浓度或进行换算求得实际排放量。经过治理的污染源监测点设在治理装置的排气口，并应设置永久性标志。

6.1.4　有组织排放源采样频率应按生产周期确定监测频率，生产周期在8h以内的，每2h采集一次，生产周期大于8h的，每4h采集一次，取其最大测定值。

6.2　无组织排放源监测

6.2.1　采样点

厂界的监测采样点，设置在工厂厂界的下风向侧，或有臭气方位的边界线上。

6.2.2　采样频率

连续排放源相隔2h采一次，共采集4次，取其最大测定值。

间歇排放源选择在气味最大时间内采样，样品采集次数不少于 3 次，取其最大测定值。

6.3　水域监测

水域（包括海洋、河流、湖泊、排水沟、渠）的监测，应以岸边为厂界边界线，其采样点设置、采样频率与无组织排放源监测相同。

6.4　测定

标准中各单项恶臭污染物与臭气浓度的测定方法，见表 3。

表 3　恶臭污染物与臭气浓度测定方法

序号	控制项目	测定方法
1	氨	GB/T 14679
2	三甲胺	GB/T 14676
3	硫化氢	GB/T 14678
4	甲硫醇	GB/T 14678
5	甲硫醚	GB/T 14678
6	二甲二硫醚	GB/T 14678
7	二硫化碳	GB/T 14680
8	苯乙烯	GB/T 14677
9	臭气浓度	GB/T 14675

附录 A　排放浓度、排放量的计算（补充件）

A1　排 放 浓 度

$$C=\frac{g}{V_{nd}}\times10^6 \tag{A1}$$

式中　C——恶臭污染物的浓度，mg/m^3（干燥的标准状态）；

$\quad\quad g$——采样所得的恶臭污染物的重量，g；

$\quad\quad V_{nd}$——采样体积，L（干燥的标准状态）。

A2　排 放 量

$$G=CQ_{and}\times10^{-6} \tag{A2}$$

式中　G——恶臭污染物的排放量，kg/h；

$\quad\quad Q_{and}$——烟囱或排气筒的气体流量，m^3（干燥的标准状态）$/h$。

（七）大气污染物综合排放标准 GB 16297—1996

1　主题内容与适用范围

1.1　主题内容

本标准规定了 33 种大气污染物的排放限值，同时规定了标准执行中的各种要求。

1.2 适用范围

1.2.1 在我国现有的国家大气污染物排放标准体系中，按照综合性排放标准与行业性排放标准不交叉执行的原则，锅炉执行 GB 13271—91《锅炉大气污染物排放标准》、工业炉窑执行 GB 9078—1996《工业炉窑大气污染物排放标准》、火电厂执行 GB 13223—1996《火电厂大气污染物排放标准》、炼焦炉执行 GB 16171—1996《炼焦炉大气污染物排放标准》、水泥厂执行 GB 4915—1996《水泥厂大气污染物排放标准》、恶臭物质排放执行 GB 14554—93《恶臭污染物排放标准》、汽车排放执行 GB 14761.1～14761.7—93《汽车大气污染物排放标准》、摩托车排气执行 GB 14621—93《摩托车排气污染物排放标准》，其他大气污染物排放均执行本标准。

1.2.2 本标准实施后再行发布的行业性国家大气污染物排放标准，按其适用范围规定的污染源不再执行本标准。

1.2.3 本标准适用于现有污染源大气污染物排放管理，以及建设项目的环境影响评价、设计、环境保护设施竣工验收及其投产后的大气污染物排放管理。

2 引用标准

下列标准所包含的条文，通过在本标准中引用而构成为本标准的条文。

GB 3095—1996 环境空气质量标准

GB/T 16157—1996 固定污染源排气中颗粒物测定与气态污染物采样方法

3 定 义

本标准采用下列定义：

3.1 标准状态

指温度为 273K，压力为 101325Pa 时的状态。本标准规定的各项标准值，均以标准状态下的干空气为基准。

3.2 最高允许排放浓度

指处理设施后排气筒中污染物任何 1h 浓度平均值不得超过的限值；或指无处理设施排气筒中污染物任何 1h 浓度平均值不得超过的限值。

3.3 最高允许排放速率 （Maximum allowable emission rate）

指一定高度的排气筒任何 1h 排放污染物的质量不得超过的限值。

3.4 无组织排放

指大气污染物不经过排气筒的无规则排放。低矮排气筒的排放属有组织排放，但在一定条件下也可造成与无组织排放相同的后果。因此，在执行"无组织排放监控浓度限值"指标时，由低矮排气筒造成的监控点污染物浓度增加不予扣除。

3.5 无组织排放监控点

依照本标准附录 C 的规定，为判别无组织排放是否超过标准而设立的监测点。

3.6 无组织排放监控浓度限值

指监控点的污染物浓度在任何 1h 的平均值不得超过的限值。

3.7 污染源

指排放大气污染物的设施或指排放大气污染物的建筑构造（如车间等）。

3.8 单位周界

指单位与外界环境接界的边界。通常应依据法定手续确定边界；若无法定手续，则按目前的实际边界确定。

3.9 无组织排放源

指设置于露天环境中具有无组织排放的设施，或指具有无组织排放的建筑构造（如车间、工棚等）。

3.10 排气筒高度

指自排气筒（或其主体建筑构造）所在的地平面至排气筒出口计的高度。

4 指 标 体 系

本标准设置下列三项指标：

4.1 通过排气筒排放的污染物最高允许排放浓度。

4.2 通过排气筒排放的污染物，按排气筒高度规定的最高允许排放速率。

任何一个排气筒必须同时遵守上述两项指标，超过其中任何一项均为超标排放。

4.3 以无组织方式排放的污染物，规定无组织排放的监控点及相应的监控浓度限值。该指标按照本标准第9.2条的规定执行。

5 排放速率标准分级

本标准规定的最高允许排放速率，现有污染源分为一、二、三级，新污染源分为二、三级。按污染源所在的环境空气质量功能区类别，执行相应级别的排放速率标准，即：

位于一类区的污染源执行一级标准（一类区禁止新、扩建污染源，一类区现有污染源改建时执行现有污染源的一级标准）；

位于二类区的污染源执行二级标准；

位于三类区的污染源执行三级标准。

6 标 准 值

6.1 1997年1月1日前设立的污染源（以下简称为现有污染源）执行表1所列标准值。

6.2 1997年1月1日起设立（包括新建、扩建、改建）的污染源（以下简称为新污染源）执行表2所列标准值。

6.3 按下列规定判断污染源的设立日期：

6.3.1 一般情况下应以建设项目环境影响报告书（表）批准日期作为其设立日期。

6.3.2 未经环境保护行政主管部门审批设立的污染源，应按补做的环境影响报告书（表）批准日期作为其设立日期。

7 其 他 规 定

7.1 排气筒高度除须遵守表列排放速率标准值外，还应高出周围200m半径范围的建筑 5m 以上，不能达到该要求的排气筒，应按其高度对应的表列排放速率标准值严格 50％执行。

7.2 两个排放相同污染物（不论其是否由同一生产工艺过程产生）的排气筒，若其距离小于其几何高度之和，应合并视为一根等效排气筒。若有三根以上的近距排气筒，且排放同一种污染物时，应以前两根的等效排气筒，依次与第三、四根排气筒取等效值。等效排气筒的有关参数计算方法见附录 A。

7.3 若某排气筒的高度处于本标准列出的两个值之间，其执行的最高允许排放速率以内插法计算，内插法的计算式见本标准附录 B；当某排气筒的高度大于或小于本标准列出的最大或最小值时，以外推法计算其最高允许排放速率，外推法计算式见本标准附录 B。

7.4 新污染源的排气筒一般不应低于 15m。若某新污染源的排气筒必须低于 15m 时，其排放速率标准值按 7.3 的外推计算结果再严格 50％执行。

7.5 新污染源的无组织排放应从严控制，一般情况下不应有无组织排放存在，无法避免的无组织排放应达到表 2 规定的标准值。

7.6 工业生产尾气确需燃烧排放的，其烟气黑度不得超过林格曼 1 级。

8 监　　测

8.1 布点

8.1.1 排气筒中颗粒物或气态污染物监测的采样点数目及采样点位置的设置，按 GB/T 16157—1996 执行。

8.1.2 无组织排放监测的采样点（即监控点）数目和采样点位置的设置方法，详见本标准附录 C。

8.2 采样时间和频次

本标准规定的三项指标，均指任何 1h 平均值不得超过的限值，故在采样时应做到：

8.2.1 排气筒中废气的采样

以连续 1h 的采样获取平均值；

或在 1h 内，以等时间间隔采集 4 个样品，并计平均值。

8.2.2 无组织排放监控点的采样

无组织排放监控点和参照点监测的采样，一般采用连续 1h 采样计平均值；

若浓度偏低，需要时可适当延长采样时间；

若分析方法灵敏度高，仅需用短时间采集样品时，应实行等时间间隔采样，采集 4 个样品计平均值。

8.2.3 特殊情况下的采样时间和频次

若某排气筒的排放为间断性排放，排放时间小于 1h，应在排放时段内实行连续采样，或在排放时段内以等时间间隔采集 2～4 个样品，并计平均值；

若某排气筒的排放为间断性排放，排放时间大于 1h，则应在排放时段内按 8.2.1 的要求采样；

当进行污染事故排放监测时，按需要设置的采样时间和采样频次，不受上述要求限制；

　　建设项目环境保护设施竣工验收监测的采样时间和频次，按国家环境保护局制定的建设项目环境保护设施竣工验收监测办法执行。

8.3　监测工况要求

8.3.1　在对污染源的日常监督性监测中，采样期间的工况应与当时的运行工况相同，排污单位的人员和实施监测的人员都不应任意改变当时的运行工况。

8.3.2　建设项目环境保护设施竣工验收监测的工况要求按国家环境保护局制定的建设项目环境保护设施竣工验收监测办法执行。

8.4　采样方法和分析方法

8.4.1　污染物的分析方法按国家环境保护局规定执行。

8.4.2　污染物的采样方法按 GB/T 16157—1996 和国家环境保护局规定的分析方法有关部分执行。

8.5　排气量的测定

　　排气量的测定应与排放浓度的采样监测同步进行，排气量的测定方法按 GB/T 16157—1996 执行。

9　标 准 实 施

9.1　位于国务院批准划定的酸雨控制区和二氧化硫污染控制区的污染源，其二氧化硫排放除执行本标准外，还应执行总量控制标准。

9.2　本标准中无组织排放监控浓度限值，由省、自治区、直辖市人民政府环境保护行政主管部门决定是否在本地区实施，并报国务院环境保护行政主管部门备案。

9.3　本标准由县级以上人民政府环境保护行政主管部门负责监督实施。

表 1　现有污染源大气污染物排放限值

序号	污染物	最高允许排放浓度/(mg/m³)	最高允许排放速率/(kg/h)				无组织排放监控浓度限值	
			排气筒高度/m	一级	二级	三级	监控点	浓度/(mg/m³)
1	二氧化硫	1200（硫、二氧化硫、硫酸和其他含硫化合物生产）　　700（硫、二氧化硫、硫酸和其他含硫化合物使用）	15	1.6	3.0	4.1	无组织排放源上风向设参照点，下风向设监控点①	0.50（监控点与参照点浓度差值）
			20	2.6	5.1	7.7		
			30	8.8	17	26		
			40	15	30	45		
			50	23	45	69		
			60	33	64	98		
			70	47	91	140		
			80	63	120	190		
			90	82	160	240		
			100	100	200	310		
2	氮氧化物	1700（硝酸、氮肥和火炸药生产）　　420（硝酸使用和其他）	15	0.47	0.91	1.4	无组织排放源上风向设参照点，下风向设监控点	0.50（监控点与参照点浓度差值）
			20	0.77	1.5	2.3		
			30	2.6	5.1	7.7		
			40	4.6	8.9	14		
			50	7.0	14	21		
			60	9.9	19	29		
			70	14	27	41		
			80	19	37	56		
			90	24	47	72		
			100	31	61	92		

续表

序号	污染物	最高允许排放浓度/(mg/m³)	最高允许排放速率/(kg/h)				无组织排放监控浓度限值	
			排气筒高度/m	一级	二级	三级	监控点	浓度/(mg/m³)
3	颗粒物	22（炭黑尘、染料尘）	15	禁排	0.60	0.87	周界外浓度最高点[②]	肉眼不可见
			20		1.0	1.5		
			30		4.0	5.9		
			40		6.8	10		
		80[③]（玻璃棉尘、石英粉尘、矿渣棉尘）	15	禁排	2.2	3.1	无组织排放源上风向设参照点，下风向设监控点	2.0（监控点与参照点浓度差值）
			20		3.7	5.3		
			30		14	21		
			40		25	37		
		150（其他）	15	2.1	4.1	5.9	无组织排放源上风向设参照点，下风向设监控点	5.0（监控点与参照点浓度差值）
			20	3.5	6.9	10		
			30	14	27	40		
			40	24	46	69		
			50	36	70	110		
			60	51	100	150		
4	氯化氢	150	15	禁排	0.30	0.46	周界外浓度最高点	0.25
			20		0.51	0.77		
			30		1.7	2.6		
			40		3.0	4.5		
			50		4.5	6.9		
			60		6.4	9.8		
			70		9.1	14		
			80		12	19		
5	铬酸雾	0.080	15	禁排	0.009	0.014	周界外浓度最高点	0.0075
			20		0.015	0.023		
			30		0.051	0.078		
			40		0.089	0.13		
			50		0.14	0.21		
			60		0.19	0.29		
6	硫酸雾	1000（火炸药厂）	15	禁排	1.8	2.8	周界外浓度最高点	1.5
			20		3.1	4.6		
			30		10	16		
			40		18	27		
			50		27	41		
		70（其他）	60		39	59		
			70		55	83		
			80		74	110		
7	氟化物	100（普钙工业）	15	禁排	0.12	0.18	无组织排放源上风向设参照点，下风向设监控点	20μg/m³（监控点与参照点浓度差值）
			20		0.20	0.31		
			30		0.69	1.0		
			40		1.2	1.8		
			50		1.8	2.7		
		11（其他）	60		2.6	3.9		
			70		3.6	5.5		
			80		4.9	7.5		

序号	污染物	最高允许排放浓度/(mg/m³)	最高允许排放速率/(kg/h)				无组织排放监控浓度限值	
			排气筒高度/m	一级	二级	三级	监控点	浓度/(mg/m³)
8	氯气④	85	25	禁排	0.60	0.90	周界外浓度最高点	0.50
			30		1.0	1.5		
			40		3.4	5.2		
			50		5.9	9.0		
			60		9.1	14		
			70		13	20		
			80		18	28		
9	铅及其化合物	0.90	15	禁排	0.005	0.007	周界外浓度最高点	0.0075
			20		0.007	0.011		
			30		0.031	0.048		
			40		0.055	0.083		
			50		0.085	0.13		
			60		0.12	0.18		
			70		0.17	0.26		
			80		0.23	0.35		
			90		0.31	0.47		
			100		0.39	0.60		
10	汞及其化合物	0.015	15	禁排	1.8×10^{-3}	2.8×10^{-3}	周界外浓度最高点	0.0015
			20		3.1×10^{-3}	4.6×10^{-3}		
			30		10×10^{-3}	16×10^{-3}		
			40		18×10^{-3}	27×10^{-3}		
			50		28×10^{-3}	41×10^{-3}		
			60		39×10^{-3}	59×10^{-3}		
11	镉及其化合物	1.0	15	禁排	0.060	0.090	周界外浓度最高点	0.050
			20		0.10	0.15		
			30		0.34	0.52		
			40		0.59	0.90		
			50		0.91	1.4		
			60		1.3	2.0		
			70		1.8	2.8		
			80		2.5	3.7		
12	铍及其化合物	0.015	15	禁排	1.3×10^{-3}	2.0×10^{-3}	周界外浓度最高点	0.0010
			20		2.2×10^{-3}	3.3×10^{-3}		
			30		7.3×10^{-3}	11×10^{-3}		
			40		13×10^{-3}	19×10^{-3}		
			50		19×10^{-3}	29×10^{-3}		
			60		27×10^{-3}	41×10^{-3}		
			70		39×10^{-3}	58×10^{-3}		
			80		52×10^{-3}	79×10^{-3}		
13	镍及其化合物	5.0	15	禁排	0.18	0.28	周界外浓度最高点	0.050
			20		0.31	0.46		
			30		1.0	1.6		
			40		1.8	2.7		
			50		2.7	4.1		
			60		3.9	5.9		
			70		5.5	8.2		
			80		7.4	11		

序号	污染物	最高允许排放浓度/(mg/m³)	最高允许排放速率/(kg/h)				无组织排放监控浓度限值	
			排气筒高度/m	一级	二级	三级	监控点	浓度/(mg/m³)
14	锡及其化合物	10	15	禁排	0.36	0.55	周界外浓度最高点	0.30
			20		0.61	0.93		
			30		2.1	3.1		
			40		3.5	5.4		
			50		5.4	8.2		
			60		7.7	12		
			70		11	17		
			80		15	22		
15	苯	17	15	禁排	0.60	0.90	周界外浓度最高点	0.50
			20		1.0	1.5		
			30		3.3	5.2		
			40		6.0	9.0		
16	甲苯	60	15	禁排	3.6	5.5	周界外浓度最高点	3.0
			20		6.1	9.3		
			30		21	31		
			40		36	54		
17	二甲苯	90	15	禁排	1.2	1.8	周界外浓度最高点	1.5
			20		2.0	3.1		
			30		6.9	10		
			40		12	18		
18	酚类	115	15	禁排	0.12	0.18	周界外浓度最高点	0.10
			20		0.20	0.31		
			30		0.68	1.0		
			40		1.2	1.8		
			50		1.8	2.7		
			60		2.6	3.9		
19	甲醛	30	15	禁排	0.30	0.46	周界外浓度最高点	0.25
			20		0.51	0.77		
			30		1.7	2.6		
			40		3.0	4.5		
			50		4.5	6.9		
			60		6.4	9.8		
20	乙醛	150	15	禁排	0.060	0.090	周界外浓度最高点	0.050
			20		0.10	0.15		
			30		0.34	0.52		
			40		0.59	0.90		
			50		0.91	1.4		
			60		1.3	2.0		
21	丙烯腈	26	15	禁排	0.91	1.4	周界外浓度最高点	0.75
			20		1.5	2.3		
			30		5.1	7.8		
			40		8.9	13		
			50		14	21		
			60		19	29		

序号	污染物	最高允许排放浓度/(mg/m³)	最高允许排放速率/(kg/h)				无组织排放监控浓度限值	
			排气筒高度/m	一级	二级	三级	监控点	浓度/(mg/m³)
22	丙烯醛	20	15 20 30 40 50 60	禁排	0.61 1.0 3.4 5.9 9.1 13	0.92 1.5 5.2 9.0 14 20	周界外浓度最高点	0.50
23	氰化氢[⑤]	2.3	25 30 40 50 60 70 80	禁排	0.18 0.31 1.0 1.8 2.7 3.9 5.5	0.28 0.46 1.6 2.7 4.1 5.9 8.3	周界外浓度最高点	0.030
24	甲醇	220	15 20 30 40 50 60	禁排	6.1 10 34 59 91 130	9.2 15 52 90 140 200	周界外浓度最高点	15
25	苯胺类	25	15 20 30 40 50 60	禁排	0.61 1.0 3.4 5.9 9.1 13	0.92 1.5 5.2 9.0 14 20	周界外浓度最高点	0.50
26	氯苯类	85	15 20 30 40 50 60 70 80 90 100	禁排	0.67 1.0 2.9 5.0 7.7 11 15 21 27 34	0.92 1.5 4.4 7.6 12 17 23 32 41 52	周界外浓度最高点	0.50
27	硝基苯类	20	15 20 30 40 50 60	禁排	0.060 0.10 0.34 0.59 0.91 1.3	0.090 0.15 0.52 0.90 1.4 2.0	周界外浓度最高点	0.50

序号	污染物	最高允许排放浓度/(mg/m³)	最高允许排放速率/(kg/h)				无组织排放监控浓度限值	
			排气筒高度/m	一级	二级	三级	监控点	浓度/(mg/m³)
28	氯乙烯	65	15	禁排	0.91	1.4	周界外浓度最高点	0.75
			20		1.5	2.3		
			30		5.0	7.8		
			40		8.9	13		
			50		14	21		
			60		19	29		
29	苯并[a]芘	0.50×10^{-3}（沥青、碳素制品生产和加工）	15	禁排	0.06×10^{-3}	0.09×10^{-3}	周界外浓度最高点	$0.01\mu g/m^3$
			20		0.10×10^{-3}	0.15×10^{-3}		
			30		0.34×10^{-3}	0.51×10^{-3}		
			40		0.59×10^{-3}	0.89×10^{-3}		
			50		0.90×10^{-3}	1.4×10^{-3}		
			60		1.3×10^{-3}	2.0×10^{-3}		
30	光气⑥	5.0	25	禁排	0.12	0.18	周界外浓度最高点	0.10
			30		0.20	0.31		
			40		0.69	1.0		
			50		1.2	1.8		
31	沥青烟	280（吹制沥青）／80（熔炼、浸涂）／150（建筑搅拌）	15	0.11	0.22	0.34	生产设备不得有明显无组织排放存在	
			20	0.19	0.36	0.55		
			30	0.82	1.6	2.4		
			40	1.4	2.8	4.2		
			50	2.2	4.3	6.6		
			60	3.0	5.9	9.0		
			70	4.5	8.7	13		
			80	6.2	12	18		
32	石棉尘	2根（纤维）/cm³或20mg/m³	15	禁排	0.65	0.98	生产设备不得有明显的无组织排放存在	
			20		1.1	1.7		
			30		4.2	6.4		
			40		7.2	11		
			50		11	17		
33	非甲烷总烃	150（使用溶剂汽油或其他混合烃类物质）	15	6.3	12	18	周界外浓度最高点	5.0
			20	10	20	30		
			30	35	63	100		
			40	61	120	170		

① 一般应于无组织排放源上风向2～50m范围内设参考点，排放源下风向2～50m范围内设监控点，详见本标准附录C。下同。

② 周界外浓度最高点一般应设于排放源下风向的单位周界外10m范围内。如预计无组织排放的最大落地浓度点越出10m范围，可将监控点移至该预计浓度最高点，详见附录C。下同。

③ 均指含游离二氧化硅10%以上的各种尘。

④ 排放氯气的排气筒不得低于25m。

⑤ 排放氰化氢的排气筒不得低于25m。

⑥ 排放光气的排气筒不得低于25m。

表2 新污染源大气污染物排放限值

序号	污染物	最高允许排放浓度/(mg/m³)	最高允许排放速率/(kg/h)			无组织排放监控浓度限值	
			排气筒高度/m	二级	三级	监控点	浓度/(mg/m³)
1	二氧化硫	960（硫、二氧化硫、硫酸和其他含硫化合物生产）	15	2.6	3.5	周界外浓度最高点①	0.40
			20	4.3	6.6		
			30	15	22		
			40	25	38		
			50	39	58		
			60	55	83		
		550（硫、二氧化硫、硫酸和其他含硫化合物使用）	70	77	120		
			80	110	160		
			90	130	200		
			100	170	270		
2	氮氧化物	1400（硝酸、氮肥和火炸药生产）	15	0.77	1.2	周界外浓度最高点	0.12
			20	1.3	2.0		
			30	4.4	6.6		
			40	7.5	11		
			50	12	18		
		240（硝酸使用和其他）	60	16	25		
			70	23	35		
			80	31	47		
			90	40	61		
			100	52	78		
3	颗粒物	18（炭黑尘、染料尘）	15	0.51	0.74	周界外浓度最高点	肉眼不可见
			20	0.85	1.3		
			30	3.4	5.0		
			40	5.8	8.5		
		60②（玻璃棉尘、石英粉尘、矿渣棉尘）	15	1.9	2.6	周界外浓度最高点	1.0
			20	3.1	4.5		
			30	12	18		
			40	21	31		
		120（其他）	15	3.5	5.0	周界外浓度最高点	1.0
			20	5.9	8.5		
			30	23	34		
			40	39	59		
			50	60	94		
			60	85	130		
4	氯化氢	100	15	0.26	0.39	周界外浓度最高点	0.20
			20	0.43	0.65		
			30	1.4	2.2		
			40	2.6	3.8		
			50	3.8	5.9		
			60	5.4	8.3		
			70	7.7	12		
			80	10	16		
5	铬酸雾	0.070	15	0.008	0.012	周界外浓度最高点	0.0060
			20	0.013	0.020		
			30	0.043	0.066		
			40	0.076	0.12		
			50	0.12	0.18		
			60	0.16	0.25		

续表

序号	污染物	最高允许排放浓度/(mg/m³)	最高允许排放速率/(kg/h)			无组织排放监控浓度限值	
			排气筒高度/m	二级	三级	监控点	浓度/(mg/m³)
6	硫酸雾	430（火炸药厂） 45（其他）	15 20 30 40 50 60 70 80	1.5 2.6 8.8 15 23 33 46 63	2.4 3.9 13 23 35 50 70 95	周界外浓度最高点	1.2
7	氟化物	90（普钙工业） 9.0（其他）	15 20 30 40 50 60 70 80	0.10 0.17 0.59 1.0 1.5 2.2 3.1 4.2	0.15 0.26 0.88 1.5 2.3 3.3 4.7 6.3	周界外浓度最高点	20μg/m³
8	氯气③	65	25 30 40 50 60 70 80	0.52 0.87 2.9 5.0 7.7 11 15	0.78 1.3 4.4 7.6 12 17 23	周界外浓度最高点	0.40
9	铅及其化合物	0.70	15 20 30 40 50 60 70 80 90 100	0.004 0.006 0.027 0.047 0.072 0.10 0.15 0.20 0.26 0.33	0.006 0.009 0.041 0.071 0.11 0.15 0.22 0.30 0.40 0.51	周界外浓度最高点	0.0060
10	汞及其化合物	0.012	15 20 30 40 50 60	1.5×10^{-3} 2.6×10^{-3} 7.8×10^{-3} 15×10^{-3} 23×10^{-3} 33×10^{-3}	2.4×10^{-3} 3.9×10^{-3} 13×10^{-3} 23×10^{-3} 35×10^{-3} 50×10^{-3}	周界外浓度最高点	0.0012
11	镉及其化合物	0.85	15 20 30 40 50 60 70 80	0.050 0.090 0.29 0.50 0.77 1.1 1.5 2.1	0.080 0.13 0.44 0.77 1.2 1.7 2.3 3.2	周界外浓度最高点	0.040

序号	污染物	最高允许排放浓度/(mg/m³)	最高允许排放速率/(kg/h)			无组织排放监控浓度限值	
			排气筒高度/m	二级	三级	监控点	浓度/(mg/m³)
12	铍及其化合物	0.012	15	1.1×10^{-3}	1.7×10^{-3}	周界外浓度最高点	0.0008
			20	1.8×10^{-3}	2.8×10^{-3}		
			30	6.2×10^{-3}	9.4×10^{-3}		
			40	11×10^{-3}	16×10^{-3}		
			50	16×10^{-3}	25×10^{-3}		
			60	23×10^{-3}	35×10^{-3}		
			70	33×10^{-3}	50×10^{-3}		
			80	44×10^{-3}	67×10^{-3}		
13	镍及其化合物	4.3	15	0.15	0.24	周界外浓度最高点	0.040
			20	0.26	0.34		
			30	0.88	1.3		
			40	1.5	2.3		
			50	2.3	3.5		
			60	3.3	5.0		
			70	4.6	7.0		
			80	6.3	10		
14	锡及其化合物	8.5	15	0.31	0.47	周界外浓度最高点	0.24
			20	0.52	0.79		
			30	1.8	2.7		
			40	3.0	4.6		
			50	4.6	7.0		
			60	6.6	10		
			70	9.3	14		
			80	13	19		
15	苯	12	15	0.50	0.80	周界外浓度最高点	0.40
			20	0.90	1.3		
			30	2.9	4.4		
			40	5.6	7.6		
16	甲苯	40	15	3.1	4.7	周界外浓度最高点	2.4
			20	5.2	7.9		
			30	18	27		
			40	30	46		
17	二甲苯	70	15	1.0	1.5	周界外浓度最高点	1.2
			20	1.7	2.6		
			30	5.9	8.8		
			40	10	15		
18	酚类	100	15	0.10	0.15	周界外浓度最高点	0.080
			20	0.17	0.26		
			30	0.58	0.88		
			40	1.0	1.5		
			50	1.5	2.3		
			60	2.2	3.3		
19	甲醛	25	15	0.26	0.39	周界外浓度最高点	0.20
			20	0.43	0.65		
			30	1.4	2.2		
			40	2.6	3.8		
			50	3.8	5.9		
			60	5.4	8.3		

序号	污染物	最高允许排放浓度 /(mg/m³)	最高允许排放速率/(kg/h)			无组织排放监控浓度限值	
			排气筒高度/m	二级	三级	监控点	浓度 /(mg/m³)
20	乙醛	125	15	0.050	0.080	周界外浓度最高点	0.040
			20	0.090	0.13		
			30	0.29	0.44		
			40	0.50	0.77		
			50	0.77	1.2		
			60	1.1	1.6		
21	丙烯腈	22	15	0.77	1.2	周界外浓度最高点	0.60
			20	1.3	2.0		
			30	4.4	6.6		
			40	7.5	11		
			50	12	18		
			60	16	25		
22	丙烯醛	16	15	0.52	0.78	周界外浓度最高点	0.40
			20	0.87	1.3		
			30	2.9	4.4		
			40	5.0	7.6		
			50	7.7	12		
			60	11	17		
23	氰化氢[④]	1.9	25	0.15	0.24	周界外浓度最高点	0.024
			30	0.26	0.39		
			40	0.88	1.3		
			50	1.5	2.3		
			60	2.3	3.5		
			70	3.3	5.0		
			80	4.6	7.0		
24	甲醇	190	15	5.1	7.8	周界外浓度最高点	12
			20	8.6	13		
			30	29	44		
			40	50	70		
			50	77	120		
			60	100	170		
25	苯胺类	20	15	0.52	0.78	周界外浓度最高点	0.40
			20	0.87	1.3		
			30	2.9	4.4		
			40	5.0	7.6		
			50	7.7	12		
			60	11	17		
26	氯苯类	60	15	0.52	0.78	周界外浓度最高点	0.40
			20	0.87	1.3		
			30	2.5	3.8		
			40	4.3	6.5		
			50	6.6	9.9		
			60	9.3	14		
			70	13	20		
			80	18	27		
			90	23	35		
			100	29	44		

序号	污染物	最高允许排放浓度/(mg/m³)	排气筒高度/m	二级	三级	监控点	浓度/(mg/m³)
				最高允许排放速率/(kg/h)		无组织排放监控浓度限值	
27	硝基苯类	16	15	0.050	0.080	周界外浓度最高点	0.040
			20	0.090	0.13		
			30	0.29	0.44		
			40	0.50	0.77		
			50	0.77	1.2		
			60	1.1	1.7		
28	氯乙烯	36	15	0.77	1.2	周界外浓度最高点	0.60
			20	1.3	2.0		
			30	4.4	6.6		
			40	7.5	11		
			50	12	18		
			60	16	25		
29	苯并[a]芘	0.30×10^{-3}（沥青及碳素制品生产和加工）	15	0.050×10^{-3}	0.080×10^{-3}	周界外浓度最高点	$0.008 \mu g/m^3$
			20	0.085×10^{-3}	0.13×10^{-3}		
			30	0.29×10^{-3}	0.43×10^{-3}		
			40	0.50×10^{-3}	0.76×10^{-3}		
			50	0.77×10^{-3}	1.2×10^{-3}		
			60	1.1×10^{-3}	1.7×10^{-3}		
30	光气[5]	3.0	25	0.10	0.15	周界外浓度最高点	0.080
			30	0.17	0.26		
			40	0.59	0.88		
			50	1.0	1.5		
31	沥青烟	140（吹制沥青）40（熔炼、浸涂）75（建筑搅拌）	15	0.18	0.27	生产设备不得有明显的无组织排放存在	
			20	0.30	0.45		
			30	1.3	2.0		
			40	2.3	3.5		
			50	3.6	5.4		
			60	5.6	7.5		
			70	7.4	11		
			80	10	15		
32	石棉尘	1根(纤维)/cm³或10mg/m³	15	0.55	0.83	生产设备不得有明显的无组织排放存在	
			20	0.93	1.4		
			30	3.6	5.4		
			40	6.2	9.3		
			50	9.4	14		
33	非甲烷总烃	120（使用溶剂汽油或其他混合烃类物质）	15	10	16	周界外浓度最高点	4.0
			20	17	27		
			30	53	83		
			40	100	150		

① 周界外浓度最高点一般应设置于无组织排放源下风向的单位周界外10m范围内，若预计无组织排放的最大落地浓度点越出10m范围，可将监控点移至该预计浓度最高点，详见附录C。下同。

② 均指含游离二氧化硅超过10%以上的各种尘。

③ 排放氯气的排气筒不得低于25m。

④ 排放氰化氢的排气筒不得低于25m。

⑤ 排放光气的排气筒不得低于25m。

附录 A　等效排气筒有关参数计算

A1　当排气筒 1 和排气筒 2 排放同一种污染物，其距离小于该两个排气筒的高度之和时，应以一个等效排气筒代表该两个排气筒。

A2　等效排气筒的有关参数计算方法如下。

A2.1　等效排气筒污染物排放效率，按式（A1）计算：

$$Q=Q_1+Q_2 \tag{A1}$$

式中　Q——等效排气筒某污染物排放速率；

　Q_1、Q_2——排气筒 1 和排气筒 2 的某污染物排放速率。

A2.2　等效排气筒高度按式（A2）计算：

$$h=\sqrt{\frac{1}{2}(h_1^2+h_2^2)} \tag{A2}$$

式中　h——等效排气筒高度；

　h_1、h_2——排气筒 1 和排气筒 2 的高度。

A2.3　等效排气筒的位置：

等效排气筒的位置，应于排气筒 1 和排气筒 2 的连线上，若以排气筒 1 为原点，则等效排气筒距原点的距离按式（A3）计算：

$$x=a(Q-Q_1)/Q=aQ_2/Q \tag{A3}$$

式中　　　x——等效排气筒距排气筒 1 的距离；

　　　　　a——排气筒 1 至排气筒 2 的距离；

　Q、Q_1、Q_2——同 A2.1。

附录 B　确定某排气筒最高允许排放速率的内插法和外推法

B1　某排气筒高度处于表列两高度之间，用内插法计算其最高允许排放速率，按式（B1）计算：

$$Q=Q_a+(Q_{a+1}-Q_a)(h-h_a)/(h_{a+1}-h_a) \tag{B1}$$

式中　Q——某排气筒最高允许排放速率；

　　Q_a——比某排气筒低的表列限值中的最大值；

　Q_{a+1}——比某排气筒高的表列限值中的最小值；

　　h——某排气筒的几何高度；

　　h_a——比某排气筒低的表列高度中的最大值；

　h_{a+1}——比某排气筒高的表列高度中的最小值。

B2　某排气筒高度高于本标准表列排气筒高度的最高值，用外推法计算其最高允许排放速率，按式（B2）计算：

$$Q=Q_b(h/h_b)^2 \tag{B2}$$

式中　Q——某排气筒的最高允许排放速率；

　　Q_b——表列排气筒最高高度对应的最高允许排放速率；

　　h——某排气筒的高度；

　　h_b——表列排气筒的最高高度。

B3　某排气筒高度低于本标准表列排气筒高度的最低值，用外推法计算其最高允许排放速率，按式（B3）计算：

$$Q=Q_c(h/h_c)^2 \qquad\qquad (B3)$$

式中　Q——某排气筒的最高允许排放速率；

　　　Q_c——表列排气筒最低高度对应的最高允许排放速率；

　　　h——某排气筒的高度；

　　　h_c——表列排气筒的最低高度。

附录 C　无组织排放监控点设置方法

C1　由于无组织排放的实际情况是多种多样的，故本附录仅对无组织排放监控点的设置进行原则性指导，实际监测时应根据情况因地制宜设置监控点。

C2　单位周界监控点的设置方法。

　　当本标准规定监控点设于单位周界时，监控点按下述原则和方法设置。

C2.1　下列各点为必须遵循的原则。

C2.1.1　监控点一般应设于周界外 10m 范围内，但若现场条件不允许（例如周界沿河岸分布），可将监控点移至周界内侧。

C2.1.2　监控点应设于周界浓度最高点。

C2.1.3　若经估算预测，无组织排放的最大落地浓度区域超出 10m 范围之外，将监控点设置在该区域之内。

C2.1.4　为了确定浓度的最高点，实际监控点最多可设置 4 个。

C2.1.5　设点高度范围为 1.5m 至 15m。

C2.2　下述设点方案仅为示意，供实际监测时参考。

C2.2.1　当具有明显风向和风速时，可参考图 C1 设点。

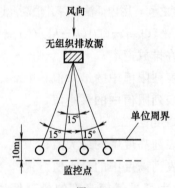

图 C1

C2.2.2　当无明显风向和风速时，可根据情况于可能的浓度最高处设置 4 个点。

C2.3　由 4 个监控点分别测得的结果，以其中的浓度最高点计值。

C3　在排放源上、下风向分别设置参照点和监控点的方法。

C3.1　下列各点为必须遵循的原则；

C3.1.1　于无组织排放源的上风向设参照点，下风向设监控点。

C3.1.2　监控点应设于排放源下风向的浓度最高点，不受单位周界的限制。

C3.1.3　为了确定浓度最高点，监控点最多可设 4 个。

C3.1.4　参照点应以不受被测无组织排放源影响，可以代表监控点的背景浓度为原则。参照点只设 1 个。

C3.1.5　监控点和参照点距无组织排放源最近不应小于 2m。

C3.2　下述设点方案仅为示意，供实际监测时参考。

C3.2.1　当具有明显风向和风速时，可参考图 C2 设点。

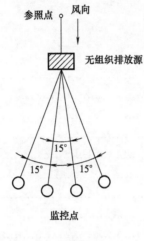

图 C2

C3.3　按上述参考方案的监测结果，以 4 个监控点中的浓度最高点测值与参照点浓度之差计值。

三、消防

（一）自动喷水灭火系统设计规范 GB 50084—2001（2005 年版）

目次

1　总　则

1.0.1　为了正确、合理地设计自动喷水灭火系统，保护人身和财产安全，制订本规范。

1.0.2　本规范适用于新建、扩建、改建的民用与工业建筑中自动喷水灭火系统的设计。

本规范不适用于火药、炸药、弹药、火工品工厂、核电站及飞机库等特殊功能建筑中自动喷水灭火系统的设计。

1.0.3　自动喷水灭火系统的设计，应密切结合保护对象的功能和火灾特点，积极采用新技术、新设备、新材料，做到安全可靠、技术先进、经济合理。

1.0.4　设计采用的系统组件，必须符合国家现行的相关标准，并经国家固定灭火系统质量监督检验测试中心检测合格。

1.0.5　当设置自动喷水灭火系统的建筑变更用途时，应校核原有系统的适用性。当不适应时，应按本规范重新设计。

1.0.6　自动喷水灭火系统的设计，除执行本规范外，尚应符合国家现行的相关强制性标准。

2　术语和符号

2.1　术语

2.1.1　自动喷水灭火系统　sprinkler systems

由洒水喷头、报警阀组、水流报警装置（水流指示器或压力开关）等组件，以及管道、供水设施组成，并能在发生火灾时喷水的自动灭火系统。

2.1.2　闭式系统　close-type sprinkler system

采用闭式洒水喷头的自动喷水灭火系统。

1　湿式系统　wet pipe system

准工作状态时管道内充满用于启动系统的有压水的闭式系统。

2　干式系统　dry pipe system

准工作状态时配水管道内充满用于启动系统的有压气体的闭式系统。

3　预作用系统　preaction system

准工作状态时配水管道内不充水，由火灾自动报警系统自动开启雨淋报警阀后，转换为湿式系统的闭式系统。

4　重复启闭预作用系统　recycling preaction system

能在扑灭火灾后自动关阀、复燃时再次开阀喷水的预作用系统。

2.1.3　雨淋系统　deluge system

由火灾自动报警系统或传动管控制，自动开启雨淋报警阀和启动供水泵后，向开式洒水喷头供水的自动喷水灭火系统。亦称开式系统。

2.1.4　水幕系统　drencher systems

由开式洒水喷头或水幕喷头、雨淋报警阀组或感温雨淋阀，以及水流报警装置（水流指示器或压力开关）等组成，用于挡烟阻火和冷却分隔物的喷水系统。

1 防火分隔水幕 water curtain for fire compartment

密集喷洒形成水墙或水帘的水幕。

2 防护冷却水幕 drencher for cooling protection

冷却防火卷帘等分隔物的水幕。

2.1.5 自动喷水-泡沫联用系统 combined sprinkler-foam system

配置供给泡沫混合液的设备后，组成既可喷水又可喷泡沫的自动喷水灭火系统。

2.1.6 作用面积 area of sprinklers operation

一次火灾中系统按喷水强度保护的最大面积。

2.1.7 标准喷头 standard sprinkler

流量系数 $K=80$ 的洒水喷头。

2.1.8 响应时间指数（RTI） response time index

闭式喷头的热敏性能指标。

2.1.9 快速响应喷头 fast response sprinkler

响应时间指数 $RTI \leqslant 50$（m·s）$^{0.5}$的闭式洒水喷头。

2.1.10 边墙型扩展覆盖喷头 extended coverage sidewall sprinkler

流量系数 $K=115$ 的边墙型快速响应喷头。

2.1.11 早期抑制快速响应喷头 early suppression fast response sprinkler（ESFR）

响应时间指数 $RTI \leqslant 28 \pm 8$（m·s）$^{0.5}$，用于保护高堆垛与高货架仓库的大流量特种洒水喷头。

2.1.12 一只喷头的保护面积 area of one sprinkler operation

同一根配水支管上相邻喷头的距离与相邻配水支管之间距离的乘积。

2.1.13 配水干管 feed mains

报警阀后向配水管供水的管道。

2.1.14 配水管 cross mains

向配水支管供水的管道。

2.1.15 配水支管 branch lines

直接或通过短立管向喷头供水的管道。

2.1.16 配水管道 system pipes

配水干管、配水管及配水支管的总称。

2.1.17 短立管 sprig-up

连接喷头与配水支管的立管。

2.1.18 信号阀 signal valve

具有输出启闭状态信号功能的阀门。

2.2 符号

a——喷头与障碍物的水平间距

b——喷头溅水盘与障碍物底面的垂直间距

c——障碍物横截面的一个边长

d——管道外径

d_g——节流管的计算内径

d_j——管道的计算内径

d_k——减压孔板的孔口直径

e——障碍物横截面的另一个边长

f——喷头溅水盘与不到顶隔墙顶面的垂直间距

g——重力加速度

h——系统管道沿程和局部的水头损失

H——水泵扬程或系统入口的供水压力

H_g——节流管的水头损失

H_k——减压孔板的水头损失

i——每米管道的水头损失

k——喷头流量系数

L——节流管的长度

n——最不利点处作用面积内的喷头数

P——喷头工作压力

P_0——最不利点处喷头的工作压力

q——喷头流量

q_i——最不利点处作用面积内各喷头节点的流量

Q_s——系统设计流量

V——管道内水的平均流速

V_g——节流管内水的平均流速

V_k——减压孔板后管道内水的平均流速

Z——最不利点处喷头与消防水池最低水位或系统入口管水平中心线之间的高程差

ζ——节流管中渐缩管与渐扩管的局部阻力系数之和

ξ——减压孔板的局部阻力系数

3　设置场所火灾危险等级

3.0.1　设置场所火灾危险等级的划分，应符合下列规定：

  1　轻危险级

  2　中危险级

    Ⅰ级

    Ⅱ级

  3　严重危险级

    Ⅰ级

    Ⅱ级

  4　仓库危险级

    Ⅰ级

Ⅱ级

Ⅲ级

3.0.2　设置场所的火灾危险等级，应根据其用途、容纳物品的火灾荷载及室内空间条件等因素，在分析火灾特点和热气流驱动喷头开放及喷水到位的难易程度后确定。举例见本规范附录 A。

3.0.3　当建筑物内各场所的火灾危险性及灭火难度存在较大差异时，宜按各场所的实际情况确定系统选型与火灾危险等级。

4　系统选型

4.1　一般规定

4.1.1　自动喷水灭火系统应在人员密集、不易疏散、外部增援灭火与救生较困难的性质重要或火灾危险性较大的场所中设置。

4.1.2　自动喷水灭火系统不适用于存在较多下列物品的场所：

　　1　遇水发生爆炸或加速燃烧的物品；

　　2　遇水发生剧烈化学反应或产生有毒有害物质的物品；

　　3　洒水将导致喷溅或沸溢的液体。

4.1.3　自动喷水灭火系统的系统选型，应根据设置场所的火灾特点或环境条件确定，露天场所不宜采用闭式系统。

4.1.4　自动喷水灭火系统的设计原则应符合下列规定：

　　1　闭式喷头或启动系统的火灾探测器，应能有效探测初期火灾；

　　2　湿式系统，干式系统应在开放一只喷头后自动启动，预作用系统、雨淋系统应在火灾自动报警系统报警后自动启动；

　　3　作用面积内开放的喷头，应在规定时间内按设计选定的强度持续喷水；

　　4　喷头洒水时，应均匀分布，且不应受阻挡。

4.2　系统选型

4.2.1　环境温度不低于 4℃，且不高于 70℃ 的场所应采用湿式系统。

4.2.2　环境温度低于 4℃，或高于 70℃ 的场所应采用干式系统。

4.2.3　具有下列要求之一的场所应采用预作用系统：

　　1　系统处于准工作状态时，严禁管道漏水；

　　2　严禁系统误喷；

　　3　替代干式系统。

4.2.4　灭火后必须及时停止喷水的场所，应采用重复启闭预作用系统。

4.2.5　具有下列条件之一的场所，应采用雨淋系统：

　　1　火灾的水平蔓延速度快、闭式喷头的开放不能及时使喷水有效覆盖着火区域；

　　2　室内净空高度超过本规范 6.1.1 条的规定，且必须迅速扑救初期火灾；

　　3　严重危险级Ⅱ级。

4.2.6　符合本规范 5.0.6 条规定条件的仓库，当设置自动喷水灭火系统时，宜采用早期抑制快速响应喷头，并宜采用湿式系统。

4.2.7 存在较多易燃液体的场所，宜按下列方式之一采用自动喷水-泡沫联用系统：

1 采用泡沫灭火剂强化闭式系统性能；

2 雨淋系统前期喷水控火，后期喷泡沫强化灭火效能；

3 雨淋系统前期喷泡沫灭火，后期喷水冷却防止复燃。

系统中泡沫灭火剂的选型、储存及相关设备的配置，应符合现行国家标准《低倍数泡沫灭火系统设计规范》GB 50151—92 的规定。

4.2.8 建筑物中保护局部场所的干式系统、预作用系统、雨淋系统、自动喷水-泡沫联用系统，可串联接入同一建筑物内湿式系统，并应与其配水干管连接。

4.2.9 自动喷水灭火系统应有下列组件、配件和设施：

1 应设有洒水喷头、水流指示器、报警阀组、压力开关等组件和末端试水装置，以及管道、供水设施；

2 控制管道静压的区段宜分区供水或设减压阀，控制管道动压的区段宜设减压孔板或节流管；

3 应设有泄水阀（或泄水口）、排气阀（或排气口）和排污口；

4 干式系统和预作用系统的配水管道应设快速排气阀。有压充气管道的快速排气阀入口前应设电动阀。

4.2.10 防护冷却水幕应直接将水喷向被保护对象；防火分隔水幕不宜用于尺寸超过15m（宽）×8m（高）的开口（舞台口除外）。

5　设计基本参数

5.0.1 民用建筑和工业厂房的系统设计参数不应低于表 5.0.1 的规定。

表 5.0.1　民用建筑和工业厂房的系统设计参数

火灾危险等级		净空高度 /m	喷水强度 /[L/(min·m²)]	作用面积 /m²
轻危险级			4	
中危险级	Ⅰ级		6	160
	Ⅱ级	≤8	8	
严重危险级	Ⅰ级		12	260
	Ⅱ级		16	

注：系统最不利点处喷头的工作压力不应低于 0.05MPa。

5.0.1A 非仓库类高大净空场所设置自动喷水灭火系统时，湿式系统的设计基本参数不应低于表 5.0.1A 的规定。

5.0.2 仅在走道设置单排喷头的闭式系统，其作用面积应按最大疏散距离所对应的走道面积确定。

5.0.3 装设网格、栅板类通透性吊顶的场所，系统的喷水强度应按本规范表 5.0.1 规定值的 1.3 倍确定。

5.0.4 干式系统与雨淋系统的作用面积应符合下列规定：

表 5.0.1A　非仓库类高大净空场所的系统设计基本参数

适用场所	净空高度 /m	喷水强度 /[L/(min·m²)]	作用面积 /m²	喷头选型	喷头最大间距 /m
中庭、影剧院、音乐厅、单一功能体育馆等	8～12	6	260	K=80	3
会展中心、多功能体育馆、自选商场等	8～12	12	300	K=115	

注：1. 喷头溅水盘与顶板的距离应符合 7.1.3 条的规定。

　2. 量大储物高度超过 3.5m 的自选商场应按 16L/(min·m²) 确定喷水强度。

　3. 表中"～"两侧的数据，左侧为"大于"、右侧为"不大于"。

1　干式系统的作用面积应按本规范表 5.0.1 规定值的 1.3 倍确定。

2　雨淋系统中每个雨淋阀控制的喷水面积不宜大于本规范表 5.0.1 中的作用面积。

5.0.5　设置自动喷水灭火系统的仓库，系统设计基本参数应符合下列规定：

1　堆垛储物仓库不应低于表 5.0.5-1、表 5.0.5-2 的规定；

2　货架储物仓库不应低于表 5.0.5-3～表 5.0.5-5 的规定；

3　当Ⅰ级、Ⅱ级仓库中混杂储存Ⅲ级仓库的货品时，不应低于表 5.0.5-6 的规定。

4　货架储物仓库应采用钢制货架，并应采用通透层板，层板中通透部分的面积不应小于层板总面积的 50%。

5　采用木制货架及采用封闭层板货架的仓库，应按堆垛储物仓库设计。

表 5.0.5-1　堆垛储物仓库的系统设计基本参数

火灾危险等级	储物高度 /m	喷水强度 /[L/(min·m²)]	作用面积/ m²	持续喷水时间 /h
仓库危险级 Ⅰ级	3.0～3.5	8	160	1.0
	3.5～4.5	8	200	1.5
	4.5～6.0	10		
	6.0～7.5	14		
仓库危险级 Ⅱ级	3.0～3.5	10	200	2.0
	3.5～4.5	12		
	4.5～6.0	16		
	6.0～7.5	22		

注：本表及表 5.0.5-3、表 5.0.5-4 适用于室内最大净空高度不超过 9.0m 的仓库。

表 5.0.5-2　分类堆垛储物的Ⅲ级仓库的系统设计基本参数

最大储物高度 /m	最大净空高度 /m	喷水强度/[L/(min·m²)]			
		A	B	C	D
1.5	7.5	8.0			
3.5	4.5	16.0	16.0	12.0	12.0
	6.0	24.5	22.0	20.5	16.5
	9.5	32.5	28.5	24.5	18.5

续表

最大储物高度 /m	最大净空高度 /m	喷水强度/[L/(min·m²)]			
		A	B	C	D
4.5	6.0	20.5	18.5	16.5	12.0
	7.5	32.5	28.5	24.5	18.5
6.0	7.5	24.5	22.5	18.5	14.5
	9.0	36.5	34.5	28.5	22.5
7.5	9.0	30.5	28.5	22.5	18.5

注：1. A—袋装与无包装的发泡塑料橡胶；B—箱装的发泡塑料橡胶；C—箱装与袋装的不发泡塑料橡胶；D—无包装的不发泡塑料橡胶。

2. 作用面积不应小于240m²。

表5.0.5-3　单、双排货架储物仓库的系统设计基本参数

火灾危险等级	储物高度 /m	喷水强度 /[L/(min·m²)]	作用面积 /m²	持续喷水时间 /h
仓库危险级 Ⅰ级	3.0～3.5	8	200	1.5
	3.5～4.5	12		
	4.5～6.0	18		
仓库危险级 Ⅱ级	3.0～3.5	12	240	1.5
	3.5～4.5	15	280	2.0

表5.0.5-4　多排货架储物仓库的系统设计基本参数

火灾危险等级	储物高度 /m	喷水强度 /[L/(min·m²)]	作用面积 /m²	持续喷水时间 /h
仓库危险级 Ⅰ级	3.5～4.5	12	200	1.5
	4.5～6.0	18		
	6.0～7.5	12+1J		
仓库危险级 Ⅱ级	3.0～3.5	12	200	1.5
	3.5～4.5	18		
	4.5～6.0	12+1J		2.0
	6.0～7.5	12+2J		

表5.0.5-5　货架储物Ⅲ级仓库的系统设计基本参数

序号	室内最大 净高/m	货架类型	储物高度 /m	货顶上方净空 /m	顶板下喷头 喷水强度 /[L/(min·m²)]	货架内置喷头		
						层数	高度 /m	流量系数
1	—	单、双排	3.0～6.0	<1.5	24.5	—	—	—
2	≤6.5	单、双排	3.0～4.5	—	18.0	—	—	—
3	—	单、双、多排	3.0	<1.5	12.0	—	—	—
4	—	单、双、多排	3.0	1.5～3.0	18.0	—	—	—
5	—	单、双、多排	3.0～4.5	1.5～3.0	12.0	1	3.0	80
6	—	单、双、多排	4.5～6.0	<1.5	24.5	—	—	—
7	≤8.0	单、双、多排	4.5～6.0	—	24.5	—	—	—

续表

序号	室内最大净高/m	货架类型	储物高度/m	货顶上方净空/m	顶板下喷头喷水强度/[L/(min・m²)]	货架内置喷头		
						层数	高度/m	流量系数
8	—	单、双、多排	4.5～6.0	1.5～3.0	18.0	1	3.0	80
9	—	单、双、多排	6.0～7.5	<1.5	18.5	1	4.5	115
10	≤9.0	单、双、多排	6.0～7.5	—	32.5	—	—	—

注：1. 持续喷水时间不应低于 2h，作用面积不应小于 200m²。

2. 序号 5 与序号 8：货架内设置一排货架内置喷头时，喷头的间距不应大于 3.0m；设置两排或多排货架内置喷头时，喷头的间距不应大于 3.0×2.4（m）。

3. 序号 9：货架内设置一排货架内置喷头时，喷头的间距不应大于 2.4m；设置两排或多排货架内置喷头时，喷头的间距不应大于 2.4×2.4（m）。

4. 设置两排和多排货架内置喷头时，喷头应交错布置。

5. 货架内置喷头的最低工作压力不应低于 0.1MPa。

6. 表中字母"J"表示货架内喷头，"J"前的数字表示货架内喷头的层数。

表 5.0.5-6　混杂储物仓库的系统设计基本参数

货品类别	储存方式	储物高度/m	最大净空高度/m	喷水强度/[L/(min・m²)]	作用面积/m²	持续喷水时间/h
储物中包括沥青制品或箱装 A 组塑料橡胶	堆垛与货架	≤1.5	9.0	8	160	1.5
		1.5～3.0	4.5	12	240	2.0
		1.5～3.0	6.0	16	240	2.0
		3.0～3.5	5.0	16	240	2.0
	堆垛	3.0～3.5	8.0	16	240	2.0
	货架	1.5～3.5	9.0	8+1J	160	2.0
储物中包括袋装 A 组塑料橡胶	堆垛与货架	≤1.5	9.0	8	160	1.5
		1.5～3.0	4.5	16	240	2.0
		3.0～3.5	5.0	16	240	2.0
	堆垛	1.5～2.5	9.0	16	240	2.0
储物中包括袋装不发泡 A 组塑料橡胶	堆垛与货架	1.5～3.0	6.0	16	240	2.0
储物中包括袋装发泡 A 组塑料橡胶	货架	1.5～3.0	6.0	8+1J	160	2.0
储物中包括轮胎或纸卷	堆垛与货架	1.5～3.5	9.0	12	240	2.0

注：1. 无包装的塑料橡胶视同纸袋、塑料袋包装。

2. 货架内置喷头应采用与顶板下喷头相同的喷水强度，用水量应按开放 6 只喷头确定。

5.0.6　仓库采用早期抑制快速响应喷头的系统设计基本参数不应低于表 5.0.6 的规定。

5.0.7　货架储物仓库的最大净空高度或最大储物高度超过本规范表 5.0.5-1～表 5.0.5-6、表 5.0.6 的规定时，应设货架内置喷头。宜在自地面起每 4m 高度处设置一层货架内置喷头。当喷头流量系数 $K=80$ 时，工作压力不应小于 0.20MPa；当 $K=115$ 时，工作压力不应小于 0.10MPa。喷头间距不应大于 3m，也不宜小于 2m。计算喷头数量不应小于表 5.0.7 的规定。货架内置喷头上方的层间隔板应为实层板。

表 5.0.6　仓库采用早期抑制快速响应喷头的系统设计基本参数

储物类别	最大净空高度 /m	最大储物高度 /m	喷头流量系数 （K）	喷头最大间距/m	作用面积内开放的喷头数/只	喷头最低工作压力/MPa
Ⅰ级、Ⅱ级、沥青制品、箱装不发泡塑料	9.0	7.5	200	3.7	12	0.35
			360			0.10
	10.5	9.0	200		12	0.50
			360			0.15
	12.0	10.5	200	3.0	12	0.50
			360			0.20
	13.5	12.0	360		12	0.30
袋装不发泡塑料	9.0	7.5	200	3.7	12	0.35
			240			0.25
	9.5	7.5	200		12	0.40
			240			0.30
	12.0	10.5	200	3.0	12	0.50
			240			0.35
箱装发泡塑料	9.0	7.5	200	3.7	12	0.35
	9.5	7.5	200		12	0.40
			240			0.30

注：快速响应早期抑制喷头在保护最大高度范围内，如有货架应为通透性层板。

表 5.0.7　货架内开放喷头数

仓库危险级	货架内置喷头的层数		
	1	2	>2
Ⅰ	6	12	14
Ⅱ	8	14	
Ⅲ	10		

5.0.7A　仓库内设有自动喷水灭火系统时，宜设消防排水设施。

5.0.8　闭式自动喷水-泡沫联用系统的设计基本参数，除执行本规范表 5.0.1 的规定外，尚应符合下列规定：

　1　湿式系统自喷水至喷泡沫的转换时间，按 4L/s 流量计算，不应大于 3min；

　2　泡沫比例混合器应在流量等于和大于 4L/s 时符合水与泡沫灭火剂的混合比规定；

　3　持续喷泡沫的时间不应小于 10min。

5.0.9　雨淋自动喷水-泡沫联用系统应符合下列规定：

　1　前期喷水后期喷泡沫的系统，喷水强度与喷泡沫强度均不应低于本规范表5.0.1、表 5.0.5-1～表 5.0.5-6 的规定；

　2　前期喷泡沫后期喷水的系统，喷泡沫强度与喷水强度均应执行现行国家标准《低倍数泡沫灭火系统设计规范》GB 50151—92 的规定；

　3　持续喷泡沫时间不应小于 10min。

5.0.10　水幕系统的设计基本参数应符合表 5.0.10 的规定：

表 5.0.10　水幕系统的设计基本参数

水幕类别	喷水点高度 /m	喷水强度 /[L/(s・m)]	喷头工作压力 /MPa
防火分隔水幕	≤12	2	0.1
防护冷却水幕	≤4	0.5	

注：防护冷却水幕的喷水点高度每增加 1m，喷水强度应增加 0.1L/(s・m)，但超过 9m 时喷水强度仍采用 1.0L/(s・m)。

5.0.11　除本规范另有规定外，自动喷水灭火系统的持续喷水时间，应按火灾延续时间不小于 1h 确定。

5.0.12　利用有压气体作为系统启动介质的干式系统、预作用系统，其配水管道内的气压值，应根据报警阀的技术性能确定；利用有压气体检测管道是否严密的预作用系统，配水管道内的气压值不宜小于 0.03MPa，且不宜大于 0.05MPa。

6　系统组件

6.1　喷头

6.1.1　采用闭式系统场所的最大净空高度不应大于表 6.1.1 的规定，仅用于保护室内钢屋架等建筑构件和设置货架内置喷头的闭式系统，不受此表规定的限制。

表 6.1.1　采用闭式系统场所的最大净空高度　　　　　单位：m

设置场所	采用闭式系统场所的最大净空高度
民用建筑和工业厂房	8
仓库	9
采用早期抑制快速响应喷头的仓库	13.5
非仓库类高大净空场所	12

6.1.2　闭式系统的喷头，其公称动作温度宜高于环境最高温度 30℃。

6.1.3　湿式系统的喷头选型应符合下列规定：

　　1　不做吊顶的场所，当配水支管布置在梁下时，应采用直立型喷头；

　　2　吊顶下布置的喷头，应采用下垂型喷头或吊顶型喷头；

　　3　顶板为水平面的轻危险级、中危险级Ⅰ级居室和办公室，可采用边墙型喷头；

　　4　自动喷水-泡沫联用系统应采用洒水喷头；

　　5　易受碰撞的部位，应采用带保护罩的喷头或吊顶型喷头。

6.1.4　干式系统、预作用系统应采用直立型喷头或干式下垂型喷头。

6.1.5　水幕系统的喷头选型应符合下列规定：

　　1　防火分隔水幕应采用开式洒水喷头或水幕喷头；

　　2　防护冷却水幕应采用水幕喷头。

6.1.6　下列场所宜采用快速响应喷头：

　　1　公共娱乐场所、中庭环廊；

　　2　医院、疗养院的病房及治疗区域，老年、少儿、残疾人的集体活动场所；

3 超出水泵接合器供水高度的楼层；

4 地下的商业及仓储用房。

6.1.7 同一隔间内应采用相同热敏性能的喷头。

6.1.8 雨淋系统的防护区内应采用相同的喷头。

6.1.9 自动喷水灭火系统应有备用喷头，其数量不应少于总数的 1%，且每种型号均不得少于 10 只。

6.2 报警阀组

6.2.1 自动喷水灭火系统应设报警阀组。保护室内钢屋架等建筑构件的闭式系统，应设独立的报警阀组。水幕系统应设独立的报警阀组或感温雨淋阀。

6.2.2 串联接入湿式系统配水干管的其他自动喷水灭火系统，应分别设置独立的报警阀组，其控制的喷头数计入湿式阀组控制的喷头总数。

6.2.3 一个报警阀组控制的喷头数应符合下列规定：

1 湿式系统、预作用系统不宜超过 800 只；干式系统不宜超过 500 只。

2 当配水支管同时安装保护吊顶下方和上方空间的喷头时，应只将数量较多一侧的喷头计入报警阀组控制的喷头总数。

6.2.4 每个报警阀组供水的最高与最低位置喷头，其高程差不宜大于 50m。

6.2.5 雨淋阀组的电磁阀，其入口应设过滤器。并联设置雨淋阀组的雨淋系统，其雨淋阀控制腔的入口应设止回阀。

6.2.6 报警阀组宜设在安全及易于操作的地点，报警阀距地面的高度宜为 1.2m。安装报警阀的部位应设有排水设施。

6.2.7 连接报警阀进出口的控制阀应采用信号阀。当不采用信号阀时，控制阀应设锁定阀位的锁具。

6.2.8 水力警铃的工作压力不应小于 0.05MPa，并应符合下列规定：

1 应设在有人值班的地点附近；

2 与报警阀连接的管道，其管径应为 20mm，总长不宜大于 20m。

6.3 水流指示器

6.3.1 除报警阀组控制的喷头只保护不超过防火分区面积的同层场所外，每个防火分区、每个楼层均应设水流指示器。

6.3.2 仓库内顶板下喷头与货架内喷头应分别设置水流指示器。

6.3.3 当水流指示器入口前设置控制阀时，应采用信号阀。

6.4 压力开关

6.4.1 雨淋系统和防火分隔水幕，其水流报警装置宜采用压力开关。

6.4.2 应采用压力开关控制稳压泵，并应能调节启停压力。

6.5 末端试水装置

6.5.1 每个报警阀组控制的最不利点喷头处，应设末端试水装置，其他防火分区、楼层均应设直径为 25mm 的试水阀。末端试水装置和试水阀应便于操作，且应有足够排水能力的排水设施。

6.5.2 末端试水装置应由试水阀、压力表以及试水接头组成。试水接头出水口的流量系数，应等同于同楼层或防火分区内的最小流量系数喷头。末端试水装置的出水，应采取孔口出流的方式排入排水管道。

7 喷头布置

7.1 一般规定

7.1.1 喷头应布置在顶板或吊顶下易于接触到火灾热气流并有利于均匀布水的位置。当喷头附近有障碍物时，应符合本规范 7.2 节的规定或增设补偿喷水强度的喷头。

7.1.2 直立型、下垂型喷头的布置，包括同一根配水支管上喷头的间距及相邻配水支管的间距，应根据系统的喷水强度、喷头的流量系数和工作压力确定，并不应大于表 7.1.2 的规定，且不宜小于 2.4m。

7.1.3 除吊顶型喷头及吊顶下安装的喷头外，直立型、下垂型标准喷头，其溅水盘与顶板的距离，不应小于 75mm，不应大于 150mm。

1 当在梁或其他障碍物底面下方的平面上布置喷头时，溅水盘与顶板的距离不应大于 300mm，同时溅水盘与梁等障碍物底面的垂直距离不应小于 25mm，不应大于 100mm。

2 当在梁间布置喷头时，应符合本规范 7.2.1 条的规定。确有困难时，溅水盘与顶板的距离不应大于 550mm。

梁间布置的喷头，喷头溅水盘与顶板距离达到 550mm 仍不能符合 7.2.1 条规定时，应在梁底面的下方增设喷头。

表 7.1.2 同一根配水支管上喷头的间距及相邻配水支管的间距

喷水强度 /[L/(min·m²)]	正方形布置的边长 /m	矩形或平行四边形 布置的长边边长/m	一只喷头的最 大保护面积/m²	喷头与端墙 的最大距离/m
4	4.4	4.5	20.0	2.2
6	3.6	4.0	12.5	1.8
8	3.4	3.6	11.5	1.7
≥12	3.0	3.6	9.0	1.5

注：1. 仅在走道设置单排喷头的闭式系统，其喷头间距应按走道地面不留漏喷空白点确定。

2. 喷水强度大于 8L/(min·m²) 时，宜采用流量系数 $K>80$ 的喷头。

3. 货架内置喷头的间距均不应小于 2m，并不应大于 3m。

3 密肋梁板下方的喷头，溅水盘与密肋梁板底面的垂直距离，不应小于 25mm，不应大于 100mm。

4 净空高度不超过 8m 的场所中，间距不超过 4×4（m）布置的十字梁，可在梁间布置 1 只喷头，但喷水强度仍应符合表 5.0.1 的规定。

7.1.4 早期抑制快速响应喷头的溅水盘与顶板的距离，应符合表 7.1.4 的规定：

表 7.1.4 早期抑制快速响应喷头的溅水盘与顶板的距离　　　　　单位：mm

喷头安装方式	直立型		下垂型	
	不应小于	不应大于	不应小于	不应大于
溅水盘与顶板的距离	100	150	150	360

7.1.5 图书馆、档案馆、商场、仓库中的通道上方宜设有喷头。喷头与被保护对象的水平距离，不应小于 0.3m；喷头溅水盘与保护对象的最小垂直距离不应小于表 7.1.5 的规定：

表 7.1.5　喷头溅水盘与保护对象的最小垂直距离　　　　　单位：m

喷头类型	最小垂直距离
标准喷头	0.45
其他喷头	0.90

7.1.6 货架内置喷头宜与顶板下喷头交错布置，其溅水盘与上方层板的距离，应符合本规范 7.1.3 条的规定，与其下方货品顶面的垂直距离不应小于 150mm。

7.1.7 货架内喷头上方的货架层板，应为封闭层板。货架内喷头上方如有孔洞、缝隙，应在喷头的上方设置集热挡水板。集热挡水板应为正方形或圆形金属板，其平面面积不宜小于 0.12m² ，周围弯边的下沿，宜与喷头的溅水盘平齐。

7.1.8 净空高度大于 800mm 的闷顶和技术夹层内有可燃物时，应设置喷头。

7.1.9 当局部场所设置自动喷水灭火系统时，与相邻不设自动喷水灭火系统场所连通的走道或连通门窗的外侧，应设喷头。

7.1.10 装设通透性吊顶的场所，喷头应布置在顶板下。

7.1.11 顶板或吊顶为斜面时，喷头应垂直于斜面，并应按斜面距离确定喷头间距。

　　尖屋顶的屋脊处应设一排喷头。喷头溅水盘至屋脊的垂直距离，屋顶坡度≥1/3 时，不应大于 0.8m；屋顶坡度＜1/3 时，不应大于 0.6m。

7.1.12 边墙型标准喷头的最大保护跨度与间距，应符合表 7.1.12 的规定：

7.1.13 边墙型扩展覆盖喷头的最大保护跨度、配水支管上的喷头间距、喷头与两侧端墙的距离，应按喷头工作压力下能够喷湿对面墙和邻近端墙距溅水盘 1.2m 高度以下的墙面确定，且保护面积内的喷水强度应符合本规范表 5.0.1 的规定。

表 7.1.12　边墙型标准喷头的最大保护跨度与间距　　　　　单位：m

设置场所火灾危险等级	轻危险级	中危险级Ⅰ级
配水支管上喷头的最大间距	3.6	3.0
单排喷头的最大保护跨度	3.6	3.0
两排相对喷头的最大保护跨度	7.2	6.0

注：1. 两排相对喷头应交错布置。

2. 室内跨度大于两排相对喷头的最大保护跨度时，应在两排相对喷头中间增设一排喷头。

7.1.14 直立式边墙型喷头，其溅水盘与顶板的距离不应小于 100mm，且不宜大于 150mm，与背墙的距离不应小于 50mm，并不应大于 100mm。

　　水平式边墙型喷头溅水盘与顶板的距离不应小于 150mm，且不应大于 300mm。

7.1.15 防火分隔水幕的喷头布置，应保证水幕的宽度不小于 6m。采用水幕喷头时，喷头不应少于 3 排；采用开式洒水喷头时，喷头不应少于 2 排。防护冷却水幕的喷头宜布置成单排。

7.2　喷头与障碍物的距离

7.2.1　直立型、下垂型喷头与梁、通风管道的距离宜符合表 7.2.1 的规定（见图 7.2.1）。

表 7.2.1　喷头与梁、通风管道的距离　　　　　　　　　单位：m

喷头溅水盘与梁或通风管道的底面的最大垂直距离 b		喷头与梁、通风管道的水平距离 a
标准喷头	其他喷头	
0	0	$a<0.3$
0.06	0.04	$0.3\leqslant a<0.6$
0.14	0.14	$0.6\leqslant a<0.9$
0.24	0.25	$0.9\leqslant a<1.2$
0.35	0.38	$1.2\leqslant a<1.5$
0.45	0.55	$1.5\leqslant a<1.8$
>0.45	>0.55	$a=1.8$

7.2.2　直立型、下垂型标准喷头的溅水盘以下 0.45m、其他直立型、下垂型喷头的溅水盘以下 0.9m 范围内，如有屋架等间断障碍物或管道时，喷头与邻近障碍物的最小水平距离宜符合表 7.2.2 的规定（见图 7.2.2）。

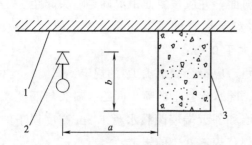 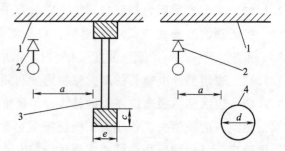

图 7.2.1　喷头与梁、通风管道的距离　　　　图 7.2.2　喷头与邻近障碍物的最小水平距离

1—顶板；2—直立型喷头；3—梁（或通风管道）　　1—顶板；2—直立型喷头；3—屋架等间断障碍物；4—管道

表 7.2.2　喷头与邻近障碍物的最小水平距离　　　　　　　　　单位：m

喷头与邻近障碍物的最小水平距离 a	
c、e 或 $d\leqslant 0.2$	c、e 或 $d>0.2$
3c 或 3e(c 与 e 取大值)或 3d	0.6

7.2.3　当梁、通风管道、成排布置的管道、桥架等障碍物的宽度大于 1.2m 时，其下方应增设喷头（见图 7.2.3）。增设喷头的上方如有缝隙时应设集热板。

7.2.4　直立型、下垂型喷头与不到顶隔墙的水平距离，不得大于喷头溅水盘与不到顶隔墙顶面垂直距离的 2 倍（见图 7.2.4）。

7.2.5　直立型、下垂型喷头与靠墙障碍物的距离，应符合下列规定（见图 7.2.5）：

1　障碍物横截面边长小于 750mm 时，喷头与障碍物的距离，应按公式 7.2.5 确定：

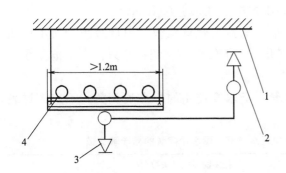

图 7.2.3　障碍物下方增设喷头
1—顶板；2—直立型喷头；3—下垂型喷头；
4—排管（或梁、通风管道、桥架等）

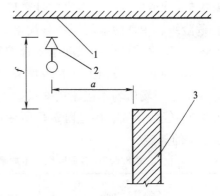

图 7.2.4　喷头与不到顶隔墙的水平距离
1—顶板；2—直立型喷头；3—不到顶隔墙

$$a \geqslant (e-200)+b \qquad (7.2.5)$$

式中　a——喷头与障碍物的水平距离（mm）；

b——喷头溅水盘与障碍物底面的垂直距离（mm）；

e——障碍物横截面的边长（mm），$e<750$。

2　障碍物横截面边长等于或大于 750mm 或 a 的计算值大于本规范表 7.1.2 中喷头与端墙距离的规定时，应在靠墙障碍物下增设喷头。

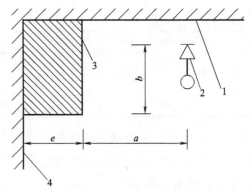

图 7.2.5　喷头与靠墙障碍物的距离
1—顶板；2—直立型喷头；3—靠墙障碍物；4—墙面

7.2.6　边墙型喷头的两侧 1m 及正前方 2m 范围内，顶板或吊顶下不应有阻挡喷水的障碍物。

8　管　　道

8.0.1　配水管道的工作压力不应大于 1.20MPa，并不应设置其他用水设施。

8.0.2　配水管道应采用内外壁热镀锌钢管或符合现行国家或行业标准，并同时符合本规范 1.0.4 条规定的涂覆其他防腐材料的钢管，以及铜管、不锈钢管。当报警阀入口前管道采用不防腐的钢管时，应在该段管道的末端设过滤器。

8.0.3　镀锌钢管应采用沟槽式连接件（卡箍）、丝扣或法兰连接。报警阀前采用内壁不防腐钢管时，可焊接连接。

铜管、不锈钢管应采用配套的支架、吊架。

除镀锌钢管外，其他管道的水头损失取值应按检测或生产厂提供的数据确定。

8.0.4　系统中直径等于或大于 100mm 的管道，应分段采用法兰或沟槽式连接件（卡箍）连接。水平管道上法兰间的管道长度不宜大于 20m；立管上法兰间的距离，不应跨越 3 个及以上楼层。净空高度大于 8m 的场所内，立管上应有法兰。

8.0.5 管道的直径应经水力计算确定。配水管道的布置，应使配水管入口的压力均衡。轻危险级、中危险级场所中各配水管入口的压力均不宜大于 0.40MPa。

8.0.6 配水管两侧每根配水支管控制的标准喷头数，轻危险级、中危险级场所不应超过 8 只，同时在吊顶上下安装喷头的配水支管，上下侧均不应超过 8 只。严重危险级及仓库危险级场所均不应超过 6 只。

8.0.7 轻危险级、中危险级场所中配水支管、配水管控制的标准喷头数，不应超过表 8.0.7 的规定。

表 8.0.7　轻危险级、中危险级场所中配水支管、配水管控制的标准喷头数

公称管径/mm	控制的标准喷头数/只	
	轻危险级	中危险级
25	1	1
32	3	3
40	5	4
50	10	8
65	18	12
80	48	32
100	—	64

8.0.8 短立管及末端试水装置的连接管，其管径不应小于 25mm。

8.0.9 干式系统的配水管道充水时间，不宜大于 1min；预作用系统与雨淋系统的配水管道充水时间，不宜大于 2min。

8.0.10 干式系统、预作用系统的供气管道，采用钢管时，管径不宜小于 15mm；采用铜管时，管径不宜小于 10mm。

8.0.11 水平安装的管道宜有坡度，并应坡向泄水阀。充水管道的坡度不宜小于 2‰，准工作状态不允水管道的坡度不宜小于 4‰。

9　水 力 计 算

9.1　系统的设计流量

9.1.1 喷头的流量应按下式计算：

$$q = K\sqrt{10P} \tag{9.1.1}$$

式中　q——喷头流量，L/min；

　　　P——喷头工作压力，MPa；

　　　K——喷头流量系数。

系统最不利点处喷头的工作压力应计算确定。

9.1.2 水力计算选定的最不利点处作用面积宜为矩形，其长边应平行于配水支管，其长度不宜小于作用面积平方根的 1.2 倍。

9.1.3 系统的设计流量，应按最不利点处作用面积内喷头同时喷水的总流量确定：

$$Q_s = \frac{1}{60}\sum_{i=1}^{n} q_i \tag{9.1.3}$$

式中　Q_s——系统设计流量，L/s；

　　　　q_i——最不利点处作用面积内各喷头节点的流量，L/min；

　　　　n——最不利点处作用面积内的喷头数。

9.1.4　系统设计流量的计算，应保证任意作用面积内的平均喷水强度不低于本规范表 5.0.1 和表 5.0.5-1～表 5.0.5-6 的规定值。最不利点处作用面积内任意 4 只喷头围合范围内的平均喷水强度，轻危险级、中危险级不应低于本规范表 5.0.1 规定值的 85%；严重危险级和仓库危险级不应低于本规范表 5.0.1 和表 5.0.5-1～表 5.0.5-6 的规定值。

9.1.5　设置货架内置喷头的仓库，顶板下喷头与货架内喷头应分别计算设计流量，并应按其设计流量之和确定系统的设计流量。

9.1.6　建筑内设有不同类型的系统或有不同危险等级的场所时，系统的设计流量，应按其设计流量的最大值确定。

9.1.7　当建筑物内同时设有自动喷水灭火系统和水幕系统时，系统的设计流量，应按同时启用的自动喷水灭火系统和水幕系统的用水量计算，并取二者之和中的最大值确定。

9.1.8　雨淋系统和水幕系统的设计流量，应按雨淋阀控制的喷头的流量之和确定。多个雨淋阀并联的雨淋系统，其系统设计流量，应按同时启用雨淋阀的流量之和的最大值确定。

9.1.9　当原有系统延伸管道、扩展保护范围时，应对增设喷头后的系统重新进行水力计算。

9.2　管道水力计算

9.2.1　管道内的水流速度宜采用经济流速，必要时可超过 5m/s，但不应大于 10m/s。

9.2.2　每米管道的水头损失应按下式计算：

$$i = 0.0000107 \frac{V^2}{d_j^{1.3}} \tag{9.2.2}$$

式中　i——每米管道的水头损失，MPa/m；

　　　　V——管道内水的平均流速，m/s；

　　　　d_j——管道的计算内径，m，取值应按管道的内径减 1mm 确定。

9.2.3　管道的局部水头损失，宜采用当量长度法计算。当量长度表见本规范附录 C。

9.2.4　水泵扬程或系统入口的供水压力应按下式计算：

$$H = \sum h + P_0 + Z \tag{9.2.4}$$

式中　H——水泵扬程或系统入口的供水压力，MPa；

　　　　$\sum h$——管道沿程和局部水头损失的累计值，MPa，湿式报警阀取值 0.04MPa 或按检测数据确定、水流指示器取值 0.02MPa、雨淋阀取值 0.07MPa；

　　　　P_0——最不利点处喷头的工作压力，MPa；

　　　　Z——最不利点处喷头与消防水池的最低水位或系统入口管水平中心线之间的高程差，当系统入口管或消防水池最低水位高于最不利点处喷头时，Z 应取负值，MPa。

9.3　减压措施

9.3.1　减压孔板应符合下列规定：

  1 应设在直径不小于 50mm 的水平直管段上，前后管段的长度均不宜小于该管段直径的 5 倍；

  2 孔口直径不应小于设置管段直径的 30％，且不应小于 20mm；

  3 应采用不锈钢板材制作。

9.3.2 节流管应符合下列规定：

  1 直径宜按上游管段直径的 1/2 确定；

  2 长度不宜小于 1m；

  3 节流管内水的平均流速不应大于 20m/s。

9.3.3 减压孔板的水头损失，应按下式计算：

$$H_k = \xi \frac{V_k^2}{2g} \qquad\qquad (9.3.3)$$

式中 H_k——减压孔板的水头损失，10^{-2}MPa；

   V_k——减压孔板后管道内水的平均流速，m/s；

   ξ——减压孔板的局部阻力系数，取值应按本规范附录 D 确定。

9.3.4 节流管的水头损失，应按下式计算：

$$H_g = \zeta \frac{V_g^2}{2g} + 0.00107L \frac{V_g^2}{d_g^{1.3}} \qquad\qquad (9.3.4)$$

式中 H_g——节流管的水头损失，10^{-2}MPa；

   ζ——节流管中渐缩管与渐扩管的局部阻力系数之和，取值 0.7；

   V_g——节流管内水的平均流速，m/s；

   d_g——节流管的计算内径，m，取值应按节流管内径减 1mm 确定；

   L——节流管的长度，m。

9.3.5 减压阀应符合下列规定：

  1 应设在报警阀组入口前；

  2 入口前应设过滤器；

  3 当连接两个及以上报警阀组时，应设置备用减压阀；

  4 垂直安装的减压阀，水流方向宜向下。

10 供 水

10.1 一般规定

10.1.1 系统用水应无污染、无腐蚀、无悬浮物。可由市政或企业的生产、消防给水管道供给，也可由消防水池或天然水源供给，并应确保持续喷水时间内的用水量。

10.1.2 与生活用水合用的消防水箱和消防水池，其储水的水质，应符合饮用水标准。

10.1.3 严寒与寒冷地区，对系统中遭受冰冻影响的部分，应采取防冻措施。

10.1.4 当自动喷水灭火系统中设有 2 个及以上报警阀组时，报警阀组前宜设环状供水管道。

10.2 水泵

10.2.1 系统应设独立的供水泵，并应按一运一备或二运一备比例设置备用泵。

10.2.2　按二级负荷供电的建筑，宜采用柴油机泵作备用泵。

10.2.3　系统的供水泵、稳压泵，应采用自灌式吸水方式。采用天然水源时，水泵的吸水口应采取防止杂物堵塞的措施。

10.2.4　每组供水泵的吸水管不应少于 2 根。报警阀入口前设置环状管道的系统，每组供水泵的出水管不应少于 2 根。供水泵的吸水管应设控制阀；出水管应设控制阀、止回阀、压力表和直径不小于 65mm 的试水阀。必要时，应采取控制供水泵出口压力的措施。

10.3　消防水箱

10.3.1　采用临时高压给水系统的自动喷水灭火系统，应设高位消防水箱，其储水量应符合现行有关国家标准的规定。消防水箱的供水，应满足系统最不利点处喷头的最低工作压力和喷水强度。

10.3.2　不设高位消防水箱的建筑，系统应设气压供水设备。气压供水设备的有效水容积，应按系统最不利处 4 只喷头在最低工作压力下的 10min 用水量确定。

干式系统、预作用系统设置的气压供水设备，应同时满足配水管道的充水要求。

10.3.3　消防水箱的出水管，应符合下列规定：

1　应设止回阀，并应与报警阀入口前管道连接；

2　轻危险级、中危险级场所的系统，管径不应小于 80mm，严重危险级和仓库危险级不应小于 100mm。

10.4　水泵接合器

10.4.1　系统应设水泵接合器，其数量应按系统的设计流量确定，每个水泵接合器的流量宜按 10～15L/s 计算。

10.4.2　当水泵接合器的供水能力不能满足最不利点处作用面积的流量和压力要求时，应采取增压措施。

11　操作与控制

11.0.1　湿式系统、干式系统的喷头动作后，应由压力开关直接连锁自动启动供水泵。

预作用系统、雨淋系统及自动控制的水幕系统，应在火灾报警系统报警后，立即自动向配水管道供水。

11.0.2　预作用系统、雨淋系统和自动控制的水幕系统，应同时具备下列三种启动供水泵和开启雨淋阀的控制方式：

1　自动控制；

2　消防控制室（盘）手动远控；

3　水泵房现场应急操作。

11.0.3　雨淋阀的自动控制方式，可采用电动、液（水）动或气动。

当雨淋阀采用充液（水）传动管自动控制时，闭式喷头与雨淋阀之间的高程差，应根据雨淋阀的性能确定。

11.0.4　快速排气阀入口前的电动阀，应在启动供水泵的同时开启。

11.0.5　消防控制室（盘）应能显示水流指示器、压力开关、信号阀、水泵、消防水池及水箱水位、有压气体管道气压，以及电源和备用动力等是否处于正常状态的反馈信号，并应能控制水泵、电磁阀、电动阀等的操作。

12　局部应用系统

12.0.1　局部应用系统适用于室内最大净空高度不超过 8m 的民用建筑中，局部设置且保护区域总建筑面积不超过 1000m² 的湿式系统。

除本章规定外，局部应用系统尚应符合本规范其他章节的有关规定。

12.0.2　局部应用系统应采用快速响应喷头，喷水强度不应低于 6L/(min·m²)，持续喷水时间不应低于 0.5h。

12.0.3　局部应用系统保护区域内的房间和走道均应布置喷头。喷头的选型、布置和按开放喷头数确定的作用面积，应符合下列规定：

1　采用流量系数 $K=80$ 快速响应喷头的系统，喷头的布置应符合中危险级 I 级场所的有关规定，作用面积应符合表 12.0.3 的规定。

表 12.0.3　局部应用系统采用流量系数 $K=80$ 快速响应喷头时的作用面积

保护区域总建筑面积和最大厅室建筑面积		开放喷头数
保护区域总建筑面积超过 300m² 或 最大厅室建筑面积超过 200m²		10
保护区域总建筑面积不超过 300m²	最大厅室建筑面积不超过 200m²	8
	最大厅室内喷头少于 6 只	大于最大厅室内喷头数 2 只
	最大厅室内喷头少于 3 只	5

2　采用 $K=115$ 快速响应扩展覆盖喷头的系统，同一配水支管上喷头的最大间距和相邻配水支管的最大间距，正方形布置时不应大于 4.4m，矩形布置时长边不应大于 4.6m，喷头至墙的距离不应大于 2.2m，作用面积应按开放喷头数不少于 6 只确定。

12.0.4　当室内消火栓水量能满足局部应用系统用水量时，局部应用系统可与室内消火栓合用室内消防用水、稳压设施、消防水泵及供水管道等。当不满足时应按本规范 12.0.7 条执行。

12.0.5　采用 $K=80$ 喷头且喷头总数不超过 20 只，或采用 $K=115$ 喷头且喷头总数不超过 12 只的局部应用系统，可不设报警阀组。

不设报警阀组的局部应用系统，配水管可与室内消防竖管连接，其配水管的入口处应设过滤器和带有锁定装置的控制阀。

12.0.6　局部应用系统应设报警控制装置。报警控制装置应具有显示水流指示器、压力开关及水泵、信号阀等组件状态和输出启动水泵控制信号的功能。

不设报警阀组或采用消防加压水泵直接从城市供水管吸水的局部应用系统，应采取压力开关联动消防水泵的控制方式。不设报警阀组的系统可采用电动警铃报警。

12.0.7　无室内消火栓的建筑或室内消火栓系统设计供水量不能满足局部应用系统要求时，局部应用系统的供水应符合下列规定：

1　城市供水能够同时保证最大生活用水量和系统的流量与压力时，城市供水管可直接向系统供水；

　　2　城市供水不能同时保证最大生活用水量和系统的流量与压力，但允许水泵从城市供水管直接吸水时，系统可设直接从城市供水管吸水的消防加压水泵；

　　3　城市供水不能同时保证最大生活用水量和系统的流量与压力，也不允许从城市供水管直接吸水时，系统应设储水池（罐）和消防水泵，储水池（罐）的有效容积应按系统用水量确定，并可扣除系统持续喷水时间内仍能连续补水的补水量；

　　4　可按三级负荷供电，且可不设备用泵；

　　5　应采取防止污染生活用水的措施。

附录 A　设置场所火灾危险等级举例

表 A　设置场所火灾危险等级举例

火灾危险等级		设置场所举例
轻危险级		建筑高度为 24m 及以下的旅馆、办公楼；仅在走道设置闭式系统的建筑等
中危险级	Ⅰ级	1)高层民用建筑：旅馆、办公楼、综合楼、邮政楼、金融电信数、指挥调度楼、广播电视楼(塔)等 2)公共建筑(含单多高层)：医院、疗养院；图书馆(书库除外)、档案馆、展览馆(厅)；影剧院、音乐厅和礼堂(舞台除外)及其他娱乐场所；火车站和飞机场及码头的建筑；总建筑面积小于 5000m² 的商场、总建筑面积小于 1000m² 的地下商场等 3)文化遗产建筑：木结构古建筑、国家文物保护单位等 4)工业建筑：食品、家用电器、玻璃制品等工厂的备料与生产车间等；冷藏库、钢屋架等建筑构件
	Ⅱ级	1)民用建筑：书库、舞台(葡萄架除外)、汽车停车场、总建筑面积 5000m² 及以上的商场、总建筑面积 1000m² 及以上的地下商场、净空高度不超过 8m、物品高度不超过 3.5m 的自选商场等 2)工业建筑：棉毛麻丝及化纤的纺织、织物及制品、木材木器及胶合板、谷物加工、烟草及制品、饮用酒(啤酒除外)、皮革及制品、造纸及纸制品、制药等工厂的备料与生产车间
严重危险级	Ⅰ级	印刷厂、酒精制品、可燃液体制品等工厂的备料与车间、净空高度不超过 8m、物品高度超过 3.5m 的自选商场等
	Ⅱ级	易燃液体喷雾操作区域、固体易燃物品、可燃的气溶胶制品、溶剂清洗、喷涂、油漆、沥青制品等工厂的备料及生产车间、摄影棚、舞台葡萄架下部
仓库危险级	Ⅰ级	食品、烟酒；木箱、纸箱包装的不燃难燃物品等
	Ⅱ级	木材、纸、皮革、谷物及制品、棉毛麻丝化纤及制品、家用电器、电缆、B组塑料与橡胶及其制品、钢塑混合材料制品、各种塑料瓶盒包装的不燃物品及各类物品混杂储存的仓库等
	Ⅲ级	A组塑料与橡胶及其制品；沥青制品等

　　注：表中的 A 组、B 组塑料橡胶的举例见本规范附录 B。

附录 B　塑料、橡胶的分类举例

　　A 组：丙烯腈-丁二烯-苯乙烯共聚物（ABS）、缩醛（聚甲醛）、聚甲基丙烯酸甲酯、玻璃纤维增强聚酯（FRP）、热塑性聚酯（PET）、聚丁二烯、聚碳酸酯、聚乙烯、聚丙烯、聚苯乙烯、聚氨基甲酸酯、高增塑聚氯乙烯（PVC，如人造革、胶片等）、苯乙烯-丙烯腈（SAN）等。

丁基橡胶、乙丙橡胶（EPDM）、发泡类天然橡胶、腈橡胶（丁腈橡胶）、聚酯合成橡胶、丁苯橡胶（SBR）等。

B组：醋酸纤维素、醋酸丁酸纤维素、乙基纤维素、氟塑料、锦纶（锦纶6、锦纶66）、三聚氰胺甲醛、酚醛塑料、硬聚氯乙烯（PVC，如管道、管件等）、聚偏二氟乙烯（PVDC）、聚偏氟乙烯（PVDF）、聚氟乙烯（PVF）、脲甲醛等。

氯丁橡胶、不发泡类天然橡胶、硅橡胶等。

粉末、颗粒、压片状的 A 组塑料。

附录 C　当量长度表

表 C　当量长度表　　　　　　　　　　　　　　　　单位：m

管件名称	管件直径/mm								
	25	32	40	50	70	80	100	125	150
45°弯头	0.3	0.3	0.6	0.6	0.9	0.9	1.2	1.5	2.1
90°弯头	0.6	0.9	1.2	1.5	1.8	2.1	3.1	3.7	4.3
三通或四通	1.5	1.8	2.4	3.1	3.7	4.6	6.1	7.6	9.2
蝶阀				1.8	2.1	3.1	3.7	2.7	3.1
闸阀				0.3	0.3	0.3	0.6	0.6	0.9
止回阀	1.5	2.1	2.7	3.4	4.3	4.9	6.7	8.3	9.8
异径接头	32/25	40/32	50/40	70/50	80/70	100/80	125/100	150/125	200/150
	0.2	0.3	0.3	0.5	0.6	0.8	1.1	1.3	1.6

注：1. 过滤器当量长度的取值，由生产厂提供。

2. 当异径接头的出口直径不变而入口直径提高 1 级时，其当量长度应增大 0.5 倍；提高 2 级或 2 级以上时，其当量长度应增 1.0 倍。

附录 D　减压孔板的局部阻力系数

减压孔板的局部阻力系数，取值应按下式计算或按表 D 确定：

$$\xi=\left(1.75\frac{d_{\mathrm{j}}^2}{d_{\mathrm{k}}^2}\cdot\frac{1.1-\dfrac{d_{\mathrm{k}}^2}{d_{\mathrm{j}}^2}}{1.175-\dfrac{d_{\mathrm{k}}^2}{d_{\mathrm{j}}^2}}-1\right)^2$$

式中　d_{k}——减压孔板的孔口直径，m。

表 D　减压孔板的局部阻力系数

$d_{\mathrm{k}}/d_{\mathrm{j}}$	0.3	0.4	0.5	0.6	0.7	0.8
ξ	292	83.3	29.5	11.7	4.75	1.83

本规范用词说明

1　为便于在执行本规范条文时区别对待，对要求严格程度不同的用词，说明如下：

1）表示很严格，非这样做不可的用词：

正面词采用"必须"，反面词采用"严禁"；

2）表示严格，在正常情况下均应这样做的用词；

正面词采用"应"，反面词采用"不应"或"不得"；

3）表示允许稍有选择，在条件许可时首先应这样做的用词；

正面词采用"宜"，反面词采用"不宜"。

2　表示有选择，在一定条件下可以这样做的用词，采用"可"。

规范中指明应按其他有关标准、规范执行的写法为"应按……执行"或"应符合……要求或规定"。

（二）火灾自动报警系统设计规范 GB 50116—98

目次

1　总　　则

1.0.1　为了合理设计火灾自动报警系统，防止和减少火灾危害，保护人身和财产安全，制定本规范。

1.0.2　本规范适用于工业与民用建筑内设置的火灾自动报警系统，不适用于生产和贮存火药、炸药、弹药、火工品等场所设置的火灾自动报警系统。

1.0.3　火灾自动报警系统的设计，必须遵循国家有关方针、政策，针对保护对象的特点，做到安全适用、技术先进、经济合理。

1.0.4　火灾自动报警系统的设计，除执行本规范外，尚应符合现行的有关强制性国家标准、规范的规定。

2　术　　语

2.0.1　报警区域　Alarm Zone

将火灾自动报警系统的警戒范围按防火分区或楼层划分的单元。

2.0.2　探测区域　Detection Zone

将报警区域按探测火灾的部位划分的单元。

2.0.3　保护面积　Monitoring Area

一只火灾探测器能有效探测的面积。

2.0.4　安装间距　Spacing

两个相邻火灾探测器中心之间的水平距离。

2.0.5　保护半径　Monitoring Radius

一只火灾探测器能有效探测的单向最大水平距离。

2.0.6　区域报警系统　Local Alarm System

由区域火灾报警控制器和火灾探测器等组成，或由火灾报警控制器和火灾探测器等组成，功能简单的火灾自动报警系统。

2.0.7　集中报警系统　Remote Alarm System

由集中火灾报警控制器、区域火灾报警控制器和火灾探测器等组成，或由火灾报警控制器、区域显示器和火灾探测器等组成，功能较复杂的火灾自动报警系统。

2.0.8　控制中心报警系统　Control Center Alarm System

由消防控制室的消防控制设备、集中火灾报警控制器、区域火灾报警控制器和火灾探测器等组成，或由消防控制室的消防控制设备、火灾报警控制器、区域显示器和火灾探测器等组成，功能复杂的火灾自动报警系统。

3　系统保护对象分级及火灾探测器设置部位

3.1　系统保护对象分级

3.1.1　火灾自动报警系统的保护对象应根据其使用性质、火灾危险性、疏散和扑救难度等分为特级、一级和二级，并宜符合表 3.1.1 的规定。

表 3.1.1　火灾自动报警系统保护对象分级

等级	保护对象	
特级	建筑高度超过 100m 的高层民用建筑	
一级	建筑高度不超过 100m 的高层民用建筑	一类建筑
	建筑高度不超过 24m 的民用建筑及建筑高度超过 24m 的单层公共建筑	1. 200 床及以上的病房楼，每层建筑面积 1000m² 及以上的门诊楼； 2. 每层建筑面积超过 3000m² 的百货楼、商场、展览楼、高级旅馆、财贸金融楼、电信楼、高级办公楼； 3. 藏书超过 100 万册的图书馆、书库； 4. 超过 3000 座位的体育馆； 5. 重要的科研楼、资料档案楼； 6. 省级(含计划单列市)的邮政楼、广播电视楼、电力调度楼、防灾指挥调度楼； 7. 重点文物保护场所； 8. 大型以上的影剧院、会堂、礼堂
	工业建筑	1. 甲、乙类生产厂房； 2. 甲、乙类物品库房； 3. 占地面积或总建筑面积超过 1000m² 的丙类物品库房； 4. 总建筑面积超过 1000m² 的地下丙、丁类生产车间及物品库房
	地下民用建筑	1. 地下铁道、车站； 2. 地下电影院、礼堂； 3. 使用面积超过 1000m² 的地下商场、医院、旅馆、展览厅及其他商业或公共活动场所； 4. 重要的实验室，图书、资料、档案库

续表

等级	保护对象	
二级	建筑高度不超过 100m 的高层民用建筑	二类建筑
	建筑高度不超过 24m 的民用建筑	1. 设有空气调节系统的或每层建筑面积超过 2000m² 、但不超过 3000m² 的商业楼、财贸金融楼、电信楼、展览楼、旅馆、办公楼、车站、海河客运站、航空港等公共建筑及其他商业或公共活动场所； 2. 市、县级的邮政楼、广播电视楼、电力调度楼、防灾指挥调度楼； 3. 中型以下的影剧院； 4. 高级住宅； 5. 图书馆、书库、档案楼
	工业建筑	1. 丙类生产厂房； 2. 建筑面积大于 50m² ，但不超过 1000m² 的丙类物品库房； 3. 总建筑面积大于 50m² ，但不超过 1000m² 的地下丙、丁类生产车间及地下物品库房
	地下民用建筑	1. 长度超过 500m 的城市隧道； 2. 使用面积不超过 1000m² 的地下商场、医院、旅馆、展览厅及其他商业或公共活动场所

注：1. 一类建筑、二类建筑的划分，应符合现行国家标准《高层民用建筑设计防火规范》GB 50045 的规定；工业厂房、仓库的火灾危险性分类，应符合现行国家标准《建筑设计防火规范》GBJ 16 的规定。

2. 本表未列出的建筑的等级可按同类建筑的类比原则确定。

3.2 火灾探测器设置部位

3.2.1 火灾探测器的设置部位应与保护对象的等级相适应。

3.2.2 火灾探测器的设置应符合国家现行有关标准、规范的规定，具体部位可按本规范建议性附录 D 采用。

4 报警区域和探测区域的划分

4.1 报警区域的划分

4.1.1 报警区域应根据防火分区或楼层划分。一个报警区域宜由一个或同层相邻几个防火分区组成。

4.2 探测区域的划分

4.2.1 探测区域的划分应符合下列规定：

4.2.1.1 探测区域应按独立房（套）间划分。一个探测区域的面积不宜超过 500m² ；从主要入口能看清其内部，且面积不超过 1000m² 的房间，也可划为一个探测区域。

4.2.1.2 红外光束线型感烟火灾探测器的探测区域长度不宜超过 100m ；缆式感温火灾探测器的探测区域长度不宜超过 200m ；空气管差温火灾探测器的探测区域长度宜在 20～100m 之间。

4.2.2 符合下列条件之一的二级保护对象，可将几个房间划为一个探测区域。

4.2.2.1 相邻房间不超过 5 间，总面积不超过 400m² ，并在门口设有灯光显示装置。

4.2.2.2 相邻房间不超过 10 间，总面积不超过 1000m² ，在每个房间门口均能看清其内部，并在门口设有灯光显示装置。

4.2.3 下列场所应分别单独划分探测区域：

4.2.3.1 敞开或封闭楼梯间；

4.2.3.2 防烟楼梯间前室、消防电梯前室、消防电梯与防烟楼梯间合用的前室；

4.2.3.3 走道、坡道、管道井、电缆隧道；

4.2.3.4 建筑物闷顶、夹层。

5 系 统 设 计

5.1 一般规定

5.1.1 火灾自动报警系统应设有自动和手动两种触发装置。

5.1.2 火灾报警控制器容量和每一总线回路所连接的火灾探测器和控制模块或信号模块的地址编码总数，宜留有一定余量。

5.1.3 火灾自动报警系统的设备，应采用经国家有关产品质量监督检测单位检验合格的产品。

5.2 系统形式的选择和设计要求

5.2.1 火灾自动报警系统形式的选择应符合下列规定：

5.2.1.1 区域报警系统，宜用于二级保护对象；

5.2.1.2 集中报警系统，宜用于一级和二级保护对象；

5.2.1.3 控制中心报警系统，宜用于特级和一级保护对象。

5.2.2 区域报警系统的设计，应符合下列要求：

5.2.2.1 一个报警区域宜设置一台区域火灾报警控制器或一台火灾报警控制器，系统中区域火灾报警控制器或火灾报警控制器不应超过两台。

5.2.2.2 区域火灾报警控制器或火灾报警控制器应设置在有人值班的房间或场所。

5.2.2.3 系统中可设置消防联动控制设备。

5.2.2.4 当用一台区域火灾报警控制器或一台火灾报警控制器警戒多个楼层时，应在每个楼层的楼梯口或消防电梯前室等明显部位，设置识别着火楼层的灯光显示装置。

5.2.2.5 区域火灾报警控制器或火灾报警控制器安装在墙上时，其底边距地面高度宜为 1.3～1.5m，其靠近门轴的侧面距墙不应小于 0.5m，正面操作距离不应小于 1.2m。

5.2.3 集中报警系统的设计，应符合下列要求：

5.2.3.1 系统中应设置一台集中火灾报警控制器和两台及以上区域火灾报警控制器，或设置一台火灾报警控制器和两台及以上区域显示器。

5.2.3.2 系统中应设置消防联动控制设备。

5.2.3.3 集中火灾报警控制器或火灾报警控制器，应能显示火灾报警部位信号和控制信号，亦可进行联动控制。

5.2.3.4 集中火灾报警控制器或火灾报警控制器，应设置在有专人值班的消防控制室或值班室内。

5.2.3.5 集中火灾报警控制器或火灾报警控制器、消防联动控制设备等在消防控制室或值班室内的布置，应符合本规范第 6.2.5 条的规定。

5.2.4　控制中心报警系统的设计，应符合下列要求：

5.2.4.1　系统中至少应设置一台集中火灾报警控制器、一台专用消防联动控制设备和两台及以上区域火灾报警控制器；或至少设置一台火灾报警控制器、一台消防联动控制设备和两台及以上区域显示器。

5.2.4.2　系统应能集中显示火灾报警部位信号和联动控制状态信号。

5.2.4.3　系统中设置的集中火灾报警控制器或火灾报警控制器和消防联动控制设备在消防控制室内的布置，应符合本规范第 6.2.5 条的规定。

5.3　消防联动控制设计要求

5.3.1　当消防联动控制设备的控制信号和火灾探测器的报警信号在同一总线回路上传输时，其传输总线的敷设应符合本规范第 10.2.2 条规定。

5.3.2　消防水泵、防烟和排烟风机的控制设备当采用总线编码模块控制时，还应在消防控制室设置手动直接控制装置。

5.3.3　设置在消防控制室以外的消防联动控制设备的动作状态信号，均应在消防控制室显示。

5.4　火灾应急广播

5.4.1　控制中心报警系统应设置火灾应急广播，集中报警系统宜设置火灾应急广播。

5.4.2　火灾应急广播扬声器的设置，应符合下列要求：

5.4.2.1　民用建筑内扬声器应设置在走道和大厅等公共场所。每个扬声器的额定功率不应小于 3W，其数量应能保证从一个防火分区内的任何部位到最近一个扬声器的距离不大于 25m。走道内最后一个扬声器至走道末端的距离不应大于 12.5m。

5.4.2.2　在环境噪声大于 60dB 的场所设置的扬声器，在其播放范围内最远点的播放声压级应高于背景噪声 15dB。

5.4.2.3　客房设置专用扬声器时，其功率不宜小于 1.0W。

5.4.3　火灾应急广播与公共广播合用时，应符合下列要求：

5.4.3.1　火灾时应能在消防控制室将火灾疏散层的扬声器和公共广播扩音机强制转入火灾应急广播状态。

5.4.3.2　消防控制室应能监控用于火灾应急广播时的扩音机的工作状态，并应具有遥控开启扩音机和采用传声器播音的功能。

5.4.3.3　床头控制柜内设有服务性音乐广播扬声器时，应有火灾应急广播功能。

5.4.3.4　应设置火灾应急广播备用扩音机，其容量不应小于火灾时需同时广播的范围内火灾应急广播扬声器最大容量总和的 1.5 倍。

5.5　火灾警报装置

5.5.1　未设置火灾应急广播的火灾自动报警系统，应设置火灾警报装置。

5.5.2　每个防火分区至少应设一个火灾警报装置，其位置宜设在各楼层走道靠近楼梯出口处。警报装置宜采用手动或自动控制方式。

5.5.3　在环境噪声大于 60dB 的场所设置火灾警报装置时，其声警报器的声压级应高于背景噪声 15dB。

5.6　消防专用电话

5.6.1　消防专用电话网络应为独立的消防通信系统。

5.6.2　消防控制室应设置消防专用电话总机，且宜选择共电式电话总机或对讲通信电话设备。

5.6.3　电话分机或电话塞孔的设置，应符合下列要求：

5.6.3.1　下列部位应设置消防专用电话分机：

（1）消防水泵房、备用发电机机房、配变电室、主要通风和空调机房、排烟机房、消防电梯机房及其他与消防联动控制有关的且经常有人值班的机房。

（2）灭火控制系统操作装置处或控制室。

（3）企业消防站、消防值班室、总调度室。

5.6.3.2　设有手动火灾报警按钮、消火栓按钮等处宜设置电话塞孔。电话塞孔在墙上安装时，其底边距地面高度宜为 1.3～1.5m。

5.6.3.3　特级保护对象的各避难层应每隔 20m 设置一个消防专用电话分机或电话塞孔。

5.6.4　消防控制室、消防值班室或企业消防站等处，应设置可直接报警的外线电话。

5.7　系统接地

5.7.1　火灾自动报警系统接地装置的接地电阻值应符合下列要求：

5.7.1.1　采用专用接地装置时，接地电阻值不应大于 4Ω；

5.7.1.2　采用共用接地装置时，接地电阻值不应大于 1Ω。

5.7.2　火灾自动报警系统应设专用接地干线，并应在消防控制室设置专用接地板。专用接地干线应从消防控制室专用接地板引至接地体。

5.7.3　专用接地干线应采用铜芯绝缘导线，其线芯截面面积不应小于 $25mm^2$。专用接地干线宜穿硬质塑料管埋设至接地体。

5.7.4　由消防控制室接地板引至各消防电子设备的专用接地线应选用铜芯绝缘导线，其线芯截面面积不应小于 $4mm^2$。

5.7.5　消防电子设备凡采用交流供电时，设备金属外壳和金属支架等应作保护接地，接地线应与电气保护接地干线（PE 线）相连接。

6　消防控制室和消防联动控制

6.1　一般规定

6.1.1　消防控制设备应由下列部分或全部控制装置组成：

6.1.1.1　火灾报警控制器；

6.1.1.2　自动灭火系统的控制装置；

6.1.1.3　室内消火栓系统的控制装置；

6.1.1.4　防烟、排烟系统及空调通风系统的控制装置；

6.1.1.5　常开防火门、防火卷帘的控制装置；

6.1.1.6　电梯回降控制装置；

6.1.1.7　火灾应急广播的控制装置；

6.1.1.8　火灾警报装置的控制装置；

6.1.1.9　火灾应急照明与疏散指示标志的控制装置。

6.1.2　消防控制设备的控制方式应根据建筑的形式、工程规模、管理体制及功能要求综合确定，并应符合下列规定：

6.1.2.1　单体建筑宜集中控制；

6.1.2.2　大型建筑群宜采用分散与集中相结合控制。

6.1.3　消防控制设备的控制电源及信号回路电压宜采用直流 24V。

6.2　消防控制室

6.2.1　消防控制室的门应向疏散方向开启，且入口处应设置明显的标志。

6.2.2　消防控制室的送、回风管在其穿墙处应设防火阀。

6.2.3　消防控制室内严禁与其无关的电气线路及管路穿过。

6.2.4　消防控制室周围不应布置电磁场干扰较强及其他影响消防控制设备工作的设备用房。

6.2.5　消防控制室内设备的布置应符合下列要求：

6.2.5.1　设备面盘前的操作距离：单列布置时不应小于 1.5m；双列布置时不应小于 2m。

6.2.5.2　在值班人员经常工作的一面，设备面盘至墙的距离不应小于 3m。

6.2.5.3　设备面盘后的维修距离不宜小于 1m。

6.2.5.4　设备面盘的排列长度大于 4m 时，其两端应设置宽度不小于 1m 的通道。

6.2.5.5　集中火灾报警控制器或火灾报警控制器安装在墙上时，其底边距地面高度宜为 1.3～1.5m，其靠近门轴的侧面距墙不应小于 0.5m，正面操作距离不应小于 1.2m。

6.3　消防控制设备的功能

6.3.1　消防控制室的控制设备应有下列控制及显示功能：

6.3.1.1　控制消防设备的启、停，并应显示其工作状态；

6.3.1.2　消防水泵、防烟和排烟风机的启、停，除自动控制外，还应能手动直接控制；

6.3.1.3　显示火灾报警、故障报警部位；

6.3.1.4　显示保护对象的重点部位、疏散通道及消防设备所在位置的平面图或模拟图等；

6.3.1.5　显示系统供电电源的工作状态；

6.3.1.6　消防控制室应设置火灾警报装置与应急广播的控制装置，其控制程序应符合下列要求：

（1）二层及以上的楼房发生火灾，应先接通着火层及其相邻的上、下层；

（2）首层发生火灾，应先接通本层、二层及地下各层；

（3）地下室发生火灾，应先接通地下各层及首层；

（4）含多个防火分区的单层建筑，应先接通着火的防火分区及其相邻的防火分区；

6.3.1.7　消防控制室的消防通信设备，应符合本规范 5.6.2～5.6.4 条的规定；

6.3.1.8　消防控制室在确认火灾后，应能切断有关部位的非消防电源，并接通警报装置及火灾应急照明灯和疏散标志灯；

6.3.1.9　消防控制室在确认火灾后，应能控制电梯全部停于首层，并接收其反馈信号。

6.3.2　消防控制设备对室内消火栓系统应有下列控制、显示功能：

6.3.2.1　控制消防水泵的启、停；

6.3.2.2　显示消防水泵的工作、故障状态；

6.3.2.3　显示启泵按钮的位置。

6.3.3　消防控制设备对自动喷水和水喷雾灭火系统应有下列控制、显示功能：

6.3.3.1　控制系统的启、停；

6.3.3.2　显示消防水泵的工作、故障状态；

6.3.3.3　显示水流指示器、报警阀、安全信号阀的工作状态。

6.3.4　消防控制设备对管网气体灭火系统应有下列控制、显示功能：

6.3.4.1　显示系统的手动、自动工作状态；

6.3.4.2　在报警、喷射各阶段，控制室应有相应的声、光警报信号，并能手动切除声响信号；

6.3.4.3　在延时阶段，应自动关闭防火门、窗，停止通风空调系统，关闭有关部位防火阀；

6.3.4.4　显示气体灭火系统防护区的报警、喷放及防火门（帘）、通风空调等设备的状态。

6.3.5　消防控制设备对泡沫灭火系统应有下列控制、显示功能：

6.3.5.1　控制泡沫泵及消防水泵的启、停；

6.3.5.2　显示系统的工作状态。

6.3.6　消防控制设备对干粉灭火系统应有下列控制、显示功能：

6.3.6.1　控制系统的启、停；

6.3.6.2　显示系统的工作状态。

6.3.7　消防控制设备对常开防火门的控制，应符合下列要求：

6.3.7.1　门任一侧的火灾探测器报警后，防火门应自动关闭；

6.3.7.2　防火门关闭信号应送到消防控制室。

6.3.8　消防控制设备对防火卷帘的控制，应符合下列要求：

6.3.8.1　疏散通道上的防火卷帘两侧，应设置火灾探测器组及其警报装置，且两侧应设置手动控制按钮；

6.3.8.2　疏散通道上的防火卷帘，应按下列程序自动控制下降：

　　（1）感烟探测器动作后，卷帘下降至距地（楼）面1.8m；

　　（2）感温探测器动作后，卷帘下降到底；

6.3.8.3　用作防火分隔的防火卷帘，火灾探测器动作后，卷帘应下降到底；

6.3.8.4　感烟、感温火灾探测器的报警信号及防火卷帘的关闭信号应送至消防控制室。

6.3.9　火灾报警后，消防控制设备对防烟、排烟设施应有下列控制、显示功能：

6.3.9.1　停止有关部位的空调送风，关闭电动防火阀，并接收其反馈信号；

6.3.9.2　启动有关部位的防烟和排烟风机、排烟阀等，并接收其反馈信号；

6.3.9.3　控制挡烟垂壁等防烟设施。

7　火灾探测器的选择

7.1　一般规定

7.1.1　火灾探测器的选择，应符合下列要求：

7.1.1.1　对火灾初期有阴燃阶段，产生大量的烟和少量的热，很少或没有火焰辐射的场所，应选择感烟探测器。

7.1.1.2　对火灾发展迅速，可产生大量热、烟和火焰辐射的场所，可选择感温探测器、感烟探测器、火焰探测器或其组合。

7.1.1.3　对火灾发展迅速，有强烈的火焰辐射和少量的烟、热的场所，应选择火焰探测器。

7.1.1.4　对火灾形成特征不可预料的场所，可根据模拟试验的结果选择探测器。

7.1.1.5　对使用、生产或聚集可燃气体或可燃液体蒸气的场所，应选择可燃气体探测器。

7.2　点型火灾探测器的选择

7.2.1　对不同高度的房间，可按表 7.2.1 选择点型火灾探测器。

表 7.2.1　对不同高度的房间点型火灾探测器的选择

房间高度 h /m	感烟探测器	感温探测器			火焰探测器
		一级	二级	三级	
$12<h\leqslant20$	不适合	不适合	不适合	不适合	适合
$8<h\leqslant12$	适合	不适合	不适合	不适合	适合
$6<h\leqslant8$	适合	适合	不适合	不适合	适合
$4<h\leqslant6$	适合	适合	适合	不适合	适合
$h\leqslant4$	适合	适合	适合	适合	适合

7.2.2　下列场所宜选择点型感烟探测器：

7.2.2.1　饭店、旅馆、教学楼、办公楼的厅堂、卧室、办公室等；

7.2.2.2　电子计算机房、通讯机房、电影或电视放映室等；

7.2.2.3　楼梯、走道、电梯机房等；

7.2.2.4　书库、档案库等；

7.2.2.5　有电气火灾危险的场所。

7.2.3　符合下列条件之一的场所，不宜选择离子感烟探测器：

7.2.3.1　相对湿度经常大于 95%；

7.2.3.2　气流速度大于 5m/s；

7.2.3.3　有大量粉尘、水雾滞留；

7.2.3.4　可能产生腐蚀性气体；

7.2.3.5　在正常情况下有烟滞留；

7.2.3.6　产生醇类、醚类、酮类等有机物质。

7.2.4　符合下列条件之一的场所，不宜选择光电感烟探测器：

7.2.4.1　可能产生黑烟；

7.2.4.2　有大量粉尘、水雾滞留；

7.2.4.3　可能产生蒸气和油雾；

7.2.4.4　在正常情况下有烟滞留。

7.2.5　符合下列条件之一的场所，宜选择感温探测器：

7.2.5.1　相对湿度经常大于95％；

7.2.5.2　无烟火灾；

7.2.5.3　有大量粉尘；

7.2.5.4　在正常情况下有烟和蒸气滞留；

7.2.5.5　厨房、锅炉房、发电机房、烘干车间等；

7.2.5.6　吸烟室等；

7.2.5.7　其他不宜安装感烟探测器的厅堂和公共场所。

7.2.6　可能产生阴燃火或发生火灾不及时报警将造成重大损失的场所，不宜选择感温探测器；温度在0℃以下的场所，不宜选择定温探测器；温度变化较大的场所，不宜选择差温探测器。

7.2.7　符合下列条件之一的场所，宜选择火焰探测器：

7.2.7.1　火灾时有强烈的火焰辐射；

7.2.7.2　液体燃烧火灾等无阴燃阶段的火灾；

7.2.7.3　需要对火焰做出快速反应。

7.2.8　符合下列条件之一的场所，不宜选择火焰探测器：

7.2.8.1　可能发生无焰火灾；

7.2.8.2　在火焰出现前有浓烟扩散；

7.2.8.3　探测器的镜头易被污染；

7.2.8.4　探测器的"视线"易被遮挡；

7.2.8.5　探测器易受阳光或其他光源直接或间接照射；

7.2.8.6　在正常情况下有明火作业以及X射线、弧光等影响。

7.2.9　下列场所宜选择可燃气体探测器：

7.2.9.1　使用管道煤气或天然气的场所；

7.2.9.2　煤气站和煤气表房以及存储液化石油气罐的场所；

7.2.9.3　其他散发可燃气体和可燃蒸气的场所；

7.2.9.4　有可能产生一氧化碳气体的场所，宜选择一氧化碳气体探测器。

7.2.10　装有联动装置、自动灭火系统以及用单一探测器不能有效确认火灾的场合，宜采用感烟探测器、感温探测器、火焰探测器（同类型或不同类型）的组合。

7.3　线型火灾探测器的选择

7.3.1　无遮挡大空间或有特殊要求的场所，宜选择红外光束感烟探测器。

7.3.2　下列场所或部位，宜选择缆式线型定温探测器：

7.3.2.1　电缆隧道、电缆竖井、电缆夹层、电缆桥架等；

7.3.2.2　配电装置、开关设备、变压器等；

7.3.2.3　各种皮带输送装置；

7.3.2.4　控制室、计算机室的闷顶内、地板下及重要设施隐蔽处等；

7.3.2.5　其他环境恶劣不适合点型探测器安装的危险场所。

7.3.3　下列场所宜选择空气管式线型差温探测器：

7.3.3.1　可能产生油类火灾且环境恶劣的场所；

7.3.3.2　不易安装点型探测器的夹层、闷顶。

8　火灾探测器和手动火灾报警按钮的设置

8.1　点型火灾探测器的设置数量和布置

8.1.1　探测区域内的每个房间至少应设置一只火灾探测器。

8.1.2　感烟探测器、感温探测器的保护面积和保护半径，应按表 8.1.2 确定。

8.1.3　感烟探测器、感温探测器的安装间距，应根据探测器的保护面积 A 和保护半径 R 确定，并不应超过本规范附录 A 探测器安装间距的极限曲线 $D_1 \sim D_{11}$（含 D_9'）所规定的范围。

表 8.1.2　感烟探测器、感温探测器的保护面积和保护半径

火灾探测器的种类	地面面积 S/m^2	房间高度 h/m	一只探测器的保护面积 A 和保护半径 R					
			屋顶坡度 θ					
			$\theta \leqslant 15°$		$15° < \theta \leqslant 30°$		$\theta > 30°$	
			A/m^2	R/m	A/m^2	R/m	A/m^2	R/m
感烟探测器	$S \leqslant 80$	$h \leqslant 12$	80	6.7	80	7.2	80	8.0
	$S > 80$	$6 < h \leqslant 12$	80	6.7	100	8.0	120	9.9
		$h \leqslant 6$	60	5.8	80	7.2	100	9.0
感温探测器	$S \leqslant 30$	$h \leqslant 8$	30	4.4	30	4.9	30	5.5
	$S > 30$	$h \leqslant 8$	20	3.6	30	4.9	40	6.3

8.1.4　一个探测区域内所需设置的探测器数量，不应小于下式的计算值：

$$N = \frac{S}{KA} \tag{8.1.4}$$

式中　N——探测器数量，只，N 应取整数；

S——该探测区域面积，m^2；

A——探测器的保护面积，m^2；

K——修正系数，特级保护对象宜取 0.7～0.8，一级保护对象宜取 0.8～0.9，二级保护对象宜取 0.9～1.0。

8.1.5　在有梁的顶棚上设置感烟探测器、感温探测器时，应符合下列规定：

8.1.5.1　当梁突出顶棚的高度小于 200mm 时，可不计梁对探测器保护面积的影响。

8.1.5.2　当梁突出顶棚的高度为 200～600mm 时，应按本规范附录 B、附录 C 确定梁

对探测器保护面积的影响和一只探测器能够保护的梁间区域的个数。

8.1.5.3 当梁突出顶棚的高度超过 600mm 时，被梁隔断的每个梁间区域至少应设置一只探测器。

8.1.5.4 当被梁隔断的区域面积超过一只探测器的保护面积时，被隔断的区域应按本规范 8.1.4 条规定计算探测器的设置数量。

8.1.5.5 当梁间净距小于 1m 时，可不计梁对探测器保护面积的影响。

8.1.6 在宽度小于 3m 的内走道顶棚上设置探测器时，宜居中布置。感温探测器的安装间距不应超过 10m；感烟探测器的安装间距不应超过 15m；探测器至端墙的距离，不应大于探测器安装间距的一半。

8.1.7 探测器至墙壁、梁边的水平距离，不应小于 0.5m。

8.1.8 探测器周围 0.5m 内，不应有遮挡物。

8.1.9 房间被书架、设备或隔断等分隔，其顶部至顶棚或梁的距离小于房间净高的 5％时，每个被隔开的部分至少应安装一只探测器。

8.1.10 探测器至空调送风口边的水平距离不应小于 1.5m，并宜接近回风口安装。探测器至多孔送风顶棚孔口的水平距离不应小于 0.5m。

8.1.11 当屋顶有热屏障时，感烟探测器下表面至顶棚或屋顶的距离，应符合表 8.1.11 的规定。

表 8.1.11　感烟探测器下表面至顶棚或屋顶的距离

探测器的安装高度 h/m	感烟探测器下表面至顶棚或屋顶的距离 d/mm					
	顶棚或屋顶坡度 θ					
	$\theta \leqslant 15°$		$15° < \theta \leqslant 30°$		$\theta > 30°$	
	最小	最大	最小	最大	最小	最大
$h \leqslant 6$	30	200	200	300	300	500
$6 < h \leqslant 8$	70	250	250	400	400	600
$8 < h \leqslant 10$	100	300	300	500	500	700
$10 < h \leqslant 12$	150	350	350	600	600	800

8.1.12 锯齿型屋顶和坡度大于 15° 的人字型屋顶，应在每个屋脊处设置一排探测器，探测器下表面至屋顶最高处的距离，应符合本规范 8.1.11 的规定。

8.1.13 探测器宜水平安装。当倾斜安装时，倾斜角不应大于 45°。

8.1.14 在电梯井、升降机井设置探测器时，其位置宜在井道上方的机房顶棚上。

8.2　线型火灾探测器的设置

8.2.1 红外光束感烟探测器的光束轴线至顶棚的垂直距离宜为 0.3～1.0m，距地高度不宜超过 20m。

8.2.2 相邻两组红外光束感烟探测器的水平距离不应大于 14m。探测器至侧墙水平距离不应大于 7m，且不应小于 0.5m。探测器的发射器和接收器之间的距离不宜超过 100m。

8.2.3 缆式线型定温探测器在电缆桥架或支架上设置时，宜采用接触式布置；在各种皮带输送装置上设置时，宜设置在装置的过热点附近。

8.2.4　设置在顶棚下方的空气管式线型差温探测器，至顶棚的距离宜为 0.1m。相邻管路之间的水平距离不宜大于 5m；管路至墙壁的距离宜为 1～1.5m。

8.3　手动火灾报警按钮的设置

8.3.1　每个防火分区应至少设置一个手动火灾报警按钮。从一个防火分区内的任何位置到最邻近的一个手动火灾报警按钮的距离不应大于 30m。手动火灾报警按钮宜设置在公共活动场所的出入口处。

8.3.2　手动火灾报警按钮应设置在明显的和便于操作的部位。当安装在墙上时，其底边距地高度宜为 1.3～1.5m，且应有明显的标志。

9　系统供电

9.0.1　火灾自动报警系统应设有主电源和直流备用电源。

9.0.2　火灾自动报警系统的主电源应采用消防电源，直流备用电源宜采用火灾报警控制器的专用蓄电池或集中设置的蓄电池。当直流备用电源采用消防系统集中设置的蓄电池时，火灾报警控制器应采用单独的供电回路，并应保证在消防系统处于最大负载状态下不影响报警控制器的正常工作。

9.0.3　火灾自动报警系统中的 CRT 显示器、消防通讯设备等的电源，宜由 UPS 装置供电。

9.0.4　火灾自动报警系统主电源的保护开关不应采用漏电保护开关。

10　布　　线

10.1　一般规定

10.1.1　火灾自动报警系统的传输线路和 50V 以下供电的控制线路，应采用电压等级不低于交流 250V 的铜芯绝缘导线或铜芯电缆。采用交流 220/380V 的供电和控制线路应采用电压等级不低于交流 500V 的铜芯绝缘导线或铜芯电缆。

10.1.2　火灾自动报警系统的传输线路的线芯截面选择，除应满足自动报警装置技术条件的要求外，还应满足机械强度的要求。铜芯绝缘导线、铜芯电缆线芯的最小截面面积不应小于表 10.1.2 的规定。

表 10.1.2　铜芯绝缘导线和铜芯电缆的线芯最小截面面积

序　　号	类别	线芯的最小截面面积/mm²
1	穿管敷设的绝缘导线	1.00
2	线槽内敷设的绝缘导线	0.75
3	多芯电缆	0.50

10.2　屋内布线

10.2.1　火灾自动报警系统的传输线路应采用穿金属管、经阻燃处理的硬质塑料管或封闭式线槽保护方式布线。

10.2.2　消防控制、通信和警报线路采用暗敷设时，宜采用金属管或经阻燃处理的硬质

附录 D　火灾探测器的具体设置部位 (建议性)

D. 1　特级保护对象

D. 1. 1　特级保护对象火灾探测器的设置部位应符合现行国家标准《高层民用建筑设计防火规范》GB 50045 的有关规定。

D. 2　一级保护对象

D. 2. 1　财贸金融楼的办公室、营业厅、票证库。

D. 2. 2　电信楼、邮政楼的重要机房和重要房间。

D. 2. 3　商业楼、商住楼的营业厅，展览楼的展览厅。

D. 2. 4　高级旅馆的客房和公共活动用房。

D. 2. 5　电力调度楼、防灾指挥调度楼等的微波机房、计算机房、控制机房、动力机房。

D. 2. 6　广播、电视楼的演播室、播音室、录音室、节目播出技术用房、道具布景房。

D. 2. 7　图书馆的书库、阅览室、办公室。

D. 2. 8　档案楼的档案库、阅览室、办公室。

D. 2. 9　办公楼的办公室、会议室、档案室。

D. 2. 10　医院病房楼的病房、贵重医疗设备室、病历档案室、药品库。

D. 2. 11　科研楼的资料室、贵重设备室、可燃物较多的和火灾危险性较大的实验室。

D. 2. 12　教学楼的电化教室、理化演示和实验室、贵重设备和仪器室。

D. 2. 13　高级住宅（公寓）的卧房、书房、起居室（前厅）、厨房。

D. 2. 14　甲、乙类生产厂房及其控制室。

D. 2. 15　甲、乙、丙类物品库房。

D. 2. 16　设在地下室的丙、丁类生产车间。

D. 2. 17　设在地下室的丙、丁类物品库房。

D. 2. 18　地下铁道的地铁站厅、行人通道。

D. 2. 19　体育馆、影剧院、会堂、礼堂的舞台、化妆室、道具室、放映室、观众厅、休息厅及其附设的一切娱乐场所。

D. 2. 20　高级办公室、会议室、陈列室、展览室、商场营业厅。

D. 2. 21　消防电梯、防烟楼梯的前室及合用前室，除普通住宅外的走道、门厅。

D. 2. 22　可燃物品库房、空调机房、配电室（间）、变压器室、自备发电机房、电梯机房。

D. 2. 23　净高超过 2.6m 且可燃物较多的技术夹层。

D. 2. 24　敷设具有可延燃绝缘层和外护层电缆的电缆竖井、电缆夹层、电缆隧道、电缆配线桥架。

D. 2. 25　贵重设备间和火灾危险性较大的房间。

D. 2. 26　电子计算机的主机房、控制室、纸库、光或磁记录材料库。

D. 2. 27　经常有人停留或可燃物较多的地下室。

D. 2. 28　餐厅、娱乐场所、卡拉 OK 厅（房）、歌舞厅、多功能表演厅、电子游戏机房等。

D. 2. 29　高层汽车库、Ⅰ类汽车库，Ⅰ、Ⅱ类地下汽车库，机械立体汽车库、复式汽车库、采用升降梯作汽车疏散出口的汽车库（敞开车库可不设）。

D. 2. 30　污衣道前室、垃圾道前室、净高超过 0.8m 的具有可燃物的闷顶、商业用或公共厨房。

D. 2. 31　以可燃气为燃料的商业和企、事业单位的公共厨房及燃气表房。

D. 2. 32　需要设置火灾探测器的其他场所。

D. 3　二级保护对象

D. 3. 1　财贸金融楼的办公室、营业厅、票证库。

D. 3. 2　广播、电视、电信楼的演播室、播音室、录音室、节目播出技术用房、微波机房、通讯机房。

D. 3. 3　指挥、调度楼的微波机房、通讯机房。

D. 3. 4　图书馆、档案楼的书库、档案室。

D. 3. 5　影剧院的舞台、布景道具房。

D. 3. 6　高级住宅（公寓）的卧房、书房、起居室（前厅）、厨房。

D. 3. 7　丙类生产厂房、丙类物品库房。

D. 3. 8　设在地下室的丙、丁类生产车间，丙、丁类物品库房。

D. 3. 9　高层汽车库、Ⅰ类汽车库，Ⅰ、Ⅱ类地下汽车库，机械立体汽车库、复式汽车库、采用升降梯作汽车疏散出口的汽车库（敞开车库可不设）。

D. 3. 10　长度超过 500m 的城市地下车道、隧道。

D. 3. 11　商业餐厅，面积大于 500m² 的营业厅、观众厅、展览厅等公共活动用房，高级办公室，旅馆的客房。

D. 3. 12　消防电梯、防烟楼梯的前室及合用前室，除普通住宅外的走道、门厅，商业用厨房。

D. 3. 13　净高超过 0.8m 的具有可燃物的闷顶，可燃物较多的技术夹层。

D. 3. 14　敷设具有可延燃绝缘层和外护层电缆的电缆竖井、电缆夹层、电缆隧道、电缆配线桥架。

D. 3. 15　以可燃气体为燃料的商业和企、事业单位的公共厨房及其燃气表房。

D. 3. 16　歌舞厅、卡拉 OK 厅（房）、夜总会。

D. 3. 17　经常有人停留或可燃物较多的地下室。

D. 3. 18　电子计算机的主机房、控制室、纸库、光或磁记录材料库，重要机房、贵重仪器房和设备房、空调机房、配电房、变压器房、自备发电机房、电梯机房、面积大于 50m² 的可燃物品库房。

D. 3. 19　性质重要或有贵重物品的房间和需要设置火灾探测器的其他场所。

附录 E　本规范用词说明

E.0.1　执行本规范条文时，对于要求严格程度的用词说明如下，以便在执行中区别对待。

E.0.1.1　表示很严格，非这样做不可的用词：

正面词采用"必须"；

反面词采用"严禁"。

E.0.1.2　表示严格，在正常情况下均应这样做的用词：

正面词采用"应"；

反面词采用"不应"或"不得"。

E.0.1.3　表示允许稍有选择，在条件许可时首先应这样做的词：

正面词采用"宜"或"可"；

反面词采用"不宜"。

E.0.2　条文中指定应按其他有关标准、规范的规定执行时，写法为"应按……执行"或"应符合……的要求或规定"。

（三）建筑灭火器配置设计规范 GB 50140—2005

目次

1 总 则

1.0.1 为了合理配置建筑灭火器（以下简称灭火器），有效地扑救工业与民用建筑初起火灾，减少火灾损失，保护人身和财产的安全，制定本规范。

1.0.2 本规范适用于生产、使用或储存可燃物的新建、改建、扩建的工业与民用建筑工程。

本规范不适用于生产或储存炸药、弹药、火工品、花炮的厂房或库房。

1.0.3 灭火器的配置类型、规格、数量及其设置位置应作为建筑消防工程设计的内容，并应在工程设计图上标明。

1.0.4 灭火器的配置，除执行本规范外，尚应符合国家现行有关标准、规范的规定。

2 术语和符号

2.1 术语

2.1.1 灭火器配置场所 distribution place of fire extinguisher

存在可燃的气体、液体、固体等物质，需要配置灭火器的场所。

2.1.2 计算单元 calculation unit

灭火器配置的计算区域。

2.1.3 保护距离 travel distance

灭火器配置场所内，灭火器设置点到最不利点的直线行走距离。

2.1.4 灭火级别 fire rating

表示灭火器能够扑灭不同种类火灾的效能。由表示灭火效能的数字和灭火种类的字母组成。

建筑灭火器配置类型、规格和灭火级别基本参数举例见本规范附录 A。

2.2 符号

2.2.1 灭火器配置设计计算符号：

Q——计算单元的最小需配灭火级别（A 或 B）；

S——计算单元的保护面积（m^2）；

U——A 类或 B 类火灾场所单位灭火级别最大保护面积（m^2/A 或 m^2/B）；

K——修正系数；

Q_e——计算单元中每个灭火器设置点的最小需配灭火级别（A 或 B）；

N——计算单元中的灭火器设置点数（个）。

2.2.2 灭火器配置设计图例见本规范附录 B。

3 灭火器配置场所的火灾种类和危险等级

3.1 火灾种类

3.1.1 灭火器配置场所的火灾种类应根据该场所内的物质及其燃烧特性进行分类。

3.1.2 灭火器配置场所的火灾种类可划分为以下五类：

    1 A 类火灾：固体物质火灾。

    2 B 类火灾：液体火灾或可熔化固体物质火灾。

    3 C 类火灾：气体火灾。

    4 D 类火灾：金属火灾。

    5 E 类火灾（带电火灾）：物体带电燃烧的火灾。

3.2 危险等级

3.2.1 工业建筑灭火器配置场所的危险等级，应根据其生产、使用、储存物品的火灾危险性，可燃物数量，火灾蔓延速度，扑救难易程度等因素，划分为以下三级：

    1 严重危险级：火灾危险性大，可燃物多，起火后蔓延迅速，扑救困难，容易造成重大财产损失的场所；

    2 中危险级：火灾危险性较大，可燃物较多，起火后蔓延较迅速，扑救较难的场所；

    3 轻危险级：火灾危险性较小，可燃物较少，起火后蔓延较缓慢，扑救较易的场所。

    工业建筑火火器配置场所的危险等级举例见本规范附录 C。

3.2.2 民用建筑灭火器配置场所的危险等级，应根据其使用性质，人员密集程度，用电用火情况，可燃物数量，火灾蔓延速度，扑救难易程度等因素，划分为以下三级：

    1 严重危险级：使用性质重要，人员密集，用电用火多，可燃物多，起火后蔓延迅速，扑救困难，容易造成重大财产损失或人员群死群伤的场所；

    2 中危险级：使用性质较重要，人员较密集，用电用火较多，可燃物较多，起火后蔓延较迅速，扑救较难的场所；

    3 轻危险级：使用性质一般，人员不密集，用电用火较少，可燃物较少，起火后蔓延较缓慢，扑救较易的场所。

    民用建筑灭火器配置场所的危险等级举例见本规范附录 D。

4 灭火器的选择

4.1 一般规定

4.1.1 灭火器的选择应考虑下列因素：

    1 灭火器配置场所的火灾种类；

    2 灭火器配置场所的危险等级；

    3 灭火器的灭火效能和通用性；

    4 火火剂对保护物品的污损程度；

    5 灭火器设置点的环境温度；

    6 使用灭火器人员的体能。

4.1.2 在同一灭火器配置场所，宜选用相同类型和操作方法的灭火器。当同一灭火器配置场所存在不同火灾种类时，应选用通用型灭火器。

4.1.3 在同一灭火器配置场所，当选用两种或两种以上类型灭火器时，应采用灭火剂相容的灭火器。

4.1.4 不相容的灭火剂举例见规范附录 E 的规定。

4.2　灭火器的类型选择

4.2.1 A 类火灾场所应选择水型灭火器、磷酸铵盐干粉灭火器、泡沫灭火器或卤代烷灭火器。

4.2.2 B 类火灾场所应选择泡沫灭火器、碳酸氢钠干粉灭火器、磷酸铵盐干粉灭火器、二氧化碳灭火器、灭 B 类火灾的水型灭火器或卤代烷灭火器。

    极性溶剂的 B 类火灾场所应选择灭 B 类火灾的抗溶性灭火器。

4.2.3 C 类火灾场所应选择磷酸铵盐干粉灭火器、碳酸氢钠干粉灭火器、二氧化碳灭火器或卤代烷灭火器。

4.2.4 D 类火灾场所应选择扑灭金属火灾的专用灭火器。

4.2.5 E 类火灾场所应选择磷酸铵盐干粉灭火器、碳酸氢钠干粉灭火器、卤代烷灭火器或二氧化碳灭火器，但不得选用装有金属喇叭喷筒的二氧化碳灭火器。

4.2.6 非必要场所不应配置卤代烷灭火器。非必要场所的举例见本规范附录 F。必要场所可配置卤代烷灭火器。

5　灭火器的设置

5.1　一般规定

5.1.1 灭火器应设置在位置明显和便于取用的地点，且不得影响安全疏散。

5.1.2 对有视线障碍的火火器设置点，应设置指示其位置的发光标志。

5.1.3 灭火器的摆放应稳固，其铭牌应朝外。手提式灭火器宜设置在灭火器箱内或挂钩、托架上，其顶部离地面高度不应大于 1.50m；底部离地面高度不应小于 0.08m。灭火器箱不得上锁。

5.1.4 灭火器不宜设置在潮湿或强腐蚀性的地点。当必须设置时，应有相应的保护措施。

    灭火器设置在室外时，应有相应的保护措施。

5.1.5 灭火器不得设置在超出其使用温度范围的地点。

5.2　灭火器的最大保护距离

5.2.1 设置在 A 类火灾场所的灭火器，其最大保护距离应符合表 5.2.1 的规定。

5.2.2 设置在 B、C 类火灾场所的灭火器，其最大保护距离应符合表 5.2.2 的规定。

5.2.3 D 类火灾场所的灭火器，其最大保护距离应根据具体情况研究确定。

5.2.4 E 类火灾场所的灭火器，其最大保护距离不应低于该场所内 A 类或 B 类火灾的规定。

表 5.2.1　A 类火灾场所的灭火器最大保护距离　　　　　　单位：m

危险等级 　　　　灭火器型式	手提式灭火器	推车式灭火器
严重危险级	15	30
中危险级	20	40
轻危险级	25	50

表 5.2.2　B、C 类火灾场所的灭火器最大保护距离　　　　　单位：m

危险等级 　　　　灭火器型式	手提式灭火器	推车式灭火器
严重危险级	9	18
中危险级	12	24
轻危险级	15	30

6　灭火器的配置

6.1　一般规定

6.1.1　一个计算单元内配置的灭火器数量不得少于 2 具。

6.1.2　每个设置点的灭火器数量不宜多于 5 具。

6.1.3　当住宅楼每层的公共部位建筑面积超过 100m² 时，应配置 1 具 1A 的手提式灭火器；每增加 100m² 时，增配 1 具 1A 的手提式灭火器。

6.2　灭火器的最低配置基准

6.2.1　A 类火灾场所灭火器的最低配置基准应符合表 6.2.1 的规定。

表 6.2.1　A 类火灾场所灭火器的最低配置基准

危 险 等 级	严重危险级	中危险级	轻危险级
单具灭火器最小配置灭火级别	3A	2A	1A
单位灭火级别最大保护面积/(m²/A)	50	75	100

6.2.2　B、C 类火灾场所灭火器的最低配置基准应符合表 6.2.2 的规定。

表 6.2.2　B、C 类火灾场所灭火器的最低配置基准

危 险 等 级	严重危险级	中危险级	轻危险级
单具灭火器最小配置灭火级别	89B	55B	21B
单位灭火级别最大保护面积/(m²/B)	0.5	1.0	1.5

6.2.3　D 类火灾场所的灭火器最低配置基准应根据金属的种类、物态及其特性等研究确定。

6.2.4　E 类火灾场所的灭火器最低配置基准不应低于该场所内 A 类（或 B 类）火灾的规定。

7　灭火器配置设计计算

7.1　一般规定

7.1.1　灭火器配置的设计与计算应按计算单元进行。灭火器最小需配灭火级别和最少需配数量的计算值应进位取整。

7.1.2　每个灭火器设置点实配灭火器的灭火级别和数量不得小于最小需配灭火级别和数量的计算值。

7.1.3　灭火器设置点的位置和数量应根据灭火器的最大保护距离确定，并应保证最不利点至少在1具灭火器的保护范围内。

7.2　计算单元

7.2.1　灭火器配置设计的计算单元应按下列规定划分：

　　1　当一个楼层或一个水平防火分区内各场所的危险等级和火灾种类相同时，可将其作为一个计算单元。

　　2　当一个楼层或一个水平防火分区内各场所的危险等级和火灾种类不相同时，应将其分别作为不同的计算单元。

　　3　同一计算单元不得跨越防火分区和楼层。

7.2.2　计算单元保护面积的确定应符合下列规定：

　　1　建筑物应按其建筑面积确定；

　　2　可燃物露天堆场，甲、乙、丙类液体储罐区，可燃气体储罐区应按堆垛、储罐的占地面积确定。

7.3　配置设计计算

7.3.1　计算单元的最小需配灭火级别应按下式计算：

$$Q=K\frac{S}{U} \tag{7.3.1}$$

式中　Q——计算单元的最小需配灭火级别，A 或 B；

　　　S——计算单元的保护面积，m^2；

　　　U——A 类或 B 类火灾场所单位灭火级别最大保护面积，m^2/A 或 m^2/B；

　　　K——修正系数。

7.3.2　修正系数应按表 7.3.2 的规定取值。

表 7.3.2　修正系数

计算单元	K	计算单元	K
未设室内消火栓系统和灭火系统	1.0	可燃物露天堆场 甲、乙、丙类液体储罐区 可燃气体储罐区	0.3
设有室内消火栓系统	0.9		
设有灭火系统	0.7		
设有室内消火栓系统和灭火系统	0.5		

7.3.3　歌舞娱乐放映游艺场所、网吧、商场、寺庙以及地下场所等的计算单元的最小需配灭火级别应按下式计算：

$$Q = 1.3K \frac{S}{U} \qquad (7.3.3)$$

7.3.4 计算单元中每个灭火器设置点的最小需配灭火级别应按下式计算：

$$Q_e = \frac{Q}{N} \qquad (7.3.4)$$

式中　Q_e——计算单元中每个灭火器设置点的最小需配灭火级别，A 或 B；

　　　　N——计算单元中的灭火器设置点数，个。

7.3.5 灭火器配置的设计计算可按下述程序进行：

1 确定各灭火器配置场所的火灾种类和危险等级；

2 划分计算单元，计算各计算单元的保护面积；

3 计算各计算单元的最小需配灭火级别；

4 确定各计算单元中的灭火器设置点的位置和数量；

5 计算每个灭火器设置点的最小需配灭火级别；

6 确定每个设置点灭火器的类型、规格与数量；

7 确定每具灭火器的设置方式和要求；

8 在工程设计图上用灭火器图例和文字标明灭火器的型号、数量与设置位置。

附录 A　建筑灭火器配置类型、规格和灭火级别基本参数举例

表 A.0.1　手提式灭火器类型、规格和灭火级别

灭火器类型	灭火剂充装量（规格）		灭火器类型规格代码（型号）	灭火级别	
	L	kg		A 类	B 类
水型	3	—	MS/Q3	1A	
			MS/T3		55B
	6		MS/Q6	1A	
			MS/T6		55B
	9		MS/Q9	2A	
			MS/T9		89B
泡沫	3		MP3、MP/AR3	1A	55B
	4		MP4、MP/AR4	1A	55B
	6	—	MP6、MP/AR6	1A	55B
	9		MP9、MP/AR9	2A	89B
干粉（碳酸氢钠）	—	1	MF1		21B
	—	2	MF2	—	21B
		3	MF3		34B
		4	MF4		55B
		5	MF5	—	89B
		6	MF6		89B
		8	MF8	—	144B
	—	10	MF10	—	144B

灭火器类型	灭火剂充装量（规格）		灭火器类型规格代码	灭火级别	
	L	kg	（型号）	A类	B类
干粉 （磷酸铵盐）	—	1	MF/ABC1	1A	21B
	—	2	MF/ABC2	1A	21B
		3	MF/ABC3	2A	34B
	—	4	MF/ABC4	2A	55B
	—	5	MF/ABC5	3A	89B
		6	MF/ABC6	3A	89B
	—	8	MF/ABC8	4A	144B
	—	10	MF/ABC10	6A	144B
卤代烷 （1211）		1	MY1	—	21B
		2	MY2	(0.5A)	21B
		3	MY3	(0.5A)	34B
	—	4	MY4	1A	34B
		6	MY6	1A	55B
二氧化碳	—	2	MT2	—	21B
		3	MT3		21B
	—	5	MT5	—	34B
		7	MT7		55B

表 A.0.2   推车式灭火器类型、规格和灭火级别

灭火器类型	灭火剂充装量（规格）		灭火器类型规格代码	灭火级别	
	L	kg	（型号）	A类	B类
水型	20		MST20	4A	
	45		MST40	4A	—
	60		MST60	4A	
	125		MST125	6A	—
泡沫	20		MPT20、MPT/AR20	4A	113B
	45		MPT40、MPT/AR40	4A	144B
	60		MPT60、MPT/AR60	4A	233B
	125		MPT125、MPT/AR125	6A	297B
干粉 （碳酸氢钠）	—	20	MFT20	—	183H
	—	50	MFT50		297B
	—	100	MFT100	—	297B
		125	MFT125	—	297B
干粉 （磷酸铵盐）		20	MFT/ABC20	6A	183B
		50	MFT/ABC50	8A	297B
	—	100	MFT/ABC100	10A	297B
	—	125	MFT/ABC125	10A	297B

灭火器类型	灭火剂充装量（规格）		灭火器类型规格代码	灭火级别	
	L	kg	（型号）	A类	B类
卤代烷 (1211)	—	10	MYT10		70B
		20	MYT20	—	144B
	—	30	MYT30		183B
	—	50	MYT50	—	297B
二氧化碳		10	MTT10		55B
	—	20	MTT20		70B
		30	MTT30		113B
	—	50	MTT50	—	183B

附录 B　建筑灭火器配置设计图例

表 B.0.1　手提式、推车式灭火器图例

序号	图　例	名　称
1	△	手提式灭火器 Portable fire extinguisher
2	△	推车式灭火器 wheeled fire extinguisher

表 B.0.2　灭火剂种类图例

序号	图　例	名　称
3	⊗	水 Water
4	◍	泡沫 Foam
5	⊗	含有添加剂的水 Water with additive
6	⊠	BC类干粉 BC powder
7	▨	ABC类干粉 ABC powder
8	△	卤代烷 Halon

续表

序号	图　例	名　　称
9		二氧化碳 Carbon dioxide （CO_2）
10		非卤代烷和二氧化碳类气体灭火剂 Extinguishing gas other than Halon or CO_2

表 B.0.3　灭火器图例举例

序号	图　例	名　　称
11		手提式清水灭火器 Water Portable extinguisher
12		手提式 ABC 类干粉灭火器 ABC powder Portable extinguisher
13		手提式二氧化碳灭火器 Carbon dioxide Portable extinguisher
14		推车式 BC 类干粉灭火器 Wheeled BC powder extinguisher

附录 C　工业建筑灭火器配置场所的危险等级举例

表 C　工业建筑灭火器配置场所的危险等级举例

危险等级	举　例	
	厂房和露天、半露天生产装置区	库房和露天、半露天堆场
严重危险级	1. 闪点＜60℃的油品和有机溶剂的提炼、回收、洗涤部位及其泵房、灌桶间	1. 化学危险物品库房
	2. 橡胶制品的涂胶和胶浆部位	2. 装卸原油或化学危险物品的车站、码头
	3. 二硫化碳的粗馏、精馏工段及其应用部位	3. 甲、乙类液体储罐区、桶装库房、堆场
	4. 甲醇、乙醇、丙酮、丁酮、异丙醇、醋酸乙酯、苯等的合成、精制厂房	4. 液化石油气储罐区、桶装库房、堆场
	5. 植物油加工厂的浸出厂房	5. 棉花库房及散装堆场
	6. 洗涤剂厂房石蜡裂解部位，冰醋酸裂解厂房	6. 稻草、芦苇、麦秸等堆场
	7. 环氧氢丙烷、苯乙烯厂房或装置区	7. 赛璐咯及其制品、漆布、油布、油纸及其制品，油绸及其制品库房

危险等级	举例	
	厂房和露天、半露天生产装置区	库房和露天、半露天堆场
严重危险级	8. 液化石油气灌瓶间	8. 酒精度为60度以上的白酒库房
	9. 天然气、石油伴生气、水煤气或焦炉煤气的净化(如脱硫)厂房压缩机室及鼓风机室	
	10. 乙炔站、氢气站、煤气站、氧气站	
	11. 硝化棉、赛璐珞厂房及其应用部位	
	12. 黄磷、赤磷制备厂房及其应用部位	
	13. 樟脑或松香提炼厂房，焦化厂精萘厂房	
	14. 煤粉厂房和面粉厂房的碾磨部位	
	15. 谷物筒仓工作塔、亚麻厂的除尘器和过滤器室	
	16. 氯酸钾厂房及其应用部位	
	17. 发烟硫酸或发烟硝酸浓缩部位	
	18. 高锰酸钾、重铬酸钠厂房	
	19. 过氧化钠、过氧化钾、次氯酸钙厂房	
	20. 各工厂的总控制室、分控制室	
	21. 国家和省级重点工程的施工现场	
	22. 发电厂(站)和电网经营企业的控制室、设备间	
中危险级	1. 闪点≥60℃的油品和有机溶剂的提炼、回收工段及其抽送泵房	1. 丙类液体储罐区、桶装库房、堆场
	2. 柴油、机器油或变压器油灌桶间	2. 化学、人造纤维及其织物和棉、毛、丝、麻及其织物的库房、堆场
	3. 润滑油再生部位或沥青加工厂房	3. 纸、竹、木及其制品的库房、堆场
	4. 植物油加工精炼部位	4. 火柴、香烟、糖、茶叶库房
	5. 油浸变压器室和高、低压配电室	5. 中药材库房
	6. 工业用燃油、燃气锅炉房	6. 橡胶、塑料及其制品的库房
	7. 各种电缆廊道	7. 粮食、食品库房、堆场
	8. 油淬火处理车间	8. 电脑、电视机、收录机等电子产品及家用电器库房
	9. 橡胶制品压延、成型和硫化厂房	9. 汽车、大型拖拉机停车库
	10. 木工厂房和竹、藤加工厂房	10. 酒精小于60度的白酒库房
	11. 针织品厂房和纺织、印染、化纤生产的干燥部位	11. 低温冷库
	12. 服装加工厂房、印染厂成品厂房	
	13. 麻纺厂粗加工厂房、毛涤厂选毛厂房	
	14. 谷物加工厂房	

续表

危险等级	举例	
	厂房和露天、半露天生产装置区	库房和露天、半露天堆场
中危险级	15. 卷烟厂的切丝、卷制、包装厂房	
	16. 印刷厂的印刷厂房	
	17. 电视机、收录机装配厂房	
	18. 显像管厂装配工段烧枪间	
	19. 磁带装配厂房	
	20. 泡沫塑料厂的发泡、成型、印片、压花部位	
	21. 饲料加工厂房	
	22. 地市级及以下的重点工程的施工现场	
轻危险级	1. 金属冶炼、铸造、铆焊、热轧、锻造、热处理厂房	1. 钢材库房、堆场
	2. 玻璃原料熔化厂房	2. 水泥库房、堆场
	3. 陶瓷制品的烘干、烧成厂房	3. 搪瓷、陶瓷制品库房、堆场
	4. 酚醛泡沫塑料的加工厂房	4. 难燃烧或非燃烧的建筑装饰材料库房、堆场
	5. 印染厂的漂炼部位	5. 原木库房、堆场
	6. 化纤厂后加工润湿部位	6. 丁、戊类液体储罐区、桶装库房、堆场
	7. 造纸厂或化纤厂的浆粕蒸煮工段	
	8. 仪表、器械或车辆装配车间	
	9. 不燃液体的泵房和阀门室	
	10. 金属（镁合金除外）冷加工车间	
	11. 氟里昂厂房	

附录 D　民用建筑灭火器配置场所的危险等级举例

表 D　民用建筑灭火器配置场所的危险等级举例

危险等级	举例
严重危险级	1. 县级及以上的文物保护单位、档案馆、博物馆的库房、展览室、阅览室
	2. 设备贵重或可燃物多的实验室
	3. 广播电台、电视台的演播室、道具间和发射塔楼
	4. 专用电子计算机房
	5. 城镇及以上的邮政信函和包裹分拣房、邮袋库、通信枢纽及其电信机房
	6. 客房数在 50 间以上的旅馆、饭店的公共活动用房、多功能厅、厨房
	7. 体育场（馆）、电影院、剧院、会堂、礼堂的舞台及后台部位
	8. 住院床位在 50 张及以上的医院的手术室、理疗室、透视室、心电图室、药房、住院部、门诊部、病历室
	9. 建筑面积在 $2000m^2$ 及以上的图书馆、展览馆的珍藏室、阅览室、书库、展览厅
	10. 民用机场的候机厅、安检厅及空管中心、雷达机房
	11. 超高层建筑和一类高层建筑的写字楼、公寓楼
	12. 电影、电视摄影棚

续表

危险等级	举例
严重危险级	13. 建筑面积在 1000m² 及以上的经营易燃易爆化学物品的商场、商店的库房及铺面
	14. 建筑面积在 200m² 及以上的公共娱乐场所
	15. 老人住宿床位在 50 张及以上的养老院
	16. 幼儿住宿床位在 50 张及以上的托儿所、幼儿园
	17. 学生住宿床位在 100 张及以上的学校集体宿舍
	18. 县级及以上的党政机关办公大楼的会议室
	19. 建筑面积在 500m² 及以上的车站和码头的候车(船)室、行李房
	20. 城市地下铁道、地下观光隧道
	21. 汽车加油站、加气站
	22. 机动车交易市场(包括旧机动车交易市场)及其展销厅
	23. 民用液化气、天然气灌装站、换瓶站、调压站
中危险级	1. 县级以下的文物保护单位、档案馆、博物馆的库房、展览室、阅览室
	2. 一般的实验室
	3. 广播电台电视台的会议室、资料室
	4. 设有集中空调、电子计算机、复印机等设备的办公室
	5. 城镇以下的邮政信函和包裹分拣房、邮袋库、通信枢纽及其电信机房
	6. 客房数在 50 间以下的旅馆、饭店的公共活动用房、多功能厅和厨房
	7. 体育场(馆)、电影院、剧院、会堂、礼堂的观众厅
	8. 住院床位在 50 张以下的医院的手术室、理疗室、透视室、心电图室、药房、住院部、门诊部、病历室
	9. 建筑面积在 2000m² 以下的图书馆、展览馆的珍藏室、阅览室、书库、展览厅
	10. 民用机场的检票厅、行李厅
	11. 二类高层建筑的写字楼、公寓楼
	12. 高级住宅、别墅
	13. 建筑面积在 1000m² 以下的经营易燃易爆化学物品的商场、商店的库房及铺面
	14. 建筑面积在 200m² 以下的公共娱乐场所
	15. 老人住宿床位在 50 张以下的养老院
	16. 幼儿住宿床位在 50 张以下的托儿所、幼儿园
	17. 学生住宿床位在 100 张以下的学校集体宿舍
	18. 县级以下的党政机关办公大楼的会议室
	19. 学校教室、教研室
	20. 建筑面积在 500m² 以下的车站和码头的候车(船)室、行李房
	21. 百货楼、超市、综合商场的库房、铺面
	22. 民用燃油、燃气锅炉房
	23. 民用的油浸变压器室和高、低压配电室
轻危险级	1. 日常用品小卖店及经营难燃烧或非燃烧的建筑装饰材料商店
	2. 未设集中空调、电子计算机、复印机等设备的普通办公室
	3. 旅馆、饭店的客房
	4. 普通住宅
	5. 各类建筑物中以难燃烧或非燃烧的建筑构件分隔的并主要存贮难燃烧或非燃烧材料的辅助房间

附录 E 不相容的灭火剂举例

表 E 不相容的灭火剂举例

灭火剂类型	不相容的灭火剂	
干粉与干粉	磷酸铵盐	碳酸氢钠、碳酸氢钾
干粉与泡沫	碳酸氢钠、碳酸氢钾	蛋白泡沫
泡沫与泡沫	蛋白泡沫、氟蛋白泡沫	水成膜泡沫

附录 F 非必要配置卤代烷灭火器的场所举例

表 F.0.1 民用建筑类非必要配置卤代烷灭火器的场所举例

序号	名 称	序号	名 称
1	电影院、剧院、会堂、礼堂、体育馆的观众厅	7	商店
2	医院门诊部、住院部	8	百货楼、营业厅、综合商场
3	学校教学楼、幼儿园与托儿所的活动室	9	图书馆一般书库
4	办公楼	10	展览厅
5	车站、码头、机场的候车、候船、候机厅	11	住宅
6	旅馆的公共场所、走廊、客房	12	民用燃油、燃气锅炉房

表 F.0.2 工业建筑类非必要配置卤代烷灭火器的场所举例

序号	名 称	序号	名 称
1	橡胶制品的涂胶和胶浆部位；压延成型和硫化厂房	17	柴油、机器油或变压器油灌桶间
		18	润滑油再生部位或沥青加工厂房
2	橡胶、塑料及其制品库房	19	泡沫塑料厂的发泡、成型、印片、压花部位
3	植物油加工厂的浸出厂房；植物油加工精炼部位	20	化学、人造纤维及其织物和棉、毛、丝、麻及其织物的库房
4	黄磷、赤磷制备厂房及其应用部位	21	酚醛泡沫塑料的加工厂房
5	樟脑或松香提炼厂房、焦化厂精萘厂房	22	化纤厂后加上润湿部位；印染厂的漂炼部位
6	煤粉厂房和面粉厂房的碾磨部位	23	木工厂房和竹、藤加工厂房
7	谷物筒仓工作塔、亚麻厂的除尘器和过滤器室	24	纸张、竹、木及其制品的库房、堆场
8	散装棉花堆场	25	造纸厂或化纤厂的浆粕蒸煮工段
9	稻草、芦苇、麦秸等堆场	26	玻璃原料熔化厂房
10	谷物加工厂房	27	陶瓷制品的烘干、烧成厂房
11	饲料加工厂房	28	金属（镁合金除外）冷加工车间
12	粮食、食品库房及粮食堆场	29	钢材库房、堆场
13	高锰酸钾、重铬酸钠厂房	30	水泥库房
14	过氧化钠、过氧化钾、次氯酸钙厂房	31	搪瓷、陶瓷制品库房
15	可燃材料工棚	32	难燃烧或非燃烧的建筑装饰材料库房
16	可燃液体贮罐、桶装库房或堆场	33	原木堆场

本规范用词说明

1　为便于在执行本规范条文时区别对待，对要求严格程度不同的用词说明如下：

1）表示很严格，非这样做不可的用词：

正面词采用"必须"，反面词采用"严禁"。

2）表示严格，在正常情况下均应这样做的用词：

正面词采用"应"，反面词采用"不应"或"不得"。

3）表示允许稍有选择，在条件许可时首先应这样做的用词：

正面词采用"宜"，反面词采用"不宜"；

表示有选择，在一定条件下可以这样做的用词，采用"可"。

2　本规范中指明应按其他有关标准、规范执行的写法为"应符合……的规定"或"应按……执行"。

（四）二氧化碳灭火系统设计规范 GB 50193—93（1999 年版，2010 补）

目次

1　总　　则

1.0.1　为了合理地设计二氧化碳灭火系统，减少火灾危害，保护人身和财产安全，制定本规范。

1.0.2　本规范适用于新建、改建、扩建工程及生产和储存装置中设置的二氧化碳灭火系统的设计。

1.0.3　二氧化碳灭火系统的设计，应积极采用新技术、新工艺、新设备，做到安全适用，技术先进，经济合理。

1.0.4　二氧化碳灭火系统可用于扑救下列火灾：

1.0.4.1　灭火前可切断气源的气体火灾。

1.0.4.2　液体火灾或石蜡、沥青等可熔化的固体火灾。

1.0.4.3　固体表面火灾及棉毛、织物、纸张等部分固体深位火灾。

1.0.4.4　电气火灾。

1.0.5　二氧化碳灭火系统不得用于扑救下列火灾：

1.0.5.1　硝化纤维、火药等含氧化剂的化学制品火灾。

1.0.5.2　钾、钠、镁、钛、锆等活泼金属火灾。

1.0.5.3　氢化钾、氢化钠等金属氢化物火灾。

1.0.6　二氧化碳灭火系统的设计，除执行本规范的规定外，尚应符合现行的有关国家标准的规定。

2　术语和符号

2.1　术语

2.1.1　全淹没灭火系统　total flooding extinguishing system
　　在规定的时间内，向防护区喷射一定浓度的二氧化碳，并使其均匀地充满整个防护区的灭火系统。

2.1.2　局部应用灭火系统　local application extinguishing system
　　向保护对象以设计喷射率直接喷射二氧化碳，并持续一定时间的灭火系统。

2.1.3　防护区　protected area
　　能满足二氧化碳全淹没灭火系统应用条件，并被其保护的封闭空间。

2.1.4　组合分配系统　combined distribution systems
　　用一套二氧化碳储存装置保护两个或两个以上防护区或保护对象的灭火系统。

2.1.5　灭火浓度　flame extinguishing concentration
　　在 101kPa 大气压和规定的温度条件下，扑灭某种火灾所需二氧化碳在空气与二氧化碳的混合物中的最小体积百分比。

2.1.5A　设计浓度　design concentration

由灭火浓度乘以 1.7 得到的用于工程设计的浓度。

2.1.6　抑制时间　inhibition time

维持设计规定的二氧化碳浓度使固体深位火灾完全熄灭所需的时间。

2.1.7　泄压口　pressure relief opening

设在防护区外墙或顶部用以泄放防护区内部超压的开口。

2.1.8　等效孔口面积　equivalent orifice area

与水流量系数为 0.98 的标准喷头孔口面积进行换算后的喷头孔口面积。

2.1.9　充装系数　filling factor

高压系统储存容器中二氧化碳的质量与该容器容积之比。

2.1.9A　装量系数　loading factor

低压系统储存容器中液态二氧化碳的体积与该容器容积之比。

2.1.10　物质系数　material factor

可燃物的二氧化碳设计浓度对 34% 的二氧化碳浓度的折算系数。

2.1.11　高压系数　high-pressure system

灭火剂在常温下储存的二氧化碳灭火系统。

2.1.12　低压系数　low-pressure system

灭火剂在 $-18 \sim -20℃$ 低温下储存的二氧化碳灭火系统。

2.1.13　均相流　equilibrium flow

气相与液相均匀混合的二相流。

2.2　符号

2.2.1　几何参数符合

A——折算面积；

A_0——开口总面积；

A_p——在假定的封闭罩中存在的实体墙等实际围封面的面积；

A_t——假定的封闭罩侧面围封面面积；

A_v——防护区的内侧面、底面、顶面（包括其中的开口）的总内表面积；

A_x——泄压口面积；

D——管道内径；

F——喷头等效孔口面积；

L——管道计算长度；

L_b——单个喷头正方形保护面积的边长；

L_p——瞄准点偏离喷头保护面积中心的距离；

N——喷头数量；

N_g——安装在计算支管流程下游的喷头数量；

N_p——高压系统储存容器数量；

V——防护区的净容积；

V_0——单个储存容器的容积；

V_d——管道容积；

V_g——防护区内不燃烧体和难燃烧体的总体积；

V_i——管网内第 i 段管道的容积；

V_1——保护对象的计算体积；

V_v——防护区容积；

φ——喷头安装角；

2.2.2　物理参数符合

C_p——管道金属材料的比热；

H——二氧化碳蒸发潜热；

K_1——面积系数；

K_2——体积系数；

K_b——物质系数；

K_d——管径系数；

K_h——高程校正系数；

K_m——裕度系数；

M——二氧化碳设计用量；

M_c——二氧化碳储存量；

M_g——管道质量；

M_r——管道内的二氧化碳剩余量；

M_s——储存容器内的二氧化碳剩余量；

M_v——二氧化碳在管道中的蒸发量；

P_i——第 i 段管道内的平均压力；

P_j——节点压力；

P_t——围护结构的允许压强；

Q——管道的设计流量；

Q_i——单个喷头的设计流量；

Q_t——二氧化碳喷射率；

q_0——单位等效孔口面积的喷射率；

q_v——单位体积的喷射率；

T_1——二氧化碳喷射前管道的平均温度；

T_2——二氧化碳平均温度；

t——喷射时间；

t_d——延迟时间；

Y——压力系数；

Z——密度系数；

a——充装系数；

ρ_i——第 i 段管道内二氧化碳平均密度。

3　系统设计

3.1　一般规定

3.1.1　二氧化碳灭火系统按应用方式可分为全淹没灭火系统和局部应用灭火系统。全淹没灭火系统应用于扑救封闭空间内的火灾；局部应用灭火系统应用于扑救不需封闭空间条件的具体保护对象的非深位火灾。

3.1.2　采用全淹没灭火系统的防护区，应符合下列规定：

3.1.2.1　对气体、液体、电气火灾和固体表面火灾，在喷放二氧化碳前不能自动关闭的开口，其面积不应大于防护区总内表面积的 3%，且开口不应设在底面。

3.1.2.2　对固体深位火灾，除泄压口以外的开口，在喷放二氧化碳前应自动关闭。

3.1.2.3　防护区的围护结构及门、窗的耐火极限不应低于 0.50h，吊顶的耐火极限不应低于 0.25h；围护结构及门窗的允许压强不宜小于 1200Pa。

3.1.2.4　防护区用的通风机和通风管道中的防火阀，在喷放二氧化碳前应自动关闭。

3.1.3　采用局部应用灭火系统的保护对象，应符合下列规定：

3.1.3.1　保护对象周围的空气流动速度不宜大于 3m/s。必要时，应采取挡风措施。

3.1.3.2　在喷头与保护对象之间，喷头喷射角范围内不应有遮挡物。

3.1.3.3　当保护对象为可燃液体时，液面至容器缘口的距离不得小于 150mm。

3.1.4　启动释放二氧化碳之前或同时，必须切断可燃、助燃气体的气源。

3.1.4A　组合分配系统的二氧化碳储存量，不应小于所需储存量最大的一个防护区或保护对象的储存量。

3.1.5　当组合分配系统保护 5 个及以上的防护区或保护对象时，或者在 48h 内不能恢复时，二氧化碳应有备用量，备用量不应小于系统设计的储存量。

对于高压系统和单独设置备用量储存容器的低压系统，备用量的储存容器应与系统管网相连，应能与主储存容器切换使用。

3.2　全淹没灭火系统

3.2.1　二氧化碳设计浓度不应小于灭火浓度的 1.7 倍，并不得低于 34%。可燃物的二氧化碳设计浓度可按本规范附录 A 的规定采用。

3.2.2　当防护区内存有两种及两种以上可燃物时，防护区的二氧化碳设计浓度应采用可燃物中最大的二氧化碳设计浓度。

3.2.3　二氧化碳的设计用量应按下式计算：

$$M = K_b(K_1 A + K_2 V) \qquad (3.2.3\text{-}1)$$

$$A = A_v + 30A_0 \qquad (3.2.3\text{-}2)$$

$$V = V_v - V_g \qquad (3.2.3\text{-}3)$$

式中　M——二氧化碳设计用量，kg；

K_b——物质系数；

K_1——面积系数，kg/m^2，取 $0.2kg/m^2$；

K_2——体积系数，kg/m^3，取 $0.7kg/m^3$；

A——折算面积，m^2；

A_v——防护区的内侧面、底面、顶面（包括其中的开口）的总面积，m^2；

A_0——开口总面积，m^2；

V——防护区的净容积，m^3；

V_v——防护区容积，m^3；

V_g——防护区内非燃烧体和难燃烧体的总体积，m^3。

3.2.4　当防护区的环境温度超过100℃时，二氧化碳的设计用量应在本规范第3.2.3条计算值的基础上每超过5℃增加2%。

3.2.5　当防护区的环境温度低于−20℃时，二氧化碳的设计用量应在本规范第3.2.3条计算值的基础上每降低1℃增加2%。

3.2.6　防护区应设置泄压口，并宜设在外墙上，其高度应大于防护区净高的2/3。当防护区设有防爆泄压孔时，可不单独设置泄压口。

3.2.7　泄压口的面积可按下式计算：

$$A_x = 0.0076 \frac{Q_t}{\sqrt{P_t}} \tag{3.2.7}$$

式中　A_x——泄压口面积，m^2；

Q_t——二氧化碳喷射率，kg/min；

P_t——围护结构的允许压强，Pa。

3.2.8　全淹没灭火系统二氧化碳的喷放时间不应大于1min。当扑救固体深位火灾时，喷放时间不应大于7min，并应在前2min内使二氧化碳的浓度达到30%。

3.2.9　二氧化碳扑救固体深位火灾的抑制时间应按本规范附录A的规定采用。

3.2.10　（此条删除）。

3.3　局部应用灭火系统

3.3.1　局部应用灭火系统的设计可采用面积法或体积法。当保护对象的着火部位是比较平直的表面时，宜采用面积法；当着火对象为不规则物体时，应采用体积法。

3.3.2　局部应用灭火系统的二氧化碳喷射时间不应小于0.5min。对于燃点温度低于沸点温度的液体和可熔化固体的火灾，二氧化碳的喷射时间不应小于1.5min。

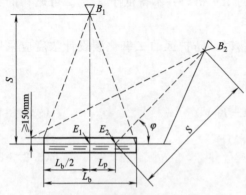

图3.3.3　架空型喷头布置方法

B_1、B_2—喷头布置位置；E_1、E_2—喷头瞄准点；S—喷头出口至瞄准点的距离（m）；L_b—单个喷头正方形保护面积的边长（m）；L_p—瞄准点偏离喷头保护面积中心的距离（m）；φ—喷头安装角（°）

3.3.3　当采用面积法设计时，应符合下列规定：

3.3.3.1　保护对象计算面积应取被保护表面整体的垂直投影面积。

3.3.3.2　架空型喷头应以喷头的出口至保护对象表面的距离确定设计流量和相应的正方形保护面积；槽边型喷头保护面积应由设计选定的喷头设计流量确定。

3.3.3.3　架空型喷头的布置宜垂直于保护对象的表面，其瞄准点应是喷头保护面积的中心。当确需非垂直布置时，喷头的安装角不应小于45°。其瞄准点应偏向喷头安装位置的一方（图3.3.3），喷头偏离保护面积中心的距离可按表 3.3.3 确定。

表 3.3.3　喷头偏离保护面积中心的距离

喷头安装角	喷头偏离保护面积中心的距离/m
45°～60°	$0.25L_b$
60°～75°	$0.25L_b～0.125L_b$
75°～90°	$0.125L_b～0$

注：L_b 为单个喷头正方形保护面积的边长。

3.3.3.4　喷头非垂直布置时的设计流量和保护面积应与垂直布置的相同。

3.3.3.5　喷头宜等距布置，以喷头正方形保护面积组合排列，并应完全覆盖保护对象。

3.3.3.6　二氧化碳的设计用量应按下式计算：

$$M = N \cdot Q_i \cdot t \tag{3.3.3}$$

式中　M——二氧化碳设计用量，kg；

　　　N——喷头数量；

　　　Q_i——单个喷头的设计流量，kg/min；

　　　t——喷射时间，min。

3.3.4　当采用体积法设计时，应符合下列规定：

3.3.4.1　保护对象的计算体积应采用假定的封闭罩的体积。封闭罩的底应是保护对象的实际底面；封闭罩的侧面及顶部当无实际围封结构时，它们至保护对象外缘的距离不应小于 0.6m。

3.3.4.2　二氧化碳的单位体积的喷射率应按下式计算：

$$q_v = K_b \left(16 - \frac{12A_p}{A_t} \right) \tag{3.3.4-1}$$

式中　q_v——单位体积的喷射率，kg/(min·m³)；

　　　A_t——假定的封闭罩侧面围封面面积，m²；

　　　A_p——在假定的封闭罩中存在的实体墙等实际围封面的面积，m²。

3.3.4.3　二氧化碳设计用量应按下式计算：

$$M = V_1 \cdot q_v \cdot t \tag{3.3.4-2}$$

式中　V_1——保护对象的计算体积，m³。

3.3.4.4　喷头的布置与数量应使喷射的二氧化碳分布均匀，并满足单位体积的喷射率和设计用量的要求。

3.3.5　（此条删除）。

3.3.6　（此条删除）。

4　管　网　计　算

4.0.1　二氧化碳灭火系统按灭火剂储存方式可分为高压系统和低压系统。管网起点计算压力（绝对压力）；高压系统应取 5.17MPa，低压系统应取 2.07MPa。

4.0.2　管网中干管的设计流量应按下式计算：

$$Q=M/t \tag{4.0.2}$$

式中　Q——管道的设计流量，kg/min。

4.0.3　管网中支管的设计流量应按下式计算：

$$Q = \sum_{1}^{N_g} Q_i \tag{4.0.3}$$

式中　N_g——安装在计算支管流程下游的喷头数量；

　　　Q_i——单个喷头的设计流量，kg/min。

4.0.3A　管道内径可按下式计算：

$$D=K_d \cdot \sqrt{Q} \tag{4.0.3A}$$

式中　D——管道内径，mm；

　　　K_d——管径系数，取值范围 1.41～3.78。

4.0.4　管段的计算长度应为管道的实际长度与管道附件当量长度之和。管道附件的当量长度可按本规范附录 B 采用。

4.0.5　管道压力降可按下式换算或按本规范附录 C 采用。

$$Q^2=\frac{0.8725\times10^{-4} \cdot D^{5.25} \cdot Y}{L+(0.04319 \cdot D^{1.25} \cdot Z)} \tag{4.0.5}$$

式中　D——管道内径，mm；

　　　L——管段计算长度，m；

　　　Y——压力系数，(MPa·kg)/m³，应按本规范附录 D 采用；

　　　Z——密度系数，应按本规范附录 D 采用。

4.0.6　管道内流程高度所引起的压力校正值，可按本规范附录 E 采用，并应计入该管段的终点压力。终点高度低于起点的取正值，终点高度高于起点的取负值。

4.0.7　喷头入口压力（绝对压力）计算值：高压系统不应小于 1.4MPa；低压系统不应小于 1.0MPa。

4.0.7A　低压系统获得均相流的延迟时间，对全淹灭火系统和局部应用灭火系统分别不应大于 60s 和 30s。其延迟时间可按下式计算：

$$t_d=\frac{M_g C_p(T_1-T_2)}{0.507Q}+\frac{16850V_d}{Q} \tag{4.0.7A}$$

式中　t_d——延迟时间，s；

　　　M_g——管道质量，kg；

　　　C_p——管道金属材料的比热，kJ/(kg·℃)；钢管可取 0.46kJ/(kg·℃)；

　　　T_1——二氧化碳喷射前管道的平均温度，℃；可取环境平均温度；

　　　T_2——二氧化碳平均温度，℃；取 −20.6℃；

　　　V_d——管道容积，m³。

4.0.8　喷头等效孔口面积应按下式计算：

$$F=Q_i/q_0 \tag{4.0.8}$$

式中　F——喷头等效孔口面积，mm²；

　　　q_0——等效孔口单位面积的喷射率，kg/(min·mm²)，按本规范附录 F 选取。

4.0.9 喷头规格应根据等效孔口面积确定，可按本规范附录 H 的规定取值。

4.0.9A 二氧化碳储存量可按下式计算：

$$M_c = K_m M + M_v + M_s + M_t \tag{4.0.9A-1}$$

$$M_v = \frac{M_g C_p (T_1 - T_2)}{H} \tag{4.0.9A-2}$$

$$M_t = \sum V_i \rho_i (低压系统) \tag{4.0.9A-3}$$

$$\rho_i = -261.6718 + 545.9939 P_i - 114740 P_i^2 - 230.9276 P_i^3 + 122.4873 P_i^4$$
$$\tag{4.0.9A-4}$$

$$P_i = \frac{P_{j-1} + P_j}{2} \tag{4.0.9A-5}$$

式中　M_c——二氧化碳储存量，kg；

K_m——裕度系数；对全淹没系统取 1；对局部应用系数：高压系统取 1.4，低压系统取 1.1；

M_v——二氧化碳在管道中的蒸发量，kg；高压全淹没系统取 0 值；

T_2——二氧化碳平均温度，℃；高压系统取 15.6℃，低压系统取 −20.6℃；

H——二氧化碳蒸发潜热，kJ/kg；高压系统取 150.7kJ/kg，低压系统取 276.3kJ/kg；

M_g——储存容器内的二氧化碳剩余量，kg；

M_t——管道内的二氧化碳剩余量，kg；高压系统取 0 值；

V_i——管网内第 i 段管道的容积，m³；

ρ_i——第 i 段管道内二氧化碳平均密度，kg/m³；

P_i——第 i 段管道内的平均压力，MPa；

P_{j-1}——第 i 段管道首端的节点压力，MPa；

P_j——第 i 段管道末端的节点压力，MPa。

4.0.10 高压系统储存容器数量可按下式计算：

$$N_p = \frac{M_c}{\alpha V_0} \tag{4.0.10-1}$$

式中　N_p——高压系统储存容量数量；

α——充装系数，kg/L；

V_0——单个储存容器的容积，L。

4.0.11 低压系统储存容器的规格可依据二氧化碳储存量确定。

5　系统组件

5.1　储存装置

5.1.1 高压系统的储存装置应由储存容器、容器阀、单向阀和集流管等组成，并应符合下列规定：

5.1.1.1　储存容器的工作压力不应小于 15MPa，储存容器或容器阀上应设泄压装置，其泄压动作压力应为（19±0.95)MPa。

5.1.1.2　储存容器中二氧化碳的充装系数应按国家现行《气瓶安全监察规程》执行。

5.1.1.3　储存装置的环境温度应为 0～49℃。

5.1.1A　低压系统的储存装置应由储存容器、容器阀、安全泄压装置、压力表、压力报警装置和制冷装置等组成，并应符合下列规定：

5.1.1A.1　储存容器的设计压力不应小于 2.5MPa，并应采取良好的绝热措施。储存容器上至少应设置两套安全泄压装置，其泄压动作压力应为（2.38±0.12)MPa。

5.1.1A.2　储存装置的高压报警压力设定值应为 2.2MPa，低压报警压力设定值应为 1.8MPa。

5.1.1A.3　储存容器中二氧化碳的装量系数应按国家现行《压力容器安全技术监察规程》执行。

5.1.1A.4　容器阀应能在喷出要求的二氧化碳量后自动关闭。

5.1.1A.5　储存装置应远离热源，其位置应便于再充装，其环境温度宜为-23～49℃。

5.1.2　储存容器中充装的二氧化碳应符合现行国家标准《二氧化碳灭火剂》的规定。

5.1.3　（此条删除）。

5.1.4　储存装置应设检漏装置。当储存容器中充装的二氧化碳量损失 10％时，应及时补充。

5.1.5　（此条删除）。

5.1.6　储存装置的布置应方便检查和维护，并应避免阳光直射。

5.1.7　储存装置宜设在专用的储存容器间内。局部应用灭火系统的储存装置可设置在固定的安全围栏内。专用的储存容器间的设置应符合下列规定：

5.1.7.1　应靠近防护区，出口应直接通向室外或疏散走道。

5.1.7.2　耐火等级不应低于二级。

5.1.7.3　室内应保持干燥和良好通风。

5.1.7.4　设在地下的储存容器间应设机械排风装置，排风口应通向室外。

5.2　选择阀与喷头

5.2.1　在组合分配系统中，每个防护区或保护对象应设一个选择阀。选择阀的位置宜靠近储存容器，并应便于手动操作，方便检查维护。选择阀上应设有标明防护区的铭牌。

5.2.2　选择阀可采用电动、气动或机械操作方式。选择阀的工作压力：高压系统不应小于 12MPa，低压系统不应小于 2.5MPa。

5.2.3　系统启动时，选择阀应在容器阀动作之前或同时打开。

5.2.3A　全淹没灭火系统的喷头布置应使防护区内二氧化碳分布均匀，喷头应接近天花板或屋顶安装。

5.2.4　设置在有粉尘或喷漆作业等场所的喷头，应增设不影响喷射效果的防尘罩。

5.3　管道及其附件

5.3.1　高压系统管道及其附件应能承受最高环境温度下二氧化碳的储存压力；低压系

统管道及其附件应能承受 4.0MPa 的压力。并应符合下列规定：

5.3.1.1　管道应采用符合现行国家标准 GB 8163《输送流体用无缝钢管》的规定，并应进行内外表面镀锌防腐处理。管道规格可按附录 J 取值。

5.3.1.2　对镀锌层有腐蚀的环境，管道可采用不锈钢管、铜管或其它抗腐蚀的材料。

5.3.1.3　挠性连接的软管应能承受系统的工作压力和温度，并宜采用不锈钢软管。

5.3.1A　低压系统的管网中应采取防膨胀收缩措施。

5.3.1B　在可能产生爆炸的场所，管网应吊挂安装并采取防晃措施。

5.3.2　管道可采用螺纹连接、法兰连接或焊接。公称直径等于或小于 80mm 的管道，宜采用螺纹连接；公称直径大于 80mm 的管道，宜采用法兰连接。

5.3.3　管网中阀门之间的封闭管段应设置泄压装置，其泄压动作压力；高压系统应为 (15±0.75)MPa，低压系统应为 (2.38±0.12)MPa。

6　控制与操作

6.0.1　二氧化碳灭火系统应设有自动控制、手动控制和机械应急操作三种启动方式；当局部应用灭火系统用于经常有人的保护场所时可不设自动控制。

6.0.2　当采用火灾探测器时，灭火系统的自动控制应在接收到两个独立的火灾信号后才能启动，根据人员疏散要求，宜延迟启动，但延迟时间不应大于 30s。

6.0.3　手动操作装置应设在防护区外便于操作的地方，并应能在一处完成系统启动的全部操作。局部应用灭火系统手动操作装置应设在保护对象附近。

6.0.4　二氧化碳灭火系统的供电与自动控制应符合现行国家标准《火灾自动报警系统设计规范》的有关规定。当采用气动动力源时，应保证系统操作与控制所需要的压力和用气量。

6.0.5　低压系统制冷装置的供电应采用消防电源，制冷装置应采用自动控制，且应设手动操作装置。

7　安 全 要 求

7.0.1　防护区内应设火灾声报警器，必要时，可增设光报警器。防护区的入门处应设光报警器。报警时间不宜小于灭火过程所需的时间，并应能手动切除报警信号。

7.0.2　防护区应有能在 30s 内使该区人员疏散完毕的走道与出口。在疏散走道与出口处，应设火灾事故照明和疏散指示标志。

7.0.3　防护区入口处应设灭火系统防护标志和二氧化碳喷放指示灯。

7.0.4　当系统管道设置在可燃气体、蒸气或有爆炸危险粉尘的场所时，应设防静电接地。

7.0.5　地下防护区和无窗或固定窗扇的地上防护区，应设机械排风装置。

7.0.6　防护区的门应向疏散方向开启，并能自动关闭；在任何情况下均应能从防护区内打开。

7.0.7　设置灭火系统的场所应配备专用的空气呼吸器或氧气呼吸器。

附录 A　物质系数、设计浓度和抑制时间

附表 A　物质系数、设计浓度和抑制时间

可燃物	物质系数 K_b	设计浓度 $C/(\%)$	抑制时间 /min	可燃物	物质系数 K_b	设计浓度 $C/(\%)$	抑制时间 /min
丙酮	1.00	34	—	航空煤油 JP-4	1.06	36	—
乙炔	2.57	66	—	煤油	1.00	34	—
航空燃料 115#/145#	1.06	36	—	甲烷	1.00	34	—
粗苯（安息油、偏苏油）、苯	1.10	37	—	醋酸甲酯	1.03	35	—
丁二烯	1.26	41	—	甲醇	1.22	40	—
丁烷	1.00	34	—	甲基丁烯-1	1.06	36	—
丁烯-1	1.10	37	—	甲基乙基酮（丁酮）	1.22	40	—
二硫化碳	3.03	72	—	甲酸甲酯	1.18	39	—
一氧化碳	2.43	64	—	戊烷	1.03	35	—
煤气或天然气	1.10	37	—	正辛烷	1.03	35	—
环丙烷	1.10	37	—	丙烷	1.06	36	—
柴油	1.00	34	—	丙烯	1.06	36	—
二甲醚	1.22	40	—	淬火油（灭弧油）、润滑油	1.00	34	—
二苯与其氧化物的混合物	1.47	46	—	纤维材料	2.25	62	20
乙烷	1.22	40	—	棉花	2.00	58	20
乙醇（酒精）	1.34	43	—	纸	2.25	62	20
乙醚	1.47	46	—	塑料（颗粒）	2.00	58	20
乙烯	1.60	49	—	聚苯乙烯	1.00	34	—
二氯乙烯	1.00	34	—	聚氨基甲酸甲酯（硬）	1.00	34	—
环氧乙烷	1.80	53	—	电缆间和电缆沟	1.50	47	10
汽油	1.00	34	—	数据储存间	2.25	62	20
己烷	1.03	35	—	电子计算机房	1.50	47	10
正庚烷	1.03	35	—	电器开关和配电室	1.20	40	10
氢	3.30	75	—	带冷却系统的发电机	2.00	58	至停转止
硫化氢	1.06	36	—	油浸变压器	2.00	58	—
异丁烷	1.06	36	—	数据打印设备间	2.25	62	20
异丁烯	1.00	34	—	油漆间和干燥设备	1.20	40	—
甲酸异丁酯	1.00	34	—	纺织机	2.00	58	—

注：表 A 中未列出的可燃物，其灭火浓度应通过试验确定。

附录 B　管道附件的当量长度

附表 B　管道附件的当量长度

管道公称直径 /mm	螺纹连接			焊接		
	90°弯头 /m	三通的直通部分 /m	三通的侧通部分 /m	90°弯头 /m	三通的直通部分 /m	三通的侧通部分 /m
15	0.52	0.3	1.04	0.24	0.21	0.64
20	0.67	0.43	1.37	0.33	0.27	0.85
25	0.85	0.55	1.74	0.43	0.34	1.07
32	1.13	0.7	2.29	0.55	0.46	1.4
40	1.31	0.82	2.65	0.64	0.52	1.65
50	1.68	1.07	3.42	0.85	0.67	2.1
65	2.01	1.25	4.09	1.01	0.82	2.5
80	2.50	1.56	5.06	1.25	1.01	3.11
100	—	—	—	1.65	1.34	4.09
125	—	—	—	2.04	1.68	5.12
150	—	—	—	2.47	2.01	6.16

集流管等组成，并应符合下列规定：

5.1.1.1 储存容器的工作压力不应小于 15MPa，储存容器或容器阀上应设泄压装置，其泄压动作压力应为 19MPa±0.95MPa。

5.1.1.2 储存容器中二氧化碳的充装系数应按国家现行《气瓶安全监察规程》执行。

5.1.1.3 储存装置的环境温度应为 0~49℃。

5.1.1A 低压系统的储存装置应由储存容器、容器阀、安全泄压装置、压力表、压力报警装置和制冷装置等组成，并应符合下列规定：

5.1.1A.1 储存容器的设计压力不应小于 2.5MPa，并应采取良好的绝热措施。储存容器上至少应设置两套安全泄压装置，其泄压动作压力应为 2.38MPa±0.12MPa。

5.1.1A.2 储存装置的高压报警压力设定值应为 2.2MPa，低压报警压力设定值应为 1.8MPa。

5.1.1A.3 储存容器中二氧化碳的装置系数应按国家现行《固定式压力容器安全技术监察规程》执行。

5.1.1A.4 容器阀应能在喷出要求的二氧化碳量后自动关闭。

5.1.1A.5 储存装置应远离热源，其位置应便于再充装，其环境温度宜为 -23~49℃。

5.1.4 储存装置应具有灭火剂泄漏检测功能，当储存容器中充装的二氧化碳损失量达到其初始充装量的 10% 时，应能发出声光报警信号并及时补充。

5.1.7 储存装置宜设在专用的储存容器间内。局部应用灭火系统的储存装置可设置在固定的安全围栏内。专用的储存容器间的设置应符合下列规定：

5.1.7.1 应靠近防护区，出口应直接通向室外或疏散走道。

5.1.7.2 耐火等级不应低于二级。

5.1.7.3 室内应保持干燥和良好通风。

5.1.7.4 不具备自然通风条件的储存容器间，应设置机械排风装置，排风口距储存容器间地面高度不宜大于 0.5m，排出口应直接通向室外，正常排风量宜按换气次数不小于 4 次/h 确定，事故排风量应按换气次数不小于 8 次/h 确定。

5.2 选择阀与喷头

5.2.1 在组合分配系统中，每个防护区或保护对象应设一个选择阀。选择阀应设置在储存容器间内，并应便于手动操作，方便检查维护。选择阀上应设有标明防护区的铭牌。

5.2.3 系统在启动时，选择阀应在二氧化碳储存容器的容器阀动作之前或同时打开；采用灭火剂自身作为启动气源打开的选择阀，可不受此限。

5.3 管道及其附件

5.3.2A 二氧化碳灭火剂输送管网不应采用四通管件分流。

6 控制与操作

6.0.3A 对于采用全淹没灭火系统保护的防护区，应在其入口处设置手动、自动转换控制装置；有人工作时，应置于手动控制状态。

6.0.5A 设有火灾自动报警系统的场所，二氧化碳灭火系统的动作信号及相关警报信号、工作状态和控制状态均应能在火灾报警控制器上显示。

7　安全要求

7.0.1　防护区内应设置火灾声报警器，必要时，可增设光报警器。防护区的入口处应设置火灾声、光报警器。报警时间不宜小于灭火所需时间，并应能手动消除警报信号。

7.0.7　设置灭火系统的防护区的入口处明显位置应配备专用空气呼吸器或氧气呼吸器。

（五）泡沫灭火系统设计规范 GB 50151—2010

目次

1　总　　则

1.0.1　为了合理地设计泡沫灭火系统，减少火灾损失，保障人身和财产的安全，制定本规范。

1.0.2　本规范适用于新建、改建、扩建工程中设置的泡沫灭火系统的设计。

　　本规范不适用于船舶、海上石油平台等场所设置的泡沫灭火系统的设计。

1.0.3　含有下列物质的场所，不应选用泡沫灭火系统：

　　1　硝化纤维、炸药等在无空气的环境中仍能迅速氧化的化学物质和强氧化剂；

　　2　钾、钠、烷基铝、五氧化二磷等遇水发生危险化学反应的活泼金属和化学物质。

1.0.4　泡沫灭火系统的设计除应执行本规范外，尚应符合国家现行有关标准的规定。

2　术　　语

2.1　通用术语

2.1.1　泡沫液　foam concentrate

　　可按适宜的混合比与水混合形成泡沫溶液的浓缩液体。

2.1.2　泡沫混合液　foam solution

　　泡沫液与水按特定混合比配制成的泡沫溶液。

2.1.3　泡沫预混液　premixed foam solution

　　泡沫液与水按特定混合比预先配制成的储存待用的泡沫溶液。

2.1.4　混合比　concentration

　　泡沫液在泡沫混合液中所占的体积百分数。

2.1.5　发泡倍数　foam expansion ratio

　　泡沫体积与形成该泡沫的泡沫混合液体积的比值。

2.1.6 低倍数泡沫 low-expansion foam

发泡倍数低于 20 的灭火泡沫。

2.1.7 中倍数泡沫 medium-expansion foam

发泡倍数为 20～200 的灭火泡沫。

2.1.8 高倍数泡沫 high expansion foam

发泡倍数高于 200 的灭火泡沫。

2.1.9 供给强度 application rate（density）

单位时间单位面积上泡沫混合液或水的供给量，用 $L/(min \cdot m^2)$ 表示。

2.1.10 固定式系统 fixed system

由固定的泡沫消防水泵或泡沫混合液泵、泡沫比例混合器（装置）、泡沫产生器（或喷头）和管道等组成的灭火系统。

2.1.11 半固定式系统 semi-fixed system

由固定的泡沫产生器与部分连接管道，泡沫消防车或机动消防泵，用水带连接组成的灭火系统。

2.1.12 移动式系统 mobile system

由消防车、机动消防泵或有压水源，泡沫比例混合器，泡沫枪、泡沫炮或移动式泡沫产生器，用水带等连接组成的灭火系统。

2.1.13 平衡式比例混合装置 balanced pressure proportioning set

由单独的泡沫液泵按设定的压差向压力水流中注入泡沫液，并通过平衡阀、孔板或文丘里管（或孔板和文丘里管的结合），能在一定的水流压力或流量范围内自动控制混合比的比例混合装置。

2.1.14 计量注入式比例混合装置 direct injection variable pump output proportioning set

由流量计与控制单元等联动控制泡沫液泵向系统水流中按设定比例注入泡沫液的比例混合装置。

2.1.15 压力式比例混合装置 pressure proportioning tank

压力水借助于文丘里管将泡沫液从密闭储罐内排出，并按比例与水混合的装置。依罐内设囊与否，分为囊式和无囊式压力比例混合装置。

2.1.16 环泵式比例混合器 around-the-pump proportioner

安装在系统水泵出口与进口间旁路管道上，利用泵出口与进口间压差吸入泡沫液并与水按比例混合的文丘里管装置。

2.1.17 管线式比例混合器 in-line eductor

安装在通向泡沫产生器供水管线上的文丘里管装置。

2.1.18 吸气型泡沫产生装置 air-aspirating discharge device

利用文丘里管原理，将空气吸入泡沫混合液中并混合产生泡沫，然后将泡沫以特定模式喷出的装置，如泡沫产生器、泡沫枪、泡沫炮、泡沫喷头等。

2.1.19 非吸气型喷射装置 non air-aspirating discharge device

无空气吸入口，使用水成膜等泡沫混合液，其喷射模式类似于喷水的装置，如水枪、水炮、洒水喷头等。

2.1.20　泡沫消防水泵　foam system water supply pump

为采用平衡式、计量注入式、压力式等比例混合装置的泡沫灭火系统供水的水泵。

2.1.21　泡沫混合液泵　foam solution supply pump

为采用环泵式比例混合器的泡沫灭火系统供给泡沫混合液的水泵。

2.1.22　泡沫液泵　foam concentrate supply pump

为泡沫灭火系统供给泡沫液的泵。

2.1.23　泡沫消防泵站　foam system pump station

设置泡沫消防水泵或泡沫混合液泵等的场所。

2.1.24　泡沫站　foam station

不含泡沫消防水泵或泡沫混合液泵，仅设置泡沫比例混合装置、泡沫液储罐等的场所。

2.2　低倍数泡沫灭火系统术语

2.2.1　液上喷射系统　surface application system

泡沫从液面上喷入被保护储罐内的灭火系统。

2.2.2　液下喷射系统　subsurfacc injection system

泡沫从液面下喷入被保护储罐内的灭火系统。

2.2.3　半液下喷射系统　semi-subsurface injection system

泡沫从储罐底部注入，并通过软管浮升到燃烧液体表面进行喷放的灭火系统。

2.2.4　横式泡沫产生器　foam maker in horizontal position

在甲、乙、丙类液体立式储罐上水平安装的泡沫产生器。

2.2.5　立式泡沫产生器　foam maker in standing position

在甲、乙、丙类液体立式储罐罐壁上铅垂安装的泡沫产生器。

2.2.6　高背压泡沫产生器　high back-pressure foam maker

有压泡沫混合液通过时能吸入空气，产生低倍数泡沫，且出口具有一定压力（表压）的装置。

2.2.7　泡沫导流罩　foam guiding cover

安装在外浮顶储罐罐壁顶部，能使泡沫沿罐壁向下流动和防止泡沫流失的装置。

2.3　中倍数与高倍数泡沫灭火系统术语

2.3.1　全淹没系统　total flooding system

由固定式泡沫产生器将泡沫喷放到封闭或被围挡的防护区内，并在规定的时间内达到一定泡沫淹没深度的灭火系统。

2.3.2　局部应用系统　local application system

由固定式泡沫产生器直接或通过导泡筒将泡沫喷放到火灾部位的灭火系统。

2.3.3　封闭空间　enclosure

由难燃烧体或不燃烧体所包容的空间。

2.3.4　泡沫供给速率　foam application rate

单位时间供给泡沫的总体积，用 m^3/min 表示。

2.3.5 导泡筒 foam distribution duct

由泡沫产生器出口向防护区输送高倍数泡沫的导筒。

2.4 泡沫-水喷淋系统与泡沫喷雾系统术语

2.4.1 泡沫-水喷淋系统 foam-water sprinkler system

由喷头、报警阀组、水流报警装置（水流指示器或压力开关）等组件，以及管道、泡沫液与水供给设施组成，并能在发生火灾时按预定时间与供给强度向防护区依次喷洒泡沫与水的自动灭火系统。

2.4.2 泡沫-水雨淋系统 foam-water deluge system

使用开式喷头，由安装在与喷头同一区域的火灾自动探测系统控制开启的泡沫-水喷淋系统。

2.4.3 闭式泡沫-水喷淋系统 closed-head foam-water sprinkler system

采用闭式洒水喷头的泡沫-水喷淋系统。包括泡沫-水预作用系统、泡沫-水干式系统和泡沫-水湿式系统。

2.4.4 泡沫-水预作用系统 foam-water preaction system

发生火灾后，由安装在与喷头同一区域的火灾探测系统控制开启相关设备与组件，使灭火介质充满系统管道并从开启的喷头依次喷洒泡沫与水的闭式泡沫-水喷淋系统。

2.4.5 泡沫-水干式系统 foam-water dry pipe system

由系统管道中充装的具有一定压力的空气或氮气控制开启的闭式泡沫-水喷淋系统。

2.4.6 泡沫-水湿式系统 foam-water wet pipe system

由系统管道中充装的有压泡沫预混液或水控制开启的闭式泡沫-水喷淋系统。

2.4.7 泡沫喷雾系统 foam spray system

采用泡沫喷雾喷头，在发生火灾时按预定时间与供给强度向被保护设备或防护区喷洒泡沫的自动灭火系统。

2.4.8 作用面积 total design area

闭式泡沫-水喷淋系统的最大计算保护面积。

3 泡沫液和系统组件

3.1 一般规定

3.1.1 泡沫液、泡沫消防水泵、泡沫混合液泵、泡沫液泵、泡沫比例混合器（装置）、压力容器、泡沫产生装置、火灾探测与启动控制装置、控制阀门及管道等，必须采用经国家产品质量监督检验机构检验合格的产品，且必须符合系统设计要求。

3.1.2 系统主要组件宜按下列规定涂色：

1 泡沫混合液泵、泡沫液泵、泡沫液储罐、泡沫产生器、泡沫液管道、泡沫混合液管道、泡沫管道、管道过滤器宜涂红色；

2 泡沫消防水泵、给水管道宜涂绿色；

3 当管道较多，泡沫系统管道与工艺管道涂色有矛盾时，可涂相应的色带或色环；

4 隐蔽工程管道可不涂色。

3.2 泡沫液的选择和储存

3.2.1 非水溶性甲、乙、丙类液体储罐低倍数泡沫液的选择，应符合下列规定：

1 当采用液上喷射系统时，应选用蛋白、氟蛋白、成膜氟蛋白或水成膜泡沫液；

2 当采用液下喷射系统时，应选用氟蛋白、成膜氟蛋白或水成膜泡沫液；

3 当选用水成膜泡沫液时，其抗烧水平不应低于现行国家标准《泡沫灭火剂》GB 15308 规定的 C 级。

3.2.2 保护非水溶性液体的泡沫-水喷淋系统、泡沫枪系统、泡沫炮系统泡沫液的选择，应符合下列规定：

1 当采用吸气型泡沫产生装置时，可选用蛋白、氟蛋白、水成膜或成膜氟蛋白泡沫液；

2 当采用非吸气型喷射装置时，应选用水成膜或成膜氟蛋白泡沫液。

3.2.3 水溶性甲、乙、丙类液体和其他对普通泡沫有破坏作用的甲、乙、丙类液体，以及用一套系统同时保护水溶性和非水溶性甲、乙、丙类液体的，必须选用抗溶泡沫液。

3.2.4 中倍数泡沫灭火系统泡沫液的选择应符合下列规定：

1 用于油罐的中倍数泡沫灭火剂应采用专用 8% 型氟蛋白泡沫液；

2 除油罐外的其他场所，可选用中倍数泡沫液或高倍数泡沫液。

3.2.5 高倍数泡沫灭火系统利用热烟气发泡时，应采用耐温耐烟型高倍数泡沫液。

3.2.6 当采用海水作为系统水源时，必须选择适用于海水的泡沫液。

3.2.7 泡沫液宜储存在通风干燥的房间或敞棚内；储存的环境温度应符合泡沫液使用温度的要求。

3.3 泡沫消防泵

3.3.1 泡沫消防水泵、泡沫混合液泵的选择与设置，应符合下列规定：

1 应选择特性曲线平缓的离心泵，且其工作压力和流量应满足系统设计要求；

2 当泡沫液泵采用水力驱动时，应将其消耗的水流量计入泡沫消防水泵的额定流量；

3 当采用环泵式比例混合器时，泡沫混合液泵的额定流量宜为系统设计流量的 1.1 倍；

4 泵出口管道上应设置压力表、单向阀和带控制阀的回流管。

3.3.2 泡沫液泵的选择与设置应符合下列规定：

1 泡沫液泵的工作压力和流量应满足系统最大设计要求，并应与所选比例混合装置的工作压力范围和流量范围相匹配，同时应保证在设计流量范围内泡沫液供给压力大于最大水压力；

2 泡沫液泵的结构形式、密封或填充类型应适宜输送所选的泡沫液，其材料应耐泡沫液腐蚀且不影响泡沫液的性能；

3 应设置备用泵，备用泵的规格型号应与工作泵相同，且工作泵故障时应能自动与手动切换到备用泵；

4 泡沫液泵应能耐受不低于 10min 的空载运转；

    5　除水力驱动型外，泡沫液泵的动力源设置应符合本规范第 8.1.4 条的规定，且宜与系统泡沫消防水泵的动力源一致。

3.4　泡沫比例混合器（装置）

3.4.1　泡沫比例混合器（装置）的选择，应符合下列规定：

    1　系统比例混合器（装置）的进口工作压力与流量，应在标定的工作压力与流量范围内；

    2　单罐容量不小于 20000m³ 的非水溶性液体与单罐容量不小于 5000m³ 的水溶性液体固定顶储罐及按固定顶储罐对待的内浮顶储罐、单罐容量不小于 50000m³ 的内浮顶和外浮顶储罐，宜选择计量注入式比例混合装置或平衡式比例混合装置；

    3　当选用的泡沫液密度低于 1.12g/mL 时，不应选择无囊式压力比例混合装置；

    4　全淹没高倍数泡沫灭火系统或局部应用高倍数、中倍数泡沫灭火系统，采用集中控制方式保护多个防护区时，应选用平衡式比例混合装置或囊式压力比例混合装置；

    5　全淹没高倍数泡沫灭火系统或局部应用高倍数、中倍数泡沫灭火系统保护一个防护区时，宜选用平衡式比例混合装置或囊式压力比例混合装置。

3.4.2　当采用平衡式比例混合装置时，应符合下列规定：

    1　平衡阀的泡沫液进口压力应大于水进口压力，且其压差应满足产品的使用要求；

    2　比例混合器的泡沫液进口管道上应设置单向阀；

    3　泡沫液管道上应设置冲洗及放空设施。

3.4.3　当采用计量注入式比例混合装置时，应符合下列规定：

    1　泡沫液注入点的泡沫液流压力应大于水流压力，且其压差应满足产品的使用要求；

    2　流量计进口前和出口后直管段的长度不应小于管径的 10 倍；

    3　泡沫液进口管道上应设置单向阀；

    4　泡沫液管道上应设置冲洗及放空设施。

3.4.4　当采用压力式比例混合装置时，应符合下列规定：

    1　泡沫液储罐的单罐容积不应大于 10m³；

    2　无囊式压力比例混合装置，当泡沫液储罐的单罐容积大于 5m³ 且储罐内无分隔设施时，宜设置 1 台小容积压力式比例混合装置，其容积应大于 0.5m³，并应保证系统按最大设计流量连续提供 3min 的泡沫混合液。

3.4.5　当采用环泵式比例混合器时，应符合下列规定：

    1　出口背压宜为零或负压，当进口压力为 0.7～0.9MPa 时，其出口背压可为 0.02～0.03MPa；

    2　吸液口不应高于泡沫液储罐最低液面 1m；

    3　比例混合器的出口背压大于零时，吸液管上应有防止水倒流入泡沫液储罐的措施；

    4　应设有不少于 1 个的备用量。

3.4.6　当半固定式或移动式系统采用管线式比例混合器时，应符合下列规定：

    1　比例混合器的水进口压力应为 0.6～1.2MPa，且出口压力应满足泡沫产生装置的进口压力要求；

 2 比例混合器的压力损失可按水进口压力的 35％计算。

3.5　泡沫液储罐

3.5.1 泡沫液储罐宜采用耐腐蚀材料制作，且与泡沫液直接接触的内壁或衬里不应对泡沫液的性能产生不利影响。

3.5.2 常压泡沫液储罐应符合下列规定：

 1 储罐内应留有泡沫液热膨胀空间和泡沫液沉降损失部分所占空间；

 2 储罐出液口的设置应保障泡沫液泵进口为正压，且应设置在沉降层之上；

 3 储罐上应设置出液口、液位计、进料孔、排渣孔、人孔、取样口、呼吸阀或通气管。

3.5.3 泡沫液储罐上应有标明泡沫液种类、型号、出厂与灌装日期及储量的标志。不同种类、不同牌号的泡沫液不得混存。

3.6　泡沫产生装置

3.6.1 低倍数泡沫产生器应符合下列规定：

 1 固定顶储罐、按固定顶储罐对待的内浮顶储罐，宜选用立式泡沫产生器；

 2 泡沫产生器进口的工作压力应为其额定值±0.1MPa；

 3 泡沫产生器的空气吸入口及露天的泡沫喷射口，应设置防止异物进入的金属网；

 4 横式泡沫产生器的出口，应设置长度不小于1m的泡沫管；

 5 外浮顶储罐上的泡沫产生器，不应设置密封玻璃。

3.6.2 高背压泡沫产生器应符合下列规定：

 1 进口工作压力应在标定的工作压力范围内；

 2 出口工作压力应大于泡沫管道的阻力和罐内液体静压力之和；

 3 发泡倍数不应小于 2，且不应大于 4。

3.6.3 中倍数泡沫产生器应符合下列规定：

 1 发泡网应采用不锈钢材料；

 2 安装于油罐上的中倍数泡沫产生器，其进空气口应高出罐壁顶。

3.6.4 高倍数泡沫产生器应符合下列规定：

 1 在防护区内设置并利用热烟气发泡时，应选用水力驱动型泡沫产生器；

 2 在防护区内固定设置泡沫产生器时，应采用不锈钢材料的发泡网。

3.6.5 泡沫-水喷头、泡沫-水雾喷头的工作压力应在标定的工作压力范围内，且不应小于其额定压力的 0.8 倍。

3.7　控制阀门和管道

3.7.1 泡沫灭火系统中所用的控制阀门应有明显的启闭标志。

3.7.2 当泡沫消防水泵或泡沫混合液泵出口管道口径大于 300mm 时，不宜采用手动阀门。

3.7.3 低倍数泡沫灭火系统的水与泡沫混合液及泡沫管道应采用钢管，且管道外壁应进行防腐处理。

3.7.4 中倍数泡沫灭火系统的干式管道，应采用钢管；湿式管道，宜采用不锈钢管或内、外部进行防腐处理的钢管。

3.7.5　高倍数泡沫灭火系统的干式管道，宜采用镀锌钢管；湿式管道，宜采用不锈钢管或内、外部进行防腐处理的钢管；高倍数泡沫产生器与其管道过滤器的连接管道应采用不锈钢管。

3.7.6　泡沫液管道应采用不锈钢管。

3.7.7　在寒冷季节有冰冻的地区，泡沫灭火系统的湿式管道应采取防冻措施。

3.7.8　泡沫-水喷淋系统的管道应采用热镀锌钢管。其报警阀组、水流指示器、压力开关、末端试水装置、末端放水装置的设置，应符合现行国家标准《自动喷水灭火系统设计规范》GB 50084 的有关规定。

3.7.9　防火堤或防护区内的法兰垫片应采用不燃材料或难燃材料。

3.7.10　对于设置在防爆区内的地上或管沟敷设的干式管道，应采取防静电接地措施。钢制甲、乙、丙类液体储罐的防雷接地装置可兼作防静电接地装置。

4　低倍数泡沫灭火系统

4.1　一般规定

4.1.1　甲、乙、丙类液体储罐固定式、半固定式或移动式泡沫灭火系统的选择。应符合国家现行有关标准的规定。

4.1.2　储罐区低倍数泡沫灭火系统的选择，应符合下列规定：

　　1　非水溶性甲、乙、丙类液体固定顶储罐，应选用液上喷射、液下喷射或半液下喷射系统；

　　2　水溶性甲、乙、丙类液体和其他对普通泡沫有破坏作用的甲、乙、丙类液体固定顶储罐，应选用液上喷射系统或半液下喷射系统；

　　3　外浮顶和内浮顶储罐应选用液上喷射系统；

　　4　非水溶性液体外浮顶储罐、内浮顶储罐、直径大于 18m 的固定顶储罐及水溶性甲、乙、丙类液体立式储罐，不得选用泡沫炮作为主要灭火设施；

　　5　高度大于 7m 或直径大于 9m 的固定顶储罐，不得选用泡沫枪作为主要灭火设施。

4.1.3　储罐区泡沫灭火系统扑救一次火灾的泡沫混合液设计用量，应按罐内用量、该罐辅助泡沫枪用量、管道剩余量三者之和最大的储罐确定。

4.1.4　设置固定式泡沫灭火系统的储罐区，应配置用于扑救液体流散火灾的辅助泡沫枪，泡沫枪的数量及其泡沫混合液连续供给时间不应小于表 4.1.4 的规定。每支辅助泡沫枪的泡沫混合液流量不应小于 240L/min。

表 4.1.4　泡沫枪数量及其泡沫混合液连续供给时间

储罐直径/m	配备泡沫枪数/支	连续供给时间/min
≤10	1	10
>10 且≤20	1	20
>20 且≤30	2	20
>30 且≤40	2	30
>40	3	30

4.1.5 当储罐区固定式泡沫灭火系统的泡沫混合液流量大于或等于100L/s时，系统的泵、比例混合装置及其管道上的控制阀、干管控制阀宜具备远程控制功能。

4.1.6 在固定式泡沫灭火系统的泡沫混合液主管道上应留出泡沫混合液流量检测仪器的安装位置；在泡沫混合液管道上应设置试验检测口；在防火堤外侧最不利和最有利水力条件处的管道上，宜设置供检测泡沫产生器工作压力的压力表接口。

4.1.7 储罐区固定式泡沫灭火系统与消防冷却水系统合用一组消防给水泵时，应有保障泡沫混合液供给强度满足设计要求的措施，且不得以火灾时临时调整的方式保障。

4.1.8 采用固定式泡沫灭火系统的储罐区，宜沿防火堤外均匀布置泡沫消火栓，且泡沫消火栓的间距不应大于60m。

4.1.9 储罐区固定式泡沫灭火系统应具备半固定式系统功能。

4.1.10 固定式泡沫灭火系统的设计应满足在泡沫消防水泵或泡沫混合液泵启动后，将泡沫混合液或泡沫输送到保护对象的时间不大于5min。

4.2 固定顶储罐

4.2.1 固定顶储罐的保护面积应按其横截面积确定。

4.2.2 泡沫混合液供给强度及连续供给时间应符合下列规定：

1 非水溶性液体储罐液上喷射系统，其泡沫混合液供给强度和连续供给时间不应小于表4.2.2-1的规定；

表4.2.2-1　泡沫混合液供给强度和连续供给时间

系统形式	泡沫液种类	供给强度 /[L/(min·m²)]	连续供给时间/min	
			甲、乙类液体	丙类液体
固定式、半固定式系统	蛋白	6.0	40	30
	氟蛋白、水成膜、成膜氟蛋白	5.0	45	30
移动式系统	蛋白、氟蛋白	8.0	60	45
	水成膜、成膜氟蛋白	6.5	60	45

注：1. 如果采用大于本表规定的混合液供给强度，混合液连续供给时间可按相应的比例缩短，但不得小于本表规定时间的80%。

2. 沸点低于45℃的非水溶性液体，设置泡沫灭火系统的适用性及其泡沫混合液供给强度，应由试验确定。

2 非水溶性液体储罐液下或半液下喷射系统，其泡沫混合液供给强度不应小于5.0L/(min·m²)、连续供给时间不应小于40min；

注：沸点低于45℃的非水溶性液体、储存温度超过50℃或黏度大于40mm²/s的非水溶性液体，液下喷射系统的适用性及其泡沫混合液供给强度，应由试验确定。

3 水溶性液体和其他对普通泡沫有破坏作用的甲、乙、丙类液体储罐液上或半液下喷射系统，其泡沫混合液供给强度和连续供给时间不应小于表4.2.2-2的规定。

表4.2.2-2　泡沫混合液供给强度和连续供给时间

液体类别	供给强度/[L/(min·m²)]	连续供给时间/min
丙酮、异丙醇、甲基异丁酮	12	30
甲醇、乙醇、正丁醇、丁酮、丙烯腈、醋酸乙酯、醋酸丁酯	12	25
含氧添加剂含量体积比大于10%的汽油	6	40

注：本表未列出的水溶性液体，其泡沫混合液供给强度和连续供给时间应根据本规范附录A的规定由试验确定。

4.2.3 液上喷射系统泡沫产生器的设置，应符合下列规定：

1 泡沫产生器的型号及数量，应根据本规范第 4.2.1 条和第 4.2.2 条计算所需的泡沫混合液流量确定，且设置数量不应小于表 4.2.3 的规定；

表 4.2.3　泡沫产生器设置数量

储罐直径/m	泡沫产生器设置数量/个
≤10	1
>10 且≤25	2
>25 且≤30	3
>30 且≤35	4

注：对于直径大于 35m 且小于 50m 的储罐，其横截面积每增加 300m²，应至少增加 1 个泡沫产生器。

2 当一个储罐所需的泡沫产生器数量大于 1 个时，宜选用同规格的泡沫产生器，且应沿罐周均匀布置；

3 水溶性液体储罐应设置泡沫缓冲装置。

4.2.4 液下喷射系统高背压泡沫产生器的设置，应符合下列规定：

1 高背压泡沫产生器应设置在防火堤外，设置数量及型号应根据本规范第 4.2.1 条和第 4.2.2 条计算所需的泡沫混合液流量确定；

2 当一个储罐所需的高背压泡沫产生器数量大于 1 个时，宜并联使用；

3 在高背压泡沫产生器的进口侧应设置检测压力表接口，在其出口侧应设置压力表、背压调节阀和泡沫取样口。

4.2.5 液下喷射系统泡沫喷射口的设置，应符合下列规定：

1 泡沫进入甲、乙类液体的速度不应大于 3m/s；泡沫进入丙类液体的速度不应大于 6m/s；

2 泡沫喷射口宜采用向上斜的口型，其斜口角度宜为 45°，泡沫喷射管的长度不得小于喷射管直径的 20 倍。当设有一个喷射口时，喷射口宜设置在储罐中心；当设有一个以上喷射口时，应沿罐周均匀设置，且各喷射口的流量宜相等；

3 泡沫喷射口应安装在高于储罐积水层 0.3m 的位置，泡沫喷射口的设置数量不应小于表 4.2.5 的规定。

表 4.2.5　泡沫喷射口设置数量

储罐直径/m	喷射口数量/个
≤23	1
>23 且≤33	2
>33 且≤40	3

注：对于直径大于 40m 的储罐，其横截面积每增加 400m²，应至少增加一个泡沫喷射口。

4.2.6 储罐上液上喷射系统泡沫混合液管道的设置，应符合下列规定：

1 每个泡沫产生器应用独立的混合液管道引至防火堤外；

2 除立管外，其他泡沫混合液管道不得设置在罐壁上；

3 连接泡沫产生器的泡沫混合液立管应用管卡固定在罐壁上，管卡间距不宜大于 3m；

4 泡沫混合液的立管下端应设置锈渣清扫口。

4.2.7 防火堤内泡沫混合液或泡沫管道的设置，应符合下列规定：

1 地上泡沫混合液或泡沫水平管道应敷设在管墩或管架上，与罐壁上的泡沫混合液立管之间宜用金属软管连接；

2 埋地泡沫混合液管道或泡沫管道距离地面的深度应大于 0.3m，与罐壁上的泡沫混合液立管之间应用金属软管或金属转向接头连接；

3 泡沫混合液或泡沫管道应有 3‰ 的放空坡度；

4 在液下喷射系统靠近储罐的泡沫管线上，应设置用于系统试验的带可拆卸盲板的支管；

5 液下喷射系统的泡沫管道上应设置钢质控制阀和逆止阀，并应设置不影响泡沫灭火系统正常运行的防油品渗漏设施。

4.2.8 防火堤外泡沫混合液或泡沫管道的设置应符合下列规定：

1 固定式液上喷射系统，对每个泡沫产生器，应在防火堤外设置独立的控制阀；

2 半固定式液上喷射系统，对每个泡沫产生器，应在防火堤外距地面 0.7m 处设置带闷盖的管牙接口；半固定式液下喷射系统的泡沫管道应引至防火堤外，并应设置相应的高背压泡沫产生器快装接口；

3 泡沫混合液管道或泡沫管道上应设置放空阀，且其管道应有 2‰ 的坡度坡向放空阀。

4.3 外浮顶储罐

4.3.1 钢制单盘式与双盘式外浮顶储罐的保护面积，应按罐壁与泡沫堰板间的环形面积确定。

4.3.2 非水溶性液体的泡沫混合液供给强度不应小于 $12.5L/(min \cdot m^2)$，连续供给时间不应小于 30min，单个泡沫产生器的最大保护周长应符合表 4.3.2 的规定。

表 4.3.2 单个泡沫产生器的最大保护周长

泡沫喷射口设置部位	堰板高度/m		保护周长/m
罐壁顶部、密封或挡雨板上方	软密封	≥0.9	24
	机械密封	<0.6	12
		≥0.6	24
金属挡雨板下部	<0.6		18
	≥0.6		24

注：当采用从金属挡雨板下部喷射泡沫的方式时，其挡雨板必须是不含任何可燃材料的金属板。

4.3.3 外浮顶储罐泡沫堰板的设计，应符合下列规定：

1 当泡沫喷射口设置在罐壁顶部、密封或挡雨板上方时，泡沫堰板应高出密封 0.2m；当泡沫喷射口设置在金属挡雨板下部时，泡沫堰板高度不应小于 0.3m；

2 当泡沫喷射口设置在罐壁顶部时，泡沫堰板与罐壁的间距不应小于 0.6m；当泡沫喷射口设置在浮顶上时，泡沫堰板与罐壁的间距不宜小于 0.6m；

3 应在泡沫堰板的最低部位设置排水孔，排水孔的开孔面积宜按每 $1m^2$ 环形面积 $280mm^2$ 确定，排水孔高度不宜大于 9mm。

4.3.4 泡沫产生器与泡沫喷射口的设置，应符合下列规定：

1 泡沫产生器的型号和数量应按本规范第 4.3.2 条的规定计算确定；

2 泡沫喷射口设置在罐壁顶部时，应配置泡沫导流罩；

3 泡沫喷射口设置在浮顶上时，其喷射口应采用两个出口直管段的长度均不小于其直径 5 倍的水平 T 形管，且设置在密封或挡雨板上方的泡沫喷射口在伸入泡沫堰板后应向下倾斜 30°～60°。

4.3.5 当泡沫产生器与泡沫喷射口设置在罐壁顶部时，储罐上泡沫混合液管道的设置应符合下列规定：

1 可每两个泡沫产生器合用一根泡沫混合液立管；

2 当三个或三个以上泡沫产生器一组在泡沫混合液立管下端合用一根管道时，宜在每个泡沫混合液立管上设置常开控制阀；

3 每根泡沫混合液管道应引至防火堤外，且半固定式泡沫灭火系统的每根泡沫混合液管道所需的混合液流量不应大于 1 辆消防车的供给量；

4 连接泡沫产生器的泡沫混合液立管应用管卡固定在罐壁上，管卡间距不宜大于 3m，泡沫混合液的立管下端应设置锈渣清扫口。

4.3.6 当泡沫产生器与泡沫喷射口设置在浮顶上，且泡沫混合液管道从储罐内通过时，应符合下列规定：

1 连接储罐底部水平管道与浮顶泡沫混合液分配器的管道，应采用具有重复扭转运动轨迹的耐压、耐候性不锈钢复合软管；

2 软管不得与浮顶支承相碰撞，且应避开搅拌器；

3 软管与储罐底部的伴热管的距离应大于 0.5m。

4.3.7 防火堤内泡沫混合液管道的设置应符合本规范第 4.2.7 条的规定。

4.3.8 防火堤外泡沫混合液管道的设置应符合下列规定：

1 固定式泡沫灭火系统的每组泡沫产生器应在防火堤外设置独立的控制阀；

2 半固定式泡沫灭火系统的每组泡沫产生器应在防火堤外距地面 0.7m 处设置带闷盖的管牙接口；

3 泡沫混合液管道上应设置放空阀，且其管道应有 2‰ 的坡度坡向放空阀。

4.3.9 储罐梯子平台上管牙接口或二分水器的设置，应符合下列规定：

1 直径不大于 45m 的储罐，储罐梯子平台上应设置带闷盖的管牙接口；直径大于 45m 的储罐，储罐梯子平台上应设置二分水器；

2 管牙接口或二分水器应由管道接至防火堤外，且管道的管径应满足所配泡沫枪的压力、流量要求；

3 应在防火堤外的连接管道上设置管牙接口，管牙接口距地面高度宜为 0.7m；

4 当与固定式泡沫灭火系统连通时，应在防火堤外设置控制阀。

4.4 内浮顶储罐

4.4.1 钢制单盘式、双盘式与敞口隔舱式内浮顶储罐的保护面积，应按罐壁与泡沫堰板间的环形面积确定；其他内浮顶储罐应按固定顶储罐对待。

4.4.2 钢制单盘式、双盘式与敞口隔舱式内浮顶储罐的泡沫堰板设置、单个泡沫产生器保护周长及泡沫混合液供给强度与连续供给时间，应符合下列规定：

1 泡沫堰板与罐壁的距离不应小于 0.55m，其高度不应小于 0.5m；

2 单个泡沫产生器保护周长不应大于 24m；

3 非水溶性液体的泡沫混合液供给强度不应小于 12.5L/(min·m²)；

4 水溶性液体的泡沫混合液供给强度不应小于本规范第 4.2.2 条第 3 款规定的 1.5 倍；

5 泡沫混合液连续供给时间不应小于 30min。

4.4.3 按固定顶储罐对待的内浮顶储罐，其泡沫混合液供给强度和连续供给时间及泡沫产生器的设置，应符合下列规定：

1 非水溶性液体，应符合本规范第 4.2.2 条第 1 款的规定；

2 水溶性液体，当设有泡沫缓冲装置时，应符合本规范第 4.2.2 条第 3 款的规定；

3 水溶性液体，当未设泡沫缓冲装置时，泡沫混合液供给强度应符合本规范第 4.2.2 条第 3 款的规定，但泡沫混合液连续供给时间不应小于本规范第 4.2.2 条第 3 款规定的 1.5 倍；

4 泡沫产生器的设置，应符合本规范第 4.2.3 条第 1 款和第 2 款的规定，且数量不应少于 2 个。

4.4.4 按固定顶储罐对待的内浮顶储罐，其泡沫混合液管道的设置应符合本规范第 4.2.6 条～第 4.2.8 条的规定；钢制单盘式、双盘式与敞口隔舱式内浮顶储罐，其泡沫混合液管道的设置应符合本规范第 4.2.7 条、第 4.3.5 条、第 4.3.8 条的规定。

4.5 其他场所

4.5.1 当甲、乙、丙类液体槽车装卸栈台设置泡沫炮或泡沫枪系统时，应符合下列规定：

1 应能保护泵、计量仪器、车辆及与装卸产品有关的各种设备；

2 火车装卸栈台的泡沫混合液流量不应小于 30L/s；

3 汽车装卸栈台的泡沫混合液流量不应小于 8L/s；

4 泡沫混合液连续供给时间不应小于 30min。

4.5.2 设有围堰的非水溶性液体流淌火灾场所，其保护面积应按围堰包围的地面面积与其中不燃结构占据的面积之差计算，其泡沫混合液供给强度与连续供给时间不应小于表 4.5.2 的规定。

表 4.5.2 泡沫混合液供给强度和连续供给时间

泡沫液种类	供给强度 /[L/(min·m²)]	连续供给时间/min	
		甲、乙类液体	丙类液体
蛋白、氟蛋白	6.5	40	30
水成膜、成膜氟蛋白	6.5	30	20

4.5.3 当甲、乙、丙类液体泄漏导致的室外流淌火灾场所设置泡沫枪、泡沫炮系统时，应根据保护场所的具体情况确定最大流淌面积，其泡沫混合液供给强度和连续供给时间不应小于表 4.5.3 的规定。

表 4.5.3　泡沫混合液供给强度和连续供给时间

泡沫液种类	供给强度/[L/(min·m²)]	连续供给时间/min	液体种类
蛋白、氟蛋白	6.5	15	非水溶性液体
水成膜、成膜氟蛋白	5.0	15	
抗溶泡沫	12	15	水溶性液体

4.5.4　公路隧道泡沫消火栓箱的设置，应符合下列规定：

　　1　设置间距不应大于 50m；

　　2　应配置带开关的吸气型泡沫枪，其泡沫混合液流量不应小于 30L/min，射程不应小于 6m；

　　3　泡沫混合液连续供给时间不应小于 20min，且宜配备水成膜泡沫液；

　　4　软管长度不应小于 25m。

5　中倍数泡沫灭火系统

5.1　全淹没与局部应用系统及移动式系统

5.1.1　全淹没系统可用于小型封闭空间场所与设有阻止泡沫流失的固定围墙或其他围挡设施的小场所。

5.1.2　局部应用系统可用于下列场所：

　　1　四周不完全封闭的 A 类火灾场所；

　　2　限定位置的流散 B 类火灾场所；

　　3　固定位置面积不大于 100m² 的流淌 B 类火灾场所。

5.1.3　移动式系统可用于下列场所：

　　1　发生火灾的部位难以确定或人员难以接近的较小火灾场所；

　　2　流散的 B 类火灾场所；

　　3　不大于 100m² 的流淌 B 类火灾场所。

5.1.4　全淹没中倍数泡沫灭火系统的设计参数宜由试验确定，也可采用高倍数泡沫灭火系统的设计参数。

5.1.5　对于 A 类火灾场所，局部应用系统的设计应符合下列规定：

　　1　覆盖保护对象的时间不应大于 2min；

　　2　覆盖保护对象最高点的厚度宜由试验确定，也可按本规范第 6.3.3 条第 1 款的规定执行；

　　3　泡沫混合液连续供给时间不应小于 12min。

5.1.6　对于流散 B 类火灾场所或面积不大于 100m² 的流淌 B 类火灾场所，局部应用系统或移动式系统的泡沫混合液供给强度与连续供给时间，应符合下列规定：

　　1　沸点不低于 45℃ 的非水溶性液体，泡沫混合液供给强度应大于 4L/(min·m²)；

　　2　室内场所的泡沫混合液连续供给时间应大于 10min；

　　3　室外场所的泡沫混合液连续供给时间应大于 15min；

　　4　水溶性液体、沸点低于 45℃ 的非水溶性液体，设置泡沫灭火系统的适用性及其泡沫混合液供给强度，应由试验确定。

5.1.7 其他设计要求，可按本规范第 6 章的有关规定执行。

5.2 油罐固定式中倍数泡沫灭火系统

5.2.1 丙类固定顶与内浮顶油罐，单罐容量小于 10000m³ 的甲、乙类固定顶与内浮顶油罐，当选用中倍数泡沫灭火系统时，宜为固定式。

5.2.2 油罐中倍数泡沫灭火系统应采用液上喷射形式，且保护面积应按油罐的横截面积确定。

5.2.3 系统扑救一次火灾的泡沫混合液设计用量，应按罐内用量、该罐辅助泡沫枪用量、管道剩余量三者之和最大的油罐确定。

5.2.4 系统泡沫混合液供给强度不应小于 4L/(min·m²)，连续供给时间不应小于 30min。

5.2.5 设置固定式中倍数泡沫灭火系统的油罐区，宜设置低倍数泡沫枪，并应符合本规范第 4.1.4 条的规定；当设置中倍数泡沫枪时，其数量与连续供给时间，不应小于表 5.2.5 的规定。泡沫消火栓的设置应符合本规范第 4.1.8 条的规定。

表 5.2.5　中倍数泡沫枪数量和连续供给时间

油罐直径/m	泡沫枪流量/(L/s)	泡沫枪数量/支	连续供给时间/min
≤10	3	1	10
>10 且≤20	3	1	20
>20 且≤30	3	2	20
>30 且≤40	3	2	30
>40	3	3	30

5.2.6 泡沫产生器应沿罐周均匀布置，当泡沫产生器数量大于或等于 3 个时，可每两个产生器共用一根管道引至防火堤外。

5.2.7 系统管道布置，可按本规范第 4.2 节的有关规定执行。

6　高倍数泡沫灭火系统

6.1　一般规定

6.1.1 系统型式的选择应根据防护区的总体布局、火灾的危害程度、火灾的种类和扑救条件等因素，经综合技术经济比较后确定。

6.1.2 全淹没系统或固定式局部应用系统应设置火灾自动报警系统，并应符合下列规定：

　　1 全淹没系统应同时具备自动、手动和应急机械手动启动功能；

　　2 自动控制的固定式局部应用系统应同时具备手动和应急机械手动启动功能；手动控制的固定式局部应用系统尚应具备应急机械手动启动功能；

　　3 消防控制中心（室）和防护区应设置声光报警装置；

　　4 消防自动控制设备宜与防护区内门窗的关闭装置、排气口的开启装置，以及生产、照明电源的切断装置等联动。

6.1.3 当系统以集中控制方式保护两个或两个以上的防护区时，其中一个防护区发生火灾不应危及到其他防护区；泡沫液和水的储备量应按最大一个防护区的用量确定；手动与应急机械控制装置应有标明其所控制区域的标记。

6.1.4 高倍数泡沫产生器的设置应符合下列规定：

1 高度应在泡沫淹没深度以上；

2 宜接近保护对象，但其位置应免受爆炸或火焰损坏；

3 应使防护区形成比较均匀的泡沫覆盖层；

4 应便于检查、测试及维修；

5 当泡沫产生器在室外或坑道应用时，应采取防止风对泡沫产生器发泡和泡沫分布产生影响的措施。

6.1.5 当高倍数泡沫产生器的出口设置导泡筒时，应符合下列规定：

1 导泡筒的横截面积宜为泡沫产生器出口横截面积的 1.05 倍～1.10 倍；

2 当导泡筒上设有闭合器件时，其闭合器件不得阻挡泡沫的通过；

3 应符合本规范第 6.1.4 条第 1 款～第 3 款的规定。

6.1.6 固定安装的高倍数泡沫产生器前应设置管道过滤器、压力表和手动阀门。

6.1.7 固定安装的泡沫液桶（罐）和比例混合器不应设置在防护区内。

6.1.8 系统干式水平管道最低点应设置排液阀，且坡向排液阀的管道坡度不宜小于 3‰。

6.1.9 系统管道上的控制阀门应设置在防护区以外，自动控制阀门应具有手动启闭功能。

6.2　全淹没系统

6.2.1 全淹没系统可用于下列场所：

1 封闭空间场所；

2 设有阻止泡沫流失的固定围墙或其他围挡设施的场所。

6.2.2 全淹没系统的防护区应为封闭或设置灭火所需的固定围挡的区域，且应符合下列规定：

1 泡沫的围挡应为不燃结构，且应在系统设计灭火时间内具备围挡泡沫的能力；

2 在保证人员撤离的前提下，门、窗等位于设计淹没深度以下的开口，应在泡沫喷放前或泡沫喷放的同时自动关闭；对于不能自动关闭的开口，全淹没系统应对其泡沫损失进行相应补偿；

3 利用防护区外部空气发泡的封闭空间，应设置排气口，排气口的位置应避免燃烧产物或其他有害气体回流到高倍数泡沫产生器进气口；

4 在泡沫淹没深度以下的墙上设置窗口时，宜在窗口部位设置网孔基本尺寸不大于 3.15mm 的钢丝网或钢丝纱窗；

5 排气口在灭火系统工作时应自动或手动开启，其排气速度不宜超过 5m/s；

6 防护区内应设置排水设施。

6.2.3 泡沫淹没深度的确定应符合下列规定：

1 当用于扑救 A 类火灾时，泡沫淹没深度不应小于最高保护对象高度的 1.1 倍，且应高于最高保护对象最高点 0.6m；

2　当用于扑救 B 类火灾时，汽油、煤油、柴油或苯火灾的泡沫淹没深度应高于起火部位 2m；其他 B 类火灾的泡沫淹没深度应由试验确定。

6.2.4　淹没体积应按下式计算：

$$V=S\times H-V_g \tag{6.2.4}$$

式中　V——淹没体积，m^3；

　　　S——防护区地面面积，m^2；

　　　H——泡沫淹没深度，m；

　　　V_g——固定的机器设备等不燃物体所占的体积，m^3。

6.2.5　泡沫的淹没时间不应超过表 6.2.5 的规定。系统自接到火灾信号至开始喷放泡沫的延时不应超过 1min。

表 6.2.5　泡沫的淹没时间　　　　　　　　　　　　　　　单位：min

可燃物	高倍数泡沫灭火系统单独使用	高倍数泡沫灭火系统与 自动喷水灭火系统联合使用
闪点不超过 40℃的非水溶性液体	2	3
闪点超过 40℃的非水溶性液体	3	4
发泡橡胶、发泡塑料、成卷的织物或皱纹纸等低密度可燃物	3	4
成卷的纸、压制牛皮纸、涂料纸、纸板箱、纤维圆筒、橡胶轮胎等高密度可燃物	5	7

注：水溶性液体的淹没时间应由试验确定。

6.2.6　最小泡沫供给速率应按下式计算：

$$R=\left(\frac{V}{T}+R_S\right)\times C_N\times C_L \tag{6.2.6-1}$$

$$R_S=L_S\times Q_Y \tag{6.2.6-2}$$

式中　R——最小泡沫供给速率，m^3/min；

　　　T——淹没时间，min；

　　　C_N——泡沫破裂补偿系数，宜取 1.15；

　　　C_L——泡沫泄漏补偿系数，宜取 1.05～1.2；

　　　R_S——喷水造成的泡沫破泡率，m^3/min；

　　　L_S——泡沫破泡率与洒水喷头排放速率之比，应取 0.0748m^3/L；

　　　Q_Y——预计动作最大水喷头数目时的总水流量，L/min。

6.2.7　泡沫液和水的连续供给时间应符合下列规定：

1　当用于扑救 A 类火灾时，不应小于 25min；

2　当用于扑救 B 类火灾时，不应小于 15min。

6.2.8　对于 A 类火灾，其泡沫淹没体积的保持时间应符合下列规定：

1　单独使用高倍数泡沫灭火系统时，应大于 60min；

2　与自动喷水灭火系统联合使用时，应大于 30min。

6.3 局部应用系统

6.3.1 局部应用系统可用于下列场所：

　　1 四周不完全封闭的 A 类火灾与 B 类火灾场所；

　　2 天然气液化站与接收站的集液池或储罐围堰区。

6.3.2 系统的保护范围应包括火灾蔓延的所有区域。

6.3.3 当用于扑救 A 类火灾或 B 类火灾时，泡沫供给速率应符合下列规定：

　　1 覆盖 A 类火灾保护对象最高点的厚度不应小于 0.6m；

　　2 对于汽油、煤油、柴油或苯，覆盖起火部位的厚度不应小于 2m；其他 B 类火灾的泡沫覆盖厚度应由试验确定；

　　3 达到规定覆盖厚度的时间不应大于 2min。

6.3.4 当用于扑救 A 类火灾和 B 类火灾时，其泡沫液和水的连续供给时间不应小于 12min。

6.3.5 当设置在液化天然气集液池或储罐围堰区时，应符合下列规定：

　　1 应选择固定式系统，并应设置导泡筒；

　　2 宜采用发泡倍数为 300～500 的高倍数泡沫产生器；

　　3 泡沫混合液供给强度应根据阻止形成蒸汽云和降低热辐射强度试验确定，并应取两项试验的较大值；当缺乏试验数据时，泡沫混合液供给强度不宜小于 7.2L/(min·m²)；

　　4 泡沫连续供给时间应根据所需的控制时间确定，且不宜小于 40min；当同时设有移动式系统时，固定式系统的泡沫供给时间可按达到稳定控火时间确定；

　　5 保护场所应有适合设置导泡筒的位置；

　　6 系统设计尚应符合现行国家标准《石油天然气工程设计防火规范》GB 50183 的有关规定。

6.4 移动式系统

6.4.1 移动式系统可用于下列场所：

　　1 发生火灾的部位难以确定或人员难以接近的场所；

　　2 流淌的 B 类火灾场所；

　　3 发生火灾时需要排烟、降温或排除有害气体的封闭空间。

6.4.2 泡沫淹没时间或覆盖保护对象时间、泡沫供给速率与连续供给时间，应根据保护对象的类型与规模确定。

6.4.3 泡沫液和水的储备量应符合下列规定：

　　1 当辅助全淹没高倍数泡沫灭火系统或局部应用高倍数泡沫灭火系统使用时，泡沫液和水的储备量可在全淹没高倍数泡沫灭火系统或局部应用高倍数泡沫灭火系统中的泡沫液和水的储备量中增加 5%～10%；

　　2 当在消防车上配备时，每套系统的泡沫液储存量不宜小于 0.5t；

　　3 当用于扑救煤矿火灾时，每个矿山救护大队应储存大于 2t 的泡沫液。

6.4.4 系统的供水压力可根据高倍数泡沫产生器和比例混合器的进口工作压力及比例混合器和水带的压力损失确定。

6.4.5 用于扑救煤矿井下火灾时，应配置导泡筒，且高倍数泡沫产生器的驱动风压、发泡倍数应满足矿井的特殊需要。

6.4.6 泡沫液与相关设备应放置在便于运送到指定防护对象的场所；当移动式高倍数泡沫产生器预先连接到水源或泡沫混合液供给源时，应放置在易于接近的地方，且水带长度应能达到其最远的防护地。

6.4.7 当两个或两个以上移动式高倍数泡沫产生器同时使用时，其泡沫液和水供给源应满足最大数量的泡沫产生器的使用要求。

6.4.8 移动式系统应选用有衬里的消防水带，并应符合下列规定：

　　1 水带的口径与长度应满足系统要求；

　　2 水带应以能立即使用的排列形式储存，且应防潮。

6.4.9 系统所用的电源与电缆应满足输送功率要求，且应满足保护接地和防水的要求。

7　泡沫-水喷淋系统与泡沫喷雾系统

7.1　一般规定

7.1.1 泡沫-水喷淋系统可用于下列场所：

　　1 具有非水溶性液体泄漏火灾危险的室内场所；

　　2 存放量不超过 $25L/m^2$ 或超过 $25L/m^2$ 但有缓冲物的水溶性液体室内场所。

7.1.2 泡沫喷雾系统可用于保护独立变电站的油浸电力变压器、面积不大于 $200m^2$ 的非水溶性液体室内场所。

7.1.3 泡沫-水喷淋系统泡沫混合液与水的连续供给时间，应符合下列规定：

　　1 泡沫混合液连续供给时间不应小于 10min；

　　2 泡沫混合液与水的连续供给时间之和不应小于 60min。

7.1.4 泡沫-水雨淋系统与泡沫-水预作用系统的控制，应符合下列规定：

　　1 系统应同时具备自动、手动和应急机械手动启动功能；

　　2 机械手动启动力不应超过 180N；

　　3 系统自动或手动启动后，泡沫液供给控制装置应自动随供水主控阀的动作而动作或与之同时动作；

　　4 系统应设置故障监视与报警装置，且应在主控制盘上显示。

7.1.5 当泡沫液管线长度超过 15m 时，泡沫液应充满其管线，且泡沫液管线及其管件的温度应在泡沫液的储存温度范围内；埋地铺设时，应设置检查管道密封性的设施。

7.1.6 泡沫-水喷淋系统应设置系统试验接口，其口径应分别满足系统最大流量与最小流量要求。

7.1.7 泡沫-水喷淋系统的防护区应设置安全排放或容纳设施，且排放或容纳量应按被保护液体最大泄漏量、固定式系统喷洒量，以及管枪喷射量之和确定。

7.1.8 为泡沫-水雨淋系统与泡沫-水预作用系统配套设置的火灾探测与联动控制系统，除应符合现行国家标准《火灾自动报警系统设计规范》GB 50116 的有关规定外，尚应符合下列规定：

　　1 当电控型自动探测及附属装置设置在有爆炸和火灾危险的环境时，应符合现行国家标准《爆炸和火灾危险环境电力装置设计规范》GB 50058 的有关规定；

2 设置在腐蚀性气体环境中的探测装置，应由耐腐蚀材料制成或采取防腐蚀保护；

3 当选用带闭式喷头的传动管传递火灾信号时，传动管的长度不应大于 300m，公称直径宜为 15～25mm，传动管上的喷头应选用快速响应喷头，且布置间距不宜大于 2.5m。

7.2 泡沫-水雨淋系统

7.2.1 泡沫-水雨淋系统的保护面积应按保护场所内的水平面面积或水平面投影面积确定。

7.2.2 当保护非水溶性液体时，其泡沫混合液供给强度不应小于表 7.2.2 的规定；当保护水溶性液体时，其混合液供给强度和连续供给时间应由试验确定。

表 7.2.2 泡沫混合液供给强度

泡沫液种类	喷头设置高度/m	泡沫混合液供给强度/[L/(min·m²)]
蛋白、氟蛋白	≤10	8
	>10	10
水成膜、成膜氟蛋白	≤10	6.5
	>10	8

7.2.3 系统应设置雨淋阀、水力警铃，并应在每个雨淋阀出口管路上设置压力开关，但喷头数小于 10 个的单区系统可不设雨淋阀和压力开关。

7.2.4 系统应选用吸气型泡沫-水喷头、泡沫-水雾喷头。

7.2.5 喷头的布置应符合下列规定：

1 喷头的布置应根据系统设计供给强度、保护面积和喷头特性确定；

2 喷头周围不应有影响泡沫喷洒的障碍物。

7.2.6 系统设计时应进行管道水力计算，并应符合下列规定：

1 自雨淋阀开启至系统各喷头达到设计喷洒流量的时间不得超过 60s；

2 任意四个相邻喷头组成的四边形保护面积内的平均泡沫混合液供给强度，不应小于设计供给强度。

7.2.7 飞机库内设置的泡沫-水雨淋系统应按现行国家标准《飞机库设计防火规范》GB 50284 的有关规定执行。

7.3 闭式泡沫-水喷淋系统

7.3.1 下列场所不宜选用闭式泡沫-水喷淋系统：

1 流淌面积较大，按本规范第 7.3.4 条规定的作用面积不足以保护的甲、乙、丙类液体场所；

2 靠泡沫混合液或水稀释不能有效灭火的水溶性液体场所；

3 净空高度大于 9m 的场所。

7.3.2 火灾水平方向蔓延较快的场所不宜选用泡沫-水干式系统。

7.3.3 下列场所不宜选用管道充水的泡沫-水湿式系统：

1 初始火灾为液体流淌火灾的甲、乙、丙类液体桶装库、泵房等场所；

2 含有甲、乙、丙类液体敞口容器的场所。

7.3.4 系统的作用面积应符合下列规定：

1 系统的作用面积应为 465m²；

2 当防护区面积小于 465m² 时，可按防护区实际面积确定；

3 当试验值不同于本条第 1 款、第 2 款的规定时，可采用试验值。

7.3.5 闭式泡沫-水喷淋系统的供给强度不应小于 6.5L/(min·m²)。

7.3.6 闭式泡沫-水喷淋系统输送的泡沫混合液应在 8L/s 至最大设计流量范围内达到额定的混合比。

7.3.7 喷头的选用应符合下列规定：

1 应选用闭式洒水喷头；

2 当喷头设置在屋顶时，其公称动作温度应为 121～149℃；

3 当喷头设置在保护场所的中间层面时，其公称动作温度应为 57～79℃；当保护场所的环境温度较高时，其公称动作温度宜高于环境最高温度 30℃。

7.3.8 喷头的设置应符合下列规定：

1 任意四个相邻喷头组成的四边形保护面积内的平均供给强度不应小于设计供给强度，且不宜大于设计供给强度的 1.2 倍；

2 喷头周围不应有影响泡沫喷洒的障碍物；

3 每只喷头的保护面积不应大于 12m²；

4 同一支管上两只相邻喷头的水平间距、两条相邻平行支管的水平间距，均不应大于 3.6m。

7.3.9 泡沫-水湿式系统的设置应符合下列规定：

1 当系统管道充注泡沫预混液时，其管道及管件应耐泡沫预混液腐蚀，且不应影响泡沫预混液的性能；

2 充注泡沫预混液系统的环境温度宜为 5～40℃；

3 当系统管道充水时，在 8L/s 的流量下，自系统启动至喷泡沫的时间不应大于 2min；

4 充水系统的环境温度应为 4～70℃。

7.3.10 泡沫-水预作用系统与泡沫-水干式系统的管道充水时间不宜大于 1min。泡沫-水预作用系统每个报警阀控制喷头数不应超过 800 只，泡沫-水干式系统每个报警阀控制喷头数不宜超过 500 只。

7.3.11 当系统兼有扑救 A 类火灾的要求时，尚应符合现行国家标准《自动喷水灭火系统设计规范》GB 50084 的有关规定。

7.3.12 本规范未作规定的，可执行现行国家标准《自动喷水灭火系统设计规范》GB 50084。

7.4 泡沫喷雾系统

7.4.1 泡沫喷雾系统可采用下列形式：

1 由压缩氮气驱动储罐内的泡沫预混液经泡沫喷雾喷头喷洒泡沫到防护区；

2 由压力水通过泡沫比例混合器（装置）输送泡沫混合液经泡沫喷雾喷头喷洒泡

沫到防护区。

7.4.2 当保护油浸电力变压器时，系统设计应符合下列规定：

1 保护面积应按变压器油箱本体水平投影且四周外延 1m 计算确定；

2 泡沫混合液或泡沫预混液供给强度不应小于 8L/(min·m²)；

3 泡沫混合液或泡沫预混液连续供给时间不应小于 15min；

4 喷头的设置应使泡沫覆盖变压器油箱顶面，且每个变压器进出线绝缘套管升高座孔口应设置单独的喷头保护；

5 保护绝缘套管升高座孔口喷头的雾化角宜为 60°，其他喷头的雾化角不应大于 90°；

6 所用泡沫灭火剂的灭火性能级别应为Ⅰ级，抗烧水平不应低于 C 级。

7.4.3 当保护非水溶性液体室内场所时，泡沫混合液或预混液供给强度不应小于 6.5L/(min·m²)，连续供给时间不应小于 10min。系统喷头的布置应符合下列规定：

1 保护面积内的泡沫混合液供给强度应均匀；

2 泡沫应直接喷洒到保护对象上；

3 喷头周围不应有影响泡沫喷洒的障碍物。

7.4.4 喷头应带过滤器，其工作压力不应小于其额定压力，且不宜高于其额定压力 0.1MPa。

7.4.5 系统喷头、管道与电气设备带电（裸露）部分的安全净距应符合国家现行有关标准的规定。

7.4.6 泡沫喷雾系统应同时具备自动、手动和应急机械手动启动方式。在自动控制状态下，灭火系统的响应时间不应大于 60s。与泡沫喷雾系统联动的火灾自动报警系统的设计应符合现行国家标准《火灾自动报警系统设计规范》GB 50116 的有关规定。

7.4.7 系统湿式供液管道应选用不锈钢管；干式供液管道可选用热镀锌钢管。

7.4.8 当动力源采用压缩氮气时，应符合下列规定：

1 系统所需动力源瓶组数量应按下式计算：

$$N = \frac{P_2 V_2}{(P_1 - P_2)V_1} \cdot k \tag{7.4.8}$$

式中　N——所需氮气瓶组数量，只，取自然数；

P_1——氮气瓶组储存压力，MPa；

P_2——系统储液罐出口压力，MPa；

V_1——单个氮气瓶组容积，L；

V_2——系统储液罐容积与氮气管路容积之和，L；

k——裕量系数（不小于 1.5）。

2 系统储液罐、启动装置、氮气驱动装置应安装在温度高于 0℃的专用设备间内。

7.4.9 当系统采用泡沫预混液时，其有效使用期不宜小于 3 年。

8　泡沫消防泵站及供水

8.1　泡沫消防泵站与泡沫站

8.1.1 泡沫消防泵站的设置应符合下列规定：

1 泡沫消防泵站可与消防水泵房合建，并应符合国家现行有关标准对消防水泵房或消防泵房的规定；

2 采用环泵式比例混合器的泡沫消防泵站不应与生活水泵合用供水、储水设施；当与生产水泵合用供水、储水设施时，应进行泡沫污染后果的评估；

3 泡沫消防泵站与被保护甲、乙、丙类液体储罐或装置的距离不宜小于 30m，且应符合本规范第 4.1.10 条的规定；

4 当泡沫消防泵站与被保护甲、乙、丙类液体储罐或装置的距离为 30～50m 时，泡沫消防泵站的门、窗不宜朝向保护对象。

8.1.2 泡沫消防水泵、泡沫混合液泵应采用自灌引水启动。其一组泵的吸水管不应少于两条，当其中一条损坏时，其余的吸水管应能通过全部用水量。

8.1.3 系统应设置备用泡沫消防水泵或泡沫混合液泵，其工作能力不应低于最大一台泵的能力。当符合下列条件之一时，可不设置备用泵：

1 非水溶性液体总储量小于 5000m³，且单罐容量小于 1000m³；

2 水溶性液体总储量小于 1000m³，且单罐容量小于 500m³。

8.1.4 泡沫消防泵站的动力源应符合下列要求之一：

1 一级电力负荷的电源；

2 二级电力负荷的电源，同时设置作备用动力的柴油机；

3 全部采用柴油机；

4 不设置备用泵的泡沫消防泵站，可不设置备用动力。

8.1.5 泡沫消防泵站内应设置水池（罐）水位指示装置。泡沫消防泵站应设置与本单位消防站或消防保卫部门直接联络的通讯设备。

8.1.6 当泡沫比例混合装置设置在泡沫消防泵站内无法满足本规范第 4.1.10 条的规定时，应设置泡沫站，且泡沫站的设置应符合下列规定：

1 严禁将泡沫站设置在防火堤内、围堰内、泡沫灭火系统保护区或其他火灾及爆炸危险区域内；

2 当泡沫站靠近防火堤设置时，其与各甲、乙、丙类液体储罐罐壁的间距应大于 20m，且应具备远程控制功能；

3 当泡沫站设置在室内时，其建筑耐火等级不应低于二级。

8.2 系统供水

8.2.1 泡沫灭火系统水源的水质应与泡沫液的要求相适宜；水源的水温宜为 4～35℃。当水中含有堵塞比例混合装置、泡沫产生装置或泡沫喷射装置的固体颗粒时，应设置相应的管道过滤器。

8.2.2 配制泡沫混合液用水不得含有影响泡沫性能的物质。

8.2.3 泡沫灭火系统水源的水量应满足系统最大设计流量和供给时间的要求。

8.2.4 泡沫灭火系统供水压力应满足在相应设计流量范围内系统各组件的工作压力要求，且应有防止系统超压的措施。

8.2.5 建（构）筑物内设置的泡沫 水喷淋系统宜设置水泵接合器，且宜设置在比例混合器的进口侧。水泵接合器的数量应按系统的设计流量确定，每个水泵接合器的流量宜按10～15L/s计算。

9　水力计算

9.1　系统的设计流量

9.1.1　储罐区泡沫灭火系统的泡沫混合液设计流量，应按储罐上设置的泡沫产生器或高背压泡沫产生器与该储罐辅助泡沫枪的流量之和计算，且应按流量之和最大的储罐确定。

9.1.2　泡沫枪或泡沫炮系统的泡沫混合液设计流量，应按同时使用的泡沫枪或泡沫炮的流量之和确定。

9.1.3　泡沫-水雨淋系统的设计流量，应按雨淋阀控制的喷头的流量之和确定。多个雨淋阀并联的雨淋系统，其系统设计流量应按同时启用雨淋阀的流量之和的最大值确定。

9.1.4　采用闭式喷头的泡沫-水喷淋系统的泡沫混合液与水的设计流量，应符合下列规定：

　　1　设计流量，应按下式计算：

$$Q = \frac{1}{60} \sum_{i=1}^{n} q_1 \qquad (9.1.4)$$

式中　Q——泡沫-水喷淋系统设计流量，L/s；

　　　　q_1——最有利水力条件处作用面积内各喷头节点的流量，L/min；

　　　　n——最有利水力条件处作用面积内的喷头数。

　　2　水力计算选定的作用面积宜为矩形，其长边应平行于配水支管，其长度不宜小于作用面积平方根的1.2倍；

　　3　最不利水力条件下，泡沫混合液或水的平均供给强度不应小于本规范的规定；

　　4　最有利水力条件下，系统设计流量不应超出泡沫液供给能力。

9.1.5　泡沫产生器、泡沫枪或泡沫炮、泡沫-水喷头等泡沫产生装置或非吸气型喷射装置的泡沫混合液流量宜按下式计算，也可按制造商提供的压力-流量特性曲线确定：

$$q = k \sqrt{10P} \qquad (9.1.5)$$

式中　q——泡沫混合液流量，L/min；

　　　　k——泡沫产生装置或非吸气型喷射装置的流量特性系数；

　　　　P——泡沫产生装置或非吸气型喷射装置的进口压力，MPa。

9.1.6　系统泡沫混合液与水的设计流量应有不小于5%的裕度。

9.2　管道水力计算

9.2.1　系统管道输送介质的流速应符合下列规定：

　　1　储罐区泡沫灭火系统水和泡沫混合液流速不宜大于3m/s；

　　2　液下喷射泡沫喷射管前的泡沫管道内的泡沫流速宜为3～9m/s；

　　3　泡沫-水喷淋系统、中倍数与高倍数泡沫灭火系统的水和泡沫混合液，在主管道内的流速不宜大于5m/s，在支管道内的流速不应大于10m/s；

　　4　泡沫液流速不宜大于5m/s。

9.2.2　系统水管道与泡沫混合液管道的沿程水头损失应按下列公式计算：

1　当采用普通钢管时，应按下式计算：

$$i=0.0000107\frac{V^2}{d_{\rm j}^{1.3}}\tag{9.2.2-1}$$

式中　i——管道的单位长度水头损失，MPa/m；

V——管道内水或泡沫混合液的平均流速，m/s；

$d_{\rm j}$——管道的计算内径，m。

2　当采用不锈钢管或铜管时，应按下式计算：

$$i=105C_{\rm h}^{-1.85}d_{\rm j}^{-4.87}q_{\rm g}^{1.85}\tag{9.2.2-2}$$

式中　i——管道的单位长度水头损失，kPa/m；

$q_{\rm g}$——给水设计流量，$\rm m^3/s$；

$C_{\rm h}$——海澄-威廉系数，铜管、不锈钢管取 130。

9.2.3　水管道与泡沫混合液管道的局部水头损失，宜采用当量长度法计算。

9.2.4　水泵或泡沫混合液泵的扬程或系统入口的供给压力应按下式计算：

$$H=\sum h+P_0+h_{\rm z}\tag{9.2.4}$$

式中　H——水泵或泡沫混合液泵的扬程或系统入口的供给压力，MPa；

$\sum h$——管道沿程和局部水头损失的累计值，MPa；

P_0——最不利点处泡沫产生装置或泡沫喷射装置的工作压力，MPa；

$h_{\rm z}$——最不利点处泡沫产生装置或泡沫喷射装置与消防水池的最低水位或系统水平供水引入管中心线之间的静压差，MPa。

9.2.5　液下喷射系统中泡沫管道的水力计算应符合下列规定：

1　泡沫管道的压力损失可按下式计算：

$$h=CQ_{\rm p}^{1.72}\tag{9.2.5}$$

式中　h——每 10m 泡沫管道的压力损失，Pa/10m；

C——管道压力损失系数；

$Q_{\rm p}$——泡沫流量，L/s。

2　发泡倍数宜按 3 计算；

3　管道压力损失系数可按表 9.2.5-1 取值；

表 9.2.5-1　管道压力损失系数

管径/mm	管道压力损失系数 C	管径/mm	管道压力损失系数 C
100	12.920	250	0.210
150	2.140	300	0.111
200	0.555	350	0.071

4　泡沫管道上的阀门和部分管件的当量长度可按表 9.2.5-2 确定。

表 9.2.5-2　泡沫管道上阀门和部分管件的当量长度　　单位：m

公称直径/mm 管件种类	150	200	250	300
闸阀	1.25	1.50	1.75	2.00
90°弯头	4.25	5.00	6.75	8.00
旋启式逆止阀	12.00	15.25	20.50	24.50

9.2.6 泡沫液管道的压力损失计算宜采用达西公式。确定雷诺数时，应采用泡沫液的实际密度；泡沫液黏度应为最低储存温度下的黏度。

9.3 减压措施

9.3.1 减压孔板应符合下列规定：

1 应设在直径不小于 50mm 的水平直管段上，前后管段的长度均不宜小于该管段直径的 5 倍；

2 孔口直径不应小于设置管段直径的 30%，且不应小于 20mm；

3 应采用不锈钢板材制作。

9.3.2 节流管应符合下列规定：

1 直径宜按上游管段直径的 1/2 确定；

2 长度不宜小于 1m；

3 节流管内泡沫混合液或水的平均流速不应大于 20m/s。

9.3.3 减压孔板的水头损失应按下式计算：

$$H_k = \xi \frac{V_k^2}{2g} \qquad (9.3.3)$$

式中 H_k——减压孔板的水头损失，10^{-2}MPa；

         V_k——减压孔板后管道内泡沫混合液或水的平均流速，m/s；

         ξ——减压孔板的局部阻力系数。

9.3.4 节流管的水头损失应按下式计算：

$$H_g = \xi \frac{V_g^2}{2g} + 0.00107L \frac{V_g^2}{d_g^{1.3}} \qquad (9.3.4)$$

式中 H_g——节流管的水头损失，10^{-2}MPa；

         ξ——节流管中渐缩管与渐扩管的局部阻力系数之和，取值 0.7；

         V_g——节流管内泡沫混合液或水的平均流速，m/s；

         d_g——节流管的计算内径，m；

         L——节流管的长度，m。

9.3.5 减压阀应符合下列规定：

1 应设置在报警阀组入口前；

2 入口前应设置过滤器；

3 当连接两个及以上报警阀组时，应设置备用减压阀；

4 垂直安装的减压阀，水流方向宜向下。

附录 A   水溶性液体泡沫混合液供给强度试验方法

A.0.1 直接测试泡沫混合液供给强度试验方法，应符合下列规定：

1 试验盘的直径不应小于 3.5m，高度不应小于 1m；

2 盛装试验液体深度不应小于 0.2m；

3 泡沫产生器的设置数量应按本规范表 4.2.3 确定，泡沫出口距液面高度不应小于 0.5m；

4 应通过更换泡沫产生器的方式改变泡沫混合液供给强度，经泡沫溜槽向试验盘内供给泡沫，且各泡沫产生器在同一压力下工作；

5 试验次数不应少于 4 次；

6 泡沫混合液有效用量不应大于 50L/m²；

7 试验盘壁的冷却应在靠近试验盘壁顶部安装冷却水环管，通过在其环管上钻孔或安装喷头的方式向盘壁喷洒冷却水，冷却水供给强度不应小于 2.5L/(min·m²)；

8 应测取临界或最佳泡沫混合液供给强度；

9 应取临界值的 4～5 倍，或最佳值的 1.5 倍。

A.0.2 间接测试泡沫混合液供给强度试验方法，应符合下列规定：

1 试验盘的内径应为 (2400±25)mm，深度应为 (200±15)mm，壁厚应为 2.5mm；钢制挡板长应为 (1000±50)mm，高应为 (1000±50)mm；

2 盛装试验液体深度不应小于 0.1m；

3 参比液体应为丙酮或异丙醇；

4 试验液体和参比液体应采用同一支泡沫管枪供给泡沫，泡沫供给方式可按现行国家标准《泡沫灭火剂》GB 15308 的有关规定执行；

5 泡沫混合液供给时间不应大于 3min；

6 应测取试验液体和参比液体的灭火时间，并应计算泡沫混合液用量；

7 供给强度应按下式取值：

$$\frac{测试液体}{供给强度} = \frac{参比液体}{供给强度} \times \frac{测试液体泡沫混合液用量}{参比液体泡沫混合液用量} \qquad (A.0.2)$$

A.0.3 泡沫混合液供给强度定性试验方法，应符合下列规定：

1 试验盘内径应为 (1480±15)mm；

2 参比液体应为丙酮或甲醇；

3 试验方法应符合现行国家标准《泡沫灭火剂》GB 15308 的有关规定；

4 取值应符合下列规定：

1) 当试验液体的泡沫混合液供给时间小于甲醇的供给时间时，可取本规范表 4.2.2-2 规定的甲醇泡沫混合液供给强度与连续供给时间；

2) 当试验液体的泡沫混合液供给时间大于甲醇的供给时间，但小于丙酮的供给时间时，可取本规范表 4.2.2-2 规定的丙酮泡沫混合液供给强度与连续供给时间；

3) 当试验液体的泡沫混合液供给时间大于丙酮的供给时间时，其泡沫混合液供给强度应按本规范第 A.0.1 条或第 A.0.2 条规定的试验方法进行试验。

本规范用词说明

1 为便于在执行本规范条文时区别对待，对要求严格程度不同的用词说明如下：

1) 表示很严格，非这样做不可的：

正面词采用"必须"，反面词采用"严禁"；

2) 表示严格，在正常情况下均应这样做的：

正面词采用"应"，反面词采用"不应"或"不得"；

3）表示允许稍有选择，在条件许可时首先应这样做的：

正面词采用"宜"，反面词采用"不宜"；

4）表示有选择，在一定条件下可以这样做的，采用"可"。

2 条文中指明应按其他有关标准执行的写法为："应符合……的规定"或"应按……执行"。

引用标准名录

《爆炸和火灾危险环境电力装置设计规范》CB 50058

《自动喷水灭火系统设计规范》GB 50084

《火灾自动报警系统设计规范》GB 50116

《石油天然气工程设计防火规范》GB 50183

《飞机库设计防火规范》GB 50284

《泡沫灭火剂》CB 15308

（六）水喷雾灭火系统设计规范 GB 50219—95

目次

1 总　则

1.0.1　为了合理地设计水喷雾灭火系统，减少火灾危害，保护人身和财产安全，制定本规范。

1.0.2　本规范适用于新建、扩建、改建工程中生产、储存装置或装卸设施设置的水喷雾灭火系统的设计；本规范不适用于运输工具或移动式水喷雾灭火装置的设计。

1.0.3　水喷雾灭火系统可用于扑救固体火灾，闪点高于 60℃ 的液体火灾和电气火灾。并可用于可燃气体和甲、乙、丙类液体的生产、储存装置或装卸设施的防护冷却。

1.0.4 水喷雾灭火系统不得用于扑救遇水发生化学反应造成燃烧、爆炸的火灾，以及水雾对保护对象造成严重破坏的火灾。

1.0.5 水喷雾灭火系统的设计，除应执行本规范的规定外，尚应符合国家现行有关标准、规范的规定。

2 术语、符号

2.1 术语

2.1.1 水喷雾灭火系统 water spray extinguishing system

由水源、供水设备、管道、雨淋阀组、过滤器和水雾喷头等组成，向保护对象喷射水雾灭火或防护冷却的灭火系统。

2.1.2 传动管 transfer pipe

利用闭式喷头探测火灾，并利用气压或水压的变化传输信号的管道。

2.1.3 响应时间 response time

由火灾自动报警系统发出火警信号起，至系统中最不利点水雾喷头喷出水雾的时间。

2.1.4 水雾喷头 spray nozzle

在一定水压下，利用离心或撞击原理将水分解成细小水滴的喷头。

2.1.5 水雾喷头的有效射程 effective range of spray nozzle

水雾喷头水平喷射时，水雾达到的最高点与喷口之间的距离。

2.1.6 水雾锥 water spray cone

在水雾喷头有效射程内水雾形成的圆锥体。

2.1.7 雨淋阀组 deluge valves unit

由雨淋阀、电磁阀、压力开关、水力警铃、压力表以及配套的通用阀门组成的阀组。

2.2 符号

表 2.2　符号

编号	符号	单位	涵　义
2.2.1	R	m	水雾锥底圆半径
2.2.2	B	m	水雾喷头的喷口与保护对象之间的距离
2.2.3	θ	°	水雾喷头的雾化角
2.2.4	q	L/min	水雾喷头的流量
2.2.5	p	MPa	水雾喷头的工作压力
2.2.6	K	—	水雾喷头的流量系数
2.2.7	N	—	保护对象的水雾喷头的计算数量
2.2.8	S	m²	保护对象的保护面积
2.2.9	W	L/min·m²	保护对象的设计喷雾强度
2.2.10	Q_{j}	L/s	系统的计算流量

编号	符号	单位	涵　义
2.2.11	n	—	系统启动后同时喷雾的水雾喷头数量
2.2.12	q_i	L/min	水雾喷头的实际流量
2.2.13	p_i	MPa	水雾喷头的实际工作压力
2.2.14	k	—	安全系数
2.2.15	i	MPa/m	管道的沿程水头损失
2.2.16	v	m/s	管道内水的流速
2.2.17	D_j	m	管道的计算内径
2.2.18	h_r	MPa	雨淋阀的局部水头损失
2.2.19	B_R	—	雨淋阀的比阻值
2.2.20	Q	L/s	雨淋阀的流量
2.2.21	H	MPa	系统管道入口或消防水泵的计算压力
2.2.22	$\sum h$	MPa	系统管道沿程水头损失与局部水头损失之和
2.2.23	h_0	MPa	最不利点水雾喷头的实际工作压力
2.2.24	Z	m	最不利点水雾喷头与系统管道入口或消防水池最低水位之间的高程差

3　设计基本参数和喷头布置

3.1　设计基本参数

3.1.1　水喷雾灭火系统的设计基本参数应根据防护目的和保护对象确定。

3.1.2　设计喷雾强度和持续喷雾时间不应小于表 3.1.2 的规定：

表 3.1.2　设计喷雾强度与持续喷雾时间

防护目的	保护对象		设计喷雾强度 /[L/(min·m²)]	持续喷雾时间/h
灭火	固体火灾		15	1
	液体火灾	闪点 60～120℃的液体	20	0.5
		闪点高于 120℃的液体	13	
	电气火灾	油浸式电力变压器、油开关	20	0.4
		油浸式电力变压器的集油坑	6	
		电缆	13	
防护冷却	甲乙丙类液体生产、储存、装卸设施		6	4
	甲乙丙类液体储罐	直径 20m 以下	6	4
		直径 20m 及以上		6
	可燃气体生产、输送、装卸、储存设施和灌瓶间，瓶库		9	6

3.1.3　水雾喷头的工作压力，当用于灭火时不应小于 0.35MPa；用于防护冷却时不应小于 0.2MPa。

3.1.4　水喷雾灭火系统的响应时间，当用于灭火时不应大于 45s；当用于液化气生产、储存装置或装卸设施防护冷却时不应大于 60s；用于其他设施防护冷却时不应大于300s。

3.1.5 采用水喷雾灭火系统的保护对象，其保护面积应按其外表面面积确定，并应符合下列规定：

3.1.5.1 当保护对象外形不规则时，应按包容保护对象的最小规则形体的外表面面积确定；

3.1.5.2 变压器的保护面积除应按扣除底面面积以外的变压器外表面面积确定外，尚应包括油枕、冷却器的外表面面积和集油坑的投影面积；

3.1.5.3 分层敷设的电缆的保护面积应按整体包容的最小规则形体的外表面面积确定。

3.1.6 可燃气体和甲、乙、丙类液体的灌装间、装卸台、泵房、压缩机房等的保护面积应按使用面积确定。

3.1.7 输送机皮带的保护面积应按上行皮带的上表面面积确定。

3.1.8 开口容器的保护面积应按液面面积确定。

3.2　喷头布置

3.2.1 保护对象的水雾喷头数量应根据设计喷雾强度、保护面积和水雾喷头特性按本规范式7.1.1和式7.1.2计算确定，其布置应使水雾直接喷射和覆盖保护对象，当不能满足要求时应增加水雾喷头的数量。

3.2.2 水雾喷头、管道与电气设备带电（裸露）部分的安全净距应符合国家现行有关标准的规定。

3.2.3 水雾喷头与保护对象之间的距离不得大于水雾喷头的有效射程。

3.2.4 水雾喷头的平面布置方式可为矩形或菱形。当按矩形布置时，水雾喷头之间的距离不应大于1.4倍水雾喷头的水雾锥底圆半径；当按菱形布置时，水雾喷头之间的距离不应大于1.7倍水雾喷头的水雾锥底圆半径。水雾锥底圆半径应按下式计算：

$$R = B \cdot \tan \frac{\theta}{2} \tag{3.2.4}$$

式中　R——水雾锥底圆半径，m；

　　　B——水雾喷头的喷口与保护对象之间的距离，m；

　　　θ——水雾喷头的雾化角，°。θ的取值范围为30°、45°、60°、90°、120°。

3.2.5 当保护对象为油浸式电力变压器时，水雾喷头布置应符合下列规定：

3.2.5.1 水雾喷头应布置在变压器的周围，不宜布置在变压器顶部；

3.2.5.2 保护变压器顶部的水雾不应直接喷向高压套管；

3.2.5.3 水雾喷头之间的水平距离与垂直距离应满足水雾锥相交的要求；

3.2.5.4 油枕、冷却器、集油坑应设水雾喷头保护。

3.2.6 当保护对象为可燃气体和甲、乙、丙类液体储罐时，水雾喷头与储罐外壁之间的距离不应大于0.7m。

3.2.7 当保护对象为球罐时，水雾喷头布置尚应符合下列规定：

3.2.7.1 水雾喷头的喷口应面向球心；

3.2.7.2 水雾锥沿纬线方向应相交，沿经线方向应相接；

3.2.7.3 当球罐的容积等于或大于1000m³时，水雾锥沿纬线方向应相交，沿经线方向宜相接，但赤道以上环管之间的距离不应大于 3.6m；

3.2.7.4 无防护层的球罐钢支柱和罐体液位计、阀门等处应设水雾喷头保护。

3.2.8 当保护对象为电缆时，喷雾应完全包围电缆。

3.2.9 当保护对象为输送机皮带时，喷雾应完全包围输送机的机头、机尾和上、下行皮带。

4 系 统 组 件

4.0.1 水雾喷头、雨淋阀组等必须采用经国家消防产品质量监督检测中心检测，并符合现行的有关国家标准的产品。

4.0.2 水雾喷头的选型应符合下列要求：

4.0.2.1 扑救电气火灾应选用离心雾化型水雾喷头；

4.0.2.2 腐蚀性环境应选用防腐型水雾喷头；

4.0.2.3 粉尘场所设置的水雾喷头应有防尘罩。

4.0.3 雨淋阀组的功能应符合下列要求：

4.0.3.1 接通或关断水喷雾灭火系统的供水；

4.0.3.2 接收电控信号可电动开启雨淋阀，接收传动管信号可液动或气动开启雨淋阀；

4.0.3.3 具有手动应急操作阀；

4.0.3.4 显示雨淋阀启、闭状态；

4.0.3.5 驱动水力警铃；

4.0.3.6 监测供水压力；

4.0.3.7 电磁阀前应设过滤器。

4.0.4 雨淋阀组应设在环境温度不低于 4℃、并有排水设施的室内，其安装位置宜在靠近保护对象并便于操作的地点。

4.0.5 雨淋阀前的管道应设置过滤器，当水雾喷头无滤网时，雨淋阀后的管道亦应设过滤器。过滤器滤网应采用耐腐蚀金属材料，滤网的孔径应为 4.0～4.7 目/cm²。

4.0.6 给水管道应符合下列要求：

4.0.6.1 过滤器后的管道，应采用内外镀锌钢管，且宜采用丝扣连接；

4.0.6.2 雨淋阀后的管道上不应设置其他用水设施；

4.0.6.3 应设泄水阀、排污口。

5 给 水

5.0.1 水喷雾灭火系统的用水可由市政给水管网、工厂消防给水管网、消防水池或天然水源供给，并应确保用水量。

5.0.2 水喷雾灭火系统的取水设施应采取防止被杂物堵塞的措施，严寒和寒冷地区的水喷雾灭火系统的给水设施应采取防冻措施。

6 操作与控制

6.0.1 水喷雾灭火系统应设有自动控制、手动控制和应急操作三种控制方式。当响应时间大于 60s 时，可采用手动控制和应急操作两种控制方式。

6.0.2　火灾探测与报警应按现行的国家标准《火灾自动报警系统设计规范》的有关规定执行。

6.0.3　火灾探测器可采用缆式线型定温火灾探测器、空气管式感温火灾探测器或闭式喷头。当采用闭式喷头时，应采用传动管传输火灾信号。

6.0.4　传动管的长度不宜大于 300m，公称直径宜为 15～25mm。传动管上闭式喷头之间的距离不宜大于 2.5m。

6.0.5　当保护对象的保护面积较大或保护对象的数量较多时，水喷雾灭火系统宜设置多台雨淋阀，并利用雨淋阀控制同时喷雾的水雾喷头数量。

6.0.6　保护液化气储罐的水喷雾灭火系统的控制，除应能启动直接受火罐的雨淋阀外，尚应能启动距离直接受火罐 1.5 倍罐径范围内邻近罐的雨淋阀。

6.0.7　分段保护皮带输送机的水喷雾灭火系统，除应能启动起火区段的雨淋阀外，尚应能启动起火区段下游相邻区段的雨淋阀，并应能同时切断皮带输送机的电源。

6.0.8　水喷雾灭火系统的控制设备应具有下列功能：

6.0.8.1　选择控制方式；

6.0.8.2　重复显示保护对象状态；

6.0.8.3　监控消防水泵启、停状态；

6.0.8.4　监控雨淋阀启、闭状态；

6.0.8.5　监控主、备用电源自动切换。

7　水力计算

7.1　系统的设计流量

7.1.1　水雾喷头的流量应按下式计算：

$$q = K\sqrt{10P} \tag{7.1.1}$$

式中　q——水雾喷头的流量，L/min；

　　　P——水雾喷头的工作压力，MPa；

　　　K——水雾喷头的流量系数，取值由生产厂提供。

7.1.2　保护对象的水雾喷头的计算数量应按下式计算：

$$N = \frac{S \cdot W}{q} \tag{7.1.2}$$

式中　N——保护对象的水雾喷头的计算数量；

　　　S——保护对象的保护面积，m^2；

　　　W——保护对象的设计喷雾强度，L/(min·m^2)。

7.1.3　系统的计算流量应按下式计算：

$$Q_j = 1/60 \sum_{i=1}^{n} q_i \tag{7.1.3}$$

式中　Q_j——系统的计算流量，L/s；

　　　n——系统启动后同时喷雾的水雾喷头的数量；

q_i——水雾喷头的实际流量，L/min，应按水雾喷头的实际工作压力 p_i（MPa）计算。

7.1.4　当采用雨淋阀控制同时喷雾的水雾喷头数量时，水喷雾灭火系统的计算流量应按系统中同时喷雾的水雾喷头的最大用水量确定。

7.1.5　系统的设计流量应按下式计算：

$$Q_s = k \cdot Q_j \qquad\qquad (7.1.5)$$

式中　Q_s——系统的设计流量，L/s；

k——安全系数，应取 1.05～1.10。

7.2　管道水力计算

7.2.1　钢管管道的沿程水头损失应按下式计算：

$$i = 0.0000107 \frac{v^2}{D_j^{1.3}} \qquad\qquad (7.2.1)$$

式中　i——管道的沿程水头损失，MPa/m；

v——管道内水的流速，m/s，宜取 $v \leqslant 5$m/s；

D_j——管道的计算内径，m。

7.2.2　管道的局部水头损失宜采用当量长度法计算，或按管道沿程水头损失的20%～30%计算。

7.2.3　雨淋阀的局部水头损失应按下式计算：

$$h_r = B_R Q^2 \qquad\qquad (7.2.3)$$

式中　h_r——雨淋阀的局部水头损失，MPa；

B_R——雨淋阀的比阻值，取值由生产厂提供；

Q——雨淋阀的流量，L/s。

7.2.4　系统管道入口或消防水泵的计算压力应按下式计算：

$$H = \sum h + h_0 + Z/100 \qquad\qquad (7.2.4)$$

式中　H——系统管道入口或消防水泵的计算压力，MPa；

$\sum h$——系统管道沿程水头损失与局部水头损失之和，MPa；

h_0——最不利点水雾喷头的实际工作压力，MPa；

Z——最不利点水雾喷头与系统管道入口或消防水池最低水位之间的高程差，当系统管道入口或消防水池最低水位高于最不利点水雾喷头时，Z 应取负值，m。

7.3　管道减压措施

7.3.1　管道采用减压孔板时宜采用圆缺型孔板。减压孔板的圆缺孔应位于管道底部，减压孔板前水平直管段的长度不应小于该段管道公称直径的 2 倍。

7.3.2　管道采用节流管时，节流管内水的流速不应大于 20m/s，长度不宜小于 1.0m，其公称直径宜按表 7.3.2 的规定确定。

管道	50	65	80	100	125	150	200	250
节流管	40	50	65	80	100	125	150	200
	32	40	50	65	80	100	125	150
	25	32	40	50	65	80	100	125

表 7.3.2　节流管公称直径　　单位：mm

附录 A　本规范用词说明

A.0.1　为便于在执行本规范条文时区别对待，对要求严格程度不同的用词说明如下：

（1）表示很严格，非这样做不可的：

正面词采用"必须"；

反面词采用"严禁"。

（2）表示严格，在正常情况下均应这样做的：

正面词采用"应"；

反面词采用"不应"或"不得"。

（3）表示允许稍有选择，在条件许可时首先应这样做的：

正面词采用"宜"或"可"；

反面词采用"不宜"。

A.0.2　条文中指定应按其它有关标准、规范执行时，写法为"应符合……的规定"或"应按……执行"。

四、总图和其他

（一）石油库设计规范 GB 50074—2002

目次

1　总　　则

1.0.1　为在石油库设计中贯彻执行国家有关方针政策，统一技术要求，做到安全可靠、技术先进、经济合理，制定本规范。

1.0.2　本规范适用于新建、扩建和改建石油库的设计。

　　本规范不适用于石油化工厂厂区内、长距离输油管道和油气田的油品储运设施的设计。亦不适用于地下水封式石油库、自然洞石油库。

1.0.3　石油库设计除应执行本规范外，尚应符合国家现行有关强制性标准的规定。

2　术　　语

2.0.1　石油库　oil depot

　　收发和储存原油、汽油、煤油、柴油、喷气燃料、溶剂油、润滑油和重油等整装、散装油品的独立或企业附属的仓库或设施。

2.0.2　人工洞石油库　man-made cave oil depot

　　油罐等主要设备设置在人工开挖洞内的石油库。

2.0.3　覆土油罐　buried tank

　　置于被土覆盖的罐室中的油罐，且罐室顶部和周围的覆土厚度不小于 0.5m。

2.0.4　浮顶油罐　floating roof tank

　　顶盖漂浮在油画上的油罐。

2.0.5　内浮顶油罐　internal floating roof tank

　　在油罐内设有浮盘的固定顶油罐。

2.0.6　浅盘式内浮顶油罐　internal floating roof tank with shallow plate

　　钢制浮盘不设浮仓且边缘板高度不大于 0.5m 的内浮顶油罐。

2.0.7　埋地卧式油罐　underground horizontal tank

　　采用直接覆土或罐池充沙（细土）方式埋设在地下，且罐内最高液面低于罐外 4m 范围内地面的最低标高 0.2m 的卧式油罐。

2.0.8　油罐组　a group of tanks

　　用一组闭合连接的防火堤围起来的一组油罐。

2.0.9　油罐区　tank farm

　　由一个或若干个油罐组构成的区域。

2.0.10　储油区　oil storage area

　　由一个或若干个油罐区和为其服务的油泵站、变配电间以及必要的消防设施构成的区域。

2.0.11　油罐容量　nominal volume of tank

　　经计算并圆整后的油罐公称容量。

2.0.12　油罐操作间　operating room for tank

　　人工洞石油库油罐阀组的操作间。

2.0.13 易燃油品 inflammable oil

闪点低于或等于15℃的油品。

2.0.14 可燃油品 combustible oil

闪点高于15℃的油品。

2.0.15 企业附属石油库 oil depot attached to a enterprise

专供本企业用于生产而在厂区内设置的石油库。

2.0.16 安全距离 safe distance

满足防火、环保等要求的距离。

2.0.17 铁路油品装卸线 railway for oil loading and unloading

石油库内用于油品装卸作业的铁路线段。

2.0.18 液化石油气 liquefied petroleum gas

在常温常压下为气态，经压缩或冷却后为液态的 C_s、C_l 及其混合物。

3 一般规定

3.0.1 石油库的等级划分，应符合表3.0.1的规定。

表 3.0.1　石油库的等级划分

等　　级	石油库总容量 TV/m^3	等　　级	石油库总容量 TV/m^3
一级	$100000 \leqslant TV$	四级	$1000 \leqslant TV < 10000$
二级	$30000 \leqslant TV < 100000$	五级	$TV < 1000$
三级	$10000 \leqslant TV < 30000$		

注：1. 表中总容量 TV 系指油罐容量和桶装油品设计存放量之总和，不包括零位罐和放空罐的容量。
　　2. 当石油库储存液化石油气时，液化石油气罐的容量应计入石油库总容量。

3.0.2 石油库储存油品的火灾危险性分类，应符合表3.0.2的规定。

表 3.0.2　石油库储存油品的火灾危险性分类

类　　别		油品闪点 $F_t/℃$	类　　别		油品闪点 $F_t/℃$
甲		$F_t < 28$	丙	A	$60 \leqslant F_t \leqslant 120$
乙	A	$28 \leqslant F_t \leqslant 45$		B	$F_t > 120$
	B	$45 < F_t < 60$			

3.0.3 石油库内生产性建筑物和构筑物的耐火等级不得低于表3.0.3的规定。

表 3.0.3　石油库内生产性建筑物和构筑物的最低耐火等级

序号	建筑物和构筑物	油品类别	耐火等级
1	油泵房、阀门室、灌油间(亭)、铁路油品装卸暖库	甲、乙	二级
		丙	三级
2	桶装油品库房及敞棚	甲、乙	二级
		丙	三级
3	化验室、计量室、仪表室、锅炉房、变配电间、修洗桶间、汽车油罐车库、润滑油再生间、柴油发电机间、空气压缩机间、高架罐支座(架)	—	二级

序号	建筑物和构筑物	油品类别	耐火等级
4	机修间、器材库、水泵房、铁路油品装卸栈桥、汽车油品装卸站台、油品码头栈桥、油泵棚、阀门棚	—	三级

注：1. 建筑物和构筑物构件的燃烧性能和耐火极限应符合现行国家标准《建筑设计防火规范》的规定。

2. 三级耐火等级的建筑物和构筑物的构件不得采用可燃材料建造。

3. 桶装甲、乙类油品敞棚承重柱的耐火极限不应低于 2.5h；敞棚顶承重构件及顶面的耐火极限可不限，但不得采用可燃材料建造。

3.0.4　石油库储存液化石油气时，液化石油气罐的总容量不应大于油罐总容量的 10%，且不应大于 $1300m^3$。

3.0.5　石油库内液化石油气设施的设计，可按现行国家标准《石油化工企业设计防火规范》GB5 50160 的有关规定执行。

4　库址选择

4.0.1　石油库库址选择应符合城镇规划、环境保护和防火安全要求，且交通方便。

4.0.2　企业附属石油库的库址，应结合该企业主体工程统一考虑，并应符合城镇或工业区规划、环境保护和防火安全的要求。

4.0.3　石油库的库址应具备良好的地质条件，不得选择在有土崩、断层、滑坡、沼泽、流沙及泥石流的地区和地下矿藏开采后有可能塌陷的地区。

人工洞石油库的库址，应选在地质构造简单、岩性均一、石质坚硬与不易风化的地区，并宜避开断层和密集的破碎带。

4.0.4　一、二、三级石油库的库址，不得选在地震基本烈度为 9 度及以上的地区。

4.0.5　石油库场地设计标高，应符合下列规定：

1　当库址选定在靠近江河、湖泊等地段时，库区场地的最低设计标高，应高于计算洪水位 0.5m 及以上。

2　计算洪水位采用的防洪水标准，应符合下列规定：

1）一、二、三级石油库洪水重现期应为 50 年；

2）四、五级石油库洪水重现期应为 25 年。

3　当库址选定在海岛、沿海地段或潮汐作用明显的河口段时，库区场地的最低设计标高，应高于计算水位 1m 及以上。在无掩护海岸，还应考虑波浪超高。计算水位应采用高潮累积频率 10% 的潮位。

4　当有防止石油库受淹的可靠措施，且技术经济合理时，库址亦可选在低于计算水位的地段。

4.0.6　石油库的库址，应具备满足生产、消防、生活所需的水源和电源的条件，还应具备排水的条件。

4.0.7　石油库与周围居住区、工矿企业、交通线等的安全距离，不得小于表 4.0.7 的规定。

表 4.0.7 石油库与周围居住区、工矿企业、交通线等的安全距离 单位：m

序号	名称	石油库等级				
		一级	二级	三级	四级	五级
1	居住区及公共建筑物	100	90	80	70	50
2	工矿企业	60	50	40	35	30
3	国家铁路线	60	55	50	50	50
4	工业企业铁路线	35	30	25	25	25
5	公路	25	20	15	15	15
6	国家一、二级架空通信线路	40	40	40	40	40
7	架空电力线路和不属于国家一、二级的架空通信线路	1.5倍杆高	1.5倍杆高	1.5倍杆高	1.5倍杆高	1.5倍杆高
8	爆破作业场地（如采石场）	300	300	300	300	300

注：1. 序号1～7的安全距离，从石油库的油罐区或油品装卸区算起；有防火堤的油罐区从防火堤中心线算起；无防火堤的覆土油罐从罐室内壁算起；油品装卸区从装卸车（船）时鹤管口的位置或泵房算起；序号8的安全距离从石油库围墙算起。

2. 对于有装油作业的油品装卸区，序号1～6的安全距离可减少25%，但不得小于15m；对于仅有卸油作业的油品装卸区以及单罐容量小于或等于100m^3的埋地卧式油罐，序号1～6的安全距离可减少50%，但不得小于15m，序号7的安全距离可减少为1倍杆高。

3. 四、五级石油库仅储存丙A类油品或丙A和丙B类油品时，序号1、2、5的安全距离可减少25%；四、五级石油库仅储存丙B类油品时，可不受本表限制。

4. 少于1000人或300户的居住区与二、三、四、五级石油库的距离可减少25%；少于100人或30户的居住区与一级石油库的安全距离可减少25%，与二、三、四、五级石油库的距离可减少50%，但不得小于35m。居住区包括石油库的生活区。

5. 注2～注4的折减不得叠加。

6. 对于电压35kV及以上的架空电力线路，序号7的距离除应满足本表要求外，且不应小于30m。

7. 铁路附属石油库与国家铁路线及工业企业铁路线的距离，可按表5.0.3铁路机车走行线的规定执行。

8. 当两个石油库或油库与工矿企业的油罐区相毗邻建设时，其相邻油罐之间的防火距离可取相邻油罐中较大罐直径的1.5倍，但不应小于30m；其他建筑物、构筑物之间的防火距离应按本规范表5.0.3的规定增加50%。

9. 非石油库用库外埋地电缆与石油库围墙的距离不应小于3m。

4.0.8 企业附属石油库与本企业建筑物、构筑物、交通线等的安全距离，不得小于表4.0.8的规定。

表 4.0.8 企业附属石油库与本企业建筑物、构筑物、交通线等的安全距离 单位：m

安全距离 / 企业建筑物、构筑物等 / 油品类别 / 库内建筑物、构筑物			甲类生产厂房	甲类物品库房	乙、丙、丁、戊类生产厂房及物品库房耐火等级			明火或散发火花的地点	厂内铁路	厂内道路	
					一、二	三	四			主要	次要
油罐（TV为罐区总容量m^3）	TV 50	甲、乙	25	25	12	15	20	25	25	15	10
	50 TV 200		25	25	15	20	25	30	25	15	10
	200 TV 1000		25	25	20	25	30	35	25	15	10
	1000 TV 5000		30	30	25	30	40	40	25	15	10
	TV 250	丙	15	15	12	15	20	20	20	10	5
	250 TV 1000		20	20	15	20	25	25	20	10	5
	1000 TV 5000		25	25	20	25	30	30	20	15	10
	5000 TV 25000		30	30	25	30	40	40	25	15	10
油泵房、灌油间		甲、乙	12	15	12	14	16	30	20	10	5
		丙	12	12	10	12	14	15	12	8	5

续表

安全距离 油品类别 库内建筑物、构筑物	企业建筑物、构筑物等	甲类生产厂房	甲类物品库房	乙、丙、丁、戊类生产厂房及物品库房耐火等级			明火或散发火花的地点	厂内铁路	厂内道路	
				一、二	三	四			主要	次要
桶装油品库房	甲、乙	15	20	15	20	25	30	30	10	5
	丙	12	15	10	12	14	20	15	8	5
汽车灌油鹤管	甲、乙	14	14	15	16	18	30	20	15	15
	丙	10	10	10	12	14	20	10	8	5
其他生产性建筑物	甲、乙、丙	12	12	10	12	14	15	10	3	3

注：1. 当甲、乙类油品与丙类油品混存时，丙类油品可按其容量的20%折算计入油罐区总容量。

2. 对于埋地卧式油罐和储存丙B类油品的油罐，本表距离（与厂内次要道路的距离除外）可减少50%，但不得小于10m。

3. 表中未注明的企业建筑物、构筑物与库内建筑物、构筑物的安全距离，应按现行国家标准《建筑设计防火规范》规定的防火距离执行。

4. 企业附属石油库的甲、乙类油品储罐总容量大于5000m³，丙类油品储罐总容量大于25000m³时，企业附属石油库与本企业建筑物、构筑物、交通线等的安全距离，应符合本规范第4.0.7条的规定。

4.0.9 石油库与飞机场的距离，应符合国家现行有关标准和规范的规定。

5　总平面布置

5.0.1 石油库内的设施宜分区布置。石油库的分区及各区内的主要建筑物和构筑物，宜按表5.0.1的规定布置。

表 5.0.1　石油库分区及其主要建筑物和构筑物

序号	分　区		区内主要建筑物和构筑物
1	储油区		油罐、防火堤、油泵站、变配电间等
2	油品装卸区	铁路油品装卸区	铁路油品装卸栈桥、站台、油泵站、桶装油品库房、零位罐、变配电间等
		水运油品装卸区	油品装卸码头、油泵站、灌油间、桶装油品库房、变配电间等
		公路油品装卸区	高架罐、灌油间、油泵站、变配电间、汽车油品装卸设施、桶装油品库房、控制室等
3	辅助生产区		修洗桶间、消防泵房、消防车库、变配电间、机修间、器材库、锅炉房、化验室、污水处理设施、计量室、油罐车库等
4	行政管理区		办公室、传送室、汽车库、警卫及消防人员宿舍、集体宿舍、浴室、食堂等

注：1. 企业附属石油库的分区，尚宜结合该企业的总体布置统一考虑。

2. 对于四级石油库，序号3、1的建筑物和构筑物可合并布置；对于五级石油库，序号2、3、1的建筑物和构筑物可合并布置。

5.0.2 石油库内使用性质相近的建筑物或构筑物，在符合生产使用和安全防火的要求下，宜合并建造。

5.0.3 石油库内建筑物、构筑物之间的防火距离（油罐与油罐之间的距离除外），不应小于表5.0.3的规定。

表 5.0.3　石油库内建筑物、构筑物之间的防火距离

单位：m

序号	建筑物和构筑物名称		油罐（V 为单罐容量 m³）				高架油罐	油泵房		灌油间		汽车灌油鹤管		铁路灌油装卸设施		油品装卸码头		桶装油品库房		隔油池	
			V>50000	5000<V≤50000	1000<V≤5000	V≤1000		甲、乙类油品	丙类油品	甲、乙类油品	丙类油品	甲、乙类油品	丙类油品	甲、乙类油品	丙类油品	甲、乙类油品	丙类油品	甲、乙类油品	丙类油品	150m³ 及以下	150m³ 以上
			1	2	3	4	5	6	7	8	9	10	11	12	13	14	15	16	17	18	19
5	高架油罐		19	15	11.5	7.5															
6	油泵房	甲、乙类油品	19	15	11.5	9	12	12													
7		丙类油品	14.5	11.5	9	7.5	10	12	10												
8	灌油间	甲、乙类油品	21	19	15	11.5	10	12	12	12											
9		丙类油品	19	19	11.5	9	8	12	10	12	10										
10	汽车灌油鹤管	甲、乙类油品	21	19	15	11.5	10	15	15	15	15	15									
11		丙类油品	19	15	11.5	9	8	8	8	12	12	15	12								
12	铁路灌油装卸设施	甲、乙类油品	21	19	15	11.5	15	15	15	15	15	15	15	20							
13		丙类油品	19	15	11.5	9	12	8	12	12	12	12	12	20	15						
14	油品装卸码头	甲、乙类油品	17	37.5	30	26.5	20	15	15	15	15	20	15	20	8	15					
15		丙类油品	33	26.5	22.5	22.5	15	15	12	12	12	15	12	20	8	15	12				
16	桶装油品库房	甲、乙类油品	21	19	15	11.5	12	15	12	12	12	20	15	25	20	25	15	12			
17		丙类油品	19	15	11.5	9	12	15	10	20	10	15	10	25	25	25	20	15	10		
18	隔油池 150m³ 及以下		24	19	15	15	15	15	15	20	15	20	15	30	20	30	20	15	10		
19	消防泵房、消防车库		28	22.5	19	19	20	20	16	25	20	25	20	30	25	30	20	20	15		
20	独立变配电间和中心控制室		33	26.5	22.5	26.5	30	12	15	12	20	15	12	15	12	20	15	12	15		
21	露天变配电所 10kV 及以上		19	15	15	15	15	10	15	10	15	15	10	20	10	20	20	20	10		
22	露天变配电所 10kV 及以下		29	23	23	23	30	20	15	20	20	20	20	30	20	30	20	20	20		
23	独立变配电间和中心控制室		19	15	11.5	15	15	12	10	15	10	15	10	15	10	10	12	12	10	15	20
24	铁路机车走行线		21	19	19	19	20	15	12	20	15	20	15	20	15	20	15	15	15	15	20
25	有明火及散发火花的建筑物、构筑物及地点		33	26.5	26.5	26.5	30	20	15	30	20	30	20	30	20	10	30	30	20	30	10
26	油罐车库		28	22.5	19	15	20	15	12	15	12	15	15	20	15	20	15	15	10	15	20
27	围墙		11.5	11.5	7.5	6	8	10	5	10	5	15	5	15	5	—	—	5	5	10	10
28	其他建筑物、构筑物		24	15	15	15	12	12	12	20	12	15	12	15	5	15	12	12	12	15	15

注：1. 序号1、2、3、4的油罐，系指储存甲类油品和乙类 A 类油品的浮顶油罐或内浮顶油罐、储存丙类油品的立式固定顶油罐，容量大于50m³的卧式油罐。对于储存乙 B 类油品的立式固定顶油罐的立式固定顶油罐或储存甲类、乙类 A 类油品的浮顶油罐、内浮顶油罐，容量等于或小于50m³或容量大于50m³的卧式油罐，其与序号4的距离应增加30%。对于储存丙类油品的立式固定顶油罐，容量大于50m³的卧式油罐可不受本表限制。

2. 储油区油泵房露天泵站采用棚式或露天油泵房时，其与序号1、2、3、4油罐间距可减少30%。丙 A 类油品泵棚或露天泵与相邻建筑物、构筑物间距以油泵房外缘按本表油泵房与其他建筑物计；丙 B 类油品露天泵可布置在防火堤内。

3. 灌油间与高架油罐间距以高架油罐与建筑物、构筑物间的距离计。

4. 与灌油间相邻的一侧如无门窗和孔洞时，两者之间的距离可不受限制。

5. 密闭式隔油间和油库内各建筑物、构筑物之间的防火距离不受限制。

6. 序号1、2、3、4储存甲、乙类油品的油罐至铁路（海）岸边的距离，乙类油品铁路（海）岸边的距离，除序号1、2、3外，岸边容量等于或小于1000m³时，不应小于20m；当单罐容量大于1000m³，不应小于30m。当单罐容量大于500m³时，不应小于12m，不应小于15m。

7. 仅用于卸车作业的甲、乙类油品铁路油品装卸线，与油罐相邻的变配电所的防火距离与油品泵房相同。

8. 与油泵房毗邻的变配电所的防火距离与油品泵房相同。

9. 上述折减不得叠加。

5.0.4　油罐应集中布置。当地形条件允许时，油罐宜布置在比卸油地点低、比灌油地点高的位置，但当油罐区地面标高高于邻近居民点、工业企业或铁路线时，必须采取加固防火堤等防止库内油品外流的安全防护措施。

5.0.5　人工洞石油库储油区的布置，应符合下列规定：

　　1　油罐室的布置，应最大限度地利用岩石覆盖层的厚度。油罐室岩石覆盖层的厚度，应满足防护要求。

　　2　变配电间、空气压缩机间、发电间等，不应与油罐室布置在同一主巷道内。当布置在单独洞室内或洞外时，其洞口或建筑物、构筑物至油罐室主巷道洞口、油罐室的排风管或油罐的通气管管口的距离，不应小于15m。

　　3　油泵间、通风机室与油罐室布置在同一主巷道内时，与油罐室的距离不应小于15m。

　　4　每条主巷道的出入口，不宜少于两处（尽头式巷道除外），洞口宜选择在岩石较完整的陡坡上。

5.0.6　铁路装卸区，宜布置在石油库的边缘地带。石油库的专用铁路线，不宜与石油库出入口的道路相交叉。

5.0.7　公路装卸区，应布置在石油库面向公路的一侧，宜设围墙与其他各区隔开，并应设单独出入口。

5.0.8　行政管理区宜设围墙（栅）与其他各区隔开，并应设单独对外的出入口。

5.0.9　石油库内道路的设计，应符合下列规定：

　　1　石油库油罐区应设环行消防道路。四、五级石油库、山区或丘陵地带的石油库油罐区亦可设有回车场的尽头式消防道路。

　　2　油罐中心与最近的消防道路之间的距离，不应大于80m；相邻油罐组防火堤外堤脚线之间应留有宽度不小于7m的消防通道。

　　3　消防道路与防火堤外堤脚线之间的距离，不宜小于3m。

　　4　铁路装卸区应设消防道路。

　　5　铁路装卸区的消防道路宜与库内道路构成环行道，也可设有回车场的尽头式道路。

　　6　汽车油罐车装卸设施和油桶灌装设施，必须设置能保证消防车辆顺利接近火灾场地的消防道路。

　　7　一级石油库的油罐区和装卸区消防道路的路面宽度不应小于6m，其他级别石油库的油罐区和装卸区消防道路的路面宽度不应小于4m。

　　8　一级石油库的油罐区和装卸区消防道路的转弯半径不宜小于12m。

5.0.10　石油库通向公路的车辆出入口（公路装卸区的单独出入口除外），一、二、三级石油库不宜少于2处。四、五级石油库可设1处。

5.0.11　石油库应设高度不低于2.5m的非燃烧材料的实体围墙，山区或丘陵地带的石油库，可设置镀锌铁丝网围墙。企业附属石油库与本企业毗邻一侧的围墙高度不宜低于1.8m。

5.0.12　石油库内应进行绿化，除行政管理区外不应栽植油性大的树种。防火堤内严禁植树，但在气温适宜地区可铺设高度不超过 0.15m 的四季常绿草皮。消防道路与防火堤之间，不宜种树。石油库内绿化，不应妨碍消防操作。

6 油 罐 区

6.0.1 石油库的油罐设置应采用地上式，有特殊要求时可采用覆土式、人工洞式或埋地式。

6.0.2 石油库的油罐应采用钢制油罐。油罐的设计应符合国家现行油罐设计规范的要求。选用油罐类型应符合下列规定：

1 储存甲类和乙 A 类油品的地上立式油罐，应选用浮顶油罐或内浮顶油罐，浮顶油罐应采用二次密封装置。

2 储存甲类油品的覆土油罐和人工洞油罐，以及储存其他油品的油罐，宜选用固定顶油罐。

3 容量小于或等于 100m³ 的地上油罐，可选用卧式油罐。

6.0.3 石油库的地上油罐和覆土油罐，应按下列规定成组布置：

1 甲、乙和丙 A 类油品储罐可布置在同一油罐组内；甲、乙和丙 A 类油品储罐不宜与丙 B 类油品储罐布置在同一油罐组内。

2 沸溢性油品储罐不应与非沸溢性油品储罐同组布置。

3 地上立式油罐、高架油罐、卧式油罐、覆土油罐不宜布置在同一个油罐组内。

4 同一个油罐组内油罐的总容量应符合下列规定：

1) 固定顶油罐组及固定顶油罐和浮顶、内浮顶油罐的混合罐组不应大于 120000m³；

2) 浮顶、内浮顶油罐组不应大于 600000m³。

5 同一个油罐组内的油罐数量应符合下列规定：

1) 当单罐容量等于或大于 1000m³ 时，不应多于 12 座；

2) 单罐容量小于 1000m³ 的油罐组和储存丙 B 类油品的油罐组内的油罐数量不限。

6.0.4 地上油罐组内的布置应符合下列规定：

1 单罐容量小于 1000m³ 的储存丙 B 类油品的油罐不应超过 4 排；其他油罐不应超过 2 排。

2 立式油罐排与排之间的防火距离不应小于 5m；卧式油罐排与排之间的防火距离不应小于 3m。

6.0.5 油罐之间的防火距离不应小于表 6.0.5 的规定。

6.0.6 地上油罐组应设防火堤，防火堤的设置应符合下列规定：

1 防火堤应采用非燃烧材料建造，并应能承受所容纳油品的静压力且不应泄漏。

2 立式油罐防火堤的计算高度应保证堤内有效容积需要。防火堤的实高应比计算高度高出 0.2m。防火堤的实高不应低于 1m（以防火堤内侧设计地坪计），且不宜高于 2.2m（以防火堤外侧道路路面计）。卧式油罐的防火堤实高不应低于 0.5m（以防火堤内侧设计地坪计）。如采用土质防火堤，堤顶宽度不应小于 0.5m。

3 严禁在防火堤上开洞。管道穿越防火堤处应采用非燃烧材料严密填实。在雨水沟穿越防火堤处，应采取排水阻油措施。

4 油罐组防火堤的入行踏步不应少于两处，且应处于不同的方位上。

表 6.0.5　油罐之间的防火距离

油罐型式 单罐容量 油品类别　　　$V/\mathrm{m^3}$		固定顶油罐		浮顶油罐、 内浮顶油罐	卧式油罐
		地上式	覆土式		
甲、乙 A 类	不限	—		0.4D	0.4D	0.8m
乙 B 类	$V>1000$	0.6D		0.4D	0.4D	
	$V<1000$	消防采用固 定冷却方式	0.6D			
		消防采用移 动冷却方式	0.75D			
丙 A 类	不限	0.4D		不限		
丙 B 类	$V>1000$	5m			—	
	$V\leqslant 1000$	2m				

注：1. 表中 D 为相邻油罐中较大油罐的直径。单罐容积大于 1000m³ 的油罐 D 为直径或高度的较大值。
2. 储存不同油品的油罐、不同型式的油罐之间的防火距离，应采用较大值。
3. 高架油罐之间的防火距离，不应小于 0.6m。
4. 单罐容量不大于 300m³、总容量不大于 1500m³ 的立式油罐组，油罐之间的防火距离可不受本表限制，但不应小于 1.5m。
5. 浮顶油罐、内浮顶油罐之间的防火距离按 0.4D 计算大于 20m 时，特殊情况下最小可取 20m，但应符合本规范第 12.2.7 条第 3 款和第 12.2.8 条第 4 款的规定。
6. 丙 A 类油品固定顶油罐之间的防火距离、覆土式油罐之间的防火距离按 0.4D 计算大于 15m 时，最小可取 15m。
7. 浅盘式内浮顶油罐与固定顶油罐等同。

6.0.7 覆土油罐的罐室设计应符合下列规定：

1 覆土油罐利用罐室墙作围护结构时，罐室墙应采用砖石或混凝土块浆砌，罐室墙应严密不渗漏。罐室应有排水阻油措施。

2 覆土油罐的水平通道应设密闭门。

3 覆土油罐的竖直通道可不设密闭门。

6.0.8 地上立式油罐的罐壁至防火堤内堤脚线的距离，不应小于罐壁高度的一半。卧式油罐的罐壁至防火堤内堤脚线的距离，不应小于 3m。依山建设的油罐，可利用山体兼作防火堤，油罐的罐壁至山体的距离不得小于 1.5m。

6.0.9 防火堤内的有效容量，应符合下列规定：

1 对于固定顶油罐，不应小于油罐组内一个最大油罐的容量。

2 对于浮顶油罐或内浮顶油罐，不应小于油罐组内一个最大油罐容量的一半。

3 当固定顶油罐与浮顶油罐或内浮顶油罐布置在同一油罐组内时，应取以上两款规定的较大值。

4 覆土油罐的防火堤内有效容量规定同上，但油罐容量应按其高出地面部分的容量计算。

6.0.10 立式油罐罐组内应按下列规定设置隔堤：

1 当单罐容量小于 5000m³ 时，隔堤内的油罐数量不应多于 6 座。

2 当单罐容量等于或大于 5000m³ 至小于 20000m³ 时，隔堤内油罐的数量不应多于 4 座。

3 当罐容量等于或大于 20000m³ 时，隔堤内油罐数量不应多于 2 座。

4 隔堤内沸溢性油品储罐的数量不应多于 2 座。

5 非沸溢性的丙 B 类油品储罐，可不设置隔堤。

6 隔堤顶面标高，应比防火堤顶面标高低 0.2～0.3m。

7 隔堤应采用非燃烧材料建造，并应能承受所容纳油品的静压力且不应泄漏。

6.0.11 立式油罐的进油管，应从油罐下部接入；如确需从上部接入时，甲、乙、丙 A 类油品的进油管应延伸到油罐的底部。卧式油罐的进油管从上部接入时，甲、乙、丙 A 类油品的进油管应延伸到油罐底部。

6.0.12 油罐附件的设置应符合下列规定：

1 油罐应装设进出油接合管、排污孔、放水阀、人孔、采光孔、量油孔和通气管等基本附件。

2 下列油罐的通气管上必须装设阻火器：

1）储存甲、乙、丙 A 类油品的固定顶油罐；

2）储存甲、乙类油品的卧式油罐；

3）储存丙 A 类油品的地上卧式油罐。

3 储存甲、乙类油品的固定顶油罐和地上卧式油罐的通气管上应装设呼吸阀。

6.0.13 地上油罐应设梯子和栏杆。高度大于 5m 的立式油罐，应采用盘梯或斜梯。拱顶油罐罐顶上经常走人的地方，应设防滑踏步。

6.0.14 地上立式油罐应设液位计和高液位报警器。频繁操作的油罐宜设自动联锁切断进油装置。等于和大于 50000m³ 的油罐尚应设自动联锁切断进油装置。有脱水操作要求的油罐宜装设自动脱水器。

6.0.15 地上立式油罐的基础面标高，宜高出油罐周围设计地坪标高 0.5m；卧式油罐宜采用双支座。

6.0.16 油品储罐的主要进出口管道宜采用挠性或柔性连接方式。

6.0.17 人工洞石油库油罐总容量和座数应根据巷道形式确定。同一个贯通式巷道内的油罐总容量不应大于 100000m³，油罐不宜多于 15 座；同一个尽头式巷道内的油罐总容量不应大于 40000m³，油罐不宜多于 6 座。储存丙 B 类油品的油罐座数，可不受此限制。

6.0.18 人工洞内罐室之间的距离，不宜小于相邻较大罐室毛洞的直径。

6.0.19 人工洞内油罐顶与罐室顶内表面的距离，不应小于 1.2m。罐壁与罐室壁内表面的距离，不应小于 0.8m。

6.0.20 人工洞石油库主巷道衬砌后的净宽，不应小于 3m；边墙的高度，不应小于 2.2m。主巷道的纵向坡度，不宜小于 5‰。

6.0.21 人工洞石油库主巷道的口部，应根据抗爆等级设相应的防护门和密闭门。罐室防爆墙上应设密闭门。

6.0.22 人工洞式油罐的通气管管口必须设在洞外。通气管应采用钢管。各种油品应分别设置通气管，其直径应经计算确定并不得小于出油管直径。通气管在油罐操作间处应安装管道式呼吸阀、放液阀；通气管管口处应安装阻火器。

7 油 泵 站

7.0.1 油泵站宜采用地上式。其建筑形式应根据输送介质的特点、运行条件及当地气象条件等综合考虑确定，可采用房间式（泵房）、棚式（泵棚），亦可采用露天式。

7.0.2 泵房（棚）的设置应符合下列规定：

1 泵房应设外开门，且不宜少于 2 个，其中 1 个应能满足泵房内最大设备进出需要。建筑面积小于 60m 时可设 1 个外开门。

2 泵房和泵棚的净空不应低于 3.5m。

7.0.3 输油泵的设置，应符合下列规定：

1 输送有特殊要求的油品时，应设专用输油泵和备用泵。

2 连续输送同一种油品的油泵，当同时操作的油泵不多于 3 台时，可设 1 台备用泵；当同时操作的油泵多于 3 台时，备用泵不应多于 2 台。

3 经常操作但不连续运转的油泵不宜单独设置备用泵，可与输送性质相近油品的油泵互为备用或共设 1 台备用泵。

4 不经常操作的油泵，不应设置备用油泵。

7.0.4 用于离心泵灌泵和抽吸运油容器底油的泵可采用容积泵。

7.0.5 油泵站的油气排放管的设置应符合下列规定：

1 管口应设在泵房（棚）外。

2 管口应高出周围地坪 4m 及以上。

3 设在泵房（棚）顶面上方的油气排放管，其管口应高出泵房（棚）顶面 1.5m 及以上。

4 管口与配电间门、窗的水平路径不应小于 5m。

5 管口应装设阻火器。

7.0.6 没有安全阀的容积泵的出口管道上应设置安全阀。

7.0.7 油泵机组的布置应符合下列规定：

1 油泵机组单排布置时，电动机端部至墙（柱）的净距，不宜小于 1.5m。

2 相邻油泵机组机座之间的净距，不应小于较大油泵机组机座宽度的 1.5 倍。

7.0.8 油品装卸区不设集中油泵站时，油泵可设置于铁路装卸栈桥或汽车油罐车装卸站台之下，但油泵四周应是开敞的，且油泵基础顶面不应低于周围地坪。

8 油品装卸设施

8.1 铁路油品装卸设施

8.1.1 铁路油品装卸线设置，应符合下列规定：

1 铁路油品装卸线的车位数，应按油品运输量确定。

2 铁路油品装卸线应为尽头式。

3 铁路油品装卸线应为平直线，股道直线段的始端至装卸栈桥第一鹤管的距离，不应小于进库油罐车长度的 1/2。装卸线设在平直线上确有困难时，可设在半径不小于600m 的曲线上。

    4　装卸线上油罐车列的始端车位车钩中心线至前方铁路道岔警冲标的安全距离，不应小于 31m；终端车位车钩中心线至装卸线车挡的安全距离应为 20m。

8.1.2　油品装卸线中心线至石油库内非罐车铁路装卸线中心线的安全距离，应符合下列规定：

    1　装甲、乙类油品的不应小于 20m。

    2　卸甲、乙类油品的不应小于 15m。

    3　装卸丙类油品的不应小于 10m。

8.1.3　甲、乙、丙 A 类油品装卸线与丙 B 类油品装卸线，宜分开设置。当甲、乙、丙 A 类油品与丙 B 类油品合用一条装卸线且同时作业时，两种鹤管之间的距离，不应小于 24m；不同时作业时，鹤管间距可不限制。

8.1.4　桶装油品装卸车与油罐车装卸车合用一条装卸线时，桶装油品车位至相邻油罐车车位的净距，不应小于 10m。

8.1.5　油品装卸线中心线至无装卸栈桥一侧其他建筑物或构筑物的距离，在露天场所不应小于 3.5m，在非露天场所不应小于 2.44m。

    注：1　非露天场所系指在库房、敞棚或山洞内的场所。

    2　油品装卸线的中心线与其他建筑物或构筑物的距离，尚应符合本规范表 5.0.3 的规定。

8.1.6　铁路中心线至石油库铁路大门边缘的距离，有附挂调车作业时，不应小于3.2m；无附挂调车作业时不应小于 2.44m。

8.1.7　铁路中心线至油品装卸暖库大门边缘的距离，不应小于 2m。暖库大门的净空高度（自轨面算起）不应小于 5m。

8.1.8　桶装油品装卸站台的顶面应高于轨面，其高差不应小于 1.1m。站台边缘至装卸线中心线的距离应符合下列规定：

    1　当装卸站台的顶面距轨面高差等于 1.1m 时，不应小于 1.75m。

    2　当装卸站台的顶面距轨面高差大于 1.1m 时，不应小于 1.85m。

8.1.9　卸油设施的零位罐至油品卸车线中心线的距离，不应小于 6m。零位罐的总容量，不应大于一次卸车量。

8.1.10　从下部接卸铁路油罐车的卸油系统，应采用密闭管道系统。从上部向铁路油罐车灌装甲、乙、丙 A 类油品时，应采用插到油罐车底部的鹤管。鹤管内的油品流速，不应大于 4.5m/s。

8.1.11　油品装卸栈桥应在装卸线的一侧设置。

8.1.12　油品装卸栈桥的桥面，宜高于轨面 3.5m。栈桥上应设安全栏杆。在栈桥的两端和沿栈桥每 60～80m 处，应设上下栈桥的梯子。

8.1.13　新建和扩建的油品装卸栈桥边缘与油品装卸线中心线的距离，应符合下列规定：

    1　自轨面算起 3m 及以下不应小于 2m。

    2　自轨面算起 3m 以上不应小于 1.85m。

8.1.14　油品装卸鹤管至石油库围墙的铁路大门的距离，不应小于 20m。

8.1.15　两条油品装卸线共用一座栈桥时，两条油品装卸线中心线的距离，应符合下列规定：

    1　当采用小鹤管时，不宜大于 6m。

    2　当采用大鹤管时，不宜大于 7.5m。

8.1.16　相邻两座油品装卸栈桥之间两条油品装卸线中心线的距离，应符合下列规定：

    1　当二者或其中之一用于甲、乙类油品时，不应小于 10m。

    2　当二者都用于丙类油品时，不应小于 6m。

8.2　汽车油罐车装卸设施

8.2.1　向汽车油罐车灌装甲、乙、丙 A 类油品宜在装车棚（亭）内进行。甲、乙、丙 A 类油品可共用一个装车棚（亭）。

8.2.2　汽车油罐车的油品灌装宜采用泵送装车方式。有地形高差可供利用时，宜采用储油罐直接自流装车方式。

8.2.3　汽车油罐车的油品装卸应有计量措施，计量精度应符合国家有关规定。

8.2.4　汽车油罐车的油品灌装宜采用定量装车控制方式。

8.2.5　汽车油罐车向卧式容器卸甲、乙、丙 A 类油品时，应采用密闭管道系统。有地形高差可利用时，应采用自流卸油方式。

8.2.6　油品装车流量不宜小于 30m³/h，但装卸车流速不得大于 4.5m/s。

8.2.7　汽油总装车量（包括铁路装车量）大于 20 万吨/年的油库，宜设置油气回收设施。

8.2.8　当采用上装鹤管向汽车油罐车灌装甲、乙、丙 A 类油品时，应采用能插到油罐车底部的装油鹤管。

8.3　油品装卸码头

8.3.1　油品装卸码头宜布置在港口的边缘地区和下游。

8.3.2　油品装卸码头和作业区宜独立设置。

8.3.3　油品装卸码头与公路桥梁、铁路桥梁等建筑物、构筑物的安全距离，不应小于表 8.3.3 的规定。

表 8.3.3　油品装卸码头与公路桥梁、铁路桥梁等建筑物、构筑物的安全距离

油品装卸码头位置	油品类别	安全距离/m
公路桥梁、铁路桥梁的下游	甲、乙	150
	丙 A	100
公路桥梁、铁路桥梁的上游	甲、乙	300
	丙 A	200
内河大型船队锚地、固定停泊所、城市水源取水口的上游	甲、乙、丙 A	1000

注：停靠小于 500t 油船的码头，安全距离可减少 50%。

8.3.4　油品装卸码头之间或油品码头相邻两泊位的船舶安全距离，不应小于表 8.3.4 的规定。

表 8.3.4　油品装卸码头之间或油品装卸码头相邻两泊位的船舶安全距离　单位：m

船长	<110	110～150	151～182	183～235	236～279
安全距离	25	35	40	50	55

注：1. 船舶安全距离系指相邻油品泊位设计船型首尾间的净距。

2. 当相邻泊位设计船型不同时，其间距应按吨级较大者计算。

3. 当突堤或栈桥码头两侧靠船时，可不受上述船舶间距的限制，但对于装卸甲类油品泊位，船舷之间的安全距离不应小于 25m。

4. 1000t 级及以下油船之间的防火距离可取船长的 0.3 倍。

8.3.5　油品装卸码头与相邻货运码头的安全距离，不应小于表 8.3.5 的规定。

8.3.6　油品装卸码头与相邻客运站码头的安全距离，不应小于表 8.3.6 的规定。

表 8.3.5　油品装卸码头与相邻货运码头的安全距离

油品装卸码头位置	油品类别	安全距离/m	油品装卸码头位置	油品类别	安全距离/m
内河货运码头下游	甲、乙	75	沿海、河口内河货运码头上游	甲、乙	150
	丙 A	50		丙 A	100

注：表中安全距离系指相邻两码头所停靠设计船型首尾间的净距。

表 8.3.6　油品装卸码头与相邻港口客运站码头的安全距离

油品装卸码头位置	客运站级别	油品类别	安全距离/m
沿海	一、二、三、四	甲、乙	300
		丙 A	200
内河客运站码头的下游	一、二	甲、乙	300
		丙 A	200
	三、四	甲、乙	150
		丙 A	100
内河客运站码头的上游	一	甲、乙	3000
		丙 A	2000
	二	甲、乙	2000
		丙 A	1500
	三、四	甲、乙	1000
		丙 A	700

注：1. 油品装卸码头与相邻客运站码头的安全距离，系指相邻两码头所停靠设计船型首尾间的净距。

2. 停靠小于 500t 油船的码头，安全距离可减少 50%。

3. 客运站级别划分应符合现行国家标准《河港工程设计规范》GB 50192 的规定。

8.3.7　码头的油品装卸设施，应与设计船型的装卸能力相适应。

8.3.8　停靠需要排放压舱水或洗舱水油船的码头，应设置接受压舱水或洗舱水的设施。

8.3.9　油品装卸码头的建造材料，应采用非燃烧材料（护舷设施除外）。

8.3.10　在输油管道位于岸边的适当位置，应设紧急关闭阀。

8.3.11　栈桥式油品码头的栈桥宜独立设置。

9　输油及热力管道

9.0.1　输油及热力管道的管径和壁厚的选择，应根据其设计条件进行计算，并经技术经济比较后确定。

9.0.2 管道的敷设,应符合下列规定:

    1 石油库围墙以内的输油管道,宜地上敷设;热力管道,宜地上或管沟敷设。

    2 地上或管沟内的管道,应敷设在管墩或管架上,保温管道应设管托

    3 管沟在进入油泵房、灌油间和油罐组防火堤处,必须设隔断墙。

    4 埋地输油管道的管顶距地面,在耕种地段不应小于 0.8m,在其他地段不应小于 0.5m。

9.0.3 地上或管沟内的管道以及埋地管道的出土端(包括局部管沟、套管内的管道及非弹性敷设管道的转弯部分等可能产生伸缩的管段),均应进行热应力计算,并应采取补偿和锚固措施。

9.0.4 管道穿越、跨越库内铁路和道路时,应符合下列规定:

    1 管道穿越铁路和道路处,其交角不宜小于 60°,并应采取涵洞或套管或其他防护措施。套管的端部伸出路基边坡不应小于 2m。路边有排水沟时,伸出排水沟边不应小于 1m,套管顶距铁路轨面不应小于 0.8m,距道路路面不应小于 0.6m。

    2 管道跨越电气化铁路时,轨面以上的净空高度不应小于 6.6m。管道跨越非电气化铁路时,轨面以上的净空高度不应小于 5.5m。管道跨越消防道路时,路面以上的净空高度不应小于 5m。管道跨越车行道路时,路面以上的净空高度不应小于 4.5m。管架立柱边缘距铁路不应小于 3m,距道路不应小于 1m。

    3 管道的穿越、跨越段上,不得装设阀门、波纹管或套筒补偿器、法兰螺纹接头等附件。

9.0.5 管道与铁路或道路平行布置时,其突出部分距铁路不应小于 3.8m(装卸油品栈桥下面的管道除外),距道路不应小于 1m。

9.0.6 管道之间的连接应采用焊接方式。有特殊需要的部位可采用法兰连接。

9.0.7 输油管道上的阀门,应采用钢制阀门。

9.0.8 管道的防护,应符合下列规定:

    1 钢管及其附件的外表面,必须涂刷防腐涂层;埋地钢管尚应采取防腐绝缘或其他防护措施。

    2 不放空、不保温的地上输油管道,应在适当位置设置泄压装置。

    3 输送易凝油品的管道,应采取防凝措施。管道的保温层外,应设良好的防水层。

9.0.9 输送有特殊要求的油品,应设专用管道。

10 油桶灌装设施

10.1 油桶灌装设施组成和平面布置

10.1.1 油桶灌装设施主要由灌装油罐、灌装油泵房、灌桶间、计量室、空桶堆放场、重桶库房(棚)、油桶装卸车站台以及必要的辅助生产设施和行政、生活设施组成,设计可根据需要设置。

10.1.2 油桶灌装设施的平面布置,应符合下列规定:

    1 空桶堆放场、重桶库房(棚)的布置,应避免油桶搬运作业交叉进行和往返

运输。

2 灌装油罐、灌桶操作、收发油桶等场地应分区布置，且应方便操作、互不干扰。

10.1.3 灌装油泵房、灌桶间、重桶库房可合并设在同一建筑物内。

10.1.4 对于甲、乙类油品，油泵与灌油栓之间应设防火墙。甲、乙类油品的灌桶间与重桶库房之间应设无门、窗、孔洞的防火墙。

10.1.5 油桶灌装设施的辅助生产和行政、生活设施，可与邻近车间联合设置。

10.2 油桶灌装

10.2.1 油桶灌装宜采用泵送灌装方式。有地形高差可供利用时，宜采用油罐直接直流灌装方式。

10.2.2 油桶灌装场所的设计，应符合下列规定：

1 甲、乙、丙 A 类油品宜在灌油棚（亭）内灌装，并可在同座灌油棚（亭）内灌装。

2 润滑油宜在室内灌装，其灌桶间宜单独设置。

10.2.3 灌装 200L 油桶的时间应符合下列规定：

1 甲、乙、丙 A 类油品宜为 1min。

2 润滑油宜为 3min。

3 灌油枪出口流速不得大于 4.5m/s。

10.3 桶装油品库房

10.3.1 空、重桶的堆放，应满足灌装作业及油桶收发作业的要求。空桶的堆放量宜为 1d 的灌装量，重桶的堆放量宜为 3d 的灌装量。

10.3.2 空桶可露天堆放。

10.3.3 重桶应堆放在库房（棚）内。重桶库房（棚）的设计，应符合下列规定：

1 当甲、乙类油品重桶与丙类油品重桶储存在同一栋库房内时，两者之间应设防火墙。

2 甲、乙类油品的重桶库房，不得建地下或半地下式。

3 重桶库房应为单层建筑。当丙类油品的重桶库房采用二级耐火等级时，可为双层建筑。

4 油品重桶库房应设外开门。丙类油品重桶库房，可在墙外侧设推拉门。建筑面积大于或等于 100m³ 的重桶堆放间，门的数量不应少于 2 个，门宽不应小于 2m，并应设置斜坡式门槛，门槛应选用非燃烧材料，且应高出室内地坪 0.15m。

5 重桶库房的单栋建筑面积不应大于表 10.3.3 的规定。

表 10.3.3　重桶库房单栋建筑面积

油品类别	耐火等级	建筑面积/m	防火墙隔间面积/m²
甲	二级	750	250
乙	二级	2000	500
乙	三级	500	250
丙	二级	4000	1000
丙	三级	1200	400

10.3.4　油桶的堆码应符合下列规定：

1　空桶宜卧式堆码。堆码层数宜为 3 层，且不得超过 6 层。

2　重桶应立式堆码。机械堆码时，甲类油品不得超过 2 层，乙类和丙 A 类油品不得超过 3 层，丙 B 类油品不得超过 4 层。人工堆码时，各类油品均不得超过 2 层。

3　运输油桶的主要通道宽度，不应小于 1.8m。桶垛之间的辅助通道宽度，不应小于 1.0m，桶垛与墙柱之间的距离，应为 0.25～0.5m。

4　单层的重桶库房净空高度不得小于 3.5m。油桶多层堆码时，最上层距屋顶构件的净距不得小于 1m。

11　车间供油站

11.0.1　设置在企业厂房内的车间供油站，应符合下列规定：

1　甲、乙类油品的储存量，不应大于车间 2d 的需用量，且不应大于 $2m^3$。

2　丙类油品的储存量不宜大于 $10m^3$。

3　车间供油站应靠厂房外墙布置，并应设耐火极限不低于 3h 的非燃烧体墙和耐火极限不低于 1.5h 的非燃烧体屋顶。

4　储存甲、乙类油品的车间供油站，应为单层建筑，并应设有直接向外的出入口和防止油品流散的设施。

5　存油量不大于 $5m^3$ 的丙类油品储罐（箱），可直接设置在丁、戊类生产厂房内的固定地点。

6　油罐的通气管管口应设在室外，甲、乙类油品储罐的通气管管口应高出屋面 1m，与厂房门、窗之间的距离不应小于 4m。

7　油罐和油泵的距离可不受限制。

11.0.2　设置在企业厂房外的车间供油站，应符合下列规定：

1　车间供油站与本企业建筑物、构筑物、交通线等的安全距离，应符合本规范第 4.0.8 条的规定；站内布置应符合本规范第 5.0.3 条的规定。

2　甲、乙类油品储罐的容量不大于 $20m^3$ 且油罐为埋地卧式油罐或丙类油品储罐的容量不大于 $100m^3$ 时，站内油罐、油泵房与本车间厂房、厂内道路等的防火距离以及站内油罐、油泵房之间的防火距离可适当减小，但应符合下列规定：

1）站内油罐、油泵房与本车间厂房、厂内道路等的防火距离，不应小于表 11.0.2 的规定；

表 11.0.2　站内油罐、油泵房与本车间厂房、厂内道路等的防火距离　　单位：m

名　称		油品类别	一、二级厂房	厂房内明火或散发火花地点	站区围墙	厂内道路
油罐	埋地卧式	甲、乙	3	18.5	3	5
		丙	3	8		
	地上式	丙	6	17.5		
油泵房		甲、乙	3	15		
		丙	3	8		

2）油泵房与地上油罐的防火距离不应小于 5m；

3）油泵房与埋地卧式油罐的防火距离不应小于 3m；

4）布置在露天或棚内的油泵与油罐的距离可不受限制。

3 车间供油站应设高度不低于 1.6m 的站区围墙。当厂房外墙兼作站区围墙时，厂房外墙地坪以上 6m 高度范围内，不应有门、窗、孔洞。工厂围墙兼作站区围墙时，油罐、油泵房与工厂围墙的距离应符合本规范第 5.0.3 条的规定。

4 当油泵房与厂房毗邻建设时，油泵房应采用耐火极限不低于 3h 的非燃烧体墙和不低于 1.5h 非燃烧体屋顶。对于甲、乙类油品的泵房，尚应设有直接向外的出入口。

5 甲、乙类油品埋地卧式油罐的通气管管口应高出地面 4m 及以上。

12　消防设施

12.1　一般规定

12.1.1 石油库应设消防设施。石油库的消防设施设置，应根据石油库等级、油罐型式、油品火灾危险性及与邻近单位的消防协作条件等因素综合考虑确定。

12.1.2 石油库的油罐应设置泡沫灭火设施；缺水少电及偏远地区的四、五级石油库中，当设置泡沫灭火设施较困难时，亦可采用烟雾灭火设施。

12.1.3 泡沫灭火系统的设置，应符合下列规定：

1 地上式固定顶油罐、内浮顶油罐应设低倍数泡沫灭火系统或中倍数泡沫灭火系统。

2 浮顶油罐宜设低倍数泡沫灭火系统；当采用中心软管配置泡沫混合液的方式时，亦可设中倍数泡沫灭火系统。

3 覆土油罐可设高倍数泡沫灭火系统。

12.1.4 油罐的泡沫灭火系统设施的设置方式，应符合下列规定：

1 单罐容量大于 $1000m^3$ 的油罐应采用固定式泡沫火系统。

2 单罐容量小于或等于 $1000m^3$ 的油罐可采用半固定式泡沫灭火系统。

3 卧式油罐、覆土油罐、丙 B 类润滑油罐和容量不大于 $200m^3$ 的地上油罐，可采用移动式泡沫火系统。

4 当企业有较强的机动消防力量时，其附属石油库的油罐可采用半固定式或移动式泡沫灭火系统。

12.1.5 油罐应设消防冷却水系统。消防冷却水系统的设置应符合下列规定：

1 单罐容量不小于 $5000m^3$ 或罐壁高度不小于 17m 的油罐，应设固定式消防冷却水系统。

2 单罐容量小于 $5000m^3$ 且罐壁高度小于 17m 的油罐，可设移动式消防冷却水系统或固定式水枪与移动式水枪相结合的消防冷却水系统。

12.1.6 石油库所属的油品装卸码头的消防设施应符合下列规定：

1 石油库所属的油品装卸码头等于或大于 5000t 级时，消防设施可按现行国

家标准《石油化工企业设计防火规范》GB 50160 中油品装卸码头消防的有关规定
执行。

2　石油库所属的油品装卸码头小于 5000t 级时，应配置 30L/s 的移动喷雾水炮 1
只和 500L 推车式压力比例混合泡沫装置 1 台。

3　四、五级石油库所属的油品装卸码头，应配置 7.5L/s 喷雾水枪 2 只和 200L 推
车式压力比例混合泡沫装置 1 台。

12.2　消防给水

12.2.1　一、二、三、四级石油库应设独立消防给水系统。

12.2.2　五级石油库的消防给水可与生产、生活给水系统合并设置。缺水少电的山区五
级石油库的立式油罐可只设烟雾灭火设施，不设消防给水系统。

12.2.3　当石油库采用高压消防给水系统时，给水压力不应小于在达到设计消防水量时
最不利点灭火所需的压力；当石油库采用低压消防给水系统时，应保证每个消火栓出
口处在达到设计消防水量时，给水压力不应小于 0.15MPa。

12.2.4　消防给水系统应保持充水状态。严寒地区的消防给水管道，冬季可不充水。

12.2.5　一、二、三级石油库油罐区的消防给水管道应环状敷设；四、五级石油库油罐
区的消防给水管道可枝状敷设；山区石油库的单罐容量小于或等于 5000m³ 且油罐单排
布置的油罐区，其消防给水管道可枝状敷设。一、二、三级石油库油罐区的消防水环形
管道的进水管道不应少于 2 条，每条管道应能通过全部消防用水量。

12.2.6　石油库的消防用水量，应按油罐区消防用水量计算确定。油罐区的消防用水
量，应为扑救油罐火灾配置泡沫最大用水量与冷却油罐最大用水量的总和。但五级石油
库消防用水量应按油罐消防用水量与库内建、构筑物的消防计算用水量的较大值确定。

12.2.7　油罐的消防冷却水的供应范围，应符合下列规定：

1　着火的地上固定顶油罐以及距该油罐罐壁不大于 1.5D（D 为着火油罐直径）范
围内相邻的地上油罐，均应冷却。当相邻的地上油罐超过 3 座时，应按其中较大的 3 座
相邻油罐计算冷却水量。

2　着火的浮顶、内浮顶油罐应冷却，其相邻油罐可不冷却。当着火的浮顶油罐、
内浮顶油罐浮盘为浅盘或浮舱用易熔材料制作时，其相邻油罐也应冷却。

3　距着火的浮顶油罐、内浮顶油罐罐壁距离小于 0.4D（D 为着火油罐与相邻油罐
两者中较大油罐的直径）范围内的相邻油罐受火焰辐射热影响比较大的局部应冷却。

4　着火的覆土油罐及其相邻的覆土油罐可不冷却，但应考虑灭火时的保护用水量
（指人身掩护和冷却地面及油罐附件的水量）。

5　着火的地上卧式油罐应冷却；距着火罐直径与长度之和的 1/2 范围内的相邻罐
也应冷却。

12.2.8　油罐的消防冷却水供水范围和供给强度应符合下列规定：

1　地上立式油罐消防冷却水供水范围和供给强度不应小于表 12.2.8 的规定：

表 12.2.8　地上立式油罐消防冷却水供水范围和供给强度

油罐及消防冷却形式		供水范围	供给强度	附　注
移动式水枪冷却	着火罐 固定顶罐	罐周全长	0.6(0.8)L/(s·m)	—
	着火罐 浮顶罐 内浮顶罐	罐周全长	0.45(0.6)L/(s·m)	浮盘为浅盘式或浮舱用易熔材料制作的内浮顶罐按固定顶罐计算
	相邻罐 不保温	罐周半长	0.35(0.5)L/(s·m)	
	相邻罐 保温		0.2L/(s·m)	
固定式冷却	着火罐 固定顶罐	罐壁表面积	2.5L/(min·m²)	
	着火罐 浮顶罐 内浮顶罐	罐壁表面积	2.0L/(min·m²)	浮盘为浅盘式或浮舱用易熔材料制作的内浮顶罐按固定顶罐计算
	相邻罐	罐壁表面积的 1/2	2.0L/(min·m²)	按实际冷却面积计算,但不得小于罐壁表面积的 1/2

注：1. 移动式水枪冷却栏中供给强度是按使用 $\phi16mm$ 水枪确定的，括号内数据为使用 $\phi19mm$ 水枪时的数据。

2. 着火罐单支水枪保护范围 $\phi16mm$ 为 8～10m，$\phi19mm$ 为 9～11m；邻近罐单支水枪保护范围 $\phi16mm$ 为 14～20m，$\phi19mm$ 为 15～25m。

2　覆土油罐的保护用水供给强度不应小于 0.3L/(s·m)，用水量计算长度应为最大油罐的周长。

3　着火的地上卧式油罐的消防冷却水供给强度不应小于 6L/(min·m²)，其相邻油罐的消防冷却水供给强度不应小于 3L/(min·m²)。冷却面积应按油罐投影面积计算。

4　距着火的浮顶油罐、内浮顶油罐罐壁 0.4D（D 为着火油罐与相邻油罐两者中较大油罐的直径）范围内的所有相邻油罐的冷却水量总和不应小于 45L/s。

5　油罐的消防冷却水供给强度应根据设计所选用的设备进行校核。

12.2.9　油罐采用固定消防冷却方式时，冷却水管安装应符合下列规定：

1　油罐抗风圈或加强圈没有设置导流设施时，其下面应设冷却喷水环管。

2　冷却喷水环管上宜设置膜式喷头，喷头布置间距不宜大于 2m，喷头的出水压力不应小于 0.1MPa。

3　油罐冷却水的进水立管下端应设清扫口。清扫口下端应高于罐基础顶面，其高差不应小于 0.3m。

4　消防冷却水管道上应设控制阀和放空阀。控制阀应设在防火堤外，放空阀宜设在防火堤外。消防冷却水以地面水为水源时，消防冷却水管道上宜设置过滤器。

12.2.10　消防冷却水量小供给时间，应符合下列规定：

1　直径大于 20m 的地上固定顶油罐（包括直径大于 20m 的浮盘为浅盘或浮舱用易熔材料制作的内浮顶油罐）应为 6h，其他地上立式油罐可为 4h。

2　地上卧式油罐应为 1h。

12.2.11　石油库消防泵的设置应符合下列规定：

1　一、二、三级石油库的消防泵应设 2 个动力源。

2　消防冷却水泵、泡沫混合液泵应采用正压启动或自吸启动，当采用自吸启动时，自吸时间不宜大于 45s。

3 消防冷却水泵、泡沫混合液泵应各设 1 台备用泵。当消防冷却水泵与泡沫混合液泵的压力、流量接近时，可共用 1 台备用泵。备用泵的流量、扬程不应小于最大工作泵的能力。四、五级石油库可不设备用泵。

12.2.12 当多台消防水泵的吸水管共用 1 条泵前主管道时，该管道应有 2 条支管道接入水池，且每条支管道应能通过全部用水量。

12.2.13 石油库设有消防水池时，其补水时间不应超过 96h。水池容量大于 1000m³ 时，应分隔为 2 个池，并应用带阀门的连通管连通。

12.2.14 消防冷却水系统应设置消火栓。消火栓的设置应符合下列规定：

1 移动式消防冷却水系统的消火栓设置数量，应按油罐冷却灭火所需消防水量及消火栓保护半径确定，消火栓的保护半径不应大于 120m，且距着火罐罐壁 15m 内的消火栓不应计算在内。

2 固定式消防冷却水系统所设置的消火栓的间距不应大于 60m。

3 寒冷地区消防水管道上设置的消火栓应有防冻、放空措施。

12.3 油罐的泡沫灭火系统

12.3.1 泡沫混合装置宜采用压力比例泡沫混合或平衡比例泡沫混合等流程。

12.3.2 内浮顶油罐泡沫发生器的数量不应少于 2 个，且宜对称布置。

12.3.3 单罐容量等于或大于 50000m³ 的浮顶油罐，泡沫灭火系统可采用于动操作或遥控方式；单罐容量等于或大于 100000m³ 的浮顶油罐，泡沫灭火系统应采用自动控制方式。

12.3.4 油罐的低倍数泡沫灭火系统设计，除应执行本规范规定外，尚应符合现行国家标准《低倍数泡沫灭火系统设计规范》GB 50151 的有关规定。

12.3.5 油罐的中倍数泡沫灭火系统设计应执行现行国家标准《高倍数、中倍数泡沫灭火系统设计规范》GB 50196，并应符合下列规定：

1 泡沫液储备量不应小于油罐灭火设备在规定时间内的泡沫液用量、扑救该油罐流散液体火灾所需泡沫枪在规定时间内的泡沫液用量以及充满泡沫混合液管道的泡沫液用量之和。

2 着火的固定顶油罐及浮盘为浅盘或浮舱用易熔材料制作的内浮顶油罐，中倍数泡沫混合液供给强度和连续供给时间不应小于表 12.3.5-1 的规定。

表 12.3.5-1 中倍数泡沫混合液供给强度和连续供给时间

油品类别	泡沫混合液供给强度/[L/(min·m³)]		连续供给时间/min
	固定式、半固定式	移动式	
甲、乙、丙	4	5	15

3 着火的浮顶、内浮顶油罐的中倍数泡沫混合液流量，应按罐壁与堰板之间的环形面积计算。中倍数泡沫混合液供给强度、泡沫产生器保护周长和连续供给时间不应小于表 12.3.5-2 的规定。

4 扑救油品流散火灾用的中倍数泡沫枪数量、连续供给时间，不应小于表 12.3.5-3 的规定。

表 12.3.5-2　中倍数泡沫混合液供给强度、泡沫产生器保护周长和连续供给时间

泡沫产生器混合液流量/(L/s)	泡沫混合液供给强度/[(L/min·m²)]	保护周长/m	连续供给时间/min
1.5	4	15	15
3	4	30	15

表 12.2.5-3　中倍数泡沫枪数量和连续供给时间

油罐直径/m	泡沫枪流量/(L/s)	泡沫枪数量/支	连续供给时间/min
≥15	3	1	15
>15	3	2	15

12.3.6　内浮顶油罐和直径大于 20m 的固定顶油罐的中倍数泡沫产生器宜均匀布置。当数量大于或等于 3 个时，可 2 个共用 1 根管道引至防火堤外。

12.3.7　覆土油罐灭火药剂宜采用合成型高倍数泡沫液；地上式油罐的中倍数泡沫灭火药剂宜采用蛋白型中倍数泡沫液。

12.3.8　当覆土油罐采用高倍数泡沫火火系统时，应符合下列规定：

1　出入口和通风口的泡沫封堵宜采用 2 台高倍数泡沫发生器。

2　无消防车的石油库宜配备 1 台 500L 推车式压力比例泡沫混合装置、1 台 18.375kW 手抬机动泵，以及不小于 50m³ 的消防储备水量。

3　单罐容量等于或大于 5000m³ 油罐的高倍数泡沫液储备量不宜小于 1m³；单罐容量小于 5000m³ 油罐的高倍数泡沫液储备量不宜小于 0.5m³。

4　每个出入口应备有灭火毯和砂袋。灭火毯的数量不应少于 5 条，砂袋的数量不应少于 0.5m³/m²。

12.3.9　当油库采用固定式泡沫灭火系统时，尚应配置泡沫钩管、泡沫枪。

12.4　灭火器材配置

12.4.1　石油库应配置灭火器。

12.4.2　控制室、电话间、化验室宜选用二氧化碳灭火器；其他场所宜选用干粉型或泡沫型灭火器。

12.4.3　灭火器材配置应执行现行国家标准《建筑灭火器配置设计规范》GBJ 140—90（1997 年版）的有关规定，且还应符合下列规定：

1　油罐组按防火堤内面积每 400m² 应设 1 具 8kg 手提式干粉灭火器；当计算数量超过 6 具时，可设 6 具。

2　五级石油库主要场所灭火毯、灭火砂配置数量不应少于表 12.4.3 的规定：

表 12.4.3　五级石油库主要场所灭火毯、灭火砂配置数量

灭火器材 ＼ 场所	罐区	桶装油品库房	油泵房	灌油间	铁路油品装卸栈桥	汽车装卸油场地	油品装卸码头
灭火毯/块	2	2	—	3	2	2	—
灭火砂/m³	2	1	0.5	1	—	1	1

3　四级及以上石油库配备的灭火砂数量应同五级石油库，灭火毯数量在上表所列

各场所应按 4～6 块配置。

12.5　消防车设置

12.5.1　消防车辆数量的确定，应符合下列规定：

　　1　当采用水罐消防车对油罐进行冷却时，水罐消防车的台数应按油罐最大需要水量进行配备。

　　2　当采用泡沫消防车对油罐进行灭火时，泡沫消防车的台数应按着火油罐最大需要泡沫液量进行配备。

　　3　设有固定消防系统、油库总容量等于或大于 50000m³ 的二级石油库中，固定顶罐单罐容量不小于 10000m³ 或浮顶油罐单罐容量不小于 20000m³ 时，应配备 1 辆泡沫消防车或 1 台泡沫液储量不小于 7000L 的机动泡沫设备。设有固定消防系统的一级石油库中，固定顶罐单罐容量不小于 10000m³ 或浮顶油罐单罐容量不小于 20000m³ 时，应配备 2 辆泡沫消防车或 2 台泡沫液储量不小小于 7000L 的机动泡沫设备。

　　4　石油库应和邻近企业或城镇消防站协商组成联防。联防企业或城镇消防站的消防车辆符合下列要求时，可作为油库的消防计算车辆：

　　1）在接到火灾报警后 5min 内能对着火罐进行冷却的消防车辆；

　　2）在接到火灾报警后 10min 内能对相邻油罐进行冷却的消防车辆；

　　3）在接到火灾报警后 20min 内能对着火油罐提供泡沫的消防车辆。

12.5.2　消防车库的位置，应能满足接到火灾报警后，消防车到达火场的时间不超过 5min 的要求。

12.6　其他

12.6.1　石油库内应设消防值班室。消防值班室内应设专用受警录音电话。

12.6.2　一、二、三级石油库的消防值班室应与消防泵房控制室或消防车库合并设置，四、五级石油库的消防值班室可和油库值班室合并设置。消防值班室与油库值班调度室、城镇消防站之间应设直通电话。油库总容量等于或大于 50000m³ 的石油库的报警信号应在消防值班室显示。

12.6.3　储油区、装卸区和辅助生产区的值班室内，应设火灾报警电话。

12.6.4　储油区和装卸区内，宜设置户外手动报警设施。单罐容量等于或大于 50000m³ 的浮顶油罐应设火灾自动报警系统。

12.6.5　石油库火灾自动报警系统设计，应符合现行国家标准《火灾自动报警系统设计规范》GB 50116 的规定。

12.6.6　缺水少电及偏远地区的四、五级石油库采用烟雾火火设施时，应符合下列规定：

　　1　立式油罐不应多于 5 个，且甲类和乙 A 类油品储罐单罐容量不应大于 700m³，乙 B 和丙类油品储罐单罐容量不应大于 2000m³。

　　2　当 1 座油罐安装多个发烟器时，发烟器必须联动，且宜对称布置。

　　3　烟雾灭火的药剂强度及安装方式，应符合有关产品的使用要求和规定。

　　4　药剂损失系数应为 1.1～1.2。

12.6.7　石油库内的集中控制室、变配电间、电缆夹层等场所采用气溶胶灭火装置时，气溶胶喷放出口温度不得大于 80℃。

13　给水、排水及含油污水处理

13.1　给水

13.1.1　石油库的水源应就近选用地下水、地表水或城镇自来水。水源的水质应分别符合生活用水、生产用水和消防用水的水质标准。企业附属石油库的给水，应由该企业统一考虑。石油库选用城镇自来水做水源时，水管进入石油库处的压力不应低于 0.12MPa。

13.1.2　石油库的生产和生活用水水源，宜合并建设。当生产区和生活区相距较远或合并建设在技术经济上不合理时，亦可分别设置。

13.1.3　石油库水源工程供水量的确定，应符合下列规定：

　　1　石油库的生产用水量和生活用水量应按最大小时用水量计算。

　　2　石油库的生产用水量应根据生产过程和用水设备确定。

　　3　石油库的生活用水量宜按 25～35 升/人·班，用水时间为 8h，时间变化系数为 2.5～3.0 计算。洗浴用水量宜按 40～60 升/人·班，用水时间为 1h 计算。由石油库供水的附属居民区的生活用水量，宜按当地用水定额计算。

　　4　消防、生产及生活用水采用同一水源时，水源工程的供水量应按最大消防用水量的 1.2 倍计算确定。当采用消防水池时，应按消防水池的补充水量、生产用水量及生活用水量总和的 1.2 倍计算确定。

　　5　当消防与生产采用同一水源，生活用水采用另一水源时，消防与生产用水的水源工程的供水量应按最大消防用水量的 1.2 倍计算确定。采用消防水池时，应按消防水池的补充水量与生产用水量总和的 1.2 倍计算确定，生活用水水源工程的供水量应按生活用水量的 1.2 倍计算确定。

　　6　当消防用水采用单独水源、生产与生活用水合用另一水源时，消防用水水源工程的供水量，应按最大消防用水量的 1.2 倍计算确定。设消防水池时，应按消防水池补充水量的 1.2 倍计算确定。生产与生活用水水源工程的供水量，应按生产用水量与生活用水量之和的 1.2 倍计算确定。

13.2　排水

13.2.1　石油库的含油与不含油污水，必须采用分流制排放。含油污水应采用管道排放。未被油品污染的地面雨水和生产废水可采用明渠排放，但在排出石油库围墙之前必须设置水封装置。水封装置与围墙之间的排水通道必须采用暗渠或暗管。

13.2.2　覆土油罐罐室和人工洞油罐罐室应设排水管，并应在罐室外设置阀门等封闭装置。

13.2.3　油罐区防火堤内的含油污水管道引出防火堤时，应在堤外采取防止油品流出罐区的切断措施。

13.2.4　含油污水管道应在下列各处设置水封井：

　　1　油罐组防火堤或建筑物、构筑物的排水管出口处。

　　2　支管与干管连接处。

3　干管每隔 300m 处。

13.2.5　石油库的污水管道在通过石油库围墙处应设置水封井。

13.2.6　水封井的水封高度不应小于 0.25m。水封井应设沉泥段，沉泥段自最低的管底算起，其深度不应小于 0.25m。

13.3　含油污水处理

13.3.1　石油库的含油污水（包括接受油船上的压舱水和洗舱水）必须经过处理，达到现行的国家排放标准后才能排放。

13.3.2　处理含油污水的构筑构或设备，宜采用密闭式或加设盖板。

13.3.3　含油污水处理，应根据污水的水质和水量，选用相应的调节、隔油过滤等设施。对于间断排放的含油污水，宜设调节池。调节、隔油等设施宜结合总平面及地形条件集中布置。当含油污水中含有其他有毒物质时，尚应采用其他相应的处理措施。

13.3.4　在石油库污水排放处，应设置取样点或检测水质和测量水量的设施。

14　电气装置

14.1　供配电

14.1.1　石油库输油作业的供电负荷等级宜为三级，不能中断输油作业的石油库供电负荷等级应为二级。一、二、三级石油库应设置供信息系统使用的应急电源。

14.1.2　石油库的供电宜采用外接电源。当采用外接电源有困难或不经济时，可采用自备电源。

14.1.3　一、二、三级石油库的消防泵站应设事故照明电源，事故照明可采用蓄电池作备用电源，其连续供电时间不应少于 20min。

14.1.4　10kV 以上的露天变配电装置应独立设置。10kV 及以下的变配电装置的变配电间与易燃油品泵房（棚）相毗邻时，应符合下列规定：

1　隔墙应为非燃烧材料建造的实体墙。与配电间无关的管道，不得穿过隔墙。所有穿墙的孔洞，应用非燃烧材料严密填实。

2　变配电间的门窗应向外开。其门窗应设在泵房的爆炸危险区域以外，如窗设在爆炸危险区以内，应设密闭固定窗。

3　配电间的地坪应高于油泵房室外地坪 0.6m。

14.1.5　石油库主要生产作业场所的配电电缆应采用铜芯电缆，并宜采用直埋或电缆沟充砂敷设。直埋电缆的埋设深度，一般地段不应小于 0.7m，在耕种地段不宜小于 1.0m，在岩石非耕地段不应小于 0.5m。电缆与地上输油管道同架敷设时，该电缆应采用阻燃或耐火型电缆，且电缆与管道之间的净距不应小于 0.2m。

14.1.6　电缆不得与输油管道、热力管道同沟敷设。

14.1.7　石油库内建筑物、构筑物爆炸危险区域的等级及电气设备选型，应按现行国家标准《爆炸和火灾危险环境电力装置设计规范》GB 50058 执行，其爆炸危险区域的等级范围划分应符合本规范附录 B 的规定。

14.1.8　人工洞石油库油罐区的主巷道、支巷道、油罐操作间、油泵房和通风机房等处的照明灯具、接线盒、开关等，当无防爆要求时，应采用防水防尘型，其防护等级不应低于 IP 44 级。

14.2 防雷

14.2.1 钢油罐必须做防雷接地，接地点不应少于 2 处。

14.2.2 钢油罐接地点沿油罐周长的间距，不宜大于 30m，接地电阻不宜大于 10Ω。

14.2.3 储存易燃油品的油罐防雷设计，应符合下列规定：

1 装有阻火器的地上卧式油罐的壁厚和地上固定顶钢油罐的顶板厚度等于或大于 4mm 时，不应装设避雷针。铝顶油罐和顶板厚度小于 4mm 的钢油罐，应装设避雷针（网）。避雷针（网）应保护整个油罐。

2 浮顶油罐或内浮顶油罐不应装设避雷针，但应将浮顶与罐体用 2 根导线做电气连接。浮顶油罐连接导线应选用横截面不小于 $25mm^2$ 的软铜复绞线。对于内浮顶油罐，钢质浮盘油罐连接导线应选用横截面不小于 $16mm^3$ 的软铜复绞线；铝质浮盘油罐连接导线应选用直径不小于 1.8mm 的不锈钢钢丝绳。

3 覆土油罐的罐体及罐室的金属构件以及呼吸阀、量油孔等金属附件，应做电气连接并接地，接地电阻不宜大于 10Ω。

14.2.4 储存可燃油品的钢油罐，不应装设避雷针（线），但必须做防雷接地。

14.2.5 装于地上钢油罐上的信息系统的配线电缆应采用屏蔽电缆。电缆穿钢管配线时，其钢管上下 2 处应与罐体做电气连接并接地。

14.2.6 石油库内信息系统的配电线路首末端需与电子器件连接时，应装设与电子器件耐压水平相适应的过电压保护（电涌保护）器。

14.2.7 石油库内的信息系统配线电缆，宜采用铠装屏蔽电缆，且宜直接埋地敷设。电缆金属外皮两端及在进入建筑物处应接地。当电缆采用穿钢管敷设时，钢管两端及在进入建筑物处应接地。建筑物内电气设备的保护接地与防感应雷接地应共用一个接地装置，接地电阻值应按其中的最小值确定。

14.2.8 油罐上安装的信息系统装置，其金属的外壳应与油罐体做电气连接。

14.2.9 石油库的信息系统接地，宜就近与接地汇流排连接。

14.2.10 储存易燃油品的人工洞石油库，应采取下列防止高电位引入的措施：

1 进出洞内的金属管道从洞口算起，当其洞外埋地长度超过 $2\sqrt{\rho}m$（ρ 为埋地电缆或金属管道处的土壤电阻率 Ω·m）且不小于 15m 时，应在进入洞口处做 1 处接地。在其洞外部分不埋地或埋地长度不足 $2\sqrt{\rho}m$ 时，除在进入洞口处做 1 处接地外，还应在洞外做 2 处接地，接地点间距不应大于 50m，接地电阻不宜大于 20Ω。

2 电力和信息线路应采用铠装电缆埋地引入洞内。洞口电缆的外皮应与洞内的油罐、输油管道的接地装置相连。若由架空线路转换为电缆埋地引入洞内时，从洞口算起，当其洞外埋地长度超过 $2\sqrt{\rho}m$ 时，电缆金属外皮应在进入处做接地。当埋地长度不足 $2\sqrt{\rho}m$ 时，电缆金属外皮除在进入洞口处做接地外，还应在洞外做 2 处接地，接地点间距不应大于 50m，接地电阻不宜大于 20Ω。电缆与架空线路的连接处，应装设过电压保护器。过电压保护器、电缆外皮和瓷瓶铁脚，应做电气连接并接地，接地电阻不宜大于 10Ω。

3 人工洞石油库油罐的金属通气管和金属通风管的露出洞外部分，应装设独立避雷针。爆炸危险 1 区应在避雷针的保护范围以内。避雷针的尖端应设在爆炸危险 2 区之外。

14.2.11 易燃油品泵房（棚）的防雷，应符合下列规定：

1 油泵房（棚）应采用避雷带（网）。避雷带（网）的引下线不应少于 2 根，并应沿建筑物四周均匀对称布置，其间距不应大于 18m。网格不应大于 10m×10m 或 12m×8m。

2 进出油泵房（棚）的金属管道、电缆的金属外皮或架空电缆金属槽，在泵房（棚）外侧应做 1 处接地，接地装置应与保护接地装置及防感应雷接地装置合用。

14.2.12 可燃油品泵房（棚）的防雷，应符合下列规定：

1 在平均雷暴日大于 40d/a 的地区，油泵房（棚）宜装设避雷带（网）防直击雷。避雷带（网）的引下线不应少于 2 根，其间距不应大于 18m。

2 进出油泵房（棚）的金属管道、电缆的金属外皮或架空电缆金属槽，在泵房（棚）外侧应做 1 处接地，接地装置宜与保护接地装置及防感应雷接地装置合用。

14.2.13 装卸易燃油品的鹤管和油品装卸栈桥（站台）的防雷，应符合下列规定：

1 露天装卸油作业的，可不装设避雷针（带）。

2 在棚内进行装卸油作业的，应装设避雷针（带）。避雷针（带）的保护范围应为爆炸危险 1 区。

3 进入油品装卸区的输油（油气）管道在进入点应接地，接地电阻不应大于 20Ω。

14.2.14 在爆炸危险区域内的输油（油气）管道，应采取下列防雷措施：

1 输油（油气）管道的法兰连接处应跨接。当不少于 5 根螺栓连接时，在非腐蚀环境下可不跨接。

2 平行敷设于地上或管沟的金属管道，其净距小于 100mm 时，应用金属线跨接，跨接点的间距不应大于 30m。管道交叉点净距小于 100mm 时，其交叉点应用金属线跨接。

14.2.15 石油库生产区的建筑物内 400V/230V 供配电系统的防雷，应符合下列规定：

1 当电源采用 TN 系统时，从建筑物内总配电盘（箱）开始引出的配电线路和分支线路必须采用 TN-S 系统。

2 建筑物的防雷区，应根据现行国家标准《建筑物防雷设计规范》GB 50057 划分。工艺管道、配电线路的金属外壳（保护层或屏蔽层），在各防雷区的界面处应做等电位连接。在各被保护的设备处，应安装与设备耐压水平相适应的过电压（电涌）保护器。

14.2.16 避雷针（网、带）的接地电阻，不宜大于 10Ω。

14.3 防静电

14.3.1 储存甲、乙、丙 A 类油品的钢油罐，应采取防静电措施。

14.3.2 钢油罐的防雷接地装置可兼作防静电接地装置。

14.3.3 铁路油品装卸栈桥的首末端及中间处，应与钢轨、输油（油气）管道、鹤管等相互做电气连接并接地。

14.3.4 石油库专用铁路线与电气化铁路接轨时，电气化铁路高压电接触网不宜进入石油库装卸区。

14.3.5 当石油库专用铁路线与电气化铁路接轨，铁路高压接触网不进入石油库专用铁路线时，应符合下列规定：

    1 在石油库专用铁路线上，应设置 2 组绝缘轨缝。第一组设在专用铁路线起始点 15m 以内，第二组设在进入装卸区前。2 组绝缘轨缝的距离，应大于取送车列的总长度。

    2 在每组绝缘轨缝的电气化铁路侧，应设 1 组向电气化铁路所在方向延伸的接地装置，接地电阻不应大于 10Ω。

    3 铁路油品装卸设施的钢轨、输油管道、鹤管、钢栈桥等应做等电位跨接井接地，两组跨接点间距不应大于 20m，每组接地电阻不应大于 10Ω。

14.3.6 当石油库专用铁路与电气化铁路接轨，且铁路高压接触网进入石油库专用铁路线时，应符合下列规定：

    1 进入石油库的专用电气化铁路线高压接触网应设 2 组隔离开关。第一组应设在与专用铁路线起始点 15m 以内，第二组应设在专用铁路线进入装卸油作业区前，且与第一个鹤管的距离不应小于 30m。隔离开关的入库端应装设避雷器保护。专用线的高压接触网终端距第一个装卸油鹤管，不应小于 15m。

    2 在石油库专用铁路线上，应设置 2 组绝缘轨缝及相应的回流开关装置。第一组设在专用铁路线起始点 15m 以内，第二组设在进入装卸区前。

    3 在每组绝缘轨缝的电气化铁路侧，应设 1 组向电气化铁路所在方向延伸的接地装置，接地电阻不应大于 10Ω。

    4 专用电气化铁路线第二组隔离开关后的高压接触网，应设置供搭接的接地装置。

    5 铁路油品装卸设施的钢轨、输油管道、鹤管、钢栈桥等应做等电位跨接并接地，两组跨接点的间距不应大于 20m，每组接地电阻不应大于 10Ω。

14.3.7 甲、乙、丙 A 类油品的汽车油罐车或油桶的灌装设施，应设置与油罐车或油桶跨接的防静电接地装置。

14.3.8 油品装卸码头，应设置与油船跨接的防静电接地装置。此接地装置应与码头上的油品装卸设备的防静电接地装置合用。

14.3.9 地上或管沟敷设的输油管道的始端、末端、分支处以及直线段每隔 200～300m 处，应设置防静电和防感应雷的接地装置。

14.3.10 地上或管沟敷设的输油管道的防静电接地装置可与防感应雷的接地装置合用，接地电阻不宜大于 30Ω，接地点宜设在固定管墩（架）处。

14.3.11 油品装卸场所用于跨接的防静电接地装置，宜采用能检测接地状况的防静电接地仪器。

14.3.12 移动式的接地连接线，宜采用绝缘附套导线，通过防爆开关，将接地装置与油品装卸设施相连。

14.3.13 下列甲、乙、丙 A 类油品（原油除外）作业场所，应设消除人体静电装置：

    1 泵房的门外。

2 储罐的上罐扶梯入口处。

3 装卸作业区内操作平台的扶梯入口处。

4 码头上下船的出入口处。

14.3.14 当输送甲、乙类油品的管道上装有精密过滤器时，油品自过滤器出口流至装料容器入口应有 30s 的缓和时间。

14.3.15 防静电接地装置的接地电阻，不宜大于 100Ω。

14.3.16 石油库内防雷接地、防静电接地、电气设备的工作接地、保护接地及信息系统的接地等，宜共用接地装置，其接地电阻不应大于 4Ω。

15 采暖通风

15.1 采暖

15.1.1 集中采暖的热媒，应采用热水。特殊情况下可采用低压蒸汽。并充分利用生产余热。

15.1.2 石油库设计集中采暖时，房间的采暖室内计算温度，宜符合表 15.1.2 的规定。

表 15.1.2　房间的采暖室内计算温度

序号	房 间 名 称	采暖室内计算温度/℃	序号	房 间 名 称	采暖室内计算温度/℃
1	水泵房、消防泵房、柴油发电机间、空气压缩机间、汽车库	5	3	灌油间、修洗间、机修间	12
2	油泵房、铁路油品装卸暖库	>8	4	计量室、仪表间、化验室、办公室、值班室、休息室	16~18

15.2 通风

15.2.1 石油库的生产性建筑物应采用自然通风进行全面换气。当自然通风不能满足要求时，可采用机械通风。

15.2.2 易燃油品的泵房和灌油间，除采用自然通风外，尚应设置机械排风进行定期排风，其换气次数不应小于每小时 10 次。计算换气量时，房间高度高于 4m 时按 4m 计算。定期排风耗热量可不予补偿。

对于易燃油品地上泵房，当其外墙下部设有百叶窗、花隔墙等常开孔口时，可不设置机械排风设施。

15.2.3 在集中散发有害物质的操作地点（如修洗桶间、化验室通风柜等），宜采取局部通风措施。

15.2.4 人工洞石油库的洞内，应设置固定式机械通风系统。在一般情况下宜采用机械排风、自然进风。

机械通风的换气量，应按一个最大灌室的净空间、一个操作间以及油泵房、风机房同时进行通风确定。

油泵房的机械排风系统，宜与灌室的机械排风系统联合设置。洞内通风系统宜设置备用机组。

15.2.5 人工洞石油库的洞内，应设置清洗油罐的机械排风系统。该系统宜与罐室的机械排风系统联合设置。

15.2.6 人工洞石油库洞内排风系统的出口和油罐的通气管管口必须引至洞外，距洞口的水平距离不应小于 20m，并应高于洞口，还应采取防止油气倒灌的措施。

15.2.7 洞内的柴油发电机间，应采用机械通风。柴油机排烟管的出口必须引至洞外，并应高于洞口，还应采取防止烟气倒灌的措施。

15.2.8 洞内的配电间、仪表间，应采用独立隔间，并应采取防潮措施。

15.2.9 通风口的设置应避免在通风区域内产生空气流动死角。

15.2.10 在爆炸危险区域内，风机、电机等所有活动部件应选择防爆型，其构造应能防止产生电火花。机械通风系统应采用不燃烧材料制作。风机应采用直接传动或联轴器传动。风管、风机及其安装方式均应采取导静电措施。

15.2.11 设有甲、乙类油品设备的房间内，宜设可燃气体浓度自动检测报警装置，且应与机械通风设备联动，并应设有手动开启装置。

附录 A　计算间距的起讫点

A.0.1 道路——路边；

A.0.2 铁路——铁路中心线；

A.0.3 管道——管子中心（指明者除外）；

A.0.4 油罐——罐外壁；

A.0.5 各种设备——最突出的外缘；

A.0.6 架空电力和通信线路——线路中心线；

A.0.7 埋地电力和通信电缆——电缆中心；

A.0.8 建筑物或构筑物——外墙轴线；

A.0.9 铁路油品装卸设施——铁路装卸线中心或端部的装卸油品鹤管；

A.0.10 油品装卸码头——前沿线（靠船的边缘）；

A.0.11 铁路油罐车、汽车油罐车的油品装卸鹤管——鹤管的立管中心；

A.0.12 工矿企业、居民区——围墙轴线；无围墙者，建筑物或构筑物外墙轴线。

附录 B　石油库内爆炸危险区域的等级范围划分

B.0.1 爆炸危险区域的等级定义应符合现行国家标准《爆炸和火灾危险环境电力装置设计规范》GB 50058 的规定。

B.0.2 易燃油品设施的爆炸危险区域内地坪以下的坑、沟划为 1 区。

B.0.3 储存易燃油品的地上固定顶油罐爆炸危险区域划分，应符合下列规定（图 B.0.3）：

　　1 罐内未充惰性气体的油品表面以上空间划为 0 区。

　　2 以通气口为中心、半径为 1.5m 的球形空间划为 1 区。

　　3 距储罐外壁和顶部 3m 范围内及储罐外壁至防火堤，其高度为堤顶高的范围内划为 2 区。

B.0.4 储存易燃油品的内浮顶油罐爆炸危险区域划分，应符合下列规定（图 B.0.4）：

  1 浮盘上部空间及以通气口为中心、半径为 1.5m 范围内的球形空间划为 1 区。

  2 距储罐外壁和顶部 3m 范围内及储罐外壁至防火堤，其高度为堤顶高的范围内划为 2 区。

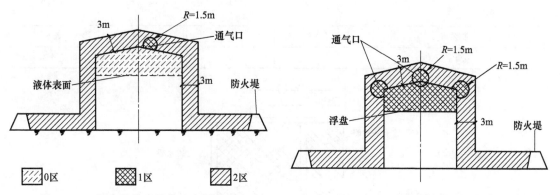

图 B.0.3 储存易燃油品的地上固定顶   图 B.0.4 储存易燃油品的内浮顶
油罐爆炸危险区域划分   油罐爆炸危险区域划分

B.0.5 储存易燃油品的浮顶油罐爆炸危险区域划分，应符合下列规定（图 B.0.5）：

  1 浮盘上部至罐壁顶部空间为 1 区。

  2 距储罐外壁和顶部 3m 范围内及储罐外壁至防火堤，其高度为堤顶高的范围内划为 2 区。

B.0.6 储存易燃油品的地上卧式油罐爆炸危险区域划分，应符合下列规定（图 B.0.6）：

  1 罐内未充惰性气体的液体表面以上的空间划为 0 区。

  2 以通气口为中心、半径为 1.5m 的球形空间划为 1 区。

  3 距储罐外壁和顶部 3m 范围内及储罐外壁至防火堤，其高度为堤顶高的范围内划为 2 区。

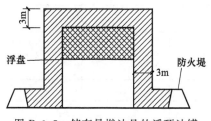
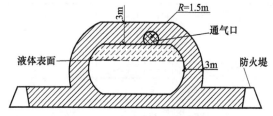

图 B.0.5 储存易燃油品的浮顶油罐   图 B.0.6 储存易燃油品的地上
爆炸危险区域划分   卧式油罐爆炸危险区域划分

B.0.7 易燃油品泵房、阀室爆炸危险区域划分，应符合下列规定（图 B.0.7）：

  1 易燃油品泵房和阀室内部空间划为 1 区。

  2 有孔墙或开式墙外与墙等高、L_2 范围以内且不小于 3m 的空间及距地坪 0.6m 高、L_1 范围以内的空间划为 2 区。

  3 危险区边界与释放源的距离应符合表 B.0.7 的规定。

表 B.0.7　危险区边界与释放源的距离

距离/m	L_1		L_2	
工作压力 PN/MPa 名称	≤1.6	>1.6	≤1.6	>1.6
油泵房	$L+3$	15	$L-3$	7.5
阀室	$L+3$	$L+3$	$L-3$	$L+3$

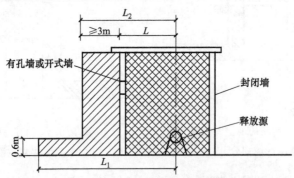

图 B.0.7　易燃油品泵房、阀室爆炸危险区域划分

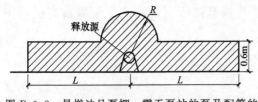

图 B.0.8　易燃油品泵棚、露天泵站的泵及配管的
阀门、法兰等为释放源的爆炸危险区域划分

B.0.8　易燃油品泵棚、露天泵站的泵和配管的阀门、法兰等为释放源的爆炸危险区域划分，应符合下列规定（图 B.0.8）：

1　以释放源为中心、半径为 R 的球形空间和自地面算起高为 0.6m、半径为 L 的圆柱体的范围内划为 2 区。

2　危险区边界与释放源的距离应符合表 B.0.8 的规定。

表 B.0.8　危险区边界与释放源的距离

距离/m	L		R	
工作压力 PN/MPa 名称	≤1.6	>1.6	≤1.6	>1.6
油泵	3	15	1	7.5
法兰、阀门	3	3	1	1

B.0.9　易燃油品灌桶间爆炸危险区域划分，应符合下列规定（图 B.0.9）：

1　油桶内液体表面以上的空间划为 0 区。

2　灌桶间内空间划为 1 区。

3　有孔墙或开式墙外 3m 以内与墙等高，且距释放源 4.5m 以内的室外空间，和自地面算起 0.6m 高、距释放源 7.5m 以内的室外空间划为 2 区。

B.0.10　易燃油品灌桶棚或露天灌桶场所的爆炸危险区域划分，应符合下列规定（图 B.0.10）：

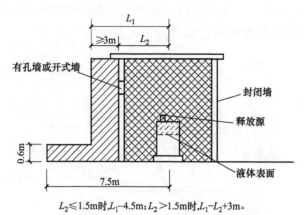

$L_2 \leqslant 1.5 m$时，$L_1-4.5 m$；$L_2 > 1.5 m$时，$L_1-L_2+3 m$。

图 B.0.9　易燃油品灌桶间爆炸危险区域划分

1　油桶内液体表面以上的空间划为 0 区。

2　以灌桶口为中心、半径为 1.5m 的球形空间划为 1 区。

3　以灌桶口为中心、半径为 4.5m 的球形并延至地面的空间划为 2 区。

B.0.11　易燃油品汽车油罐车库、易燃油品重桶库房的爆炸危险区域划分，应符合下列规定（图 B.0.11）：

建筑物内空间及有孔或开式墙外 1m 与建筑物等高的范围内划为 2 区。

B.0.12　易燃油品汽车油罐车棚、易燃油品重桶堆放棚的爆炸危险区域划分，应符合下列规定（图 B.0.12）：

棚的内部空间划为 2 区。

B.0.13　铁路、汽车油罐车卸易燃油品时爆炸危险区域划分，应符合下列规定（图 B.0.13）：

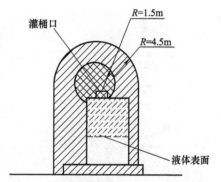

图 B.0.10　易燃油品灌桶棚或露天灌桶场所爆炸危险区域划分

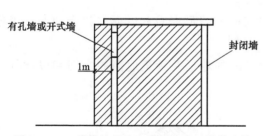

图 B.0.11　易燃油品汽车油罐车库、易燃油品重桶库房爆炸危险区域划分

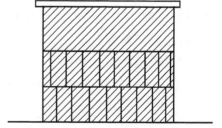

图 B.0.12　易燃油品汽车油罐车棚、易燃油品重桶堆放棚爆炸危险区域划分

1　油罐车内液体表面以上的空间划为 0 区。

2　以卸油口为中心、半径为 1.5m 的球形空间和以密闭卸油口为中心、半径为 0.5m 的球形空间划为 1 区。

3 以卸油口为中心、半径为3m的球形并延至地面的空间和以密闭卸油口为中心、半径为1.5m的球形并延至地面的空间划为2区。

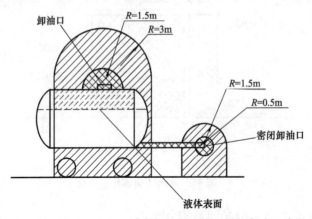

图 B.0.13 铁路、汽车油罐车卸易燃油品时爆炸危险区域划分

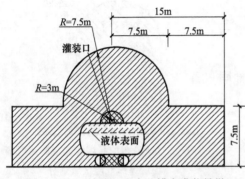

图 B.0.14 铁路、汽车油罐车灌装易燃油品时爆炸危险区域划分

B.0.14 铁路、汽车油罐车灌装易燃油品时爆炸危险区域划分，应符合下列规定（图 B.0.14）：

1 油罐车内液体表面以上的空间划为0区。

2 以油罐车灌装口为中心、半径为3m的球形并延至地面的空间划为1区。

3 以灌装口为中心、半径为7.5m的球形空间和以灌装口轴线为中心线、自地面算起高为7.5m、半径为15m的圆柱形空间划为2区。

B.0.15 铁路、汽车油罐车密闭灌装易燃油品时爆炸危险区域划分，应符合下列规定（图 B.0.15）：

1 油罐车内液体表面以上的空间划为0区。

2 以油罐车灌装口为中心、半径为1.5m的球形空间和以通气口为中心、半径为1.5m的球形空间划为1区。

3 以油罐车灌装口为中心、半径为4.5m的球形并延至地面的空间和以通气口为中心、半径为3m的球形空间划为2区。

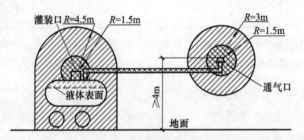

图 B.0.15 铁路、汽车油罐车密闭灌装易燃油品时爆炸危险区域划分

B.0.16 油船、油驳灌装易燃油品时爆炸危险区域划分，应符合下列规定（图 B.0.16）：

1 油船、油驳内液体表面以上的空间划为 0 区。

2 以油船、油驳的灌装口为中心、半径为 3m 的球形并延至水面的空间划为 1 区。

3 以油船、油驳的灌装口为中心、半径为 7.5m 并高于灌装口 7.5m 的圆柱形空间和自水面算起 7.5m 高、以灌装口轴线为中心线、半径为 15m 的圆柱形空间划为 2 区。

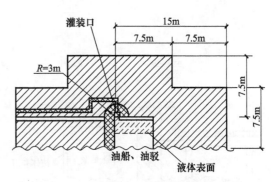

图 B.0.16　油船、油驳灌装易燃油品时
爆炸危险区域划分图

B.0.17 油船、油驳密闭灌装易燃油品时爆炸危险区域划分，应符合下列规定（图 B.0.17）：

1 油船、油驳内液体表面以上的空间划为 0 区。

2 以灌装口为中心、半径为 1.5m 的球形空间及以通气口为中心、半径为 1.5m 的球形空间划为 1 区。

3 以灌装口为中心、半径为 4.5m 的球形并延至水面的空间和以通气口为中心、半径为 3m 的球形空间划为 2 区。

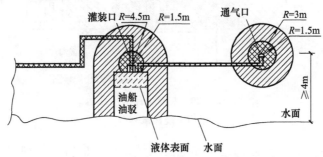

图 B.0.17　油船、油驳密闭灌装易燃油品时爆炸危险区域划分

B.0.18 油船、油驳卸易燃油品时爆炸危险区域划分，应符合下列规定（图 B.0.18）：

1 油船、油驳内液体表面以上的空间划为 0 区。

2 以卸油口为中心、半径为 1.5m 的球形空间划为 1 区。

3 以卸油口为中心、半径为 3m 的球形并延至水面的空间划为 2 区。

B.0.19 易燃油品人工洞石油库爆炸危险区域划分，应符合下列规定（图 B.0.19）：

1 油罐内液体表面以上的空间划为 0 区。

2 罐室和阀室内部及以通气口为中心、半径为 3m 的球形空间划为 1 区。通风不良的人工洞石油库的洞内空间均应划为 1 区。

3 通风良好的人工洞石油库的洞内主巷道、支巷道、油泵房、阀室及以通气口为中心、半径为 7.5m 的球形空间、人工洞口外 3m 范围内空间划为 2 区。

B.0.20 易燃油品的隔油池爆炸危险区域划分，应符合下列规定（图 B.0.20）：

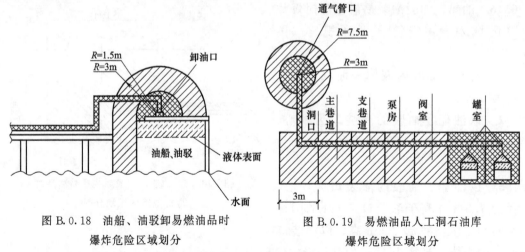

图 B.0.18　油船、油驳卸易燃油品时
爆炸危险区域划分

图 B.0.19　易燃油品人工洞石油库
爆炸危险区域划分

1　有盖板的隔油池内液体表面以上的空间划为 0 区。

2　无盖板的隔油池内液体表面以上的空间和距隔油池内壁 1.5m、高出池顶 1.5m 至地坪范围以内的空间划为 1 区。

3　距隔油池内壁 4.5m、高出池顶 3m 至地坪范围以内的空间划为 2 区。

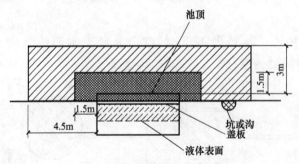

图 B.0.20　易燃油品的隔油池
爆炸危险区域划分

B.0.21　含易燃油品的污水浮选罐爆炸危险区域划分，应符合下列规定（图 B.0.21）：

1　罐内液体表面以上的空间划为 0 区。

2　以通气口为中心、半径为 1.5m 的球形空间划为 1 区。

3　距罐外壁和顶部 3m 以内的范围划为 2 区。

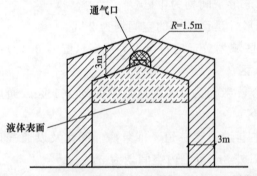

图 B.0.21　含易燃油品的污水浮选罐爆炸危险区域划分

B.0.22　易燃油品覆土油罐的爆炸危险区域划分，应符合下列规定（图 B.0.22）：

1　油罐内液体表面以上的空间划为 0 区。

2　以通气口为中心、半径为 1.5m 的球形空间、油罐外壁与护体之间的空间、通道口门（盖板）以内的空间划为 1 区。

3　以通气口为中心、半径为 4.5m 的球形空间、以通道口的门（盖板）为中心、半径为 3m 的球形并延至地面的空间及以油罐通气口为中心、半径为 15m、高 0.6m 的圆柱形空间划为 2 区。

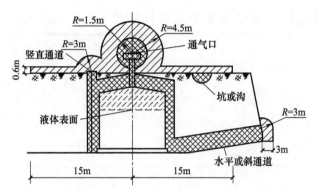

图 B.0.22　易燃油品覆土油罐的爆炸危险区域划分

B.0.23　易燃油品阀门井的爆炸危险区域划分，应符合下列规定（图 B.0.23）：

1　阀门井内部空间划为 1 区。

2　距阀门井内壁 1.5m、高 1.5m 的柱形空间划为 2 区。

B.0.24　易燃油品管沟爆炸危险区域划分，应符合下列规定（图 B.0.24）：

1　有盖板的管沟内部空间划为 1 区。

2　无盖板的管沟内部空间划为 2 区。

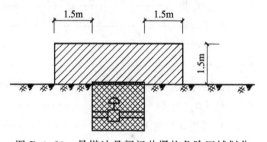

图 B.0.23　易燃油品阀门井爆炸危险区域划分

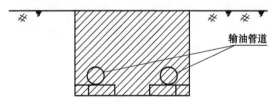

图 B.0.24　易燃油品管沟爆炸危险区域划分

本规范用词说明

1　为便于在执行本规范条文时区别对待，对要求严格程度不同的用词说明如下：

1) 表示很严格，非这样做不可的用词；

正面词采用"必须"，反面词采用"严禁"。

2) 表示严格，在正常情况下均应这样做的用词；

正面词采用"应"，反面词采用"不应"或"不得"。

3) 表示允许稍有选择，在条件许可时首先应这样做的用词；

正面词采用"宜"；反面词采用"不宜"；

表示有选择，在一定条件下可以这样做的用词，采用"可"。

2 本规范中指明应按其他有关标准、规范执行的写法为"应符合……的规定"或"应按……执行。"

（二）工业企业总平面设计规范 GB 50187—2012

目次

1　总　　则

1.0.1　为贯彻国家有关法律、法规和方针、政策，统一工业企业总平面设计原则和技术要求，做到技术先进、生产安全、节约资源、保护环境、布置合理，制定本规范。

1.0.2　本规范适用于新建、改建及扩建工业企业的总平面设计。

1.0.3　工业企业总平面设计必须贯彻十分珍惜和合理利用土地，切实保护耕地的基本国策，因地制宜，合理布置，节约集约用地，提高土地利用率。

1.0.4　改建、扩建的工业企业总平面设计必须合理利用、改造现有设施，并应减少改建、扩建工程施工对生产的影响。

1.0.5　工业企业总平面设计除应符合本规范外，尚应符合国家现行有关标准的规定。

2　术　　语

2.0.1　工业企业　industrial enterprise

　从事工业生产经营活动的经济组织。

2.0.2　工业企业总平面设计　general layout design of industrial enterprises

　根据国家产业政策和工程建设标准，工艺要求及物料流程，以及建厂地区地理、环境、交通等条件，合理选定厂址，统筹处理场地和安排各设施的空间位置，系统处理物流、人流、能源流和信息流的设计工作。

2.0.3　厂址选择　selection of plant site

　为拟建的工业企业选择既能满足生产需要，又能获得最佳经济效益、社会效益和环境效益场所的工作。

2.0.4　总平面布置　general layout

　在选定的场地内，合理确定建筑物、构筑物、交通运输线路和设施的最佳空间位置。

2.0.5　功能分区　functional zoning

　将工业企业各设施按不同功能和系统分区布置，构成一个相互联系的有机整体。

2.0.6　厂区通道　plant passage

厂区内用以集中通行道路、铁路及各种管线和进行绿化的地带。

2.0.7　竖向设计　vertical design

为适应生产工艺、交通运输及建筑物、构筑物布置的要求，对场地自然标高进行改造。

2.0.8　计算水位　calculated water level

计算水位为设计水位加上壅水高度和浪高。

2.0.9　生产设施　production facilities

为完成生产过程（生产产品）所需要的工艺装置，包括生产设备、厂房、辅助设备及各种配套设施。

2.0.10　运输线路　transport route

为完成特定物流而设置的专用铁路、道路、带式输送机、管道等线路。

2.0.11　工业站　industrial railway station

主要为工业区或有大量装卸作业的工业企业外部铁路运输服务的准轨铁路车站。

2.0.12　企业站　enterprise railway station

主要为工业企业内部铁路运输服务的准轨铁路车站。

2.0.13　码头陆域　land area of wharf

用于布置码头装卸机械、仓库、堆场、运输线路、运输装备停放场，以及修建相应的各种配套设施所需要的场地。

2.0.14　泊位　berth

港区内供船舶停靠的位置。

2.0.15　管线综合布置　integrated arrangement of pipeline

根据管线的种类及技术要求，结合总平面布置合理地确定各种管线的走向及空间位置，协调各管线之间、管线与其他设施之间的相互关系，布置合理的管网系统。

2.0.16　排土场　dumping site

集中堆放剥离物的场所，指矿山采矿按一定排岩（土）程序循环排弃的场所。

2.0.17　施工用地　land for construction

指建设期间，临时施工和堆放材料的用地。

2.0.18　绿化布置　green layout

为防止企业污染扩散，改善和保护自然环境，在不影响安全的前提下，选择不同种类植物合理布置，种植绿化。

2.0.19　绿地率　ratio of green space

厂区用地范围内各类绿地面积的总和与厂区总用地面积的比率（％）。

2.0.20　安全距离　safety distance

各设施之间为确保安全需设置的最小距离，如防火、防爆、防撞、防滑坡距离等。

3　厂址选择

3.0.1　厂址选择应符合国家的工业布局、城乡总体规划及土地利用总体规划的要求，并应按照国家规定的程序进行。

3.0.2 配套和服务工业企业的居住区、交通运输、动力公用设施、废料场及环境保护工程、施工基地等用地，应与厂区用地同时选择。

3.0.3 厂址选择应对原料、燃料及辅助材料的来源、产品流向、建设条件、经济、社会、人文、城镇土地利用现状与规划、环境保护、文物古迹、占地拆迁、对外协作、施工条件等各种因素进行深入的调查研究，并应进行多方案技术经济比较后确定。

3.0.4 原料、燃料或产品运输量大的工业企业，厂址宜靠近原料、燃料基地或产品主要销售地及协作条件好的地区。

3.0.5 厂址应有便利和经济的交通运输条件，与厂外铁路、公路的连接应便捷、工程量小。临近江、河、湖、海的厂址，通航条件满足企业运输要求时，应利用水运，且厂址宜靠近适合建设码头的地段。

3.0.6 厂址应具有满足生产、生活及发展所必需的水源和电源。水源和电源与厂址之间的管线连接应短捷，且用水、用电量大的工业企业宜靠近水源及电源地。

3.0.7 散发有害物质的工业企业厂址应位于城镇、相邻工业企业和居住区全年最小频率风向的上风侧，不应位于窝风地段，并应满足有关防护距离的要求。

3.0.8 厂址应具有满足建设工程需要的工程地质条件和水文地质条件。

3.0.9 厂址应满足近期建设所必需的场地面积和适宜的建厂地形，并应根据工业企业远期发展规划的需要，留有适当的发展余地。

3.0.10 厂址应满足适宜的地形坡度，宜避开自然地形复杂、自然坡度大的地段，应避免将盆地、积水洼地作为厂址。

3.0.11 厂址应有利于同邻近工业企业和依托城镇在生产、交通运输、动力公用、机修和器材供应、综合利用、发展循环经济和生活设施等方面的协作。

3.0.12 厂址应位于不受洪水、潮水或内涝威胁的地带，并应符合下列规定：

　　1 当厂址不可避免地位于受洪水、潮水或内涝威胁的地带时，必须采取防洪、排涝的防护措施。

　　2 凡受江、河、潮、海洪水、潮水或山洪威胁的工业企业，防洪标准应符合现行国家标准《防洪标准》GB 50201 的有关规定。

3.0.13 山区建厂，当厂址位于山坡或山脚处时，应采取防止山洪、泥石流等自然灾害危害的加固措施，应对山坡的稳定性等作出地质灾害的危险性评估报告。

3.0.14 下列地段和地区不应选为厂址：

　　1 发震断层和抗震设防烈度为 9 度及高于 9 度的地震区。

　　2 有泥石流、流沙、严重滑坡、溶洞等直接危害的地段。

　　3 采矿塌落（错动）区地表界限内。

　　4 爆破危险区界限内。

　　5 坝或堤决溃后可能淹没的地区。

　　6 有严重放射性物质污染的影响区。

　　7 生活居住区、文教区、水源保护区、名胜古迹、风景游览区、温泉、疗养区、自然保护区和其他需要特别保护的区域。

8　对飞机起落、机场通信、电视转播、雷达导航和重要的天文、气象、地震观察，以及军事设施等规定有影响的范围内。

9　很严重的自重湿陷性黄土地段，厚度大的新近堆积黄土地段和高压缩性的饱和黄土地段等地质条件恶劣地段。

10　具有开采价值的矿藏区。

11　受海啸或湖涌危害的地区。

4　总体规划

4.1　一般规定

4.1.1　工业企业总体规划应结合工业企业所在区域的技术经济、自然条件等进行编制，并应满足生产、运输、防震、防洪、防火、安全、卫生、环境保护、发展循环经济和职工生活的需要，应经多方案技术经济比较后择优确定。

4.1.2　工业企业总体规划应符合城乡总体规划和土地利用总体规划的要求。有条件时，规划应与城乡和邻近工业企业在生产、交通运输、动力公用、机修和器材供应、综合利用及生活设施等方面进行协作。

4.1.3　厂区、居住区、交通运输、动力公用设施、防洪排涝、废料场、尾矿场、排土场、环境保护工程和综合利用场地等均应同时规划。当有的大型工业企业必须设置施工基地时，亦应同时规划。

4.1.4　工业企业总体规划应贯彻节约集约用地的原则，并应严格执行国家规定的土地使用审批程序，应利用荒地、劣地及非耕地，不应占用基本农田。分期建设时，总体规划应正确处理近期和远期的关系，近期应集中布置，远期应预留发展，应分期征地，并应合理、有效地利用土地。

4.1.5　联合企业中不同类型的工厂应按生产性质、相互关系、协作条件等因素分区集中布置。对产生有害气体、烟、雾、粉尘等有害物质的工厂，应采取防止危害的治理措施。

4.2　防护距离

4.2.1　产生有害气体、烟、雾、粉尘等有害物质的工业企业与居住区之间应按现行国家标准《制定地方大气污染物排放标准的技术方法》GB/T 3840 和有关工业企业设计卫生标准的规定，设置卫生防护距离，并应符合下列规定：

1　卫生防护距离用地应利用原有绿地、水塘、河流、耕地、山冈和不利于建筑房屋的地带。

2　在卫生防护距离内不应设置永久居住的房屋，有条件时应绿化。

4.2.2　产生开放型放射性有害物质的工业企业的防护要求应符合现行国家标准《电离辐射防护与辐射源安全基本标准》GB 18871 的有关规定。

4.2.3　民用爆破器材生产企业的危险建筑物与保护对象的外部距离应符合现行国家标准《民用爆破器材工程设计安全规范》GB 50089 的有关规定。

4.2.4　产生高噪声的工业企业，总体规划应符合现行国家标准《声环境质量标准》GB 3096、《工业企业噪声控制设计规范》GBJ 87 和《工业企业厂界环境噪声排放标准》

GB 12348 的有关规定。

4.3 交通运输

4.3.1 交通运输规划应与企业所在地国家或地方交通运输规划相协调，并应符合工业企业总体规划要求，还应根据生产需要、当地交通运输现状和发展规划，结合自然条件与总平面布置要求，统筹安排，且应便于经营管理、兼顾地方客货运输、方便职工通勤，并应为与相邻企业的协作创造条件。

4.3.2 外部运输方式应根据国家有关的技术经济政策、外部交通运输条件、物料性质、运量、流向、运距等因素，结合厂内运输要求，经多方案技术经济比较后择优确定。

4.3.3 铁路接轨点的位置应根据运量、货流和车流方向、工业企业位置及其总体规划和当地条件等进行全面的技术经济比较后择优确定，并应符合下列规定：

    1 工业企业铁路与路网铁路接轨，应符合现行国家标准《工业企业标准轨距铁路设计规范》GBJ 12 的有关规定。

    2 工业企业铁路不得与路网铁路或另一工业企业铁路的区间内正线接轨，在特殊情况下，有充分的技术经济依据，必须在该区间接轨时，应经该管铁路局或铁路局和工业企业铁路主管单位的同意，并应在接轨点开设车站或设辅助所。

    3 不得改变主要货流和车流的列车运行方向。

    4 应有利于路、厂和协作企业的运营管理。

    5 应靠近工业企业，并应有利于接轨站、交接站、企业站（工业编组站）的合理布置，并应留有发展的余地。

4.3.4 工业企业铁路与路网铁路交接站（场）、企业站的设置应根据运量大小、作业要求、管理方式等经全面技术经济比较后择优确定，并应充分利用路网铁路站场的能力。有条件时，应采用货物交接方式。

4.3.5 工业企业厂外道路的规划应与城乡规划或当地交通运输规划相协调，并应合理利用现有的国家公路及城镇道路。厂外道路与国家公路或城镇道路连接时，路线应短捷，工程量应小。

4.3.6 工业企业厂区的外部交通应方便，与居住区、企业站、码头、废料场以及邻近协作企业等之间应有方便的交通联系。

4.3.7 厂外汽车运输和水路运输在有条件的地区，宜采取专业化、社会化协作。

4.3.8 邻近江、河、湖、海的工业企业，具备通航条件，且能满足工业企业运输要求时，应采用水路运输，并应合理确定码头位置。

4.3.9 采用管道、带式输送机、索道等运输方式时，应充分利用地形布置，并应与其他运输方式合理衔接。

4.4 公用设施

4.4.1 沿江、河、海取水的水源地，应位于排放污水及其他污染源的上游、河床及河、海岸稳定且不妨碍航运的地段，并应符合下列规定：

    1 应符合江、河道和海岸整治规划的要求。

    2 水源地的位置应符合水源卫生防护的有关要求。

    3 应符合当地给水工程规划的要求。

4　生活饮用水水源应符合现行国家标准《生活饮用水卫生标准》GB 5749 和《地表水环境质量标准》GB 3838 的有关规定。

4.4.2　高位水池应布置在地质良好、不因渗漏溢流引起坍塌的地段。

4.4.3　厂外的污水处理设施宜位于厂区和居住区全年最小频率风向的上风侧，并应与厂区和居住区保持必要的卫生防护距离，应符合下列规定：

1　沿江、河布置的污水处理设施，尚应位于厂区和居住区的下游。

2　宜靠近企业的污水排出口或城镇污水处理厂。

3　排出口位置应位于地势较低的地段，并应符合环境保护要求。

4.4.4　热电站或集中供热锅炉房宜靠近负荷中心或主要用户，应具有方便的供煤和排灰渣条件，并应采取必要的治理措施，排放的烟尘、灰渣应符合国家或地方现行的有关排放标准的规定。

4.4.5　总变电站宜靠近负荷中心或主要用户，其位置的选择应符合下列规定：

1　应靠近厂区边缘，且输电线路进出方便的地段。

2　不得受粉尘、水雾、腐蚀性气体等污染源的影响，并应位于散发粉尘、腐蚀性气体污染源全年最小频率风向的下风侧和散发水雾场所冬季盛行风向的上风侧。

3　不得布置在有强烈振动设施的场地附近。

4　应有运输变压器的道路。

5　宜布置在地势较高地段。

4.5　居住区

4.5.1　企业职工居住和生活问题应利用社会资源解决。当需要设置居住区时，宜集中布置，也可与临近工业企业协作组成集中的居住区，并应符合当地城乡总体规划的要求。

4.5.2　在符合安全和卫生防护距离的要求下，居住区宜靠近工业企业布置。当工业企业位于城镇郊区时，居住区宜靠近城镇，并宜与城镇统一规划。

4.5.3　居住区应位于向大气排放有害气体、烟、雾、粉尘等有害物质的工业企业全年最小频率风向的下风侧，其卫生防护距离应符合国家现行有关工业企业设计卫生标准的规定。

4.5.4　居住区应充分利用荒地、劣地及非耕地。在山坡地段布置居住区时，应选择在不窝风的阳坡地段。

4.5.5　居住区与厂区之间不宜有铁路穿越。当必须穿越时，应根据人流、车流的频繁程度等因素，设置立交或看守道口。

4.5.6　居住区内不应有国家铁路或过境公路穿越。当居住区一侧有铁路通过时，居住区至铁路的最小距离应符合当地城镇规划的管理规定。

4.5.7　居住区的规划设计应符合现行国家标准《城市居住区规划设计规范》GB 50180 的有关规定。

4.6　废料场及尾矿场

4.6.1　工业企业排弃的废料应结合当地条件综合利用，需综合利用的废料应按其性质分别堆存，并应符合现行国家标准《一般工业固体废物贮存、处置场污染控制标准》

GB 18599 的有关规定。

4.6.2　废料场及尾矿场的规划应符合下列规定：

1　应位于居住区和厂区全年最小频率风向的上风侧。

2　与居住区的卫生防护距离应符合国家现行有关工业企业设计卫生标准的规定。

3　含有害、有毒物质的废料场，应选在地下水位较低和不受地面水穿流的地段，必须采取防扬散、防流失和其他防止污染的措施。

4　含放射性物质的废料场，还应符合下列规定：

1）应选在远离城镇及居住区的偏僻地段。

2）应确保其地面及地下水不被污染。

3）应符合现行国家标准《电离辐射防护与辐射源安全基本标准》GB 18871 的有关规定。

4.6.3　废料场应充分利用沟谷、荒地、劣地。废料年排出量不大的中小型工业企业，有条件时，应与邻近企业协作或利用城镇现有的废料场。

4.6.4　江、河、湖、海等水域严禁作为废料场。

4.6.5　当利用江、河、湖、海岸旁滩洼地堆存废料时，不得污染水体、阻塞航道或影响河流泄洪，并应取得当地环保部门的同意。

4.6.6　废料场堆存年限应根据废料数量、性质、综合利用程度，以及当地具体条件等因素确定。废料场地宜一次规划、分期实施。

4.6.7　尾矿场宜靠近选矿厂，宜选择在建坝条件好的荒山、沟谷，并应充分利用地形。当条件许可时，应结合表土排弃进行复垦。

4.7　排土场

4.7.1　排土场位置的选择应符合下列规定：

1　排土场宜靠近露天采掘场地表境界以外设置。对分期开采的矿山，经技术经济比较合理时，可设在远期开采境界以内；在条件允许的矿山，应利用露天采空区作为内部排土场。

2　应选择在地质条件较好的地段，不宜设在工程地质或水文地质条件不良地段。

3　应保证排土场不致因滚石、滑坡、塌方等威胁采矿场、工业场地、厂区、居民点、铁路、道路、输电线路、通信光缆、耕种区、水域、隧道涵洞、旅游景区、固定标志及永久性建筑等安全。

4　应避免排土场成为矿山泥石流重大危险源，必要时，应采取保障安全的措施。

5　应符合相应的环保要求，并应设在居住区和工业企业常年最小频率风向的上风侧和生活水源的下游。含有污染源废石的堆放和处置应符合现行国家标准《一般工业固体废物贮存、处置场污染控制标准》GB 18599 的有关规定。

6　应利用沟谷、荒地、劣地，不占良田、少占耕地，宜避免迁移村庄。

7　有回收利用价值的岩土应分别堆存，并应为其创造有利的装运条件。

4.7.2　排土场最终坡底线与相邻的铁路、道路、工业场地、村镇等之间的安全防护距离应符合现行国家标准《有色金属矿山排土场设计规范》GB 50421 等的有关规定。

4.7.3　排土场的总容量应能容纳矿山所排弃的全部岩土。排土场宜一次规划、分期实施。

4.7.4　排土场应根据所在地区的具体条件进行复垦。复垦计划应全面规划、分期实施。

4.8　施工基地及施工用地

4.8.1　需要独立设置施工基地时，应符合工业企业总体布置的要求，宜布置在生产基地的扩建方向或规划预留位置，并宜靠近主要施工场地。施工生活基地宜靠近工业企业居住区布置，有关生活设施应与工业企业居住区统一布置。

4.8.2　施工生产基地应具备大宗材料到达和产品外运条件，并宜利用工业企业永久性铁路、道路、水运等运输设施。

4.8.3　施工用地应充分利用厂区空隙地、堆场用地、预留发展用地或卫生防护地带。当厂区空隙地、堆场用地、预留发展用地或卫生防护地带不能满足要求时，可另行规划必要的施工用地。施工用地内，不应设置永久性和半永久性的施工设施。

5　总平面布置

5.1　一般规定

5.1.1　总平面布置应在总体规划的基础上，根据工业企业的性质、规模、生产流程、交通运输、环境保护，以及防火、安全、卫生、节能、施工、检修、厂区发展等要求，结合场地自然条件，经技术经济比较后择优确定。

5.1.2　总平面布置应节约集约用地，提高土地利用率。布置时，应符合下列规定：

　　1　在符合生产流程、操作要求和使用功能的前提下，建筑物、构筑物等设施应采用集中、联合、多层布置。

　　2　应按企业规模和功能分区合理地确定通道宽度。

　　3　厂区功能分区及建筑物、构筑物的外形宜规整。

　　4　功能分区内各项设施的布置应紧凑、合理。

5.1.3　总平面布置的预留发展用地应符合下列规定：

　　1　分期建设的工业企业，近远期工程应统一规划。近期工程应集中、紧凑、合理布置，并应与远期工程合理衔接。

　　2　远期工程用地宜预留在厂区外，当近、远期工程建设施工期间隔很短，或远期工程和近期工程在生产工艺、运输要求等方面密切联系不宜分开时，可预留在厂区内。其预留发展用地内不得修建永久性建筑物、构筑物等设施。

　　3　预留发展用地除应满足生产设施的发展用地外，还应预留辅助生产、动力公用、交通运输、仓储及管线等设施的发展用地。

5.1.4　厂区的通道宽度应符合下列规定：

　　1　应符合通道两侧建筑物、构筑物及露天设施对防火、安全与卫生间距的要求。

　　2　应符合铁路、道路与带式输送机通廊等工业运输线路的布置要求。

　　3　应符合各种工程管线的布置要求。

　　4　应符合绿化布置的要求。

　　5　应符合施工、安装与检修的要求。

6　应符合竖向设计的要求。

7　应符合预留发展用地的要求。

5.1.5　总平面布置应充分利用地形、地势、工程地质及水文地质条件，布置建筑物、构筑物和有关设施，应减少土（石）方工程量和基础工程费用，并应符合下列规定：

1　当厂区地形坡度较大时，建筑物、构筑物的长轴宜顺等高线布置。

2　应结合地形及竖向设计，为物料采用自流管道及高站台、低货位等设施创造条件。

5.1.6　总平面布置应结合当地气象条件，使建筑物具有良好的朝向、采光和自然通风条件。高温、热加工、有特殊要求和人员较多的建筑物，应避免西晒。

5.1.7　总平面布置应防止高温、有害气体、烟、雾、粉尘、强烈振动和高噪声对周围环境和人身安全的危害，并应符合国家现行有关工业企业卫生设计标准的规定。

5.1.8　总平面布置应合理地组织货流和人流，并应符合下列规定：

1　运输线路的布置应保证物流顺畅、径路短捷、不折返。

2　应避免运输繁忙的铁路与道路平面交叉。

3　应使人、货分流，应避免运输繁忙的货流与人流交叉。

4　应避免进出厂的主要货流与企业外部交通干线的平面交叉。

5.1.9　总平面布置应使建筑群体的平面布置与空间景观相协调，并应结合城镇规划及厂区绿化，提高环境质量，创造良好的生产条件和整洁友好的工作环境。

5.1.10　工业企业的建筑物、构筑物之间及其与铁路、道路之间的防火间距，以及消防通道的设置，除应符合现行国家标准《建筑设计防火规范》GB 50016 的规定外，尚应符合国家现行有关标准的规定。

5.2　生产设施

5.2.1　大型建筑物、构筑物，重型设备和生产装置等，应布置在土质均匀、地基承载力较大的地段；对较大、较深的地下建筑物、构筑物，宜布置在地下水位较低的填方地段。

5.2.2　要求洁净的生产设施应布置在大气含尘浓度较低、环境清洁、人流、货流不穿越或少穿越的地段，并应位于散发有害气体、烟、雾、粉尘的污染源全年最小频率风向的下风侧。洁净厂房的布置，尚应符合现行国家标准《洁净厂房设计规范》GB 50073 的有关规定。

5.2.3　产生高温、有害气体、烟、雾、粉尘的生产设施，应布置在厂区全年最小频率风向的上风侧，且地势开阔、通风条件良好的地段，并不应采用封闭式或半封闭式的布置形式。产生高温的生产设施的长轴宜与夏季盛行风向垂直或呈不小于 45°交角布置。

5.2.4　产生强烈振动的生产设施，应避开对防振要求较高的建筑物、构筑物布置，其与防振要求较高的仪器、设备的防振间距应符合表 5.2.4-1 的规定。精密仪器、设备的允许振动速度与频率及允许振幅的关系应符合表 5.2.4-2 的规定。

表 5.2.4-1 防振间距 单位：m

振源		量级		允许振动速度/(mm/s)								
		单位	量值	0.05	0.10	0.20	0.50	1.00	1.50	2.00	2.50	3.00
锻锤		t	≤1	145	120	100	75	55	45	35	30	30
			2	215	195	175	150	135	125	115	110	105
			3	230	205	185	160	140	130	120	115	110
落锤		t·m	60	140	120	105	85	70	60	55	50	45
			120	145	130	115	90	80	70	60	60	55
			180	150	135	115	95	80	70	65	60	55
活塞式空气压缩机		m³/min	≤10	40	30	25	20	15	10	10	5	5
			20～40	60	40	35	30	20	15	10	5	5
			60～100	100	80	60	50	40	30	20	10	5
透平式空气压缩机	10000m³/h制氧机	m³/h	55000	90	75	60	40	30	20	15	15	10
	26000m³/h制氧机		155000	145	125	105	80	60	50	45	35	35
火车	标准轨距铁路	km/h	≤10	90	75	60	40	25	20	15	10	10
			20～30	95	80	60	45	30	20	15	15	10
			50左右	140	120	95	70	50	35	30	25	20
汽车	沥青路面	15t载重汽车	km/h ≤10	55	40	30	15	10	5	5	5	5
			20～30	80	60	45	25	15	10	5	5	5
		25t载重汽车	km/h 35	155	135	115	95	75	65	60	55	50
		35t载重汽车	km/h 30	135	115	100	75	60	50	40	35	35
		80t牵引车	km/h 12	145	125	105	80	60	50	45	40	35
	混凝土路面	15t载重汽车	km/h ≤10	65	50	35	20	10	5	5	5	5
			20～30	90	70	55	40	25	20	15	15	10
水爆清砂		t/件	2～5	130	110	85	60	45	35	30	25	20
			20	210	185	160	130	105	95	85	80	75

注：1. 表列间距，锻锤、落锤及空气压缩机均自振源基座中心算起；铁路自中心线算起；道路为城市型时，自路面边缘算起，为公路型时，自路肩边缘算起；水爆清砂自水池边缘算起；有防振要求的仪器、设备自其中心算起；

2. 表列数值系能量吸收系数为 0.04/m 湿的砂类土、粉质土和可塑的黏质土的防振间距。当湿的砂类土、粉质土和可塑的黏质土的波能量吸收系数小于或大于 0.04/m 时，其防振间距应适当增加或减少；

3. 地质条件复杂或为表列振源外的其他大型振动设备时，其防振间距应按现行国家标准《动力机器基础设计规范》GB 50040 的有关规定或按实测资料确定；

4. 当采取防振措施后，其防振间距可不受本表限制。

表 5.2.4-2　精密仪器、设备的允许振动速度与频率及允许振幅的关系

允许振幅 /μm ＼ 频率/Hz ＼ 仪器设备允许的振动速度/(mm/s)	5	10	15	20	25	30	35	40
0.05	1.60	0.80	0.53	0.40	0.32	0.27	0.23	0.20
0.10	3.18	1.59	1.06	0.80	0.64	0.54	0.46	0.40
0.20	6.37	3.18	2.16	1.60	1.28	1.08	0.92	0.80
0.50	16.00	8.00	5.30	4.00	3.20	2.70	2.30	2.00
1.00	32.00	16.00	10.60	8.00	6.40	5.40	4.60	3.98
1.50	47.75	23.87	15.90	11.90	9.60	7.96	6.82	5.97
2.00	63.66	31.83	21.20	16.00	12.70	10.60	9.10	7.96
2.50	79.58	39.79	26.53	19.90	15.90	13.30	11.40	9.95
3.00	95.50	47.75	31.83	23.90	19.10	15.90	13.60	11.94

5.2.5　产生高噪声的生产设施，总平面布置应符合下列规定：

1　宜相对集中布置并远离人员集中和有安静要求的场所。

2　产生高噪声的车间应与低噪声的车间分开布置。

3　产生高噪声生产设施的周围宜布置对噪声较不敏感、高大、朝向有利于隔声的建筑物、构筑物和堆场等。

4　产生高噪声的生产设施与相邻设施的防噪声间距，应符合国家现行有关噪声卫生防护距离的规定。

5　厂区内各类地点及厂界处的噪声限制值和总平面布置中的噪声控制，尚应符合现行国家标准《工业企业噪声控制设计规范》GBJ 87 的有关规定。

5.2.6　需要大宗原料、燃料的生产设施，宜与其原料、燃料的贮存及加工辅助设施靠近布置，并应位于原料、燃料的贮存及加工辅助设施全年最小频率风向的下风侧。生产大宗产品的设施宜靠近其产品储存和运输设施布置。

5.2.7　易燃、易爆危险品生产设施的布置应保证生产人员的安全操作及疏散方便，并应符合国家现行有关设计标准的规定。

5.2.8　有防潮、防水雾要求的生产设施，应布置在地势较高、地下水位较低的地段，其与循环水冷却塔之间的最小间距应符合本规范第 5.3.9 条的规定。

5.3　公用设施

5.3.1　公用设施的布置宜位于其负荷中心或靠近主要用户。

5.3.2　总降压变电所的布置应符合下列规定：

1　宜位于靠近厂区边缘且地势较高地段。

2　应便于高压线的进线和出线。

3　应避免设在有强烈振动的设施附近。

4　应避免布置在多尘、有腐蚀性气体和有水雾的场所，并应位于多尘、有腐蚀性

气体场所全年最小频率风向的下风侧和有水雾场所冬季盛行风向的上风侧。

5.3.3　氧（氮）气站宜布置在位于空气洁净的地段。氧（氮）气站空分设备的吸风口应位于乙炔站和电石渣场及散发其他碳氢化合物设施的全年最小频率风向的下风侧，吸风口与乙炔站及电石渣场之间的最小水平间距应符合现行国家标准《氧气站设计规范》GB 50030 的有关规定。

5.3.4　压缩空气站的布置应符合下列规定：

1　应位于空气洁净的地段，避免靠近散发爆炸性、腐蚀性和有害气体及粉尘等的场所，并应位于散发爆炸性、腐蚀性和有害气体及粉尘等场所的全年最小频率风向的下风侧。

2　压缩空气站的朝向应结合地形、气象条件，使站内有良好的通风和采光。贮气罐宜布置在站房的北侧。

3　压缩空气站的布置尚应符合本规范第 5.2.4 条和第 5.2.5 条的规定。

5.3.5　乙炔站的布置应符合下列规定：

1　应位于排水及自然通风良好的地段。

2　应避开人员密集区和主要交通地段。

3　乙炔站与氧（氮）气站空分设备吸风口的最小水平间距应符合现行国家标准《氧气站设计规范》GB 50030 的有关规定。

5.3.6　煤气站和天然气配气站、液化气配气站的布置应符合下列规定：

1　宜布置在厂区的边缘地段和位于主要用户的全年最小频率风向的上风侧。

2　煤气站的布置应符合现行国家标准《工业企业煤气安全规程》GB 6222 的有关规定，发生炉煤气站的布置应符合现行国家标准《发生炉煤气站设计规范》GB 50195 的有关规定，天然气配气站、液化气配气站的布置应符合现行国家标准《城镇燃气设计规范》GB 50028 的有关规定。

3　煤气站应避免其灰尘、烟尘和有害气体对周围环境的影响，其贮煤场和灰渣场宜布置在煤气站全年最小频率风向的上风侧，水处理设施和焦油池宜布置在站区地势较低处。

4　天然气配气站宜布置在靠近天然气总管进厂方向和至各用户支管较短的地点，并应位于有明火或散发火花地点的全年最小频率风向的上风侧。

5　液化气配气站的布置应符合下列规定：

1) 应布置在运输条件方便的地段；

2) 宜靠近主要用户布置；

3) 应布置在明火或散发火花地点的全年最小频率风向的上风侧；

4) 应避免布置在窝风地段。

5.3.7　锅炉房的布置应符合下列规定：

1　宜布置在厂区全年最小频率风向的上风侧，应避免灰尘和有害气体对周围环境的影响。

2　当采取自流回收冷凝水时，宜布置在地势较低，且不窝风的地段。

3　燃煤锅炉房应有贮煤与灰渣场地和方便的运输条件。贮煤场和灰渣场宜布置在锅炉房全年最小频率风向的上风侧。

5.3.8　给水净化站的布置宜靠近水源地或水源汇集处；当布置在厂区内时，应位于厂区边缘、环境洁净、给水总管短捷，且与主要用户支管距离短的地段。

5.3.9　循环水设施的布置应位于所服务的生产设施附近，并应使回水具有自流条件，或能减少扬程的地段。沉淀池附近应有相应的淤泥堆积、排水设施和运输线路的场地。循环水冷却设施的布置应符合下列规定：

　　1　冷却塔宜布置在通风良好、避免粉尘和可溶于水的化学物质影响水质的地段。

　　2　不宜布置在屋外变、配电装置和铁路、道路冬季盛行风向的上风侧。冷却塔与相邻设施的最小水平间距应符合表 5.3.9 的规定。

表 5.3.9　冷却塔与相邻设施的最小水平间距　　　　单位：m

设施名称		自然通风冷却塔	机械通风冷却塔
生产及辅助生产建筑物		20	25
中央试(化)验室、生产控制室		30	35
露天生产装置		25	30
屋外变、配电装置	当在冷却塔冬季盛行风向上风侧时	25	40
	当在冷却塔冬季盛行风向下风侧时	40	60
电石库	当在冷却塔全年盛行风向上风侧时	30	50
	当在冷却塔全年盛行风向下风侧时	60	100
散发粉尘的原料、燃料及材料堆场		25	40
铁路	厂外铁路(中心线)	25	35
	厂内铁路(中心线)	15	20
道路	厂外道路	25	35
	厂内道路	10	15
厂区围墙(中心线)		10	15

　　注：1. 表列间距除注明者外，冷却塔自塔外壁算起；建筑物自最外边轴线算起；露天生产装置自最外设备的外壁算起；屋外变、配电装置自最外构架边缘算起；堆场自场地边缘算起；道路为城市型时，自路面边缘算起，为公路型时，自路肩边缘算起；

　　2. 冬季采暖室外计算温度在 0℃ 以上的地区，冷却塔与屋外变、配电装置的间距应按表列数值减少 25%；冬季采暖室外计算温度在 −20℃ 以下的地区，冷却塔与相邻设施（不包括屋外变、配电装置和散发粉尘的原料、燃料及材料堆场）的间距应按表列数值增加 25%；当设计中规定在寒冷季节冷却塔不使用风机时，其间距不得增加；

　　3. 附属于车间或生产装置的屋外变、配电装置与冷却塔的间距应按表列数值减少 25%；

　　4. 单个小型机械冷却塔与相邻设施的间距可适当减少，玻璃钢冷却塔与相邻设施的间距可不受本表规定的限制；

　　5. 在改、扩建工程中，当受条件限制时，表列间距可适当减少，但不得超过 25%。

5.3.10　污水处理站的布置应符合下列规定：

　　1　应布置在厂区和居住区全年最小频率风向的上风侧。

　　2　宜位于厂区地下水流向的下游，且地势较低的地段。

　　3　宜靠近工厂污水排出口或城乡污水处理厂。

5.3.11　中央试（化）验室的布置应符合下列规定：

　　1　应布置在散发有害气体、粉尘，以及循环水冷却塔等产生大量水雾设施全年最小频率风向的下风侧。

2 宜有良好的朝向和通风采光条件。

3 与振源的最小间距应符合本规范第5.2.4条的规定。

5.3.12 当需设置排水泵站时，其布置应符合下列规定：

1 生活污水泵站应布置在生活污水总排水管的附近。

2 雨水排水泵站应布置在雨水总排水方沟（管）出口的附近。

5.3.13 当建设自备热电站时，应布置在靠近热电负荷的中心，且燃料供应便捷的地段。

5.4 修理设施

5.4.1 全厂性修理设施宜集中布置；车间维修设施应在确保生产安全前提下，靠近主要用户布置。

5.4.2 机械修理和电气修理设施应根据其生产性质对环境的要求合理布置，并应有较方便的交通运输条件。

5.4.3 仪表修理设施的布置宜位于环境洁净、干燥的地段，与振源的最小间距应符合本规范第5.2.4条的规定。

5.4.4 机车、车辆修理设施的布置应位于机车作业较集中、机车出入较方便的地段，并应避开作业繁忙的咽喉区。

5.4.5 汽车修理设施应根据其修理任务和能力布置，可独立布置在厂区外，也可与汽车库联合布置，并应有相应的车辆停放和破损车斗、轮胎等堆放场地。

5.4.6 建筑维修设施的布置宜位于厂区边缘或厂外独立的地段，并应有必要的露天操作场、堆场和方便的交通运输条件。

5.4.7 矿山用电铲、钎凿设备等检修设施宜靠近露天采矿场或井（硐）口布置，并应有必要的露天检修和备件堆放场地。

5.5 运输设施

5.5.1 机车整备设施宜布置在工业企业的主要车站或机车、车辆修理库附近。

5.5.2 电力牵引接触线检修车停放库的布置宜位于企业主要车站的一侧，其附近应有一定的材料堆放场地。

5.5.3 汽车库、停车场的布置应符合现行国家标准《汽车库、修车库、停车场设计防火规范》GB 50067的有关规定，并宜符合下列规定：

1 宜靠近主要货流出入口或仓库区布置，并应减少空车行程。

2 应避开主要人流出入口和运输繁忙的铁路。

3 加油装置宜布置在汽车主要出入口附近。

4 洗车装置宜布置在汽车库入口附近便于排水除泥处，应避免对周围环境的影响。

5 汽车停车场的面积应根据车型、停放形式及数量确定。

5.5.4 轨道衡的布置应根据车辆称重流水作业的要求和线路及站场布置条件布置，可布置在装卸地点出入口或车场牵出线的道岔区附近、交接场或调车场的外侧，也可布置在进厂联络线的一侧。

5.5.5 汽车衡应布置在有较多称量车辆行驶方向道路的右侧，并应设置一定面积的停车等待场地，且不应影响道路的正常行车。

5.5.6 叉车库和电瓶车库宜靠近用车的库房布置，并宜与库房的建筑物合并设置。

5.5.7 铁路车站站房应布置在站场中部到发线的一侧。由几个车场组成的车站应布置在位置适中、作业繁忙的地点。

5.5.8 信号楼应布置在便于瞭望、调度作业方便、通信及电力线路引入短捷的地点，并应符合下列规定：

1 信号楼应布置在车站中部或作业繁忙的道岔区一侧。

2 信号楼凸出部分的外墙边缘至最近铁路中心线的间距不宜小于 5m。

3 距正线、高温车通过线的铁路中心线不宜小于 7m。

5.6　仓储设施

5.6.1 仓库与堆场应根据贮存物料的性质、货流出入方向、供应对象、贮存面积、运输方式等因素，按不同类别相对集中布置，并应为运输、装卸、管理创造有利条件，且应符合国家现行有关防火、防爆、安全、卫生等标准的规定。

5.6.2 大宗原料、燃料仓库或堆场应按贮用合一的原则布置，并应符合下列规定：

1 应靠近主要用户，运输应方便。

2 应适应机械化装卸作业。

3 易散发粉尘的仓库或堆场应布置在厂区边缘地带，且应位于厂区全年最小频率风向的上风侧。

4 场地应有良好的排水条件。

5.6.3 金属材料库区的布置应远离散发有腐蚀性气体和粉尘的设施，并宜位于散发有腐蚀性气体和粉尘设施的全年最小频率风向的下风侧。

5.6.4 易燃及可燃材料堆场的布置宜位于厂区边缘，并应远离明火及散发火花的地点。

5.6.5 火灾危险性属于甲、乙、丙类液体罐区的布置，应符合下列规定：

1 宜位于企业边缘的安全地带，且地势较低而不窝风的独立地段。

2 应远离明火或散发火花的地点。

3 架空供电线严禁跨越罐区。

4 当靠近江、河、海岸边时，应布置在临江、河、海的城镇、企业、居住区、码头、桥梁的下游和有防泄漏堤的地段，并应采取防止液体流入江、河、海的措施。

5 不应布置在高于相邻装置、车间、全厂性重要设施及人员集中场所的场地，无法避免时，应采取防止液体漫流的安全措施。

6 液化烃罐组或可燃液体罐组不宜紧靠排洪沟布置。

5.6.6 电石库的布置宜位于场地干燥和地下水位较低的地段，不应与循环水冷却塔毗邻布置。电石库与冷却塔之间的最小水平间距应符合本规范第 5.3.9 条的规定。

5.6.7 酸类库区及其装卸设施应布置在易受腐蚀的生产设施或仓储设施的全年最小频率风向的上风侧，宜位于厂区边缘且地势较低处，并应位于厂区地下水流向的下游地段。

5.6.8 爆破器材库区的布置应符合现行国家标准《民用爆破器材工程设计安全规范》GB 50089 的有关规定。

5.7　行政办公及其他设施

5.7.1　行政办公及生活服务设施的布置应位于厂区全年最小频率风向的下风侧，并应符合下列规定：

　　1　应布置在便于行政办公、环境洁净、靠近主要人流出入口、与城镇和居住区联系方便的位置。

　　2　行政办公及生活服务设施的用地面积，不得超过工业项目总用地面积的7％。

5.7.2　全厂性的生活设施可集中或分区布置。为车间服务的生活设施应靠近人员较多的作业地点，或职工上、下班经由的主要道路附近。

5.7.3　消防站的设置应根据企业的性质、生产规模、火灾危险程度及其所在地区的消防能力等因素确定。凡有条件与城镇或邻近工业企业消防设施协作时，应统一布设，并应符合下列规定：

　　1　消防站应布置在责任区的适中位置，应保证消防车能方便、迅速地到达火灾现场。

　　2　消防站的服务半径应以接警起5分钟内消防车能到达责任区最远点确定。

　　3　消防站布置宜避开厂区主要人流道路，并应远离噪声源。其主体建筑距人员集中的公共建筑的主要疏散口不应小于50m。

　　4　消防站车库正门应朝向城市道路（厂区道路），至城镇规划道路红线（或厂区道路边缘）的距离不宜小于15m。门应避开管廊、栈桥或其他障碍物，其地面应用混凝土或沥青等材料铺筑，并应向道路方向设1％～2％的坡度。

5.7.4　厂区出入口的位置和数量应根据企业的生产规模、总体规划、厂区用地面积及总平面布置等因素综合确定，并应符合下列规定：

　　1　出入口的数量不宜少于2个。

　　2　主要人流出入口宜与主要货流出入口分开设置，并应位于厂区主干道通往居住区或城镇的一侧；主要货流出入口应位于主要货流方向，应靠近运输繁忙的仓库、堆场，并应与外部运输线路连接方便。

　　3　铁路出入口应具备良好的瞭望条件。

5.7.5　厂区围墙的结构形式和高度应根据企业性质、规模以及周边环境确定。围墙至建筑物、道路、铁路和排水明沟的最小间距应符合表5.7.5的规定。

表5.7.5　围墙至建筑物、道路、铁路和排水明沟的最小间距　　　　单位：m

名　称	至围墙最小间距
建筑物	5.0
道路	1.0
准轨铁路(中心线)	5.0
窄轨铁路(中心线)	3.5
排水明沟边缘	1.5

　　注：1. 表中间距除注明者外，围墙自中心线算起；建筑物自最外墙突出边缘算起；道路为城市型时，自路面边缘算起；为公路型时，自路肩边缘算起；

　　2. 围墙至建筑物的间距，当条件困难时，可适当减少，当设有消防通道时，其间距不应小于6m；

　　3. 传达室、警卫室与围墙的间距不限；

　　4. 条件困难时，准轨铁路至围墙的间距，当有调车作业时，可为3.5m，当无调车作业时，可为3.0m。窄轨铁路至围墙的间距，可分别为3.0m和2.5m。

6 运输线路及码头布置

6.1 一般规定

6.1.1 工业企业的运输线路设计应根据生产工艺要求、货物性质、流向、年运输量、到发作业条件和当地运输系统的现状与规划，以及当地自然条件和协作条件等因素，进行运输方案的比较确定，应选择能满足生产要求、经济合理、安全可靠的运输方式。

6.1.2 改、扩建的工业企业内外部运输应合理利用和改造既有运输线路。

6.1.3 运输线路的布置应符合下列规定：

    1 应满足生产要求，物流应顺畅，线路应短捷，人流、货流组织应合理。

    2 应有利于提高运输效率，改善劳动条件，运行应安全可靠，并应使厂区内、外部运输、装卸、贮存形成完整的、连续的运输系统。

    3 应合理利用地形。

    4 应便于采用先进适用的技术和设备。

    5 经营管理及维修应方便。

    6 运输繁忙的线路应避免平面交叉。

6.1.4 运输及维修设施应社会化。对于运输量大、作业复杂或有特殊要求的货物，需配置专用设备或设施时，应依据充分、数量适当、量能匹配、选型合理、方便维修、定员精减。

6.1.5 工业企业分期建设时，运输线路布置的近期和远期应统一规划、分期实施，并应留有适当的发展余地。

6.2 企业准轨铁路

6.2.1 当工业企业具备下列条件之一时，可修建铁路，但应与其他运输方式进行技术经济比较后确定：

    1 企业近期的年到、发货运量达到 30 万吨及以上，并可能采用铁路运输，且采用铁路运输能满足生产要求时。

    2 虽年货运量达不到本条第 1 款的要求，但到、发货运量达到 30 万吨的 50% 及以上，且接轨条件好、工程量小、取送作业方便时。

    3 以铁路运输最为安全可靠，或发货、卸车地点已确定采用铁路运输时。

    4 有特殊需要，必须采用铁路运输时。

6.2.2 工业企业铁路线路的布置应符合下列规定：

    1 应满足生产、运输和装卸作业的要求。

    2 厂区内铁路宜集中布置，应满足货流方向和近、远期运量的要求。

    3 对运量大、机车多、作业复杂的工业企业，铁路线路布置宜适应机车分区作业的需要。

    4 道岔宜集中布置。

    5 车间、仓库、堆场的线路宜合并集中与联络线或连接线连接，应力求扇形面积最小。

    6 固体物料装卸线宜布置在该储存设施的边缘。

7 可燃液体、剧毒的货物或散发粉尘的大宗物料装卸线宜分类集中布置在全厂最小频率风向的上风侧，且应靠近厂区边缘地带。

8 铁路线路的布置应结合地形、工程地质、水文地质等自然条件，在满足生产和技术要求的条件下，选取线路短、工程量小、干扰少的路线。

6.2.3 有大量装卸作业的工业区、工业企业可根据需要设置主要为其服务的铁路工业站。工业站的布置要求应符合现行国家标准《铁路车站及枢纽设计规范》GB 50091 的有关规定。

6.2.4 工业企业交接站（场）的布置应符合下列规定：

1 应与车流的汇集方向顺流，避免机车车辆出现迂回干扰和折角走行。

2 应简化交接作业程序，避免重复作业。

3 进入工业企业的线路路径应顺直，对路网主要车流干扰应最小，取送作业时，单机走行应最少。

6.2.5 采用车辆交接、取送车组较多或取送距离较远的企业可设置企业站。企业站的布置应符合下列规定：

1 企业站的位置应便于与工业站（或接轨站）联系，应有利于厂区铁路进线，并应减少折角运行。

2 应根据引入线的数量、方向、作业性质、作业量以及工程条件等，选择合理的车站位置和站型，并应留有发展的余地。

3 近期站场及与其有关设施的布置应便于运营和节省投资，并应为将来扩建创造良好的条件。

4 站内各组成部分之间应相互协调，并应减少线路交叉和作业干扰。

5 应缩短机车车辆、列车的走行距离和在站内的停留时间。

6.2.6 工业企业铁路与路网铁路部门之间的交接作业方式应根据经济比选由路、厂双方协商确定。交接作业的地点应符合下列规定：

1 当实行货物交接时，可在企业的装卸线上办理。

2 当实行车辆交接，且工业站与企业站分设时，宜在工业站设交接场办理交接。当双方车站间铁路专用线运输由铁路部门管理时，在工业站可不设交接场，可在企业站到发场办理交接。

3 当实行车辆交接，且工业站与企业站联设时，可根据车站布置形式在工业站的交接场或双方的到发场办理交接。

6.2.7 工业企业内部可根据生产需要设置其他车站，其他车站的布置应符合下列规定：

1 应根据工业企业总体规划的要求，结合各类生产车间、仓库的布置和作业要求确定车站的分布。

2 应满足铁路技术作业和运输能力的需要。

3 应有适宜地形、工程地质和水文地质等条件。

4 车站应按运量的增长、通过能力和作业的需要分期建设。

6.2.8 露天矿山铁路线路的布置宜有列车换向的条件。沿露天矿采掘场或排土场境界布置时，应确保路基边坡稳定及行车安全的要求。

6.2.9　厂内货物装卸线应与其配套的生产车间、仓库、堆场、装卸站（栈）台相匹配，装卸线的有效长度应按货物运输量、货物品种、作业性质、取送车方式以及一次装卸车数量等因素确定。

6.2.10　货物装卸线应设在直线上，并应符合下列规定：

1　在特别困难条件下，曲线半径不应小于 500m。

2　不靠站台的装卸线（可燃、易燃、危险品的装卸线除外）可设在半径不小于 300m 的曲线上。

3　货物装卸线宜设在平道上，在困难条件下，可设在不大于 1.5‰ 的坡道上。

4　货物装卸线起讫点距离竖曲线始、终点不应小于 15m。

6.2.11　可燃液体、液化烃、剧毒品和各种危险货物的铁路装卸线布置应符合下列规定：

1　宜按品种集中布置在厂区全年最小频率风向的上风侧，并应位于厂区边缘地带。

2　宜按品种设计为专用的尽头式平直线路。当物料性质相近，且每种物料的年运量小于 5 万吨时，可合用一条装卸线，但一条装卸线上不宜超过 3 个品种；液化烃、丙 B 类可燃液体的装卸线宜单独布置。

3　装卸线宜设在平直线路上。困难情况下，可设在半径不小于 500m 的平坡曲线上。

4　装卸线不宜与仓库入口交叉，且不应兼作走行线。

6.2.12　装卸作业区咽喉道岔前方的一段线路的坡度应满足列车启动要求，咽喉道岔前方的一段线路坡度的长度不应小于该作业区最大车组长度、机车长度及列车停车附加距离之和。列车停车的附加距离不应小于 20m。

6.2.13　厂内线不宜设置缓和曲线；当有条件时，正线和联络线宜设置长度为 30m 和 20m 的缓和曲线。

6.2.14　洗罐站所辖的各种线路应根据洗罐工艺配置。线路布置应满足洗罐作业要求，其中待洗线、停放线和取送线宜与企业车站及存车线结合布置。

6.2.15　火灾危险性属于甲、乙类的液体和液化烃，以及腐蚀、剧毒物品的装卸线和库内线等防护装置的设置应符合现行国家标准《化工企业总图运输设计规范》GB 50489 的有关规定。

6.2.16　民用爆破器材装卸线的布置应符合现行国家标准《民用爆破器材工程设计安全规范》GB 50089 的有关规定。

6.2.17　尽头式铁路线的末端应设置车挡和车挡表示器。车挡前的附加距离与车挡后的安全距离应符合下列规定：

1　普通货物装卸站台（或栈桥）的末端至车挡的附加距离不应小于 10m，困难条件下，可小于 10m；可燃液体、液化烃和危险品的装卸线的末端至车挡的附加距离不应小于 20m。

2　厂房与仓库内采用弹簧式车挡或金属车挡的线路，附加距离不宜小于 5m。

3　车挡后面的安全距离，厂房（库房）内不应小于 6m；露天不应小于 15m；车挡后面的安全距离内不应修建建筑物、构筑物或安装设备；车挡外延 30m 的范围内，不宜布置生产、使用、贮存液化烃、可燃液体、危险品和剧毒品的设施，以及全厂性的架空管廊的支柱。

6.2.18 轨道衡线的布置应符合下列规定：

1 轨道衡线应采用通过式布置，轨道衡线的长度应根据线路配置和轨道衡的类型、称重方式、一次称重最多车辆数等条件确定。

2 轨道衡两端应设为平坡直线段，并应加强其中紧靠衡器两端线路的轨道。平坡直线段和加强轨道的长度应符合轨道衡的技术要求，加强轨道的长度不应小于 25m。

6.3 企业窄轨铁路

6.3.1 窄轨铁路设计应采用 600mm、762mm、900mm 三种轨距，同一企业铁路，轨距宜统一，同类设备型号宜一致。

6.3.2 窄轨铁路等级应按表 6.3.2 的规定划分。

表 6.3.2 窄轨铁路等级

线路类别	铁路等级	单线重车方向年运量(万吨/年)		
		铁路轨距/mm		
		900	762	600
厂(场)外运输	Ⅰ	>250	200～150	—
	Ⅱ	250～150	<150～50	50～30
	Ⅲ	<150	<50	<30
厂(场)内运输或移动线路		不分等级		

6.3.3 运输线路布置除应符合本规范第 6.1.3 条和第 6.2.2 条的规定外，尚应符合下列规定：

1 宜避开有开采价值的矿藏地段，当线路必须设置在采空区或井田上时，应按各行业矿山开采规程规定的保护等级，留设安全保护矿柱。

2 线路走向宜结合井田境界和开发部署，宜集中布置。

6.3.4 线路平面和纵断面设计应在保证行车安全、迅速的前提下，采用较高的技术指标，不应轻易采用最小指标或低限指标，并应符合下列规定：

1 区间线路及厂（场）内或移动线路的最小平曲线半径应符合表 6.3.4-1 的规定；圆曲线的长度和相邻曲线间的夹直线长度，600mm 轨距铁路不宜小于 10m，762mm（900mm）轨距铁路不宜小于 20m；困难条件下，均不得小于一台机车或一辆车辆的长度。

2 车站正线、到发线和装（卸）车线应设在直线上，在困难条件下，除装（卸）车线在装卸点范围内的地段外，可设在半径不小于表 6.3.4-1 规定的同向曲线上。

3 道岔区应设在直线上，道岔后连接曲线的半径不应小于该道岔的导曲线半径。

4 窄轨铁路最大纵坡应符合表 6.3.4-2 的规定；线路纵断面的坡段长度不宜小于设计采用的最大列车长度，在困难条件下，不得小于最大列车长度的 1/2。

表 6.3.4-1　窄轨铁路最小平曲线半径　　　单位：m

线路名称或等级		固定轴距≤2.0m		固定轴距 2.1~3.2m
		铁路轨距/mm		
		600	762、900	762、900
区间线路	Ⅰ	—	100	120
	Ⅱ	50	80	100
	Ⅲ	30	60	80
车站	有调车作业	100	200	250
	无调车作业	80	150	200
厂(场)内或移动线路		不小于固定轴距的 10 倍	不小于固定轴距的 20 倍	

注：区间线路及车站在特别困难条件下的地段可按表中规定降低一级。

表 6.3.4-2　窄轨铁路最大纵坡　　　单位：‰

线路名称		铁路轨距/mm	
		600	762、900
区间线路	Ⅰ	—	12
	Ⅱ	12	15
	Ⅲ	15	18
车站	有摘挂钩作业	5	4
	无摘挂钩作业	8	6
厂(场)内或移动线路		空车线 10、重车线 7	

6.3.5　运输爆炸材料列车的行驶速度不得超过 7km/h，并不得同时运送其他物品和工具。

6.3.6　厂内线不宜设置缓和曲线，行车速度大于 30km/h 的正线、联络线应设置长度不小于 10m 的缓和曲线。

6.3.7　窄轨铁路与道路平面交叉道口的设置应符合下列规定：

1　道口应设置在瞭望条件良好的直线地段，并应按级别设置安全标志和设施。

2　道口不宜设在道岔区或站场范围内以及调车作业繁忙的线路上，并不得设在道岔尖轨处。

3　道口两侧道路，当为厂内主干道和次干道时，从最外股钢轨外侧算起，两侧各应有长度不小于 10m（不包括竖曲线长度）的平道。当受地形等条件限制时，可采用纵坡不大于 2% 的平缓路段。连接平道或平缓路段的道路纵坡不宜大于 3%，困难地段不应大于 5%。

6.3.8　装、卸车站站型应根据运量、产品种类、车流组织、取送车作业方式、地形、地质和厂（场）区总平面布置等因素进行设计，并应根据具体情况留有发展的条件。

6.3.9　窄轨铁路设计应符合国家现行有关设计标准的规定；有路网机车进入厂（场）区的铁路，应符合现行国家标准《工业企业标准轨距铁路设计规范》GBJ 12 的有关规定。

6.3.10　站场平、纵断面应满足装车、卸车及计量等设施对线路的要求，并应符合下列

规定：

  1 轨道衡线应布置在平坡直线段上，平坡直线段不应小于 10m。

  2 列车停车的附加距离不应小于 10m，困难条件下，厂（场）内线不应小于 5m。

6.3.11 承担并工开采矿山及选矿后精矿运输的车辆，宜选用固定式矿车。

6.3.12 场外窄轨铁路的牵引种类宜采用架线电力机车或内燃机车。

6.3.13 铁路机车、车辆的日常检修和维护可独立设置，也可由企业修理车间承担。

6.4 道路

6.4.1 企业内道路的布置应符合下列规定：

  1 应满足生产、运输、安装、检修、消防安全和施工的要求。

  2 应有利于功能分区和街区的划分，并应与总平面布置相协调。

  3 道路的走向宜与区内主要建筑物、构筑物轴线平行或垂直，并应呈环形布置。

  4 应与竖向设计相协调，应有利于场地及道路的雨水排除。

  5 与厂外道路应连接方便、短捷。

  6 洁净厂房周围宜设置环形消防车道，环形消防车道可利用交通道路设置，有困难时，可沿厂房的两个长边设置消防车道。

  7 液化烃、可燃液体、可燃气体的罐区内，任何储罐中心与消防车道的距离应符合现行国家标准《石油化工企业设计防火规范》GB 50160 的有关规定。

  8 施工道路应与永久性道路相结合。

6.4.2 露天矿山道路的布置应符合下列规定：

  1 应满足开采工艺和顺序的要求，线路运输距离应短。

  2 沿采场或排土场边缘布置时，应满足路基边坡稳定、装卸作业、生产安全的要求，并应采取防止大块石滚落的措施。

  3 深挖露天矿应结合开拓运输方案，合理选择出入口的位置，并应减少扩帮量。

6.4.3 厂内道路的形式可分为城市型、公路型和混合型。其类型选择宜符合下列规定：

  1 全厂宜采用同一种类型，也可分区采用不同类型。

  2 行政办公区及对环境有较高要求的生活设施和生产车间附近的道路、厂区中心地带人流活动较多的地段，宜采用城市型。

  3 厂区边缘及傍山地带的道路、储罐区、人流较少或场地高差较大的地段，以及与铁路连续平交的道路，宜采用公路型。

  4 其他不适合采用城市型、公路型的道路，可采用混合型。

  5 厂区道路的类型还应与城乡现有道路的类型相协调。

6.4.4 厂内道路路面等级应与道路类型相适应，应根据生产特点、使用要求和当地的气候、路基状况、材料供应和施工条件等因素确定，并应符合下列规定：

  1 厂内主干道和次干道可采用高级或次高级路面，路面的面层宜采用同一种类型，车间引道可与其相连的道路采用相同面层类型。

  2 防尘、防振、防噪声要求较高的路段宜选用沥青路面。

  3 防腐要求较高的路段应选用耐腐蚀的路面。

  4 对沥青产生侵蚀、溶解作用或有防火要求的路段，不宜采用沥青路面。

5　地下管线穿埋较多的路段宜采用混凝土预制块或块石路面。

6　所选路面类型不宜过多。

6.4.5　厂内道路路面宽度应根据车辆、行人通行和消防需要确定，并宜按现行国家标准《厂矿道路设计规范》GBJ 22 的有关规定执行。

6.4.6　厂内道路最小圆曲线半径不得小于 15m。厂内道路交叉口路面内边缘转弯半径应按现行国家标准《厂矿道路设计规范》GBJ 22 的有关规定执行，并应符合下列规定：

1　当车流量不大时，除陡坡处外的车间引道及场地条件困难的主、次干道和支道，交叉口路面内边缘最小转弯半径可减少 3m。

2　行驶超长的特种载重汽车时，交叉口路面内边缘最小转弯半径应根据车型计算确定。

6.4.7　厂内道路应设置交通标志，交通标志的形状、尺寸、颜色、图形以及位置应符合现行国家标准《道路交通标志和标线》GB 5768 的有关规定。

6.4.8　车间、生产装置、仓库、堆场、装卸站（栈）台及货位的主要出入口，应设置宽度相适应的通道满足汽车通行要求。

6.4.9　尽头式道路应设置回车场，回车场的大小应根据汽车最小转弯半径和道路路面宽度确定。

6.4.10　汽车衡应布置在道路的平坡直线段，其进车端道路平坡直线段的长度不宜小于 2 辆车长，困难条件下，不应小于 1 辆车长；出车端的道路应有不小于 1 辆车长的平坡直线段。

6.4.11　消防车道的布置应符合下列规定：

1　道路宜呈环形布置。

2　车道宽度不应小于 4.0m。

3　应避免与铁路平交。必须平交时，应设备用车道，且两车道之间的距离不应小于进入厂内最长列车的长度。

6.4.12　人行道的布置应符合下列规定：

1　人行道的宽度不宜小于 1.0m；沿主干道布置时，不宜小于 1.5m。人行道的宽度超过 1.5m 时，宜按 0.5m 倍数递增。

2　人行道边缘至建筑物外墙的净距，当屋面有组织排水时，不宜小于 1.0m；当屋面无组织排水时，不宜小于 1.5m。

3　当人行道的边缘至准轨铁路中心线的距离小于 3.75m 时，其靠近铁路线路侧应设置防护栏杆。

6.4.13　厂区内道路的互相交叉宜采用平面交叉。平面交叉应设置在直线路段，并宜正交。当需要斜交时，交叉角不宜小于 45°，并应符合下列规定：

1　露天矿山道路受地形等条件限制时，交叉角可适当减少。

2　道路交叉处对道路纵坡的要求可按现行国家标准《厂矿道路设计规范》GBJ 22 的有关规定执行。

6.4.14　厂内道路与铁路线路交叉时，应设置道口。道口的设置应符合现行国家标准《工业企业厂内铁路、道路运输安全规程》GB 4387 的有关规定。

6.4.15 厂区道路与铁路线路交叉，具有下列条件之一时，应设置立体交叉：

1 当地形条件适宜铁路与道路设置立体交叉，且采用平面交叉危及行车安全时。

2 经常运输特种货物及其他危险货物或有特殊要求时。

3 当昼间 12h 道路双向换算标准载重汽车超过 1400 辆，昼间 12h 铁路列车通过道口的封闭时间超过 1h，且经技术经济比较合理时。

6.4.16 当人流干道与货流干道或作业繁忙的铁路线路必须交叉时，应设置人行天桥跨越或地道穿行通过。

6.4.17 厂内道路边缘至建筑物、构筑物的最小距离应符合表 6.4.17 的规定。

表 6.4.17　厂内道路边缘至建筑物、构筑物的最小距离　　　单位：m

序　号	建筑物、构筑物名称	最 小 距 离
1	建筑物、构筑物外面： 　面向道路一侧无出入口 　面向道路一侧有出入口，但不通行汽车 　面向道路一侧有出入口，且通行汽车	1.50 3.00 6.00~9.00（根据车型）
2	标准轨距铁路（中心线）	3.75
3	各种管架及构筑物支架（外边缘）	1.00
4	照明电杆（中心线）	0.50
5	围墙（内边缘）	1.00

注：表中距离，城市型道路自路面边缘算起，公路型道路自路肩边缘算起，照明电杆自路面边缘算起。

6.5　企业码头

6.5.1 企业码头的总平面布置应根据工业企业的总体规划、当地水路运输发展规划和码头工艺要求，结合自然条件，合理安排水域和陆域各项设施，并应使各组成部分相协调。

6.5.2 企业码头的总平面布置应合理利用岸线资源，应保护环境和减少污染，并应符合下列规定：

1 对环境影响较大的专业码头，宜布置在生产装置、公用工程设施和居住区全年最小频率风向的上风侧。

2 应节约集约用地，有条件时，应结合码头建设工程需要，填海造地。

6.5.3 可燃液体、液化烃和其他危险品码头应位于临江、河、湖、海的城镇、居民区、工厂、船厂及重要桥梁、大型锚地等的下游。码头与其他建筑物、构筑物的安全距离应符合现行国家有关港口工程设计标准的规定。

6.5.4 剧毒品或其他对水体有可能造成污染的码头应位于水源地的下游，并应满足水源地的卫生防护（火）要求。

6.5.5 码头的水域布置应符合下列规定：

1 码头前沿的高程应根据泊位性质、船型、装卸工艺、船舶系统、水文、气象条件、防汛要求和掩护程度等因素确定，并应与码头的设防标准一致，应保证在设计高水位的情况下，码头仍能正常作业和前后方高程的合理衔接。

2 码头前沿的设计水深应保证在设计低水位时，设计船型能在满载情况下安全靠离码头。

3 码头水域的布置应满足船舶安全靠离、系缆和装卸作业的要求。

4 装卸可燃液体和液化烃的专用码头与其他货种码头的安全距离不应小于表 6.5.5 的规定。

表 6.5.5　可燃液体和液化烃的专用码头与其他货种码头的安全距离

类　别	安全距离/m
甲（闪点＜28℃）	150
乙（28℃≤闪点＜60℃）	
丙（60℃≤闪点≤120℃）	50

注：1. 可燃液体和液化烃的专用码头相邻泊位的船舶间的最小安全距离应按现行国家标准《石油化工企业设计防火规范》GB 50160 的有关规定执行；

2. 可燃液体和液化烃的专用码头与其他码头或建筑物、构筑物的最小安全距离应按现行行业标准《装卸油品码头防火设计规范》JTJ 237 的有关规定执行；

3. 液化天然气和液化石油气的专用码头相邻泊位的船舶间的最小安全距离应按现行行业标准《液化天然气码头设计规范》JTS 165-5 的有关规定执行。

6.5.6 码头的陆域布置应符合下列规定：

1 码头陆域应按生产区、辅助区和生活区等使用功能分区布置。

2 生产性建筑物和主要辅助生产建筑物宜布置在陆域前方的生产区，其他辅助生产建筑物及辅助生活建筑物宜布置在陆域后方的辅助区，使用功能相近的辅助生产和辅助生活建筑物宜集中组合布置。

3 码头陆域布置应结合装卸工艺和自然条件合理布置各种运输系统，并应合理组织货流和人流。

4 物料运输应顺畅，路径应短捷。当装卸船舶和货物采用无轨车辆直接转运时，进出码头平台或趸船的通道不宜少于 2 条，且场地道路宜采用环形布置。

5 陆域场地的设计标高应与码头前沿高程相适应，其场地坡度宜采用 5‰～10‰，地面排水坡度不应小于 5‰。

6.6　其他运输

6.6.1 输送管道、带式输送机及架空索道等线路的布置应符合下列规定：

1 应充分利用地形，线路应短捷，并减少中间转角。

2 沿线宜布置供维修和检查所必需的道路。

3 厂内敷设的输送管道和带式输送机等的布置应有利于厂容，并宜沿道路或平行于主要建筑物、构筑物轴线布置；架空敷设时，不应妨碍建筑物自然采光及通风；沿地面敷设时，不应影响交通。

6.6.2 输送管道的起点泵站、中间加压、加热站及终点接收站均应有道路相通。

6.6.3 输送管道、带式输送机跨越铁路、道路布置时，宜采用正交，当必须斜交时，其交叉角不宜小于 45°，并应符合现行国家标准《标准轨距铁路建筑限界》GB 146.2 和《厂矿道路设计规范》GBJ 22 对建筑限界的有关规定。

6.6.4 架空索道线路的布置应符合下列规定：

1 架空索道线路应避开滑坡、雪崩、沼泽、泥石流、喀斯特等不良工程地质区和采矿崩落影响区；当受条件限制不能避开时，站房及支架应采取可靠的工程措施。

2 架空索道线路不宜跨越厂区和居住区，也不宜多次跨越铁路、公路、航道和架空电力线路。当索道必须跨越厂区和居住区时，应设安全保护设施。

3 在大风地区，宜减少索道线路与盛行风向之间的夹角。

4 架空索道线路与有关设施的最小间距应符合现行国家标准《架空索道工程技术规范》GB 50127 的有关规定。

7　竖　向　设　计

7.1　一般规定

7.1.1 竖向设计应与总平面布置同时进行，并应与厂区外现有和规划的运输线路、排水系统、周围场地标高等相协调。竖向设计方案应根据生产、运输、防洪、排水、管线敷设及土（石）方工程等要求，结合地形和地质条件进行综合比较后确定。

7.1.2 竖向设计应符合下列规定：

1 应满足生产、运输要求。

2 应有利于节约集约用地。

3 应使厂区不被洪水、潮水及内涝水威胁。

4 应合理利用自然地形，应减少土（石）方，建筑物、构筑物基础、护坡和挡土墙等工程量。

5 填、挖方工程应防止产生滑坡、塌方。山区建厂尚应注意保护山坡植被，应避免水土流失、泥石流等自然灾害。

6 应充分利用和保护现有排水系统。当必须改变现有排水系统时，应保证新的排水系统水流顺畅。

7 应与城镇景观及厂区景观相协调。

8 分期建设的工程，在场地标高、运输线路坡度、排水系统等方面，应使近期与远期工程相协调。

9 改、扩建工程应与现有场地竖向相协调。

7.1.3 竖向设计形式应根据场地的地形和地质条件、厂区面积、建筑物大小、生产工艺、运输方式、建筑密度、管线敷设、施工方法等因素合理确定，可采用平坡式或阶梯式。

7.1.4 场地平整可采用连续式或重点式，并应根据地形和地质条件、建筑物及管线和运输线路密度等因素合理确定。

7.2　设计标高的确定

7.2.1 场地设计标高的确定应符合下列规定：

1 应满足防洪水、防潮水和排除内涝水的要求。

2 应与所在城镇、相邻企业和居住区的标高相适应。

3 应方便生产联系、运输及满足排水要求。

4 在满足本条第 1 款～第 3 款要求的前提下，应使土（石）方工程量小，填方、挖方量应接近平衡，运输距离应短。

7.2.2 布置在受江、河、湖、海的洪水、潮水或内涝水威胁的工业企业的场地设计标高应符合下列规定：

1 工业企业的防洪标准应根据工业企业的等级和现行国家标准《防洪标准》GB 50201 的有关规定确定。

2 场地设计标高应按防洪标准确定洪水重现期的计算水位加不小于 0.50m 安全超高值。

3 当按第 2 款确定的场地设计标高，填方量大，经技术经济比较合理时，可采用设防洪（潮）堤、坝的方案。场地设计标高应高于厂区周围汇水区域内的设计频率内涝水位；当采用可靠的防、排内涝水措施，消除内涝水威胁后，对场地设计标高不作规定。

7.2.3 场地的平整坡度应有利排水，最大坡度应根据土质、植被、铺砌、运输等条件确定。

7.2.4 建筑物的室内地坪标高应高出室外场地地面设计标高，且不应小于 0.15m。建筑物位于排水条件不良地段和有特殊防潮要求、有贵重设备或受淹后损失大的车间和仓库，高填方或软土地基的地段应根据需要加大建筑物的室内、外高差。有运输要求的建筑物室内地坪标高应与运输线路标高相协调。在满足生产和运输条件下，建筑物的室内地坪可做成台阶。

7.2.5 厂内外铁路、道路、排水设施等连接点标高的确定应统筹兼顾运输线路平面、纵断面的合理性。厂区出入口的路面标高宜高出厂外路面标高。

7.3 阶梯式竖向设计

7.3.1 台阶的划分应符合下列规定：

1 应与地形及总平面布置相适应。

2 生产联系密切的建筑物、构筑物应布置在同一台阶或相邻台阶上。

3 台阶的长边宜平行等高线布置。

4 台阶的宽度应满足建筑物和构筑物、运输线路、管线和绿化等布置要求，以及操作、检修、消防和施工等需要。

5 台阶的高度应按生产要求及地形和工程地质、水文地质条件，结合台阶间的运输联系和基础埋深等综合因素确定，并不宜高于 4m。

7.3.2 相邻的台阶之间应采用自然放坡、护坡或挡土墙等连接方式，并应根据场地条件、地质条件、台阶高度、景观、荷载和卫生要求等因素，进行综合技术经济比较后合理确定。

7.3.3 台阶距建筑物、构筑物的距离除应符合本规范第 7.3.1 条第 4 款的要求外，还应符合下列规定：

1 台阶坡脚至建筑物、构筑物的距离尚应满足采光、通风、排水及开挖基槽对边坡或挡土墙的稳定性要求，且不应小于 2.0m。

2 台阶坡顶至建筑物、构筑物的距离尚应防止建筑物、构筑物基础侧压力对边坡或挡土墙的影响。位于稳定土坡顶上的建筑物、构筑物，当垂直于坡顶边缘的基础底面边长小于或等于 3.0m 时，其基础底面外边缘线至坡顶的水平距离（图 7.3.3）应按下列公式计算，且不得小于 2.5m：

$$条形基础：a \geqslant 3.5b - \frac{d}{\tan\beta} \qquad (7.3.3\text{-}1)$$

$$矩形基础：a \geqslant 2.5b - \frac{d}{\tan\beta} \tag{7.3.3-2}$$

式中　a——基础底面外边缘线至坡顶的水平距离，m；

　　　　b——垂直于坡顶边缘线的基础底面边长，m；

　　　　d——基础埋置深度，m；

　　　　β——边坡坡角，°。

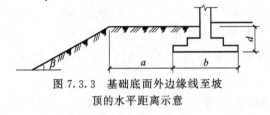

图 7.3.3　基础底面外边缘线至坡顶的水平距离示意

3　当基础底面外边缘线至坡顶的水平距离不能满足本条第 1 款和第 2 款的要求时，可根据基底平均压力按现行国家标准《建筑地基基础设计规范》GB 50007 的有关规定确定基础至坡顶边缘的距离和基础埋深。

4　当边坡坡角大于 45°、坡高大于 8m 时，尚应按现行国家标准《建筑地基基础设计规范》GB 50007 的有关规定进行坡体稳定性验算。

7.3.4　场地挖方、填方边坡的坡度允许值应根据地质条件、边坡高度和拟采用的施工方法，结合当地的实际经验确定，并应符合下列规定：

1　在岩石边坡整体稳定的条件下，岩石边坡的开挖坡度允许值应根据当地经验按工程类比的原则，并结合本地区已有稳定边坡的坡度值加以确定。对无外倾软弱结构面的边坡可按表 7.3.4-1 确定。

表 7.3.4-1　岩石边坡坡度允许值

边坡岩体类型	风化程度	坡度允许值（高宽比）		
		$H < 8m$	$8m \leqslant H < 15m$	$15m \leqslant H < 25m$
Ⅰ类	微风化	1：0.00～1：0.10	1：0.10～1：0.15	1：0.15～1：0.25
	中等风化	1：0.10～1：0.15	1：0.15～1：0.25	1：0.25～1：0.35
Ⅱ类	微风化	1：0.10～1：0.15	1：0.15～1：0.25	1：0.25～1：0.35
	中等风化	1：0.15～1：0.25	1：0.25～1：0.35	1：0.35～1：0.50
Ⅲ类	微风化	1：0.25～1：0.35	1：0.35～1：0.50	—
	中等风化	1：0.35～1：0.50	1：0.50～1：0.75	—
Ⅳ类	中等风化	1：0.50～1：0.75	1：0.75～1：1.00	
	强风化	1：0.75～1：1.00		

注：1. Ⅳ类强风化包括各类风化程度的极软岩；

　　2. 表中 H 为边坡高度。

2　挖方边坡在山坡稳定、地质条件良好、土（岩）质比较均匀时，其坡度可按表 7.3.4-2 确定。下列情况之一时，挖方边坡的坡度允许值应另行计算：

　　1）边坡的高度大于表 7.3.4-2 的规定；

表 7.3.4-2　挖方土质边坡坡度允许值

土的类别	密实度或状态	坡度允许值（高宽比）	
		$H < 5m$	$5m \leqslant H < 10m$
碎石土	密实	1：0.35～1：0.50	1：0.50～1：0.75
	中密	1：0.50～1：0.75	1：0.75～1：1.00
	稍密	1：0.75～1：1.00	1：1.00～1：1.25

土的类别	密实度或状态	坡度允许值（高宽比）	
		$H<5m$	$5m{\leqslant}H<10m$
黏性土	坚硬	1：0.75～1：1.00	1：1.00～1：1.25
	硬塑	1：1.00～1：1.25	1：1.25～1：1.50

注：1. 表中碎石土的充填物为坚硬或硬塑状态的黏性土；

2. 对砂土或充填物为砂土的碎石土，其边坡坡度允许值均按自然休止角确定。

2）地下水比较发育或具有软弱结构面的倾斜地层。

3 填方边坡，基底地质良好时，其边坡坡度可按表7.3.4-3确定。

表 7.3.4-3　填方边坡坡度允许值

填料类别	边坡最大高度/m			边坡坡度		
	全部高度	上部高度	下部高度	全部坡度	上部坡度	下部坡度
黏性土	20	8	12	—	1：1.5	1：1.75
砾石土、粗砂、中砂	12	—	—	1：1.5	—	—
碎石土、卵石土	20	12	8	—	1：1.5	1：1.75
不易风化的石块	8	—	—	1：1.3	—	—
	20	—	—	1：1.5	—	—

注：1. 用大于25cm的石块填筑路堤，且边坡采用干砌时，其边坡坡度应根据具体情况确定；

2. 在地面横坡陡于1：1.5的山坡上填方时，应将原地面挖成台阶，台阶宽度不宜小于1m。

4 边坡坡度还应符合现行国家标准《建筑边坡工程技术规范》GB 50330的有关规定。

7.3.5 铁路、道路的路堤和路堑边坡应分别符合现行国家标准《工业企业标准轨距铁路设计规范》GBJ 12和《厂矿道路设计规范》GBJ 22的有关规定；建筑地段的挖方和填方边坡的坡度允许值应符合现行国家标准《建筑地基基础设计规范》GB 50007的有关规定。

7.4　场地排水

7.4.1 场地应有完整、有效的雨水排水系统。场地雨水的排除方式应结合工业企业所在地区的雨水排除方式、建筑密度、环境卫生要求、地质和气候条件等因素，合理选择暗管、明沟或地面自然排渗等方式，并应符合下列规定：

1 厂区雨水排水管、沟应与厂外排雨水系统相衔接，场地雨水不得任意排至厂外。

2 有条件的工业企业应建立雨水收集系统，应对收集的雨水充分利用。

3 厂区雨水宜采用暗管排水。

7.4.2 场地雨水排水设计流量计算应符合现行国家标准《室外排水设计规范》GB 50014的有关规定。

7.4.3 当采用明沟排水时，排水沟宜沿铁路、道路布置，并宜避免与其交叉。排出厂外的雨水不得对其他工程设施或农田造成危害。

7.4.4 排水明沟的铺砌方式应根据所处地段的土质和流速等情况确定，并应符合下列

规定：

1　厂区明沟宜加铺砌。

2　对厂容、卫生和安全要求较高的地段，尚应铺设盖板。

3　矿山及厂区的边缘地段可采用土明沟。

7.4.5　场地的排水明沟宜采用矩形或梯形断面，并应符合下列规定：

1　明沟起点的深度不宜小于 0.2m，矩形明沟的沟底宽度不宜小于 0.4m，梯形明沟的沟底宽度不宜小于 0.3m。

2　明沟的纵坡不宜小于 3‰；在地形平坦的困难地段，不宜小于 2‰。

3　按流量计算的明沟，沟顶应高于计算水位 0.2m 以上。

7.4.6　当采用暗管排水时，雨水口的设置应符合下列规定：

1　雨水口应位于集水方便、与雨水管道有良好连接条件的地段。

2　雨水口的间距宜为 25m～50m。当道路纵坡大于 2% 时，雨水口的间距可大于 50m。

3　雨水口的形式、数量和布置应根据具体情况和汇水面积计算确定。当道路的坡段较短时，可在最低点处集中收水，其雨水口的数量应适当增加。

4　当道路交叉口为最低标高时，应合理布置和增设雨水口。

7.4.7　在山坡地带建厂时，应在厂区上方设置山坡截水沟，并应在坡脚设置排水沟，同时应符合下列规定：

1　截水沟至厂区挖方坡顶的距离不宜小于 5m。

2　当挖方边坡不高或截水沟铺砌加固时，截水沟至厂区挖方坡顶的距离不应小于 2.5m。

3　截水沟不应穿过厂区。当确有困难，必须穿过时，应从建筑密度较小的地段穿过。穿过地段的截水沟应加铺砌，并应确保厂区不受水害。

7.5　土（石）方工程

7.5.1　场地平整中，表土处理应符合下列规定：

1　填方地段基底较好的表土应碾压密实后，再进行填土。

2　建筑物、构筑物、铁路、道路和管线的填方地段，当表层为有机质含量大于 8% 的耕土或表土、淤泥或腐殖土等时，应先挖除或处理后再填土。

3　场地平整时，宜先将表层耕土挖出，集中堆放，可用于绿化及覆土造田，并应将其计入土（石）方工程量中。

7.5.2　场地平整时，填方地段应分层压实。黏性土的填方压实度，建筑地段不应小于 0.9，近期预留地段不应小于 0.85。

7.5.3　土（石）方量的平衡除应包括场地平整的土（石）方外，尚应包括建筑物、构筑物基础及室内回填土、地下构筑物、管线沟槽、排水沟、铁路、道路等工程的土方量、表土（腐殖土、淤泥等）的清除和回填量，以及土（石）方松散量。土壤松散系数应符合本规范附录 A 的规定，并宜符合下列规定：

1　在厂区边缘和暂不使用的填方地段，可利用投产后适于填筑场地的生产废料逐步填筑。

2 矿山场地和运输线路路基的填方，有条件时，宜利用废石（土）填筑。

3 余土堆存或弃置应妥善处置，不得危害环境及农田水利设施。

7.5.4 场地平整土（石）方的施工及质量应符合现行国家标准《岩土工程勘察规范》GB 50021 和《建筑地基基础工程施工质量验收规范》GB 50202 的有关规定。

8 管线综合布置

8.1 一般规定

8.1.1 管线综合布置应与工业企业总平面布置、竖向设计和绿化布置相结合，统一规划。管线之间、管线与建筑物、构筑物、道路、铁路等之间在平面及竖向上应相互协调、紧凑合理、节约集约用地、整洁有序。

8.1.2 管线敷设方式应根据管线内介质的性质、工艺和材质要求、生产安全、交通运输、施工检修和厂区条件等因素，结合工程的具体情况，经技术经济比较后综合确定，并应符合下列规定：

1 有可燃性、爆炸危险性、毒性及腐蚀性介质的管道，宜采用地上敷设。

2 在散发比空气重的可燃、有毒性气体的场所，不应采用管沟敷设；必须采用管沟敷设时，应采取防止可燃气体在管沟内积聚的措施。

8.1.3 管线综合布置应在满足生产、安全、检修的条件下节约集约用地。当条件允许、经技术经济比较合理时，应采用共架、共沟布置。

8.1.4 管线综合布置时，宜将管线布置在规划的管线通道内，管线通道应与道路、建筑红线平行布置。

8.1.5 管线综合布置应减少管线与铁路、道路交叉。当管线与铁路、道路交叉时，应力求正交，在困难条件下，其交叉角不宜小于 45°。

8.1.6 山区建厂，管线敷设应充分利用地形，并应避免山洪、泥石流及其他不良地质的危害。

8.1.7 具有可燃性、爆炸危险性及有毒性介质的管道不应穿越与其无关的建筑物、构筑物、生产装置、辅助生产及仓储设施、贮罐区等。

8.1.8 分期建设的工业企业，管线布置应全面规划、近期集中、远近结合。近期管线穿越远期用地时，不得影响远期用地的使用。

8.1.9 管线综合布置时，干管应布置在用户较多或支管较多的一侧，也可将管线分类布置在管线通道内。管线综合布置宜按下列顺序，自建筑红线向道路方向布置：

1 电信电缆。

2 电力电缆。

3 热力管道。

4 各种工艺管道及压缩空气、氧气、氮气、乙炔气、煤气等管道、管廊或管架。

5 生产及生活给水管道。

6 工业废水（生产废水及生产污水）管道。

7 生活污水管道。

8 消防水管道。

9 雨水排水管道。

10 照明及电信杆柱。

8.1.10 改、扩建工程中的管线综合布置不应妨碍现有管线的正常使用。当管线间距不能满足本规范表 8.2.10～表 8.2.12 的规定时，可在采取有效措施后适当缩小，但应保证生产安全，并应满足施工及检修要求。

8.1.11 矿区管线的布置，应在开采塌落（错动）界限以外，并应留有必要的安全距离；直接进入采矿场的管线应避开正面爆破方向。

8.2 地下管线

8.2.1 类别相同和埋深相近的地下管线、管沟应集中平行布置，但不应平行重叠敷设。

8.2.2 地下管线和管沟不应布置在建筑物、构筑物的基础压力影响范围内，并应避免管线、管沟在施工和检修开挖时影响建筑物、构筑物基础。

8.2.3 地下管线和管沟不应平行敷设在铁路下面，并不宜平行敷设在道路下面，在确有困难必须敷设时，可将检修少或检修时对路面损坏小的管线敷设在路面下，并应符合国家现行有关设计标准的规定。

8.2.4 地下管线综合布置时，应符合下列规定：

1 压力管应让自流管。

2 管径小的应让管径大的。

3 易弯曲的应让不易弯曲的。

4 临时性的应让永久性的。

5 工程量小的应让工程量大的。

6 新建的应让现有的。

7 施工、检修方便的或次数少的应让施工、检修不方便的或次数多的。

8.2.5 地下管线交叉布置时，应符合下列规定：

1 给水管道应在排水管道上面。

2 可燃气体管道应在除热力管道外的其他管道上面。

3 电力电缆应在热力管道下面、其他管道上面。

4 氧气管道应在可燃气体管道下面、其他管道上面。

5 有腐蚀性介质的管道及碱性、酸性介质的排水管道应在其他管道下面。

6 热力管道应在可燃气体管道及给水管道上面。

8.2.6 地下管线（沟）穿越铁路、道路时，管顶或沟盖板顶覆土厚度应根据其上面荷载的大小及分布、管材强度及土壤冻结深度等条件确定，并应符合下列规定：

1 管顶或沟盖板顶至铁路轨底的垂直净距不应小于 1.2m。

2 管顶至道路路面结构层底的垂直净距不应小于 0.5m。

3 当不能满足本条第 1 款和第 2 款的要求时，应加防护套管或设管沟。在保证路基稳定的条件下，套管或管沟两端应伸出下列界线以外至少 1.0m；

1）铁路路肩或路堤坡脚线。

2）城市型道路路面、公路型道路路肩或路堤坡脚线。

3）铁路或道路的路边排水沟沟边。

8.2.7　地下管线不应敷设在有腐蚀性物料的包装或灌装、堆存及装卸场地的下面，并应符合下列规定：

1　地下管线距有腐蚀性物料的包装或灌装、堆存及装卸场地的边界水平距离不应小于 2m。

2　应避免布置在有腐蚀性物料的包装或灌装、堆存及装卸场地地下水的下游，当不可避免时，其距离不应小于 4m。

8.2.8　管线共沟敷设应符合下列规定：

1　热力管道不应与电力、电信电缆和物料压力管道共沟。

2　排水管道应布置在沟底。当沟内有腐蚀性介质管道时，排水管道应位于腐蚀性介质管道上面。

3　腐蚀性介质管道的标高应低于沟内其他管线。

4　液化烃、可燃液体、可燃气体、毒性气体和液体以及腐蚀性介质管道不应共沟敷设，并严禁与消防水管共沟敷设。

5　电力电缆、控制与电信电缆或光缆不应与液化烃、可燃液体、可燃气体管道共沟敷设。

6　凡有可能产生相互有害影响的管线，不应共沟敷设。

8.2.9　地下管沟沟外壁距地下建筑物、构筑物基础的水平距离应满足施工要求，距树木的距离应避免树木的根系损坏沟壁。其最小间距，大乔木不宜小于 5m，小乔木不宜小于 3m，灌木不宜小于 2m。

8.2.10　地下管线与建筑物、构筑物之间的最小水平间距宜符合表 8.2.10 的规定，并应满足管线和相邻设施的安全生产、施工和检修的要求。其中位于湿陷性黄土地区、膨胀土地区的管线，尚应符合现行国家有关设计标准的规定。

8.2.11　地下管线之间的最小水平间距宜符合表 8.2.11 的规定，其中地下燃气管线、电力电缆、乙炔和氧气管与其他管线之间的最小水平间距应符合表 8.2.11 的规定。

8.2.12　地下管线之间的最小垂直净距宜符合表 8.2.12 的规定，其中地下燃气管线、电力电缆、乙炔和氧气管与其他管线之间的最小垂直净距应符合表 8.2.12 的规定。

8.2.13　埋地的输油、输气管道与埋地的通信电缆及其他用途的埋地管道平行铺设的最小距离应符合现行行业标准《钢质管道及储罐腐蚀控制工程设计规范》SY 0007 的有关规定。

8.3　地上管线

8.3.1　地上管线的敷设可采用管架、低架、管墩及建筑物、构筑物支撑方式。敷设方式应根据生产安全、介质性质、生产操作、维修管理、交通运输和厂容等因素，经综合技术经济比较后确定。

8.3.2　管架的布置应符合下列规定：

1　管架的净空高度及基础位置不得影响交通运输、消防及检修。

2　不应妨碍建筑物的自然采光与通风。

3　应有利厂容。

8.3.3　有甲、乙、丙类火灾危险性、腐蚀性及毒性介质的管道，除使用该管线的建筑物、构筑物外，均不得采用建筑物、构筑物支撑式敷设。

表8.2.10　地下管线与建筑物、构筑物之间的最小水平间距

单位：m

名称 规格 间距 名称	给水管/mm				排水管/mm						热力沟(管)	燃气管压力 P(MPa)					压缩空气管	氢气管、乙炔管、氧气管	电力电缆/kV	电缆沟	通信电缆
					清净雨水管			生产与生活污水管				低压	中压		次高压						
	<75	75~150	200~400	>400	<800	800~1500	>1500	<300	400~600	>600		<0.01	B ≤0.2	A ≤0.4	B 0.8	A 1.6					
建筑物、构筑物外墙面基础外缘	1.0	1.0	2.5	3.0	1.5	2.0	2.5	1.5	2.0	2.5	1.5	0.7②	1.0⑫	1.5⑫	5.0①⑫	13.5⑫	1.5	—④⑤⑥	0.6②	1.5	0.5①
铁路(中心线)	3.3	3.3	3.8	3.8	3.8	4.3	4.8	3.8	4.3	4.8	3.8	4.0	5.0⑩	5.0⑩	5.0⑩	5.0⑩	2.5	2.5	3.0 (10.00)⑩	2.5	2.5
道路	0.8	0.8	1.0	1.0	0.8	0.8	1.0	0.8	0.8	1.0	0.8	0.6	0.8	0.6	1.0	1.0	0.8	0.8	0.8⑩	0.8	0.8
管架基础外缘	0.5	1.0	1.0	1.0	0.8	0.8	1.2	0.8	1.0	1.2	0.8	0.8	0.8	0.8	0.8	0.8	0.8	0.8	0.5	0.8	0.5
照明、通信杆柱(中心)	1.0	0.5	1.0	1.0	1.0	1.0	1.0	1.0	1.0	1.0	1.0	1.0	0.6	0.6	0.6	0.6	1.0	1.0	0.5	0.5	0.5
围墙基础外缘	0.8	1.0	1.0	1.0	1.0	1.0	1.0	1.0	1.0	1.0	1.0	0.6	0.6	0.6	1.0	1.0	1.0	1.0	0.5	1.0	0.5
排水沟外缘	1.0	0.8	0.8	1.0	1.0	1.0	1.0	1.0	1.0	1.0	1.0	1.0	1.0	1.0	1.0	1.0	0.8	0.8	1.0⑩	1.0	0.8
高压电力杆柱或铁塔基础外缘	0.8	0.8	1.5	1.5	1.2	1.5	1.8	1.2	1.5	1.8	1.2	(2.0)⑦	(2.0)⑦	(2.0)⑦	(5.0)⑫	(5.0)⑫	1.2	1.9 (2.0)⑧	1.0 (4.0)⑪	1.2	0.8

① 为距建筑物外墙面（出地面处）的距离；

② 受地形限制不能满足要求时，采取有效的安全防护措施后，净距可适当缩小，但低压管道不应影响建筑物、构筑物基础的稳定性。中压管道距建筑物基础不应小于0.5m，距建筑物外墙面不应小于6.5m，当管壁厚度不应小于11.9mm时，距建筑物外墙面不应小于3.0m；

③ 为距铁路路堤坡脚的距离；

④ 氢气管道，距有地下室的建筑物的基础外缘和通行沟道外缘的水平间距为3.0m，距无地下室的基础外缘的水平间距为2.0m；

⑤ 乙炔管道，距有地下室的建筑物及生产火灾危险性为甲类的建筑物的基础外缘和通行沟道外缘的间距为2.5m，距无地下室的建筑物、构筑物的间距为1.5m；

⑥ 氧气管道，距有地下室的建筑物和生产火灾危险性为甲类的建筑物的基础外缘和通行沟道外缘的水平间距为：氧气压力≤1.6MPa时，采用3.0m，距无地下室的建筑物、构筑物外缘净距为：氧气压力大于1.6MPa时，采用1.2m；与电杆（塔）的距离。氧气压力>1.6MPa时，采用2.0m；

⑦ 括号内为距≥35kV电杆（塔）的距离。与电杆（塔）基础之间的水平距离尚应符合现行国家标准《城镇燃气设计规范》GB 50028的有关规定；

⑧ 距离由电杆（塔）中心起算，括号内为氢气管线距电杆（塔）基础的距离；

⑨ 表中所列数值按特殊情况下可酌减，且最小减少1/2；

⑩ 通信电缆距建筑物、构筑物基础外缘的距离，括号内数值为直流电气铁路轨线的距离。电力电缆排管的间距应为1.2m；电力电缆排管外缘的最小距离为直流电气铁路轨线，构筑物的距离；

⑪ 指埋地管线除注明者外，管线均为自管壁、沟壁或防护设施的外缘至建筑物、构筑物基础外缘的间距，均指埋地管道与建筑物、构筑物基础的距离；

⑫ 指距铁路轨外缘至建筑物、括号内数值为建筑物、构筑物的基础外缘。

注：1. 表列间距除注明者外，管线均为自管壁、沟壁或防护设施的外缘或最外一根电缆算起；道路为城市型时，自路面边缘算起；为公路型时，自路肩边缘算起；

2. 表列两管架分别设基础，构筑物基础外缘的间距应符合现行国家标准《城镇燃气设计规范》GB 50028的有关规定；当埋地管道深度大于建筑物、构筑物的基础深度时，应按土壤性质计算确定，但不得小于本表列数值；

3. 当为双柱式管架分别设基础且满足本表要求时，可在管架基础之间敷设管线，构筑物同的间距尚应符合现行国家标准《城镇燃气设计规范》GB 50028的有关规定。

4. 压力大于1.6MPa的燃气管道与建筑物、构筑物之间应符合现行国家标准《城镇燃气设计规范》GB 50028的有关规定。

表 8.2.11　地下管线之间的最小水平间距

单位：m

名称（规格/间距）	给水管<75	给水管75~150	给水管200~400	给水管>400	清净雨水管<800	清净雨水管800~1500	清净雨水管>1500	生产与生活污水管<300	生产与生活污水管400~600	生产与生活污水管>600	热力管(沟)	燃气<0.01	燃气≤0.2	燃气≤0.4	燃气0.8	燃气1.6	压缩空气管	乙炔气管	氢、氧气管	电力电缆<1	电力电缆1~10	电力电缆≤35	电缆沟(管)	直埋电缆	电缆管道
给水管<75	—	—	—	—	0.7	0.8	1.0	0.7	0.8	1.0	0.8	0.5	0.5	0.5	1.0	1.5	0.8	0.8	0.8	0.6	0.8	1.0	0.8	0.5	0.5
给水管75~150	—	—	—	—	0.8	1.0	1.2	0.8	1.0	1.2	1.0	0.5	0.5	0.5	1.0	1.5	1.0	1.0	1.0	0.6	0.8	1.0	1.0	0.5	0.5
给水管200~400	—	—	—	—	1.0	1.2	1.5	1.0	1.2	1.5	1.2	0.5	0.5	0.5	1.0	1.5	1.2	1.2	1.2	0.8	1.0	1.0	1.2	1.0	1.0
给水管>400	—	—	—	—	1.0	1.2	1.5	1.2	1.5	2.0	1.5	0.5	0.5	0.5	1.0	1.5	1.5	1.5	1.5	0.8	1.0	1.0	1.5	1.2	1.2
清净雨水管<800	0.7	0.8	1.0	1.0	—	—	—	—	—	—	1.0	1.0	1.2	1.2	1.5	2.0	0.8	0.8	0.8	1.0	1.0	1.0	1.0	0.8	0.8
清净雨水管800~1500	0.8	1.0	1.2	1.2	—	—	—	—	—	—	1.2	1.0	1.2	1.2	1.5	2.0	1.0	1.0	1.0	1.0	1.0	1.0	1.0	1.0	1.0
清净雨水管>1500	1.0	1.2	1.5	1.5	—	—	—	—	—	—	1.5	1.0	1.2	1.2	1.5	2.0	1.2	1.2	1.2	1.0	1.0	1.0	1.2	1.0	1.0
生产与生活污水管<300	0.7	0.8	1.0	1.2	—	—	—	—	—	—	1.0	1.0	1.2	1.2	1.5	2.0	0.8	0.8	0.8	1.0	1.0	1.0	1.0	0.8	0.8
生产与生活污水管400~600	0.8	1.0	1.2	1.5	—	—	—	—	—	—	1.2	1.2	1.2	1.2	1.5	2.0	1.0	1.0	1.0	1.0	1.0	1.0	1.0	1.0	1.0
生产与生活污水管>600	1.0	1.2	1.5	2.0	—	—	—	—	—	—	1.5	1.2	1.2	1.2	1.5	2.0	1.2	1.2	1.2	1.0	1.0	1.0	1.5	1.0	1.0
热力管(沟)	0.8	1.0	1.2	1.5	1.0	1.2	1.5	1.0	1.2	1.5	—	1.0(1.0)	1.0(1.5)	1.0(1.5)	1.5(2.0)	2.0(4.0)	1.5	1.5	1.5	1.0	1.0	1.0	2.0	0.8	0.6
燃气管压力 <0.01	0.5	0.5	0.5	0.5	1.0	1.0	1.0	1.0	1.2	1.2	1.0(1.0)	—	—	—	—	—	—	—	—	1.0	1.0	1.0	1.0	0.5	1.0
燃气管压力 ≤0.2	0.5	0.5	0.5	0.5	1.2	1.2	1.2	1.2	1.2	1.2	1.0(1.5)	—	—	—	—	—	—	—	—	1.0	1.0	1.0	1.0	0.5	1.0
燃气管压力 ≤0.4	0.5	0.5	0.5	0.5	1.2	1.2	1.2	1.2	1.2	1.2	1.0(1.5)	—	—	—	—	—	—	—	—	1.0	1.0	1.0	1.0	0.5	1.0
燃气管压力 0.8	1.0	1.0	1.0	1.0	1.5	1.5	1.5	1.5	1.5	1.5	1.5(2.0)	—	—	—	—	—	—	—	—	1.5	1.5	1.5	1.0	1.2	1.0
燃气管压力 1.6	1.5	1.5	1.5	1.5	2.0	2.0	2.0	2.0	2.0	2.0	2.0(4.0)	—	—	—	—	—	—	—	—	1.5	1.5	1.5	1.5	1.5	1.5
压缩空气管	0.8	1.0	1.2	1.5	0.8	1.0	1.2	0.8	1.0	1.2	1.5	—	—	—	—	—	—	1.5	1.5	1.0	1.0	1.0	1.0	0.8	1.0
乙炔气管	0.8	1.0	1.2	1.5	0.8	1.0	1.2	0.8	1.0	1.2	1.5	—	—	—	—	—	1.5	—	0.8	—	—	—	1.5	0.8	1.0
氢气管、氧气管	0.8	1.0	1.2	1.5	0.8	1.0	1.2	0.8	1.0	1.2	1.5	—	—	—	—	—	1.5	0.8	—	—	—	—	1.5	0.8	1.0
电力电缆<1	0.6	0.6	0.8	0.8	1.0	1.0	1.0	1.0	1.0	1.0	1.0	1.0	1.0	1.0	1.5	1.5	1.0	—	—	—	—	—	0.5	0.5	0.5
电力电缆1~10	0.8	0.8	1.0	1.0	1.0	1.0	1.0	1.0	1.0	1.0	1.0	1.0	1.0	1.0	1.5	1.5	1.0	—	—	—	—	—	0.5	0.5	0.5
电力电缆≤35	1.0	1.0	1.0	1.0	1.0	1.0	1.0	1.0	1.0	1.0	1.0	1.0	1.0	1.0	1.5	1.5	1.0	—	—	—	—	—	0.5	0.5	0.5

续表

名称\\规格\\间距\\规格	给水管/mm				排水管/mm						热力管(沟)	燃气管压力P/MPa					压缩空气管	乙炔管	氢氧气管	电力电缆/kV		电缆沟(管)	通信电缆	
					清净雨水管			生产与生活污水管												<1 1~10	≤35		直埋电缆	电缆管道
	<75	75~150	200~400	>400	<800	800~1500	>1500	<300	400~600	>600		<0.01	≤0.2	≤0.4	0.8	1.6								
电缆沟(管)	0.5	0.5	1.0	1.5	0.8	1.2	1.5	0.8	1.2	1.5	2.0	1.0	1.0	1.0	1.0	1.5	1.0	1.0	1.5	0.5	0.5	—	0.5	0.5
通信电缆 直埋电缆	0.5	0.5	0.8	1.0	0.8	1.0	1.0	0.8	1.0	1.0	0.8	0.5	0.5	0.5	1.0	1.5	0.8	0.8	0.8	0.5	0.5	0.5	—	—
通信电缆 电缆管道	0.5	0.5	0.8	1.0	0.8	1.0	1.0	0.8	1.0	1.0	0.6	1.0	0.5	0.5	1.0	1.5	1.0	1.0	1.0	0.5	0.5	0.5	—	—

注：
1. 表列间距（沟）均自管壁、沟壁或防护设施的外缘或最外一根电缆算起；
2. 当热力管（沟）与电力电缆间距不能满足本表规定时，应采取隔热措施，特殊情况下，可酌减且最多减少1/2；
3. 局部地段电力电缆穿管保护或加隔离板后与给水管、排水管道，压缩空气管之间的间距可减少到0.5m，与穿气管的间距可减少到0.1m；
4. 表列数据系按给水管在污水管上方制定的。生活饮用水给水管与污水管道的间距按本表数据增加20%；
5. 与通信电缆、电力电缆共同埋设的土壤为砂土类，给水管与排水管间距不应小于1.5m；
6. 仅供采暖用的热力管沟与电力电缆，且给水管之间的间距可减少20%；
7. 110kV级以上的电力电缆及电力电缆沟与排水管距建筑物、构筑物的距离要求和电缆沟距建筑物、构筑物的距离要求相同；
8. 氧气管与目的乙炔管道—使用目的乙炔管道之间一水平净距，其间距可减至0.25m，电力电缆与建筑物、构筑物距离0.25m，但管道上部0.3m高度范围内，应用砂土、松散土填实后再回填；
9. 括号内为电缆沟外壁的距离。
10. 管径系指公称直径；
11. 表中"—"表示间距未作规定，可根据具体情况确定；
12. 压力大于1.6MPa的燃气管道与其他管线之间的距离尚应符合现行国家标准《城镇燃气设计规范》GB 50028 的有关规定。

表8.2.12 地下管线之间的最小垂直净距

单位：m

名称\\间距	给水管	排水管	热力管(沟)	地下燃气管线	乙炔管	氧气管	氢气管	电力电缆	电缆沟(管)	通信电缆	
										直埋电缆	电缆管道
给水管	0.15	0.40	0.15	0.15	0.25	0.15	0.25	0.50	0.15	0.50	0.15
排水管	0.40	0.15	0.15	0.15	0.25	0.15	0.25	0.50	0.25	0.50	0.25
热力管(沟)	0.15	0.15	—	0.15	0.25	0.25	0.25	0.50	0.25	0.50	0.25
地下燃气管线	0.15	0.15	0.15	—	0.25	0.25	—	0.50	0.25	0.50	0.15
乙炔管	0.25	0.25	0.25	0.25	—	0.25	0.25	0.25	0.25	0.50	0.25
氧气管	0.15	0.15	0.25	0.25	0.25	—	0.25	0.25	0.25	0.50	0.25
氢气管	0.25	0.25	0.25	—	0.25	0.25	—	0.50	0.25	0.50	0.25
电力电缆	0.50	0.50	0.50	0.50	0.50	0.50	0.50	0.50	0.50	0.50	0.25
电缆沟(管)	0.15	0.25	0.25	0.25	0.25	0.25	0.25	0.50	0.25	0.25	0.25
通信电缆	0.15	0.25	0.25	0.15	0.25	0.25	0.25	0.25	0.25	0.25	0.25

注：
1. 当电力电缆、电缆沟和电缆沟最小垂直净距指下面管道的管顶或管沟的外顶与上面管道的管底或管沟基础底之间的净距，电力电缆与其他管线（沟）的净距；
2. 当电力电缆采用隔板分隔时，电力电缆之间及其到其他管线（沟）的距离可为0.25m。

8.3.4 架空电力线路的敷设不应跨越用可燃材料建造的屋顶和火灾危险性属于甲、乙类的建筑物、构筑物以及液化烃、可燃液体、可燃气体贮罐区。其布置尚应符合现行国家标准《66kV 及以下架空电力线路设计规范》GB 50061 和《110kV～750kV 架空输电线路设计规范》GB 50545 的有关规定。

8.3.5 通信架空线的布置应符合现行国家标准《工业企业通信设计规范》GBJ 42 的有关规定。

8.3.6 引入厂区的 35kV 及以上的架空高压输电线路应减少在厂区内的长度，并应沿厂区边缘布置。

8.3.7 地上管线与铁路平行敷设时，其突出部分与铁路的水平净距应符合现行国家标准《标准轨距铁路建筑限界》GB 146.2 的有关规定。

8.3.8 地上管线与道路平行敷设时，不应敷设在公路型道路路肩范围内；照明电杆、消火栓、跨越道路的地上管线的支架可敷设在公路型道路路肩上，但应满足交通运输和安全的需要，并应符合下列规定：

 1 距双车道路面边缘不应小于 0.5m。

 2 距单车道中心线不应小于 3.0m。

8.3.9 管架与建筑物、构筑物之间的最小水平间距应符合表 8.3.9 的规定。

表 8.3.9　管架与建筑物、构筑物之间的最小水平间距

建筑物、构筑物名称	最小水平间距/m
建筑物有门窗的墙壁外缘或突出部分外缘	3.0
建筑物无门窗的墙壁外缘或突出部分外缘	1.5
铁路(中心线)	3.75
道路	1.0
人行道外缘	0.5
厂区围墙(中心线)	1.0
照明及通信杆柱(中心)	1.0

 注：1. 表中间距除注明者外，管架从最外边线算起；道路为城市型时，自路面边缘算起，为公路型时，自路肩边缘算起；

 2. 本表不适用于低架、管墩及建筑物支撑方式；

 3. 液化烃、可燃液体、可燃气体介质的管线、管架与建筑物、构筑物之间的最小水平间距应符合国家现行有关设计标准的规定。

8.3.10 架空管线、管架跨越铁路、道路的最小净空高度应符合表 8.3.10 的规定。

表 8.3.10　架空管线、管架跨越铁路、道路的最小净空高度

名　称	最小净空高度/m
铁路(从轨顶算起)	5.5,并不小于铁路建筑限界
道路(从路拱算起)	5.0
人行道(从路面算起)	2.5

 注：1. 表中净空高度除注明者外，管线从防护设施的外缘算起；管架自最低部分算起；

 2. 表中铁路一栏的最小净空高度，不适用于电力牵引机车的线路及有特殊运输要求的线路；

 3. 有大件运输要求或在检修时有大型起吊设备，以及有大型消防车通过的道路，应根据需要确定其净空高度。

9　绿化布置

9.1　一般规定

9.1.1　工业企业的绿化布置应符合工业企业总体规划的要求，应与总平面布置、竖向设计及管线布置统一进行，应合理安排绿化用地，并应符合下列规定：

1　绿化布置应根据企业性质、环境保护及厂容、景观的要求，结合当地自然条件、植物生态习性、抗污性能和苗木来源，因地制宜进行布置。

2　工业企业居住区的绿化布置应符合现行国家标准《城市居住区规划设计规范》GB 50180 的有关规定。

9.1.2　工业企业绿地率宜控制在 20% 以内，改建、扩建的工业企业绿化绿地率宜控制在 15% 范围内。因生产安全等有特殊要求的工业企业可除外，也可根据建设项目的具体情况按当地规划控制要求执行。绿化布置应符合下列规定：

1　应充分利用厂区内非建筑地段及零星空地进行绿化。

2　应利用管架、栈桥、架空线路等设施下面及地下管线带上面的场地布置绿化。

3　应满足生产、检修、运输、安全、卫生、防火、采光、通风的要求，应避免与建筑物、构筑物及地下设施的布置相互影响。

4　不应妨碍水冷却设施的冷却效果。

9.1.3　工业企业的绿化布置应根据不同类型的企业及其生产特点、污染性质和程度，结合当地的自然条件和周围的环境条件，以及所要达到的绿化效果，合理地确定各类植物的比例及配置方式。

9.2　绿化布置

9.2.1　下列地段应重点进行绿化布置：

1　进厂主干道两侧及主要出入口。

2　企业行政办公区。

3　洁净度要求高的生产车间、装置及建筑物区域。

4　散发有害气体、粉尘及产生高噪声的生产车间、装置及堆场。

5　受西晒的生产车间及建筑物。

6　受雨水冲刷的地段。

7　厂区生活服务设施周围。

8　厂区内临城镇主要道路的围墙内侧地带。

9.2.2　受风沙侵袭的工业企业应在厂区受风沙侵袭季节盛行风向的上风侧设置半通透结构的防风林带。对环境构成污染的工厂、灰渣场、尾矿坝、排土场和大型原、燃料堆场，应根据全年盛行风向和对环境的污染情况设置紧密结构的防护林带。

9.2.3　具有易燃、易爆的生产、贮存及装卸设施附近宜种植能减弱爆炸气浪和阻挡火势向外蔓延、枝叶茂密、含水分大、防爆及防火效果好的大乔木及灌木，不得种植含油脂较多的树种。绿化布置应保证消防通道的宽度和净空高度，并应有利于消防扑救。

9.2.4　散发液化石油气及比重大于 0.7 的可燃气体和可燃蒸气的生产、贮存及装卸设施附近，绿化布置应注意通风，不应布置不利于重气体扩散的绿篱及茂密的灌木丛，可种植含水分多的四季常青的草皮。

9.2.5 高噪声源车间周围的绿化宜采用减噪力强的乔、灌木，并应形成复层混交林地。

9.2.6 粉尘大的车间周围的绿化应选择滞尘效果好的乔、灌木，并应形成绿化带。在区域盛行风向的上风侧应布置透风绿化带，在区域盛行风向的下风侧应布置不透风绿化带。

9.2.7 制酸车间及酸库周围的绿化应选用对二氧化硫气体及其酸雾耐性及抗性强的树种，乔、灌木和草本应结合种植。

9.2.8 热加工车间附近的绿化宜具有遮阳效果。

9.2.9 对空气洁净度要求高的生产车间、装置及建筑物附近的绿化，不应种植散发花絮、纤维质及带绒毛果实的树种。

9.2.10 行政办公区和主要出入口的绿化布置应具有较好的观赏及美化效果。

9.2.11 地上管架、地下管线带、输电线路、室外高压配电装置附近的绿化布置应满足安全生产及检修的要求。

9.2.12 道路两侧应布置行道树。主干道两侧可由各类树木、花卉组成多层次的行道绿化带。

9.2.13 道路弯道及交叉口、铁路及道路平交道口附近的绿化布置应符合行车视距的有关规定。

9.2.14 在有条件的生产车间或建筑物墙面、挡土墙顶及护坡等地段宜布置垂直绿化。

9.2.15 树木与建筑物、构筑物及地下管线的最小间距应符合表9.2.15的规定。

表9.2.15 树木与建筑物、构筑物及地下管线的最小间距

建筑物、构筑物及地下管线名称		最小间距/m	
		至乔木中心	至灌木中心
建筑物外墙	有窗	3.0～5.0	1.5
	无窗	2.0	1.5
挡土墙顶或墙脚		2.0	0.5
高2m及2m以上的围墙		2.0	1.0
标准轨距铁路中心线		5.0	3.5
窄轨铁路中心线		3.0	2.0
道路路面边缘		1.0	0.5
人行道边缘		0.5	0.5
排水明沟边缘		1.0	0.5
给水管		1.5	不限
排水管		1.5	不限
热力管		2.0	2.0

建筑物、构筑物及地下管线名称	最小间距/m	
	至乔木中心	至灌木中心
煤气管	1.5	1.5
氧气管、乙炔管、压缩空气管	1.5	1.0
石油管、天然气管、液化石油气管	2.0	1.5
电缆	2.0	0.5

注：1. 表中间距除注明者外，建筑物、构筑物自最外边轴线算起；城市型道路自路面边缘算起，公路型道路自路肩边缘算起；管线自管壁或防护设施外缘算起；电缆按最外一根算起；

2. 树木至建筑物外墙（有窗时）的距离，当树冠直径小于5m时采用3m，大于5m时采用5m；

3. 树木至铁路、道路弯道内侧的间距应满足视距要求；

4. 建筑物、构筑物至灌木中心系指至灌木丛最外边一株的灌木中心。

9.2.16 露天停车场的绿化布置宜结合停车间隔带种植高大庇荫乔木，以利于车辆的遮阳，乔木株距与行距的确定应符合当地绿化用地计算标准。

9.2.17 企业铁路沿线的绿化布置不得妨碍铁路的行车安全。沿铁路栽种的树木不应侵入限界和行车视距范围。

10 主要技术经济指标

10.0.1 工业企业总平面设计的主要技术经济指标，其计算方法应符合本规范附录 B 的规定，宜列出下列主要技术经济指标：

1 厂区用地面积（hm^2）。

2 建筑物、构筑物用地面积（m^2）。

3 建筑系数（%）。

4 容积率。

5 铁路长度（km）。

6 道路及广场用地面积（m^2）。

7 绿化用地面积（m^2）。

8 绿地率（%）。

9 土（石）方工程量（m^3）。

10 投资强度（万元/hm^2）。

11 行政办公及生活服务设施用地面积（hm^2）。

12 行政办公及生活服务设施用地所占比重（%）。

10.0.2 不同类型性质的工业企业总平面设计的技术经济指标可根据其特点和需要，列出本行业有特殊要求的技术经济指标。

10.0.3 分期建设的工业企业在总平面设计中除应列出本期工程的主要技术经济指标外，有条件时，还应列出下列指标：

1 近期或远期工程的主要技术经济指标。

2 与厂区分开的单独场地的主要技术经济指标，应分别计算。

10.0.4　改、扩建的工业企业总平面设计，除应列出本规范第 10.0.1 条规定的指标外，还宜列出企业原有有关的技术经济指标。局部或单项改、扩建工程的总平面设计的技术经济指标可根据具体情况确定。

附录 A　土壤松散系数

表 A　土壤松散系数

土的分类	土的级别	土壤的名称	最初松散系数	最终松散系数
一类土（松散土）	I	略有黏性的砂土，粉末腐殖土及疏松的种植土；泥炭（淤泥）（种植土、泥炭除外）	1.08～1.17	1.01～1.03
		植物性土、泥炭	1.20～1.30	1.03～1.04
二类土（普通土）	Ⅱ	潮湿的黏性土和黄土，软的盐土和碱土；含有建筑材料碎屑、碎石、卵石的堆积土和种植土	1.14～1.28	1.02～1.05
三类土（坚土）	Ⅲ	中等密实的黏性土或黄土；含有碎石、卵石或建筑材料碎屑的潮湿的黏性土或黄土	1.24～1.30	1.04～1.07
四类土（砂砾坚土）	Ⅳ	坚硬密实的黏性土或黄土；含有碎石、砾石（体积在10%～30%，重量在 25kg 以下的石块）的中等密实黏性土或黄土；硬化的重盐土；软泥灰岩（泥灰岩、蛋白石除外）	1.26～1.32	1.06～1.09
		泥灰石、蛋白石	1.33～1.37	1.11～1.15
五类土（软土）	V～Ⅵ	硬的石炭纪黏土；胶结不紧的砾岩；软的、节理多的石灰岩及贝壳石灰岩；坚实的白垩；中等坚实的页岩、泥灰岩		
六类土（次坚土）	Ⅶ～Ⅸ	坚硬的泥质页岩；坚实的泥灰岩；角砾状花岗岩；泥灰质石灰岩；黏土质砂岩；云母页岩及砂质页岩；风化的花岗岩、片麻岩及正常岩；滑石质的蛇纹岩；密实的石灰岩；硅质胶结的砾岩；砂岩；砂质石灰质页岩	1.30～1.45	1.10～1.20
七类土（坚岩）	Ⅹ～ⅩⅢ	白云岩；大理石；坚实的石灰岩、石灰质及石英质的砂岩；坚硬的砂质页岩；蛇纹岩；粗粒正长岩；有风化痕迹的安山岩及玄武岩；片麻岩；粗面岩；中粗花岗岩；坚实的片麻岩，粗面岩；辉绿岩；玢岩；中粗正常岩		
八类土（特坚石）	ⅩⅣ～ⅩⅥ	坚实的细粒花岗岩；花岗片麻岩；闪长岩；坚实的玢岩；角闪岩、辉长岩、石英岩；安山岩；玄武岩；最坚实的辉绿岩、石灰岩及闪长岩；橄榄石质玄武岩；特别坚实的辉长岩、石英岩及玢岩	1.45～1.50	1.20～1.30

注：1. 土的级别相当于一般 16 级土石分类级别；
2. 一至八类土壤，挖方转化为虚方时，乘以最初松散系数；挖方转化为填方时，乘以最终松散系数。

附录 B　工业企业总平面设计的主要技术经济指标的计算规定

B.0.1　厂区用地面积：应为厂区围墙内用地面积，应按围墙中心线计算。

B.0.2　建筑物、构筑物用地面积应按下列规定计算：

　1　新设计时，应按建筑物、构筑物外墙建筑轴线计算。

2 现有时，应按建筑物、构筑物外墙面尺寸计算。

3 圆形构筑物及挡土墙应按实际投影面积计算。

4 设防火堤的贮罐区应按防火堤轴线计算，未设防火堤的贮罐区应按成组设备的最外边缘计算。

5 球罐周围有铺砌场地时，应按铺砌面积计算。

6 栈桥应按其投影长宽乘积计算。

B.0.3 露天设备用地面积，独立设备应按其实际用地面积计算；成组设备应按设备场地铺砌范围计算，但当铺砌场地超出设备基础外缘 1.2m 时，应只计算至设备基础外缘 1.2m 处。

B.0.4 露天堆场用地面积应按存放场场地边缘线计算。

B.0.5 露天操作场用地面积应按操作场场地边缘计算。

B.0.6 建筑系数应按下式计算：

$$建筑物系数=\frac{\underset{用地面积}{\overset{建筑物}{构筑物}}+\underset{用地面积}{\overset{露天}{设备}}+\underset{用地面积}{\overset{露天堆场及}{露天操作场}}}{厂区用地面积}\times100\%\qquad(B.0.6)$$

B.0.7 容积率应按下式计算，当建筑物层高超过 8m，在计算容积率时该层建筑面积应加倍计算：

$$容积率=\frac{总建筑面积}{厂区用地面积}\qquad(B.0.7)$$

B.0.8 铁路长度应为工业企业铁路总延长长度。计算时，应以厂区围墙为界，并应分厂外铁路长度和厂内铁路长度。

B.0.9 铁路用地面积应按线路长度乘以路基宽度（路基宽度取 5m）计算。

B.0.10 道路及广场用地面积应按下列规定计算：

1 包括车间引道及人行道的道路用地面积，道路长度应乘以道路用地宽度。城市型道路用地宽度应按路面宽度计算，公路型道路用地宽度应计算至道路路肩边缘。

2 包括停车场、回车场的广场用地面积应按设计用地面积计算。

B.0.11 绿化用地面积应按下列规定计算：

1 乔木、花卉、草坪混植的大块绿地及单独的草坪绿地应按绿地周边界限所包围的面积计算。

2 花坛应按花坛用地面积计算。

3 乔木、灌木绿地用地面积应按表 B.0.11 的规定计算。

表 B.0.11 乔木、灌木绿地用地面积

植物类别	用地计算面积/m²
单株乔木	2.25
单行乔木	1.5L
多行乔木	(B+1.5)L
单株大灌木	1.0

续表

植物类别	用地计算面积/m²
单株小灌木	0.25
单行绿篱	0.5L
多行绿篱	(B+0.5)L

注：L 为绿化带长度（m），B 为总行距（m）。

B.0.12　绿地率应按下式计算：

$$绿地率 = \frac{绿化用地面积}{厂区用地面积} \times 100\% \qquad (B.0.12)$$

B.0.13　投资强度应按下式计算：

$$\frac{投资强度}{(万元/hm^2)} = \frac{项目固定资产总投资（万元）}{项目总用地面积（hm^2）} \times 100\% \qquad (B.0.13)$$

注：项目固定资产总投资包括厂房、设备和地价款（万元）。

B.0.14　行政办公及生活服务设施用地面积应包括项目用地范围内行政办公、生活服务设施占用土地面积或分摊土地面积。当无法单独计算行政办公和生活服务设施占用土地面积时，可采用行政办公和生活服务设施建筑面积占总建筑面积的比重计算得出的分摊土地面积代替。

B.0.15　行政办公及生活服务设施用地所占比重应按下式计算：

$$\frac{行政办公及生活}{服务设施用地比重} = \frac{行政办公、生活服务设施用地面积}{项目总用地面积} \times 100\% \qquad (B.0.15)$$

本规范用词说明

1　为便于在执行本规范条文时区别对待，对要求严格程度不同的用词说明如下：

1）表示很严格，非这样做不可的：

正面词采用"必须"，反面词采用"严禁"；

2）表示严格，在正常情况下均应这样做的：

正面词采用"应"，反面词采用"不应"或"不得"；

3）表示允许稍有选择，在条件许可时首先应这样做的：

正面词采用"宜"，反面词采用"不宜"；

4）表示有选择，在一定条件下可以这样做的，采用"可"。

2　条文中指明应按其他有关标准执行的写法为："应符合……的规定"或"应按……执行"。

引用标准名录

《建筑地基基础设计规范》GB 50007

《工业企业标准轨距铁路设计规范》GBJ 12

《室外排水设计规范》GB 50014

《建筑设计防火规范》GB 50016

《岩土工程勘察规范》GB 50021

《厂矿道路设计规范》GBJ 22

《城镇燃气设计规范》GB 50028

《氧气站设计规范》GB 50030

《动力机器基础设计规范》GB 50040

《工业企业通信设计规范》GBJ 42

《66kV 及以下架空电力线路设计规范》GB 50061

《汽车库、修车库、停车场设计防火规范》CB 50067

《洁净厂房设计规范》GB 50073

《工业企业噪声控制设计规范》GBJ 87

《民用爆破器材工程设计安全规范》GB 50089

《铁路车站及枢纽设计规范》GB 50091

《架空索道工程技术规范》GB 50127

《石油化工企业设计防火规范》GB 50160

《城市居住区规划设计规范》GB 50180

《发生炉煤气站设计规范》GB 50195

《防洪标准》GB 50201

《建筑地基基础工程施工质量验收规范》GB 50202

《建筑边坡工程技术规范》GB 50330

《有色金属矿山排土场设计规范》GB 50421

《化工企业总图运输设计规范》GB 50489

《110kV～750kV 架空输电线路设计规范》GB 50545

《标准轨距铁路建筑限界》GB 146.2

《声环境质量标准》GB 3096

《地表水环境质量标准》GB 3838

《制定地方大气污染物排放标准的技术方法》GB/T 3840

《工业企业厂内铁路、道路运输安全规程》GB 4387

《生活饮用水卫生标准》GB 5749

《道路交通标志和标线》GB 5768

《工业企业煤气安全规程》GB 6222

《工业企业厂界环境噪声排放标准》GB 12348

《一般工业固体废物贮存、处置场污染控制标准》GB 18599

《电离辐射防护与辐射源安全基本标准》GB 18871

《装卸油品码头防火设计规范》JTJ 237

《液化天然气码头设计规范》JTS 165-5

《钢质管道及储罐腐蚀控制工程设计规范》SY 0007

（三）输气管道工程设计规范 GB 50251—2003

目次

1　总　　则

1.0.1　为在输气管道工程设计中贯彻国家的有关法规和方针政策，统一技术要求，做到技术先进、经济合理、安全适用、确保质量，制订本规范。

1.0.2　本规范适用于陆上输气管道工程设计。

1.0.3　输气管道工程设计应遵照下列原则：

1　保护环境、节约能源、节约土地，处理好与铁路、公路、河流等的相互关系；

2　采用先进技术，努力吸收国内外新的科技成果；

3　优化设计方案，确定经济合理的输气工艺及最佳的工艺参数。

1.0.4　输气管道工程设计除应符合本规范外，尚应符合国家现行有关强制性标准的规定。

2　术　　语

2.0.1　管辅气体　pipeline gas

通过管道输送的天然气和煤气。

2.0.2　输气管道工程　gas transmission pipeline project

用管道输送天然气和煤气的工程。一般包括输气管道、输气站、管道穿（跨）越及辅助生产设施等工程内容。

2.0.3　输气站　gas transmission station

输气管道工程中各类工艺站场的总称。一般包括输气首站、输气末站、压气站、气体接收站、气体分输站、清管站等站场。

2.0.4　输气首站　gas transmission initial station

输气管道的起点站。一般具有分离、调压、计量、清管等功能。

2.0.5　输气末站　gas transmission terminal station

输气管道的终点站。一般具有分离、调压、计量、清管、配气等功能。

2.0.6　气体接收站　gas receiving station

在输气管道沿线，为接收输气支线来气而设置的站，一般具有分离、调压、计量、清管等功能。

2.0.7　气体分输站　gas distributing station

在输气管道沿线，为分输气体至用户而设置的站，一般具有分离、调压、计量、清管等功能。

2.0.8　压气站　compressor station

在输气管道沿线，用压缩机对管输气体增压而设置的站。

2.0.9　地下储气库　underground gas storage

利用地下的某种密闭空间储存天然气的地质构造。包括盐穴型、枯竭油气藏型、含水层型等。

2.0.10　注气站　gas injection station

将天然气注入地下储气库而设置的站。

2.0.11　采气站　gas withdraw station

将天然气从地下储气库采出而设置的站。

2.0.12　管道附件　pipe auxiliaries

指管件、法兰、阀门、清管器收发筒、汇管、组合件、绝缘法兰或绝缘接头等管道专用承压部件。

2.0.13　管件　pipe fitting

指弯头、弯管、三通、异径接头和管封头。

2.0.14　输气干线　gas transmission trunk line

由输气首站到输气末站间的主运行管线。

2.0.15　输气支线　gas transmission branch line

向输气干线输入或由输气干线输出管输气体的管线。

2.0.16　弹性敷设　pipe laying with elastic bending

管道在外力或自重作用下产生弹性弯曲变形，利用这种变形，改变管道走向或适应高程变化的管道敷设方式。

2.0.17　清管系统　pigging system

为清除管内凝聚物和沉积物，隔离、置换或进行管道在线检测的全套设备。其中包括清管器、清管器收发筒、清管器指示器及清管器示踪仪等。

2.0.18 设计压力 design pressure

在相应的设计温度下，用以确定管道计算壁厚及其他元件尺寸的压力值，该压力为管道的内部压力时称设计内压力，为外部压力时称设计外压力。

2.0.19 设计温度 design temperature

管道在正常工作过程中，在相应设计压力下，管壁或元件金属可能达到的最高或最低温度。

2.0.20 管辅气体温度 pipeline gas temperature

气体在管道内输送时的流动温度。

2.0.21 操作压力 operating pressure

在稳定操作条件下，一个系统内介质的压力。

2.0.22 最大操作压力 maximum operating pressure（MOP）

在正常操作条件下，管线系统中的最大实际操作压力。

2.0.23 最大允许操作压力 maximum allowable operating pressure（MAOP）

管线系统遵循本规范的规定，所能连续操作的最大压力，等于或小于设计压力。

2.0.24 泄压放空系统 relief and blow-down system

对超压泄放、紧急放空及开工、停工或检修时排放出的可燃气体进行收集和处理的设施。泄压放空系统由泄压设备（放空阀、减压阀、安全阀）、收集管线、放空管和处理设备（如分离罐、火炬）或其中一部分设备组成。

2.0.25 水露点 water dew point

气体在一定压力下析出第一滴水时的温度。

2.0.26 烃露点 hydrocarbon dew point

气体在一定压力下析出第一滴液态烃时的温度。

3 输 气 工 艺

3.1 一般规定

3.1.1 输气管道的设计输送能力应按设计委托书或合同规定的年或日最大输气量计算，设计年工作天数应按 350d 计算。

3.1.2 进入输气管道的气体必须清除机械杂质；水露点应比输送条件下最低环境温度低 5℃；烃露点应低于最低环境温度；气体中硫化氢含量不应大于 20mg/m^3。

3.1.3 输气管道的设计压力应根据气源条件、用户需要、管材质量及地区安全等因素经技术经济比较后确定。

3.1.4 当输气管道及其附件已按国家现行标准《钢质管道及储罐腐蚀控制工程设计规范》SY 0007 和《埋地钢质管道强制电流阴极保护设计规范》SY/T 0036 的要求采取了防腐措施时，不应再增加管壁的腐蚀裕量。

3.1.5 输气管道应设清管设施。有条件时宜采用管道内壁涂层。

3.2 工艺设计

3.2.1 工艺设计应根据气源条件、输送距离、输送量及用户的特点和要求，对管道进行系统优化设计，经综合分析和技术经济对比后确定。

3.2.2 工艺设计应确定下列主要内容：

1 输气总工艺流程。

2 输气站的工艺参数和流程。

3 辅气站的数量和站间距。

4 输气管道的直径、设计压力及压气站的站压比。

3.2.3 管道输气应合理利用气源压力。当采用增压输送时，应合理选择压气站的站压比和站间距。当采用离心式压缩机增压输送时，站压比宜为 1.2～1.5，站间距不宜小于 100km。

3.2.4 压气站特性和管道特性应协调，在正常输气条件下，压缩机组应在高效区内工作。压缩机组的数量、选型、连接方式，应在经济运行范围内，并满足工艺设计参数和运行工况变化的要求。

3.2.5 具有配气功能分输站的分输气体管线宜设置气体的限量、限压设施。

3.2.6 输气管道首站和气体接收站的进气管线应设置气质监测设施。

3.2.7 输气管道的强度设计应满足运行工况变化的要求。

3.2.8 输气站应设置越站旁通。进、出站管线必须设置截断阀。截断阀的位置应与工艺装置区保持一定距离，确保在紧急情况下便于接近和操作。截断阀应当具备手动操作的功能。

3.3 工艺计算与分析

3.3.1 输气管道工艺设计应具备下列资料：

1 管输气体的组成。

2 气源的数量、位置、供气量及其可调范围。

3 气源的压力及其可调范围，压力递减速度及上限压力延续时间。

4 沿线用户对供气压力、供气量及其变化的要求。当要求利用管道储气调峰时，应具备用户的用气特性曲线和数据。

5 沿线自然环境条件和管道埋设处地温。

3.3.2 输气管道应按下列公式进行水力计算：

1 当输气管道纵断面的相对高差 $\Delta h \leqslant 200m$ 且不考虑高差影响时，应按下式计算：

$$q_v = 1051 \left[\frac{(P_1^2 - P_2^2)d^5}{\lambda Z \Delta TL} \right]^{0.5} \qquad (3.3.2\text{-}1)$$

式中　q_v——气体（$P_0 = 0.101325MPa$，$T = 293K$）的流量，m^3/d；

　　　P_1——输气管道计算段的起点压力（绝），MPa；

　　　P_2——输气管道计算段的终点压力（绝），MPa；

　　　d——输气管道内直径，cm；

　　　λ——水力摩阻系数；

　　　Z——气体的压缩因子；

　　　Δ——气体的相对密度；

　　　T——输气管道内气体的平均温度，K；

　　　L——输气管道计算段的长度，km。

2 当考虑输气管道纵断面的相对高差影响时，应按下式计算：

$$q_v = 1051 \left\{ \frac{\left[P_1^2 - P_2^2(1+\alpha\Delta h) \right] d^5}{\lambda Z \Delta TL \left[1 + \dfrac{\alpha}{2L} \sum\limits_{i=1}^{n} (h_i + h_{i-1}) L_i \right]} \right\}^{0.5} \tag{3.3.2-2}$$

$$\alpha = \frac{2g\Delta}{ZR_aT} \tag{3.3.2-3}$$

式中　α——系数，m^{-1}；

R_a——空气的气体常数，在标准状况下（$P_0 = 0.101325MPa$，$T = 293K$），$R_a = 287.1m^2/(s^2 \cdot K)$；

Δh——输气管道计算段的终点对计算段起点的标高差，m；

n——输气管道沿线计算的分管段数。计算分管段的划分是沿输气管道走向，从起点开始，当其中相对高差≤200m时划作一个计算分管段；

h_i——各计算分管段终点的标高，m；

h_{i-1}——各计算分管段起点的标高，m；

L_i——各计算分管段的长度，km；

g——重力加速度，$g = 9.81m/s^2$。

3 水力摩阻系数宜按下式计算：

$$\frac{1}{\sqrt{\lambda}} = -2.01 \lg \left[\frac{K}{3.71d} + \frac{2.51}{Re\sqrt{\lambda}} \right] \tag{3.3.2-4}$$

式中　λ——水力摩阻系数；

K——钢管内壁等效绝对粗糙度，m；

d——管内径，m；

Re——雷诺数。

注：当输气管道工艺计算采用手算时，宜采用附录 A 公式。

3.3.3　输气管道沿线任意点的温度应按下列公式计算：

1　当不考虑节流效应时，按下式计算：

$$t_x = t_0 + (t_1 - t_0)e^{-\alpha x} \tag{3.3.3-1}$$

式中　t_x——输气管道沿线任意点的气体温度，℃；

t_0——输气管道埋设处的土壤温度，℃；

t_1——输气管道计算段起点的气体温度，℃；

e——自然对数底数，宜按 2.718 取值；

x——输气管道计算段起点至沿线任意点的长度，km；

α——系数，

$$\alpha = \frac{225.256 \times 10^6 KD}{q_v \Delta c_p} \tag{3.3.3-2}$$

式中　K——输气管道中气体到土壤的总传热系数，$W/(m^2 \cdot K)$；

D——输气管道外直径，m；

q_v——输气管道中气体（$P_0 = 0.101325MPa$，$T = 293K$）的流量，m^3/d；

Δ——气体的相对密度；

c_p——气体的定压比热，J/(kg·K)。

2 当考虑节流效应时，应按下式计算：

$$t_x = t_0 + (t_1 - t_0)e^{-\alpha x} - \frac{j\Delta P_x}{\alpha x}(1 - e^{-\alpha x}) \qquad (3.3.3-3)$$

式中　j——焦耳-汤姆逊效应系数，℃/MPa；

　　　ΔP_x——x 长度管段的压降，MPa。

3.3.4 根据工程的实际需求，可对输气管道系统进行稳态和动态模拟计算，确定在不同工况条件下压气站的数量、增压比、压缩机计算功率和动力燃料消耗，管道系统各节点流量、压力、温度和管道的储气量等。根据系统分析需要，可按小时或天确定计算时间段。

3.3.5 稳态和动态模拟的计算软件应经工程实践验证。

3.4　输气管道的安全泄放

3.4.1 输气站应在进站截断阀上游和出站截断阀下游设置泄压放空设施。

3.4.2 输气干线截断阀上下游均应设置放空管。放空管应能迅速放空两截断阀之间管段内的气体。放空阀直径与放空管直径应相等。

3.4.3 输气站存在超压可能的受压设备和容器，应设置安全阀。安全阀泄放的气体可引入同级压力的放空管线。

3.4.4 安全阀的定压应小于或等于受压设备和容器的设计压力。安全阀的定压（P_0）应根据管道最大允许操作压力（P）确定，并应符合下列要求：

　1 当 $P \leqslant 1.8$MPa 时，$P_0 = P + 0.18$MPa；

　2 当 1.8MPa$< P \leqslant 7.5$MPa 时，$P_0 = 1.1P$；

　3 当 $P > 7.5$MPa 时，$P_0 = 1.05P$。

3.4.5 安全阀泄放管直径应按下列要求计算：

　1 单个安全阀的泄放管直径，应按背压不大于该阀泄放压力的 10% 确定，但不应小于安全阀的出口直径；

　2 连接多个安全阀的泄放管直径，应按所有安全阀同时泄放时产生的背压不大于其中任何一个安全阀的泄放压力的 10% 确定，且泄放管截面积不应小于各安全阀泄放支管截面积之和。

3.4.6 放空气体应经放空竖管排入大气，并应符合环境保护和安全防火要求。

3.4.7 输气干线放空竖管应设置在不致发生火灾危险和危害居民健康的地方。其高度应比附近建（构）筑物高出 2m 以上，且总高度不应小于 10m。

3.4.8 输气站放空竖管应设在围墙外，与站场及其他建（构）筑物的距离应符合现行国家标准《石油天然气工程设计防火规范》GB 50183 的规定。其高度应比附近建（构）筑物高出 2m 以上，且总高度不应小于 10m。

3.4.9 放空竖管的设置应符合下列规定：

　1 放空竖管直径应满足最大的放空量要求。

　2 严禁在放空竖管顶端装设弯管。

3 放空竖管底部弯管和相连接的水平放空引出管必须埋地；弯管前的水平埋设直管段必须进行锚固。

4 放空竖管应有稳管加固措施。

4 线　　路

4.1　线路选择

4.1.1 线路的选择应符合下列要求：

1 线路走向应根据地形、工程地质、沿线主要进气、供气点的地理位置以及交通运输、动力等条件，经多方案对比后确定。

2 线路宜避开多年生经济作物区域和重要的农田基本建设设施。

3 大中型河流穿（跨）越工程和压气站位置的选择，应符合线路总走向。局部走向应根据大、中型穿（跨）越工程和压气站的位置进行调整。

4 线路必须避开重要的军事设施、易燃易爆仓库、国家重点文物保护区。

5 线路应避开城镇规划区、飞机场、铁路车站、海（河）港码头、国家级自然保护区等区域。当受条件限制管道需要在上述区域内通过时，必须征得主管部门同意，并采取安全保护措施。

6 除管道专用公路的隧道、桥梁外，线路严禁通过铁路或公路的隧道、桥梁、铁路编组站、大型客运站和变电所。

4.1.2 输气管道宜避开不良工程地质地段。当避开确有困难时，对下述地段应选择合适的位置和方式通过：

1 对规模不大的滑坡，经处理后，能保证滑坡体稳定的地段，可选择适当部位以跨越方式或浅埋通过。管道通过岩堆时，应对其稳定性做出判定，并采取相应措施。

2 对沼泽或软土地段应根据其范围、土层厚度、地形、地下水位、取土等条件确定通过的地段。

3 管道宜避开泥石流地段，若不能避开时应根据实际地形和地质条件选择合理的通过方式。

4 对深而窄的冲沟，宜采用跨越通过。对冲沟浅而宽，沉积物较稳定的地段，宜采用埋设方式通过。

5 管道通过海滩、沙漠地段时，应对其稳定性进行推断，并采取相应的稳管防护措施。

6 在地震动峰值加速度等于或大于 $0.1g$ 的地区，管道宜从断层位移较小和较窄的地区通过，并应采取必要的工程措施。

管道不宜敷设在由于发生地震而可能引起滑坡、山崩、地陷、地裂、泥石流以及沙土液化等地段。

4.2　地区等级划分

4.2.1 输气管道通过的地区，应按沿线居民户数和（或）建筑物的密集程度，划分为四个地区等级，并依据地区等级做出相应的管道设计。

4.2.2 地区等级划分应符合下列规定：

　　1 沿管道中心线两侧各 200m 范围内，任意划分成长度为 2km 并能包括最大聚居户数的若干地段，按划定地段内的户数划分为四个等级。在农村人口聚集的村庄、大院、住宅楼，应以每一独立户作为一个供人居住的建筑物计算。

　　　　1）一级地区：户数在 15 户或以下的区段；

　　　　2）二级地区：户数在 15 户以上、100 户以下的区段；

　　　　3）三级地区：户数在 100 户或以上的区段，包括市郊居住区、商业区、工业区、发展区以及不够四级地区条件的人口稠密区；

　　　　4）四级地区：系指四层及四层以上楼房（不计地下室层数）普遍集中、交通频繁、地下设施多的区段。

　　2 当划分地区等级边界线时，边界线距最近一幢建筑物外边缘应大于或等于 200m。

　　3 在一、二级地区内的学校、医院以及其他公共场所等人群聚集的地方，应按三级地区选取设计系数。

　　4 当一个地区的发展规划，足以改变该地区的现有等级时，应按发展规划划分地区等级。

4.2.3 输气管道的强度设计系数应符合表 4.2.3 的规定。

表 4.2.3　强度设计系数

地 区 等 级	强度设计系数 F
一级地区	0.72
二级地区	0.6
三级地区	0.5
四级地区	0.4

4.2.4 穿越铁路、公路和人群聚集场所的管段以及输气站内管道的强度设计系数，应符合表 4.2.4 的规定。

表 4.2.4　穿越铁路、公路及输气站内管道的强度设计系数

管道及管段	地 区 等 级			
	一	二	三	四
	强度设计系数 F			
有套管穿越三、四级公路的管道	0.72	0.6	0.5	0.4
无套管穿越三、四级公路的管道	0.6	0.5	0.5	0.4
有套管穿越一、二级公路、高速公路、铁路的管道	0.6	0.6	0.5	0.4

续表

管道及管段	地 区 等 级			
	一	二	三	四
	强度设计系数 F			
输气站内管道及其上、下游各 200m 管道，截断阀室管道及其上、下游各 50m 管道（其距离从输气站和阀室边界线起算）	0.5	0.5	0.5	0.4
人群聚集场所的管道	0.5	0.5	0.5	0.4

4.3 管道敷设

4.3.1 输气管道应采用埋地方式敷设，特殊地段也可采用土堤、地面等形式敷设。

4.3.2 埋地管道覆土层最小厚度应符合表 4.3.2 的规定。在不能满足要求的覆土厚度或外荷载过大、外部作业可能危及管道之处，均应采取保护措施。

表 4.3.2 最小覆土层厚度 （m）

地区等级	土 壤 类		岩石类
	旱地	水田	
一级	0.6	0.8	0.5
二级	0.6	0.8	0.5
三级	0.8	0.8	0.5
四级	0.8	0.8	0.5

注：1. 对需平整的地段应按平整后的标高计算；

2. 覆土层厚度应从管顶算起。

4.3.3 管沟边坡坡度应根据土壤类别和物理力学性质（如黏聚力、内摩擦角、湿度、容重等）确定。当无上述土壤的物理性质资料时，对土壤构造均匀、无地下水、水文地质条件良好、深度不大于 5m 且不加支撑的管沟，其边坡可按表 4.3.3 确定。深度超过 5m 的管沟，可将边坡放缓或加筑平台。

表 4.3.3 深度在 5m 以内管沟最陡边坡坡度

土壤类别	最陡边坡坡度		
	坡顶无载荷	坡顶有静载荷	坡顶有动载荷
中密的沙土	1：1.00	1：1.25	1：1.5
中密的碎石类土（充填物为沙土）	1：0.75	1：1.00	1：1.25
硬塑的粉土	1：0.67	1：0.75	1：1.00
中密的碎石类土（充填物为黏性土）	1：0.5	1：0.67	1：0.75
硬塑的粉质黏土、黏土	1：0.33	1：0.50	1：0.67
老黄土	1：0.10	1：0.25	1：0.33
软土（经井点降水）	1：1.00	—	—
硬质岩	1：0	1：0	1：0

注：静荷载系指堆土或料堆等，动荷载系指有机械挖土、吊管机和推土机作业。

4.3.4 管沟宽度应符合下列规定：

1 管沟沟底宽度应根据管道外径、开挖方式、组装焊接工艺及工程地质等因素确定。深度在 5m 以内时，沟底宽度应按下式确定：

$$B = D + K \tag{4.3.4}$$

式中　*B*——沟底宽度，m；

　　　D——管子外径，m；

　　　K——沟底加宽裕量，m，按表 4.3.4 确定。

表 4.3.4　沟底加宽裕量 单位：m

条件因素		沟上焊接				沟下手工电弧焊接			沟下半自动焊接处管沟	沟下焊接弯头、弯管及碰口处管沟
		土质管沟		岩石爆破管沟	弯头、冷弯管处管沟	土质管沟		岩石爆破管沟		
		沟中有水	沟中无水			沟中有水	沟中无水			
*K*值	沟深3m以内	0.7	0.5	0.9	1.5	1.0	0.8	0.9	1.6	2.0
	沟深3～5m	0.9	0.7	1.1	1.5	1.2	1.0	1.1	1.6	2.0

注：1. 当采用机械开挖管沟时，计算的沟底宽度小于挖斗宽度时，沟底宽度按挖斗宽度计算；

　　2. 沟下焊接弯头、弯管、碰口以及半自动焊接处的管沟加宽范围为工作点两边各1m。

2　当管沟需加支撑，在决定底宽时，应计入支撑结构的厚度。

3　当管沟深度大于5m时，应根据土壤类别及物理力学性质确定沟底宽度。

4.3.5　岩石、砾石区的管沟，沟底应比土壤区管沟深挖0.2m，并用细土或砂将深挖部分垫平后方可下管。管沟回填时，应先用细土回填至管顶以上0.3m，方可用土、砂或粒径小于100mm碎石回填并压实。管沟回填土应高出地面0.3m。

4.3.6　输气管道出土端及弯头两侧，回填时应分层夯实。

4.3.7　当管沟纵坡较大时，应根据土壤性质，采取防止回填土下滑措施。

4.3.8　在沼泽、水网（含水田）地区的管道，当覆土层不足以克服管子浮力时，应采取稳管措施。

4.3.9　当输气管道采用土堤埋设时，土堤高度和顶部宽度，应根据地形、工程地质、水文地质、土壤类别及性质确定，并应符合下列规定：

1　管道在土堤中的覆土厚度不应小于0.6m；土堤顶部宽度应大于管道直径两倍且不得小于0.5m。

2　土堤的边坡坡度，应根据土壤类别和土堤的高度确定。管底以下黏性土土堤，压实系数宜为0.94～0.97。堤高小于2m时，边坡坡度宜采用1：0.75～1：1；堤高为2～5m时，宜采用1：1.25～1：1.5。土堤受水浸淹没部分的边坡，宜采用1：2的坡度。

3　位于斜坡上的土堤，应进行稳定性计算。当自然地面坡度大于20％时，应采取防止填土沿坡面滑动的措施。

4　当土堤阻碍地表水或地下水泄流时，应设置泄水设施。泄水能力根据地形和汇水量按防洪标准重现期为25年一遇的洪水量设计；并应采取防止水流对土堤冲刷的措施。

5　土堤的回填土，其透水性能宜相近。

6 沿土堤基底表面的植被应清除干净。

4.3.10 输气管道通过人工或天然障碍物（水域、冲沟、铁路、公路等）时应遵循国家现行标准《原油和天然气输送管道穿跨越工程设计规范》SY/T 0015 的规定。

4.3.11 当埋地输气管道与其他管道、通信电缆平行敷设时，其间距应符合国家现行标准《钢质管道及储罐腐蚀控制工程设计规范》SY 0007 的有关规定。

4.3.12 埋地输气管道与其他管道、电力、通信电缆的间距应符合下列规定：

1 输气管道与其他管道交叉时，其垂直净距不应小于 0.3m。当小于 0.3m 时，两管间应设置坚固的绝缘隔离物；管道在交叉点两侧各延伸 10m 以上的管段，应采用相应的最高绝缘等级。

2 管道与电力、通信电缆交叉时，其垂直净距不应小于 0.5m。交叉点两侧各延伸 10m 以上的管段，应采用相应的最高绝缘等级。

4.3.13 用于改变管道走向的弯头、弯管应符合下列要求：

1 弯头的曲率半径应大于或等于外直径的 4 倍，并应满足清管器或检测仪器能顺利通过的要求。

2 现场冷弯弯管的最小曲率半径应符合表 4.3.13 的规定。

表 4.3.13 现场冷弯弯管的最小曲率半径

公称直径 DN/mm	最小曲率半径 R_{min}
≤300	18D
350	21D
400	24D
450	27D
≥500	30D

3 弯管和弯头的任何部位不得有裂纹和其他机械损伤，其两端的椭圆度应小于或等于 2.0%；其他部位的椭圆度不应大于 2.5%。

4 弯管上的环向焊缝应进行 x 射线检查。

4.3.14 输气管道采用弹性敷设时应符合下列规定：

1 弹性敷设管道与相邻的反向弹性弯曲管段之间及弹性弯曲管段和人工弯管之间，应采用直管段连接；直管段长度不应小于管子外径值，且不应小于 500mm。

2 弹性敷设管道的曲率半径应满足管子强度要求，且不得小于钢管外直径的 1000 倍。垂直面上弹性敷设管道的曲率半径尚应大于管子在自重作用下产生的挠度曲线的曲率半径，其曲率半径应按下式计算：

$$R \geqslant 3600 \sqrt[3]{\frac{1-\cos\frac{\alpha}{2}}{\alpha^4}D^2} \qquad (4.3.14)$$

式中　R——管道弹性弯曲曲率半径，m；

　　　D——管道的外径，cm；

　　　α——管道的转角，°。

4.3.15 弯头和弯管不得使用褶皱弯或虾米弯。管子对接偏差不得大于 3°。

4.3.16 输气管道防腐蚀设计必须符合国家现行标准《钢质管道及储罐腐蚀控制工程设计规范》SY 0007 和《埋地钢质管道强制电流阴极保护设计规范》SY/T 0036 的有关规定。

4.4 截断阀的设置

4.4.1 输气管道应设置线路截断阀。截断阀位置应选择在交通方便、地形开阔、地势较高的地方。截断阀最大间距应符合下列规定：

　　以一级地区为主的管段不宜大于 32km；

　　以二级地区为主的管段不大于 24km；

　　以三级地区为主的管段不大于 16km；

　　以四级地区为主的管段不大于 8km。

　　上述规定的阀门间距可以稍作调整，使阀门安装在更容易接近的地方。

4.4.2 截断阀可采用自动或手动阀门，并应能通过清管器或检测仪器。

4.5 线路构筑物

4.5.1 管道通过土（石）坎、陡坡、冲沟、嶺岘、沟渠等特殊地段时，应根据当地自然条件，因地制宜设置保护管道、防止水土流失的构筑物。

4.5.2 埋设管道的边坡或土体不稳定时应设置挡土墙。挡土墙应设置在稳定地层上。

　　1 挡土墙应设置泄水孔，其间距宜取 2～3m，外斜 5%，孔眼尺寸不宜小于 100mm×100mm。墙后应做好滤水层和必要的排水盲沟，当墙后有山坡时，还应在坡下设置截水沟。墙后填土宜选择透水性较强的填料。在季节性冻土地区，墙后填土应选用非冻胀性填料（如炉渣、碎石、粗砂等）。挡土墙应每隔 10～20m 设置伸缩缝。遇有侵蚀性水或严寒地区，挡土墙必须进行防腐、防水处理。

　　2 计算挡土墙土压力时，应按照现行国家标准《建筑地基基础设计规范》GB 50007 执行。

4.5.3 管道通过易受水流冲刷的河（沟）岸时应采取护岸措施。护岸设计应遵循以下原则：

　　1 护岸工程设计应符合防洪及河务管理的有关法规。

　　2 护岸工程必须保证水流顺畅，不得冲、淘穿越管段及支墩。

　　3 护岸工程应因地制宜、就地取材，根据水流及冲刷程度，采用抛石护岸、石笼护岸、浆砌或干砌块石护岸、混凝土或钢筋混凝土护岸等措施。

　　4 护岸宽度应根据实际水文及地质条件确定，但不得小于 5m。护岸顶高出设计洪水位（含浪高和壅水高）不得小于 0.5m。

4.5.4 管道通过较大的陡坡地段，以及管道受温度变化的影响，将产生较大下滑力或推力时，宜设置管道锚固墩：

　　1 锚固墩一般由混凝土或钢筋混凝土现浇，基础底部埋深不宜小于 1.5m；

　　2 锚固墩周边的回填土必须分层夯实，干容重不得小于 16kN/m³；

　　3 管道与锚固墩的接触面应有良好的电绝缘。

4.6   标志

4.6.1   输气管道沿线应设置里程桩、转角桩、交叉和警示牌等永久性标志。

4.6.2   里程桩应沿气流前进方向左侧从管道起点至终点，每公里连续设置。阴极保护测试桩可同里程桩结合设置。

4.6.3   埋地管道与公路、铁路、河流和地下构筑物的交叉处两侧应设置标志桩（牌）。

4.6.4   对易于遭到车辆碰撞和人畜破坏的管段，应设置警示牌，并应采取保护措施。

5   管道和管道附件的结构设计

5.1   管道强度和稳定计算

5.1.1   管道强度计算应符合下列原则：

    1   埋地管道强度设计应根据管段所处地区等级以及所承受可变荷载和永久荷载而定。当管道通过地震动峰值加速度等于或大于 0.1g 的地区时，应按国家现行标准《输油（气）钢质管道抗震设计规范》SY/T 0450 对管道在地震作用下的强度进行校核。

    2   埋地直管段的轴向应力与环向应力组合的当量应力，应小于管子的最小屈服强度的 90%。管道附件的设计强度不应小于相连直管段的设计强度。

    3   输气管道采用的钢管符合本规范第 5.2.2 条规定时，焊缝系数值应取 1.0。

5.1.2   输气管道强度计算应符合下列规定：

    1   直管段管壁厚度应按下式计算（计算所得的管壁厚度应向上圆整至钢管的壁厚 δ_n）：

$$\delta = \frac{PD}{2\sigma_n \varphi Ft} \tag{5.1.2}$$

式中 δ——钢管计算壁厚，cm；

    P——设计压力，MPa；

    D——钢管外径，cm；

    σ_n——钢管的最小屈服强度，MPa；

    F——强度设计系数，按表 4.2.3 和表 4.2.4 选取；

    φ——焊缝系数；

    t——温度折减系数。当温度小于 120℃时，t 值取 1.0。

    2   受约束的埋地直管段轴向应力计算和当量应力校核，应按本规范附录 B 的公式计算。

    3   当温度变化较大时，应作热胀应力计算。必要时应采取限制热胀位移的措施。

    4   受内压和温差共同作用下弯头的组合应力，应按本规范附录 C 的公式计算。

5.1.3   输气管道的最小管壁厚度应符合表 5.1.3 的规定。

5.1.4   输气管道径向稳定校核应符合下列表达式的要求，当管道埋设较深或外荷载较大时，应按无内压状态校核其稳定性：

表 5.1.3　最小管壁厚度　　　　　　　　单位：mm

钢管公称直径	最小壁厚	钢管公称直径	最小壁厚
100、150	2.5	600、650、700	6.5
200	3.5	750、800、850、900	6.5
250	4.0	950、1000	8.0
300	4.5	1050、1100、1150、1200	9.0
350、400、450	5.0	1300、1400	11.5
500、550	6.0	1500、1600	13.0

$$\Delta x \leqslant 0.03D \tag{5.1.4-1}$$

$$\Delta x = \frac{ZKWD_\mathrm{m}^3}{8EI + 0.061E_\mathrm{s}D_\mathrm{m}^3} \tag{5.1.4-2}$$

$$W = W_1 + W_2 \tag{5.1.4-3}$$

$$I = \delta_\mathrm{n}^3 / 12 \tag{5.1.4-4}$$

式中　Δx——钢管水平方向最大变形量，m；

D_m——钢管平均直径，m；

W——作用在单位管长上的总竖向荷载，N/m；

W_1——单位管长上的竖向永久荷载，N/m；

W_2——地面可变荷载传递到管道上的荷载，N/m；

Z——钢管变形滞后系数，宜取 1.5；

K——基床系数，宜按本规范附录 D 的规定选取；

E——钢材弹性模量，N/m²；

I——单位管长截面惯性矩，m⁴/m；

δ_n——钢管壁厚，m；

E_s——土壤变形模量，N/m²，E_s 值应采用现场实测数。当无实测资料时，可按本规范附录 D 的规定选取。

5.1.5　曾采用冷加工使其符合规定的最小屈服强度的钢管，以后又将其不限时间加热到高于 480℃ 或高于 320℃ 超过 1h（焊接除外），该钢管允许承受的最高压力，不得超过按式（5.1.2）计算值的 75%。

5.2　材料

5.2.1　输气管道所用钢管、管道附件的选择，应根据使用压力、温度、介质特性、使用地区等因素，经技术经济比较后确定。采用的钢管和钢材，应具有良好的韧性和焊接性能。

5.2.2　输气管道凡选用国产钢管，其规格与材料性能应符合现行国家标准《石油天然气工业输送钢管交货技术条件》GB/T 9711、《输送流体用无缝钢管》GB/T 8163、《高压锅炉用无缝钢管》GB 5310、《化肥设备用高压无缝钢管》GB 6479 的有关规定。

5.2.3　输气管道所采用钢管和管道附件应根据强度等级、管径、壁厚、焊接方式及使用环境温度等因素对材料提出韧性要求。

5.2.4 钢管表面的凿痕、槽痕、刻痕和凹痕等有害缺陷应按下列要求处理：

1 钢管在运输、安装或修理中造成壁厚减薄时，管壁上任一点的厚度不应小于按式（5.1.2）计算确定的钢管壁厚的 90％。

2 凿痕、槽痕应打磨光滑；对被电弧烧痕所造成的"冶金学上的刻痕"应打磨掉。打磨后的管壁厚度小于本规范第 5.2.4 条 1 款的规定时，应将管子受损部分整段切除，严禁嵌补。

3 在纵向或环向焊缝处影响钢管曲率的凹痕均应去除。其他部位的凹痕深度，当钢管公称直径小于或等于 300mm 时，不应大于 6mm；当钢管公称直径大于 300mm 时，不应大于钢管公称直径的 2％。当凹痕深度不符合要求时，应将管子受损部分整段切除，严禁嵌补或将凹痕敲膄。

5.3　管道附件

5.3.1 管道附件应符合下列规定：

1 管道附件严禁使用铸铁件。

2 管件的制作应符合国家现行标准《钢板制对焊管件》GB/T 13401、《钢制对焊无缝管件》GB 12459、《钢制对焊管件》SY/T 0510 的规定。

3 清管器收发筒、汇管、组合件的制作参照执行现行国家标准《钢制压力容器》GB 150 的规定。

4 当管道附件与管道采用焊接连接时，两者材质应相同或相近。

5 承受较大疲劳荷载的弯管，不得采用螺旋焊接钢管制作。

6 进行现场强度试验时，不应发生泄漏、破坏、塑性变形。

5.3.2 管道附件与没有轴向约束的直管连接时，应按本规范附录 E 规定的方法进行承受热膨胀的强度校核。

5.3.3 弯头和弯管的管壁厚度应按下式计算：

$$\delta_b = \delta m \qquad\qquad (5.3.3\text{-}1)$$

$$m = \frac{4R - D}{4R - 2D} \qquad\qquad (5.3.3\text{-}2)$$

式中　δ_b——弯头或弯管的管壁计算厚度，mm；

　　　δ——弯头或弯管所连接的直管段管壁计算厚度，mm；

　　　m——弯头或弯管的管壁厚度增大系数；

　　　R——弯头或弯管的曲率半径，mm；

　　　D——弯头或弯管的外直径，mm。

5.3.4 直接在主管上开孔与支管连接或自制三通，其开孔削弱部分可按等面积补强，其结构和计算方法应符合本规范附录 F 的规定。当支管的公称直径小于或等于 50mm 时，可不补强。当支管外径大于或等于 1/2 主管内径时，宜采用标准三通件或焊接三通件。

5.3.5 异径接头可采用带折边或不带折边的两种结构形式，其强度设计应符合现行国家标准《钢制压力容器》GB 150 的有关规定。

5.3.6 管封头可采用凸形封头或平封头，其结构、尺寸和强度应符合现行国家标准《钢制压力容器》GB 150 的有关规定。

5.3.7 管法兰的选用应符合国家现行标准的规定。法兰密封垫片和紧固件，应与法兰配套选用。绝缘法兰、绝缘接头的设计应符合国家现行标准《绝缘法兰设计技术规定》SY/T 0516的规定。

5.3.8 汇管和清管器收发筒，应由具有制造压力容器相应等级资格的工厂制作。

5.3.9 在防火区内关键部位使用的阀门，应具有耐火性能。

5.3.10 需要通过清管器和检测仪器的阀门，应选用全通径阀门。

6 输气站

6.1 输气站设置原则

6.1.1 输气站的设置应符合线路走向和输气工艺设计的要求，各类输气站宜联合建设。

6.1.2 输气站位置选择应符合下列要求：

1 地势平缓、开阔。

2 供电、给水排水、生活及交通方便。

3 应避开山洪、滑坡等不良工程地质地段及其他不宜设站的地方。

4 与附近工业、企业、仓库、铁路车站及其他公用设施的安全距离应符合现行国家标准《石油天然气工程设计防火规范》GB 50183的有关规定。

6.1.3 输气站内平面布置、防火安全、场内道路交通及与外界公路的连接应符合国家现行标准《石油天然气工程设计防火规范》GB 50183、《建筑设计防火规范》GB 50016、《石油天然气工程总图设计规范》SY/T 0048的有关规定。

6.2 调压及计量设计

6.2.1 输气站内调压、计量工艺设计应符合输气工艺设计要求，并应满足生产运行和检修需要。

6.2.2 调压装置应设置在气源来气压力不稳定、且需控制进站压力的管线上。分输气及配气管线上以及需要对气体流量进行控制和调节的管段上，当计量装置之前安装有调压装置时，计量装置前的直管段设计应符合国家有关标准的规定。

6.2.3 在输气干线的进气、分输气、配气管线上以及站场自耗气管线上应设置气体计量装置。

6.3 清管设计

6.3.1 清管设施宜设置在输气站内。

6.3.2 清管工艺应采用不停气密闭清管工艺流程。

6.3.3 清管器的通过指示器应安装在进出站的管段上，应按清管自动化操作的需要在站外管道上安装指示器，并应将指示信号传至站内。

6.3.4 清管器收发筒的结构应能满足通过清管器或检测器的要求。清管器收发筒和快开盲板的设计应符合国家现行标准《清管设备设计技术规定》SY/T 0533和《快速开关盲板》SY/T 0556的规定。

6.3.5 清管器收发筒上的快开盲板，不应正对距离小于或等于60m的居住区或建（构）筑物区。当受场地条件限制无法满足上述要求时，应采取相应安全措施。

6.3.6 清管作业清除的污物应进行收集处理，不得随意排放。

6.4 压缩机组的布置及厂房设计原则

6.4.1 压缩机组应根据工作环境及对机组的要求，布置在露天或厂房内。在高寒地区或风沙地区宜采用全封闭式厂房，其他地区宜采用敞开式或半敞开式厂房。

6.4.2　厂房内压缩机及其辅助设备的布置，应根据机型、机组功率、外形尺寸，检修方式等因素按单层或双层布置，并应符合下列要求：

　　1　两台压缩机组的突出部分间距及压缩机组与墙的间距，应满足操作、检修的场地和通道要求；

　　2　压缩机组的布置应便于管线的安装；

　　3　压缩机基础应按照现行国家标准《动力机器基础设计规范》GB 50040 进行设计，并采取相应的减振、隔振措施。

6.4.3　压气站内建（构）筑物的防火、防爆和噪声控制应按国家现行标准的有关规定进行设计。

6.4.4　压缩机房的每一操作层及其高出地面 3m 以上的操作平台（不包括单独的发动机平台），应至少有两个安全出口及通向地面的梯子。操作平台上的任意点沿通道中心线与安全出口之间的最大距离不得大于 25m。安全出口和通往安全地带的通道，必须畅通无阻。

6.4.5　压缩机房的建筑平画、空间布置应满足工艺流程、设备布置、设备安装和维修的要求。

6.4.6　压缩机房内，应视压缩机检修的需要配置供检修用的固定起重设备。当压缩机组布置在露天、敞开式厂房内或机组自带起吊设备时，可不设固定起重设备，但应设置移动式起重设备的吊装场地和行驶通道。

6.5　压气站工艺及辅助系统

6.5.1　压气站工艺流程设计应根据输气系统工艺要求，满足气体的除尘、分液、增压、冷却、越站、试运作业和机组的启动、停机、正常操作及安全保护等要求。在压气站的天然气进口段应设置分离过滤设备，处理后天然气应符合压缩机组对气质的技术要求。

6.5.2　压气站内的总压降不宜大于 0.25MPa。

6.5.3　当压缩机出口气体温度高于下游设施、管道，以及管道敷设环境允许的最高操作温度或为提高气体输送效率时，应设置冷却器。

6.5.4　每一台离心式压缩机组均应设天然气流量计量装置，以便进行防喘振控制。

6.5.5　燃机燃料气系统应符合下列要求：

　　1　燃料气管线应从压缩机进口截断阀前的总管中接出，并应装设减压和对单台机组的计量设备。

　　2　燃料气管线在进入压缩机厂房前及每台燃机前应装设截断阀。

　　3　燃料气应满足燃机对气质的要求。

6.5.6　离心式压缩机组的油系统应符合下列要求：

　　1　润滑油、伺服油系统，均应由主油箱供油，且应分别自成系统。

　　2　机组润滑油系统的动力应由主润滑油泵、辅助润滑油泵和紧急润滑油泵构成。当润滑油泵采用气动马达时，冲动气马达的气体气质应符合设备制造厂的要求。辅助油泵的出油管应设单向阀。

6.5.7　采用注油润滑的往复式压缩机各级出口均应设分液设备，以防止润滑油进入输气管道。

6.5.8 冷却系统应符合下列要求：

　　1 气体冷却方式宜采用空冷。气体通过冷却器的压力损失不宜大于 0.07MPa。

　　2 往复式压缩机和燃气发动机气缸壁冷却水，宜采用密闭循环冷却。

　　3 冷却系统的布置应考虑与相邻散热设施的关系，避免相互干扰。

6.5.9 燃气轮机的启动宜采用电（液）马达或气动马达。当采用气动马达时，驱动气马达的气体气质及气体参数应符合设备制造厂的要求。

6.5.10 压缩机站设置压缩空气系统时，所提供的压缩空气应满足离心式压缩机、电机正压通风、站内仪表用风及其他设施等对气质、压力的不同要求。

6.5.11 以燃气为动力的压缩机组应设置空气进气过滤系统，过滤后的气质应符合设备制造厂的要求。

6.5.12 以燃气为动力的压缩机组的废气排放口应高于新鲜空气进气系统的进气口，宜位于进气口当地最小风频上风向，废气排放口与新鲜空气进气口应保持足够的距离，避免废气重新吸入进气口。

6.6　压缩机组的选型及配置

6.6.1 压缩机组的选型和台数，应根据压气站的总流量、总压比、出站压力、气质等参数，结合机组备用方式，进行技术经济比较后确定。

6.6.2 压气站宜选用离心式压缩机。在站压比较高、输量较小时，可选用往复式压缩机。

6.6.3 同一压气站内的压缩机组，宜采用同一机型。

6.6.4 压缩机的原动机选型，应结合当地能源供给情况及环境条件，进行技术经济比较后确定。离心式压缩机宜采用燃气轮机或变频调速电机，往复式压缩机宜采用燃气发动机。

6.6.5 驱动设备所需的功率应与压缩机相匹配。驱动设备的现场功率应有适当裕量，能满足不同季节环境温度、不同海拔高度条件下的工况需求，能克服由于运行年限增长等原因可能引起的功率下降。压缩机的轴功率可按附录 G 公式计算。

6.6.6 压缩机的原动机为变频调速电机时，电动机的供配电设计应符合现行国家标准《通用用电设备配电设计规范》GB 50055 的规定。变频系统谐波对公用电网电能质量的影响应符合现行国家标准《电能质量　公用电网谐波》GB/T 14549 的规定。变频系统输入电机的谐波应符合现行国家标准《电能质量　公用电网谐波》GB/T 14549 的规定，否则应当选用专用变频电机。

6.7　压缩机组的安全保护

6.7.1 往复式压缩机出口与第一个截断阀之间应装设安全阀和放空阀；安全阀的泄放能力应不小于压缩机的最大排量。

6.7.2 每台压缩机组应设置下列安全保护装置：

　　1 压缩机气体进口应设置压力高限、低限报警和低限越限停机装置。

　　2 压缩机气体出口应设置压力高限、低限报警和高限越限停机装置。

　　3 压缩机的原动机（除电动机外）应设置转速高限报警和超限停机装置。

　　4 启动气和燃料气管线应设置限流及超压保护设施。燃料气管线应设置停机或故障时的自动切断气源及排空设施。

5　压缩机组油系统应有报警和停机装置。

6　压缩机组应设置振动监控装置及振动高限报警、超限自动停机装置。

7　压缩机组应设置轴承温度及燃气轮机透平进口气体温度监控装置、温度高限报警、超限自动停机装置。

8　离心式压缩机应设置喘振检测及控制设施。

9　压缩机组的冷却系统应设置振动检测及超限自动停车装置。

10　压缩机组应设轴位移检测、报警及超限自动停机装置。

11　压缩机的干气密封系统应有泄放超限报警装置。

6.7.3　事故紧急停机时，压缩机进、出口阀应自动关闭，防喘振阀应开启，压缩机及其配管应泄压。

6.8　站内管线

6.8.1　站内所有油气管均应采用钢管及钢质管件。钢管材料应符合本规范第 5.2 节的有关规定。

6.8.2　机组的仪表、控制、取样、润滑油、离心式压缩机用密封气、燃料气等管道应采用不锈钢管及管件。

6.8.3　钢管强度及稳定计算，应符合本规范第 5.1 节的有关规定。

6.8.4　站内管线安装设计应采用减小振动和热应力的措施。压缩机进、出口的配管对压缩机连接法兰所产生的应力应小于压缩机技术条件的允许值。

6.8.5　管线的连接方式除因安装需要采用螺纹或法兰连接外，均应采用焊接。

6.8.6　管线应采用地上或埋地敷设，不宜采用管沟敷设。

6.8.7　管线穿越车行道时宜采用套管保护。

6.8.8　从站内分离设备至压缩机入口的管段应进行内壁清洗。

7　地下储气库地面设施

7.1　一般规定

7.1.1　地下储气库地面设施设计范围包括采、注气井井口至输气干管之间的工艺及相关辅助设施。

7.1.2　地下储气库地面设施的设计处理能力应根据地质结构的储、供气能力，按设计委托书或合同规定的季节调峰气量、日调峰气量或事故储备气量确定。

7.1.3　应选择经济合理的地下储气库调峰半径，地下储气库宜靠近负荷中心，调峰半径不宜大于 150km。

7.1.4　注气站、采气站宜合一建设，注气站、采气站宜靠近注采井。

7.1.5　注入气应满足地下储气库地面设备及地质构造对气质的要求。采出的外输气应满足本规范第 3.1.2 条对气质的要求。

7.2　地面工艺

7.2.1　注气工艺：

1　压缩机的进气管线上应设置分离过滤设备，处理后天然气应符合压缩机组对气质的技术要求。

　　2　根据储气库地质条件要求，对注入的天然气宜采取除油措施。

　　3　每口单井的注气量应进行计量。

　　4　注气管线应设置高、低压安全截断阀。

7.2.2　采气工艺：

　　1　采气系统应有可靠的气液分离设备。采出气应有计量和气质分析设施。

　　2　采气系统应采取防止水合物形成的措施。

　　3　根据地下储气库类型的不同，经过技术经济比较，确定采出天然气的脱水、脱烃工艺流程。

　　4　采用节流方式控制水、烃露点的工艺装置，宜配置双套调压节流装置。调压装置宜采用降噪措施。

　　5　采气工艺应充分利用地层压力能。采、注气管线宜合一使用。采气、注气系统间应采取可靠的截断措施。

　　6　采气管线应设置高、低压安全截断阀。

7.3　设备选择

7.3.1　压缩机的选择应符合下列要求：

　　1　注气压缩机的选型、配置及工艺应符合本规范第 6 章的要求。

　　2　地下储气库注气压缩机应优先选择往复式压缩机。压缩机各级出口宜在冷却器前设置润滑油分离器。

　　3　注气压缩机的选型宜兼顾注气和采气。

7.3.2　空冷器的选择应符合下列要求：

　　1　采用燃气驱动注气压缩机的空冷器在发动机功率有富裕量时，宜采用燃气发动机驱动。

　　2　空冷器宜设置振动报警、关机装置。

　　3　空冷器宜采用引风式空冷器。

7.4　辅助系统

7.4.1　地下储气库辅助系统应符合本规范第 8、9 章的规定。

7.4.2　地下储气库辅助系统应适应注采井、观察井的操作及监测要求。

8　监控与系统调度

8.1　一般规定

8.1.1　输气管道应设置测量、监视、控制设施。对复杂的管道工程，宜设置监控与数据采集系统。

8.1.2　输气管道的监控与数据采集系统应包括调度管理的主计算机系统，远程的被控站系统，数据通信系统。系统应为开放型网络结构，具有通用性、兼容性、可扩展性。

8.1.3　仪表选型及控制系统的选择，应根据输气管道特点、规模、发展规划、安全生产要求，经方案对比论证确定，选型宜统一。

8.1.4　监控与数据采集系统应具备高的可靠性及可用性指标，对易出现故障部位的仪表及控制设备应采用热备份。

8.1.5　控制系统设计应有利于生产运行和节能，减少管输气体的压力损失。

8.2 系统调度

8.2.1 输气管道监控与数据采集系统应符合下列规定：

1 宜提高纳入系统调度的可控输气量比例。

2 实时响应性能好，具有完善的优先级中断处理功能。

3 人机对话应灵活，操作、维护方便。

4 数据通信能力强，可靠性高，并应便于系统扩展、联网。

8.2.2 监控与数据采集系统应设调度控制中心，其设计应符合下列规定：

1 调度控制中心应设置在调度管理、通信联络、系统维修方便的地方。

2 调度控制中心控制室设计应符合国家现行标准的有关规定，并满足计算机系统的运行及操作要求。

3 主计算机系统及调度运行人机界面应采用双机热备用系统。

4 调度管理系统的主要功能应包括：

1）按预定的时间或赋予的访问方式，对每一个被控站进行扫描，对被控站的主要运行参数和状态进行实时显示、报警、存储、打印及记录；

2）向被控站发送远程控制指令和调节指令；

3）数据处理、分析及运行决策指导。

5 调度控制中心主计算机系统应配备操作系统软件、监控与数据采集系统软件、管道系统应用软件。

8.3 被控站

8.3.1 被控站宜采用以工业型微机和 PLC 组成的控制系统。

8.3.2 被控站应根据输气管道工艺设计要求布点，并应提供下列规定的功能：

1 执行调度控制中心下达的指令；

2 站系统运行参数巡回检测、监控，向调度控制中心发送主要运行参数及状态。

3 压缩机组及站场设备的程序控制、调节。

4 运行状态、流程、特性、参数的画面显示，报警、存储、打印及记录。

5 数据处理、操作运行及故障诊断指导。

6 站场安全防护系统监控。

8.3.3 被控站的控制系统应具有对压缩机组、工艺设备及辅助设施在控制室进行集中自动控制、就地自动控制和手动操作的功能。

8.3.4 站控系统应能适应离心压缩机组正常和变工况运行，保持压气站出站压力设定值；协调机组间的负荷分配，并对机组的下列功能进行监控：

1 机组的程序启停、辅助系统的程序控制以及机组运行相关阀门的安全联锁控制。

2 机组实时状态和工艺参数的监视。

3 接受调度控制中心指令进行控制、调节。

4 对本规范第 6.7.2 条规定的安全保护装置进行监视。

8.3.5 被控站紧急关闭系统（ESD）应符合下列要求：

1 压气站紧急关闭系统除在控制室内设置控制点外，还应在站内气区以外至少设有两个独立使用的操作点。操作点应设在靠近压气站站场进出口、安全和方便操作的地方，并应设明显标志。

2 紧急关闭系统应能快速地实施下列控制功能：

1）进出站场阀门关闭，干线旁路阀门开启；

2）站场内放空阀打开；

3）运行机组停机并放空；

4）切断燃料气供应并放空；

5）切断除消防系统和应急电源以外的供电电源；

6）启动自动灭火系统。

8.4　监控

8.4.1 当设置监控与数据采集系统时，在进气站宜设置气质在线连续自动分析仪表、气质指标越限报警装置。

8.4.2 工艺操作过程的重要参数、确保安全生产运行的主要参数、工艺过程所需研究分析的参数等应连续监视和记录。

8.4.3 压力系统运行监控应符合下列规定：

1 应对进、出站的气体压力进行监控。

2 压力调节控制宜优先采取自力式调节控制方式。对连续供气的管线宜采取双回路或多回路并联的压力调节系统。

8.4.4 应对压气站的出站气体温度进行监控。

8.4.5 气体流量的监控应对供气量超限会导致管输系统失调的部位，采取有效的限流控制措施。

8.4.6 当供气压力超限会危及下游供气系统设施安全时，应设置可靠的安全装置系统。当可能的最高进口压力与允许最高出口压力之差大于 1.6MPa 和进出口压力之比大于 1.6 时，可选择下列措施：

1 每一回路串联安装 2 台安全截断设备；安全截断设备应具备快速关闭能力并提供可靠的截断密封。

2 每一回路安装 1 台安全截断设备和 1 台附加的压力调节控制设备。

3 每一回路安装 1 台安全截断设备和 1 台最大流量安全泄放设备。

8.5　通信

8.5.1 输气管道工程的通信系统应根据生产运行、调度管理的要求设置，并应符合下列要求：

1 通信方式应根据输气管道运行的特点选择，并应符合监控及数据采集系统对数据传输的要求和发展需要。

2 数据传输通信系统应设备用通道。

3 通信站宜设置在管道沿线的各级输气管理单位内或站场内。

4 输气管道的调度管理电话、被控站站间联络电话、行政电话（会议电话）、巡线和应急通信电话、图文传真、数据传输等通信业务，应根据输气工艺的要求设置。

8.5.2   电话设置应符合下列要求：

1   通信中心、调度控制中心及压气站宜设置电话总机，其他站场宜设与控制中心、相邻站及与相关单位联络的专用电话。

2   压气站内生产区、辅助生产区可设联络电话；在爆炸性危险区域范围内应设置防爆型通信设备；流动作业人员可采用便携式电话机。

8.5.3   输气管道事故抢修、管道巡回检查和维修的作业点，可配备移动通信设备。

9   辅助生产设施

9.1   供配电

9.1.1   输气站供电电源应从所在地区电力系统取得，当从所在地区取得电源不经济和不可靠时，可设置自备电源。自备电源宜利用管输气发电或经技术经济比较后认为可行的其他电源。

9.1.2   供电电压应根据所在地区供电系统的条件、输气站用电负荷、用电设备电压等级以及输电线路长度等因素经技术经济比较后确定。

9.1.3   输气站用电负荷等级的确定应符合下列规定：

1   采用电力作输气动力，以及采用其他动力驱动，但是对供电可靠性要求特别高的压气站，用电负荷宜为一级。

2   其他输气站用电负荷宜为二级。支线站场根据工程条件和需要可为三级。

9.1.4   输气站应设应急照明，其照度应能保证主要工作场所正常工作照明照度的10%。

9.1.5   控制、仪表、通信等设施的用电，当因停电会影响到输气站正常运行或可能导致事故时，应设应急供电设施。

9.1.6   输气站应按国家现行标准《石油设施电气装置场所分类》SY/T 0025 划定爆炸危险场所，并应按爆炸危险场所等级选配电气设备和电气线路。

9.1.7   输气管道工程的防雷保护应符合下列规定：

1   辅气管道工程的防雷分类及防雷措施，应按现行国家标准《建筑物防雷设计规范》GB 50057，其中电力工程应按现行国家标准《过电压保护设计规范》GB 50064 的有关规定执行。

2   工艺装置区内露天布置的天然气钢制密闭设备、容器等必须设防雷接地。当顶板厚度小于 4mm 时，应设避雷针（线）保护。当钢制顶板厚度等于或大于 4mm 时，可不设避雷针保护。

3   装于工艺装置设备上的各种电力和信息设备，其配线应采用金属铠装电缆、屏蔽电缆或钢管配线。信息设备的配电线路首、末端需与信息设备连接时，应设与信息设备耐压水平相适应的过电压保护（电涌保护）设备。配线电缆金属外层或配线钢管应至少在两端并宜在防雷分区分界处设等电位连接及接地。

4   输气站钢制放空竖管管顶可不设接闪器，但放空竖管底部（包括金属固定绳）

应设集中接地装置。

9.1.8 消防设施的供配电应按现行国家标准《石油天然气工程设计防火规范》GB 50183 和《石油化工企业设计防火规范》GB 50160 的有关规定执行。

9.2 给水排水及消防

9.2.1 输气站给水水源应根据生产、生活、消防用水量和水质要求，结合当地水源条件及水文地质资料等因素综合比较确定。生产、生活及消防用水宜采用同一水源。

9.2.2 输气站总用水量应包括生产用水量、生活用水量、消防用水量（当设有安全水池可不计入）、绿化和浇洒道路用水量和未预见水量。未预见水量宜按最高日用水量的15％～25％计算。

9.2.3 安全水池（罐）的设置应根据输气站用水量、供水系统的可靠程度确定。当需要设安全水池（罐）时，应符合下列规定：

  1 应充分利用地形设置高位水池（罐）；

  2 安全水池（罐）的容积应根据生产所需的储备水量和消防用水量确定。生产生活储备水量宜按 8～24h 最高日平均时用水量计算；消防用水量按现行国家标准《石油天然气工程设计防火规范》GB 50183 的规定计算。安全水池应有确保消防用水不作它用的技术设施。

9.2.4 给水水质应符合下列规定：

  1 生产用水应符合输气工艺要求；生活用水应符合现行国家标准《生活饮用水卫生标准》GB 5749。当生产、生活用水采用同一给水系统供给时，其水质必须符合生活饮用水的水质标准。

  2 循环冷却水的水质和处理应符合现行国家标准《工业循环冷却水处理设计规范》GB 50050 的有关规定。

  3 当压缩机组等设备自身带有循环水冷却系统时，其冷却水水质应符合设备出厂规定给水水质要求。

9.2.5 输气站的外排污水应符合现行国家标准《污水综合排放标准》GB 8978 的要求。

9.2.6 输气站消防给水系统和设施的设置，应符合现行国家标准《石油天然气工程设计防火规范》GB 50183 的有关规定。

9.3 采暖通风和空气调节

9.3.1 输气站的采暖通风和空气调节设计应符合现行国家标准《采暖通风与空气调节设计规范》GBJ 19 的有关规定。

9.3.2 各类建筑物的冬季室内采暖计算温度应符合下列规定：

  1 生产和辅助生产建筑物应按表 9.3.2 的规定执行。

  2 有特殊要求的建筑物应按需要或相应的标准规定执行。

  3 其他建筑物的冬季室内温度应符合现行国家标准《工业企业设计卫生标准》GBJ 36 的规定。

表 9.3.2　输气站生产和辅助生产建筑物冬季采暖室内计算温度

名　称	温　度/℃
计量仪表室、控制室、值班室	16～18
各类泵房、压缩机房、通风机房	8～10
化验室	16～18
机、电、仪表修理间	16～18
消防车库	8
汽车库	5

9.3.3　输气站内有爆炸危险的场所，严禁使用明火采暖。

9.3.4　输气站内生产和辅助生产建筑物的通风设计应符合下列规定：

1　对散发有害物质或有爆炸危险气体的部位，应采取局部通风措施，使建筑物内的有害物质浓度符合现行国家标准《工业企业设计卫生标准》GBJ 36 的规定，并应使气体浓度不高于其爆炸下限浓度的 20%。

2　对建筑物内大量散发热量的设备，应设置隔热设施。

3　对同时散发有害物质、气体和热量的建筑物，全面通风量应按消除有害物质、气体或余热其中所需最大的空气量计算。当建筑物内散发的有害物质、气体或热量不能确定时，全面通风的换气次数应符合下列规定：

1）气体压缩机厂房的换气次数宜为 8 次/h；

2）化学分析室的换气次数宜为 5 次/h。

9.3.5　输气站内可能突然散发大量有害或有爆炸危险气体的建筑物应设事故通风系统。事故通风量应根据工艺条件和可能发生的事故状态计算确定。当事故状态难于确定时，事故通风量应按每小时不小于房内容积的 8 次换气量确定。事故通风宜由正常使用的通风系统和事故排风系统共同承担。

9.3.6　气体压缩机厂房除按本规范第 9.3.4 条设计正常换气外，尚应另外设置保证每小时 8 次的事故排风设施。

9.3.7　对可能有气体积聚的地下、半地下建（构）筑物内，应设置固定的或移动的机械排风设施。

9.3.8　对于远离站场独立设置的地下或半地下建（构）筑物，当有可能积聚气体而又难以设置通风设施时，设计文件中应说明操作人员或维修人员进入该建（构）筑物应采取的安全保护措施。

9.3.9　当采用常规采暖通风设施不能满足生产过程、工艺设备或仪表对室内温度、湿度的要求时，可按实际需要设置空气调节装置。

10　焊接与检验、清管与试压、干燥

10.1　焊接与检验

10.1.1　本节对焊接组装和检验的要求，适用于输气管道和管道附件的现场焊接。

10.1.2　设计文件应标明输气管道和管道附件母材及焊接材料的规格、焊缝和焊接接头形式；对焊接方法、焊前预热、焊后热处理及焊接检验等均应提出明确要求。

10.1.3　施工单位在开工前应根据设计文件提出的钢种等级、焊接材料、焊接方法和焊接工艺等，进行焊接工艺评定，并根据焊接工艺评定结果编制焊接工艺规程。

焊接工艺规程和焊接工艺评定内容、试验方法应符合现行国家标准《现场设备、工业管道焊接工程施工及验收规范》GB 50236 的规定。

10.1.4 焊工应具有相应的资格证书。焊工资格考试应符合现行国家标准《现场设备、工业管道焊接工程施工及验收规范》GB 50236 的规定。

10.1.5 焊接材料的选用应根据被焊材料的机械性能、化学成分、焊前预热、焊后热处理以及使用条件等因素确定。

10.1.6 国产焊接材料应符合现行国家标准《碳钢焊条》GB/T 5117、《低合金钢焊条》GB/T 5118、《焊接用钢丝》GB 1300 等的有关规定。

10.1.7 焊缝的坡口形式和尺寸的设计，应能保证焊接接头质量和满足清管器通过的要求。对接焊缝接头可以采用单 V 形、X 形或其他形状的坡口。两个具有相等壁厚或两个壁厚不等的管段焊接接头形式应符合本规范附录 H 的规定。

10.1.8 焊件的预热和焊后热处理应符合下列规定：

1 预热和焊后热处理应根据管道材料的性能、焊件厚度、焊接条件以及气候条件等确定，应符合现行国家标准《现场设备、工业管道焊接工程施工及验收规范》GB 50236 的规定。

2 当焊接两种具有不同预热要求的材料时，应以预热温度要求较高的材料为准。

3 对要求预热的焊件，在焊接过程中的层间温度，不应低于其预热温度。

4 对壁厚超过 32mm 以上碳钢，其焊缝应进行焊后热处理消除应力。

5 当焊接接头所连接的两端材质相同而厚度不同时，应力消除应以相接两部分中的较厚者确定。

6 材质不同的焊件之间的焊缝，当其中一种材料要求消除应力时，应进行应力消除。

7 焊件预热和焊后热处理应受热均匀，并在施焊和消除应力过程中保持规定的温度。加热带以外的部分应予保温。

10.1.9 焊接质量的检验与试验应符合下列规定：

1 当管道环向应力大于或等于 20% 屈服强度时，其焊接接头应采用无损探伤法进行检验，或将完工的焊接接头割下后做破坏性试验。

2 焊接接头无损探伤检验应符合下列规定：

1）所有焊接接头应进行全周长 100% 无损探伤检验。射线照相和超声波探伤是首选无损探伤检验方法。焊缝表面缺陷可进行磁粉或液体渗透检验。

2）当采用超声波探伤仪对焊缝进行无损探伤检验时，应采用射线照相对所选取的焊缝全周长进行复验，其复验数量为每个焊工或流水作业焊工组当天完成的全部焊缝中任意选取不小于下列数目的焊缝进行：

一级地区中焊缝的 5%；

二级地区中焊缝的 10%；

三级地区中焊缝的 15%；

四级地区中焊缝的 20%。

3）输气站内管道和穿跨越水域、公路、铁路的管道焊缝，弯头与直管段焊缝以及未经试压的管道碰口焊缝，均应进行 100% 射线照相检验。

3 当射线照相复验时，如每天的焊口数量达不到上述复验比例要求时，可以以每公里为一个检验段，并按规定的比例数进行复验。

4 用手工超声波探伤检验的焊缝，其质量的验收标准应按现行国家标准《钢焊缝手工超声波探伤方法和探伤结果分级》GB 11345 执行，Ⅰ级为合格。

5 用射线照相检验的焊缝，其质量的验收标准应按现行国家标准《钢熔化焊对接接头射线照相和质量分级》GB 3323 执行，Ⅱ级为合格。

6 用破坏性试验检验的焊接接头，其取样、试验项目和方法、焊接质量要求应按现行国家标准《现场设备、工业管道焊接工程施工及验收规范》GB 50236 的规定执行。

7 管道焊前、焊接过程中间、焊后检查、焊接缺陷的清除和返修、焊接工程交工检验记录、竣工验收要求等，应按现行国家标准《现场设备、工业管道焊接工程施工及验收规范》GB 50236 执行。

10.2 清管与试压

10.2.1 清管扫线应符合下列规定：

1 输气管道试压前应采用清管器进行清管，并不应少于两次。

2 清管扫线应设临时清管器收发设施和放空口，并不应使用站内设施。

10.2.2 输气管道试压应符合下列规定：

1 输气管道必须分段进行强度试验和整体严密性试验。试压管段应根据本规范第 4.2.2 条规定的地区等级并结合地形分段。

2 经试压合格的管段间相互连接的焊缝经射线照相检验合格，可不再进行试压。

3 输气站和穿（跨）越大中型河流、铁路、二级以上公路、高速公路的管段，应单独进行试压。

10.2.3 输气管道强度试验应符合下列规定：

1 试验介质：

1）位于一、二级地区的管段可采用气体或水作试验介质。

2）位于三、四级地区的管段及输气站内的工艺管道应采用水作试验介质。

3）当具备表 10.2.3 全部各项条件时，三、四级地区的管段及输气站内的工艺管道可采用空气试压。

表 10.2.3　三、四级地区的管段及输气站内的工艺管道空气试压条件

试压时最大环向应力		最大操作压力不超过现场最大试验压力的 80%	所试验的是新管子，并且焊缝系数为 1.0
三级地区	四级地区		
$<50\%\sigma_s$	$<40\%\sigma_s$		

2 用水作为试压介质时，每段自然高差应保证最低点管道环向应力不大于 $0.9\sigma_s$。水质为无腐蚀性洁净水。试压宜在环境温度 5℃ 以上进行，否则应采取防冻措施。注水宜连续，排除管线内的气体。水试压合格后，必须将管段内积水清扫

干净。

3 试验压力：

1）一级地区内的管段不应小于设计压力的 1.1 倍。

2）二级地区内的管段不应小于设计压力的 1.25 倍。

3）三级地区内的管段不应小于设计压力的 1.4 倍。

4）四级地区内的管段和输气站内的工艺管道不应小于设计压力的 1.5 倍。

4 试验的稳压时间不应少于 4h。

10.2.4 严密性试验应在强度试验合格后进行；用气体作为试验介质时，其试验压力应为设计压力并以稳压 24h 不泄漏为合格。

10.3 干燥

10.3.1 输气管道试压、清管结束后宜进行干燥。可采用吸水性泡沫清管塞反复吸附、干燥气体（压缩空气或氮气等）吹扫、真空蒸发、注入甘醇类吸湿剂清洗等方法进行管内干燥。

10.3.2 管道干燥可采用上述一种或几种相结合的方法。干燥方法应因地制宜、技术可行、经济合理、方便操作、对环境的影响最小。

10.3.3 干燥验收：

1 当采用干燥气体吹扫时，可在管道末端配置水露点分析仪，干燥后排出气体水露点应连续 4h 比管道输送条件下最低环境温度至少低 5℃、变化幅度不大于 3℃为合格。

2 当采用真空法时，选用的真空表精度不小于 1 级，干燥后管道内气体水露点应连续 4h 低于 −20℃，相当于 100Pa（绝）气压为合格。

3 当采用甘醇类吸湿剂时，干燥后管道末端排出甘醇含水量的质量百分比应小于 20%为合格。

10.3.4 管道干燥结束后，如果没有立即投入运行，宜充入干燥氮气，保持内压大于 0.12～0.15MPa（绝）的干燥状态下的密封，防止外界湿气重新进入管道，否则应重新进行干燥。

11 节能、环保、劳动安全卫生

11.1 节能

11.1.1 工程设计必须遵循《中华人民共和国节约能源法》及国家其他现行标准的相关规定。

11.1.2 输气工艺设计应充分利用管输气体压力能，减少输气管道压损，提高管道输送效率，降低能量消耗。

11.1.3 输气工艺设计应减少管输气体放空。应选用结构密封性能好的管道附件、阀门和设备，避免管输气体的漏损。

11.1.4 应优化输气工艺方案，提高自控水平，降低能耗。

11.1.5　应选用新型高效节能的机、电、热设备和产品，严禁选用国家公布淘汰的产品。

11.1.6　选用燃气轮机作压缩机原动机时，根据环境条件，宜采用热电、热动联供系统；选用电动机为原动机时，根据需要，宜采用变频调速技术，以提高能源综合利用效率。

11.1.7　根据管道所经地区的自然环境条件，宜因地制宜利用太阳能、风能、地热能及其他可利用的新能源。

11.1.8　应充分利用自然采光和自然通风能力，积极采用新型节能建筑材料，降低建筑物能耗。

11.1.9　凡用油、气、水、电、汽时，均应安装计量仪表。

11.1.10　应当对工程设计进行综合能耗分析，包括综合能耗计算和单位能耗比较。

11.2　环境保护

11.2.1　输气管道工程的设计应贯彻《中华人民共和国环境保护法》、《中华人民共和国水土保持法》，应符合现行国家、地方和石油天然气行业有关环境保护的规定。

11.2.2　输气管道线路和站址选择，应避开居民区、水源保护区、名胜古迹、风景游览区、自然保护区、重点保护的地下文物遗址等。对造成土壤、植被等原始地貌的破坏，应采取有效措施加以恢复。做好站场的绿化设计。

11.2.3　输气站排出的废水、废气及废渣等物质，应进行无害化处理或处置，并应符合下列要求：

1　污水外排时，应符合本规范第 9.2.5 条的规定。

2　废气外排时，应符合现行国家标准《大气污染物综合排放标准》GB 16297 的有关规定。

3　有害废弃物（渣、液）应经过妥善的预处理后进行填埋处理。

11.2.4　输气站噪声的防治应符合现行国家标准《工业企业厂界噪声标准》GB 12348 的有关规定。

11.3　劳动安全卫生

11.3.1　输气管道工程设计必须严格遵循《中华人民共和国安全生产法》、国家经贸委《石油天然气管道安全监督与管理规定》、劳动部《压力管道安全管理与监察规定》、《建设项目（工程）劳动安全卫生监察规定》及其他现行标准《石油天然气工业健康、安全与环境管理体系》SY/T 6276 等的相关规定。

11.3.2　劳动安全卫生的设计应针对工程特点进行，主要包括下述内容：

1　确定建设项目（工程）主要危险、有害因素和职业危害。

2　对自然环境、工程建设和生产运行中的危险、有害因素、职业危害进行定性和定量分析。

3　提出相应切实可行、经济合理的劳动安全卫生对策和防护措施。

4　劳动安全卫生设施和费用。

附录 A　输气管道工艺计算

A.0.1　当输气管道沿线的相对高差 $\Delta h \leqslant 200$m 且不考虑高差影响时，采用下式计算：

$$q_v = 11522Ed^{2.53}\left[\frac{P_1^2 - P_2^2}{ZTL\Delta^{0.961}}\right]^{0.51} \tag{A.0.1}$$

式中　q_v——气体（$P_0 = 0.101325$MPa，$T = 293$K）的流量，$\mathrm{m^3/d}$；

　　　d——输气管内直径，cm；

　P_1、P_2——输气管道计算管段起点和终点压力（绝），MPa；

　　　Z——气体的压缩因子；

　　　T——气体的平均温度，K；

　　　L——输气管道计算管段的长度，km；

　　　Δ——气体的相对密度；

　　　E——输气管道的效率系数（当管道公称直径为 $DN300 \sim DN800$mm 时，E 为 0.8～0.9；当管道公称直径大于 $DN800$mm 时，E 为 0.91～0.94）。

A.0.2　当考虑输气管道沿线的相对高差影响时，采用下式计算：

$$q_v = 11522Ed^{2.53}\left\{\frac{P_1^2 - P_2^2(1+\alpha\Delta h)}{ZTL\Delta^{0.961}\left[1+\frac{\alpha}{2L}\sum_{i=1}^{n}(h_i + h_{i1})L_i\right]}\right\}^{0.51} \tag{A.0.2}$$

式中　α——系数（$\mathrm{m^{-1}}$），$\alpha = \dfrac{2g\Delta}{R_a ZT}$；

　　　R_a——空气的气体常数，在标准状况下，$R_a = 287.1\mathrm{m^2/(s^2 \cdot K)}$；

　　　Δh——输气管道计算段的终点对计算段的起点的标高差，m；

　　　n——输气管道沿线计算管段数。计算管段是沿输气管道走向从起点开始，当其相对高差 $\leqslant 200$m 时划作一个计算管段；

　h_i、h_{i-1}——各计算管段终点和对该段起点的标高差，m；

　　　L_i——各计算管段长度，km。

附录 B　受约束的埋地直管段轴向应力计算和当量应力校核

B.0.1　由内压的温度引起的轴向应力应按下式计算：

$$\sigma_L = \mu\sigma_b + E\alpha(t_1 - t_2) \tag{B.0.1-1}$$

$$\sigma_b = \frac{Pd}{2\delta_n} \tag{B.0.1-2}$$

式中　σ_L——管道的轴向应力，拉应力为正，压应力为负，MPa；

　　　μ——泊桑比，取 0.3；

　　　σ_b——由内压产生的管道环向应力，MPa；

　　　P——管道设计内压力，MPa；

d——管子内径，cm；

δ_n——管子公称壁厚，cm；

E——钢材的弹性模量，MPa；

α——钢材的线膨胀系数，℃$^{-1}$；

t_1——管道下沟回填时温度，℃；

t_2——管道的工作温度，℃。

B. 0. 2 受约束热胀直管段，按最大剪应力强度理论计算当量应力，并应符合下列表达式的要求：

$$\sigma_e = \sigma_h - \sigma_L < 0.9\sigma_s \tag{B. 0. 2}$$

式中 σ_e——当量应力，MPa；

σ_s——管子的最低屈服强度，MPa。

附录 C 受内压和温差共同作用下的弯头组合应力计算

C. 0. 1 当弯头所受的环向应力 σ_h 小于许用应力 $[\sigma]$ 时，组合应力 σ_e 应按下列公式计算：

$$\sigma_e = \sigma_h + \sigma_{hmax} < \sigma_b \tag{C. 0. 1-1}$$

$$\sigma_h = \frac{Pd}{2\delta_h} \tag{C. 0. 1-2}$$

$$[\sigma] = F\varphi t\sigma_s \tag{C. 0. 1-3}$$

$$\sigma_{hmax} = \beta_q \sigma_n \tag{C. 0. 1. 4}$$

$$\beta_q = 1.8\left[1 - \left(\frac{r}{R}\right)^2\right]\left(\frac{1}{\lambda}\right)^{2/3} \tag{C. 0. 1-5}$$

$$\lambda = \frac{R\delta_b}{r^2} \tag{C. 0. 1-6}$$

$$\sigma_o = \frac{Mr}{I_b} \tag{C. 0. 1-7}$$

式中 σ_e——由内压和温差作用下的弯头组合应力，MPa；

σ_h——由内压产生的环向应力，MPa；

σ_b——材料的强度极限，MPa；

P——设计内压力，MPa；

d——弯头内径，m；

δ_b——弯头壁厚，m；

$[\sigma]$——材料的许用应力，MPa；

F——设计系数，按表 4.2.3 和表 4.2.4 选取；

φ——焊缝系数。当选用符合本规范第 5.2.2 条规定的钢管时，φ 值取 1.0；

t——温度折减系数，温度小于 120℃时，t 取 1.0；

σ_s——材料的屈服极限，MPa；

σ_{hmax}——由热胀弯矩产生的最大环向应力，MPa；

β_q——环向应力增强系数；

r——弯头截面平均半径，m；

R——弯头曲率半径，m；

λ——弯头参数；

$\sigma_{\circ}$——热胀弯矩产生的环向应力，MPa；

I_{b}——弯头截面的惯性矩，m^4；

M——弯头的热胀弯矩，$MN \cdot m$。

附录 D　敷管条件的设计参数

表 D　敷管条件的设计参数

敷管类型	敷管条件	$E_s/(MN/m^2)$	基床包角/度	基床系数 K
1 型	管道敷设在未扰动的土上,回填土松散	1.0	3.0	0.108
2 型	管道敷设在未扰动的土上,管子中线以下的土轻轻压实	2.0	45	0.105
3 型	管道放在厚度至少有 100mm 的松土垫层内,管顶以下的回填土轻轻压实	2.8	60	0.103
4 型	管道放在砂卵石或碎石垫层内,垫层顶面应在管底以上 1/8 管径处,但不得小于 100mm,管顶以下回填土夯实密度约 80%	3.8	90	0.096
5 型	管子中线以下放在压实的黏土内,管顶以下回填土夯实,夯实密度约 90%	4.8	150	0.085

注：1. 管径等于或大于 $DN750mm$ 的管道,不宜采用 1 型；

2. 基床包角系数指管基土壤反作用的圆弧角。

附录 E　管道附件由膨胀引起的综合应力计算

E.0.1　当输气管道系统中，直管段没有轴向约束（如固定支墩或其他锚固件）时，由于热膨胀作用，使管道附件产生弯曲和扭转，其产生的组合应力（不考虑流体内压作用）应符合下列公式的要求。

$$\sigma_e \leqslant 0.72\sigma_s \qquad (E.0.1-1)$$

$$\sigma_e = \sqrt{\sigma_{mp}^2 + 4\sigma_{ts}^2} \qquad (E.0.1-2)$$

$$\sigma_{mp} = \frac{IM_h}{W} \qquad (E.0.1-3)$$

$$\sigma_{ts} = \frac{M_t}{2W} \qquad (E.0.1-4)$$

式中　σ_e——组合应力，MPa；

σ_s——钢管的最低屈服强度，MPa；

σ_{mp}——弯曲合应力，MPa；

σ_{ts}——扭应力，MPa；

M_h——总弯曲力矩，N·m；

M_t——扭矩，N·m；

I——管件弯曲应力增强系数（查表 E.0.1）；

W——钢管截面系数，cm^3。

当管件不能满足 $\sigma_e \leqslant 0.72\sigma_s$ 时，应加大壁厚。

表 E.0.1　管件弯曲应力增强系数表

名称	应力增强系数 I		挠性特性 h	简图
	平面内 I_i	平面外 I_o		
弯头或弯管(见注)	$\dfrac{0.9}{h^{2/3}}$	$\dfrac{0.75}{h^{2/3}}$	$\dfrac{\delta R}{r^2}$	 R—弯曲半径
拔制三通 （见注）	$0.75I_0+0.25$	$\dfrac{0.9}{h^{2/3}}$	$4.4\dfrac{\delta}{r}$	 壁厚 δ 外半径 r
带加强圈的三通 （见注）	$0.75I_0+0.25$	$\dfrac{0.9}{h^{2/3}}$	$\dfrac{\left(\delta+\frac{1}{2}\delta'\right)^{5/2}}{\delta^{3/2}\cdot r}$	 加强圈厚 δ' 壁厚 δ
整体加强三通 （见注）	$0.75I_0+0.25$	$\dfrac{0.9}{h^{2/3}}$	$\dfrac{\delta}{r}$	
对焊接头,对焊异径接头及对焊法兰	1.0	1.0	$\dfrac{\delta}{r}$	
双面焊平焊法兰	1.2	1.2	$\dfrac{\delta}{r}$	
角焊接头或单面焊平焊法兰	1.3	1.3	$\dfrac{\delta}{r}$	

　注：对管道附件，应力增强系数 I 适用于任何平面上的弯曲，其值不应小于1，这两个系数适用于弧形弯头整个弧长及三通交接口处。

E.0.2　在大直径薄壁弯头和弯管中，内压将明显地影响增强系数，对此，原应力增强系数应除以（E.2.0）式。

$$1+3.25\frac{P}{E_c}\left(\frac{r}{\delta}\right)^{5/2}\left(\frac{R}{r}\right)^{2/3} \tag{E.0.2}$$

式中　P——管道附件承受的内压，MPa；

　　　E_c——室温下的弹性模数。

附录 F　三通和开孔补强的结构与计算

F.0.1　三通或直接在管道上开孔与支管连接时，其开孔削弱部分可按等面积补强原理进行补强，其结构应满足式（F.0.1-1）。

$$A_1+A_2+A_3\geqslant A_R \tag{F.0.1-1}$$

$$A_1=d_1(\delta_n'-\delta_n) \tag{F.0.1-2}$$

$$A_2=2H(\delta_b'-\delta_b) \tag{F.0.1-3}$$

$$A_R=\delta_n d_i \tag{F.0.1-4}$$

式中　A_1——在有效补强区内，主管承受内压所需设计壁厚外的多余厚度形成的面积，mm²；

　　　A_2——在有效补强区内，支管承受内压所需最小壁厚外的多余厚度形成的截面积，mm²；

　　　A_3——在有效补强区内，另加的补强元件的面积，包括这个区内的焊缝截面积，mm²；

　　　A_R——主管开孔削弱所需要补强的面积，mm²。

F.0.2　拔制三通的补强（图 F.0.2）。

结构为主管具有拔制扳边式接口与支管连接的三通，选用三通和支管时，必须使 $A_1+A_2+A_3\geqslant A_R$。这里的 $A_3=2r_0(\delta_0-\delta_b')$。图中双点画线范围内为有效补强区。

F.0.3　整体加厚三通的补强（图 F.0.3）。

整体加厚三通的结构是主管或支管的壁厚或主、支管壁厚同时加厚到满足：$A_1+A_2+A_3\geqslant A_R$，这里的 A_3 是补强区内的焊缝面积。

图中符合含义与图 F.0.2 相同。

F.0.4　开孔局部补强（图 F.0.4）。

当在管道上直接开孔与支管连接时，其开孔削弱部分的补强必须使 $A_1+A_2+A_3\geqslant A_R$。这里的 A_3 是补强元件提供的补强面积与补强区内的焊缝面积之和，其补强结构还应符合下列条件：

1　补强元件的材质应和主管材质一致。当补强元件钢材的许用应力低于主管材料的许用应力时，补强元件面积应按二者许用应力的比值成比例增加。

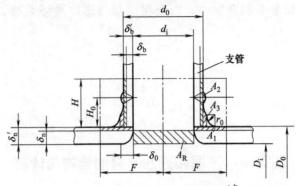

$$H_0 \geqslant r_0 \geqslant 0.05\, d_0 \quad H=0.7\,(d_0-\delta_b)^{1/2}$$

图 F.0.2　拔制三通补强

注：d_0—支管外径，mm；d_i—支管内径，mm；D_0—主管外径，mm；D_i—主管内径，mm；H—补强区的高度，mm；δ_0—翻边处的直管管壁厚度，mm；δ_b—与支管连接的直管管壁厚度，mm；δ_b'—支管实际厚度，mm；δ_n—与主管连接的直管管壁厚度，mm；δ_n'—主管的实际厚度，mm；F—补强区宽度的 1/2，等于 d_i，mm；H_0—拔制三通支管接口扳边的高度，mm；r_0—拔制三通扳边接口外形轮廓线部分的曲率半径，mm。

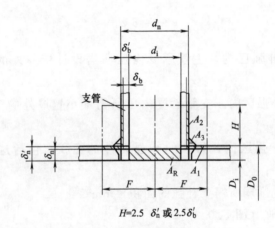

$$H=2.5\ \delta_n' \text{ 或 } 2.5\delta_b'$$

图 F.0.3　整体加厚三通

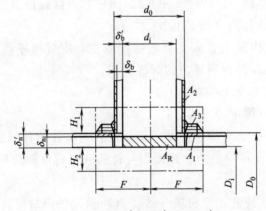

$$H_1=2.5\ \delta_n' \text{ 或 } 2.5\delta_b' \quad H_2=2.5\ \delta_n'$$

图 F.0.4　开孔局部补强

2 主管上邻近开孔连接支管时，其两相邻支管中心线的距离，不得小于两支管直径之和的 1.5 倍。当相邻两支管中心线的距离小于 2 倍大于 1.5 倍两支管直径之和时，应用联合补强件，且两支管外壁到外壁间的补强面积，不得小于主管上开孔所需总补强面积的 1/2。

3 开孔应避开焊缝。

图中符号含义与图 F.0.2 相同。

附录 G　压缩机轴功率计算

G.0.1 离心式压缩机轴功率应按下列公式计算：

$$N = 9.807 \times 10^{-3} q_g \frac{K}{K-1} RZT_1 (\varepsilon^{\frac{K-1}{K}} - 1) \frac{1}{\eta} \qquad \text{(G.0.1-1)}$$

$$Z = \frac{Z_1 + Z_2}{2} \qquad \text{(G.0.1-2)}$$

式中　N——压缩机轴功率，kW；

　　　T_1——压缩机进口气体温度，K；

　　　R——气体常数，[(kg·m)/(kg·K)]；

　　　Z——气体平均压缩因子；

　　　ε——压比；

　　　η——压缩机效率；

　　　q_g——天然气流量，kg/s；

　　　K——气体比热比（$K = c_p / c_v$，c_p 为定压比热，c_v 为定容比热）。

G.0.2 往复式压缩机轴功率应按下式计算：

$$N = 16.745 P_1 q_v \frac{K}{K-1} (\varepsilon^{\frac{K-1}{K}} - 1) \frac{Z_1 + Z_2}{2Z_1} \times \frac{1}{\eta} \qquad \text{(G.0.2)}$$

式中　N——压缩机功率，kW；

　　　P_1——压缩机进气压力，MPa；

　　　q_v——进气条件下压缩机排量，m³/min；

　Z_1、Z_2——压缩机进、排气条件下的气体压缩系数。

附录 H　管端焊接接头型式

H.0.1 管端壁厚相等的对焊接头型式（图 H.0.1）

H.0.2 管端壁厚不等和（或）材料屈服强度不等的对焊接头型式（图 H.0.2）。

H.0.3 对图 H.0.2 的说明：

1 一般规定：

1）相接钢管接头设计区以外的壁厚应遵照本规范的设计要求；

2）当相接钢管的屈服强度不等时，则焊缝金属所具有的机械性能，至少应与强度

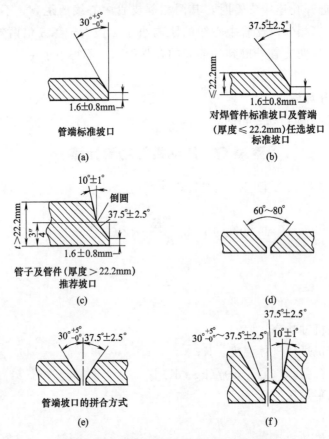

图 H.0.1 管端壁厚相等的对焊接头型式

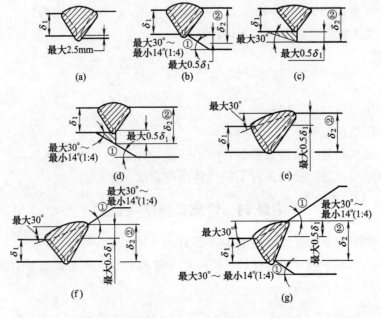

图 H.0.2 管端壁厚不等和（或）材料屈服强度不等的对焊接头型式

注：1. 当相接材料等强度不等厚度时，图中①不限定最小值；

2. 图中②设计用最大厚度 δ_2 不应大于 $1.5\delta_1$

较高的钢管的机械性能相等；

3）两个壁厚不等的管端之间的过渡，可用锥面或图中所示的焊接方法，或用长度不小于钢管半径的预制过渡短节；

4）斜表面的焊缝边缘，应避免出现尖锐的切口或刻槽；

5）连接两个壁厚不等而屈服强度相等的钢管，均应按照以上规定，但对锥面的最小角度不作限制；

6）对焊后热处理的要求，应按有效焊缝高度值确定。

2　当相接钢管内径不等时，应符合下列规定：

1）如两根相等钢管的公称壁厚相差不超过 2.5mm，则不需作特殊处理，只要焊透焊牢即可（见图 H.0.2a）。

2）当内壁厚度偏差超过 2.5mm，且不能进入管内施焊时，则应将较厚管端的内侧切成锥面，以完成过渡（见图 H.0.2b）。锥面角度不应大于 30°，也不应小于 14°。

3）环向应力超过屈服强度 20% 以上的钢管，其内壁偏差超过 2.5mm，但不超过较薄钢管壁厚的 1/2，且能进入管内施焊时，可用锥形完成过渡（见图 H.0.2c）。较厚钢管上的坡口钝边高度应等于管壁厚度的内偏差加上对接管上的坡口钝边高度。

4）当内壁厚度偏差大于较薄钢管壁厚的 1/2，且能进入管内施焊时，可将较厚管端的内侧切成锥面以完成过渡（见图 H.0.2b），或用一个组合式锥形焊缝实现过渡，即以相当于较薄钢管壁厚的 1/2 采用锥形焊缝，并从该点起，将剩余部分切成锥面（见图 H.0.2d）。

3　当相接钢管外径不等时，应符合下列规定：

1）当外壁厚度偏差不超过较薄钢管壁厚的 1/2 时，可用焊接完成过渡（见图 H.0.2e），但焊缝表面的上升角不得大于 30°，且两个对接的坡口边应正确熔焊。

2）当外壁厚度偏差超过较薄钢管壁厚的 1/2 时，应将该超出部分切成锥面（见图 H.0.2f）。

4　当相接钢管内径及外径均不等时，应综合采用图 H.0.2a～图 H.0.2f 的方式进行接头设计（如图 H.0.2g），此时应特别注意坡口的准确就位问题。

本规范用词说明

1　为便于在执行本规范条文时区别对待，对要求严格程度不同的用词说明如下：

1）表示很严格，非这样做不可的用词：

正面词采用"必须"，反面词采用"严禁"。

2）表示严格，在正常情况下均应这样做的用词：

正面词采用"应"，反面词采用"不应"或"不得"。

3）表示允许稍有选择，在条件许可时首先应这样做的用词：

正面词采用"宜"，反面词采用"不宜"；

表示有选择，在一定条件下可以这样做的用词，采用"可"。

2　本规范中指明应按其他有关标准、规范执行的写法为"应符合……的规定"或"应按……执行"。

（四）输油管道工程设计规范 GB 50253—2003（2006）

目次

1　总　　则

1.0.1　为在输油管道工程设计中贯彻执行国家现行的有关方针政策，保证设计质量，提高设计水平，以使工程达到技术先进、经济合理、安全可靠及运行、管理、维护方便，制定本规范。

1.0.2　本规范适用于陆上新建、扩建或改建的输送原油、成品油、液态液化石油气管道工程的设计。

1.0.3　输油管道工程设计应在管道建设、营运经验和吸取国内外先进科技成果的基础上合理选择设计参数，优化设计。

1.0.4　输油管道工程设计除应符合本规范外，尚应符合国家现行的有关强制性标准的规定。

2　术　　语

2.0.1　**输油管道工程**　oil pipeline project

　　用管道输送原油、成品油及液态液化石油气的建设工程。一般包括输油管线、输油站及辅助设施等。

2.0.2　**管道系统**　pipeline system

　　各类型输油站、管线及输送烃类液体有关设施的统称。

2.0.3　**输油站**　oil transport station

　　输油管道工程中各类工艺站场的统称。

2.0.4　**首站**　initial station

　　输油管道的起点站。

2.0.5　末站　terminal

输油管道的终点站。

2.0.6　中间站　intermediate station

在输油首站、末站之间设有各类站场的统称。

2.0.7　中间热泵站　intermediate heating and pumping station

在输油首站、末站之间设有加热、加压设施的输油站。

2.0.8　中间泵站　intermediate pumping station

在输油首站、末站之间只设有加压设施的输油站。

2.0.9　中间加热站　intermediate heating station

在输油首站、末站之间只设有加热设施的输油站。

2.0.10　输入站　input station

向管道输入油品的站。

2.0.11　分输站　off-take station

在输油管道沿线，为分输油品至用户而设置的站。

2.0.12　减压站　pressure reducing station

由于位差形成的管内压力大于管道设计压力或由于动压过大，超过下一站的允许进口压力而设置减压装置的站。

2.0.13　弹性弯曲　elastic bending

管道在外力或自重作用下产生的弹性限度范围内的弯曲变形。

2.0.14　顺序输送　batch transportation

多种油品用同一管道依次输送的方式。

2.0.15　翻越点　turnover point

输油管道线路上可能导致后面管段内不满流（slack flow）的某高点。

2.0.16　站控制系统　station control system

对全站工艺设备及辅助设施实行自动控制的系统。

2.0.17　管件　pipe fittings

弯头、弯管、三通、异径接头和管封头等管道上各种异形连接件的统称。

2.0.18　管道附件　pipe accessories

管件、法兰、阀门及其组合件，绝缘法兰、绝缘接头、清管器收发筒等管道专用部件的统称。

2.0.19　最大许用操作压力　maximum allowable operating pressure（MAOP）

管道内的油品处于稳态（非瞬态）时的最大允许操作压力。其值应等于站间的位差、摩阻损失以及所需进站剩余压力之和。

2.0.20　管道设计内压力　pipeline internal design pressure

在相应的设计温度下，管道或管段的设计内压力不应小于管道在操作过程中管内流体可能产生的最大内压力。

2.0.21　线路截断阀　line block valve

为防止管道事故扩大、减少环境污染与管内油品损失及维修方便在管道沿线安装的阀门。

2.0.22　冷弯管　cold bends

用模具（或夹具）不加热将管子弯制成需要角度的弯管。

2.0.23　热煨弯管　hot bends

管子加热后，在夹具上弯曲成需要角度的弯管，其曲率半径一般不小于 5 倍管子外直径。

2.0.24　成品油　products

原油经加工生产的商品油。在石油储运范畴内，多指 C_5 及 C_5 以上轻质油至重质油的油品。

2.0.25　公称管壁厚度　pipe nominal wall thickness

钢管标准中所列出的管壁厚度。

2.0.26　钢管的结构外径　structural outside diameter of steel pipe

钢管外防腐层、隔热层、保护层组合后形成的外径。

2.0.27　副管　looped pipeline

为增加管道输量，在输油站间的瓶颈段敷设与原有线路相平行的管段。

3　输油管道系统输送工艺

3.1　一般规定

3.1.1　输油管道工程设计计算输油量时，年工作天数应按 350d 计算。

3.1.2　应按设计委托书或设计合同规定的输量（年输量、月输量、日输量）作为设计输量。设计最小输量应符合经济及安全输送条件。

3.1.3　输油管道设计宜采用密闭输送工艺。若采用其他输送工艺，应进行技术经济论证，并说明其可行性。

3.1.4　管输多种油品，宜采用顺序输送工艺。若采用专管专用输送工艺，应进行技术经济论证。

3.1.5　输油管道系统输送工艺方案应依据设计内压力、管道管型及钢种等级、管径、壁厚、输送方式、输油站数、顺序输送油品批次等，以多个组合方案进行比选，确定最佳输油工艺方案。

3.1.6　管输原油质量应符合国家现行标准《出矿原油技术条件》（SY 7513）的规定；管输液态液化石油气的质量应符合现行国家标准《油气田液化石油气》（GB 9052.1）或《液化石油气》（GB 11174）的规定；管输其他成品油质量应符合国家现行产品标准。

3.1.7　输油管道系统输送工艺总流程图应标注首站、中间站、末站的输油量，进出站压力及油温等主要工艺参数。并注明线路截断阀、大型穿跨越、各站间距及里程、高程（注明是否有翻越点）。

3.1.8　输油管道系统输送工艺设计应包括水力和热力计算，并进行稳态和瞬态水力分析，提出输油管道在密闭输送中瞬变流动过程的控制方法。

3.2 原油管道系统输送工艺

3.2.1 应根据被输送原油的物理化学性质及其流变性，通过优化比选，选择最佳输送方式。原油一般物理化学性质测定项目，应符合本规范附录 A 的规定；原油流变性测定项目，应符合本规范附录 B 的规定。

3.2.2 加热输送的埋地原油管道，应优选加热温度；管道是否需保温，应进行管道保温与不保温的技术经济比较，确定合理方案。

3.2.3 管道内输送牛顿流体时，沿程摩阻损失应按下式计算：

$$h=\lambda \frac{L}{d} \cdot \frac{V^2}{2g} \tag{3.2.3-1}$$

$$V=\frac{4q_v}{\pi d^2} \tag{3.2.3-2}$$

式中　h——管道内沿程水力摩阻损失，m；

　　　λ——水力摩阻系数，应按本规范附录 C 计算；

　　　L——管道计算长度，m；

　　　d——输油管道的内直径，m；

　　　V——流体在管道内的平均流速，m/s；

　　　g——重力加速度（9.81m/s²）；

　　　q_v——输油平均温度下的体积流量，m³/s。

输油平均温度，应按下式计算：

$$t_{av}=\frac{1}{3}t_1+\frac{2}{3}t_2 \tag{3.2.3-3}$$

式中　t_{av}——计算管段的输油平均温度，℃；

　　　t_1——计算管段的起点油温，℃；

　　　t_2——计算管段的终点油温，℃。

　　注：对不加热输送的输油管道，计算管段的输油平均温度取管中心埋深处最冷月份的平均地温。

3.2.4 当管道内输送幂律流体时，其沿程摩阻损失应按本规范附录 D 的规定计算。

3.2.5 埋地输油管道的沿线温降应按下式计算：

$$\frac{t_1-t_0-b}{t_2-t_0-b}=e^{al} \tag{3.2.5-1}$$

$$b=\frac{ig}{Ca} \tag{3.2.5-2}$$

$$a=\frac{K\pi D}{q_m C} \tag{3.2.5-3}$$

式中　t_0——埋地管道中心处最冷月份平均地温，℃；

　　　l——管段计算长度，m；

　　　i——流量为 q_m 时的水力坡降，m/m；

　　　C——输油平均温度下原油的比热容，J/(kg·℃)；

　　　K——传热系数，W/(m²·℃)；

　　　D——管道的外直径，m；

q_m——油品质量流量，kg/s。

3.3　成品油管道系统输送工艺

3.3.1　应按设计委托书或设计合同规定的成品油输量、品种与各品种的比例，以及分输、输入数量，进行成品油管道系统输送工艺设计。

3.3.2　输送多品种成品油时，宜采用单管顺序输送。油品批量输送的排列顺序，应将油品性质相近的紧邻排列。

3.3.3　应在紊流状态下进行多品种成品油的顺序输送，成品油顺序输送管道的沿程摩阻损失应按本规范式（3.2.3-1）计算。对于高流速的成品油还需进行温升计算和冷却计算。

3.3.4　在顺序输送高黏度成品油（如重油）时宜使用隔离装置。

3.3.5　成品油顺序输送管道，在输油站间不宜设置副管。

3.3.6　多品种成品油顺序输送管道，应采用连续输送方式；当采用间歇输送时，应采取措施以减少混油量。

3.3.7　油品顺序输送混油段长度可按下式计算：

$$Re > Re_{lj} 时，C = 11.75(dL)^{0.5} Re^{-0.1} \tag{3.3.7-1}$$

$$Re < Re_{lj} 时，C = 18385(dL)^{0.5} Re^{-0.9} e^{2.18d^{0.5}} \tag{3.3.7-2}$$

$$Re_{lj} = 10000 e^{2.72d^{0.5}} \tag{3.3.7-3}$$

式中　C——混油段长度，m；

$\quad\;\; Re$——雷诺数；

$\quad\;\; Re_{lj}$——临界雷诺数；

$\quad\;\;$ e——自然对数的底，e＝2.718。

3.3.8　采用旁接油罐输送工艺，当多种油品顺序输送混油界面通过泵站时，应切换成泵到泵输送工艺。

3.3.9　应根据油罐区的建设和营运费用与混油贬值造成的费用损失两个方面进行综合比较后，确定最佳循环次数。

3.4　液态液化石油气（LPG）管道系统输送工艺

3.4.1　应按设计委托书或设计合同规定的液态液化石油气输量、组分与各组分的比例，进行液态液化石油气管道系统输送工艺设计。

3.4.2　输送液态液化石油气管道的沿程摩阻损失，应按本规范式（3.2.3-1）计算，并将计算结果乘以 1.1～1.2 的流态阻力增加系数。当管道内流速较高时，还应进行温升计算和冷却计算。

3.4.3　液态液化石油气在管道中输送时，沿线任何一点的压力都必须高于输送温度下液化石油气的饱和蒸气压。沿线各中间泵站的进站压力应比同温度下液化石油气的饱和蒸气压力高 1MPa，末站进储罐前的压力应比同温度下液化石油气的饱和蒸气压力高 0.5MPa。

3.4.4　液态液化石油气在管道内的平均流速，应经技术经济比较后确定，但要注意因管内摩阻升温而需另行冷却的能耗，可取 0.8～1.4m/s，但最大不应超过 3m/s。

4　线　路

4.1　线路选择

4.1.1　输油管道线路的选择，应根据该工程建设的目的和市场需要，结合沿线城市、工矿企业、交通、电力、水利等建设的现状与规划，以及沿途地区的地形、地貌、地质、水文、气象、地震等自然条件，在营运安全和施工便利的前提下，通过综合分析和技术经济比较，确定线路总走向。

4.1.2　中间站和大、中型穿跨越工程位置应符合线路总走向，但根据其具体条件必须偏离总走向时，局部线路的走向可做调整。

4.1.3　输油管道不得通过城市水源区、工厂、飞机场、火车站、海（河）港码头、军事设施、国家重点文物保护单位和国家级自然保护区。当输油管道受条件限制必须通过时，应采取必要的保护措施并经国家有关部门批准。

4.1.4　输油管道应避开滑坡、崩塌、沉陷、泥石流等不良工程地质区、矿产资源区、严重危及管道安全的地震区。当受条件限制必须通过时，应采取防护措施并选择合适位置，缩小通过距离。

4.1.5　埋地输油管道同地面建（构）筑物的最小间距应符合下列规定：

1　原油、C_5 及 C_5 以上成品油管道与城镇居民点或独立的人群密集的房屋的距离，不宜小于 15m。

2　原油、C_5 及 C_5 以上成品油管道与飞机场、海（河）港码头、大中型水库和水工建（构）筑物、工厂的距离不宜小于 20m。

3　原油、液化石油气、C_5 及 C_5 以上成品油管道与高速公路、一二级公路平行敷设时，其管道中心距公路用地范围边界不宜小于 10m，三级及以下公路不宜小于 5m。

4　原油、C_5 及 C_5 以上成品油管道与铁路平行敷设时，管道应敷设在距离铁路用地范围边线 3m 以外。

5　液态液化石油气管道与铁路平行敷设时，管道中心线与国家铁路干线、支线（单线）中心线之间的距离分别不应小于 25m、10m。

6　原油、C_5 及 C_5 以上成品油管道同军工厂、军事设施、易燃易爆仓库、国家重点文物保护单位的最小距离，应同有关部门协商解决。但液态液化石油气管道与上述设施的距离不得小于 200m。

7　液态液化石油气管道与城镇居民点、公共建筑的距离不应小于 75m。

注：1. 本条规定的距离，对于城镇居民点，由边缘建筑物的外墙算起；对于单独的工厂、机场、码头、港口、仓库等，应由划定的区域边界线算起。公路用地范围：公路路堤侧坡脚加护道和排水沟外边缘以外 1m；或路堑坡顶截水沟、坡顶（若未设截水沟时）外边缘以外 1m。

2. 当情况特殊或受地形及其他条件限制时，在采取有效措施保证相邻建（构）筑物和管道安全后，允许缩小 4.1.5 条中 1～3 款规定的距离，但不宜小于 8m（三级及以下公路不宜小于 5m）。对处于地形特殊困难地段与公路平行的局部管段，在采取加强保护措施后，可埋设在公路路肩边线以外的公路用地范围以内。

4.1.6　敷设在地面的输油管道同建（构）筑物的最小距离，应按本规范第 4.1.5 条所规定的距离增加 1 倍。

4.1.7 当埋地输油管道与架空输电线路平行敷设时，其距离应符合现行国家标准《66kV 及以下架空电力线路设计规范》（GB 50061）及国家现行标准《110～500kV 架空送电线路设计技术规程》（DL/T 5092）的规定。埋地液态液化石油气管道，其距离不应小于上述标准中的规定外，且不应小于 10m。

4.1.8 埋地输油管道与埋地通信电缆及其他用途的埋地管道平行敷设的最小距离，应符合国家现行标准《钢质管道及储罐腐蚀控制工程设计规范》（SY 0007）的规定。

4.1.9 埋地输油管道同其他用途的管道同沟敷设，并采用联合阴极保护的管道之间的距离，应根据施工和维修的需要确定，其最小净距不应小于 0.5m。

4.1.10 管道与光缆同沟敷设时，其最小净距（指两断面垂直投影的净距）不应小于 0.3m。

4.2 管道敷设

4.2.1 输油管道应采用地下埋设方式。当受自然条件限制时，局部地段可采用土堤埋设或地上敷设。

4.2.2 当输油管道需改变平面走向适应地形变化时，可采用弹性弯曲、冷弯管、热煨弯头。在平面转角较小或地形起伏不大的情况下，首先应采用弹性弯曲。采用热煨弯管时，其曲率半径不宜小于 5 倍管子外直径，且应满足清管器或检测器顺利通过的要求。冷弯管的最小曲率半径应符合本规范表 5.4.3 的规定。

4.2.3 当输油管道采用弹性弯曲时，其曲率半径应符合下列规定：

1 弹性弯曲的曲率半径，不宜小于钢管外直径的 1000 倍，并应满足管道强度的要求。

竖向下凹的弹性弯曲管段，尚应满足管道自重作用下的变形条件。

2 在相邻的反向弹性弯曲管段之间及弹性弯曲管段与人工弯管之间，应采用直管段连接，直管段长度不应小于钢管的外径，且不应小于 0.5m。

3 输油管道平面和竖向同时发生转角时，不宜采用弹性弯曲。

4.2.4 当输油管道采用冷弯管或热煨弯管（头）改变平面走向或高程时，应符合本规范第 5.4 节的规定。

不得采用虾米腰弯头或褶皱弯头。管子的对接偏差不得大于 3°。

4.2.5 埋地管道的埋设深度，应根据管道所经地段的农田耕作深度、冻土深度、地形和地质条件、地下水深度、地面车辆所施加的荷载及管道稳定性的要求等因素，经综合分析后确定。一般情况下管顶的覆土层厚度不应小于 0.8m。

在岩石地区或特殊地段，可减少管顶覆土厚度，但应满足管道稳定性的要求，并应考虑油品性质的要求和外力对管道的影响。

4.2.6 管沟沟底宽度应根据管沟深度、钢管的结构外径及采取的施工措施确定，并应符合下列规定：

1 当管沟深度小于 5m 时，沟底宽度应按下式计算：

$$B = D_0 + b \tag{4.2.6}$$

式中　B——沟底宽度，m；

　　　D_0——钢管的结构外径，m；

b——沟底加宽裕量，m，应按表 4.2.6 的规定取值。

表 4.2.6　沟底加宽裕量 b 值　　　　　　　　　　单位：m

条件因素		沟上焊接				沟下手工电弧焊接			沟下半自动焊接处管沟	沟下焊接弯管及碰口处管沟
		土质管沟		岩石爆破管沟	热煨弯管、冷弯管处管沟	土质管沟		岩石爆破管沟		
		沟中有水	沟中无水			沟中有水	沟中无水			
b 值	沟深 3m 以内	0.7	0.5	0.9	1.5	1.0	0.8	0.9	1.6	2.0
	沟深 3～5m	0.9	0.7	1.1	1.5	1.2	1.0	1.1	1.6	2.0

2　当管沟深度大于或等于 5m 时，应根据土壤类别及物理力学性质确定管沟沟底宽度。

3　当管沟开挖需要加强支撑时，管沟沟底宽度应考虑支撑结构所占用的宽度。

4　用机械开挖管沟时，管沟沟底宽度应根据挖土机械切削尺寸确定，但不得小于按本规范式（4.2.6）计算的宽度。

5　管沟沟底必须平整，管子应紧贴沟底。

4.2.7　管沟边坡坡度应根据试挖或土壤的内摩擦角、黏聚力、湿度、密度等物理力学性质确定。

当缺少土壤物理力学性质资料、地质条件良好、土壤质地均匀、地下水位低于管沟底面标高、挖深在 5m 以内时，不加支撑的管沟边坡的最陡坡度宜符合表 4.2.7 的规定。

表 4.2.7　沟深小于 5m 时的管沟边坡最陡坡度

土壤类别	边坡坡度（高：宽）		
	坡顶无荷载	坡顶有静荷载	坡顶有动荷载
中密的砂土	1：1.00	1：1.25	1：1.50
中密的碎石类土（充填物为砂土）	1：0.75	1：1.00	1：1.25
硬塑性的轻亚黏土	1：0.67	1：0.75	1：1.00
中密的碎石类土（充填物为黏性土）	1：0.50	1：0.67	1：0.75
硬塑性的亚黏土、黏土	1：0.33	1：0.50	1：0.67
老黄土	1：0.10	1：0.25	1：0.33
软土（经井点降水后）	1：1.00	——	——
硬质岩	1：0	1：0	1：0

注：1. 静荷载指堆土或料堆等；动荷载系指有机械挖土、吊管机和推土机作业。
　　2. 轻亚黏土现称为粉土，亚黏土现称为粉质黏土。

4.2.8 管沟回填土作业应符合下列规定：

1 岩石、砾石、冻土区的管沟，应在沟底先铺设 0.2m 厚的细土和细砂垫层且平整后方可用吊带吊管下沟。

2 回填岩石、砾石、冻土区的管沟时，必须先用细土或砂（最大粒径不得超过3mm）回填至管顶以上 0.3m 后，方可用原状土回填，但回填土的岩石和碎石块最大粒径不得超过 0.25m。

3 管沟回填应留有沉降裕量，应高出地面 0.3m。

4 输油管道出土端、弯管（头）两侧非嵌固段及固定墩处，回填土时应分层夯实，分层厚度不大于 0.3m。

4.2.9 管沟回填后应恢复原地貌，并保护耕植层，防止水土流失和积水。

4.2.10 当埋地输油管道通过地面坡度大于 18% 的地段时，应视土壤情况和坡长以及管道在坡上敷设的方向，采取防止地面径流、渗水侵蚀和土体滑动影响管道安全的措施。

4.2.11 当输油管道穿跨越冲沟，或管道一侧邻近发育中的冲沟或陡坎时，应对冲沟的边坡、沟底和陡坎采取加固措施。

4.2.12 当输油管道采取土堤埋设时，土堤设计应符合下列规定：

1 输油管道在土堤中的径向覆土厚度不应小于 1.0m；土堤顶宽不应小于 1.0m。

2 土堤边坡坡度应根据当地自然条件、填土类别和土堤高度确定。对黏性土堤，堤高小于 2.0m 时，土堤边坡坡度可采用（1∶0.75）～（1∶1）；堤高为 2～5m 时，可采用（1∶1.25）～（1∶1.5）。

3 土堤受水浸淹部分的边坡应采用 1∶2 的坡度，并应根据水流情况采取保护措施。

4 在沼泽和低洼地区，土堤的堤肩高度应根据常水位、波浪高度和地基强度确定。

5 当土堤阻挡水流排泄时，应设置泄水孔或涵洞等构筑物；泄水能力应满足重现期为 25 年一遇的洪水流量。

6 软弱地基上的土堤，应防止填土后基础的沉陷。

7 土堤用土，应满足填方的强度和稳定性的要求。

4.2.13 地上敷设的输油管道，应符合下列规定：

1 应采取补偿管道纵向变形的措施。

2 输油管道跨越人行通道、公路、铁路和电气化铁路时，其净空高度应按有关规范执行。

3 地上管道沿山坡敷设时，应采取防止管道下滑的措施。

4 对于需要保温的管道应考虑保温措施。

4.2.14 当埋地输油管道同其他埋地管道或金属构筑物交叉时，其垂直净距不应小于 0.3m；管道与电力、通信电缆交叉时，其垂直净距不应小于 0.5m，并应在交叉点处输油管道两侧各 10m 以上的管段和电缆采用相应的最高绝缘等级防腐层。

4.2.15 当输油管道通过杂散电流干扰区时，应按国家现行标准《钢质管道及储罐腐蚀控制工程设计规范》（SY 0007）和《埋地钢质管道直流排流保护技术标准》（SY/T 0017）的规定采取防护措施。

4.2.16 输油线路同直径段的管道壁厚种类不宜过多。

4.2.17 输油管道穿跨越工程设计，应符合国家现行标准《原油和天然气输送管道穿跨越设计规范》（SY/T 0015）的规定。液态液化石油气管道的穿跨越管段的设计系数按本规范附录 E 的规定选取。

4.3　管道的外腐蚀控制和保温

4.3.1　输油管道的防腐蚀设计，应符合国家现行标准《钢质管道及储罐腐蚀控制工程设计规范》（SY 0007）、《埋地钢质管道强制电流阴极保护设计规范》（SY/T 0036）和《埋地钢质管道牺牲阳极阴极保护设计规范》（SY/T 0019）的规定。

4.3.2　输油管道保温层的结构应由防腐层、隔热层和保护层组成。隔热层的厚度应根据工艺要求并经综合技术经济比较后确定。

4.3.3　隔热层材料应具有导热系数小、吸水率低、具有一定机械强度、耐热性能好、不易燃烧和具有自熄性、对管道无腐蚀作用的性能。

4.3.4　保护层材料应具有足够的机械强度和韧性、化学性能稳定、耐老化、防水和电绝缘的性能。

4.3.5　管道敷设采用套管时，输油管与套管之间应采用绝缘支撑。套管端部应采用防水、绝缘、耐用的材料密封。绝缘支撑间距根据管径大小而定，一般不宜小于 2m。

4.4　线路截断阀

4.4.1　输油管道沿线应安装截断阀，阀门的间距不应超过 32km，人烟稀少地区可加大间距。埋地输油管道沿线在穿跨越大型河流、湖泊、水库和人口密集地区的管道两端或根据地形条件认为需要，均应设置线路截断阀。输送液态液化石油气管道线路截断阀的最大间距应符合表 4.4.1 的规定。液态液化石油气管道截断阀之间应设置放散阀，其放散管管口高度应比附近建、构筑物高出 2m 以上。需防止管内油品倒流的部位应安装能通清管器的止回阀。

表 4.4.1　液态液化石油气管道线路截断阀间距

地区等级	线路截断阀最大间距/km
一	32
二	24
三	16
四	8

注：地区等级的划分详见附录 E。

4.4.2　截断阀应设置在不受地质灾害及洪水影响、交通便利、检修方便的位置，并应设保护设施。

4.4.3　选用的截断阀应能通过清管器和管道内检测仪。

4.5　管道的锚固

4.5.1　当输油管道的设计温度同安装温度之差较大时，宜在管道出土端、弯头、管径改变处以及管道和清管器收发装置连接处，根据计算设置锚固设施，或采取其他能够保证管道稳定的措施。

4.5.2　当管道翻越高差较大的长陡坡时，应考虑管道的稳定性。

4.5.3　当输油管道采取锚固墩（件）锚固时，管道和锚固墩（件）之间应有良好的电绝缘。

4.6　管道标志

4.6.1　输油管道沿线应设置里程桩、转角桩、阴极保护测试桩和警示牌等永久性标志。

4.6.2 里程桩应设置在油流方向的左侧，沿管道从起点至终点，每隔 1km 设置 1 个，不得间断。阴极保护测试桩可同里程桩结合设置。

4.6.3 在管道改变方向处应设置水平转角桩。转角桩应设置在管道中心线的转角处左侧。

4.6.4 输油管道穿跨越人工或天然障碍物时，应在穿跨越处两侧及地下建（构）筑物附近设立标志。通航河流上的穿跨越工程，必须设置警示牌。

4.6.5 当输油管道采用地上敷设时，应在行人较多和易遭车辆碰撞的地方，设置标志并采取保护措施。标志应采用具有发光功能的涂料涂刷。

5　输油管道、管道附件和支承件的结构设计

5.1　荷载和作用力

5.1.1 输油管道、管道附件和支承件，应根据敷设形式、所处环境和运行条件，按下列可能同时出现的永久荷载、可变荷载和偶然荷载的组合进行设计：

1　永久荷载：

1）输送油品的内压力；

2）钢管及其附件、绝缘层、隔热层、结构附件的自重；

3）输送油品的重量；

4）横向和竖向的土压力；

5）静水压力和水浮力；

6）温度作用以及静止流体由于受热膨胀而增加的压力；

7）由于连接构件相对位移而产生的作用力。

2　可变荷载：

1）试运行时的水重量；

2）附在管道上的冰雪荷载；

3）由于内部高落差或风、波浪、水流等外部因素产生的冲击力；

4）车辆及行人荷载；

5）清管荷载；

6）检修荷载；

7）施工过程中的各种作用力。

3　偶然荷载：

1）位于地震动峰值加速度等于或大于 0.1～0.15g（基本烈度七度）地区的管道，由于地震引起的断层位移、砂土液化、山体滑坡等施加在管道上的作用力；

2）由于振动和共振所引起的应力；

3）冻土或膨胀土中的膨胀压力；

4）沙漠中沙丘移动的影响；

5）地基沉降附加在管道上的荷载。

5.1.2 输油管道设计压力应符合下列规定：

1　任何一处管道及管道附件的设计内压力不应小于该处的最高稳态操作压力，且

不应小于管内流体处于静止状态下该处的静水压力。当设置反输流程时，输油管道任何一处的设计内压力，不应小于该处正、反输送条件下的最高稳态操作压力的较高者。

2　输送流体的管道及管道附件，应能承受作用在其上的外压与内压之间最大压差。

5.1.3　输油管道的设计温度，当加热输送时应为被输送流体的最高温度；当不加热输送时，应根据环境条件确定流体的最高或最低设计温度。

5.1.4　输油管道的设计应作水击分析，并应根据分析结果设置相应的控制和保护设备。在正常操作条件下，由于水击和其他因素造成的瞬间最大压力值，在管道系统中的任何一点都不得超过输油管道设计内压力的 1.1 倍。

5.2　许用应力

5.2.1　输油管道直管段的许用应力应符合下列规定：

1　许用应力应按下式计算：

$$[\sigma]=K\phi\sigma_s \tag{5.2.1}$$

式中　$[\sigma]$——许用应力，MPa；

　　　　K——设计系数，输送 C_5 及 C_5 以上的液体管道除穿跨越管段按国家现行标准《原油和天然气输送管道穿跨越工程设计规范》（SY/T 0015）的规定取值外，输油站外一般地段取 0.72；输送液态液化石油气（LPG）管道设计系数取值，见本规范附录 E；

　　　　σ_s——钢管的最低屈服强度，应按表 5.2.1 的规定取值；

　　　　ϕ——焊缝系数。

表 5.2.1　钢管的最低屈服强度和焊缝系数

钢管标准名称	钢号或钢级	最低屈服强度 σ_s/MPa	焊缝系数	备注
《输送流体用无缝钢管》GB/T 8163—1999	Q295	295($S>$16mm 为 285)	1.0	
	Q345	325($S>$16mm 为 315)		
	20	245($S>$16mm 为 235)		
《石油天然气工业输送钢管交货技术条件第 1 部分：A 级钢管》GB/T 9711.1—1997	L175(A25)	175(172)	1.0	S 为钢管的公称壁厚
	L210(A)	210(207)		
	L245(B)	245(241)		
	L290(X42)	290(289)		
	L320(X46)	320(317)		
	L360(X52)	360(358)		
	L390(X56)	390(386)		
	L415(X60)	415(413)		
	L450(X65)	450(448)		
	L485(X70)	485(482)		
	L555(X80)	555(551)		
《石油天然气工业输送钢管交货技术条件第 2 分部：B 级钢管》GB/T 9711.2—1999	L245NB L245MB	245～440*	1.0	B 级管的质量和试验要求高于 A 级管
	L290NB L290MB	290～440*		

续表

钢管标准名称	钢号或钢级	最低屈服强度 σ_s/MPa	焊缝系数	备注
《石油天然气工业输送钢管交货技术条件第2部分:B级钢管》GB/T 9711.2—1999	L360NB L360QB L360MB	360～510*	1.0	B级管的质量和试验要求高于A级管
	L415NB L415QB L415MB	415～565*		
	L450QB L450MB	450～570*		
	L485QB L485MB	485～605*		
	L555QB L555MB	555～675*		

注：1. NB为无缝钢管和焊接钢管用钢，QB为无缝钢管用钢，MB为焊接钢管用钢。

2. 括号内的钢级及屈服强度为 API 5L 标准的数值。

3. 带＊数值为 0.5％总伸长下的应力值，在此值范围内，由用户在合同书中提出具体要求。

2 输油站内管道的许用应力，应按现行国家标准《钢制压力容器》（GB 150）和现行美国标准《工艺管线》（ASME B31.3）的规定选取。

3 对于旧钢管，如有出厂证明及制造标准资料，经鉴定及试压合格后，可按公式（5.2.1）计算许用应力。对使用过的，没有出厂证明及制造标准不明的旧钢管，应降级使用，计算许用应力时，管材最低屈服强度可取 165MPa。

4 对于为了达到规定的最低屈服强度要求而进行过冷加工（控轧、冷扩），并在其后曾经加热至大于等于 300℃（焊接除外）的钢管，其许用应力应按公式（5.2.1）计算值的 75％取值。

5 钢管的许用剪应力不应超过其最低屈服强度的 45％；支承外载荷作用下的许用应力（端面承压）不应超过其最低屈服强度的 90％。

5.2.2 结构支承件和约束件所用钢材的许用拉应力和压应力，不应超过其最低屈服强度的 60％；许用剪应力不应超过其最低屈服强度的 45％；支承应力（端面承压）不应超过其最低屈服强度的 90％。

5.2.3 管道及管件强度验算的应力限用值应符合下列规定：

1 根据设计内压力计算出的应力值不应超过钢管的许用应力。

2 对于输送加热油品的管道，当管道轴向受约束时，其当量应力不得超过钢管最低屈服强度的 90％；当管道轴向不受约束时，热胀当量应力不得超过钢管的许用应力。

3 穿越等级公路未加套管的钢管，由设计内压力和外部载荷作用所产生的环向应力之和不得超过钢管的许用应力。

4 架空结构构件的强度验算，应符合国家现行标准《原油和天然气输送管道穿跨越工程设计规范——跨越工程》（SY/T 0015.2）的规定；对于液态液化石油气管道跨越强度设计系数，应按输气管道数据取值。

5.2.4 管道及管件由永久荷载、可变荷载所产生的轴向应力之和，不应超过钢管的最低屈服强度的 80%，但不得将地震作用和风荷载同时计入。

5.3 材料

5.3.1 输油管道所采用的钢管、管道附件的材质选择，应根据设计压力、温度和所输液体的物理化学性质等因素，经技术经济比较后确定。采用的钢管和钢材应具有良好的韧性和可焊性。

5.3.2 输油管道工程所用的钢管，宜采用油气输送钢管。钢管应符合现行国家标准《石油天然气工业输送钢管交货技术条件第 1 部分：A 级钢管》（GB/T 9711.1）或《石油天然气工业输送钢管交货技术条件第 2 部分：B 级钢管》（GB/T 9711.2）的规定；站内管道采用油气输送钢管有困难时，也可采用现行国家标准《输送流体用无缝钢管》（GB/T 8163）。

5.3.3 管道附件和钢管材料应采用镇静钢。

5.3.4 当施工环境温度低于或等于 −20℃ 时，应对钢管和管道附件材料提出韧性要求。

5.3.5 对于液态液化石油气管道，既应考虑低温下的脆性断裂，也要考虑运行温度下的塑性断裂问题。

5.3.6 钢制锻造法兰及其他锻件，应符合国家现行标准《压力容器用碳素钢和低合金钢锻件》（JB 4726）的规定。对于形状复杂的特殊管道附件，可采用铸钢制作。

5.4 输油管道管壁厚度计算及管道附件的结构设计

5.4.1 输油管道直管段的钢管管壁厚度应按下式计算：

$$\delta = \frac{PD}{2[\sigma]} \qquad (5.4.1)$$

式中　δ——直管段钢管计算壁厚，mm；

　　　P——设计内压力，MPa；

　　　D——钢管外直径，mm；

　　　$[\sigma]$——钢管许用应力，MPa，应按本规范第 5.2.1 条的规定采用。

5.4.2 输油站间的输油管道可按设计内压力，分段设计管道的管壁厚度。

5.4.3 钢制管件应符合下列规定：

1 现场冷弯弯管的最小弯管半径应按表 5.4.3 的规定取值。

表 5.4.3　现场冷弯弯管的最小弯管半径

公称管径/mm	最小弯管半径 R	备注
≤300	18D	
350	21D	D 为管外径。冷弯弯管不必增加壁厚，但弯管两端宜有 2m 左右的直管段
400	24D	
450	27D	
≥500	30D	

2 用为了达到规定的最低屈服强度而进行过冷加工（控轧、冷扩）的母管制作的热煨弯管，其许用应力应按本规范第 5.2.1 条第 4 款的规定取值。

3 钢制管件的选用应符合本规范附录 G 的规定；管件与直管段不等壁厚的焊接应符合本规范附录 F 的规定。

5.4.4 当管道及管件的壁厚极限偏差符合国家现行标准的规定时，不应再增加管壁的裕量。

5.4.5 管道附件设计应符合下列规定：

1 管道附件应按设计压力、最高设计温度和最低环境温度选择和设计。

2 输油站内管道与管道之间或管道与设备之间，当操作压力不同时，应按最高的操作压力选择和设计管道附件。

3 管道附件的非金属镶装件、填料、密封件，应选择耐油、耐温的材料。

4 管道附件不宜采用螺旋焊缝钢管制作。

5 管道附件不得采用铸铁件。

5.4.6 钢制异径接头的设计，应符合现行国家标准《钢制压力容器》（GB 150）的规定。无折边异径接头的半锥角应小于或等于 15°，异径接头的材质宜与所连接钢管的材质相同或相近。

5.4.7 钢制平封头或凸封头的设计，应符合现行国家标准《钢制压力容器》（GB 150）的规定。

5.4.8 绝缘法兰的设计，应符合国家现行标准《绝缘法兰设计技术规定》（SY/T 0516）。公称压力大于 5MPa、直径大于 300mm 的输油管道，宜采用绝缘接头。

5.4.9 管道和管道附件的开孔补强应符合下列规定：

1 在主管上直接开孔焊接支管：当支管外径小于 0.5 倍主管外径时，可采用补强圈进行局部补强，也可增加主管和支管管壁厚度进行整体补强。支管和补强圈的材料，宜与主管材料相同或相近。

2 当相邻两支管中心线的间距小于两支管开孔直径之和，但大于或等于两支管开孔直径之和的 2/3 时，应进行联合补强或加大主管管壁厚度。当进行联合补强时，支管两中心线之间的补强面积不得小于两开孔所需总补强面积的 1/2。当相邻两支管中心线的间距小于两支管开孔直径之和的 2/3 时，不得开孔。

3 当支管直径小于或等于 50mm 时，可不补强。

4 当支管外径等于或大于 1/2 倍主管外径时，应采用三通或采用全包型补强。

5 三通开孔和支管开孔均宜采用等面积补强（图 5.4.9）。

6 开孔边缘距主管焊缝宜大于主管管壁厚的 5 倍。

5.4.10 法兰的选择，应符合现行国家标准《钢制管法兰类型》（GB/T 9112）、《大直径碳钢管法兰》（GB/T 13402）的规定。

5.4.11 当输油管道采用弯头或弯管时，其所能承受的温度和内压力，应不低于相邻直管段所承受的温度和内压力。

5.4.12 冷弯管的任何部位不得出现褶皱、裂纹及其他机械损伤，弯管两端的椭圆度不得大于 2%，其他部位不得大于 2.5%。

5.4.13 地面管道的管架、钢管支承件和锚固件的设计，应符合下列规定：

1 被支承的钢管不应产生过大的局部应力、轴向和侧向摩擦力。

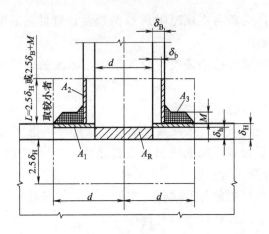

图 5.4.9 等面积补强

注：图中双点画线框内为可提供补强的范围；

d——支管内径，mm；

δ_b——按本规范式（5.4.1）计算的支管管壁厚度，mm；

δ_B——支管的公称管壁厚度，mm；

δ_h——按本规范式（5.4.1）计算的主管管壁厚度，mm；

M——补强圈厚度，mm；

L——应取 $2.5\delta_H$ 或 $2.5\delta_B+M$ 之较小者；

δ_H——主管的公称管壁厚度，mm；

A_R——需要的补强面积 $A_R=d\delta_b$；补强面积 $A_R \leqslant A_1+A_2+A_3$；

A_1——主管补强面积 $A_1=(\delta_H-\delta_h)d$；

A_2——支管补强面积 $A_2=2(\delta_R-\delta_b)L$（对于拔制三通 $L=0.7\sqrt{d\delta_B}$）；

A_3——补强圈、焊缝等所占补强面积（对于拔制三通 $A_3=0$）

2 管道运行时可能发生振动处，可采用支柱或防震装置，但不得影响管道的胀缩。

3 钢管上的支承件，可采用不与钢管焊接成一体的部件，如管夹或"U"形管卡。

4 当设计的管道是在其许用应力或接近其许用应力的情况下运行时，焊接在钢管上的连接件应是一个环抱整个钢管的单独的圆筒形加强件。加强件与钢管的焊接应采用连续焊。

5.5 管道的强度校核

5.5.1 输油管道应计算由设计内压力、外部载荷和热胀冷缩所产生的应力，并应使其小于管道、管道附件和与管道相连接的设备的安全承受能力。

5.5.2 穿越管段的强度验算，应符合国家现行标准《原油和天然气输送管道穿跨越工程设计规范——穿越工程》（SY/T 0015.1—98）第 4.5.2 条和第 4.5.3 条的规定。

5.5.3 埋地输油管道的直管段和轴向变形受限制的地上管段的轴向应力应按下式计算：

$$\sigma_\alpha=E\alpha(t_1-t_2)+\mu\sigma_h \tag{5.5.3-1}$$

$$\sigma_h=\frac{Pd}{2\delta} \tag{5.5.3-2}$$

式中 σ_α——由于内压和温度变化产生的轴向应力，负值为轴向压应力，正值为轴向拉应力，MPa；

$\quad$ E——钢材的弹性模量，可取 2.05×10^5 MPa；

$\quad$ α——钢材的线膨胀系数，可取 1.2×10^{-5} m/(m·℃)；

$\quad$ t_1——管道安装闭合时的大气温度，℃；

$\quad$ t_2——管道内被输送介质的温度，℃；

$\quad$ μ——泊桑比，宜取 0.3；

$\quad$ σ_h——由内压产生的环向应力，MPa；

$\quad$ P——管道的设计内压力，MPa；

$\quad$ d——管道的内直径，m；

$\quad$ δ——管道的公称壁厚，m。

按内压计算的环向应力应小于或等于许用应力 $[\sigma]$，许用应力 $[\sigma]$ 应符合本规范第 5.2.1 条的规定。

5.5.4 埋地管道的弹性敷设管段和轴向受约束的地上架空管道，在轴向应力中均应计入轴向弯曲产生的应力。

5.5.5 对于受约束的管道应按最大剪应力破坏理论计算当量应力，当 σ_a 为压应力（负值）时，应满足下述条件：

$$\sigma_e = \sigma_h - \sigma_a \leqslant 0.9\sigma_s \tag{5.5.5}$$

式中 $\quad$ σ_e——当量应力，MPa；

$\quad$ σ_s——钢管的最低屈服强度，MPa。

5.5.6 对于轴向不受约束的地面管道和埋地管道出土端未设固定墩的管段，热胀当量应力应按下式计算，其取值不应大于钢管的许用应力 $[\sigma]$。

$$\sigma_t = \sqrt{\sigma_b^2 + 4\tau^2} \leqslant [\sigma] \tag{5.5.6-1}$$

$$\sigma_b = \sqrt{(i_i M_i)^2 + (i_o M_o)^2} / Z \tag{5.5.6-2}$$

$$\tau = \frac{M_t}{2Z} \tag{5.5.6-3}$$

式中 $\quad$ σ_t——最大运行温差下热胀当量应力，MPa；

$\quad$ σ_b——最大运行温差下热胀合成弯曲应力，MPa；

$\quad$ M_i——构件平面内的弯曲力矩。对于三通，总管和支管部分的力矩应分别考虑，MN·m；

$\quad$ i_i——构件平面内弯曲时的应力增强系数，其取值应符合本规范附录 H 的规定；

$\quad$ M_o——构件平面外的弯矩，MN·m；

$\quad$ i_o——构件平面外弯曲时的应力增强系数，其取值应符合本规范附录 H 的规定；

$\quad$ τ——扭应力，MPa；

$\quad$ M_t——扭矩，MN·m；

$\quad$ Z——钢管截面系数，m³。

5.5.7 计算地面管道的热应力时，管道的全补偿值应包括热伸长值、管道端点的附加位移及有效预拉伸。预拉伸的有效系数取 0.5。

5.6 管道的刚度和稳定

5.6.1 管道的刚度应满足运输、施工和运行时的要求。钢管的外直径与壁厚的比值不应大于 140。

5.6.2　对穿越公路的无套管管段、穿越用的套管及埋深较大管段，均应按无内压状态验算在外力作用下管子的变形，其水平直径方向的变形量不得大于管子外径的 3%。变形量应按本规范附录 J 的规定计算确定。

5.6.3　对加热输送的埋地管道，应验算其轴向稳定，并应符合下列表达式的要求：

$$N \leqslant \frac{N_{cr}}{n} \tag{5.6.3-1}$$

$$N = [\alpha E(t_2 - t_1) + (0.5 - \mu)\sigma_h]A \tag{5.6.3-2}$$

式中　N——由温差和内压力产生的轴向压缩力，MN；

　　　　n——安全系数，对于公称直径大于 500mm 的钢管宜取 $n=1.33$；公称直径小于或等于 500mm 的钢管宜取 $n=1.11$；

　　　N_{cr}——管道开始失稳时的临界轴向力，应按本规范附录 K 的规定计算确定，MN；

　　　　A——钢管横截面积，m^2。

　　注：按式（5.6.3-2）计算时，如果计算结果 N 为正值，表示 N 为轴向压缩力，需按式（5.6.3-1）验算轴向稳定问题。如 N 为负值，则表示 N 为轴向拉力，则不必验算轴向稳定问题。

5.6.4　地面管道的轴向稳定，应符合国家现行标准《原油和天然气输送管道穿跨越工程设计规范——跨越工程》（SY/T 0015.2）的规定。

6　输 油 站

6.1　站场选址和总平面布置

6.1.1　站场选址应符合下列规定：

　　1　必须根据有效的设计委托书或合同，按照国家对工程建设的有关规定，并结合当地城乡建设规划进行选址。

　　2　应满足管道工程线路走向和路由的需要，满足工艺设计的要求；应符合国家现行的安全防火、环境保护、工业卫生等法律法规的规定；应满足居民点、工矿企业、铁路、公路等的相关要求。

　　3　应贯彻节约用地的基本国策，合理利用土地，不占或少占良田、耕地，努力扩大土地利用率；贯彻保护环境和水土保持等相关法律法规。

　　4　站场址应选定在地势平缓、开阔、避开人工填土、地震断裂带，具有良好的地形、地貌、工程和水文地质条件并且交通连接便捷、供电、供水、排水及职工生活社会依托均较方便的地方。

　　5　选定站场址时，应保证站场有足够的生产、安全及施工操作的场地面积，并适当留有发展余地。

　　6　应会同建设方和地方政府有关职能部门的代表，共同现场踏勘，多方案比较，合理确定具体位置和范围，形成文件，纳入设计依据。

6.1.2　站场布局应符合下列规定：

　　1　输油管道工程首站站址的选定，宜与油田的集中处理站、矿场的原油库、港口、铁路转运油库、炼厂的成品油库联合进行，其位置应满足油品外运的要求。

　　2　输油管道工程末站站场址的选定，宜与石化企业的原油库、铁路转运油库、港口油库、成品油的商业油库或其他油品用户的储油设施联合进行，或认真协调，满足来油方位和路由及计量方面的要求。

　　3　中间站场址的位置在满足线路走向、站场工艺要求并符合防火间距规定的前提下，宜靠近村镇、居民点。

　　4　各类站场站址位置、站场与四周相邻的居民点、工矿企业等的防火间距，应符合现行国家标准《原油和天然气工程设计防火规范》（GB 50183）的规定。

　　5　管道工程的控制中心、管理公司、维修抢修单位及职工的生活基地应与站址同时选址，并应设在城镇交通方便且与线路走向协调、社会依托条件好的地方。

　　6　线路截断阀室、与输油站分开独立设置的阴极保护站、通信中继站等的位置选定，应满足其设计功能要求。

6.1.3　液态液化石油气管道站场的站址选定应符合下列规定：

　　1　符合城市总体规划的要求，且应远离城市居住区、村镇、学校、工业区和影剧院、体育馆等人员集中的地区；

　　2　应选择在所在地区全年最小频率风向的上风侧，且应是地势平坦、开阔、不易积存液化石油气的地段，同时避开雷区；

　　3　液态液化石油气管道站场内严禁设置地下和半地下建、构筑物（地下储罐和消防水泵除外）。地下管沟必须填充干砂；储罐与站外周围建、构筑物的防火间距，应符合现行国家标准《城镇燃气设计规范》（GB 50028）的规定。

6.1.4　站场址选定应避开下列场所：

　　1　避开低洼易积水和江河的干涸滞洪区以及有内涝威胁的地段。

　　2　在山区，应避开山洪及泥石流对站场造成威胁的地段，应避开窝风地段。

　　3　在山地、丘陵地区采用开山填沟营造人工场地时，应避开山洪流经过的沟谷，防止回填土石方塌方、流失，确保站场地基的稳定。

　　4　应避开洪水、潮水或涌浪威胁的地带。

6.1.5　输油站场不允许选址的区域应符合国家现行标准《石油天然气工程总图设计规范》（SY/T 0048）的规定。

6.1.6　各类站场及基地的总平面布置应符合下列规定：

　　1　总平面布置设计的防火间距及防火措施，应符合现行国家标准《原油和天然气工程设计防火规范》（GB 50183）的规定。

　　2　总平面布置设计中的防爆要求，应符合国家现行标准《石油设施电气装置场所分类》（SY/T 0025）的规定。

　　3　站场及基地内总平面布置要求和竖向设计，应符合国家现行标准《石油天然气工程总图设计规范》（SY/T 0048）的规定。

6.2　站场工艺流程

6.2.1　输油首站的工艺流程应具有收油、储存、正输、清管、站内循环的功能，必要时还应具有反输和交接计量的功能。

6.2.2 中间（热）泵站工艺流程应具有正输、压力（热力）越站、全越站、收发清管器或清管器越站的功能。必要时还应具有反输的功能。

6.2.3 中间加热站的工艺流程应具有正输、全越站的功能，必要时还应具有反输的功能。

6.2.4 分输站工艺流程除应具有中间站的功能外，尚应具有油品调压、计量的功能。必要时还应具有收油、储存、发油的功能。

6.2.5 输入站工艺流程应具有与首站同等的功能。

6.2.6 末站的工艺流程应具有接收上站来油、储存或不进罐经计量后去用户、接收清管器、站内循环的功能，必要时还应具有反输的功能。

6.3 原油管道站场工艺设备

6.3.1 油罐形式、容量、数量应符合下列规定：

1 首站、末站、分输站、输入站应选用浮顶金属油罐。

2 输油首站、输入站、分输站、末站储油罐总容量应按下式计算：

$$V = \frac{G}{350\rho\varepsilon}k \tag{6.3.1}$$

式中 V——输油首站、输入站、分输站、末站原油储罐总容量，m^3；

$\qquad G$——输油首站、输入站、分输站、末站原油年总运转量，t；

$\qquad \rho$——储存温度下原油密度，t/m^3；

$\qquad \varepsilon$——油罐装量系数，宜取 0.9；

$\qquad k$——原油储备天数，d。

3 首站、输入站、分输站、末站原油罐，每站不至少于 3 座。

6.3.2 输油站油品储备天数应符合下列规定：

1 输油首站、输入站：

1）油源来自油田、管道时，其储备天数宜为 3～5d；

2）油源来自铁路卸油站场时，其储备天数宜为 4～5d；

3）油源来自内河运输时，其储备天数宜为 3～4d；

4）油源来自近海运输时，其储备天数宜为 5～7d；

5）油源来自远洋运输时，其储备天数按委托设计合同确定；

油罐总容量应大于油轮一次卸油量。

2 分输站、末站：

1）通过铁路发送油品给用户时，油品储备天数宜为 4～5d；

2）通过内河发送给用户时，油品储备天数宜为 3～4d；

3）通过近海发送给用户时，油品储备天数宜为 5～7d；

4）通过远洋油轮运送给用户时，油品储备天数按委托设计合同确定；油罐总容量应大于油轮一次装油量；

5）末站为向用户供油的管道转输站时，油品储备天数宜为 3d。

3 中间（热）泵站：

1）当采用旁接油罐输油工艺时，其旁接油罐容量宜按 2h 的最大管输量计算；

2）当采用密闭输送工艺时，应设水击泄放罐，其泄放罐容量由瞬态水力分析后确定。

6.3.3 应根据油罐所储原油的物理化学性质和环境条件，通过技术经济比较后，确定油罐加热和保温方式。

6.3.4 铁路装卸设施应符合下列规定：

1 日装卸油罐车在 8 列及 8 列以上时，装卸栈桥宜整列双侧布置装卸油鹤管。

2 鹤管的结构应满足各类型油罐车对位要求，鹤管数量应满足在一列车不脱钩的条件下一次到站最多的油罐车数；根据合同要求，装卸油罐车为同一标准型号时，设计鹤管间距宜为 12m，栈桥两端部距最近一鹤管的距离不宜小于 3m，或根据合同规定的油罐车型确定鹤管间距。

3 铁路日装卸车列数应按下式计算：

$$n = \frac{mk}{350\varepsilon V\rho} \tag{6.3.4}$$

式中　n——日装卸车列数；

　　　m——年装卸油量，t；

　　　k——铁路来车不均匀系数，按统计资料采用，当无统计资料时宜取 1.2；

　　　ε——油罐车装量系数，宜取 0.9；

　　　V——一列油罐车的公称容量，m³；

　　　ρ——装卸温度下油品的密度，t/m³。

6.3.5 码头装卸设施应符合下列规定：

1 油品码头应尽量布置在非油类码头常年风向或强流向的下侧，安全距离应符合表 6.3.5-1 的规定。

表 6.3.5-1　油品码头与其他货种码头的安全距离

油品类型	安全距离/m
甲(闪点<28℃)	150
乙(28℃≤闪点<60℃)	
丙(60℃≤闪点≤120℃)	50

注：1. 安全距离系指油品码头相邻其他货种码头所停靠设计船泊首尾间的净距。
2. 当受条件限制布置有困难时，可减小安全距离，但应采取必要的安全措施。

2 油品码头相邻两泊位的船舶间距，不应小于表 6.3.5-2 的规定。

表 6.3.5-2　油品码头相邻两泊位的船舶间距

设计船长/m	<110	110～150	151～182	183～235	>235
间距/m	25	35	40	50	55

注：1. 间距系指油品码头相邻两泊位所停靠设计船舶首尾间的净距。
2. 当突堤和栈桥码头两侧靠船时，可不受上述船舶间距的限制。

3 两泊位以上的码头，应分泊位设置流量计量设施。

4 油品码头泊位年通过能力可按下式计算：

$$P_t = \frac{TGt_d}{t_z + t_f + t_p}\rho \tag{6.3.5}$$

式中　P_t——一个泊位的年通过能力，t；

$\quad\quad\quad t_d$——昼夜小时数，取 24h；

$\quad\quad\quad T$——年日历天数，取 365d；

$\quad\quad\quad G$——设计船型的实际载货量，t；

$\quad\quad\quad \rho$——泊位利用率。一般根据同类油轮泊位营运资料确定，如无资料，可取 0.5～0.6；

$\quad\quad\quad t_z$——装卸一艘设计船型所需的时间（h），可根据同类泊位的营运资料和油船装卸设备容量综合考虑。如无资料可采用表 6.3.5-3 用表 6.3.5-4 中的数值；

$\quad\quad\quad t_f$——船舶的装卸辅助作业、技术作业时间以及船舶靠离泊时间之和（h）。船舶的装卸辅助作业、技术作业时间指在泊位上不能同装卸作业同时进行的各项作业时间。当无统计资料时，部分单项作业时间可采用表 6.3.5-5 中的数值。船舶靠离泊时间与航道、锚地、泊位前水域及港作方式等条件有关，可取1～2h；

$\quad\quad\quad t_p$——油船排压舱水时间，h，可根据同类油船泊位的营运资料分析。

表 6.3.5-3　卸油港泊位卸油船时效率和净卸油时间

油船泊位吨级 DWT/t	10000	20000	30000	50000	80000	100000	150000	200000	≥250000
卸油船时效率/(t/h)	600～800	1190～1360	1400～1600	2100～2400	2800～3200	3500～4000	5500	6300	≥7300
净卸船时间/h	24～18	27～24	30～26	36～32	36～31	36～31	32	37	≥40

表 6.3.5-4　装油港泊位净装油时间

油船泊位吨级 DWT/t	10000	20000	30000	50000	80000	100000	150000	200000	≥250000
净装油时间/h	10	10	10	10	13～15	13～15	15	20	≥20

表 6.3.5-5　部分单项作业时间

项目	靠泊时间	离泊时间	开工准备	结束	公估	联检
时间/h	0.50～1.00	0.50～0.75	0.75～1.00	0.75～1.00	1.50～2.00	1.00～2.00

5　港区输油管线的热伸长，当利用自然补偿不能满足要求时，应设置补偿器，补偿器应按有关规定设置固定支座，陆域管线应采用方形补偿器；引堤、栈桥上的管线宜采用波纹管补偿器、套筒伸缩节或其他形式的补偿器。

6　输油工艺设施在码头上的布置应符合下列规定：

1）输油臂宜布置在操作平台的中部。输油臂的口径、台数和布置等可按表 6.3.5-6 的规定；

表 6.3.5-6　油船泊位输油臂及布置参数

油船泊位吨级 DWT /t	输油臂口径 /mm	输油臂台数 /台	输油臂中心与操作平台边缘距离 /m	输油臂间距 /m	输油臂驱动方式
10000	DN200	2～3	1.5	2.0～2.5	手动
20000	DN200～250	3	2.0	2.0～2.5	手动或液压驱动
30000	DN250	3	2.0	2.5～3.0	手动或液压驱动
50000	DN300	3～4	2.0～2.5	3.0～3.5	液压驱动
80000	DN300	4	2.0～2.5	3.0～3.5	液压驱动
100000	DN300 或 DN400	4	2.0～2.5	3.5	液压驱动
150000	DN400	4	2.5	3.5	液压驱动
200000	DN400	4	2.5	3.5	液压驱动
≥250000	DN400	4～5	2.5	3.5	液压驱动

注：对卸油港，输油臂台数可按表列数字减少 1 台。

　　2）输油臂与阀室或其他建筑物之间应有足够距离；

　　3）两侧靠船的码头，输油管线布置在码头中部；

　　4）码头应设扫线、消防和通信等设施。大吨位码头应设登船梯；

　　5）输油管道和输油臂等应按有关规定设置防雷和接地装置。输油臂应设绝缘法兰，码头上应设供油船使用的接地装置。

6.3.6　输油站泵送设备的选择应符合下列规定：

　　1　应根据所输油品性质，合理选择泵型。当在输送温度下油品的黏度在 100mPa·s 以下，输油主泵宜选用离心泵。输油泵站的泵机组工作特性曲线与管路特性曲线交汇点处的排量，应与管道的设计输量一致。输油主泵根据使用条件可采用并联或串联运行。一般情况下，泵机组至少设置 2 台，但不宜多于 4 台，其中 1 台备用。

　　2　输油泵轴功率应按下式计算：

$$P = \frac{q_v \rho H}{102\eta} \tag{6.3.6}$$

式中　P——输油泵轴功率，kW；

　　　q_v——输送温度下泵的排量，m^3/s；

　　　ρ——输送温度下介质的密度，kg/m^3；

　　　H——输油泵排量为 q_v 时的扬程，m；

　　　η——输送温度下泵排量为 q_v 时的输油效率。

　　泵样本上给出的 η、q_v、H 是以输水为基础的数据。泵用于输油时，应根据输油温度下的油品黏度，对泵的 η、q_v、H 值进行修正。

6.3.7 输油主泵驱动装置的选择应符合下列规定：

1 电力充足地区应采用电动机；无电或缺电地区宜采用内燃机。

2 经技术经济比较后，需要调速时，可选择调速装置或可调速的驱动装置。

3 驱动泵的电动机功率应按下式计算：

$$N = k\frac{P}{\eta_e} \tag{6.3.7}$$

式中　N——输油泵配电机额定功率，kW；

　　　P——输油泵轴功率，kW；

　　　η_e——传动系数，取值如下：

　　　　　直接传动　　　$\eta_e = 1.0$；

　　　　　齿轮传动　　　$\eta_e = 0.9 \sim 0.97$；

　　　　　液力耦合器　　$\eta_e = 0.97 \sim 0.98$；

　　　k——电动机额定功率安全系数，取值如下：

　　　　　$3 < P \leqslant 55$　　　$k = 1.15$；

　　　　　$55 < P \leqslant 75$　　　$k = 1.14$；

　　　　　$P > 75$　　　　　$k = 1.1$。

6.3.8 加热设备的选择应符合下列规定：

1 宜采用管式加热炉提高输送油品的温度。加热炉的设置不宜少于 2 台，不设备用炉。

2 加热设备热负荷应按下式计算：

$$Q = q_m C(t_1 - t_2) \tag{6.3.8}$$

式中　Q——加热设备热负荷，W；

　　　q_m——进入加热设备的油品流量，kg/s；

　　　C——加热设备进出口平均温度下油品的比热容，J/(kg·℃)；

　　　t_1——加热设备出口油品温度，℃；

　　　t_2——加热设备进口油品温度，℃。

6.3.9 用于原油降凝、降粘、减阻的国产添加剂储存量宜为 1～2 个月的用量，进口添加剂储存量宜为 3～6 个月的用量。

6.3.10 减压站的设置应符合下列规定：

1 由于位差形成的管道内压力大于管道设计压力时或动压过大、超过下一站的允许进口压力时，在管道下坡段可设置减压站。

2 减压站上游最高点处压力设定值应能保证管输油品通过最高点时不出现液柱分离现象。

3 减压阀下游应配置截断阀，其性能应是严密、无泄漏的，应能保证在管道停输时完全隔断静压。

4 所选用的正常运行常开的减压阀应能在事故状态下自动关闭；热备用的常闭减压阀应能在需工作时自动开启，并在事故状态下自动关闭。

5 减压阀组进口端应设置过滤器，过滤网孔径尺寸应根据减压阀结构来确定。

6 对于输送易凝、高粘原油，应对每路减压阀组的阀体及管路进行伴热与保温，每路减压阀组应设置单独的电伴热回路。

7 进减压站内的管线上，应设两组（一用一备）超压保护泄放阀。

6.3.11 清管设施的设置应符合下列规定：

1 输油管道应设置清管设施。

2 清管器出站端的线路上、清管器进站前及进清管器接收筒前各点均设置清管器通过指示器。

3 当输油管道直径大于 $DN500mm$ 以上，且清管器总重超过 45kg 时，宜配备提升设施。

4 根据所选用一次清管作业中使用多个清管器（包括检测器）的长度，应留有足够的清管器收发操作场地。

6.3.12 输油管道用阀门的选择应符合下列规定：

1 安装于通清管器管道上的阀门应选择直通型（阀门通道直径与管道内径同径）；不通清管器的阀门可用缩径型。

2 阀门应密封可靠、启闭灵活、使用寿命长。在防火区内关键部位使用的阀门，应具有耐火性能。

3 当采用焊接阀门时，阀体材料的焊接性能应与所连接的钢管的焊接性能相适应。

4 输油管道不得使用铸铁阀门。

6.3.13 油品交接计量应符合下列规定：

1 应按合同要求设置计量设施的原则进行油品交接计量系统的设计。

2 油品交接计量系统的工艺流程应包括油量计量、计量仪表检验系统及污油系统。油品交接计量系统中，应设置商用油量交接，按规定定期检定和供需双方认可的加铅封的计量专用计算机。

3 油品流量计的选择应符合下列规定：

1）用于油品交接计量的流量计的准确度不应低于 0.2 级；

2）流量计的台数按下式计算：

$$n=\frac{q_{vp}}{0.75q_{vm}}+S \qquad (6.3.13\text{-}1)$$

式中　n——流量计的总台数，台；

　　q_{vp}——需要计量的最大油量，m^3/h；

　　q_{vm}——单台流量计最大额定流量，m^3/h；

　　0.75——系数，与 q_{vm} 相乘得最佳使用流量；

　　　S——连续计量时的备用流量计台数，台；正常运转台数大于 4 台时 S 取 2；正常运转台数等于或小于 4 台时 S 取 1；

3）流量计的设计台数，应经技术经济比较后确定；

4）用于商业交接的流量计，应设备用流量计，不得设置旁通管及阀；

5）当油品交接计量以质量作为核算单位时，宜选用质量流量计。

4 流量计辅助设备的选择应符合下列规定：

1）消气器的容积应按下式计算：

$$V = q_v t \qquad (6.3.13-2)$$

式中　V——消气器的容积，m^3；

　　　q_v——通过消气器的最大流量，m^3/s；

　　　t——油品在消气器中停留的时间，s，宜取 9～20s。

2）根据流量计产品说明书的要求，配置相应的过滤器。过滤器应安装在流量计入口前。过滤器进出口处应设置压力表。

5　流量计标定系统应符合下列规定：

1）流量计应按《中华人民共和国计量法》及相应的流量计的检定规程要求定期进行强制性检定；

2）用于商业交接的流量计系统，应设置在线校验装置；

3）流量计校验可采用质量法、容积法加密度计、体积管法加密度计，也可采用标准流量计校验；

4）采用质量流量计时，只要有条件应首先采用质量法检定质量流量计。

6　流量计及辅助系统的排污和管路安装应符合下列规定：

1）流量计及辅助系统的污油应排至零位罐或油池，并经过滤、脱水、计量后重新用泵输回至流量计的出口管线内，未经计量的输回到流量计的进口管线内；

2）在液体进入流量计前的管线上或流经的设备均不允许有任何开口、支线、取样点等泄流处；

3）污油排放系统的设计应符合有关安全、环保规定；

4）流量计出口侧管路上，应安装具有截止和检漏的双功能阀门或严密性好的无泄漏阀门。

6.4　成品油管道站场工艺设备

6.4.1　油罐形式、容量、数量应符合下列规定：

1　储存汽油、溶剂油等油品应选用浮顶罐或内浮顶罐；储存航空汽油、喷气燃料油应选用内浮顶罐；储存灯用煤油可选用内浮顶罐或固定顶罐；其他油品（如柴油、重油等）可选用固定顶油罐。

2　顺序输送油品的管道首站、输入站、分输站、末站储罐容积应按下式计算：

$$V = \frac{m}{\rho \epsilon N} \qquad (6.4.1)$$

式中　V——每批次、每种油品或每种牌号油品所需的储罐容积，m^3；

　　　m——每种油品或每种牌号油品的年输送量，t；

　　　ρ——储存温度下每种油品或每种牌号油品的密度，t/m^3；

　　　ϵ——油罐的装量系数。容积小于 $1000m^3$ 的固定顶罐（含内浮顶）宜取 0.85；

　　　　　容积等于或大于 $1000m^3$ 的固定顶罐（含内浮顶）、浮顶罐宜取 0.9；

　　　N——循环次数，次。

注：末站为水运卸船码头，还需要考虑一次卸船量，取较大值。末站为水运装船码头，还需要考虑一次装船量，取较大值。

3　首站、输入站、分输站、末站每种油品或每种牌号油品应设置 2 座以上储罐。中间泵站水击泄放罐容量由瞬态水力分析后确定。

6.4.2　根据油罐所储油品性质和环境条件，经过技术经济比较后确定油罐加热或冷却、保温或绝热方式。

6.4.3　成品油管道铁路装卸设施应符合下列规定：

1　成品油铁路日装卸车辆数应按下式计算：

$$n=\frac{Gk}{\tau\rho V\varepsilon} \tag{6.4.3}$$

式中　n——日装卸车辆数，辆/d；

　　　G——年装卸车油量，t/a；

　　　k——铁路运输不均衡系数，宜取 1.2；

　　　τ——年操作天数，d/a，宜取 350d；

　　　ρ——装卸车温度下油品密度，t/m³；

　　　V——油罐车平均容积，m³/辆，宜取 55m³/辆；

　　　ε——油罐车装量系数，宜取 0.9。

2　成品油铁路卸车鹤管应采用小鹤管上卸；装车应根据装油量，经计算分析比较确定采用大鹤管还是小鹤管。

3　装卸油栈桥日作业批数，不宜大于 4 批次。

4　装卸油栈桥采用双侧布置还是单侧布置，应根据鹤位数来确定。

5　铁路油品装卸线与油品装卸栈桥边缘的距离，自轨面算起 3m 及以下范围内不应小于 2m，3m 以上不应小于 1.85m。

6.4.4　应按本规范第 6.3.5 条的规定设置成品油水运码头装卸设施。

6.4.5　应按本规范第 6.3.6 条的规定选择泵送设备。

6.4.6　应按本规范第 6.3.7 条的规定选择输油主泵驱动装置。

6.4.7　应按本规范第 6.3.10 条的规定设置减压站。

6.4.8　应按本规范第 6.3.11 条的规定设置清管设施。

6.4.9　成品油管道阀门的选择应符合下列规定：

1　成品油管道阀门的选择应符合本规范第 6.3.12 条的规定。

2　安装在用于切换油品品种的阀门应为快速开启、关闭的阀门，其开启、关闭的时间不宜超过 10s。

6.4.10　油品交接计量应符合本规范第 6.3.13 条的规定。

6.5　液态液化石油气管道站场工艺设备

6.5.1　液化石油气储罐设计应符合下列规定：

1　在常温下，应选用卧式或球形金属储罐。

2　管道首站、输入站、分输站、末站液化石油气储罐总容量应按下式计算：

$$V=\frac{m}{350\rho\varepsilon}k \tag{6.5.1-1}$$

式中　V——管道首站、输入站、分输站、末站液化石油气储罐总容量，m³；

　　　　m——管道首站、输入站、分输站、末站液化石油气年总运转量，t；

　　　　ρ——储罐内最高工作温度时液化石油气的密度，t/m³；

　　　　ε——最高操作温度下储罐装量系数，宜取 0.9；

　　　　k——液化石油气的储备天数，d。

　　3　储罐座数应按下式确定：

$$n=\frac{V}{V_1}$$
（6.5.1-2）

式中　n——储罐座数，首站、输入站、分输站、末站储罐，每站不宜小于 3 座；

　　　V——液化石油气总储存量，m³；

　　　V_1——球罐或卧罐单座的容积，m³。

　　4　液化石油气储罐的设计压力应符合国家现行《压力容器安全技术监察规程》的规定。

　　5　中间泵站水击泄放罐容量应由水击分析确定。

　　6　液化石油气储罐上的附件应按工艺要求设置。储罐上的附件选用、安装、使用要求，应符合国家现行《压力容器安全技术监察规程》的规定。

　　7　液化石油气储罐下部应设置排污双阀，在赛冷地区应设防冻设施。

　　8　液化石油气储罐上必须设置安全阀。安全阀入口前不宜装设切断阀，如需要设置时，应使阀门保持常开状态并加铅封。与储罐相接的管线上严禁安装铸铁阀。

　　9　容积为 100m³ 或 100m³ 以上储罐应设置 2 个或 2 个以上安全阀。

6.5.2　首站、输入站、分输站、末站液化石油气的储备天数应符合本规范第 6.3.2 条的规定。

6.5.3　应根据储罐所储液化石油气组分和环境条件，经技术经济比较后确定冷却与绝热方式。

6.5.4　铁路装卸设施应符合下列规定：

　　1　必须使用液化石油气专用槽车，槽车的承压能力必须高于所承运的液化石油气在最高温度下的饱和蒸气压。

　　2　所使用的槽车必须符合国家《压力容器安全技术监察规程》和现行国家标准《液化气体铁道罐车技术条件》（GB 10478）的规定。

　　3　铁路装卸设施尚应符合本规范第 6.4.3 条的规定。

　　4　槽车装卸鹤管应各设有气相和液相接头，若采用胶管法兰鹤管，其许用压力至少为系统最高压力的 4 倍。

6.5.5　码头装卸设施应符合下列规定：

　　1　必须使用液化石油气专用船只。

　　2　码头装卸设施尚应符合本规范第 6.3.5 条的规定。

6.5.6　泵送设备除应按本规范第 6.3.6 条选用外，尚应符合下列规定：

　　1　泵的安装高度应保证不使其发生气蚀，并采取防振动措施。

　　2　泵的外壳应为铸钢，其机械密封应是无泄漏型的。

　　3　入口管段上应设置操作阀、过滤器及放散阀，并引至安全放空地点。

   4　泵出口管段上应设置止回阀、操作阀和液相安全回流阀。

   5　输送液态液化石油气泵的扬程应为起、终点储罐内极端最高温度时的饱和蒸气压换算成的液柱差、泵站间管道总摩阻损失及高程差之和，并留有按本规范第3.4.3条规定的压力换算成液柱的裕量。

6.5.7　主泵驱动装置的选择应符合本规范第6.3.7条的规定。

6.5.8　压缩机组及附件的设置应符合下列规定：

   1　液态液化石油气站内宜设置压缩机，对储罐及装卸设备中的气相液化石油气增压。

   2　压缩机进出口管线上应设置阀门。

   3　压缩机进出口管之间应设置旁通管及旁通阀。

   4　压缩机进口管线上应设置过滤器。

   5　压缩机出口管线上应设置止回阀和安全阀。

   6　当站内无压缩机系统时，罐区内各储罐的气相空间之间、槽车与储罐气体空间应用平衡管连通。

6.5.9　减压站的设置应符合本规范第6.3.10条的规定。

6.5.10　清管设施的设置应符合本规范第6.3.11条的规定。

6.5.11　液态液化石油气管道用阀门应符合下列规定：

   1　阀门及附件的配置应按液化石油气系统设计压力提高一级。

   2　地上液态液化石油气管道分段阀之间的管段上应设置管道安全阀。

   3　液态液化石油气管道上应设置液化气专用阀门。

   4　应按本规范第6.3.12条的规定选择阀门。

6.5.12　液态液化石油气的交接计量应符合下列规定：

   1　测量液态液化石油气流量，可用涡轮流量计、容积式流量计或质量流量计。

   1）用容积式流量计测量液态液化石油气流量，应符合现行国家标准《液态烃体积测量容积式流量计计量系统》（GB/T 17288）的规定。流量计应进行实液检定；

   2）用涡轮流量计计量时，应符合现行国家标准《液态烃体积测量涡轮流量计计量系统》（GB/T 17289）的规定。流量计应进行实液检定。

   2　应按本规范第6.3.13条的规定设置液态液化石油气的交接计量设备。

6.6　站内管道及设备的腐蚀控制与保温

6.6.1　站内埋地管道的外防腐层应为特加强级防腐。

6.6.2　储罐罐底板外壁应采用阴极保护。

6.6.3　设计选用的涂料必须符合国家现行标准。

6.6.4　保温管道的钢管外壁及钢制设备外壁均应先进行防腐后，再进行管道及设备的保温，保温层外还应设防水层。

6.6.5　凡储罐外壁、顶及罐内存在气体空间的部位，罐底及罐内部附件和距罐底2m以下部位，也均应进行防腐；储罐内壁需要使用防腐涂料时应使用防静电防腐涂料，涂料本体电阻率应低于$10^8 \Omega \cdot m$（面电阻率低于$10^9 \Omega \cdot m$）；进出储罐的轻质油品管道必须接近罐底安装。

6.6.6　浮顶油罐顶部壁板以下 2m 的内壁及浮船船舱的内外壁均应作防腐设计。

6.7　站场供配电

6.7.1　输油站场的电力负荷分级应符合下列规定：

1　首站、末站、减压站和压力、热力不可逾越的中间（热）泵站应为一级负荷；其他各类输油站应为二级负荷。

2　独立阴极保护站应为三级负荷。

3　输油站场及远控线路截断阀室的自动化控制系统、通信系统、输油站的紧急切断阀及事故照明应为一级负荷中特别重要的负荷。

6.7.2　一级负荷输油站应由两个独立电源供电；当条件受限制时，可由当地公共电网同一变电站不同母线段分别引出两个回路供电，但作为上级电源的变电站应具备至少两个电源进线和至少两台主变压器。输油站每一个电源（回路）的容量应满足输油站的全部计算负荷，两路架空供电线路不应同杆架设。

6.7.3　二级负荷输油站宜由两回线路供电，两回线路可同杆架设；在负荷较小或地区供电条件困难时，可由一回 6kV 及以上专用架空线路或电缆线路供电，但应设事故保安电源。事故保安电源的容量应能满足输油站保安负荷用电，宜采用自动化燃油发电机组。

6.7.4　对输油站中自动化控制系统、通信系统及事故照明等特别重要的负荷应采用不间断电源（UPS）供电，蓄电池的后备时间不应少于 2h。

6.7.5　在无电或缺电地区，输油站内的输油主泵宜由内燃机直接拖动，站内低压负荷供电应采用燃油发电机组，发电机组的选择应符合下列规定：

1　发电机组运行总容量应按全站低压计算负荷的 1.25～1.30 倍选择，并应满足大容量低压电动机的启动条件；备用机组容量可按运行机组容量的 50%～100% 选择。

2　发电机组的台数应为两台及以上，同一输油站宜选择同型号、同容量的机组；应根据机组的检修周期、是否设值班人员及机组运行台数，合理确定备用机组台数。

3　发电机组应满足并联运行，并具有自动—手动并车功能。

4　输油站低压系统不设无功功率补偿装置。

6.7.6　在无电或电源不可靠地区，输油管道线路无人值守的自动截断阀室、通信中继站、遥测阴极保护站等小容量负荷供电，宜选择太阳能发电、风能发电、小型燃油发电等自备电源装置，并应根据负荷容量、气象、地理环境、燃料供应等条件合理选择。

6.7.7　变（配）电所的供电电压应符合下列规定：

1　变（配）电所的供电电压应根据用电容量、供电距离、当地公共电网现状等因素合理确定，一般宜为 6（10）～110kV。

2　当输油泵、消防泵电动机额定电压为 6kV 时，变（配）电所的一级配电电压应为 6kV；当电动机额定电压为 10kV 时，则一级配电电压应为 10kV。低压配电电压应采用 380/220V。

6.7.8　变（配）电所的主接线和变压器选择应符合下列规定：

1　单电源进线和单台变压器的变电所，可采用线路-变压器组的单元接线；其主变压器的容量宜按全站计算负荷的 1.25～1.33 倍选择，且应满足输油主泵电动机的启动条件。

2 当有两路电源进线时，主变压器应为两台。变电所一次侧宜采用桥形接线，其二次侧宜采用单母线分段接线。主变压器每台容量宜按全站计算负荷的 95％～100％选择。当一台主变压器断开时，另一台主变压器应能保证全站一、二类负荷的供电，并应满足输油主泵电动机的启动条件。

3 配电变压器的台数及容量选择宜按主变压器选择原则进行。

6.7.9 变（配）电所的无功补偿应符合下列规定：

1 输油泵配 6（10）kV 异步电动机宜采用单机无功补偿方式。

2 低压配电侧宜采用集中无功自动补偿方式。

3 当工艺条件适当时，可采用高压同步电动机驱动输油泵。

6.7.10 35～110kV 变电所和 6～10kV 配电所，宜采用变电站微机综合自动化系统，实现对变配电系统的微机保护、数据采集与监控，并应同时备有一套手动操作系统。

6.7.11 变电所的电力调度通信应符合下列规定：

1 应设置输油管道内部电力调度通信，应由管道通信网统一考虑装设。

2 应设置与地方供电部门地调中心间的外部电力调度通信，宜以电力载波或音频电缆、光缆作为主通信方式，同时还应设置与当地市话网联通的市话通信作为备用通信方式。

3 无人值班变电所，除在变电所装设电调电话外，同时还应在站控制室装设并机电调电话。

6.7.12 输油站场爆炸危险区域的划分及电气装置的选择，应符合国家现行标准《石油设施电气装置场所分类》（SY 0025）和现行国家标准《爆炸和火灾危险环境电力装置设计规范》（GB 50058）的规定。

6.7.13 输油站场的变配电所、工艺装置等建（构）筑物的防雷、防静电设计，应符合现行国家标准《工业与民用电力装置的过电压保护设计规范》（GBJ 64）、《石油库设计规范》（GB 50074）和《建筑物防雷设计规范》（GB 50057）的规定。

6.7.14 输油站的工业控制计算机、通信、控制系统等电子信息系统设备的防雷击电磁脉冲设计应符合下列规定：

1 信息系统设备所在建筑物，应按第三类防雷建筑物进行防直击雷设计。

2 应将进入建筑物和进入信息设备安装房间的所有金属导电物（如电力线、通信线、数据线、控制电缆等的金属屏蔽层和金属管道等），在各防雷区界面处应做等电位连接，并宜采取屏蔽措施。

3 在全站低压配电母线上和 UPS 电源进线侧，应分别安装电涌保护器。

4 当数据线、控制电缆、通信线等采用屏蔽电缆时，其屏蔽层应做等电位连接。

5 在一个建筑物内，防雷接地、电气设备接地和信息系统设备接地宜采用共用接地系统，其接地电阻值不应大于 1Ω。

6.7.15 站场内用电设备负荷等级的划分应符合表 6.7.15 的规定。

表 6.7.15　站场内用电设备的负荷等级

建（构）筑物、装置名称	用电设备	负荷等级	备注
泵房	主泵、给油泵、装车（装船）泵	1	可压力越站的中间泵站降为 2 级
加热炉区	直接加热炉或间接加热炉及其配套用电设施	1	可热力越站的中间热站降为 2 级
消防泵房	冷却水泵、泡沫混合液泵或消防水泵	1	
锅炉房	给水泵、补水泵、风机、火嘴、水处理设备	2	
阀室	电动阀	1	可越站的中间泵站降为 2 级
管道控制中心	SCADA 系统、数据信号传输设备	1	
站控制室	工业控制计算机系统	1	
通信站	通信设备	1	
供水设施（深水井、加压泵房、净化设施）	整个设施	2	
污水处理场	整个设施	3	
计量间	整个设施	1	
油罐区	整个设施	2	
阴极保护间	恒电位仪	3	
管道电伴热	整个设施	2	
生产辅助设施（维修车库、材料和设备仓库、化验室等）	整个设施	3	
生活辅助设施（值班宿舍、食堂等）	整个设施	3	

6.8　站场供、排水及消防

6.8.1　站场水源的选择应符合下列规定：

1　水源应根据站场规模、用水要求、水源条件和水文地质资料等因素综合分析确定，并宜就近选择。

2　生产、生活及消防用水宜采用同一水源。当油罐区、液化石油气罐区、生产区和生活区分散布置，或有其他特殊情况时，经技术经济比较后可分别设置水源。

3　生活用水水源的水质应符合现行国家标准《生活饮用水卫生标准》（GB 5749）的规定；生产和消防用水的水质标准，应满足生产和消防工艺要求。

6.8.2 站场及油码头的污水排放应符合下列规定：

1 含油污水应与生活污水和雨水分流排放。

2 生活污水经化粪池消化处理后，可就近排入城镇污水系统，或经当地主管部门同意，排至适当地点；当就近没有城镇污水系统，可根据污水量、水质情况、环保部门要求，合理确定排放方案，达标后方可排放。

3 含油污水（一般系指油罐脱水、油罐清洗水、油轮压舱水等）应进行处理，并宜采用小型装置化处理设备。处理深度应符合现行国家标准《污水综合排放标准》（GB 8978）的规定。

4 雨水（未被油品污染的地面雨水）宜采用地面组织排水的方式排放；油罐区的雨水排水管道穿越防火堤处，在堤内宜设置水封井，在堤外应设置能识别启闭状态的截流装置。

6.8.3 站场及油码头的消防设计应符合下列规定：

1 原油、成品油储罐区的消防设计，应符合现行国家标准《原油和天然气工程设计防火规范》（GB 50183）、《低倍数泡沫灭火系统设计规范》（GB 50151）和《高倍数、中倍数泡沫灭火系统设计规范》（GB 50196）的规定。

2 液化石油气储罐区的消防设计，应符合现行国家标准《城镇燃气设计规范》（GB 50028）和《石油化工企业设计防火规范》（GB 50160）等的规定。

3 装卸原油、成品油码头的消防设计，应符合现行国家标准《石油化工企业设计防火规范》（GB 50160）、《固定消防炮灭火系统设计规范》（GB 50338）和国家现行标准《装卸油品码头防火设计规范》（JTJ 237）的规定。

4 站场及油码头的建筑消防设计，应符合现行国家标准《建筑设计防火规范》（GBJ 16）、《建筑灭火器配置设计规范》（GBJ 140）的规定。

6.9　供热通风及空气调节

6.9.1 输油站内各建筑物的采暖通风和空气调节设计，应符合现行国家标准《采暖通风与空气调节设计规范》（GBJ 19）和国家现行标准《石油化工采暖通风与空气调节设计规定》（SH 3004）的规定。

6.9.2 输油站各类房间的冬季采暖室内计算温度，应符合表 6.9.2 的规定。

表 6.9.2　各类房间冬季采暖室内计算温度

序号	房间名称	室内温度/℃
1	输油泵房的电机间、深井泵房、污水提升泵房、汽车库（不设检修坑）、低压配电间（无人值班）	5
2	消防车库（不设检修坑）、消防泵房	8
3	汽车库（内设检修坑）、消防车库（内设检修坑）、输油泵房、阀组间、蓄电池室、柴油发电机间	14
4	计量间、维修间、低压配电间（有人值班）、盥洗室、厕所	16
5	站控制室、办公室、化验室、值班室、休息室、食堂、控制室	18
6	淋浴室、更衣室	25

注：加热炉烧火间、高压开关室、电容器室等不采暖。

6.9.3 化验室的通风宜采用局部排风。当采用全面换气时，其通风换气次数宜为 5 次/h。

6.9.4 驱动输油泵的电动机，其通风方式应按电动机使用安装要求决定。当采用管道通风时，应尽量利用电动机本身风扇产生的剩余风压；当电动机本身产生的剩余风压小于风道阻力而无法满足通风量要求时，应采用机械通风。

6.9.5 进入管道式通风电动机的空气质量标准，应按电机制造厂家的技术要求确定；当无法取得此类资料时，应符合下列规定：

  1 空气温度应为 0～40℃。

  2 空气相对湿度应低于 90%。

  3 空气含尘量应不大于 $5mg/m^3$，严禁导电灰尘进入电动机。

  4 空气中所含具有爆炸危险气体的浓度必须低于其爆炸下限的 50%。

6.9.6 输油泵房、计量间、阀组间等可能产生或积聚可燃气体的房间，宜设置机械通风设施，其通风换气次数宜为 10 次/h。

6.9.7 可能积聚容重大于空气、并具有爆炸危险气体的建（构）筑物，应设置机械排风设施。其排风口的位置应能有效排除室内地坪最低处积聚的可燃或有害气体，排风量应根据各类建筑物要求的换气次数或根据生成气体的性质和数量经计算确定。

6.9.8 输油站内一些环境条件要求较高的房间，当采用常规的采暖通风设施不能满足设备、仪器仪表或工作人员对室内温度、湿度的要求时，可按实际需要设置空气调节装置。

6.9.9 当设置较大型集中式空调系统时，应考虑选用风冷式冷却系统。当采用水冷式冷却系统时，应采用循环水式水冷却系统，不得采用直流式水冷却系统（特殊情况除外）。对于小型的和分散的需空调房间，在满足使用要求的原则下，宜选用能效比高的热泵（冷暖）型分体式空调器；对于寒冷地区，可选用电热型分体式空调器。

6.9.10 输油站内的锅炉房及热力管网设计，应符合现行国家标准《锅炉房设计规范》（GB 50041）的规定。

6.9.11 通信机务站的采暖通风及空气调节设计，应符合国家现行标准《电信专用房屋设计规范》（YD 5003）的规定。

6.9.12 建筑物的采暖通风与空气调节设计应考虑以下节能措施：

  1 房屋设计中外窗的保温性能，应符合现行国家标准《建筑外窗保温性能分级及其检测方法》（GB/T 8484）的规定。其保温性能等级，严寒地区不应低于Ⅱ级，寒冷地区不应低于Ⅲ级，其他地区不宜低于Ⅳ级；外窗的气密性，应符合现行国家标准《建筑外窗空气渗透性能分级及其检测方法》（GB/T 7107）的规定，其气密性等级不应低于Ⅱ级。

  2 围护结构的外墙、屋顶、地面的热工性能以及热力管网的保温，应符合现行国家标准《采暖通风与空气调节设计规范》（GBJ 19）和国家现行标准《民用建筑节能设计标准》（采暖居住建筑部分）（JGJ 26）的规定。

  3 内燃机排热系统的余热，宜尽量回收和利用。

  4 晴天日数多、日照时间长的地区，宜优先采用太阳能做热源。

6.10　仪表及控制系统

6.10.1　输油站的控制水平与控制方式，应根据输油工艺、操作和监控系统的要求以及输油站的具体情况确定。

6.10.2　输油工艺过程及确保安全生产的重要参数，应进行连续监测或记录。

6.10.3　仪表选型应符合下列规定：

　1　应选用安全、可靠、技术先进的标准系列产品，并应考虑性能价格比。品种规格不宜过多，并力求统一。

　2　检测和调节控制仪表宜采用电动仪表。

　3　当检测仪表需要输出统一信号时，应采用变送器；需要输出接点信号时，宜采用开关量仪表。

　4　直接与介质接触的仪表，应符合介质的工作压力、温度和防腐蚀的要求。

　5　现场应安装供运行人员巡回检查和就地操作的就地显示仪表。

6.10.4　爆炸危险场所内安装的电动仪表，其防爆型式应按表 6.10.4 确定。

表 6.10.4　防爆结构电动仪表选择

分区	0 区	1 区	2 区
防爆型式	本质安全型 ia	本质安全型 ia、ib,隔爆型 d	本质安全型 ia、ib,隔爆型 d

注：分区应符合现行国家标准《爆炸和火灾危险环境电力装置设计规范》（GB 50058）的规定。

6.10.5　输油站内应设站控制室，安装必要的站控仪表设备和通信设备。

6.10.6　站控制室的设计应符合下列规定：

　1　站控制室应设置照明、隔热、防尘、防振和防噪音的设施。必要时，应设置空调设施。

　2　站控制室周围不得有对室内电子仪表产生大于 400A/m 的持续电磁干扰。

　3　站控制室内宜设置火灾自动报警与消防装置。

　4　室内不得有任何油、气管道穿过。可燃气体和易燃液体的引压、取源管路严禁引入站控室内。

6.10.7　输油站应设紧急停车系统，其应具有如下功能：

　1　能就地和（或）远程进行操作。

　2　能切断所有生产电源或动力。

　3　在事故状态下能使该站停运并与管道线路迅速隔离。

6.10.8　输油站的安全保护应根据管道全线及输油站的控制水平和操作要求设计，在联锁动作前设置征兆预报警信号。其安全保护应符合下列规定：

　1　中间泵站和末站的进站管道，宜设置就地控制的压力超限泄放阀。其泄压动作的压力设定值应能调节。

　2　输油泵站进泵压力超低限信号和输油首站、中间泵站的出站压力超高限信号应与输油主泵机组停运联锁。

　3　水击泄压罐的液位超高限信号应能自动启动该罐液位控制泵。

　4　输油主泵机组轴承温度、电动机定子温度、柴油机及燃气轮机转速、泵和原动机轴承振动量的超高限等信号，应与输油主泵机组停运联锁。

5　加热炉火焰熄灭应与燃油紧急切断装置联锁。

6　直接加热炉燃油流量超低限信号，应与加热炉停运联锁。

6.10.9　压力调节方式宜采用节流调节或转速调节，并由站控制系统实施。其设计应符合下列规定：

1　压力调节系统不宜与检测或其他调节系统合用压力变送器。

2　出站压力调节阀宜选择电动液压式或气动液压调节球阀，其流量特性应选择等百分比或近似等百分比。

3　密闭输送时，进泵（或进站）压力和出站压力必须加以控制。

6.10.10　站控制系统对工艺设备的监控应符合下列规定：

1　正常运行工况下，对输油温度、压力进行监视、调节。在输油首站，应对进管道的输油量进行监视。

2　异常工况下的报警和紧急事故的处理。

3　有条件时，可对工艺设备进行远程控制。

6.10.11　顺序输送多种油品时，对混油段应进行监控。

6.10.12　输油站内火灾与可燃气体检测、报警装置的设置，应符合现行国家标准《原油和天然气工程设计防火规范》（GB 50183）的规定。

6.10.13　仪表系统的供电设计除应符合本规范第 6.7 节的规定外，还应符合下列规定：

1　交流电源应与动力、照明用电分开。必要时，可设稳压装置。

2　电源容量应按仪表系统用电量总和的 1.2～1.5 倍计算。

3　仪表系统用的事故电源，应采用不间断电源设备。

6.10.14　仪表系统的接地应包括保护接地和工作接地。接地电阻值应符合下列规定：

1　仪表系统的保护接地电阻值应小于 4Ω。

2　仪表系统的工作接地电阻值，应根据仪表制造厂家的要求确定。当无明确要求时，可采用其保护接地电阻值。

7　管道监控系统

7.1　一般规定

7.1.1　输油管道应设置监视、控制和调度管理系统。

7.1.2　输油管道的自动化水平应根据工艺要求、操作水平、自然条件以及投资情况确定。监控与数据采集（SCADA）系统可用作管道的监控与调度管理。

7.1.3　输油管道的监控与数据采集系统应包括控制中心的主计算机系统、远控站的站控制系统、数据传输及网络系统。

7.1.4　输油管道计算机监控与数据采集系统宜采用分散型控制系统。控制方式宜采用控制中心控制、站控制室控制和设备就地控制。

7.2　控制中心及主计算机系统

7.2.1　控制中心宜具有下列主要的监控功能：

1　监视各站及工艺设备的运行状态。

2　采集和处理主要工艺变量数据，实时进行显示、报警、存储、记录、打印。

3 通过站控制系统进行远程控制、调节。

4 水击控制。

5 管道的泄漏检测与定位。

6 远控线路截断阀状态监控。

7 全线紧急停运。

8 数据分析及运行管理决策指导。

7.2.2 顺序输送多种油品时，控制中心主计算机系统宜配置批量输送的调度计划、预测、界面跟踪、油品切换、管道储量等实时模拟软件。必要时，可配置模拟培训软件。

7.2.3 控制中心的设计，应满足运行操作条件的要求，除应符合现行国家标准《电子计算机场地通用规范》（GB/T 2887）和《计算站场地安全要求》（GB/T 9361）的规定外，尚应满足计算机设备的安装要求。

7.2.4 主计算机系统应采用双机热备用运行方式，系统中应设置故障自动切换装置。

7.3　站控制系统

7.3.1 站控制系统应具有下列功能：

1 接受和执行控制中心的控制命令，进行控制和调整设定值，并能独立工作。

2 过程变量的巡回检测和数据处理。

3 向控制中心报告经选择的数据和报警信息。

4 提供站运行状态、工艺流程、动态数据的画面或图像显示，报警、存储、记录、打印。

5 压力或流量的控制、调节。

6 故障自诊断，并把信息传输至控制中心。

7 输油泵机组及主要工艺设备的顺序控制。

8 对顺序输送多种油品管道的分输站、输入站、末站油品切换及混油量应进行控制。

7.3.2 站控制室的设计应满足运行操作条件的要求，其设计应符合国家现行标准《工业控制计算机系统安装环境条件》（JB/T 9269）的规定。

7.3.3 站控计算机系统应采取保证安全可靠的冗余技术措施。重要的站应采用双机热备用运行方式；系统中应设置故障自动切换装置。

7.3.4 模拟量输入、输出精确度应符合下列规定：

1 模/数（A/D）转换器的转换精确度不应低于检测仪表的精确度，宜为±0.1%～±0.01%（相当于二进制的 10～13 位）。

2 数/模（D/A）转换器的转换精确度，其电压信号输出宜为±0.1%～±0.01%；电流信号输出宜为±0.5%～±0.2%。

8　通　　信

8.0.1 输油管道通信方式，可根据管道建设所经地区电信网的现状和管道管理营运对通信的业务需求量确定。

8.0.2 输油管道的通信传输方式如选用光纤通信，其光缆可与输油管道同沟敷设。

8.0.3　通信站的位置根据生产需求，宜设在管道各级生产部门、工艺站场及其他沿管道的站点。

8.0.4　管道通信系统的通信业务功能应根据输油工艺、站控制系统与 SCADA 系统数据传输和生产管理运行等需要，可设调度电话、站间电话、会议电话、会议电视、行政电话、巡线和应急通信、传真、数据及图像通信等。调度电话总机宜采用辐射式的设备；会议电话不宜设专用电路，可由行政电话电路兼用；站间电话电路不得连接其他电话；图像通信可以是静态或动态图像。

8.0.5　输油管道管理部门应设自动电话交换机。当输油站电话机数量较少时，可不设电话交换机，宜采用远端用户电话方式。自动电话交换机应兼有调度电话机功能。

8.0.6　管道巡线、维修和事故抢修部门，宜设无线通信设施。

8.0.7　通信站主干电缆容量应按电话交换机容量的 120％确定；不安装电话交换机的站场，进站电缆（或用户线）容量应按实装用户数量的 140％～160％确定。

8.0.8　当通信站采用内燃机发电机组做备用电源时，其台数应按表 8.0.8 的规定配置。

8.0.9　输油管道管理部门和输油站的电话业务应接入当地公共电话交换网。

表 8.0.8　备用发电机组　　　　　　　　　　　　　　　单位：台

内燃机发电机组数　　　　电源负荷等级 通信站类别	一级	二级	三级
输油管道管理部门	0	1	2
输油站	0	1	—
独立通信站	0	1	2

8.0.10　对于输油管道管理部门与 SCADA 系统的主计算机系统与站控制系统的数据传输设计，应根据通信传输设备的情况，考虑对质量、可靠性、时延等因素的要求，经技术经济比较后确定，并应考虑发展的需求，留有备用接口。

8.0.11　数据传输系统设计应符合下列规定：

1　数据信号速率应根据数据传输量及水击控制要求确定，但不宜小于 4800bps。

2　传输方式应选择半双工或全双工、同步或异步、串行传输。

3　传输误码率应小于 10^{-6}。

8.0.12　应设置备用通信信道传输方式。备用信道传输方式宜根据已有通信信道的类型及可靠性做出其他方式的选择。

9　输油管道的焊接、焊接检验与试压

9.1　焊接与检验

9.1.1　设计文件中必须标明焊件和焊接材料的型号、规格、焊缝及接头型式。对焊接方法、焊前预热、焊后热处理及焊接检验等均应提出明确要求。

9.1.2　根据设计文件提出的钢管和管件的材料等级、焊接材料、焊接方法和焊接工艺等，管道焊接前施工单位应在工程开工前进行焊接工艺试验，提出焊接工艺评定报告。现场组焊的锅炉及压力容器等部分的焊接工艺评定应符合国家现行标准《钢制压力容器焊接工艺评定》（JB 4708）的规定；输油管道线路部分应符合现行国家标准《现场设备、工业管道焊接工程施工及验收规范》（GB 50236）的规定。

9.1.3　焊接材料应根据被焊件的工作条件、机械性能、化学成分、接头型式等因素综合考虑，宜选用抗裂纹能力强、脱渣性好的材料。对焊缝有冲击韧性要求时，应选用低温冲击韧性好的材料。

9.1.4　焊接材料应符合现行国家标准《碳钢焊条》（GB/T 5117）、《低合金钢焊条》（GB/T 5118）、《熔化焊用钢丝》（GB/T 14957）、《气体保护焊用钢丝》（GB/T 14958）的规定。

当选用未列入标准的焊接材料时，必须经焊接工艺试验并经评定合格后方可使用。

9.1.5　焊接接头设计应符合下列规定：

1　焊缝坡口形式和尺寸的设计，应能保证焊接接头质量、填充金属少、焊件变形小、能顺利通过清管器和管道内检测仪等。

2　对接焊缝接头可采用 V 形或其他合适形状的坡口。两个具有相等壁厚的管端，对接接头坡口尺寸应符合国家现行标准《输油输气管道线路工程施工及验收规范》（SY 0401）的规定。两个壁厚不等的管端接头型式，宜符合本规范附录 F 的规定，或采用长度不小于管子半径的预制过渡短管；过渡短管接头设计宜符合本规范附录 F 的规定。

3　角焊缝尺寸宜用等腰直角三角形的最大腰长表示。

9.1.6　焊件的预热应根据材料性能、焊件厚度、焊接条件、气候和使用条件确定。当需要预热时，应符合下列规定：

1　当焊接两种具有不同预热要求的材料时，应以预热温度要求较高的材料为准。

2　预热时应使材料受热均匀，在施焊过程中其温度降应符合焊接工艺的规定，并应防止预热温度和层间温度过高。

9.1.7　焊缝残余应力的消除应根据结构尺寸、用途、工作条件、材料性能确定。当需要消除焊缝残余应力时，应符合下列规定：

1　对壁厚超过 32mm 的焊缝，均应消除应力。当焊件为碳钢时，壁厚为 32～38mm，且焊缝所用最低预热温度为 95℃时，可不消除应力。

2　当焊接接头所连接的两个部分厚度不同而材质相同时，其焊缝残余应力的消除应根据较厚者确定；对于支管与汇管的连接或平焊法兰与钢管的连接，其应力的消除应分别根据汇管或钢管的壁厚确定。

3　不同材质之间的焊缝，当其中的一种材料要求消除应力时，该焊缝应进行应力消除。

9.1.8　焊接质量的检验应符合下列规定：

1　焊缝应采用无损检测进行检验，首选射线探伤和超声波探伤。在检验或试验之前，应清除渣皮和飞溅物，并进行外观检验合格。

2　采用射线探伤检验时，应对焊工当天所焊不少于 15% 的焊缝全周长进行射线探伤检验；对通过输油站场、居民区、工矿企业区和穿跨越大中型水域、一二级公路、高速公路、铁路、隧道的管道环焊缝，以及所有的碰死口焊缝，应进行 100% 射线探伤检验。

3　采用超声波探伤时，应对焊工当天所焊焊缝的全部进行检查，并对其中5％环焊缝的全周长用射线探伤复查。设计可根据工程需要适当提高射线探伤的比例。但对通过输油站、居民区、工矿企业和穿跨越大中型水域、一二级公路、高速公路、铁路、隧道的管道环焊缝，以及所有的碰死口焊缝，应进行100％射线探伤检验。

4　射线探伤检验和合格等级，应符合现行国家标准《钢熔化焊对接接头射线照相和质量分级》（GB 3323—87）的规定，Ⅱ级为合格；超声波探伤检验合格等级，应符合现行国家标准《钢焊缝手工超声波探伤方法和探伤结果分级》（GB 11345—89）的规定，检验等级为B级，质量评定等级Ⅰ级为合格。

9.1.9　液态液化石油气管道的焊接与检验，应符合现行国家标准《输气管道工程设计规范》（GB 50251）的规定。

9.2　试压

9.2.1　输油管道必须进行强度试压和严密性试验，但在试压前应先设临时清管设施进行清管，并不应使用站内设施。

9.2.2　穿跨越大中型河流、国家铁路、一二级公路和高速公路的管段，应符合国家现行标准《原油和天然气输送管道穿跨越工程设计规范》（SY/T 0015.1、SY/T 0015.2）的规定，应单独试压，合格后再同相邻管段连接。

9.2.3　清管器收发装置应同线路一同试压。

9.2.4　壁厚不同的管段应分别试压。

9.2.5　用于更换现有管道或改线的管段，在同原有管道连接前应单独试压，试验压力不应小于原管道的试验压力。同原管道连接的焊缝，应采用射线探伤进行100％的检查。

9.2.6　试压介质应采用水。在人烟稀少、寒冷、严重缺水地区，可酌情采用气体作为试压介质，但管材必须满足止裂要求。试压时必须采取防爆安全措施。

9.2.7　输油干线的一般地段，强度试验压力不得小于设计内压力的1.25倍；大中型穿跨越及管道通过人口稠密区和输油站，强度试验压力不得小于设计内压力的1.5倍；持续稳压时间不得小于4h；当无泄漏时，可降到严密性试验压力，其值不得小于设计内压力，持续稳压时间不得小于4h。当因温度变化或其他因素影响试压的准确性时，应延长稳压时间。采用气体为试压介质时，其强度试验压力为设计内压力的1.1倍，严密性试验压力等于设计内压力。

当采用强度试验压力时，管线任一点的试验压力与静水压力之和所产生的环向应力不应大于钢管的最低屈服强度90％。

9.2.8　分段试压合格的管段相互连接的碰死口焊缝，必须按本规范第9.1.8条的规定采用射线探伤进行100％的检查，全线接通后可不再进行试压。

9.2.9　液态液化石油气管道的试压应符合现行国家标准《输气管道工程设计规范》（GB 50251）的规定。

10　健康、安全与环境（HSE）

10.0.1　输油管道系统的设计、材料、设备选择及技术条件等，应符合公众健康、安全与环境保护的要求。

10.0.2　输油管道系统的强度设计，应符合本规范第 5.2.1 条和附录 E、附录 G、附录 H 的要求。

10.0.3　输油管道工程的劳动安全卫生设计，必须严格遵循中华人民共和国国家经济贸易委员会《石油天然气管道安全监督与管理规定》、中华人民共和国劳动部《建设项目（工程）劳动安全卫生监察规定》及国家现行标准《石油天然气工业健康、安全与环境管理体系》（SY/T 6276）等相关规定。

10.0.4　劳动安全卫生设计的内容，针对不同工程的特点，至少应包括下列几项：

　　1　确定建设项目（工程）主要危险、有害因素和职业危害。

　　2　对自然环境、工程建设和生产运行中的危险、有害因素及职业危害进行定性和定量分析，找出危害产生的根源及其可能危害的程度。

　　3　提出相应的、切实可行而且经济合理的劳动安全卫生对策和防护措施。

　　4　列出劳动安全卫生设施和费用。

10.0.5　输油管道工程建设应贯彻《中华人民共和国环境保护法》、《中华人民共和国水污染防治法》、《中华人民共和国大气污染防治法》、《中华人民共和国固体物污染环境防治法》和《中华人民共和国噪声污染防治法》，应符合现行国家、地方和石油行业有关环境保护的规定；输油管道工程的环境保护设计，应符合《建设项目环境保护管理办法的规定》、《建设项目环境保护设计规定》。

10.0.6　输油管道工程线路及站场选址，应避开居民生活区、水源保护区、自然保护区、风景游览区、名胜古迹和地下文物遗址等。对于建设中造成的土壤、植被等原始地形、地貌的破坏，应采取措施尽量予以恢复。

10.0.7　输油站排出的各种废气、废水及废渣（液），应遵照国家和地方环境保护的现行有关标准进行无公害处理，达标后排放。

10.0.8　输油站的噪声防治，应符合现行国家标准《城市区域环境噪声标准》（GB 3096）和《工业企业厂界噪声标准》（GB 12348）的规定。

11　节　　能

11.0.1　输油管道工程设计，必须遵循《中华人民共和国节约能源法》及国家其他现行相关标准及规定。

11.0.2　设计应采用节能设备，严禁使用国家明令淘汰的高能耗设备。根据环境条件，宜利用太阳能、风能及水能。

11.0.3　节能方案及其措施，必须重视投资效果。投资回收年限和贷款偿还年限，均应符合国家相关政策。

11.0.4　应尽量采用储存损耗低的储油设备；采用大型内燃机设备时，应综合考虑余热利用。

11.0.5　管道输送系统应充分利用上站余压，选用耗能最小的输油方式。

11.0.6　工程设计中应进行综合能耗分析。

附录 A　原油一般物理化学性质测定项目

表 A　原油一般物理化学性质测定项目

序号	测 定 项 目	序号	测 定 项 目
1	相对密度 d_4^{20}	8	胶质(%)
2	倾点、凝点(℃)	9	含硫量(%)
3	初馏点(℃)	10	含盐量(mg/L)
4	闪点(闭口)(℃)	11	黏度(mPa·s)
5	蒸汽压(kPa)	12	含水率(%)
6	含蜡量(%)	13	比热容[J/(kg·℃)](温度间隔为2℃)
7	沥青质(%)		

注：1. 用作内燃机燃料的原油、应化验残炭和微量金属钠、钾、钙、铅、钒的含量。

2. 石蜡基原油黏度、倾点及凝点按本规范附录 B 表 B 测定；其他原油应在倾点、凝点和初馏点之间，每间隔5℃测定不同温度点的黏度。

附录 B　原油流变性测定项目

表 B　原油流变性测定项目

序号	测 定 项 目	要　　　　求
1	析蜡点(℃)	
2	反常点(℃)	
3	黏度(mPa·s)	在反常点和初馏点之间测定,温度间隔为5℃
4	流变指数	
5	稠度系数(Pa·s^n)	在反常点和倾点、凝点之间测定,温度间隔为2℃,对含蜡原油应按不同热处理温度测定倾点、凝点;对于输送加剂原油还应检验剪切影响
6	表观黏度(mPa·s)	
7	屈服值(Pa)	

附录 C　水力摩阻系数 λ 计算

C.0.1　水力摩阻系数 λ 应按表 C 中的雷诺数 Re 划分流态范围，选择相应公式计算。

表 C　雷诺数 Re 划分范围及水力摩阻系数 λ 计算

流态	划分范围	$\lambda = f\left(Re, \dfrac{2e}{d}\right)$
层流	$Re < 2000$	$\lambda = \dfrac{64}{Re}$
紊流水力光滑区	$3000 < Re \leqslant Re_1 = \dfrac{59.7}{\left(\dfrac{2e}{d}\right)^{8/7}}$	$\dfrac{1}{\sqrt{\lambda}} = 1.8\lg Re - 1.53$ $Re < 10^5$ 时 $\lambda = \dfrac{0.3164}{Re^{0.25}}$

紊流混合摩擦区	$Re_1 < Re < Re_2 = \dfrac{665 - 765\lg\left(\dfrac{2e}{d}\right)}{\dfrac{2e}{d}}$	$\dfrac{1}{\sqrt{\lambda}} = -2\lg\left(\dfrac{e}{3.7d} + \dfrac{2.51}{Re\sqrt{\lambda}}\right)$ $\lambda = 0.11\left(\dfrac{e}{d} + \dfrac{68}{Re}\right)^{0.25}$

注：1. Re——输油平均温度下管内输送牛顿流体时的雷诺数：

$$Re = \frac{4q_v}{\pi d \nu}$$

式中　　q_v——输油平均温度下的体积流量，m^3/s；

ν——输油平均温度下的运动黏度，m^2/s；

d——输油管道的内直径，m。

2. 当 $2000 < Re < 3000$ 时，可按水力光滑区计算；

3. Re_1——由光滑区向混合区过渡的临界雷诺数；

4. Re_2——由混合区向粗糙区过渡的临界雷诺数；

5. e——管内壁绝对（当量）粗糙度：

直缝钢管　e 取 0.054mm；

无缝钢管　e 取 0.06mm；

螺旋缝钢管　$DN250 \sim DN350$：e 取 0.125mm；

$DN400$ 以上：e 取 0.10mm。

附录 D　幂律流体管段沿程摩阻计算

D.0.1　幂律流体管段沿程摩阻应按表 D 中的雷诺数 Re 划分流态范围，选择相应公式计算。

表 D　幂律流体管段沿程摩阻 h_τ 计算

雷诺数	流态	划分范围	沿程摩阻 h_τ（m 液柱）	备注
$Re_{MR} = \dfrac{d^n V^{2-n} \rho}{\dfrac{k}{8}\left(\dfrac{6n+2}{n}\right)^n}$	层流	$Re \leqslant 2000$	$h_\tau = \dfrac{4K_m L}{\rho d}\left(\dfrac{32q_v}{\pi d^3}\right)^n\left(\dfrac{3n+1}{4n}\right)^n$	
	紊流	$Re > 2000$	$h_\tau = 0.0826\lambda_c \dfrac{q_v^2}{d^5}L$ $\dfrac{1}{\sqrt{\lambda}} = \dfrac{4.0}{n^{0.75}}\lg\left(Re_{MR} \cdot f^{1-\frac{n}{2}}\right) - \dfrac{0.4}{n^{1.2}}$ $\lambda_\tau = 4f$	DodgeMetzner 半经验公式

注：h_τ——幂律流体管段的沿程水力摩阻，液柱，m；

Re_{MR}——幂律流体管段流动的雷诺数；

n——幂律流体的流变指数；

K_m——幂律流体的稠度系数，$Pa \cdot s$；

ρ——输油平均温度下的幂律流体密度，kg/m^3；

λ_τ——幂律流体管段的水力摩阻系数；

V——幂律流体管段管内的流速，m/s；

f——范宁（Fanning）摩阻系数。

附录 E　液态液化石油气（LPG）管道强度设计系数

E.0.0　地区等级

液态液化石油气（LPG）管道通过的地区等级划分及强度设计系数应符合表 E.0.1-1 的规定。

地区等级划分为沿管道中心线两侧各 200m 任意划分成长度为 2km 的范围内，按划定地段内的户数划分为四个等级，在农村人口聚集的村庄、大院、住宅楼，应以每一独立户作为一个供人居住的建筑物计算。

表 E.0.1-1　地区等级及强度设计系数

地区等级	说　　明	强度设计系数 K
一级地区	户数在 15 户或以下的区段	0.72
二级地区	户数在 15 户以上、100 户以下的区段	0.6
三级地区	户数在 100 户或以上的区段包括市郊、商业区、工业区、不够四级的人口稠密区	0.5
四级地区	系指地面四层及四层以上楼房普遍集中、交通频繁、地下设施多的区段	0.4

穿越铁路、公路和人群聚集场所的管段以及液态液化石油气（LPG）管道站内管段的强度设计系数应符合表 E.0.1-2 的规定。

表 E.0.1-2　穿越铁路、公路及 LPG 站内的管段强度设计系数

管道及管段	设计系数 K_D			
	一级地区	二级地区	三级地区	四级地区
有套管穿越Ⅲ、Ⅳ级公路的管段	0.72	0.6	0.5	0.4
无套管穿越Ⅲ、Ⅳ级公路的管段	0.6	0.5	0.5	0.4
有套管穿越Ⅰ、Ⅱ级公路、高速公路、铁路的管段	0.6	0.6	0.5	0.4
LPG 站内管道及其上下游各 200m 管段、人群聚集场所的管段	0.4	0.4	0.4	0.4

附录 F　两个壁厚不等管端的对焊接头

F.1　一般规定

F.1.1　当对焊的两个管端壁厚不等和（或）材料的最低屈服强度不等时，坡口应按图 F 的形式设计。

F.1.2　相接钢管接头设计区以外的壁厚，应符合本规范的设计要求。

F.1.3　当相接钢管的最低屈服强度不等时，焊缝金属所具有的机械性能，至少应与强度较高的钢管的机械性能相同。

F.1.4　两个壁厚不等的管端之间的过渡，可采用锥面或图 F 所示的焊接方法，或采用长度不小于钢管半径的预制过渡短管连接。

F.1.5　斜表面的焊缝边缘，应避免出现尖锐的切口或刻槽。

F.1.6　连接两个壁厚不等而最低屈服强度相等的钢管，均应按照以上规定，但对锥面的最小角度可不做限制。

F.1.7　对焊后热处理的要求，应采用有效焊缝高度 δ_2 值确定。

F.2　内径不等的两根钢管的对焊接头

F.2.1　当两根相接钢管的公称壁厚相差不大于 2.5mm 时，可不做特殊处理，但应焊

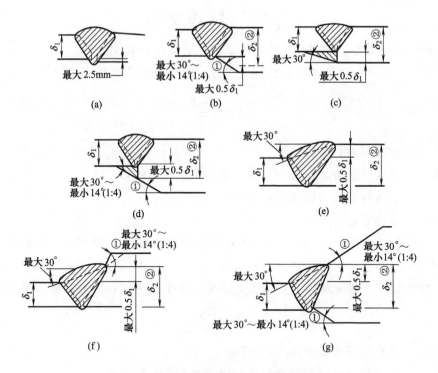

图 F　两个壁厚不等管端的对焊接头形式

注：1. 当相接材料等强度不等厚度时，用图中①不限定最小值；

　　2. 图中②设计用最大厚度 δ_2 不应大于 $1.5\delta_1$，且应使 $\delta_2\sigma_{s2}\geqslant\delta_1\sigma_{s1}$（$\sigma_{s1}$ 为薄壁端材料屈服强度，σ_{s2} 为厚壁端材料屈服强度）

透焊牢［图 F（a）］。

F. 2. 2　当内壁偏差大于 2.5mm 且不能进入管内施焊时，应将较厚管端的内侧切成锥面［图 F（b）］。锥面角度不应大于 30°，也不应小于 14°。

F. 2. 3　对于环向应力大于最低屈服强度 20％以上的钢管，当内壁偏差大于 2.5mm，但不超过较薄钢管壁厚的 1/2，且能进入管内进行焊接时，可采用锥形焊缝［图 F（c）］。较厚钢管上的坡口钝边高度，应等于管壁厚的内偏差加上对接钢管上的坡口钝边高度。

F. 2. 4　当内壁偏差大于较薄钢管壁厚的 1/2，且能进入管内焊接时，可将较厚的那个管端的内侧切成锥面［图 F（b）］；或可采用一个组合式锥形焊缝过渡［即以相当于较薄钢管壁厚的 1/2 采用锥形焊缝，并从该点起，将剩余部分切成锥面，图 F（d）］。

F. 3　**外径不等的两根钢管的对焊接头**

F. 3. 1　当外壁偏差不超过较薄钢管壁厚的 1/2 时，可采用焊接完成过渡［图 F（e）］，但焊缝表面的上升角不得大于 30°，且两个对接的坡口边也应正确熔焊。

F. 3. 2　当外壁偏差超过较薄钢管壁厚的 1/2 时，应将该超出部分切成锥面［图 F（f）］。

F. 4　**内径及外径均不等的两根钢管的对焊接头**

F. 4. 1　当内外径都有偏差时，应综合采用图 F（a）～（f）的方式进行接头设计［图 F（g）］，并应使坡口准确就位。

附录 G 管件选用

G. 0. 1 管件的压力等级和相焊接输油管道的压力等级应相同。

G. 0. 2 管件应按能耐现场水压试验压力设计，水压试验压力按下式计算：

$$P_s = \frac{2\sigma_s\delta}{D} \tag{G.0.2}$$

式中　P_s——试验压力，MPa；

　　　σ_s——输油管道管材标准所列最小屈服强度，MPa；

　　　δ——输油管道管材标准所列公称壁厚，mm；

　　　D——输油管道管子外径，mm。

G. 0. 3　管件结构的壁厚应按国家规定的管件标准应力数字分析方法设计确定，或者按设计的图样制造一个样品管件进行爆破试验。样品管件两端应焊有长度等于2倍外径的直管段，用水试压。实际试压，爆破压力应至少等于按下式计算的爆破压力：

$$P_p = \frac{2\sigma_B\delta}{D} \tag{G.0.3}$$

式中　P_p——计算的爆破试验压力，MPa；

　　　σ_B——管件材料试样拉伸试验实际强度极限，MPa；

　　　δ——管子公称壁厚，mm；

　　　D——规定的管子外径，mm。

　　如果样品管件实际爆破压力大于或等于（$\geqslant P_p$）计算爆破压力，或者样品能耐得住 $1.05 \times P_p$ 而不爆破为合格。

G. 0. 4　材料的力学性质要求见表 G. 0. 4。

表 G. 0. 4　材料的力学性质要求

钢级	最低屈服强度 σ_s/MPa	最低抗拉强度/MPa	最小伸长率/%
L245	245	415	21
L290	290	415	21
L320	320	435	20
L360	360	460	19
L390	390	490	18
L415	415	520	17
L450	450	535	17
L485	485	570	16
L555	555	625	15

G. 0. 5　钢制管件尺寸、公差、技术要求、检验、标志和包装，应符合现行国家标准《钢制对焊无缝管件》（GB/T 12459）、《钢板制对焊管件》（GB/T 13401）和国家现行标准《钢制弯管》（SY/T 5257）的规定。

附录 H　挠性系数和应力增强系数

H.0.1　构件平面内和构件平面外的应力增强系数可按表 H 采用。

表 H　挠性系数和应力增强系数

名称	挠性系数 k	应力增强系数		特征系数 h	示意图
		i_1	i_0		
弯头或弯管	$\dfrac{1.65}{h}$	$\dfrac{0.9}{h^{2/3}}$	$\dfrac{0.75}{h^{2/3}}$	$\dfrac{\delta R}{r^2}$	$R=$弯管弯曲半径
拔制三通	1	$0.75i_0+0.26$	$\dfrac{0.9}{h^{2/3}}$	$4.4\dfrac{\delta}{r}$	
带补强圈的焊接支管	1	$0.75i_0+0.25$	$\dfrac{0.9}{h^{2/3}}$	$\dfrac{\left(\delta+\frac{1}{2}M\right)^{5/2}}{\delta^{3/2}\cdot r}$	
无补强圈的焊制三通	1	$0.75i_0+0.25$	$\dfrac{0.9}{h^{2/3}}$	$\dfrac{\delta}{r}$	

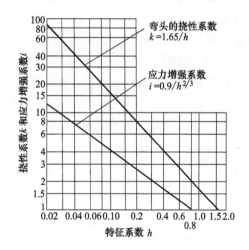

注：1. 表 H 中，i_1 为构件平面内；i_0 为构件平面外。

　　2. 对于管件，表 H 中的挠性系数 k 和应力增强系数 i，适用于任意平面内的弯曲，但其值均不应小于 1.0；对于扭转则这些系数等于 1.0［这两个系数适用于弯头、弯管的整个有效弧长上（图中以粗黑线表示）和三通的交接口上］。

　　3. 表 H 中，R——焊接弯头和弯管的弯曲半径，mm；

　　　　　　r——所接钢管的平均半径，mm；

　　　　　　δ——公称壁厚 mm。对于弯头、弯管，为其本身的壁厚；对于拔制三通、焊制三通或焊接支管，为所接钢管的壁厚。但当焊制三通主管壁厚大于所接钢管的壁厚，且加厚部分伸出支管外壁的长度大于支管外径 1 倍时，指主管壁厚；

　　　　　　M——补强圈的厚度，mm

H.0.2 当补强圈的壁厚（M）大于公称壁厚（δ）1.5 倍时，特征系数（h）应等于 $4.05\dfrac{\delta}{r}$。

H.0.3 在大口径薄壁弯头和弯管中，挠性系数 k，应除以 $1+6\dfrac{P}{E_c}\left(\dfrac{r}{\delta}\right)^{\frac{7}{3}}\cdot\left(\dfrac{R}{r}\right)^{\frac{1}{3}}$。对 应力增强系数 i 应除以 $1+3.25\left(\dfrac{r}{\delta}\right)^{\frac{3}{2}}\cdot\left(\dfrac{R}{r}\right)^{\frac{2}{3}}\cdot\dfrac{P}{E_c}$。

$\quad E_c$——管材冷态弹性模量，MPa；

$\quad P$——表压，MPa。

附录 J　钢管径向变形的计算

J.0.1 钢管在外荷载作用下的径向变形，可按下式计算：

$$\Delta X = \frac{JKWr^3}{EI+0.061E'r^3} \tag{J.0.1-1}$$

$$I = \frac{\delta^3}{12}\times 1 \tag{J.0.1-2}$$

式中　ΔX——钢管水平径向的最大变形，m；

$\quad J$——钢管变形滞后系数，应取 1.5；

$\quad K$——钢管基座系数，取值应符合表 J.0.1 的规定；

$\quad W$——单位管长上的总垂直荷载，包括管顶垂直土荷载和地面车辆传到钢管上 的荷载，MN/m；

$\quad r$——钢管的平均半径，m；

$\quad E$——管材的弹性模量，MPa；

$\quad I$——单位长度管壁截面的惯性矩，m^4/m；

$\quad \delta$——钢管公称壁厚，m；

$\quad E'$——回填土的变形模量，MPa，取值应符合表 J.0.1 的规定。

表 J.0.1　标准铺管条件的设计参数

铺管条件	E'/MPa	基础包角	基座系数 K
管道敷设在未扰动的土上，回填土松散	1.0	30°	0.108
管道敷设在未扰动的土上，管道中线以下的土轻轻压实	2.0	45°	0.105
管道敷设在厚度最少为10cm的松土垫层内，管顶以下回填土轻轻压实	2.8	60°	0.103
管道敷设在砂卵石或碎石垫层内，垫层顶面应在管底以上 1/8 管径处，但至少为 10cm，管顶以下回填土夯实，夯实密度约为 80%（标准葡氏密度）	3.5	90°	0.096
管道中线以下安放在压实的团粒材料内，夯实管顶以下回填的团粒材料，夯实密度约为 90%（标准葡氏密度）	4.8	150°	0.085

J.0.2 埋设在管沟内的管道单位长度上的垂直上荷载按下式计算：

$$W_e = \gamma DH \tag{J.0.2-1}$$

式中　W_e——单位管长上的垂直土荷载，MN/m；

　　　γ——土壤容重，MN/m^3；

　　　D——钢管外直径，m；

　　　H——管顶回填土高度，m。

J. 0. 3　埋设在土堤内的管道单位管长的垂直土荷载为管顶上土壤单位棱柱体的质量。

附录 K　埋地输油管道开始失稳的临界轴向力和计算弯曲半径

K. 1　临界轴向力

K. 1. 1　埋地直线管段开始失稳时的临界轴向力，可按下式计算：

$$N_{cr}=2\sqrt{K_e DEI'}　\text{(K. 1. 1-1)}$$

$$K_e=\frac{0.12E'n_e}{(1-\mu_0^2)\sqrt{jD}}(1-e^{-2h_0/D})　\text{(K. 1. 1-2)}$$

式中　N_{cr}——管道开始失稳时的临界轴向力，MN；

　　　K_e——土壤的法向阻力系数，MPa/m；

　　　I'——钢管横截面惯性矩，m^4；

　　　E'——回填土的变形模量，MPa；

　　　n_c——回填土变形模量降低系数，根据土壤中含水量的多少和土壤结构破坏程度取 0.3～1.0；

　　　μ_0——土壤的泊桑系数，砂土取 0.2～0.25，坚硬的和半坚硬的黏土、粉质黏土（亚黏土）取 0.25～0.30，塑性的取 0.30～0.35，流性的取 0.35～0.45；

　　　j——管道的单位长度，$j=1m$；

　　　h_0——地面（或土堤顶）至管道中心的距离，m。

K. 1. 2　对于埋地向上凸起的弯曲管段开始失稳时的临界轴向力，可按下式计算：

$$N_{cr}=0.375Q_h R_0　\text{(K. 1. 2-1)}$$

$$Q_h=q_0+n_0 q_1　\text{(K. 1. 2-2)}$$

$$q_1=\gamma D(h_0-0.39D)+\gamma h_0^2\tan 0.7\phi+\frac{0.7ch_0}{\cos 0.7\phi}　\text{(K. 1. 2-3)}$$

式中　Q_h——管道向上位移时的极限阻力，MN/m；当管道有压重物或锚栓锚固时，应计入压重物的重力或锚栓的拉脱力，在水淹地区应计入浮力作用；

　　　R_0——管道的计算弯曲半径，m；

　　　q_0——单位长度钢管重力和管内、油品重力，MN/m；

　　　n_0——土壤临界支承能力的折减系数，取 0.8～1.0；

　　　q_1——管道向上位移时土的临界支承能力，MN/m；

　　　ϕ——回填土的内摩擦角，°；

c——回填土的黏聚力，MN/m^2。

K.1.3 对于敷设在土堤内水平弯曲的管道，失稳时的临界轴向力可按下式计算：

$$N_{cr}=0.212Q_h R_0 \qquad (K.1.3-1)$$

$$Q_h=q_f+n_0 q_2 \qquad (K.1.3-2)$$

$$q_f=q_0 \tan\phi \qquad (K.1.3-3)$$

$$q_2=\gamma\tan\phi\left[\frac{Dh_1}{2}+\frac{(b_1+b_2)h_1}{4}-D^2\right]+\frac{c(b_2-D)}{2} \qquad (K.1.3-4)$$

$$q_2=\gamma h_0 D\left[\tan^2\left(45°+\frac{\phi}{2}\right)\right]+\frac{2c}{\gamma h_0}\tan\left(45°+\frac{\phi}{2}\right) \qquad (K.1.3-5)$$

式中　Q_h——管道横向位移时的极限阻力，MN/m；

　　　q_f——单位长度上的管道摩擦力，MN/m；

　　　q_2——管道横向位移时土的临界支承能力，MN/m；

　　　h_1——土堤顶至管底的距离，m；

　　　b_1——土堤顶宽，m；

　　　b_2——土堤底宽，m。

　　注：管道横向位移时土的临界支承能力按式（K.1.3-4）和（K.1.3-5）计算，取两者中的较小值。

K.2　管道弯曲轴线的计算弯曲半径

K.2.1　当埋地输油管道按弹性弯曲敷设时，弹性弯曲的弯曲半径大于钢管的外直径的1000倍，且曲线的弦长大于或等于管道失稳波长时，管道的计算弯曲半径取管道弹性弯曲的实际弯曲半径。

K.2.2　当管道曲线的弦长小于失稳波长，且满足式（K.2.2-1）时，计算弯曲半径按式（K.2.2-2）计算。

$$L+\frac{L_0}{2}\geqslant\frac{L_{cr}}{2} \qquad (K.2.2-1)$$

$$R_0=\frac{2L_{cr}^2\cos\frac{\theta}{2}}{\pi^2\left[L_{cr}\sin\frac{\theta}{2}-2R\left(1-\cos\frac{\theta}{2}\right)\right]} \qquad (K.2.2-2)$$

$$L_{cr}^2=\frac{265EI}{Q_h R_0\left(1+\sqrt{1+\frac{80EIC_P}{Q_u^2 R_0^2}}\right)} \qquad (K.2.2-3)$$

$$L_{cr}^2=\frac{93.5EI}{Q_h R_0\left(1+\sqrt{1+\frac{80EIC_P}{Q_h^2 R_0^2}}\right)} \qquad (K.2.2-4)$$

$$C_P=q_1/h_1 \qquad (K.2.2-5)$$

式中　L——与弯曲管段两侧连接的每一直管段的长度，m；

　　　L_0——弯曲管段的弦长，m；

　　　L_{cr}——管道的失稳波长，m；当管道向上凸起（拱起）时的弯曲管段按式（K.2.2-3）计算；在土堤内水平弯曲管段按式（K.2.2-4）计算；

　　　R_0——管道的计算弯曲半径，m；

　　　R——管道轴线的弯曲半径，m；

　　　θ——管道的转角，°；

　　　C_P——土的卸载系数；

　　　h_1——地面（或土堤顶）至管底的距离，m。

K.2.3　当设计管段由两个冷弯管组成，且弯管之间的直线管段满足式（K.2.3-1）时，计算弯曲半径按式（K.2.3-2）计算。

$$R_1 \sin \frac{\theta_1}{2} + R_2 \sin \frac{\theta_2}{2} + L \leqslant L_{cr} \tag{K.2.3-1}$$

$$R_0 = \frac{2L_{cr}^2}{\pi^2 \left[L_{cr} \tan \frac{\theta_1+\theta_2}{2} + \left(L + R_1 \tan \frac{\theta_1}{2} + R_2 \tan \frac{\theta_2}{2} \right) \times \left(\sin \frac{\theta_2-\theta_1}{2} - \mathrm{tg} \frac{\theta_1+\theta_2}{2} \cos \frac{\theta_2-\theta_1}{2} \right) \right]}$$

$$\tag{K.2.3-2}$$

式中　R_1、R_2——分别为两个弯管的弯曲半径，m；

　　　θ_1、θ_2——分别为两个弯管的转角，°；

　　　L——两个弯管之间的直管段长度，m。

K.2.4　当设计管段内为一弯曲半径不大于钢管外直径 5 倍的弯头时，其弯曲半径按下式计算：

$$R_0 = \frac{2L_{cr}}{\pi^2 \, \mathrm{tg} \, \dfrac{\theta}{2}} \tag{K.2.4}$$

本规范用词说明

1　为便于在执行本规范条文时区别对待，对要求严格程度不同的用词说明如下：

1）表示很严格，非这样做不可的用词：

正面词采用"必须"，反面词采用"严禁"。

2）表示严格，在正常情况下均应这样做的用词：

正面词采用"应"，反面词采用"不应"或"不得"。

3）表示允许稍有选择，在条件许可时首先应这样做的用词：

正面词采用"宜"，反面词采用"不宜"；

表示有选择，在一定条件下可以这样做的用词，采用"可"。

2　本规范中指明应按其他有关标准、规范执行的写法为"应符合……要求或规定"或"应按……执行"。